飞行技术专业系列教材

飞行员航空理论教程

第 3 版（上册）

主编 赵廷渝　朱代武　杨　俊

主审 李勇军

西南交通大学出版社

·成　都·

内容简介

本书是中国民航飞行执照培训的主要教材。全书分上、中、下册，共 12 章，分别介绍了飞机、动力装置、飞行原理及性能、航空仪表、航空电子、空中领航、航空气象、空中交通管制、飞行环境、目视和仪表飞行程序、飞行中人的因素、航空医学、直升机和航空法规等内容。

本书针对中国民航飞行执照培训编写而成，可作为民航工程技术人员和广大航空爱好者的参考书。

图书在版编目（CIP）数据

飞行员航空理论教程：全 3 册 / 赵廷渝，朱代武，杨俊主编. —3 版. —成都：西南交通大学出版社，2017.8（2025.2 重印）

飞行技术专业系列教材

ISBN 978-7-5643-5610-1

Ⅰ．①飞… Ⅱ．①赵… ②朱… ③杨… Ⅲ．①航空学 – 教材 Ⅳ．①V21

中国版本图书馆 CIP 数据核字（2017）第 172510 号

飞行技术专业系列教材

飞行员航空理论教程
第 3 版（上、中、下册）
主编 赵廷渝 朱代武 杨 俊

责 任 编 辑	孟苏成
封 面 设 计	刘海东
出 版 发 行	西南交通大学出版社 （四川省成都市二环路北一段 111 号 西南交通大学创新大厦 21 楼）
发行部电话	028-87600564　028-87600533
邮 政 编 码	610031
网　　　址	http://www.xnjdcbs.com
印　　　刷	四川煤田地质制图印务有限责任公司
成 品 尺 寸	185 mm × 260 mm
总 印 张	66
彩 页	0.75 印张
总 字 数	1 660 千
版 次	2017 年 8 月第 3 版
印 次	2025 年 2 月第 23 次
书 号	ISBN 978-7-5643-5610-1
套 价	188.00 元

课件咨询电话：028-81435775
图书如有印装质量问题　本社负责退换
版权所有　盗版必究　举报电话：028-87600562

总　序

民航是现代综合交通运输体系的有机组成部分，以其安全、快捷、通达、舒适等独特优势确立了独立的产业地位。同时，民航在国家参与经济全球化、推动老少边穷地区发展、维护国家统一和民族团结、保障国防和经济安全、加强与世界不同文明沟通、催生相关领域科技创新等方面都发挥着难以估量的作用。因此，民航业已成为国家经济社会发展的战略性先导性产业，其发达程度直接体现了国家的综合实力和现代化水平。

自改革开放以来，我国民航业快速发展，行业规模不断扩大，服务能力逐步提升，安全水平显著提高，为我国改革开放和社会主义现代化建设做出了突出贡献。可以说，我国已经成为名副其实的民航大国。站在新的历史起点上，在 2008 年的全国民航工作会议上，民航局提出了全面推进建设民航强国的战略构想，拉开了我国由民航大国迈向民航强国的序幕。

要实现民航大国向民航强国的转变，人才储备是最基本的先决条件。长期以来，我国民航业发展的基本矛盾是供给能力难以满足快速增长的市场需求。而其深层次的原因之一，便是人力资源的短缺，尤其是飞行、空管和机务等专业技术人员结构不合理，缺乏高级技术、管理和安全监管人才。有鉴于此，国务院在《关于促进民航业发展的若干意见》中明确指出，要强化科教和人才支撑，要实施重大人才工程，加大飞行、机务、空管等紧缺专业人才的培养力度。

正是在这样的大背景下，作为世界上最大的航空训练机构，作为中国民航培养飞行员和空中交通管制员的主力院校，中国民航飞行学院以中国民航可持续发展为己任，勇挑历史重担，结合自身的办学特色，整合优势资源，组织编写了这套"飞行技术专业系列教材"，以解当下民航专业人才培养的燃眉之急。在这套教材的规划、组织和编写过程中，教材建设团队全面贯彻落实《国家中长期教育改革和发展规划纲要（2010—2020 年）》，以培养适应民航业岗位需要的、具有"工匠精神"的应用型高素质人才为目标，创新人才培养模式，突出民航院校办学特色，坚持"以飞为主、协调发展"的方针，深化"产教融合、校企合作"，强化学生实践能力培养。同时，教材建设团队积极推进课程内容改革，在优化专业课程内容的基础上，加强包括职业道德、民航文化在内的人文素养教育。

由中国民航飞行学院编写的这套教材，高度契合民航局颁布的飞行员执照理论考试大纲及知识点要求，对相应的内容体系进行了完善，从而满足了民航专业人才培养的新要求。可以说，本系列教材的出版恰逢其时，是一场不折不扣的"及时雨"。

由于飞行技术专业涉及的知识点多，知识更新速度快，因此教材的编写是一项极其艰巨的任务。但令人欣喜的是，中国民航飞行学院的教师们凭借严谨的工作作风、深厚的学术造诣以及坚韧的精神品质，出色地完成了这一任务。尽管这套教材在模式创新方面尚存在瑕疵，但仍不失为当前民航人才培养领域的优秀教材，值得大力推广。我们相信，这套教材的出版必将为我国民航人才的培养做出贡献，为我国民航事业的发展做出贡献！

是为序。

中国民航飞行学院教材
编写委员会
2016 年 7 月 1 日

第 3 版前言

本书是中国民航飞行执照培训的主要教材。

本书依据中国民航《CCAR61 部-R4》（民用航空器驾驶员合格审定规则）关于私用驾驶员、商用驾驶员及仪表等级对航空理论的要求编写而成。全书涵盖了飞机、动力装置、飞行原理及性能、航空仪表、航空电子、空中领航、航空气象、空中交通管制、飞行环境、仪表飞行规则及程序、飞行中人的因素、航空医学、直升机和航空法规等内容。本书是民航私用驾驶员执照、商用驾驶员执照及仪表等级理论培训和考试的主要用书，也可作为民航飞行教员、地面教员和航线运输执照理论考试的参考书。

本书在编写过程中，以飞行执照要求的航空理论知识为主线，贯穿必需的知识点，注重基本知识、基本技能、基本方法的介绍，突出飞行实际应用。全书在兼顾知识的系统性、逻辑性的同时，力求结构合理，宽而不深，多而不杂，语言简练，文字通俗易懂，图例丰富，适于自学。同时，吸收了国外同类教材的优点，内容全面、丰富、新颖，实用性强，按照民航局 2016 年发布的私用驾驶员、商用驾驶员及仪表等级理论考试大纲和知识点，对第 2 版内容进行了全面修订，以满足民航飞行人员取得民航私用驾驶员执照、商用驾驶员（附加仪表等级）执照航空知识的要求。

本书的编写人员为中国民用航空飞行学院多年从事飞行技术专业航空理论教学的各学科骨干教师，其中，绪论：赵廷渝；第一章：郝劲松；第二章：杨俊、肖艳萍；第三章：阎成鸿、赵廷渝；第四章：何晓薇、包勇；第五章：王永忠；第六章：黄仪方、陈会芝；第七章：张焕、魏光兴；第八章：朱代武、黄邦菊；第九章：陈亚青；第十章：罗晓利、王泉川；第十一章：黄传勇、付尧明、尚永锋、刘渡辉；第十二章：卢智文、武丁杰。全书由赵廷渝、朱代武、杨俊主编，李勇军主审。

本书在编写过程中，得到了中国民用航空局飞行标准司、中国民用航空飞行学院飞行技术学院、空中交通管理学院、航空工程学院、教务处、飞行训练标准处、航空安全运行管理办公室等单位的大力支持，在此深表谢意。

受编者知识理论水平和实践经验所限，书中不妥之处在所难免，敬请读者指正。

编　者
2017 年 5 月
于中国民用航空飞行学院

第1版前言

本书是中国民航飞行执照培训的主要教材。

本教材依据中国民航《CCAR61部》（民用航空器驾驶员、飞行教员和地面教员合格审定规则）关于私用驾驶员、商用驾驶员及仪表等级对航空理论的要求编写。全书涵盖了飞机、动力装置、飞行原理及性能、航空仪表、航空电子、空中领航、航空气象、空中交通管制、飞行环境、仪表飞行规则及程序、飞行中人的因素、航空医学、直升机和航空法规等内容。本书是民航私用飞行执照、商用飞行执照及仪表等级理论培训和考试的主要用书，也可作为民航飞行教员、地面教员和航线运输执照理论考试的参考书。

在本书编写中，以飞行执照要求的航空理论知识为主线，贯穿必需的知识点，注重基本知识、基本技能、基本方法的介绍，突出飞行实际应用。全书在兼顾知识的系统性、逻辑性的同时，力求结构合理，宽而不深，多而不杂，语言简练，文字通俗易懂，图例丰富，适于自学。

本教材编写中吸收了国外同类教材的优点，内容全面、丰富、新颖，实用性强，能满足民航飞行人员取得民航私用飞行执照、商用飞行（附加仪表等级）执照航空知识的要求。

本书的编写集中了中国民用航空飞行学院多年从事飞行技术专业航空理论教学的各学科骨干教师，其中，绪论：赵廷渝；第一章：郝劲松；第二章：杨俊；第三章：阎成鸿、付尧明；第四章：何晓薇；第五章：王永忠；第六章：黄仪方；第七章：张焕、魏光兴；第八章：朱代武；第九章：陈亚青；第十章：罗晓利；第十一章：黄传勇、付尧明、刘渡辉；第十二章：卢智文。全书由赵廷渝主编，民航总局飞行标准司杨虎主审。

限于编者知识理论水平和实践经验，书中不妥之处在所难免，敬请读者指正。

本教程在编写过程中，得到中国民用航空总局飞行标准司，中国民用航空飞行学院飞行技术与航空工程学院、空中交通管理学院、教务处、飞行安全与飞行标准处的大力支持，在此深表谢意。

编　者

2004年3月

于中国民用航空飞行学院

本书用英美制单位与国际单位的换算关系

1 ft=0.304 8 m

1 m=3.281 ft

1 mile=1.609 km

1 n mile（NM）=1.852 km

1 kn*=1 n mile/h=1.852 km/h

1 lb=0.454 kg

1 kg=2.205 lb

1 gal（美）=3.785 L=3.785 $\times 10^{-3}$ m^3

1 qt=1.136 5 L

1 inHg=33.86 hPa

760 mmHg =29.92 inHg =14.7 lbf/in^2 (psi)=1 013.25 hPa

1 lbf · ft=1.356 N · m

1 马力（hp）=745.7 W

1 [米制]马力=735.5 W

---

* 国标规定为 kn，航空界习惯写为 kt 或 KN。

目　录

绪 论

人类自古以来就怀有自由飞行的理想。在三星堆出土文物中，不乏古人对鸟儿空中翱翔的崇尚（见图 0.1）；在栩栩如生的敦煌飞天壁画中，充满了人类对自由飞翔的向往（见图 0.2）。也许正因为人自己不能飞行，我们的祖先把飞行视为超凡的能力，在生产力水平极其低下的时代，人们只能靠编织诸如"嫦娥奔月""列子御风"等美丽的神话和传说来圆自己飞行的梦想。这些引人入胜的传说和神话，包含了人类对飞行最初的梦想，启迪着后人对飞行的执著探索和勇敢尝试。几千年来，许多先行者为飞行付出了艰辛的努力和牺牲，人类经历了一条曲折的通往蓝天之路。

图 0.1　三星堆人首鸟身像

图 0.2　敦煌飞天壁画

0.1　人类通往蓝天之路

鸟儿有一对灵巧的翅膀，可以扑腾上天。古人认为人之所以不能飞翔，是因为缺少翅膀，因此，只要造出一个合适的翅膀就能像鸟儿一样飞翔了。早在中国西汉和欧洲中世纪，就曾有人用鸟的羽毛制成翅膀，绑在身上尝试像"飞人"一样飞行（见图 0.3）。这些"飞人"大都绑上自制的飞翼或翅膀，然后从高处跳下滑翔，他们本想像鸟儿那样拍拍翅膀直冲云霄，但"飞人"都没能如其所愿地飞上天空，结果大都不亡即伤。然而，正是由于他们不计牺牲地勇敢实践，才迈出了人类飞行的第一步。

图 0.3　古代"飞人"

13世纪英国的哲学家罗杰·培根和15世纪意大利伟大的画家列奥纳多·达·芬奇试图模仿鸟类，相继提出利用"扑翼机"实现飞行，达·芬奇还是第一个运用科学知识对飞行问题进行研究的人，并曾设计出了降落伞和直升机的雏形。培根和达·芬奇设想的扑翼机是通过上下拍打的人工翅膀飞行的机器。扑翼机最终虽以失败告终，但它是从古代飞人向滑翔机和飞机过渡的阶段，是航空史上一大进步。

1709年8月8日，一位叫劳伦索·德·古斯芒的牧师在葡萄牙王宫进行了一次热气球升空表演。他的装置是一个盆型小船，上面蒙有粗帆布。古斯芒将酒精和燃料放在船下面点燃，小船摇摇晃晃，终于离开了地面。古斯芒的表演证明了飞行是可以实现的。

1783年11月21日，法国人蒙哥尔费兄弟（见图0.4）研制的热气球进行了首次人类空中载人飞行表演，罗齐埃和达尔朗德乘热气球上升到了900 m的高度，最后平安降落在9 km以外的巴黎另一侧，共飞行了25 min。人类终于升上了天空！

蒙哥尔费兄弟的热气球（见图0.5）成功载人升空，实现了人类飞行的愿望。然而气球飞行受天气的影响较大，且难以控制。到了19世纪，人们开始尝试在气球上安装"舵""帆"及动力装置。此后，一种靠充气产生升力、由发动机推进、可驾驶其向任意方向飞行的飞艇（见图0.6）就应运而生了。一时间各种各样的气球和飞艇相继问世，如世界上第一艘真正实用的德国的齐伯林飞艇于1900年制造成功，艇长129 m，直径11.6 m，载重量为8 700 kg，升限为2 500 m。然而，随着人们研究的深入和不断发生的飞行事故，航空先驱者们清楚地意识到：这些轻于空气的航空器无论是在安全性、操纵性还是实际应用上都存在着很大的局限性，它们的飞行速度低，受风力影响大，不易操纵和控制，而且对载人来说也不安全。因此，人们的注意力逐渐转向了重于空气的航空器（飞机和滑翔机）的研究上。

图0.4 蒙哥尔费兄弟

图0.5 蒙哥尔费兄弟的热气球

近年来，随着航空科学技术的进步，飞艇又开始得到人们的重视。因为飞艇有其突出的优点，如垂直起降，留空时间长，可长时间悬停或缓慢行进，噪声小，污染小，经济性好，而且随着飞艇广泛使用了氦气填充，安全性也大大改善。目前，现代飞艇（见图0.7）在空中勘测、摄影、广告、救生以及航空运动中得到了广泛的应用。

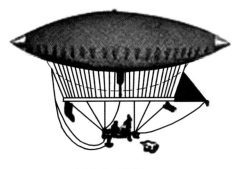

图0.6 飞艇

图0.7 现代飞艇

真正将飞行从勇敢者的冒险引入科学之路的是英国的乔治·凯利（见图0.8）。19世纪初，乔治·凯利深入研究了鸟的推动力，制造了第一架滑翔机并进行试飞。凯利首次提出，现代飞机不应模仿鸟类振翼而飞，而应采取"固定翼飞机＋推进器"的模式。他最早阐明重于空气的航空器的飞行原理，详尽描述了现代飞机的轮廓，为后来的空气动力学奠定了基础，被公认为飞机的创始人，被后人誉为"航空之父"。

德国的工程师奥托·李林塔尔（见图0.9）仔细地分析了鸟翼的形状和结构，于1889年提出了飞机机翼也要像鸟翼那样具有弓形截面才能获得更大升力。李林塔尔在1891—1896年的6年时间里，亲自进行了2 000多次滑翔飞行试验，积累了大量的经验和飞行数据，并献出了自己的生命，为人类动力飞行的成功奠定了重要基础。

图0.8 乔治·凯利

图0.9 奥托·李林塔尔

无数先驱者的不懈努力为后人的成功奠定了基础，人类离自由飞行的梦想越来越接近了。美国人威尔伯·莱特和奥维尔·莱特兄弟俩（见图0.10）在总结前人经验、教训的基础上，在1900—1902年，先后进行了上千次滑翔飞行和风洞试验，于1903年设计制造出第一架具有自身动力可进行载人飞行的飞机——"飞行者1号"（见图0.11）。飞机的长度为6.5 m，翼展13.2 m，整架飞机的质量为280 kg，装有一台四缸、水冷活塞式发动机，功率仅8.8 kW。

1903年12月14日至17日，莱特兄弟驾驶"飞行者1号"在美国北卡罗来纳州基蒂霍克的一片沙丘上进行了4次试飞，第一次由奥维尔·莱特驾驶，共飞行了36 m，留空12 s。第四次由威尔伯·莱特驾驶，共飞行了260 m，留空59 s。莱特兄弟实现了人类第一次持续的、有动力的、可操纵的飞行，人类的飞行时代从此拉开了帷幕，开创了现代航空的新纪元。

图 0.10　莱特兄弟

图 0.11　莱特兄弟的"飞行者 1 号"

　　1909 年，我国第一位飞机设计师冯如（见图 0.12）制造出飞机并相继试飞成功，被尊称为"中国始创飞行大家"。1913 年 5 月 26 日，俄国人伊戈尔·伊万诺维奇·西科斯基（后加入美国籍）研制出多发飞机并试飞成功。1939 年 9 月 14 日，西科斯基还研制出第一架直升机"VS-300"（见图 0.13）并试飞成功。

图 0.12　冯如

图 0.13　西科斯基直升机

　　总之，人类通往蓝天、实现自由飞翔是 20 世纪最令人引以为豪的伟大成就。百余年来，航空科学技术迅猛发展，是对人类社会进步影响最大的科学领域之一，不仅对世界的经济发展和技术进步起到了巨大的推动作用，带来世界民用航空业的蓬勃发展，更重要的是深刻改变了人类的生活方式，极大地提高了人类的生活质量，缩短了时空距离，加快了世界各民族的交流，加速了人类文明的进程。目前，飞行员驾驶着各种舒适、安全的民用航空器自由翱翔于蓝天，飞行已不再神秘，已逐渐进入寻常百姓的生活。

0.2　民用航空的基本概念和中国民航的现状

　　航空器是指能在大气层内进行可控飞行的飞行器。民用航空是指利用各类航空器为国民经济服务的非军事性飞行活动（军事航空包括国防、警察和海关等飞行活动）。民用航空包括商业航空和通用航空。商业航空也称运输航空，是指在国际、国内航线上进行商业性的客货（邮）运输；通用航空是指运输飞行以外的民用航空活动。在我国，特别是改革开放以来，随着国民经济持续高速增长，民用航空运输一直以高于国民经济发展的速度快速增长，民用航空运输业取得了令世人瞩目的成就。根据国际民航组织公布的各缔约国航空运输统计表显示，2005 年以来，中国（未含港、澳、台地区）民航运输总周转量，在国际民航组织中的排名由 1980 年的第 35 位上升到世界第 2 位，仅次于美国，我国已经成为名副其实的世界航空运输大国。

但是中国民航基础还较为薄弱，规模较小，发展不平衡（通用航空发展严重滞后），民航旅客周转量在国家综合交通运输体系中的比重较低（目前仅为 15% 左右），远低于发达国家的水平，与航空强国（如美国）差距较大。

目前，我国人口大约是美国的 4.3 倍，国土面积比美国略多。据不完全统计，我国内地拥有的民用航空器数量为美国的 1/50，持有飞行执照的人员数量为美国的 1/30，年人均乘机次数为美国的 1/16，年航空客、货周转量分别为美国的 1/5 和 1/4，每万平方千米只有 0.25 个民用机场，美国为 6 个。这些差距反过来说明，我国民用航空的发展潜力十分巨大。

民航是资本密集、高技术密集和极具发展潜力的绿色朝阳产业之一。随着我国国民经济持续快速增长，民用航空运输业将继续以高于国民经济发展的速度快速增长，民用航空运输量在我国综合交通运输体系中所占比例将大幅度提高，发展前景和空间广阔。未来 10 年，中国民航将实现从民航大国向民航强国的历史性跨越。预计年需新增大、重型运输飞机 150～200 架，中国成为除美国以外世界最大的航空潜在市场。除定期航班外，我国通用航空市场也蕴藏着巨大的发展潜力。中国与美国、加拿大和巴西国土面积相近，而中国目前的通用飞机机队仅是美国的 1/480、加拿大的 1/60、巴西的 1/6。通过对比可见，我国的通用航空业尚处于起步阶段。

通用航空主要有工业航空、农业航空、航空科研和探险、飞行训练、航空体育运动、公务航空和私人航空等。发展通用航空，可减少城乡差距，平衡地区发展，提高应急反应速度，加强空中勤务能力，加速物流，还可增加许多新的投资就业机会。随着我国国民经济快速持续增长，人们生活水平和生活质量的提高，特别是国家低空开放和促进通用航空业发展政策的逐步实施，我国通用航空的发展潜力巨大，将吸引更多爱好者学习飞行、考取飞行执照，同时也为商业运输航空提供了广阔的飞行人才储备。

0.3 民用航空飞行执照的类型

根据交通运输部颁布的《CCAR61 部-R4》（民用航空器驾驶员合格审定规则）的规定，民航飞行执照申请者必须经过中国民航局认可的培训单位相应等级的航空理论和飞行实践的培训并通过民航局的考核。具体要求如下。

0.3.1 私用驾驶员执照

0.3.1.1 资格要求

符合下列条件的申请人，局方可以为其颁发私用驾驶员执照：年满 17 周岁；5 年内无犯罪记录；能正确读、听、说、写汉语，无影响双向无线电对话的口音和口吃（申请人因某种原因不能满足部分要求的，局方应当在其执照上签注必要的运行限制）；具有初中或者初中以上文化程度；持有局方颁发的现行有效Ⅱ级或者Ⅰ级体检合格证；完成了要求的相应航空器等级的航空知识训练并通过了理论考试；完成了要求的相应航空器等级的飞行技能训练，满足申请航空器等级的飞行经历要求；通过了要求的飞行技能的实践考试。

0.3.1.2　航空知识要求

申请人应当接受并记录授权教员提供的地面训练，完成下列与所申请航空器等级相应的地面训练科目或者自学课程：与私用驾驶员执照持有人有关的规章条例；飞行规则；高度表拨正程序；相应的空中交通服务措施和程序；动力装置、系统和仪表的工作原理及其功能；有关类别航空器和动力装置的使用限制；飞行手册或其他相应文件中的有关操作资料；对于直升机和倾转旋翼机，传动装置（传动齿轮系）（如适用）；对于飞艇，气体的物理特性与实际应用；装载及重量分布对飞行特性的影响；重量和平衡计算；起飞、着陆和其他性能数据的使用与实际运用；适合于按照目视飞行规则私人运行的飞行前准备和航路飞行计划；空中交通服务飞行计划的准备和申报；相应的空中交通服务程序；位置报告程序；高度表拨正程序；交通密集区的运行；人的行为能力，包括威胁和差错管理的原则；初级航空气象学的应用；气象资料的使用和获得气象资料的程序；测高法；危险气象条件；空中领航和推测领航技术的实践；航图的使用。操作程序：在操作表现方面运用威胁和差错管理；高度表拨正程序；航空文件，如《航行资料汇编》《航行通告》《航空代码及缩略语》的使用；适当的预防程序和应急程序，包括为避让危险天气、尾流和其他运行危险所采取的行动；对于直升机和倾转旋翼机（如适用），带油门的缓慢垂直下降；地面共振；后行桨叶失速；动力侧滚翻转和其他操作危险；与目视气象条件飞行相关的安全程序；飞行原理；适用于目视飞行规则运行的通信程序和用语；如遇通信故障应采取的行动。

0.3.1.3　私用驾驶员执照持有人的权利和限制

私用驾驶员执照持有人可以不以取酬为目的在非经营性运行的相应航空器上担任机长或者副驾驶；私用驾驶员执照持有人不得以取酬为目的在经营性运行的航空器上担任机长或副驾驶，也不得为获取酬金而在航空器上担任飞行机组的必需成员。

0.3.2　商用驾驶员执照

0.3.2.1　资格要求

符合下列条件的申请人，局方可以为其颁发商用驾驶员执照：年满18周岁；无犯罪记录；能正确读、听、说、写汉语，无影响双向无线电对话的口音和口吃（申请人因某种原因不能满足部分要求的，局方应当在其执照上签注必要的运行限制）；具有高中或者高中以上文化程度；持有局方颁发的有效Ⅰ级体检合格证；完成了要求的相应航空器等级的航空知识训练并通过了航空知识的理论考试；完成了要求的相应航空器等级的飞行技能训练，满足适用于所申请航空器等级的飞行经历要求；通过了要求的飞行技能实践考试；至少持有私用驾驶员执照。

0.3.2.2　航空知识要求

申请人应当接受并记录授权教员提供的地面训练，完成下列与所申请航空器等级相应的地面训练科目或自学课程：与商用驾驶员执照持有人有关的规章条例；飞行规则；相应的空中交通服务措施和程序。动力装置、系统和仪表的工作原理及其功能；有关类别航空器和动力装置的使用限制；飞行手册或其他相应文件中的有关操作资料；相应的航空器设备和系统的使用及可用性检查；适合于航空器机体、系统和动力装置的维修程序；对于直升机和倾转旋翼机，传动装置（传动齿轮系）（如适用）；对于飞艇，气体的物理特性与实际应用。装载及重量分布对航空器操纵、飞行特性和性能的影响；重量和平衡计算；起飞、着陆和其他性能数据的使用与实际运用；适合于按照目视飞行规则商用运行的飞行前准备和航路飞行计划；空中交通服务飞行计划的准备和申报；相应的空中交通服务程序；高度表拨正程序；对于飞艇、直升机和倾转旋翼机，外挂载荷对操纵的影响。人的行为能力，包括威胁和差错管理的原则；航空气象报告、图表和预报的判读与使用；飞行前和飞行中气象资料的使用和获得气象资料的程序；测高法；有关地区影响航空的气象要素的气候学；气压系统的移动、锋面结构和影响起飞、航路和着陆条件的重要天气现象的起源与特征；积冰的原因、识别和影响；通过锋区的程序；绕过危险天气。空中领航，包括航图、仪表和导航设备的使用；对相应导航系统的原理和特性的理解；机载设备的操作。操作程序：在操作表现方面运用威胁和差错管理；航空文件，如《航行资料汇编》《航行通告》《航空代码及缩略语》的使用；高度表拨正程序；相关的预防和应急程序；载运货物时的操作程序；与危险物品有关的潜在危险；旅客安全简介的要求和做法，包括上、下航空器时应遵守的预防措施；对于直升机和倾转旋翼机（如适用），带油门的缓慢垂直下降；地面共振；后行桨叶失速；动力侧滚翻转和其他操作危险；与目视气象条件飞行相关的安全程序；飞行原理；适用于目视飞行规则运行的通信程序和用语；如遇通信故障应采取的措施。

0.3.2.3　商用驾驶员的权利和限制

商用驾驶员执照持有人具有下列权利：行使相应的私用驾驶员执照持有人的所有权利；在以取酬为目的经营性运行的航空器上担任机长或副驾驶，但不得在相应运行规章要求机长应当具有航线运输驾驶员执照的运行中担任机长；为获取酬金而担任机长或副驾驶。

对商用驾驶员执照持有人的限制是：带有飞机类别等级的商用驾驶员执照持有人如未持有同一类别和级别的仪表等级，局方将在其执照上签注"禁止在飞机转场飞行中为获取酬金而载运旅客"。在下列情形下，执照持有人不再具有按照本规则颁发的商用驾驶员执照权利：执照持有人由于故意行为，致使公共财产、国家和人民利益遭受重大损失的；造成死亡 1 人以上，或者重伤 3 人以上的；造成公共财产直接经济损失 30 万元以上，或者直接经济损失不满 30 万元，但间接经济损失 150 万元以上的；严重损害国家声誉，或者造成恶劣社会影响的；其他致使公共财产、国家和人民利益遭受重大损失的情形；执照持有人在事故和事故征候调查期间，故意隐瞒事实、伪造证据或销毁证据的；被追究刑事责任的。

0.3.3　仪表等级要求

0.3.3.1　资格要求

在驾驶员执照上增加仪表等级，申请人必须符合下列规定：必须至少持有现行私用驾驶员执照，该执照应当带有适用于所申请仪表等级的飞机或者直升机等级；完成了所申请仪表等级的航空知识方面的地面训练；完成了所申请仪表等级的飞行技能方面的飞行训练，满足飞行经历的要求；必须通过要求的相关航空知识的理论考试；必须通过要求的相关飞行技能的实践考试。

0.3.3.2 航空知识

仪表等级理论考试的申请人，必须已接受授权教员提供的地面训练，内容包括：中国民用航空规章中有关仪表飞行规则（IFR）运行的规定、空中交通管制系统与程序、有关的航行资料和通告；适用于仪表飞行规则（IFR）运行的无线电领航，使用无线电导航设备进行仪表飞行规则（IFR）航行和进近，仪表飞行规则（IFR）航图和仪表进近图的使用；航空气象报告和预报的获得与使用，以及根据这些信息和对天气情况的观测，预测天气趋势的要点，危险天气的识别和风切变的避让；在仪表气象条件下，安全有效地操作航空器；机组资源管理，包括机组通信、协调和判断与决断的作出；与航空器仪表飞行有关的威胁与差错管理的知识。

0.3.4 航线运输驾驶员执照

0.3.4.1 资格要求

符合下列条件的申请人，局方可以为其颁发航线运输驾驶员执照：年满21周岁；无犯罪记录；能正确读、听、说、写汉语，无影响双向无线电对话的口音和口吃（申请人因某种原因不能满足部分要求的，局方应当在其执照上签注必要的运行限制）；具有高中或者高中以上文化程度；持有局方颁发的有效Ⅰ级体检合格证；持有按本规则颁发的商用驾驶员执照和仪表等级；满足所申请航空器等级的飞行经历要求；通过了要求的航空知识的理论考试；通过了所要求飞行技能的实践考试。

0.3.4.2 航空知识要求

航线运输驾驶员执照的申请人，必须掌握下列适用于所申请航空器类别和级别等级的航空知识，完成相应的地面训练和理论考试：与航线运输驾驶员执照持有人有关的规章条例；飞行规则；相应的空中交通服务措施和程序；电气、液压、增压和航空器其他系统的一般特性和限制，包括自动驾驶仪和增稳飞行操纵系统；航空器动力装置的工作原理、操作程序和使用限制；大气条件对发动机性能的影响；飞行手册或其他相应文件中的有关操作资料；有关类别航空器的使用程序和限制；根据飞行手册中的有关操作资料，大气条件对航空器性能的影响；相应的航空器设备和系统的使用及可用性检查；飞行仪表；罗盘、转弯和增速误差；陀螺仪表，其使用限制和进动效应；各种飞行仪表和电子显示装置发生故障时采取的措施和程序；适合于航空器机体、系统和动力装置的维修程序；对于直升机和倾转旋翼机，传动装置（传动齿轮系）（如适用）；装载及重量分布对航空器操纵、飞行特性和性能的影响；重量和平衡计算；起飞、着陆和其他性能数据（包括巡航控制程序）的使用和实际运用；飞行前和航路飞行计划；空中交通服务飞行计划的准备和申报；相应的空中交通服务程序；高度表拨正程序；对于直升机或倾转旋翼机，外挂载荷对操纵的影响；人的行为能力，包括威胁和差错管理的原则；航空气象报告、图表和预报的判读与使用；代码和简字；飞行前和飞行中气象资料的使用和获得气象资料的程序；测高法；有关地区影响航空的气象要素的气候学；气压系统的移动；锋面结构和影响起飞、航路和着陆条件的重要天气现象的起源及特征；结冰的原因、识别和影响；通过锋区的程序；危险天气的避让；对于飞机和倾转旋翼机，实用的高空气象学，包括天气报告、图表和预报的判读与使用；高空急流；空中领航，包括航图、无线电导航设备和区域导航系统的使用；远程飞行的特殊导航要求；航空器操纵和导航所必需的航空电子设备和仪表的使用、限制和可用性；离场、航路、进近和着陆各飞行阶段所用的导航系统的使用、精确度和可靠性；无线电导航设备的识别；自主式和参照外部基准的导航系统的原理和特性；机载设备的操作。操作程序：在操作表现方面运用威胁和差错管理的原则；航空文件，如《航行资料汇编》《航行通告》《航空代码和缩略语》的理解与使用；预防和应急程序；安全措施；载运货物和危险品的操作程序；旅客安全简介的要求和做法，包括在上、下航空器时应遵守的预防措施；对于直升机和（如适用）倾转旋翼机，带油门的缓慢垂直下降；地面共振；后行桨叶失速；动力侧滚翻转和其他操作危险；与目视气象条件飞行相关的安全程序；飞行原理；通信程序和用语；如遇通信故障应采取的行动。

0.3.4.3 航线运输驾驶员的权利和限制

航线运输驾驶员执照持有人具有下列权利：航线运输驾驶员可以行使相应的私用和商用驾驶员执照以及仪表等级的权利；航线运输驾驶员可以在从事公共航空运输的航空器上担任机长和副驾驶。

对航线运输驾驶员执照持有人的限制是在下列情形下，执照持有人不再具有按照本规则颁发的航线运输驾驶员执照权利：执照持有人由于故意行为，致使公共财产、国家和人民利益遭受重大损失的；造成死亡 1 人以上，或者重伤 3 人以上的；造成公共财产直接经济损失30 万元以上，或者直接经济损失不满 30 万元，但间接经济损失 150 万元以上的；严重损害国家声誉，或者造成恶劣社会影响的；其他致使公共财产、国家和人民利益遭受重大损失的情形；执照持有人在事故和事故征候调查期间，故意隐瞒事实、伪造证据或销毁证据的；被追究刑事责任的。

1 飞 机 系 统

1.1 飞 机

飞机的类型虽然千差万别，但它们的主要部件及其功用却是非常类似的。飞机一般由机身、机翼、尾翼、起落架和动力装置 5 个部分组成（见图 1.1）。

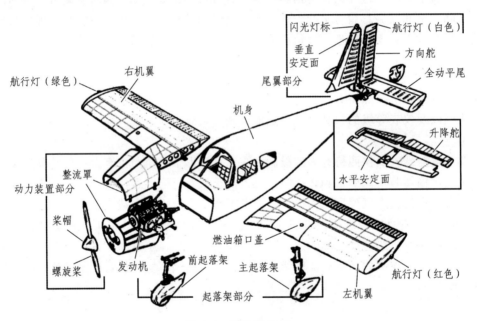

图 1.1 飞机的组成

1.1.1 机 体

把机身、机翼和尾翼作为一个整体，统称为"机体"。它是构成飞机的基本部件。本节主要介绍机体各部分的结构特点和功用。

1.1.1.1 机 身

机身是飞机的核心部件，主要包括驾驶舱、客舱、行李舱几部分，其内部安装有飞行仪表和其他重要设备，同时还为飞机的其他主要部件提供安装支点。按照机身结构类型分类，现代民用小型飞机的机身有构架式、半硬壳式和硬壳式几种（见图 1.2），而中、大型飞机则多属于半硬壳式。

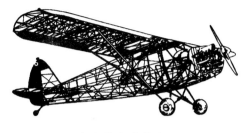 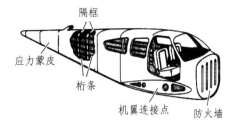

（a）构架式机身　　　　　　　　　　（b）半硬壳式机身

图 1.2　机身结构类型

（1）构架式机身由钢管或铝合金管焊接成机身骨架，表面敷设蒙皮，由骨架承受飞行载荷。

（2）半硬壳式机身由桁条、隔框和地板铆接成骨架，外部铆接强度较大的铝合金蒙皮。机身所受外载荷主要由蒙皮承受，其余外载荷由桁条承受。

（3）硬壳式机身由高强度的铝合金蒙皮与隔框铆接而成，无桁条。外载荷全部由蒙皮承受。

为了防止发动机失火时危及与发动机连接部分的结构以及飞机座舱内人员的安全，通常在发动机与机体结构的连接面之间设置耐高温不锈钢隔板，称之为"防火墙"。单发飞机的防火墙通常位于机身的前部，发动机与座舱之间（见图 1.1）。

1.1.1.2　机　翼

左、右机翼分别连接于机身两侧的中央翼接头处，横贯机身形成一个受力整体。飞行中空气流过机翼时产生一种能够使飞机飞起来的"升力"。

现代飞机常采用一对机翼，称为"单翼"。机翼可以安装于机身的上部、中部或下部，分别称为上单翼、中单翼和下单翼。民用飞机常采用下单翼或上单翼。许多小型上单翼飞机在机翼与机身结构之间装有外部撑杆，属于"半悬臂式"；部分上单翼和大多数下单翼飞机无外部撑杆，属于"悬臂式"（见图 1.3）。

（a）半悬臂式机翼　　　　　　　　　（b）悬臂式机翼

图 1.3　机翼的配置类型

机翼的平面形状也多种多样，民用飞机主要有平直翼和后掠翼。小型低速飞机常采用平直矩形翼或梯形翼；中、大型飞机则多采用后掠翼。

机翼一般由铝合金制成，其主要构件包括翼梁、翼肋、桁条和蒙皮。翼梁、翼肋和桁条铆接成金属机翼的骨架，外部再铆接蒙皮（见图 1.4）。飞行中，翼梁承受大部分弯曲载荷和剪切载荷；蒙皮承受部分弯曲载荷和大部分扭转载荷；翼肋主要起维持翼型的作用，并传递外载荷。

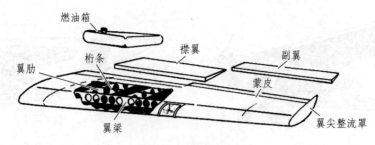

图 1.4 机翼的结构

几乎所有现代飞机都利用机翼内部空间装设燃油箱。燃油箱位于由翼梁、端肋和蒙皮围成的空间内。

1.1.1.3 尾 翼

尾翼通常由垂直尾翼和水平尾翼两部分组成，连接于机身的尾部（见图1.5）。垂直尾翼包括固定的垂直安定面和铰接其后可偏转的方向舵；水平尾翼包括固定的水平安定面和铰接其后可偏转的升降舵。尾翼的结构与机翼类似。

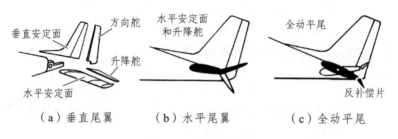

（a）垂直尾翼　　　（b）水平尾翼　　　（c）全动平尾

图 1.5 尾翼的构成

某些小型飞机的水平尾翼是一块可上下偏转的水平安定面，无升降舵，这种设计称为"全动平尾"。为了使飞行员获得与操纵有升降舵的飞机同样的"感觉"，在全动平尾后缘铰接有反补偿片。该片可随着全动平尾的偏转而自动同方向偏转，可适当增大俯仰操纵感觉力，从而有效地防止因俯仰操纵感觉力太轻而导致所谓的"操纵过量"。

1.1.1.4 机体使用注意事项

飞机机体处于暴露的工作环境，飞行过程中还要承受较大的外载荷作用，所以必须严格按规定使用机体，尽量保持机体的可靠性，延长其使用寿命，保证机体结构的使用安全。机体使用中应注意的主要事项归纳如下：

（1）保持机体表面的光洁，不得有划伤和机械损伤，不得被腐蚀；避免机体承受过大的载荷。

（2）飞行中遇到强烈突风作用后应作好飞行记录，以便于飞行后机务人员对机体结构作针对性检查。

（3）风挡玻璃必须用规定的清洗液或清水冲洗，然后用脱脂棉等柔软物料擦干。

（4）飞行员座椅安全带在经过一次强烈受力后必须更换。

（5）飞机的座舱门在整个飞行阶段必须关好。

1.1.2 飞机的飞行载荷和过载

1.1.2.1 飞机的飞行载荷

飞机的飞行载荷包括飞行中飞机所受升力、阻力、拉（推）力和重力。其中，升力的大小随飞行姿态、空速、飞行高度和不稳定气流等因素而变化，对结构使用安全有很大影响，所以飞行载荷的研究重点是飞机升力及其变化。

1. 飞机在飞行中的升力

飞机升力 Y 可由下式表示

$$Y = C_y \cdot \frac{1}{2} \rho v^2 \cdot S$$

式中　C_y——升力系数，与机翼仰角相关；

ρ——空气密度，与气压高度相关；

v——相对气流速度（即空速）；

S——机翼面积。

以一定姿态和气压高度飞行的飞机，其升力与空速的平方成正比，即空速越大，升力也越大。

2. 飞机平飞载荷

平飞时升力等于重力，飞机结构总体受力不大。但在大速度平飞时，为了保证升力不变，必须减小迎角，这时机翼上蒙皮受到很大的局部气动力，前缘受到较大的冲压作用，当机翼蒙皮刚度不足时，可能产生机翼上蒙皮鼓胀及前缘凹陷现象。所以飞行中应严格遵循手册规定的最大平飞速度限制。

3. 飞机水平转弯或盘旋时的载荷

水平转弯或盘旋时飞机将产生坡度角 γ，此时升力 $Y = G/\cos\gamma$，其垂直分量与飞机重力平衡，而水平分量提供转弯向心力。飞机坡度越大，所需升力也越大，而升力的增大受机翼临界迎角和发动机功率等因素的限制，故飞行手册中对坡度给出了限制，以防止飞机失速以及结构受力过大。

4. 飞机突风载荷

突风指风速和风向随时变化的不稳定气流（又称紊流或阵风等）。因为突风方向的不确定性，为了分析问题方便，将突风分为水平突风和垂直突风。从飞机承受载荷角度分析，在飞机巡航飞行阶段遇到水平突风时，因为空速远大于风速，所以水平突风对升力影响很小，可忽略不计。但在遇到垂直方向的突风时，升力将发生较大变化，因此必须考虑此时飞机载荷的变化。

当飞机平飞遇到垂直向上或向下的突风作用时，机翼迎角有一个正增量 $+\Delta\alpha$ 或负增量 $-\Delta\alpha$，使升力增大或减小。升力的变化可由下式表示

$$Y = Y_0 \pm \frac{1}{2} C_y^\alpha \rho w v_0 S$$

式中　Y_0——平飞时的升力；

$C_y^\alpha \rho w v_0 S/2$——垂直突风对升力的影响项；

＋号——垂直向上突风；

－号——垂直向下突风；

C_y^α——升力系数曲线的斜率，对特定飞机可将其看作定值；

ρ——空气密度；

w——突风速度；

v_0——飞机空速；

S——机翼面积。

由公式可分析出：对于一架在一定高度飞行的特定飞机而言，垂直突风对飞机升力的主要影响因素是突风速度和飞机空速。遇到垂直向上突风时，升力将增大；而遇到垂直向下突风时，升力将减小。突风速度不可能人为控制，只能通过控制飞行速度来减小突风影响项的值。所以，在巡航飞行中如遇到强烈垂直突风作用时，适当减小飞行速度是减小突风影响的有效手段。

1.1.2.2　飞机过载及其意义

1. 飞机过载的定义

飞机过载指飞机在某飞行状态下的升力与重力的比值，表示为 $n = Y/G$。n 是无量纲量，但习惯上在具体过载的数值后加重力加速度符号 g，如某飞机襟翼收上时正过载限制为 $+2.5\,g$，从而给过载赋予了加速度的含义。

2. 飞机过载的实用意义

飞机过载又称为"载荷因数"或"载荷系数"（load factor），可以从两个方面去理解，即"设计过载（$n_{设计}$）"和"使用过载（$n_{使用}$）"。

设计过载（$n_{设计}$）是飞机结构强度设计的依据，其大小表明了飞机承受载荷能力的大小和机动飞行能力的强弱。对于不允许作特技飞行的民用运输机，其设计过载主要根据航线突风条件（即突风过载）确定。

使用过载（$n_{使用}$）是飞机制造厂家在《飞行手册》中给定的过载限制，是实际飞行中允许达到的最大过载。为了保证飞机结构在实际飞行中具有一定安全余度，$n_{使用}$ 显然应小于 $n_{设计}$，而 $n_{设计}$ 与 $n_{使用}$ 的比值就是安全系数。因此，应严格按照手册规定的速度、坡度等来限制飞行，不允许飞机过载超过 $n_{使用}$。

3. 各种飞行状态下的过载

根据以上对不同飞行状态下飞行载荷的分析，结合上述飞机过载的定义，可以确定不同飞行状态下的过载。

平飞时，因为升力等于重力，所以 $n = 1$。

水平转弯或盘旋时，因为升力 $Y = G/\cos\gamma$，所以 $n = 1/\cos\gamma$。可见过载随转弯坡度的增大而增大。民用运输机的《飞行手册》中一般对坡度都有限制（$\gamma \leqslant 60°$），就是为了防止转弯时的过载超过使用过载限制而导致飞机失速及结构受力过大。

遇垂直突风时，因为升力 $Y = Y_0 \pm C_y^\alpha \rho w v_0 S/2$，所以 $n = 1 \pm C_y^\alpha \rho w v_0 S/(2G)$。从该公式可知，当飞机遇到垂直向上的突风时，升力增大，过载也增大；遇到垂直向下的突风时，升力减小，过载也减小。在紊流中以大速度飞行时，升力的剧烈变化将会导致飞机结构受力的突变。所以运输机飞行手册中都对穿越紊流的速度给出了限制。通过适当减小飞行速度，可减小突风对升力的影响，从而有效控制飞机过载不超过规定。

另外，人体承受过载的能力也是有限的，并且受体姿的影响。人体俯卧比坐姿或站姿承受过载的能力强。

1.1.3 航空器分类

航空器包括定翼机、直升机、滑翔机和热气球等。其分类方法多种多样，如根据其用途、最大起飞重量、航程、结构外形、发动机数量等来分类。为了便于分类，CCAR（中国民用航空规章）建立了两种分类体系：一种用于航空器设计批准或适航审定，另一种用于飞行员的合格审定。

1.1.3.1 航空器适航审定分类体系

对于航空器的适航审定，CCAR 首先建立了广泛的类别，然后进一步分成 4 种级别，最后是型别（见表 1.1）。其中，类别对航空器的用途和运行作了严格限制。大多数小型定翼机属于正常类和实用类，许多用于飞行训练的飞机都是经过这两类适航审定的。实用类飞机比正常类能承受更大载荷。特技类飞机的结构强度比上述两类高得多，故其使用限制最小。通勤类飞机可用于运送旅客，但被限制在 19 座和最大起飞重量 8 618 kg 以下。运输类飞机通常指航线运输机或最大起飞重量（或载运旅客人数）超过某限制的大型航空器。限用类指从事特殊任务的航空器，如农用飞机或护林飞机。限制类指允许有限地用于民用的军用航空器。暂用类是指新设计出来，还不完全符合适航要求的航空器，但仍可用于某种目的的飞行。实验类所指的航空器范围较广，如非专业制造的竞赛飞机、为验证某种设计思想所研制开发的航空器等。

表 1.1　航空器适航审定分类体系

类　别	级　别	型　别
正常类限用类	定翼机	特定的制造型号，例如：
实用类限制类	旋翼机	PA-23-161
特技类暂用类	滑翔机	Hughes 500
通勤类	轻于空气的航空器	Boeing 747
运输类实验类		

1.1.3.2 飞行员合格审定分类体系

对于飞行员的合格审定，航空器仍被分为类别、级别和型别（见表 1.2），只是与航空器适航审定时的含义有所不同，其中包括 4 种类别，且除滑翔机外，各种类别进一步分成级别，最后指定制造型号。当飞行员完成训练后，在驾驶执照上可能注明"定翼机陆上单发"。对于小型定翼机，通常不在执照上注明型别。

表 1.2　飞行员合格审定分类体系

类　　别	级　　别	型　　别
定翼机	陆上单发 陆上双发 海上单发 海上双发	特定的制造型号，例如： PA-23-161 Hughes 500 Boeing 747
旋翼机	直升机 自旋翼机	
滑翔机		
轻于空气的航空器	飞　　艇 热气球	

另外，为了便于区分飞行训练类别，《CCAR62 部》将民用飞机分为小型、中型、大型、重型 4 个等级；直升机分为小型、中型、大型 3 个等级。分级时主要参考该机型的最大起飞全重：小型飞机的最大起飞全重为 5 700 kg 以下，中型飞机的最大起飞全重为 5 700 ~ 24 000 kg，大型飞机的最大起飞全重为 24 000 ~ 100 000 kg，重型飞机的最大起飞全重为 100 000 kg 以上；小型直升机的最大起飞全重等于或小于 2 730 kg，中型直升机的最大起飞全重为 2 730 ~ 9 080 kg，大型直升机的最大起飞全重大于 9 080 kg。

1.1.4　动力装置

小型飞机的动力装置包括一台活塞式发动机和螺旋桨（见图 1.6）。发动机外部由整流罩包围，使飞机头部形成流线型以减小阻力。同时，整流罩还可将外界空气导入气缸周围使之冷却。发动机主要为螺旋桨提供所需动力，同时还带动发电机为飞机供电，并可为一些飞行仪表提供真空源。在多数飞机上，发动机还为飞机座舱提供热源。

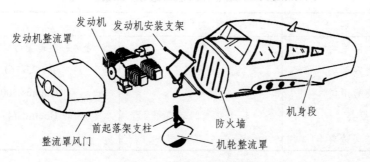

图 1.6　动力装置安装图

中、大型飞机的动力装置通常为双发或多发布局。发动机为活塞式、涡桨式或涡扇式。发动机短舱一般安装在机翼下方，部分飞机的涡扇式发动机短舱安装于机身尾部。

1.2 飞行操纵系统

飞行操纵系统通常分为主操纵系统和辅助操纵系统两部分。前者供飞行员操纵飞机绕自身三轴旋转，改变或保持飞机的飞行姿态；后者主要用于改善飞机的飞行性能、减小飞行员操纵负荷等。中、小型飞机的飞行主操纵系统一般属于无助力机械传动式系统，即由飞行员的体力提供与主操纵面偏转后产生的枢轴力矩相抗衡的力矩；而辅助操纵系统则可能是机械传动或电动。大型飞机的飞行操纵系统通常采用液压助力操纵。

1.2.1 飞行操纵面及其功用

飞行操纵面大多安装于机翼和尾翼的后缘。它们偏转后改变了机翼、尾翼的气动特性，达到操纵飞机的目的。飞行操纵面按功用通常分为主操纵面和辅助操纵面两类（见图1.7）。

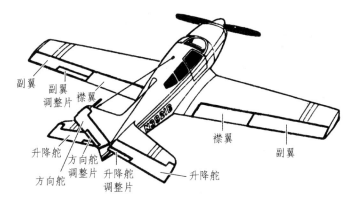

图 1.7　飞行操纵面位置示意图

1.2.1.1　主操纵面

飞机主操纵面包括副翼、方向舵和升降舵（或全动平尾）。

副翼铰接于两边机翼外侧的后缘。两边副翼相对反向偏转时产生对飞机纵轴的横滚力矩，实现对飞机的横侧操纵。

方向舵铰接于垂直安定面之后。它向左或右偏转时产生对飞机立轴的偏航力矩，实现对飞机的方向操纵。

升降舵铰接于水平安定面之后。向上或向下偏转时产生对飞机横轴的俯仰力矩，实现对飞机的俯仰操纵。某些小型飞机将水平安定面和升降舵做成整体，称为"全动平尾"，主要目的是提高俯仰操纵的效率。

1.2.1.2　辅助操纵面

中、小型飞机的辅助操纵面主要指襟翼、缝翼和调整片。

襟翼属于飞机的增升装置，用于飞机起飞、着陆阶段，其功用是改善起飞、着陆性能。襟翼放下后，增大了机翼的弯度和面积，从而使在相同空速下的升力增大。某些飞机的机翼前缘设置有缝翼，也属于增升装置，与襟翼配合使用，以改善飞机的低速性能。

调整片包括配平调整片、随动补偿片和反补偿片等，它们都是铰接于主操纵面后缘的可活动小翼面。配平调整片只在采用无助力机械传动式飞行操纵系统的飞机上安装，需要飞行员专门操纵，正常情况下其偏转方向与相应主操纵面偏转方向相反（见图1.8），功用是调整飞机姿态平衡，减小或消除飞行操纵力。随动补偿片无须操纵，随主操纵面的偏转而自动反向偏转，以减小主操纵力。

反补偿片也无须操纵，随主操纵面的偏转自动同向偏转（偏转角度大于主操纵面），其功用是适当增大所需主操纵力，防止操纵过量，常见于全动平尾后缘。有时反补偿片同时又起配平调整片的作用（见图1.8），此时称为"反补偿调整片"。

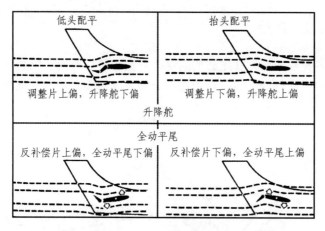

图 1.8　配平调整片的功用

1.2.2　飞行主操纵力及基本操纵原理

1.2.2.1　飞行主操纵力

飞行员通过驾驶盘、驾驶杆或脚蹬等主操纵机构对副翼、升降舵或方向舵进行操纵时，相应主操纵面偏转，产生的空气动力不仅对飞机三轴形成横滚、俯仰或偏航力矩而实现对飞机姿态的控制（见图1.9），同时这些气动力还会对各主操纵面的铰链（偏转轴）产生枢轴力矩，迫使操纵面回到中立位置。为了保持操纵面在所需的偏转位置，就要求飞行员在主操纵机构上施加操纵力与枢轴力矩平衡。所以主操纵力就是飞行员为保持对飞机主操纵面的控制而在主操纵机构上施加的力。

根据空气动力学理论，作用在操纵面上的空气动力与操纵面的尺寸、偏转角度成正比，与飞行速度的平方成正比。所以主操纵力也就与操纵面尺寸、偏转角度成正比，与飞行速度的平方成正比。

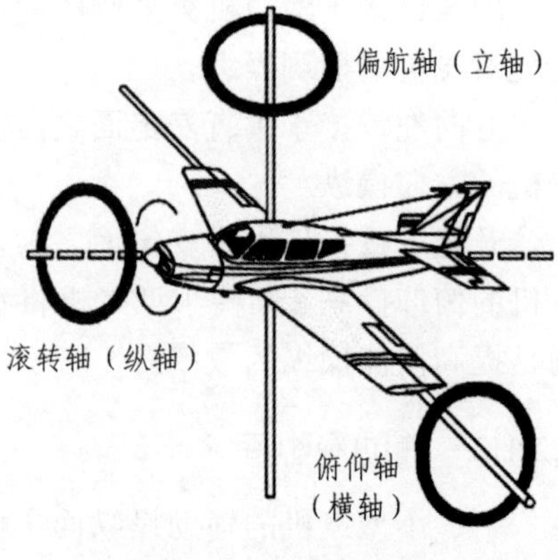

图 1.9　飞机的三轴

1.2.2.2　飞行主操纵基本原理

飞行主操纵是指操纵主舵面偏转，产生附加气动力对飞机的纵轴、横轴和立轴形成气动力矩，改变或保持飞机的横侧、俯仰和航向姿态。

飞行中进行横侧操纵时，左转驾驶盘，左边副翼上偏，附加气动力向下，右边副翼下偏，附加气动力向上，对飞机纵轴形成左滚力矩，使飞机向左倾斜；右转驾驶盘则使飞机向右倾斜（见图1.10）。

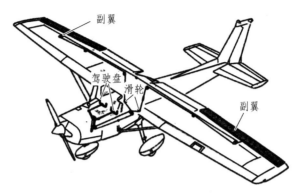

图 1.10　副翼操纵系统

飞行中进行俯仰操纵时，后拉驾驶盘（杆），升降舵后缘上偏，附加气动力向下，对飞机横轴形成抬头力矩，使机头上仰；前推驾驶盘（杆）则使飞机下俯（见图1.11）。

飞行中进行偏航操纵时，蹬左脚蹬，方向舵后缘左偏，附加气动力向右，对飞机立轴形成左偏航力矩，使飞机向左偏航；蹬右脚蹬则使飞机向右偏航（见图1.12）。

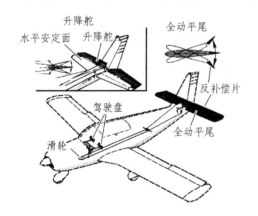

图 1.11　升降舵或全动平尾操纵系统

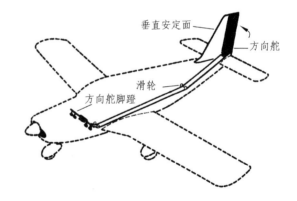

图 1.12　方向舵操纵系统

1.2.3　舵面锁的使用注意事项

采用无助力机械式主操纵系统的飞机在地面停放期间,必须用舵面锁定装置将舵面固定,以防止阵风或大风吹动舵面来回偏转摆动而损坏舵面及其传动机构。

飞行前必须将这些舵面锁解除,以防止锁住舵面起飞发生事故。在设计上采取了一些安全措施,如舵面锁手柄与油门杆联锁,未开锁前发动机油门杆只能前推到慢车位而达不到起飞功率;或者舵面锁住时发动机起动电门或磁电机钥匙孔被挡住而不能起动发动机等。

1.2.4 辅助操纵面的操纵方法

1.2.4.1 襟翼的操纵

小型飞机的襟翼一般由电机传动（见图 1.13），中、大型飞机的襟翼则通常为液压传动。飞行员通过襟翼操纵手柄（或电门）操纵襟翼收放。

起飞前应将襟翼放下到规定的起飞位置，否则在推油门起飞时会出现"起飞形态（构形）"警告。着陆前按规定分数次放襟翼到着陆位置。

操纵襟翼收放时应注意遵守操纵襟翼速度限制，并通过襟翼指位表判断襟翼的位置。

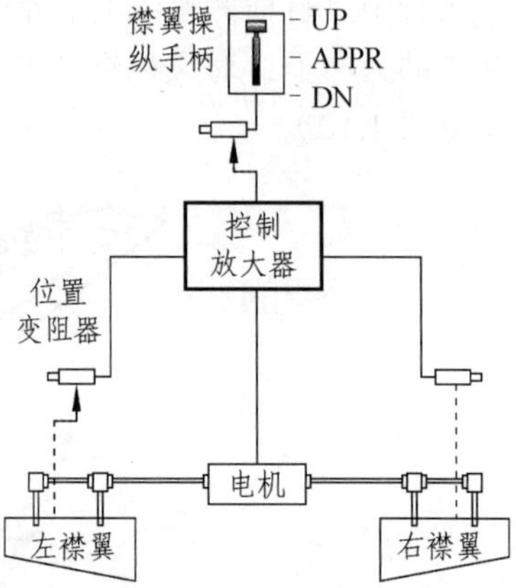

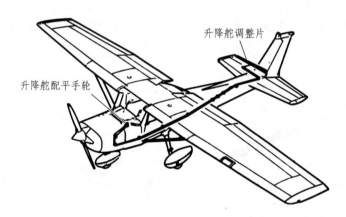

图 1.13　电动襟翼系统

1.2.4.2 配平调整片的操纵

调整片的传动分为电动式和机械传动式。电动式配平调整片由专门的配平电门操纵。如果是机械传动式，则驾驶舱中有相应的配平手轮（或摇柄）机构实施配平操纵（见图 1.14），其位置由调整片指位表或刻度盘指示。某些小型飞机电动式配平调整片设置有中立位置指示灯，当调整片在中立位置时指示灯亮。

升降舵调整片

升降舵配平手轮

图 1.14　升降舵配平调整片操纵系统

无论是电动式还是机械式，对飞机进行配平操纵时，飞行员操纵动作的方向应与相应的主操纵方向一致。例如，向后带杆操纵飞机抬头，保持抬头的配平操纵方法是向后扳动升降舵配平电门或向后转动升降舵配平手轮。再如，蹬左舵时，应向左扳方向舵配平电门或左转方向舵配平手轮，直至蹬舵力消失。

配平调整片除了具备 1.2.1.2 中所述功用外，当飞行主操纵系统发生故障时，还具备一定的应急操纵飞机的能力。例如，当飞机主操纵系统的传动机构（如钢索或传动杆系统）松脱或断裂时，可单独操纵调整片对飞机姿态进行控制，此时配平操纵动作的方向与正常配平操纵方向一致。再如，当飞机主操纵系统传动机构卡阻时，可单独操纵调整片对飞机姿态进行一定程度的控制，但此时对调整片操纵动作的方向与正常配平操纵时相反。

1.3 起落架系统

起落架是飞机的重要部件，主要功用包括：停机时和滑行、滑跑中支撑飞机；保证飞机在地面灵活运动；减小飞机着陆时的撞击力和颠簸；着陆滑跑中刹车减速等。

1.3.1 起落架的配置形式与结构形式

起落架的形式差异决定了起落架使用上的不同特点。飞机起落架包括轮式、浮筒式或滑橇式等几种类型，本节主要介绍轮式起落架。起落架还可分为固定式和可收放式。固定式起落架始终保持在撑出位置；可收放式起落架则在飞行中可收起，以减小空气阻力。

1.3.1.1 起落架的配置形式

根据起落架在机体上的安装位置布局的不同，民用飞机起落架配置形式主要有后三点式和前三点式两种（见图1.15）。

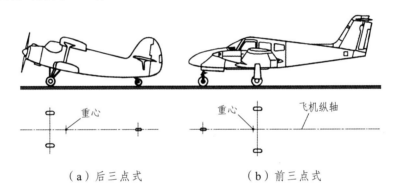

（a）后三点式　　　　　　　　（b）前三点式

图 1.15　起落架的配置形式

（1）后三点式起落架指两个主起落架位于两边机翼根部下方，另一个起落架（即尾轮）位于飞机尾部下方的配置形式。这种配置形式为早期低速飞机和某些轻型飞机所采用，其主要优点是可在强度较低的道面上行进，如经过碾压的草地或土质沙砾跑道。但后三点式起落架的缺点也十分明显，主要表现在地面运动时的方向稳定性较差，滑跑中方向不易控制，受干扰后如操纵不当易进入"打地转"状态；地面运动的纵向稳定性较差，着陆时如刹车过早、过猛或未抱紧驾驶杆，可能导致飞机倒立（拿大顶）；着陆时前方视线不好，对着陆技术也要求较高，要求轻三点接地，抱紧驾驶杆（利用升降舵压住尾轮防止倒立，并保持滑跑方向）。

（2）前三点式起落架指两个主起落架在两边机翼根部下方，另一个起落架（即前起落架）位于飞机头部下方的配置形式。与后三点式比较，前三点式起落架的地面方向稳定性和纵向稳定性都较好，且着陆时前方视线好，着陆滑跑中可较早实施刹车。所以，现代民用飞机广泛采用前三点式起落架。

1.3.1.2　起落架的结构形式

　　按起落架结构和工作特点，其结构形式主要有构架式、摇臂式与支柱套筒式 3 种（见图 1.16）。构架式起落架常用于早期低速飞机，其结构特点是起落架固定，不可收放，结构简单；摇臂式常用于中、小型飞机可收放式起落架，可较好地承受垂直和水平方向的载荷，但结构较复杂，结构重量较大；支柱套筒式多用于中、大型飞机可收放式起落架，能够承受较大的垂直载荷，且机构较简单，结构重量较小。

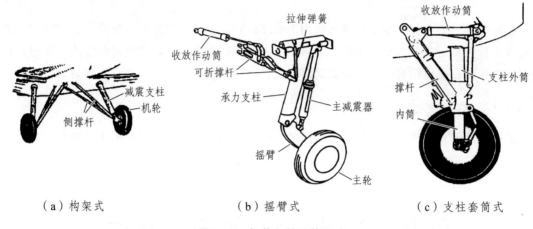

（a）构架式　　　　　　　（b）摇臂式　　　　　　　（c）支柱套筒式

图 1.16　起落架的结构形式

1.3.1.3　飞机机轮

　　机轮是飞机起落架轮式滑行装置的主要部分，由轮毂和轮胎组成。

　　轮毂一般由铝镁合金制成，主要起支撑轮胎的作用，通过滚动轴承装在轮轴上。轮胎不仅保证地面支撑飞机和灵活运动，而且还可吸收部分飞机接地能量，以及与道面间产生摩擦力使飞机减速。轮胎工作条件较恶劣，容易遭受磨损和意外损伤，所以应加强检查，必要时应更换。

　　轮胎按充气压力分为低压轮胎、中压轮胎、高压轮胎和超高压轮胎几种。低压轮胎胎面宽度大，对地面压力小，可在经碾压的土质跑道上起降，一般用于低速轻型飞机。飞机着陆重量越大，则轮胎充气压力越高，对道面的强度要求也越高。按结构特点分类，轮胎又可分为有内胎式和无内胎式两种，大部分高压和超高压轮胎都属于无内胎式。

1.3.1.4　起落架减震支柱

　　飞机起落架减震装置连接于机身或机翼的承力结构上，用于吸收着陆撞击能量，减小撞击力，以及减弱在滑行和滑跑时的颠簸振动。

　　在民用飞机上，减震装置通常有弹簧钢式和油气式两种（见图 1.17）。弹簧钢式减震支柱由弹性钢板制成，可将外部压力吸收后释放出去。油气式减震支柱由内筒（活塞）和外筒构成，内部充以压缩空气和油液。飞机接地时支柱压缩，内部空气迅速吸收接地能量，然后缓慢释放，减小地面对飞机的撞击力；同时油液通过筒内隔板上的小孔产生摩擦热将着陆能量耗散，减弱飞机颠簸。

 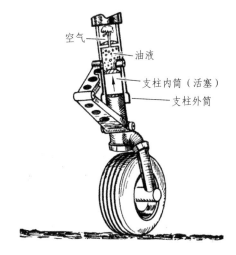

（a）弹簧钢式减震支柱　　　　　　　　　　（b）油气式减震支柱

图 1.17　起落架减震支柱

1.3.2　起落架收放系统

飞机起飞后收上起落架，可使飞机保持良好气动外形而减小气动阻力。起落架收放系统工作的可靠性直接关系到飞行安全，尤其是飞机着陆和地面运行的安全。

1.3.2.1　起落架收放系统的组成

起落架收放系统（见图 1.18）主要由收放作动筒、收放位置锁、位置信号系统、收放操纵机构、地面防意外收起装置和应急放下机构等部分组成，保证起落架可靠收上和放下。

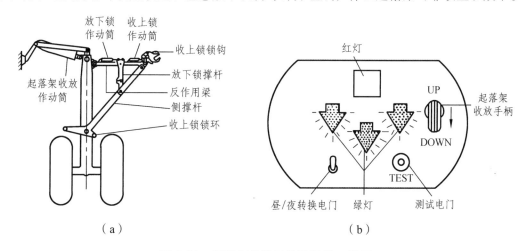

（a）　　　　　　　　　　　　　　　　（b）

图 1.18　起落架收放机构及操纵、指示

收放作动筒由液压传动。液压系统提供足够动力以保证起落架收上或放下到位。

每个起落架都分别有一个收上位置锁和一个放下位置锁，保证将起落架固定在收上位置或放下位置。收放位置锁一般为机械式，少数飞机的收上位置锁为液锁。

在主起落架减震支柱上有"支柱电门"（或称"地面安全电门""空地安全传感器"等），当飞机在地面，起落架减震支柱处于压缩状态时，与该电门相关的逻辑电路将起落架收放操纵手柄锁在放下位置，或将起落架收放控制电路断电，从而防止飞机在地面时意外收上起落架造成地面事故。

1.3.2.2 起落架收放位置信号系统

起落架位置信号包括灯光信号、机械信号和警告信号 3 类，适时向飞行员提供起落架位置显示，并在必要时提醒放下起落架。

灯光信号位于起落架操纵手柄附近，由一组红色信号灯和一组绿色信号灯组成（见图 1.18）。正常情况下，红灯灭、绿灯亮表示起落架已放下并锁好；绿灯灭、红灯亮表示起落架正处于收上或放下的过程中；红、绿灯都灭表示起落架已收上并锁好。

起落架机械位置信号作为灯光位置信号的补充，在电气系统或信号灯故障时，可帮助飞行机组判断起落架放下锁好情况。常见的机械信号有指示杆、牌、红线等，在规定的位置目视观察，如果这类位置信号处于规定的位置，表明起落架已放下锁好。

着陆进近阶段如果未按检查单的规定的时机放下起落架，则驾驶舱中会出现提醒放下起落架的警告信号。起落架位置与发动机油门位置和襟翼位置共同构成该警告的逻辑电路。当起落架不在放下锁好位置时，油门收回到慢车位，或襟翼放下到一定角度，都会接通该电路，使警告喇叭响（某些飞机的红色位置信号灯此时同时亮起）。

1.3.2.3 应急放下起落架

当起落架不能正常放下时，必须采用应急放下的方法放下并锁好起落架，以保证着陆安全。应急放下起落架首先必须打开收上位置锁，然后依靠起落架自身重力、空气动力或辅助动力放下并锁好起落架。收上位置锁是机械锁时，操纵应急放下机构打开收上锁；收上位置锁是液锁时，通过操纵应急放下装置，沟通收放油路解除液锁。

某些中、小型飞机因其起落架自身重量较小，靠自身重力不能可靠地放下锁好，所以设置有手摇液压泵应急放下，或采用气压应急放下装置。

1.3.3 前起落架的特点

前起落架的功用及组成与主起落架基本相同。不同点在于为了保证飞机在地面灵活转弯以及便于控制滑行、滑跑方向，要求前起落架必须能左右偏转。

1.3.3.1 前起落架的组成特点

要求前起落架能左右偏转，带来了滑行（跑）方向稳定性、前轮空中定中能力、前轮摆振和转弯控制等一系列问题，这就决定了起落架的组成特点。

前轮滑行（跑）方向稳定性问题在设计上采用"稳定距"来解决。前轮偏转轴延长线与地面的交点在前轮轮胎接地点之前，使轮胎与地面之间的摩擦力对转轴形成稳定力矩。

飞机在空中飞行时，如前轮自由偏转，将严重影响起飞后收上前起落架，以及着陆接地时保持滑跑方向。在设计上采用前轮中立机构，使得飞机起飞后支柱伸长迫使前起落架自动回到中立位，以便顺利收上起落架；进近中放下起落架时，前轮自动保持中立位，以便正常接地。

前轮摆振常发生于起飞滑跑末了阶段和着陆滑跑初期阶段。前轮一旦进入摆振状态，不仅难以控制滑跑方向，还可能损坏前起落架结构。在设计上采用在前起落架支柱上安装减摆器的方法，可有效控制前轮摆振。

1.3.3.2 前轮转弯系统

该系统的功用是按飞行员对飞机地面转弯实施的操纵，传动前轮对应偏转，实现飞机地面运动的方向控制。中、小型飞机一般采用机械传动式前轮转弯系统，大型机则多采用液压传动式前轮转弯系统。

机械式前轮转弯机构只受脚蹬控制。起落架放下（包括飞机在空中和地面）时，转弯机构与脚蹬机构关联，此时蹬舵将使方向舵和前轮同时偏转。起落架收上时，转弯机构与脚蹬机构脱离，此时蹬舵仅使方向舵偏转，前轮不偏转。

液压传动式前轮转弯系统由液压系统提供转弯动力，飞行员通过转弯操纵手轮或脚蹬对液压实施控制。地面小速度滑行中转弯一般通过转弯手轮操纵，这时前轮偏转角度较大，可实现较小半径的转弯；大速度滑跑中需要修正方向时则通过脚蹬操纵，这时前轮偏转角度较小，与方向舵一起完成对滑跑方向的修正。

1.3.4 刹车系统

飞机起飞、着陆滑跑速度大，为了保证着陆安全以及中断起飞的安全，现代飞机普遍采用了滑跑减速装置。中、小型飞机主要依赖刹车时地面的摩擦力减速，而大型飞机的滑跑减速力则包括刹车力、反推力和气动阻力等几个方面。对刹车系统的基本要求可归纳为安全、高效。

1.3.4.1 刹车减速原理

飞机在地面运动时，机轮由道面对轮胎的摩擦力维持转动，而该摩擦力与飞机运动方向相反，其大小对飞机滑跑减速起着重要作用。机轮运动时，作用在轮胎上的力矩主要包括由地面摩擦力形成的滚转力矩和因刹车等形成的阻滚力矩两个方面（见图 1.19）。

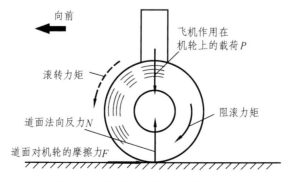

图 1.19 作用在机轮上的力和力矩

滚动摩擦理论指出，在一定限度内，滚转力矩随阻滚力矩的增大而增大。所以，在刹车时刹车装置内产生的摩擦力对机轮轮轴形成的刹车力矩（即阻滚力矩）增大，为了维持机轮滚动，轮胎与道面之间的摩擦力（可称为地面摩擦力）对轮轴形成的滚转力矩随之增大。而轮轴与轮胎接地点之间的距离可视为定值，则地面摩擦力必然增大，从而使飞机滑跑速度减小。所以，在一定限度内，刹车越重减速越快，飞机滑跑的大部分动能转化为摩擦热耗散掉。

上面的分析中提到"在一定限度内"，该"限度"与可以获得的地面摩擦力的最大值有关，这个最大摩擦力称为轮胎与道面的"结合力"。设结合力为 $F_{结合}$，道面对机轮的法向反力为 N（其大小一般情况下等于 P），轮胎与道面之间的摩擦系数为 μ，则由物理学知识可知

$$F_{结合} = \mu \cdot N = \mu P$$

式中　μ——摩擦系数，与道面材质和状态、机轮打滑率及飞机速度相关；

　　　N——法向反力，间接与飞机空速相关。

根据理论计算和试验可知，在道面材质和状态一定的情况下，在打滑率为 15%～30% 时 μ 最大，而 μ 与 N 都随飞机滑跑速度的减小而增大。可见，在着陆滑跑过程中，结合力随飞机滑跑速度的减小逐渐增大，每时每刻都在变化。不刹车时机轮容易滚动，此时地面摩擦力远小于当时可获得的结合力，飞机减速慢；刹车时，阻滚力矩增大，要求滚转力矩也随之增大才能维持机轮滚动，即地面摩擦力随之增大，因而飞机减速相对较快。但地面摩擦力增大的极限是当时的结合力，所以当刹车过早、过重，阻滚力矩过大时，由结合力提供的滚转力矩（此时称为"结合力矩"）就不足以维持机轮滚动，导致机轮严重打滑（又称"机轮卡滞"或"拖胎"）。因此，上文中的"限度"就是指阻滚力矩不能大于可获得的结合力矩。通俗地说就是刹车不能过早、过重（即粗猛刹车），否则将会刹死机轮而发生拖胎。

1.3.4.2　最高刹车效率过程

从以上分析可知，要获得安全、高效的刹车，就要正确控制刹车的轻重，既要使地面摩擦力接近或等于当时的结合力，又要使机轮不出现严重打滑现象。因此，最高刹车效率过程就是指使刹车力矩时刻接近而不超过当时的结合力矩的刹车过程。对前三点式起落架飞机而言，人工刹车的基本方法是：飞机着陆，前轮接地后，随着滑跑速度的减小逐渐增大刹车压力。跑道有积水或积冰等污染条件时，因摩擦系数显著减小，更应柔和使用刹车。

小型飞机因其着陆能量较小，使用上述人工刹车方法能够使飞机着陆滑跑距离达到可接受的范围。中、大型飞机进场速度大，着陆动能大，如果完全由飞行员控制刹车，则很难达到较高的刹车效率，还有可能因刹车使用不当而导致拖胎等不安全现象。所以现代运输机在刹车系统中设置了"防滑系统"（Anti-Skid System）和"自动刹车系统"。采用这些系统既简化了对刹车的操纵，又提高了刹车效率，还可防止发生拖胎等问题。

1.3.4.3　刹车系统的组成与工作原理

根据刹车压力源及刹车控制方式的不同，飞机刹车系统可分为独立刹车系统和动力刹车系统两大类。

1. 独立刹车系统

独立刹车系统由人力提供刹车动力，刹车压力的大小由踩下脚蹬的轻重控制。该系统由脚蹬、刹车控制筒、刹车装置以及停留刹车等部分组成（见图1.20）。刹车时踩下脚蹬，带动刹车控制筒将液压油压入刹车装置的作动筒，通过刹车活塞推动刹车片贴紧刹车盘，产生刹车力矩，使飞机主轮刹车。地面停机时拉出停留刹车手柄施加停留刹车。地面运动时，分别使用左或右刹车也可实现转弯。

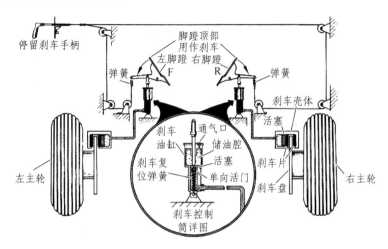

图1.20 独立刹车系统的组成

2. 动力刹车系统

动力刹车系统由飞机液压系统提供刹车压力，刹车压力的大小由踩下脚蹬的轻重控制。飞行员通过踩脚蹬给刹车计量活门输入刹车信号，控制流向刹车装置的液压油压力，再经过防滞活门的控制，实现正常刹车。

1.3.4.4 停留（机）刹车的使用

飞机在地面停放或发动机地面工作或试车时，为了刹住机轮防止飞机意外滑动，需要使用停留刹车。停留刹车的基本原理是：施加刹车后，通过某种机构（通常是停留刹车手柄带动相应的活门）将刹车液压油封闭在刹车装置中，从而较长时间保持刹车状态。停留刹车的操纵通常由左座飞行员完成。双脚踩下方向舵脚蹬，拔出（起）停留刹车手柄即可。飞机开始滑行前应按检查单规定解除停留刹车。

为了防止在未解除停留刹车的状态下滑行起飞，在驾驶舱中设有红色（或琥珀色）停留刹车指示灯。施加停留刹车时灯亮，解除时灯灭。

1.3.4.5 冷气刹车注意事项

某些小型飞机采用冷气（压缩空气或氮气）刹车系统。由于冷气具有传动速度快的特点，加之其刹车装置多采用胶囊式，所以这种刹车系统在使用上应注意刹车不能过猛、过早，否则可能使热量集中，压力过大，导致胶囊破裂发生事故。如果是后三点式起落架，还应注意滑跑前半段不刹车，后半段一刹一松、由轻到重柔和刹车。

1.4 飞机液压和气压传动系统

飞机各运动部件所需动力包括液压、气压、电力和人力等几种。下面主要介绍液压和气压传动的基本知识。

1.4.1 液压传动系统

飞机液压系统具有重量轻、效率高、输出功率大、自润滑和便于控制等优点，并且可简单、方便地通过管道与所需传动的系统连接。中、小型飞机主要利用液压系统传动起落架收放，有些还包括襟翼收放。大型运输机的液压系统则具有传动起落架收放、刹车、前轮转弯、飞行操纵系统的操纵面等多种功能。

1.4.1.1 液压系统基本工作原理

液压系统的基本工作原理可由描述封闭容器内液体性质的帕斯卡定律来解释，即在封闭容器内，液体中的任意一点和任意方向上都具有相同的压力（见图 1.21）。所以，液压系统就是利用密闭管路内不可压缩液体能够传递压力的特性，将具有压力的油液通过管路输送到需要传动的部件处，再利用传动装置（如作动筒或液压马达）将液体内能（压力）转变为机械能输出做功，使传动部件运动。

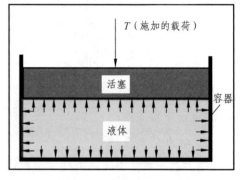

图 1.21　帕斯卡定律示意图

1.4.1.2 液压系统工作介质

用于传动飞机各系统工作的液压油应具有对机件良好的润滑性，在较大工作温度范围内具有适中的黏性，以及高闪点和良好的化学稳定性。飞机液压系统使用的液压油包括植物基、矿物基和合成基 3 类。由于它们具有不同的性质，所以必须谨慎使用，防止互相掺混。为了便于辨别，各种液压油以不同颜色加以区别。

（1）植物基液压油为"黄绿色"，只能用于天然橡胶密封件和软管的系统中，目前已很少使用。

（2）矿物基液压油通常为"红色"，广泛用于飞机各系统和起落架减震支柱中。它只能用于具有合成橡胶密封件和软管的系统中。

（3）合成基液压油（磷酸酯基液压油），其颜色有"亮绿色""琥珀色"和"紫色"几种。由于其良好的防火特性，又被称为"防火液压油"，广泛应用于现代航线运输机液压系统。它只能用于具有丁基合成橡胶、乙烯、丙烯或特氟隆密封件和软管的系统中。由于防火液压油对皮肤和眼睛有伤害作用，所以操作时须十分小心。

1.4.1.3 液压系统基本组成

根据液压控制与传动工作特点，液压系统主要由供压、控制和传动几部分组成（见图 1.22）。这几部分共同工作，既可以保证系统具有足够压力，又可以保证系统安全，还可以保证所传动的部件按操纵控制输入信号的要求运动，实现液压传动的目的。

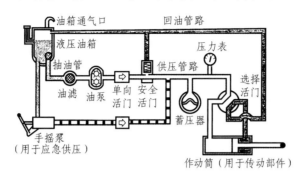

图 1.22　液压系统基本组成示意图

1. 供压部分

供压部分包括液压油箱、泵、油滤和蓄压器，主要向系统提供洁净的高压油液。

（1）液压油箱：用于储存系统所用油液，补充因泄漏损失的油液，接受因传动装置（作动筒或液压马达）运动或系统热膨胀而产生的回油。飞行高度较低的飞机的液压油箱可不增压，但必须通过管道与大气相通；飞行高度较高的飞机的液压油箱必须密封，并充以压缩空气增压，其目的是防止低气压条件下油箱内油液所溶解的空气析出和油液蒸发产生气泡，从而消除系统发生气塞的根源。液压油箱内设有油量传感器，用于远距离指示油量；通常在油箱上还装设有目视油量观察窗。

（2）液压泵：供压部分的核心部件。根据其结构和工作原理的不同，液压泵可分为叶片泵、齿轮泵和柱塞泵等，其中轴向式柱塞泵应用最广。液压泵的动力源有发动机驱动、电机驱动或压缩空气驱动。液压泵还可进一步划分为定流量泵和变流量泵两类。定流量泵提供连续的油流，在系统建立了正常工作压力之后，需要有"卸荷活门"给泵提供一个空转回路（见图 1.23）。变流量泵（见图 1.24）可根据系统压力变化自动调节输出流量。

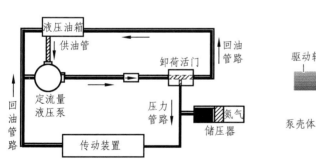

图 1.23　具有卸荷活门的定流量泵液压系统

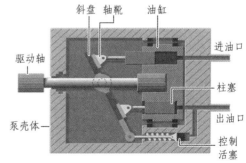

图 1.24　变流量轴向式柱塞泵

（3）液压油滤：它位于泵下游的管路中，用于过滤悬浮于油液中的杂质，由头部组件、滤芯和滤杯等部分组成（见图 1.25）。滤芯由纤维纸、金属烧结物或不锈钢网线制成。滤芯堵塞时，安装于头部组件内的一个旁通活门在进、出口压差作用下打开，允许未经过滤的油液直接进入系统。

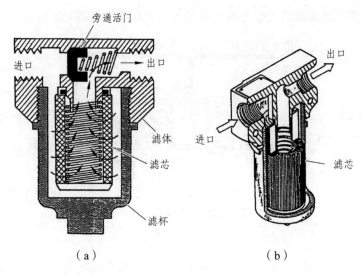

图 1.25　液压油滤的结构与工作原理示意图

（4）蓄压器：它是液压系统供压部分的重要部件之一。从结构上分类，蓄压器主要分为球形和缸筒形两类（见图 1.26）。球形蓄压器内部由柔性隔膜分为两个腔，缸筒形蓄压器内部由浮动活塞分为两个腔。其中一个腔充以预定压力的空气或氮气，另一个腔与系统相通。当液压系统压力上升时，柔性隔膜或活塞运动，气体被压缩，直到其压力与系统压力相等为止，从而储存了能量。蓄压器的功用是：在系统对流量和压力需求量大时辅助泵供压，并且允许油液膨胀；泵故障时储存动力，在需要时向飞机的重要部件（如刹车）供压；在正常工作期间减弱系统压力波动等。

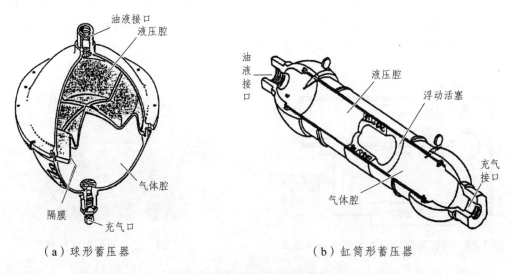

（a）球形蓄压器　　　　　　　　　（b）缸筒形蓄压器

图 1.26　蓄压器的种类与结构

2. 控制与安全装置

液压系统控制与安全装置主要包括各种活门和压力调节装置，如卸荷活门、安全活门、选择活门、单向活门、节流活门、减压活门、顺序活门、保压活门等。液压系统控制的特点是：由飞行员或自动系统发出操纵信号，输入给液压系统的控制组件，控制液压油的流动方向、流量和压力，传动部件按操纵运动。这里重点介绍常用的控制与安全装置。

（1）卸荷活门：仅用于采用定流量泵的系统中，它在不需要传动部件时给泵提供一个空转回路，并保证系统工作压力始终处于一定范围内。卸荷活门有"切入"和"切出"两种工作状态（见图 1.27）。当系统压力低于规定工作压力范围的下限时，该活门将泵输出的油流接入系统，使系统压力升高，即为"切入"状态；当系统压力达到规定工作压力范围的上限时，该活门将系统封闭保持压力，同时将泵输出的油流接入回油路，使泵处于卸荷状态，即"切出"状态，从而减小泵的功率消耗，并保证泵和管路系统的工作安全。一旦液压系统传动部件运动或由于内漏或外漏造成系统压力降低至工作压力范围的下限时，卸荷活门又进入"切入"状态。如此循环，使系统压力始终保持在规定的范围之内。

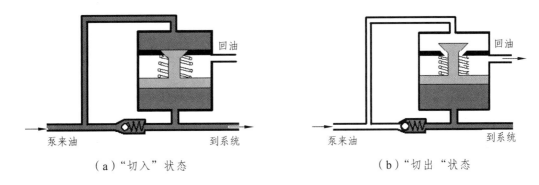

（a）"切入"状态　　　　　　　　　（b）"切出"状态

图 1.27　卸荷活门的两种工作状态

（2）单向活门：它是液压系统最常用的附件。顾名思义，它只允许油液单方向流动。单向活门的构造如图 1.28 所示。作用在钢珠表面上的液压推动钢珠克服弹簧力向右运动，使油液可以流过活门。只要供压压力降低就会引起弹簧将钢珠压回活门座，防止油液出现任何"倒流"。

（3）选择活门：所有液压系统在控制上都具有一个重要特性，那就是有能力将液压送往指定系统中，按照操纵输入信号去控制所传动部件的运动方向。这一功能就是由"选择活门"来实现的。选择活门可分为滑轴式和旋转式两类，其活门运动的动力（即操纵输入信号）可以是机械传动或电磁传动。图 1.29 为机械式起落架收放控制选择活门示意图。起落架操纵手柄扳到"收上"位时，滑轴右移，将供压油路与收上油路沟通，放下油路与回油路沟通，通过收放作动筒传动起落架收上。

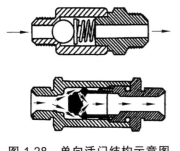

图 1.28　单向活门结构示意图

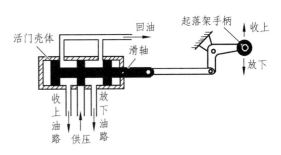

图 1.29　选择活门示意图

（4）安全活门：这种活门又称为"释压活门"，当系统压力超过规定值时将系统与回油路接通，起保护系统的作用，其构造与单向活门类同，只是弹簧弹力较大，并且可根据需要调节。

3. 液压传动装置

传动装置将油液压力转换为力或运动输出，驱使传动部件运动。传动装置包括作动筒（见图1.30）和液压马达（见图1.31）两类。作动筒输出线性运动，可用于传动起落架收放、刹车和飞行主操纵面等；液压马达输出旋转运动，常用于传动襟翼收放或驱动应急液压泵等。

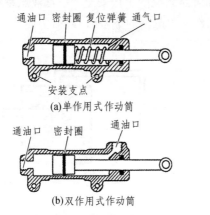

图 1.30　作动筒结构示意图

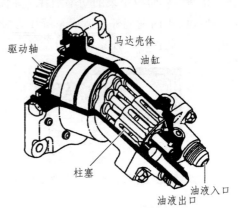

图 1.31　液压马达结构示意图

1.4.1.4　飞机液压系统工作描述

应用于飞机的液压系统有不同种类，可划分为"单液压源系统"和"多液压源系统"。中、小型飞机常采用单源系统，即飞机上仅有一个单独的液压系统，主要用于传动起落架收放（有的还包括襟翼收放等）；大型飞机则采用多源系统，即飞机上有多个相对独立的液压系统，为飞机多个系统和部件提供动力。

单液压源系统（见图1.32）通常由一个或两个发动机驱动（或电动）定流量液压泵供压，并配备有手摇泵作为备份。液压泵抽油口位置高于手摇泵抽油口，以便在液压泵区域发生泄漏时仍然有足够的油液供手摇泵之用。飞行员通过选择手柄控制相应选择活门的位置，从而控制传动装置的工作。图1.32中所示起落架由作动筒传动（处于放下状态），襟翼由液压马达传动。采用发动机驱动定流量泵的系统缺点是泵既不能关断，也不能调节输出流量。当不需要传动部件时，系统压力将上升到安全活门打开的较高压力值，这样就会过多消耗发动机功率，也不利于保证泵及管路系统的安全。因此，这类系统中通常在泵与油箱之间设置卸荷活门。

现代大型运输机上许多重要部件需要液压传动。出于提高可靠性的考虑，这些飞机都采用多液压源系统，通常有3~4个相对独立工作的液压系统。对于诸如飞行操纵面、起落架收放、刹车、反推装置等重要部件，采用多液压源共同供压传动或互为备份。系统与系统之间可实现单向或双向动力转换。每个系统通常有发动机驱动泵、电动泵（或压缩空气驱动泵），且这些泵的动力源自不同的发动机，这就避免了因某台发动机失效而导致相应液压系统失去供压能力。某些大型飞机还配备有冲压空气驱动泵，飞行中所有发动机失效时放出，可提供有限液压供应急之用。

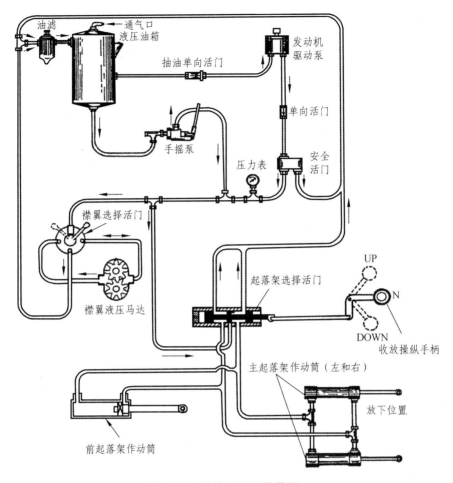

图 1.32　单液压源系统简图

1.4.2　气压传动系统

在一些早期小型飞机上常使用压缩空气（俗称"冷气"）传动某些部件，如农用喷洒设备和刹车等。气压传动的特点是工作介质（空气）成本低、清洁、维护简单且工作环境适应性好，但工作速度稳定性较差，输出功率较小，传动速度较快，密封性差。

1.4.2.1　气压传动基本原理

利用压缩气体膨胀时能够对外做功的特性来传动部件运动。也就是说，气体被压缩时储存了一定内能，膨胀时内能转变为机械能对外做功。气压传动装置通常为作动筒或膨胀气囊，压缩空气进入时使活塞运动或气囊体积增大，从而传动部件运动。

1.4.2.2　气压传动系统基本组成与工作描述

图 1.33 为某小型飞机的冷气刹车系统示意图。发动机驱动的冷气泵将外界空气压缩，通过分油分水器、自动调压器、气滤和冷气开关向冷气瓶充气，储存压缩空气。刹车时，冷气从冷气瓶流出，通过刹车调压器、刹车分配器进入气囊式刹车装置。

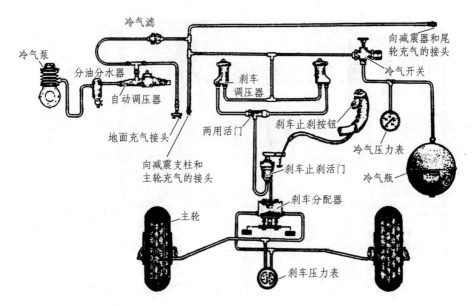

图 1.33 冷气刹车系统示意图

1.5 飞机燃油系统

飞机燃油系统指从飞机燃油箱到发动机驱动泵之间的管路系统，它具备储存燃油、向发动机供油以及加油、放油和油箱通气等功能。其中保证在所有飞行阶段向发动机连续输送具有一定压力的洁净燃油是该系统的主要功用。

1.5.1 燃油系统基本知识

1.5.1.1 飞机燃油系统基本形式

飞机燃油系统的形式指向发动机供油的方式，主要取决于发动机数量和种类。单发飞机常采用重力供油系统，双发飞机采用独立与交输供油系统，多发飞机则采用总汇流管供油系统。

（1）小型活塞式飞机的燃油系统一般属于重力供油系统（见图 1.34）。因油箱位置比发动机高，加之发动机驱动泵的抽吸作用，可保证向发动机正常供油。两机翼内分别装设燃油箱，飞行期间由飞行员通过燃油选择活门选择左或右油箱向发动机供油。某些单发飞机在供油管路中加装电动燃油增压泵，保证爬升、下降及其他特殊情况下的正常供油。

（2）双发飞机一般采用独立与交输供油系统。正常情况下左、右系统独立地向两发动机

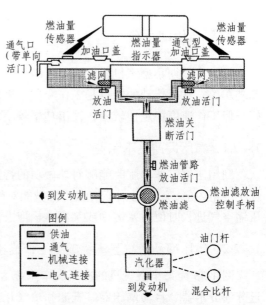

图 1.34 单发飞机燃油系统

供油，在单发或机翼两边油量不平衡时，则使用交输供油的方式。

（3）三发以上的飞机采用总汇流管供油系统。燃油可从各主油箱分别供向对应的发动机，也可将各油箱的燃油经汇流活门先送至总汇流管，再由总汇流管分配给各发动机。

1.5.1.2　燃油箱的通气

油箱通气的目的是消除加油和耗油过程中在油箱内部产生的正压和负压，防止油箱变形损坏，保证顺利加油和向发动机供油。

用通气管道将油箱与设置在机翼某处的通气口相连，从而使油箱与外界大气相通。飞行前应检查通气口是否有异物或结冰，因为油箱通气口或通气管堵塞会直接影响飞行中向发动机的正常供油。

1.5.2　飞机燃油系统的使用

燃油系统在使用过程中应注意以下几个问题：

（1）定期更换、清洗燃油滤：虽然油滤上都设置有旁通活门，当油滤滤芯堵塞时旁通活门会打开保证燃油连续流向发动机，但未经过滤的燃油会影响发动机热部件的寿命，所以应按规定定期更换、清洗燃油滤。

（2）飞机地面加油安全：飞机在地面加油时，应特别注意防火，加油前应检查飞机搭地线、加油车搭地线和加油枪接地线是否接地（俗称"三接地"），以防止放电起火。另外，地面消防员必须到位做好消防准备。

（3）加注正确的燃油：加油前应检查燃油牌号，预先确定加油量以及正确的油量单位和加油顺序。

（4）重力加油防污染：如果采用翼上重力加油，则加油前应清洁加油口，防止水分和污染物在加油时进入油箱。加油结束后，切记盖好口盖并拧紧。

1.6　飞机座舱空调系统

飞行高度较高的飞机，其座舱应密封（称为"通风式气密座舱"，简称"气密座舱"），并对舱内空气的温度、压力和湿度进行调节，使之满足飞行员和乘客的生理需求和舒适性要求。而对于低空飞行的飞机，其座舱不需要密封，而是采用通风或加温的方法对舱内空气温度和湿度进行一定程度的调节。

1.6.1　飞机座舱空调基本要求

气密座舱空调的基本参数包括座舱压力或座舱高度、座舱高度变化率、余压、座舱温度和湿度以及座舱通风换气次数等。在座舱空调系统工作过程中，各参数必须符合相关适航条例的规定，以保证飞机乘员的安全和舒适。

（1）座舱空气压力：指气密座舱内空气的绝对压力大小，其对应的气压高度即"座舱高度"，可理解为座舱内空气绝对压力对应的海拔。飞机增压飞行中，因座舱内气压大于飞行高度上的环境气压，故此时座舱高度小于飞行高度。

（2）座舱高度变化率：指座舱高度（压力）变化的快慢程度。它受飞机座舱压力制度和飞机升降率两个因素的影响。当飞机升降率增大时，座舱高度变化率也随之增大。

座舱高度上升率过大时，引起胀耳感觉；座舱高度下降率过大时，引起压耳感觉。这都会影响飞机乘员的舒适性，严重时会引发中耳气压性损伤。所以，民用航空规章中对座舱高度升降率都有较严格的规定，座舱高度上升率一般不大于 500 ft/min，下降率不大于 350 ft/min。

（3）座舱余压：指增压飞行中气密座舱内外气压之差。增压飞行时座舱余压有严格规定，余压过大会危及机身结构安全。喷气机最大余压为 7 ~ 9 psi，涡桨式飞机最大余压为 5 ~ 7 psi。

（4）座舱温度和湿度：飞机座舱空调温度应在 17 ~ 24 ℃。在该温度范围内，座舱相对湿度应保持在 30% ~ 70%。这样的温度和湿度能满足人体舒适性需求。

（5）座舱通风换气要求：旅客机座舱通风换气次数不能少于 25 ~ 30 次/h，以保证座舱内有足够的新鲜空气。

1.6.2 座舱空气温度调节

座舱内空气温度的调节方法取决于飞机的种类。大多数活塞式飞机因飞行高度较低，属于非气密座舱，采用通风和加温的方法。而现代喷气客机则是气密座舱，采用专门的空调系统对座舱空气进行温度调节。

1.6.2.1 非气密座舱温度调节

夏天飞行采用通风降温的方法，利用外界冲压空气进入座舱，加快舱内空气的流动速度，带走热量和潮湿空气，使飞机乘员感到凉爽。高温天气飞行时，如果通风不畅，座舱内空气湿度大，容易使人感到闷热。冬天飞行采用对座舱加温的方法，利用某种加热装置先将外界冲压空气加热，再送入座舱使舱内空气温度升高（见图 1.35）。小型活塞式飞机通常采用废气加热器（在发动机排气总管上加装消音套管）对空气加温，有的采用燃烧加温器等装置。

1.6.2.2 气密座舱温度调节系统

对飞机气密座舱空气温度调节的基本方法是：调节供给座舱的空气温度，满足对座舱温度的要求。座舱温度低于期望温度时，供给温度较高的空气；高于期望温度时，则供给温度较低的空气。

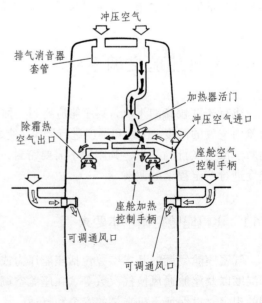

图 1.35 非气密座舱的通风与加温

1. 座舱温度调节系统的组成与工作

图 1.36 为座舱温度调节系统示意图。气密座舱空调系统通常使用从发动机压气机引出的压缩空气作为工作介质。引气流经"压力/流量调节器"和"预冷器"后，仍具有较高温度和压力。引气进入空调组件后分为两路，即热路和冷路。热路空气直接流到混合室，而冷路空气则经过制冷装置冷却后进入混合室，冷热空气混合后供入座舱。座舱温度调节的基本原理是：控制冷、热路空气的混合比例，从而调节供向座舱的空气温度，使座舱温度始终保持在预期温度。

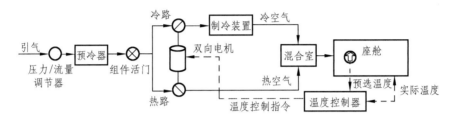

图 1.36　座舱温度调节系统示意图

空调组件的核心是制冷装置。现代飞机一般采用空气循环式制冷系统，少数采用蒸发循环式制冷系统。空气循环制冷系统利用引气作为制冷介质，经初级和次级热交换器初步降温后，引气进入冷却涡轮膨胀做功，涡轮带动压气机（统称为"空气循环机"）高速旋转，消耗空气内能。流出涡轮的空气温度降低至 $0 \sim 2$ ℃或 0 ℃以下。蒸发循环制冷系统使用专门的制冷介质，由发动机（或电机）驱动的压缩机提供动力，使制冷剂在封闭管路内循环流动，利用制冷剂的气、液相变，由蒸发器从需要被制冷的流体（空气）中吸热，带至冷凝器将热量放出。

2. 座舱温度调节系统的工作模式

座舱温度控制有"自动"和"人工"两种工作模式，由飞行员根据情况选择。

（1）正常情况下选择自动模式，由温度控制器自动控制供气温度。座舱温度控制器根据座舱实际温度与期望温度（由飞行员预先选择）的差异发出控制指令，适时控制冷、热路流量控制活门的开度，控制冷、热路空气混合比例，使供气温度满足座舱温度的需要。

（2）自动模式失效时，选择人工模式，由飞行员手动控制冷、热路活门开度，实现人工控制供气温度。手动调温时应注意打开冷或热路活门的时间不宜过长，否则会使座舱温度变化范围增大，影响舒适性。

1.6.3　座舱空气的压力调节

飞机气密座舱压力调节的基本原理是：控制座舱排气活门的开度，从而控制座舱向外界的排气量，达到调节座舱压力的目的。

1.6.3.1　气密座舱压力制度

它是指座舱高度随飞行高度变化的规律，也称为座舱压力调节规律。不同的飞机有不同的压力制度，可归纳为"分段式"和"直线式"两类（见图 1.37）。从起飞、爬升到巡航这一过程分析，分段式为自由通风、座舱压力保持和余压保持 3 个阶段；直线式为地面预增压加程序增压。从巡航、下降到着陆的过程中，上述各阶段反向。现代客机多采用直线式程序增压这种压力制度。

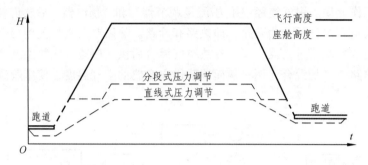

图 1.37　飞行过程中两种压力制度下飞行高度与座舱高度之间的关系

1.6.3.2　气密座舱压力调节系统类型

压力调节类型可归纳为气动式、电子气动式和电子电动式 3 种。

（1）气动式压力调节系统（见图 1.38）的排气活门有一基准腔，由压力控制器根据飞机座舱压力制度产生气压信号，控制其内部的气压大小。排气活门的膜片上部感受基准腔压力，下部感受座舱压力，这两个压力之差就是排气活门开大或关小的动力。

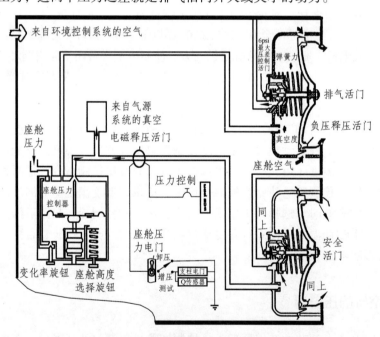

图 1.38　气动式压力调节系统

（2）电子气动式压力调节系统与气动式压力调节系统的工作原理基本类同，区别在于压力控制器产生电信号控制基准腔的正压源与负压源活门的开大与关小，从而控制基准腔内空气压力。排气活门开关动力仍然是基准腔压力与座舱压力之间的气压差。

（3）电子电动式的压力控制器产生电信号，控制排气活门的驱动电机工作，带动排气活门开关。这种压力控制方式为大多数现代客机所采用。

不论采用哪种压力调节方式，与座舱温度调节类似，压力调节都具有"自动"和"人工"两种工作模式。自动模式由座舱压力控制器根据座舱压力制度自动调节座舱压力。自动模式失效时采用人工模式，手动控制排气活门开度，达到人工调节座舱压力及其变化率的目的。

1.7　飞机氧气系统

1.7.1　基本知识

如果飞机未采取增压措施，随着飞行高度的增加，飞机乘员将面临高空缺氧的威胁。在海拔 3 000～4 000 m 的高空长时间飞行时，缺氧症通常表现为头痛和疲倦，属于轻度缺氧；在海拔 4 500 m 的高空飞行时，缺氧症表现为嗜睡、嘴唇和指甲发紫、视力和判断力下降等，属于中度缺氧；在海拔 6 500 m 以上的高空飞行时，缺氧症表现为惊厥、丧失意识直至死亡，属于严重缺氧。可见，未增压或气密座舱失密的飞机在高空飞行时，飞机乘员必须补充氧气，以维持生理基本代谢需要。

航空人员呼吸用氧与工业用压缩氧气的主要区别是航空用氧气除去了所有水分和水蒸气，纯度为 99.5%，每升含水量小于 0.005 mg。飞机上的氧气储藏方式分为气态氧和固态氧两种。气态氧通常用高压氧气瓶储存，压力为 1 800～1 850 psi，供氧持续时间较长，并可根据需要接通或关断，常用于向机组供氧；固态氧为化学氧气发生器内储存的固体氯酸盐和铁粉混合物，需要时加热反应产生氧气，供氧持续时间较短，且不能关断，常用于向旅客供氧。

1.7.2　飞机氧气系统的组成与工作

飞机气态氧气系统一般由高压氧气瓶、减压活门、氧气关断活门、氧气调节器和氧气面罩等组成。固态氧气系统则由氧气发生器和氧气面罩等组成。根据供氧特点的不同，氧气系统又分为连续供氧和需求（稀释）供氧等基本类型。

在连续供氧系统（见图 1.39）中，高压氧气瓶通过输氧管道将氧气分配到座舱内各出口，输往氧气面罩的氧由管路中的减压活门控制，需要用氧时，将面罩插入出口接头即可。

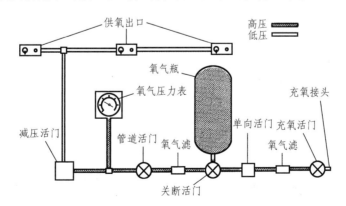

图 1.39　连续供氧系统示意图

在需求供氧系统中，经减压的氧气通往面罩。面罩处有供氧调节器（见图 1.40），可根据需要选择正常（稀释）供氧或供纯氧。调节器内有一个供氧活门，使用者吸气时自动打开供氧，呼气时关闭。

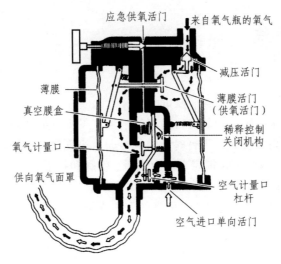

图 1.40　需求（稀释）供氧调节器示意图

1.7.3　飞机氧气系统使用注意事项

（1）飞行前检查：查看氧气热释放绿色膜片是否完好。在高压氧气瓶与机身蒙皮之间有一个热释放活门，当氧气瓶内压力超过规定时，该活门自动打开排出氧气，同时冲掉绿色膜片。另外，还必须检查座舱内氧气压力表的指示是否符合最低放飞标准，该压力表直接指示氧气瓶的压力。

（2）用氧时的防火：用氧过程中及用氧后都严禁吸烟和使用明火。另外，因为纯氧易与油脂发生强烈化学反应，所以用氧时应尽量避免氧气与以油脂为基本原料的液体或化妆品等接触，以免造成烧伤。

（3）飞行中出现座舱高度警告时，机组应及时用氧，检查旅客氧气系统是否启动，并立即按应急程序下降到安全高度。

（4）机组戴上面罩后，应将音频控制板上的话筒转换电门扳到"面罩"位，以建立内话。

1.8　飞机防冰排雨系统

在有结冰条件的环境中飞行时，飞机各迎风部位如风挡、机翼和尾翼前缘、螺旋桨、发动机进气道前缘、各种传感器探头等处极易结冰。飞机结冰导致飞机气动性能恶化，风挡视线不清，发动机功率降低，仪表指示错误，进而对飞行安全构成严重威胁。所以，现代飞机都装备了防/除冰系统。某些小型飞机无防/除冰能力，则其飞行手册中规定不准进入已知结冰区，如意外进入结冰区，则应立即接通座舱加温，迅速脱离结冰区。

1.8.1 飞机风挡的防冰排雨

1.8.1.1 风挡防冰

飞机风挡防冰通常采用电加温方式，少数飞机采用液体防冰方式。

（1）风挡电加温防冰是利用嵌装于风挡玻璃夹层中的电阻丝或透明金属薄膜通电发热，对风挡玻璃加热，达到防冰的目的。飞行前应检查该装置的工作情况，但地面加温时间不宜太长，以免温度过高损坏风挡玻璃。在风挡玻璃外表面涂有氧化锡防静电层，可防止风挡加温过程中的放电跳火现象。

（2）风挡液体防冰利用乙醇混合液体可降低冰点的原理，达到防冰目的。在预计有结冰条件时，应利用防冰液系统预先向风挡表面喷洒防冰液，才能达到较好的防冰效果。

1.8.1.2 风挡排雨

飞机风挡配备了刮雨器（雨刷），以提高雨天飞行中风挡的清晰度。雨刷运动速度可根据雨量大小选择低速和高速方式。地面检查雨刷工作情况时，应先向风挡上洒水，尽量避免干刷，以免擦伤风挡玻璃表面。

1.8.2 机翼防/除冰

机翼防/除冰系统常采用气热加温防冰或气动除冰两种方式。除冰系统允许飞机迎风表面有一定程度的结冰，然后利用各种除冰方法将结冰除去；防冰系统则持续对飞机迎风表面加温，防止这些地方结冰。

1.8.2.1 气动除冰系统

该系统利用可膨胀的气动除冰带（见图 1.41）破碎翼面冰层，由气流吹掉而达到除冰的目的。除冰带通常装设于机翼、尾翼前缘，属于橡胶制成物。不除冰时，除冰带被抽真空，紧贴翼面保持气动外形；除冰时，压缩空气交替进入分布于翼面前缘的若干除冰带，使之膨胀，破碎翼面冰层。飞行前应检查除冰带的完好情况。

图 1.41 气动除冰带

1.8.2.2 气热加温防冰系统

该系统利用引自发动机压气机的热空气流经机（尾）翼前缘内的夹层通道（见图 1.42），对机（尾）翼前缘蒙皮加温，防止这些部位结冰。在预计有结冰条件时，应预先打开翼面防冰活门，使热空气通向需防冰的部位。飞行前检查要求在发动机低功率状态下进行。

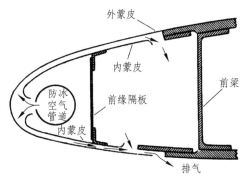

图 1.42 采用气热防冰的机翼前缘

1.9　飞机灭火系统

1.9.1　基本知识

国际消防协会将火灾分为 A、B、C、D 4 类。A 类火灾指含碳的固体可燃物燃烧所产生的火灾，如木材、棉、毛、麻、纸张、橡胶、塑料等物品失火；B 类火灾指易燃液体燃烧所产生的火灾，如各种油液、油漆、溶剂等引起的火灾；C 类火灾指电气设备所产生的火灾；D 类火灾指易燃金属燃烧所产生的火灾。当飞机客舱、货舱和发动机短舱等处存在可燃物且温度达到燃点时，以上 4 类火灾都有可能发生。

不同的火灾种类必须使用相应的灭火剂，才能达到较好的灭火效果。A 类火灾适用水和水基灭火剂；B 类火灾适用二氧化碳灭火剂或卤代烃灭火剂；C 类火灾适用二氧化碳灭火剂、卤代烃灭火剂或干粉灭火剂；D 类火灾适用干粉灭火剂。B、C、D 类火灾禁用水类灭火剂。

1.9.2　灭火系统的组成与工作

飞机灭火系统（见图 1.43）通常包括火警探测系统、过热探测系统、固定式灭火系统、手提式灭火瓶、烟雾探测系统等部分。驾驶舱中有火警灯、火警铃、过热警告灯、目视烟雾探测指示器、灭火控制开关等。

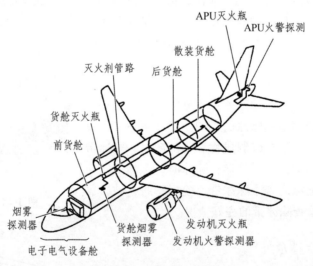

图 1.43　飞机灭火系统

发动机、辅助动力装置（APU）、主轮舱及气源系统管道等易失火部位安装有"过热"或"火警"探测回路。当过热探测系统的探测器（通常为热敏型元件）探测到相关区域温度达到规定值时，灭火控制面板上的红色过热灯闪亮报警。当火警探测系统的探测器（通常为热电偶型元件）探测到相关区域温度上升率异常时，火警电路接通，驾驶舱中的火警灯亮且火警铃响，向机组发出火警警报，由飞行员操纵灭火系统向失火部位释放灭火剂。过热和火警探测系统一般都具有测试功能，飞行前按下火警测试按钮，过热灯和火警灯亮，同时火警铃响，表明火警探测电路正常。

　　单发飞机飞行中出现发动机火警信号后，飞行员应根据发动机参数变化及是否有烟雾、燃烧气味等情况综合判断，如确系失火，则按照灭火程序实施灭火，并立即实施迫降程序。

1.9.3　烟雾探测系统

　　飞机上除了具备上述火警探测和灭火系统外，通常还设有烟雾探测系统，用于监测货舱、行李舱、电子电气设备舱和卫生间等处是否存在表明失火征兆的烟雾。按照探测方法分类，烟雾探测装置有一氧化碳探测器、光电式烟雾探测器和目视烟雾探测器3种。

　　（1）在飞机驾驶舱或客舱内一般设置有一氧化碳探测器。一氧化碳浓度超标时，探测器指示管内的硅化合物由黄色变为绿色。绿色的深浅度与探测器周围空气中的一氧化碳浓度成正比。

　　（2）光电式探测器（见图1.44）利用烟雾可反射光线的原理工作。信标光源发射的光线与光电管相互垂直，只有当烟雾浓度达到一定量时，光线才能被反射到光电管上。光电式探测器通过电路与警告灯连接，烟雾浓度超标时警告灯点亮报警；有些飞机上光电式探测器还同时与火警铃相连。

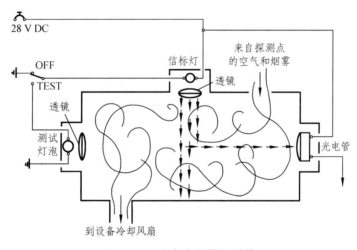

图 1.44　光电式烟雾探测器

　　（3）目视烟雾探测器通过仪表板上的可视窗口（指示器）直接显示被探测区域是否存在烟雾。如果存在烟雾，由风扇或座舱压差通过烟雾探测管道送入指示器。因烟雾的反射作用，指示器内部的一个指示灯就会自动照亮窗口，可方便地观察到烟雾。没有烟雾存在时，指示器窗口保持黑暗。

2 飞行原理与飞行计划

2.1 国际标准大气（ISA）

现代民航飞机一般都在对流层和平流层内飞行，在这两层大气中，空气的物理性质都经常随着季节、时间、地理位置、高度的不同而变化。大气状态的变化，会使飞机上产生的空气动力发生变化，从而使飞机的飞行性能也随之变化。因此，同一架飞机在不同的地点作飞行试验，所得出的飞行性能数据就会有所不同，即使是同一架飞机，在同一地点、同一高度试飞，只要季节或时间不同，所得出的飞行性能数据也会有所不同。为了便于计算、整理和比较飞行试验数据并给出标准的飞机性能数据，就必须以不变的大气状态作为标准。为此，制定了国际标准大气。

国际标准大气（简称 ISA），就是人为地规定一个不变的大气环境，包括大气温度、密度、气压等随高度变化的关系，得出统一的数据，作为计算和试验飞机的统一标准。国际标准大气由国际民航组织（ICAO）制定，它是以北半球中纬度地区大气物理特性的平均值为依据建立的。

2.1.1 国际标准大气的规定

海平面高度：0。

海平面气温：15°C 或 59 °F。

海平面气压：1 013.2 mbar（1 mbar = 100 Pa）或 29.92 inHg。

对流层高度：11 km（36 089 ft）。

对流层内，高度每增加 1 000 m 温度递减 6.5 °C，或高度每增加 1 000 ft 温度递减 2 °C。

11 ~ 20 km 之间的平流层底部气体温度为常值：– 56.5°C。

根据上述规定，可以计算出大气参数随高度的变化并制成国际标准大气表（表 2.1）。

表 2.1 国 际 标 准 大 气 表

标准海平面			p_0=29.92 inHg t_0=15 °C		ρ_0=0.002 377 lbf · s²/ft⁴ a_0=661 kt		
H/ft	p/inHg	δ	T/°C	σ	$\frac{1}{\sqrt{\sigma}}$	$\sqrt{\theta}$	
0	29.92	1.000 0	15.0	1.000 0	1.000 0	1.000 0	
1 000	28.86	0.964 4	13.0	0.971 1	1.014 8	0.996 6	
2 000	27.82	0.929 8	11.0	0.942 8	1.029 9	0.993 1	
3 000	26.82	0.896 2	9.1	0.915 1	1.045 4	0.989 6	
4 000	25.84	0.863 7	7.1	0.888 1	1.061 1	0.986 2	
5 000	24.90	0.832 0	5.1	0.861 7	1.077 3	0.982 7	

	标准海平面			p_0=29.92 inHg t_0=15 °C		ρ_0=0.002 377 lbf·s²/ft⁴ a_0=661 kt	
H/ft	p/inHg	δ	T/°C	σ	$\dfrac{1}{\sqrt{\sigma}}$	$\sqrt{\theta}$
6 000	23.98	0.801 4	3.1	0.835 9	1.093 8	0.979 2
7 000	23.09	0.771 6	1.1	0.810 6	1.110 7	0.975 6
8 000	22.22	0.742 8	− 0.8	0.786 0	1.127 9	0.997 2
9 000	21.39	0.714 8	− 2.8	0.762 0	1.145 6	0.968 6
10 000	20.58	0.687 7	− 4.8	0.738 5	1.163 7	0.965 0
11 000	19.79	0.661 4	− 6.8	0.715 6	1.182 2	0.961 4
12 000	19.03	0.636 0	− 8.8	0.693 2	1.201 1	0.957 9
13 000	18.29	0.611 3	− 10.8	0.671 3	1.220 5	0.954 3
14 000	17.58	0.587 4	− 12.7	0.650 0	1.240 3	0.950 6
15 000	16.89	0.564 3	− 14.7	0.629 2	1.260 6	0.947 0
16 000	16.22	0.542 0	− 16.7	0.609 0	1.281 5	0.943 4
17 000	15.57	0.520 3	− 18.7	0.589 2	1.302 8	0.939 7
18 000	14.94	0.499 4	− 20.7	0.569 9	1.324 6	0.936 1
19 000	14.34	0.479 1	− 22.6	0.551 1	1.347 0	0.932 4
20 000	13.75	0.459 5	− 24.6	0.532 8	1.370 0	0.928 7
21 000	13.18	0.440 6	− 26.6	0.515 0	1.393 5	0.925 0
22 000	12.64	0.422 3	− 28.6	0.497 6	1.417 6	0.921 3
23 000	12.11	0.404 6	− 30.6	0.480 6	1.442 4	0..917 5
24 000	11.60	0.387 6	− 32.5	0.464 2	1.467 8	0.913 8
25 000	11.10	0.371 1	− 34.5	0.448 1	1. 493 8	0.910 0
26 000	10.63	0.355 2	− 36.5	0.432 5	1.520 6	0.906 2
27 000	10.17	0.339 8	− 38.5	0.417 3	1.548 0	0.902 4
28 000	9.725	0.325 0	− 40.5	0.402 5	1.576 2	0.898 6
29 000	9.297	0.310 7	− 42.5	0.388 1	1.605 2	0.894 8
30 000	8.885	0.297 0	− 44.4	0.741 0	1.634 9	0.890 9
31 000	8.488	0.283 7	− 46.4	0.360 5	1.665 4	0.887 0
32 000	8.106	0.270 9	− 48.4	0.347 3	1.696 8	0.883 2
33 000	7.737	0.258 6	− 50.4	0.334 5	1.729 1	0.879 3
34 000	7.382	0.246 7	− 52.4	0.322 0	1.762 3	0.875 4
35 000	7.041	0.235 3	− 54.3	0.309 9	1.796 4	0.871 4
36 000	6.712	0.224 3	− 56.3	0..398 1	1.831 5	0.867 5
37 000	6.397	0.213 8	− 56.5	0.284 4	1.875 3	0.867 1
38 000	6.097	0.203 8	− 56.5	0.271 0	1.920 9	0.867 1
39 000	5.811	0.194 2	− 56.5	0.258 3	1.967 7	0.867 1
40 000	5.538	0.185 1	− 56.5	0.246 2	2.015 5	0.867 1
41 000	5.278	0.176 4	− 56.5	0.234 6	2.064 5	0.867 1
42 000	5.030	0..168 1	− 56.5	0.223 6	2.114 8	0.867 1
43 000	4.794	0.160 2	− 56.5	0.213 1	2.166 2	0.867 1
44 000	4.569	0.152 7	− 56.5	0.203 1	2.218 9	0.867 1
45 000	4.355	0.145 5	− 56.5	0.193 6	2.272 8	0.867 1

2.1.2　国际标准大气（ISA）与非国际标准大气的换算

飞机飞行手册中列出的性能数据常常是根据国际标准大气（ISA）制定的，而实际的大气很少有和国际标准大气完全吻合的，因此，在飞机性能问题中，常常需要进行实际大气与国际标准大气的相互换算。

实际大气与国际标准大气（ISA）的相互换算主要是确定实际大气与国际标准大气（ISA）的温度偏差，即 ISA 偏差。ISA 偏差是指确定地点的实际温度与该处 ISA 标准温度的差值。

【例】　已知某机场场温 20 ℃，机场压力高度 2 000 ft。求机场高度处 ISA 偏差。

解：2 000 ft 的 ISA 标准温度应为

$$T_{标准}=15\ ℃-（2\ ℃/1\ 000\ ft）\times 2\ 000\ ft=11\ ℃$$

而　　　　　　　　$T_{实际}=20\ ℃$

故　　　　　　　　ISA 偏差 $= T_{实际}-T_{标准}=20\ ℃-11\ ℃=9\ ℃$

表示为　　　　　　ISA+9 ℃

2.1.3　高度表示

（1）真实高度：飞机距某参考面的几何垂直距离。真实高度一般为飞机距地表的几何垂直距离，通过无线电高度表测量得到。

（2）压力高度：将飞机所在高度的气压当作标准气压，根据 ISA 的规定转换得到的高度。选择的参考面一般为平均海平面（MSL）和标准海平面。

（3）密度高度：实际高度的空气密度在国际标准大气上对应的高度。它能直接用来确定飞机的飞行性能。影响密度高度的因素有温度、湿度和压强。空气的密度减小意味着密度高度高，对应的飞行性能降低。

密度高度与气压高度的关系可近似表示为

$$密度高度 \approx 气压高度 \times（T/T_{isa}）$$

式中：T，T_{isa} 分别为实际大气温度和标准大气温度，单位符号为 K。

2.2　空气动力学基础

2.2.1　描述机翼的几何参数

机翼的形状主要是指机翼的平面形状和剖面形状，它是影响机翼的空气动力性能的主要因素。

低速飞机翼型前缘较圆钝，高速飞机翼型前缘较尖。平直机翼有极好的低速特性，椭圆机翼的诱导阻力最小，梯形机翼结合了矩形机翼和椭圆机翼的优缺点，具有适中的升阻特性和较好的低速性能，制造成本也较低；后掠翼飞机和三角翼飞机具有很好的高速性能，但它的低速性能没有其他平面形状机翼的好。

（1）描述翼型的几何参数主要有：翼弦、相对厚度（厚弦比）、相对弯度（中弧曲度）（见图2.1）。

① 翼弦是翼型前沿到后沿的连线弦。

② 相对厚度，又称厚弦比，是翼型最大厚度与弦长的比值。

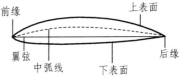

图2.1　翼型的几何参数

③ 翼型中弧线是和翼型上下表面相切的一系列圆的圆心连线，中弧线与翼弦的垂直距离称为弧高，最大弧高与翼弦长的比值称为相对弯度（中弧曲度）。翼型的相对弯度（中弧曲度）越大，表明翼型的上下表面外凸程度差别越大。

（2）机翼平面形状的几何参数有：翼展、展弦比、梢根比、后掠角（见图2.2）。

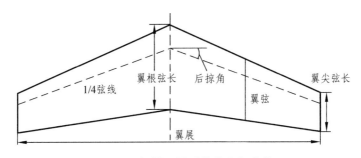

图2.2　机翼平面形状的几何参数

① 翼展为机翼翼尖之间的距离。

② 展弦比为机翼翼展与平均弦长的比值，它表示了机翼平面形状长短和宽窄的程度。飞机的展弦比越大，诱导阻力越小。

③ 梢根比是机翼翼尖弦长与机翼翼根弦长的比值。梢根比表示机翼翼尖到翼根的收缩度。

④ 后掠角为机翼1/4弦线与机身纵轴垂直线之间的夹角，它表示机翼的平面形状向后倾斜的程度。机翼的后掠角是为了增大临界马赫数。

⑤ 几何扭转是指飞机机翼各剖面的翼弦不在同一平面内。

⑥ 气动扭转是指飞机机翼各剖面的翼型不同。

2.2.2　空气流动的基本术语和定理

2.2.2.1　相对气流

相对气流是空气相对于物体的运动。相对气流的方向与物体运动方向相反。飞机的相对气流就是空气相对于飞机的运动，因此，飞机的相对气流方向与飞行速度方向相反。

2.2.2.2　迎　角

相对气流方向（飞行速度方向）与翼弦之间的夹角，称为迎角，用 α 表示（见图2.3）。相对气流方向指向翼弦

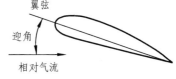

图2.3　迎角

下方为正迎角，相对气流方向指向翼弦上方为负迎角，相对气流方向与翼弦平行为零迎角。飞行中飞行员可通过前后移动驾驶盘来改变飞机的迎角大小。飞行中经常使用的是正迎角。飞行状态不同，迎角的大小一般也不同。在水平飞行时，飞行员可以根据机头的高低来判断迎角的大小：机头高，迎角大；机头低，迎角小。

临界迎角是升力系数最大时对应的迎角。临界迎角是一个非常重要的空气动力性能参数，它决定飞机的失速特性。超过临界迎角，升力系数突然下降，飞机进入失速而不能保持正常的飞行状态。

有利迎角（最小阻力迎角）是升阻比最大时对应的迎角。以有利迎角平飞，飞机的阻力最小。

升阻比是同迎角下飞机升力系数与阻力系数之比。

2.2.2.3　流线谱的特点

空气流动的情形一般用流线、流管和流线谱来描述。流线是同一时刻，不同质点的整体速度状态。流场中所有流线的集合形成流线谱。由许多流线所围成的管状曲面称为流管。

流线谱的特点：流线谱的形状与流动速度无关；但物体形状不同，空气流过物体的流线谱不同；物体与相对气流的相对位置不同，空气流过物体的流线谱不同；气流流过物体时，在物体的后部都要形成涡流区；气流受到流场中障碍物的阻碍，流管扩张变粗，气流流过物体外凸处或受挤压，流管收缩变细。

2.2.2.4　连续性定理

流体在运动时，应遵循质量守恒定律。这条定律在空气动力学中称为连续性定理，其数学表达式称为连续性方程。

连续性定理表述为：当流体流过一流管时，流体将连续不断而稳定地在流管中流动，在同一时间流过流管任意截面的流体质量相等。其数学表达式为

$$\rho v A = C$$

式中　　ρ——空气密度；

v——气流速度；

A——截面面积。

当空气低速流动时（$Ma<0.4$），可以认为密度 ρ 是常数，则

$$v A = C$$

上式表明，空气稳定连续地在一流管中流动时，流管收缩流速增大，流管扩张流速减慢，即流速大小与流管截面面积成反比。这就是空气低速流动时，流速与流管截面面积之间的关系。

2.2.2.5　伯努利定理

流体在运动时，除了遵循质量守恒定律外，还要遵循能量守恒定律。这条定律在空气动力学中称为伯努利定理，其数学表达式称为伯努利方程。表达式为

$$\frac{1}{2}\rho v^2 + p = p_0$$

式中　$\frac{1}{2}\rho v^2$——动压，单位体积空气所具有的动能；

　　　p——静压，单位体积空气所具有的压力能，在静止的空气中，静压等于当时当地的大气压；

　　　p_0——总压（全压），它是动压和静压之和，总压可以理解为，气流速度减小到零时的静压。

伯努利定理可以表述为：稳定气流中，在同一流管的任意截面上，空气的动压和静压之和保持不变。由此可见，动压大，则静压小；动压小，则静压大。即流速大，压强小；流速小，压强大，流速减小到零，压强增大到总压值。

严格来说，伯努利定理在下列条件下，才是适用的：

（1）气流是连续、稳定的，即流动是定常的。

（2）流动的空气与外界没有能量交换，即空气是绝热的。

（3）空气没有黏性，即空气为理想流体。

（4）空气密度不变，即空气为不可压流。

（5）在同一条流线或同一条流管上。

2.2.2.6　附面层

空气具有黏性，将会在飞机表面形成附面层。附面层分为层流附面层和紊流附面层，层流在前，紊流在后。物体表面上产生的附面层一般在开始部分是层流附面层，然后经一小段过渡区转变为紊流附面层。这个过渡区称为转捩区。

层流附面层的厚度小于紊流附面层的厚度，层流附面层的动能小于紊流附面层的动能。

2.2.3　升　力

2.2.3.1　升力的产生原理

相对气流流过翼型时，流线和流管将发生变化，引起绕翼型的压力发生变化，只要上下翼面存在压力差，就会产生升力。下面就以气流绕翼型的流线谱来说明升力的产生原理。

空气流到翼型的前缘，分成上下两股，分别沿翼型的上、下表面流过，并在翼型的后缘汇合后向后流去。在翼型的上表面，由于正迎角和翼面外凸的影响，流管收缩，流速增大，压力降低；而在翼型的下表面，气流受阻，流管扩张，流速减慢，压力增大。这样，翼型的上、下翼面出现压力差，总压力差在垂直于相对气流方向的分量，就是翼型的升力。

升力合力的着力点，叫压力中心。

机翼升力的产生主要是靠机翼上表面所受吸力的作用，尤其是上翼面的前段，而不是主要靠下翼面所受正压的作用。由上翼面吸力所产生的升力，一般占总升力的 60%～80%；而下翼面正压所产生的升力只占总升力的 20%～40%。如果机翼迎角在零度左右，或机翼的下翼面突出较显著，下翼面可能形成向下的吸力，在此种情况下，机翼的升力就完全由上翼面的吸力所产生。

2.2.3.2 升力公式

飞机的升力公式可以表示为

$$L = C_L \cdot \frac{1}{2} \rho v^2 \cdot S$$

式中 C_L——飞机的升力系数，升力系数综合表达了机翼形状、迎角等对飞机升力的影响；

$\frac{1}{2} \rho v^2$——飞机的飞行动压；

S——机翼的面积。

上式表明，飞机的升力与升力系数、机翼面积成正比，与飞行速度的平方成正比。

2.2.3.3 升力系数的变化规律

飞机的升力系数曲线反映了升力系数随迎角的变化规律（见图2.4）：在中小迎角范围，升力系数呈线性变化，即升力系数随迎角的增大而线性增大。在较大的迎角范围，随迎角的增大，升力系数增大的趋势减缓。迎角达到临界迎角，升力系数达到最大；迎角超过临界迎角，随迎角增大升力系数降低。

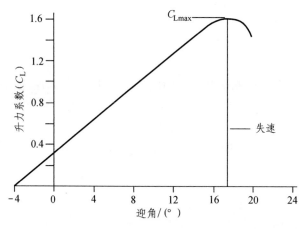

图 2.4 升力系数曲线

2.2.3.4 迎角与速度

飞机在直线飞行中，要保持升力不变，当速度增大时应相应地减小迎角，减小升力系数；反之，当速度减小时应相应地增大迎角，增大升力系数。

2.2.4 阻 力

2.2.4.1 诱导阻力

由于升力的产生而产生的阻力，称为诱导阻力。

在正升力状态，机翼下表面的气流压力比上表面的高，这样在翼尖，下表面的气流绕翼尖流向上表面，形成翼尖涡，翼尖涡向后流形成翼尖涡流（见图2.5）。翼尖涡流使相对气流向下倾斜形成下洗流。由于相对气流向下倾斜，因此总升力不再与相对气流相垂直，而与下洗流相垂直，总升力的垂直分量与相对气流垂直（见图2.6）。诱导阻力与相对气流平行，它随着下洗流的进一步下偏（由于迎角增加）而增加。

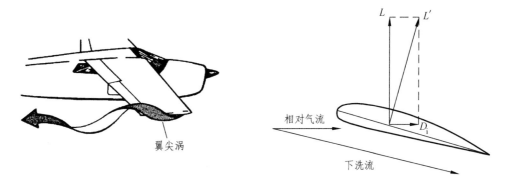

图 2.5　翼尖涡和翼尖涡流　　　　　图 2.6　诱导阻力产生原理

大展弦比机翼比小展弦比机翼产生的诱导阻力小。翼梢小翼可以减小飞机的诱导阻力。

诱导阻力也随空速和迎角而变化。诱导阻力在低速时最大，随速度的增加而迅速减小。若其他因素保持不变，诱导阻力与速度的平方成反比。例如，如果空速增大为原来的 2 倍，那么诱导阻力减小为原来的 1/4。

2.2.4.2　废阻力

与升力的产生无关的阻力称为废阻力，它是由飞机的表面对平滑气流的扰动以及产生的涡流所引起的。废阻力主要包括摩擦阻力、压差阻力和干扰阻力。

1. 摩擦阻力

空气流过飞机时，紧贴飞机表面的一层空气，其相对速度等于零，就好像黏在机翼表面一样，这必然是由于这些流动的空气受到了飞机表面给它的向前的作用力的结果。由牛顿第三定律可知，这些速度为零的空气也必然给飞机表面一个反作用力，这个反作用力就是摩擦阻力。

摩擦阻力与附面层的类型密切相关。由于在紧贴飞机表面，紊流附面层的速度梯度比层流附面层的大，即在紊流附面层底层，飞机表面对气流的阻滞作用大，因此，紊流附面层的摩擦阻力也就比层流附面层的大。

此外，摩擦阻力的大小还取决于空气与飞机的接触面积和飞机的表面状况。飞机的表面积越大，摩擦阻力越大。飞机表面越粗糙，则摩擦阻力也越大。

2. 压差阻力

压差阻力是由于物体前后的压力差而产生的阻力。飞机的机翼、机身和尾翼等部件都会产生压差阻力。

压差阻力的产生与附面层分离密切相关。附面层分离（气流分离）是指附面层内的气流发生倒流，脱离物体表面，形成大量旋涡的现象（见图2.7）。气流开始脱离物体表面的点称为分离点。附面层分离的内因是空气具有黏性，外因则是因物体表面弯曲而出现的逆压梯度。附面层分离后，涡流区的压强降低，且涡流区内各处的压强几乎是相等的，等于分离点处的压强。

图 2.7　气流分离

气流流过机翼后，在机翼的后缘部分也会产生附面层分离，形成涡流区，压强降低；而在机翼前缘部分，由于气流受阻压强增大，机翼前后就产生了压力差，从而使机翼产生压差阻力。飞机其他部分产生压差阻力的原理与此相同。

由于涡流区的压强等于分离点的压强，当分离点靠近机翼前缘，涡流区压强进一步降低，压差阻力就会增大；分离点靠近机翼后缘，涡流区压强增大，压差阻力减小。机翼气流分离点的位置主要取决于迎角的大小。机翼迎角越大，分离点越靠近机翼前缘。

总的来说，飞机压差阻力与迎风面积、机翼形状和迎角有关。迎风面积大，压差阻力大。像水滴那样的、前端圆钝、后面细尖的流线型体，压差阻力小。迎角越大，压差阻力也越大。

3. 干扰阻力

我们把飞机各部分之间由于气流的相互干扰而产生的额外阻力，称为干扰阻力。它产生在飞机上各个部件的结合部。

例如，气流流过机翼和机身的结合部，在结合部中段，由于机翼表面和机身表面都向外凸出，流管收缩，流速加快，压强降低。而在后段，由于机翼和机身表面都向内弯曲，流管扩张，流速减小，压强增大。这样使得结合部的逆压梯度增大，促使气流分离点前移，使翼身结合部后的涡流区扩大，从而产生额外的阻力。这一阻力是由于气流的相互干扰而产生的，因此称为干扰阻力。

不但机翼和机身结合部会产生干扰阻力，机身与尾翼、机翼和发动机短舱等结合部也会产生干扰阻力。因此，为了减小干扰阻力，除了在设计时要考虑选择部件形状和安装位置外，在飞机的各个部件结合部，应安装整流包皮，使结合部较为圆滑，流管不致过分扩张，而产生气流分离。

废阻力大小与速度的平方成正比。例如，同一架飞机在相同的高度上，以 160 kt 速度飞行的废阻力是以 80 kt 速度飞行的废阻力的 4 倍。

4. 总阻力

飞机的总阻力是诱导阻力和废阻力之和（见图 2.8）。在低速（起飞和着陆）时诱导阻力占支配地位，在高速（巡航）时废阻力占主导地位。诱导阻力和废阻力相等时，总阻力最小。总阻力最小时升阻比最大。以最大升阻比飞行，提供了最大航程和停车后最有利的下滑速度。

当飞机放下起落架，飞机的阻力系数增大，阻力增大，而升力系数和升力变化不大，升阻比减小。

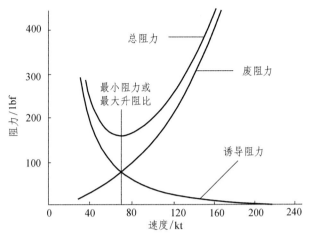

图 2.8　飞机的总阻力

2.2.5　增升装置

2.2.5.1　前缘缝翼

前缘缝翼位于机翼前缘，其作用是延缓机翼的气流分离，提高最大升力系数和临界迎角。

前缘缝翼打开时与机翼之间有一条缝隙。一方面，下翼面的高压气流流过缝隙后，贴近上翼面流动，给上翼面气流补充了能量，降低了逆压梯度，延缓了气流分离，达到了增大升力系数和临界迎角的目的；另一方面，气流从压强较高的下翼面通过缝隙流向上翼面，减小了上、下翼面的压强差，又具有减小升力系数的作用（见图 2.9）。

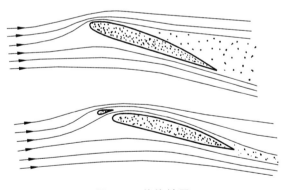

图 2.9　前缘缝翼

在接近临界迎角时，上翼面的气流分离是使升力系数降低的主要原因，因而在此迎角下，利用前缘缝翼延缓气流分离的作用，就能提高最大升力系数和临界迎角。但是，在迎角较小时，上翼面的气流分离本来就很弱，在这些迎角下，打开前缘缝翼，不仅不能增大升力系数，反而会使上、下翼面的压强差减小而降低升力系数。因此，只有当飞机迎角接近或超过临界迎角时，即机翼气流分离现象严重时，打开前缘缝翼才能起到增升的作用。

目前，有的飞机只在靠近翼尖、位于副翼之前装设有缝翼，叫翼尖前缘缝翼。它的主要作用是在大迎角下延缓翼尖部分的气流分离，提高副翼的效能，改善飞机的横侧稳定性和操纵性。

2.2.5.2　后缘襟翼

襟翼位于机翼后缘的叫后缘襟翼。较为常用的有：简单襟翼、开缝襟翼、后退襟翼、后退开缝襟翼等。放下后缘襟翼，既可增大升力系数，同时也增大了阻力系数。因此，在起飞时一般放小角度襟翼，着陆时放大角度襟翼。

1. 简单襟翼

简单襟翼与副翼形状相似，放下简单襟翼，改变了翼型的弯度，使机翼更加弯曲而上、下翼面压强差增大，升力系数增大（见图 2.10）。但是简单襟翼放下后，机翼后缘涡流区扩大，机翼压差阻力增大；同时由于升力系数增大，诱导阻力增大，总阻力增大，且相对于升力来说，阻力增大的百分比更多。所以，放下简单襟翼后，升力系数和阻力系数均增大，但升阻比降低。

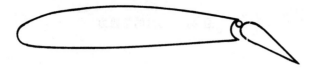

图 2.10　简单襟翼

在大迎角下放简单襟翼，由于弯度增大，使上翼面逆压梯度增大，气流提前分离，涡流区扩大，导致临界迎角降低。

2. 开缝襟翼

开缝襟翼是在简单襟翼的基础上改进而成的（见图 2.11）。放下开缝襟翼，一方面襟翼前缘与机翼后缘之间形成缝隙，下翼面的高压气流通过缝隙高速流向上翼面后缘，使上翼面后缘附面层中空气流速加快，能量增多，延缓了气流分离，提高了升力系数。另一方面，放下开缝襟翼，使机翼弯度增大，也有增升效果。所以，开缝襟翼的增升效果比较好，最大升力系数一般可增大 85%～95%，而临界迎角降低不多。开缝襟翼一般开 1～3 条缝。开缝襟翼是中、小型飞机常用的襟翼类型。

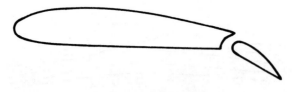

图 2.11　开缝襟翼

3. 后退襟翼

这种襟翼下偏的同时，还向后滑动。它不但增大了机翼弯度，同时还增加了机翼面积，增升效果好，且临界迎角降低较少。

4. 后退开缝襟翼

将后退襟翼和开缝襟翼结合就是后退开缝襟翼（见图 2.12）。当襟翼在放下和后退位置时，它的前缘和机翼后缘形成一条缝隙，它兼有后退襟翼和开缝襟翼的优点，增升效果很好。后退开缝襟翼有两种形式，一种叫查格襟翼，一种是富勒襟翼。

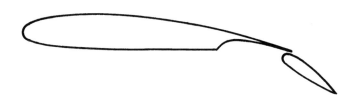

图 2.12　后退开缝襟翼

后缘襟翼中增升效率最高的是后退开缝襟翼。

5. 前缘襟翼

位于机翼前缘的襟翼叫前缘襟翼（见图 2.13）。这种襟翼广泛用于高亚音速飞机和超音速飞机。

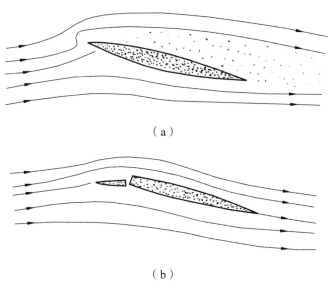

（a）

（b）

图 2.13　前缘襟翼

超音速飞机一般采用前缘削尖、相对厚度小的薄机翼。在大迎角飞行时，机翼上表面就开始产生气流分离，最大升力系数降低。如果放下前缘襟翼，一方面可以减小前缘与相对气流之间的夹角，使气流能够平顺地沿上翼面流动，延缓气流分离；另一方面也增大了翼型弯度，这样就使得最大升力系数和临界迎角得到提高。

增升装置一般主要通过 3 个方面来达到增升目的：一是增大翼型的弯度，提高机翼上、下翼面的压强差，从而增大升力系数；二是延缓上翼面的气流分离，提高临界迎角和最大升力系数；三是增大机翼面积，从而增大升力系数。

2.3　机动飞行中的空气动力

2.3.1　操纵飞机的基本方法

（1）俯仰控制：由飞机升降舵控制，前推驾驶盘（或称顶杆），升降舵下偏，产生下俯操纵力矩，飞机低头；后拉驾驶盘（或称带杆），升降舵上偏，产生上仰操纵力矩，飞机抬头。

（2）滚转控制：由飞机副翼控制，向左压驾驶盘（或称压左盘），左副翼上偏，右副翼下偏，产生左滚操纵力矩，飞机向左滚转；向右压驾驶盘（或称压右盘），左副翼下偏，右副翼上偏，产生右滚操纵力矩，飞机向右滚转。

（3）偏航控制：由飞机方向舵控制，前蹬左脚蹬（或称蹬左舵），方向舵左偏，产生左偏操纵力矩，飞机机头左偏；前蹬右脚蹬（或称蹬右舵），方向舵右偏，产生右偏操纵力矩，飞机机头右偏。

副翼积冰将使飞机横向操纵效率降低，升降舵积冰将使飞机俯仰操纵效率降低，方向舵积冰将使飞机方向操纵效率降低。

2.3.2 平直飞行

作平直、无加速度飞行的飞机处于平衡状态。升力与重力相等，拉力与阻力相等（见图2.14）。要在平飞中增减速度，必须改变发动机功率设置以产生不平衡的条件。随着发动机功率和空速的改变，同时相应地调整迎角，保持升力与重力相等，才能保持水平飞行。保持水平飞行所要求的指示空速与每个迎角一一对应（所有其他因素保持不变）。

2.3.3 上 升

飞机沿倾斜向上的轨迹作等速直线的飞行，叫上升（见图2.15）。

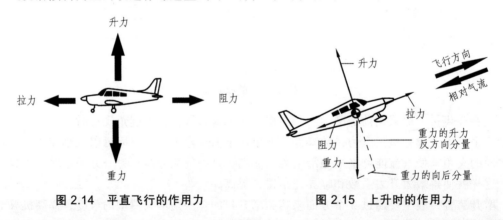

图 2.14 平直飞行的作用力   图 2.15 上升时的作用力

上升角是飞机上升轨迹与水平面之间的夹角。上升梯度是飞机上升高度与前进的水平距离之比。上升角和上升梯度与剩余拉力的大小成正比，最大上升角速度对应最大剩余拉力。

上升角最大的速度叫陡升速度，用 v_x 表示。螺旋桨飞机的陡升速度约等于最小功率速度。偏离陡升速度，上升角将减小。要能越过前方障碍物，应该选用最大上升角方式上升。

上升率是指飞机上升中单位时间所上升的高度。上升率与剩余功率的大小成正比。最大上升率对应最大剩余功率。

上升率最大的速度叫最快上升速度（快升速度），用 v_y 表示。螺旋桨飞机的陡升速度约等于最小阻力速度。偏离快升速度，上升率将减小。要尽快到达某一高度层，应选用最大上升率方式上升。

飞机转入上升时，通过向后拉杆增大迎角，增加升力，使飞机上升。当飞机处在稳定上升中，飞机上产生的升力小于平飞时的升力。上升是用剩余的拉力而不是用剩余的升力。

气温越高，上升率和上升角越小。

上升中，逆风使相同表速飞行的上升角增大，顺风使相同表速飞行的上升角减小，但上升率却不变。

重量增加，最大上升率和最大上升角减小。

高度增加对上升性能影响最大。这是因为高度增高，所需功率增加，而可用功率和可用拉力减少。因此，上升角（率）随高度的增加而减小。同时，获得最大上升角所需的空速随高度的增加而增加，最大上升率所对应的空速减小，这两个空速相等时对应的高度称为飞机的理论升限。

由于高度增高，上升率减小，上升单位高度的时间延长。越接近理论升限，上升率越小，飞机上升越缓慢，理论升限上的最大上升率为零，则飞机上升到理论升限的时间趋于无穷大。这就是说，飞机要稳定上升到理论升限，实际上是不可能的。为此，实用中规定，螺旋桨飞机以最大上升率为 100 ft/min 对应的高度为实用升限；而高速喷气式飞机则以最大上升率为 500 ft/min 对应的高度为实用升限。

2.3.4 下 降

下降是指沿倾斜向下的轨迹作等速直线飞行（见图 2.16）。

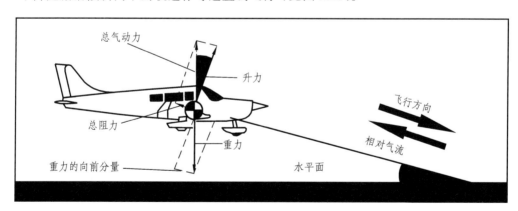

图 2.16　下降时的作用力

下降角是指飞机的下降轨迹与水平面之间的夹角。下降距离是指飞机下降一定高度所前进的水平距离。

零拉力下滑时，飞机下滑角的大小取决于飞机升阻比的大小，下滑角与飞机升阻比成反比；下降距离的大小取决于下降高度和升阻比的大小，在下降高度一定时，下降距离只取决于升阻比的大小。当升阻比增大时，下降角减小，下降距离增长。以最小阻力速度（有利速度）下滑，飞机的升阻比最大，则下降角最小，下降距离最长。这里必须注意，零拉力下滑时，飞机的下降角和下降距离不受飞行重量的影响。

飞行中还常用滑翔比的大小来估计下降距离的长短。滑翔比 η 是飞机下降距离 $L_下$ 与下降高度 H 之比，即

$$\eta = \frac{L_下}{H}$$

在高度一定时，滑翔比越大，飞机下滑距离越长。无风和零拉力条件下，飞机的滑翔比等于升阻比。

如果出现发动机故障，飞行员应以最小下滑角操纵飞机，以便获得最大的下滑距离。

下降中，逆风使相同表速飞行的下降角增大，顺风使相同表速飞行的下降角减小，但下降率却不变。

2.3.5 转 弯

2.3.5.1 作用力关系

飞机转弯时，升力倾斜。此时飞机的升力分解成两个分力，一个作用在铅直方向，另一个作用在水平方向（见图 2.17）。升力的水平分力为飞机提供了向转弯中心加速的向心力，而升力的垂直分力用以克服重力。向心力持续地克服惯性，惯性阻碍物体运动方向的改变。惯性离心力与升力水平分力方向相反。在水平的匀速转弯中，升力水平分力与离心力相等。重力与离心力的合力决定了施加于机体的载荷。为了保持高度，升力必须与合成的载荷平衡。合成载荷通常用载荷因数的大小来表示。

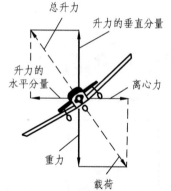

图 2.17　转弯时的作用力

2.3.5.2 载荷因数

飞机载荷因数是指除飞机重力外的所有外力之和与飞机重力之比。飞行中，飞机重力外的所有外力之和一般等于升力，这样飞机的载荷因数就等于升力与重力之比（n_y）。

协调的水平转弯，飞机的载荷因数不变，载荷因数取决于转弯坡度（γ）。保持坡度不变，则载荷因数也保持不变。

$$n_y = \frac{1}{\cos\gamma}$$

当坡度角（γ）为 60°时，载荷因数为 2，这表示机翼承受了 2 倍于飞机重力的力的作用。为了保持高度，当增加坡度时，必须拉杆增大迎角以弥补升力垂直分力的损失。

2.3.5.3 协调转弯

转弯时坡度与转弯速度间的关系可通过侧滑仪小球反映出来。小球能反映出转弯的质量。如果小球在中央位置，转弯是协调的。当飞机出现内侧滑时，小球偏向转弯的内侧。这表明

对给定的坡度，转弯的角速度不够，升力的水平分力大于离心力。可以通过减小坡度，蹬舵增加转弯角速度使小球回到中央位置，或结合使用上述两种方法。在带外侧滑的转弯中，侧滑仪小球偏向转弯的外侧。在这种情况下，对于给定的坡度，转弯角速度太大，离心力大于升力的水平分力，离心力的增加也导致载荷因数的增加。要使飞机协调转弯，可增加坡度或减小舵力来减小转弯角速度，让小球回到中央位置，也可结合使用这两种修正方法。

2.3.5.4　转弯半径（R）与转弯角速度（ω）

在给定坡度下，转弯半径随真空速的平方变化，因此，如果真空速增大为原来的 2 倍，转弯半径则增大为原来的 4 倍。对于任何给定的坡度，转弯角速度也随真空速而变化，但却是真空速增加，转弯角速度减小，速度较慢的飞机完成转弯需要的时间和空间都较少。

因为转弯性能取决于升力的水平分力，所以影响性能的两个变量是速度和坡度。对于稳定协调的转弯，可使用两个公式来计算转弯半径和转弯角速度

$$R = \frac{v^2}{g\tan\gamma}$$

$$\omega = \frac{g\tan\gamma}{v}$$

式中　g——重力加速度；

$\quad\quad\gamma$——坡度角；

$\quad\quad v$——真空速。

从上述公式可见：无论重量、重心位置或飞机的型号如何，相同的坡度和真空速对应的转弯角速度和转弯半径是相同的。保持坡度不变，增大速度就增大了转弯半径，减小了转弯角速度。要增加转弯角速度并减小转弯半径，就应该增加坡度并减小真空速。

2.3.5.5　逆偏转和坡度增大趋势

开始转弯时，向转弯方向压盘，内侧机翼的副翼朝上，外侧机翼的副翼朝下。朝下的副翼增加了机翼的弯度，外侧机翼产生的升力大，升力的增加相应增加了诱导阻力，同时，内侧机翼的诱导阻力减小，这就使飞机有向转弯的外侧偏转的趋势。应向转弯方向蹬舵来克服逆偏转，使进入转弯时保持协调，防止侧滑（见图 2.18）。

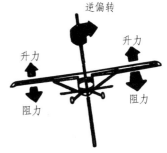

转弯中，飞机转弯外侧机翼的速度大于转弯内侧机翼的速度，这样，转弯外侧机翼的升力大于转弯内侧机翼的升力，飞机有坡度自动增大的趋势。应适当向转弯外侧压盘以保持坡度不变。

图 2.18　转弯时的逆偏转

2.3.6　失速和螺旋

2.3.6.1　飞机失速的产生

当飞机迎角超过临界迎角，气流就不再平滑地流过机翼的上表面，而产生强烈的气流分

离，飞机不能保持正常的飞行，飞机就进入失速（见图 2.19）。飞机失速时的表现主要为：抖动、机头突然下沉、飞机掉高度、速度减小。

图 2.19　飞机的失速

飞机失速的根本原因是飞机的迎角超过其临界迎角。

引起失速的气流分离是一个渐进的过程。当翼面的迎角接近临界迎角时气流开始分离；随后，当迎角增加并超过临界迎角时，气流分离加剧，升力显著减小，同时阻力急剧增大。

2.3.6.2　失速速度

飞机刚进入失速时的速度，称为失速速度，用 v_S 表示。在飞行手册上，常用 v_{S1} 表示特定构形下的失速速度或最小稳定飞行速度，常用 v_{S0} 表示飞机在着陆状态下的失速速度或最小稳定飞行速度。

失速的产生取决于飞机迎角是否超过临界迎角。而在飞行状态一定（载荷因数一定）的情况下，速度与迎角有着一定的关系，当飞机速度接近失速速度时，飞机迎角也接近临界迎角；飞机速度为失速速度时，飞机迎角为临界迎角。因此，可以根据飞机速度的大小来判明飞机是否接近失速或已经失速。

飞行状态不同，载荷因数大小不同，失速速度的大小也不一样。也就是说，不管什么飞行状态，其失速速度的大小均应根据载荷因数（n_y）来确定。

飞机平飞时的失速速度（$v_{S\text{平}}$）可表示为

$$v_{S\text{平}} = \sqrt{\frac{2W}{C_{L\max}\ \rho\ S}}$$

式中　W——飞机重量；

其他符号同前。

其他飞行状态的失速速度为

$$v_S = \sqrt{\frac{2n_y L}{C_{L\max}\ \rho\ S}} = v_{S\text{平}}\ \sqrt{n_y}$$

由上式知，飞机重量增加，失速速度增大。放下襟翼等增升装置，飞机的最大升力系数增大，失速速度相应减小。不同飞行状态下的失速速度是平飞失速速度的 $\sqrt{n_y}$ 倍。飞机在水平转弯或盘旋中，随着坡度的增大，载荷因数增大，对应的失速速度也增大。此外，重心越靠前，失速速度越大；相同构型下，功率越大，失速速度越小；机翼积冰等，会使失速速度增大。 矩形翼翼根先失速，后掠翼翼尖先失速。

2.3.6.3 失速的改出

不论在什么飞行状态，只要判明飞机进入了失速，都要及时向前推杆减小迎角，当飞机迎角减小到小于临界迎角后（一般以飞行速度大于 $1.3v_S$ 为准），柔和拉杆改出。在推杆减小迎角的同时，还应注意蹬平舵，以防止飞机产生倾斜而进入螺旋。

2.3.6.4 失速训练的目的和种类

训练失速的目的是让飞行员熟悉飞机特定失速的产生条件，帮助飞行员识别接近失速时的各种征兆，并培养出能够预防和及时改出失速的动作习惯，而不是将飞机放置到潜在危险条件之中。对于多发飞机，必须避免单发情况下失速。

按照不同飞行阶段和不同飞行状态，失速可分为无功率失速、带功率失速、二次失速、加速失速、交叉控制失速和升降舵配平失速。

1. 无功率失速

无功率失速是模拟在正常进近着陆构型和条件下，因飞行员操作不当而引起失速的发生。例如从中间进近阶段到最后进近阶段过程中的不正确操作的转弯；仅使用增加俯仰角在最后进近时从大下降率中修正下滑轨迹；在最后进近阶段或者起落航线中不正确的空速控制等。

2. 带功率失速

带功率失速是模拟在起飞爬升条件和构型下，因飞行员操作不当而引起失速的发生。 失速发生的原因通常是由于起飞爬升过程中飞机姿态过大或者飞行员过早收襟翼，短距离起飞时飞行员未能保持正确的飞行状态也易于导致失速的发生。

3. 二次失速

如果没有正确地从失速中改出，可能导致二次失速或螺旋。二次失速通常会在以下几种情况下发生：

（1）失速或螺旋改出到直线平飞过程中，飞行员操纵过于粗猛。

（2）失速改出过程中，俯仰姿态减小不够，导致飞机迎角减小不够。

（3）仅靠增大发动机功率来改出失速。

4. 加速失速

加速失速的训练是让飞行员熟悉当飞机大坡度转弯或突然性大量带杆时，因载荷因数的增大而容易在较大空速下发生失速。此类在较大速度和较小迎角发生的失速比正常状态下的失速更加突然和严重，如不及时正确改出，容易进入螺旋。

5. 交叉控制失速

交叉控制失速训练是使飞行员了解协调操纵盘舵的重要性以及不正确操纵可能带来的严重后果。该失速模拟当转入五边过晚时，飞行员急于对正跑道而过量使用转弯内侧方向舵以增加转弯率，同时为防止坡度过大和下降率增大，向转弯反方向压盘并且向后带杆而发生的失速现象。

6. 升降舵配平失速

练习升降舵配平失速的目的是认识并防止复飞时没有正确控制飞机状态，在复飞功率和五边进近时较靠后方向舵配平的双重作用下，飞机俯仰姿态过大而发生的失速。

2.3.6.5 螺旋的原因

飞机产生螺旋是由飞机超过临界迎角后机翼自转引起的（见图2.20）。在螺旋形成前，一定出现了失速。当飞机迎角大于临界迎角而处于失速状态时，飞机受扰动滚转，下沉机翼的迎角虽然增大，但升力系数却减小；上扬机翼的迎角虽然减小，升力系数却增大。这样，两翼升力之差构成的力矩，不但不能防止飞机滚转，反而加速飞机滚转，促使滚转角速度增大。这就是说，当迎角超过临界迎角，只要飞机受扰动（如气流、操纵错误等）而获得一个初始角速度，飞机就会以更大的滚转角速度绕纵轴自动旋转，这种现象称为机翼自转。

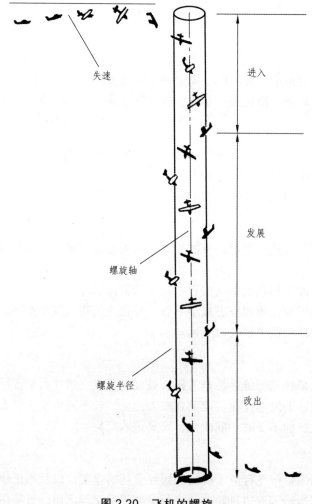

图 2.20 飞机的螺旋

2.3.6.6　螺旋的改出

首先蹬反舵制止飞机旋转，紧接着推杆迅速减小迎角，使之小于临界迎角；当飞机停止旋转，收平两舵，保持飞机不带侧滑；然后在俯冲中积累到规定速度时，拉杆改出，恢复正常飞行。

2.3.7　螺旋桨的拉力

2.3.7.1　有关概念

桨弦是桨叶前缘、后缘的连线。旋转面是桨叶旋转所画的平面。桨叶角是桨弦与旋转面的夹角。桨叶角的变化称为变距。

螺旋桨变距的主要目的是用来改变螺旋桨转速。前推变距杆，螺旋桨的桨叶角减小，转速增大；后拉变距杆，螺旋桨的桨叶角增大，转速减小。

螺旋桨的桨叶迎角是桨叶切面的相对气流与桨弦的夹角。

螺旋桨桨叶扭转的目的是使从桨根到桨尖的桨叶迎角基本相同。

旋转阻力对桨轴的力矩称为旋转阻力矩（M_Q）。M_Q 由发动机输出的扭矩（$M_扭$）平衡。$M_Q = M_扭$，转速不变；$M_Q < M_扭$，转速增大；$M_Q > M_扭$，转速减小。

2.3.7.2　螺旋桨的拉力变化

增压式发动机，油门位置一定，在额定高度以下，随飞行高度增加，拉力增加；在额定高度以上，随飞行高度增加，拉力减小。吸气式发动机，高度增加，拉力减小。

在油门和高度一定时，速度增加，螺旋桨拉力减小；速度减小，螺旋桨拉力增大。

在速度和高度一定的情况下，油门增大，螺旋桨拉力增大；油门减小，螺旋桨拉力减小。

螺旋桨在 3 种情况下会产生负拉力：

（1）发动机正常工作，飞行速度过大而油门比较小。

（2）发动机正常工作，飞行速度不大而油门过小。

（3）发动机空中停车。

3 种情况下产生负拉力的根本原因是桨叶迎角是负迎角。

发动机空中停车后，应立即顺桨，使螺旋桨不再旋转以消除负拉力。如果没有顺桨装置，应立即把变距杆拉到最后使桨叶变大距且转速降低，减小负拉力。

2.3.7.3　螺旋桨的副作用

1. 螺旋桨的进动

高速旋转的螺旋桨，当受到改变桨轴方向的操纵力矩作用时，螺旋桨轴除了依操纵力矩转动外，还要绕另一个轴转动，这种现象称为螺旋桨的进动。

例如，右转螺旋桨飞机，当操纵飞机向右转弯时，进动力矩使飞机向下进动；当操纵飞机向左转弯时，进动力矩使飞机向上进动；当操纵飞机向上抬头时，进动力矩使飞机向右进动；当操纵飞机向下低头时，进动力矩使飞机向左进动。

2. 螺旋桨的反作用力矩

螺旋桨的反作用力矩是空气作用于螺旋桨的力矩，与螺旋桨的旋转方向相反（见图

2.21）。反作用力矩使飞机向螺旋桨旋转的反方向倾斜。例如，右转螺旋桨飞机，螺旋桨反作用力矩力图使飞机向左滚转。

3. 螺旋桨的滑流扭转作用

螺旋桨的滑流是由于螺旋桨的作用而向后加速和扭转的气流（见图 2.22）。螺旋桨的滑流使飞机力图向螺旋桨旋转的反方向偏转。例如，右转螺旋桨飞机，滑流扭转力矩力图使飞机机头向左偏转。

图 2.21　螺旋桨的反作用力矩　　　　　图 2.22　螺旋桨的滑流扭转作用

4. 螺旋桨因素

在大迎角状态，螺旋桨旋转时，螺旋桨的下行桨叶迎角大，上行桨叶迎角小，故下行桨叶的拉力大于上行桨叶的拉力，形成偏转力矩，称之为螺旋桨因素。右转螺旋桨的螺旋桨因素使飞机左偏（见图 2.23）。

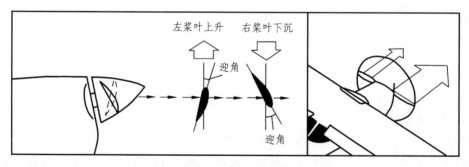

图 2.23　螺旋桨因素

2.3.8　不对称拉力

多发飞机出现一发失效，将产生偏转力矩与滚转力矩。发动机失效，对飞机的飞行姿态或飞行性能影响最大的那台发动机称为关键发动机。确定关键发动机时通常考虑以下 5 个方面的影响：螺旋桨因素；螺旋桨吹风作用；滑流效果；反作用力矩；螺旋桨旋转方向。

对于多发飞机，出现一发失效，应迅速顺桨失效发动机，减小偏转力矩；向工作发动机一侧压不超过 5°坡度，并蹬舵，抑制偏转与滚转。若只蹬舵，不产生坡度，会形成向失效发动机一侧的侧滑。

最小控制速度是指在该速度，当关键发动机突然停车时，能在该发动机继续停车情况下保持对飞机的操纵，在相同的速度下维持坡度不大于 5°的直线飞行。

功率越大，重量越轻，重心越靠后，外界温度越低，机场标高越小，在地面效应区内，关键发动机失效，最小控制速度越大。

2.3.9　地面效应

在起飞和着陆期间，当飞机非常接近地面时，地面改变了飞机周围流谱，这将使翼尖涡流、上下洗流减弱，从而引起飞机气动性能的变化，这种现象称为地面效应。

飞机近地飞行时，地面限制气流下洗，下洗角和诱导阻力减小，升力系数增大。当机翼距地面的高度等于其一个翼展时，诱导阻力仅减小 1.4%；当机翼距地面的高度等于翼展的 1/10 时，诱导阻力大约减小 48%。

由于在地面效应中诱导阻力减小，升力系数增大，因此产生升力所需的速度也相应减小。这就是说飞机能以比正常速度更低的速度离地。当飞机脱离了地面效应后开始爬升时，随着机翼周围的气流恢复正常且诱导阻力急剧增加，升力系数降低，维持飞行所需的功率（拉力）和速度也大大增加。如果想在达到正常爬升速度之前从地面效应中爬升，飞机可能会栽到跑道上。

在飞行的着陆阶段地面效应最明显。在离地面一个翼展内，升力系数增大，诱导阻力减小使飞机好像飘浮在一个气垫上。这就是为什么在拉平使飞机着陆期间通常需要减小功率。在地面效应中，也需较小的迎角以产生相同量的升力。尽管所有的飞机都可能感受到地面效应，但下单翼机更明显，因为其机翼更接近地面。

2.3.10　翼尖涡流

在正升力状态，机翼下表面的气流压力比上表面的高，这样在翼尖，下表面的气流绕翼尖流向上表面，形成翼尖涡，翼尖涡向后流形成翼尖涡流。飞机的尾流主要是翼尖涡流。

翼尖涡引起机翼翼展范围内的气流向下运动，翼展之外的气流向上运动。翼尖涡产生后，由于气流下洗和马格努斯效应，翼尖涡要向下向两侧移动。飞机的尾流要完全消散约需 2 min。

飞机尾流对后面飞机影响很大，如飞机从正后方进入前机尾流，飞机的下降率增大，上升率减小；如飞机从正后方进入前机的一个翼尖涡流，飞机将出现急剧滚转。

飞行中要防止飞机进入前机的尾流。后面的飞机应该保持比前机稍高的高度飞行或保持在前机上风飞行。小飞机在落地时，为了避免进入前机尾流，接地点应该选在前机落地点之前。

2.4　飞机的稳定性

2.4.1　静稳定性

静稳定性是指飞机受扰动偏离原平衡状态，是否具有自动恢复到原平衡状态的趋势的特性。如果飞机具有趋向回到原平衡状态的趋势，称飞机具有正静稳定性。如果飞机趋向于进一步偏离原平衡状态，称飞机具有负静稳定性。如果飞机趋向于保持偏离后的姿态，则称飞机具有中立静稳定性（见图 2.24）。

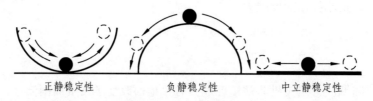

正静稳定性　　　　　负静稳定性　　　　中立静稳定性

图 2.24　飞机的静稳定性

飞机获得静稳定性的条件是，偏离原平衡状态时产生力图使飞机回到原平衡状态的稳定力矩。稳定力矩的产生是稳定性的必要条件。

正静稳定性是最理想的特性，因为飞机趋向于回到原来平衡状态。任何装载适当的飞机都表现出这种特性。负静稳定性和中立静稳定性不是我们所希望的特性。

2.4.2　动稳定性

动稳定性涉及的是飞机受扰动偏离原平衡状态后，飞机的响应过程。动稳定性描述的是飞机受扰动后的整个响应过程，而静稳定性研究的是扰动消失后飞机的运动趋势。动稳定性由飞机发生偏离状态后的趋势和阻尼确定。虽然可以将飞机设计成具有正静稳定性，但是它可能有正、负或中立动稳定性。

如果飞机受扰动偏离原平衡状态后，它的趋势是自动恢复到原来状态，并经过一系列振幅逐渐减小的摆动，飞机最终恢复到原状态，称飞机具有正动稳定性。如果摆动振幅越来越大，飞机表现出越来越偏离原状态，称飞机具有负动稳定性。如果飞机趋于回到原来的平衡状态，但是随着时间的推移摆动的大小既不增加也不减小，它就表现出中立动稳定性（见图 2.25）。

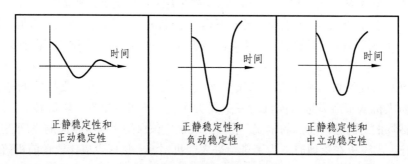

正静稳定性和　　　　　正静稳定性和　　　　　正静稳定性和
正动稳定性　　　　　　负动稳定性　　　　　　中立动稳定性

图 2.25　飞机的动稳定性

飞机获得动稳定性的条件是，扰动运动过程中产生削弱扰动运动的阻尼力矩。

2.4.3　纵向（俯仰）稳定性

纵向稳定性是指飞机受扰动后绕横轴保持稳定的趋势。飞机在受到扰动而产生俯仰运动时，会自动产生抑制俯仰运动的力矩，该力矩使飞机恢复到原来的飞行姿态。纵向稳定性的作用是保持迎角不变（见图 2.26）。

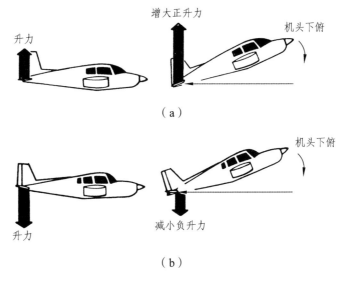

（a）

（b）

图 2.26　飞机纵向稳定性的产生

为了使飞机具有纵向稳定性，飞机的重心必须位于焦点之前。飞机焦点是飞机迎角改变时，飞机附加升力的着力点。在亚音速情况下，飞机焦点位置不随迎角变化而变化。焦点在重心之后，是飞机平尾的贡献，因此，飞机的纵向稳定性主要由平尾提供。

飞机的重心位置对飞机纵向稳定性的影响很大。重心越靠前，纵向稳定性越强。但重心靠前，飞机的配平阻力增大，同时要求机翼产生更大的升力。

常规布局的飞机，重心位于机翼压力中心之前，这样，机翼升力俯仰力矩为低头力矩，平尾升力俯仰力矩为抬头力矩（见图 2.27）。

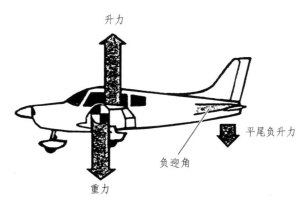

图 2.27　飞机的俯仰力矩

2.4.4　横向稳定性

横向稳定性是指当飞机受扰动偏离原平衡状态后，具有阻止绕纵轴的横向运动（滚转）和使机翼恢复到水平姿态的趋势。

飞机的横向稳定性主要由机翼的上反角和后掠角提供。

飞机两翼水平飞行受扰动，机翼发生倾斜，从而使飞机产生侧滑，相对气流从侧边吹向飞机，上反角使上风机翼的迎角增加，升力增大；下风机翼的迎角减小，升力减小；升力差产生了滚转运动，下沉机翼趋于上抬使机翼恢复水平（见图2.28）。

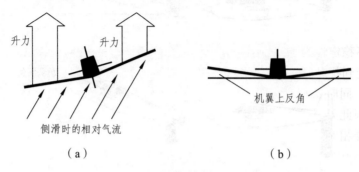

（a）　　　　　　　　　　　（b）

图2.28　上反翼的横向稳定性

当后掠翼飞机侧滑时，侧滑前翼（上风机翼）的前缘相遇的相对气流更接近于垂直，即侧滑前翼的有效后掠角较小。在侧滑中，侧滑前翼产生更大的升力（同时阻力也更大），这就产生一个升力差使机翼回到水平位置（见图2.29）。

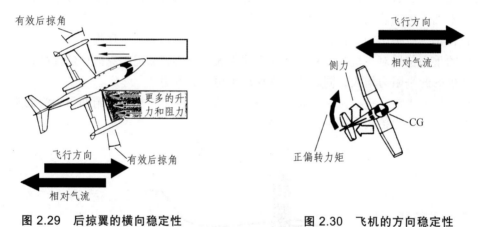

图2.29　后掠翼的横向稳定性　　　　　图2.30　飞机的方向稳定性

2.4.5　方向稳定性

飞机绕立轴保持稳定的趋势称为方向稳定性。当相对气流与飞机对称面平行时，飞机处于平衡状态。如果有某种力使飞机偏转，飞机将产生侧滑。如果飞机具有方向稳定性，它使飞机回到平衡状态——无侧滑状态。

飞机的方向稳定性主要由垂尾提供。

侧滑时，流过垂直安定面上的相对气流，使垂尾在侧滑的反方向上产生侧力，该侧力对重心的力矩使机头偏向相对气流，力图消除侧滑（见图2.30）。

2.4.6　横向稳定性与方向稳定性的关系

飞机设计具有的稳定性有助于减轻飞行员的操纵负担，但如果各种稳定性配合不当，也会产生一些不希望出现的副作用。最常见的两种是飘摆与螺旋不稳定性。

（1）飘摆的主要原因是飞机的横侧稳定性相对过强。在典型的情况下，当平衡被打破时，滚转快于偏转，且滚转运动比偏转运动更明显。当飞机回到两翼水平状态时，它继续滚转且向另一边侧滑。由于强烈的横侧稳定性，每次摆动都超过机翼的水平位置。飘摆是一种往复的滚转和偏转运动。

（2）螺旋不稳定性的主要原因是方向稳定性强于横向稳定性。具有螺旋不稳定性的飞机在平衡条件下受到扰动时，进入侧滑。在此情况下，较强的方向稳定性使飞机偏回到对准相对气流的方向。同时，相对较弱的横向稳定性使机翼恢复水平滞后。由于飞机偏回到相对气流的方向，因此外侧机翼的速度比内侧机翼快，其结果是外侧机翼产生的升力更大。当飞机回转到对准相对气流时，此偏转迫使机头下俯，最后的结果是出现坡度过大且机头下俯的趋势。

2.4.7　影响稳定性的主要因素

重心位置：重心位置越靠前，飞机的俯仰稳定性越强。重心位置靠前，飞机的方向稳定性有所增加，但不明显。重心位置前后移动，对横侧稳定性无影响。

速度：速度增大，稳定性增强（阻尼力矩增大）。

高度：高度增加，稳定性减弱（阻尼力矩减小）。

2.4.8　升降舵调整片的作用

调整片的偏转方向与舵面的相反，主要用于减小或消除杆力。升降舵调整片由俯仰配平轮控制，俯仰配平轮前转，推杆力减小（主要在大速度飞行），俯仰配平轮后转，拉杆力减小（主要在小速度飞行）。

飞行中，如果把杆力配平在较大速度，在小速度飞行时，如果不动调整片，则需施加一个较大的拉杆力才能使飞机保持俯仰平衡；反之，飞行中，如果把杆力配平在较小速度，在大速度飞行时，如果不动调整片，则需施加一个较大的推杆力才能使飞机保持俯仰平衡。

起飞前配平调整片必须置于规定位置，以防止杆力异常。起飞前如果升降舵调整片配平过于靠前，在起飞抬前轮时会出现杆力过重；反之，起飞前如果升降舵调整片配平过于靠后，在起飞抬前轮时杆力过轻易出现过量操纵。

2.5　飞行性能

2.5.1　真速与指示空速（表速）

真速是飞机相对于空气的真实速度，其缩写形式为 TAS。

指示空速（也称表速）是飞机上空速表指针指示的空速，其缩写形式为 IAS。指示空速

是根据动压 $\left(\dfrac{1}{2}\rho v^2\right)$ 的大小换算而来的。空速表指针是根据所感受的动压转动的，空速表刻度则是按海平面标准大气的密度 ρ_0 制定的。动压不变则指示空速不变。

在同样飞行重量下，在任何高度，只要迎角相同，飞机直线飞行的指示空速就相同，但高度增高，真速增大。飞机低空飞行时，常用指示空速来对速度进行限制。

2.5.2　平飞所需拉力和所需功率

在平飞中，要保持速度不变，拉力应等于阻力，为克服阻力所需要的拉力叫平飞所需拉力（见图 2.31）。飞机的平飞所需拉力实际上等于飞机的阻力。平飞所需拉力随速度的变化规律是，随着平飞速度的增大，平飞所需拉力先减小，随后又增大，最小阻力对应的速度称为最小阻力速度。以最小阻力速度巡航，飞机航程最长。

平飞中，需要克服阻力而对飞机做功。单位时间拉力所做的功就是平飞所需功率（见图 2.32）。平飞所需功率随速度的变化规律是，随着平飞速度的增大，平飞所需功率先减小，而后又增大，最小功率对应的速度称为最小功率速度。以最小功率速度巡航，飞机航时最长。

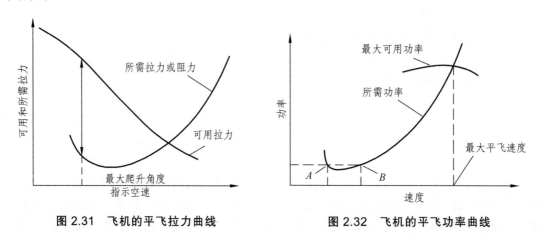

图 2.31　飞机的平飞拉力曲线　　　图 2.32　飞机的平飞功率曲线

满油门下的可用拉力（或可用功率）与所需拉力（或所需功率）相等时对应的速度为平飞最大速度。

2.5.3　*v-G* 图

v-G 图是一个显示飞机操纵限制的有效方法。*v-G* 图将速度（*v*）和载荷因数（*G*）联系在一起。*v-G* 图显示了给定速度下，飞机能产生的最大正（负）升力，同时也显示载荷因数和安全载荷因数的限制，飞机能维持飞行的各种速度。

v-G 图的形式如图 2.33 所示，横坐标表示速度（*v*），纵坐标表示载荷因数（*G*）。一个速度对应一个载荷因数。从载荷因数为零处向上下延伸的曲线是正负升力曲线。在 3.8 过载处的水平直线表示正载荷因数限制，在 –1.52 过载处的直线表示负载荷因素限制。这些是正常

类飞机的载荷因数限制。

v-G 图中最主要的是表示最大正负升力能力的曲线。这些曲线显示了在给定速度下飞机能产生的最大升力，曲线上每点对应的载荷因数值表示在该点速度下的载荷因数限制。如果在此速度试图超过此载荷因数限制，飞机将失速。

v-G 图中的另一个重要数据是正常失速速度 v_{S1}。注意在此速度，飞机以一个正载荷因数失速。飞机空速表上绿弧区下限表示的就是该速度。载荷因数 >1，失速速度将会增加。载荷因数 >1 的失速称为加速失速。

机动飞行速度（v_A）是另一个重要速度。它是能安全地以大动作操纵飞机而不会产生结构性破坏的最大速度。机动飞行速度（v_A）也向飞行员提供一个在不超过飞机承受应力的前提下使用的最大机动速度。v_A 出现在最大正升力限制曲线与最大正载荷因数限制直线的交点处。在此速度，载荷因数超过 3.8 将会引起失速。事实上，如果空速不超过 v_A，在结构性破坏发生之前飞机就先失速了。然而，若使空速超过 v_A，同时载荷因数超过 3.8，将引起飞机结构被破坏。

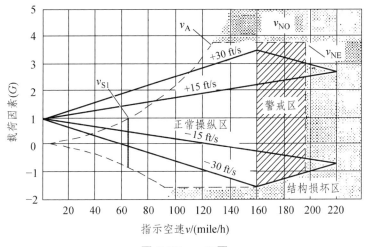

图 2.33　v-G 图

图 2.33 中，速度为 160 mile/h 的垂直线是最大结构巡航速度 v_{NO}。这是在颠簸气流中不能超过的速度。从 $v_{S1} \sim v_{NO}$ 的速度范围是正常操纵的范围，在空速表上以绿弧区表示。

图 2.33 中，速度约为 195 mile/h 的垂线所表示的速度为极限速度 v_{NE}，这个速度在空速表上以红线表示。如果超过此速度飞行，就可能出现操纵表面颤振和机体结构损坏，甚至飞行事故。因为在机动飞行时，易超过设计的载荷因数限制。从 $v_{NO} \sim v_{NE}$ 的速度范围是警戒范围，在空速表上用黄弧区表示。只有在平稳的气流中，才能使用此速度范围。

v-G 图常常包括阵风线。在 v-G 图例中，画出了 ±15 ft/s 和 ±30 ft/s 的阵风线。当飞机遇到突发的垂直阵风时，可用此线确定施加于飞机上的载荷因数。例如，当飞机的速度为 140 mile/h，向上的阵风为 15 ft/s 时，产生的总正载荷因数约为 2.1 个过载。因为施加在飞机上的总载荷包括机动飞行与阵风载荷因数之和，因此若在 2 个过载的大坡度转弯中遇到阵风，飞机极易超过 3.8 个过载的限制。由此可见，在紊流中飞行将速度减小至 v_A 或小于 v_A 是非常重要的。

在 v-G 图上没有表示的两个限制速度是襟翼在放下位时的最大飞行速度（v_{FE}）和起落架在放下位时的最大飞行速度（v_{LE}）。

2.5.4 风的影响

2.5.4.1 上升、平飞、下降中风的影响

风速、风向将影响飞机的地速，从而影响飞机的平飞航程。在保持同一空速的情况下，顺风飞行，地速增大，公里（海里）燃油消耗量减小，平飞航程增长；逆风飞行则相反。顺逆风飞行对航程的影响不仅取决于风速，而且还与空速有关。当风速一定时，顺风飞行，如空速减小，可以使公里（海里）燃油消耗量减小，增大平飞航程；逆风飞行时，如空速增大，可以使公里（海里）燃油消耗量减小，增大平飞航程。因此，顺风飞行可以适当减小空速以增大平飞航程，逆风飞行可以适当增大空速以增大平飞航程。

有风的情况下，飞机除了与空气相对运动外，还随空气一起相对地面移动。此时，飞机的上升率、空速、迎角、仰角与无风一样，但飞机的地速却发生了变化，飞机相对地面的上升轨迹发生了变化。顺风上升，上升角和上升梯度减小；逆风上升，上升角和上升梯度增大。在垂直气流中上升，上升角和上升率都要改变。在上升气流中上升，上升角和上升率增大；在下降气流中上升，上升角和上升率减小。

顺风下降，下降角减小，下降距离增长，下降率不变；逆风下降，下降角增大，下降距离缩短，下降率不变。上升气流中下降，下降角和下降率都减小，下降距离增长；下降气流中下降，下降角和下降率都增大，下降距离缩短。有风时，最大下降距离将不在最小阻力速度下获得。顺风下降，适当减小速度，增长下降时间，风的影响增大，可以增长下降距离；逆风下降，适当增大速度则可以增长下降距离。

如飞行中飞机进入颠簸区，应将空速调至适合在颠簸气流中飞行的速度（设计的机动飞行速度）飞行。

2.5.4.2 起飞、着陆中风的影响

起飞和着陆，侧风将使飞机在滑跑中产生侧滑，飞机有向侧风方向偏转和向侧风反方向倾斜的趋势。故不论是起飞滑跑或着陆滑跑，飞行员都应向侧风方向压盘，向侧风反方向抵舵，以保持滑跑方向。

空中飞行时，飞机在向前飞行的同时，还随着侧风一起向侧方运动，这样就使航迹偏离飞机对称面而产生偏流。修正偏流有两种方法：一是用侧滑法修正；二是用航向法修正。

用侧滑法修正偏流时，飞行员应向侧风方向（即上风方向）压盘，使飞机产生坡度而向侧风方向侧滑，同时向侧风反方向（即下风方向）蹬舵，以保持机头方向不变。用侧滑法修正偏流的优点是，飞机的航迹与机体纵轴一致，便于根据纵轴方向保持飞机的运动方向，飞机接地前改出测滑法的修正量较易掌握。缺点是飞机在侧滑中，升力减小，阻力增大，升阻比减小，导致飞机气动性能变差。

用航向法修正侧风的影响时，飞行员应操纵飞机使其向侧风方向改变一个航向角，当改变的航向角正好等于偏流角时，航迹（地速）就与预定航迹一致，飞机便沿预定航迹飞行，从而修正了偏流。用航向法修正偏流时，飞机不带侧滑和坡度，升阻比大，没有气动性能损失。而且改变航向不受侧风限制，即使侧风很大，也能用航向法来修正。但由于航迹与纵轴不一致，飞行员不便于根据纵轴方向保持运动方向，而且飞机接地前改出航向法的修正量不易掌握。

小型训练飞机一般使用侧滑法修正偏流，接地前，应操纵飞机改出侧滑法，改平坡度，

使两主轮同时接地，因此应适当回盘，同时用舵保持机头方向。为便于操纵，也普遍采用上风侧主轮先接地的方法，即保持侧滑状态直至上风侧主轮先接地，然后在重力的作用下，下风侧主轮逐渐下沉并接地。

大型飞机一般在直至接地前的整个飞行中使用航向法修正，在接地前蹬下风舵使飞机纵轴与跑道平行，同时用盘保持飞机不带坡度，改出航向法。

不管用侧滑法还是航向法，接地前的侧风修正不协调，或改平动作不当，都可能形成带偏侧接地。带偏侧接地产生的侧向摩擦力，使起落架承受较大的侧向载荷，严重时可导致起落架支柱结构受损，作用在飞机重心处的惯性力还可能使飞机侧倾，导致偏侧方向的翼尖接地。因此，侧风中着陆带偏侧接地，应该向偏侧方向蹬舵，反方向压盘，使飞机纵轴方向、运动方向与跑道方向趋于一致，消除偏侧。

在进近着陆时如果遇到颠簸，飞行员应将空速稍微增大到正常进近速度之上，提高飞机的操纵性，以达到对飞机更主动的操纵。

2.5.4.3 风分量图

利用风分量图，很容易就可计算出逆（顺）风分量和侧风分量（见图 2.34）。例如，假设计划从 3 号跑道起飞，且风向和风速分别是 60° 和 20 kt，跑道与风的夹角为 30°。

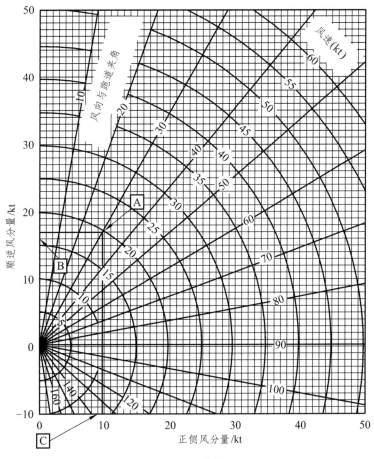

图 2.34 风分量图

在此情形下，飞机遇到的是与跑道方向成 30° 的逆风。因为风从右侧吹来，所以飞机还有向右的侧风分量。由图 2.34，在图中找出风角与风速弧的交点（A 点），沿水平方向向左找到逆风分量为 17 kt 的点（B 点），从 A 点沿垂线到图的底部即可找出侧风分量为 10 kt 的点（C 点）。

2.5.5　起飞性能

2.5.5.1　离地速度 v_{LOF}

飞机起飞滑跑时，当升力正好等于重力时的瞬时速度，叫做离地速度。离地速度与飞机的起飞重量、离地时的升力系数有关。飞机重量越重，离地时的升力系数越小，离地速度就越大。离地时的升力系数大小取决于离地迎角和襟翼位置，离地姿态增大，以及放襟翼起飞，都使离地速度减小。

2.5.5.2　起飞安全速度 v_2

起飞安全速度是飞机达到高于起飞表面 50 ft 时，必须达到的速度。对于正常类、实用类和特技类的单发飞机，起飞安全速度必须不小于 $1.3v_{S1}$，或在包括紊流和发动机完全停车的所有情况下，表明是安全的较小速度，但不得小于 v_x+4 kt。

飞机在 50 ft 达到起飞安全速度，就能保证飞机在正常起飞时具有足够的安全余度进行必要的机动，如对侧风进行修正。

2.5.5.3　起飞滑跑距离与起飞距离

飞机从开始滑跑至离地之间的距离，称为起飞滑跑距离。起飞距离是指飞机从跑道上开始滑跑到离地 50 ft 高度所经过的水平距离。

2.5.5.4　影响起飞滑跑距离和起飞距离的因素

（1）油门位置：油门越大，螺旋桨拉力越大，飞机增速越快，起飞滑跑距离和起飞距离就越短。所以，一般应用起飞功率或最大油门状态起飞。

（2）离地姿态：离地姿态的大小取决于抬前轮的高度。抬前轮高度高，离地姿态大，离地迎角大，离地速度小，起飞滑跑距离短。

（3）襟翼位置：放下襟翼，可增大升力系数，减小离地速度，因而能缩短起飞滑跑距离。所以起飞时，都要放小角度襟翼。

（4）起飞重量：起飞重量增大，不仅使飞机离地速度增大，而且会引起机轮摩擦力增加，使飞机不易加速。因此，起飞重量增大，起飞滑跑距离和起飞距离增长。飞机的实际起飞重量不能超过允许的最大起飞重量。

（5）机场压力高度与气温：机场压力高度或气温升高，都会引起空气密度减小，一方面使拉力减小，飞机加速慢；另一方面，离地真速增大（离地表速不变），起飞滑跑距离必然增长。所以，在炎热的高原机场起飞，起飞滑跑距离和起飞距离将显著增长。

（6）跑道表面质量：不同跑道表面质量的摩擦系数不同，滑跑距离也不同。跑道表面如果光滑、平坦且坚实，则摩擦系数小，摩擦力小，飞机增速快，起飞滑跑距离短；反之，跑道表面粗糙不平或松软，起飞滑跑距离就长。

（7）风向风速：起飞滑跑时，不论有风或无风，离地空速（即表速）是一定的，但滑跑距离由地速决定。逆风滑跑时，离地地速小，起飞滑跑距离比无风时短。反之，顺风滑跑时，离地地速大，起飞滑跑距离比无风时长。顺逆风风速越大，对滑跑距离影响越大。

（8）跑道坡度：跑道有坡度时，由于重力沿航迹方向的分力的作用，会使飞机加速力增大或减小，下坡起飞，加速力增大，滑跑距离缩短；上坡起飞，加速力减小，滑跑距离增长。

因此，为缩短起飞滑跑距离，飞行员应使用最大油门，放下一定角度襟翼，朝着逆风方向起飞。情况许可时，适当减轻重量或利用下坡起飞，可进一步缩短起飞滑跑距离。

2.5.5.5 起飞性能图表

1. 表格形式的起飞性能图表

表格形式的起飞性能图表如表 2.2 所示。下面举例说明使用方法。

表 2.2 起飞性能图表

温度 /°C	距离/ft	压力高度/ft				
		0	2 000	4 000	6 000	8 000
ISA − 20	滑跑距离	440	505	580	675	785
	50 ft 起飞距离	830	950	1 100	1 290	1 525
ISA	滑跑距离	520	600	695	810	950
	50 ft 起飞距离	980	1 130	1 325	1 570	1 885
ISA+20	滑跑距离	615	710	825	965	1 130
	50 ft 起飞距离	1 150	1 335	1 580	1 895	2 320

【例】 某机场压力高度为 2 000 ft，机场温度为 18 °C，起飞重量为 1 984 lb，起飞襟翼为 10°，确定其起飞滑跑距离和起飞距离。

解：首先确定机场的 ISA 偏差，由 ISA 大气条件查表 2.1 可知：在 2 000 ft 处，ISA 标准温度为 11 °C，因此当前机场 ISA 偏差为 ISA+7，已知表格中没有这栏数据，需要进行线性插值，拟合出对应 ISA+7 的两行数据。具体来说是拟合出压力高度 2 000 ft 列处的数据。

查表 2.2，在压力高度 2 000 ft 时，ISA 对应的滑跑距离为 600 ft，ISA+20 对应的滑跑距离为 710 ft，设 ISA+7 对应的滑跑距离为 L_{TOR7}，则由线性插值得

$$\frac{20-0}{7-0} = \frac{710-600}{L_{TOR7}-600}$$

则 $L_{TOR7} = 600+（710-600）\times 7/20 = 638.5 \text{ ft}$

同理，设 ISA+7 对应的起飞距离为 L_{TO7}，则由线性插值得

$$\frac{20-0}{7-0} = \frac{1\ 335-1\ 130}{L_{TO7}-1\ 130}$$

则 $L_{TO7} = 1\ 130+（1\ 335-1\ 130）\times 7/20 = 1\ 201.75 \text{ ft}$

因此，起飞滑跑距离为 638.5 ft，起飞距离为 1 201.75 ft。

2. 曲线形式的起飞性能图

曲线形式的起飞性能图如图 2.35 所示。使用曲线形式性能图的好处是不需要进行计算，但是它的结果精确程度没有表格形式的高。

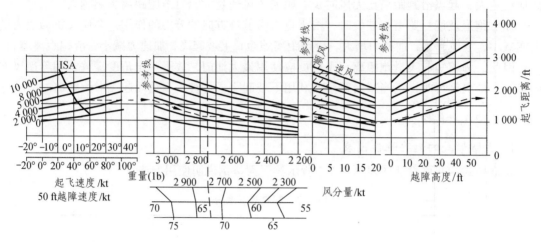

图 2.35　曲线形式的起飞性能图

【例】　机场温度 16 ℃，机场压力高度 4 000 ft，起飞重量 2 750 lb，逆风 10 kn 起飞，襟翼 10°，求：起飞滑跑距离与起飞距离。

解：此曲线分为若干栏，其走线方式为从左到右。从图中左下部分开始，由 16 ℃ 向上引直线，与机场压力高度 4 000 ft 对应的曲线相交，再水平向右引直线进入重量一栏。

在重量一栏中找到标为参考线的直线，从左边水平过来的直线经过参考线后，沿图中提供的一族提示线按比例偏折，与起飞重量 2 750 lb 处向上引来的直线相交，再从这交点水平向右引直线，进入风速一栏。

同重量一栏中的走线一样，从左边水平过来的直线经过这一栏的参考线后，沿图中提供的提示线按比例偏折，需要注意的是，这一栏提供的提示线有两组，实线对应逆风起飞，虚线对应顺风起飞。本例中由于是逆风起飞，应使用实线。按提示线偏折的走线与风速 10 kn 处向上引来的直线相交，从交点水平向右引直线，进入障碍物高度一栏。

障碍物高度为零的一条线同时也标注为参考线，从左边水平过来的直线如果直接穿过障碍物高度为零的线，向右得到的数值即为起飞滑跑距离，本例中为 1 060 ft。如果穿过参考线后，顺提示线比例偏折到障碍物高度为 50 ft 处，得到的数值即为起飞距离，本例中为 1 706 ft。

使用本图还可以得到起飞离地速度和飞机在 50 ft 处的速度。在重量一栏中，得到两条线的交点后，垂直向下进入速度一栏，按提示线比例偏折，可以得到起飞离地速度和 50 ft 越障速度，本例中分别为 64 kt 和 71 kt。

2.5.6　上升性能图表

从上升性能图表可以确定出飞机从机场起飞上升到巡航高度所需的时间、燃油量、前进距离等（见表 2.3）。下面举例介绍使用方法。

表 2.3 上升性能图表

条件： ← **1**

上升时间、耗油、距离

最大上升率

襟翼收上
满油门
标准气温

注意： ← **4**

1. 开车、滑行、起飞另加 0.8 Usgal 燃油；
2. 每高于标准气温 10 ℃，时间、耗油、距离增加 10%；
3. 距离基于无风条件。

重 量 （lb）	压力高度 （ft）	温 度 （℃）	上升高度 （KLAS）	上升率 （FPM）	从降平面		
					时间 (min)	耗油 [gal(美)]	距离 (n mile)
1 670	SL	15	67	715	0	0	0
	1 000	13	65	675	1	0.2	2
	2 000	11	66	630	3	0.4	3
	3 000	9	65	590	5	0.7	5
	4 000	7	66	550	6	0.9	7
	5 000	5	64	505	8	1.2	9
	6 000	3	63	465	10	1.4	12
	7 000	1	63	425	13	1.7	14
	8 000	1	62	380	15	2.0	17

【例】 飞行条件：

巡航高度　8 000 ft

机场高度　2 000 ft

襟翼　收上

功率　满油门

气温　标准

重量　1 670 lb

使用步骤：

（1）检查图表上的条件（如序号 1）。

（2）读出巡航高度 8 000 ft 的时间、燃油量、前进距离（如序号 2）：

时间：15 min；燃油量：2.0 gal（美）；前进距离：17 n mile。

（3）读出机场高度 2 000 ft 的时间、燃油量、前进距离（如序号 3）：

时间：3 min；燃油量：0.4 gal（美）；前进距离：3 n mile。

（4）用 8 000 ft 的时间、燃油量、前进距离分别减 2 000 ft 的时间、燃油量、前进距离，得到上升时间、上升燃油量、上升距离：

上升时间：15 − 3 = 12 min

上升燃油量：2.0 − 0.4 = 1.6 gal（美）

上升距离：17 − 3 = 14 n mile

（5）由表上注意事项得：增加 0.8 gal（美）燃油用于发动机试车、滑行和起飞滑跑（如序号 4）。

（6）最后得到从 2 000 ft 上升到 8 000 ft 的时间、燃油量、上升距离：

上升时间：12 min

上升燃油量：1.6+0.8=2.4 gal（美）

上升距离：14 n mile

2.5.7　巡航性能图表

　　巡航性能图表给出了飞机巡航时的巡航功率设置、燃油消耗量、平飞真速等（见表 2.4）。根据飞行条件由巡航性能图表一般可以确定出相关的巡航性能参数值。图表中的巡航温度包括国际标准大气（ISA）值以及较冷和较暖的温度。温度可能表示为 ISA－20 ℃、ISA、ISA＋20 ℃，摄氏和华氏温标都可能使用。下面举例介绍使用方法。

表 2.4　巡 航 性 能 图 表

巡航性能（气压高度 18 000 ft）

条件：重量 4 000 lb
混合比　贫油
整流罩鱼鳞片　关

注意：最佳耗油在 70%功率或更低，燃油流量比表中值少 6 PPH

RPM	MP	ISA－20 ℃ 以下 41 ℃			ISA－21 ℃			ISA＋20 ℃ 以上－1 ℃		
		% BHP	KTAS	PPH	% BHP	KTAS	PPH	% BHP	KTAS	PPH
2 500	30	…	…	…	81	188	106	76	185	100
	28	80	184	105	76	182	99	71	178	93
2 200	26	66	166	87	62	163	82	58	159	77
	24	61	158	80	57	154	76	54	150	72
	22	55	148	73	51	144	69	48	138	66
	20	49	136	66	46	131	63	43	124	59

【例】　飞行条件：

压力高度　18 000 ft

温度　1 ℃

功率　2 200 r/min，进气压力 20 inHg

燃油经济性　良好

可用燃油　344 lb

燃油储备　30 min

试确定大致的昼间目视飞行时间。

先在表 2.4 中最左边一栏找到 2 200 r/min 及进气压力 20 inHg（序号 1）。然后，选取与给定温度相应的标准温度 + 20 ℃ 以上一栏（序号 2）。沿这栏下移查出 2 200 r/min 及进气压力 20 inHg 对应的数值（序号 3）。在真空速为 124 kn，制动马力为 43% 时，相应的燃油流量为 59 lb/h。因制动马力低于 70%，所以根据图顶部的注解（序号 4），应从上述燃油流量中减去 6 lb/h：59 – 6 = 53（lb/h）。用可用燃油 344 lb 除以 53 lb/h，得出飞行时间为 6 h 29 min。减去 30 min 的昼间目视飞行燃油储备后，得出可用的飞行时间为 5 h 59 min。

2.5.8　下滑性能图

下滑性能图使飞行员能估计飞机的下滑距离（见图 2.36）。下面举例介绍使用方法。

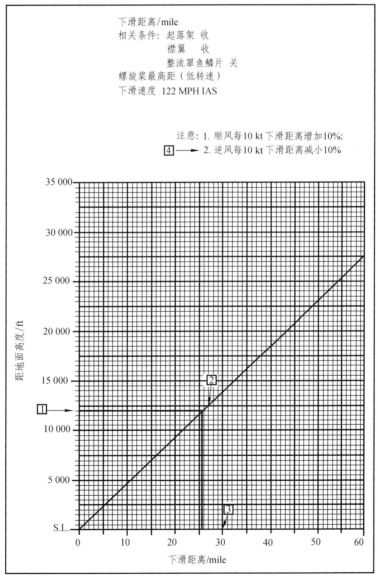

图 2.36　下滑性能图

【例】 根据以下条件确定飞机的下滑距离：

离地面的高度 12 000 ft。

逆风 20 kt。

从图 2.36 左边 12 000 ft 处（序号 1）水平移至参考线（序号 2），垂直向下至图的底部下滑距离坐标轴得到下滑距离为 26 mile（序号 3）。应注意对于 10 kt 的顶风，此下滑距离应减少 10%（序号 4），对 20 kt 的顶风下滑距离将减少 20%。故总下滑距离为 20.8 mile（80% × 26 = 20.8）。

2.5.9 着陆性能

2.5.9.1 进场速度 v_{REF}

进场速度是根据飞机着陆时保留安全余量而确定的一个速度，其大小为着陆构型失速速度的 1.3 倍。飞机进场着陆时，下降至距跑道表面 50 ft 时的速度必须大于等于 v_{REF}。在逆风情况下着陆，则过 50 ft 速度应在 v_{REF} 的基础上相应增加。

飞机着陆构型不同，或着陆重量不同，都会影响其失速速度大小，因此也影响到进场速度的大小。进场速度大，将使飞机的接地速度增加，使着陆距离以及着陆滑跑距离增长。

2.5.9.2 着陆滑跑距离与着陆距离

飞机从接地到滑跑停止所经过的距离，叫着陆滑跑距离。从高于跑道表面 50 ft 高度开始，下降接地滑跑直至完全停止运动所经过的水平距离，叫着陆距离。

2.5.9.3 影响着陆滑跑距离与着陆距离的因素

（1）进场速度与进场高度：进场速度大，飞机接地速度大，着陆滑跑距离与着陆距离增长，且大速度进场，还易拉飘。进场高度高，着陆空中距离长，也使着陆滑跑距离与着陆距离增长。因此，正确着陆的前提是保持正确的进场高度和进场速度。

（2）接地姿态：接地姿态大，接地迎角大，升力系数大，接地速度小，着陆滑跑距离短。

（3）襟翼位置：放下襟翼着陆，一方面升力系数增加，使得 50 ft 速度和接地速度减小，同时阻力系数增大，所以着陆距离和着陆滑跑距离缩短。

（4）着陆重量：着陆重量增大，需要的升力也增大，使得 50 ft 速度和接地速度随之增大，所以着陆距离和着陆滑跑距离增长。飞机的实际着陆重量不能超过飞机的最大允许着陆重量。

（5）机场压力高度与气温：机场压力高度或气温升高，空气密度减小。由于飞行中各速度均是按表速进行规定的，保持同样的 50 ft 表速和接地表速，则 50 ft 真速和接地真速增大，着陆距离和着陆滑跑距离增长。

（6）跑道表面质量：跑道表面光滑平坦，机轮与地面之间的摩擦力小，着陆滑跑距离长；反之，跑道表面粗糙柔软，着陆滑跑距离短。

（7）刹车状况：着陆滑跑中，正确使用刹车是缩短着陆滑跑距离常用的有效方法。刹车效率对着陆滑跑距离影响很大，在被水或湿雪覆盖的跑道上着陆，刹车效率很低，滑跑距离大大增长。尤其是在下大雨，跑道表面上有水层的情况下更为明显。因为轮胎在跑道上高速运动时（在较大的速度范围），轮胎表面与跑道之间的一层水起着润滑作用，此时刹车效率更低，甚至刹车失灵。在这些情况下着陆，飞行员就必须考虑机场跑道长度是否够用。另外，刹车使用时机和刹车的使用度也有较大影响：使用刹车早，着陆滑跑距离缩短；刹车使用度大，着陆滑跑距离缩短。但刹车使用度过大，将使刹车过度磨损，导致拖胎，严重时还可能引起爆胎事故。

（8）风向、风速：在表速不变时，逆风着陆，50 ft 地速和接地地速小，着陆距离和着陆滑跑距离缩短。反之，顺风着陆，着陆距离和着陆滑跑距离增长。且风速越大，对着陆滑跑距离影响越明显。如有可能，飞机起飞、着陆方向应尽量选择逆风方向进行。

（9）跑道坡度：与起飞滑跑的情况相似，上坡滑跑，重力沿航迹方向的分力起减速作用，飞机减速快，着陆滑跑距离短；反之，下坡滑跑，着陆滑跑距离增长。

要缩短着陆距离和着陆滑跑距离，应严格控制飞机在 50 ft 处的速度和接地速度，将襟翼放在着陆位，并尽可能向逆风和上坡方向着陆，接地时应将飞机拉成规定的接地姿态，滑跑中及时正确地使用刹车，使飞机尽快减速。

2.5.9.4 着陆性能图表

1. 表格形式的着陆性能图表（表 2.5）

表 2.5 着 陆 性 能 图 表

温 度 /°C	距 离 /ft	压 力 高 度 /ft				
		0	2 000	4 000	6 000	8 000
ISA − 20	滑跑距离	625	665	705	745	785
	50 ft 着陆距离	1 405	1 490	1 565	1 650	1 725
ISA	滑跑距离	675	720	765	805	850
	50 ft 着陆距离	1 475	1 595	1 675	1 760	1 840
ISA + 20	滑跑距离	720	775	825	875	920
	50 ft 着陆距离	1 610	1 700	1 770	1 875	1 960

条件：50 ft 速度 73 KIAS，重量 2 535 lb，襟翼着陆位。

【例】 某机场压力高度为 2 000 ft，机场温度为 11 °C，着陆重量为 2 535 lb，襟翼着陆位，确定其着陆滑跑距离和着陆距离。

解：首先确定机场的 ISA 偏差，由 ISA 大气条件可知：在 2 000 ft 处，ISA 标准温度为 11 °C，因此机场 ISA 偏差为 ISA+0，由表 2.5 即可查得：着陆滑跑距离为 720 ft，着陆距离为 1 595 ft。

由此例可看出，小型飞机的着陆距离中，空中距离与地面滑跑距离几乎各占一半。

2. 曲线形式的性能图表（见图 2.37）

【例】 根据以下条件，用图 2.37 确定着陆滑跑距离。

机场压力高度 4 100 ft

机场温度 − 10 °C

着陆重量 3 000 lb

顶风 6 kt

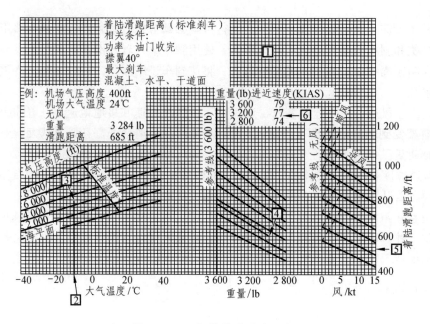

图 2.37　飞机的着陆滑跑距离

解： 首先，核对列于图上的有关条件（序号1）。然后在图中找到温度–10 °C（序号2），并垂直向上至4 100 ft气压高度（序号3）。水平向右移动至第一条参考线，沿引导线至3 000 lb重量处（序号4），水平向右移动至第二条参考线，沿逆风引导线至 6 kn 处，再向右水平移动并读出所需距离为 540 ft（序号5）。进近速度标于图的上部相关条件之下，此条件下飞机的进近速度约为 76 kt（序号6）。

2.6　重量与平衡

2.6.1　重量术语

基本空重包括飞机的标准重量、选装的设备重量、不可用燃油重量以及满装的发动机滑油重量。

有效载重指飞行机组、乘客和运载的货物和行李重量。

飞机各重量之间的关系为

基本空重 + 有效载重 = 无燃油重量 + 可用燃油重量

= 停机重量 – 用于开车、滑行和发动机试车的燃油重量

= 起飞重量 – 用于飞行期间的燃油重量

= 着陆重量

2.6.2　重量限制

（1）最大停机重量是允许的最大地面运行重量。

（2）最大起飞重量为飞机在跑道上开始起飞滑跑时允许的最大重量。

最大停机重量大于最大起飞重量，其间的差值为发动机起动与检查，飞机滑向跑道所消耗的燃油重量。对于轻型飞机，这两个重量的差值较小；对于大型运输机，最大停机重量与最大起飞重量的差值可能高达数千磅之多。

（3）最大着陆重量为飞机着陆时允许的最大重量，它受飞机着陆时起落架强度的限制，着陆时起落架受到的载荷比起飞时要大，所以较小的最大着陆重量可以使飞机在重接地或粗糙不平道面上着陆时避免受到结构损伤。

（4）最大零燃油重量是指考虑飞机结构强度限制因素允许的零燃油重量，此时的飞机结构强度主要考虑机翼和机身结合部的结构强度。

（5）地板承载能力及货物的重量限制。飞机地板承载的能力和货物的长、宽、高及货物的摆放有关，现定义如下载荷：

纵向载荷（running load）是指沿机身纵向单位长度地板能够承载的最大重量，单位是磅/英尺。

面积载荷（floor load）是指单位面积地板能够承受的最大重量，单位是磅/平方英尺。

飞机地板承受的力会随着飞行过程中载荷的变化而发生变化，所以放置行李的地方通常会限制携带行李的重量。

2.6.3　重心位置对飞行性能的影响

重心靠前，俯仰稳定性强，方向稳定性有所增加，失速速度大，配平阻力大，相同功率下的指示空速小，机翼升力大。重心位置前后移动，对横侧稳定性无影响。

2.6.4　重心位置的确定原理

重心位置对于飞机的稳定性和升降舵的效用非常关键。飞行前飞机的装载一定要在可接受的重心限制以内，飞行中必须保持合适的载重分布。

重心位置的表示通常有两种形式。一种是用重心到某参考基准面的距离来表示。参考基准面是一个想象中的垂直平面（与纵轴垂直），被任意固定在飞机纵轴上某处。典型的基准位置为机头、发动机防火墙、机翼前缘。另一种是将重心投影到平均空气动力弦（MAC），用投影点到平均空气动力弦（MAC）前缘的距离占平均空气动力弦（MAC）长的百分比来表示。平均空气动力弦（MAC）是一假想矩形翼的翼弦，该假想矩形翼的升力特性、阻力特性和俯仰力矩特性等与原机翼的完全一样。

重心利用重量、力臂、力矩三者的关系来确定。力臂是重量所在位置到参考基准面的距离，力矩是重量与力臂的乘积。计算出总重量、总力矩，用总力矩除以总重量得到力臂，该力臂就是重心到参考基准面的距离（习惯上称"重心位置"）。

2.6.5　重量与平衡的确定方法

确定重量与平衡的方法有计算法、曲线法和表格法。不论采用哪一种方法，都能给飞行员提供同样准确的信息。

2.6.5.1 计算法

使用计算法确定重量与平衡时，首先查阅准备飞行飞机的基本空重和总力矩。接下来，记录燃油、飞行人员、乘客和行李的重量。记录完所有的重量后，将其加在一起就确定出已装载飞机的总重量。然后，查看总重量是否超过最大允许重量。

如果总重量在规定的限制以内，分别将每个重量乘以相应的力臂确定出它们的力矩，把所有的力矩加在一起求出飞机的总力矩。最后用总力矩除以总重量得出已装载飞机的重心位置。

表 2.6 为一计算重量与平衡的样单，重量被记录在相应的每一项目中，注意用加仑表示的燃油量也记录在燃油栏中，用总力矩除以总重量得出的飞机重心填写在表格的底部，在该例中飞机的总重为 3 600 lb，重心为 92.4 in。

表 2.6 飞机的装载平衡图表（计算法）

项　　目	重量/lbf	力　臂/in	力　矩/lbf·in
基本空机重量	2 364	82.5	195 030
飞行员和前座乘客	340.0	85.5	29 070
乘客（中央座，朝前）		118.1	
乘客（中央座，朝后）		119.1	
乘客（后座）	340.0	157.6	53 584
乘客（加座）		118.1	
燃油	540	94.0	50 760
行李（前舱）(限重 100 lb)		42.0	
行李（后舱）(限重 100 lb)	33	178.7	5 897
停机重量（最大 3 617 lb）	3 617		334 341
发动机开车、试车、滑行用油	−17	94.0	−1 598
起飞重量（最大 3 600 lb）	3 600		332 743
CG = 92.4 in			

确定出飞机的重量和重心位置后，参考飞机的重心包线确定重心是否在限制以内（见图 2.38）。若落在包线的外边，必须调整飞机的装载。在此例中，总重量 3 600 lb 和重心位置 92.4 in 都在本架飞机飞行操纵可以接受的限制以内。

2.6.5.2 图解法

图解法是简化的计算法，不需用重量乘力臂得到力矩，而是直接使用制造厂家提供的曲线图（见图 2.39）。在这种方法中重心包线通常反映的是重量与力矩，而不是重量与重心。

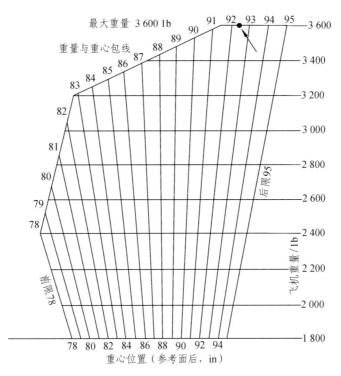

图 2.38 飞机的重心包线图（计算法）

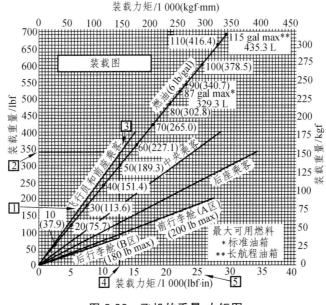

图 2.39 飞机的重量-力矩图

图解法的第一步与计算法相同，记下飞机的基本空重以及它的总力矩，不需要空重的重心位置。记住使用的是所飞飞机的实际重量与力矩。接下来，在重量与平衡单上记载燃油、飞行人员、乘客和行李的重量，从而确定出飞机的总重量。

如果重量在规定的限制内，计算每个重量和对应的力矩。如图 2.39 所示，假设飞行员和前排位置上旅客重量之和为 340 lb。首先找到标有"飞行员和前排旅客"的直线（序号 1），然后从图的左边找到 340 lb 重量（序号 2），水平向右移到相应的直线（序号 3）。接下来，垂直向下即可读出力矩为 12.6（序号 4）。注意到力矩刻度上的数字代表装载力矩/1 000（序号 5），1/1 000 称为缩小系数。在此例中，12.6 实际上表示 12 600 lbf·in。缩小系数常用于将大数字缩小成易处理的数字。重量力矩包线图与重量力矩图都使用相同的缩小系数。

将飞机装载的总重量和力矩分别记录在相应的栏目中，减去开车、滑行和试车所用的燃油，得到飞机的起飞重量和力矩。在力矩包线图上标出起飞重量和力矩。图中重量 3 954 lbf 和力矩 193.2 lbf·in 的装载是符合要求的（见图 2.40）。

装载样图	例子		你的飞机	
	重量(lbf)	力矩(lbf·in/1 000)	重量(lbf)	力矩(lbf·in/1 000)
1. 基本空机重量	2 525	104.5	2 525	104.5
8. 停机重量和力矩	4 118	210.4	3 972	194.0
9. 用于发动机开车、试车、滑行的燃油	−18	−8	−18	−8
10. 起飞重量和力矩（步骤9~步骤8）	4 100	209.6	3 954	193.2

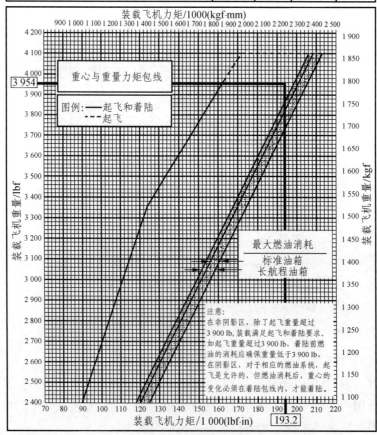

图 2.40 飞机的重量力矩包线图

2.6.6　装载移动、增减后重心位置的确定

飞行员应该有能力快速和精确处理任何重量移动、增加、减小后的飞机重心问题。例如，装载的重量在飞机的重量限制范围内，但是重心超出了飞机的重心极限范围，这种情况下最好的解决办法就是移动行李或乘客。飞行员应有能力确定为使飞行安全所需的最小载荷移动量，有能力确定当载荷移至新的位置后飞机重心是否在重心限制范围内。对于这些问题，有一些标准的处理方法。

2.6.6.1　重量的移动

当重量从一个位置移向新的位置时，飞机的总重量没有发生变化，而总力矩却发生了变化，总力矩的变化量取决于重量移动的方向以及移动的距离大小。当重量前移时，总力矩减小；当重量后移时，总力矩增加。飞机一般都有多个可存放行李的位置，可以通过将重量进行移动以调整重心的位置。

可以使用一个标准的公式来处理以上问题，即

$$\frac{移动的重量}{飞机总重量}=\frac{重心改变量}{重量移动的力臂改变量}$$

【例】　已知飞机总重量为 7 800 lb，重心位置 81.5 in，重心后极限为 80.5 in。行李装在后行李舱，后行李舱力臂为 150 in，前行李舱力臂为 30 in。试问：最少需要将多少重量从后行李舱移至前行李舱？

解：为满足装载要求，飞机的最小重心移动量为 81.5 – 80.5=1（in），其对应的重量移动量即为最小重量移动量，应用重量移动公式

$$\frac{移动的重量}{7\ 800}=\frac{1}{150-30}$$

得　　　　　　　　　移动的重量=65 lb

所以，最少需要将 65 lb 的行李从后行李舱移至前行李舱，此时飞机的重心位置处于其后极限 80.5 in 处。

2.6.6.2　重量的增减

当装载完成后，常常碰到需要对飞机装载量进行调整的情况。这时需要进行新的重心位置以及总重量检查，以确保它们不超过限制范围。例如，典型的情况是：当装载完毕准备飞行时，被通知还有其他的货物或人员装载；执行空投货物任务或飞行中的燃油消耗。大部分小型飞机燃油箱的位置靠近其重心位置，因此，对这些飞机来说，燃油的消耗对飞机重心的影响不是很大。

载荷增加或减小引起的重心位置变化的确定工作必须在飞行前完成。重量增加或减小情况下确定新的重心位置的方法，类似于前面讲的重量移动的处理方法。新的公式为

$$\frac{重量的改变量}{新的总重}=\frac{重心改变量}{增减重量与原重心的距离}$$

重量增加为正，重量减小为负；重心改变量后移为正，前移为负。

【例】 飞机原总重 6 680 lb，原重心位置 80 in，准备在力臂为 150 in 的行李舱中增加行李 140 lb。试确定新的重心位置。

解： 应用重量增减公式，可得

$$\frac{140}{6\,680+140}=\frac{\Delta CG}{150-80}$$

所以，$\Delta CG=1.4$ in。由于是在重心后增加重量，全机重心是后移的。因此，新的重心位置为 $80 + 1.4=81.4$（in）。

【例】 飞机原总重 6 100 lb，原重心位置 78 in，准备在力臂为 150 in 的行李舱中减去行李 100 lb。试确定新的重心位置。

解： 应用重量增减公式，可得

$$\frac{-100}{6100-100}=\frac{\Delta CG}{150-78}$$

所以，$\Delta CG= -1.2$ in。由于是在重心后减去重量，全机重心是前移的，因此，新的重心位置为 $78 - 1.2=76.8$（in）。

2.7 飞行计划

2.7.1 飞行计划的提交

根据《民用航空飞行动态固定格式电报管理规定》第十五条：航空器营运人及其代理人应当于航空器预计撤轮挡时间 2 小时 30 分钟前提交飞行计划。遇有特殊情况，经与计划受理单位协商，最迟不晚于航空器预计撤轮挡时间前 75 分钟提交飞行计划。国内航空器营运人执行国内飞行任务不得早于预计撤轮挡时间前 24 小时提交飞行计划；航空器营运人执行其他任务不得早于预计撤轮挡时间前 120 小时提交飞行计划。

航空器营运人及其代理人不得为同一飞行活动重复提交飞行计划。

第十七条：当航空器飞行计划变化时，航空器营运人及其代理人应当于航空器预计撤轮挡时间前 45 分钟提交飞行计划修改，并应在最后通知的预计撤轮挡时间后 3 小时 30 分钟以内提交飞行计划修改。对于已经拍发 CHG 的飞行计划，不再重新提交新的飞行计划，管制单位不再拍发新的 FPL。

第十八条：当航空器飞行计划预计或者已经推迟 30 分钟以上时，航空器营运人及其代理人应当立即提交飞行计划延误情况。

2.7.2 相关要求

CCAR91.167 条关于仪表飞行规则条件下备降机场的要求如下：

（b）对于飞机，在符合下列条件时，可以不选用备降机场，本条（a）（2）项不适用：

（1）预计着陆的目的地机场具有局方公布的标准仪表进近程序。

（2）天气实况报告、预报或两者组合表明，在飞机预计到达目的地机场时刻前后至少 1 小时的时间段内，云高高于机场标高 600 米，能见度至少 5 千米。

CCAR91.169 条关于备降机场天气标准的要求如下：

（c）除经局方批准外，对于列入仪表飞行规则飞行计划中的备降机场，应当有相应的天气实况报告、预报或两者组合表明，当航空器到达该机场时，该机场的天气条件等于或高于下列最低天气标准：

（1）对于具有局方公布的仪表进近程序的机场，使用下列标准：

（i）对于旋翼机以外的航空器，在一套进近设施与程序的机场，云高在最低下降高/度（MDH/MDA）或决断高/度（DH/DA）上增加 120 米，能见度增加 1 600 米；在有两套（含）以上精密或非精密进近设施与程序并且能提供不同跑道进近的机场，云高在最低下降高或决断高上增加 60 米，能见度增加 800 米，在两条较低标准的跑道中取较高值。

（2）对于没有公布仪表进近程序的机场，云高和能见度应当保证航空器可按照基本目视飞行规则完成从最低航路高度（MEA）开始下降、进近和着陆。

第 91.177 条——按仪表飞行规则运行的最低高度：

航空器按仪表飞行规则（IFR）运行时，除起飞和着陆需要外，必须遵守下列最低飞行高度的规定：

（a）在进入机场区域内飞行时，不得低于仪表进近图中规定的最低扇区高度，在按照进离场程序飞行时，不得低于仪表进离场程序中规定的高度。在没有公布仪表进离场程序或最低扇区高度的机场，在机场区域范围内，航空器距离障碍物的最高点的高度，平原地区不得小于 300 米，高原、山区不得小于 600 米。

（b）按仪表飞行规则飞行时，在距预定航路中心、航线两侧各 25 000 米水平距离范围内，在平原地区不得在距最高障碍物 400 米的高度以下，在高原和山区不得在距最高障碍物 600 米的高度以下飞行。

第 91.179 条——仪表飞行规则的巡航高度和飞行高度层：

（a）航空器驾驶员在按仪表飞行规则巡航平飞时，必须保持空中交通管制指定的高度或飞行高度层。

（b）飞行高度层按以下标准划分：

（1）真航线角在 0 度至 179 度范围内，飞行高度由 900 米至 8 100 米，每隔 600 米为一个高度层；飞行高度由 8 900 米至 12 500 米，每隔 600 米为一个高度层；飞行高度 12 500 米以上每隔 1 200 米为一个高度层。

（2）真航线角在 180 度至 359 度范围内，飞行高度由 600 米至 8 400 米每隔 600 米为一个高度层；飞行高度 9 200 米至 12 200 米，每隔 600 米为一个高度层；飞行高度 13 100 米以上，每隔 1 200 米为一个高度层。

（3）飞行高度层根据标准大气压条件下假定海平面计算。真航线角从航线起点和转弯点量取。

2.7.3 燃油要求

CCAR91.151 条——目视飞行规则条件下飞行的燃油要求：

（a）飞机驾驶员在目视飞行规则条件下开始飞行前，必须考虑风和预报的气象条件，在飞机上装载足够的燃油，这些燃油能够保证飞机飞到第一个预定着陆点着陆，并且此后按正常的巡航速度还能至少飞行30分钟（昼间）或45分钟（夜间）。

（b）旋翼机驾驶员在目视飞行规则条件开始飞行前，必须考虑风和预报的气象条件，在旋翼机装载足够的燃油，这些燃油能够保证旋翼机飞到第一个预定着陆点着陆，并且此后按正常巡航速度还能至少飞行20分钟。

（c）在计算本条中所需的燃油和滑油量时，至少必须考虑下列因素：

（1）预报的气象条件；

（2）预期的空中交通管制航路和交通延误；

（3）释压程序（如适用），或在航路上一台动力装置失效时的程序；和

（4）可能延误直升机着陆或增加燃油和/或滑油消耗的任何其他情况。

第91.167条——仪表飞行规则条件下飞行的燃油要求：

（a）航空器驾驶员在仪表飞行规则条件下开始飞行前，必须充分考虑风和预报的气象条件，在航空器上装载足够的燃油，这些燃油能够：

（1）飞到目的地机场着陆；

（2）然后从目的地机场飞到备降机场着陆，本条（b）款规定除外；

（3）在完成上述飞行之后，对于飞机，还能以正常巡航速度飞行45分钟，对于直升机，备降起降点上空450米（1 500英尺）高度以等待速度飞行30分钟，并且加上附加燃油量，以便在发生意外情况时足以应付油耗的增加。

2.7.4　飞行计划的内容

按照CCAR91.153条的要求，航空器驾驶员提交的按目视飞行规则飞行计划必须包括以下内容：

（1）该航空器国籍登记号和无线电呼号（如需要）。

（2）该航空器的型号，或者如编队飞行，每架航空器的型号及编队的航空器数量。

（3）机长的姓名和地址，或者如编队飞行，编队指挥员的姓名和地址。

（4）起飞地点和预计起飞时间。

（5）计划的航线、巡航高度（或飞行高度层）以及在该高度的航空器真空速。

（6）第一个预定着陆地点和预计飞抵该点上空的时间。

（7）装载的燃油量（以时间计）。

（8）机组和搭载航空器的人数。

（9）局方和空中交通管制要求的其他任何资料。

第91.169条——仪表飞行规则飞行计划：

（a）除经空中交通管制同意外，仪表飞行规则飞行计划应当包括下列内容：

（1）第91.153条（b）款中要求的内容。

（2）备降机场，除本条（b）款规定外。

2.7.5 ICAO 飞行计划表

ICAO 飞行计划表的内容包括：飞机识别、飞行规则和飞行类别、飞机的型别和编码及尾涡类型、设备、起飞机场、预计撤轮挡时间、巡航速度、巡航高度、航路、目的地机场和总消耗时间、备降机场、燃油续航能力、机上人员总数、应急和求生装置及其他信息。其格式如图 2.41 所示。图中各编组说明如下：

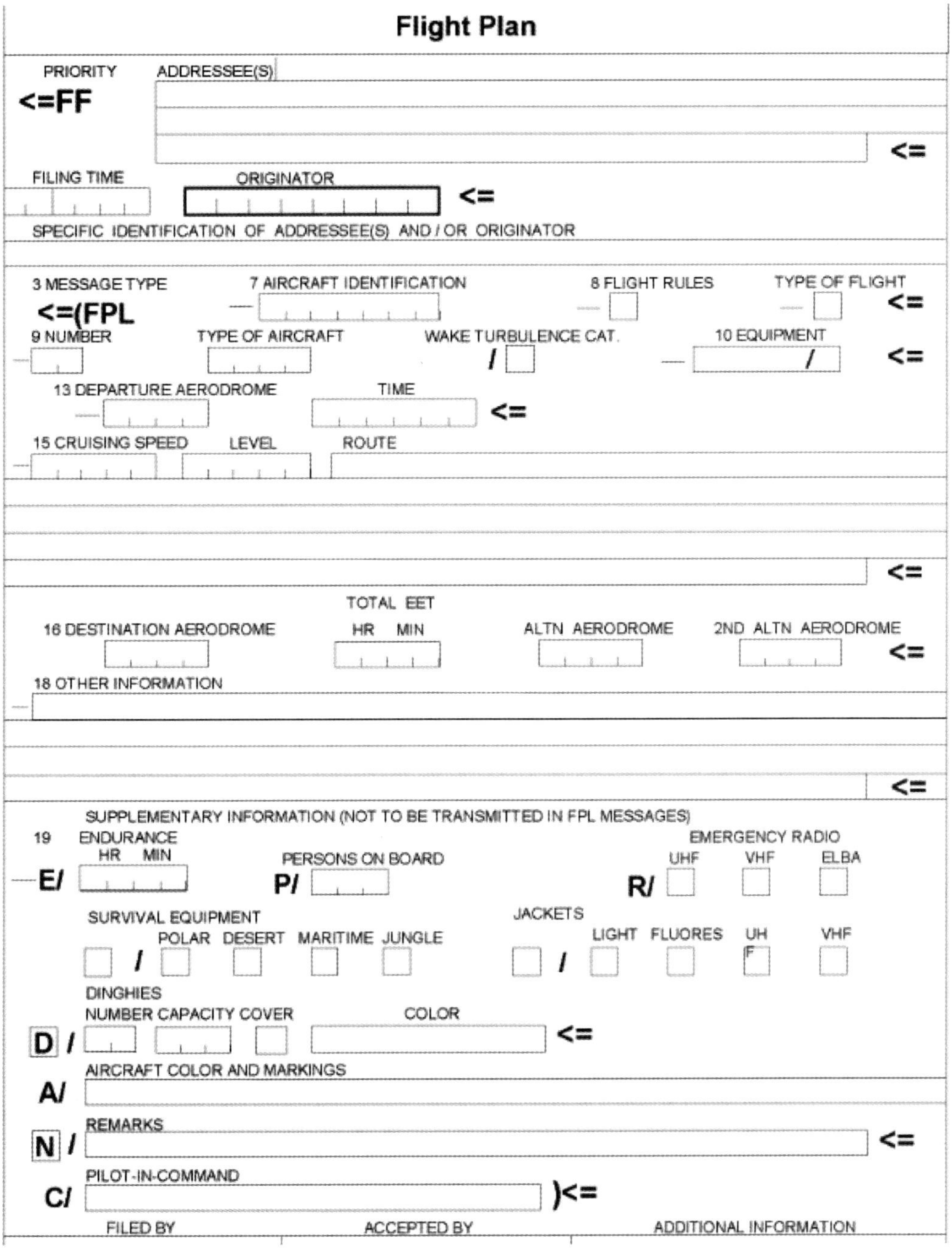

Flight Plan

PRIORITY ADDRESSEE(S)

<=FF

<=

FILING TIME ORIGINATOR <=

SPECIFIC IDENTIFICATION OF ADDRESSEE(S) AND / OR ORIGINATOR

3 MESSAGE TYPE 7 AIRCRAFT IDENTIFICATION 8 FLIGHT RULES TYPE OF FLIGHT

<=(FPL — — — <=

9 NUMBER TYPE OF AIRCRAFT WAKE TURBULENCE CAT. 10 EQUIPMENT

— / — / <=

13 DEPARTURE AERODROME TIME

— <=

15 CRUISING SPEED LEVEL ROUTE

—

<=

TOTAL EET

16 DESTINATION AERODROME HR MIN ALTN AERODROME 2ND ALTN AERODROME <=

18 OTHER INFORMATION

—

<=

SUPPLEMENTARY INFORMATION (NOT TO BE TRANSMITTED IN FPL MESSAGES)

19 ENDURANCE EMERGENCY RADIO

HR MIN PERSONS ON BOARD UHF VHF ELBA

—E/ P/ R/

SURVIVAL EQUIPMENT JACKETS

POLAR DESERT MARITIME JUNGLE LIGHT FLUORES UHF VHF

/ /

DINGHIES

NUMBER CAPACITY COVER COLOR

D / <=

AIRCRAFT COLOR AND MARKINGS

A/

REMARKS

N / <=

PILOT-IN-COMMAND

C/)<=

FILED BY ACCEPTED BY ADDITIONAL INFORMATION

图 2.41 ICAO 飞行计划表

2.7.5.1 编组 7——航空器识别标志

填写不超过 8 个字符。当该航空器任务性质为补班飞行时，最后 1 个字符用英文 26 个字母中的 1 个表示。

0	1	2	3	4	5	6	7	8	9
Z	Y	X	W	V	U	T	S	R	Q

（1）航空器注册标志（如 B2553、4XBCD、N2567GA）。

当航空器用无线电话联络时，将以此识别标志作为唯一的呼号，或在前面加上航空器经营部门的国际民航组织无线电话发电代号（SABENA、AIRFORCE1）。

（2）国际民用航空组织分配给航空器运营人的三字代号后随航空器运行时的编号构成航空器此次飞行任务的识别标志。如：KLM511、NGA213、JTR25。

2.7.5.2 编组 8——飞行规则及种类

1. 飞行规则

一个字母表示如下：

I　表示仪表飞行规则

V　表示目视飞行规则

Y　表示先仪表飞行规则

Z　表示先目视飞行规则

注：用字母 Y 或 Z 时，改变飞行规则的航路点应按编组 15 的要求填写。

2. 飞行种类

一个字母表示如下：

S　表示定期的航空运输飞行

N　表示非定期的航空运输飞行

G　表示通用航空飞行

M　表示军用运输飞行

X　表示其他飞行

2.7.5.3 编组 9——航空器数目、机型和尾流等级

航空器架数（如多于一架时），用 2 位数字来表示航空器架数。

航空器机型，用 2~4 个字符，按国际民航组织文件 8643 号《航空器机型代码》规定填写，如无指定的代号或在飞行中有多种机型，填写"ZZZZ"。如使用字母 ZZZZ，航空器机型应填写"其他情报"编组（见编组 18）。

尾流等级，一个字母表示航空器的最大允许起飞重量：H 重型（大于等于 136 t）；M 中型（大于 7 t 小于 136 t）；L 轻型（小于 7 t）。

2.7.5.4 编组 10——机载设备

在该空格的前一部分填写无线电通信、导航及进近设备，在后一部分填写监视设备。

N 表示所飞航路没有无线电通信/导航/进近设备或设备不工作。

S 表示所飞航路具有标准的通信/导航/进近设备工作。

如果使用字母"S"，除非有关的空中交通服务当局规定了其他设备的组合，否则甚高频无线电话，全向信标接收机和仪表着陆系统都应视为标准设备。

填入"N"或"S"和（或）下列一个或多个字符（建议按英文字母先后排列），表示可以工作的通信/导航/进近设备与能力。

A	GBAS 着陆系统	J7	管制员驾驶员数据链通信、FANS 1/A、卫星通信（铱星）
B	LPV（星基增强系统的垂直引导进近程序）	K	微波着陆系统
C	罗兰 C	L	仪表着陆系统
D	测距仪	M1	空中交通管制无线电话、卫星通信（国际海事卫星组织）
E1	飞行管理计算机、航路点位置报告、航空器通信寻址与报告系统	M2	空中交通管制无线电话（多功能运输卫星）
E2	数据链飞行情报服务、航空器通信寻址与报告系统	M3	空中交通管制无线电话（铱星）
E3	起飞前放行、航空器通信寻址与报告系统	O	全向信标台
F	自动定向仪	P1 ~ P9	保留给所需通信性能
G	全球导航卫星系统	R	获得 PBN 批准
H	局频、无线电话	T	塔康
I	惯性导航	U	特高频无线电话
J1ᵃ	管制员驾驶员数据链通信、航空电信网、甚高频数据链模式 2	V	甚高频无线电话
J2	管制员驾驶员数据链通信、FANS 1/A、高频数据链	W	获得缩小垂直间隔批准
J3	管制员驾驶员数据链通信、FANS 1/A、甚高频数据链模式 4	X	获得最低导航性能规范批准
J4	管制员驾驶员数据链通信、FANS 1/A、甚高频数据链模式 2	Y	有 8.33 kHz 频道间距能力的甚高频
J5	管制员驾驶员数据链通信、FANS 1/A、卫星通信（国际海事卫星组织）	Z	携带的其他设备或能力
J6	管制员驾驶员数据链通信 FANS 1/A、卫星通信（多功能运输卫星）		
对于数据链服务、空中交通管制放行和情报、空中交通管制通信管理、空中交通管制麦克风检查，见航空无线电技术委员会、欧洲民航设备组织对航空电信网基线 1 的互用性要求标准（航空电信网基线 1 互用性标准－ D0-280B/ED-110B）			

二次监视雷达 A 和 C 模式：

N	没有应答机
A	应答机 A 模式（4 位数——4 096 个编码）
C	应答机 A 模式（4 位数——4 096 个编码）和应答机 C 模式

二次监视雷达 S 模式：

S	应答机 S 模式，具有气压高度和航空器识别的能力
P	应答机 S 模式，具有气压高度，但没有航空器识别的能力
I	应答机 S 模式，具有航空器识别，但无气压高度发射信号的能力
X	应答机 S 模式，没有航空器识别和气压高度能力
E	应答机 S 模式，具有航空器识别、气压高度发射信号和超长电文（ADS-B）能力
H	应答机 S 模式，具有航空器识别、气压高度发射信号和增强的监视能力
L	应答机 S 模式，具有航空器识别、气压高度发射信号、超长电文（ADS-B）和增强的监视能力

"A" "C" "E" "H" "I" "L" "P" "S" "X" 应只填写其一。 增强的监视能力是指飞行器能够下发来自于模式 S 转发器的数据。

广播式自动相关监视：

B1	具有专用 1 090 MHz 广播式自动相关监视"发送"能力的广播式自动相关监视
B2	具有专用 1 090 MHz 广播式自动相关监视"发送"和"接收"能力的广播式自动相关监视
U1	使用 UAT 广播式自动相关监视"发送"能力
U2	使用 UAT 广播式自动相关监视"发送"和"接收"能力
V1	使用 VDL 模式 4 广播式自动相关监视"发送"能力
V2	使用 VDL 模式 4 广播式自动相关监视"发送"和"接收"能力

编组 10B 中，"B1""B2"只能出现一个，不应同时出现。编组 10B 中，"U1""U2"只能出现一个，不应同时出现。编组 10B 中，"V1""V2"只能出现一个，不应同时出现。

契约式自动相关监视：

D1	具有 FANS 1/A 能力的契约式自动相关监视
G1	具有航空电信网能力的契约式自动相关监视

2.7.5.5　编组 13——起飞机场和时间

起飞机场名称使用国际民航组织规定的四字地名代码。起飞时间用 4 位数字表示。

2.7.5.6　编组 15——航路

1. 巡航速度或马赫数

飞行中第一个或整个巡航航段的真空速，按下列方式表示：

"K"后随 4 位数字	真空速，单位为千米每小时（km/h），示例：K0830
"N"后随 4 位数字	真空速，单位为海里每小时（n mile/h），示例：N0485
"M"后随 3 位数字	最近的 1% 马赫单位的马赫数，示例：M082。（当有关 ATS 单位有规定时使用）

2. 申请的巡航高度层

以下列任何一种形式填入第一段或整个航路的巡航高度层：

"M"后随 4 位数字	表示以 10 m 为单位的海拔高度，示例：M0840
"S"后随 4 位数字	表示以 10 m 为单位的标准米制飞行高度层，示例：S1130
"A"后随 3 位数字	表示以 100 ft 为单位的海拔高度，示例：A045，A100
"F"后随 3 位数字	表示以 100 ft 为单位的飞行高度层，示例：F085，F330
"VFR""VFR"	表示不受管制的目视飞行规则飞行

3. 航　路

用航路代号或航路点表示。

2.7.5.7　编组 16——目的地机场和预计总飞行时间，备降机场

目的地机场和备降机场使用国际民航组织规定的四字地名代码。预计经过总时间用 4 位数字表示。

2.7.5.8　编组 18——其他情报

如无其他情报，填入 0（零）或按照下列所示的先后次序，随以一斜线"/"填写有关情报：

数据项	表示内容
STS/	只有下述的内容可以填写在 STS/后面，如有 2 种以上情况需要特别说明的，应以空格分开。其他原因则填写到 RMK/后： ALTRV：按照预留高度运行的飞行； ATFMX：有关空中交通服务当局批准豁免空中交通流量管理措施的飞行； FFR：灭火； FLTCK：校验导航设施的飞行检测； HAZMAT：运载有害材料的飞行； HEAD：国家领导人性质的飞行； HOSP：医疗当局公布的医疗飞行； HUM：执行人道主义任务的飞行； MARSA：军军方负责管理的军用航空器最低安全高度间隔飞行，用以标明飞行时效时，要求编组 9 的飞机数量大于 1 架，用以标明从一个特定点开始时，在编组 18 的 RMK 项后紧跟航空器标示和进入作业区的时间。 MEDEVAC：与生命攸关的医疗紧急疏散； NONRVSM：不具备缩小垂直间隔能力的飞行准备在缩小垂直间隔空域运行； SAR：从事搜寻与援救任务的飞行； STATE：从事军队、海关或警察服务的飞行
PBN/	表示区域导航和/或所需导航性能的能力，只能填写指定的字符内容，最多 8 个词条，不超过 16 个符号，词条之间不用空格。 区域导航规范： A1 RNAV 10（RNP 10） B1 RNAV 5 所有允许的传感器 B2 RNAV 5 全球导航卫星系统

数据项	表示内容
PBN/	B3 RNAV 5 测距仪/测距仪 B4 RNAV 5 甚高频全向信标/测距仪 B5 RNAV 5 惯性导航或惯性参考系统 B6 RNAV 5 罗兰 C C1 RNAV 2 所有允许的传感器 C2 RNAV 2 全球导航卫星系统 C3 RNAV 2 测距仪/测距仪 C4 RNAV 2 测距仪/测距仪/IRU D1 RNAV 1 所有允许的传感器 D2 RNAV 1 全球导航卫星系统 D3 RNAV 1 测距仪/测距仪 D4 RNAV 1 测距仪/测距仪/IRU 所需导航性能规范： L1 RNP 4 O1 基本 RNP 1 所有允许的传感器 O2 基本 RNP 1 全球导航卫星系统 O3 基本 RNP 1 测距仪/测距仪 O4 基本 RNP 1 测距仪/测距仪/IRU S1 RNP APCH S2 具备 BAR-VNAV 的 RNP APCH T1 有：RF 的 RNP AR APCH（需要特殊批准） T2 无:RF 的 RNP AR APCH（需要特殊批准） 如 PBN/后出现 Bl、B5、Cl、C4、Dl、D4、01 或 04，则 10A 编组应填入 I。 如 PBN/后出现 B1 或 B4，则 10A 编组应填写 0 和 D，或 S 和 D。 如 PBN/后出现 Bl、B3、B4、Cl、C3、C4、Dl、D3、D4、01、03 或 04，则 10A 编组应填写 D。 如 PBN/后出现 Bl、B2、Cl、C2、Dl、D2、01 或 02，则 10A 编组应填写 G
NAV/	除 PBN/规定之外，按有关 ATS 单位要求，填写与导航设备有关的重要数据。在此代码项下填入全球导航卫星增强系统，两个或多个增强方法之间使用空格 注 1：NAV/GBAS SBAS
COM/	按有关 ATS 单位要求，填写 10A 中未注明的通信用途或能力
DAT/	按有关 ATS 单位要求，填写 10A 中未注明的数据用途或能力
SUR/	按有关 ATS 单位要求，填写 10B 中未注明的监视用途或能力
DEST/	如在编组 16 数据项 A 中填入"ZZZZ"，则在此填入目的地机场的名称和位置。对于相关航行资料汇编未列出的机场，按上述 DEP/的规定以经纬度填入机场位置或距最近重要点的方位和距离
DOF/	飞行计划执行日期（起飞日期）（YYMMDD，YY 表示年，MM 表示月，DD 表示日）
REG/	当与编组 7 的航空器识别标志不同时，填入航空器的国籍、共同标志和登记标志
EET/	由地区航行协议或有 ATS 当局规定的重要点或飞行情报区边界代号和起飞至该点或飞行情报区边界累计的预计实耗时间。由一个或多个字符串组成。每个字符串：2~5 个字母、数字、字符或一个地理坐标;后随一个 4 位数的时间 注 2：EET/CAP0745 XYZ0830 EET/EINN0204

数据项	表示内容
SEL/	经装备的航空器的选择呼叫编码
TYP/	如在编组 9 中填入了"ZZZZ"，则在本数据项填入航空器机型，必要时不留空格，前缀航空器数目。其间用一个空格隔开 注 3：TYP/2F15 5F5 3B2
CODE/	按有关 ATS 当局要求的航空器地址（以 6 位 16 进制字符的字母代码形式表示） 注 4：F00001 是国际民航组织管理的具体模块中所载的最小航空器地址
DLE/	航路延误或等待，填入计划发生延误的航路重要点，随后用时分（小时分）4 位数表示延误时间。航路重要点应与编组 15 数据项 C 中的一致，如果不一致，应进入错误信息处理过程 注 5：DLE/MDG0030
OPR/	当与编组 7 的航空器识别标志不同时，填入航空器运行机构的 ICAO 代码或名称
ORGN/	如果无法立即识别飞行计划发报人，填入有关空中交通服务当局要求的发报人的 8 字母 AFTN 地址或其他相关联络细节 在某些地区，飞行计划接收中心会自动插入 ORGN/识别符和发报人的 AFTN 地址限定在 8 个字符内
PER/	按有关 ATS 单位的规定，使用《空中航行服务程序-航空器的运行》（PANS-OPS，Doc 8168 号文件）第 I 卷一《飞行程序》规定的 1 位字母，填写航空器性能数据 注 6：A 类：指示空速小于 169 km/h（91 n mile/h）; B 类：指示空速 169 km/h（91 n mile/h）至 224 km/h（121 n mile/h）; C 类：指示空速 224 km/h（121 n mile/h）至 261 km/h（141 n mile/h）; D 类：指示空速 261 km/h（141 n mile/h）至 307 km/h（161 n mile/h）; E 类：指示空速 307 km/h（161 n mile/h）至 391 km/h（211 n mile/h）; H 类：关于直升机的特殊要求
ALTN/	如在编组 16 数据项 C 中填入"ZZZZ"则在此填入目的地备降机场的名称。对于相关的航行资料汇编未列出的机场，按上述 DEP/的规定以经纬度中填入机场位置或距最近重要点的方位和距离
RALT/	按 Doc7910 号文件《地名代码》的规定填入航路备降机场的 ICAO 四字代码，或如果未分配代码，填入航路备降机场名称。对于相关的航行资料汇编未列出的机场，按上述 DEP/的规定以经纬度填入机场位置或距最近重要点的方位和距离
TALT/	按 Doc7910 号文件《地名代码》的规定填入起飞备降机场的 ICA0 四字代码，或如果未分配代码，填入起飞备降机场名称。对于相关的航行资料汇编未列出的机场，按上述 DEP/的规定以经纬度填入机场位置或距最近重要点的方位和距离
RIF/	至修改后的目的地机场的航路详情，后随该机场的国际民航组织四字代码 注 7：RIF/DTA HEC KLAX RIF/ESP G94 CLA YPPH
RMK/	有关 ATS 单位要求的或机长认为对提供 ATS 有必要的任何明语附注。有别于"STS/"项中填写的内容。如果使用非标准的标识符，应在 RMK/后填写，并且如果在非标准标识符和随后的文本之间有"/"时，应删除该符号 下列内容应为统一的标注： ACAS II 或 TCAS：RMK/ACAS II 或 RMK/TCAS; 极地飞行：RMK/POLAR; 不具备 RVSM 能力的航空器获批在 RVSM 空域运行：RMK/APVD NONRVSM; 返航：RMK/RETURN; 备降：RMK/ALTERNATE

2.7.5.9 编组 19——补充信息

这些信息在飞行计划的传送（FPL 报）中一般不包括。如果需要的话，这些信息保留在飞行计划的文件归档中。

续航能力——在 E/输入 4 个数字，分别表示小时数和分钟数，给出飞机燃油的续航能力。

机上人员——当相应的空中交通服务机构要求时，在 P/后边输入机上人员的总数（包括乘客和机组）。如果在提交申请时不知道总数输入 TBN。

紧急情况和营救设备：

R/（无线电）如果超高频 243.00 MHz 的频率不可用，删去 U。

如果甚高频 121.500 MHz 的频率不可用，删去 V。

如果应急定位器发射机（ELT）不可用，删去 E。

S/（营救设备）如果机上没有携带营救设备，删去所有指示符。

如果机上没有携带极地营救设备，删去 P。

如果机上没有携带沙漠营救设备，删去 D。

如果机上没有携带海上营救设备，删去 M。

如果机上没有携带丛林营救设备，删去 J。

J/（救生衣）如果机上没有携带救生衣，删去所有指示符。

如果救生衣上没有发光体，删去 L。

如果救生衣上没有荧光素，删去 F。

如果上边的 R/中指明了救生衣的无线电能力，删去 U 或 V 或都删去。

D/（救生筏）数量　如果机上没有携带救生筏，删去指示符 D 和 C，否则输入救生筏的数量。

容量　　　输入所有救生筏所能携带乘客的总数。

顶棚　　　如果救生筏没有顶棚，删去指示符 C。

颜色　　　如果携带了救生筏，输入救生筏的颜色。

A/（飞机颜色和标志）输入飞机的颜色和重要标志。

N/（说明）如果没有说明，或没有说明携带任何其他的营救设备和任何其他关于营救设备的说明，删去指示符 N。

C/（飞行员）输入机长的姓名和地址。

2.7.6　飞行计划制订流程

飞行计划的制订流程一般为：

（1）航空器适航限制的分析。

（2）航行资料分析。

（3）天气资料分析。

（4）备降场的选择。

（5）航行要素的分析。

（6）航路资料查找。

（7）航路资料总结。

（8）燃油的计算。

（9）飞行计划的制订。

（10）ICAO 飞行计划。

3　航空动力装置

3.1　概　述

　　航空动力装置为重于空气的航空器提供动力，如为飞机提供推进力使飞机升空并维持在空中飞行，为直升机提供升力和拉力等。当飞机或直升机在飞行中，一旦发动机失效而停车，飞机会由于失去推进力而丧失速度和高度，直升机会丧失升力而下坠，若处置不当就会出现安全事故。从这个意义上说，发动机可谓飞机的心脏。不仅如此，发动机性能的好坏直接影响飞机的飞行性能。此外，发动机的可靠性、维修性和寿命等也直接影响营运者的经济效益。

3.1.1　航空发动机的定义

　　广义上讲，发动机是将某种能量转换成机械能的动力装置。航空发动机则是一种将燃料的热能转换成机械能的动力装置，属于热机的范畴。热机的工作由两大步骤组成：首先必须使燃料燃烧释放出热能；然后再将释放出的热能转换成机械能。航空发动机在为飞机提供推进力而工作的时候，这两步缺一不可。

3.1.2　航空发动机的分类

　　目前，航空发动机分为两大类型：航空活塞发动机和航空燃气涡轮发动机。航空燃气涡轮发动机又分为：航空涡轮喷气发动机（简称涡喷发动机）、航空涡轮风扇发动机（简称涡扇发动机）、航空涡轮螺旋桨发动机（简称涡桨发动机）和航空涡轮轴发动机（简称涡轴发动机）。私用飞行员执照航空理论要求掌握航空活塞发动机的内容；商用飞行员执照航空理论要求掌握航空活塞发动机和涡桨发动机的内容。

　　航空活塞发动机普遍采用四行程、电嘴点火、往复式、汽油内燃机，如图 3.1 所示。从 1903 年第一架有动力飞机升空到第二次世界大战末期，所有的动力飞行都使用航空活塞式动力装置。航空活塞发动机工作时，气缸内燃料释放出的热能通过曲轴输出扭矩，带动螺旋桨转动，使螺旋桨产生推进力。所以，航空活塞发动机必须依赖螺旋桨作为推进器。

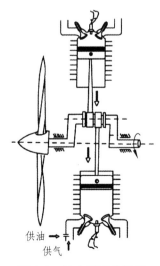

供油 →
供气 ↑

图 3.1　航空活塞发动机

航空活塞发动机具有低速经济性好、工作稳定性好和加速性好的优点；但也存在重量功率比大、高空性能差和速度性能差的缺点。目前，航空活塞发动机主要用在轻型低速飞机上。

航空燃气涡轮发动机是将燃料在燃烧室内连续燃烧释放出的热能转换成气体动能，燃气从发动机高速喷出，产生推进力的动力装置，如图 3.2 所示。它可不依赖螺旋桨而直接产生推力。当然，涡桨发动机仍是以螺旋桨产生的拉力作为其主要的推进力。航空燃气涡轮发动机在第二次世界大战以后得到迅速发展，目前在航空上，各种类型的航空燃气涡轮发动机占统治地位。航空燃气涡轮发动机种类较多，性能也各有千秋，与航空活塞发动机相比具有重量轻、推进力大、高空性能好和速度性能好的优点，但也存在使用经济性较差的缺点。

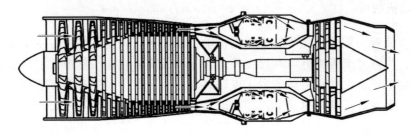

图 3.2　航空燃气涡轮发动机

3.1.3　飞机对航空发动机的基本性能要求

由于发动机的工作对飞机的性能、飞行安全和效益起着决定性作用，所以航空发动机应满足下列基本性能要求：

1. 发动机推进力大，重量轻

在发动机重量一定时，发动机发出尽可能大的推进力，尤其是起飞推进力，可有效改善飞机的起飞、复飞及爬升性能。涡喷、涡扇发动机常用推重比即发动机产生的推力与自身重量的比值来衡量发动机的轻重；涡桨、涡轴和活塞发动机常用重功比即发动机的重量与发动机产生功率的比值来衡量发动机的轻重。

2. 发动机燃油消耗率低

发动机燃油消耗率指的是发动机每发出 1 马力（或 1 kgf）的功率（或推力），在 1 h 内所消耗的燃油重量。在一定的飞行条件下，发动机燃油消耗率越低，运行成本越低，经济性越好；同时飞机的续航时间也越长。

3. 发动机的加速性要好

发动机的加速性是指快推油门时发动机推力（或功率）上升的快慢程度，通常以慢车转速增加到最大转速所需的最短时间来衡量。时间短，加速性好；反之则差。加速性明显影响飞机的机动性能，对民用机主要影响起飞、复飞及越障能力。目前，航空活塞发动机的加速性为 2~4 s，航空燃气涡轮发动机的加速性为 5~15 s。

4. 发动机的高空性要好

发动机的高空性是指发动机的性能随飞行高度增加而下降的程度。高度增加后性能下降多或下降快，则高空性差；下降慢或下降少，则高空性好。发动机的高空性主要限制了飞机的实用升限。目前航空活塞发动机适用的高度范围在 7 000 m 以下，航空燃气涡轮发动机可适用高度达 30 000 m。

5. 发动机尺寸要小

发动机的尺寸主要是指发动机的迎风面积和长度，减小发动机尺寸尤其是迎风面积可有效减小飞行阻力，减轻发动机重量。

6. 发动机可靠性要好

航空发动机的可靠性是指发动机在各种工作条件和外界环境下，在规定的寿命期内完成其规定性能的能力。发动机的可靠性对使用者具有十分重要的意义。具有良好可靠性的发动机，能够保证飞行安全，确保航班正点率，降低维护成本，从而使寿命期总成本降低，提高运营者的效益。发动机的设计制造品质、维护质量、飞行使用等因素都直接影响其实际运行中可靠性的高低，民用发动机的可靠性常用空中停车率和提前换发率等参数来衡量。

空中停车率是指发动机在每 1 000 飞行小时中因发动机本身故障而引起的空中停车次数。提前换发率也叫非计划换发率，它是指发动机每 1 000 飞行小时因本身的故障而造成提前更换发动机的次数（不是计划之内的换发次数）。

7. 发动机的使用寿命要长

早期的航空发动机常用翻修寿命和总寿命来表示发动机的使用期限。翻修寿命是发动机制造厂商规定的从新发动机出厂到第一次翻修或两次翻修之间的发动机工作时间。总寿命是指新发动机从出厂经若干次翻修后到发动机退役或报废时总的工作时间。发动机寿命的计算是以记录发动机实际运行时间和发动机热循环次数为基础的，以先到的参数为准。长期使用的经验说明，这种发动机寿命的定义方法有较大的局限性，特别是对航空燃气涡轮发动机，因为发动机的寿命或翻修寿命只取决于部分关键部件寿命的长短，若将整台发动机报废或拆架翻修势必造成极大的资源浪费，将严重影响发动机的使用经济性。根据这种理论，现代发动机（特别是航空燃气涡轮发动机）多采用单元体结构并采取视情况维护和可靠性维护理念。这样，发动机的寿命并不是指发动机整机，而是指其中的某些关键部件而言。当这些部件达到其寿命极限时被更换，发动机仍继续使用，其余部件则视情况维护。这样可大大缩短维护时间，减少维护费用，还可保证发动机的可靠性，提高发动机的使用经济性。

8. 发动机维修性要好

航空发动机的维修性是指发动机在规定的条件下（包括维修等级、人员技术与资源等），在规定的时间内，按规定的程序和方法进行维修时，保持或恢复发动机性能的能力。由于发动机是飞机的核心部件，零件数量多，系统复杂，工作环境恶劣，容易出现故障，而且出现故障后对飞行安全的危害较大。因此，提高发动机的维修性，一方面可以确保飞行安全和飞行任务的完成，另一方面可以大大减少人力、物力和财力的消耗。在航空发动机行业中，通常采用发动机每飞行小时直接维修工时、更换发动机时间、外场可更换组件、零部件的通用性及可换性、零部件的快速拆卸及安装等来衡量发动机的维修性。

从以上条件可以看出，所有这些要求有时是相互一致的，有时又是互相矛盾的。如要提高发动机的功率（推力）、降低耗油率及改善加速性，势必将增加发动机零部件的数量或使发动机工作的环境更加恶劣，这样将使发动机的可靠性和维修性变差。因此，在设计和使用发动机时，总的要求是：在保证飞行安全的前提下，充分发挥发动机的性能并使发动机寿命期总成本最低，从而使发动机综合性能得到优化。

3.2 航空活塞动力装置

航空活塞发动机转换出的机械能，必须要通过螺旋桨才能转变成飞机的推进力。因此，螺旋桨即为飞机的推进器，航空活塞发动机为热力机，航空活塞发动机加上螺旋桨即组成了航空活塞动力装置。下面介绍航空活塞发动机的基本组成、结构、功用等。

3.2.1 航空活塞发动机的基本组成

活塞式发动机有两种设计类型：火花点火和压缩点火。采用压缩点火式的活塞发动机常被称为"压燃式发动机"，它的另一优势在于可采用低成本且易于得到的柴油或煤油作为燃料。

火花点火式发动机和压燃式发动机的主要机械部件是相同的，都有气缸式的燃烧室和在气缸内将直线往复运动转换为曲轴旋转运动的活塞。它们的主要区别在于燃油点燃的过程：火花点火式发动机利用火花塞点燃按一定比例的油气混合气，而压燃式发动机首先将气缸内的空气压缩，将温度提高至燃油喷射进入气缸时能够自动点燃。

这两种设计类型的发动机还可以进一步分为：

（1）按气缸相对于曲轴的排列方式分为星型、直列型、V型或对置型。

（2）按活塞在气缸内往返几个行程完成一个工作循环分为二行程和四行程。

（3）按冷却方式不同分为液冷式和气冷式。

航空活塞发动机工作时，是通过活塞在气缸内往返几个行程完成一个工作循环，将热能转换成机械能的。活塞式发动机的一个工作循环包括进气、压缩、做功和排气4个过程，活塞经过两个行程完成一个工作循环的发动机称为二行程发动机，经过4个行程完成一个工作循环的发动机称为四行程发动机。现代航空活塞发动机大部分都属于四行程发动机。

四行程火花点火式发动机目前仍然是在通用航空中应用最普遍的发动机，由主要机件及一些附件系统所组成。

3.2.1.1 主要机件

航空活塞发动机的主要机件包括气缸、活塞、连杆、曲轴、气门机构、机匣等，如图3.3所示。

（1）气缸是混合气进行燃烧，并将燃烧后产生的热能转变为机械能的地方。同时，气缸还引导活塞的运动。发动机工作时，气缸承受燃气高温、高压的作用，因此气缸必须有足够的强度及良好的散热性能，此外还要求气缸的重量轻。为了满足这些要求，气缸一般都由气缸头和气缸身两部分组成，如图3.4所示。气缸身由合金钢制成，以确保其强度。气缸头则用导热性较好且重量较轻的铝合金制成。气缸头上装有进气门、排气门和电嘴等部件。为加强散热，航空活塞发动机的气缸头和气缸身上都装有许多散热片。此外，为减轻活塞高速往复运动而产生的摩擦和磨损，气缸身内表面经过了精细研磨抛光处理。

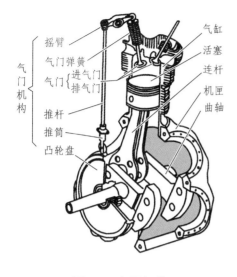

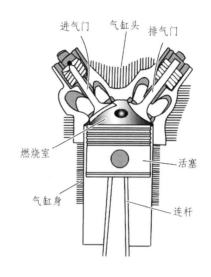

图 3.3　主要机件 　　　　　　　　　　　　　图 3.4　气　缸

航空活塞发动机都是多气缸发动机，目前典型的气缸排列方式为星型和水平对置两种，如图 3.5 和图 3.6 所示。

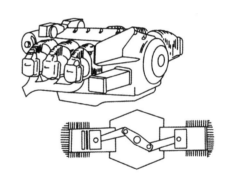

图 3.5　单排星型发动机 　　　　　　　　　图 3.6　水平对置发动机

（2）活塞在气缸内作往复直线运动，实现了气体的能量与曲轴机械功的相互转换。活塞常用导热性较好且重量较轻的铝合金制成。活塞内部是空心的，装有与连杆连接的活塞销。活塞外部周围有几道圆周槽，槽内装有特种耐磨生铁制成的弹性涨圈。涨圈与气缸抛光内表面紧密贴合，用来防止燃气漏入机匣和滑油漏进气缸，起到密封和润滑的作用。

（3）连杆用来连接活塞与曲轴，传递机械功。连杆是主要的受力件，由高强度合金钢制成，如图 3.7 所示。

（4）曲轴通过连杆将活塞直线往复运动转变为曲轴旋转运动，用来带动螺旋桨和其他附件。曲轴也是主要的受力件，由高强度合金钢制成。曲轴支承在机匣内，其组成如图 3.8 所示。其中曲轴上的配重用来平衡曲轴转动的惯性离心力，减轻发动机工作时的振动，同时储备能量，以利于发动机的平稳工作。

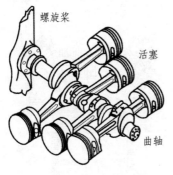

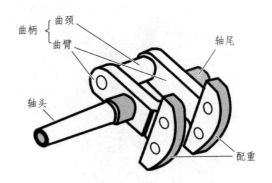

图 3.7　活塞、连杆和曲轴　　　　　　图 3.8　曲　轴

（5）气门机构的作用是控制进、排气门的开启和关闭，保证适时地将新鲜气体送入气缸和将气缸内的废气排出。典型的气门机构如图 3.9 所示，由传动齿轮、凸轮盘、推筒、推杆、摇臂、气门及气门弹簧组成。发动机工作时曲轴转动，经传动齿轮带动凸轮盘转动。当凸轮盘上的凸起上顶推筒时，推杆上移经摇臂压缩气门弹簧，使气门打开；凸起转过后，在气门弹簧作用下，气门关闭。发动机每一个气缸上都有一个进气门和排气门，它们的开启和关闭都由气门机构来控制。由于气门处在气缸头高温区，故由特种耐热钢制成。

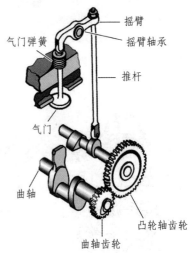

（6）机匣是发动机的壳体，用来安装气缸及有关附件、支承曲轴和传递螺旋桨拉力，并将发动机上所有的机件连接起来，构成一个整体。机匣常用高强度的铝合金或铝镁合金制成。

图 3.9　气门机构

大功率的航空活塞发动机，通常曲轴带动螺旋桨时，中间需经减速器来降低螺旋桨的转速。因为要使发动机发出较大的功率，曲轴应有较大的转速（目前曲轴转速在 2 200～3 500 r/min），但螺旋桨的转速又不能太大（目前一般限制在 2 000 r/min 以内），否则，桨尖的运动速度将超过音速，出现激波阻力，使螺旋桨效率大大降低，拉力减小。为了解决这一矛盾，在螺旋桨与曲轴间加装了减速器。典型减速器的组成及工作原理如图 3.10 所示。发动机工作时，曲轴带动主动齿轮转动，主动齿轮带动游星齿轮转动，游星齿轮一边自转，一边绕固定齿轮公转。螺旋桨转速就是游星齿轮公转转速，所以螺旋桨的转速比曲轴转速小得多，然而扭矩则相应增加。螺旋桨的转速与曲轴的转速比称为减速比，用 i 表示。目前减速比 i 一般为 0.5～0.7。航空活塞动力装置在发动机与螺旋桨之间装有减速器后，座舱中转速表通常反映的是发动机曲轴的转速。

减速器虽然可以较好地确保螺旋桨效率，但同时也使发动机重量增加，机械损失加大。所以当发动机功率较小时，可以不设置减速器而由曲轴直接驱动螺旋桨，最终使发动机的总体性能得到优化。

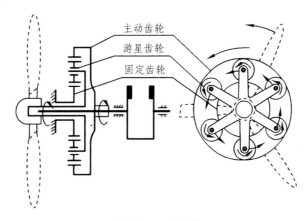

图 3.10　减速器

3.2.1.2　附件系统

航空活塞发动机除具有主要机件外,还配有各种附件工作系统,以确保发动机正常工作。飞行员对发动机的操纵是通过附件工作系统完成的,操纵是否正确,决定发动机能否正常地工作;操纵是否得当,决定发动机的性能能否充分地发挥。

航空活塞式动力装置主要包含以下工作系统:燃油系统、滑油系统、散热系统、点火系统、转速调节系统和起动系统等。有关这些系统的工作将陆续在后面加以介绍。

3.2.2　航空活塞发动机的基本工作情形

航空活塞发动机将热能转变成机械能,是通过活塞运动几个行程完成一个工作循环来实现的。活塞运动 4 个行程而完成一个循环的发动机,叫四行程发动机。现代航空活塞发动机都属于四行程发动机。

3.2.2.1　基本术语（见图 3.11）

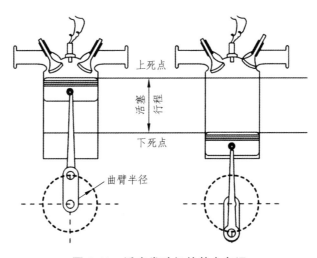

图 3.11　活塞发动机的基本名词

上死点：活塞顶距曲轴旋转中心最远处的位置。

下死点：活塞顶距曲轴旋转中心最近处的位置。

曲轴转角：曲臂中心线与气缸中心线的夹角，用来描述发动机工作时活塞的位置。

活塞行程：上死点与下死点间的距离。

燃烧室容积：活塞在上死点时，活塞顶与气缸头之间形成的容积。

气缸全容积：活塞在下死点时，活塞顶与气缸头之间形成的容积。

气缸工作容积：上死点与下死点之间的气缸容积。发动机总的气缸工作容积可用来描述发动机工作时进气量的多少和做功能力的大小。

3.2.2.2 发动机的工作循环

航空活塞发动机工作时，活塞不断重复进气行程、压缩行程、膨胀行程和排气行程，如图 3.12 所示。进气行程使气缸内充满新鲜混合气；通过压缩行程将气体压力、温度提高；在压缩行程的末期，电嘴跳火，混合气燃烧释放出热能，气体压力、温度急剧升高推动活塞做功，完成膨胀过程；最后经排气行程将废气排出气缸。排气行程结束后，又重复进行下一循环的进气行程、压缩行程……不断将燃料的热能转变成机械能。由此可见，每完成一次能量转换，活塞运动了 4 个行程，发动机完成一次工作循环，曲轴共转了两圈（4×180° = 720°）。活塞在 4 个行程运动中，只有膨胀行程获得机械功，其余 3 个行程都要消耗一部分功，消耗的这部分功比膨胀得到的功小得多。因此从获得的功中扣除消耗的那部分功，所剩下的功依然很大，用于带动螺旋桨及有关附件，给飞机提供推进力。

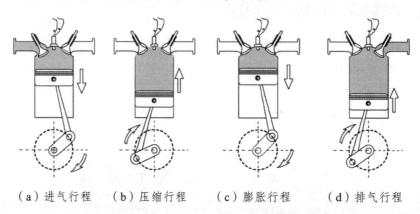

（a）进气行程　　（b）压缩行程　　（c）膨胀行程　　（d）排气行程

图 3.12　四行程发动机的工作

四行程航空活塞发动机完成一个工作循环，活塞在气缸内要完成 4 个行程，气体工质则要经过进气、压缩、燃烧、膨胀及排气 5 个热力变化过程，每一个过程的工作都影响发动机的性能。但对定型的发动机，从使用角度上讲，进气、燃烧和排气过程对发动机的性能起决定性作用。

3.2.3　航空活塞发动机的进气过程

3.2.3.1　进气情形

新鲜气体充填气缸的过程叫进气过程。进气过程的作用是使发动机得到工作所需的新鲜气体。进入气缸内的新鲜气体的量直接影响发动机的工作性能，只有每个气缸都能确保一定的进气量，发动机才能正常工作。进气过程从进气门打开时开始，到进气门关闭时结束。气体从外界进入气缸的情形如图 3.13 和图 3.14 所示。

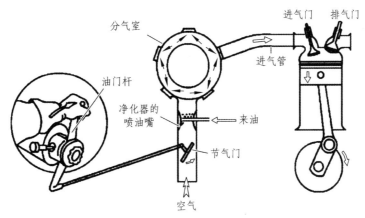

图 3.13　吸气式发动机的进气情形

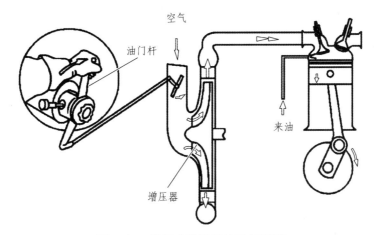

图 3.14　增压式发动机的进气情形

某装有汽化器的吸气式发动机的进气情形如图 3.13 所示。外界空气由进气装置进入发动机，经节气门（由驾驶舱内的油门杆控制）计量并与燃油混合组成混合气后，再由分气室分配后经进气管和进气门进入各气缸。

某装有直接喷射装置的增压式发动机的进气情形如图 3.14 所示。外界空气由进气装置进入发动机，经节气门计量，进入增压器压力提高后，再经进气管和进气门进入各气缸，而燃油则从喷油嘴喷入气缸（有的喷在进气门处），空气在气缸内与燃油组成混合气。

进气管道中的节气门与驾驶舱内的油门杆相连接，油门杆后拉，节气门关小，进气量减小；油门杆前推，节气门开大，进气量增加。所以，操纵油门可以首先改变进入气缸的进气量，然后使燃油量也成正比变化，从而改变发动机功率。

3.2.3.2　充填量的定义及影响因素

在一次进气过程中，进入一个气缸的气体重量叫充填量，用 $G_充$ 表示。显然，在油气比例不变的情况下，充填量越大，与空气混合的燃油量越多，因而混合气燃烧后产生的热量也越多，发动机功率也越大；反之，充填量越小，发动机功率也越小。所以，充填量是影响发动机功率的最主要因素。

对于已经制成的发动机，由于气缸的几何参数已经确定，所以，影响发动机充填量的主要因素有：进气压力、大气温度、气体的受热程度、流动损失和发动机转速等。

1. 进气压力

进气压力是指气体进入气缸前在进气管处的压力，如图 3.15 所示，常用 p_m 表示。进气压力越高，进入气缸的气体比重越大，充填量越大；反之，进气压力越小，充填量越小。为了使进气压力直接反映充填量的变化，反映发动机的功率，在测量进气压力时采用真空膜盒测量绝对压力，在驾驶舱内的仪表显示如图 3.16 所示，进气压力的单位常为毫米汞柱（mmHg）和英寸汞柱（inHg）。

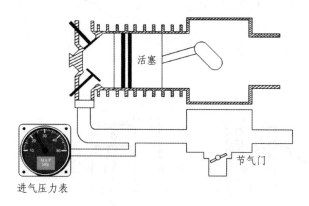

图 3.15 进气压力的测量　　　　图 3.16 进气压力表

影响进气压力的因素有：节气门开度、大气压力、进气流动损失。对增压式发动机还受增压情形影响。

飞行中飞行员可通过操纵驾驶舱中的油门杆，改变节气门的开度大小，来控制进气压力，从而达到增加或减小充填量，进而改变发动机功率的目的，所以进气压力是飞行员调节发动机功率的最主要参数。

当其他参数不变而大气压力降低时，进气压力减小，充填量减小，发动机功率减小。所以在相同的油门位置，对同一台发动机，在高原机场工作，发动机发出的功率较小。

2. 大气温度

大气温度越低，气体的密度越大，充填量越大；反之，大气温度越高，充填量越小。所以，在同一机场发动机在冬季发出的功率比在夏季大。当温差较大时，发动机在早晨发出的功率比在中午大。

3. 气体的受热程度

进气过程中，由于气体与气缸、活塞和气门机构等灼热部件相接触，吸收热量，温度升高。有的发动机进气时，气体还需为滑油系统散热，也会使气体温度升高，气体密度减小，充填量减小。所以，进气时气体受热程度大，则充填量减小。因此，发动机冷却散热不良，发动机温度升高，会引起充填量减小，发动机功率减小。

4. 流动损失

气体在进气过程的流动中，由于存在气流撞击、摩擦和分离损失，产生了流体阻力。当使用进气过滤装置时，流体阻力还会进一步增加。这些都会使气体的压力减小，温度升高，气体密度减小，充填量减小。所以，为了减小进气的流动阻力，要注意尽量保持进气管道内壁的清洁，防止进气导管受压变形。

5. 发动机转速

当进气压力一定时，发动机转速对充填量的影响较为复杂，如图 3.17 所示。当转速由小转速增加时，一方面进气速度增加，进气损失增加，使充填量减小；但同时，进气过程持续时间的缩短使气体受热程度减小，使充填量增加。另一方面，转速增加使发动机状态更加接近发动机设计状态，又使充填量增加。综合这些因素，当发动机转速由小转速增加时，充填量增加；当发动机转速接近最大转速时，充填量减小。

总之，影响发动机充填量的因素较多，分析实际情况时，应对具体情况作具体分析。

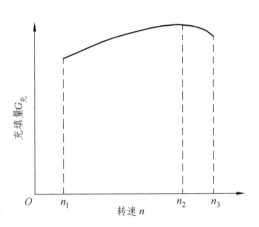

图 3.17 充填量与发动机转速的关系

3.2.4 航空活塞发动机的排气过程

3.2.4.1 排气进行情况

废气从气缸中排出的过程叫排气过程。混合气经过燃烧、膨胀过程后，成为废气，最后从气缸中排出，便于新鲜气体的进入。废气排得越干净，残余废气量越少，充填量就越大。因此，应使排气过程尽可能多地排出废气。

典型的发动机排气装置如图 3.18 所示。

发动机排气时，排气门打开，废气经排气门、排气短管、排气总管，最后经排气尾管排出发动机。

3.2.4.2 废气热量的利用

发动机排出的废气，具有相当高的温度（目前一般在 300 ℃ 以上）。现代航空活塞发动机为了准确反映实际燃烧的情形，需要测量排气温度，此温度通常在发动机排气温度最高的气缸排气短管处通过热电偶测量。废气所具有的能量占

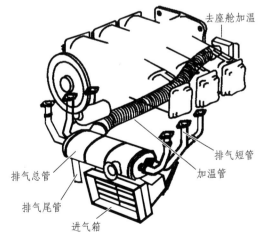

图 3.18 排气装置

燃料热能的 30% ~ 50%，若不加以利用，浪费很大。因此，发动机通常在排气装置中装有热交换器，利用废气的能量来加热空气，供机舱取暖、除冰、风挡除雾、汽化器加温等用。排气总管上的加温系统如果渗漏，会导致废气一氧化碳进入驾驶舱，引起一氧化碳中毒。所以有些活塞式飞机在加温系统管道的座舱入口附近装有一氧化碳探测器，监控加温系统的渗漏情况，实际飞行中应经常检查排气总管上的加温系统是否有渗漏。有的发动机还装有废气涡轮，将废气的能量转变为涡轮的机械功，用来驱动增压器，增大进气压力，从而增加发动机功率，改善发动机的高空性能（详见本章 3.2.6）。

3.2.5 航空活塞发动机的燃烧过程

3.2.5.1 正常的燃烧过程

燃烧是物质发光、发热的化学反应。航空发动机目前都采用航空汽油或航空煤油做燃料，用空气做氧化剂。而汽油和煤油都是液态的碳氢化合物。航空活塞发动机的正常燃烧过程就是在压缩过程的末期，利用电嘴跳出的火花点燃气缸中的混合气，同时放出热量的过程。其作用是提高气体的温度和压力，以便气体膨胀，推动活塞做功。燃料燃烧越完全，热能释放就越彻底，热效率就越高。燃烧产物中若再无可燃物质，这种燃烧叫完全燃烧；否则，叫作不完全燃烧。所以，燃烧过程工作的好坏直接影响发动机的工作。

3.2.5.2 余气系数和油气比

航空发动机中，燃料首先与空气均匀混合，形成混合气，然后才进行燃烧。要使混合气中的燃料完全燃烧，混合气中油和气的比例必须适当，因为一定量的燃料只有与适量的空气混合，才能从空气中获得完全燃烧所需要的氧气。描述混合气中油和空气成分的参数有余气系数和油气比。

1 kg 燃料完全燃烧所需要的最少空气量，叫做理论空气量，用 $L_{理}$ 表示，单位是 kg 空气/kg 燃料。燃料的种类不同，理论空气量的数值也不同。任何一种燃料所需的理论空气量都可通过燃烧的化学反应式计算出来。常规大气条件下，氧在空气中的质量含量约 23.2%，经计算航空汽油的理论空气量为 15.1 kg 空气/kg 汽油；航空煤油的理论空气量为 14.7 kg 空气/kg 煤油。所以近似地讲，在常规大气条件下完全燃烧 1 kg 汽油或煤油所需要的最少空气量约为 15 kg。

发动机实际燃烧时，混合气中空气量和燃油量都可能变化，实际同 1 kg 燃料混合燃烧的空气量叫作实际空气量，用 $L_{实}$ 表示。实际空气量不一定等于理论空气量。余气系数就是混合气中实际空气量与理论空气量的比值，用 α 表示，即

$$\alpha = \frac{L_{实}}{L_{理}}$$

如果混合气中实际空气量小于理论空气量，则余气系数小于 1。混合气燃烧时，由于氧气不足，燃料富余，不能完全燃烧。这种混合气叫作富油混合气。余气系数比 1 小得越多，表示混合气越富油。

如果混合气中实际空气量大于理论空气量，则余气系数大于 1。混合气燃烧时，由于氧

气有剩余，燃料能够完全燃烧。这种混合气叫作贫油混合气。余气系数比 1 大得越多，表示混合气越贫油。

如果混合气中实际空气量等于理论空气量，则余气系数等于 1。混合气燃烧时，燃料能够完全燃烧，氧气也没有剩余。混合气既不贫油也不富油。这种混合气叫作理论混合气。

由此可见，余气系数的大小可以较为直观地反应混合气贫、富油程度，是影响发动机中燃料燃烧的重要物理参数。

油气比也可以描述混合气的成分，它是气缸内混合气中燃料的质量与空气质量的比值，油气比用 C 表示。即

$$C = \frac{m_{燃油}}{m_{空气}}$$

式中　　$m_{燃油}$——混合气中燃油的质量；

　　　　$m_{空气}$——混合气中空气的质量。

油气比 C 与余气系数 α 的关系为

$$C = \frac{1}{\alpha L_{理}}$$

油气比可以直接反应混合气中燃料与空气的比例，但不能直观反应混合气的贫、富油程度。当油气比 $C = 0.066\ 2$ 时（约为 1 : 15），相应的余气系数 $\alpha = 1$。

3.2.5.3　混合气成分对发动机工作的影响

1. 混合气成分对发动机功率的影响

当混合气余气系数 $\alpha = 0.8 \sim 0.9$ 时，火焰传播速度最大，活塞膨胀功最大，发动机可获得最佳的功率。当余气系数偏离该值时，火焰传播速度将减小，发动机功率也将减小。因此，要使发动机发出大的功率，混合气的余气系数应在 $0.8 \sim 0.9$ 之间。这个余气系数值叫做最佳功率余气系数，对应的发动机状态称为最佳功率状态。图 3.19 为某发动机的试验曲线，从图中可以看出，当油气比 $C = 0.078$，余气系数 $\alpha = 0.85$ 时，发动机功率最大。

2. 混合气成分对燃油消耗率（SFC）的影响

根据燃油消耗率的定义，当混合气余气系数改变时，要使 SFC 最低，应在发动机较高功率输

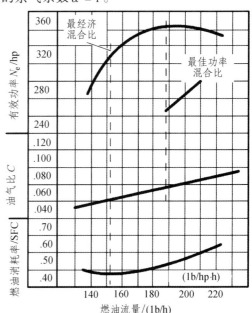

图 3.19　油气比对功率和燃油消耗率的影响

出的同时确保燃油消耗量较低。当混合气较为富油时，燃油消耗量较大，同时发动机功率输出也较小；当混合气较为贫油时，发动机输出的功率又较小。所以，必然存在某一余气系数

值，此时燃油消耗率最低。试验表明，当余气系数 $\alpha = 1.05 \sim 1.10$ 时，燃油消耗最低，发动机的经济性最好。此时，一方面发动机功率输出降低不多；另一方面，由于 α 稍大于 1，可有效克服混合气混合不均和燃烧产物的离解，所以热能利用最充分，燃油消耗率最小。这个余气系数值称为发动机最佳经济余气系数，对应的发动机状态称为最佳经济状态。从图 3.19 可以看出，当油气比 $C = 0.061$，余气系数 $\alpha = 1.08$ 时，燃油消耗率最低。

3. 混合气成分对气缸头温度的影响

发动机气缸头温度是指发动机某气缸头的温度，用 CHT 表示。实际多气缸发动机通常重点监控温度最高的气缸的温度。气缸头温度表如图 3.20 所示。气缸头温度是衡量发动机是否过热、发动机工作是否正常的重要参数之一，它的大小主要受混合气的放热量、冷却气缸的空气流量和温度等因素制约。当混合气余气系数改变时，气缸头温度的变化如图 3.21 所示。从图中可以看出，当混合气余气系数 $\alpha = 0.97$ 时，气缸头温度最高，这主要是因为 $\alpha = 0.97$ 混合气的放热量最大。所以飞行使用中，为了防止发动机过热，混合气的余气系数应避开 0.97 这个值。

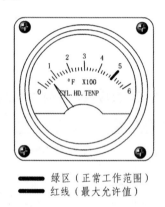

图 3.20　气缸头温度表

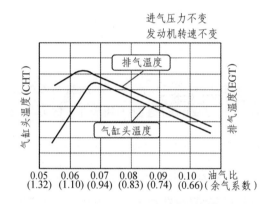

图 3.21　CHT、EGT 与 α 的关系

4. 混合气成分对排气温度的影响

发动机的排气温度是发动机气缸排出的废气的温度，用 EGT 表示。实际多气缸发动机通常在排气管处重点监控温度最高的气缸的排气温度，排气温度表如图 3.22 所示。排气温度是反映发动机实际燃烧情况的重要参数之一，它的大小主要受混合气的放热量、燃气膨胀做功情况等因素制约。当混合气余气系数改变时，排气温度的变化如图 3.21 所示。从图中可以看出，当混合气余气系数 $\alpha = 1.05 \sim 1.10$ 时，排气温度最高，这主要是因为 $\alpha = 1.05 \sim 1.10$ 时，一方面混合气的放热量较大，另一方面混合气较为贫油，火焰传播速度较小，燃气膨胀不彻底，最后引起排气温度升高。

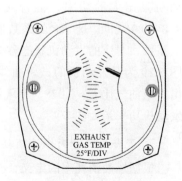

图 3.22　排气温度表

由此可见，混合气的余气系数对发动机的性能影响很大，所以，飞行中根据需要适当调整混合气是必要的。然而，需要特别说明的是，目前气缸内混合气的余气系数无法准确测量，只能用一些发动机参数的

变化来反映其大小。由混合气余气系数对气缸头温度和排气温度的影响可以看出，当飞行条件和发动机其他参数不变而只改变混合气的混合比，出现 $CHT = CHT_{max}$ 时，对应的混合气余气系数应为 $\alpha = 0.97$；出现 $EGT = EGT_{max}$ 时，对应的混合气余气系数应为 $\alpha = 1.05 \sim 1.10$。由于排气温度基本不受外界条件的影响，混合比改变时反应更为灵敏、准确，所以现代航空活塞发动机都需测量排气温度值（较早的发动机只测量气缸头温度值）。在飞行实际中，通常参照排气温度的变化来确定发动机的最佳经济状态和最佳功率状态。

3.2.5.4 发动机在不同转速下使用的余气系数值

由于发动机功率、燃油消耗率、气缸头温度都与余气系数密切相关，所以飞行使用中，应根据发动机实际的状态，调整混合气的余气系数，从而满足飞行性能要求。

发动机大转速工作状态，一般用于飞机起飞、爬升和复飞，此时需要发动机发出较大功率。所以余气系数应为最佳功率余气系数，一般设置为 0.85 左右。既可保证发动机输出较大功率，同时较为富油的混合气也可防止发动机过热。

发动机中转速工作状态，一般用于飞机巡航，是发动机工作时间最长的一种状态。此时需要发动机工作稳定、安全，同时具有较好的经济性。余气系数一般设置为 0.9 ~ 1.0。

发动机小转速工作状态，一般用于飞机下降、着陆及地面滑行。由于此时进气量较少，而残余废气量变化不大，废气冲淡严重。所以为了保证发动机小转速工作状态的稳定，余气系数应设置为 0.7 ~ 0.8。

发动机的余气系数值随发动机转速的变化曲线如图 3.23 所示。

需要说明的是，这里介绍的不同转速下使用的余气系数值是一般规律，对于具体的发动机，应根据其特点和实际性能，来确定实际使用的余气系数值。

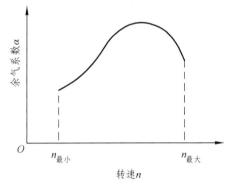

图 3.23 $\alpha\text{-}n$ 的关系

3.2.5.5 混合气的不正常燃烧

混合气的不正常燃烧是指发动机正常燃烧遭到破坏的一些燃烧现象，如过贫油、过富油燃烧，早燃和爆震燃烧等。这些不正常燃烧现象的发生，将会引起发动机工作不正常，不但影响发动机功率和经济性，严重时还可损坏机件，造成事故，危及飞行安全。因此，学习燃烧过程，还必须了解混合气不正常燃烧的现象，分析其产生的原因，从而找出预防的方法。

1. 混合气的过贫油或过富油燃烧

如果混合气的余气系数 $\alpha > 1.1$，则为过贫油燃烧；如果混合气的余气系数 $\alpha < 0.6$，则为过富油燃烧。在发动机的实际使用中，因燃油系统故障、飞行员使用不当、特定的气象条件等原因，发动机会出现过贫油或过富油燃烧现象。

1）过贫油燃烧时的现象和危害

（1）发动机功率减小，经济性变差。混合气过贫油燃烧时，混合气放热量和火焰传播速

113

度都减小，燃气膨胀做功能力被削弱，燃气膨胀不彻底，热损失增加。所以发动机功率减小，经济性变差，严重时还可能引起发动机熄火、停车。

（2）气缸头温度降低。我们知道，混合气余气系数稍小于 1（即 $\alpha = 0.97$）时，气缸头温度最高，偏离此值气缸头温度都会降低，所以混合气过贫油燃烧时，气缸头温度降低。

（3）发动机振动。混合气过贫油时，由于混合不均，不同气缸、不同工作循环、同一气缸的不同区域其贫油程度都不相同，从而引起燃气压力大小不等，作用在曲轴上的力不均匀，引起发动机振动。

（4）排气管发出短促而尖锐的声音。由于火焰传播速度减小，残余燃烧持续时间延长，一部分混合气在排气过程中仍在燃烧，流过排气管时便会发出短促而尖锐的声音。如果在夜间，还可看到在排气管口冒出脉动的淡红色（或淡黄色）火舌，这表示混合气流出排气管时还在燃烧。

（5）汽化器回火。汽化器式发动机，混合气过贫油燃烧时，火焰传播速度减小，少部分混合气在排气过程后期，进气门已打开时，还在继续燃烧。此时，新鲜混合气会被残余的火焰点燃，如果此时的火焰传播速度大于进气管内气流流速，火焰就会窜入进气管，沿管路一直烧到汽化器。这种现象叫做汽化器回火，严重时可能造成火灾。

一旦发生汽化器回火，可前推油门杆开大节气门，使进气气体流速增加，将火焰吸入气缸，消除回火。

发动机在低温条件下起动时，由于大气温度和发动机温度低，汽油不易汽化，混合气容易过贫油；同时因转速低，进气管内气体流速小，在这种情况下，火焰传播速度容易大于气体流速，形成汽化器回火。所以，为了防止这种现象的发生，发动机低温起动注油时应稍多些。

发动机过富油燃烧时，由于燃气温度较低，此时火焰传播速度较小，一般不可能大于进气气体流速，所以不容易发生汽化器回火。

2）过富油燃烧时的现象和危害

混合气过富油燃烧时，燃料不能完全燃烧，混合气的放热量减小，火焰传播速度减小，所以，发动机功率减小，经济性变差，气缸头温度降低。

与过贫油混合气类似，过富油混合气也存在混合不均，富油程度不一致，最终使气缸内燃气压力大小不等，引起发动机振动。

但过富油燃烧与过贫油燃烧比较，有其不同的现象：

（1）气缸内部积炭。混合气过富油燃烧时，汽油中的碳不能烧尽，一部分残余的碳就会积聚在活塞顶、气缸壁、电嘴和气门等处，这种现象，叫作积炭。活塞顶和气缸壁上积炭，使导热性变差，散热不良，会造成这些机件局部过热。电嘴上积炭，还会使电火花能量减弱，甚至使电嘴不能跳火。气门上积炭，则可能使气门关闭不严，以致漏气，甚至过热烧坏气门。所有这些，都会使发动机功率减小，经济性变差，严重时还会导致发动机故障。

（2）排气管冒黑烟和"放炮"。过富油混合气燃烧不完全，废气中含有大量未燃或正在燃烧的碳，所以从排气管排出的废气中带有浓密的黑烟，在夜间还可看到排气管口排出长而红的火舌。废气中剩余的可燃物质，在排气管口与外界空气相遇，发生复燃，产生一种类似放炮的声音，这种现象，叫作排气管"放炮"。不同混合比的混合气燃烧时，排气管口的火苗形状如图 3.24 所示。

（a）α=0.85 的混合气　　　（b）过富油混合气　　　（c）过贫油混合气

图 3.24　混合比不同时排气管口火舌的形状

飞行中，若减小功率时收油门过猛，此时节气门迅速关小，空气量骤然减小，而燃油量因系统惯性使其减小滞后，容易造成短暂的混合气过富油，而发生排气管"放炮"现象。所以飞行中，操纵油门要柔和。

2. 早　燃

压缩过程中，如果在电嘴跳火以前，混合气的温度已达到着火温度，混合气就自行燃烧。这种发生在点火以前的自燃现象，叫作早燃。

早燃发生后，气体压力升高过早，压缩行程消耗的功增大，同时燃气散热损失增加，所以发动机功率减小，经济性变差。对多气缸发动机，如果某些气缸发生早燃，因曲拐机构受力不均匀，会引起发动机强烈的振动。若发动机在小转速时发生早燃，此时曲轴转动惯性较小，过大的燃气压力将会引起曲轴倒转，损坏机件。因此，必须防止发动机早燃。

使用中引起发动机早燃的原因主要是气缸头温度过高和气缸内部积炭。气缸头温度过高时，电嘴、排气门等高温机件以及炽热的炭粒，都能使混合气早燃。因此，必须正确使用和维护发动机，确保气缸头温度正常，防止气缸内部积炭。对于压缩比较高的发动机，使用、维护中更应注意。

从早燃发生的特点来看，对于刚停车的热发动机，不能随意扳动螺旋桨。因为此时发动机气缸头温度还很高，如果扳动螺旋桨，气缸中残余的混合气受压缩后可能自燃，使螺旋桨转动起来，有伤人的危险。

3. 爆　震

在一定的条件下，气缸内混合气的正常燃烧遭到破坏而在未燃混合气的局部出现具有爆炸性的燃烧现象，叫做爆震燃烧，简称爆震。爆震时瞬间的火焰传播速度、局部燃气压力和温度都远远超过正常燃烧时的数值，瞬间火焰传播速度可达 2 000 m/s，局部燃气压力可达 $100 \sim 120 \text{ kgf/cm}^2$（$1 \text{ kgf} = 9.81 \text{ N}$），局部燃气温度可达 3 300 K 以上。

1）爆震发生时的现象和后果

（1）发动机内发生不规则的金属敲击声。这是由于爆震燃烧产生的爆震波猛烈碰击气缸壁和活塞顶发出的声音，但往往被发动机的工作噪声所掩盖。

（2）气缸局部温度急剧升高，活塞、气门及电嘴等机件过热或烧损。

（3）排气总管周期性冒黑烟。这是由于某气缸爆震产生的局部高温，使燃烧产物离解，游离出的炭随废气排出形成的。

（4）发动机振动，机件易损坏。这是由于爆震产生的局部高压作用在活塞上，曲拐机构受到强烈冲击而引起的，如图 3.25 所示。

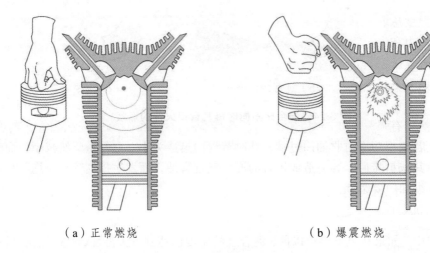

（a）正常燃烧　　　　　　　　　　（b）爆震燃烧

图 3.25　正常燃烧与爆震燃烧

（5）发动机功率减小，经济性变差，转速下降。由于燃烧产物的离解，燃料不完全燃烧；同时热损失增加，热利用率降低，最终引起发动机功率减小，经济性变差，发动机转速下降。

由此可见，爆震将严重损坏发动机，直接危及飞行安全。所以在发动机使用中，应特别注意防止发动机爆震。

2）爆震产生的原因

目前，航空界比较完善解释爆震的是"过氧化物"理论，其基本论点是：爆震产生的原因是气缸内部未燃混合气在火焰前锋到达以前，局部已经形成了大量的、化学性质活泼的过氧化物。下面根据这个理论简要阐述爆震形成的过程。

我们知道，发动机中燃料的燃烧是碳氢化合物与氧进行的化学反应。混合气经活塞压缩后，压力、温度升高，燃料的氧化已经开始。作为反应所必需的活性中心——过氧化物，已按一定的速度生成，随着混合气压力和温度的升高，过氧化物生成速度也越来越快，其浓度也越来越大。

燃烧开始后，已燃区内的燃气热量增多，压力、温度升高。由于燃气压力升高产生一系列的压缩波，压缩波以音速前进，超过火焰前锋移动的速度（20～30 m/s）而压缩未燃区的混合气；同时由于燃气温度升高，热量向未燃区混合气传热。这样未燃混合气由于压缩和传热的作用，压力和温度升高很多，过氧化物大量生成和积累。

当过氧化物生成速度不很大，浓度还在一定范围之内时，气缸内的燃烧仍能正常进行，火焰前锋正常移动，气缸内压力、温度均匀。

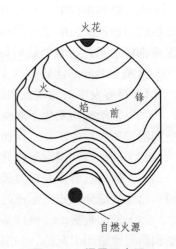

图 3.26　爆震示意图

但是，当未燃区混合气中的过氧化物生成速度很大，浓度积累到一定值的时候，在火焰前锋未到达之前，未燃区中受到挤压特别厉害的那部分混合气，将发生剧烈的化学反应而自行着火，如图 3.26 所示。这个自燃火焰的传播速度极大，局部

116

燃气的压力和温度急剧上升到很高的值，形成爆炸性燃烧，这就是爆震。

爆震区的压力和温度很高，气体极度膨胀，产生了强烈的激波，向未燃混合气推进，使未燃混合气受到强压缩而猛烈燃烧起来。因此，强激波后面紧接着的是猛烈的化学反应区，两者合起来都以同一速度在空间移动，就形成了爆震波。即爆震波是强激波与化学反应的合成，它的移动速度可达 2 000 ~ 2 300 m/s。

爆震波虽然具有强激波的压缩性质，但两者是不同的。激波是一个单纯的气动力压缩过程，且激波区很薄，气体经过激波后物理、化学性质基本不变。而爆震波是一个燃烧的化学过程，波域较厚，其中的过程相当复杂，气体经过爆震波后，物理、化学性质已发生了根本变化。

3）燃料的抗爆性

发动机工作时是否发生爆震，与所采用的燃料性质有密切关系。发动机使用某种燃料将会发生爆震，而使用另一种燃料就不易发生爆震。说明燃料具有抵抗、阻止爆震发生的性能，燃料的这种性能叫抗爆性。

燃料的抗爆性通常用辛烷值（汽油牌号）表示，辛烷值越大，抗爆性越好。

燃料当中，有一种抗爆性很强的燃料，叫异辛烷（C_8H_{18}），将它的辛烷值规定为 100；还有一种抗爆性很弱的燃料，叫正庚烷（C_7H_{16}），将它的辛烷值定为 0。将这两种燃料按不同的容积比例混合，就可得到各种不同辛烷值的燃料，这些燃料就具有不同的抗爆性。例如，将 70%容积的异辛烷和 30% 容积的正庚烷混合，得到的混合燃料辛烷值是 70。因此，辛烷值就是混合燃料中异辛烷所占的容积百分数。

然而，活塞式发动机所使用的燃料是汽油，并不是直接使用上述混合燃料。那么汽油的辛烷值如何确定呢？汽油的辛烷值是由试验比较法确定的。试验时，将被测定的汽油和上述按某种比例混合燃料的余气系数调整到 1，如果它们都使标准试验的发动机在相同的压缩比下发生爆震，说明两种燃料的抗震性相同。因此，混合燃料的辛烷值就定为被测定汽油的辛烷值。例如，试验后，混合燃料中有 78% 容积的异辛烷，22% 容积的正庚烷，那么被测定汽油的辛烷值定为 78，用符号 RH-78 表示。

如果汽油的辛烷值低，可加入少量的抗爆剂来提高汽油的抗爆性。铅水（P-9）是常用的抗爆剂，其中含有四乙基铅和溴化物（或氯化物）。铅水加入汽油后，燃烧时，四乙基铅与氧化合为氧化铅，能阻止混合气中过氧化物的大量生成，故能提高燃料抗爆性。但生成的氧化铅呈固体状态，会沉积在气门或电嘴上，使气门关不严或电嘴不跳火。这时铅水中的溴化物（或氯化物）能与固体的氧化铅化合生成气态的溴化铅（或氯化铅），随废气一同排出发动机，消除了固态氧化铅对发动机带来的不良后果。

四乙基铅是一种无色的毒性物质，能破坏人的神经和血液，并能在人体中沉积下来。为了识别，在铅水中加入一些颜料，使含铅汽油带上颜色，如黄色、绿色或蓝色等，以引起人们注意。

4）发动机工作状况对爆震的影响

发动机工作状况方面的因素，是指与发动机工作有关的进气压力、进气温度、气缸头温度、发动机转速等。这些因素的变化，会改变混合气中过氧化物活性中心浓度的大小，因而与爆震有直接的关系。以下作具体分析：

（1）进气压力和温度的影响：进气压力和温度过高，混合气被压缩后的压力和温度也就过高，燃烧较晚的那部分混合气产生的过氧化物也会增加更多，容易发生爆震。因此，应防止进气压力和进气温度过高。

（2）气缸头温度的影响：气缸头温度过高，气缸中混合气受热程度大，温度升高得多，产生的过氧化物浓度也较大，容易发生爆震。因此，必须保持气缸的散热良好，防止发动机温度过高。

（3）发动机转速的影响：在一定的进气压力下，发动机转速增大，气缸内紊流强度增强，火焰传播速度增大，燃烧时间缩短，燃烧较晚的那部分混合气的过氧化物浓度还来不及增加到一定的值，便被烧完，发动机不容易发生爆震。相反，在同一条件下，减小发动机转速，则比较容易发生爆震。

5）防止爆震的方法

了解爆震的危害、原因及影响因素，目的是防止爆震的发生。从使用发动机方面来看，防止爆震，可从下述几方面入手：

（1）按规定使用燃料，切忌使用辛烷值和级数低于规定值的燃料。向油箱加油时必须检查所加油料是否符合规定。若使用的燃料标号比规定的高，虽在短时间内对发动机危害不大，但也不会对发动机工作有利；若使用的燃料标号比规定的低，发动机不仅爆震倾向增大，而且还会引起发动机过热，烧坏电嘴及气门，滑油消耗过大等。所以这种情形在任何情况下都不允许。

（2）操纵使用发动机时，不可使进气温度过高；同时应按规定使用进气压力，使用最大进气压力的时间不超过规定。

（3）发动机在小转速工作时，不应使用大的进气压力，以免燃气压力、温度过高发生爆震。例如，增加发动机功率时，应先推变距杆，后推油门杆；减小发动机功率时，应先拉油门杆，后拉变距杆。避免发动机小转速、大进气压力状态。

（4）发动机温度不能过高，不能超过规定值。发动机在大功率状态工作时间不能太长，以免发动机过热。

（5）避免发动机积炭。机件积炭，散热不良容易使混合气局部过热；积炭过多，使燃烧室容积变小，压缩比变大，压力、温度增高，都易引起爆震。防止积炭，应使混合气不要过富油。

6）发生爆震后的处置措施

切实按照上述要求使用发动机，发动机爆震是可以防止的。如果发动机工作时一旦发生爆震，可采取以下措施：

（1）把变距杆前推，减轻螺旋桨负荷，加大发动机转速。

（2）后拉油门杆，减小进气压力。

（3）加强发动机的散热。

这样就可以减弱或消除爆震。

3.2.6　增压式发动机

自然吸气式活塞发动机，当节气门开度一定时，随飞行高度升高，大气密度降低，进入气缸的充填量减少，发动机的功率下降，发动机性能变差。所以，有的发动机在进气系统增加了增压装置，可以提高气缸的进气压力，增大发动机的功率。这种带增压器的活塞式发动机叫作增压式发动机。增压式发动机可以确保在额定高度以下，保持进气压力不变，从而改善发动机的高空飞行性能，但结构相对复杂。

目前，增压式发动机一般采用的是离心式增压器来提高进气压力。按照增压装置是否消耗发动机功率，可分为机械增压、废气涡轮增压。

3.2.6.1 机械增压

大功率星形活塞式发动机多使用发动机曲轴带动增压器，使用这种增压系统的发动机叫作机械增压发动机，这种发动机的进气系统如图 3.27 所示。油气混合气由汽化器流出，进入离心式增压器（见图 3.28），曲轴通过一齿轮系（加速装置）带动增压器转动，通过离心增压和扩散增压，增压后的混合气进入气缸。这种增压系统所消耗的功来自发动机自身输出的轴功，为与下面将介绍的废气涡轮增压发动机的增压系统相区别，又把此种增压系统称为内部驱动增压系统，即内增压系统（或传动式增压系统）。

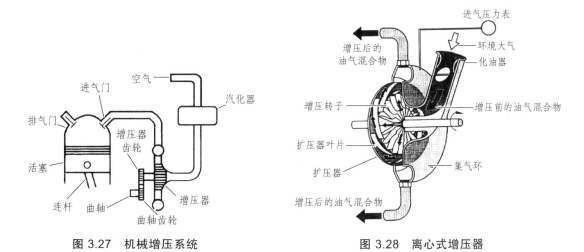

图 3.27　机械增压系统　　　　　　　图 3.28　离心式增压器

3.2.6.2 废气涡轮增压

废气涡轮增压系统也称外增压系统。图 3.29 所示为一个典型的废气涡轮增压发动机的增压系统图。该系统的增压器由废气涡轮驱动，故称为涡轮增压器。

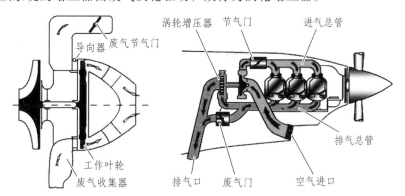

（a）涡轮增压器工作原理　　（b）水平对置活塞发动机涡轮增压系统

图 3.29　废气涡轮增压系统

废气涡轮在活塞发动机的排气道中，发动机工作时，气缸排出的高于环境压力和温度的废气经排气道通过涡轮膨胀做功后再排放到大气中。废气涡轮所做的功，通过连接轴传到增压器，使进入增压器的空气增压，并将增压后的空气送到发动机汽化器或者燃油控制器的进口。因此，这种增压系统也叫作外部驱动的增压系统，即外增压系统。

废气涡轮增压系统消耗的是废气中储存的能量，不需要消耗发动机功率，还可充分利用余热，虽然废气涡轮增加了排气系统的阻力，使发动机的功率有所损耗。同时，当发动机功率和转速较小时，废气涡轮增压效果较差，在关车前需要冷却。但总的来说，在能量的利用上要优于机械增压系统，应用较为广泛。

总体而言，增压式发动机增大了进气压力，增加了发动机的有效功率，可改善飞机的起飞性能和发动机的高空性能。但是，由于进气压力和进气温度升高，与吸气式发动机相比，增压式发动机更容易发生爆震。所以，增压式发动机使用的燃油，其抗爆性要更好。增压式发动机的气缸进气压力较大，当进气压力过大、发动机转速较小且气缸头温度较高时相对容易发生爆震，因此在长时间持续下降时应注意监控进气压力的变化，避免进气压力过大导致爆震。

3.2.7 燃油及燃油系统

航空活塞式动力装置燃油系统的功用是储存燃油，并在所有的飞行状态下向发动机提供适量的、连续的、清洁无污染的航空燃油。即当飞机的高度、状态变化后，或是油门杆、混合比杆移动时，能够保证发动机正常工作。简单地说，燃油系统的功用包括储油、供油和系统工作显示。燃油系统有两种供油方式：一是重力供油，二是油泵供油。重力供油是利用燃油自身的重力从油箱流向发动机。这种供油方式一般用于小功率的上单翼飞机。对于下单翼飞机或大功率的飞机，多采用油泵供油方式，即由燃油泵将燃油从油箱抽出并加压后送往发动机。

3.2.7.1 燃油系统的组成和工作情况

航空活塞式动力装置燃油系统有两种类型：汽化器式燃油系统（见图 3.30）和直接喷射式燃油系统（见图 3.31）。它们的组成基本相似，主要包括以下部件：油箱、燃油滤、燃油选择开关、油泵、燃油计量装置、系统显示仪表等，直接喷射式燃油系统还有燃油流量分配器。

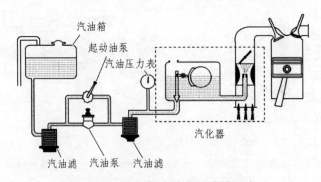

图 3.30 汽化器式燃油系统的组成

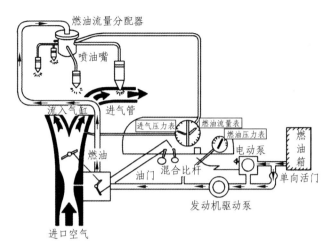

图 3.31 直接喷射式燃油系统的组成

当燃油选择开关选择好供油油箱后，主燃油泵将燃油从油箱中抽出并加压，经过主油滤过滤送到燃油调节器。燃油调节器根据外界条件（如飞行状态和外界大气温度、压力等）和发动机的工作状态（如发动机的转速、油门杆和混合比杆的位置）计量出合适的燃油量。对于汽化器式燃油系统，计量后的燃油和空气在汽化器内混合，然后进入气缸；对于直接喷射式燃油系统，计量后的燃油由燃油流量分配器平均分配后送到喷油嘴并喷到气缸进气门处，进气门打开后随新鲜空气一起进入气缸（有的发动机燃油直接喷入气缸）。

下面具体阐述燃油系统各主要部件的组成和工作情况。

1. 油箱

燃油油箱用于储存燃油。通常油箱安装在机翼内，个别飞机的机身中安放有油箱。油箱中最低处有放油口，每次加油后和飞行前必须放油，以检查燃油的牌号（颜色）和油中是否含有水、沉淀等杂物。低于规定牌号的燃油进入发动机后极易造成发动机爆震；燃油中的水和杂质进入发动机后可能导致发动机供油中断，温度较低时还有可能使水凝结：这两种情况都会造成发动机停车。油箱中还设有通气孔，使油箱与外界大气相通。油箱通气可以防止飞行中油箱内正压、负压过大，引起供油中断和油箱变形。飞行前检查时必须检查通气孔有没有堵塞或损坏。油箱的剩余油量由座舱中的油量表显示。应该注意的是，为了防止油箱中水或沉淀进入发动机供油系统，油箱出口处有一竖管。这将导致油箱中部分燃油不能进入发动机使用，这部分燃油被称为不可用燃油或死油。因此必须明确油箱中的燃油不可能全部进入发动机使用，只有可用燃油才能供发动机使用。一般在油箱的加油口盖旁边或座舱中的燃油选择开关处标有油箱的可用燃油量（见图 3.32）。

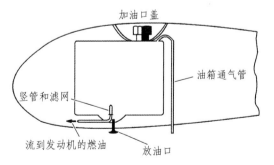

图 3.32 燃油油箱示意图

2. 燃油选择开关

燃油选择开关在座舱中，由飞行员操纵，用于选择供油油箱。通常燃油选择开关标有

"双组油箱供油""左油箱供油""右油箱供油"和"燃油油箱关断"位（有的飞机无"双组油箱供油"位）。正常飞行中，通常置于"双组油箱供油"位，在选择单组油箱供油时，不能将一边油箱的燃油全部用完后才转换到另一油箱，这样一方面会造成左右油箱燃油不平衡，带来飞机操纵上的不便；另一方面，会使油泵吸入油箱中空气引起气塞（也称气锁）从而导致发动机供油不可靠甚至中断，而且气塞形成后，重新起动发动机也很困难。使用中可具体参考相应的飞行手册或按要求进行油箱转换，转换油箱时，应接通燃油系统的辅助油泵以保证供油稳定。

3. 油　泵

燃油系统的油泵通常有两个：一个是主油泵，一个是辅助油泵。主油泵将燃油从油箱中抽出加压后输送到发动机。主油泵一般是由发动机直接驱动的，即发动机工作时才工作，发动机停车后就停止工作，飞行员不能直接控制。辅助油泵通常是电动油泵，由座舱中的电门控制。辅助油泵不是在任何时候都工作，当发动机主油泵不工作时，如主油泵失效或发动机起动前注油时才接通。此外，有些飞机为了保证飞行安全，在飞行的关键阶段，如起飞、进近着陆或特技飞行时要接通辅助油泵。

3.2.7.2　直接喷射式燃油调节器的工作

目前使用的大多数航空活塞式动力装置燃油系统中，燃油调节装置包括两种类型：一种是直接喷射式燃油调节器，一种是汽化器式燃油调节器。以下简要说明这两种燃油调节器的工作情况。

直接喷射式燃油调节器的功用是根据外界条件和发动机工作状态，自动或人工调节燃油量以适应发动机工作的需要。与汽化器燃油系统相比较，直接喷射式的优点主要有：进气系统中结冰的可能性较小；各气缸的燃油分配比较均匀；有较精确的油气比控制，因而发动机的燃油经济性较好；便于寒冷天气的起动；油门响应快，特别是改善了加速性能。但缺点也较突出：热发起动比较困难；在炎热天气地面运转时容易形成气塞，因此有的燃油系统中采用电动增压泵来解决这一问题。直接喷射式燃油调节器主要包括主燃油调节器（也叫燃油计量部件）和混合比调节装置。现以本迪克斯公司某种直接喷射式燃油调节器为例说明其工作情况。

1. 主燃油调节器的工作

主燃油调节器根据进气量的多少计量燃油。主燃油调节器包括文氏管、两个空气室及空气薄膜、两个燃油室及燃油薄膜和与空气薄膜和燃油薄膜相连的球形活门，如图 3.33 所示。

A、B 室为空气室，中间由空气薄膜隔开，A 室通文氏管喉部空气，与文氏管喉部压力相等；B 室通冲压空气，与外界压力相等。C、D 室为燃油室，中间由燃油薄膜隔开，C 室直接通油泵来的燃油；D 室通经过混合比调节器调节后的燃油。两相比较，C 室油压大于 D 室油压。

当空气流经文氏管时，在喉部的流速增加，压力下降，则 A 室压力小于 B 室压力，这个压力差使得球形活门开度增加，供油量相应增加。节气门开度增大，压力差也就增大，球形活门开度也就随之增大，供油量也相应增大；反之，节气门开度减小，供油量也随之减小。由于节气门与油门杆相连，当前推或后收油门时，进气量发生变化，供油量也随之发生变化。

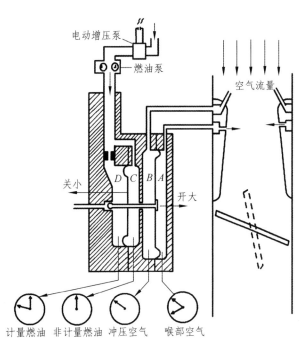

图 3.33　直接喷射式主燃油调节器的工作情况

2. 混合比调节装置

虽然主燃油调节器根据进气量的多少调节燃油流量，但是，当发动机转速或飞行高度发生变化时，需要更精确的燃油计量。混合比调节装置可以自动或人工对混合比进行精确的修正。下面以人工混合比调节装置为例分析混合比调节的工作情况。

混合比调节器包括混合比调节活门和连接混合比杆的混合比调节活门操纵杆。操纵混合比杆时，经混合比调节活门操纵杆改变了混合比调节活门的开度。前推混合比杆时，调节活门开度增加，流到主燃油调节器 D 室的燃油流量增加，混合气变富油；后收混合比杆时，活门开度减小，流到主燃油调节器 D 室的燃油流量下降，混合气变贫油，如图 3.34 所示。当混合比杆收到最后慢车关断位时，燃油流量很小，致使油压降低，不能打开燃油流量分配器上的分油活门，从而使发动机停车。

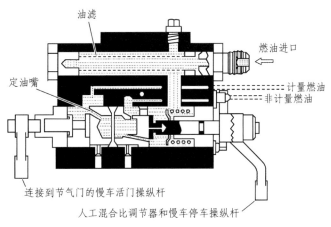

图 3.34　混合比调节装置的工作

3.2.7.3　汽化器的工作

汽化器式燃油调节器是早期航空活塞式发动机使用比较广泛的一种燃油调节装置。其主要的优点是结构比较简单，价格便宜，使用中不易出现气塞，热发动机起动性能较好；其主要缺点是燃油分配不太好，混合比不能精确控制，容易出现汽化器结冰现象。汽化器的功用是：根据外界条件和发动机工作状态计量燃油，并将计量后的燃油喷入进气通道中，使燃油与空气形成油气比适当的混合气。

汽化器包括浮子式、薄膜式和喷射式 3 种。本节将分析最常用的浮子式汽化器的工作。

1. 简单浮子式汽化器的工作

简单浮子式汽化器由浮子室、浮子机构（包括浮子、杠杆和油针）、喷油嘴、文氏管和节气门等组成，如图 3.35 所示。浮子室内安装浮子机构，并有通气孔与外界大气相通。浮子机构用来调节汽化器的进油量，使进油量随时等于喷油量。当喷油量大于进油量时，油平面下降，浮子也随之下降，油针因杠杆作用被提起，开大进油孔，使进油量相应增加；反之，喷油量小于进油量时，油平面上升，浮子也随之上升，油针则下降，关小进油孔，减小进油量。因此，浮子机构可保持浮子室内的油平面高度不变。

喷油嘴安装在文氏管内，与浮子室内的油平面在同一高度上。文氏管后装有节气门，节气门与油门杆相连，操纵油门杆可改变节气门的开度，调节进入气缸的空气量。

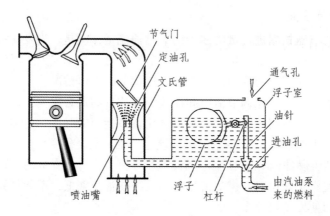

图 3.35　简单浮子式汽化器的组成和工作

发动机工作时，空气流经文氏管喉部，流速增加，压力降低，以致低于浮子室的空气压力（此处压力等于大气压力）。这样在浮子室与文氏管喉部之间产生了压力差，浮子室内的燃油在这个压力差的作用下从喷油嘴中喷出。燃料喷出后，在气动力的作用下雾化变成细小的油珠，并与空气均匀地混合组成混合气。喷油嘴喷出燃油的多少，取决于文氏管喉部与浮子室之间的压力差和定油孔直径的大小。对已制成的汽化器，定油孔的直径一定，浮子室与文氏管喉部之间的压力差是随节气门开度的变化而变化的。开大节气门，文氏管喉部流速增加，压力减少，文氏管喉部与浮子室的压力差增加，喷油量增加；反之，关小节气门，喷油量减小。由于节气门与油门杆相连，因此操纵油门杆就可以同时改变进入气缸的空气量和燃油量。

2. 浮子室汽化器的辅助装置

当发动机转速增加或飞行高度增加时，简单浮子式汽化器形成的混合气将变得越来越富油，不能适应发动机工作的需要。为此汽化器上增设了一些校正设备和辅助装置。例如，渗气装置可使汽化器在发动机中转速工作时形成相对贫油的混合气；慢车装置可保证在发动机慢车工作和起动时供给富油混合气；经济装置可保证在大转速工作时，额外增加供油量，向发动机提供所需的富油混合气，同时又不影响发动机中转速时的经济性。此外还有加速装置用来改善发动机的加速性；高空调节装置用来补偿大气温度和压力变化造成的油气比不匹配等。

3. 汽化器结冰和进气滤结冰

1）汽化器结冰

当燃油喷入文氏管喉部汽化时，要吸收热量，使温度降低；空气流经文氏管喉部时，由于流速增加，温度也要降低。这样，燃油与空气混合后的温度可能降到 0 ℃ 以下，如果空气湿度较大，空气中的水分会在节气门或文氏管壁面上凝结成冰，这种现象叫做"汽化器结冰"。汽化器结冰后，会使文氏管截面面积减小，进气量减少，发动机功率降低。严重时，冰层会把节气门卡住，以致无法操纵；或者冰层脱落下来打坏进气通道内的机件，如图 3.36（a）所示。

在外界温度为 – 7 ~ + 21 ℃ 时，有可见湿气或空气相对湿度较大时，最有可能出现文氏管结冰，如图 3.36（b）所示。特别是在发动机处于小功率状态且空气湿度较高时，更易出现汽化器结冰，而且在这种情况下，结冰带来的危险性更大，因为此时进气压力小，只有在增加发动机功率时，才可能发现汽化器已经结冰。对于装有恒速螺旋桨的发动机，文氏管结冰时，进气压力将会降低；对于装有定距螺旋桨的发动机，文氏管结冰时，首先是发动机转速将会降低，紧接着是发动机工作不稳定。

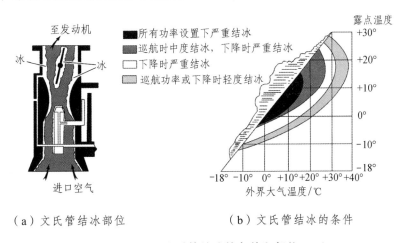

（a）文氏管结冰部位 　　　　　（b）文氏管结冰的条件

图 3.36　文氏管结冰的条件和部位

汽化器上的加温装置可以防止汽化器结冰，或将已经凝结的冰融化。有的汽化器加温装置直接将为发动机散热后的热空气引入进气通道，提高进入汽化器的空气温度，如图 3.37 所示。

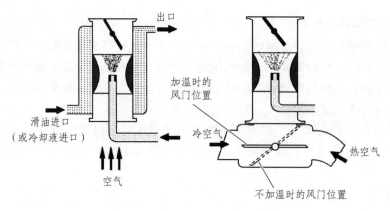

图 3.37　汽化器加温装置示意图

使用汽化器加温后，由于进气温度升高，进气量会减少，使发动机的功率有所减小，工作温度有所升高，同时进入气缸的混合气变富油。如果空气温度太高，还可能引起早燃、爆震等不正常燃烧现象。因此，一般在飞机起飞时或发动机正常运转时，不用汽化器加温装置（可参考具体飞机的飞行手册）。

2）进气滤结冰

进气滤结冰是指发动机进气装置前缘或进气滤网上结冰。进气滤结冰后，一般会造成发动机功率损失，严重时会使发动机失效。若发动机安装的是恒速螺旋桨，当进气滤结冰后，会使进气压力下降；若发动机安装的是定距螺旋桨，进气滤结冰时，发动机转速会下降。通常情况下，进气滤结冰的条件与飞机机翼表面结冰的条件相同。有的发动机装有备用空气进气装置，当进气滤结冰或可能结冰时，可使用备用空气源。备用空气源可直接利用冷却发动机的散热后的空气。由于使用备用空气源后进入发动机的是热空气，将会使发动机的功率稍有损失。

3.2.7.4　燃油及燃油管理

1. 燃油的基本知识

航空活塞式发动机正常使用的燃油是航空汽油。航空汽油是碳氢化合物，其中溶解有硫和水等物质，此外还加有某些添加剂。要使发动机工作经济、安全、可靠，航空汽油的质量是十分重要的。具体来说，对航空汽油有以下一些要求。

（1）航空汽油的热值要高。燃油的热值包括低热值和高热值两种。当 1 kg 燃油完全燃烧后，将燃烧产物冷却到起始温度（一般为 25 ℃）所放出的热量，叫燃油的高热值。当 1 kg 燃油完全燃烧后，扣除生成物水蒸气的凝结热后所得到的热量，叫燃油的低热值。航空汽油的热值通常是指低热值。燃油的热值高表明在燃烧相同质量燃油的情况下，可获得更大的发动机功率；或获得相同的功率情况下可降低燃油的消耗。目前航空汽油的热值大约为 43 953 kJ/kg。

（2）航空汽油的抗爆性要强。即保证混合气在发动机各工作状态下都能正常燃烧，并能适应较高的压缩比和较高进气压力下工作。

（3）航空汽油的挥发性要适当。既能保证发动机在各种工作状态下形成有利于燃烧的混合气，又不能使供油产生气塞现象。汽油的挥发性是指汽油在一定条件下蒸发趋势的度量。汽油的挥发性过低，油气混合不均匀，混合气的分配也不易均匀，造成发动机起动困难、暖车时间长、加速性能差；汽油的挥发性过高，燃料在燃油系统中容易挥发成气体，使燃油管路中蒸气多而燃油流量减少，甚至造成燃油管路中发生气塞现象，造成发动机工作间断或停车。飞行高度越高，大气压力越小，汽油越易挥发，同时溶解在汽油中的气体更易逸出，越容易产生气塞。对于装有汽化器的发动机，汽油的挥发性太高，形成汽化器结冰的可能性也会增大。汽油的挥发性通常用"雷德（Reid）蒸气压"表示，航空汽油的雷德蒸气压一般不超过 360 mmHg。

（4）航空汽油的闪点要适当高，冰点要低。所谓闪点是指在燃油表面出现燃油蒸气以形成闪燃性（非连续燃烧）混合气的温度。航空汽油的闪点大约为 – 25 ℃。闪点高表明油气混合后不易出现早燃；冰点低，便于发动机在寒冷的天气条件下工作，不会造成使用上的困难。

（5）此外，还要求燃料不易在进气管、气门及其他部件上生成胶状物或沉淀；燃烧后不能形成大量的积炭；不应造成发动机机件腐蚀；燃油的理化性质比较稳定，在长期的保管和运输时，不会变质或产生沉淀。

2. 燃油管理

良好的燃油管理是确保发动机稳定可靠地工作、充分发挥发动机性能和保证飞行安全的前提。在使用过程中，应该注意以下几个问题：

1）加　油

加油时必须按照规定的加油程序，飞机应停好，发动机停车，磁电机开关在断开位，飞机上无人员，飞机周围禁止吸烟，必须摆放好灭火器材。特别要注意的是，为了防止静电火花引起火灾，必须将飞机、加油设备连接起来并接地，而且加油时，禁止飞机通电。

加油时必须确定所加燃油牌号符合规定要求，不得将低于规定牌号的燃油加入油箱。不能将航空煤油和汽车用汽油加入油箱，加入航空煤油将造成发动机工作不稳定；加入汽车用汽油后将导致发动机功率输出减少，电嘴积炭严重，发动机容易产生爆震和燃油系统出现气塞引起发动机供油中断。

注意应加入多少油量（特别是油量单位的换算）。转场飞行时应加入足够的燃油（要考虑备用油）。加油后应放油检查油中是否有水和沉淀。对过夜停放的飞机（尤其是寒冷天气条件下）应将油箱加满以尽量减少水在油箱中沉积。

2）飞行前检查

飞行前应检查有无燃油泄漏，油箱有无损坏或变形，油箱通气是否良好。必须在所有的放油口（油滤放油口和油箱放油口）放油检查有无水和沉淀。检查油量时不能只看油量表，还要揭开油箱盖目视检查燃油量。需要提醒的是，目视检查油量后，必须把油箱盖盖好拧紧，因为油箱盖通常在机翼的上表面，在飞行中处于低压区，若未拧紧燃油很快就会漏光。

3）转换油箱供油

对于无交输供油装置的燃油系统，巡航飞行时应交叉使用左右油箱的燃油，不能在一边油箱的燃油用完后再转换到另一边的油箱，这样可能会将大量空气引入油路，导致严重的内泄漏，即油泵转动但是无法吸油的现象，极易造成供油中断，这种现象称为气锁（或气塞）。装有电动增压泵的发动机，在转换油箱前，还应将此泵接通保证供油稳定。在起飞、着陆阶段或低空飞行时，不要立即进行不必要的油箱转换，有电动泵的应该接通（可参考具体飞机的飞行手册）。

4）混合比的设置

混合比的正确设置对保证发动机稳定可靠地工作、发挥发动机的性能有十分重要的意义。起飞阶段的富油混合气可防止发动机过热和爆震；爬升到一定高度后应适当调贫油以防止过富油燃烧；巡航阶段调整混合比可获得最佳的燃油经济性和最佳功率；适当调节混合比可调整发动机的工作温度和滑油温度。

3.2.8 滑油系统

3.2.8.1 滑油系统的功用

发动机内部相互接触的机件作相对运动时要产生摩擦。机件的摩擦，不仅会降低发动机的功率，还会引起机件磨损和过热，致使发动机的寿命缩短，甚至损坏。航空活塞式动力装置滑油系统的功用就是把足够黏度的、适当的清洁滑油循环不息地输送至各摩擦面上，使发动机机件得到良好的润滑和冷却，以减小发动机摩擦损耗的功率，减轻机件的磨损和避免机件过热，提高发动机的功率，延长发动机的使用寿命并保证发动机的正常工作。此外，输送至机件的滑油还能防止机件锈蚀，提高涨圈与气缸内壁之间的气密性，提高发动机的工作效率。对有的航空活塞式动力装置，滑油还用来进行螺旋桨变距。

3.2.8.2 滑油系统的组成及工作情形

航空活塞式动力装置的滑油系统通常由滑油箱或收油池、油泵、油滤、滑油散热器及系统仪表等组成。滑油系统包括两种类型：湿机匣润滑系统（见图 3.38）和干机匣润滑系统（见图 3.39），下面对这两种类型滑油系统的工作分别进行阐述。

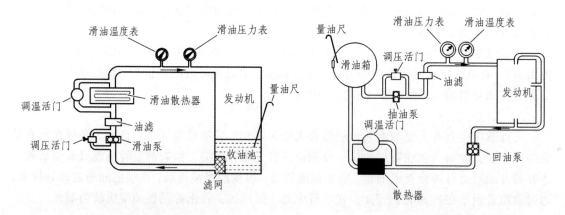

图 3.38　湿机匣滑油系统的工作　　　　图 3.39　干机匣滑油系统的工作

1. 湿机匣滑油系统的工作

湿机匣系统的滑油直接存储在发动机机匣下部的收油池内。发动机驱动的滑油泵将滑油从收油池内抽出后加压送入滑油系统主油滤。由滑油调压活门将滑油压力限制在一定的范围内。经油滤过滤后的滑油进入滑油散热器或旁通活门，若滑油温度较高，大部分的滑油经散热器冷却；若滑油温度较低，则大部分滑油经过旁通活门不散热。滑油散热器利用发动机外的空气（外界大气或给发动机散热后的空气）与热滑油进行热量交换从而降低滑油温度。有的滑油散热器还可通过座舱中的电门人工操纵散热器风门，控制散热空气量。经过调温调压后的滑油进入发动机内进行润滑。滑油润滑机件后直接回到机匣下部的收油池内，如图3.38所示。

湿机匣润滑系统多用于水平对置式活塞发动机，而星型发动机和特技飞行用的发动机不用湿机匣润滑系统。

2. 干机匣滑油系统的工作

星型活塞式发动机和特技飞行用的活塞式发动机一般采用干机匣滑油系统。干机匣系统与湿机匣系统的组成和工作基本类似，不同之处在于干机匣系统有一个外部滑油箱，需要滑油回油泵，滑油不是在进入系统前调温而是在润滑机件后调温，即滑油完成润滑和冷却工作后由回油泵抽出，送到散热器冷却后再回到滑油箱，如图3.39所示。

3.2.8.3 滑油系统的监控

为保证发动机安全、可靠地工作，飞行员需要对滑油系统进行监控。通常监控的参数是滑油消耗、滑油温度和滑油压力。

1. 滑油消耗

滑油在正常的循环工作过程中会不断地消耗。滑油消耗的原因有3条：一是活塞在作往复运动时，有部分滑油进入气缸被烧掉，这是一个主要的原因。转速越大，进入气缸烧掉的滑油就越多。二是有部分滑油呈雾状和蒸气状态从通气管逸出。三是滑油受高温的作用，有一部分被氧化和分解，变成了胶状物质和沉淀物，附着在机件上或沉淀在滑油系统中。滑油消耗的多少一般用滑油消耗率来表示。所谓滑油消耗率是指发动机单位时间产生单位功率所消耗的滑油量。发动机在一段时间内正常稳定的工作过程中，滑油消耗率基本稳定。如果发现滑油消耗量突然变大，则应仔细检查发动机或滑油系统是否有泄漏或严重磨损。因此，在每次飞行前应检查滑油量。航空活塞式动力装置滑油系统中滑油箱储存的滑油量一般在座舱中并没有仪表显示，与加油口盖连在一起的量油尺可检查滑油箱中的滑油量。此外，在加油前，为了既保证正常飞行的需要又避免过多的滑油消耗，可根据每次飞行时间的长短确定加油量的多少。

2. 滑油温度

滑油温度的高低主要影响滑油的黏性。温度高，滑油的黏性低，机件之间的摩擦面内不易保持滑油层，摩擦消耗的功率增加；温度低，滑油的黏性大，滑油不易进入机件之间的摩擦面，摩擦消耗的功率也要增加。因此，保持适当的滑油温度是十分重要的。滑油温度可由座舱中的滑油温度表监控。各种发动机滑油温度变化范围不同，一般的航空活塞式发动机正常滑油温度在 40～120 ℃，使用中应保持滑油温度在绿区范围内。发动机正常使用过程中，下列原因将引起滑油温度异常升高：一是滑油量太少（加油太少或滑油系统泄漏）；二是发动机温度长时间较高，特别是当外界大气温度较高时；三是滑油散热器工作不好或受损。若出现这种情况，可采取调整滑油散热器风门开度、降低发动机功率、加强发动机散热或使混合气更富油一些等方法降低滑油温度。当滑油温度升高超过高温红线后系统会发出警告信号。

3. 滑油压力

滑油压力一般可表示进入系统进行润滑的滑油量的多少。座舱中由滑油压力表来监控。发动机运转时，为了保证有足够的滑油进入系统工作，滑油压力应保持在绿区范围内（一般在 25 ~ 110 psi）。在发动机起动后 30 s 内，必须要出现滑油压力指示，否则要立即停车，在相当寒冷的天气条件下，时间可适当延长至 60 s（可具体参考相应的发动机手册或飞行手册）。发动机正常运转过程中，下列原因将引起发动机滑油压力异常降低：一是滑油量少（加油量少或系统泄漏）；二是滑油泵失效或油路堵塞；三是调压活门失效；四是滑油压力表出现故障。若出现这种情况，首先观察滑油温度有无异常，判断是否是仪表故障。如果是仪表故障，可继续飞行，但要密切注意所有的发动机工作仪表。若滑油压力太低同时伴有滑油温度的异常变化，应该就近着陆。当滑油压力降低至低于最低压力限制时，系统会发出警告，此时应立即就近着陆；在地面时应立即停车。因为低于滑油低压限制意味着滑油系统故障严重，而且可能很快会失去功率。

3.2.9 散热系统

由活塞式发动机工作原理知道，混合气燃烧后产生的热量，一部分转变为有效功率输出到螺旋桨；一部分在进、排气过程和压缩过程中消耗掉；一部分由相互运动的机件摩擦转变成热量；还有一部分直接通过机件散热。摩擦转变的热由滑油带走；直接传递到发动机机件的热由发动机散热系统带走。也就是说，发动机的内部散热由滑油系统完成，发动机的外部散热由散热系统完成。因此，散热系统的功用是利用冷却介质吸收和带走气缸的部分热量，使发动机工作温度保持在规定的范围内，保证发动机安全可靠地工作。根据冷却介质的不同，散热系统分为气冷式和液冷式两种。气冷式散热系统以空气作为冷却介质；液冷式散热系统以液体（水或防冻液）作为冷却介质。本节阐述现在使用最广泛的气冷式散热系统的工作。

3.2.9.1 发动机散热的必要性

发动机工作时，气缸内混合气燃烧后温度很高（最高可达到 2 500 ~ 3 000 °C），与高温燃气相接触的机件，如气缸头、气门、活塞和电嘴等温度也很高。如果不对发动机进行散热，则极易引起材料强度显著降低，造成机件在很高的机械负荷和热负荷下损坏，如气缸头翘曲、裂纹、活塞烧蚀、气门变形等；同时因机件变形使得发动机机件运转不灵或漏气、漏油，滑油消耗量增加；此外，还可能引起发动机出现早燃、爆震等不正常燃烧现象。由此看来，必须要对发动机进行散热。另外，对发动机散热也不能过度。散热过度后发动机工作温度太低，会使发动机功率减小，经济性变差；此外，发动机工作温度过低还会使燃油汽化不良，造成加速性能变差，电嘴因温度过低而出现挂油、积炭，导致发动机工作不稳定。因此，发动机工作温度应保持在一个适当的范围，不能太高，也不能太低。

3.2.9.2 散热系统的组成和工作

散热系统主要包括气缸散热片、导风板、整流罩和鱼鳞板。下面分别对它们的工作情况进行简要分析。

1. 气缸散热片

气缸散热片通过增加发动机气缸的散热面积达到散热的目的，如图 3.40 所示。当发动机工作时，气缸各部分受热的程度是不同的，因此各部分的温度也不相同，如图 3.41 所示。为了尽量减小气缸的热应力，使气缸各部分温度大致相同，气缸各部分的散热片面积是不相同的。通常，气缸头的散热片面积比气缸身的要大，排气门附近的散热片面积比进气门附近的要大。

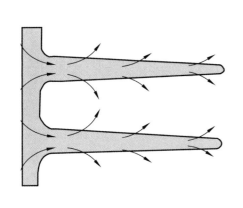

图 3.40　散热片的散热情形

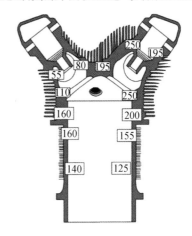

图 3.41　气缸温度（℃）分布

2. 导风板

当散热空气流过发动机时，气缸迎风面的散热较好，而背风面的散热较差；对于直列式发动机，前部气缸的散热较好，而后部气缸的散热较差。为了保证各气缸及各气缸前后面都有良好的散热，在气缸的周围装有导风板，用来调整散热空气的流向，从而保证各气缸及其前后面温度正常，如图 3.42 所示。

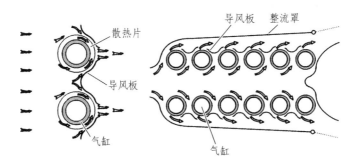

图 3.42　安装导风板后散热空气的流动

3. 整流罩及鱼鳞板

发动机的外形复杂，空气流过发动机时，阻力较大，为了减小发动机的阻力，在发动机外面都安装了一个整流罩。另外，整流罩配合导风板一起进行散热空气流向的调整，如图 3.42 所示。为气缸散热后的空气通过专门的出口排出，有的发动机散热后的空气在特殊情况下还可用于对汽化器加温或直接进入气缸防止结冰。

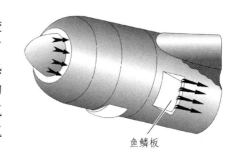

图 3.43　鱼鳞板打开时空气的流动情形

有些飞机在整流罩的出口处装有控制散热空气流通的风门，这个风门叫鱼鳞板。鱼鳞板由座舱中的专用电门控制其开度，从而调整散热空气的流量，以调节发动机的工作温度，如图 3.43 所示。

3.2.9.3 气缸头温度的影响因素及调节

航空活塞式发动机工作温度的高低，常用气缸头温度来表示。目前活塞发动机正常工作时的气缸头温度一般在 90 ~ 250 ℃。当发动机工作状态或飞行状态发生变化时，气缸的受热或冷却情况要发生变化。虽然发动机采用了一系列的散热措施，但仍有可能使气缸头温度超出规定的范围。因此，在使用过程中，必须注意监控或调节气缸头温度，使之保持在规定的范围内。

1. 影响气缸头温度的主要因素

气缸头温度的高低，主要取决于单位时间内气缸内燃气传给气缸的热量和冷却介质带走的热量。如果燃气单位时间传给气缸的热量多，介质带走的热量少，气缸头温度就会升高；反之，如果燃气单位时间传给气缸的热量少于介质带走的热量，气缸头温度就会降低。发动机工作时，影响气缸头温度的主要因素有：进气压力、混合气的余气系数和散热空气流量及温度。

1）进气压力

当进气压力增大时，发动机功率增加，燃气在单位时间内传给发动机的热量增加，发动机的气缸头温度相应升高。

2）混合气的余气系数

混合气余气系数的变化，直接影响燃气燃烧的快慢和放热量，从而影响单位时间燃气传给发动机的热量。如图 3.44 所示，当余气系数略小于 1 时，气缸头温度最高，余气系数偏离该值时，气缸头温度都会降低。

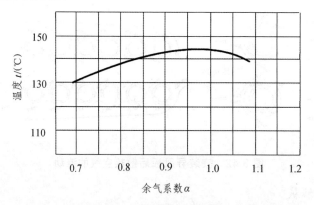

图 3.44 气缸头温度随余气系数变化的曲线

3）散热空气流量及温度

很明显，流过发动机的散热空气流量增加或温度降低，单位时间带走的热量增加，气缸头温度就会降低；反之，气缸头温度就会升高。

2. 气缸头温度的调节

简言之，散热系统的作用就是保持气缸头温度在规定的范围内。当气缸头温度超过规定范围后，可根据当时的具体情况进行调节。通常情况下，下列几种情况会引起气缸头温度升高：

一是在发动机处于大功率状态而飞机的空速较低时（如起飞、复飞或爬升），气缸头温度较高且容易超出规定范围；二是在混合气处于比较贫油状态时；三是滑油量太少时。当发动机处于小功率状态而飞机的空速较大时（如下降），气缸头温度较低而且也容易超出规定的范围。

调节气缸头温度，通常采用以下的措施：调整发动机的功率；调节混合气的余气系数；调整散热空气量。上述 3 种方式可视具体情况分别运用或配合使用。例如，在长时间的爬升过程中，气缸头温度较高，可增大鱼鳞板的开度增加散热空气量；或是减小爬升率以增加空速，从而提高散热空气量；或是采用阶段爬升的方式。再例如，在下降过程中，若气缸头温度过低，可相应关小鱼鳞板的开度；或是采用阶段下降的方法；甚至可采用带功率下降的方法，以保证气缸头温度在正常范围之内。

3.2.10　点火系统

要使气缸内的混合气燃烧，首先要使混合气着火。航空活塞式发动机使用的燃料是航空汽油，着火的方式是点燃。现代航空活塞式发动机都是利用高压电产生电火花来点燃混合气的。由于活塞发动机每完成一次循环都需要点一次火，因此，点火系统的工作是否正常，直接影响发动机的功率、经济性和发动机工作的可靠性，关系发动机的起动能否成功。点火系统对于航空活塞式发动机具有十分重要的意义。本节主要介绍点火系统的基本组成和工作，阐述磁电机的工作和控制、电嘴的工作以及对发动机工作和性能的影响。

3.2.10.1　典型发动机点火系统的组成及工作

航空活塞式发动机点火系统的功用是产生高压电并适时地形成电火花，点燃气缸中的混合气。为完成这一功能，点火系统需要以下主要附件：磁电机及磁电机开关、电嘴和高压导线，如图 3.45 所示。当发动机工作时，磁电机利用电磁感应原理产生高压电，并适时地将高压电通过高压导线分配到各个气缸的电嘴。电嘴利用高压电产生电火花，点燃气缸中的混合气。

现代航空活塞发动机通常装备两个磁电机，两个磁电机相互独立地工作，互不影响。每个气缸上装备两个电嘴，每个电嘴由不同的磁电机提供高压电。点火时，两个电嘴同时跳火点燃混合气。这样做的目的一是提高每个气

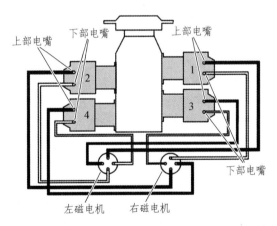

图 3.45　点火系统的基本组成和工作

缸的点火能量，提高火焰传播速度，改善发动机的功率和经济性；二是保证发动机工作可靠。因为一旦某个磁电机发生故障不能产生高压电，另一个磁电机仍能保证使一个电嘴产生电火花，使发动机继续工作。但单磁电机工作时，发动机的功率将会有一定程度的下降。

3.2.10.2　磁电机的工作

磁电机的主要功能是产生和分配高压电，其主要组成部分有：磁路，包括磁铁转

子、软铁架和软铁心；低压电路，包括一级线圈、断电器、电容器和磁电机开关；高压电路，包括二级线圈和分电器，如图 3.46 所示。下面分别阐述磁电机高压电的产生、分配和控制。

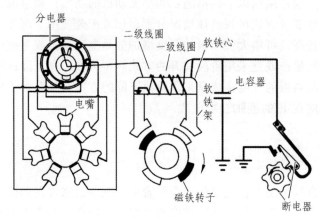

图 3.46　磁电机的组成和工作

1. 磁电机产生高压电原理

磁电机产生高压电的原理是利用电磁感应原理，首先在一级线圈中产生低压电，然后再利用突然断电的方法在二级线圈中产生高压电。

1）基本磁场的变化和低压电的产生

磁铁转子是一个可转动的永久性磁铁，发动机工作时，由发动机曲轴带动。软铁心和软铁架由具有良好导磁性的硅铁片组成，用来引导磁力线并在软铁心中形成基本磁场。当磁铁转子转动时，它与软铁架的相对位置不断改变，基本磁场也就不断地发生变化。当磁铁转子的北极正对软铁架的左磁掌、南极正对右磁掌时，由于磁极与磁掌所对的面积最大，磁路的磁阻最小，因而通过软铁心的磁力线最多，基本磁场最强。软铁心中的磁力线方向从左至右。

磁铁转子继续顺时针转动，磁掌与磁极所对面积逐渐减小，磁路中磁阻逐渐增大，越来越多的磁力线直接经过磁掌从北极回到南极，软铁心中的基本磁场逐渐减弱。当磁铁转子转到中立位置时，软铁心中基本就没有磁力线了，基本磁场为零。磁铁转子继续转动，磁极与磁掌所对面积又逐渐增大，基本磁场又逐渐增强。当磁铁转子的北极正对右磁掌、南极正对左磁掌时，基本磁场又增至最大。但此时软铁心中的磁力线方向与前述方向正好相反，是从右向左。

磁铁转子再继续转动时，基本磁场的大小和方向的变化与上述情形相同，如图 3.47 所示。由此可见，磁铁转子每旋转一周，基本磁场有 4 次

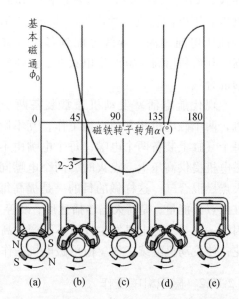

图 3.47　磁铁转子转动时基本磁场的变化

达到零值并有 4 次方向的改变。由于基本磁场的变化，使缠绕在软铁心上的一级线圈和二级线圈都会产生感应电动势。一级线圈的匝数相对较少，感应电动势最大值为 30 ~ 35 V；二级线圈的匝数多，感应电动势为 2 400 ~ 2 800 V，但比电嘴产生电火花所需的电压要小得多。

2）高压电的产生

要提高二级线圈的感应电动势，必须要加快软铁心中的磁场变化率。为此，在低压电路中装有断电器。当断电器的触点闭合时，低压电路形成通路，使一级线圈中产生感应电流，交变的感应电流又使软铁心中形成一个新的磁场，即电磁场。此时软铁心中的磁场是基本磁场和电磁场的叠加。当电磁场最大时，断电器触点断开，使低压电路断开，低压电流中断，电磁场立即消失，软铁心中的磁场立即变为基本磁场。这样，软铁心中的磁场变化率突然增加，使得二级线圈中产生了高压电，此时的电压为 15 000 ~ 20 000 V。

当低压电路断开时，由于电磁场的突然变化，不仅在二级线圈中产生了很高的感应电动势，而且在一级线圈中也同时产生了 300 ~ 400 V 的感应电动势，其方向与一级线圈中原来的感应电动势方向相反。当触点断开的瞬间，间隙还很小时，触点会产生电火花，这样不仅会烧坏触点，还使低压电流不能立即中断，致使二级线圈中感应电动势降低。为此，在低压电路中并联了一个电容器。断电时，由自感应电动势产生的电流分为两路：一路流向断电器的触点；另一路流向电容器，使电容器充电。由于电容吸收了大部分的自感应电流，因此触点不至于产生强烈的电火花。另外，电容放电时的方向与充电时的相反，加速了软铁心中电磁场的消失，从而也提高了二级线圈中的感应电动势。

3）高压电的分配

多缸发动机是按照一定的点火顺序进行点火的，因此，磁电机产生的高压电应当按照发动机的点火顺序适时地分配到各个气缸，这一工作由分电器来完成。分电器由分电臂和分电盘组成。分电盘上有分电站，分电站的数目与发动机气缸数目相同。磁电机工作时，当断电器触点断开的瞬间，二级线圈中产生高压电，此时分电臂正好对准分电站。于是，高压电就通过分电臂、分电站和高压导线输送至电嘴。触点下一次断开时，分电臂又对准下一个分电站，高压电又输送到下一个气缸的电嘴。分电臂旋转一周，各气缸按其工作顺序轮流点火一次，如图 3.48 所示。

2. 磁电机的控制

磁电机产生或不产生高压电，由磁电机开关控制。如图

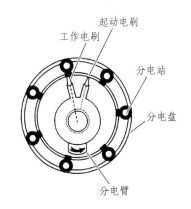

图 3.48 分电器的工作

3.49 所示，磁电机开关是并联在低压电路上的。磁电机开关闭合时，低压电流可通过磁电机开关和接地线形成通路。当断电器的触点断开时，低压电流不会中断，软铁心中的电磁场就不会发生突然变化，所以二级线圈中不会产生高压电。当磁电机开关断开时，断电器可以断开低压电流，二级线圈中才能产生高压电。

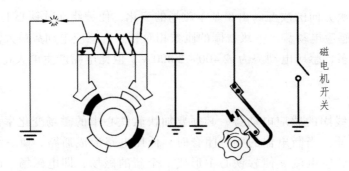

图 3.49 磁电机开关的工作原理

座舱中磁电机开关的位置与磁电机开关的工作原理正好相反。座舱中的磁电机开关通常标有"左磁电机""右磁电机""双磁电机"和"断开"位。"左磁电机"位表示左磁电机的开关是断开的，左磁电机可以产生高压电，而右磁电机则不能产生高压电。"右磁电机"位表示右磁电机的开关是断开的，右磁电机可以产生高压电，而左磁电机不能产生高压电。"双磁电机"位表示两个磁电机的开关都是断开的，两个磁电机都可产生高压电。"断开"位表示两个磁电机的开关都是闭合的，两个磁电机都不能产生高压电。有的发动机将磁电机开关与起动机电门设计在一起，便于发动机起动时的操作，如图 3.50 所示。

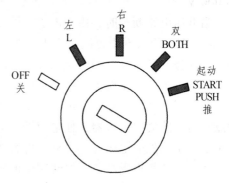

图 3.50 座舱中的磁电机开关

3. 磁电机使用注意事项

1）磁电机性能检查

磁电机工作性能的检查目的主要有两个：一是要确认两套点火装置及部件是否工作正常；二是确认两套点火系统的同步性是否良好。磁电机工作性能的检查是在发动机试车时进行的：将发动机转速调整到某一较大转速稳定工作后，将磁电机开关从"双磁电机"位转到"左磁电机"位，发动机转速将下降但工作平稳；然后把磁电机开关转到"双磁电机"位，待发动机转速恢复且工作稳定后再将磁电机开关转到"右磁电机"位，发动机转速也将下降但工作平稳。两个单磁电机分别工作时，发动机转速差应在规定范围内。单磁电机工作时，由于每个气缸只有一个电嘴工作，燃烧速度慢，发动机的功率有所下降，下降的功率即相当于掉转量。若转速下降太多，说明点火系统有故障。单磁电机工作时，若有发动机抖动现象，说明电嘴工作不好甚至没有工作。因为在双磁电机工作时，即使有个别的电嘴不工作，只要其他电嘴工作良好，仍可维持正常燃烧，因而不容易出现故障。若两个单磁电机分别工作时发动机的转速差过大，说明两套磁电机系统的同步性不好。

2）磁电机开关的使用

在正常飞行过程中，磁电机开关必须置于"双磁电机"位；发动机停车后，磁电机开关必须置于"断开"位。单磁电机位只是在发动机试车检查磁电机性能时使用，飞行中磁电机开关置于单磁电机位将导致发动机功率降低。停车后，若磁电机开关没有置于"断开"位，扳转螺旋桨时极易导致发动机重新爆发造成危险。

磁电机开关关断实验：实验目的是检查磁电机开关的接地线是否良好接地。若接地线没有接地，当磁电机开关置于"断开"位时，发动机不会停止工作，这说明磁电机开关不能有效地控制磁电机的工作。实验时，短暂地将磁电机开关置于"断开"位，若磁电机开关接地良好，发动机应停止爆发，转速会下降；若转速不下降，则说明磁电机的开关失效。需要提醒的是，判明发动机转速下降后，应立即将磁电机开关转回"双磁电机"位，这样可减少发动机"放炮"的可能性。

3.2.11 螺旋桨与调速器系统

装有活塞式发动机的飞机，都用螺旋桨来产生拉力使飞机前进。有的发动机输出功率通过减速器传到螺旋桨，有的直接输送到螺旋桨。航空活塞式动力装置的螺旋桨包括定距螺旋桨和变距螺旋桨，目前使用较广泛的是变距螺旋桨。本节主要介绍变距螺旋桨的基本工作和调速器对螺旋桨变距的控制。

3.2.11.1 螺旋桨的基本组成和工作

螺旋桨由发动机驱动旋转，其桨叶的剖面形状与机翼的剖面形状一样，如图 3.51 所示。螺旋桨旋转时，桨叶与空气相对运动产生拉力和阻力。下面先介绍螺旋桨的一些基本知识。

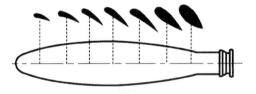

图 3.51　沿径向桨叶角的变化

1. 螺旋桨的基本知识

螺旋桨主要由桨叶和桨毂组成，如图 3.52 所示。桨毂用来连接桨叶和将螺旋桨固定在发动机输出轴上。桨叶用来产生拉力。一般螺旋桨的桨叶有 2～6 片。

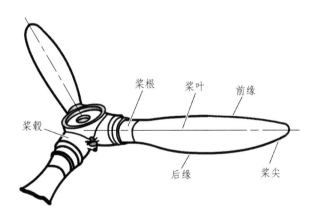

图 3.52　螺旋桨的基本组成

桨叶剖面前后缘的连线叫螺旋桨的弦线；桨叶旋转时所转过的平面叫旋转面；弦线与旋转面之间的夹角叫螺旋桨的桨叶角，桨叶角通常用 ϕ 来表示；弦线与相对气流的夹角叫桨叶迎角，桨叶迎角通常用 α 来表示，如图 3.53 所示。为了保证桨叶的工作效率，螺旋桨的桨叶有一定的扭转，即从螺旋桨的桨根到桨叶尖端，桨叶角逐渐减小，如图 3.53 所示。

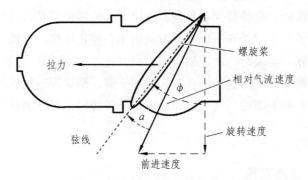

图 3.53　螺旋桨的桨叶角和桨叶迎角

α — 桨叶迎角；ϕ — 桨叶角

2. 定距螺旋桨和变距螺旋桨

（1）定距螺旋桨是指桨叶角已经固定，发动机工作时不能由操作者改变的螺旋桨。这种螺旋桨无变距机构，结构简单，质量轻，一般用在小功率、轻型飞机上。定距螺旋桨通常只有两片桨叶。定距螺旋桨还分为爬升螺旋桨和巡航螺旋桨两种。爬升螺旋桨的桨叶角较小，因而阻力较小，适合起飞和爬升用，但是巡航时螺旋桨效率较差。巡航螺旋桨的桨叶角较大，因而阻力也较大，在巡航时的螺旋桨效率较高，但不适合起飞和爬升。装备有定距螺旋桨的发动机，功率指示常用转速表，因此，油门杆直接控制的是发动机转速而不是进气压力。但由转速表反映发动机的输出功率不太准确，特别是飞行高度较高时。

（2）变距螺旋桨有时也叫做恒速螺旋桨，是指桨叶角在飞行中可以变化的螺旋桨。桨叶角通常可在最大桨叶角与最小桨叶角之间自动或人工改变。装备变距螺旋桨的发动机一般由油门杆和变距杆控制，油门控制发动机的功率输出，由进气压力表反映；变距杆调整螺旋桨的转速，螺旋桨转速由转速表反映。因此飞行员可在发动机工作的范围和限制条件下操纵油门杆和变距杆来设置发动机的工作状态。

3.2.11.2　螺旋桨的性能参数

1. 推进功率和有效功率

螺旋桨旋转时，产生的拉力使飞机向前运动，其功率称为推进功率或拉力功率，推进功率等于螺旋桨拉力与飞机飞行速度的乘积。发动机传递到螺旋桨桨轴上用于驱动螺旋桨旋转的功率称为有效功率或者制动马力（BHP）。

发动机产生的功率除了驱动螺旋桨之外，还需要克服摩擦阻力，并驱动发电机、燃油泵、滑油泵等附件工作，这些都需要消耗功率，机械增压式活塞发动机带动增压器工作也需要消耗功率。因此，发动机传递到螺旋桨桨轴上的有效功率小于发动机产生的功率。螺旋桨在旋转时既产生使飞机向前的拉力，又产生阻碍螺旋桨旋转的旋转阻力和力矩。螺旋桨转速稳定时，其轴功率即有效功率反映了螺旋桨旋转的阻力功率，而推进功率反映螺旋桨的拉力功率。

2. 螺旋桨效率

螺旋桨效率定义为螺旋桨推进功率与发动机传递到螺旋桨桨轴上的功率的比值，即

$$\eta_{\mathrm{p}} = \frac{Fv}{N_{\mathrm{e}}}$$

式中　η_{p}——螺旋桨效率；

F——螺旋桨拉力；

v——飞机飞行速度；

N_{e}——有效功率。

螺旋桨效率描述了螺旋桨损失大小，螺旋桨效率越高，说明更多的发动机有效功率转化为推进功率，功率损失越小。影响螺旋桨效率的因素很多，诸如螺旋桨的几何参数（桨叶迎角）、空气性质等。例如，飞机在高空飞行时，由于空气密度较小，螺旋桨后推空气量较少，螺旋桨效率降低。

3.2.11.3　螺旋桨变距

螺旋桨变距是指根据需要改变螺旋桨的桨叶角。桨叶角由小变大叫变大距，桨叶角由大变小叫变小距。螺旋桨变距有两种模式：一种是自动变距，另一种是操纵变距杆人工变距。

1. 螺旋桨变距的目的

螺旋桨变距的目的主要从保证和发挥发动机的经济性及提高螺旋桨工作效率两个方面考虑。

发动机输出到螺旋桨的功率不可能全部转换成螺旋桨产生拉力推动飞机前进的功率。因为螺旋桨转动时，要向后推动空气和扭转空气，要克服空气与桨叶之间的摩擦和涡流所形成的阻力，这要消耗一部分发动机的输出功率。因此，螺旋桨工作时存在一个效率问题，即发动机输出到螺旋桨的功率中转换成螺旋桨推动飞机前进功率的比例。螺旋桨的效率越高，说明螺旋桨损失的功率越小，目前螺旋桨的效率可达 0.85 ~ 0.87。对于已经制造完成的螺旋桨，其工作时的效率主要受螺旋桨桨叶迎角的影响。在相对气流方向一定的条件下，只有在某一桨叶迎角时螺旋桨的效率才是最高的，这个桨叶迎角叫桨叶的有利迎角。桨叶迎角过大或过小，螺旋桨的效率都要下降。在飞机的飞行过程中，速度经常发生变化，使得相对气流的方向也随之发生变化。因此，要获得较高的螺旋桨效率，应该经常改变螺旋桨的桨叶角，使桨叶迎角接近或保持桨叶的有利迎角。

飞机巡航时，选用发动机的巡航功率状态。发动机的巡航功率可以用不同的进气压力和不同的转速来配合，而它们的燃油消耗率是不同的。通常只有在某一转速下配合某一个进气压力才能得到最低的燃油消耗率。因此，要使发动机最经济地输出功率，在选定了进气压力后，应该选定一个相匹配的发动机转速。通过螺旋桨的变距，可以按需要设置发动机的转速。

综上所述，螺旋桨变距的目的就是为了提高螺旋桨的效率和使发动机工作最经济。当然，有时这两者不可能同时满足，现代变距螺旋桨一般是首先保证发动机工作的经济性，同时兼顾螺旋桨的效率。

2. 变距力矩

变距螺旋桨的变距方式有气动机械式变距、液压式变距和电动式变距。目前使用较多的是液压式变距，同时再辅以气动机械式变距。螺旋桨的变距力矩一般有桨叶惯性离心力矩、空气动力力矩、配重离心力力矩、液压（或电力）传动力矩和变距弹簧的弹簧力矩。

桨叶旋转时，各部分都要产生惯性离心力。惯性离心力形成的力矩有使桨叶角减小的趋势。因此，桨叶的惯性离心力使螺旋桨变小距，如图 3.54 所示。

螺旋桨转动时，若桨叶的空气动力不通过桨叶转轴，就会产生改变螺旋桨桨叶角的力矩。对有的螺旋桨，该力矩可能使桨叶变小距，有的可能变大距，如图 3.55 所示。

有的变距螺旋桨在桨叶根部固定有配重，当螺旋桨旋转时，配重产生的离心力将使螺旋桨变大距，如图 3.55 所示。

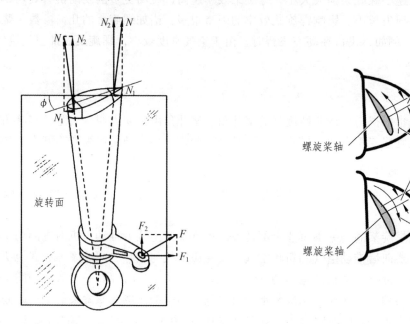

图 3.54　桨叶和配重的惯性离心力　　　　图 3.55　桨叶的空气动力力矩

液压传动力矩通常是利用滑油系统的滑油压力作用在专用的变距活塞上，推动活塞从而使螺旋桨改变桨叶角，如图 3.56 所示。

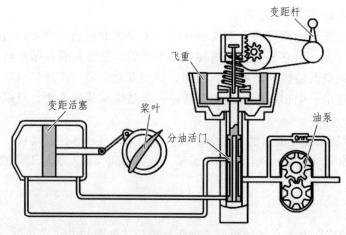

图 3.56　螺旋桨变距工作原理

3. 变距情形

现以某种液压式变距方式为例说明螺旋桨的变距情形。螺旋桨的变距由变距机构完成。变距机构主要包括变距缸筒、变距活塞、变距弹簧和螺旋桨拨杆等部件，如图 3.56 所示。当变距滑油进入变距缸筒时，缸筒内油压增加，作用在变距活塞上的力产生的力矩大于螺旋桨惯性离心力矩及变距弹簧的弹簧力矩之和，使变距活塞向左移动，带动拨杆使螺旋桨桨叶角增大，螺旋桨变大距。相反，当变距缸筒内的滑油流出后，作用在变距活塞上的油压减小，产生的力矩小于螺旋桨惯性离心力矩及变距弹簧的弹簧力矩之和，变距活塞向右移动，带动拨杆使螺旋桨桨叶角减小，螺旋桨变小距。因此，控制变距缸筒内滑油的流进和流出，即可控制螺旋桨变大距或变小距。滑油的流向由调速器控制。

4. 螺旋桨的顺桨、回桨和反桨

对于装有两台（或多台）活塞式发动机的飞机，若飞行中出现一台发动机失效失去功率时，失效发动机的螺旋桨不仅不产生拉力，反而要产生阻力，给飞机操纵带来很大的困难。为了减小螺旋桨的飞行阻力，便于飞机的操纵和尽可能地改善飞机的飞行性能，必须把螺旋桨顺桨，即将螺旋桨的桨叶角变到最大，使桨叶顺着气流的方向。一般情况下，各种螺旋桨在顺桨时桨叶角为 90° 左右。活塞发动机的螺旋桨顺桨通常由顺桨按钮控制，有的飞机也采用自动顺桨装置。

螺旋桨的回桨则是顺桨的反过程，即使螺旋桨退出顺桨状态回到正常工作时的螺旋桨桨叶角。一般在发动机重新起动时，应使螺旋桨回桨。

螺旋桨的反桨是指螺旋桨的桨叶角变到最小。各种螺旋桨在反桨状态时桨叶角在 -5° ~ +10° 内。螺旋桨反桨的目的是产生负拉力，便于飞机着陆时缩短滑跑距离。螺旋桨反桨状态通常只能在地面使用，因此有专门的保险装置可以保证在飞行中不会产生负拉力，以保证飞行安全。应该注意的是，由于活塞式动力装置多用于小型、低速飞机，着陆速度小、质量轻，使用螺旋桨反桨系统的较少。涡桨发动机使用反桨的较多。

3.2.11.4　调速器

调速器的功用是通过控制变距缸筒内滑油的流进或流出控制螺旋桨的变距，以保持螺旋桨的转速或改变螺旋桨的转速。

1. 调速器的基本组成和工作

调速器由调速器油泵、分油活门、离心飞重、锥形弹簧等组成。调速器油泵可将滑油系统来的滑油进一步提高压力后送入变距缸筒。分油活门上有凸肩，可用来控制变距滑油的流向。当分油活门移到下面时，凸肩堵住调速器油泵来的滑油，螺旋桨变距缸筒中的滑油从放油口处放出，使变距缸筒中的滑油压力减小，变距活塞右移，螺旋桨变小距；当分油活门上移堵住滑油放油口时，调速器油泵来的滑油进入螺旋桨变距缸筒，使变距缸筒中的滑油压力增加，变距活塞左移，螺旋桨变大距；若放油活门处于中间位置，堵住通往变距缸筒的滑油油路，则螺旋桨就不变距。分油活门的上下移动由离心飞重力和调速器锥形弹簧弹力的相对大小决定，当离心飞重力大于弹簧力时，分油活门被抬起；当离心飞重力小于弹簧力时，分油活门被压下；当离心飞重力等于弹簧力时，分油活门就处于中间位置。锥形弹簧的弹力可由变距杆调节：前推变距杆，压缩弹簧，弹力增加；后收变距杆，放松弹簧，弹力减小。螺旋桨变距和调速器的工作如图 3.56 所示。

2. 螺旋桨转速调节原理

螺旋桨转速的变化，取决于发动机输出到螺旋桨的旋转力矩和螺旋桨旋转阻力力矩的相对大小。当旋转力矩大于阻力力矩时，螺旋桨转速上升；反之，螺旋桨转速下降；当旋转力矩等于阻力力矩时，螺旋桨转速保持不变。而螺旋桨的桨叶迎角改变后，螺旋桨的阻力力矩也相应改变：桨叶迎角增加，螺旋桨的阻力力矩增加；桨叶迎角减小，螺旋桨的阻力力矩减小。螺旋桨转速的调节，也就是通过改变桨叶角来改变螺旋桨的桨叶迎角，进而改变螺旋桨的阻力力矩来实现的。下面分别介绍螺旋桨转速调节的两种模式，即自动变距保持螺旋桨转速和人工变距改变螺旋桨转速。

首先阐述自动变距保持螺旋桨转速的情形。若保持变距杆不动，则调速器内的锥形弹簧弹力保持一定，调速器能保持与变距杆位置相对应的某一螺旋桨转速。在这个转速下，离心飞重的力与锥形弹簧力相等，可使分油活门保持在中立位置，螺旋桨不变距，螺旋桨转速保持不变。

但是，桨叶角不变是相对的和暂时的，当飞行状况或发动机工作状态发生变化时，桨叶角也要发生相应的变化。例如，当前推油门杆时，发动机功率增加，螺旋桨的旋转力矩增大，将引起螺旋桨转速有所增加。但转速增加将使调速器内的离心飞重力增加，大于弹簧力后抬起分油活门，使螺旋桨自动变大距。螺旋桨变大距后阻力力矩增大，使螺旋桨的转速有所减小。在离心飞重力与弹簧力重新达到平衡后，分油活门又回到中立位置。此时，螺旋桨就在一个比推油门前更大的桨叶角情况下保持原来的转速不变。当保持变距杆不动收油门杆时，螺旋桨变小距，螺旋桨在一个比收油门杆前更小的桨叶角情况下仍然保持原来的转速不变。又比如，若保持变距杆和油门杆不动，当飞行速度增加时，由于桨叶迎角减小使螺旋桨的旋转阻力力矩减小，引起螺旋桨转速增大。同样，调速器将使螺旋桨自动变大距保持转速不变。当飞行速度减小时，调速器的工作正好相反，它将使螺旋桨自动变小距保持转速。

应该指出，调速器使螺旋桨自动变距保持转速不变，是有一定范围的。当桨叶角变至最大或最小时，若飞行状况或发动机工作状态再发生变化，转速就不能保持不变了。比如，在发动机地面试车时，变距杆已在最前，此时调速器内的锥形弹簧力最大，螺旋桨始终处于最小桨叶角状态。若前推油门杆，转速将随之增加，只有在螺旋桨转速大到足以克服弹簧力抬起分油活门后才能改变桨叶角（通常这一转速已达到或接近螺旋桨的最大转速），若此时后收油门杆，转速也将随之减小。

其次讨论人工变距改变转速的情形。飞行中，如果需要改变螺旋桨的转速，可通过操纵变距杆来进行。正如前面所述，变距杆可改变调速器内锥形弹簧的弹力。当前推变距杆时，弹簧力增加，大于离心飞重力后，将使分油活门下移，螺旋桨变小距，转速增加。在转速增大到某一与变距杆位置相对应的转速时，离心飞重力与弹簧力重新平衡，分油活门又回到中立位置，则螺旋桨转速在一个新的桨叶角（比推变距杆前的桨叶角小）和新的转速（比推变距杆前的转速大）下保持稳定。与此相同，当后收变距杆时，螺旋桨在一个更大的桨叶角和更小的转速下工作，如图 3.56 所示。

3. 变距杆的使用

变距杆主要有 3 个功用。首先，配合油门杆改变和设置发动机的功率及状态。如增加功率时应先推变距杆再推油门杆，减小功率时应先收油门杆再收变距杆。在设置发动机状态时，应该是用油门杆设置发动机的进气压力，用变距杆设置发动机的转速。其次，变距杆在发动机的一些特殊工作状态时应放在特定的位置。如起动时，变距杆应放在最前，以保证螺旋桨在最小距状态，便于发动机的起动和试车；起飞时，变距杆一般在最前，以保证得到起飞所需的功率和拉力；下滑着陆时，变距杆也应放在最前，以便在需要复飞时，能尽快得到复飞功率和拉力；停车时，变距杆通常还是应该放在最前，这样可保证在停车后，螺旋桨处于最小距状态，便于发动机的下一次起动；停车后，变距杆应该放在最后，这样可放松锥形弹簧，延长调速器的工作寿命。除此以外，变距杆还有一些特殊的用途。例如，在寒冷的天气条件或长时间下降过程中，为了防止变距缸筒内的滑油冻结，可来回活动几下变距杆。当滑油压力异常降低而滑油温度正常时，可通过操纵变距杆来判断滑油系统是否出现故障，若变距杆可正常控制转速，则表明是滑油压力表故障；若变距杆不能正常控制转速，则说明是滑油系统有故障。如果恒速装置（CSU）失效，滑油不能流入流出变距油缸，此时变距螺旋桨变为定距螺旋桨，此时前推油门杆，转速增大，后收油门杆，转速减小。双发活塞飞机装有螺旋桨顺桨系统，当滑油压力失效时可自动顺桨（有的可以通过变距杆将失效发动机实施人工顺桨）。对单发飞机，通常没有顺桨机构，滑油压力失效时，自动变小距。

4. 螺旋桨和调速器的检查

在发动机试车过程中，通常要对螺旋桨和调速器进行检查。其目的是检查螺旋桨、调速器及相应的变距机构能否正常有效地控制螺旋桨转速。一般的检查项目有两个：首先，确定变距杆在最前，然后推或收油门，检查油门杆能否改变螺旋桨转速；其次，用油门杆确定某一转速后，再收变距杆，观察变距杆能否改变螺旋桨转速。应该提醒的是，对高压缩比的发动机，在收变距杆观察到螺旋桨转速有下降后，应立即将变距杆推到最前，防止发动机出现爆震。

3.2.11.5　航空活塞发动机的功率设置

1. 发动机有效功率及影响因素

发动机用来带动螺旋桨的功率叫作有效功率，用 N_e 表示，英、美等国家也将发动机有效功率称为制动马力（BHP）。有效功率是航空活塞发动机最主要的性能指标，它描述了发动机所具有的做功能力。今后如果没有特别说明，通常所说的发动机功率就是指其有效功率。

发动机工作时，各气缸内燃料燃烧释放出的能量，经燃气膨胀并由曲拐机构转换成机械功，在克服摩擦等损失后，最后由曲轴输出机械功。曲轴除带动螺旋桨外还需驱动发动机的一些附件，如减速器、增压器、燃油泵、滑油泵、发电机、磁电机等，也要消耗部分功率。所以，最终影响发动机有效功率的因素较多，主要有：发动机转速、进气压力和进气温度、混合气余气系数、滑油温度、飞行速度、飞行高度等。下面，我们分别讨论这些因素对发动机功率的影响：

1）发动机转速

发动机转速增加后，一方面单位时间内各气缸完成的热循环次数增加，传递给曲轴更多的机械功；但另一方面，转速增加，进气速度增加，摩擦损失的功率增加，带动附件所消耗的功率也增加。试验表明，在发动机使用的转速范围内，发动机转速增加，有效功率增加。

2）进气压力和进气温度

进气压力增加或进气温度降低，都使发动机的充填量增加，燃料释放出更多的热能，所以有效功率增加。相反，进气压力减小或进气温度升高，有效功率将降低。

3）大气条件

当发动机转速、节气门开度和混合比不变时，大气压力增加或大气温度降低，会使发动机充填量增加，发动机功率增加。

大气湿度对有效功率也有影响，当气体湿度较大时，气体中水的成分增加，密度减小，充填量减小；同时燃烧速度减慢。所以，大气湿度增加，发动机有效功率降低，然而发动机爆震的倾向也减小。

4）混合气余气系数

当混合气的余气系数 = 0.8 ~ 0.9 时，有效功率最大；余气系数偏离此范围时，有效功率将减小。

5）滑油温度

发动机工作时，凡具有相对运动的工作面不可避免地存在摩擦损失，如活塞与气缸壁的摩擦损失；减速器内部的摩擦损失；曲拐和气门机构的摩擦损失等。这些损失的存在都将使发动机的有效功率减小，所以应尽可能减小其损失。

实际飞行使用中，摩擦损失的功率主要受发动机转速和滑油温度影响。由于发动机各摩擦面都有滑油进行润滑，只有保持滑油温度在适当范围内，才能确保滑油的黏性适当，润滑性能最好，摩擦损失的功率最低，从而使发动机的有效功率最大。

6）飞行速度

飞机飞行速度增加，由于相对气流的冲压作用，动压转换成静压，发动机充填量增加。所以发动机有效功率增加。

7）飞行高度

对于自然吸气式和涡轮增压式发动机，飞行高度对两种类型的发动机性能的影响有很大不同。

对吸气式发动机，当节气门全开，混合气的余气系数保持不变，提前点火角保持在最有利时，飞行高度升高，由于发动机的充填量减小，有效功率不断减小，燃油消耗率则不断增大。如图 3.57 所示，可以看出吸气式发动机在高度升高时，不仅有效功率迅速减小，而且经济性也变差。因此这种发动机不适用于高空飞行。

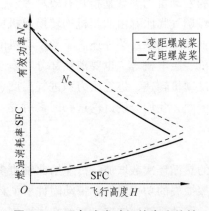

图 3.57　吸气式发动机的高度特性

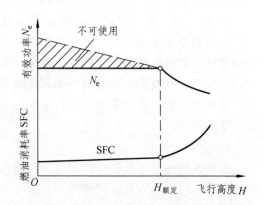

图 3.58　废气涡轮增压式发动机的高度特性

对废气涡轮增压式发动机，从地面到额定高度范围，可通过逐步开大节气门开度来保持进气压力不变，发动机的有效功率、燃油消耗率也基本不变。超过额定高度以后，节气门已全开，进气压力即随高度的升高而减小，有效功率也随高度的升高而减小，燃油消耗率随高度升高而增大，如图 3.58 所示。由此可见，额定高度上对应的功率是满足发动机结构强度要求的最大功率，此最大功率是在设定转速和油门全开时的最大允许进气压力条件下的功率。当飞行高度低于额定高度时，如果油门仍然全开，进气压力必高于最大允许进气压力，发动机功率将超过最大功率，从而超过发动机的强度限制，这是不容许的。上述额定高度是在控制转速、油门全开的条件下发出最大功率时的飞行高度，也叫作发动机的全油门高度。

除此以外，提前点火角的大小，气门机构、点火电嘴的工作好坏等因素也直接影响发动机的有效功率，这里不再重述。

2. 发动机的功率设置

在不同的飞行状态下，要求发动机有不同的功率设置。理论上讲，飞行员可以根据自己的需要设置发动机的功率，但是如果要求充分发挥发动机的各项性能，保证发动机工作可靠，保证飞行安全，飞行员应该按照飞行手册设置发动机功率。不同的飞机，不同类型的螺旋桨、发动机、燃油系统和显示系统有不同的功率设置方法。现以装恒速螺旋桨的活塞动力装置为例说明发动机的功率设置。

发动机用于设置功率的主要操纵装置是油门杆和变距杆，其次是混合比杆。油门杆主要控制进气压力，前推油门杆进气压力增加，后收油门杆进气压力下降。变距杆主要控制发动机转速，前推变距杆转速增加，后收变距杆转速下降。前推混合比杆，混合气变富油；后收混合比杆，混合气变贫油。由于功率等于扭矩乘转速，改变进气压力或混合气的油气比就是改变了发动机输出到螺旋桨的扭矩，因此，发动机的这 3 个控制杆均可改变发动机的功率。但主要的功率控制手柄还是油门杆。设置发动机功率时，应该参考相应的仪表。除主要的发动机仪表，如进气压力表、转速表、燃油流量表、滑油温度/滑油压力表和气缸头温度/排气温度表以外，还可参考空速表或垂直速度表，如图 3.59 所示。下面简要说明主要飞行阶段的发动机功率设置。

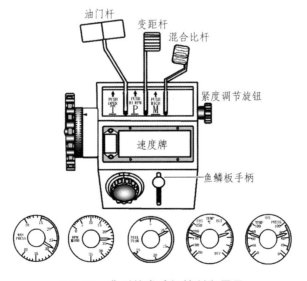

图 3.59 典型的发动机控制和显示

1）起飞功率设置

在设置起飞功率之前首先应该完成所有必需的检查，如磁电机、螺旋桨和调速器、汽化器加温、发动机最大状态和慢车状态等。同时要求滑油温度、压力和气缸头温度保持在正常范围。然后将混合比杆、变距杆和油门杆推到最前以获得最大的发动机功率。起飞到一定高度后，按照飞行程序适当地调整混合气的油气比或是设置发动机的爬升功率。

2）爬升功率的设置

按照飞行手册将发动机的功率从起飞功率减至爬升功率，注意应该先收油门杆再收变距杆。当高度较高后，应适当地将混合比调贫油。随着飞行高度的增加，进气压力逐渐减小，应适当地前推油门杆保持空速或垂直速度。若临界高度很高，油门杆已推到最前仍不能保持原有的进气压力，就不能保持原有的空速或垂直速度了。长时间爬升过程中应注意观察气缸头温度不能超出规定的范围。

3）巡航功率的设置

在巡航阶段飞行员可根据所需的空速设置发动机功率，也可按照飞行手册的巡航性能表设置发动机的功率（见表 3.1）。若以一定的进气压力和发动机转速工作，在较高的巡航高度飞行，发动机的功率输出会增加。因为高度增加后，大气温度下降使气缸的充填量增加，同时大气压力下降使发动机排气的背压下降。由于巡航状态时间较长，燃油经济性是考虑的主要问题，因此选用发动机中转速状态工作较好。另外，也可参考排气温度表设置发动机的最佳功率状态和最经济状态。

表 3.1　某发动机推荐的功率设置

RPM	MP	20 ℃ BELOW STANDARD TEMP − 13°			STANDARD TEMPERATURE 7 ℃			20 ℃ ABOVE STANDARD TEMP 27 ℃		
		% BHP	KTAS	GPH	% BHP	KTAS	GPH	% BHP	KTAS	GPH
2 600	23	81	126	11.5	79	127	11.1	76	127	10.7
	22	76	122	10.8	73	123	10.4	71	123	10.0
	21	71	119	10.0	68	119	9.7	66	119	9.3
	20	66	114	9.3	63	114	9.0	61	113	8.7
2 500	24	82	126	11.6	79	127	11.2	77	128	10.8
	23	77	123	11.0	75	124	10.6	72	124	10.2
	22	73	120	10.3	70	120	9.9	68	120	9.6
	21	68	116	9.6	65	116	9.3	63	116	9.0
2 400	24	77	123	10.9	74	124	10.5	72	124	10.2
	23	72	120	10.2	70	120	9.9	68	120	9.5
	22	68	116	9.6	65	116	9.2	63	116	9.0
	21	63	112	8.9	61	111	8.6	59	110	8.4
2 300	24	72	120	10.2	70	120	9.9	67	120	9.5
	23	68	116	9.6	65	116	9.3	63	116	9.0
	22	63	112	9.0	61	112	8.7	59	111	8.4
	21	69	108	8.4	57	107	8.1	55	106	7.9
2 200	24	68	116	9.6	65	116	9.2	63	115	8.9
	23	63	112	9.0	61	112	8.7	59	111	8.4
	22	59	108	8.4	57	107	8.1	55	106	7.9
	21	55	103	7.9	53	102	7.6	51	101	7.4
	20	51	98	7.3	49	97	7.1	47	95	6.9
	19	46	92	6.8	45	91	6.6	43	89	6.4

RPM	MP	20 °C BELOW STANDARD TEMP − 17°			STANDARD TEMPERATURE 3 °C			20 °C ABOVE STANDARD TEMP 23 °C		
		% BHP	KTAS	GPH	% BHP	KTAS	GPH	% BHP	KTAS	GPH
2 600	23	−	−	−	81	131	11.5	79	131	11.1
	22	79	126	11.2	76	127	10.8	74	127	10.4
	21	74	123	10.5	71	123	10.1	68	123	9.7
	20	69	119	9.7	66	118	9.3	64	118	9.1
2 500	23	82	127	11.3	77	128	10.9	75	128	10.8
	22	76	124	10.7	73	124	10.3	70	124	9.9
	21	71	120	10.0	68	120	9.6	66	120	9.3
	20	66	116	9.3	63	116	9.0	61	115	8.7
2 400	23	75	124	10.6	72	124	10.2	70	124	9.9
	22	70	120	9.9	68	120	9.6	65	120	9.3
	21	65	116	9.3	63	115	9.0	61	114	8.7
	20	61	111	8.6	59	110	8.4	57	109	8.1
2 300	23	71	120	10.0	68	120	9.6	66	120	9.3
	22	66	116	9.3	64	116	9.0	61	115	8.7
	21	61	112	8.7	59	111	8.4	57	110	8.2
	20	57	107	8.1	55	105	7.9	53	105	7.6
2 200	23	66	116	9.3	63	116	9.0	61	115	8.7
	22	62	112	8.7	59	111	8.4	57	110	8.2
	21	57	107	8.2	55	106	7.9	53	105	7.7
	20	53	102	7.6	51	101	7.4	49	99	7.2
	19	49	96	7.1	47	95	6.8	45	93	6.7
	18	44	90	6.6	43	89	6.4	41	87	6.2

条件：2 550 lb，推荐贫油混合气，鱼鳞板关，压力高度 6 000 ft。

在发动机功率设置的过程中，应该注意改变发动机功率时操纵油门杆、变距杆和混合比杆的顺序，注意操纵动作不能过猛，更不能错用控制手柄，另外还要交叉检查发动机仪表和飞行仪表。

3.2.12 起动系统

发动机的起动是指发动机从静止状态加速到慢车或慢车以上的工作状态。发动机从静止状态加速到慢车状态的过程叫做起动过程。起动系统的功用就是在地面或空中一定范围内使发动机稳定可靠地起动起来。起动系统工作的好坏，工作是否可靠，直接关系到飞机能否及时起飞，同时与飞行安全也有密切的关系。

3.2.12.1 起动系统的基本组成和工作

1. 起动具备的条件

要使发动机开始转动，必须消耗能量。这种能量消耗主要是用来克服发动机进排气、压缩消耗的功率及各机件摩擦的阻力。因此，发动机必须要靠足够的外部能量才能起动。起动发动机所需的外部能量根据发动机阻转力矩的大小和起动时所需的最小转速来确定。就给定的发动机来说，当大气温度过低时，滑油的黏度较大，阻转力矩增加，起动较困难。为了使发动机在各种情况下能独立地工作和加速，外部能量必须保证曲轴转动两转以上，起动时曲轴的平均转速应不低于 40 ~ 60 r/min，才能使发动机所有气缸充满新鲜混合气并使混合气爆发燃烧，产生足够的功率使曲轴加速到发动机独立工作的转速（90 ~ 150 r/min），然后过渡到慢车转速（500 ~ 700 r/min）。其次，在发动机起动过程中，曲轴的转速较小，发动机驱动的主燃油泵不能保证起动所需的燃油，因此，在起动前一般要用起动油泵（或辅助油泵）先向发动机注油，以便形成所需的混合气。第三，起动过程中，曲轴转速较小，磁电机不可能产生高压电，电嘴也不可能产生强烈的电火花点燃混合气。另外，起动时，不能像正常工作的发动机那样，提前 25° ~ 30° 点火，而必须在活塞到达上死点再延后 5° ~ 10° 点火，即在膨胀行程的初期点火，以防止发动机起动不成功引起曲轴在起动时倒转。所以，起动还需要专门的起动点火装置点燃混合气。

2. 起动系统的基本组成和起动方式

根据起动所需的条件，起动系统主要由以下部件组成：起动机、起动注油装置、起动点火装置和相应的电气控制部件。在此我们主要阐述起动机的工作。

根据起动时外部能量的来源，起动可分为手摇起动、压缩空气起动和电起动 3 种类型。早期的航空活塞发动机，功率很小，起动较容易，往往用人力就可以起动。最简单的就是直接扳转螺旋桨起动，也就是手摇起动，当然这种方法比较危险。压缩空气起动发动机是在活塞发动机的膨胀行程时将压缩空气直接输送到气缸中推动活塞而使曲轴转动。目前民用航空活塞发动机采用手摇起动和压缩起动的较少，使用最为广泛的是电起动。电起动使用的主要设备是电动起动机，与上述两种起动方式比较，电起动最大的优点是简便和经济，而且允许多次起动和便于利用机上或地面电源。除此之外，有的电动起动机上还备有手摇起动设备，可保证在电能不足的情况下也能起动发动机。例如，运-5 飞机的起动机上就备有手摇起动装置，在特殊情况下，可用手摇代替电机使飞轮蓄能。电起动有 3 种方式：第一种是电动惯性起动，即起动机的电动机带动飞轮转动，待飞轮达到很高的转速，储备一定的能量后，电动机关闭，由飞轮经衔接机构再带动发动机曲轴转动。电动惯性起动的特点是电动机及电瓶的负荷较小，起动力矩较大，一般用于功率较大的发动机上。第二种电起动方式是直接起动，即起动电机直接通过衔接机构与曲轴连接，带动发动机曲轴转动，一直到发动机独立工作为止。直接起动的优点是节省时间，能较长时间地带动曲轴转动，保证起动稳定可靠；缺点是电机的负荷较大，起动力矩较小，因此，直接起动多用于较小功率的发动机。还有一种起动方式，即复合起动。利用这种方式起动发动机时，既利用高速飞轮储存的能量，同时还要利用电机共同带动发动机曲轴转动。起动初期，阻转力矩最大，这时由飞轮带动曲轴转动，当飞轮的能量快要耗尽时，电机帮助飞轮继续带动曲轴转动，一直到所需转速为止。这样一来就增加了起动机带动发动机的转数，显著改善了发动机的起动性能，尤其是在寒冷天气条件下。但由于这种起动方式的起动力矩很大，如果发生液锁，损坏发动机的可能性很大。电动起动机可用飞机电瓶或地面电源的电能，由座舱中的起动手柄或起动开关控制。由于电动起动机起动时电流很大，发热量多，因此，电动起动机的连续工作时间一般都有限制，超过限制会使电机过热甚至烧坏起动电机。通常起动电机的连续工作时间在 10～30 s 之内（各种电机要求不同，可参考相应飞机的《飞行手册》）。

3.2.12.2　发动机的起动过程

1. 起动前准备

起动前首先解除飞机的系留和罩布，移开飞机周围影响起动的设备和障碍物，同时注意将飞机周围的地面清扫干净，检查应有的地面消防设备。接着进行飞行前检查，对于动力装置，外部着重注意检查燃油（包括燃油油量、牌号，燃油是否受到污染，油箱通气等）、滑油（滑油量和滑油通气）、螺旋桨等；座舱中注意磁电机开关和总电门是否在关闭位，油门杆、变距杆和混合比杆是否处于所需位置，停留刹车是否设置等。对于有下部气缸的活塞式发动机，起动前应扳转螺旋桨几转，防止发生液锁造成发动机损坏。

液锁是指当发动机的下部气缸内流入滑油或汽油后，活塞向上死点运动时，由于滑油和汽油占据了一部分气缸的容积，并且不可压缩，使气缸内气体压力大大超过正常情况下的压力，气体就会阻止活塞继续向上死点运动，迫使曲轴停止转动，这种现象就叫做液锁。当液锁现象比较轻微时，曲轴瞬间停止转动，螺旋桨只是突然抖动一下，而后又继续转动起来。发生液锁时，气缸内的气体压力大大超过正常的压力值，气缸、活塞、连杆由于受力过大，可能造成损坏。当液锁较轻微时，仅连杆发生轻微变形，气缸和活塞不会损坏，发动机工作暂时无明显变化。但工作一段时间后，连杆就会因变形产生疲劳而折断。液锁严重时，连杆变形十分严重，甚至折断；活塞上的涨圈会脱落，活塞被打坏；气缸头与气缸身连接处松动，有时甚至会直接使发动机报废。液锁的严重程度与进入气缸的滑油量或燃油量的多少有关，油量越多，则占据的容积就越大，气缸内压力增加就越大，液锁就越严重。为了防止液锁的发生，使用中应注意在起动发动机前按规定扳转螺旋桨，以排出气缸内积存的滑油和汽油；发动机长时间停放或扳转螺旋桨比较重时，还需拆下下部气缸的电嘴和进气管排油；此外，在起动前还应注意适量注油等。

2. 发动机的起动过程

起动前，接通有关的保险电门。接通总电门并检查电压，电压过低会使起动机功率减小，发动机起动困难。打开油箱开关及有关的电门，进行起动前的最后检查。完成后向地面管制请示，在获得起动许可之后方可进行发动机的起动。正式起动前特别要注意螺旋桨附近有无人员或活动的车辆，而且必须要发出"离开螺旋桨（CLEAR）"的口令。起动时，先利用起动注油装置向发动机注入适量的燃油，注油完毕后应关闭注油装置。操纵起动手柄或起动开关起动发动机。发动机起动后，用油门调整发动机至适当转速暖机。

起动时需注意以下几个问题：一是起动前注油应适量，通常是夏天注油比冬天少；热发动机注油比冷发少。二是起动后应注意检查发动机仪表，特别是滑油压力，若在规定的时间内无滑油压力应立即停车。三是电动起动机的连续工作时间有限制，超过限制会造成电机过热或烧坏。四是起动过程中若出现汽化器回火、进气滤回火或其他不正常情况，应根据有关手册果断处置。

以下我们以运-5飞机和TB-20飞机为例简要说明发动机的起动过程。

运-5飞机动力装置起动系统由电动惯性起动机、注油唧筒、起动线圈、起动操纵开关、手拉结合柄和起动继电器等组成。

发动机正常起动时，首先用注油筒向增压机匣注油，然后打开蓄电池电门，起动保险电门，将起动操纵开关向后拉。这时起动继电器接通电路，电动机即带动起动机内的飞轮旋转，使飞轮蓄能。飞轮蓄能完毕后（大约10 s），再将起动操纵开关向前压。此时，一方面起动继电器断开电路，电动机停止工作（飞轮依靠惯性继续高速旋转）；另一方面将通往衔接继电器和起动线圈的电路接通。衔接继电器使结合爪伸出并与附件传动轴结合，带动曲轴转动；同时起动线圈产生高压电，并经右磁电机到各气缸的前排电嘴去点火（不受磁电机开关的控制），于是气缸内的混合气开始爆发。紧接着接通磁电机开关，发动机即转入正常工作。发动机起动后，松开起动操纵开关，起动电路断开，起动完毕。起动完毕后，调整发动机转速至700～800 r/min暖机。

TB-20飞机动力装置起动系统由电动起动机、起动继电器、起动开关等组成。正常起动时，先打开总电门，将油门放在1/4位，变距最前。接着进行注油，即将电动增压泵打开，混合比杆前推并观察燃油流量表上出现显示后，将混合比杆收到慢车关断位，电动增压泵关闭。注油完成后，将钥匙插入磁电机选择器内并右旋至起动位（START PUSH）推入。此时，一方面起动继电器接通起动电路，起动机工作。同时，起动机前部的离合机构使起动机上的小齿轮前移，与起动大齿轮啮合，带动大齿轮转动，从而使发动机曲轴转动。另一方面，冲击联轴器（或起动振荡器）使电嘴跳火点燃混合气。待发动机爆发后，迅速前推混合比杆至最前位，接通燃油油路供油。混合比杆推到最前位的同时松开钥匙，则钥匙自动弹回"双磁电机（BOTH）"位。起动完毕后，应立即检查滑油压力是否在绿区，同时调整发动机转速到1 200 r/min暖机（见图3.60）。

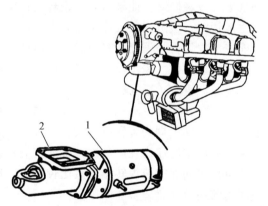

图3.60　TB-20飞机动力装置
1—起动机；2—起动机传动组件

3. 冷发起动与热发起动

所谓冷发是指发动机停车后时间较长，气缸温度相对较低的发动机；热发是指刚停车不久，气缸温度相对较高的发动机（有的发动机用某一确定的气缸头温度值来判断究竟是冷发还是热发）。冷发起动与热发起动有所不同，主要是因为温度的高低对滑油及燃油性能影响较大。对于冷发起动或是寒冷天气条件下的发动机起动，由于温度低，燃油的汽化质量较差，起动前注油时应适当地多注一些燃油。例如，运-5飞机发动机起动时，冬季注油需3～6次，而夏季注油只需2～3次即可；TB-20飞机发动机起动时，冷发注油需观察燃油流量出现3～5 s，而热发注油只需1 s即可。温度低，滑油的黏性大，使发动机起动时的阻力力矩很大，因此，起动前可扳转螺旋桨两到三转（此时特别要注意确认磁电机电门在关断位），这样可使发动机运动机件表面的滑油膜破碎，减小起动时的阻力（当然对有下部气缸的发动机，也可防止液锁）。有的发动机还可用汽油来冲淡滑油，以降低滑油的黏性。此外，寒冷天气条件下发动机起动时，滑油压力的上升也比热发起动时慢，一般 30~60 s。如果是在特别寒冷的天气条件下起动发动机，还需使用专门的地面加温设备对发动机、滑油散热器和螺旋桨的变距缸筒进行加温，在发动机温度上升后，才能进行发动机起动。在寒冷天气条件下，电瓶的电压会有所下降，这对发动机起动也不利。对于汽化器式活塞发动机，热发起动比冷发起动注油少，也比较容易。但对于直接喷射式发动机，由于发动机停车后整流罩内温度迅速升高，在短时间内燃油系统中会形成较多的燃油蒸气，燃油蒸气和空气进入狭窄的燃油管路中会形成气塞，造成燃油流量减少甚至供油中断，发动机起动十分困难。因此，在起动直接喷射式发动机时，要特别注意起动前供油不能过多，起动前接通增压燃油泵，使燃油管路和燃油调节器油压升高，预防或消除系统中的气塞现象。

3.2.12.3　发动机试车

发动机在使用过程中，由于受到各种因素的影响，其性能和工作可能发生变化。发动机试车是检查发动机在各种工作状态下的性能和各附件系统工作的重要方法之一。在试车过程中，应当根据发动机工作的声音和仪表指示，及时发现发动机的性能和工况的变化，掌握规律，判断发动机的性能是否良好，工作是否可靠，以保证飞行安全。

1. 冷机和暖机

试车前，发动机要进行暖机；停车前，发动机要进行冷机。发动机暖机的目的之一是提高发动机的温度，为汽油的汽化提供良好的条件。因为发动机刚起动起来时温度较低，汽油汽化不好，如果马上就检查发动机的大功率状态，容易造成混合气过贫油，使发动机振动，加速性也变差；同时，在这种情况下试车，试出的结果也不准确。此外，发动机的温度逐渐升高，可避免发动机各机件因温度突然升高、温差过大而损坏。暖机的目的之二是提高滑油温度和电嘴温度，滑油温度提高后可使滑油的黏度适当降低，保证发动机各机件得到良好的润滑；电嘴温度提高后可保证电嘴工作正常。停车前，如果气缸头温度高于规定值，必须进行冷机方可停车。否则，会因发动机温度的急剧变化引起机件损坏；此外，停车后由于气缸头温度高，滑油变稀，会使发动机内的滑油流到下部，造成下次起动困难。

2. 发动机试车

发动机起动后立即将转速调整到规定值暖机。当滑油温度、气缸头温度达到规定值，发动机工作稳定后，方可进行发动机试车。各种发动机试车的程序和方法各不相同，但主要的试车检查项目大致一样，下面简要说明（具体的检查方法可参考本书有关章节和相应飞机的飞行手册）。

检查变距，判断螺旋桨及变距机构的工作是否正常。为了不使发动机承受的负荷过大，通常在中转速下进行。检查点火系统，判断点火系统工作是否正常，通常也在中转速下进行。检查混合比，检查特定状态（如慢车状态、巡航状态或起飞状态）下的混合气油气比，判断混合比调节装置或燃油系统工作是否正常。检查发动机的最大功率状态，判断发动机在最大功率状态是否足够，发动机工作是否稳定，滑油温度、气缸头温度是否超出规定值。检查发动机慢车状态，判断发动机在慢车状态下工作是否稳定、可靠。除上述主要的检查项目以外，针对不同类型的发动机各自还有检查内容，例如，汽化器加温检查、备用进气检查、发电机检查、加速性检查等。试车过程中，应该有良好的注意力分配，不仅要注意观察发动机仪表的指示，同时还要注意观察飞机及飞机外面的情况，以防意外情况出现。注意发动机在慢车状态工作时间不能过长；检查变距时，不能长时间使发动机处于相对的小转速、大进气压力状态；注意有的发动机对最大功率状态检查有时间限制。

3.3 涡轮式发动机

自 1939 年 8 月 27 日世界上第一台涡轮式发动机（也称为燃气涡轮发动机）装在飞机上试飞成功，特别是第二次世界大战以后，随着技术进步，涡轮式发动机以其优越的推重比和速度性能得以迅猛发展，20 世纪 50 年代以后，装涡轮式发动机的喷气飞机逐渐成为民航运输的主力，特别是随着高涵道涡扇发动机投入使用和性能的完善，使喷气民航机变得更加经济和舒适。目前，各种类型的涡轮式发动机已占据航空动力装置的统治地位。

3.3.1 涡轮式发动机的类型及工作

涡轮式发动机根据结构和实际应用情况可分为涡轮喷气发动机、涡轮风扇发动机、涡轮螺旋桨发动机和涡轮轴发动机,所有类型的涡轮式发动机都拥有其核心部件 – 燃气发生器(压气机，燃烧室，涡轮)。涡轮式发动机工作时，不仅产生推进功率，还通过燃气发生器转子带动附件齿轮箱工作，确保发动机各工作系统（如燃油系统，滑油系统，点火系统等）正常工作，还可为飞机提供液压源、电源、气源。

3.3.1.1 涡轮喷气发动机（简称涡喷）

涡轮喷气发动机，如图 3.61 所示，由进气道、压气机、燃烧室、涡轮和喷管组成。

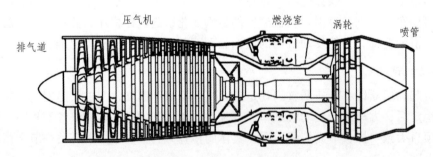

图 3.61　涡轮喷气发动机

进气道将足够的空气量，以最小的流动损失顺利引入发动机，在飞行中，当飞行速度大于压气机进口气流速度时，还可通过冲压作用提高气体压力。

压气机用来提高气体的压力，它通过高速旋转的叶轮，对进入压气机的气体做功，达到增压目的。

燃烧室用来组织燃油与空气的混合、燃烧，使燃油释放出化学能，转变成热能，以提高气体温度，形成高温高压燃气。

涡轮用来带动压气机转动，燃烧室出口高温、高压燃气在涡轮内膨胀，带动涡轮旋转，涡轮与压气机同轴连接，涡轮旋转时，即带动压气机和发动机附件转动。

　　喷管用来使高温、高压燃气继续膨胀，将部分热能转换成气体的动能，从发动机高速喷出，从而产生推力。

　　发动机工作时，空气首先由进气道进入压气机，经压气机压缩后，气体压力得到极大提高。随即进入燃烧室，和从喷嘴喷出的燃油混合，并进行连续不断的燃烧，使燃油释放出热能，气体温度大大提高。燃烧后形成的燃气流入涡轮并进行膨胀，涡轮便在高温、高压气体推动下旋转，从而带动压气机旋转。燃气经涡轮最后进入喷管，继续膨胀并将部分热能转换成动能，从喷口高速喷出。通过气体对发动机的反作用，而产生推力。

　　发动机工作中，气体压力、温度和轴向速度的变化情形如图 3.62 所示。

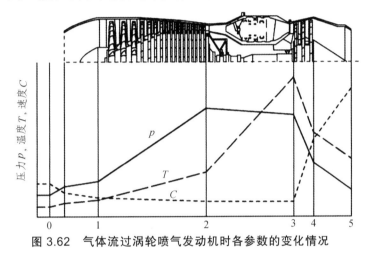

图 3.62　气体流过涡轮喷气发动机时各参数的变化情况

　　涡喷发动机迎风面积小，具有较好的速度性能，但亚音速经济性差，适宜作超音速战斗机的动力装置。

3.3.1.2　涡轮风扇发动机（简称涡扇）

　　涡轮风扇发动机，如图 3.63 所示。这种发动机的空气通路分为内、外两路，所以又叫作双路涡轮喷气发动机，或内外涵涡轮喷气发动机，其中外涵与内涵空气流量比为涵道比（也称流量比），用 B 表示。发动机的内路与涡轮喷气发动机完全相同；外涵中有风扇，由涡轮驱动，它使外涵空气受压缩后加速向后喷出，而产生部分推力（高涵道涡扇发动机的推力主要由外涵道风扇产生）。

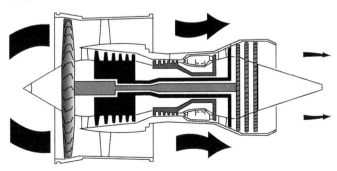

图 3.63　涡轮风扇发动机

涡扇发动机的性能随涵道比的不同差异很大，总的说来，在亚音速段较之涡喷发动机具有更好的经济性，综合性能好。其中，高涵道涡扇发动机（$B = 4 \sim 10$）经济性好，噪声低，适宜作高亚音速大、中型民航机、运输机的动力装置；低涵道涡扇（$B = 0.2 \sim 0.6$）适宜作超音速战斗机的动力装置。

3.3.1.3 涡轮螺旋桨发动机（简称涡桨）

涡桨发动机，如图 3.64 所示。这种发动机与涡喷发动机的差异之处在于涡轮轴除带动压气机外，还需通过减速器带动螺旋桨，发动机工作时，主要由螺旋桨产生拉力（90%左右）；此外，还由喷气的反作用而产生很小的推力（10% 左右）。

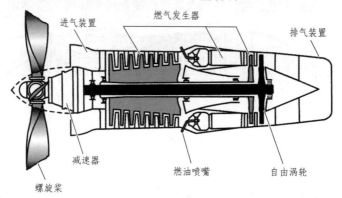

图 3.64　涡轮螺旋桨发动机

涡桨发动机起飞拉力大，起飞性能好，在中、低速飞行时具有较好的经济性，同时，可以通过改变螺旋桨桨叶角（变小距）产生负拉力，改善飞机着陆和中止起飞性能，但由于减速器减速比高（1:15 左右），减速器齿轮承受巨大的扭矩，负荷较重，飞行使用中要注意防止发动机超扭（特别是冬季飞行时）。目前，涡桨发动机常用作中、低速支线民航机、运输机和轰炸机的动力装置。

3.3.1.4 涡轮轴发动机（简称涡轴）

涡轴发动机，如图 3.65 所示。涡轮分为压气机涡轮和自由涡轮（动力涡轮），压气机涡轮带动压气机，自由涡轮通过减速器带动外界负载（如直升机旋翼和尾桨，发电机转子等），发动机工作时，燃气在涡轮中充分膨胀，几乎将全部的可用能量通过自由涡轮输出功率，排气装置产生的喷气的反作用力几乎可以忽略不计。

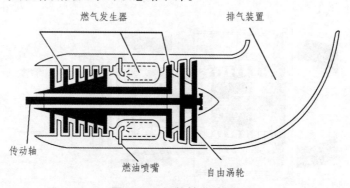

图 3.65　涡轮轴发动机

涡轴发动机实际上已经演变成一个热机，具有质量轻、功率大、经济性好的特点，航空上适宜作直升机动力装置。

涡轮式发动机的还可根据发动机转子结构分为单转子（单轴），双转子（双轴，如图 3.66 所示），三转子（三轴）发动机，目前民航机上广泛采用双转子或三转子发动机。

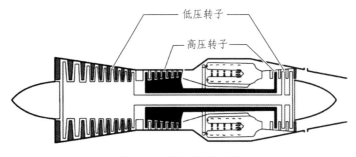

图 3.66　双转子发动机

3.3.2　涡轮式发动机反推装置

随着民航飞机的起飞、着陆重量越来越大，单纯靠飞机刹车、减速板等减速装置不足以使飞机迅速减速（尤其对湿、滑等污染跑道），从而使飞机着陆／中止起飞滑跑距离增长，直接影响飞机的起飞、着陆性能，由于城市机场的跑道资源有限，单纯靠延长跑道长度既不现实、也不经济。所以，必须采用一种效能更高的减速装置，发动机的反推装置就是目前民航机应用最广泛的一种，当飞机着陆时或中止起飞时，通过改变发动机喷气气流的喷射方向的方法，从而使发动机获得反推力，使飞机迅速减速，如图 3.67 所示。

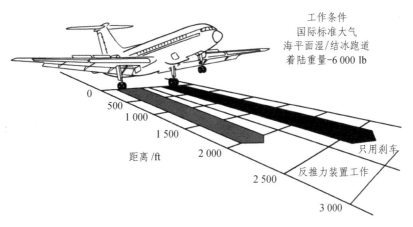

图 3.67　反推力的作用

3.3.2.1　反推装置的基本工作

如图 3.68 所示，当发动机处在反推状态，发动机喷管气流沿叶片导引的方向高速喷出，此时由于气体在发动机中具有向前的加速度，必然受到发动机施加的向前的作用力，所以使气体提供给发动机向后的推力即反推力。反推力公式为

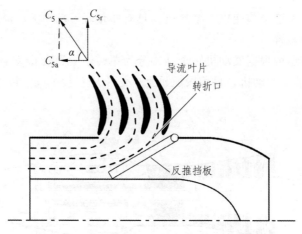

图 3.68　反推装置工作时，气流的转折情形

$$R_{反} = -\dot{m}_{空} \cdot (C_5 \cdot \cos\alpha + v_{飞})$$

由此可见，影响发动机反推力大小的因素有：空气流量 $\dot{m}_{空}$、气流夹角 α、喷气速度 C_5 和飞行速度 $v_{飞}$。对使用中的发动机而言，由于气流夹角是固定的，而空气流量和喷气速度主要与反推状态下发动机的转速有关，所以使用中发动机反推力的大小主要由发动机转速和飞行速度确定。

目前，民航飞机中最常见的发动机反推装置如图 3.69、图 3.70 所示，由于高涵道涡扇发动机的推力主要由外涵产生，内涵所占比例较小，同时发动机内涵反推会给发动机带来许多不利的影响（如容易引起发动机喘振，熄火等），所以，高涵道涡扇发动机反推时只改变外涵喷气速度方向，反推力只来自外涵（称为冷气流反推）。

发动机反推通过油门杆上的反推手柄来控制，如图 3.71 所示，当飞机着陆或中止起飞时，发动机油门处在慢车位置（最后），此时可上提发动机反推手柄，通过液压机构使发动机反推装置展开工作，同时随着反推手柄的上提，发动机供油量增加，发动机转速增加，反推力增加。当飞机速度减低到一定值时，将反推手柄下压到底，液压机构使反推装置收起，发动机退出反推状态，回到慢车正推状态。

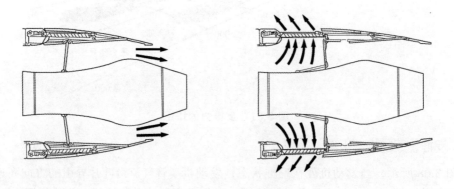

图 3.69　冷气流反推

图 3.70　一种冷气流反推的发动机

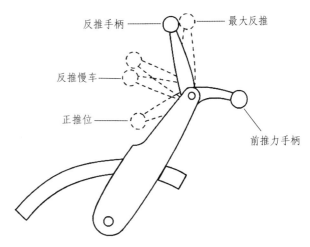

图 3.71　反推手柄

3.3.2.2　反推力装置使用注意事项

对目前使用中的大、中型民航机而言，当发动机处在反推状态时，由于气流喷气方向发生转折，将对发动机的工作产生诸多不利的影响，同时正确使用发动机反推也直接影响飞机飞行性能，所以机组在使用中应注意：

1. 只能在地面使用，禁止在空中使用

目前使用中的大、中型民航机都为多发，而且发动机大都分布在飞机大翼两侧，在空中一旦出现发动机反推力不平衡，产生的不平衡力矩将很大，飞行员很难操纵飞机恢复正常姿态，直接危及飞机飞行安全。所以，发动机反推装置只能在地面使用（飞机着陆或中止起飞时），目前在大、中型民航机发动机的反推装置上设计了有较为完善的安全保护装置，防止在空中发动机反推装置展开，同时也要求机组禁止在空中提起反推手柄。

2. 使用和退出时机要适宜

当飞机着陆主轮接地或中止起飞时，应及时上提发动机反推手柄，使反推装置迅速展开，由于此时飞机速度较高，可使发动机产生更大的反推力，使飞机迅速减速，试验表明，发动机反推装置的减速作用主要集中在初始滑行阶段。所以，使用发动机反推应及时（尤其在湿、滑跑道情况下）。

当飞机滑行速度较小时（一般为 60～80 km/h），应及时使发动机退出反推状态（紧急情形除外）。一方面可防止被射流卷起的地面砂石等外来物重新被发动机吸入，损坏发动机风扇叶片；另一方面防止发动机在反推状态工作时间过长，引起发动机喘振和超温。

3. 发动机最大反推状态应严格遵守发动机的限制

在发动机最大反推状态，应严格遵守发动机的限制（如 N_1，EGT 等），从而确保发动机及反推装置的使用寿命。

4. 飞机单发或大侧风着陆时，使用发动机反推要特别小心

由于单发时，若使用发动机反推，飞机横侧方向将很难保持，所以单发时，建议不使用发动机反推；另外，当飞机大侧风着陆时，在发动机反推状态下，将增加操纵飞机的难度，

此时应小心使用发动机反推装置。

在地面测试发动机反推装置时，由于反推装置的液压机构响应速度很快，应特别注意地面人员的安全。

总之，实际飞行中，机组应严格按照飞机《飞行手册》要求正确使用发动机反推装置，在确保飞行安全的前提下，充分发挥发动机反推力装置的作用，确保飞机飞行性能。

3.3.3 涡轮式发动机的工作状态和监控

3.3.3.1 发动机的工作状态

发动机稳定工作状态是指发动机在某一转速连续工作的状态。飞机在飞行中不同的飞行阶段对发动机的推力（功率）有不同要求，因而发动机对应有不同的工作状态。实际飞行中，不同的油门位置，对应了不同的发动机转速，给定了不同的发动机状态，如图 3.72 所示。目前，民用航空涡轮式发动机实际运行中常用的工作状态有：

（1）起飞/复飞工作状态：是发动机在飞行中的最大推力状态，此时发动机转速和涡轮前温度也接近许可的最大值，用于飞机起飞/复飞阶段。

发动机在此状态工作时，由于转速和涡轮前温度最高，发动机各部件承受的负荷最大。因此，发动机在该状态连续工作的时间要受到限制，一般为 5 min 或 10 min（参考具体飞机的《飞行手册》），飞行中，机组应严格禁止发动机超温、超转、超时。

（2）最大连续状态：是发动机可长时间连续发出最大推力的工作状态。此时，发动机推力约为最大推力的 80%，发动机转速约为最大转速的 90%。

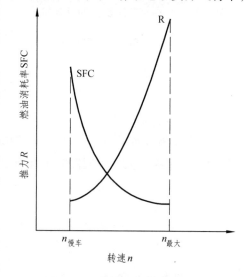

图 3.72 发动机转速对推力和燃油消耗率的影响

实际飞行中，为了确保飞行安全和发动机的使用寿命，最大连续工作状态常用于单发或应急爬升时（由机长决定）。连续使用时间不受限制。

（3）最大巡航工作状态：飞机巡航飞行时所使用的最大推力状态。此时，发动机转速和涡轮前温度不高，连续使用时间不受限制，用于长时间和远距离飞行。

（4）慢车状态：是发动机能稳定、连续工作的最小转速工作状态。此时，发动机油门杆位于最后，发动机的推力最小，发动机转速最低。

有些发动机的慢车状态分为，高慢车和低慢车状态。当飞机在空中，油门收到最后时，保持高慢车状态（防止发动机熄火，确保发动机防冰的可靠性），当飞机主轮及地后，自动转换成低慢车状态。

慢车状态时，涡轮前温度较高，用于飞机着陆、地面滑行阶段，使用时间不能太长（具体视飞机的《飞行手册》的要求）。

3.3.3.2 发动机系统的监控参数

目前，涡轮式发动机普遍配备了数字电子控制系统（简称 FADEC），可以有效实现发动机推力管理和发动机安全保护。飞行员通过驾驶舱中央仪表板监控发动机工作参数,主要有:监控发动机推力的参数:风扇转子转速 N_1 或发动机压力比 EPR;监控热端部件完好性的参数:发动机排气温度 EGT 或涡轮级间温度 ITT,高压转子转速 N_2,发动机燃油流量 FF 等;监控发动机润滑质量的参数:滑油压力 OIL PRESS,滑油温度 OIL TEMP 和滑油量 OIL QTY;监控发动机转子运转情况的参数:发动机振动值 VIB 等,以及相应的超限警告灯,如图 3.73所示。飞行中,机组应严格按照飞机《飞行手册》的要求和程序正确使用发动机,特别防止发动机超温、超转、超限,引起发动机部件损伤,影响发动机使用寿命,进而危及飞行安全。

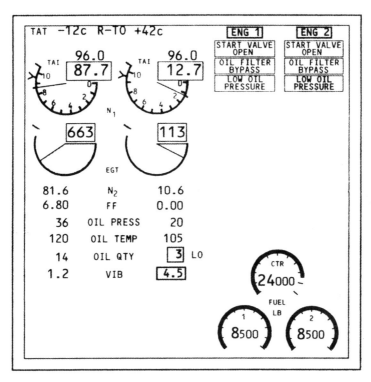

图 3.73　中央仪表板(发动机参数集中显示)

3.3.4　辅助动力装置

在中、大型以上飞机上,通常在飞机尾部装有一台小型燃气涡轮发动机,称为辅助动力装置(Auxiliary Power Unit,简称 APU),可为飞机气源系统提供增压空气和飞机交流电源系统提供备用电源。配置有 APU 的飞机可减少对地面设备的依赖,在空中特定情况下(如 ETOPS运行中),APU 还可为飞机提供应急能量。

3.3.4.1　概　述

APU 是一自成系统的独立装置,安装在飞机尾部一非增压防火舱内,如图 3.74 所示。

APU 进气门位于飞机尾部右侧。当 APU 工作时,APU 进气门自动开启,可为 APU 发动机供气和为 APU 附件系统提供冷却空气;APU 停车时,APU 进气门自动关闭。APU 排气经排气消音器从尾部排气口排出。

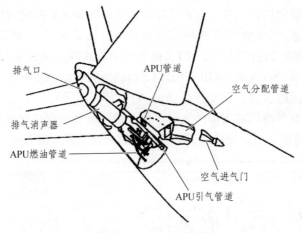

图 3.74　APU 示意图

APU 发动机由压气机（通常为离心式压气机）、燃烧室、涡轮、进排气装置等部件组成，同时拥有自身独立燃油系统、滑油系统、起动系统、空气系统等。外界空气经压气机增压后，大部分的增压空气经 APU 引气活门进入飞机气源系统，少部分空气在燃烧室与燃油（通常来自飞机 1 号油箱）混合燃烧，高温高压燃气驱动涡轮旋转。涡轮转子所产生的功率，一方面用来带动压气机叶轮；另一方面带动附件齿轮箱，通过附件齿轮箱带动交流发电机及发动机附件。APU 附件齿轮驱动的风扇为 APU 部件（交流发电机和 APU 滑油散热器）提供冷却和通风。

3.3.4.2　APU 的工作

APU 的起动由 APU 起动电门控制，如图 3.75 所示。起动时，APU 电动起动机（电源主要来自飞机电瓶或外接直流电源）带动 APU 发动机转子转动，达到一定转速时，起动点火装置点燃燃烧室内的燃油混合气，使 APU 加速进入工作转速。

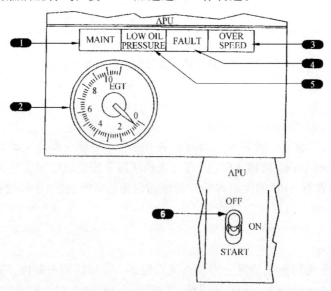

图 3.75　APU 的控制与显示

1—APU 维护灯；2—APU 排气温度表；3—APU 超转灯；
4—APU 故障灯；5—APU 滑油低压灯；6—APU 电门

APU 交流发电机是 APU 的重要负载，当 APU 达到正常工作转速后，接通 APU 发电机汇流条电门，可为飞机交流电源系统供电。

监控 APU 工作的参数有：APU 排气温度表、电流表、发动机电压表、连续工作时间指示器（小时表）以及相应的超限警告灯（如滑油量不足、滑油低压、滑油温度高、超转等）。

APU 防火系统通常使用一单环路的火警探测系统和一灭火瓶进行 APU 火警的探测和灭火。当探测环路探测到火警信号，可提供火警警告。此时上提 APU 火警电门（为便于地面人员对 APU 及时灭火，通常在飞机主轮舱也设有 APU 灭火装置），将实施 APU 自动停车保护（关闭 APU 燃油关断活门、引气活门、进气门，断开 APU 发电机控制继电器等）和灭火预位（APU 灭火瓶电路预位、灭火电门开锁）；转动灭火电门，将释放灭火瓶，对 APU 实施灭火。

3.3.4.3　APU 的使用

APU 可为飞机气源系统提供增压空气，并为飞机交流电源系统提供备用电源（超过一定高度后，仅能提供电源），飞行使用中，应严格遵守飞机《飞行手册》关于 APU 使用的相关限制，确保 APU 安全稳定工作和使用寿命。

APU 起动后，为了确保 APU 发动机使用寿命，通常要求 APU 稳定工作 1~2 min（便于 APU 暖机），才能接通 APU 引气电门，为飞机气源系统提供增压空气，为主发动机起动系统、飞机空调增压系统提供气源（通常在地面，APU 可为两组空调组件供气，在空中只能为一组空调组件供气）。

在民航大型飞机飞行使用中，如 B737NG，为确保 APU 安全工作和使用寿命，要防止 APU 超载。在主发动机起动时，APU 将优先确保起动气源（必要时，一些电气载荷将自动卸载）；不在发动机起动阶段，APU 将优先确保电气负载（必要时，APU 将自动减少引气量）；当 APU 仅提供电气负载时，若电气负载过大，APU 将自动卸载（如厨房载荷）。

APU 停车前，通常要求 APU 不带引气负载工作 1~2 min（便于 APU 冷却），才能实施 APU 停车程序。

在 APU 稳定工作中，出现下列任一情形，APU 将自动停车：APU 滑油压力过低；APU 滑油温度过高；APU 排气温度超限；APU 超转；APU 出现火警警告；在地面工作时，将飞机电瓶电门置于"OFF"位。

3.3.5　冲压空气涡轮

在一些大型、重型民航飞机上装有冲压空气涡轮装置（Ram Air Turbine，简称 RAT），当飞机所有系统失效后，冲压空气涡轮装置可利用冲压气流向飞机提供应急液压源，用于飞机飞行控制系统等（有的 RAT 还可为飞机基本飞行仪表等重要装置提供应急电源）。RAT 通常被安装在机身的后下部，如图 3.76 所示，在飞行中可由人工控制其工作，如果飞机所有液压系统压力下降，RAT 将自动展开投入工作。地面传感器控制冲压空气涡轮禁止在地面工作。

RAT 包括一气流驱动的可变距螺旋桨，通过自身的配重和弹簧控制螺旋桨桨叶角，从而保持其恒定的转速。当 RAT 开始工作的时候，桨叶在最小距，便于螺旋桨转速尽快增加到工作转速。当转速接近工作转速（4 000 r/min 左右）时，桨叶桨距逐渐增大，防止超速。

图 3.76 冲压空气涡轮

螺旋桨输出轴直接驱动一液压泵，在冲压空气涡轮开始展开时，系统先自动卸载（液压油出油管通回油管路），便于液压油充填 RAT 液压泵容积室。当容积室充满后，连接到回油管路的端口关闭，液压泵产生的所有压力液压油被直接导入飞机主液压系统。

从 RAT 展开到液压建立大约需要 3 s。座舱中 RAT 控制与显示包括：RAT 人工操纵电门、RAT 展开信号灯（通常为琥珀色）、RAT 压力升高信号灯（通常为绿色）。

有关燃气涡轮动力装置的工作系统和性能请参见西南交通大学出版社出版的《航空燃气涡轮动力装置》（傅强，左渝钰编）一书。

4 飞行仪表及飞机电气系统

航空器上用的仪表叫做航空仪表。它的功用是测量、计算和自动调节航空器的运动状态以及动力装置的工作状态。航空仪表按功用可分为飞行仪表（或称驾驶领航仪表）、发动机仪表和其他设备仪表等 3 类。

用来反映或调节飞机运动状态的仪表叫作飞行仪表，主要包括高度表、空速表、地平仪、磁罗盘、陀螺半罗盘、罗盘系统等。这些仪表又可划分为全静压仪表（也称为大气数据仪表）、姿态仪表、航向仪表等几类。

4.1 全静压仪表及系统

全静压仪表也称为大气数据仪表，包括高度表、指示空速表、真空速表、马赫数表、升降速度表和温度表等，用于测量飞机的高度、速度等重要飞行参数。目前，在小型飞机和通用飞机上大多使用分立式仪表，而在大、中型飞机上利用大气数据计算机集中处理大气数据，然后由电动仪表或电子显示器显示各种飞行参数。

4.1.1 指示空速表

飞机相对于空气的运动速度叫做空速，空速表（Airspeed Indicator）就是测量飞机空速的仪表。飞行员根据空速，可以判断作用在飞机上的空气动力情况，从而正确地操纵飞机；根据空速，还可以计算地速，从而确定已飞距离和待飞时间。

4.1.1.1 空速的种类

（1）指示空速（IAS）：又称为表速，按海平面标准大气条件下空速和动压的关系得到的空速。飞机飞行手册中的各种飞行速度限制常用指示空速表示。

（2）校正空速/修正表速（CAS）：对指示空速修正位置误差和仪表误差后得到的空速。虽然制造厂家尽力消除该误差，但不可能对整个运行速度、重量和襟翼设定等状态下的误差完全消除。在《飞行员操纵手册》上列有校正空速的修正值。在海平面标准大气条件下，校正空速等于真空速。

（3）当量空速（EAS）：对特定高度上的校正空速修正空气压缩性误差后得到的空速。高速飞行时，飞机快速通过大气运动，在飞机前方，空气被压缩，产生空气压缩性误差，从而使当量空速低于校正空速。许多电子式和机械式飞行计算器都安装有补偿这一误差的装置，但是，当飞机指示空速低于 200 kn 和高度低于 20 000 ft 时，该误差可忽略不计。当量空速用于飞机强度分析中计算飞机所受载荷。

（4）真空速（TAS）：飞机相对于空气运动的真实速度。对当量空速补偿压力和温度误差后（即空气密度误差）得到的就是真空速。在海平面标准大气条件下，校正空速等于真空速。高度增加或空气温度增高，空气密度将降低。因此，在给定指示空速的情况下，真空速会随高度的增加而增大。真空速除了用于飞机空气动力、性能计算之外，也常用于领航计算。

虽然指示空速不等于真空速，但它反映了动压的大小，即反映了飞行时作用在飞机上的空气动力情况，这对操纵飞机有重要作用。飞行员根据指示空速，可以保持所需要的迎角飞行。根据指示空速操纵飞机，比用真空速操纵飞机更为方便。

高性能飞机上，一些极限速度是以音速为基准来定义的，这些飞机上通常装有马赫数指示器。马赫数（Ma）是真空速与飞机所在高度的音速之比，例如，马赫数 0.8 表示飞机的真空速为音速的 80%。

4.1.1.2 基本原理

空速的测量是通过测量飞机运行时的动压来实现的。我们把静止大气固有的大气压力称为静压，把相对飞机运动方向上测得的气压称为全压，显然，当飞机在地面处于静止状态时，全压等于静压，而当飞机高速飞行时，空气相对运动动量会使气压压力升高，从而使全压大于静压。飞机的速度越快，全压和静压的差异就越大，全压和静压的差值就定义为动压。指示空速表是根据海平面标准大气条件下，动压和飞机的空速成正比的关系，利用开口膜盒测量动压，从而表示指示空速。图 4.1 为指示空速表的结构图，指示空速表内有一个开口膜盒，来自全压管的全压，直接送到开口膜盒内，静压送往表壳内，开口膜盒外。空速改变时，膜盒在动压的作用下产生变形，带动指示器表面上的指针指示。指针的转角完全取决于动压的大小，即指示空速的大小。空速大，动压也大，仪表指示也越大；反之，指示小。可见，指示空速表是根据海平面标准大气条件下，空速和动压的关系，利用开口膜盒测动压，从而指示空速的。

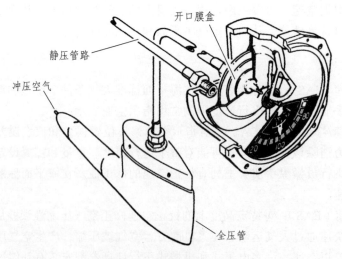

图 4.1　指示空速表结构图

4.1.1.3 表盘信息

许多空速表的刻度盘上涂有颜色标记，它们代表不同飞行阶段的速度限制范围和各种极限速度，如图 4.2 所示。

v_{S0}指着陆形态（起落架和襟翼放下）下的最小稳定飞行速度或失速速度。在小型飞机上，这个速度也称为着陆形态下最大着陆重量时的无动力失速速度。

v_{S1}指在规定形态下的最小稳定飞行速度或失速速度。在小型飞机上，这个速度也叫作光洁形态（襟翼和起落架收上）下最大起飞重量时的无动力失速速度。具体数据应查阅相应的飞行员操作手册。

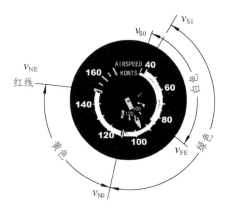

颜色	含义
白色	襟翼操作速度范围
绿色	正常操作速度范围
黄色	警戒速度范围
红色	极限速度

图 4.2 空速表表面

v_{FE}指襟翼完全放下后的最大速度。

v_{N0}指最大结构强度巡航速度。

v_{NE}指极限速度。

白色弧线区：下限为v_{S0}，上限为v_{FE}。该速度范围为襟翼操作速度范围。进近着陆期间，速度一般限制在此范围内。

绿色弧线区：下限为v_{S1}，上限为v_{N0}。此范围为飞机正常操作速度范围。大部分飞行都应在此速度范围内进行。v_{N0}为最大结构强度巡航速度，除在平稳气流中飞行外，其他情况下均不应超过此速度。

黄色弧线区：上下限分别为v_{N0}和v_{NE}。只有飞机处于平稳气流中、飞行员时刻处于戒备的情况下才可在此速度范围内飞行。

红线：极限速度v_{NE}。若飞机以大于此速度飞行，就可能对飞机造成损坏或结构破坏。

空速表上能提供重要的空中飞行速度限制，但并不是所有速度都会在空速表上标出，下面这些速度在空速表上就没有标示出来：

v_A：机动飞行速度，指飞行员突然使用最大操纵偏移量时不会对飞机结构造成损坏的最大速度。同时，它也表示飞机在紊流中飞行，飞行员能安全使用的最大速度。v_A在飞行员操作手册中可以查到，在驾驶舱中的标牌上通常也会标示出来。

v_{LO}：收放起落架期间能安全使用的最大速度。

v_{LE}：起落架全放下时能安全使用的最大速度。

4.1.1.4 空速表误差

空速管堵塞导致动压测量不准确，从而影响空速表读数的准确性。由于在不同的飞行高度上，压强、温度、密度等大气环境不同，在进行空速测量时除了要考虑测量仪表本身误差之外，还要考虑实际的压强测量误差、空气压缩性误差和大气密度误差。飞机上使用的空速表是按照海平面标准大气条件下动压与空速的关系进行设计的，在实际飞行中，各个飞行高度上的大气条件不可能与海平面标准大气条件完全一致，因而在进行空速换算时需要考虑相应的误差。

4.1.1.5 仪表检查

飞机滑行前，空速表指示应为零。在开始起飞滑跑加速时，空速表指示应按适当的速率增大。如果不是这样，应终止起飞。

4.1.2 气压式高度表

气压式高度表（Aneroid Altimeter）是 IFR 飞行的一个主要仪表，用于测量飞机的飞行高度。正确地测量和选择飞行高度，对充分发挥飞机性能、减少燃油消耗、节约飞行时间和保证飞行安全都有十分重要的意义。

4.1.2.1 高度类型

飞机的飞行高度是指飞机到某一个指定基准面之间的垂直距离。基准面不同，得出的飞行高度也不同。下面介绍几种航空上使用的高度：

（1）相对高：指飞机到某一机场场面的垂直距离。

（2）绝对高度：指飞机到平均海平面的垂直距离。在航图上，固定物体的标高，如机场、高塔和电视天线等，都是用绝对高度来表示的。

（3）场面气压高（场压高）：以起飞或着陆机场的场面气压为基准面测得的气压高度，因此，当飞机停在跑道上时，高度表高度应该指示为零。

（4）修正海平面气压高度（修正海压高度）：以修正海平面气压为高度基准面气压，按国际标准大气条件下气压和高度的规律测得的气压高度。修正海压是按起降机场场面气压推算出来的平均海平面气压值，当飞机停在该起降机场场面且高度表气压基准设为修正海压时，高度表指示高度应正好为机场场面的海拔高度。因此，用修正海压高度减去机场场面的海拔高度，就得到飞机离机场场面的相对高度。

利用场面气压高度和修正海平面气压高度都可以获得离地高度信息，它们主要用于终端区域和低高度飞行时，确保飞机保持安全的离地间隔。

（5）标准气压高度：指在国际标准大气条件下测得的飞机到标准气压（1 013 mbar 或 29.92 inHg）平面的垂直距离。当所有飞机均采用该标准气压平面测量高度时，可以获得较为准确的飞机间相对高度，从而确保飞机间的安全间隔。标准气压高度主要用于航路，飞行程序中的飞行高度层即采用标准气压高度进行高度定义和高度层划分。

在航空领域，用 QFE 表示场压，用 QNH 表示修正海压，用 QNE 表示机场场面的标准气压高度。

在标准大气条件下，海压高度等于绝对高度，场压高等于相对高。若处于非标准大气条件中，又不进行相应的修正时，绝对高度（相对高）可能大于或小于海压高度（场压高）。当大气压力或温度超过标准条件时，绝对高度大于海压高度；当压力或温度低于标准条件时，绝对高度小于海压高度。

（6）真实高：指飞机距正下方地表面的实际高度。该高度随飞机本身的高度和地表面的高度不同而变化。这种高度通常又被称之为离地高（AGL），由无线电高度表进行测量。

4.1.2.2　基本原理

在近地表面，随着高度的增高，大气压力按照一定规律递减，不同的高度对应不同的大气压力，因此气压式高度表就是通过测量大气压力来间接测量飞行高度的。图4.3为气压式高度表结构图。高度表内有一真空膜盒组。来自静压源的静压（大气压力）作用在膜盒外，静压变化时，膜盒产生变形，膜盒的变形量经传动机构使指示器上的指针转动，指示相应的高度。有些高度表除有指针外，还有一个黑白相间的条纹窗，当高度表上的读数低于 10 000 ft 时出现。

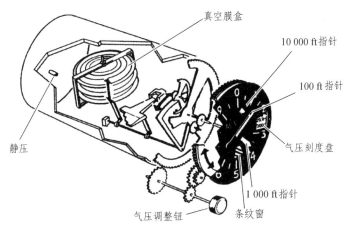

图 4.3　气压式高度表结构图

4.1.2.3　方法误差

气压式高度表是按照标准气压高度公式设计制造的。当实际大气条件不符合标准大气条件时，指示将出现误差，这种误差叫做高度表的方法误差。方法误差分为气压方法误差和气温方法误差两种。

高度表测量基准面气压不符合标准大气条件而引起的误差，叫做气压方法误差。如果基准面的气压降低，气压式高度表将出现多指误差；反之，出现少指误差。修正该误差的方法是转动气压式高度表上的气压调整钮，使气压刻度指示实际场压值。

高度表测量基准面的气温和气温垂直递减率不符合标准大气条件而引起的误差，叫做气温方法误差。若大气实际气温高于标准温度，高度表将出现少指误差，反之，出现多指误差。该类误差通过领航计算进行修正。

4.1.2.4　高度表拨正

气压式高度表上有气压基准调谐旋钮和气压刻度窗，高度表感受当时的大气压力，指示的是以高度表气压窗中所调气压面为基准的气压高度。例如，高度表气压窗上所调气压为

29.82 inHg，则表上指示的是飞机距 29.82 inHg 气压基准面的高度。因此，调错气压基准面将导致高度表产生多指或少指的误差。如果调定的基准面气压高，则出现少指误差；如果调定的基准面气压低，则出现多指误差。

由于本地气压随时改变，飞行中应根据 ATC 提供的气压值拨正气压窗中的压力值，否则指示的高度就不正确。例如，高度表上气压值拨正为 30.00 inHg，高度表指示 3 500 ft；当飞机飞到大气压为 29.50 inHg 的地区时，高度表感受到压力降低 0.5 inHg，从而使高度指示值增大 500 ft，即指示高于实际高度。根据该指示飞行，你可能会顶杆来降低高度以保持"计划"高度，结果使实际飞行高度低于计划高度，如图 4.4 所示。用口诀"从高飞往低或从热飞往冷，防止高度低"可帮助记忆该现象。

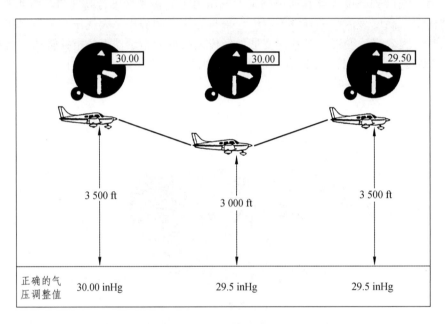

图 4.4　高度表误差

飞机运行到终端区（机场）附近时，需要掌握较为准确的离地高度信息，以确保和地面之间的安全间隔，此时可以使用场压高或者修正海压高度；在航路上时，离地面距离很远，但是需要获得较为准确的飞机间相对高度，此时需要使用标准气压高度。为了使用统一的间隔标准，需要确定气压高度表在这两者之间切换基准的时机，CCAR91 部中第 121 条专门制订了高度表拨正程序，程序要求：

"（a）规定过渡高度和过渡高度层的机场。航空器起飞前，应当将机场修正海平面气压（QNH）的数值对正航空器上气压高度表的固定指标；航空器起飞后，上升到过渡高度时，应当将航空器上气压高度表的气压刻度 1 013.2 百帕对正固定指标。航空器着陆前，下降到过渡高度层时，应当将机场修正海平面气压（QNH）的数值对正航空器上气压高度表的固定指标。

（b）规定过渡高和过渡高度层的机场。航空器起飞前，应当将机场场面气压的数值对正航空器上气压高度表的固定指标；航空器起飞后，上升到过渡高时，应当将航空器上气压高度表的气压刻度 1 013.2 百帕对正固定指标。航空器降落前，下降到过渡高度层时，应当将机场场面气压的数值对正航空器上气压高度表的固定指标。

（c）在没有规定过渡高度或过渡高和过渡高度层的机场。航空器起飞前，应当将机场场面气压的数值对正航空器上气压高度表的固定指标；航空器起飞后，上升到 600 米高时，应当将航空器上气压高度表的气压刻度 1 013.2 百帕对正固定指标。航空器降落前，进入机场区域边界或者根据机场空中交通管制员的指示，将机场场面气压的数值对正航空器上气压高度表的固定指标。

（d）高原机场。航空器起飞前，当航空器上气压高度表的气压刻度不能调整到机场场面气压的数值时，应当将气压高度表的气压刻度 1 013.2 百帕对正固定指标（此时高度表所指的高度为假定零点高度）。航空器降落前，如果航空器上气压高度表的气压刻度不能调整到机场场面气压的数值时，应当按照着陆机场空中交通管制通知的假定零点高度（航空器接地时高度表所指示的高度）进行着陆。"

4.1.2.5　仪表检查

飞行前应检查高度表的指示是否准确，方法是将高度表气压值拨正在当前气压上，指示的高度误差应不超过 75 ft。

4.1.3　升降速度表

在单位时间内，飞机高度的变化量叫做升降速度或垂直速度。根据升降速度可以计算出飞机在一定时间内上升（或下降）的高度，以及爬升（或下降）一定高度所需要的时间。

升降速度表（Rate of Climb Indicator）主要用来测量和指示飞机的升降速度，同时还可辅助地平仪反映飞机是否平飞。如图 4.5 所示，左边表上指示出下降率为 300 ft/min；右边表上指示出爬升率为 300 ft/min。

图 4.5　升降速度表表面

4.1.3.1　基本原理

图 4.6 为升降速度表结构图。在升降速度表内装有一个开口膜盒，膜盒内部通过一个内径较大的导管与静压相连，膜盒外部通过一个内径很小的玻璃毛细管与静压相连。飞机平飞时，膜盒内外气压相等，膜盒内外没有压力差，指针指示为零；当飞机爬升或下降时，外界气压不断变化，膜盒内的压力也随着变化，与外界保持平衡，膜盒外的空气由于毛细管的阻

滞作用，气压变化较慢，产生压力差。受此压力差作用，膜盒变形，通过传动机构，使指针指示该变化。当表壳内外气压变化率相等时，膜盒变形量一定，指针指示一定的升降率。简单来说，升降速度表就是利用毛细管对气流的阻滞作用，把气压变化率转变成为压力差，利用开口膜盒感受压力差，从而测量飞机的升降速度。

飞机进入爬升或下降时，升降速度表将立即给出瞬时的速度变化指示，可作为趋势指示仪使用。6～9 s后，指示趋于稳定并显示实际的升降率。粗猛的操纵或空气紊流会大大延迟其稳定时间并引起不稳定的指示。

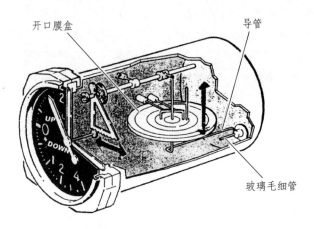

图 4.6　升降速度表结构图

4.1.3.2　升降速度表的延迟误差

飞机升降速度跃变时，升降速度表需要经过一段时间才能指示出相应数值，在这段时间内，仪表指示值与飞机升降速度实际值之差，叫作延迟误差。自升降速度开始跃变到指示接近相应的稳定值所经过的时间，叫作延迟时间。一般来说，延迟时间只有几秒，如有的升降速度表的延迟时间为 6～9 s。

为了减小升降速度表的延迟误差，飞机升降速度的跃变量不能太大，这就要求飞行员操纵飞机时，移动驾驶杆应柔和，动作不能太猛，动作量不能太大。同时，还应注意地平仪的指示，以便及时保持飞机状态。在改为平飞时，俯仰操纵还要留有提前量。

虽然升降速度表存在延迟误差，但在零刻度附近误差却很小，仪表很灵敏。飞机刚一出现上升或下降，仪表立刻会偏离零位。所以升降速度表是了解飞机上升、下降或平飞的重要仪表。

4.1.3.3　仪表检查

发动机开车前，检查升降速度表的读数应为零。发动机开车时，由于螺旋桨滑流影响，升降速度表指针会上下摆动。在平直飞行中，升降速度表指示为零。如果指示不为零，飞行中利用该读数值对升降速度表进行修正。

4.1.4　全静压系统

全静压系统（Pitot-static System）用来收集并传送气流的全压和静压。全静压系统由全压管、静压孔、备用静压源、转换开关、加温装置、连接导管等组成。全压管用于收集全压，全压管头部一般装有加温元件以防全压管内结冰，后部有一放水孔。全压管的发明者是法国人亨利·皮托，因此全压管也常被称为皮托管。静压孔用于收集静压，一般选择飞机两侧平整表面处设置。也有直接在皮托管侧面开孔来测量静压的，一般仍称为皮托管或者全静压管。由于静压的测量对于飞行安全至关重要，为提高系统的可靠性，大多数飞机上都装有备用静压源选择开关，在正常静压源失效时，可用它选择备用静压源。在非增压飞机上，备用静压源通常安装在驾驶舱中。全静压系统的组成如图 4.7 所示。

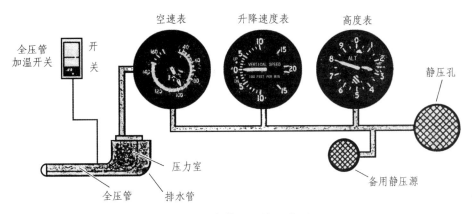

图 4.7　全静压系统组成图

全静压仪表一般来说都是很可靠的，出现误差主要是由于全压管和静压孔堵塞引起的。结冰、脏物及昆虫都会引发堵塞。

4.1.4.1　全压管堵塞

全压管堵塞仅对空速表的指示产生影响。该系统堵塞分以下两种情况：

（1）全压管堵塞，而管上的排水孔未堵塞。在此情况下，外界空气不能进入全压系统，系统内已有的空气又会从排水孔流出，管内余压将逐渐降至环境（外界）空气压力。空速表感受到全压和静压之差为零，表上的读数会逐渐降至零。也就是说，空速表上会出现与飞机在停机坪上静止不动时相同的指示。但空速表指示一般不是立即降至零，而是逐渐降至零。

（2）全压管和排水孔都堵塞。外界空气不能进入全压系统，系统中已有的空气又流不出来，从而造成实际空速改变时，管内空气压力无变化，空速表上的指示也无明显变化。若静压孔在此情况下未堵塞，空速仍会随高度变化。当飞行高度超过全压管和排水孔堵塞时的高度时，由于静压降低，全压与静压之差增大，空速表指示空速增加。当飞行高度低于堵塞出现时的高度时，就会出现与上面相反的指示。

4.1.4.2　静压孔堵塞

静压孔堵塞时，空速表会继续工作，但指示不准确。当飞行高度高于静压孔堵塞时的高度时，由于孔内静压高于所处高度上的正常静压，空速表的指示会小于实际速度。当飞行高度低于静压孔堵塞时的高度时，由于孔内静压低于所处高度上的正常静压，空速表的指示又会大于实际速度。

静压系统堵塞还会影响高度表的指示。一旦静压系统堵塞，即使高度变化，由于此时系统中的气压没有变化，指示出的高度也就不会出现相应的变化。

升降速度表也与静压系统相连，静压系统堵塞也会对升降速度表产生影响。如果静压系统出现完全堵塞，升降速度表上的指示就会为零。

4.1.4.3　使用注意事项

飞行前，应取下全静压管、全压管和静压孔的布套和堵塞并检查是否有脏物堵塞。全静压管、全压管和静压孔的电加温，应按规定进行检查。全、静压转换开关均应放在"正常"位。若发现开口堵塞，应由机务人员进行清洁。

飞行期间，临近结冰温度时，全静压管、全压管和静压孔中的水汽可能会因温度降低而结冰引起堵塞。因此，在可能结冰的条件下飞行时（如有雾、雨、雪等），如果机上有这些设备的加温设备，应接通加温设备，防止全压管结冰。应按机型操作程序要求接通加温设备，防止空速管结冰。空速管在加温时，温度可达 100~200 ℃，因此飞机落地后应按程序关闭空速管加热，防止过热烧坏。

在飞行中，当"正常"全、静压失效时，一般应首先检查电加温是否正常。若电加温不正常，应设法恢复正常；如果"正常"，而全、静压仍不能有效工作，则考虑静压孔是否堵塞，此时应转换到备用静压系统上去。在非增压飞机上，其备用静压源安装在座舱中。由于螺旋桨滑流影响，座舱中的压力低于外界大气压力，所以备用静压源感受的静压比实际静压低，高度表和空速表的指示会增大，升降速度表会短时指示爬升；在增压飞机上，由于静压管路在增压舱中，引起静压增加，高度表和空速表的指示会减小，升降速度表会短时指示下降。有关备用静压源的使用情况，应查阅飞行员操作手册中的相关说明。

4.1.5　大气温度表

外界大气温度（OAT），或称大气静温（SAT）是指围绕着飞机的静止大气温度。外界大气温度对许多飞行性能参数的影响较大，如升力、螺旋桨效率以及发动机输出功率等。一般情况下，温度越高，空气密度越低，空气动力效应越差。在做飞行计划时，需要利用外界大气温度参数来计算起飞性能、密度高度、巡航性能和复飞性能等。

在飞机上，外界大气温度可以通过航空气象服务获取，或者由机载大气温度表来直接测量得到。使用大气温度表时，要用暴露在大气中的温度传感器来测量大气温度。由于温度实际上是表达气体分子热运动的剧烈程度，固定在飞机上的温度探头相对于空气的快速运动会导致测量到的大气温度叠加上一个由相对运动产生的能量，这个增加的部分被称为动温，动温和静温之和，也即实际测量到的温度称为总温（TAT）。在飞行时，总温总是高于静温；当飞机停在地面时，总温等于静温。

温度的单位常用的是摄氏温度（℃）和华氏温度（℉）。国际单位制中，温度的基本单位是卡尔文（K）。在计算马赫数时，需要使用卡尔文单位，因为音速的计算公式为：$c = 38.945 \times K^{1/2}$。其中 c 是以节为单位的音速，K 即以卡尔文为单位的温度值。

大气温度表的温度传感器是总温探头，它也是大气数据计算机重要的信号源，装在机身外部没有气流扰动的地方，其对称轴与飞机纵轴平行。总温探头是一个金属管腔，空气从前口进入，从后口及周围几个出口流出，感温电阻感受其腔内的气流温度，电阻值与总温相对应，该电阻值经电路转换，输出与总温相对应的电压值。

4.2　测量飞机姿态的仪表

测量飞机姿态的仪表，主要是指测量飞机姿态角和姿态角速度的一些仪表。这些仪表能为飞行员提供俯仰角、倾斜角和转弯角速度等重要目视信号。小型飞机上使用的姿态仪表主要是地平仪和转弯侧滑仪，大、中型飞机上则采用姿态基准系统等。

地平仪、转弯仪、陀螺半罗盘都是利用陀螺特性工作的，在有些文献上也称它们为陀螺仪表。

4.2.1　陀螺的特性

测量物体相对惯性空间转角或角速度的装置叫做陀螺。地平仪、转弯仪和陀螺半罗盘使用的是刚体转子陀螺。刚体转子陀螺一般由转子、内框、外框和基座组成。转子轴称为自转轴。自转轴具有两个转动自由度的陀螺称为两自由度陀螺。两自由度陀螺具有内框和外框，它们为转子轴提供了两个转动自由度。内框和外框组成的框架又叫万向支架。自转轴只具有一个转动自由度的陀螺称为单自由度陀螺。单自由度陀螺只具有内框，它为自转轴提供了一个转动自由度。

4.2.1.1　两自由度陀螺的特性

两自由度陀螺具有两个基本特性：稳定性和进动性。

稳定性是指陀螺一旦高速旋转起来，就会表现出抵抗干扰力矩，力图保持其自转轴相对惯性空间方向不变的特性，如图 4.8 所示。任意转动陀螺的底座，其自转轴总是指向一个方向。

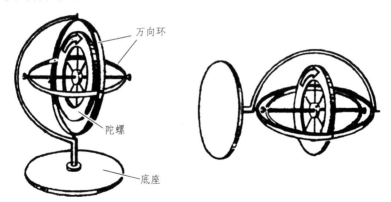

图 4.8　两自由度陀螺的稳定性

两自由度陀螺的稳定性是指陀螺自转轴相对惯性空间保持稳定，而不是相对地球保持稳定。由于陀螺自转轴相对惯性空间保持稳定，地球相对惯性空间转动，便形成了陀螺自转轴相对地球的运动，这种运动称为表观运动或视在运动。表观运动是陀螺稳定性的表现。

进动性是指陀螺自转轴在外力矩作用下，其实际转动方向与外力矩作用方向相互垂直的特性。若外力矩作用在内框轴上，陀螺绕外框轴转动；若外力矩作用在外框轴上，陀螺绕内框轴转动。

4.2.1.2 单自由度陀螺的特性

单自由度陀螺的基本特性是进动性，单自由度陀螺不具有稳定性。

当单自由度陀螺基座绕其缺少自由度的方向转动时，陀螺将绕内框轴转动，这种特性称为单自由度陀螺的进动性，如图 4.9 所示。

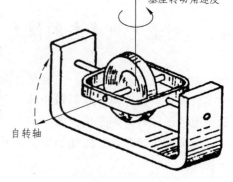

4.2.2 动力源

图 4.9 单自由度陀螺的进动性

陀螺可以靠电来驱动，也可以靠气源来驱动。大多数轻型飞机上，转弯仪一般采用电动，并装有一个红色警告标志来指示动力源失效情况。地平仪和陀螺半罗盘采用气动，气源由真空系统提供，如图 4.10 所示。空气经空气过滤器进入真空系统，然后流过地平仪和陀螺半罗盘，使陀螺旋转，再经真空泵排出。真空释压活门用来调节真空系统的真空度。

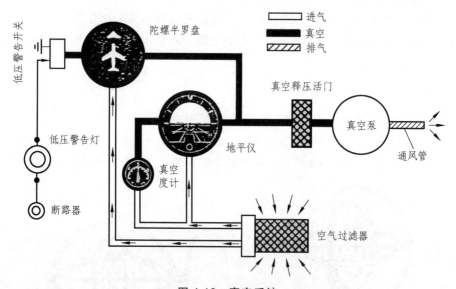

图 4.10 真空系统

飞行前，要进行真空系统的压力检查。飞行期间，也要重视对真空系统真空度的监视。如果真空度低于正常值，地平仪和陀螺半罗盘提供的数据就不准确。真空表以英寸/汞柱为刻度单位。一般情况下，真空度计上都有表示真空系统正常压力范围（4.4～5.2 inHg）的标志，通常为绿色刻度带区域，指示超出绿区范围表明真空系统故障或调整不正确，此时不能使用依靠真空系统驱动的仪表。一些飞机上还安装有真空系统压力低警告灯，当真空系统压力降至 3～3.5 inHg 时，会点亮警告灯发出警告。有些飞机上还安装有电动备用真空泵。

4.2.3 地平仪

地平仪，又称陀螺地平仪（Gyro Horizon）、姿态仪，用来测量和指示飞机的俯仰角和倾斜角。飞机的俯仰角和倾斜角表示飞机的飞行姿态，精确地测量飞机的俯仰角和倾斜角，对驾驶飞机极为重要。

4.2.3.1 基本原理

飞机的俯仰角是飞机纵轴与地平面的夹角；飞机的倾斜角是飞机对称面与通过飞机纵轴所作的铅垂面之间的夹角。测量飞机的俯仰角和倾斜角的关键就是要在飞机上建立水平面或地垂线基准，并且还要使这个基准在飞机机动飞行时保持稳定。

摆具有对地垂线的方向选择性，但没有抵抗干扰的方向稳定性；陀螺具有抵抗干扰的方向稳定性，却没有对地垂线的方向选择性。地平仪的基本原理就是利用摆的地垂性修正陀螺，利用陀螺的稳定性建立稳定的人工地垂线，从而根据飞机和陀螺的关系测量飞机的俯仰角和倾斜角。

依据两自由度陀螺内外框与飞机纵横轴的关系，地平仪在飞机上有两种安装方法：一种是外框轴平行于飞机纵轴安装，称为纵向安装；另一种是外框轴平行于飞机横轴安装，称为横向安装。

图 4.11 为纵轴安装的地平仪的结构图。陀螺自转轴垂直于地平面，外框轴与飞机纵轴平行，内框轴与飞机横轴平行。由于陀螺的稳定性，自转轴在空间的位置将保持不变。飞机俯仰时，内框绕内框轴保持稳定，表壳和外框随机体一起转动，固定在内框上的销子拨动人工地平线摇臂使人工地平线相对小飞机转动一俯仰角度，从而指示俯仰。飞机倾斜时，自转轴、内框、外框保持稳定，表壳绕外框轴转动，带动表面上的小飞机相对人工地平线转动，倾斜刻度盘相对倾斜指标转动，从而指示倾斜。

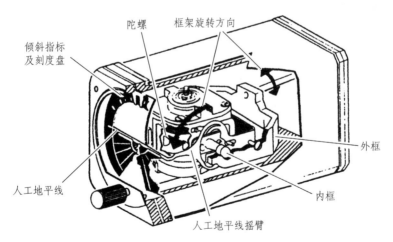

图 4.11　地平仪的结构图

4.2.3.2 误　差

飞机转弯或盘旋时，惯性离心力使摆偏离地垂线，并对陀螺进行错误修正，造成自转轴偏离地垂线，使地平仪的俯仰和倾斜指示产生误差。因此，飞机改平后，应参照其他仪表检

175

查地平仪的指示。

飞机加速或减速时，惯性力使摆偏离地垂线，并对陀螺进行错误修正，造成自转轴偏离地垂线，从而产生误差。飞机加速时，陀螺自转轴上端向前移动，地平仪指示飞机爬升；飞机减速时情况相反。因此，飞机加速飞行使用地平仪时，应参照其他仪表检查其指示。

地平仪出现的误差，待飞机匀速平飞时可以自行消除，但需要的时间较长。为了加速消除误差，飞行员应利用陀螺上锁机构，在匀速直线平飞时上锁，然后开锁，误差就会快速消除。

4.2.3.3 组　成

地平仪一般由两自由度陀螺、地垂修正器、指示机构和控制机构等组成。两自由度陀螺是地平仪的基础部分。当仪表正常工作时，自转轴处于地垂线方向，框架轴则作为飞机姿态角的测量轴。地垂修正器是地平仪的修正部分，用来测量地垂线并对陀螺进行地垂修正。指示机构用来向飞行员提供飞机姿态角的目视信号。陀螺控制机构可以在地平仪起动时或飞机机动飞行后使自转轴迅速恢复到地垂线方向，从而缩短起动时间或消除机动飞行过程中产生的指示误差，通常采用机械式锁定装置。

4.2.3.4 指示和认读

飞机平飞时，小飞机和人工地平线重合。飞机上升（或下降）时，人工地平线下降（或上升），小飞机在俯仰刻度盘上指示的度数代表飞机的俯仰角。飞机向左（或向右）倾斜时，人工地平线向右（或左）倾斜，倾斜指标在倾斜刻度盘上的读数代表飞机的倾斜角，如图 4.12 所示。

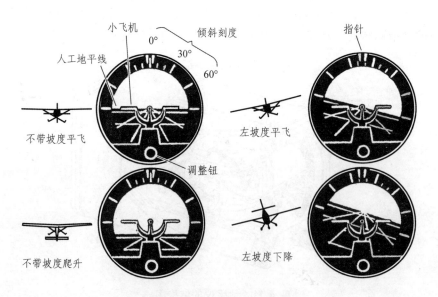

图 4.12　地平仪的指示情况

地平仪表面上有一个调整旋钮，转动该旋钮，可以使小飞机上下移动。该旋钮还具有上锁功能，拉出旋钮，可使陀螺快速直立，三轴互相垂直（自转轴接近地垂线方向），加快起动速度；松开旋钮，陀螺开锁。

4.2.4　转弯侧滑仪

转弯侧滑仪是由转弯仪和侧滑仪两个独立的仪表组合而成。其中,转弯仪(Turn Indicator)用于指示飞机转弯或盘旋的方向,并粗略地反映转弯的快慢程度。有的转弯仪在飞机真空速与它表面标注的真空速相等时,能指示飞机无侧滑转弯的坡度。侧滑仪(Slip Indicator)用于指示飞机有无侧滑和侧滑的方向,与转弯仪配合,供驾驶员操纵飞机协调转弯。

4.2.4.1　转弯仪的工作原理

图 4.13 为两种转弯侧滑仪的结构图,转弯仪是利用单自由度陀螺进动性工作的。单自由度陀螺的自转轴与飞机横轴平行,内框轴与飞机的纵轴平行,测量轴与飞机立轴平行。当飞机以一定的角速度转弯时,内框进动,带动小飞机或指针指示。飞机左转弯时,小飞机左倾斜或指针偏左;飞机右转弯时,小飞机右倾斜或指针偏右。当小飞机翼尖或指针对准 "L"或 "R"标线时,表示飞机以标准角速度 3 (°) /s 转弯。此时飞机转 360° 需要 2 min。对于仪表飞行,该参考速度非常有用。

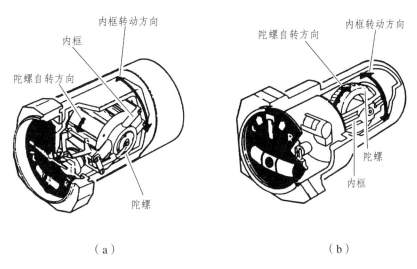

（a）　　　　　　　　　　　　　　（b）

图 4.13　转弯侧滑仪结构图

4.2.4.2　侧滑仪的工作原理

侧滑仪由小球、玻璃管和阻尼液等组成。小球是敏感元件,相当于单摆的摆锤,能在玻璃管中自由滚动。玻璃管的曲率半径相当于摆长,阻尼液对小球起阻尼作用。

侧滑仪利用小球模拟飞机在横轴方向的受力情况来指示飞机转弯是否协调。飞机转弯时,沿横轴方向的作用力有重力在横轴方向的分力和惯性离心力在横轴方向的分力,这两个分力方向相反。在协调转弯期间,两个分力大小相等,方向相反,侧滑仪中的小球处于玻璃管中央,如图 4.14（a）所示;外侧滑时,惯性离心力在横轴方向的分力大于重力在横轴方向的分力,小球向转弯外侧移动,如图 4.14（b）所示;内侧滑时,重力在横轴方向的分力大于惯性离心力在横轴方向的分力,小球向转弯内侧移动,如图 4.14（c）所示。小球偏离中央位置越远,表示侧滑越严重。

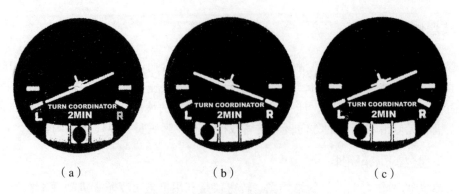

（a）　　　　　　　　　（b）　　　　　　　　　（c）

图 4.14　转弯侧滑仪的指示情况

4.2.5　仪表检查

要进行仪表飞行，飞行前必须对陀螺仪表和动力源进行检查。接通总电门前或发动机起动前，电动陀螺仪表上警告旗应出现。侧滑仪内应充满液体，同时小球应处于正中。接通总电门时，电动陀螺不应出现异常声音，如摩擦声。发动机起动时，气动陀螺不应出现异常声音，5 min 左右陀螺应达到正常转速，这期间指示常常会出现振动；当飞机停在停机坪或直线滑行时，若陀螺已达到稳定转速，转弯仪上应没有转弯指示，地平仪上人工地平线应水平。转弯期间，转弯仪和陀螺半罗盘应指示正确的转弯方向和转弯角度，侧滑仪中的小球移向转弯方向的外侧。正常转弯期间，地平仪的倾斜指示应不超过 5°。飞行前，用磁罗盘对陀螺半罗盘进行校正。起飞前应再次进行检查，以保证陀螺没有进动。

起飞前还应对真空度计和电流表进行检查。如果真空系统压力在正常范围（4.4~5.2 inHg）以外，气动陀螺仪表（通常指的是气动地平仪和气动陀螺半罗盘）的指示不可靠。有些飞机上装备有真空系统压力低警告灯，当真空系统压力低于 3~3.5 inHg 时，灯燃亮。有些飞机上还装有电源低压和高压警告灯，以监视电源系统的工作情况。

4.3　测量飞机航向的仪表及系统

航向表示飞机的飞行方向，测量飞机航向的仪表叫做航空罗盘（简称罗盘）。罗盘是飞机上重要的驾驶领航仪表之一。

小型飞机上常用磁罗盘和陀螺半罗盘来测量飞机的航向，大、中型飞机则采用磁罗盘和罗盘系统（或直接采用惯性基准系统）来测量飞机的航向。

4.3.1　磁罗盘

磁罗盘（Magnetic Compass）是通过感受地球磁场从而测量飞机航向的仪表，其表面如图 4.15 所示。磁罗盘的基本结构包括罗牌（即刻度牌）、罗盘油、外壳、航向标线和罗差修正器等。磁罗盘一般作为飞机的备用罗盘使用。

4.3.1.1 地球磁场与飞机磁场

地球具有磁性。地磁场的北极靠近地理北极，叫做磁北极；地磁场的南极靠近地理南极，叫作磁南极。地理北极和地理南极构成地球的自转轴，地理北极和地理南极又称为真北和真南。磁北极和磁南极构成另一条轴线，磁北极和磁南极又称为磁北和磁南。自由安装的磁条会自动跟踪地球南北磁极构成的这一轴线，如图 4.16 所示。

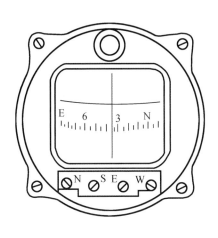

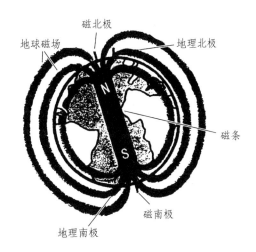

图 4.15　磁罗盘表面　　　　　　　　　　**图 4.16　地球磁场**

由于地球磁场的磁力线收敛于南北极，所以地球磁场强度的方向与水平面不平行。地磁强度与水平面的夹角叫作磁倾角，简称磁倾。在磁赤道上，由于磁力线与地球表面平行，因此磁倾为零。把罗盘朝两极移动，由于磁力线收敛于南北极，因此磁倾逐渐增大。

地磁水平分量的方向线称为磁经线，又叫磁子午线。磁针在地磁水平分量的作用下，指示出磁经线方向；地磁垂直分量使磁针倾斜。由于磁罗盘是通过感应地磁水平分量来指示磁方向的，越接近两极地区，磁倾越大，水平分量就越小，会导致测量误差增大。另外，如果飞越磁矿区，受磁矿区本身磁场的影响，也会导致测量的磁航向不准。

由于地磁极与地理极不重合，磁经线与真经线也不重合，磁经线偏离真经线的角度叫作磁差。若磁经线北端（简称磁北）偏在真经线北端（简称真北）以东，磁差为"＋"。若磁经线北端偏在真经线北端以西，磁差为"－"。各地磁差的大小和符号是不相同的。飞行员可以在航图上查出。

飞机上的钢铁物质和工作着的用电设备会形成一个磁场，该磁场称为飞机磁场。飞机磁场水平分量与地磁水平分量的合成磁场方向线叫作罗经线。放在飞机上的磁针将指向罗经线方向。

罗经线与磁经线之间的夹角叫作罗差，要指示磁航向，就需要修正罗差。罗经线北端偏在磁经线北端以东，罗差为"＋"；偏在磁经线北端以西，罗差为"－"。制造厂家通常在磁罗盘内安装补偿磁条，用于减小发动机运行和所有电子设备工作时产生的影响。但是，罗差不能完全消除，因此，在磁罗盘附近一般装有罗差修正卡，用它们来修正罗差。由于不同航向对应的磁力线不同，因此罗差随航向的改变而变化。

4.3.1.2 航　向

飞机的航向是指飞机纵轴与经线在水平面上的夹角。航向都是以经线北端为起点顺时针方向计算的。由于所取经线不同，航向可分为真航向、磁航向和罗航向。

真经线与飞机纵轴在水平面上的夹角叫作真航向。磁经线与飞机纵轴在水平面上的夹角叫作磁航向。罗经线与飞机纵轴在水平面上的夹角叫作罗航向。将真航向减去（磁北偏东时）或加上（磁北偏西时）磁差即得磁航向，反过来，即可将磁航向换算成真航向。

4.3.1.3 磁罗盘的基本原理

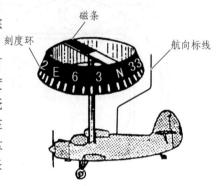

磁罗盘的基本原理是利用自由旋转的磁条自动跟踪地球磁场的特性来测量飞机的航向。

如图 4.17 所示，磁罗盘的敏感元件是在水平面内可以自由旋转的磁条。在磁条上固定着环形刻度盘，刻度盘的 0°~180° 线与磁条方向一致。航向标线固定在表壳上，代表飞机纵轴。飞机航向改变后，磁条始终稳定在罗经线方向，表壳随飞机转动。因此航向标线在刻度盘上所指的角度，就是飞机纵轴与罗经线在水平面上的夹角，即罗航向，经过修正后可以得到磁航向。

图 4.17　磁罗盘的基本原理

4.3.1.4 飞行误差

飞机在紊流中飞行、转弯或速度改变，磁罗盘都会出现误差，该类误差称为飞行误差。

由于磁条自动跟踪磁北，因此，它必须能够在壳体内自由摆动，但自由摆动又会使罗盘对紊流十分敏感。在轻度紊流中飞行时，可以取摆动范围的平均值作为罗盘航向。在严重紊流中飞行时，罗盘就基本上失去了使用价值。

飞机速度改变时，磁倾使罗盘产生加速度误差。磁倾越大，加速度误差就越大。在北半球，飞机加速时，罗盘会给出向北转弯的指示；减速时，罗盘会给出向南转弯的指示；速度恒定时，罗盘恢复正确指示。飞机在东、西磁航向上该误差最大，越接近南北磁航向，该误差越小，在南、北磁航向上为零。以上情况可概括为"ANDS"（加速北、减速南）。南半球的情形与北半球的刚好相反（加速南、减速北）。

飞机转弯时，磁倾使罗盘产生转弯误差。磁倾越大，转弯误差就越大。飞机在 0°（或 180°）磁航向上，若向东或西转弯时，该误差最明显，因此转弯误差也称为北转误差。离磁极越近，误差越大。在磁赤道上，转弯误差为零。

在北半球，从 0° 磁航向开始转弯，转弯瞬间，罗盘会给出向相反方向转弯的指示。转弯建立起来后，罗盘开始指示正确的转弯方向，但指示的转弯角度小于实际的转弯角度。随着转弯的继续，滞后量会逐渐减小。在飞机到达东西磁航向后，滞后量才会彻底消失。飞机从 180° 磁航向转弯时，转弯瞬间，罗盘指示正确的转弯方向，但指示的转弯角度大于实际的转弯角度。当飞机到达东西磁航向上时，这种误差才会消失，如图 4.18 所示。

飞机从 90° 或 270° 磁航向向北转弯，转弯瞬间罗盘不会出现误差。但随着飞机逐渐接近 0° 磁航向，罗盘指示值会逐渐滞后于实际值。飞机从 90° 或 270° 磁航向向南转弯，若倾斜角较小，罗盘会给出正确的航向指示；若倾斜角等于或大于临界倾斜角（90° − 当地磁倾），罗盘指示会有误差。但随着飞机逐渐接近 180° 磁航向，罗盘指示值会逐渐大于飞机实际值。

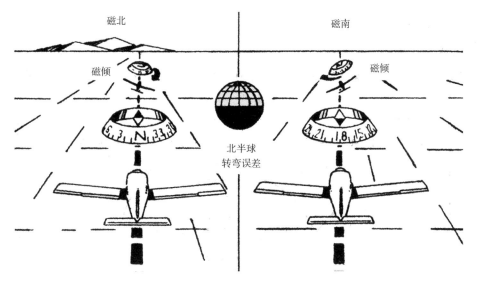

图 4.18　磁罗盘的转弯误差

　　飞行员根据磁罗盘操纵飞机转向预定航向时,必须考虑转弯误差,即根据磁罗盘的指示,提前或延迟改出转弯。在北半球飞行,如果不考虑飞机惯性,转弯后航向在 90°～0°～270° 范围内,应提前改出转弯,在 90°~180°~270° 范围内,应延迟改出转弯。提前或延迟量的大小等于飞机所处地区的纬度加上或减去飞机转弯的正常改出量(通常为坡度的一半)。例如,在北纬35°地区,飞机以15°坡度右转弯至0°航向,应提前42°(35°+7°)改出,即在318°(360°-42°)时改出;右转弯至180°航向时,应延迟28°(35°-7°)改出,即在208°(180°+28°)改出;仍在该纬度地区,左转弯至0°航向时,在42°时改出,左转弯至180°航向时,在152°(180°-28°)时改出。南半球的转弯误差与北半球相反。

4.3.1.5　仪表检查

　　飞行前,检查罗盘中应充满罗盘油;滑行中,罗盘磁条自由摆动并指示一个已知航向。飞行中需要用磁罗盘作参考,因此磁罗盘故障时,不能飞行。

4.3.2　陀螺半罗盘

　　陀螺半罗盘(Directional Gyro)又称陀螺方向仪,是利用两自由度陀螺稳定性工作的仪表。用于测量飞机的转弯角度,通过人工调谐罗盘基准线同经线的方向一致后可以指示飞机的航向。由于该仪表不能独立测量航向,必须与其他罗盘配合工作,所以叫做半罗盘。陀螺半罗盘没有自动寻北能力。陀螺半罗盘表面如图 4.19 所示。

图 4.19　陀螺半罗盘表面

4.3.2.1　基本原理

　　图 4.20 为陀螺半罗盘的结构图。两自由度陀螺的自转轴与地平面平行,外框轴与飞机立

轴平行，刻度盘经传动齿轮与陀螺外框相连，飞机形指针固定在表壳上。飞机转弯时，由于陀螺的稳定性，自转轴方位不变。刻度盘被陀螺稳定不动，指针随飞机转动，指示飞机的转弯角度。推入并转动调整旋钮可以转动刻度盘，当自转轴（准确讲是刻度盘的 0°～180° 连线）校正并稳定在经线方向上时，指针指示的角度便是航向角。

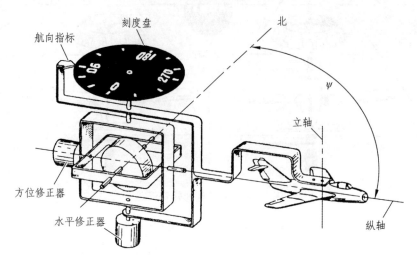

图 4.20　陀螺半罗盘结构图

4.3.2.2　误　差

陀螺自转轴相对地球经线运动将使陀螺半罗盘指示的航向产生误差，该误差称为自走误差。自走误差包括纬度误差、速度误差和机械误差。误差的大小与纬度、飞机的飞行速度等因素有关。例如，当飞机所在纬度为 30°，飞行速度为 1 200 km/h，航向为 90° 时，陀螺半罗盘的速度误差约为 6 (°) /h。因此，飞行中每隔一段时间（直读半罗盘一般每隔 15 min，其他依飞行手册而定）应参照磁罗盘对陀螺半罗盘进行校正，以消除这段时间积累起来的自走误差。飞行中校正时，飞机应处于平直匀速飞行状态，以保证磁罗盘的指示正确。

和磁罗盘相比较，陀螺半罗盘的稳定性良好，不受外界磁场影响，因此可以在飞机机动飞行时，以及在强磁场地区或高纬度地区使用。

4.3.3　**罗盘系统**

由两种或两种以上工作原理不同的罗盘所组成的测量飞机航向的系统称为航向系统或罗盘系统（Compass System）。罗盘系统常与导航仪表结合形成复合罗盘指示器，如 RMI 和 HSI 等。

陀螺磁罗盘是应用最广泛的罗盘系统，利用磁传感器和方位陀螺共同测量磁航向。陀螺半罗盘没有自动寻北功能，但能够在一定时间内稳定基准线；磁罗盘能够较准确地测定基准线，但存在飞行误差。陀螺磁罗盘将磁罗盘和半罗盘结合起来，减小了磁罗盘的飞行误差，避免了半罗盘的自走误差。因此，陀螺磁罗盘是一种既能独立测量航向，又具有良好稳定性和较高灵敏度的航向仪表。

4.3.3.1 基本原理

陀螺磁罗盘由磁传感器、修正机构、陀螺机构、指示器等部件构成。图 4.21 为陀螺磁罗盘系统的组成图。当控制组件上的功能开关置于"SLAVE（伺服）"位时，方位陀螺接收磁传感器送来的校正信号，经校正后，使指示器指示飞机航向。此时罗盘系统的工作就像一套感应式陀螺磁罗盘一样。置于"FREE（自由）"位时，断开了磁传感器的校正信号，指示器的航向指示仅受方位陀螺控制。此时罗盘系统相当于一个性能较好的远读陀螺半罗盘。在该位可利用控制组件上的人工航向同步开关（"CW-CCW"）人工校正航向。

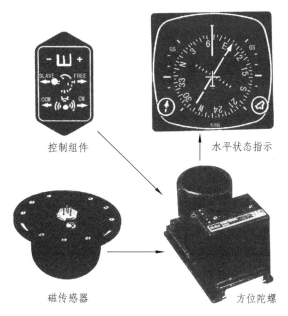

控制组件　　　水平状态指示

磁传感器　　　方位陀螺

图 4.21　罗盘系统的组成

4.3.3.2 系统检查

通电前，指示器上的航向警告旗出现。通电后，方位陀螺达到正常转速时，指示器上的航向警告旗消失。系统协调好后，控制组件上伺服指示器指针指零，表明罗盘系统工作正常。飞行中若航向警告旗出现，表明航向指示不可靠。地面起动时，一般接通罗盘电源 2~3 min 后，可按下快速协调按钮，使陀螺指示磁航向。若尚未指示当时磁航向，可根据同步指示器指示，转动同步旋钮，加快协调速度。

飞机平飞时，伺服指示器指针左右摆动，属正常状态。若指针一直偏向某一边，表明罗盘系统指示有误差，可进行人工协调，将伺服指示器指针调至中间位置。在飞行过程中，罗盘应指示飞机磁航向和转弯角度。在飞机转弯、加速等机动飞行时，罗盘有不大的误差，待飞机匀速平飞后，可转动同步旋钮，快速消除误差。转弯过程中，由角速度传感器自动断开陀螺半罗盘与磁罗盘的联系，快速协调按钮不作用。

4.3.4　IFR 运行所需仪表和设备

本章前述的很多仪表和设备都是实施仪表飞行时必备的设备，在民航法规 CCAR91 部第

91.405 条中规定：

"（a）航空器按仪表飞行规则飞行时，应当至少安装下列仪表和设备：

（1）一个磁罗盘；

（2）一个指示时、分、秒的准确的计时表；

（3）两个带转鼓计数器或者同等指示方法的灵敏气压高度表（对于固定翼飞机实施的航空作业运行，可仅安装一个）；

（4）一个可以防止因凝结或结冰而发生故障的空速指示系统；

（5）一个转弯侧滑仪；

（6）一个姿态指示器（人工地平仪），但对于旋翼机应当安装三个姿态指示器（其中一个可用转弯仪代替）；

（7）一个航向指示器（方向陀螺）；

（8）一个指示陀螺仪表的供电是否充足的设备；

（9）一个在驾驶舱内指示大气温度的设备；

（10）一个爬升和下降速度指示器。

（b）按仪表飞行规则运行的旋翼机或者不参照一个或几个飞行仪表便不能保持其所需姿态的旋翼机，除应当安装本条（a）规定的设备外，还应当安装一个稳定系统（对于经型号审定确认，由于设计特点，没有稳定系统也具有足够稳定性的旋翼机除外）。

（c）对于涡轮动力固定翼飞机，还应当装有防撞灯光系统，但该系统失效后，可继续飞行到能够进行修理或更换的地点。"

4.4　飞机电气系统

飞机电气系统包括供电系统和用电设备。供电系统指的是电能的产生、变换、调节和输配的一整套装置所组成的一个完整系统。它又可以分为电源系统和输配电系统两大部分。用电设备（或称负载）是使用电能进行工作的设备，如飞机电力传动设备，发动机的起动、喷油和点火设备，灯光系统和电加温设备，电气仪表和控制设备，航空电子设备等。

4.4.1　飞机电源

飞机电源系统按其功用可分为主电源、二次电源和备用或应急电源，大、中型飞机上还包括辅助电源。主电源由航空发动机传动的发电机和电源的调节、控制、保护设备等构成，它是飞机上全部用电设备的能源。二次电源是指将主电源电能变换为另一种形式或规格电能的装置，用以满足不同用电设备的需要，也是飞机电源系统的重要组成部分。在低压直流电源系统中，有静变机、静止变流器、直流升压机和直流变换器等装置，它们将低压直流电变换为交流电或高压直流电。在交流电源系统中，有变压器和变压整流器，它们将一种交流电变换成另一种电压的交流电或直流电。应急电源是一个独立的电源系统，飞行中当主电源失效时，飞机蓄电池或应急发电机即成为应急电源，向飞机上的重要用电设备供电。辅助电源是在航空发动机不运转时，由辅助动力装置驱动而发电，常用于在地面检查机上用电设备或起动飞机发动机，在空中也可以用来给部分机上用电设备供电。此外，大多数现代运输机上都备有地面电源插座，用以接通地面电源，以供在地面通电检查机上用电设备和起动发动机。

小型飞机上的主电源一般都是采用 14 V 或 28 V 的直流电源系统。该直流电源一般是由发动机传动的交流发电机经过整流后而得到，早期的小型飞机也采用直流发电机供电。但交流发电机与直流发电机相比有许多优点，如质量轻、维护方便、输出稳定且高空性能得到改善。因此，在现代飞机上广泛使用交流发电机。

在小型飞机上，一般采用蓄电池（电瓶）作为备用或应急电源。其主要目的是用于起动发动机，也可以用在飞机发动机还未工作时，向飞机上一些用电量小的设备供电，以及当飞机发电机故障不供电时，向飞机上的一些重要电气负载供电。

航空蓄电池按电解质的性质不同，分为酸性蓄电池和碱性蓄电池两类。酸性电池具有价格低、寿命长的特点。碱性蓄电池具有体积小、质量轻、容量大等优点。

每次飞行前，应对飞机蓄电池进行电压检查，用双倍额定电流放电时，蓄电池的电压不应低于其额定值。这样检查电压的目的有两个，其一是可确信飞机上装有飞机蓄电池且其供电电路良好；其二是可迅速判断蓄电池已处于充足电的状态，且其容量在额定容量的 85% 以上。

飞机电源产生的电能一般先送往汇流条，由汇流条再将电能分配给飞机上的电气设备，这样便于电源系统的控制和保护。汇流条就是粗的金属条或棒，用于电源系统的输入和输出连接。

4.4.2　电流表和电压表

电流表用于测量电气系统的电流，其单位为安培（A）。电流表的类型一般有两种：一种用来指示蓄电池的充电电流和放电电流；另一种用来指示发电机上的输出电流，即带负载的情况，如图 4.22 所示。

图 4.22 左侧的电流表一般用于指示蓄电池的充、放电电流情况。当飞机蓄电池向飞机供电时，其电流指示为负，表示蓄电池正处于一种放电状态；在飞行中当蓄电池处于充电状态时，其电流表指示为正，此时，飞机上的其他电源正在给蓄电池作补充充电。

图 4.22 右侧的电流表仅表示发电机向负载的供电情况。当发电机向机上电气设备供电时，发电机电流表将显示发电机的输出电流情况，即带载情况。当发电机失效时，指示为零。

飞机上安装的电压表用来测量飞机电源系统的电压，其单位为伏特（V），如图 4.23 所示。在某些电压表上按电压大小的不同划有不同的彩色区域。绿区为正常电压范围。电压处于黄区时，需要引起飞行员注意。电压处于红区时，需要飞行员立即采取措施进行相应处置。

图 4.22　电流表

图 4.23　电压表

4.4.3 总电门

总电门用来控制整个电气系统。当起动发动机时，接通总电门，飞机蓄电池将向机上的起动机供电。当发动机起动起来以后，则由发动机带动发电机向机上用电设备供电，同时给蓄电池充电。当发电机故障不供电时，系统将自动转换为由蓄电池向飞机上的重要用电设备供电。此时，应在飞行手册规定的时间内，尽快着陆。

大部分飞机上使用的总电门是分裂式电门，如图4.24所示。右半边总电门上标有"BAT（蓄电池）"字样，用于控制接通电气设备的所有电源。左半边标有"ALT（发电机）"字样，用于控制发电机的供电。在正常飞行中，总电门和发电机电门都应该处于接通位。

图4.24 总电门

4.4.4 保险丝和保险电门（断路器）

飞机上的用电设备在工作过程中，由于使用不当或由于摩擦、振动等原因，很可能使用电设备和输电导线受到损伤，绝缘层遭到破坏，造成短路。另外，如果用电设备工作不正常，还可能出现电流长时间过载（超过额定值）的情况。为了保证飞机上的用电设备正常工作，飞机上都安装有保险装置，用于保护电源以及飞机上的用电设备，如图4.25所示。

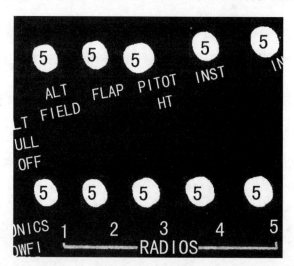

图4.25 断路器板

飞机电路保险装置有保险丝和自动保险电门两种。

保险丝又称为熔断器，主要由金属熔丝构成，串联在被保护的电路中。当被保护的电路出现短路或过载时，熔丝熔断，切断电路，起到保护作用。但保险丝一旦熔化，就不能再次使用。因此，飞机上一般都有保险丝储备盒，以便飞行中更换。

自动保险电门又称为跳开关或短路器。利用双金属片发热变形的原理工作。在电路发生短路或过载时，自动操纵电门断开以保护电路；当电路恢复正常后，又可以将自动保险电门接通，使用电设备继续工作。自动保险电门将电路保护和普通开关的作用合二为一，而且可以多次使用，在飞机上被大量采用以取代保险丝。

4.4.5 控制保护器

为了保证飞机上的用电设备正常工作，除了采用保险丝和自动保险电门外，飞机上还装有其他控制保护设备。

飞机上的用电设备都要求电源电压应该基本恒定，为此，飞机上安装了调节电源电压的电压调节器，以保证电源电压的稳定。当发电机正常向外输出或当发电机出现故障不能向飞机电气系统供电而自动转换为蓄电池供电时，发电机将会出现反流。因此，飞机上设置有反流割断器，它会自动控制系统的正常输出和反流的割断。但在交流发电机供电系统中，没有采用反流割断器。另外，当飞机上电源电压过高，而电压调节器又不起作用时，将会造成用电设备、蓄电池和发电机的损坏。为了防止过压造成的这种严重后果，在现代飞机上广泛采用过压保护装置，以保护发电机和用电设备。

4.4.6 飞机配电系统

飞机配电系统的配电方式可分为集中式、分散式和混合式。集中式配电如图 4.26 所示，其主要优点是当一台发电机损坏时，用电设备仍能由其他发电机继续供电，操作维护方便。因此这种配电方式在直流配电系统中仍有广泛应用。缺点是配电系统质量大，中心配电装置笨重，一旦受到损坏，所有用电设备均断电。分散式配电方式如图 4.27 所示，系统中各发电机不并联运行，即每个电源各自的电源汇流条和用电设备汇流条互不并联，但能转换。当前两台发动机的民用飞机，几乎都采用这类配电方式。由于其电源不并联运行，控制保护简单，系统可靠性高。混合式配电系统如图 4.28 所示，其主要优点是可大大减小导线用量，简化配电装置结构，减轻其质量。但只要中央汇流条遭到破坏，全部用电设备的供电立即中断，与集中式配电一样。这种配电方式目前广泛用于中型飞机。

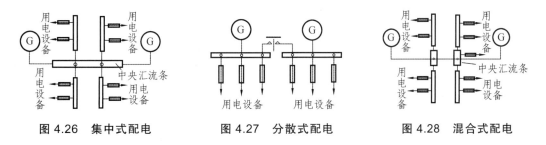

图 4.26 集中式配电　　　图 4.27 分散式配电　　　图 4.28 混合式配电

4.4.7 飞机电能变换设备

飞机电能变换设备就是用来完成交流电能和直流电能相互变换，高压电能和低压电能相互变换的设备。这些设备能够将飞机上主电源的电能变换成另一些形式的电能，以满足不同用电设备的需要。飞机电能变换设备的种类很多，按照该设备有无旋转部件可分为旋转型和静止型两大类。例如小型飞机上用得较多的旋转变流机就属于旋转型；而变压器、变压整流器、静止变流器等则属于静止型。

旋转变流机是将直流电变换为交流电的电动机-发电机组，用于低压直流电源系统中作二次电源，给交流用电设备供电。有单相变流机和三相变流机两大类。由于变流机体积、质量大，噪声大，质量功率比大，可靠性较差，正在逐步为静止变流器所取代。

静止变流器（Static Inverter）将飞机上的直流电转变为 400 Hz 或其他频率的单相或三相交流电。现代飞机用静止变流器主要由两部分构成：直流变换器和直交逆变器。前者用于将低压直流电转变为高压直流电并实现电气隔离，后者将高压直流电转变为 400 Hz 正弦交流电，经滤波后输出。逆变器是静止变流器的核心部件，它将直流电转变为一定频率的交流电。按照输出交流电相数的不同可以分为单相逆变器和三相逆变器。在飞机上使用较多的单相逆变器有矩形波逆变器、正弦脉宽调制逆变器、阶梯波合成逆变器。

飞机变压整流器（简称为 TRU），用于将 115/200 V 400 Hz 或变频交流电转变为 28 V 直流电，主要用于以交流电源为主电源的大、中型飞机上，也可用于装备变频交流电源的飞机上。飞机变压整流器通常由输入滤波器、降压变压器、二极管整流电路和输出滤波器等构成，有的变压整流器中还有冷却风扇和过热保护电路等。

4.4.8　警告和指示灯

警告和指示灯用来警告飞行人员发生了飞机形态改变或影响飞机系统工作的情况。根据功能，通常将它们分为 3 类：指示或咨询灯、提醒或警戒灯、警告灯。

咨询灯用来指示系统运行正常或处于安全状态，有时也用来指示某个飞机部件的位置，其灯光颜色可以是绿色、蓝色或白色。警戒灯用来指示系统工作不正常而需引起注意，但不一定是危险情况，其灯光颜色通常是琥珀色或黄色。警告灯用来向飞行人员发出不安全情况的紧急信号，需立即采取纠正措施，其灯光颜色是红色。

4.5　无线电高度表

无线电高度表（又称雷达高度表）是现代飞机多种电子设备中的一种，用来测量和指示一定高度范围内飞机离开地面的实际高度，即真实高度（或简称真高），可在预定高度或决断高度（DH）发出提醒声音和灯光信号，是进近和着陆过程中保证飞行安全的重要设备。由于其测量范围仅为 0 ~ 2 500 ft，所以也称为低高度无线电高度表 LRRA（Low Range Radio Altimeter）。利用无线电高度表可以在复杂的气象条件下飞行，穿云下降，以及在能见度很低的情况下着陆等。还可以同其他导航设备，如仪表着陆系统（ILS）配合完成仪表着陆任务。另外，无线电高度信号还是近地警告系统和自动驾驶系统的重要输入信号。

4.5.1　无线电高度表的组成

无线电高度表通常由收发机、指示器和收发天线组成，如图 4.29 所示。

4.5.2　无线电高度表的工作原理

无线电高度表利用无线电波从飞机到地面，再从地面返回飞机，测量其所经历的时间而指示出垂直距离。

机载无线电高度表大部分采用调频等幅式方式测量真实高度。发射机产生载波频率为（4 300 ± 50）MHz 的恒幅、调频连续波射频信号，由天线向下发射到地面，地面反射回来的回波由接收机天线接收，并送往接收机。由于射频信号为调频波，其频率在 4 250 ~ 4 350 MHz 之间变化，接收时刻的发射频率不同于回波信号的频率，其差值与电波的往返时间成正比，也即与飞机的飞行高度成正比。因此，只要测出频率差，即可计算出飞行高度。

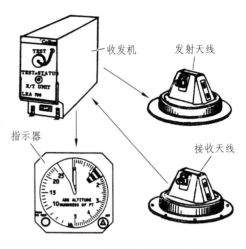

图 4.29　无线电高度表的组成

无线电高度表给出的高度参数精度要远高于气压式高度表，在 0 ~ 500 ft：± 3 ft 或高度的 3%，取较大值；500 ft 以上：高度的 5%。

当飞机在地面上时，无线电高度表可能指示一个小的负值，因为设备被校准成当主起落架着陆接地时指 0。无线电高度表存在系统设计、设备因素、外界多路径干扰、电波散射干扰等误差，当飞机发生俯仰和倾斜时也会给测量高度带来影响。

4.5.3　高度指示

在现代飞机上，高度信息一般在 EFIS（电子飞行仪表系统）显示组件上显示。在非 EFIS 飞机上，高度信号由专门的无线电高度指示器指示；在 EFIS 飞机上，高度信号和决断高度信号在电子姿态指引仪（EADI）上显示。

4.5.3.1　LRRA 指示器

LRRA 指示器提供 – 20 ~ 2 500 ft 的模拟高度显示，其表面如图 4.30 所示。

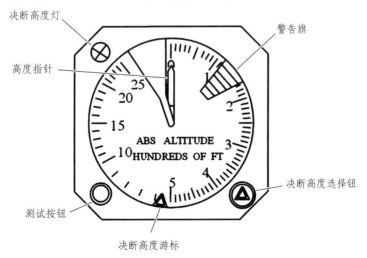

图 4.30　无线电高度指示器

4.5.3.2　EADI 上无线电高度的显示

无线电高度在 EADI 上的显示如图 4.31 所示。

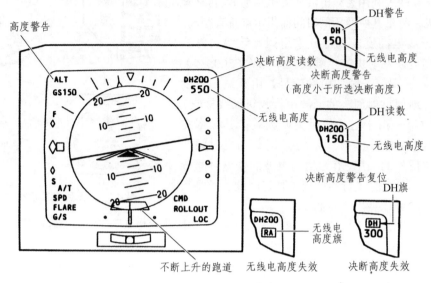

图 4.31　EADI 上无线电高度的显示

4.6　电子飞行仪表系统

电子飞行仪表系统（EFIS）使用阴极射线管（CRT）或发光二极管（LED）技术提供姿态和导航信息的电子显示系统。该系统代替电动-机械仪表，为安全操作提供了高的可靠性。在该系统中，所有信息综合在一起显示，位于机组视线范围最佳的位置。信息用带有颜色的符号清楚地表示，容易理解。不用大范围扫视仪表板，就能容易地获取相关信息。电子仪表系统显示的数据源自于姿态航向基准系统和大气数据计算机，因此与传统仪表不同的特性和优点是可以修正误差、延迟误差小、显示更准确。

EFIS 系统主要由主飞行显示器（PFD）、导航显示器（ND）、符号发生器（或显示管理计算机）和方式控制板等组成。有些机型上用电子姿态指引指示器（EADI）和电子水平状态指示器（EHSI）来实现 PFD 和 ND 上的显示功能。PFD 和 ND 一般水平布置，而 EADI 和 EHSI 通常上下布置。姿态指示器或主显示器主要显示飞机的纵向飞行信息，如高度、速度、飞行指引、模式选择等。水平状态显示器或导航显示器主要显示航向、地面轨迹角、测距仪参数等水平飞行信息。

符号发生器是 EFIS 的核心部分，接收飞机上各种传感器和电子设备传来的输入数据，然后处理这些数据并转换成适当的格式送到 PFD/ND 上显示。

EFIS 可以和多个电子设备、无线电通信设备、导航（远程和近程）设备、推力管理控制系统以及自动飞行控制系统（AFCS）等交联。

4.6.1 方式控制板

方式控制板用于控制 PFD 和 ND 的显示内容、显示格式、显示范围等，如图 4.32 所示。

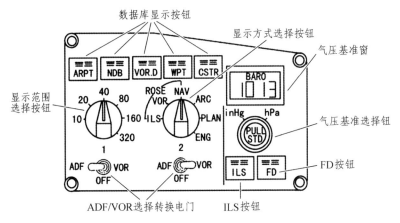

图 4.32 EFIS 方式控制板

4.6.2 主飞行显示器 PFD

主飞行显示器 PFD 主要用于显示飞机的姿态、姿态指引、速度、高度、航向、飞行方式通告等信息，如图 4.33 所示。

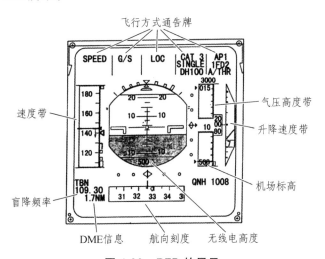

图 4.33 PFD 的显示

4.6.3 导航显示器

导航显示器 ND 上的显示由 EFIS 控制板上的方式选择旋钮选择。有 ROSE NAV（全罗盘导航）、ROSE VOR（全罗盘 VOR）、ROSE ILS（全罗盘 ILS）、ARC（弧形）、PLAN（计划）等显示格式，如图 4.34 所示。

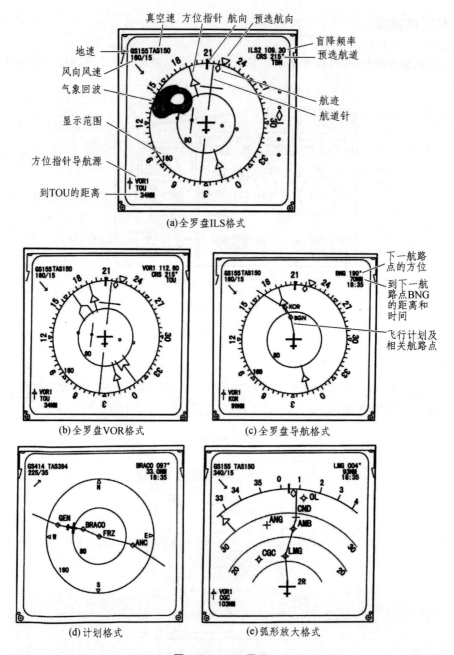

图 4.34 ND 显示

4.7 自动飞行控制系统

在现代运输飞机上，为了减轻驾驶员的体力和精力，提高飞机飞行精度，保证飞行安全，高质量地完成各种任务，一般都装有自动飞行控制系统 AFCS（Automatic Flight Control System）。

自动飞行控制系统包括自动驾驶仪 AP（Auto Pilot）、飞行指引仪 FD（Flight Director）、自动油门系统 AT（Auto Throttle）、偏航阻尼系统 YD（Yaw Damper）和自动俯仰配平系统（Auto Pitch Trim）等。

4.7.1 飞行指引仪

飞行指引仪 FD 的功能是将飞机的当前飞行路线与目标飞行路线进行比较，并推算出进入目标路线所需要实施的操纵量，以目视指引符号的形式在主飞行显示器上给出。当前的飞行路线可以由机载的导航系统测量并给出，目标飞行路线则可以通过自动飞行方式控制面板来设置短期飞行目标，或者通过 FMS 以飞行计划的方式生成长期飞行目标的方式产生。指引信号给出的指引是俯仰角度和横滚角度，驾驶员或自动驾驶仪跟随指引杆操纵飞机，保证飞机正确切入或保持在预定的航线上。

一般来讲，飞行指引可以实现的功能包括：

（1）引导飞机按预定高度、预定航向飞行。

（2）与飞行管理计算机耦合，引导飞机按预定轨迹飞行。

（3）与仪表着陆系统（ILS）耦合，引导飞机实现自动着陆。

飞机姿态指引的方式有两种，一种是采用十字指引针，它利用纵向指引针和横侧指引针来分别进行俯仰指引和横滚指引，如图 4.35 所示。当两针的交叉点位于飞机符号中央时表示达到预定状态；若纵向指引针在飞机符号上面，驾驶员应操纵飞机抬头，反之应操纵飞机低头，使纵向指引针与飞机符号对齐，以达到预定的俯仰角。若横侧指引针在飞机符号左边，驾驶员应操纵飞机向左压坡度，反之应向右压坡度，使横侧指引针与飞机符号对齐，以达到预定坡度。

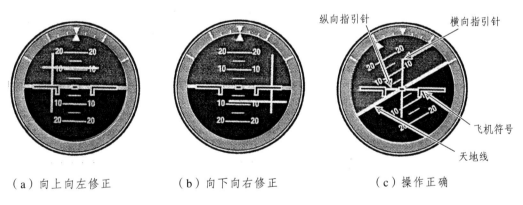

（a）向上向左修正　　　　　（b）向下向右修正　　　　　（c）操作正确

图 4.35　十字指引针

另一种是采用八字指引针，又称"V"形指引针。它利用八字指引针与飞机符号的上下关系来进行俯仰指引，利用八字指引针与飞机符号的左右关系来进行横滚指引。如图 4.36 所示。当八字指引针包围飞机符号时表示达到预定状态。若八字指引针在飞机符号之上，驾驶员应操纵飞机抬头，反之则应操纵飞机低头以达到预定的俯仰角。若八字指引针相对飞机符号右倾斜，应向右压坡度，反之应向左压坡度，以达到预定的倾斜角。

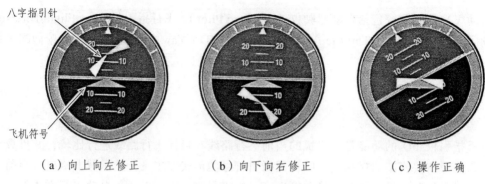

（a）向上向左修正　　　　　　（b）向下向右修正　　　　　　（c）操作正确

图 4.36　八字指引针

飞行姿态指引仪主要由飞行指引计算机、方式选择板、方式通告牌、姿态指引指示器和输入装置等组成。

方式控制板用于驾驶员接通/断开飞行指引系统以及选择飞行指引方式，如图 4.37 所示。

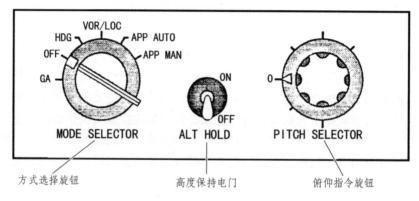

图 4.37　飞行指引方式控制板

飞行指引方式通告牌用于向机组通告飞行指引系统正在使用何种方式指引飞机的飞行姿态。它是一个十分重要的显示，飞行指引系统的工作方式以通告牌为准，而不是以接通了或者按压了飞行指引方式控制板上的哪一个电门为准。

4.7.2　自动驾驶仪

自动驾驶仪 AP 的基本功用是在飞行中代替飞行员控制飞机舵面，以使飞机自动保持三轴稳定（即姿态角稳定），或者根据输入指令，操纵飞机以达到期望的姿态或其他飞行目标。

自动驾驶仪通过 3 套控制回路分别去控制飞机的副翼、升降舵和方向舵来实现对飞机的控制。每套自动控制回路又称为通道（Channel）。控制飞机升降舵的回路，称为俯仰通道；控制飞机副翼的回路，称为横滚通道；控制飞机方向舵的回路，称为航向通道。3 个通道既独立，又相互联系，相互响应，共同完成对飞机的控制。

自动驾驶仪的每个通道由测量装置（敏感元件，如垂直陀螺仪和航向陀螺仪）、计算装置（自动驾驶计算机）、放大装置、执行机构（舵机）、回输装置和控制显示装置等组成。其组成方块图如图 4.38 所示。自动驾驶仪利用"反馈"控制原理来实现对飞机运动参数的控制。当飞机偏离原来状态，测量装置（敏感元件）感受到偏离方向和大小，并输入相应信号，经放大、计算处理，操纵执行机构（舵机），使舵面相应偏转。当飞机回到原来状态时，测量装置（敏感元件）输出信号为零，舵机以及与其连接的舵面也回到原位，飞机重新按原来状态飞行。为了减小调节过程的振荡次数，提高自动驾驶仪操纵飞机的稳定性，在自动驾驶仪中引入了飞机的角速度信号，与角度信号一起共同控制飞机。

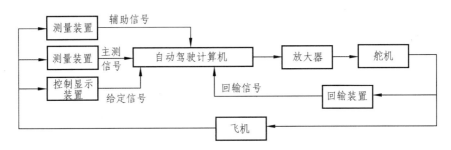

图 4.38　自动驾驶仪单通道组成方块图

控制显示装置用于接通/断开自动驾驶仪、选取自动驾驶仪的工作方式以及方式通告显示。不同型号的自动驾驶仪，其控制显示装置的式样有所不同。从控制板上的开关、旋钮和按钮就可了解此型自动驾驶仪的功能。图 4.39 所示为一种自动驾驶仪的控制显示面板。自动驾驶按不同的飞行目标操纵飞机称为自动驾驶仪的工作方式。工作方式通常分成两类：横滚方式和俯仰方式。两类方式可以分别设置，也可以仅设置其中一种。横滚方式一般包括航向保持、航向选择、VOR、LOC、水平导航等；俯仰方式一般包括高度保持、速度保持、马赫保持、垂直速度、垂直导航等。其中，水平导航、垂直导航方式是指用 FMS 来进行飞行目标信号的提供。

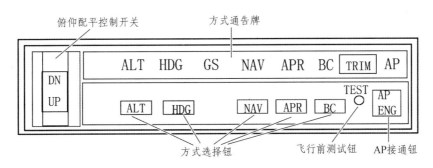

图 4.39　AP 的控制板

自动驾驶仪的所有工作方式和功能都需要在飞行前进行测试。具体步骤参照飞机手册要求进行。

自动驾驶仪的使用范围是除起飞以外的所有飞行阶段。当到达自动驾驶仪的接通高度并满足其他接通条件后（有的飞机要求处于配平状态下），按下自动驾驶仪的接通电门即可接通自动驾驶仪。自动驾驶仪接通后，根据需要选取自动驾驶仪的工作方式。飞行中根据飞行需要，可以转换操纵方式。

自动驾驶仪有人工断开和自动断开两种断开方式。

人工断开可使用自动驾驶仪控制板上的接通/断开电门脱开。除此之外，飞机上还专门设置有便于驾驶员脱开自动驾驶仪的脱开电门，此电门一般安装在驾驶盘上。

可能导致自动驾驶仪自动断开的情况包括：失速警告、电源故障、飞行操纵系统故障、CWS 模式（驾驶盘操纵模式，波音飞机上类似电传操纵的一种自动驾驶仪工作模式，）下滚转率和俯仰率超限、两侧燃油不平衡超限等。

为了提醒驾驶员注意，在自动驾驶仪脱开时，设置有专门的自动驾驶仪脱开警告红灯，有的飞机上还设置有自动驾驶仪脱开时的音响装置。警告红灯和音响可以人工切断。

驾驶员应熟悉手册中有关自动驾驶仪的各种使用限制，包括接通和断开的条件、飞行前测试的要求及各种工作方式的使用。应避免过度依赖自动驾驶仪。

4.7.3 偏航阻尼器

飞机以小速度大迎角飞行时，其方向静稳定性和横侧静稳定性发生变化，导致两者匹配失当，造成飞机侧向稳定性变差，可能发生机体倾斜与偏航的合成振动，即飘摆，又称荷兰滚（Dutch Roll）。

为了消除飘摆，现代飞机上都装有偏航阻尼器 YD，它根据空速和偏航角速度信号，经处理，适时提供指令使方向舵相对飘摆振荡反向偏转，从而增大偏航运动阻力，消除飘摆。

偏航阻尼器可以在人工驾驶飞机时用，也可以在自动驾驶仪操纵飞机时与自动驾驶仪合用。

偏航阻尼器在起飞前接通，着陆后断开，因此在整个飞行阶段均可使用。若液压系统故障，偏航阻尼器会自动断开。若安装有测试装置，应对系统进行测试，以判断系统是否正常。如果偏航阻尼器发生故障，应按程序限制最大飞行速度。

4.8 警告和记录设备

现代飞机上，为了保证飞行安全，装有安全飞行警告系统，如高度警告系统，失速警告系统，地形警告系统。为了查找飞行事故的原因，也装有飞行记录设备。

4.8.1 高度警告系统

高度警告系统的功能是：当飞机到达或偏离预选高度时，高度警告系统提供目视和音响警告。

在模式控制面板（MCP）上选定目标高度，该目标高度与高度传感器信号进行运算，只要实际高度和预选高度不同，则存在差异信号，若差异信号位于一定范围，则向机组提供高度警告信息。

例如，飞机从 31 000 ft 下降到 15 000 ft，将出现下列高度警告：

控制组件上设置预选高度是 15 000 ft，飞机离开 31 000 ft 高度时，在此阶段没有高度警告信息，因为实际高度和预选高度相差太大。在高于目标高度 1 000 ft 时，产生持续大约 1 s 的音响警告，同时在高度表上的高度警告灯燃亮。此后高度警告灯保持燃亮，直到与目标高度的差值小于 250 ft 时熄灭。在通过 15 250 ft 高度时又产生持续大约 1 s 的音响警告。爬升的过程与下降过程类似，也会产生高度警告信息。如图 4.40 所示。

高度警告在襟翼处于着陆构形或下滑道（G/S）截获时被抑制。

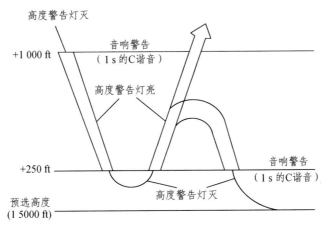

图 4.40 高度警告示意图

4.8.2 失速警告

失速是飞行中最为严重的危险情况之一，现代飞机一般都设置有失速警告系统，其功能是：在飞机接近失速时给机组人员提供明显的警告信息，以便及时改出。

在大迎角飞行，机翼上附面层气流分离，产生涡流，造成飞机结构、操纵面、驾驶杆和脚蹬等随之抖动，同时激发机某些局部区域产生共鸣，形成噪声，可以提供自然警告。但为了在失速发生之前就给出明确的警告，还需要提供人工失速告警。

人工失速告警的形式包括失速警告喇叭、失速警告灯和抖杆器。CCAR23 及 25 规定，必须在大于失速速度的某一范围内开始发出失速警告，并一直持续到失速发生。失速警告必须在失速前足够早开始以提醒飞行员在失速警告一开始后即对失速采取措施。且为防止襟翼和起落架在任一正常位置时无意中造成失速，必须给飞行员以有效的、清晰可辨的、具有足够余量的失速警告。

4.8.2.1 轻型飞机失速警告装置

轻型飞机的失速警告装置主要是一个可动叶片，它的安装位置一般在机翼前缘。

飞机正常飞行过程中，压力分布在机翼上，驻点位于失速警告装置的上方，失速警告装置处于非激活位。当空速减小或迎角增加，驻点移到该叶片装置的下方，如图 4.41 所示，在气流的作用下，弹性页片向上运动，失速警告电路被接通时，警告喇叭响。

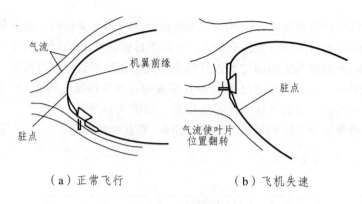

（a）正常飞行　　　　　　（b）飞机失速

图 4.41　轻型飞机失速警告装置工作原理

4.8.2.2　运输机失速警告装置

现代运输机上失速警告装置主要是由迎角传感器激活的。传感器位于机身的两侧靠近机鼻的地方感受空速变化时迎角的变化，并以成比例的电信号传输给失速管理计算机。迎角探测器的形式有几种，目前多用叶片式迎角探测器。

失速警告系统通常装有两个独立的数字计算机，利用迎角、襟翼位置、推力等信息计算失速警告，如图 4.42 所示。

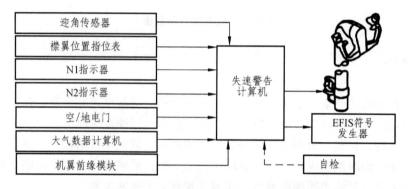

图 4.42　失速警告计算机信号交联图

当飞机接近失速时，失速警告电路接通，提前向飞行员发出音响警告。有的飞机在进入失速时可同时发出音响和灯光警告。有些飞机装有抖杆装置，在失速警告时连接在两个驾驶盘上的偏心马达工作，导致驾驶盘振动。其作用是模仿空气动力学上的抖动，在失速形成之前给机组人员警告信息。同时失速警告信息也显示在 EFIS 上。有些大型飞机的失速保护系统还包括推杆系统，能自动进行升降舵控制，这样可减小飞机的迎角而防止飞机失速。

飞行前需要按手册要求对机翼失速警告传感器进行目视外观检查。失速警告系统还有"测试"功能，测试时电机电路接通使抖杆器工作。

4.8.3　地形警告系统

可控飞行撞地是飞机失事的一种重要类型，它是指飞机在具有安全飞行能力的情况下，由于飞行员丧失飞行情景意识出现的坠机事故。造成可控飞行撞地的原因有很多种，例如，疏忽、驾驶舱混乱、分心、仪表误读、能见度差和导航错误等。近地警告系统（GPWS）和增强型近地警告系统（EGPWS）可用来防止此类事故，如果接近地面存在不安全的飞行情况，系统向机组提供音响和目视警告。EGPWS 有时也被称为 TAWS（地形提示和警告系统）。

4.8.3.1　近地警告系统

近地警告系统的核心部件是近地警告计算机（GPWC），该计算机中存储了各种警告方式的极限数据。计算机将其他系统输送来的飞机实际状态的数据（如来自无线电高度表收发机的无线电高度；来自大气数据计算机 ADC 的气压高度和气压高度变化率；来自惯性导航系统的惯性垂直速度；来自 ILS 的下滑道偏离信号；襟翼位置，起落架位置；设定的报告高度；迎角、姿态角、俯仰角速率等信号）与存储的极限数据相比较：若实际状态超越了某一种警告方式的极限，就产生适当的目视和音响警告。

近地警告系统有 7 种报警方式。

1. 过大的下降率

用途：在一定的无线电高度上，若飞机的下降速率超过了允许的极限值，则发出目视和语音信号提醒机组。

报警语音：SINK RATE 和 WHOOP WHOOP PULL UP

2. 过大的地形接近率

用途：当飞机在上升地形的上空飞行时，若飞机接近地面的速率过大，则发出目视和语音信号提醒飞行员。

报警语音：TERRAIN 和 WHOOP WHOOP PULL UP

3. 起飞或复飞后掉高度太多

用途：在起飞或复飞过程中，由于飞机掉高度影响到安全时，向飞行员提供报警信号。
报警语音：DON'T SINK

4. 非着陆形态下的不安全越障高度

用途：当飞机不在着陆形态，由于下降或地形变化，使飞机的越障高度不安全时，向机组发出相应的报警信号，提醒机组采取正确的措施。

报警语音：TOO LOW TERRAIN, TOO LOW GEAR 和 TOO LOW FLAPS

5. 进近着陆时低于下滑道太多

用途：正航道进近时，提醒机组飞机在下滑道下方偏离太多。
报警语音：GLIDESLOPE

6. 高度喊话及坡度太大的报警菖

用途：在着陆过程中，代替人报告无线电高度和决断高度以及坡度太大时向机组发出报警。
报警语音：MINIMUMS,BANK ANGLE 及无线电高度

7. 低空风切变

用途：在起飞、复飞或最后进近阶段，无线电高度 1 500 ft 以下，若飞机遭遇风切变时，向机组发出风切变警告。

报警语音：WINDSHEAR

4.8.3.2　增强型近地警告系统

GPWS 依赖于无线电高度而工作，但无线电高度不能反映飞机前方的地形情况，当飞机进入突然上升的地形时，警告的时间非常短，无前视功能；另外，当襟翼和起落架均在着陆形态，飞机以正常的下降率进近时，GPWS 不能提供地形警告。

为了克服现行 GPWS 的不足，发展了增强型近地警告系统 EGPWS（Enhanced Ground Proximity Warning System）或地形提示和警告系统 TAWS（Terrain Awareness and Warning System）。EGPWS 除保留现行 GPWS 的警戒功能外，还具有地形显示功能和前视地形警戒能力，给飞行员提供了更多的判决时间。

根据法规规定：从 2007 年 1 月 1 日起，最大审定起飞重量超过 5 700 kg 或批准的旅客座位数超过 9 座的涡轮动力飞机必须安装地形感知与警告系统（TAWS）或增强型近地警告系统（EGPWS）。飞机的飞行手册中应当包含下述程序：

（1）地形提示和警告系统的操作、使用。

（2）对于地形提示和警告系统的音频和视频警告，飞行机组的正确应对措施。

EGPWS 主要由增强型近地警告计算机、扬声器、警告灯和控制板、地形显示器组成。它的核心是增强型近地警告计算机，其内部存储了多种报警的极限算法，从飞机的其他交联系统接收飞机的状态数据，如无线电高度、下降速率、下滑道偏离度等信号，然后再将两者比较，若实际状态超越了报警极限，则此时飞机存在潜在的飞行撞地危险，这时 EGPWS 会以声音、灯光或图像的警告方式提醒飞行员，来帮助飞行员迅速调整飞机以避免 CFIT（Controlled Flight Into Terrain，可控飞行撞地）事故的发生。

EGPWS 的计算机内有一个全球机场位置数据库和一个全球地形数据库。全球定位系统 GPS 或惯性导航系统 IRS 向 EGPWS 的计算机输送飞机的当前经纬度数据，大气数据系统向 EGPWS 计算机输送飞机的气压高度等数据。EGPWS 计算机将这些数据和从地形数据库中提取出来的航线前方地形资料进行对照，算出飞机和前方某些最高地形点的接近速度及高度，然后和既定告警判据相比较，一旦超过，则判定为地形威胁而触发报警。

EGPWS 根据潜在的地形威胁向机组提供警戒级和警告级两种报警。有两种前视报警包线：一个为警戒级报警包线，另一个为警告级报警包线。

除了前视报警包线外，GPWS 还有一个附加保护包线：最小地形间隔包线 TCF（Terrain Clearance Floor），如图 4.43 所示。

当 EGPWS 结合显示器使用时，屏幕上能复现前下方地形。飞机前方地形在显示器上以星罗棋布的红、黄、绿等光点图形来显示，其颜色参照飞机的现行高度而定，如图 4.44 所示。

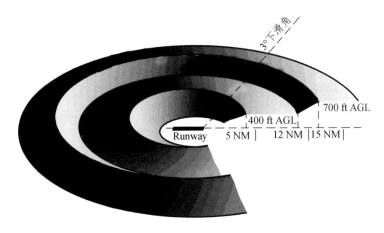

图 4.43　TCF 包线

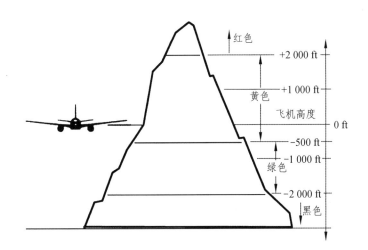

图 4.44　地形显示色彩与飞行高度的关系

（1）绿色光点。凡前方地形轮廓低于飞机 500 ft 或更大者显示为绿色光点图形。

（2）黄色光点。凡前方地形轮廓低于飞机 500 ft 以内者或高于飞机 2 000 ft 以内者显示为黄色光点图形。

（3）红色光点。凡前方地形轮廓高于飞机 2 000 ft 以上者显现为红色光点图形。

为了减小显示的混乱，任何低于飞机现行高度 2 000 ft 的地形不显示，只用黑色背景显示。

地形显示可通过 EFIS 开关板上的地形显示选择按钮人工选择。当前视警戒或警告报警被激活时，地形也将自动显示。

EGPWS 在潜在的地形碰撞威胁前 40 ~ 60 s 触发警戒级报警，发出"CAUTION TERRAIN"（注意地形）的声音警戒，地形显示由黄色光点图形变为整体实心黄色图形，琥珀色的近地灯点亮，提醒驾驶员采取措施。若 7 s 内机组未作出响应，系统将再次发出警告。

EGPWS 在潜在的地形碰撞威胁前 20 ~ 30 s 触发警告级报警，发出"TERRAIN TERRAIN,

PULL UP!"（地形，地形，拉起来）的声音警告，地形显示由红色光点图形变为整体实心红色图形，主警告灯和红色的拉升灯点亮。若机组及时拉升飞机，则在威胁解除后，警告撤销。若机组改变航向回避，则语音警告中止，但显示器上仍有威胁地形向旁侧离去。

当 TCF 警戒被启动时，报警语音为"TOO LOW TERRAIN"（太低，地形），同时琥珀色的近地灯点亮。

4.8.4　空中交通警戒与防撞系统

随着交通流量的逐渐增加，空中相撞的危险也随之增加，为了保证空中安全，现代飞机上安装有空中交通警戒与防撞系统 TCAS。TCAS 提供飞机周围大约 30 n mile 以内的交通信息，必要时还提供警戒信息和垂直方向上的避让指令以避开相撞危险的发生，可以有效防止飞机之间的危险接近、保障空中交通安全，其运行独立于地面设备和系统。

4.8.4.1　分　类

根据功能不同，TCAS 分为 3 类：TCAS1，TCAS2 和 TCAS4。

TCAS1 只提供交通咨询 TA（Traffic Advisory）。TA 用于通告其他冲突飞机的相对位置和相对高度。该功能只是作为一种警告，为目视搜寻和避让提供一种简单的帮助，不推荐避让机动。

TCAS2 具有和 TCAS1 同样的功能，但具有推荐垂直方向避让机动的附加能力。该避让机动称为决策咨询 RA（Resolution Advisory）。推荐的避让机动基于从其他冲突飞机来的 C 模式应答。

TCAS4 具有和 TCAS2 同样的功能，但还能提供水平面的避让机动。但目前还没有实用的 TCAS4 设备。

TCAS 2 是最常用的系统。根据法规规定：

（1）从 2007 年 1 月 1 日起，最大审定起飞重量超过 5 700 kg 或批准的旅客座位数超过 19 座的涡轮动力飞机必须安装 TCAS 2。

（2）在中华人民共和国国籍登记的民用航空器上的机载防撞系统必须得到局方批准，其安装必须满足有关的适航要求。

（3）驾驶安装有可工作的机载防撞系统航空器的驾驶员应当打开并使用该系统。

4.8.4.2　组成及保护

TCAS 是通过询问和监听周围飞机的 ATC 应答机，来监视本架飞机周围空域中其他飞机的存在、位置以及运动状况，使飞行员在明了本机邻近空域交通状况的情况下，主动地采取回避措施，防止与其他飞机危险接近的。

TCAS 系统由 TCAS 计算机（发射、接收组件）、TCAS 天线、ATC 应答机/TCAS 控制板、座舱显示器和 S 模式应答机组成。TCAS 控制盒上的"TA/RA"位是 TCAS 的正常工作模式位，在此位，TCAS 既提供交通咨询又产生决策咨询。起飞之前选择"TA/RA"模式。

TCAS 依靠其他飞机的应答机来显示它们的存在，提供的保护等级由对方飞机所带应答机的类型确定。若对方飞机带 A 模式应答机，TCAS 仅提供交通咨询 TA；若对方飞机带 C

模式或 S 模式应答机，TCAS 既提供交通咨询 TA，还提供决策咨询 RA；若两架飞机都带有
TCAS2 设备时，则通过 S 模式应答机交换数据以对冲突进行协调解决；若对方飞机没有装应
答机或应答机不工作，TCAS 将无法探测。

4.8.4.3 驾驶舱显示

在驾驶舱中，TA/RA 的显示取决于飞机类型。有的飞机上，使用垂直速度/交通情况组合
的显示器。TCAS 没接通时，该显示器作为一个升降速度表用；TCAS 接通时，将综合显示
TA 和 RA 信息，如图 4.45 所示。在有的飞机上，TA 和 RA 信息显示在 EFIS 上，其中，措
施通告显示在 PFD（EADI）的俯仰区，交通情况显示在 ND（EHSI）上。

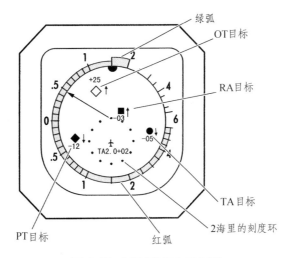

图 4.45　VSI/TA/RA 显示器

1. 符号的含义

在驾驶舱中的 TCAS 交通情况显示器上，用 4 种不同的符号分别代表不同级别的威胁飞
机。每一符号的含义如下：

（1）■——红色实心方块。红色实心方块代表进入警告区（离 TCAS 碰撞区 15～35 s 的
一段空域）的飞机，称为 RA 目标。

（2）●——橙色实心圆。橙色实心圆代表进入警戒区（离 TCAS 碰撞区 20～48 s 的一段
空域）的飞机，称为 TA 目标。

（3）◆——蓝色或白色实心菱形。蓝色或白色实心菱形代表相对高度小于 1 200 ft、距
离小于 6 n mile 的飞机，称为接近交通目标 PT（Proximate Traffic）。它对自身飞机不构成
威胁。

（4）◇——蓝色或白色空心菱形。蓝色或白色空心菱形代表相对高度 2 700 ft 以内，既不
是 RA 目标，也不是 TA 目标和 PT 目标的其他飞机，称为其他交通目标 OT（Other Traffic）。
它对自身飞机完全不构成威胁。

2. 数据标记

当对方飞机报告高度信息时，在符号的上面或下面将出现一数据标记。数据标记由两位

数和一个"+"或"−"号组成，颜色与符号同色。两位数代表自身飞机与对方飞机间的垂直间距，以百英尺计。如果对方飞机在自身飞机上面，数据标记将位于符号的上面，且前面加一个"+"号；如果对方飞机在自身飞机下面，数据标记将位于符号的下面，且前面加一个"−"号。

3. 箭头"↑""↓"

若对方飞机以大于或等于 500 ft/min 的垂直速度爬升或下降时，符号右侧将出现一个向上或向下的箭头。

4.8.4.4　RA 目视措施通告

TCAS 发布的 RA 信息有两种，一种为改正 RA，另一种为预防 RA。改正 RA 要求机组立即改变飞机当前的垂直速度，以避开对方飞机。改正 RA 在 PFD 上的显示如图 4.46 所示。预防 RA 仅要求机组保持现有的垂直速度或者避免使用某一垂直速度，也就是对垂直速度进行监控，限制垂直速度的改变。预防 RA 在 PFD 上的显示如图 4.47 所示。

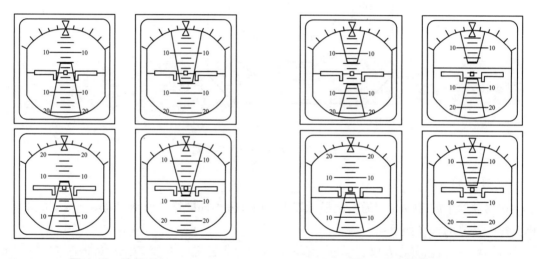

图 4.46　改正 RA　　　　　　　　　　　　图 4.47　预防 RA

4.8.4.5　RA 语音通告

TCAS 发布目视通告时，TCAS 计算机也将产生音响警告以对显示的交通警戒信息和决策信息进行补充。显示交通警戒信息时，发布声音信息"TRAFFIC – TRAFFIC"（交通 – 交通），此时，机组应目视搜寻对方飞机，若看到对方飞机，保持目视，以确保安全的间隔距离。若冲突不能自身解决，则发布决策信息，预防决策信息的声音信息为"MONITOR VERTICAL SPEED – MONITOR VERTICAL SPEED"（监控垂直速度 – 监控垂直速度），改正决策信息的语音如表 4.1 所示。一旦冲突解除，将发布声音信息"CLEAR OF CONFLICT"（冲突解除），红色实心方块变成其他符号，目视措施通告从显示器上消失，此时飞行员应迅速而柔和地操纵飞机回到 ATC 指定的高度。

表 4.1　改正 RA 语音通告

语　　音	响　　应
CLIMB – CLIMB – CLIMB 爬升－爬升－爬升	快速而柔和地达到 1 500 fpm 或更大的爬升率
CLIMB，CROSSING CLIMB－ CLIMB，CROSSING CLIMB 爬升，穿越爬升－爬升，穿越爬升	快速而柔和地达到 1 500 fpm 或更大的爬升率。注意自己的飞行轨迹将穿越对方飞机的高度
REDUCE　CLIMB－REDUCE CLIMB 减小爬升－减小爬升	快速柔和地减小垂直速度到 VSI 上绿色区域所示的值
DESCEND-DESCEND－DESCEND 下降－下降－下降	快速而柔和地达到 1 500 fpm 或更大的下降率
DESCEND,CROSSING　DESCEND　－ DESCEND CROSSING DESCEND 下降，穿越下降－下降，穿越下降	快速而柔和地达到 1 500 fpm 或更大的下降率。注意自己的飞行轨迹将穿越对方飞机的高度
REDUCE　　DESCEND－ REDUCE　　DESCEND 减小下降－减小下降	快速柔和地减小垂直速度到 VSI 上绿色区域所示的值
INCREASE　CLIMB－ INCREASE CLIMB 增大爬升－增大爬升	快速柔和地增大爬升速度到 2 500 fpm 或更大
INCREASE DESCEND－ INCREASE DESCEND 增大下降－增大下降	快速柔和地增大下降速度到 2 500 fpm 或更大
CLIMB，CLIMB NOW－ CLIMB，CLIMB NOW 爬升，现在爬升－爬升，现在爬升	快速柔和地达到 1 500 fpm 或更大的爬升率。当 TCAS 确定有必要反转目前垂直速度的方向才能提供足够的间隔距离时，紧接着 DESCEND 信息之后发布该改正信息
DESCEND，DESCEND NOW－ DESCEND，DESCEND NOW 下降，现在下降－下降，现在下降	快速柔和地达到 1 500 fpm 或更大的下降率。当 TCAS 确定有必要反转目前垂直速度的方向才能提供足够的间隔距离时，紧接着 CLIMB 信息之后发布该改正信息

4.8.4.6　运行限制

TCAS 在产生各种避让动作的防撞逻辑设计中采用了以下保护措施：

（1）当飞机爬升能力受到性能限制时，不能发布"CLIMB"（爬升）信息。

（2）当无线电高度低于 1 450 ft，不能发布"INCREASE　DESCENT"（增大下降）信息。

（3）当无线电高度低于 1 000 ft，不能发布"DESCEND"（下降）信息。

（4）当无线电高度低于 500 ft，不能发布任何 RA 信息。

（5）当无线电高度低于 400 ft，声音信息"TRAFFIC – TRAFFIC"被抑制。

（6）出现 GPWS 警告时，TCAS 所有声音警告被抑制。

4.8.5　飞行记录器

飞机上安装记录设备是用于调查和预防飞行事故的。所有事故和事故症候可能有两个原因：机械故障和人为错误。如果发生了飞行事故或事故症候，确定事故是机械故障还是人为错误，或是两者的综合，是很重要的。

飞行记录器包括：飞行数据记录器系统 FDR（Flight Data Recorder）和驾驶舱话音记录器 CVR（Cockpit Voice Recorder）。飞行数据记录器用于记录航空器飞行状态的各种数据，而驾驶舱话音记录器用于记录驾驶舱的通话及背景声音。

4.8.5.1　飞行数据记录器系统

该系统包括：飞行数据记录器，飞行数据获取组件，加速度计和控制面板。

飞行数据记录器使用数字方法记录和储存数据。对要求安装 FDR 的飞机而言，必须能记录飞行中的一些重要参数，如：

- 时间
- 高度
- 空速
- 垂直加速度
- 航向
- 无线电发射键控状态
- 俯仰姿态
- 横滚姿态
- 横向加速度
- 驾驶杆或升降舵的位置
- 俯仰配平的位置
- 驾驶盘或副翼的位置
- 方向舵脚蹬或方向舵的位置
- 每台发动机的推力
- 发动机反推的位置
- 后缘襟翼或襟翼手柄的位置
- 前缘襟翼或襟翼手柄的位置

此外，FDR 应：

- 能够保留至少最后 25 h 所记录的飞行数据。
- 能够获取来自飞机传感器的精确数据，该数据应和显示给飞行机组的数据相匹配。
- 在飞机靠自身动力移动之前，必须自动开始记录数据；在飞机不能靠自身动力移动之后，必须自动停止记录。
- 安装有水下定位装置。

FDR 由飞机的 24 V 直流或重要直流汇流条供电，它安装在一个防震的黄色或橘红色盒子里，如图 4.48 所示。该盒子安装在飞机后方，能够经受极高的冲击力，并且防火防水。FDR 安装了水下信标发射器，使它能在深水中定位。发射器有一个独立电源，一旦进入水中，它就开始工作，并且能够连续工作 30 天，其发射距离为 2 ~ 3 mile。

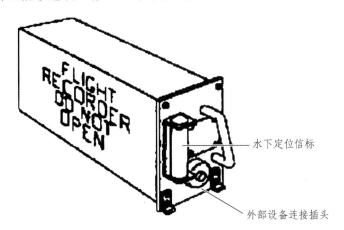

图 4.48　飞行数据记录仪

飞行数据获取组件从飞机系统中获取数据，然后送给飞行数据记录器记录。

三轴加速度计测量飞机横向、纵向和绕立轴的加速度，并将数据送给飞行数据获取组件。

有的飞机上安装有飞行数据记录器的控制面板，如图 4.49 所示，当飞行数据记录器失效时失效警告灯燃亮。也有一个测试开关供地面测试飞行数据记录器使用。

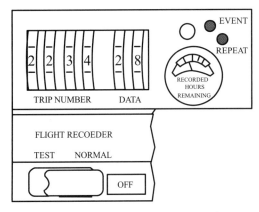

图 4.49　飞行数据记录器控制面板

4.8.5.2　舱音记录器

舱音记录器上的 4 条音轨分别记录飞行员与航空管制员的通话，正、副驾驶员之间的对话，驾驶员、空服员对乘客的广播，以及驾驶舱内各种声音（引擎声、警报声）。录完后，会自动倒带从头录起。依照法规，所安装的 CVR 应该保留运行过程中至少最后 2 h 所记录的信息。

CVR 由飞机的 24 V 直流或重要直流汇流条供电，和 FDR 一样，安装在飞机后面的一个盒子里。该盒子是黄色或橘红色的，必须能防冲击、防震、防火、防水。除局方批准外，CVR 必须是独立于 FDR 的设备。

驾驶舱话音记录器从使用检查单开始（为飞行而起动发动机之前），到飞行结束完成最后检查单止始终连续工作。

舱音记录器主要由话音记录器和控制板组成。早期话音记录器以磁带作为记录介质，现代飞机多采用固态话音记录器，即将数据存储在半导体存储芯片上。话音记录器控制板用于对记录器进行远距控制和测试。

4.8.5.3 飞行记录器的设备要求

作为飞行关键设备，民航法规 CCAR91.433 条对飞行记录器有如下明确的要求：

所有在中华人民共和国登记的飞机或旋翼机应满足 CCAR91.433 条有关飞行记录器的要求。

除经局方批准外，所有类型的飞行数据记录器应能保留运行过程中至少最后 25 h（飞机）或 10 h（旋翼机）所记录的信息。驾驶舱话音记录器应能保留运行过程中至少最后 2 h 所记录的信息。

飞行记录器的壳体外表为鲜橙色或亮黄色。

飞行记录器应当在航空器的全部运行过程中保持连续工作。

一旦发生事故或需要立即报告局方的事件，运营人应当保存飞行记录器的原始信息至少 60 天，如果局方另有要求，还应当保存更长的时间。从记录中所获得的信息将用来帮助确定事故或事件的发生原因。

5 航空气象基本理论

众所周知，大气时常影响我们的飞行活动和人类的日常生活。作为一名飞行员，必须清楚地掌握基本的航空气象理论，学会合理地避开危险天气并利用有利天气。本章将介绍地球大气的基本情况、航空气象要素、天气系统和危害飞行安全的重要现象。

5.1 大气概述

大气（Atmosphere）指的是包围着整个地球的空气圈。它时刻不停地运动着，并改变着它的状态，发生着各种不同的物理过程和物理现象。飞行活动就发生在以大气作为介质的这个层次里。

5.1.1 大气成分

大气是多种气体的混合物。大气中除了气体成分外，还有诸如云雾滴、冰晶、尘埃、烟粒、孢子、花粉、细菌等大气杂质，这些悬浮在空气中的固态和液态的微粒（滴）称为大气气溶胶质粒。在讨论大气时，可将大气看成由 3 部分组成，即干洁空气、水汽和大气气溶胶质粒。

干洁空气是构成大气的最主要部分，干洁空气主要由氮气和氧气构成，其成分分别占整个干洁空气的 78% 和 21%（体积比）。余下的 1% 左右由其他几种气体构成，如二氧化碳、臭氧、氩气、氖气等（见图 5.1）。干洁空气的多种成分中，尽管二氧化碳和臭氧的含量较少，但它们对天气的影响却较大。同样，水汽和大气气溶胶质粒对天气的影响也很大。下面就介绍这 4 种大气成分。

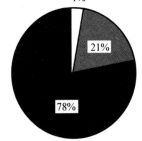

（78% 的氮气，21% 的氧气和 1% 的其他气体成分）

图 5.1 干洁空气的成分

5.1.1.1 二氧化碳（Carbon Dioxide）

二氧化碳主要来源于有机物的燃烧（或腐化）、工业生产排放的废气和动物的呼吸。二氧化碳多集中在 20 km 以下，在 20 km 以上显著减少。二氧化碳含量在人口稠密的大城市多于郊区农村，阴天多于晴天，夜间多于白天，冬季多于夏季。

二氧化碳是植物进行光合作用的重要原料。同时，由于它基本上不直接吸收太阳短波辐射，但能大量吸收地球长波辐射，这样，大量的太阳辐射可穿过大气层到达地面，使地面增温，而地面受热后放出的长波辐射却能被二氧化碳吸收，热量就不能大量向外层空间散发，对地球起到了保温作用（也称"温室效应"）。

5.1.1.2　臭氧（Ozone）

臭氧的形成过程是：氧分子吸收了波长在 0.1 ~ 0.24 μm 的太阳紫外辐射后，形成氧原子，氧原子在第三种中性粒子的参与下，能很快与氧分子结合而形成臭氧。

臭氧主要分布在 10 ~ 50 km 范围内，其最大浓度出现在 20 ~ 30 km 间，大气低层的臭氧含量少。

臭氧层通过吸收太阳紫外辐射而增温，改变了大气温度的垂直分布。同时，也使地球生物免受了过多紫外线的照射。

5.1.1.3　水汽（Water Vapor）

水汽来源于江、河、湖、海、地表和潮湿物体表面的水分蒸发及植物叶面的蒸腾作用。

大气中的水汽含量平均占整个大气体积的 0 ~ 5%，并随着高度的增加而逐渐减少，在离地 1.5 ~ 2 km 高度上，水汽含量约为地面的一半，5 km 高度上仅为地面的 1/10，再往上就更少。但个别气层中水汽的含量随高度升高而增多的现象也是有的。大气中的水汽含量随时间、地点的变化很大，在沙漠或极地水汽含量极少，而在热带洋面上水汽含量大；夏季水汽含量往往多于冬季；午后又多于夜间。

水汽是成云致雨的物质基础，因此大多数复杂天气都出现在中低空，高空往往很晴朗。水汽随大气运动而运动，水汽的临界温度是 0 ℃，是大气中唯一能发生相变（即气态、液态和固态之间的相互转换）的成分。这一变化过程伴随着热量的释放或吸收，如水汽凝结成水滴时要放出热量，放出的热量称为凝结潜热；反之，液态的水蒸发成水汽时要吸收热量。水汽直接冻结成冰的过程叫凝华，而冰直接变成水汽的过程叫升华（见图 5.2）。在大气中运动的水汽，通过状态变化传输热量，如甲地水汽移到乙地凝结，或低层水汽上升到高空凝结，就把热量从一个地方带到了另一个地方。因此，水汽热量传递是大气中的一个重要物理过程，与气温及天气变化关系密切。

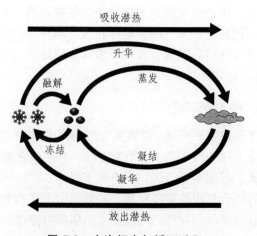

图 5.2　水汽相变与循环过程

5.1.1.4 大气气溶胶质粒 （Air Aerosol Particulates）

大气气溶胶质粒主要来源于物质燃烧成的灰粉、海水飞沫蒸发后的盐粒、风扬起的灰尘、火山喷发的烟尘、流星燃烧后的余烬、花粉、细菌、病毒以及水汽的凝结物等。

大气中的气溶胶质粒含量因时间、地点和高度而异。一般是低空多、高空少；城市多、农村少；陆地多、海洋少。空气的乱流运动对大气气溶胶质粒的分布有很大的影响，当乱流混合强时，可散布到高空；反之，则集中在下层。因而，居民区附近的近地面气层中，阴天的大气气溶胶质粒多于晴天，晚间多于白天，冬季多于夏季。

大气气溶胶质粒能吸收太阳辐射，减少地面辐射，从而影响地面和空气的温度。水汽凝结物包括大气中的水滴和冰粒。在一定的天气条件下，大气杂质常聚集在一起，形成各种天气现象，如云、雾、雨、雪、风沙等，它们使大气透明度变差，游离于空气中的大气气溶胶质粒使能见度变坏。此外，固体杂质还可充当水汽的凝结核，在云、雾、降水等的形成过程中起着重要的作用。

5.1.2 大气的结构

大气垂直分层的主要依据是气层气温的垂直分布特点，这一特点可用气温垂直递减率来描述。气温垂直递减率定义为

$$\gamma = -\frac{\Delta T}{\Delta Z}$$

式中　ΔZ ——高度变化量；

　　　ΔT ——相应的温度变化量；

负号——温度随高度的升高而降低。

因此，γ 的物理意义是表征气温随高度变化的快慢。可以看出，气温随高度上升而降低时 γ 值为正，气温随高度上升而增高时 γ 值为负。实际运用中，通常将 γ 的单位取为 °C/100 m。

根据气层气温的垂直分布特点将大气层分为对流层、平流层、中间层、暖层和散逸层 5 层，如图 5.3 所示。

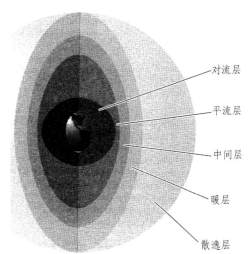

图 5.3　大气结构示意图

由于飞行活动主要集中在对流层和平流层中，下面就介绍对流层、对流层顶和平流层的特征（见图 5.4）。

5.1.2.1 对流层 （Troposphere）

对流层因为空气有强烈的对流运动而得名，其底界为地面，上界高度随纬度、季节、天气等因素而变化。平均而言，低纬度地区（南北纬 30°之间）上界高度为 17 ~ 18 km，中纬度地区（南北纬 30° ~ 60°）为 10 ~ 12 km，高纬度地区（南北纬 60° 以上）为 8 ~ 9 km。同一地区对流层上界高度往往夏季大于冬季，此外，天气变化对对流层的厚度也有一定影响。

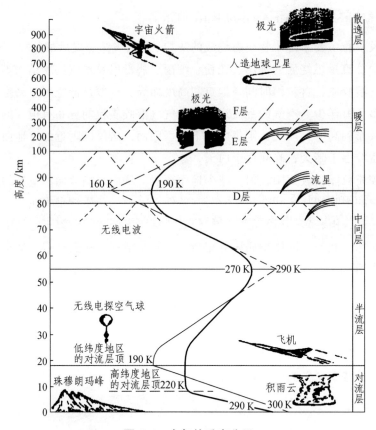

图 5.4 大气的垂直分层

相对于整个大气层来说，对流层是很薄的一层，但它却集中了约 75%的大气质量和 90%以上的水汽，云、雾、降水等天气现象基本上都出现在这一层。对流层的特征主要有以下 3 个方面：

（1）气温随高度升高而降低（$\gamma > 0$）。对流层大气热量的直接来源主要是空气吸收地面发出的长波辐射，靠近地面的空气受热后热量再向高处传递，因此在对流层，气温普遍随高度升高而降低。对流层中的平均气温垂直递减率 $\gamma \approx 0.65\ ^{\circ}C/100\ m$。利用这一数值，如果已知某地地面气温 T_1 就可大致推算出该地 Z 高度上的气温 T_Z：

$$T_Z = T_1 - \gamma Z$$

γ 的实际值是随时间、地点、高度而变化的，按上述方法计算有时会出现误差。但在实际飞行中依然可以利用它来粗略地估计飞行高度上的温度。在对流层中虽然气温的普遍分布是随高度升高而降低，但有时也会出现 $\gamma = 0$（等温层）或 $\gamma < 0$（逆温层）的气层。

（2）几乎所有天气现象都发生在这一层。由于水汽大部分都分布在这里，云、雾和降水等天气现象都发生在该层，故有天气层之称。该层对飞行的影响很大。

（3）空气具有强烈的垂直混合，对流和乱流盛行，对流层也因此而得名。飞机在这样的环境中飞行经常出现颠簸。

另外，对流层按气流与地表摩擦的关系，又可分为摩擦层和自由层：离地 1 500 m 高度的对流层下层又称为摩擦层，该层中气流受摩擦的影响严重；在 1 500 m 高度以上，大气几乎不受地表摩擦作用的影响，故称为自由层。

5.1.2.2 对流层顶（Tropopause）

对流层与平流层之间的过渡气层叫对流层顶，其厚度为几百米至一两千米。对流层顶内的气温随高度增高而缓慢下降，有时甚至呈现气温随高度不变（等温）或微有增加（逆温）的现象。它的作用就像一个盖子，阻挡了下层水汽、杂质向上扩散，它能使发展旺盛的积雨云顶部被迫平衍成砧状，使得对流层顶上下的飞行气象条件常有较大差异。

5.1.2.3 平流层（Stratosphere）

从对流层顶之上到大约 55 km 的高度为平流层。现代大型喷气式运输机的高度可达到平流层低层。平流层中空气热量的主要来源是臭氧吸收太阳紫外辐射。它具有如下 3 个特征：

（1）在平流层下半部，气温随高度增高变化不大；其上半部，气温随高度增高而升高很快（$\gamma < 0$）。在平流层的顶部，温度已升至 0 °C 左右。

（2）整层空气几乎没有垂直运动，气流平稳，故称为平流层。平流层大气受地表影响极小，空气运动几乎不受地形阻碍及扰动，因此空气以水平运动为主。

（3）平流层中空气稀薄，水汽和杂质含量极少，只有极少数垂直发展相当旺盛的云才能伸展到这一层来。故天气晴朗，飞行气象条件良好。所以，飞行高度应尽量地选择在这里。

5.1.3 大气的三圈环流

地球上空大气存在大规模的运动，这就是大气环流。其水平尺度在数千千米以上，垂直尺度可达 10 km 以上；它持续的时间也较长。下面就介绍著名的三圈环流：

由于地球上温度分布基本上是赤道热、极地冷，这种温度上的显著差异就产生了力图平衡这种差异的气流，气流会把热量从赤道输送到极地。

以北半球为例（见图 5.5）（南半球同样有），在赤道地区，空气受热上升，到了高空向高纬度流去，受地转偏向力影响，向北流动的空气向右偏转，在 30°N 附近转变为偏西风，阻挡了低纬高层大气继续北流，空气堆积下沉。在近地面层，下沉气流一部分向南，一部分向北，向南的气流吹向赤道，这样一部分空气受地转偏向力影响变为东北信风流回原地，构成第一圈环流。

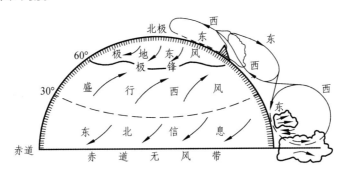

图 5.5　三圈环流模式

在 30°N 附近下沉向北的气流,在地转偏向力作用下,形成中纬度的偏西风。在纬度 60°N 附近的副极地处遇到由极地向南流来的冷空气,形成极锋。南来的暖空气沿极锋爬升,使这里气压降低。上升气流到达高空以后分为两支,向南的一支流回副热带地区并在此处下沉,又构成第二个闭合环流圈。

沿极锋爬升到高空的一部分气流继续向北挺进,到达北极冷却下沉,使极地地面形成高压。下沉的空气从极地高压近地面层向低纬度流去,受地转偏向力影响而形成极地东风,到达副极地地区后与南来的气流辐合上升,形成第三个闭合环流圈。

三圈环流最终结果是形成了"三风四带",即赤道低压带和热带辐合带、副热带高压带和信风带、副极地低压带和盛行西风带、极地高压和极地东风带,并构成 3 个"环流圈",即低纬度环流圈、中纬度环流圈和极地环流圈。

三圈环流是在太阳辐射随纬度分布不均以及地转效应的共同作用下形成和维持的,是保持大气内部的各种平衡关系所必需的。上述特征只是平均情况,实际上大气运动时刻都有变化,尤其是在西风带区域变化最为显著,在航空活动中应加以注意。

5.1.4　国际标准大气(ISA)

5.1.4.1　国际标准大气的定义

实际大气状态是在不断变化着的,而飞机的性能和某些仪表的示度,都与大气状态有关。为了便于比较飞机性能和设计仪表,必须以一定的大气状态为标准,所以人们就设计了国际标准大气（ISA）。例如,飞机的高度表和空速表的设计就需要大气为标准大气时才准确,然后根据这个基准进行修正。

所谓标准大气,就是人们根据大量的大气探测数据,规定的一种特性随高度平均分布最接近实际大气的大气模式。目前由国际民航组织统一采用的标准大气,与我国 45°N 地区的大气十分接近,低纬度地区则有较大偏差。我国规定,在建立自己的标准大气之前,取其 30 km 以下部分作为国家标准。其特性规定如下:

（1）干洁大气,且成分不随高度改变,平均相对分子质量 μ = 28.964 4。

（2）具有理想气体性质。

（3）标准海平面重力加速度 g_0 =9.806 65 m/s^2。

（4）海平面气温 T_0 =288.16 K=15 ℃;海平面气压 p_0 =1 013.25 hPa=760 mmHg=1 个大气压;海平面空气密度 ρ_0 =1.225 kg/m^3。

（5）处于流体静力平衡状态。

（6）在海拔 11 000 m 以下,气温直减率为 0.65 ℃/100 m;从 11 000～20 000 m,气温不变,为 – 56.5 ℃;从 20 000～30 000 m,气温直减率为 – 0.1 ℃/100 m。

5.1.4.2　国际标准大气的温度偏差（ISA 偏差）

实际大气和国际标准大气的温度常常是有误差的。对飞行活动来说,飞机是在实际大气中飞行,因此,知道在特定时刻实际大气和国际标准大气的温度有什么不同是非常重要的,这对性能的分析和修正仪表的误差有用。

ISA 偏差是指实际大气温度和国际标准大气温度之间的差值，它可能是正偏差（实际大气的温度高），也可能是负偏差（实际大气的温度低）。

如，飞机的飞行高度是 10 000 m，外界大气温度是 – 50 °C，国际标准大气的温度偏差的计算方法是

$$– 50 \text{ °C} – [15 \text{ °C} – (0.65 \text{ °C}/100 \text{ m} \times 10\ 000 \text{ m})] = – 10 \text{ °C}$$

为负偏差（ – 10 °C），实际大气的温度低。

5.1.5 大气的特点

大气是一种流体，具有流体的基本特性，即流动性、可压缩性、连续性和黏性。与水相比，空气分子间隙大得多，相互引力也小，在外力作用下极易产生运动和形变，这就是流动性和可压缩性。例如，风就是大气经常运动的一种形式，空气块因降低（升高）高度而压缩（膨胀）。但在研究大范围空气运动时，也常作为不可压缩流体来处理。

我们研究的并不是个别空气分子，而是含有大量空气分子的微团。每个空气微团在宏观上可视为一点，微团之间可视为紧密相连，这就是空气的连续性。

当两层空气有相对运动时，由于空气微团之间的动量交换要产生一种互相牵引的作用，这种作用称为黏性力或内摩擦力，是空气具有黏性的表现。比如，对流层中上层的风通常很大，随着时间的推移，其下层的风由于黏性使上下层空气之间的动量进行交换，最终风速增大。

大气运动也具有本身的特点：一是大气多处于湍流状态。纸片飞舞、炊烟缭绕的现象就表明大气中经常存在各种不规则的涡旋运动，这就是湍流（或乱流、紊流）。在空气有规则的运动（片流）中，也常常包含着湍流运动，空气的黏性力就是由湍流运动产生的。二是大气热量和温度的变化是大气状态变化的主要原因。例如，大气密度、气压、水汽含量等都与气温有关，当然，它们之间也存在着复杂的相互作用。

在研究大气状态变化时，可将常规条件下的大气近似地看做理想气体，其气温、气压和体积 3 个状态参量之间的关系，可用理想气体状态方程来表示

$$pV = \frac{m}{M}RT$$

式中 m——气体质量；

M——摩尔气体质量；

R——普适气体常数，$R = 8.31$ J/（mol·K）；

T——气温，K。

该式在分析实际大气状态时不好使用，因为体积（V）和质量（m）两个参数无法测量。为了便于分析，设 $R_比 = R/M$ [$R_比$ 称为比气体常数，对于干洁空气，$R_比 = 2.87 \times 10^2$ J/（kg·K）]，再由 $\rho = m/V$ 代入上式，则得到

$$p = \rho R_比 T$$

式中 ρ——空气密度；

$R_\text{比}$——与空气的组成有关，对干洁空气和水汽含量不同的湿空气，其值会略有差异，但变化不大，一般情况下可视为常数。

这是研究实际大气常用的状态方程。状态方程反映了气温、气压和体积 3 个状态参量之间的关系。

5.2 航空气象要素

与飞行活动有关的航空气象要素主要有：气温、气压、空气的湿度、风、云、降水和能见度等。它们的变化直接影响飞行，甚至危及飞行安全。飞行员掌握它们如何影响飞行，并知道如何处置是非常重要的，也是学好航空气象其他理论的基础。

5.2.1 气温（Air Temperature）

气温是表示空气冷热程度的物理量，它实质上是空气分子平均动能大小的宏观表现。一般情况下我们可将空气看作理想气体，这样空气分子的平均动能就是空气内能，因此气温的升高或降低，也就是空气内能的增加或减少。

气温通常用 3 种温标来量度，即摄氏温标（℃）、华氏温标（℉）和绝对温标（K）。摄氏温标将标准状况下纯水的冰点定为 0 ℃，沸点定为 100 ℃，其间分为 100 等分，每一等分为 1 ℃。华氏温标是将纯水的冰点定为 32 ℉，沸点定为 212 ℉，其间分为 180 等分，每一等分为 1 ℉。绝对温标下，纯水的冰点为 273.16 K，沸点为 373.16 K。绝对温标多用于热力学理论研究。三者的关系为

$$t_\text{C} = \frac{5}{9}\,(t_\text{F} - 32)$$

$$t_\text{F} = \frac{9}{5}\,t_\text{C} + 32$$

$$t_\text{K} = t_\text{C} + 273.16$$

5.2.1.1 气温变化的基本方式

实际大气中，气温变化的基本方式有两种，即气温的非绝热变化和气温的绝热变化。

1. 气温的非绝热变化

非绝热变化是指空气块通过与外界的热量进行交换而产生的温度变化。空气块与外界交换热量的方式主要有辐射、乱流、传导和水相变化 4 种。

（1）辐射是指物体以电磁波的形式向外放射能量的方式。所有温度不低于绝对零度的物体，都要向周围放出辐射能，同时也吸收周围的辐射能。物体温度越高，辐射能力越强，辐射的波长也越短。如果物体吸收的辐射能大于其放出的辐射能，温度就要升高；反之则温度降低。

地球-大气系统热量的主要来源是吸收太阳短波辐射。当太阳辐射通过大气层时，有 24% 被大气直接吸收，31% 被大气反射和散射到宇宙空间，余下的 45% 到达地表。地面吸收其大部分后，又以反射和辐射（长波）的形式回到大气中，大部分被大气吸收。同时，大气也在不断地放出长波辐射，有一部分又被地表吸收。这种辐射能的交换情况极为复杂，但对大气层而言，对流层热量主要直接来自地面长波辐射，平流层热量主要来自臭氧对太阳紫外线的吸收。因此这两层大气的气温分布有很大差异。总的来说，大气层白天由于太阳辐射而增温，夜间由于向外放出辐射而降温。

（2）乱流是空气无规则的小范围涡旋运动，乱流使空气微团产生混合，气块间热量也随之得到交换。摩擦层下层由于地表的摩擦阻碍而产生扰动，以及地表增热不均而引起空气乱流，是乱流活动最强烈的层次，乱流是这一层中热量交换的重要方式之一。

（3）传导是依靠分子的热运动，将热量从高温物体直接传递给低温物体的现象。由于空气分子间隙大，通过传导交换的热量很少，仅在贴地层中较为明显。例如，在旁边生火而能感觉到热。

（4）水相变是指水的状态发生变化，水通过相变释放热量或吸收热量，引起气温变化。比如，谚语"下雪不冷，化雪冷"就说明了这个道理。

同一空气块气温的非绝热变化，常常是以上几种方式共同作用的结果，但在不同情况下有主次之分。一般来说，空气块与地面之间，辐射起主要作用；空气块与空气块之间，乱流起主要作用；空气中的水汽和水汽生成物比较多时，水相变起主要作用。

2. 气温的绝热变化

绝热变化是指空气块与外界没有热量交换，仅由于其自身内能增减而引起的温度变化。例如，当空气块被压缩时，外界对它做的功转化成内能，空气块温度会升高；反之空气块在膨胀时温度会降低。飞机在飞行中，机翼前缘空气被压缩而增温，后缘涡流区空气因膨胀而降温，对现代高速飞机来说是非常明显的。实际大气中，当空气块作升降运动时，可近似地看成绝热过程。空气块上升时，因外界气压降低而膨胀，对外做功耗去一部分内能，温度降低；空气块下降时则相反，温度升高。

空气块在升降过程中温度绝热变化的快慢用绝热直减率来表示，绝热直减率表示在绝热过程中，空气块上升单位高度时其温度的降低值（或下降单位高度时其温度的升高值）。空气块在升降过程中温度的绝热变化过程有两种情况，即伴随水相变化的绝热过程和不伴随水相变化的绝热过程。

在绝热过程中，如果空气块内部没有水相的变化，叫干绝热过程（即干空气或未饱和空气的绝热过程）。在干绝热过程中，空气块温度的直减率叫干绝热直减率，用 γ_d 表示。根据实际计算，$\gamma_d \approx 1\ ℃/100\ m$。

在绝热过程中，如果空气块内部存在水相变化，叫湿绝热过程。饱和空气块在上升时，内部的水汽会因温度降低而凝结，并放出潜热补偿一部分减少的内能。相反，在下降时，则会有水汽凝结物蒸发而消耗热量，减少一部分内能。因而在湿绝热过程中，空气块温度的直减率（称湿绝热直减率，用 γ_m 表示）比 γ_d 要小，且随温度和气压而变化，其大小通常为（$0.4 \sim 0.7$）℃/100 m。

引起空气温度变化的绝热因素与非绝热因素常常是同时存在的，但因条件不同而有主次之分。当空气块作水平运动或静止不动时，非绝热变化是主要的；当空气块作垂直运动时，绝热变化是主要的。

5.2.1.2 局地气温的变化

对某一地点来说，气温的变化除了与那里的空气块温度的绝热和非绝热变化有关外，还与不同温度空气块的移动有关。近地面局地气温的变化，主要取决于空气块的非绝热变化和空气块的水平运动。前者的变化比较有规律，具有周期性（年变化和日变化），而后者的变化无一定规律。

1. 局地气温的周期性变化

由于太阳辐射强度的日变化和年变化特点，使得局地气温具有日变化和年变化。气温在一日之中具有周期性变化，有一个最低值和最高值，最低值一般出现在早晨日出时，最高值在当地正午（太阳高度角最大）后 2 h 左右。一日中气温最高值与最低值之差，叫气温的日较差。日较差的大小与纬度、季节、地表性质和天气状况等因素有关。一般低纬大于高纬，夏季大于冬季，陆地大于海洋，晴天大于阴天。气温在一年之中也具有周期性变化，一般也有一个最低值和最高值。最低值在大寒前后，最高值在大暑前后。一年中气温的变化也可用气温的年较差来表示，气温的年较差是指最热月份的平均温度与最冷月份的平均温度之差。由于是平均温度之差，所以年较差并不一定比日较差大。年较差的大小与纬度和海陆分布有关，一般高纬大于低纬，陆地大于海洋。

2. 局地气温的非周期性变化

除了周期性的变化之外，实际气温还有非周期性的变化，主要是由于大规模冷暖空气运动和阴雨天气的影响。例如，白天产生了较大降雨（雪）时，可使气温日较差大大减小，甚至可能使最高气温出现在晚上。我国江南春季气温不断变暖时，北方冷空气南下可产生"倒春寒"天气；秋季气温也可突然回升，形成"秋老虎"天气。

5.2.1.3 地表附近气温水平分布

太阳辐射是地球大气唯一的能量源泉，太阳辐射的强弱在很大程度上决定了地表附近气温的分布状况。气温分布还受其他诸如海陆分布、空气运动和人类活动影响，而且这些影响过程是非常复杂的。图 5.6 和图 5.7 是全球海平面气温分布图，其中以 1 月份代表北（南）半球冬（夏）季，7 月份代表北（南）半球夏（冬）季，它们反映了全球温度分布的主要特征。

从图上可以看出：

（1）在近赤道区有一个高温带，这里 1 月份和 7 月份的温度都大于 24 ℃，称为热赤道，热赤道并不与地球赤道重合，1 月份它位于北纬 5°～10°，而在 7 月份它已移到北纬 20° 附近了。

（2）等温线大致与纬圈平行，从热赤道向两极气温逐渐降低。在北半球，等温线 7 月份稀疏，1 月份密集。

（3）北半球等温线比南半球密集、曲折，且有若干等温线闭合中心。南半球等温线则比较平直，这种情况冬半年尤为突出。南半球气温的季节变化也小于北半球。另外，全年北半球平均温度（15.2 ℃）大于南半球的平均温度（13.8 ℃）。

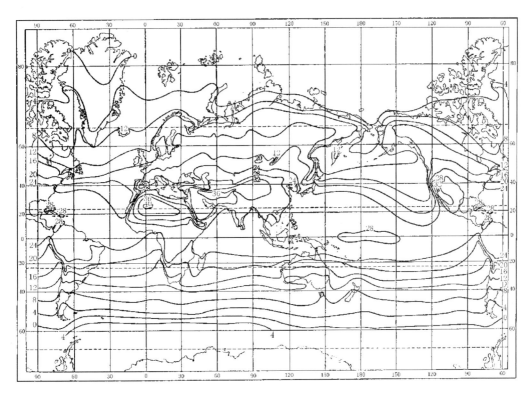

图 5.6　全球 7 月份海平面气温分布（°C）

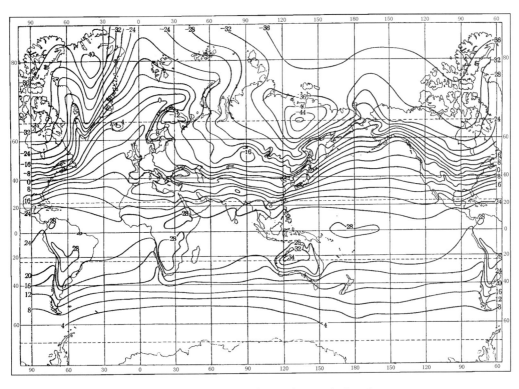

图 5.7　全球 1 月份海平面气温分布（°C）

（4）冬季北半球的等温线在大陆上大致凸向赤道，在海洋上大致凸向极地；夏季则相反。在相同纬度上，气温是冬季大陆低于海洋，夏季大陆高于海洋，在海陆交界处气温变化大，等温线则呈弯曲而复杂的状况。在 40°N 盛行西风的欧亚大陆，受海洋暖流影响的欧洲西岸和受大陆冷气团影响的亚洲东岸，1 月份平均气温相差达 20 ℃ 以上。

（5）南半球最低气温冬夏都出现在南极；北半球最低气温夏季出现在北极，冬季出现在东西伯利亚和格陵兰。

飞行员应熟悉和掌握上述全球地表附近气温水平分布特征。平均气温在一定程度上能反映当地的气候特征。因此，对于远距离运输飞行来说，了解未来飞行区域内各季平均气温变化，实际上也大致掌握了飞行中所要经过的气候带分布情况，这有利于更好地运用气象条件。另外，根据气温分布变化情况，合理计算燃料和货物搭载量也是十分重要的。

5.2.2 气压（Air Pressure）

气压即大气压强，是指与大气相接触的面上，空气分子作用在每单位面积上的力。这个力是由空气分子对接触面的碰撞而引起的，即空气分子运动所产生的压力。飞行上常用于量度气压的单位有百帕（hPa）、毫米汞柱（mmHg）和英寸汞柱（inHg）。气象上还规定，当气温为 0 ℃ 时，在纬度 45° 海平面上的气压定义为标准大气压（QNE）。

1 个标准大气压=1 013.25 hPa=29.92 inHg=760 mmHg

1 hPa=100 N/m^2≈（3/4）mmHg

5.2.2.1 气压随高度的变化规律

在大气处于静止状态时，某一高度上的气压值等于其单位水平面积上所承受的上部大气柱的重量。随着高度增加，其上部大气柱越来越短，且气柱中空气密度越来越小，气柱重量也就越来越小（见图 5.8）。因此，气压总是随高度而降低的。可以表示为

$$p = p_0 e^{-\frac{1}{R}\int_0^z \frac{g}{T}dz}$$

式中　p——z 高度上的气压；

　　　p_0——海平面气压；

　　　T——海拔 z 高度的平均温度；

　　　其他量——常数。

这就是一般形式的压高公式。公式表明，在一般情况下，气压随高度是按指数规律而降低的。它反映了静止大气中气压随高度变化的特点。可见，气压与高度具有一一对应的关系。同样可以知道，在相同高度上，气温高的地区气压降低得比气温低的地区慢。飞机的气压式高度表就是根据标准大气条件下气压与高度的这种一一对应的规律制作的，通过气压来测高度。

在标准大气条件下，气压变化每 1 hPa，所对应的高度变化

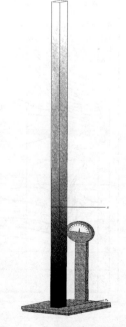

图 5.8　气压随高度的变化

大致为 8.25 m。这个数据可用于估计气压的变化所带来的高度变化。

在比标准大气冷的空气中（ISA 偏差小于零），气压递减率较大；比标准大气热的空气中（ISA 偏差大于零），气压递减率较小。

5.2.2.2　航空上常用的几种气压的概念

1. 本站气压

本站气压是指地方气象台气压计直接测得的气压。由于各测站所处地理位置及海拔不同，本站气压常有较大差异。

2. 修正海平面气压（QNH）

修正海平面气压（也称海平面气压）是由本站气压按标准大气推算到零海拔（我国以黄海或渤海为基准）海平面高度上的气压值。如图 5.9 所示，A 机场的本站气压为 998 hPa，海拔 82.5 m（在标准状态下，对应的气压为 10 hPa），A 机场的修正海平面气压就应该是将 A 机场的本站气压 998 hPa 订正到平均海平面高度，即：A 机场的 QNH=998+10=1 008（hPa）。同理，B 机场的 QNH=1005 – 5=1 000（hPa）。运用修正海平面气压便于分析和研究气压的水平分布情况。海拔大于 1 500 m 的测站不推算修正海平面气压，因为推算出的海平面气压误差可能过大，失去意义。飞机也可以利用修正海平面气压进行起降。

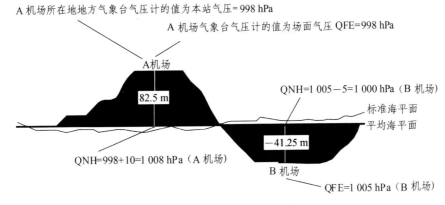

图 5.9　修正海平面气压示意图

3. 场面气压（QFE）

场面气压指着陆区（跑道入口端）最高点的气压值。一般以机场气象台气压计直接测得（同一城市如地方气象台的气压计与机场气象台的气压计所放置的高度一样，本站气压与场面气压一般相近）。飞机起降时为了准确掌握其相对于跑道的高度，就需要知道场面气压。场面气压也可由机场标高点处的气压代替。

4. 标准海平面气压（QNE）

大气处于标准状态下的海平面高度上的气压称为标准海平面气压，其值为 1 013.25 hPa 或 760 mmHg。海平面气压是经常变化的，而标准海平面气压是一个常数。在航线飞行中常以它为基准面来表示航线高度。

5.2.2.3 几种气压与飞行高度的关系

飞机飞行时，测量高度多采用无线电高度表和气压式高度表。无线电高度表所测量的是飞机相对于所飞越地区地表的垂直距离。无线电高度表能不断地指示飞机相对于所飞越地区地表的高度，并对地形的任何变化都很"敏感"。这既是很大的优点，也是严重的缺点。如果在地形多变的地区上空飞行，飞行员试图按无线电高度表保持规定的飞行高度，飞机航迹将随地形起伏。而且，如果在云上或有限能见度条件下飞行，将无法判定飞行高度的这种变化是由于飞行条件受破坏造成的，还是由于地形影响引起的。这就使无线电高度表的使用受到限制，因而它主要用于校正仪表和在复杂气象条件下着陆时进行参考使用。

气压式高度表是主要的航行仪表（见图5.10）。它是一个高度灵敏的空盒式气压表，但刻度盘上标出的是高度，另外有一个辅助刻度盘可显示气压，高度和气压都可通过旋钮调定。高度表刻度盘是在标准大气条件下按气压随高度的变化规律而确定的，即气压式高度表所测量的是气压，根据标准大气中气压与高度的关系，就可以表示高度。

确定航空器在空间的垂直位置需要两个要素，即测量基准面和自该基准面至航空器的垂直距离。在飞行中，航空器对应不同的测量基准面，相应的垂直位置具有特定的名称。下面介绍飞行中常用的高度及使用方法（见图5.11）。

图 5.10 气压式高度表

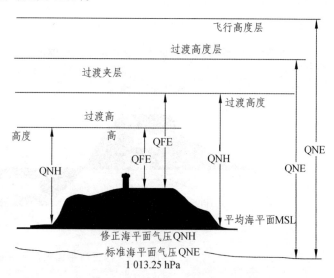

图 5.11 QFE、QNH 和 QNE 示意图

1. 场面气压高度

场面气压高度指飞机相对于起飞或着陆机场跑道的高度。为使气压式高度表指示场面气压高度，飞行员需按场压来拨正气压式高度表。但由于飞机的气压式高度表是按标准大气设计的，也就是说只有当机场场面高度的大气为标准大气时，气压式高度表的指示才是准确的。而任意机场的地面气压不一定随时都为标准气压。比如，机场气压为 1 013.25 hPa，气温为 15 °C，停在跑道上的飞机的气压式高度表的指示才为零，否则将指示一定的高度值，这样，就无法判断飞机相对于起飞或着陆机场跑道的高度。因此，如果需要知道飞机相对于起飞或着陆机场跑道的高度，飞行员需按当时的场压来拨正气压式高度表。

所以，按场压进行起降的具体方法为：当飞机在跑道上准备起飞时，需要知道起飞后飞机相对于机场跑道的高度（场压高度）。修正飞机气压式高度表的方法是：飞行员根据塔台通知的本机场的场压值，旋转气压式高度表的气压调整钮，将气压式高度表的气压刻度拨正到塔台通知的场压值，这样，气压式高度表的高度指示就为零，飞机即可以进行起飞。此时离地后气压式高度表的高度指示值就是飞机与机场跑道的高度。当飞机准备在跑道上着陆时，需要知道此时飞机相对于机场跑道的高度。调整飞机气压式高度表的方法是：当飞机下降到机场的过渡高度层（如无规定过渡高度层高度的机场，按管制员通知的高度）时，飞行员根据当时塔台通知的该着陆机场的场压值，旋转气压式高度表的气压调整钮，将气压式高度表的气压刻度拨正到塔台通知的场压值。这样，气压式高度表的高度指示就是此时飞机相对于机场跑道的高度，飞机即可以进行着陆，落地后飞机的高度指零。

2. 标准海平面气压高度

航线飞行中飞机相对于不同的位置有不同的高度。标准海平面气压高度指相对于标准海平面（气压为 760 mmHg 或 1 013.25 hPa）的高度值。飞机航线飞行时，当两架或多架在不同机场（或同一机场）按不同气压（不同的基准高）起飞的飞机在同一地点相遇后，就有可能因原来起飞的相对高度不同而造成混乱。比如，某次飞行要求两架飞机相遇时保持 1 200 m 的垂直间隔，管制员就会指挥一架飞机飞 9 000 m，另一架飞机飞 10 200 m。但由于原来两架飞机是各自按不同的气压高度为基准的，相遇后的 9 000 m 和 10 200 m 就是基于不同的基准高度，1 200 m 的垂直间隔就不能实现，而且造成指挥上的混乱。如果是多架飞机相遇，后果不堪设想。因此，为便于指挥，就要求在不同机场起飞的飞机在航线上飞行都应有相同的"零点"高度。标准海平面气压高度就可以很好地解决这一问题。具体方法如下：

在任意机场（任意基准高度）起飞的飞机，当飞机爬高到机场的过渡高度（如无规定过渡高度的机场，按管制员通知的高度）时，飞行员就旋转气压式高度表的气压调整钮，使气压式高度表的气压窗指示 1 013.25 hPa。此时，飞机气压式高度表指示的高度就是飞机相对于标准海平面气压（1 013.25 hPa）的高度值。这样，多架在不同机场起飞的飞机相遇时都有相同的"零点"高度。此后，按此保持规定的航线仪表高度飞行，就可以避免飞机在航线上的冲突。

3. 修正海平面气压高度

如果按修正海平面气压拨正气压式高度表，则高度表将显示出修正海平面气压高度。飞行中按修正海平面气压拨正气压式高度表进行起降的方法与按场压拨正气压式高度表进行起降的方法相似，只是将场面气压换成修正海平面气压。但飞行员要注意，在飞机起降时，飞机距机场跑道面的高度是此时高度表指示的高度减去机场标高，除机场在零海拔时，飞机在跑道上的高度都不指零。

飞行员在使用以上几种气压高度时不能相互混淆。否则，就容易发生机毁人亡的飞行事故。比如，1993 年 11 月 13 日，中国北方航空公司 MD-82 型 B-2141 号飞机执行沈阳—北京—乌鲁木齐航班任务，在乌鲁木齐机场进近过程中，由于机组对几种气压高度的概念含糊，在使用场压着陆过程中，误将修正海平面气压 1 024 hPa 当成场压（当时实际场压为 947 hPa）

使用，使得飞机仪表指示偏高（偏高约 635 m），造成飞机坠毁。机上旅客 92 人，其中 8 人遇难，机组 10 人，其中 4 人遇难。

4. 假定零点高度

假定零点高度指的是标准海平面气压与场面气压的差值对应到标准大气中的高度值。可用下式计算

$$假定零点高度=(1\ 013.25 - 场面气压) \times 8.25（m）$$

由上式可见，假定零点高度是随场面气压的变化而变化的。在高原机场也可利用假定零点高度进行起降。方法是：在起飞前，机组旋转气压式高度表的高度调整钮，使气压式高度表的高度指示当时的假定零点高度值（此时气压式高度表的气压窗指示 1 013.25 hPa），并以此作为起飞的零点高度（假定零点）进行起飞。此时要注意飞机与机场的相对高度是气压式高度表的高度指示值减去假定零点高度。进入航线飞行时就不用再调 1 013.25 hPa。在高原机场着陆时，机组在得知机场的假定零点高度后，将气压式高度表的游标调到该值，当飞机的气压式高度表的高度指示到游标处时，就应该是飞机的接地位置。例如，在拉萨贡嘎机场起降就可用假定零点高度进行。

5. 气压的水平分布特点——水平气压场

水平气压场指某一水平面上的气压分布。这一水平面通常取为零海平面（我国以黄海或渤海为基准）。将海拔在 1 500 m 以下的各气象观测站推算出的海平面气压（修正海平面气压）填在一张图上（天气图），绘出等压线，则可显示海平面上的气压分布特点。通常每隔 2.5 hPa 或 5 hPa 画一条等压线，在其两端或闭合等压线的北方标注气压数值。常见的水平气压分布的基本形式有 5 种，如图 5.12 所示。

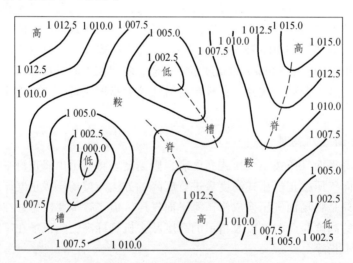

图 5.12　水平气压场的基本形式

（1）低压：由闭合等压线构成的中心气压比四周气压低的区域叫低气压，简称低压。
（2）低压槽：由低压延伸出来的狭长区域叫低压槽，低压槽中各条等压线弯曲最大处的连线叫槽线。

（3）高压：由闭合等压线构成的中心气压比四周气压高的区域叫高气压，简称高压。

（4）高压脊：由高压伸展出来的狭长区域叫高压脊，高压脊中各条等压线弯曲最大处的连线叫脊线。

（5）鞍形气压区：两高压和两低压相对组成的中间区域叫鞍形气压区，简称鞍。

通过分析等压线，我们既可直观地了解气压系统的分布情况，也能看出气压在水平方向上变化的快慢。由于相邻两条等压线间的气压差值是一定的（一般为 2.5 hPa 或 5 hPa），因此等压线的疏密程度就代表了气压在水平方向上变化快慢的程度。等压线越密的地方，气压沿垂直于等压线的方向变化就越快（沿平行于等压线的方向气压没有变化）。这一变化特点可用水平气压梯度的概念来表示。水平气压梯度是一个矢量，它的方向垂直于等压线，从高压指向低压；它的大小等于沿这个方向上单位距离内的气压差，可表示为

$$G_\mathrm{n} = -\frac{\Delta p}{\Delta N}$$

式中　ΔN ——沿气压梯度方向上两点间的距离；

　　　Δp ——这两点间的气压差；

　　　负号——气压梯度总是由高值区指向低值区（见图 5.13）。

水平气压梯度的单位通常用百帕/赤道度来表示。1 赤道度是指赤道上经度相差 1° 的纬圈长度，其值约为 111 km。

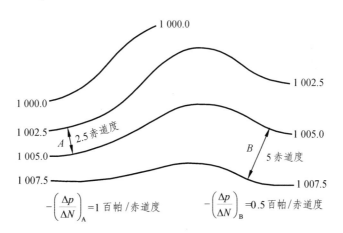

图 5.13　气压梯度示意图

5.2.3　湿　度

众所周知，大气中含有水汽，大气中的水汽含量是随时间、地点、高度、天气条件在不断变化的。空气湿度就是用来量度空气中水汽含量多少或空气干燥或潮湿程度的物理量。

描述湿度的参量有绝对湿度、水汽压、比湿、混合比、相对湿度、露点（或霜点）和温度露点差等。下面仅介绍在航空上用得较多的几个参量。

5.2.3.1　相对湿度

相对湿度（f）定义为空气中的实际水汽压（e）与同温度条件下的饱和水汽压（E）的百分比，即

$$f = \frac{e}{E} \times 100\%$$

水汽压（e）是空气中的水汽所产生的那部分压力，水汽压（e）可用状态方程表示为

$$e = \rho_w RT$$

式中　ρ_w——水汽的密度。

在其他条件相同时，水汽含量越多，水汽压越大。在温度一定的情况下，单位体积空气所能容纳的水汽量有一定的限度，如果水汽含量达到了这个限度，空气就呈饱和状态，称为饱和空气。饱和空气的水汽压叫饱和水汽压（E）。理论和实践都证明，饱和水汽压可表示为

$$E = 6.11 \times 10^{\frac{7.45T}{235+T}} \quad （在水面上）$$

$$E = 6.11 \times 10^{\frac{9.5T}{265+T}} \quad （在冰面上）$$

可见，饱和水汽压的大小仅与气温 T 有关，气温越高，饱和水汽压越大。因此气温升高时，空气的饱和水汽压增大，容纳水汽的能力也增大。

可见，相对湿度的大小直接反映了空气距离饱和状态的程度（空气的潮湿程度）。相对湿度越大，说明空气越接近饱和，饱和空气的相对湿度为 100%。相对湿度的大小取决于两个因素：一是空气中的水汽含量，水汽含量越多，水汽压越大，相对湿度越大；另一个因素是温度，在空气水汽含量不变时，温度升高，饱和水汽压增大，相对湿度减小。通常情况下，气温变化大于水汽含量变化，一个地方的空气相对湿度的变化主要受温度的影响，晚上和清晨相对湿度大，中午、下午相对湿度较小。

5.2.3.2　露点（t_d）和气温露点差（$t - t_d$）

当空气中水汽含量不变且气压一定时，气温降低到使空气达到饱和时的温度，称为露点温度，简称露点。

气压一定时，露点的高低只与空气中水汽含量的多少有关，水汽含量越多，露点温度越高。露点温度的高低反映了空气中水汽含量的多少。

当空气处于未饱和状态时，其露点温度低于气温，两温度之差称为气温露点差。只有在空气达到饱和时，露点才和气温相等。所以可用气温露点差来判断空气的饱和程度，气温露点差越小，空气越潮湿。

露点温度的高低还和气压大小有关。在水汽含量不变的情况下，气压降低时，露点温度也会随之降低。实际大气中作上升运动的空气块，一方面由于体积膨胀而绝热降温，另一方面由于气压的减小其露点温度也有所降低。但气温的降低速度远远大于露点温度的降低速度，因而空气块只要能上升到足够的高度就能达到饱和（气温和露点趋于一致）。一般而言，未饱和空气每上升 100 m，温度下降约 1 ℃，而露点温度下降约 0.2 ℃，因此气温露点差的减小速率约为 0.8 ℃/100 m。

空气湿度有两方面的含义，即水汽含量和饱和程度。二者虽不相同，但有联系，空气湿

度的变化就是从这两方面来考虑的。

空气中的水汽含量与地表有关，地面潮湿的地方空气中的水汽含量较高；在同一地区，水汽含量与气温的关系很大，在温度升高时饱和水汽压增大，空气中的水汽含量也相应增大。对一定地区来说，水汽含量与气温的变化规律基本相同，即白天大于晚上，最高值出现在午后。但在大陆上当乱流特别强时，由于水汽迅速扩散到高空，近地面空气水汽含量反而有迅速减小的现象。水汽含量的年变化则与气温相当吻合，最高在 7~8 月，最低在 1~2 月。

空气的饱和程度与气温高低和空气水汽含量的多少有关。但由于气温变化比露点温度的变化要快，空气饱和程度一般是早晨大、午后小，冬季大、夏季小。露珠一般出现在夏季的早晨，而冬季的夜间容易形成霜；夜间停放在地面的飞机冬季表面结霜、夏季油箱积水等现象，都和空气饱和程度的变化有关。此外，由于大气运动及天气变化等因素的影响，空气湿度还有非周期性的变化。

5.2.4 三大要素变化对飞行的影响

气温、气压和空气的湿度，它们与飞行活动密切相关，飞机的飞行性能及某些仪表示度都是按标准大气制定的。当实际大气状态与标准大气状态有差异时，飞行性能及某些仪表指示就会发生变化，而这种变化又会直接影响飞行。下面就三大要素变化对飞行产生的主要影响进行讨论。

5.2.4.1 对飞机空速表的影响

飞机相对于空气运动的速度称空速，又称飞行真速或飞行速度。测量空速的仪表是空速表。空速表是根据海平面标准大气条件下空速与动压的关系，通过测量动压来表示空速的。空速表的示度不仅取决于飞机的空速，也与空气密度有关。如果实际大气密度与标准大气密度不符，表速与真空速也就不相等。实际大气密度大于标准大气密度时，表速会大于真空速；反之则表速小于真空速。此时，若按表速飞行而不加以修正，飞机的位置就会发生偏差。例如，早晨气温偏低，空速表的示度容易偏高，根据表速下滑着陆时，容易落在"T"字布的后面，有提前接地的危险；午后气温偏高，空速表的示度容易偏低，则容易落在"T"字布的前面，有冲出跑道的危险。

由于空气密度随高度递减，故随着飞行高度的增加，表速必然越来越小于空速。在 8~10 km 高度上，这种误差达 50%~70% 甚至以上。

5.2.4.2 对涡轮发动机推力的影响

飞机的可用推力随温度的增大而减小；反之，温度降低，飞机的可用推力增大。

在标准大气条件下，大约从 11 km 高度开始，随高度增加，气温停止下降，推力减小很快。

在实际条件下，推力随高度变化比较复杂，它与气温的垂直分布有关。气温垂直梯度越大，气压下降引起的空气密度的减小就越慢，因而推力减小也越慢。

在等温层，特别是在逆温层中，空气密度随高度减小比较快，因而推力随高度减小也较快。由于这个原因，当飞机爬高越过对流层顶时，推力会有相当明显的下降；反之，当飞机下降，由平流层进入对流层时，推力会明显增大。

在固定高度上飞行时，飞机穿越锋区，推力也会有明显变化。在锋区中飞行，个别情况下，推力在较短时间内可能减小（进入暖空气时）或增大（进入冷空气时）5%~10%。

温度的日变化，特别是季节变化，也能引起推力的很大变化。

在对流层顶上飞行时，由于平流层中温度升高，会影响推力。平流层下部比较暖时，对马赫数 $Ma<2$ 以下的超音速飞行，推力的变化可达 10% 以上。

5.2.4.3 对平飞需要速度的影响

飞机平飞需要有足够的升力，为了产生这一升力所需的飞行速度称为平飞需要速度。如其他条件不变，计算表明：在标准大气条件下，5 km 高度上的平飞需要速度比海平面增大 30%；10 km 及 20 km 高度上则分别超过 70% 及达到 2 倍以上。按气压高度表固定高度飞行时，气压不变，气温升高，平飞需要速度增大。

事实表明，气温的空间和时间变化率都很大，在 200 hPa 高度上气温的日变化可超过 20 ℃。在远程飞行中，由于航线上气温变化的影响，波音 747 和伊尔 62 等飞机的平飞需要速度，在特殊情况下可变化 40 km/h 以上，甚至可达 100 km/h。

5.2.4.4 对飞机起飞和着陆的影响

飞机的起飞和着陆数据（起飞滑跑距离和离地速度、着陆速度和着陆滑跑距离），在很大程度上取决于大气状态的物理特性。

气温升高能使离地速度增大，而气压升高则起相反的作用，使离地速度减小。

气温和气压的剧烈变化，能使离地速度发生很大变化，而离地速度又影响滑跑距离和全部起飞距离。在从长度有限的跑道上起飞或当飞机负荷较大时，这一点特别值得注意。

起飞滑跑时，发动机推力的变化对起飞滑跑距离也有影响。当温度升高时，推力减小，飞机加速较慢，因而要增加到离地所需的速度，飞机沿跑道需多滑跑一段时间。气压降低也能使推力减小。

离地速度的增大和推力的减小，会导致在大气物理状态变化时，起飞性能有很大的变化。而且，由于推力减小，起飞滑跑加速度也减小，这对起飞滑跑距离的影响比离地速度增大要大 1 倍左右。

对大多数喷气式飞机，在发动机转速不变的情况下，气温每升高 10 ℃，起飞滑跑距离增加 13%；气温每下降 10 ℃，起飞滑跑距离减少 10%。

气温偏差 10 ℃，离地速度变化 1.75%，气压变化 10 mmHg，离地速度变化 0.65%。

在起飞时机场空气密度的变化，对起飞滑跑距离有很大影响。在山区机场起飞时，考虑到这一特点很重要。例如，在位于海拔 1 000 m 的机场上，喷气式飞机的起飞滑跑距离比标准大气条件下海平面高度的起飞滑跑距离大 0.33 倍。

当大气物理状态发生变化时，飞机着陆性能也会受到很大的影响。实际温度与标准温度偏差 10 ℃，着陆滑跑距离大约变化 3.5%。

飞行员在着陆过程中，根据飞机所在高度以及"T"字布的水平距离，进行目测判断，会有"早晨目测易低，中午目测易高"的规律。

运输机起飞、着陆一定要根据当时地面气温和气压的情况，严格进行计算，防止发生意外。

5.2.4.5 对高度表指示的影响

实际大气状态与标准大气状态通常存在一定差异，因此实际飞行时高度表指示高度与当时气象条件有关。在飞行中，即使高度表的示度相同，实际高度并不都一样，尤其在高空飞行时更是如此。航线飞行时通常采用标准海平面气压高度（QNE），在标准大气中"零点"高度上的气压为 760 mmHg，但实际上"零点"高度处的气压并不总是 760 mmHg（或 29.92 inHg），因而高度表的示度会出现误差。当实际"零点"高度的气压低于 29.92 inHg 时，高度表的示度会大于实际高度；反之，高度表的示度就会小于实际高度（见图 5.14）。

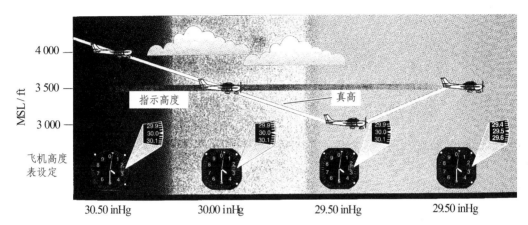

图 5.14 高度表的气压误差

此外，当实际大气的温度与标准大气温度不同时，高度表的示度也会出现偏差。由于在较暖的空气中气压随高度降低得较慢，而在较冷的空气中气压随高度降低得较快。因而在比标准大气暖的空气中飞行时，高度表所示高度将低于实际飞行高度；在比标准大气冷的空气中飞行时，高度表的示度将高于实际飞行高度（见图 5.15）。

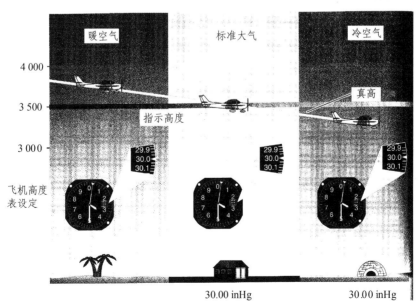

图 5.15 高度表的温度误差

5.2.4.6 对飞机飞行性能的影响

飞机的飞行性能主要受大气密度的影响。如当实际大气密度大于标准大气密度时，一方面空气作用于飞机上的力要加大；另一方面发动机功率增加，推力增大。这两方面作用的结果，就会使飞机飞行性能变好，即最大平飞速度、最大爬升率和起飞载重量会增大，而飞机起飞、着陆滑跑距离会缩短；反之，影响相反。

由于气温对空气密度影响最大，而且地面气温变化也很明显，国际民航组织建议在起飞前 2 h 对发动机进气口高度处气温预报要精确到 ±2 °C。长距离飞行时，要用预报温度计算燃料与货物的搭载量，在起飞前 30 min 用实况值进行最后校准。

5.2.4.7 对燃油消耗量的影响

一般而言，气温越高，燃油消耗量越大；气温越低，燃油消耗量越小。

5.2.4.8 对飞机升限的影响

所谓"飞机升限"就是在一定的飞行状态下，飞机能够上升的最大高度。它是飞机最重要的飞行技术性能之一。气温变化时，飞机升限变化很大。其他条件不变的情况下，温度升高，飞机升限降低；反之温度降低，飞机升限升高。据资料表明：100 hPa 高度上气温升高 10 ~ 15 °C，超音速飞机的升限减少 1 ~ 1.5 km。

5.2.4.9 对飞机载重量的影响

飞机的载重量受气温变化的影响很大。当气温高于标准大气温度时，空气密度变小，产生的升力减小，因而载重量减小；反之，载重量增大。

5.2.5 风

空气运动对航空活动有直接影响。空气的运动形态可分为水平运动（水平风）和垂直运动（垂直风）两大类。航空上我们有时也统称为气流。

5.2.5.1 空气的水平运动

空气相对于地面的水平运动，就是我们通常所说的风。

1. 水平风的表示和测量

风是矢量，有大小和方向。气象上的风向是指风的来向，常用 360° 或 16 个方位来表示(图 5.16)。

风速是指单位时间内空气微团的水平位移，常用的表示风速的单位是米/秒（m/s）、千米/小时（km/h）和海里/小时（n mile/h，或 kt）。它们之间的换算关系为：1 m/s=3.6 km/h，1 kt=1.852 km/h。

风的测量方法主要有仪器探测和目视估计两大

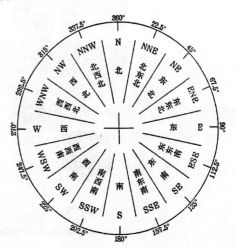

图 5.16 风的方位

类。常用仪器有风向风速仪、测风气球、风袋、多普勒测风雷达等。风向风速仪是测量近地面风常用的仪器。为了便于飞行员观测跑道区的风向风速，可在跑道旁设置风袋。风袋飘动的方向可指示风向，风袋飘起的角度可指示风速。高空风可用测风气球进行探测。现在一些大型机场装有多普勒测风雷达，用来探测机场区域内一定高度风的分布情况，对飞机起降有很大帮助。

2. 水平风的形成

1）形成风的力

由水平气压梯度引起的作用在单位质量空气上的压力差就是水平气压梯度力（G_N）。很明显，水平气压梯度越大的地方，水平气压梯度力也越大，引起的风也越强。水平气压梯度力的表达式为

$$G_N = -\frac{1}{\rho}\frac{\Delta p}{\Delta N}$$

可见，水平气压梯度力的方向与水平气压梯度方向一致，垂直于等压线，由高压指向低压；大小与水平气压梯度成正比，等压线越密，水平气压梯度力也越大。

另一个形成风的很重要的力是地球自转偏向力（A），也称科氏力。科氏力是由地球自转引起的使相对于地球运动的物体偏离原来运动方向的力。

由地球自转引起的偏转效应随纬度的增高而增强。理论分析可证明，水平科氏力的大小可以表示为

$$A = 2v\omega\sin\phi$$

式中　ω——地球自转角速度，是一常量。

可见，A 的大小与风速（v）及纬度（ϕ）的正弦成正比。风速越大，A 越大；纬度越高，A 越大。A 的方向垂直于速度 v 的方向，在北半球指向右，在南半球指向左。

当空气在近地面运动时，地表对空气运动要产生阻碍作用，即产生摩擦力（R）。摩擦力可表示为

$$R = -Kv$$

式中　K——摩擦系数，它取决于地表的粗糙程度，一般山区最大，海洋最小；

　　　v——空气运动速度。

R 的方向与 v 相反，总是使 v 减小，其大小取决于风速和摩擦系数。

空气在地球表面作圆周运动时，除受地心引力作用外，还要受到惯性离心力（C）的作用。惯性离心力的方向与速度 v 垂直，由曲率中心指向外缘；其大小为

$$C = mv^2/r$$

式中　v——空气运动的线速度；

　　　r——曲率半径；

　　　m——空气块质量。

2）水平风的形成及风压定理

实际大气中，当某地水平方向上的气压出现差异时，就会形成水平气压梯度力，促使空

气从高压向低压方向运动。空气一旦开始运动，就会受到其他水平力的作用，如在赤道以外的地方会受到科氏力的作用，在摩擦层中会受到摩擦力的作用，作曲线运动时还会受到惯性离心力的作用。当作用在空气上的各水平力达到平衡时，就形成了相对稳定的风。

（1）自由大气中风的形成及风压定律。

考虑自由大气中平直等压线气压场的简单情况（见图5.17）。空气块在气压梯度力 G 的作用下产生沿气压梯度力方向的运动。一旦空气开始运动，就要受到科氏力 A 的作用，在北半球，科氏力使空气向右偏转，随着空气块运动速度加大，作用于其上的科氏力也随之增大，且方向始终与空气块运动方向垂直。最后，当气压梯度力 G 与科氏力 A_3 大小相等、方向相反时，二力达到平衡，空气块就沿着等压线作稳定的水平运动（风速为 v_g）。气压梯度力越大的地方，需要与之平衡的地转偏向力 A_3 也越大，因而风速 v_g 越大。我们常常称 v_g 为地转风。

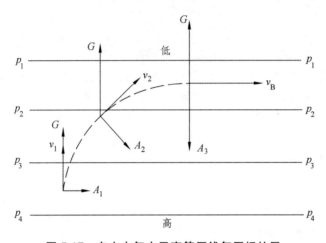

图 5.17　自由大气中平直等压线气压场的风

当自由大气中的空气作曲线运动时，则需考虑惯性离心力的作用。现以等压线为圆形的高压和低压为例来进行讨论（见图5.18）。由图中可以看出，空气作曲线运动时，要受到水平气压梯度力 G、地转偏向力 A 和惯性离心力 C 的作用。当这三力达到平衡时，在北半球，低压区空气是沿逆时针方向旋转的，高压区空气是沿顺时针方向旋转的；在南半球则相反。

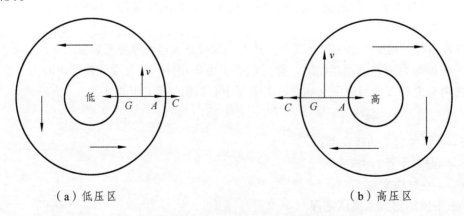

（a）低压区　　　　　　　　　　　　（b）高压区

图 5.18　自由大气中低压区和高压区中的风

综上可见，自由大气中空气水平运动与气压分布关系的规律，即自由大气中的风压定理为：在北半球背风而立，高压在右，低压在左（南半球相反）；风平行于等压线吹；等压线越密，风速越大。

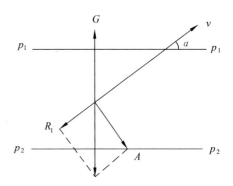

图 5.19　摩擦层中风的形成

（2）摩擦层中风的形成及风压定律。

在摩擦层中，空气的水平运动还要受到摩擦力的作用。与自由大气中的情况相比，摩擦力使风速减小，地转偏向力也相应减小，这使风向向左偏转一定的角度（北半球）。当气压梯度力 G、地转偏向力 A 和摩擦力 R_1 三力达到平衡时，v 即为摩擦层中的风速（见图 5.19）。同样可以分析出：在北半球摩擦层中，低压区空气是沿逆时针方向向内辐合的，高压区空气是沿顺时针方向向外辐散的；南半球则相反（见图 5.20）。可见，摩擦层中的风压定理可表述为：在北半球背风而立，高压在右后方，低压在左前方（南半球相反）；风斜穿等压线指向低压一侧吹；等压线越密，风速越大。

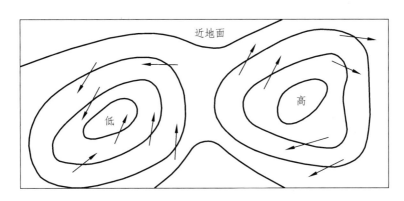

图 5.20　摩擦层内高、低气压区的风

风斜穿等压线的角度取决于摩擦力的大小。在风速相等的情况下，地表越粗糙，风与等压线的交角越大。风与等压线的交角在陆地上为 30°～45°，水面上为 15°～20°。

风压定律反映了气压场与风的分布之间的关系。利用这种关系，已知气压场，可以判断风场（风的水平分布）；反过来，已知风场，也可以判定气压场。航空上，多是利用天气图上的气压场来判断有关航路或飞行空域内的风的情况。从图 5.21 中，根据摩擦层中的风压定理，可以判断图中任一地方的风向和风速的相对大小，例如，A 点处吹 SSW 风，与 B 点相比，风速相对较小。从图 5.22 中，根据自由大气中的风压定理，可判断飞行航线上风的情况，如 AB 航段上基本为顺风飞行。同样，根据飞行时遇到的风的情况，可判断高、低压位置（见图 5.23）。

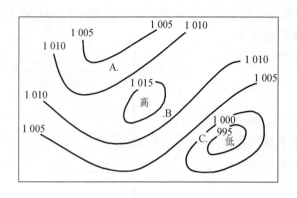

图 5.21　地面气压形势图

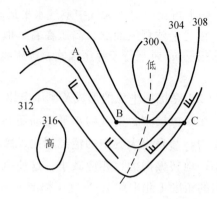

图 5.22　3 000 m 空中气压形势图

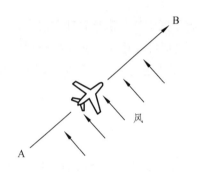

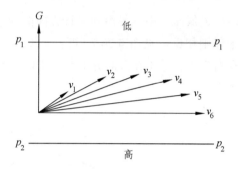

图 5.23　由风压定理可判断出,飞机是在向高压区飞行　图 5.24　北半球摩擦层中风随高度变化示意图

3. 水平风的变化

实际大气中,风是随时随地变化着的。变化越显著,对飞行的影响就越大。

1)摩擦层中风的变化

在摩擦层中,由于摩擦力随高度减小,在气压随高度变化不大的情况下,随高度增加,风速会逐渐增大,而风向将逐渐趋于与等压线平行。因此,在北半球,随高度增加,风速增大,风向右偏(见图 5.24);南半球风向变化相反。

在白天,特别是天气晴朗的午后,近地层气温升高,地面增热不均,空气垂直混合作用增强,使上、下层风向、风速趋于一致,即近地面白天风速增大,风向向右偏转;上层风的变化则相反。晚上,空气垂直混合作用减弱,上、下层风又出现较大差异,下层风速减小,风向左转;上层风速增大,风向右偏。

摩擦层中由于地表对空气运动的影响,如地面增热不均而产生的空气垂直运动,地表对空气运动的摩擦阻碍及扰动等,常使气流中挟带着空气的乱流运动,这种乱流运动通常以不规则的涡旋形式存在。乱流涡旋随大范围基本气流一起运动,引起局地风向不断改变,风速时大时小,形成风的阵性。近地面风速越大,地表越粗糙,地表性质差异越大,地表受热越强烈,空气扰动也就越强烈,风的阵性就越强。风的阵性在近地面出现最频繁,也最显著,随高度增加,阵性逐渐减弱,到自由大气中一般就不明显了。一日之中,风的阵性午后最明显;一年之中,夏季最明显。

2）自由大气中风的变化

自由大气中风随高度有明显的变化。由于自由大
气中空气运动不再受摩擦力的影响，因此风的变化主
要取决于气压场的变化。而自由大气中气压随高度的
变化主要是由气温水平差异引起的。如图 5.25 所示，
若低层（H_1 高度上）A、B 两地之间的气压相等，由
于没有气压梯度力，因此没有风。但由于存在气温差
异，使气压随高度降低的速度不同，A 地气压随高度
降低慢，B 地气压随高度降低快，随着高度升高，将
逐渐形成由 A 指向 B 的气压梯度，且高度上升得越
多，气压梯度越大；在 H_2 高度上，空气将由 A 向 B

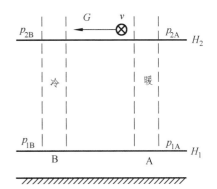

图 5.25　气温水平差异产生的风

运动，在地转偏向力的作用下形成由外向里吹的风，这种风称为热成风。它表现为：在北半
球背热成风而立，高温在右，低温在左；风平行于等温线吹；等温线越密，风速越大。如低
纬度地区气温高，高纬度地区气温低，根据热成风原理，在北半球上空应吹偏西风，高度越
高，风速越大。上升到一定高度后，就可能形成西风急流。

3）地方性风

一些特殊的地理条件也会对局地空气运动产生影响，形成与地方性特点有关的局部地区
的风，称为地方性风。

（1）海陆风：白天，由于陆地增温比水面快，陆地气温高于海面。陆地上空气产生上升
运动，海面上空气产生下沉运动。由于空气运动的连续性，低层空气将从海上吹向陆地，形
成海风，而上层空气将从陆地流向海洋，形成一个完整的热力环流。晚上的情形与此相反，
形成陆风（见图 5.26）。

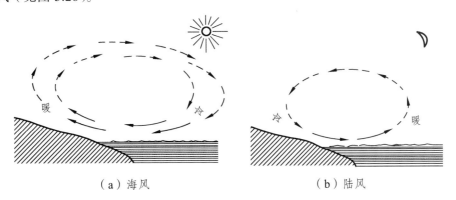

（a）海风　　　　　　　　　　　　　（b）陆风

图 5.26　海陆风的形成

（2）山谷风：山谷风是由山区的特殊地理条件造成的，形成原因与海陆风相似。白天，
山坡气温高于山谷上同高度气温，形成如图 5.27 的热力环流，低层风从谷地吹向山坡，形成
谷风。晚上则形成山风，如图 5.28 所示。

（3）峡谷风：在山口、河谷地区常产生风速较大的风，称峡谷风。由于空气的连续性，
当其进入狭窄的地方时，流速要加大。在山区和丘陵地区常出现这种风，使风速变化增大，
对山地飞行带来影响。

图 5.27　谷风的形成

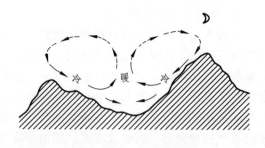

图 5.28　山风的形成

（4）焚风：气流过山后沿着背风坡向下吹的热而干的风，叫做焚风。焚风吹来时，气温迅速升高，湿度急剧减小。当气流越过山后沿背风坡下降，通常按干绝热直减率增温，所以到达背风坡山脚时，空气温度比在山前时高，湿度比在山前时小（见图 5.29）。强的焚风出现时，几小时内气温可增高 10 ℃ 以上。在我国，天山南北、秦岭脚下、川南丘陵、金沙江河谷等到处可见到焚风的踪迹。

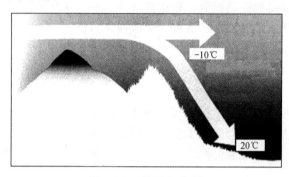

图 5.29　焚风示意图

4. 风对飞行的影响

飞机起降时所能承受的最大风速，取决于机型和风与跑道的夹角。

对于大顺风而言（见图 5.30），在飞机着陆过程中，需要减小油门使空速减小，才能在预定点接地，否则，飞机将在预定接地点之前落地，而出现危险。但当顺风过大时，就需要减小更多的油门，容易造成飞机失速。因而，顺风的大小是要严格控制的。当在顺风起飞时，飞机达到离地速度所需要滑跑的距离加长，当较大顺风时，就容易冲出跑道。所以，在起飞时，顺风的大小同样要严格控制。比如，我国规定当地面顺风超过 3 m/s 时，就不能起降。

图 5.30　大顺风对飞行的影响

对于大逆风而言（见图 5.31），在飞机着陆过程中，需要增加油门使空速增大，才能在预定点接地，否则，飞机将在预定接地点之后落地，而出现危险。但当逆风过大时，为了落地，就需要增加更多的油门，造成飞机落地后速度过大，容易冲出跑道。因而，逆风也不能过大。当逆风起飞时，飞机达到离地速度所需要滑跑的距离缩短，对飞行有利。但当逆风过大时，风往往会伴有乱流或阵性特点而影响飞行。

图 5.31　大逆风对飞行的影响

在侧风条件下起降的飞机（见图 5.32），当飞机在跑道上滑跑时，侧风会使飞机向侧风来的方向偏，因此，飞行员就应操纵飞机向相反的方向加以修正。当飞机离地后或接地前，侧风会使飞机向侧风去的方向偏，因此，飞行员就应操纵飞机向相反的方向加以修正。当侧风过大时，要保持正常的下滑道或滑跑非常困难，为克服侧风的影响而采取大坡度接地可能使飞机打地转或发生滚转，加上阵风的影响，就会使飞机更加难以操纵。

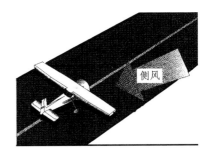

图 5.32　侧风对飞行的影响

飞机在航线上飞行时，也不可避免地要受到风的影响。例如，顺风飞行会增大地速，缩短飞行时间，减少燃油消耗，增加航程；逆风飞行会减小地速，增加飞行时间，缩短航程；侧风会产生偏流，需进行适当修正以保持正确航向。

5.2.5.2　空气的垂直运动

空气在垂直方向上具有升降运动，这种运动对天气的形成及飞机的飞行都有很大的影响。空气的垂直运动及其变化是由作用在空气上的垂直方向的力造成的。这种力有两个，即向下的重力和向上的垂直气压梯度力。对于原来静止的空气块，当作用在其上的垂直方向的力不平衡时，就会产生垂直运动。垂直气压梯度力大于重力时，空气块向上运动；反之，空气块向下运动。

引起作用在空气上的垂直力不平衡的原因不同，形成的空气垂直运动的特点就不同。下面分别讨论大气中各种垂直运动的特点。

1. 对 流

对流是指局地空气块有规则的、强烈的升降运动。对流的垂直运动速度是空气各种垂直运动中最大的，一般为 1~10 m/s，有时可达几十米每秒。对流的水平范围不大，一般是几千米到几十千米；对流的持续时间较短，一般只有几十分钟到几小时。对流的产生取决于对流冲击力和大气稳定度。

使原来静止的空气产生垂直运动的作用力，称为对流冲击力。实际大气中，对流冲击力的形成有热力和动力两种原因，它们产生的对流分别称为热力对流和动力对流。

（1）热力对流冲击力是由地面热力性质差异引起的。白天，在太阳辐射作用下，山岩地、沙地、城市地区比水面、草地、林区、农村升温快，其上空气受热后温度高于周围空气，因而体积膨胀，密度减小，使浮力大于重力而产生上升运动。天气越晴朗，太阳辐射越强，这种作用越明显。夜晚情形正好相反，山岩地、沙地等地面辐射降温快，其上空气冷却收缩，产生下沉运动，天气越晴朗，这种作用越明显（见图 5.33）。

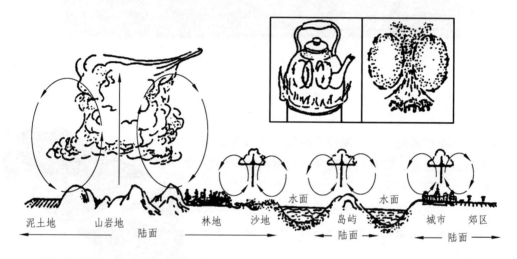

图 5.33　热力对流冲击力的形成

（2）动力对流冲击力是由于空气运动时受到机械抬升作用而引起的，如山坡迎风面对空气的抬升 [见图 5.34（a）]、气流遇有些系统时造成的空气升降运动 [见图 5.34（b）] 等，都属于动力对流冲击力。

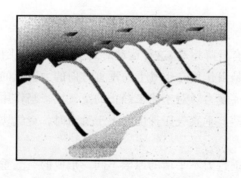

（a）山坡迎风面对空气的抬升

（b）气流遇锋面时造成的空气升降运动

图 5.34　动力对流冲击力的形成

　　由于对流冲击力的作用，使空气产生了垂直运动，但这种垂直运动能否继续发展和加强，并最终形成强烈的对流运动，则取决于大气本身的性质，即大气稳定度。

　　大气稳定度是指大气对垂直运动的阻碍程度。下面具体讨论大气稳定度的判断方法。如图 5.35 所示，甲、乙、丙三地上空 200 m 处分别有 A、B、C 3 个空气块。大气温度和空气块温度相同，但三地大气气温递减率不同，甲地为 0.8 ℃/100 m，乙地为 1 ℃/100 m，丙地为 1.2 ℃/100 m。假设三处空气块都处于未饱和状态，则在垂直运动中，空气块温度按 γ_d =1 ℃/100 m 变化。下面分析各空气块在受到冲击力后，其运动情况有什么区别。

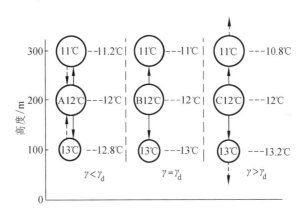

图 5.35　大气对不饱和空气块的稳定度

　　A 空气块：如果上升到 300 m 高度，其本身温度（11 ℃）低于周围大气温度（11.2 ℃），空气块受到向下的加速度，上升运动减速，并有返回原处的趋势。如果下降到 100 m 处，本身温度（13 ℃）高于周围大气温度（12.8 ℃），空气块获得向上的加速度，下降运动减速，并有返回原处的趋势。因此，对空气块 A 而言，甲地大气是稳定的。

　　B 空气块：不论上升或下降，空气块温度始终与大气温度相等，不会获得向上或向下的加速度，乙地大气对 B 空气块而言是中性的。

　　C 空气块：不论上升或下降，都会使空气块运动加速进行，对 C 空气块而言，丙地大气是不稳定的。

　　由上面的分析可见，某地大气是否稳定，取决于该地作垂直运动的空气块的气温直减率与周围大气气温直减率的差异。对未饱和空气块而言，甲地 $\gamma > \gamma_d$，大气稳定；乙地 $\gamma = \gamma_d$，大气为中性；丙地 $\gamma > \gamma_d$，大气不稳定。对饱和空气块，道理相同，$\gamma < \gamma_m$ 时，大气稳定；$\gamma = \gamma_m$ 时，大气为中性；$\gamma > \gamma_m$ 时，大气不稳定。可见，某一具体空气块受到冲击力后的垂直运动状况，完全取决于空气块外部的大气特性。大气层具有的这种影响对流运动的特性，用大气稳定度来表示。

综上所述，可将大气稳定度分成 3 种情形：

$\gamma < \gamma_m (< \gamma_d)$ 绝对稳定

$\gamma > \gamma_d (> \gamma_m)$ 绝对不稳定

$\gamma_m < \gamma < \gamma_d$ 条件性不稳定

即 γ 值越小大气越稳定，当 $\gamma < \gamma_m$ 时，则不论对饱和空气块还是未饱和空气块，大气都处于稳定状态，我们称之为绝对稳定。γ 值越大，大气越不稳定，当 $\gamma > \gamma_d$ 时，不论对未饱和空气块还是饱和空气块，大气都处于不稳定状态，这时我们称之为绝对不稳定。当 $\gamma_m < \gamma < \gamma_d$ 时，大气对未饱和空气块是稳定的，对饱和空气块是不稳定的，这种情况称为条件性不稳定。

在逆温层（$\gamma < 0$）和等温层（$\gamma = 0$）中，大气是非常稳定的，因此又将它们称为稳定层或阻挡层。它们能阻碍空气垂直运动的发展，在稳定层下面常聚集大量杂质和水汽，使稳定层上、下飞行气象条件有明显差异。

大气稳定度具有明显的日变化和年变化规律。一日之中，白天太阳辐射使近地层空气增温，γ 值增大，到了午后，γ 值达到最大，大气变得不稳定。夜晚，地面辐射使近地层空气降温，γ 值减小，到后半夜和清晨，γ 值达到最小，大气变得很稳定，甚至可在近地面附近形成等温层或逆温层。天气越晴朗，大气稳定度的这种日变化越明显。同理，一年之中夏季大气最不稳定，冬季大气最稳定。因此，一些与对流相关的天气如雷暴，往往出现在夏季午后。而与稳定层有关的天气，如某些云、雾等，常常出现在冬季的早晨。

综上所述，对流就是由足够的对流冲击力和大气不稳定而产生的。

2. 系统性垂直运动

大范围空气有规则的、缓慢的升降运动称为系统性垂直运动。系统性垂直运动范围广阔（一般为几百千米到几千千米），升降速度小（一般只有 1 ~ 10 cm/s），但持续时间长（可达几天）。系统性垂直运动一般产生于大范围空气的水平气流辐合、辐散区（见图 5.36）以及冷、暖空气交锋区（见图 5.37）等。

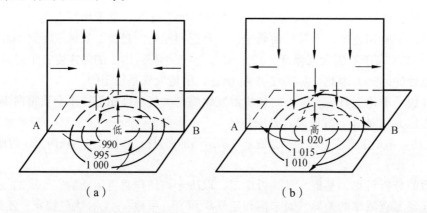

（a）   （b）

图 5.36 摩擦层中低压区和高压区上空气产生上升运动的水平气流和垂直运动

图 5.37 冷、暖空气交锋区的垂直运动

3. 大气波动

大气和其他流体一样，可产生各种波动。其中和某些天气现象有直接关系的，是一种在重力作用下产生的波动，叫重力波（见图 5.38）。天空中有时出现的呈波浪状起伏的云层，就是由大气中的重力波引起的。空气在波峰处作上升运动，在波谷处作下沉运动。另一种情况是在有较强的风吹过山脉时，由于山脉对气流的扰动作用，在一定条件下，可在山的背风面形成波动，我们称这种波为山地背风波或山岳波（见图 5.39）。

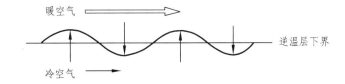

图 5.38 逆温层下形成的重力波

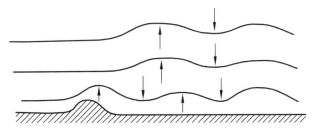

图 5.39 山地背风波

4. 大气乱流

乱流是空气不规则的涡旋运动，又称湍流或扰动气流，其范围一般在几百米以内。乱流涡旋是由大气中的气流切变引起的，分为热力乱流和动力乱流。

当各地气温不一致，即气温水平分布不均匀时，就会产生大大小小的升降气流，由于它们之间有速度大小和方向的差异，就会形成乱流涡旋（见图 5.40）。

241

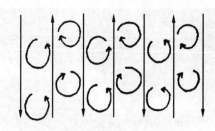

图 5.40　气温水平分布不均匀形成乱流涡旋

当气流流过粗糙地表、丘陵和山区时，由于地表摩擦和地形扰动，会引起气流切变而形成乱流涡旋（见图 5.41）。当高空风向、风速的空间分布有明显差异时，也会形成乱流，这一类乱流统称为动力乱流。

图 5.41　近地面动力乱流

乱流的强度既与热力、动力因素有关，也与大气稳定度有关。大气越不稳定，热力乱流发展越强，影响的高度范围也越大。地表越粗糙、起伏越大的地区，风速越大，动力乱流越强；大气越不稳定，乱流越容易发展，影响范围也越大。空中风的分布差异越大的区域，乱流也越强。一般而言，在对流层低层，乱流的发展是陆地强于海面，山地强于平原，白天强于夜间，夏季强于冬季。对流层中层以上，乱流的发展则多与某些天气系统引起的气流切变有关。

乱流不仅可使大气中的热量、水汽、杂质等得到混合、交换和输送，对天气变化产生重要作用，还可使飞机产生颠簸，影响飞行安全。

大气中各种形式的垂直运动往往并不是孤立存在的，而是相互联系和转换的。例如，对流区域中通常有乱流存在，系统性垂直运动和大气波动在大气不稳定时可触发对流，山岳波中某些部位常有很强的乱流等。

5.2.6　云

云有各种各样的外貌，它们千姿百态，变幻无穷，各自既有不同的成因，又有不同的特征，对飞行的影响也不尽相同。一般是将云按云底高度分成 3 族：

（1）低云族：云底高度在 2 000 m 以下。

（2）中云族：云底高度在 2 000～6 000 m。

（3）高云族：云底高度在 6 000 m 以上。

根据云的外貌特征，可将云分为 14 种。其中高云 3 种，中云 2 种，低云 9 种。

5.2.6.1 低云的外貌特征及对飞行的影响

1. 淡积云

淡积云呈孤立分散的小云块，底部较平，顶部呈圆弧形凸起，像小土包（见图 5.42），云体的垂直厚度小于水平宽度。从云上观测淡积云，像飘浮在空中的白絮团。远处的云块，圆弧形云顶和较平的云底都很清楚。如果垂直向下看，则只见圆弧形的云顶，看不见较平的云底。淡积云对飞行的影响较小。云上飞行比较平稳；若云量较多时，在云下或云中飞行有时有轻微颠簸；云中飞行时，连续穿过许多云块，由于光线忽明忽暗，容易引起疲劳。

2. 浓积云

浓积云云块底部平坦而灰暗，顶部凸起而明亮，圆弧形轮廓一个个互相重叠，像花菜或鸡冠花顶。云体高大，像大山或高塔，云体的垂直厚度大于水平宽度。厚度通常在 1 000～2 000 m 之间，厚的可达 6 000 m。从云上观测浓积云，云顶在阳光照耀下比淡积云光亮。成群的浓积云，就像地面上的群山异峰；伸展得很高的云柱，犹如耸立的高塔（见图 5.43）。浓积云对飞行的影响比淡积云大得多，在云下或在云中飞行常有中度到强烈颠簸，云中飞行还常有积冰。此外，由于云内水滴浓密，能见度十分恶劣，通常不超过 20 m。因此，禁止在浓积云中飞行。

图 5.42 淡积云（Cu）

图 5.43 浓积云（TCu）

3. 积雨云

积雨云的云体十分高大，像大山或高峰。云顶有白色的纤维状结构，有时扩展成马鬃状或铁砧状，通常高于 6 000 m，最高可达 20 000 m（见图 5.44）；云底阴暗混乱，有时呈悬球状、滚轴状或弧状，有时还偶尔出现伸向地面的漏斗状云柱。常伴有雷电、狂风、暴雨等恶劣天气，有时还会下冰雹。积雨云对飞行的影响最为严重。云中能见度极为恶劣，飞机积冰强烈；在云中或云区都会遇到强烈的颠簸、雷电的袭击和干扰；暴雨、冰雹、狂风都可能危及飞行安全。因此，禁止在积雨云中或积雨云区飞行。

图 5.44　积雨云（Cb）

图 5.45　碎积云（Fc）

4. 碎积云

碎积云云块破碎，中部稍厚，边缘较薄，随风漂移，形状多变。云块厚度通常只有几十米（见图 5.45）。碎积云对飞行的影响不大，但云量多时，能妨碍观测地标和影响着陆。

5. 层积云

层积云是由大而松散的云块、云片或云条等组成的云层。通常呈灰色或灰白色，厚时呈暗灰色。有时云块较薄而明亮，云块间有缝隙，可见天空、日月位置或上面的云层，叫透光层积云（见图 5.46）；云块厚而密集、无缝隙、云底呈暗灰色的，叫蔽光层积云。层积云可降间歇性雨雪。云中飞行一般平稳，有时有轻颠，可产生轻度到中度积冰。

图 5.46　层积云（Sc）

图 5.47　层云（St）

6. 层　云

层云云底呈均匀幕状，模糊不清，像雾，但不与地面相接；云底高度很低，通常仅 50～500 m，常笼罩山顶或高大建筑（见图 5.47）。云中飞行平稳，冬季可能有积冰；由于云底高度低，云下能见度也很恶劣，严重影响起飞、着陆。

7. 碎层云

碎层云通常由层云分裂而成，云体呈破碎片状，很薄；形状极不规则，变化明显；云高

244

通常为 50～500 m（见图 5.48）。对飞行的影响与层云相同。

图 5.48　碎层云（Fs）　　　　　　　　图 5.49　雨层云（Ns）

8. 雨层云

雨层云为幕状降水云层，云底因降水而模糊不清；云层很厚，云底灰暗，完全遮蔽日月；出现时常布满全天，能降连续性雨雪（见图 5.49）。云中飞行平稳，但能见度恶劣，长时间云中飞行可产生中度到强度积冰。暖季云中可能隐藏着积雨云，会给飞行安全带来严重危险。

9. 碎雨云

碎雨云是在降水云层之下产生的破碎云块或云片，随风漂移，形状极不规则，云量极不稳定；云高很低，通常几十米到 300 m（见图 5.50）。主要影响起飞、着陆，特别是有时碎雨云迅速掩盖机场，对安全威胁很大。

图 5.50　碎雨云（Fn）

5.2.6.2　中云的外貌特征及对飞行的影响

1. 高层云

高层云（见图 5.51）是浅灰色的云幕，水平范围很广，常布满全天。高层云分为透光的和蔽光的两种：透光高层云比较薄，而且厚度比较均匀，透过它可以辨别日月的位置，但其轮廓模糊不清；蔽光高层云比较厚，云底显得阴暗，能完全遮蔽日月，它的底部虽没有明显的起伏，但由于云层的厚度不均匀，常出现明暗相间的条纹。云中飞行平稳，有可能产生轻度到中度积冰。

图 5.51　高层云（As）

图 5.52　高积云（Ac）

2. 高积云

高积云是由白色或灰白色的薄云片或扁平的云块组成的，这些云块或云片有时是孤立分散的，有时又聚合成层（见图 5.52）；高积云可以同时出现在不同的高度上，透过高积云看日月时，在它的薄而半透明的边缘，常出现内紫外红的彩色花环。在高积云中飞行通常天气较好，冬季可能有轻度积冰，夏季有轻度到中度颠簸。

5.2.6.3　高云的外貌特征及对飞行的影响

1. 卷　云

卷云（见图 5.53）是具有纤维状结构的云，常呈丝状或片状，分散地飘浮在空中。卷云通常为白色并带有丝一般的光泽；日出之前或日落之后，常带有黄色或红色。在卷云的云中或云上飞行时，冰晶耀眼，有时可产生轻度到中度颠簸。

2. 卷层云

卷层云是乳白色的云幕，常布满全天。其中云幕薄而均匀、看不出明显结构的，称为薄幕卷层云；云幕的结构比较不均匀、云的丝缕结构明显的，称为毛卷层云。卷层云有一个很显著的特征：透过它能很清楚地看出日月的轮廓，而且在日月的外围，经常出现

图 5.53　卷云（Ci）

一个内红外紫的彩色晕圈（见图 5.54）。在卷层云的云中或云上飞行时，冰晶耀眼，有时可产生轻度颠簸。

3. 卷积云

卷积云是由白色鳞片状的小云块组成的，这些云块常成群地出现在天空，看起来很像微风拂过水面所引起的小波纹（见图 5.55）。卷积云常由卷云和卷层云蜕变而成，所以出现卷积云时，常伴有卷云或卷层云。在卷积云的云中或云上飞行时，冰晶耀眼，有时可产生轻度颠簸。

总的说来，在云区飞行，一般常见的是低能见度和飞机颠簸。云状不同，影响的程度也不同。在低于 0 ℃ 的云中可遇到飞机积冰，在积雨云区可遇到天电干扰或雷击。此外，在云中或接近云层飞行时，还可能引起缺乏经验的飞行员的错觉。

图 5.54　卷层云（Cs）　　　　　　　图 5.55　卷积云（Cc）

5.2.6.4　云的其他分类方法

另外，根据上升运动的种类，可将云分为积状云、层状云和波状云三种基本类型和一些特殊的云。

1. 积状云

在对流的上升运动中形成的云称为积状云。它包括：淡积云、浓积云、积雨云和碎积云。

积状云大多具有孤立分散、底部平坦和顶部凸起的外貌特征以及明显的日变化。积状云的演变规律通常是：上午为淡积云，中午发展为浓积云，下午则成为积雨云，到傍晚逐渐消散，或演变成其他云。在暖季，可利用这一规律了解天气短期演变趋势。例如，如果上午相继出现淡积云和浓积云，则表示气层不稳定，下午有可能发展成积雨云；如果午后天空还是淡积云，表示气层稳定，对流不易发展，天气仍会很好；傍晚由积云平衍而形成的积云性层积云或积云性高积云（常伴有晚霞），往往预示明天天气仍然晴好。

2. 层状云

在系统性垂直运动中形成的云称为层状云，包括：卷云、卷层云、高层云和雨层云。层状云的共同特征是：云体向水平方向发展，云层均匀，范围广阔。层状云常连绵几百千米，形成大面积的降水。层状云常和阴雨天气相联系，我们可以从层状云的演变规律判断未来的天气趋势。对一个地区来说，如果出现的层状云由高向低转变，即由卷云（多为钩卷云）转为卷层云，再转为高层云，则以后很有可能转变成雨层云而产生降水。如果层状云是由低向高转变，则天气将会转好。但要注意，如果卷云孤立分散，云量逐渐减少或少变，说明系统性垂直运动在减弱，天气常常会继续晴好。

3. 波状云

波状云是指由大气波动或大气乱流形成的云。波状云有层积云、高积云和卷积云。波状云由云块、云片或云条组成。由大气乱流形成的云也属于波状云，这是因为这些云的顶部呈波浪起伏，它们包括：层云、碎层云和碎雨云。大多数波状云出现时，气层比较稳定，天气少变。但有时波状云与坏天气也有联系，天气将转坏，它往往是系统性层状云系的先导。波状云也出现在系统性上升运动中，如果波状云不断加厚，高度降低，向蔽光层积云演变，表示阴雨天气将要来临。

当波状云在逆温层下形成后，如果逆温层厚度不大，其下又有对流和乱流发展，较强的上升气流就可能穿过逆温层的某些薄弱部分，形成具有积云特征的云顶。这样，整个云层看起来就像远方的城堡，底部水平，顶部有些突起的小云塔。一般将堡状云归入波状云一类，出现于低空的堡状云称为堡状层积云，出现于中空的堡状云称为堡状高积云。堡状云是由大气波动和对流、乱流共同形成的，它的出现说明当时空中有逆温层，但不能完全阻止对流的发展，如对流进一步加强，就有可能形成强烈对流而产生恶劣天气。因此，如果飞行时发现某地早上有堡状云出现，就应估计到了中午或下午，由于大气一般会变得更加不稳定，对流进一步发展，可能出现雷阵雨天气，给飞行活动带来很大影响。

絮状云也属波状云，常表现为絮状高积云。当中空有强烈乱流形成时，会使高积云个体变得破碎，状如棉絮团。因此，在絮状云区飞行，飞机颠簸较强烈。如果暖季早晨出现了絮状云，表示中空气层不稳定，到中午或下午，中低空不稳定层结合起来，就有可能形成雷阵雨天气。

在局部升降气流汇合处，上升气流区形成云，上部下沉气流使云的边缘变薄而形成豆荚状的云，称荚状云。低空形成的荚状云为荚状层积云，中空形成的为荚状高积云。荚状云多出现在晨昏，此时最易出现升降气流对峙的情形。此外，在山区由于地形影响也能产生荚状云。荚状云通常是晴天的预兆，但如果在它之后出现高层云，也可能向阴雨天气转变。

5.2.6.5　云的观测

云的观测是指对云状、云量和云高的判定。

（1）在地面判断云状的主要依据是云的外貌特征、出现高度、云的色彩、亮度以及与云相伴的天气现象。前面介绍的各种云的特征就是判断云状的主要依据。空中观测云时，会有云下、云中、云上等不同情况。云下观测大致与地面相同，但因观测者距云较近，云块看起来比地面观测的大，结构显得松散模糊，能看到的云底范围小。如果贴近云底飞行，只能见到云的细微结构，不易辨别云的外貌。云中飞行主要根据能见度、飞机颠簸、飞机积冰等情况进行间接判断。此外，薄云反射阳光少，云顶常呈灰白色；厚云反射阳光强，云顶呈耀眼的白色。也可以此来推断云状。

（2）云量是指云遮盖天空视野的份数。地面观测时，全部天空呈半球形，民航部门规定把天空分为 8 等份，其中被云遮盖的份数就是云量，云遮盖几份，云量就是几。常常用 FEW（代表 1/8～2/8 个云量）、SCT（代表 3/8～4/8 个云量）、BKN（代表 5/8～7/8 个云量）和 OVC（代表 8/8 个云量）表示。由于天空可以同时存在几层高度不同的云，云量又分为总云量和分云量。总云量是指天空被云遮盖的总份数，分云量是指某一种云覆盖天空的份数。地面观测时，由于下层云有可能遮住上层云，故又将分云量分为可见分云量和累积分云量。可见分云量是观测者能看见的某一层云的云量，累积分云量则是某层云的可见分云量与其下各层云的云量之和。如图 5.56 所示，此时天空总云量为 5，1 500 m 的可见分云量为 3，3 000 m 的可见分云量为 3；累积分云量为 6。

248

（3）云高是指云底距地面的高度。地面观测云高一般是用目力估计，也可用气球、雷达、测云仪、云幕灯等实测。目测主要是根据各种云的一般高度范围、结构、色彩、移动速度、伴生天气等情况来判断的。海拔、季节、昼夜对云高有明显影响。此外，如果观测点附近有山峰或高大建筑，可用做判断高度较低的云的参照物。飞行中，可根据飞机高度来判断云的高度。云上飞行时，对于云顶高度大致相同的云层，颜色白亮者云层较厚，云高相应较低。层云云顶起伏较大时，说明其下乱流较强，云层较高；层云云顶起伏不大，或呈水平状时，云高较低。图5.56中的云高分别为1 500 m和3 000 m。

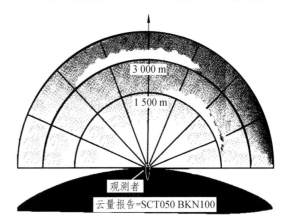

图5.56 云量的估计

5.2.7 降 水

5.2.7.1 降水的基本知识

水汽凝结物从云中降落到地面的现象称为降水。若有水汽凝结物从云中落下，但没有降落到地面，而是在空中就蒸发掉了，这种现象叫做雨幡。由于有雨幡，有时飞机在空中碰到降水，但地面并没有观测到降水。降水从形态上可分为固态降水和液态降水两种。固态降水如雪、雪丸、冰丸、冰雹等；液态降水有雨和毛毛雨。降水按性质可分为连续性降水、间歇性降水和阵性降水。连续性降水通常由层状云产生，水平范围较大。间歇性降水多由波状云产生。阵性降水强度变化很大，持续时间短，影响范围小，多由积状云产生。降水还可按强度进行划分。降水强度常用单位时间内的降水量（降水在地平面上的积水深度）来表示（见表5.1）。但应注意到，由于水汽凝结物在降落过程中因为增温等作用要发生蒸发，因此降水强度往往地面比空中小。

表5.1 降水强度等级

等级	小雨	中雨	大雨	暴雨	大暴雨	特大暴雨
降水强度/（mm/d）	< 10	10 ~ 25	25 ~ 50	50 ~ 100	100 ~ 200	> 200

气象上常用符号来表示降水，现将几种基本的降水符号列于表5.2中。

表5.2 常见的几种降水符号

间歇性			连续性			阵性		
小雨	轻毛毛雨	小雪	小雨	轻毛毛雨	小雪	小雨	小雪	小冰雹或霰
●	'	✳	●●	''	✳✳	▽	⁂▽	△▽

5.2.7.2 降水的形成

降水是在云中形成的，但能产生降水的云并不多。因为云滴通常很小，不能克服空气阻力和上升气流的作用而飘浮在空中。只有当云滴增长到足够大（通常 $100\ \mu m$）时，才能从云中降落至地面而形成降水。如果云中水汽充分，上升运动能持续进行，水汽的凝结或凝华也就不断进行，云滴的密度就会越来越大，并不断增大为雨滴、雪花或其他降水物。因此，降水的形成过程，也就是云滴不断增大而变为降水物的过程。云滴的增长主要有两种方式：一是云滴的凝结或凝华增长，二是云滴的碰并增长。

（1）在可能形成降水的云中，往往是大、小云滴，冷、暖云滴，冰、水云滴共存。由于暖云滴、水云滴、小云滴表面上的空气饱和程度分别比冷云滴、冰云滴、大云滴表面上的空气饱和程度要小，使得暖云滴、水云滴、小云滴上的水分容易蒸发转移到冷云滴、冰云滴、大云滴上凝结或凝华，使其增长（见图 5.57）。云滴增长初期，主要是通过这一方式实现的，它能形成直径几十微米的大云滴。

（2）当云中出现了体积差异较大的云滴后，由于气流的作用，使云滴之间发生碰撞，大云滴"吞并"小云滴，体积进一步增大而形成降水云滴。

如果以上凝结增长和碰并增长进行得比较充分，就有可能形成半径几百微米到几毫米的降水云滴。但

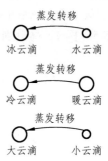

图 5.57　云滴的凝结、凝华增长

能否形成降水，不仅与降水云滴的大小有关，还与空中气流情况、云下气层的温湿情况以及云底高低等因素有关。只有当这些条件使降水云滴下降到地面以前不被完全蒸发，才能形成降水。

降水有固态降水和液态降水之分。究竟形成什么样的降水，主要取决于云中和云下的气温。若云中和云下气温都高于 $0\ ℃$，则形成液态降水；都低于 $0\ ℃$，则形成固态降水或冻雨、冻毛毛雨；若云内气温低于 $0\ ℃$，而云下气温高于 $0\ ℃$，则降水可以是液态、固态或二者的混合物（如雨夹雪）。有时，地面在降雨，而飞机在空中遇到的是降雪，就是因为地面与空中气温不同。

5.2.7.3 降水对飞行的影响

降水对飞行有多方面的影响，其影响程度主要与降水强度和降水种类有关。

1. 降水使能见度减小

降水对能见度的影响程度，主要与降水强度、种类及飞机的飞行速度有关。降水强度越大，能见度越差；降雪比降雨对能见度的影响更大（见表 5.3）。由于毛毛雨雨滴小、密度大，能见度也很差，一般与降雪时相当。有的小雨密度很大，也可能使能见度变得很差。

表 5.3　降水中的地面能见度

降水种类和强度	大雨	中雨	小雨	大雪	中雪	小雪
地面能见度/km	< 4	4~10	> 10	< 0.5	0.5~1	> 1

飞行员在降水中从空中观测的能见度，还受飞行速度的影响，飞行速度越大，能见度减小越多。原因是降水使座舱玻璃黏附水滴或雪花，折射光线使能见度变坏，以及机场目标与背景亮度对比减小。如降小雨或中雨时，地面能见度一般大于4 km，在雨中飞行时，如速度不大，空中能见度将减小到2~4 km；速度很大时，空中能见度会降到1~2 km甚至以下。在大雨中飞行时，空中能见度只有几十米。

2. 含有过冷水滴的降水会造成飞机积冰

在有过冷水滴的降水（如冻雨、雨夹雪）中飞行，雨滴打在飞机上会立即冻结。因为雨滴比云滴大得多，所以积冰强度也比较大。冬季在长江以南地区飞行最容易出现这种情况。

3. 在积雨云区及其附近飞行的飞机可能遭雷击

飞机误入积雨云中或在积雨云附近几十千米范围内飞行时，有被雷击的危险。曾有过飞机远离云体在晴空中遭雷击的事例。

4. 大雨和暴雨能使发动机熄火

在雨中飞行时，喷气式飞机的飞行速度会增大一些。因为在发动机转速不变的情况下，雨滴进入涡轮压缩机后，由于雨滴蒸发吸收热量降低燃烧室温度，使增压比变大，增加了发动机推力，相应使飞机速度有所增大。但如果雨量过大，发动机吸入雨水过多，点火不及时也有可能造成发动机熄火，特别是在飞机处于着陆低速阶段，更要提高警惕。

5. 大雨恶化飞机气动性能

大雨对飞机气动性能的影响主要来自以下两方面：

（1）空气动力损失。雨滴打在飞机上使机体表面形成一层水膜，气流流过时，在水膜上引起波纹；同时雨滴打在水膜上，形成小水坑。这两种作用都使机体表面粗糙度增大，改变了机翼和机身周围气流的流型，使飞机阻力增大，升力减小。计算表明大雨能使机身和机翼两者的阻力增加5%~20%。

（2）飞机动量损耗。雨滴撞击飞机时，将动量传给飞机引起飞机速度变化。雨滴的垂直分速度施予飞机向下的动量，使飞机下沉；雨滴对飞机的迎面撞击则使之减速。飞机在大雨中着陆时，其放下的起落架、襟翼和飞行姿态使得水平动量损失更为严重，可能使飞机失速。

6. 降水影响跑道的使用

降水会引起跑道上积雪、结冰和积水，影响跑道的使用。

跑道有积雪时，一般应将积雪清除后再起飞、降落。不同的飞机对跑道积雪时起飞、着陆的限制条件有差异。飞机手册限定跑道上雪泥厚度不超过12 mm，干雪厚度不超过50 mm时，飞机才可以起降。

跑道积冰有的是由冻雨或冻毛毛雨降落在道面上冻结而形成的，有的是由跑道上的雨水或融化的积雪再冻结而形成的。跑道上有积冰时，飞机轮胎与冰层摩擦力很小，滑跑的飞机不易保持方向，容易冲出跑道。

跑道积水是由于下大雨，雨水来不及排出道面而形成的，或由道面排水不良引起的。飞机在积水的跑道上滑行时，可能产生滑水现象，使飞机方向操纵和刹车作用减弱，容易冲出或偏离跑道。各类飞机都可产生滑水现象，但以喷气运输机发生最多。如图 5.58 所示，飞机在积水跑道上滑行，水对机轮有相对运动，产生流体动力 R，R 的水平分力 $X_{动}$ 使飞机阻力增大，妨碍飞机滑跑增速。R 的垂直分力 $Y_{动}$ 产生一个向上托起飞机的力，使轮胎与道面间的摩擦力和接触面积急剧减小，甚至完全停转，出现轮胎滑水现象。

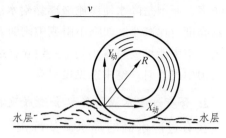

图 5.58　飞机滑水

此外，跑道被雨水淋湿变暗，还可能使着陆时目测偏高，影响飞机正常着陆。

5.2.8　能见度

5.2.8.1　能见度的基本知识

能见度与航空活动的关系极为密切，它是决定能否飞行、飞行气象条件简单或复杂的重要依据之一。低空飞行时，能目视看清地标对飞行安全尤为重要，所以掌握能见度的状况及其变化规律，对保障安全有重要意义。一般所说的能见度有两种含义：一是指视力正常的人能分辨出目标物的最大距离；二是指一定距离内观察目标物的清晰程度。航空上使用的能见度定义为：视力正常的人在昼间能看清目标物轮廓的最大距离，在夜间则是能看清灯光发光点的最大距离。

在白天，我们主要是观察不发光的目标物，而在夜间主要是观察灯光目标物（如跑道灯等）。因此能见度又有昼间能见度与夜间能见度之分，它们的影响因素也有差异。

白天观察不发光的目标物时，能否分辨出目标物，就是能否把目标物与其背景区分开，这主要取决于目标物与其背景间原有的亮度对比、大气透明度和亮度对比视觉阈 3 个因素。

目标物有一定的亮度，其背景也有一定的亮度，目标物与其背景间亮度对比越大，颜色差异越大，我们就越容易把目标物从其背景中识别出来。因此，有一定的亮度对比，是我们能看见东西的条件之一。

目标物与其背景间的亮度对比要被大气分子及大气中的杂质削弱。大气中杂质越多，大气透明度越差，对亮度对比的削弱作用越强。

一定的原有亮度对比，随着观察距离的增加和大气透明度的减小，观察者感觉到的亮度对比（视亮度对比）会越来越小，直至最后趋近于零。事实上，当视亮度对比减小至零以前的某个值时，观察者的视觉就已经不能把目标物从其背景中辨别出来了。我们把从"能见"到"不能见"这一临界视亮度对比值称为亮度对比视觉阈。对于视力正常的人，亮度对比视觉阈的大小与目标物视角、视野亮度、观测者的精神状态等因素有关。

夜间飞行时主要是观察灯光目标，影响灯光能见度的因素主要有灯光发光强度、大气透明度和灯光视觉阈 3 个：

（1）在其他条件相同时，灯光越强，能见距离越大。

（2）在相同的灯光强度下，大气透明度越差，灯光被减弱得越多，能见距离就越小。

（3）灯光视觉阈指观测者能感觉到的最小照度。对视力正常的人来说，灯光视觉阈主要随灯光背景的亮度和观测者对黑暗的适应程度而变化。灯光的背景越亮，对灯光的视觉阈就越大，发现灯光就越困难。所以，夜间灯光能见度，暗夜要比明夜（如有月光）好，夜间要比黄昏、拂晓好。

5.2.8.2 能见度的种类及特点

航空上使用的能见度，有地面能见度、空中能见度和跑道视程。由于影响能见度的因素很多，这些因素又在不断变化，即使在同一时间、同一地点观测的各类能见度，也会有较大差别。因此，应充分了解不同种类能见度的特点及其相互关系，正确判断各种能见度的好坏。

1. 地面能见度

地面能见度又叫气象能见度，是指视力正常的人在昼间观测以靠近地平线的天空为背景的灰暗目标物的能见距离。观测地面能见度时，一般是在测站周围各个方向选定不同距离的符合要求的目标物，测出它们的距离，然后在观测时，找出能够被看清轮廓的最远目标，这个目标的距离就是能见度（距离）（见图5.59）。

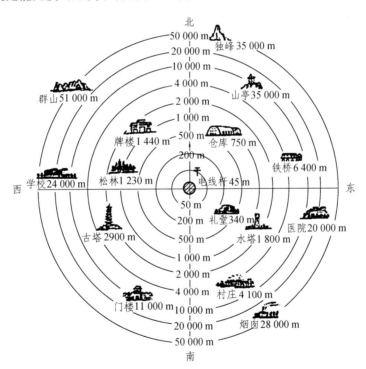

图 5.59 能见度目标图

由于观测点四周各方向上的大气透明度有时差异很大，使各方向的能见度很不一致。为了反映这种差异，地面能见度又可分为：主导能见度、最小能见度和跑道能见度。

（1）主导能见度指测站视野180°及以上范围都能达到的最大能见距离。判断方法是，将各方向能见度不同的区域划分成相应扇区，然后将各扇区按能见度由大到小逐一相加，直到范围刚好达到或超过一半的那个扇区的能见度即为主导能见度。如图 5.60 所示，主导能见度为 3 km。

图 5.60　主导能见度和最小能见度

（2）最小能见度指在测站各方向的能见度中最小的那个能见度。如图 5.60 所示，最小能见度为 2.4 km。

（3）跑道能见度指沿跑道方向观测的地面能见度。当能见度接近机场最低天气标准时，应观测跑道能见度。

2. 空中能见度

航空活动中，从空中观测目标时的能见度，叫空中能见度。按观测方向的不同，空中能见度可分为空中水平能见度、空中垂直能见度和空中倾斜能见度。由于飞行过程中所观察的目标物及其背景是在不断变化的，所经大气的透明度也在随时变化，影响空中能见度的因素多变，观测相对困难。因此对空中能见度一般不作观测，只大致估计其好坏。当空气混浊、大气透明度差时，可进行垂直能见度的观测，其数值等于飞机爬升到开始看不清地面较大目标物或飞机下降到刚好能看见地面较大目标物时的高度。

与地面能见度相比，空中能见度有以下特点：

（1）飞机与观测目标处于相对运动中，目标的轮廓在不断变化，加之座舱玻璃对光线的影响，增加了观测目标的困难，使能见距离减小。

（2）背景复杂多变，目标与背景的亮度对比通常比气象能见度规定的要小，也使能见距离减小。从空中往下看时，暗色目标物由于与地面亮度差异小，难以辨别；而反光较强的目标物（如河流、湖泊等）与地面亮度差异大，就容易辨别。

由于飞机位置的不断变化，其所经大气的透明度会有很大差异，观察的能见度会出现时好时坏的现象。如图 5.61（a）中，飞机在 A、B、C 各处观测的空中能见度就不同。在图 5.61（b）中，机场被雾笼罩，飞机在雾层上垂直向下观察跑道时，由于视线通过雾层的距离短，跑道可能看得比较清楚。但当飞机开始下滑时，由于视线通过雾层的距离变长，就可能看不清跑道了。

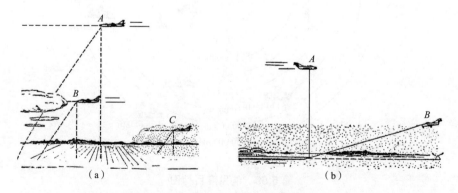

图 5.61　空中能见度随观测位置不同而变化

3. 着陆能见度与跑道视程

飞机着陆时，从飞机上观测跑道的能见度称为着陆能见度，着陆能见度也属于空中能见度。观测着陆能见度时，目标是跑道，背景是跑道两旁的草地，由于跑道与周围草地之间的亮度对比值通常小于观测地面能见度时选用的灰暗目标与天空的亮度对比值，同时着陆能见度还具有空中能见度的其他特性，因而着陆能见度一般比地面能见度要小。

飞机着陆时，观察跑道的视线已接近水平方向（下滑角一般为 2°～3°），通过的气层透明度接近于地面能见度反映的大气透明度。因此，我们可由地面能见度来估计着陆能见度。在白天，对两边是草地的干混凝土跑道来说，着陆能见度约为地面能见度的 60%。当机场有积雪，有低于 300 m 的低云，正在降雨、雪或迎着太阳着陆时，这个比值可降至 30% 左右甚至更小。这种影响还与飞行速度有关，飞行速度越快，影响越大。

所谓跑道视程（RVR），是指飞行员在位于跑道中线的飞机上观测起飞方向或着陆方向，能看到跑道面上的标志或能看到跑道边灯或中线灯的最大距离。对于某一机场来说，跑道标志和灯光设备是确定的，灯光强度、探测系统的基本数据也是一定的，而人眼的亮度对比视觉阈、灯光视觉阈可由经验给定，因而跑道视程的大小只与大气透明度有关，只要测出了大气透明度，就可通过一定的关系式计算出跑道视程。

跑道视程与地面观测的气象能见度是不同的，其主要区别是：

（1）跑道视程是在飞机着陆端用仪器测定的，其方向与跑道平行；气象能见度是在气象台目测的，观测方向为四周所有方向。

（2）跑道视程一般只测 2 000 m 以内的视程；气象能见度则是观测者目力所及的所有距离。

（3）跑道视程的目标物是跑道及道面上的标志，它们的形状、大小和颜色是固定的；而气象能见度的目标物的形状、颜色、大小则不尽相同。夜间，跑道视程的目标灯是跑道中线灯和边灯，光强可以调节；气象能见度则利用周围已有灯光，其颜色、光强有随意性，且光强不可调节。

5.2.8.3　影响能见度的天气现象

大气透明度是引起能见度变化的最主要因素。大气中存在着固体和液体杂质，它们在一定条件下常聚积起来形成各种天气现象，影响大气透明度，使能见度减小。这类天气现象我们常常称为视程障碍。形成视程障碍的天气现象主要有雾、烟幕、霾、风沙、浮尘、吹雪、云和降水。

1. 雾

悬浮于近地面气层中的水滴或冰晶，使地面能见度小于 1 km 的现象叫雾，能见度在 1～5 km 之间时叫轻雾。

雾的厚度变化范围较大，一般为几十米到几百米，厚的可达 1 km 以上，厚度不到 2 m 的雾称为浅雾。根据雾的具体形成方式，可将其分成辐射雾、平流雾、上坡雾、蒸发雾等几种类型。下面介绍对飞行影响较大的辐射雾和平流雾。

1）辐射雾

由地表辐射冷却而形成的雾叫辐射雾。在我国，辐射雾是引起低能见度的一种重要天气现象，常常严重影响飞机起降。

辐射雾的形成一般需要晴朗的夜空（无云或少云）、微风（风速 1～3 m/s）和近地面空气湿度大3个条件。在这些条件下，地表辐射冷却快，近地层空气降温多，容易形成低空逆温层，使水汽聚集其下而不易扩散，因而容易达到饱和而形成雾。

辐射雾具有如下特点：

（1）季节性和日变化明显。我国辐射雾多出现于秋冬季，因为秋冬季夜间长，晴天多，辐射冷却量大。辐射雾一般多生成于下半夜到清晨，日出前后最浓。此后随着气温的升高或风速的增大，雾逐渐消散，地面能见度也随之好转。

（2）地方性特点显著。辐射雾多产生于大陆上潮湿的谷地、洼地和盆地。我国的四川盆地就是有名的辐射雾区，特别是重庆，年平均雾日达150多天。

（3）范围小、厚度不大、分布不均。辐射雾一般形成于陆地上的潮湿低洼地区，所以范围较小；其厚度可从数十米到数百米，且越接近地表越浓。在辐射雾上空飞行，往往可见地面高大目标，甚至可见跑道，但在下滑着陆时，就可能什么也看不见了。

2）平流雾

暖湿空气流到冷的下垫面经冷却而形成的雾，叫平流雾。我国沿海地区的平流雾多为海面上的暖湿空气流到冷地表而形成的。南方暖海面上的暖湿空气流到北方冷海面上，也能形成平流雾（海雾）。

平流雾的形成，需要具备适宜的风向、风速，风向应是由暖湿空气区吹向冷下垫面区，风速一般为2～7 m/s，暖湿空气与冷下垫面温差显著和暖湿空气的相对湿度较大。当暖湿空气流经冷的下垫面时，在温差较大的情况下，其下部空气便逐渐降温，并形成平流逆温。在逆温层下部，水汽首先凝结成雾，随着逆温层的发展，雾也向上发展，最后形成较厚的平流雾。

平流雾具有如下特点：

（1）季节变化与辐射雾相反，呈现出春夏多、秋冬少的特点。日变化不明显，只要条件适合，一天中任何时候都能出现，条件变化后，也会迅速消散。但总体而言，下半夜至日出前出现最多。

（2）来去突然。沿海地区，如果风向为由暖海面吹向冷陆地，则平流雾即可很快形成，短时间内迅速覆盖整个机场；一旦风向转变，雾就会迅速消散。因此，春、夏季节在沿海地区飞行时，要注意海上天气的变化，特别是风向的变化。

（3）范围广、厚度大。水平范围可达数百千米以上，厚度最大可达2 000 m。

总体而言，平流雾对飞行的影响比辐射雾大。平流雾来去突然，不好预测，在平流雾上空飞行，很难看见地标，平流雾遮盖机场时，着陆极为困难。

2. 烟　幕

大量烟粒聚集在空中，使水平能见度等于或小于5 km的现象叫烟幕。要形成烟幕，需要有大的烟源，适宜的风向、风速和逆温层。烟粒主要来源于工业区和城市居民区。在适宜的风速和有逆温层的情况下，烟粒常常在逆温层聚集下而形成烟幕（见图5.62），如果风速过大，或逆温层被破坏，烟幕就会向空中扩散而消失。

烟幕在一日中以早晨为多，常和辐射雾混合而成为烟雾，一年中则以冬季最常见。许多靠近城市的机场都有这样的情况，早晨在气层稳定的情况下，如果风由城市吹来，则会很快形成烟幕，能见度迅速转坏，给飞行带来影响。因此，了解风向的变化，是判断烟幕能否影响机场的关键。

3. 霾

大量微小的固体杂质（包括尘埃、烟粒、盐粒等）浮游在空中，使水平能见度等于或小于 5 km 的现象，称为霾。霾形成后会随风飘移，既可出现在对流层低层，也可出现在对流层中上层和高空，一般是出现在逆温层之下，但如果同时在几个高度上存在逆温层，霾也可以有好几层（见图 5.63）。

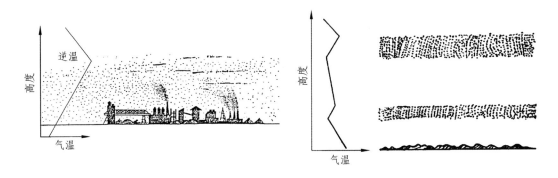

图 5.62　烟幕的形成　　　　　图 5.63　霾层与空中逆温层

有霾时，地面能见度往往不一定很差（单独的霾一般很难使地面能见度小于 1 km），但空中能见度却很差，这是因为霾粒对蓝光（高度越高，太阳辐射的蓝光成分越多）的散射能力强。因此，在霾层中飞行时，四周常常朦胧一片，远处目标好像蒙上一层淡蓝色的纱罩；在霾层之上飞行，一般气流平稳，水平能见度也较好；在霾层之上迎着太阳飞行时，霾层顶反射阳光十分刺眼，影响对前方目标的观察；有时还可能将远方霾层顶误认为是天地线。

4. 风　沙

被强风卷起的沙尘使能见度小于 5 km 的现象称为风沙。其中能见度小于 1 km 的，称沙（尘）暴；使水平能见度等于或小于 5 km 的，称扬沙。

形成风沙必须具备两个条件：强风（一般要 10 m/s 以上的风）和地面土质干松。春季，我国西北、华北地区，土地解冻，草木不盛，大风日数又多，最有利于风沙的形成。在风沙区，常常是天空发黄，不见日光，能见度可以变得很差。在风沙区飞行，不仅能见度差，而且沙粒进入发动机会造成机件磨损、油路堵塞等严重后果。沙粒对电磁波的衰减，以及沙粒与机体表面摩擦而产生的静电效应，还会严重影响通信。

5. 浮　尘

细小的尘粒浮游在空中，使水平能见度等于或小于 5 km 的现象，称浮尘。浮尘是风沙的伴生现象。大风停息后，浮尘可以随空中风飘移到较远的地区。浮尘对飞行的影响与霾相似，主要影响空中能见度。由于浮尘质点比霾大，主要散射长波光线，远处景物、日月常呈淡黄色。

6. 吹　雪

地面积雪被强风卷入空中，使水平能见度等于或小于 5 km 的现象叫吹雪。吹雪所及高度低于 2 m 的，叫低吹雪；在 2 m 以上的，叫高吹雪。有时在降雪同时也有吹雪，二者混为一体，雪花漫天飞舞，这种现象叫做雪暴。形成吹雪的条件，除地面有大风外，地面积雪必须是干松的。如果雪面积冰或者是湿的，就难以形成吹雪。因此，吹雪多在冬季产生于我国北方，特别是东北地区最常见。

吹雪中能见度很差，雪暴可能使能见度减小到几十米，对飞行危害很大。吹雪一般只影响飞机起落，雪暴则对所有目视航空活动都有很大影响。

表 5.4 列出了影响能见度的天气现象的符号。

表 5.4　影响能见度的天气现象符号

天气现象	雾	轻雾	烟幕	霾	扬沙	沙暴	浮尘	低吹雪	高吹雪
表示符号	≡	=	⌒	∞	$	⇀	S	+	+

5.3　天气系统

从天气图的分析中可看出，不同的天气现象与不同的大气运动形式相联系，这些运动形式表现为一个个独立的系统。这种显示天气变化及其分布的独立系统，称为天气系统。天气图分析和气象卫星观测都表明，地球大气中存在各种大大小小的天气系统，它们都在不断地运动和演变着，并产生出各种各样的天气。它们的范围（尺度）相差很大。天气图上常见的水平范围在 500～5 000 km 的天气系统称为大尺度系统，如锋面、高压等；水平范围在 50～500 km，生命期约为几小时到十几小时的天气系统称为中尺度系统，如台风、海陆风等；水平范围在 50 km 以下，生命期只有几十分钟至两三小时的天气系统称小尺度系统，如积云、小雷暴等；5 000 km 以上的称行星尺度系统。一般来说，尺度越大生存时间越长，尺度越小生存时间越短。大气的运动是复杂的，不同尺度的天气系统之间既相互联系又相互影响，使天气系统的演变呈现出复杂的状态。掌握各种天气系统的特征就能大致掌握各种天气系统所造成的不同天气及其对飞行活动的影响。

5.3.1　气　团

水平方向上物理性质（主要指温度和湿度）相对均匀的大范围空气称为气团。在同一气团中，各地气象要素的垂直分布（或它们的稳定度）几乎相同，天气现象也大致一样。气团的水平尺度可达几千千米，垂直范围可达几千米到十几千米。常常从地面伸展到对流层顶。

要形成气团必须具有两个条件：一是大范围性质（冷暖、干湿、雪盖或土壤状况等）比较均匀的地理区域。大范围物理性质比较均匀的地球表面是使空气属性变得比较均匀的重要条件。二是空气能够在气团源地长期停留或缓慢移动。在性质比较均匀的广阔地球表面上空停留或缓慢移动的空气，主要通过大气中各种尺度的湍流、系统性垂直运动、蒸发、凝结和辐射等物理过程与地球表面进行水汽和热量交换。经过足够长的时间，就能使其水汽和热量分布变得比较均匀。

根据气团的热力性质可以把气团分为冷气团和暖气团。当两个气团相遇时，温度较高的气团称为暖气团，温度较低的气团称为冷气团。热力分类有时也根据气团的温度和它所经过的下垫面温度的对比来进行：当气团向着比它冷的下垫面移动时称为暖气团，当气团向着比它暖的下垫面移动时称为冷气团。冷气团所经之处气温将下降，相反，暖气团所经之处气温将升高。冷暖气团是相比较而存在的，不是固定不变的，而且它们会依一定的条件，各自向着其相反的方面转化。

　　大气总是处在不断的运动中，当气团在源地形成后，气团中的部分空气会离开源地移到与源地性质不同的地面，气团中的空气与新地表产生了热量与水分的交换，气团的物理性质就会逐渐发生变化，这种变化称为气团的变性。当气团在新的地表上缓慢移动，基本上取得了新源地的物理性质时，就形成了新气团。例如，冷气团南下时通过对流、湍流、辐射、蒸发和凝结等物理过程会很快地把下垫面的热量和水汽传到上层去，逐渐变暖；同理，暖气团北上时通过一些物理过程会逐渐变冷。一般冷气团的变性比暖气团快。

　　冷气团通常具有不稳定的天气特征。例如夏季，冷气团移到高温的地面上会形成强烈的对流，如果冷气团中水汽含量较多，常形成积状云，甚至出现阵性降水或雷暴，对飞行产生较大影响；冬季，多为少云或碧空天气。冷气团的天气有明显的日变化，中午及午后地面增温，对流和乱流容易发展，风速也较大；夜间和清晨地面降温，气层趋于稳定，风速减小。冬季近地面层辐射冷却，还可能形成烟幕或辐射雾。冷气团中对流活跃，能见度一般较好，但有雾或风沙时，能见度则较差。

　　暖气团可引起长时间的低云幕和低能见度现象，具有稳定性天气特点。如果暖气团中水汽含量较多，能形成很低的层云、层积云，有时有毛毛雨或小雨雪，但云层较薄，一般只有几百米。如果低层空气迅速冷却（暖气团与下垫面温差显著），会形成平流雾。冬季从海洋移入我国大陆的暖气团常有这种天气。若暖气团比较干燥，则多为少云天气。夏季暖气团中产生的低云和雾，有较强的日变化：白天气温升高，云、雾减弱或消失；夜间和早晨气温降低又会加强。

　　我国地处北半球中纬度偏南地区，地形和地表性质复杂，很难形成气团，我国出现的气团多为从其他地区移来的变性气团。经常影响我国的气团主要有两个：一个是西伯利亚气团，属中纬度大陆气团；一个是热带太平洋气团，属热带海洋气团。

　　图5.64是我国冬季气团活动示意图。我国冬半年通常受中纬度大陆气团影响，它的源地在西伯利亚和蒙古，常称它为西伯利亚气团。冬季西伯利亚气团势力强盛，影响我国大部分地区。它所控制的地区，天气干冷，气团内部具有冷气团的天气特征。当它与热带海洋气团相遇时，在交界处则能形成阴沉多雨的天气，冬季华南常见这种天气。冬季热带太平洋气团主要影响我国东南部。云南地区则常受南海气团（属热带海洋气团）的影响。

　　图5.65是夏季我国气团活动示意图。夏半年，热带太平洋气团势力强盛，常影响我国大部分地区，只有西部和北方少数地区不受其影响。此时西伯利亚气团一般只在我国长城以北和西北地区活动，但有时也能南下至江淮流域一带。它与南方热带海洋气团交汇，是构成我国盛夏北方大范围降水的主要原因。另外，热带大陆气团常影响我国青藏高原和西北地区，被它持久控制的地区，就会出现酷暑和严重干旱。来自印度洋的赤道气团，可造成长江流域以南地区大量降水。

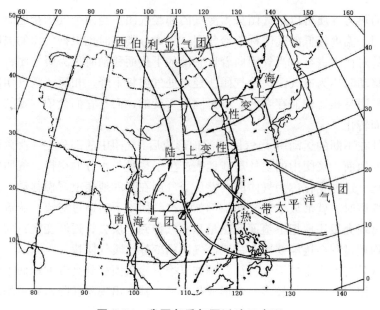

图 5.64 我国冬季气团活动示意图

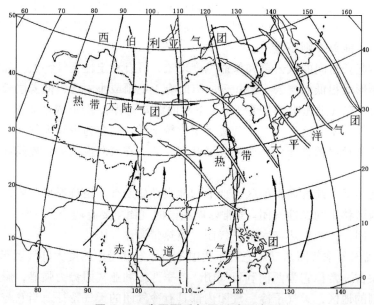

图 5.65 我国夏季气团活动示意图

春季，西伯利亚气团和热带海洋气团两者势力相当，互有进退，因此是天气系统活动最盛的时期，带来多变天气。秋季，变性的西伯利亚气团逐渐增强，热带海洋气团慢慢退居东南海上，我国东部地区在单一的气团控制之下，出现全年最宜人的秋高气爽的天气。

5.3.2 锋 面

冷、暖气团之间十分狭窄的过渡区域，称为锋面。锋面是一种重要的天气系统，它经常带来大风、阴雨、雷暴、风沙等恶劣天气，对飞行造成很大的影响。因此，飞行人员需要对锋面有全面的了解。

5.3.2.1 锋的基本知识

锋面的空间形态如图 5.66 所示，冷暖气团相遇后，冷气团在下方，暖气团在上方，其交界面即锋面。它向冷气团一侧倾斜。两气团之间的过渡区即锋区，锋区的宽度一般在近地层为几千米，高空为几百千米，上宽下窄，水平覆盖范围为几百至几千千米。锋面与地面的交线称为锋线，锋线的长度一般与气团的水平范围相当。锋面坡度一般只有 1/300 ~ 1/50，个别仅 1/500。锋面坡度越小，锋面掩盖的地区就越大，受锋面天气影响的地区也越大。以坡度为 1/100、长度为 1 000 km、垂直高度为 10 km 的锋为例，其掩盖面积就达 100 万 km^2。

穿越锋区时，是从一个气团进入另一个具有不同性质的气团，各种气象要素都会有明显的差异。在天气图上，正是根据这些差异来确定锋面的存在和位置的。

锋区内温度水平梯度远比其两侧气团内部大，这是锋最重要的特征之一。在气团的内部，一般在 100 km 内气温只相差 1 ℃；但在锋面内，100 km 可相差 5 ~ 10 ℃。在地面天气图上，温差特别大的地区，一般就是地面锋线的位置。锋区在空中等压面图上表现为等温线相对密集区，其走向与地面锋线基本平行。所以等压面上等温线的分布很明显地指示锋区的特点。等温线越密集，则水平温度梯度越大，锋区越强。由于锋面在空间是向冷空气一侧倾斜的，所以高空图上的锋区位置偏在地面锋线的冷空气一侧，等压面高度越高，向冷空气一侧偏移越多。穿越锋面飞行时，可从大气温度表上观察到温度变化。但这种变化在中、高空可能没有地面上那样突然。

锋区内温度垂直梯度特别小。图 5.67 所示为垂直剖面图上锋区的温度场特征。图中 T_0 和 T_1 为通过锋区有逆温的等温线形式；T_2 和 T_3 为等温的形式；T_4 和 T_5 为气温直减率小的降温形式。

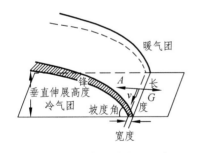

图 5.66　锋面的空间形态

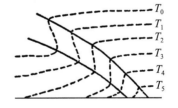

图 5.67　剖面图上锋区附近的等温线

锋附近气压场的变化如图 5.68 所示，在暖气团中水平方向气压变化不大；当穿越锋面进入冷气团后，由于冷空气密度较大且冷空气柱逐渐增高，使锋两侧的等压线方向必须变成虚线所示的形状，在锋面处产生折角，而且折角指向高压，即锋区处于低压槽中。

锋面临近时，气压逐渐降低。最低气压区正好在锋上。锋面暖区一侧的气压变化通常比冷区一侧慢得多。在暖气团一侧靠近锋面时，气压缓慢降低，穿越锋面后气压迅速升高。在冷气团一侧穿过锋面时，过锋面前气压迅速降低，过锋面后气压缓慢升高。

锋附近风的分布如图 5.69 所示，在水平方向上从锋后到锋前，风呈气旋式转变（即逆时针旋转）。锋两侧风速的变化是：穿越锋到冷区，风速会增大，到暖区风速会减小。因受地面摩擦的影响，风和等压线成一交角而吹向低压，故地面锋线处，通常有气流的辐合。穿越锋面最可靠的征兆是风向的变化，有时也有风速的变化。风速变化的出现概率比风向变化小。在北半球风向总是向右偏转。穿越锋面飞行时，为了保持原定的地面航迹，总是需要做向右的修正。

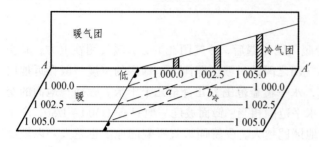

图 5.68　锋附近气压场的特征

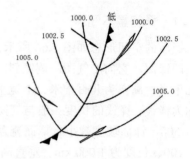

图 5.69　锋附近风的分布

　　根据在移动过程中冷暖气团所占的主次地位可将锋分为冷锋、暖锋、准静止锋和锢囚锋。

　　冷锋：锋面在移动过程中，冷气团起主导作用，推动锋面向暖气团一侧移动，锋面过后温度降低，这种锋面称为冷锋。

　　暖锋：锋面在移动过程中，若暖气团占主导地位，推动锋面向冷气团一侧移动，这种锋面称为暖锋。

　　准静止锋：当冷暖气团势力相当，锋面移动很少时，称为准静止锋。事实上，绝对静止的锋是没有的。在这期间，冷暖气团同样是互相斗争着，有时冷气团占主导地位，有时暖气团占主导地位，使锋面来回摆动。

　　锢囚锋：锢囚锋是由冷锋追上暖锋或由两条冷锋迎面相遇而构成的复合锋。在图 5.70（a）中，前面有一个暖锋，后面有一个冷锋，冷锋移速比暖锋快。在图 5.70（b）中，冷锋已快要追上暖锋。图 5.70（c）中，冷锋追上暖锋，中间的暖气团被抬挤到空中，两边的冷气团相遇又构成新的锋面。由于左面冷气团比右面冷气团更冷，并继续推动新锋面向右侧移动，这种情形叫冷式锢囚锋。显然，如果移动方向相反，则叫暖式锢囚锋。

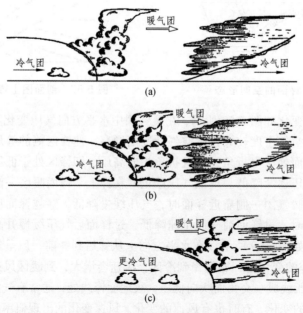

图 5.70　锢囚锋的形成过程

5.3.2.2 锋面天气及其对飞行的影响

锋面天气主要是指锋附近的云、降水、风、能见度等的分布情况。锋面天气多种多样，虽然有的锋面也产生相对平静的天气，但有的锋面天气非常强烈并且有巨大的危害。在穿越锋面飞行前，应当获取一份完整的天气报告，以便了解可能遇到的天气状况。下面介绍典型的锋面天气模式及其对飞行的影响。

1. 暖锋天气

暖锋的坡度为 1/150 左右，且其坡度随移动减小，移速平均为 10～20 km/h。当大气稳定时，锋面以层状云系为主，云系的演变顺序为 Ci—Cs—As—Ns。降水出现在冷空气一侧，结束在地面锋线过境时，降水区的宽度一般为 200～250 km。在降水区的地方常有低碎云发展，影响飞行能见度；有时也会有雨雾现象出现（见图 5.71）。当大气不稳定时，锋面层状云系中会有积状云（浓积云、积雨云）发展（见图 5.72）。

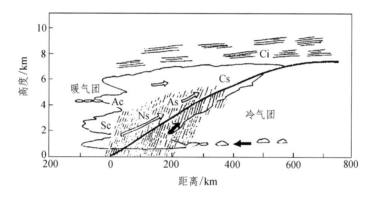

图 5.71　稳定的暖锋天气

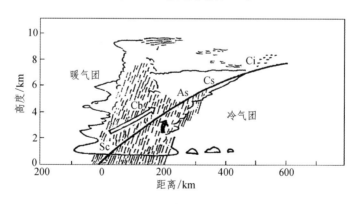

图 5.72　不稳定的暖锋天气

云中飞行比较平稳，过锋区有轻颠；大气不稳定时，也会有颠簸。秋、冬和早春季要注意锋面云系中的积冰。当水汽条件不足时，锋面也可能出现无云或少云，但此时也要注意飞越锋面时的飞机颠簸。

2. 冷锋天气

冷锋产生的天气，通常取决于它的移动速度。冷锋根据其移动速度，可分为缓行冷锋和急行冷锋。

1）缓行冷锋的天气

冷锋中移动速度较慢的叫缓行冷锋。缓行冷锋的坡度为 1/100 左右，且其坡度随移动增大，移速平均为 20～30 km/h。当大气稳定时，锋面以层状云系为主，云系的演变顺序为 Ns—As—Cs—Ci。降水出现在冷空气一侧，出现在地面锋线过境时，降水区的宽度一般为 150～200 km。在降水区的地方常有低碎云发展，影响飞行能见度；有时也会有锋面雾出现（见图 5.73）。当大气不稳定时，锋面层状云系中会有积状云（浓积云、积雨云）发展（见图 5.74）。

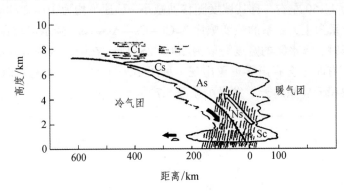

图 5.73　稳定的缓行冷锋天气

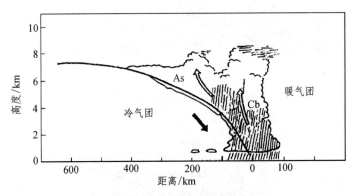

图 5.74　不稳定的缓行冷锋天气

大气稳定时，云中飞行有轻微的颠簸；在过锋区和大气不稳定时，颠簸较强。秋、冬和早春季要注意锋面云系中的飞机积冰。当水汽条件不足时，锋面也可能无云或少云，但此时也要注意飞越锋面时的飞机颠簸。

2）急行冷锋的天气

冷锋中移动速度较快的叫急行冷锋。这种快速移动的冷锋是被它后面远离锋面的强大高压系统推动前进的。地面摩擦作用使锋的移速减慢，引起锋的前沿部分向外凸起，使锋面坡度变陡，产生强烈的上升运动。如图 5.75 所示，图中垂直尺度放大以表示锋的坡度。在近地层，冷空气前进速度远大于暖空气后退速度，迫使暖空气强烈上升，因此低层锋面坡度特别陡峭。在锋面上层，暖空气则沿锋面下滑。

图 5.75　急行冷锋的垂直剖面图

急行冷锋的坡度为 1/70 左右，且其坡度随移动增大，移速平均为 40~50 km/h。当大气稳定时，锋面云系以多层云系叠加为主。降水出现在暖空气一侧，结束在地面锋线过境时，降水区的宽度一般为 100 km 以下（见图 5.76）。在降水区常有低碎云、大风，严重影响飞行，当知道有第二型冷锋过境时，应禁止飞行。当大气不稳定时，会出现沿地面锋线分布的狭长的积雨云带（见图 5.77）。在过锋区和云中飞行时有较强的颠簸。

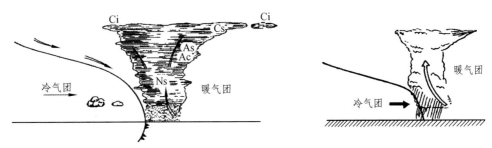

图 5.76　稳定的急行冷锋天气　　　图 5.77　不稳定的急行冷锋天气

总之，大多数冷锋天气具有一些共同特征：常生成积状云，有阵性降水和较强的乱流；伴有强烈阵风。在具有稳定性天气的冷锋区域飞行，在靠近锋面附近可能有轻到中度的颠簸，云中飞行可能有积冰。降水区中能见度较坏，道面积水，对降落有影响。在具有不稳定天气的冷锋区域，因有强烈颠簸和严重积冰、雷电甚至冰雹等现象，故不宜飞行。

3. 准静止锋天气

准静止锋天气与暖锋类似。由于准静止锋的锋面坡度最小，一般为 1/150~1/300，暖空气沿锋面缓慢爬升，因此，云层和降水区比暖锋更为宽广。降水强度虽小，持续时间却很长，其连绵阴雨天气可影响一个地方的飞行气象条件达数天之久。若暖空气潮湿且不稳定，常可出现积雨云和雷阵雨。例如，我国夏季的华南准静止锋常有雷阵雨天气；云贵准静止锋一般多阴雨，云系一般为雨层云或层积云，云厚一般为 500~1 000 m，云顶高多在 3 500 m 以下，川、黔两省冬季多阴沉天气，大多是受它的影响造成的。若暖空气很干燥，锋上也可无云，仅在锋下有些低云。

在准静止锋区域飞行有同暖锋区域飞行相近的特点，不宜简单气象条件飞行。在稳定天气形势下可进行复杂气象条件的训练飞行。

4. 锢囚锋天气

锢囚锋系由两条锋面相遇而成，故其云系和降水与原来两条锋面的云系有联系，除原来两条锋面云系外，在形成初期锢囚点处上升气流加强，天气变得更坏，云层增厚，降水增强，范围扩大并分布在锋的两侧。随着锢囚锋的发展，暖气团被抬升得越来越高，气团中的水汽因降水消耗而减少，使锢囚点上云层逐渐变薄趋于消散，天气逐渐转好，如图 5.78 所示。

在锢囚锋区域飞行，锢囚锋形成初期，在锢囚点以上将会遇到较宽广的云层和降水，还可能有雷暴、积冰和颠簸；锢囚点以下在低压中心附近广大范围内存在相当恶劣的能见度和低的云幕。在锢囚锋后期，气象条件逐渐好转。

（a）暖式锢囚锋

（b）冷式锢囚锋

图 5.78　锢囚锋天气

5.3.3　气　旋

气旋是占有三度空间的、在同一高度上中心气压低于四周的大范围空气水平涡旋。在北半球，气旋范围内的空气作逆时针旋转（俯视），在南半球其旋转方向相反。在气压场上，气旋表现为低压。气旋的直径平均为 1 000 km，大的可达 3 000 km，小的只有 200 km 或更小。地面气旋的中心气压值一般为 970～1 010 hPa，发展得十分强大的气旋，中心气压值可低于 935 hPa。气旋是有一定厚度的天气系统。在北半球，气旋区由于中心气压低，气旋低层的水平气流逆时针由外朝内旋转，由于气流辐合，在中心附近的垂直方向上形成系统性上升运动。在南半球，气旋低层的水平气流则顺时针由外朝内旋转，在中心附近的垂直方向上也会形成系统性上升运动。因此，在一般情况下，气旋区内都会因为上升气流而将地面附近的水汽带到空中而形成云，所以气旋一般多为阴雨天气。特别是锋面气旋，由于气旋中的上升运动和锋面的抬升叠加在一起，更容易成云致雨。

气旋可以分为锋面气旋和无锋气旋。锋面气旋天气可以看成是以气旋的运动特征为背景的气团天气与锋面天气的综合。大多数锋面气旋的天气是较复杂的，而大多数无锋气旋的天气相对简单些。在我国锋面气旋分为北方气旋和南方气旋。北方气旋主要有：东北气旋、黄河气旋和蒙古气旋等。它们的天气与对飞行的影响有许多相似的地方，所以，后面就仅以东北气旋为例介绍北方气旋的天气及它们对飞行的影响。南方气旋主要有：江淮气旋和东海气旋，同样后面仅以江淮气旋为例介绍南方气旋的天气及它们对飞行的影响。无锋气旋在我国有东北涡、西南涡、热低压和热带气旋。

5.3.3.1　锋面气旋

（1）东北气旋：主要活动于我国东北地区，是我国锋面气旋中发展最强大的一种。一年四季均可出现，以春秋两季，特别是 4、5 月份活动频繁，其强度也最大。东北气旋在春季常产生大范围的大风、风沙；夏季常产生雷暴和强烈降水等灾害性天气。

（2）江淮气旋：指我国长江中下游、淮河流域一带经常出现的锋面气旋。由于这一区域一般水汽充沛，发展完整的江淮气旋常出现大片云系和降水。春季，在长江下游地区的江淮气旋东部，东南风把海上暖湿空气输送到大陆，常形成平流雾或平流低云，甚至出现毛毛雨，能见度十分恶劣。发展强盛的江淮气旋，不但可以产生雷阵雨（可达暴雨程度），也可以产生较强的大风。图 5.79 所示为江淮气旋的实例。

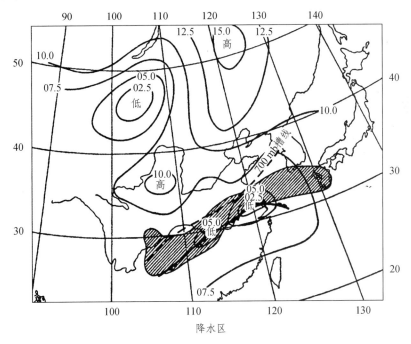

图 5.79　江淮气旋地面图例

可见，锋面气旋中飞行气象条件通常是比较复杂的，特别是穿越气旋中的锋面飞行时，不仅可遇到雾、低云、降水，也可遇到雷暴、飞机积冰和严重的颠簸等恶劣天气。

5.3.3.2　无锋气旋

（1）热低压：出现在近地层的暖性气旋，它是浅薄的、不大移动的气压系统，一般到三四千米高度上就不明显了。热低压多数是由于近地面层空气受热不均而形成的，这种热低压常出现在暖季大陆上比较干燥的地区，由于地面没有水汽蒸发，地表温度会升到很高，因而在局部地区形成暖性的低压，称为地方性热低压。在某些情况下，也有由于空中出现强烈暖平流或空气下沉绝热增温而形成的热低压。热低压中的天气，因条件不同而有差别：当空气很干燥时，一般是晴热少云天气，如出现在我国西北，特别是塔里木盆地的热低压就是这样；当水汽较充沛，并有冷锋或空中低槽移近时，由于上升运动增强，也可产生云雨天气。在干燥地区，当热低压发展强烈时，可出现大风和风沙天气。

267

（2）东北低涡：一年四季均可出现，以 5、6 月份活动最频繁。冬季，在冷涡形势下，东北地区是一种低温天气，从地面到空中气温都很低，会出现冰晶结构的低云，但看起来像卷云或卷层云，这是我国东北地区特有的现象。东北冷涡天气具有不稳定的特点，冬季可降很大的阵雪，能见度随阵雪大小忽好忽坏；夏季常造成雷阵雨天气。

（3）西南涡：只出现在我国西南地区青藏高原东部的小低压，常表现在 700 hPa 或 850 hPa 等压面图上，其直径一般为 300 ~ 500 km。西南涡的形成与我国西南的特殊地形有密切关系，当西风气流遇到青藏高原后，在高原高度以下分为南北两支绕过，由于高原东侧背风坡风速较小，常在背风坡南侧造成逆时针旋转的气流切变，从而形成西南涡（见图 5.80）。

西南涡在源地时，可产生阴雨天气，一般晚上天气更坏一些，夏半年常引起强烈的阵雨和雷暴；如果有适当的高空低槽或冷平流相配合，就有可能使西南涡发展和东移，造成我国东部许多地区的大雨或暴雨。

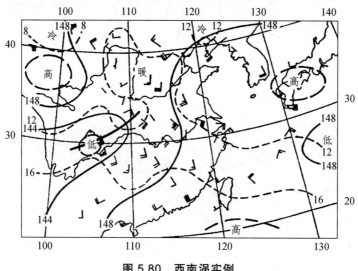

图 5.80　西南涡实例

（4）热带气旋：形成于热带海洋上的强大而深厚的气旋性涡旋。成熟的热带气旋是一种非常壮观但又极具破坏性的风暴，它带来的是猛烈的狂风、高大的雷暴云和倾盆大雨。在夏、秋季节是我国沿海地区主要的灾害性天气。

热带气旋按强度分为以下 4 类：

（1）热带低压：中心最大风速 6 ~ 7 级。

（2）热带风暴：中心最大风速 8 ~ 9 级。

（3）强热带风暴：中心最大风速 10 ~ 11 级。

（4）台风：中心最大风速 ≥12 级。

其中，台风又可分为：

强台风：中心最大风速 14 ~ 15 级；

超强台风：中心最大风速 16 级或以上。

"台风"一词起源于中国，它指的是生成于西北太平洋和中国南海上的强热带风暴。加勒比海地区把热带风暴称为"飓风"，这些风暴发源于热带并向西北移动，进入墨西哥湾并最终登上北美大陆。"旋风"通常用来表示形成于印度洋和澳大利亚北部及西部海面上的热带风暴。靠近墨西哥海岸的太平洋上的热带风暴叫做"可尔多那左风"。

形成热带风暴的两个必要条件是温度和湿度。热带风暴通常起源于热带辐合带边缘（这里水面温度高于 27 ℃），多发生于夏末秋初，这时是陆地对流活动达到顶峰、雷暴容易发生的时候。这些雷暴移向海洋，海洋上由于长时间的加热温度很高。当深对流发展时，辐合气流被吸入云的中心。高的水面温度促进这些对流活动，提供水汽，在水汽的凝结过程中释放潜热并保持不稳定性。

初始的偏转是由科氏力引起的，这使得辐合气流在北半球向右偏。由于赤道地区科氏力太小，所以形成热带风暴的最佳条件是水面温度高于 27 ℃ 和纬度大于 10°（有足够的科氏力）。辐合气流在云体边缘时旋转速率较慢，但当它接近中心时，旋转加剧，湿热空气以螺旋状旋向低压中心的"眼"。随着不断的热量和水汽供应，旋转将会继续，使得这种涡旋的范围达到几百千米。在台风中心，极大的气压梯度力与离心力之间达到了新的平衡。在低压中心，对流层上部的空气开始下沉，由于绝热增温，台风"眼"中无云且空气温度较高。

全球每年产生的热带气旋中，达到热带风暴以上的约有 80 个，主要发生在 8 个海区，其中北半球有北太平洋西部和东部、北大西洋西部、孟加拉湾和阿拉伯海等 5 个海区，而南半球有南太平洋西部、南印度洋东部和西部 3 个海区。其中以北太平洋西部最多，平均 30 个，约占 38%（见图 5.81）。西北太平洋台风的源地又分为 3 个相对集中区域：菲律宾以东洋面、关岛附近洋面和南海中部。在南海形成的台风，对我国华南一带影响很大。

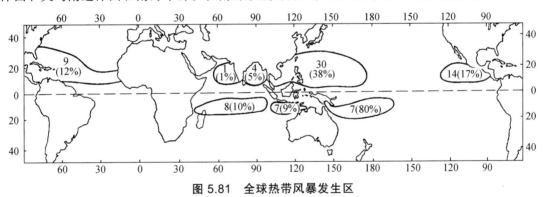

图 5.81　全球热带风暴发生区

无论是在南半球还是北半球，热带风暴都是随着季风以 15～30 km/h 的速度向西移动，然后离开赤道。经过热带的暖水面，这种运动的力量会渐渐增强。北太平洋西部台风在源地生成后，其移动路径大致可分为以下 3 条（见图 5.82）：

（1）西移路径（Ⅰ）：台风从菲律宾以东一直向偏西方向移动，经南海在华南沿海、海南岛和越南一带登陆。它对我国华南沿海地区影响较大。

（2）西北路径（Ⅱ）：台风从菲律宾以东向西北偏西方向移动，在我国台湾、福建一带登陆；或从菲律宾以东向西北方向移动，穿过琉球群岛，在江浙一带登陆，消失在我国。它对我国华东地区影响很大。

（3）转向路径（Ⅲ）：台风从菲律宾以东向西北方向移动，到达我国东部海面或在我国沿海地区登陆，然后向东北方向移去，路径呈抛物线状。它对我国东部沿海地区及日本影响很大。

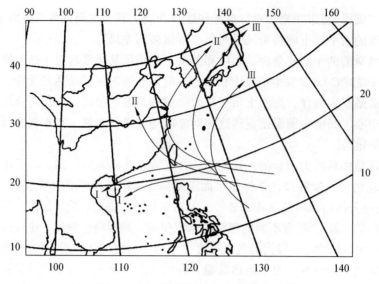

图 5.82 北太平洋西部台风移动路径示意图

台风移动速度平均为 15 ~ 30 km/h，转向后要比转向前移动快一些，转向时移动较慢，在停滞、打转时移动最慢。

台风一旦登陆其寿命就不长了，沿海地区会受到最大的冲击。但是如果离开了提供能量的暖海面，台风强度将会减弱并逐渐消散，有的在中纬度地区变成一个普通的低压。

热带风暴内的气流基本上是绕中心高速旋转，在垂直方向上可分为低空流入层(高度约在 1 km 以下)、高空流出层(高度约在 10 km 以上)和上升气流层(高度 1 ~ 10 km)3 个层次(见图 5.83)。

低空气流一边旋转，一边向内辐合上升，带入大量水汽。到接近中心的区域，形成强烈上升气流。上升气流到达高空后便向四周散开，于是在高空形成流出层，此时，高层空气又来填补，于是便在风暴中心形成下降气流。台风中心的下降气流区称为"台风眼"，眼区云层消散，仅在低空残留少量低云，其半径通常从几千米到几十千米。

相应于上述气流，由于水汽充沛，形成如图 5.84 所示的台风云系。在靠近"中心眼"的周围，由于强烈上升气流而生成高大云墙，组成云墙的积雨云顶高可达 19 km 左右。台风中最大风速出现在云墙的内侧，最大暴雨出现在云墙中，所以云墙区是台风内天气最恶劣、破坏性最大的区域。云墙外围则是螺旋状云带，由发展旺盛的积云构成，下面伴随阵性大雨和大风；在螺旋状云带之间的区域，是浓厚的层状云，螺旋状云带和层状云的外围下面是积状云或其他低云，上面有卷云和卷层云。

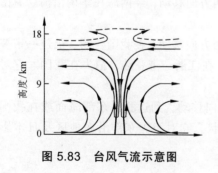

图 5.83 台风气流示意图

图 5.84 台风云系

台风区内水汽充沛，上升气流强，当它登陆时，常常给沿海地区带来特大暴雨，最大降水集中在台风眼周围的云墙、螺旋状云带附近。台风的大风区中，海浪都高达5m以上，中心附近浪高十几米，常常造成风暴潮，带来巨大灾害。除狂风暴雨的作用外，还由于台风中心气压极低，造成很大的压力差，使破坏力增强。

在台风中心眼内区，通常是云淡风轻的好天气。

综上所述，台风区域天气恶劣，严重威胁飞行安全。此外，台风带来的狂风暴雨还会损坏停放在地面的飞机和各种设备，甚至将整个机场淹没。

5.3.4 反气旋

反气旋是占有三度空间的、在同一高度上中心气压高于四周的大范围空气的水平涡旋。在北半球，反气旋范围内的空气作顺时针旋转，在南半球旋转方向相反。在气压场上，反气旋表现为高压。反气旋的水平尺度比气旋大得多，大的反气旋可以和最大的大陆和海洋相比（如冬季亚洲大陆的冷性反气旋，往往占据整个亚洲大陆面积的3/4），小的反气旋其直径也有数百千米。地面反气旋的中心气压值一般在1 020~1 030 hPa，冬季东亚大陆上反气旋的中心气压可达到1 040 hPa，最高的曾达到1 083.8 hPa。在北半球，反气旋区由于中心气压高，低层的水平气流顺时针由内朝外旋转，由于气流辐散，在中心附近的垂直方向上形成系统性下沉运动。在南半球，反气旋低层的水平气流逆时针由内朝外旋转，在中心附近的垂直方向上也会形成系统性下沉运动。因此，在一般情况下，反气旋区内都会因为下沉气流而难以形成云，所以反气旋一般多为晴好天气。但由于反气旋特别大，又有冷暖之分，所以不同反气旋的天气差异还是较大的。

根据反气旋热力结构可将反气旋分为冷性反气旋和暖性反气旋，如影响我国的蒙古冷高压和太平洋副热带高压等。

冷性反气旋的天气：冷性反气旋产生在中高纬度的寒冷地区，在北半球，北极、北美北部和蒙古地区出现比较频繁。由于气温低，气压随高度下降快，一般到三四千米高度以上高压特征就不明显了，称之为浅薄的气压系统。在冷性反气旋的中心附近，由于空气干冷，盛行下沉气流，天气多晴朗少云。中部风速小的区域，在夜间或清晨容易出现辐射雾。如果有辐射逆温或上空有下沉逆温或两者同时存在，逆温层下面聚集了水汽和其他杂质，低层能见度较坏。当水汽较多时，在逆温层下往往出现层云、层积云、毛毛雨及雾等天气现象。在逆温层以上，能见度很好，碧空无云。冷性反气旋的东部或东南部，往往有锋面存在，常有较大的风速和较厚的云层，甚至有降水；西部和西南部边缘，由于有偏南暖湿气流，往往处于空中槽前，因而有暖锋性质的天气。位于蒙古地区的冷性反气旋（又称蒙古冷高压），是影响我国的重要天气系统，冬半年从西伯利亚和蒙古侵入我国，带来大股冷空气，使所经之地气温骤降。在蒙古冷高压东部前缘，一般就是相应的冷锋天气。高压前的冷锋到达我国北方，气温骤降；风向北转；风速猛增，一般可达10~20 m/s，有时甚至可达25 m/s以上；常出现风沙和降雪。冷锋经江淮流域再向南移，风速仍然很大，由于气团湿度增加，常形成阴雨天气。"三天北风两天雨"就是指这种天气。冷高压前缘移过之后，便逐渐为冷高压中心控制，天气也逐渐转晴。在中心区，早上常出现辐射雾或烟幕等现象，使能见度极为恶劣，影响航班正常飞行。但随着冷气团的回暖变性，湿度增加和稳定度减小，也可出现局地的积状云和阵性降水。

暖性反气旋的天气：暖性反气旋是指中心暖于四周的高压，是一种很深厚的反气旋，随着高度增加而增强，通常可伸展至对流层顶，是对流层上层空气辐合、聚积而形成的。暖性反气旋稳定少动，在出现的地区对天气有重要影响。在暖性反气旋内部，一般是晴朗炎热的天气；在其南部边缘区域，由于靠近赤道，有热带天气系统活动；在其西部边缘，有偏南暖湿气流，可出现积雨云和雷阵雨天气。对我国影响最大的暖性反气旋产生于北太平洋西部，叫副热带高压，简称副高或太高。副高主体在太平洋上，我国常受其西伸高压脊的影响，西伸脊的位置和强度与我国的天气有很大的关系。

　　在天气分析预报中，副热带高压范围多以等压面图上的特定等高线来表示，在 500 hPa 等压面图上用 588 位势什米线的范围来确定，700 hPa 等压面图上一般以 312 位势什米线，850 hPa 等压面图上以 152 位势什米线，地面天气图上以 1 010.0 hPa 等压线所围范围来确定。副热带高压形势见图 5.85。

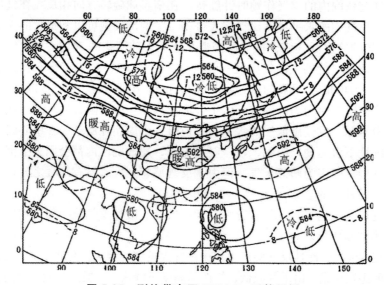

图 5.85　副热带高压 500 hPa 形势图例

　　副高常年存在，由于太阳直射点的南北移动，使其位置有明显的季节性变化。其位置一般以高压脊所在的纬度来确定。一般冬季脊线在 15°N 左右，到达最南的位置。从春到夏逐渐北移，到 7、8 月份，移到 25°N ~ 30°N，9 月份以后则南退。同时，在季节性变化过程中，也存在短期变化，北进过程中有短时南退，南退过程中也有短时北进。并且，北进常与西伸相结合，南退常与东撤相结合。

　　在副高脊附近，下沉气流强，风力微弱，天气炎热，长江中下游地区 8 月份常出现的伏旱高温天气就是由副高较长时间的控制造成的。脊的西北侧与西风带相邻，常有气旋、锋面、低槽等天气系统活动，多阴雨天气。据统计，我国主要的雨带位于副高脊线以北 5 ~ 8 个纬距。随着副高位置和强度的变化，阴雨天气的分布也随之发生变化。当脊线位于 20°N 以南时，雨带在华南；6 月份位于 20°N ~ 25°N 时，雨带在江淮流域，即"梅雨"季节；7 月份脊线越过 25°N 后，雨带移到黄淮流域；7 月底 8 月初脊线越过 30°N 时，则华北、东北进入雨季。副高脊南侧为东风气流，当其中无气旋性环流时，一般天气晴好，但当东风气流发生波动，形成所谓东风波，或有热带气旋形成时，则会出现云雨、雷暴等恶劣天气。副高脊短期的东西进退，对其西部地区的天气也有很大的影响。当高压脊刚开始西伸时，常有热雷雨产生；在东撤时，其西部常有低槽东移，空气对流加强，造成大范围的雷阵雨天气。

5.3.5　槽线和切变线

5.3.5.1　槽　线

在对流层中纬度地区，随着高度的增加，大气运动越来越趋近于西风，并常以波状流型出现。在北半球，表现为向北的波峰（高压脊）和向南的波谷（低压槽）。在低压槽中，等高线弯曲最大点的连线就是槽线，如图5.86（a）所示。

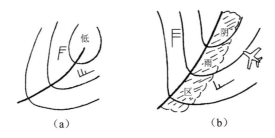

（a）　　　　　　　　　　（b）

图 5.86　槽线及其天气

在北半球中纬度地区，高空低压槽位于地面低压之后、高压之前，槽线前有辐合上升运动，盛行偏南暖湿气流，多阴雨天气；而槽线后盛行干冷西北气流，有辐散下沉运动，多晴好天气，如图5.86（b）所示。

我国一年四季各地均有低槽活动，它们大多自西向东影响我国。槽在单独出现时（地面没有锋面、气旋等与之对应），往往并不强，一般只产生一些中高云天气。比较强的低槽常常与气旋和锋面相联系，带来较恶劣的天气。

如果横穿槽线飞行，不仅会遇到槽线附近和槽线前的阴雨天气（夏季大气不稳定时也能形成雷暴），还会遇到明显的风向、风速变化，即在北半球，先遇到左侧风，过槽线后转为右侧风。而且槽区由于气流切变常有乱流，使飞机发生颠簸。

5.3.5.2　切变线

切变线是具有气旋式切变的风场不连续线。它的两侧风向、风速有明显差别，但温度没有多大差异。根据流场形式，切变线大致可分为三种类型，如图5.87所示。第一种由偏北风与西南风构成，性质与冷锋相似，一般自北向南移动，如图5.87（a）所示；第二种由东南风与西南风构成，性质与暖锋相似，一般由南向北移动，如图5.87（b）所示；第三种由偏东风与偏西风构成，性质与准静止锋相似，很少移动，如图5.87（c）所示。

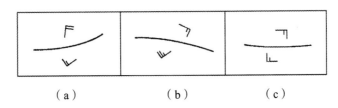

（a）　　　　　　　（b）　　　　　　　（c）

图 5.87　不同类型的切变线

273

切变线常见于 700 hPa 或 850 hPa 等压面，即中低空。可以有也可以没有锋区与之配合，但在切变线的南侧或东南侧常伴有静止锋或冷锋。切变线近于东西向，两侧的空气相向流动，气流水平辐合较强，有利于上升运动；且南侧西南气流水汽充沛，故常形成阴雨天气。切变线也常与冷锋、暖锋、准静止锋相配合，带来比较恶劣的天气。切变线一般可维持 3～5 天，长则可达 10 天以上。冬季多为连续性降水，雨量小，但雨区较宽；夏季常出现雷阵雨，雨区较窄但雨量常达到暴雨程度。

切变线带来的云雨和不稳定天气，对飞行有很大影响。横穿切变线飞行遇到的天气与槽线相似，除阴雨天气外，也会遇到风向、风速的变化和飞机颠簸。

切变线反映的是水平流场的特征，槽线则是反映水平气压场的特征。两者是分别从流场和气压场来定义的不同天气系统，但因为风场与气压场相互适应，两者也有一定联系。槽线两侧风向必定也有明显的气旋性切变，切变线也常产生在两高之间的低压带，但不表现为低压槽的形式。

活动于我国的切变线，主要有高原西部切变线、华南切变线、江淮切变线和华北切变线。后面三条切变线的北侧为西风带的高压或高脊，南侧为太平洋副热带高压西伸脊。由于副高位置有季节性变化，切变线的活动地区也随季节变化：春季和秋季活动于华南地区，春末夏初活动于江淮地区，盛夏活动于华北地区。江淮切变线常与锋面相结合，是造成江淮流域夏半年降水，特别是暴雨的重要天气系统，如图 5.88 所示。

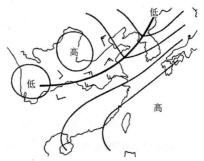

图 5.88 江淮切变线实例

5.4 危害飞行安全的重要天气现象

飞行中，有许多天气方面的因素严重影响飞行安全，飞行员必须熟练掌握这方面的知识。下面具体介绍飞行中常见的雷暴、低空风切变、飞机颠簸、飞机积冰、高空急流、晴空乱流和山地背风波。

5.4.1 雷暴

在大气不稳定和有冲击力的条件下，大气中就会出现对流运动，在水汽比较充分的地区，就会出现对流云。当对流运动强烈发展时，就会出现积雨云。积雨云是一种伴随雷电现象的中小尺度对流性天气系统，它具有水平尺度小和生命期短的特点，但它带来的天气却十分恶劣，由于它常伴有雷电现象，所以积雨云又称为雷暴云。由对流旺盛的积雨云引起的、伴有闪电雷鸣的局地风暴，称为雷暴。

5.4.1.1 雷暴的形成条件

雷暴是由强烈发展的积雨云产生的，形成强烈的积雨云需要三个条件，即深厚而明显的不稳定气层、充沛的水汽和足够的冲击力。

雷暴是一种强烈的对流性天气，深厚而明显的不稳定气层具有大量的不稳定能量，为强烈对流的发展提供了充足的能源。充沛的水汽，一方面是形成庞大的积雨云体，成云致雨的物质基础；另一方面，水汽凝结时释放出的潜热也是能量的重要来源。雷鸣、闪电及强风所需的能量都是从云中水汽凝结时释放的潜热中得到的，产生的降水越多，被释放到雷暴中的能量也越多。但大气中不稳定能量和水汽的存在，只具备了发生雷暴的可能性，要使可能变为现实，还需要有促使空气上升到达自由对流高度以上的冲击力，这样，不稳定能量才能释放出来，上升气流才能猛烈地发展，形成雷暴云。

这三个条件，在不同情况下有不同侧重。在潮湿的不稳定气团中，能否形成雷暴主要看有没有足够的冲击力；在山区，抬升作用经常存在，是否有雷暴产生就主要看有没有暖湿不稳定气层。在夏季，发生雷暴之前常常使人感到十分闷热，说明大气低层气温高、层结不稳定、水汽含量大，这时，如果有冲击力的作用，就可以产生雷暴。

5.4.1.2 雷暴的结构和天气

根据其结构的不同，雷暴可分为一般雷暴和强烈雷暴。

1. 一般雷暴单体的生命史

构成雷暴云的每一个积雨云称为雷暴单体。雷暴单体是一个对流单元，它是构成雷暴云的基本单位。由一个或数个雷暴单体构成的雷暴云，其强度仅达一般程度，这就是一般雷暴。

根据垂直气流状况，雷暴单体的生命史可分为三个阶段，即积云阶段、积雨云阶段和消散阶段（见图 5.89）。

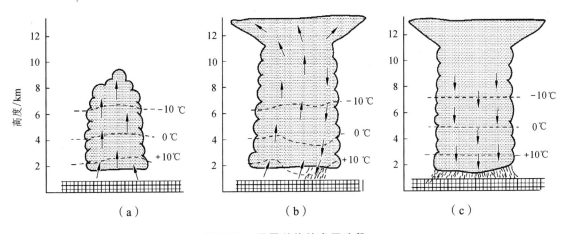

图 5.89　雷暴单体的发展阶段

（1）积云阶段，又称发展阶段，即从形成淡积云到发展成浓积云的阶段 [见图 5.89（a）]。这个阶段的特征是：内部都是上升气流，并随着高度的增加而增强，最大上升气流在云的中、上部。云的下部四周有空气辐合进入云中，空气从云底被吸入单体内部，空气中的水汽在逐步凝结的过程中释放潜能，促使上升气流在上升过程中不断加强。因为大量水汽在云中凝结并释放潜热，所以云中温度高于同高度上四周空气的温度。这个阶段云滴大多由水滴构成，并且一般没有降水和闪电。

（2）积雨云阶段，即雷暴的成熟阶段，雷暴进入成熟阶段是以强烈的阵风以及后面紧跟着的降水为标志的。在积雨云阶段［见图 5.89（b）］，云顶发展很高，有的可达对流层顶，在高空强风影响下，云顶常成鬃状或砧状。这一阶段的前期，上升气流十分强大，速度可达 20 m/s，云滴和雨水可能会被带至 0 ℃ 等温线以上好几千米。大量的雪片或雨滴在云的上部积累，最后云滴变得太大，云内的上升气流再也不能支持住它们了，它们便落下而形成降水。云中降水的下冲力，对上升气流产生向下的拉力，迫使部分空气转向下沉，形成下降气流，其速度可达 10 m/s。成熟阶段是雷暴单体发展最强盛的阶段，其主要特征是：云中除上升气流外，局部出现系统的下降气流，上升气流区温度比周围高，下降气流区温度比周围低，降水产生并发展。强烈的湍流、积冰、闪电、阵雨和大风等危险天气主要出现在这一阶段。同时，在云的上部，0 ℃ 等温线以上，云还在继续发展，假如云顶足够高，能达到对流层顶，它将像"铁砧"一样向外扩张。从云砧我们可以判断高空风的走向。

（3）在成熟阶段出现的下降气流在雷暴云下面形成低空外流，它从底部切断了上升空气和暖湿空气的来源，当降水增强时上升气流逐渐减弱，从而削弱了云的垂直发展。下降气流遍布云中，雷暴单体就进入消散阶段［见图 5.89（c）］。这时云中等温线向下凹，云体向水平方向扩展，强降水和云体向水平方向发展的综合作用，使云体趋于瓦解和消散，最后只剩下高空残留的云砧或转变为其他性质的云体，如伪卷云、积云性高积云、积云性层积云。

2. 一般雷暴过境时的地面天气

雷暴过境时近地面气象要素和天气现象会发生急剧变化（见图 5.90），常常给飞机起落造成严重影响。

雷暴来临之前，由暖湿不稳定空气控制，地面气温高，湿度大，使人感到闷热。待雷暴来临，一阵强风吹来，气温顷刻就下降了，随降水倾泻下来的冷空气更使气温骤降。这种下降气流在积雨云下形成一堆向四周散开的冷空气，通常叫冷空气丘，它可以扩展到距雷暴中心 20～30 km 远的区域，大大超过降水范围。在冷空气丘的范围内都能引起降温，在下降气流区正下方，即雨区中心，降温值最大。

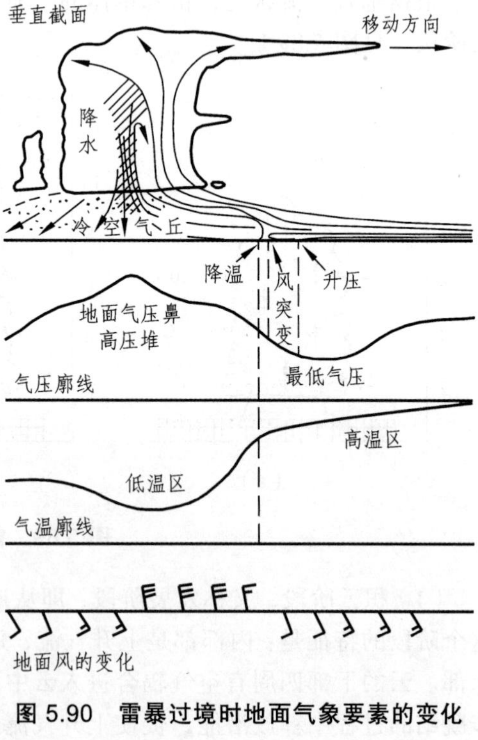

在成熟雷暴移来之前，气压一直是下降的。当雷暴临近时，气压开始上升，冷空气丘到达时开始急升，气压最大值在下降气流中心。当下降气流中心移过后气压又转为急降，在气压廓线上呈现出一个明显的圆顶形气压鼻。

在积云阶段或雷暴移来之前，一般风速较小，风向是向云区辐合的，为雷暴发展提供上升气流。雷暴云发展到成熟期或成熟的雷暴移来时，风向会突然改变，风速急剧增大，阵风风速可达 20 m/s 以上。在冷空气中心移过后，风向向相反方向偏转，风力减弱。

图 5.90 雷暴过境时地面气象要素的变化

阵风过后，降水就开始了。雷暴降水一般是强度较大的阵雨，通常在雷暴活动时突然发生，往往是先洒下一些稀疏的大雨滴，接着便是滂沱大雨。这些阵雨的持续时间虽短，但会严重影响能见度。降水强度最大区域仍在下降气流中心下方，降水持续时间和单体成熟阶段持续时间大致相同，为 15～20 min。如果有新的单体成熟，则降水又重复出现。

雷鸣和电闪只有在云发展得足够高而有冰晶出现时才发生。在雷暴云中，云与地面、云与云间都会出现闪电。

3. 强雷暴云的结构和天气

如果大气中存在更强烈的对流性不稳定和强的垂直风切变，就会形成比普通雷暴更强、持续时间更长（几小时至十几小时）、水平尺度更大（几十千米）的强雷暴，其天气表现也剧烈得多，常伴有冰雹、龙卷等灾害性天气。

1）强雷暴云的结构

强雷暴云的结构表现为云体内有稳定、强大的升降气流，图 5.91 所示是强雷暴云气流结构的简单模式。强大的上升气流来自近地面层的暖湿气流，通常从云体右前侧流入，进入云体后倾斜上升，在云体中部上升速度最大，可达 20～30 m/s。上升气流到达对流层顶附近减弱并分为三支：第一支按惯性向云体后方运动，但因与高空风方向相反，很快减弱下降；第二支可伸展到平流层低层，造成云顶突出的云塔；第三支则随高空强风吹向云体前方远处，形成向前延伸的云砧。

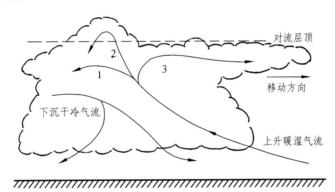

图 5.91　强雷暴云的气流结构

下降气流常由两部分组成：一部分是由降水拖曳作用带下的下沉气流；另一部分则是由对流层中层云外流入的干冷空气，由于这部分干冷空气具有较大的速度，能有力地楔入上升气流下方，使之成准定常倾斜状态。下沉气流在云底形成低空外流，朝前的部分最强大，对前方近地面暖湿空气起强烈的抬升作用；其余的向云后和两旁流出。

强雷暴云的这种气流结构，使上升气流和下降气流能同时并存且维持相当长时间，避免了一般雷暴云中下沉气流抑制并取代上升气流的趋势，因而强烈雷暴能维持稳定强大达几小时之久。

2）强雷暴过境时的地面天气

强雷暴过境时，各种气象要素的变化比普通雷暴大得多，除了具备一般雷暴所具有的天气外，还可能出现飑、冰雹、龙卷、暴雨等灾害性天气中的一种或几种（见图 5.92）。

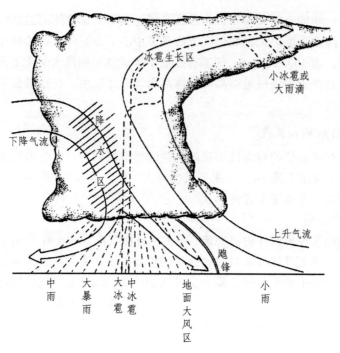

图5.92 强雷暴云的地面天气

（1）大气中风突然急剧变化的现象称为飑。在飑出现时，风向急转，风速剧增，往往由微风突然增强到风暴程度（8级以上）。在强雷暴云下，速度极大的下降气流到达地面后向四周猛烈扩散，与前方上升的暖湿空气之间形成一个陡然的分界面，有点类似冷锋，称为飑锋。随着飑锋来临，各种气象要素发生剧烈变化。

（2）冰雹是由强雷暴云产生的，但强雷暴云不一定都能产生冰雹。因为冰雹的形成要求在雷暴云内有合适的冰雹生长区，冰雹生长区需要有合适的含水量、气温和上升速度等条件。在强雷暴云中生成的冰雹，大的或中等的一般降落在飑锋后的大风区，而一些小冰雹则会随斜升扭转气流沿砧状云顶抛出，落在离雷暴云体几千米以外的地方。

（3）从积雨云中伸展出来的漏斗状猛烈旋转的云柱，叫龙卷（见图5.93）。当它伸到地面时会出现强烈的旋风——龙卷风。龙卷有时成对出现，但旋转方向相反。"陆龙卷"发生在活跃的积雨云群中或与飑线一起。"海龙卷"是出现在海上的龙卷。龙卷的水平尺度很小，在地面上，其直径一般在几米到几百米之间，越往上，直径越大；龙卷的垂直伸展范围很大，有的从地面一直伸展到积雨云顶。龙卷持续的时间很短，一般为几分钟到十几分钟，而与强雷暴相连的成熟龙卷可持续30 min。龙卷掠过地面的速度可达50 km/h，但移动距离不会超过30 km，在地面上可以很容易地观测它的途径和避开它。龙卷的直径虽小，但其风速却极大，最大可达100～200 m/s，而且中心气压极低，可低达400～200 hPa，因而破坏力非常

图5.93 龙卷示意图

大，这是我们能在地球见到的最恶劣的天气现象。所经之处，常将大树拔起，车辆掀翻，

建筑物摧毁。龙卷的危害不仅是强风，它还可能会伸展到云中，在云中飞行时将无法看到它。

（4）强雷暴云一般都伴有强度极大的阵性降水，持续时间长，往往形成暴雨。暴雨区在云体下降气流的中心部分，从云外侧面看几乎是漆黑的，我们常把是否出现这样一个中心黑暗区，作为判断雷暴云的一个标志。

3）强雷暴云的种类

根据强雷暴云的组成情况，它可分为多单体风暴、超级单体风暴和飑线风暴三种。

（1）多单体风暴是一种大而强的风暴群体，由多个处于不同发展阶段的雷暴单体组成，这些单体不像一般雷暴单体那样随机发生、互相干扰，而是有组织地排成一列，形成一个有机的整体。新的单体不断地在风暴右前侧产生，老的单体不断地在左后侧消亡，看起来风暴像一个整体在移动。虽然每个个体的生命期不长，但通过若干单体的连续更替过程，可以形成生命期达数小时的强雷暴。图 5.94 是一个多单体风暴的垂直剖面图。可以看到，风暴由 4 个处于不同发展阶段的对流单体所组成，单体 $n+1$ 是初生阶段，n 是发展阶段，$n-1$ 是成熟阶段，$n-2$ 是衰亡阶段。每个单体的生命期约 45 min。多单体风暴的流场特征是上升气流和下降气流能够同时并存较长时间，而不像普通雷暴那样，出现强下降气流的同时上升气流将减弱。

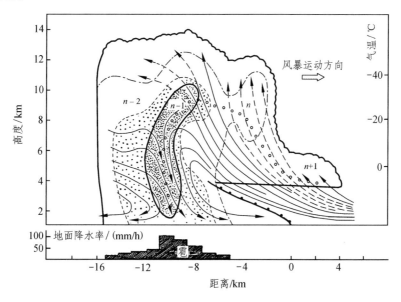

图 5.94　多单体风暴垂直剖面图

（2）超级单体风暴是只有一个巨大单体发展成的猛烈的强风暴。它的水平尺度达到数十千米，生命期可达数小时，其中成熟期可达 1 h 以上，是一种强烈的中尺度系统。与多单体风暴不同，超级单体风暴是以连续的方式移动的。风暴云中也有一对倾斜的上升气流和下降气流（见图 5.95）。

（3）飑线风暴简称飑线（见图 5.96）。它是由排列成带状的多个雷暴或积雨云群组成的强对流天气带。飑线一般宽度为一至几千米，长度为 150～300 km，垂直范围一般也只达到 3 km 高度，维持时间约 4～18 h。沿着飑线会出现雷电、暴雨、大风、冰雹和龙卷等恶劣天气，是一种线状的中尺度对流性天气系统。

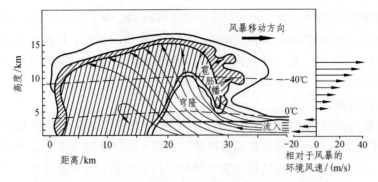

图 5.95　超级单体风暴的结构

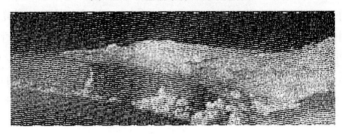

图 5.96　飑线示意图

5.4.1.3　雷暴的种类

根据形成雷暴的冲击力不同，雷暴可分为热雷暴、地形雷暴和天气系统雷暴。

1. 热雷暴

由热力对流产生的雷暴称热雷暴。热雷暴往往发生在大尺度天气系统较弱的情况下，或在性质均匀的气团内部。夏季午后近地面层空气受地面强烈辐射作用而迅速增温，但高层空气却因离地远而增温较少，因此整个气层就趋向于越来越不稳定；同时，由于地表性质分布不均，在近地面气层中的相邻空气间还存在着温度差异，这时气层中会有热力对流产生。如果空气中有充沛的水汽，积状云就会迅速发展起来，成为热雷暴，如图 5.97 所示。

图 5.97　热雷暴的形成

280

夏季的晚上，热雷暴也可能在高空出现。它的形成是因为条件性不稳定的潮湿空气层上部冷却，大气变得不稳定而使雷暴产生。这种雷暴云的特征是有高大的圆形云顶，在这种雷暴云之间飞行是可以的；又因为它很高，所以从它的下面飞过通常比较安全。冬季，热雷暴也可能出现在沿海地区，当冷的潮湿空气移动到暖海面上时形成。

由于热力对流往往不够强盛，因而热雷暴表现出范围小、孤立分散、各个雷暴云间通常有明显间隙的特点。由于热雷暴的产生与近地层气温升高密切相关，所以随着气温的日变化，热雷暴也表现出明显的日变化特点。这种日变化，表现在大陆上是热雷暴多出现在午后至傍晚，入夜以后，热雷暴就逐渐消散了；而在海洋或湖泊上空，热雷暴多出现在夜间或黎明，白天减弱甚至消散。

2. 地形雷暴

地形雷暴是暖湿不稳定空气在山脉迎风坡被强迫抬升而形成的雷暴（见图 5.98）。

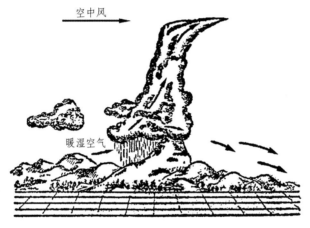

图 5.98　地形雷暴

典型的地形雷暴常很快形成，雷暴云沿山脉走向成行出现而不大移动，且面积较大，云中气流剧烈，降水强度大，有时还会降冰雹；云底高度较低，常能遮住整个山头，悬崖和峭壁可能被掩盖起来。所以山区飞行一般不宜从云下通过雷暴区。

3. 天气系统雷暴

由于天气系统能够产生系统性上升运动，在气团不稳定、水汽多的条件下，也能使对流发展而产生雷暴。而且，范围和强度都比较大的雷暴，往往和一定的天气系统相联系。下面介绍几种主要天气系统雷暴。

1）锋面雷暴

在各类雷暴中，锋面雷暴出现的次数最多。按锋型的不同，锋面雷暴又可分为冷锋雷暴、静止锋雷暴和暖锋雷暴三种。

（1）冷锋雷暴：冷锋雷暴是冷空气强烈冲击暖湿不稳定空气而形成的。冷锋上能否形成雷暴，与冷锋强度、移动速度、锋前暖空气的稳定度和暖湿程度有关。冷锋强、锋面坡度大、移动快、暖空气不稳定、暖湿程度大时，有利于冷锋雷暴的形成（见图 5.99）。

图 5.99 冷锋雷暴

冷锋雷暴出现的时间，大约在冷锋过境前后 2～4 h 内。当空中槽后倾时，雷暴通常从冷锋过境时开始，700 hPa 槽线过境时结束；当空中槽前倾时，雷暴从 700 hPa 槽线过境时开始，地面锋线过境时结束（见图 5.100）。

冷锋雷暴的特点是强度大，许多个雷暴云沿锋线排列成行，组成一条宽几千米至几十千米、长几百千米的狭长雷暴带。在雷暴带上，各雷暴云有时互相连接，有时有空隙。冷锋雷暴在昼间、夜间、陆地、海上都能出现，日变化较小，一般下午和前半夜较强，早晨减弱。它的移动速度较快，可达 40～60 km/h。

（2）静止锋雷暴：静止锋雷暴是由暖湿不稳定空气沿锋面上升，或是由低层气流辐合上升而形成的。它多出现在地面锋线的两侧，呈分散的块状分布（见图 5.101）。

图 5.100　冷锋雷暴与空中槽线的关系

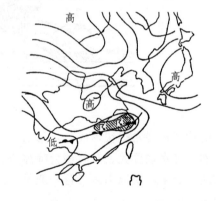

图 5.101　静止锋雷暴
（1991 年 4 月 10 日 02 时地面天气图）

静止锋雷暴的特点是：范围较广、持续时间长（可连续几天内都出现），但产生的雷暴天气不像冷锋雷暴那样强烈。雷暴云常隐藏在深厚的层状云系中，云中飞行时易误入其中。准静止锋雷暴常有明显的日变化，多产生在后半夜，白天逐渐减弱或消散。其原因是层状云系下部在白天低层增温少，气层比较稳定，而夜间云层顶部辐射冷却，使气层变得不稳定。

（3）暖锋雷暴：暖锋雷暴在我国较为少见，它是在暖锋向前移动时，由暖湿不稳定空气沿暖锋上升而形成的。在 850 hPa 或 700 hPa 上有切变线配合时，暖锋上才比较容易出现雷暴；锋面气旋中的暖锋，由于有气旋的配合，也比较容易产生雷暴。暖锋雷暴一般不如其他雷暴那样强烈，锋面坡度平缓，意味着不稳定程度较小，积雨云形成在较高的地方。与静止锋雷暴相似，暖锋雷暴可能镶嵌在雨层云或高层云中，表示暖锋很活跃。雷暴云的主体常常被浓密的层状云遮蔽，底部与雨层云混在一起，因而在云中与云下飞行时不易发现它。但在层状云上面飞行时，由于雷暴云常能穿越层状云而屹立于云海之上，所以从较远处就能看见（见图 5.102）。

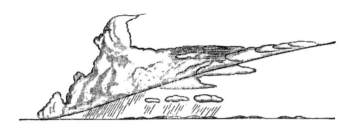

图 5.102　暖锋雷暴示意图

2）冷涡雷暴

冷涡是指出现在空中（一般指 700 hPa 高度以上）的冷性低压。在我国，冷涡雷暴可分为北方冷涡雷暴和南方冷涡雷暴两种。

（1）北方冷涡雷暴常出现在我国东北和华北地区。出现时，天气变化很突然，往往在短时间内可从晴朗无云到雷声隆隆。北方冷涡移到东北或华北一带时，由于这些地区夏半年为暖湿空气控制，冷涡一到，上空降温，空气层结变得不稳定，就会产生雷暴。冷涡雷暴多出现在冷涡的中心附近及南部。在强大的冷涡中，后部的偏北气流常引起一股股冷空气南下，相应地不断有小槽活动，雷暴就产生在小槽前部，每出现一个小槽都能引起一次雷暴活动。如果冷涡位置和强度变化不大，冷涡雷暴可连续出现三四天。北方冷涡雷暴有明显的日变化，一般多出现在午后或傍晚。

（2）南方冷涡主要是指西南涡。西南涡生成后，有的在原地消失，有的东移发展。由于南方暖湿空气活跃，西南涡东移时，辐合上升运动加强，于是在西南涡的东部和东南部偏南气流中产生雷暴，在它的北部和西部则很少有雷暴产生。

3）空中槽和切变线雷暴

空中槽和切变线出现时，在地面图上有时有锋面伴随，有时则没有。这里讨论的是无锋面伴随的空中槽和切变线，以及由它们引起的雷暴。

夏半年，当空气比较暖湿又不稳定的时候，槽线和切变线附近气流的辐合上升运动，往往给产生雷暴提供了有利条件。这时，空中槽和切变线附近是否有雷暴产生，与辐合气流的强弱有密切关系。强烈的辐合，能产生较大范围的强烈上升运动，有利于雷暴的形成。

空中槽雷暴常沿槽线呈带状分布，或呈零星块状分布。离槽线越近，越容易产生雷暴。雷暴一般在槽前、地面等压线气旋性曲率大的区域出现，特别是空中槽和地面低压上下重叠的区域最有利于雷暴的产生。

4）副热带高压（太高）西部雷暴

在副热带高压西部外围，空气比较暖湿，常有不稳定气层出现，只要具有足够的热力或动力冲击力，雷暴就可以形成。在副热带高压西部，雷暴常发生在高压脊线以北的西南气流中，且副高在西进或东退时，出现较多。

除上述 4 类天气系统雷暴外，台风、赤道辐合带和东风带中的波动等热带天气系统也常产生雷暴，并且强度较大。

5.4.1.4 雷暴活动的特征

雷暴从产生到消失的整个过程中，都是不断移动着的。它的移动，主要受两个因素的影响：一是随风飘移，二是传播。一般雷暴的移动，主要受前者的影响；强雷暴的移动，主要受后者的影响。

所谓雷暴的传播，是指在原来雷暴的周围产生出新雷暴的现象。新雷暴发展，老雷暴消亡，这就是一种雷暴的传播过程。在对流层中，强的垂直风切变经常表现为高层风速大，低层风速小。当雷暴高大的云体耸立在这种风场中时（见图 5.103），云中由于强烈的上升、下降运动，上下层动量不同的空气充分交换的结果，使云中上下层风趋于一致。这样，在风暴前部，低层云内风速大于云外风速，于是低层出现辐合，高层出现辐散，产生上升气流；在风暴后部则相反，出现下沉气流。在环境大气不稳定的情况下，于是出现前面新雷暴产生，后面老雷暴消亡的过程。

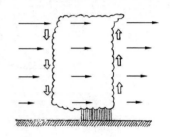

图 5.103　雷暴的传播

一般雷暴的移动方向大致与对流层中平均风的风向相一致，也就是与 500 hPa 等压面图上雷暴所在位置的风向相一致，但移速往往小于风速。强烈雷暴通常偏向对流层中层风的右方移动。伴随天气系统出现的雷暴，它们的移动方向基本与天气系统方向相同。

5.4.1.5 雷暴对飞行的影响

在雷暴活动区飞行，除了云中飞行的一般困难外，还会遇到强烈的湍流、积冰、闪电击、阵雨和恶劣能见度，有时还会遇到冰雹、下击暴流、低空风切变和龙卷。这种滚滚的乌云，蕴藏着巨大的能量，具有极大的破坏力。若飞机误入雷暴活动区，轻者造成人机损伤，重者造成机毁人亡。雷暴是目前航空活动中严重威胁飞行安全的重要因素。

1. 颠　簸

雷暴云中强烈的湍流引起飞机颠簸，是危及飞行安全的一个主要危险天气。

在雷暴云的整个发展过程中，始终存在着强烈的垂直气流，特别是在成熟阶段，既有强烈的上升气流，又有很强的下降气流。这种升降气流靠得很近，并往往带有很强的阵性，忽大忽小，分布也不均匀，有很强的风切变，因此湍流特别强，在几秒钟内飞行高度常可变化几十米至几百米。在雷暴云中飞行，都会遇到强烈的飞机颠簸，造成操纵困难，飞行仪表的感应元件受到干扰，仪表的示度失真，特别是空速表。在雷暴云的发展阶段和消散阶段，云中湍流要比成熟阶段弱一些，颠簸强度也相应弱些。

雷暴云的不同部位，湍流强度是不同的。通常，湍流自云底向上增强，到云的中部和中上部达到最强，到云顶迅速减弱。在雷暴云的周围一段距离内，有时也有较强的湍流。

2. 积　冰

在雷暴云发展阶段的浓积云中，由于云体已伸至 0 ℃ 层高度以上，云中水滴呈过冷状态，含水量和水滴直径又较大，所以在其上部飞行常常发生较强的积冰。在雷暴云的成熟阶段，云中含水量和过冷水滴达到最大，强烈的上升气流把过冷水滴带至高空，甚至在砧状云顶中也有少量过冷水滴存在。所以，在云中 0 ℃ 层高度以上区域飞行都会发生积冰，在云的中部常常遇到强积冰，在云顶飞行有弱积冰。在雷暴云的消散阶段，云中含水量和过冷水滴都大为减少，积冰强度就不大了。在积雨云中积冰的危险性很大，但不会持续太久，因为飞机在这个地区的时间较短。

3. 冰雹

飞行中，飞机受雹击的可能性是比较小的。但在山区，由于降雹多，飞机遭雹击的可能性也明显增大。

直接由冰雹造成的结构损坏比较少见，但对机翼前沿和发动机的轻微损伤却比较普遍。通常，在成熟阶段的雷暴云中，飞行高度为 3 000～9 000 m 时，遭遇冰雹的可能性最大，10 000 m 以上遭遇大冰雹的次数很少，在云中心的上风方向一侧，遭雹击的可能性也是比较小的。另外，在雷暴云中观测到降雹的次数比在地面上观测到的多，这是因为那些不大的冰雹在下落过程中有的又被上升气流带向高空，有的在落到地面以前已经融化了。所以应当注意，在地面没有降雹的情况下，空中飞机仍有遭受雹击的可能性。

由于冰雹是具有相当质量的固体，其降落速度比较大，一个直径 2 cm 的冰雹，降落速度可达 19 m/s。如果飞机被它击中，将是十分危险的。在飞行中要通过各种方法及早判明冰雹云，并远远地避开它。如果误入了冰雹云，不要在 0 ℃ 等温线所在高度的下降气流中飞行，因为这里是遭雹击可能性最大的区域。有时，由于冰雹被强烈的上升气流带到高空，沿砧状云顶被抛到云外，因而在积雨云砧下面飞行时，也有可能被冰雹击伤。所以，飞机最好在距雹云 10 km 以外飞行。

4. 雷电

雷电不容易导致飞机结构损坏，因为现在大多数飞机都有电击保护。比较严重的是对电磁仪表的影响，飞行员也可能被闪电干扰。飞机在雷暴云中、云下和云体附近飞行时，都有可能被闪电击中。飞机一旦被闪电击中，一般造成飞机部分损坏，如机翼、尾翼、雷达天线罩、机身等处被强放电流烧出一些洞或凹形小坑。闪电电流进入机舱内造成设备及电源损坏，甚至危及机组及乘客的安全；闪电和闪电引起的瞬间电场，对仪表、通信、导航及着陆系统造成干扰或中断，甚至造成磁化；如果油箱被闪电击中可能发生燃烧或爆炸。飞机遭闪电击与许多因素有关，飞行时数越多，飞机遭闪电击的次数越多。飞机遭闪电击的高度大部分发生在 4 000～9 000 m，其中 5 000 m 左右为集中区，这一事实与雷暴云正电荷集中区的高度相吻合。雷击大多发生在大气温度为 0 ℃ 左右（±5 ℃）的雷暴云中，但由于云体与云体之间、云体与大气之间以及云、地之间都可能存在强大电场，在云外甚至距云体 30～40 km 处也有遭雷击的现象。飞机遭雷击大部分发生在飞机处于云中、雨中和上升、下降状态时。

虽然一年中雷暴出现最多的季节是夏季，然而，飞机遭闪电击却多发生在春、秋季节。主要原因是：春、秋季节雷暴一般较弱，而且大部分隐藏在层状云中，飞机在云雨中飞行时，由于机载雷达在云雨中观察时雷达波衰减严重，因而不能及时发现或判断失误，造成误入雷暴云中而遭闪电击。另外，春、秋季飞行人员思想容易麻痹，不能及时打开机载雷达进行观察，因而容易误入雷暴云中。

5. 下击暴流

下击暴流（Downburst）又称强下冲气流，它是雷暴强烈发展的产物。如前所述，在雷暴云中伴随着倾盆大雨存在着强烈的下降气流，当它冲泻到低空时，在近地面会形成强劲的外流——雷暴大风。能引起地面或近地面出现大于 18 m/s 雷暴大风的那股突发性的强烈下降气流，称为下击暴流。

下击暴流在地面的风是直线风，即从雷暴云下基本呈直线状向外流动，水平尺度为 4~40 km。在下击暴流的整个直线气流中，还嵌有一些小尺度辐散性气流，这些小尺度外流系统称为微下击暴流(Microburst)。微下击暴流出现在下击暴流之中，水平尺度为 400~4 000 m，地面风速在 22 m/s 以上，离地 100 m 高度上的下降气流速度甚至可达 30 m/s。图 5.104 是下击暴流的示意图。其中图（a）是平面图，表示地面上的向外辐散气流；图（b）是沿图（a）A 至 B 的剖面图，表示强烈的下降气流，M 处是下击暴流中心。

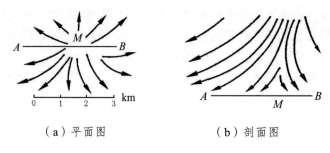

（a）平面图　　　　　（b）剖面图

图 5.104　下击暴流示意图

下击暴流的生命期很短，一般只有 10~15 min；微下击暴流更短，有的只有几分钟。

下击暴流和微下击暴流中强烈的下降气流和雷暴大风，以及极强的垂直风切变和水平风切变，对飞机的起飞、着陆有极大危害。雷暴大风还会刮坏停放在地面的飞机。在微下击暴流中，由于强大的外流而造成的危险区范围是从地面到离地高度 300 m 左右。在微下击暴流中飞行，强烈的正效应总是先于强烈的负效应。在微下击暴流出现的很多情况下，遇到正效应是避开的最后机会。飞行员在那一时刻马上就应有所反应，若要等到出现负效应才避开，可能就太迟了。还需要指出的一点是，微下击暴流中的事故常常发生在看起来较温和的单体之中，而很少在强烈雷暴之下。其原因极可能是强烈雷暴高高耸立，反射能力强而且生命时间长，容易被肉眼和雷达发现，机组和空管人员都会谨慎地避开它们，而对较弱雷暴容易失去警惕。

5.4.1.6　飞行中对雷暴的判断

在飞行中，及时、准确地判明雷暴的位置及发展情况，是采取正确措施的前提。一般可采用以下一些方法。

1. 根据云的外貌判断

飞机在云外飞行，且距离较远时，主要根据雷暴云特有的外貌和天气特征来判明雷暴云的强弱，并根据砧状云顶的伸展方向来判断雷暴的移向。

较强雷暴云的云体高大耸立，有砧状云顶和最高云塔；云底呈弧状、滚轴状、悬球状或漏斗状，云体前方有移动较快的混乱低云；云体下半部较暗，并有中心黑暗区；云体上部边缘呈黄色（说明云中已有冰雹形成）；周围有旺盛的浓积云伴随；有垂直闪电。

较弱雷暴云的云体结构松散，砧状云顶有与下部云体脱离的趋势；有水平闪电。

2. 云中飞行时对雷暴的判断

接近雷暴时，无线电罗盘指针会左右摇摆或缓慢旋转；干扰强烈时指针会指向雷暴区。一般离雷暴越近，通信受到的干扰越大，在距雷暴 40～50 km 时，耳机中就有"咔、咔……"响声，有时通信完全中断。另外，飞机颠簸逐渐增强，大量降水和积冰的出现，是飞进雷暴云的标志。

3. 使用气象测雨雷达和机载气象雷达探测雷暴

这是判明雷暴最有效的方法。目前我国已建立了比较稠密的气象雷达网，可以比较准确地探明雷暴云的位置、强度、厚度、有无冰雹等情况。如果充分利用，能可靠地引导飞机选择安全的路线和降落场。

在雷达荧光屏上，雷暴云回波的强度大，内部结构密实，边缘轮廓分明，显得特别明亮，在彩色荧光屏上为黄色和红色。根据这些特点的变化也可判断雷暴强度的变化。在平面显示器上雷暴云回波常是孤立分散的，或呈带状或片状，有时回波出现一些特殊的形状，如钩状、指状、V 形、"黑洞"等。这些特殊形状的回波是表示上升气流很强的部位，是强雷暴云的征兆。

在雷达高显器上，可以反映雷暴云的厚度。强雷暴云顶高在 12 km 以上，在热带地区可超过 20 km。

现在很多飞机上都装载有彩色气象雷达，可以清楚地显示出飞机前面扇形区域中的降雨区、冰雹区和雷暴中心夹带雨粒的湍流区。在彩色气象雷达上，大雨区是用红色来显示的，雷暴中的湍流和冰雹区则用醒目的品红色（或紫色）来表示。利用机载雷达来回避雷暴，选择安全的航路是十分有效的。

5.4.1.7 安全飞过雷暴区的一般方法

由于雷暴对飞行有严重影响，一般应尽量避免在雷暴区飞行。但是要完全避免在雷暴区飞行是不可能的。而且，在雷暴区飞行，也不是任何部位都是危险的，在一定条件下，是可以安全飞过雷暴区的。

在判明雷暴云的情况之后，如果天气条件、飞机性能、飞行员的技术和经验、保障手段等条件允许，可以采取以下方法通过雷暴区。

1. 绕过或从云隙穿过

对航线上孤立分散的热雷暴或地形雷暴，可以绕过。绕过云体应选择上风一侧和较高的飞行高度，目视离开云体不小于 10 km。若用机载雷达绕飞雷暴云，则飞机应在雷暴云的回波边缘 25 km 以外通过。

在雷暴呈带状分布时，如果存在较大的云隙，则可从云隙穿过。穿过时，应从空隙最大处（两块雷暴云之间的空隙应不小于 50～70 km），垂直于云带迅速通过。

2. 从云上飞过

如果飞机升限、油料等条件允许，可以从云上飞过。越过时，距云顶高度应不小于 500 m。

因此，飞越前需对雷暴云的范围、云顶高度、飞机升限、爬高性能等准确了解。如果飞机只能勉强到达云顶，就不宜采取这种方法。

3. 从云下通过

如果雷暴不强、云底较高、降水较弱、云下能见度较好、地势平坦，且飞行员有丰富的低空飞行经验，也可从云下通过。一般应取距云底和地面都较为安全的高度。这里应该指出的是，应尽量不在雷暴云的下方飞行。因为云与地面之间的雷击最为频繁，还有可能被强烈的上升气流卷入云中，或遭遇到下击暴流而失去控制。

无论采用什么方法，都应避免进入雷暴云中，尽力保持目视飞行。如果发现已误入雷暴云，应沉着冷静，柔和操纵飞机，保持适当速度和平飞状态，根据具体情况采取措施，迅速脱离雷暴云。

5.4.2 低空风切变

风切变是指空间两点之间风的矢量差，即在同一高度或不同高度短距离内风向和（或）风速的变化。在空间任何高度上都可能产生风切变，对飞行威胁最大的是发生在近地面层的风切变。我们把发生在 500 m 高度以下的平均风矢量在空间两点之间的差值称为低空风切变。

5.4.2.1 低空风切变的种类及对飞行的影响

根据飞机的运动相对于风矢量之间的各种不同情况，把风切变分为以下四种。

1. 顺风切变

顺风切变指的是飞机在起飞或着陆过程中，水平风的变量对飞机来说是顺风。例如，飞机由逆风区进入顺风区，由大逆风区进入小逆风区或无风区，由小顺风区进入大顺风区，都是顺风切变（见图 5.105）。

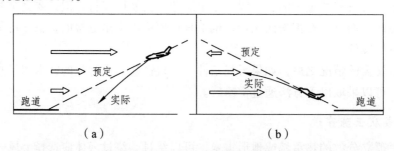

图 5.105　顺风切变示意图

飞机着陆进入顺风切变区时（例如，从强的逆风突然转为弱逆风，或从逆风突然转为无风或顺风），指示空速会迅速降低，升力会明显减小，从而使飞机不能保持高度而向下掉。这时，因风切变所在高度不同，有以下 3 种情况（见图 5.106）。

（1）如果风切变层相对于跑道的高度较高［见图 5.106（a）］，当飞机下滑进入风切变层后，飞行员及时加油门增大空速，并带杆减小下滑角，可以接近正常的下滑线。若飞机超过了正常下滑线，可再松杆增大下滑角，并收小油门，减少多余的空速，沿正常下滑线下滑，完成着陆。

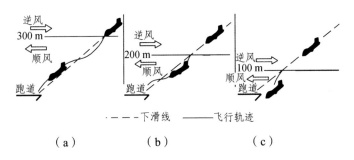

图 5.106　不同高度的顺风切变对着陆的影响

（2）如果风切变层相对于跑道的高度较低［见图 5.106（b）］，飞行员只能完成上述修正动作的前一半，而来不及做增大下滑角、减小空速的修正动作。这时飞机就会以较大的地速接地，导致滑跑距离增长，甚至冲出跑道。

（3）如果风切变层相对于跑道的高度更低［见图 5.106（c）］，飞行员来不及做修正动作，未到跑道飞机就可能触地，造成事故。

2. 逆风切变

逆风切变指的是水平风的变量对飞机来说是逆风。例如，飞机由小逆风区进入大逆风区，由顺风区进入逆风区，由大顺风区进入小顺风区等，都是逆风切变（见图 5.107）。

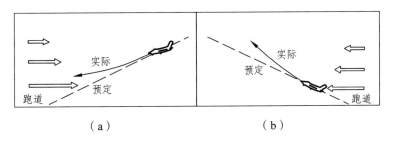

图 5.107　逆风切变示意图

飞机着陆下滑进入逆风切变区时（例如，从强的顺风突然转为弱顺风，或从顺风突然转为无风或逆风），指示空速迅速增大，升力明显增加，飞机被抬升，脱离正常下滑线，飞行员面临的问题是怎样消耗掉飞机过剩的能量或过大的空速。因风切变所在高度不同也有三种情形（见图 5.108）。

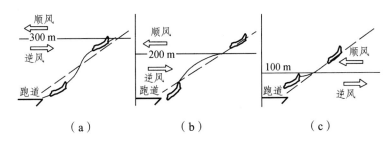

图 5.108　不同高度的逆风切变对着陆的影响

（1）如果风切变层相对于跑道的高度较高［见图5.108（a）］，飞行员可及早收回油门，利用侧滑或蹬碎舵方法来增大阻力，使飞机空速迅速回降，并推杆回到预定下滑线之下，然后再带杆和补些油门，回到正常下滑线下滑，完成着陆。

（2）如果风切变层相对于跑道的高度较低［见图5.108（b）］，飞行员修正过头，使飞机下降到下滑线的下面，由于此时离地很近，再做修正动作已来不及，飞机未到跑道头可能就触地了。

（3）如果风切变层相对于跑道的高度更低［见图5.108（c）］，飞行员往往来不及做修正动作，飞机已接近跑道，由于着陆速度过大，滑跑距离增加，飞机有可能冲出跑道。

3. 侧风切变

侧风切变指的是飞机从一种侧风或无侧风状态进入另一种明显不同的侧风状态（见图5.109）。

飞机在着陆下滑时遇到侧风切变，会产生侧滑、带坡度，使飞机偏离预定下滑着陆方向，飞行员要及时修正。如果侧风切变层的高度较低，飞行员来不及修正时，飞机会带坡度和偏流接地，影响着陆滑跑方向。

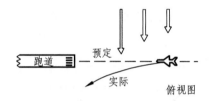

图 5.109　侧风切变示意图

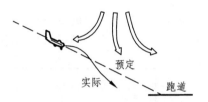

图 5.110　垂直风的切变示意图

4. 垂直风的切变

垂直风的切变指的是飞机从无明显的升降气流区进入强烈的升降气流区域的情形。特别是强烈的下降气流，往往有很强的猝发性，强度很大，使飞机突然下沉，危害很大（见图5.110）。

对起落构成严重威胁的是雷暴云下的下冲气流，在下冲气流强度较大时形成下击暴流。下击暴流中不仅有明显的垂直风切变，还有强烈的水平风切变，常出现严重事故。图 5.111是飞机在着陆和起飞过程中，因遭遇下击暴流而失事的示意图。

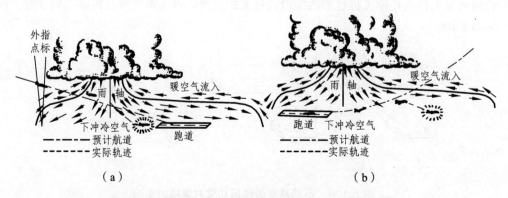

（a）　　　　　　　　　　　　　　（b）

图 5.111　雷暴云中下击暴流对飞机着陆、起飞的影响

当飞机在飞行过程中遇到升降气流时，飞机的升力会发生变化，从而使飞行高度发生变化。垂直风对飞机着陆的影响主要是对飞机的高度、空速、俯仰姿态和杆力的影响。特别是下降气流对飞机着陆危害极大，飞机在雷暴云下面进近着陆时常常遇到严重下降气流，可能造成严重飞行事故（见图5.112）。

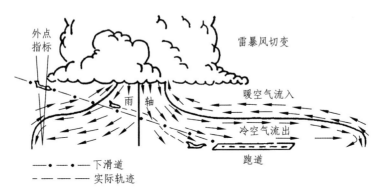

图 5.112　垂直风的切变对飞机着陆的影响

5.4.2.2　低空风切变的强度标准

目前所使用的低空风切变强度标准有下列 3 种。

1. 水平风的垂直切变强度标准

国际民航组织建议采用的水平风的垂直切变强度标准如表 5.5 所示。这里的空气层垂直厚度取 30 m，用于计算的风资料取 2 min 左右的平均值。一般认为 0.1（1/s）以上的垂直切变就会对喷气式运输机带来威胁。

表 5.5　水平风垂直切变强度标准

强度等级	数值标准	
	（m/s）/30 m	1/s
轻度	0～2	0～0.07
中度	2.1～4	0.08～0.13
强烈	4.1～6	0.14～0.20
严重	＞6	＞0.20

2. 水平风的水平切变强度标准

这里介绍的是美国在机场低空风切变报警系统中所采用的报警标准，该系统在机场平面有 6 个测风站，即中央站和 5 个分站。各分站距中央站平均约为 3 km。系统规定任一分站与中央站的风向、风速向量差达到 7.7 m/s 以上时即发出报警信号。所以，上述情况中相当的水平风水平切变值 2.6（m/s）/km 可作为能对飞行构成危害的强度标准。

3. 垂直风切变的强度标准

垂直风的切变强度，在相同的空间距离内主要由垂直风本身的大小来决定。对飞行安全危害最大的是强下降气流，根据藤田和拜尔斯（1978 年）的建议，提出一种称之为下冲气流的数值标准，它从下降气流速度和到达地区的辐散值来确定。表 5.6 列出了下降气流和下冲气流的数值标准。

表 5.6　下降气流和下冲气流的强度标准

	下降气流	下冲气流
91 m 高度以上的下降速度	< 3.6 m/s	≥3.6 m/s
800 m 直径内的辐散值	< 144/h	≥144/h

5.4.2.3　产生低空风切变的天气条件

低空风切变是在一定的天气背景和环境条件下形成的。一般说来，以下几种情况容易产生较强的低空风切变。

1. 雷　暴

雷暴是产生风切变的重要天气条件。现在一般认为雷暴的下降气流在不同的区域可造成两种不同的风切变。一种是发生在雷暴单体下面，由下击暴流造成的风切变。这种风切变的特点是范围小、寿命短、强度大（见图 5.113）。图 5.114 所示是雷达回波中下击暴流的大致位置。另一种是雷雨中的下冲气流到达地面后，形成强烈的冷性气流向四处传播，这股气流可传到离雷暴云 20 km 处。由于它离开雷暴云主体，并且不伴随其他可见的天气现象，所以往往不易发现，对飞行威胁较大。

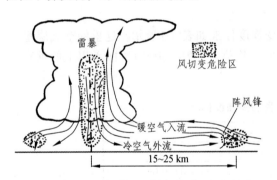

图 5.113　与雷暴有关的低空风切变

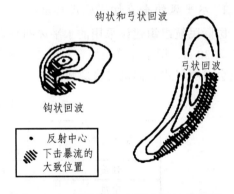

图 5.114　雷达回波中下击暴流的位置

2. 锋　面

锋面是产生风切变最多的气象条件。锋两侧气象要素有很大的差异，穿过锋面时，将碰到突然的风速和风向变化。一般说来，在锋两侧温差大（≥5 ℃）和（或）移动快（≥55 km/h）的锋面附近，都会产生较强的风切变。

冷锋移经机场时，低空风切变伴随锋面一起或稍后出现。因冷锋移速较快，故此种风切变持续时间较短，但强冷锋及强冷锋后大风区内往往存在严重的低空风切变。

与暖锋相伴随的低空风切变，由于暖锋移动较慢，在机场上空持续时间相对较长，也可出现在距锋较远的地方。

3. 辐射逆温型的低空急流

如图 5.115 所示，当晴夜产生强辐射逆温时，在逆温层顶附近常有低空急流，高度一般为几百米，有时可在 100 m 以下，与逆温层的高度相联系，有时也称它为夜间急流。它的形成是因为逆温层阻挡了在其上的大尺度气流运动与地面附近气层之间的混合作用和动量传递，因而在逆温层以上形成了最大风速区即低空急流。逆温层阻挡了风速向下的动量传递，使地面风很弱，而且风向多变，这样就在地面附近与上层气流之间形成了较大的风切变。从总体上说，这种风切变强度比雷暴或锋面的风切变要小得多，且比较有规律，一般秋冬季较多。低空急流在日落以后开始形成，日出之前

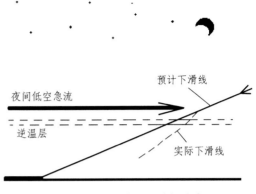

图 5.115 辐射逆温型的低空急流

达最强，日出后随逆温层的解体而消失。在夜间和拂晓对飞行有一定的影响。

4. 地形和地物

当机场周围山脉较多或地形、地物复杂时，常有由于环境条件产生的低空风切变。在山地波存在的情况下，山脊的背风一侧常有冷空气滞留在平地上，若机场正处在这种停滞的空气中，当飞机从上面穿入这种停滞的空气时，将会遇到严重的低空风切变。处于盆地的机场，如果配合低空逆温层的作用，就更容易产生水平风的垂直切变；如果机场跑道一侧靠山，另一侧地势开阔，在某种盛行风情况下，可以产生明显的水平风的水平切变。

当阵风风速比当地平均风速增减 5 m/s 以上时，或大风吹过跑道附近的高大建筑物时，会产生局地性风切变。

5.4.2.4 低空风切变的判断

目前，低空风切变采用的判别方法主要有以下 3 种。

1. 目视判别

通过目视观察低空风切变来临的征兆，是目前常用的一种判别方法。

（1）雷暴冷性外流气流的沙暴堤（沙尘暴前缘呈一堵又宽又高的沙壁）：雷暴冷性外流前缘的强劲气流会把地面的尘土吹起相当的高度，并随气流移动。它能显现出外流气流的范围和高度，其高度越高，强度越大。一旦见到这种沙暴堤出现就应高度警惕，立即采取措施，因为紧跟在沙暴堤之后的就是强烈的风切变。

（2）雷暴云体下的雨幡：雷暴云体下的雨幡是有强烈下降气流的重要征兆。雨幡的形状、颜色深浅、离地高度等都同风切变的强度有关。通常雨幡下垂高度越低、个体形状越大、色泽越暗，预示着风切变和下击暴流也越强。由于雨幡四周相当范围（1~2 km）内的风场都比较复杂，常有强的风切变，所以，一旦遇到雨幡，不仅不能穿越它，而且要与它保持一定的距离。

（3）滚轴状云：在雷暴型和强冷锋型风切变中，强的冷性外流往往有明显的涡旋运动结构，并伴有低空滚轴状云。从远处看，它犹如贴地滚滚而来的一堵云墙，其颜色多为乌黑灰暗，伴有沙尘暴时多为黄褐色。云底高一般在几百米以下，这种云的出现，预示着强烈的地面风和低空风切变的来临。

（4）强风吹倒树木和庄稼：强风或下击暴流所吹倒的成片树林和庄稼，其倒伏方向会呈现出气流的流动状况。

目视判别法比较直观、简便，但也有局限性，它只给人们提供粗略的形象特征，远不及仪器测定的精确。对于那些无目视征兆的风切变，如逆温型风切变就是一种出现在晴好天气的风切变，而且地面风速往往并不大，易使人忽视或产生错觉，因此需要一定的仪器设备来测定。

2. 座舱仪表判别

在正常的起飞和着陆过程中，驾驶舱各种仪表的示度有一定的变化范围。飞机一旦遭遇风切变，首先会反映到座舱仪表上来，使仪表出现异常指示。下面介绍几种主要飞行仪表在遭遇风切变时的反应。

（1）空速表：空速表是飞机遇到风切变时反应最灵敏的仪表之一，飞机遭遇风切变时空速表指示一般都会发生急剧变化。所以，一旦出现这种异常指示，即应警惕风切变的危害。美国波音公司规定，若空速表指示值突然改变 28 ~ 37 km/h，应中止起飞或不作进近着陆。在穿越微下击暴流时，往往先是逆风使空速增大，紧接着就是顺风使空速迅速减小，而真正的危害发生在空速迅速下降的时刻，所以不要被短时的增速所迷惑。

（2）高度表：高度表指示的正常下滑高度是飞机进近着陆的重要依据。如果飞机在下滑过程中高度表指示出现异常，大幅度偏离正常高度值，必须立即采取措施，及时拉起。当然也应注意到遭遇微下击暴流时，会出现因遇强风而短暂的使飞机高于正常下滑高度的现象，紧接着就会发生危险的掉高度。所以，不要作出错误的判断。

（3）升降速率表：升降速率表与高度表的关系密切，在遭遇风切变时反应很明显。如果见到升降速率表指示异常，特别是下沉速率明显加大时，必须充分注意。美国波音公司建议在下降速度短时内改变值达 164 m/min（500 ft/min）时，即认为遇到强风切变，飞行员应采取复飞等相应措施。

（4）俯仰角度指示器：俯仰角是飞机起飞、着陆时飞行员必须掌握的重要参数。例如，许多喷气运输机多采用 – 3°角下滑，+ 6°或 + 10°角起飞，在起落过程中通常控制该值保持基本不变。一旦遭遇风切变，俯仰角指示将迅速发生变化，变化越快、越大，则危害越大。美国波音公司规定，俯仰角指示突然改变超过 5°时，即认为遭遇强风切变，应停止进近而复飞。

3. 机载专用设备探测

为了确保飞行安全，应该使飞行员能够在空中探测强风切变。因此，现在有的飞机已装备了机载低空风切变探测设备。这种探测的基本要求是能迅速探明风切变的情况，并将探测结果显示给飞行员，以便据此作出决定。

但是，目前机载风切变探测设备性能还不完善，有的费用昂贵，还不能广泛应用。有几种探测设备，经使用试验有一定效果。如机载低空风切变警报系统，使用垂直、纵向加速度计，把风切变对飞机影响的垂直部分和纵向部分结合起来，结合机上可供使用的其他数据来计算飞机的推力余量。当推力余量下降到规定值以下时，该系统就发出警报。再如红外辐射计机载风切变探测系统，利用装在机头部位的前视红外辐射计和侧视红外辐射计，分别探测出前方 10 ~ 20 km 和侧方 200 m 范围内的温度值，加以比较，根据两者的温度差确定风切变的大小。它可用于测定雷暴外流气流的阵风锋。此外，还有机载脉冲多普勒激光雷达，用于强风暴研究时空中测风。

除了上面介绍的方法外，飞行员还要善于使用来自地面或空中的关于风切变的报告。

5.4.2.5 遭遇低空风切变的处置方法

在飞行中遭遇低空风切变，怎样才能保持在预定的飞行轨迹上安全着陆、起飞，是一个极为重要而又复杂的问题。为了迅速而准确地作出反应，飞行员应该做到以下几点：

（1）首先要有思想准备。起飞前，要认真仔细地了解和研究天气预报和天气实况报告，警惕在飞行中会遇到风切变及风切变可能出现的位置、高度、强度。起飞后，要注意收听地面的气象报告和别的飞机关于风切变的报告，了解风切变的存在及其性质。避开严重风切变，对轻度风切变可借助操纵修正来克服它。

（2）不要有意识地穿过严重风切变区或强下降气流区。特别是在飞行高度低于离地高度200 m或有一台发动机失效时，更应切记。

（3）要与雷暴云和大的降水区保持适当距离。雷暴云的外流气流有时可以超越雷暴前方20～30 km。因此，飞机低空飞行时应远离雷暴云 20～30 km 飞行，不要侥幸抢飞这一危险区域。在有强风切变时，不要冒险起飞、着陆。

（4）如果在最后着陆时刻遇到风切变，只要是难以改出，无法安全着陆，就应立即复飞。可以推迟着陆的，等到风切变减弱或消失后着陆，或到备降机场着陆。

（5）飞机遭遇风切变时，应立即将风切变出现的区域、高度、空速变化的大小等报告飞行管制部门，以避免其他飞机误入其中。

此外组织飞行人员进行应付各种低空风切变的模拟训练，以提高应付风切变的能力，也是十分重要的措施。

5.4.3 飞机颠簸

飞机在飞行中遇到扰动气流，就会产生震颤、上下抛掷、左右摇晃，造成操纵困难、仪表不准等现象，这就是飞机颠簸。轻度颠簸会使乘员感到不适甚至受伤。颠簸强烈时，一分钟内飞机上下抛掷十几次，高度变化数十米甚至几百米，空速变化 20 km/h 以上，飞行员虽全力操纵飞机，仍会暂时失去控制。当颠簸特别严重时，所产生的较大过载因素（也称过载）会造成飞机解体，严重危及飞行安全。所以，飞机颠簸对飞行安全有重大影响。

5.4.3.1 大气中的乱流

空气的不规则涡旋运动，表明空气的运动方向和速率存在不规则的变化。这种包含着不规则运动的气流，就是乱流，它是大气中经常出现的现象。

根据乱流的成因，并考虑航空上判断乱流的需要，把大气乱流分为热力乱流、动力乱流、晴空乱流和尾涡乱流四类。

1. 热力乱流

由空气热力原因形成的乱流称热力乱流。热力乱流主要是由于气温的水平分布不均匀而引起的，常常出现在对流层的低层，当有较强的热力对流发展时，也可能扩展到高空。

2. 动力乱流

空气流过粗糙不平的地表面或障碍物时出现的乱流，或由风切变引起的乱流，都称动力乱流，其影响范围多在 1 ~ 2 km 高度以下。

3. 晴空乱流

晴空乱流是指出现在 6 000 m 以上高空，与对流云无关的乱流。由于它不伴有可见的天气现象，飞行员难以事先发现，对飞行威胁很大。晴空乱流中有时也会出现一些卷云。

晴空乱流的成因与强风切变有密切关系，在高空急流附近常有强风切变，故常有晴空乱流出现。当然强风切变也可以出现在其他特定区域（如锋区和低涡区）。根据计算和飞机报告，当水平风的垂直切变每 100 m 达到 1 ~ 2 m/s，水平切变达到每 100 km 为 5 ~ 6 m/s 时，常有晴空乱流发生。

4. 尾涡乱流

尾涡是指飞机飞行时产生的一对绕翼尖旋转的方向相反的闭合涡旋（见图 5.116）。它的产生是因为上、下翼面之间的压力差，它们在飞机后面一个狭长的尾流区造成极强的乱流，这就是尾涡乱流。

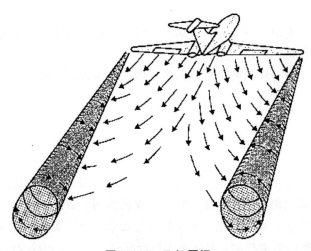

图 5.116　飞机尾涡

涡旋的强度视飞机的重量、速度和机翼的仰角而定。尾涡强度随飞机重量和载荷因素的增大而增大，随飞行速度增大而减小。如果机翼上有附加的襟翼或其他装置，尾涡的性质也会变化。重量大、速度小的飞机加上一马平川的地面将产生很强的尾涡。

当后机进入前机的尾流区时，会出现飞机抖动、下沉、姿态改变、发动机停车甚至翻转等现象。特别是小型飞机尾随大型飞机起降，若进入前机尾流中，处置不当极易造成事故。

5.4.3.2　颠簸强度的划分

在飞行中，根据飞行员感觉和目测的飞行状态的异常程度，一般把颠簸强度分为 4 个等级。为了帮助飞行员正确判断颠簸强度，国际民航组织已经设计出一个定义表以供使用（表 5.7）。

表 5.7 颠簸强度等级

弱颠簸	中度颠簸	强烈颠簸	极强颠簸
飞机轻微地和有间歇地上下抛掷，空速表的示度时有改变	飞机抖动，频繁地上下抛掷，左右摇晃，颠簸，操纵费力，空速表指针跳动达 10 km/h	飞机强烈地抖动，频繁地和剧烈地上下抛掷不止，空速表指针跳动达 15～20 km/h，操纵有困难	飞机被急剧地和频繁地上下抛投，事实上无法操纵，可能造成飞机结构的损坏

5.4.3.3 影响飞机颠簸强度的因素

由飞行经验可知：通过不同的扰动气流区，会有不同强度的颠簸；通过同一扰动气流区，由于飞行速度、飞机类型的不同，颠簸强度也不尽相同。这就是说，颠簸强度不单取决于外界的气流条件，而且还与飞行速度、飞机翼载荷等条件有关。下面分别讨论影响颠簸强度的各项因素。

1. 乱流强度

乱流强度取决于垂直阵风区风速和空气密度，垂直阵风的速度越大，空气密度越大，它们所引起的飞机升力变化越大，颠簸也越强；反之，它们所引起的飞机升力变化越小，颠簸越弱。飞机平飞时，空气密度变化不大，可以不计，这时乱流强度主要取决于垂直阵风大小。

2. 飞行速度

在低速飞行条件下（空速 600 km/h 以下），飞行速度越大，飞机因乱流而产生的振动的振幅和频率都越大，颠簸就越强。但是，在一定的乱流下，如果飞行速度继续增大，由于振动周期缩短，振幅反而会减小。因此，高速飞机遇颠簸时，常常只是"抖动"或"振荡"，飞行高度变化很小。

3. 飞机的翼载荷

翼载荷大的飞机单位机翼面积上承受的飞机重量大，受到垂直阵风冲击后产生的加速度小，所以颠簸弱；反之，翼载荷小的飞机，颠簸就较强。对于同一类型的飞机来说，由于翼面积是一定的，因而颠簸强度只与载重多少有关。载重少时颠簸较强，载重多时颠簸较弱。

但是，也不应该由此得出飞行重量越大越好的结论。增加飞行重量固然有利于减轻颠簸，但随着飞行重量的增加，机翼的紧固性却相应地减小，而且，后者的不利作用往往超过前者的有利作用。

5.4.3.4 飞机颠簸层的空间分布特征

1. 低空颠簸区的分布

在低空，由于山地和丘陵地区湍流易得到发展，所以山区颠簸比平原地区多。我国西南、西北和华北等地区地形复杂，发生颠簸比东部平原地区多。在我国西部多山地区，当很强的气流横越山脉时，经常会出现动力湍流和地形波，造成飞机颠簸。

2. 中、高空颠簸层的厚度和水平尺度

飞行经验指出，位于中、高空的颠簸层一般具有比较明显的边界，飞机一旦进入其中就会产生不同程度的颠簸。但在改变一定高度（通常不过几百米）或偏离航线几十千米，又能恢复正常的飞行状态。这说明颠簸区的厚度和水平尺度都不大。

（1）颠簸层的厚度：一般而言，厚度 1 km 以内的占 85% ~ 90%，超过 1km 的只占 10% ~ 15%。

资料表明，在高度 6 ~ 12 km，强颠簸层的厚度通常不超过 200 ~ 300 m，这与美国和加拿大强颠簸层的厚度基本一致。

（2）颠簸层的水平宽度：颠簸层的水平宽度可以从几千米到 400 ~ 500 km。

3. 飞机颠簸层随纬度和高度的分布

不同种类的颠簸层，在不同的纬度和高度上出现的频率是不同的。

一般来说，动力乱流颠簸多见于中高纬度大陆，多数离地面不超过 1 ~ 2 km；热力乱流颠簸，则是低纬地区多于高纬地区，并多出现在对流层的中层；晴空乱流颠簸多出现在对流层上部和平流层。图 5.117 表示出在中纬度大陆上，几种乱流在各高度上的出现频率。由图还可看出，颠簸出现的总频率，以离地 2 km 高度以下最大（可达 20%），对流层中层较小（10%左右），对流层上层又增大（12%）；在平流层，颠簸频率随高度减小，通常在 8%以下。

在由飞机观测的各种颠簸强度等级中，一般以弱颠簸最多，其次是中度颠簸，强颠簸出现的次数是很少的。如在对流层，强颠簸约占颠簸总数的 5%。

在我国青藏高原，由于特殊的自然地理条件，在 7 500 ~ 9 000 m 的飞行高度上，热力乱流、动力乱流和晴空乱流都能起作用，因此颠簸出现的频率和强度都较高。例如，成都—拉萨航线，基本上每次飞行都会遇到颠簸，即颠簸的出现频率接近 100%，其中轻度颠簸占 34%，中度颠簸占 60%，强烈颠簸占 6%。

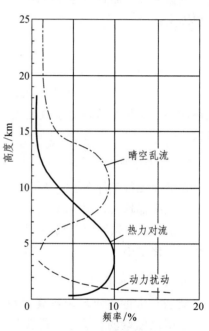

图 5.117　中纬度大陆几种乱流
在各高度上的出现频率

5.4.3.5　产生颠簸的条件

1. 锋　面

大气锋面及其附近，是非常有利于湍流发展的地方。由于冷暖空气交汇，暖空气被抬升，以及锋面的移动，都会引起垂直气流和水平气流的差异而形成乱流。一般锋面移动速度越快，两侧气团越不稳定，产生的乱流颠簸就越强。较强的颠簸多出现在锋面附近，冷气团一侧出现的频率比暖气团一侧大。此外，冷锋附近的颠簸比其他锋面强，特别是第二型冷锋，对飞行特别危险。

2. 空中槽线和切变线

在空中槽线和切变线附近，由于气流呈气旋式变化，并常常有冷暖温度平流，使大气层极不稳定，再加上气流有辐合、辐散，因此乱流易于发展。在飞机穿越槽线和切变线时，常会出现明显的颠簸。

3. 高空低涡

飞机穿过高空低涡时，碰到的高空风很小，但风向打转，并且由于高空低涡大多是冷性的，使气层变得不稳定，乱流发展，飞机会遇到中度以上的颠簸。

4. 急流区

在急流区，一般存在比较大的风速切变，在风的垂直切变每 100 m 超过 2 m/s，水平风切变每 100 km 超过 6 m/s 的地方，常有乱流存在造成颠簸。图 5.118 是北半球高空西风急流区的颠簸频率分布图。由图可见，颠簸频率最大区出现在急流轴的低压一侧（西风急流的高纬度一侧）下方，那里的风速大约相当于急流轴风速的一半。另外，在急流转弯处和两支急流汇合处，相对来说，乱流更容易发展，颠簸也容易增强；当急流轴横穿过山地时，山地背风面的乱流也会加强。

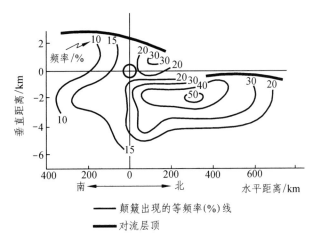

图 5.118　高空急流区颠簸频率的分布

5. 对流层顶附近

在对流层顶附近，尤其在对流层顶有断裂现象和对流层顶坡度较陡时，往往有较强的乱流出现。据有关资料记载，当对流层顶坡度达到 1/100 ~ 1/300 时可以产生颠簸，当坡度大于 1/100 时颠簸将十分强烈，可见对流层顶附近是一个重要的晴空颠簸区。

6. 地表热力性质不同的地区

由于热力乱流主要是由地表增热不均而引起的。当机场周围存在热力性质不同的地表，如草地与沙地，河、湖、森林与山丘、石地、铺设过的道路等，在晴天午后，就容易出现强度不等的热力乱流，对飞机起落造成影响（见图 5.119）。

热力乱流的强度与近地层温度差异的大小和大气稳定度有关。当气温直减率达到 0.7 °C/100 m 以上时，常有中度到强烈的乱流颠簸；当天空有云层密布或地面为积雪覆盖时，一般不会出现明显的乱流。

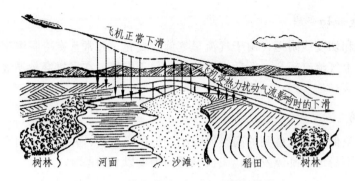

图 5.119　热力乱流对飞机下滑角的影响

7. 山区及地表粗糙区

这些地方动力乱流比较强。这种动力乱流的强度和规模，取决于风向、风速，下垫面粗糙度和近地层大气稳定度三个因素。例如，当强风从高大山脊正面吹过时，不但可形成较强的乱流，有时还会形成山地波。在山地上空飞行，由这种动力乱流造成的颠簸是比较常见的。

8. 积状云区

积状云是由对流形成的，而对流和乱流常常是同时存在的，因此，积状云常常是颠簸区的明显征兆。

在淡积云区云顶高度以下飞行时，要受云中上升气流和云外下降气流的交替影响，一般有轻度颠簸，在云上比较平稳。在发展旺盛的浓积云和积雨云中，一般都有较强的颠簸。在积雨云顶以上 100 m 左右、云底以下至近地面附近，以及云体周围相当于云体 1~2 倍的范围内，也常常存在程度不同的颠簸（见图 5.120）。

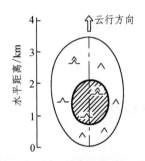

图 5.120　积雨云区颠簸

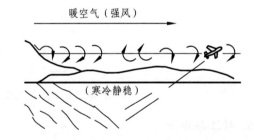

图 5.121　盆地低层风切变乱流

9. 低层风切变区

这里主要讲受机场地形等因素影响而形成的局地风切变。如图 5.121 所示，机场位于盆地，夜间地表冷却，冷空气聚集在盆地，形成逆温层，盆地内风速较小，在上空不受盆地影响的高度，若有较强的暖湿气流吹来，在其界面上就会形成明显的风切变。如果风切变的高度很低，飞机在起降时又遇到下降气流或突然增大的顺风，就有坠地的危险。

5.4.3.6　颠簸对飞行的影响

颠簸对飞行的影响可以分为 3 个方面。

（1）使飞机操纵困难，甚至无法操纵。飞机颠簸使飞行状态和飞机动力性能发生不规则变化，从而失去稳定性；使某些仪表误差加大，甚至失常，都可使操纵发生困难，难以保持正确的飞行状态。

（2）损害飞机结构，减少发动机功率。强颠簸可以使飞机部件受到损害，酿成事故。由于阻力加大，燃料消耗增加，航程和续航时间都会减少。高空飞行时，强颠簸还可能使发动机进气量减少而自动停车。

（3）造成飞行人员和乘客的紧张和疲劳，甚至危及安全。严重颠簸时，飞机可在几秒钟内突然下降（或上升）数十米至数百米。

5.4.3.7 颠簸时的处置方法

1. 柔和操作，保持平飞

颠簸不强，一般可以不修正；颠簸较强需要修正时，切忌动作过猛，以免造成飞行状态更加不稳或使飞机失速。低空飞行时，应特别注意保持安全高度。

2. 采用适当的飞行速度

因为颠簸产生的负荷因素变量，除与乱流强度有关外，还与飞行速度有关，一般速度越大颠簸越强。所以应根据该机型的驾驶手册规定的适当速度飞行。

3. 飞行速度和高度选定之后不必严格保持

仪表指示摆动，往往是颠簸的结果，不一定表示飞行速度和高度的真实变化。过多地干涉这些变化，只会引起载荷发生更大变化。只有速度变化很大时，才需改变油门的位置。

4. 适当改变高度和航线，脱离颠簸区

颠簸层厚度一般不超过 1 000 m，强颠簸层厚度只有几百米，颠簸区水平尺度多在 100 km 以下，所以飞行中出现颠簸可改变高度几百米或暂时偏离航线几十千米，就可以脱离颠簸区。在低空发生强颠簸时，应向上脱离；在高空发生颠簸时，应根据飞机性能以及飞机与急流轴相对位置确定脱离方向。误入积雨云、浓积云中发生颠簸，应迅速脱离云体到云外飞行。

5.4.4 飞机积冰

飞机积冰是指飞机机身表面某些部位聚集冰层的现象。它是由于云中过冷水滴或降水中的过冷雨滴碰到机体后冻结而形成的，也可由水汽直接在机体表面凝华而成。冬季，露天停放的飞机有时也能形成积冰。

飞机积冰多发生在飞机外突出的迎风部位。任何部位的积冰都会使飞机的空气动力性能变坏，使飞机升力减小，阻力增大，影响飞机的稳定性和操纵性。随着航空技术的发展，飞机的飞行速度及飞行高度提高，机上的防冰、除冰设备日趋完善，积冰对飞行的危害在一定程度上是减小了。但是由于各种任务的需要，中、低速的飞机仍然在使用，近年来直升机也逐渐广泛使用；另外，高速飞机在低速的起飞、着陆阶段，或穿越浓密云层飞行中，同样可能产生严重积冰。所以了解产生积冰的气象条件、积冰对飞行的影响以及飞行中如何防止或减轻积冰，仍然是十分重要的。

5.4.4.1　飞机积冰的形成

大气中经常存在温度在 0 ℃ 以下仍未冻结的过冷水滴（云滴、雨滴），这种过冷水滴多出现在 –20~0 ℃ 的云和降水中。实践表明，当气温低于 0 ℃，相对湿度大于 100% 时，过冷水滴就形成了。在温度低于 –40 ℃ 时，过冷水滴就会立即冻结；但是在温度高于 –40 ℃ 时，水滴会在较长的时间内保持液态存在，具体时间取决于水滴的大小和纯度。小的过冷水滴比大的过冷水滴存在的时间长，出现的温度也更低。过冷水滴的一个非常重要的特征就是不稳定，稍受震动立即冻结成冰。当飞机在含有过冷水滴的云中飞行时，如果机体表面温度低于 0 ℃，过冷水滴就会在机体表面某些部位冻结并聚积成冰层。

过冷水滴冻结成冰的过程，因受潜热的影响，可以分为两个阶段。每一个过冷水滴碰到机翼时就开始冻结，形成冰针网，周围充满了水，释放出的潜热使过冷水滴没有冻结的部分温度升高，沿着翼面流动，流动的液态部分通过蒸发和传导而冻结。这个过程进行的速率在很大程度上取决于过冷水滴原来的温度，如果过冷水滴的温度较高（接近 0 ℃），先冻结的部分放出的潜热可使未冻结部分升温到 0 ℃ 或以上，这样过冷水滴的冻结速度较慢，冻结得也比较牢固。如果过冷水滴较小，温度很低（接近 –20 ℃），冻结速度就很快，往往在飞机上直接冻结，此时潜热仍然会释放出来，但它使过冷水滴在凝结之前变暖的能力大大下降。

因此，机身产生积冰的基本条件是：气温低于 0 ℃，飞机表面的温度低于 0 ℃ 和有温度低于 0 ℃ 的水滴存在。

5.4.4.2　飞机积冰的种类

飞机表面上所积的冰是多种多样的：有的光滑透明，有的粗糙不平，有的坚硬牢固，有的松脆易脱。它们的差异主要是由云中过冷水滴的大小及温度的高低决定的。根据它们的结构、形状以及对飞行影响程度的不同，可以分为明冰、雾凇、毛冰和霜 4 种。

1. 明　冰

明冰是光滑透明、结构坚实的积冰。明冰通常是在温度为 –10~0 ℃ 的过冷雨中或由大水滴组成的云中形成的。在这样的云雨区，由于温度较高，水滴较大，冻结较慢，每个过冷水滴碰上机体后并不全在相碰处冻结，而是部分冻结，部分顺气流蔓延到较后的位置上冻结，在机体上形成了透明光滑的冰层——明冰。在有降水的云中飞行时，明冰的聚积速度往往很快，冻结得又比较牢固，虽用除冰设备也不易使它脱落，因而对飞行危害较大；而在没有降水的云中飞行时，这种冰的成长就慢得多，危害性也小一些。

2. 雾　凇

与地面上所见的雾凇一样，它是由许多粒状冰晶组成的，不透明，表面也比较粗糙。这种冰多形成在温度为 –20 ℃ 左右的云中。因为这样的云中过冷水滴通常很小，相应的过冷水滴的数量也较少。碰在飞机上冻结很快，几乎还能保持原来的形状，所以形成的冰层看起来就像"砂纸"一样粗糙。同时由于各小冰粒之间一般都存在着空隙，所以冰层是不透明的。雾凇的积聚速度较慢，多出现在飞机的迎风部位，如机翼前缘。

与明冰相比，雾凇是较松脆的，很容易除掉，对飞行的危害要小得多。

3. 毛　冰

这种冰的特征是表面粗糙不平，但冻结得比较坚固，色泽像白瓷一样，所以也有人叫它瓷冰。它多形成在温度为 -15 ~ -5 ℃ 的云中，因为这样的云中往往是大小过冷水滴同时并存，所以形成的积冰既具有大水滴冻结的特征，又具有小水滴冻结的特征。有时，在过冷水滴与冰晶混合组成的云中飞行，由于过冷水滴夹带着冰晶一起冻结，也能形成粗糙的不透明的毛冰。

由于毛冰表面粗糙不平，会破坏飞机的流线型，同时又冻结得比较牢固，所以对飞行的危害不亚于明冰。

4. 霜

霜是在晴空中飞行时出现的一种积冰，它是飞机从寒冷的高空迅速下降到温暖潮湿但无云的气层时形成的；或从较冷的机场起飞，穿过明显的逆温层时形成。它不是由过冷水滴冻结而成，而是当未饱和空气与温度低于 0 ℃ 的飞机接触时，如果机身温度低于露点，由水汽在寒冷的机体表面直接凝华而成，其形状与地面物体上形成的霜近似。霜的维持时间不长，机体增温后就会消失；但只要飞机表面温度保持在 0 ℃ 以下，霜就一直不会融化。虽然霜很薄，但它对飞行依然有影响，下降高度时在挡风前结霜，会影响目视飞行。冬季停放在地面上的飞机也可能结霜，一般要求清除机体上的霜层后才能起飞。

5.4.4.3　影响飞机积冰强度的因素

飞机积冰的强度可以分为：弱积冰、中度积冰、强积冰和极强积冰。积冰强度与气象条件和飞机空气动力特性有关。在一般情况下，主要与云中过冷水含量、过冷水滴的大小、飞行速度及积冰部位的曲率半径等因素有关。

1. 云中过冷水含量和水滴的大小

云中过冷水含量越大，积冰强度也越大。过冷水含量超过 1 g/m³ 时，积冰最为严重。云中过冷水含量主要是由气温决定的，温度越低，过冷水含量越少，所以强积冰多发生在温度为 -10 ~ -2 ℃ 范围内。由于大的过冷水滴有较大的惯性，容易和飞机相碰，所以单位时间内形成的冰层厚、积冰强度大。在其他条件相同时，水滴越大积冰强度越强。

2. 飞行速度

在低速飞行条件下（空速 600 km/h 以下），飞行速度越大，单位时间内碰到机体上的过冷水滴越多，积冰强度就越大。但是，当飞机高速飞行时，往往不发生积冰，这主要是由于飞机动力增温而使飞机表面温度升高到 0 ℃ 以上。

3. 机体积冰部位的曲率半径

机体曲率半径小的地方，与过冷水滴相碰的机会多，故积冰也强。例如，飞机积冰常最先在翼尖、空速管、天线、铆钉等部位出现，积冰速度也较快，而翼根部位积冰较慢。同样的道理，曲率半径小的机翼积冰比曲率半径大的机翼大一些。

高速（通常指空速大于 600 km/h）飞行时，由于动力增温作用，使机体表面温度大大高于环境大气温度，从而使积冰的形成、种类和强度的情况都与低速飞行时不同。动力增温就是空气与机体表面剧烈摩擦和被压缩而使机体表面温度升高的现象。动力增温的大小与空速、机体部位以及空气中水滴的含量等因素有关。在其他条件相同时，机翼的滞点动力增温值最大。实际上，由于大气中常存在水滴吸收热量的因素，特别是在云雨中，增温值要小得多。

由于动力增温使机体表面温度升高，使产生飞机积冰所要求的大气温度降低，空速越大，飞机积冰时的气温就越低。例如，空速在 800 km/h 时，气温在 – 15 ℃ 以下才可能产生积冰，近音速飞行则在 – 20 ℃ 以下。但由于气温在 – 20 ℃ 以下时，一般过冷水滴含量很少，积冰也不可能太强烈。超音速飞机在巡航状态下是不会积冰的，但在起飞、爬高或下降进入着陆，以亚音速飞行时，同样可以发生积冰。据统计，有 90% 的飞机积冰是空速在 600 km/h 以下发生的。另外，由于滞点的动力增温值最大，其他部位相应减少，高速飞行时，机翼前部的温度可能是正的，而后部（如襟翼和调整片）的温度则可能是负的。这样，就会形成槽形积冰，对飞机的空气性能造成更大的影响。

5.4.4.4　产生飞机积冰的气象条件

1. 飞机积冰与云中温度、湿度的关系

通常飞机积冰形成于温度低于 0 ℃ 的云中。但云中温度越低，过冷水滴越少，故在温度低于 – 20 ℃ 的云中飞机积冰的次数是很少的。根据观测资料，气温在 – 20 ~ 0 ℃ 范围内的积冰占80%，– 10 ~ – 2 ℃ 范围内占68.3%，强积冰也多发生在 – 10 ~ – 2 ℃ 范围内。因此，在飞行中了解 0 ℃、– 2 ℃、– 10 ℃ 及 – 20 ℃ 各等温线的高度，对判断积冰的可能性和强度有重要作用。

有时云中温度在 0 ~ + 2 ℃ 范围内也有积冰，云中温度略高于 0 ℃ 时产生积冰的原因是：在云中相对湿度小于 100%，飞行速度又不大的情况下，水滴碰到机体上后，强大的气流使水滴强烈蒸发而使机体降温，若降温作用超过了动力增温作用，则机体表面温度降至 0 ℃ 以下，于是形成积冰；或者是原在低于 0 ℃ 区域飞行的飞机，突然进入（如降低飞行高度）暖湿区域中，由于机体表面温度仍在 0 ℃ 以下，于是水汽在机体表面凝华，形成一层薄霜。此外，在喷气发动机进气口和螺旋发动机汽化器等部位，由于流经该处的空气发生膨胀冷却，温度可降低几度，也能产生积冰。

飞机积冰还与云中湿度有关。温度露点差可以反映云中相对湿度的大小。显然，云中温度露点差值越小，相对湿度就越大，越有利于积冰的形成。据统计，飞机积冰一般发生在云中温度露点差 < 7 ℃ 范围内，以 0 ~ 5 ℃ 发生积冰最多，强积冰多发生在温度露点差为 0 ~ 4 ℃ 范围内。

2. 飞机积冰与云状的关系

不同的云，云中的含水量和水滴大小是不同的，因而云中积冰也有不同的特点。

1）积云和积雨云

积云（主要指浓积云）、积雨云中上升气流强，云中含水量和水滴都很大，因而云中积冰强度比较大。最强的积冰多见于将要发展成积雨云的高大浓积云的上半部和积雨云成熟阶段的上升气流区，而且常常积明冰。云的顶部或边缘部分，积冰相对较弱。在云内下部，因为温度在 0 ℃ 以上，没有积冰。

2）层云和层积云（或高积云）中的积冰

这两种云多出现在逆温层下，云中含水量中等，含水量分布由云底向上增大。因此，其

中积冰强度比积状云小，通常为弱积冰或中积冰，而且云的上部比下部要强一些。这种云层出现的范围很大时，若在云中长时间飞行，也会积出很厚的冰层。层云和层积云的高度较低，夏季云中温度均在 0 ℃ 以上，其中飞行不会积冰。

3）雨层云和高层云中的积冰

这两种云的水滴含量也比积状云少，积冰强度一般较弱。但在锋线附近的雨层云中飞行，由于范围大，也能产生强积冰。另外，雨层云和高层云是由系统性上升运动生成的，垂直速度很小，含水量和水滴大小通常都随高度减小，所以积冰强度随高度减弱。

3. 飞机积冰与降水的关系

在云中或云下飞行时，如遇含有过冷水滴的降水，因为雨滴一般比云滴大得多，即使飞行时间很短，也能产生较厚的积冰。含有过冷水滴的降水主要有冻雨、冻毛毛雨和雨夹雪，在这些降水区飞行，飞机会迅速积冰，危及飞行安全。

4. 容易产生飞机积冰的时间和地区

根据飞行实践经验和资料统计可知，全年产生飞机积冰的季节主要出现在冬半年，尤其是冬季发生的次数最多，可占全年的一半甚至以上。

冬半年最容易产生积冰的高度层是 5 000 m 以下的云中，飞行高度在 3 000 m 左右最多。云中温度在 −10 ～ −4 ℃ 范围内出现积冰的概率最大，如湿度条件适宜，均可有中度以上的积冰产生。

在锋面附近或在穿越锋区时积冰的概率较大，在发展的暖锋中，暖空气正沿着锋面被抬升，这时最容易形成积冰。

5.4.4.5 积冰对飞行的影响

飞行中，比较容易出现积冰的部位主要有：机翼、尾翼、风挡、发动机、桨叶、空速管、天线等。无论什么部位积冰都会影响飞机性能，其影响主要有以下 3 个方面。

1. 破坏飞机的空气动力性能

飞机积冰，增加了飞机的重量，改变了重心和气动外形，从而破坏了原有的气动性能，影响飞机的稳定性。机翼和尾翼积冰，使升力系数下降，阻力系数增加，并可引起飞机抖动，使操纵发生困难。如果部分冰层脱落，表面也会变得凹凸不平，不仅造成气流紊乱，而且会使积冰进一步加剧。高速飞行时机翼积冰的机会虽然不多，但一旦积了槽状冰，这种影响就很大，所以一定要注意。

2. 降低动力装置效率，甚至产生故障

螺旋桨飞机的桨叶积冰，减少拉力，使飞机推力减小。同时，脱落的冰块还可能打坏发动机和机身。

汽化器的功能是通过发动机动力装置上的节流阀，调节与空气混合的燃油，形成供燃烧的混合气体。然而，从进气口来的空气进入汽化器，使文氏管内压力和温度降低，当燃油注入气流中时，温度会进一步降低。文氏管和燃油蒸发引起的双重冷却效应，改变了空气的温度，使暴露在空气中的进气口积冰。

在空气中湿度较大的区域，如雾、云或降水中，如果外部温度低于 15 ℃，则会在发动

305

机进气口或汽化器上出现积冰。这样就会使进气量减少，进气气流畸变，造成动力损失，甚至使发动机停车。

对长途飞行的喷气式飞机来说，燃油积冰是一个重要问题。长途高空飞行，机翼油箱里燃油的温度可能降至与外界大气温度一致，约为 -30 ℃。油箱里的水在燃油系统里传输的过程中很可能变成冰粒，这样就会阻塞滤油器、油泵和油路控制部件，引起发动机内燃油系统的故障。

3. 影响仪表和通信，甚至使之失灵

空气压力受感部位积冰，可影响空速表、高度表等的正常工作，若进气口被冰堵塞，可使这些仪表失效。天线积冰，影响无线电的接收与发射，甚至中断通信。另外，风挡积冰可影响目视，特别在进场着陆时，对飞行安全威胁很大。

另外，直升机积冰的气象条件与活塞式飞机的积冰条件相似，但直升机对积冰的反应更为敏感。由于直升机可用功率有限，操纵面较小，故积冰更易导致危险。直升机旋翼积冰对飞行的影响最大。积冰破坏了旋翼的平衡，引起剧烈振动，使直升机安全性能变差，操纵困难，积冰严重时，可导致飞行事故。当直升机悬停时，桨叶积冰使载荷性能变差，只要积有 0.75 mm 厚的冰就足以使其掉高度。

涡轮螺旋桨飞机的进气道和发动机进气装置也会积冰，使进气量减少，而发动机燃油调节系统仍按正常进气量供油，造成发动机过分富油燃烧，影响发动机工作，严重时会导致熄火停车。另外，如进气道的加温装置接通得晚，脱落下来的冰块会打坏发动机。

5.4.4.6 积冰的预防和处置措施

飞机积冰对飞行有很大影响，它不仅妨碍飞行任务的完成，有时甚至可能危及飞行安全。因此，预防和正确处置积冰极其重要。

1. 飞行前的准备工作

（1）飞行前认真研究航线天气及可能积冰的情况，做好防积冰准备是安全飞行的重要措施。积冰主要发生在有过冷水滴的云中，飞行前应仔细了解飞行区域的云、降水和气温的分布，以及 0 ℃ 和 -20 ℃ 等温线的高度。较强的积冰多发生在云中温度为 -10 ~ -2 ℃ 的区域内，因此特别要注意 -2 ℃ 和 -10 ℃ 等温线的高度。

（2）结合飞机性能、结构和计划的航线高度、飞行速度等因素，判断飞行区域积冰的可能性和积冰强度。同时，确定避开积冰区或安全通过积冰区的最佳方案。

（3）检查防冰装置，清除机面已有积冰、霜或积雪。

2. 飞行中的措施

（1）密切注意积冰的出现和强度。除观察积冰信号器和可目视的部位外，出现发动机抖动，转速减小，操纵困难等，也是积冰出现的征兆。

（2）防冰和除冰。必须记住的是，在飞行中，如果冻结温度很低，汽化器很少出现积冰。当大气温度在 10 ~ 15 ℃ 并伴有降水时，汽化器最容易出现积冰。在这种条件下，无论发动机处于何种工作状态，汽化器都会出现严重积冰。

对汽化器积冰的问题，可以通过发动机进气口对汽化器进行加热来解决，把进入汽化器的空气温度加热到 20 ℃，汽化器温度将保持在冰点以上。

（3）长途飞行时，为防止燃油积冰，可用燃油加热器或利用空气对油料的热量交换，对从油箱流往发动机的燃油进行加热，使冰粒融化，可以避免发动机及油料系统故障。

（4）如果积冰强度不大，预计在积冰区飞行时间很短，对飞行影响不大，可继续飞行。如果积冰严重，防冰装置不能除冰，应迅速采取措施脱离积冰区。当判断积冰水平范围较大时，可采取改变高度的方法；水平范围较小（如孤立的积状云中），则可改变航向。由于强烈积冰的厚度层一般不超过 1 000 m，所以改变高度几百米便可脱离强积冰区。

（5）飞机积冰后，应避免做剧烈的动作，尽量保持平飞，保持安全高度；着陆时也不要把油门收尽，否则会有导致飞机失速的危险。

5.4.5　高空急流

急流是大气环流中的一个重要现象，它和对流层低层的气旋、反气旋的生成、发展与移动有着密切的关系。同时，急流还对飞行有着直接的影响，在急流中飞行由于风速大，对飞机地速影响很大，同时还可能遇到强烈的扰动气流而产生飞机颠簸，因此了解高空急流对高空飞行有十分重要的意义。

高空急流是位于对流层上层或平流层中的一股强而窄的气流，其中心轴的方向是准水平的，它以很大的风速水平切变和垂直切变为特征；风的水平切变量级为（5 m/s）/（100 km），垂直切变量级为（5～10 m/s）/km；急流区的风速下限为 30 m/s；沿急流轴上有一个或多个风速最大区。

5.4.5.1　高空急流的形成

高空急流的形成经常是和大气中有大的水平气温梯度相关的。根据下层风加热成风等于上层风的原理，如果在大气中有一个水平气温梯度大的区域，热成风量便大。那么，在它的上面，必有一个强风带存在，当风速达到或超过 30 m/s 时，即出现了急流。在对流层中，中纬度地区上空就经常出现水平气温梯度大的狭长区域，气温由南向北递减，故西风风速随高度迅速增加，因而在中纬度地区上空就经常出现西风急流。

5.4.5.2　高空急流的特征

（1）急流一般长几千千米，有的可达万余千米，宽度为几百至千余千米，厚度为几千米。例如，高空西风急流的宽度为 800～1 000 km，厚度一般为 6～10 km，有时还要更大些，长度可达 10 000～12 000 km，像一条弯弯曲曲的河流自西向东围绕着整个半球。在呈东西走向的急流中，急流轴的高度变化不大，但是当急流流过起伏的山区和横过山脊时，急流轴的高度变化可达 1 km。

（2）急流中心的长轴称为急流轴，它是准水平的，大致沿纬向分布。在中高纬度的低压或槽脊加强时，急流轴会呈经向分布和拐弯。

（3）在急流轴附近风切变很强，湍流也强。急流中风的分布是不均匀的，因此有很强的风切变。在急流中风的水平切变量级为（5 m/s）/（100 km），垂直切变量级为（5～10 m/s）/km。当在水平方向上飞离急流轴时，碰到的风速仅有小的变化；但当改变飞机高度时，将碰到大的风速变化。这种风在垂直方向上的切变通常是急流轴的下面比上面强。通常，高空图上的等高线在急流靠近极地一侧比较密集，风速的减小往急流的极地一侧比往副热带一侧要快得多。能发生风切变的最大水平范围从急流轴起往极地一侧大约有 200 km。

（4）急流轴线上风速最低值为 30 m/s。沿着高空急流轴的方向，如果风速小于 30 m/s，将不再称之为急流，这种情况可认为是急流的中断现象。

（5）急流轴上风速分布不均匀，大小风速区交替出现。沿急流方向在同一高度上的两点间，有时差异可达 60%。有一个或多个极大值中心，其风速一般为 50 ~ 80 m/s，有时可达 100 ~ 150 m/s。急流中的最大风速区常沿槽线出现，因为锋区在这里最明显。

最大风速区沿急流移动，但其移动速度比气流本身的风速慢。顺急流飞行时，若气温没有什么变化，顺风的减小并不意味着飞机已经离开了急流，它仅仅表示已经通过了急流的极值区。

5.4.5.3 高空急流的种类

根据北半球的资料，依急流所在的高度和所在的气候带位置，通常可将急流划分成下面几类。

1. 温带急流

温带急流出现在中纬度地区，冬季多位于北纬 40° ~ 60°，夏季多位于北纬 70° 附近。我国把温带急流又称为北支急流。

急流轴通常位于极地对流层顶附近或极地对流层顶以下 1 ~ 2 km 处，其平均高度在夏季为 8 ~ 11 km，冬季为 7 ~ 10 km。在急流的低压一侧对流层顶低，在高压一侧对流层顶高。温带急流的风速冬季强，夏季弱，中心最大风速为 45 ~ 55 m/s，个别曾达到 105 m/s。

典型的温带急流出现在北大西洋，其位置随极锋的位置变换而变换。为了避开这种西风急流，在由东向西飞行时，应沿北极圈作偏北的航线飞行；而在由西向东飞时，可在偏南的位置上顺急流飞行。

2. 副热带急流

副热带急流出现在深厚的副热带高压北缘，冬季位于北纬 25° ~ 32°，夏季向北推移 10° ~ 15°，有时更多一些。我国上空出现的急流以副热带急流为主，与温带急流相对应，在我国把副热带急流又称为南支急流，

副热带急流平均高度为 12 ~ 14 km，急流中心最大风速，冬季一般为 60 m/s，夏季减弱为冬季的一半。副热带急流是异常持续的一个急流，除少数地方中断外，几乎完整地环绕着整个地球。冬季，这支急流由强风形成很宽的带状，宽度可达 1 000 km，最大风速区位于喜马拉雅山和西太平洋上空、大西洋西部、非洲北部到中东这几个地区。

位于我国东部和日本西南部上空的副热带急流是世界上最强的急流，最大风速平均为 60 ~ 80 m/s，冬季可达 100 ~ 150 m/s，最大可达 200 m/s。在冬季几个月，副热带急流紧靠着喜马拉雅山脉边缘，这有利于产生十分稳定的气流。夏季季风暴发，急流向北漂移到喜马拉雅山脉脊线以北，强度减弱，有时难以找到其踪影。

南半球的副热带急流也同样重要，它流经南美洲和澳大利亚上空。

3. 热带东风急流

热带东风急流又叫赤道急流，它出现在热带对流层顶附近或平流层中，一般位于副热带高压南缘，在北纬 15° ~ 20°，平均高度为 14 ~ 16 km，平均风速为 30 ~ 40 m/s，夏季比冬季强得多。

在亚洲大陆的南部,从 6 月到 8 月底的夏季季风季节,在对流层上层有一支稳定的东风急流。急流从东南亚的马来西亚开始,横贯印度半岛南部,跨越非洲中部,其高度为 13 000～15 000 m,风速通常为 30 m/s,但有时可达 50 m/s。在这支急流的下面近地层中风速较小且为西风。这一支急流在其他地方也观测到了,其位置在赤道附近 15° 范围内,但并不是围绕整个地球都有。

热带东风急流对我国影响较小,只在夏季出现在华南和南海上空。

4. 极地平流层急流

极地平流层急流位于纬度 50°～70° 上空,其风向有明显的年变化:从隆冬时的强大的西风,在夏季变为很强的东风,且冬季的西风远远强于夏季的东风,其平均最大风速可超过 100 m/s。冬季最大西风风速出现在 50～60 km 高度处,而在 20～30 km 高度上有一个次大风速中心,即通常所谓的"极地黑夜西风急流"。

极地平流层西风急流的形成与冬季极地长期黑夜有关,大气在这期间因向外辐射持续冷却,而其南部的平流层中的臭氧层又直接吸热增温,因而造成了强大的指向极地的温度梯度,形成了西风急流。

5.4.5.4 高空急流的判断

1. 利用空中等压面图判断急流

在等压面图上,等高线密集区就是强风区,具体风速可由各单站的风来判断。一般以 300 hPa(高度为 9 000 m 左右)以上高度的等压面图来判断,从风速大于 30 m/s 的急流范围可以了解急流的位置、宽度、长度和强度等。图 5.122 为一张 200 hPa 等压面图,图上用斜线标明的区域即为高空急流,从图中可以看出,急流自我国西部地区向东伸展,经河套折向东北地区,长达 5 000 多 km,宽达 1 000 km。

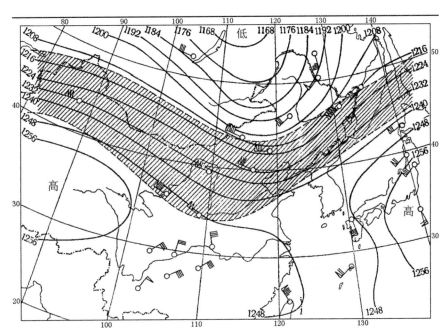

图 5.122 200 hPa 等压面图上的高空急流范围

2. 利用空间垂直剖面图来判断急流

图 5.123 是一张高空风垂直剖面图，剖面近似南北向，实线为等风速线，从大于 30 m/s 区域可以看出急流所在高度范围，中心在武汉和济南之间，高度在 14 km 左右，最大风速大于 80 m/s。

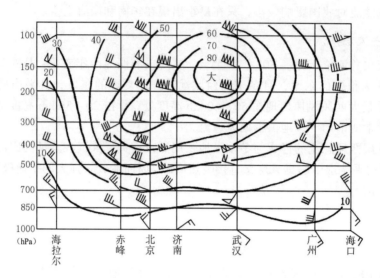

图 5.123　高空风剖面图

3. 利用卫星云图判断急流

急流区有时有卷云、卷层云、卷积云，多出现在急流右侧（背风而立）（见图 5.124 和图 5.125）。卫星云图上急流云系的北部边界一般呈反气旋性弯曲或准直线状，边界整齐光滑，位置与急流轴大体吻合。有时急流区中出现与风向相垂直的波状云线，表明急流中不但风速很大，而且还有很强的湍流。飞机进入该区域时会发生强烈颠簸。

图 5.124　卫星云图上与带状卷云相伴的高空急流

图 5.125　卫星云图上与带状卷云相伴的高空急流

4. 利用高空云的形状来判断急流

根据观测和卫星云图显示，与急流有关的云在急流轴区高压一侧的下方，且平行于急流

310

轴而伸展，并随风迅速移动，在地面和空中都可观测到，并可用于判断急流的位置和风速大小。下面介绍几种常见的急流云：

（1）移动迅速的细长束状、辐辏状的卷云带。

（2）呈波脊状，并不断变化的卷云、卷层云。

（3）荚状高积云和卷积云，沿顺风方向长度很大，且经常是多层的。

5.4.5.5 高空急流中的飞行

1. 急流对飞行的影响

顺急流飞行时，可增大地速，节省燃料，缩短航行时间；逆急流飞行时则相反，同时要多消耗备份油量。横穿急流飞行，会产生很大的偏流，对领航计算和保持航向都有影响。在横穿急流时，当刚进入时，风由小突然变大，刚穿出急流时，风由大变小；同时气温变化也相当大，这时风切变和温度切变都是巨大的，所以在穿越高空急流时最易发生飞机颠簸。

2. 急流中飞行应注意的事项

（1）由于高空急流所在的高度已接近飞机最大升限高度，飞机的操纵性和气动性能都不好，所以即使是顺急流飞行最为有利，但在选择航线高度时，绝对不要选择在飞机最大升限的高度上。顺着急流进入急流轴中飞行时，最好不要从急流轴的正下方进入，而应从急流轴的一侧保持平飞状态进入，同时进入角应小于30°，以免偏流过大。

（2）在急流中飞行，首先要查明飞机与急流轴的相对位置。如果是顺急流飞行，则应选择在风速最大的区域内。这样，可以获得较大的地速，节省燃料；如果是逆急流飞行，则应选择在风速最小区域内，以免地速减小过多。同时要注意所带备份油量是否足够用，如油量不足，为安全起见，就近备降加油。

（3）在急流区，当发现颠簸越来越强时，应采取改变高度或航向的方法脱离急流。通常改变高度 300~400 m，偏离航线 50~70 km 即可脱离。在采取改变高度或航向的方法脱离强烈颠簸之前，不仅要考虑飞行高度、地形标高、飞机性能和任务等，而且更重要的是动作柔和，沉着，保持该型飞机在颠簸中飞行的规定速度，正确地操纵飞机脱离颠簸区。

（4）在急流中飞行时，如果发现云的外形不断迅速变化，而且水平云带非常散乱，则表示这种云内的乱流较强，往往引起强烈颠簸，因而应尽量避免在这种云内飞行。

（5）飞行人员及乘客应及早系好安全带，以免发生颠簸时人员抛离座位而受到伤害。例如，1991 年 5 月 22 日，中国民航一架 B-767 飞机从上海飞往北京时，在济南以南 90 km 处 9 000 m 高空遇到急流区的晴空颠簸，造成 4 位乘务员和旅客多人受伤。

5.4.6 晴空乱流

目前涡轮喷气大型运输机的巡航高度，一般都在 9~12 km，这恰在对流层上层和平流层最低层。因此，飞机一般都在云上或全在晴空飞行。飞行实践证明，在无云区高空也存在着大气湍流，这就是我们所称的晴空乱流及它引起的高空晴空颠簸（CAT）。

晴空乱流是指出现在 6 000 m 以上高空且与对流云无关的乱流。晴空乱流以 10 km 高度附近出现最多，出现时湍流区与无湍流区往往有明显边界，其间没有过渡带。飞机一旦进入湍流区，往往突然产生颠簸。湍流区的水平宽度约为 100 km，顺着风向的长度约 200 km，厚度多在 200 ~ 1 500 m。

晴空乱流通常发生在空中气温水平梯度较大和风切变较大的地区，在风的垂直切变每 100 m 达到 1 ~ 2 m/s，水平切变每 100 km 达到 5 ~ 6 m/s 的区域，常有晴空湍流发生。如果高空存在某些天气系统如急流、锋区、槽线、低涡等，它们造成了温度与风的急剧变化，在这些区域就会出现晴空乱流。

5.4.6.1 晴空乱流的判断

1. 与急流有关的晴空乱流

飞机感受到的大气湍流多半发生在空中温度水平梯度较大和风切变较大区域。在高空急流区附近，因存在较强的风速切变及温度平流变化，常有晴空颠簸出现。晴空颠簸最有可能出现的地方是锋面急流的极地一侧。

（1）在 250 hPa 或 200 hPa 等压面图上，一般在急流轴附近高空槽中的冷平流大于 5 ℃/100 km，是产生晴空颠簸的重要指标，如图 5.126 所示。

（2）急流彼此靠近到 500 km 以内时，在汇合区产生晴空乱流的频率很高。由于南支急流轴位置高于北支急流，后者常在前者下方穿过，于是加大了汇合区气层的垂直切变和静力稳定度。晴空湍流区垂直厚度为两支急流之间的垂直距离。在汇合区当垂直切变大于（3 m/s）/（100 km）时，可有中度以上的颠簸，如图 5.127 所示。

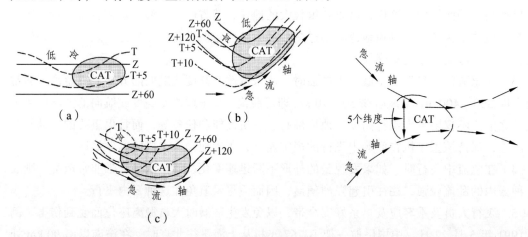

图 5.126　急流轴附近高空槽内冷平流中的晴空颠簸区　　　图 5.127　两支急流汇合区出现晴空颠簸的部位

（3）在高空高压脊发展增强（向北伸展）且急流通过时，在轴线两侧可出现中度以上的晴空颠簸。颠簸层厚度为最大风速高度上下各伸展 1 000 m 或再多一些（见图 5.128）。

（4）地面上有气旋新生时，在急流轴北侧及地面气旋新生区以东，从高空脊线往上、下游各 500 km 的范围内有晴空乱流（见图 5.129）。

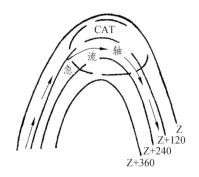

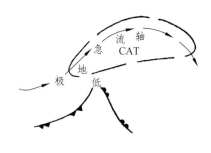

图 5.128　与增强的高压脊相伴随的晴空颠簸　　　图 5.129　地面气旋上空的晴空颠簸

2. 与天气系统有关的晴空乱流

1）晴空乱流与高空锋区

锋面附近存在较大的水平风切变和温度梯度，是湍流容易出现的地方。产生晴空颠簸的高空锋区常与高空急流相配合，飞机顺急流飞行时一般是没有颠簸的，但当急流穿过高空锋区两侧时，飞机常遇到气温在短距离内变化较大、风的水平切变大的情况，此时就会产生颠簸。因此，要特别注意在急流中的等温线密集地带两侧的飞行。

2）晴空乱流与高空气压场

报告显示，当急流接近槽线时常能碰到晴空颠簸。根据 300 hPa 或 200 hPa 高空图上风场的类型，可以判断出晴空湍流的位置。如图 5.130（a）所示，一个快速移动的、槽线两侧风向切变很大的深槽中，尽管风速比急流中的风速小，但在槽线附近仍可能有晴空湍流。晴空湍流还可能出现在高空闭合低压的周围，特别是在气流汇合区和疏散区 [见图 5.130（b）]，以及低压槽的东北部区 [见图 5.130（c）]。

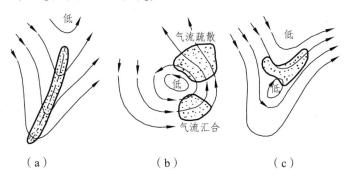

图 5.130　晴空湍流与高空气压场

3）对流层顶

在对流层顶附近，尤其在对流层顶有断裂现象和对流层顶坡度较陡时，往往有较强的风切变，因此有较强的晴空乱流出现。

5.4.6.2　晴空乱流与飞行

在晴朗碧空的天气下，飞行员看不到外界任何一点引起颠簸的迹象，完全在不知不觉的情况下飞进乱流区。高空晴空颠簸一般为中度以上颠簸，对飞行安全有很大影响。所以，每次飞行前，应该详细了解航线附近天气，判断有可能出现晴空乱流的区域，提前做好准备；在飞行中应密切注意大气温度和风的急剧变化。当进入颠簸区后，应沉着冷静，柔和操纵，视具体情况，迅速脱离颠簸区。

5.4.7 山地背风波

在山的背风面经常可以观测到与山平行的呈带状的云，两个云带之间为晴天。这些地形云移动很慢，即使在云的高度上风很大，可是云并不被风吹走；或者被吹走后仅几分钟内，在同一地区又有相同的云带出现。这说明在山脉的背风侧，气流在一定的地点上升，一定的地点下降，而呈波状运动。气流越山时，在一定条件下，会在山脊背风面上空形成波动气流，称山地背风波或地形波或驻波。

5.4.7.1 背风波形成的条件

背风波形成的基本条件有 3 个：

（1）气流越过的山脊不是孤立的山峰，而是长山脊或山岳地带。

（2）风向与山脊交角大，最好是正交；风速在山脊高度上一般不能小于 8 m/s，且从山脊到对流层顶，风速随高度的增加而保持不变。

（3）低层气层不大稳定，而上层气层稳定。

在满足以上条件时，在山的背风面一侧宽 2～200 km 范围内，就有背风波出现，其波长通常在 15 km 以下（见图 5.131）。

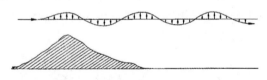

图 5.131　背风波的纵切面图

背风波形成以后，顺气流向下游传播，逐渐减弱消失。山脊越长，传播的距离越远。如果波动在传播中再遇到山脊，其影响情况取决于第二个山脊的位置。如果第二个山脊位于波动的上升气流区，则波动会因叠加而增强，传播距离增远；如果第二个山脊位于波动的下降气流区，则波动会减弱（见图 5.132）。

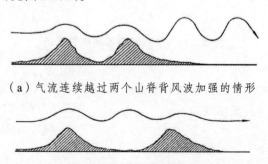

（a）气流连续越过两个山脊背风波加强的情形

（b）气流连续越过两个山脊背风波削弱的情形

图 5.132　背风波的叠加

山地背风波不同于直接在丘陵或山地附近产生的动力湍流。它是在强风通过山脉时，在下风方向形成的一系列波动或涡旋。其影响范围，在水平方向上可伸展几十千米至几百千米，向上可伸展到整个对流层。

5.4.7.2 背风波与对流的关系

在对流不稳定的大气里，地形波中的上升气流是激发对流发展的一种机制。如图5.133所示，原先在山脊上形成了雷暴云，过山时开始消散。短箭头表示消散雷暴云中流出的冷气流，由于它的下降速度较大，增大了雷暴前面地形波的振幅，引起盆地上空有新的雷暴单体形成。

我国的实际天气分析表明，有些地方山地背风面的年降水量比迎风面还多，而冰雹现象又往往产生在地形背风面。在云南、甘肃、陕西、河南、河北以及安徽等地都发现有上述情况，说明地形背风面的中小尺度天气系统的活动对局地暴雨和强对流天气起着重要作用。

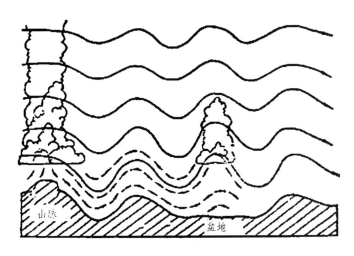

图 5.133 背风波激发对流发展

5.4.7.3 背风波对飞行的影响

（1）山地背风波中有明显的升降气流和乱流，可给飞行造成很大的影响。背风波中升降气流的垂直速度通常为 5 ~ 10 m/s，有时可达 25 m/s。飞机进入这种波动气流后，往往在一两分钟内可掉高度几百米，尔后又上升，如此反复多次，在夜间或云中飞行尤其危险。

（2）背风波中的下降气流不仅使飞机高度下降，也使气压式高度表读数偏高。因为气压式高度表是按标准大气刻度的，而标准大气是处于静力平衡状态的。在垂直方向上，静力平衡方程为

$$\frac{\partial p}{\partial z} = -\rho g$$

当有垂直运动时，垂直运动方程为

$$\frac{\partial p}{\partial z} = -\rho \frac{\mathrm{d}w}{\mathrm{d}t} - \rho g$$

式中　w——气流垂直速度；

　　　g——重力加速度；

　　　ρ——气流的密度。

在下降气流区，当 $\frac{\mathrm{d}w}{\mathrm{d}t} < 0$ 时，则 $-\rho \frac{\mathrm{d}w}{\mathrm{d}t} > 0$，可知 $\frac{\partial p}{\partial z} > -\rho g$，气压 p 随高度 z 的变化比标准大气要大，气压式高度表的读数会高于实际高度。在垂直加速度大的地方，高度表读数和实际高度的误差会更大。另外流经山脊的气流速度增大，使静压力降低，也使气压式高度表的示度偏高。这两项作用的结果，一般可能使表高偏高几百米，有时可达 1 km。

由于高度表指示偏高又恰恰发生在下降气流中，这时飞机的实际高度下降，因此高度表上数字变化并不大。机组不易发现飞机的高度在下降，所以极易导致严重事故。

（3）山地背风波波峰处的风速比波谷处大，另外还有阵风，其强度比一般雷雨所出现的风速还要大。由于背风波中垂直气流和水平气流都存在明显的差异，因而常有乱流造成飞机颠簸。在波脊和波谷的地方，有时还会出现一种垂直方向上的涡旋，称为滚转气流（Rotor Streaming）（见图 5.134）。在它出现的地方，有强大的升降气流和乱流，会使飞机产生严重颠簸。这些乱流在山顶高度以上和以下都有，最强的乱流出现在背风波区比山顶稍低的地方。

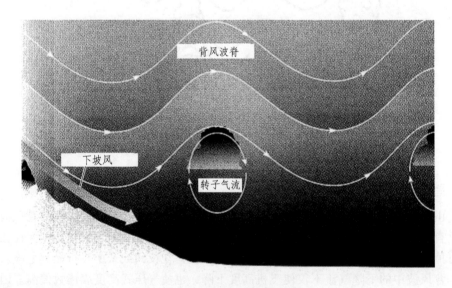

图 5.134　背风波中的滚转气流

能够指示有山地波存在的云是山帽云、滚轴云和荚状云（见图 5.135）。山帽云是气流沿山坡上升时水汽凝结而形成的，云底贴近或遮住山顶，在背风坡下沉气流中逐渐消失。滚轴云的出现表明该处有滚转气流，它看起来像一条平行于山脊排列成行的积云，在滚轴云中及云下的湍流区内飞行是极其危险的。荚状云出现在山脉下风方向，云块位置很少变动，有时即使被风吹散了，在原处很快又有新的荚状云形成，这种荚状云称为静止荚状云。在山区飞行时，机组可以通过这几种云来识别有无背风波存在，从而设法避开它。当然，空气干燥时不会有这些云生成，但山地波照样存在。

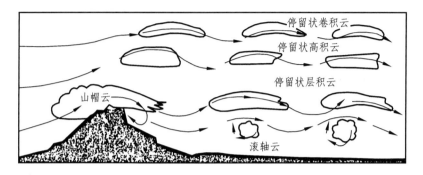

图 5.135　背风波中的云

飞行技术专业系列教材

飞行员航空理论教程

第 3 版（中册）

主编　赵廷渝　朱代武　杨　俊

主审　李勇军

西南交通大学出版社

·成 都·

目　录

6 航空气象资料

有了基本的航空气象知识以后，还要能识别和分析所得到的航空气象资料，这些资料包括各种气象探测资料、航空天气报告和预报。这些资料有的是图表，有的是电报。飞行人员要能识别和分析图表资料，能翻译电报资料，才能了解和掌握飞行区域内的天气，并利用天气，做到安全顺利的飞行。

6.1 常用气象资料

最常用的气象资料有天气图、卫星云图和雷达图。

6.1.1 天气图

天气图是填有各地同一时刻的气象观测记录的特种地图，它能描述某一时刻一定区域内的天气情况。世界各地的气象台站按规定的时间和技术要求对大气进行各气象要素和天气现象的观测，并将观测结果及时传送到各区域气象中心。各气象台站再从区域中心收到各地的气象资料并送到自动填图系统，通过计算机将天气资料填写在特制的地图上。这种图经过分析就成为一张天气图。天气图主要包括地面天气图和空中等压面图。

6.1.1.1 地面天气图

地面天气图是用地面观测资料绘制的，是填写气象观测项目最多的一种天气图。

1. 单站填图格式及内容

地面天气图单站填图内容和格式如图 6.1 所示。

图中间的圆圈表示测站，它的位置就是气象台站的地理位置，所填的各气象要素与站圈的相对位置都是固定的（风除外）。各项目的含意和表示方法说明如下：

（1）总云量：为十分制云量，用表 6.1 中的符号表示。

图 6.1 地面天气图单站填图格式

表 6.1 总云量的符号

符号	◯	◍	◕	◔	◑	◒	◐	◑	●	⊗
总云量	无云	1 或小于 1	2~3	4	5	6	7~8	9~10	10	不明

（2）高云状、中云状、低云状：以表 6.2 中的符号表示。

表 6.2　云状填图符号

符号	低云状	符号	中云状	符号	高云状
不填	没有低云	不填	没有中云	不填	没有高云
⌒	淡积云	⌐	透光高层云	⌐	毛卷云
△	浓积云	⫝̸	蔽光高层云或雨层云	⌐	密卷云
△	秃积雨云	ω	透光高积云	⌐	伪卷云
⟠	积云性层积云或向晚层积云	ζ	荚状高积云	?	钩卷云，有系统侵盖天空
⌣	层积云（非积云性层积云或向晚层积云）	⫶	成带或成层的透光高积云，有系统侵入天空	⫝	卷层云（或伴有卷云）系统侵盖天空，高度角不到45°
—	层云或碎层云	⋈	积云性高积云	2	卷层云（或伴有卷云）系统侵盖天空，高度角超过45°
- - -	碎雨云	⊗	复高积云或蔽光高积云，或高层云、高积云同时存在	⫡	布满天空的卷层云
⋈	不同高度的积云和层积云	M	堡状或絮状高积云	⌐	未布满天空的卷层云
⊠	砧状积雨云	⊠	混乱天空的高积云	⊠	卷积云

（3）低云量：以十分制的实际云量数表示。

（4）低云高：以数字表示，单位为百米（hm）。

（5）气温、露点温度：以数字表示，单位为摄氏度（℃）。

（6）现在天气现象：表示观测时或前 1 h 内出现的天气现象，以表 6.3 中的符号表示。

（7）地面能见度：以数字表示，单位为千米（km）。

（8）海平面气压：以数字表示，但只填十位、个位和十分位，不加小数点，单位为百帕（hPa）。如海平面气压为 1 015.2 hPa，图上只填 152；若海平面气压为 998.4 hPa，图上只填 984。

（9）3 h 气压变量：为观测时的气压值与 3 h 前的气压值之差，单位为 hPa，最后一位为小数。数字前若标有"＋"号，表示 3 h 内气压是上升的；数字前若标有"－"号，表示 3 h 内气压是下降的。

（10）过去天气现象：表示观测前 6 h 内出现过的天气现象，以表 6.4 所列符号表示。

表 6.3　现在天气现象的符号

符号	说明	符号	说明	符号	说明	符号	说明	符号	说明
不填	云的发展情况不明	≡	轻雾	＇｜	观测前一小时内有毛毛雨		轻或中度的沙(尘)暴,过去一小时内减弱		近处有雾,但过去一小时内测站没有雾
○	云在消散,变薄	═	片状或带状的浅雾	●｜	观测前一小时内有雨		轻或中度的沙(尘)暴,过去一小时内无变化		散片的雾(呈带状)
─○	天空状况大致无变化	═	层状的浅雾	✳｜	观测前一小时内有雪		轻或中度的沙(尘)暴,过去一小时内增强		雾,过去一小时内变薄,天空可辨
○̇	云在发展,增厚	＜	远电	✳｜	观测前一小时内有雨夹雪		强的沙(尘)暴,过去一小时内减弱		雾,过去一小时内变薄,天空不可辨
⌐	烟幕	⊙	视区内有降水,但未到地面	⌒	观测前一小时内有毛毛雨或雨,并有雨凇		强的沙(尘)暴,过去一小时内无变化		雾,过去一小时内无变化,天空可辨
∞	霾	)●(	视区内有降水,但距测站较远(5千米以外)	▽｜	观测前一小时内有阵雨		强的沙(尘)暴,过去一小时内增强		雾,过去一小时内无变化,天空不可辨
S	浮尘	(●)	视区内有降水,在测站附近(5千米以内)	▽｜	观测前一小时内有阵雪,或阵性雨夹雪		轻或中度的低吹雪		雾,过去一小时内变浓,天空可辨
＄	测站附近有扬沙	(R)	闻雷,但测站无降水	△｜	观测前一小时内有冰雹或冰粒,或霰(或伴有雨)		强的低吹雪		雾,过去一小时内变浓,天空不可辨
(S)	观测时或观测前一小时内视区有尘卷风	Ｙ	观测时或观测前一小时内视区有飑	☰	观测前一小时内有雾		轻或中度的高吹雪		雾,有雾凇,天空可辨
(S)	观测时视区内有沙(尘)暴,或观测前一小时内视区(或测站)有沙(尘)暴	)(	观测时或观测前一小时内有龙卷	(R)	观测前一小时内有雷暴(或伴有降水)		强的高吹雪		雾,有雾凇,天空不可辨
＇	间歇性轻毛毛雨	●	间歇性小雨	✳	间歇性小雪	▽	小阵雨	▲	中常量或大量的冰雹,或有雨,或有雨夹雪
＇＇	连续性轻毛毛雨	●●	连续性小雨	✳✳	连续性小雪	▽	中常或大的阵雨	(R)	观测前一小时内有雷暴,观测时有小雨
＇	间歇性中常毛毛雨	●	间歇性中雨	✳	间歇性中雪	▽̇	强的阵雨	(R)	观测前一小时内有雷暴,观测时有中或大雨
＇	连续性中常毛毛雨	●●	连续性中雨	✳	连续性中雪	✳▽	小的阵雨夹雪	(R)	观测前一小时内有雷暴,观测时有小雪,或雨夹雪,或霰,或冰雹
＇	间歇性浓毛毛雨	●	间歇性大雨	✳	间歇性大雪	✳▽	中常或大的阵雨夹雪	(R)	观测前一小时内有雷暴,观测时有中或大雪,或雨夹雪,或霰,或冰雹
＇	连续性浓毛毛雨	●●	连续性大雨	✳✳	连续性大雪	✳▽	小阵雪	(R)	小或中常的雷暴,并有雨或雨夹雪或雪
∿	轻毛毛雨并有雨凇	∿	小雨并有雨凇	↔	冰针(或伴有雾)	✳▽	中常或大的阵雪	(R)	小或中常的雷暴,并有冰雹,或霰,或小冰雹
∿	中常或浓毛毛雨并有雨凇	∿	中或大雨并有雨凇	△	米雪(或伴有雾)	△▽	少量的阵性霰或小冰雹或有雨,或有雨夹雪	(R)	大雷暴,并有雨,或雪或雨夹雪
＇	轻毛毛雨夹雨	●	小雨夹雪或轻毛毛雨夹雪	✳	孤立的星状雪晶(或伴有雾)	△▽	中常量或大量的阵性霰或小冰雹,或有雨,或有雨夹雪	(R)	雷暴伴有沙(尘)暴
＇	中常或浓毛毛雨夹雨	✳●	中常或大雨夹雪,或中常或浓毛毛雨夹雪	△	冰粒	▲▽	少量的冰雹,或有雨,或有雨夹雪	△(R)	大雷暴,伴有冰雹,或霰,或小冰雹

表 6.4　过去天气现象的符号

符号	不填	◐	●	⇄/⇅	≡/∞	＇	┇	✳	▽/✳	(R)
过去天气现象	云量不超过5	云量变化不定	阴天或多云	沙暴或吹雪	雾或霾	毛毛雨	雨	雪或雨夹雪	阵性的降水	雷暴

321

（11）降水量：表示观测前 6 h 内的降水量，以数字表示，小于 0.1 mm 用 "T" 表示，单位为毫米（mm）。

（12）风向、风速：风向以矢杆表示，矢杆方向指向站圈，表示风的来向。风速以长短矢羽表示，见表 6.5。

表 6.5　地面天气图上风的表示

符　号	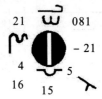				
速度（m/s）	0	1	2	3～4	19～20

根据以上说明，就可以阅读每个测站的天气资料了。如图 6.2 所示的实例，从图中可以看出：该站的总云量为 9～10，即云量大于 9，但小于 10；高云状是毛卷云，中云状是高积云，低云是层积云，低云量为 5，云高 1 500 m；有东南风，风速 2 m/s；现在天气现象有烟幕，能见度 4 km；气温 21 ℃，露点 16 ℃；海平面气压 1 008.1 hPa，3 h 气压变量为 – 2.1 hPa。

图 6.2　地面图上单站资料

2. 地面天气图的分析

1）等压线和气压系统

等压线是地面天气图上气压相等的点的连线，它用黑色实线表示。等压线每隔 2.5 hPa 画一条，其数值规定为 1 000.0 hPa、1 002.5 hPa、1 005.0 hPa 等，其余依此类推。

分析了等压线后，就能清楚地看出气压在海平面上的分布情况。由闭合等压线构成的高压中心标有蓝色 "G 或 H" 字，其下部注有最高中心气压值；低压中心标有醒目的红色 "D 或 L" 字，其下部注有最低中心气压值；台风中心标有红色 "ϐ" 符号（见图 6.3）。

2）3 h 变压中心

将 3 h 正变压或负变压较大的地区用等变压线圈出，称为 3 h 变压中心。正变压中心标出蓝色 "+" 号和中心值；负变压中心标出红色 "–" 号和中心值。中心标出该范围内的最大变压值的数值，包括第一位小数在内，如图 6.4 所示。3 h 内的气压变化 Δp_3，反映了气压场的最近变化状况，使人们能分析出天气系统的变化趋势。

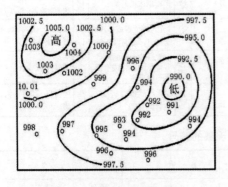

图 6.3　天气图上的等压线

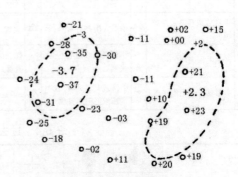

图 6.4　3 h 变压中心

322

3）天气区

为了使某些主要天气现象分布状况更加醒目，可用不同色彩和符号将其标出。表 6.6 为几种主要天气区的标注方法。

表 6.6　主要天气区的表示

天气现象	成片的		零星的		说明
连续性降水	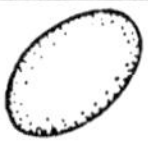 ⬭ 绿色 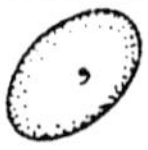	 ⬭ 绿色	⃫ 绿色	＊＊	除雨以外,其他性质的降水均应标注符号
间歇性降水	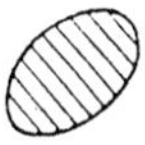 ⬭ 绿色 	 ⬭ 绿色	⃫ 绿色	＊	除雨以外,其他性质的降水均应标注符号
阵性降水	▽ 绿色	 ▽ 绿色 	▽ 绿色	▽	过去天气和现在天气中的阵性降水均应标注
雷暴	 ℞ 红色	℞ 红色	℞	过去天气和现在天气中的雷暴均应标注
雾	 ⬭ 黄色	≡ 黄色		
沙（尘）暴	 S 棕色	S 棕色		
吹雪	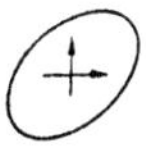 ＋ 绿色	＋ 绿色		
大风	 ⬭ 棕色	⬱ 棕色		凡地面图上填写的风速在 12 m/s（即 6 级）以上,均应标注,其方向与实际风向相同

4）锋　线

锋线常用彩色实线表示，单色图上用黑粗线加符号表示。表 6.7 是几种常见锋线的符号。

表 6.7　常见锋线的符号

锋的种类	地面天气图上的符号	单色印刷图上的符号
暖锋	 ▬▬▬ 红	◖●◗◖●◗
冷锋	▬▬▬ 蓝	▲▲▲
准静止锋	 ▬▬▬ 红蓝	◖▲◗◖▲◗
锢囚锋	▬▬▬ 紫	▲●▲●

图 6.5 是一张分析了的地面天气图。图中南京附近有一条冷锋，有一片连续性小雪天气区；银川地区有沙尘暴；桂林附近有一个雷暴区；箭头 M 所指是一个正变压中心。

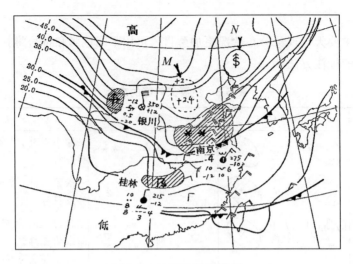

图 6.5　地面天气图举例

6.1.1.2　空中等压面图

因为天气现象是发生在三度空间里的，所以单凭一张地面天气图来分析天气，显然是不够的。为了详细观察三度空间的天气情况，除分析地面天气图外，还要分析空中等压面图（简称高空图），即填有某一等压面上气象记录的空中天气图。

1. 等压面图的概念

空间气压相等的点组成的面称为等压面。由于同一高度上各地的气压不可能都相同，所以等压面不是一个水平面，而是一个像地形一样起伏不平的面。

等压面的起伏形势可采用绘制等高线的方法表示出来。具体地说，将各站上空某一等压面所在的高度值填在图上，然后连接高度相等的各点，这样连成的线称为等高线。从等高线的分布即可看出等压面的起伏形势。如图 6.6 所示，p 为等压面，H_1，H_2，$\cdots$，H_5 为厚度间隔相等的若干水平面，它们分别和等压面相截（截线以一半实线一半虚线表示）。因每条截线都在等压面 p 上，故所有截线上各点的气压均等于 p，将这些截线投影到水平面上，便得出 p 等

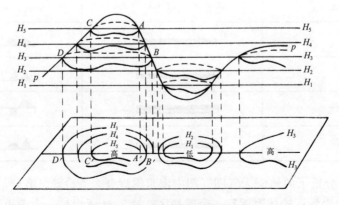

图 6.6　等压面和等高线的关系

压面上距海平面分别为 H_1，H_2，$\cdots$，H_5 的许多等高线，其分布情况如图 6.6 的下半部分所示。从图中可以看出，和等压面凸起部位相应的是一组闭合等高线构成的高值区，高度值由中心向外递减；和等压面下凹部位相应的是一组闭合等高线构成的低值区，高度值由中心向外递增。从图中还可以看出，等高线的疏密同等压面的陡缓相应。等压面陡峭的地方，如图中 AB处，相应的 $A'B'$ 处等高线密集；等压面平缓的地方，如图 CD 处，相应的 $C'D'$ 处等高线就比较稀疏。

2. 等压面附近水平面上的气压分布

分析等压面图的目的是为了了解空间气压场的情况。因为等压面的起伏不平现象实际上反映了等压面附近的水平面上气压分布的高低。例如，在图 6.7 中，有一组气压值为 p_1、p_0、p_{-1} 的等压面和高度为 H 的水平面。因为气压总是随高度而降低的，所以气压值小的等压面总是在上面：p_{-1} 等压面在最上面，而 p_1 等压面在最下面。在高度为 H 的水平面上，A 点处的气压最高（为 p_1），B 点处的气压最低（为 p_{-1}），所以 p_0 等压面在 A 点上空是凸起的，而在 B 点处是下凹的。由此可知，同高度上气压比四周高的地方，其附近等压面的高度也比四周高，表现为向上凸起，而且气压高得越多，等压面凸起得也越厉害（如 A点处）。同高度上气压比四周低的地方，等压面高度也比四周低，表现为向下凹陷，而且气压越低，等压面凹陷得也越厉害（如 B 点处）。因此，通过等压面图上等高线的分布，就可以知道等压面附近空间气压场的情况。高度值高的地方气压高，高度值低的地方气压低，等高线密集的地方表示水平气压梯度大，由此可推出其附近水平面上气压的高低及风的情况。

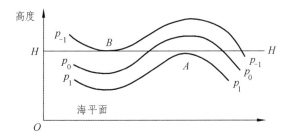

图 6.7　等压面的起伏与水平面上的气压分布

需要说明的是，这里用的高度不是几何高度，而是位势高度。位势高度是能量的单位，是指单位质量空气块在某高度上（离海平面）具有的重力位能（即位势），在米、千克、秒单位制中，位势的单位是 J/kg。为了计算方便，气象上取 9.8 J/kg 作为位势的一个新单位，叫位势米。如果用 H 表示位势米，在较小的垂直范围内，考虑重力加速度随高度变化不大，所以有 $H \approx Z$，即位势米在数值上与几何米相近，以位势米为单位的位势高度也与以几何米为单位的高度相近。等位势高度面实际上就是真正的水平面，而等几何高度面则不是，这就是气象上采用位势高度的原因。

等压面在空中呈起伏不平的形势，但每一等压面都大致对应某一固定高度。日常分析的等压面图及其对应高度如下：

（1）850 hPa 等压面图，其海拔约为 1 500 m。

（2）700 hPa 等压面图，其海拔约为 3 000 m。

（3）500 hPa 等压面图，其海拔约为 5 500 m。

（4）300 hPa 等压面图，其海拔约为 9 000 m。

（5）200 hPa 等压面图，其海拔约为 12 000 m。

通过对与飞行高度相对应的等压面图的分析，便可以了解航线上的气压分布情况。

3. 等压面图的填图格式及内容

等压面图上各测站填有气温、温度露点差、风向、风速以及等压面的高度（见图 6.8）。其中气温、风向、风速填法与地面图相同；气温露点差 ≥ 6 ℃时，填整数，其余则要填整数和小数点后一位数；等压面高度以位势米（或 10 位势米）为单位。

图 6.9 是两个实例，其中图（a）是 700 hPa 图，气温 4 ℃，气温露点差 5.2 ℃，等压面高度是 3 040 位势米，风向约 300°，风速 5 ~ 6 m/s；图（b）为 500 hPa 图，气温 −18 ℃，气温露点差 3.5 ℃，等压面高度 5 800 位势米，风向 210°，风速 25 ~ 26 m/s。

图 6.8　等压面图填图格式

（a）　　　　　（b）

图 6.9　等压面图单站举例

4. 等压面图的主要分析项目

1）等高线

等高线是等压面上位势高度相等的点的连线，用黑色实线表示。等高线一般间隔 4 位势米分析一条。因为等压面的形势可以反映出等压面附近水平面上气压场的形势，而等高线的高（低）值区对应于水平面上的高（低）气压区。因此，等压面上风与等高线的关系，和地面天气图上风与等压线的关系一样适合地转风关系。由于高空空气受地面摩擦的影响很小，因此等高线基本和高空气流的流线一致。

等高线和地面天气图上的等压线相似，它可以分析出高压、低压、槽、脊等气压系统的分布情况。高压、低压中心的标注方法与地面天气图相同，但不标注中心数值。

2）等温线

等温线是等压面图上气温相等的各点的连线，用红色实线表示，每隔 4 ℃分析一条，例如 −4 ℃、0 ℃、4 ℃等温线等。所有等温线两端须标明温度数值。气温比四周低的区域称冷中心，标有蓝色"L 或 C"字；气温比四周高的区域称暖中心，标有红色"N 或 W"字。

3）槽线和切变线

槽线和切变线在空中等压面图上都用棕色实线表示。

4）温度平流

由于冷暖空气的水平运动而引起的某些地区增暖或变冷的现象，称为温度的平流变化，简称温度平流。气流由冷区流向暖区，使暖区气温降低，叫冷平流；气流由暖区流向冷区，使冷区气温升高，叫暖平流。

由于等压面图上等高线的分布决定了空气的流向，所以根据等高线和等温线的分布情况就能判断温度平流的性质和大小。如图 6.10（a）所示，等高线与等温线呈一交角，气流由低值等温线（冷区）吹向高值等温线（暖区），这时就有冷平流。显然在此情况下，空气所经之处温度将下降。图 6.10（b）的情况恰好与图（a）相反，气流由高值等温线区（暖区）吹向低值等温线区（冷区），因而有暖平流。在此情况下，空气所经之处，温度将上升。图 6.10（c）中 AA′线所在区域等温线和等高线平行，此区内既无冷平流，又无暖平流，即温度平流为零。但 AA′线两侧的区域温度平流不等于零，其东侧为暖平流，西侧为冷平流。AA′正好是冷平流和暖平流的分界线，因此称为平流零线。

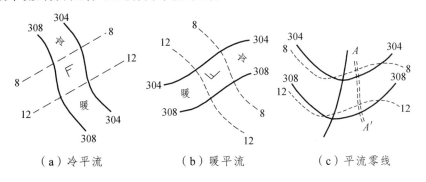

图 6.10　温度平流的分析

可见，只要等高线与等温线有交角，就有温度平流，如果二者平行，则平流为零。平流的强度显然与等高线和等温线的疏密程度以及二者交角的大小有关。如果其他条件相同，等高线越密，则风速越大，平流强度也越大；若其余条件相同，等温线越密，说明温度梯度越大，平流强度也越大；若其他条件相同，等高线与等温线的交角越接近 90°，平流强度也越大。

掌握了判断温度平流的方法，不仅可以直接判断温度的变化，而且还可以进一步根据温度的变化来推断气压场的变化，对掌握天气变化有重要意义。

5）湿度场

等压面图上填的气温露点差，可以大概表示空气的饱和程度，由各地的温度露点差，即可了解湿度的分布。如果需要了解详细一些，也可以画些等值线，像判断温度平流一样判断湿度平流。

下面是一张分析了的空中等压面图（见图 6.11）。图中细实线是等高线，虚线是等温线，AB 是槽线，EF 是切变线；我国华北有一个暖高压，日本北部有一个冷低压。

等压面图用于分析高空天气系统和大气状况。从图上可以了解各高度天气系统及其变化情况。再与地面图以及其他资料配合，可以全面了解、掌握天气系统的发生、发展和天气演变。常用的等压面图，比例尺为二千万分之一，范围为亚欧地区。图次为每天两次，08 时、20 时（北京时）。

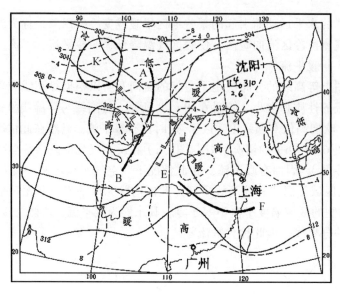

图 6.11　空中等压面图实例

除地面天气图和空中等压面图以外，天气图主要还有：小区域地面天气图、气象雷达回波图、卫星云图、物理量诊断分析图、辅助天气图、变压图、剖面图等。天气图能显示各种天气系统和天气现象的分布及相互关系，是分析天气变化、制作天气预报的基本工具，也是为飞行活动提供所需气象要素值和天气情况的基本工具。

6.1.2　卫星云图

携带各种观测仪器，从空间对地球进行气象观测的人造地球卫星称气象卫星。它可以提供包括海洋、高原、沙漠等全球范围的气象资料，可连续监视大范围的天气变化；对于一些在常规天气图上分析不出来的生消较快的中、小尺度天气系统，可以在卫星云图上清晰地观察到。因而气象卫星云图在航空天气预报中起着重要的作用。

6.1.2.1　气象卫星简介

目前使用的气象卫星按绕地球运行轨道可分为极轨气象卫星和地球同步气象卫星两类。

1. 极轨气象卫星

这类卫星环绕地球两极附近运行，轨道平面与赤道平面夹角（倾角）为 98°左右（见图 6.12）。轨道平面始终和太阳保持相对固定的取向，卫星几乎以同一地方时经过各地上空，所以又称太阳同步极轨卫星。卫星运行高度 800～1 000 km，运行周期约 100 min。由于卫星在固定的轨道上运行，地球不停地自西向东旋转，所以当卫星绕地球一圈，地球也相应地向东转过一定角度，从而使卫星能周期性地观测地球上空每点的气象资料，实现了卫星的全球观测。

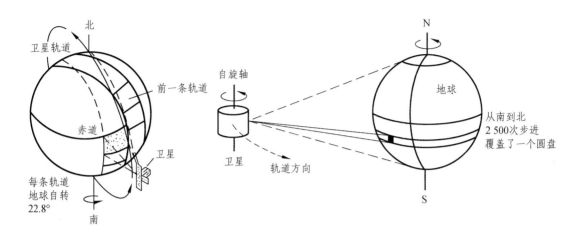

图 6.12　极轨气象卫星工作示意图　　　　图 6.13　地球同步气象卫星工作示意图

2. 地球同步气象卫星

这类卫星又称为静止卫星。它位于赤道上空（见图 6.13），其轨道平面与赤道平面重合，运行周期和地球自转周期相等。从地球上看，它静止在赤道某经度上空。这是一种高轨道卫星，运行高度约为 36 000 km。利用地球同步气象卫星可以每隔 20 min 获得一张图片。把每次观测所得到的云图照片以专门的方法储存在计算机中，从屏幕上连续显示出来，可清楚直观地看到云系的演变和发展过程。这对监视变化快、寿命短的中小尺度天气系统特别有效。卫星观测范围为南北纬度 50°、经度 100°左右，差不多等于地球表面的 1/3。

6.1.2.2　卫星云图的种类

常用的卫星云图有两种。气象卫星通过携带的电视照相仪和扫描辐射仪分别在可见光波段和红外波段感应地球和大气的光辐射，获得两种云图，即可见光云图和红外云图。

1. 可见光云图（VIS）

气象卫星在可见光谱段感应地面和云面对太阳光的反射，并把所得到的信号表示为一张平面图像，这就是可见光云图。由于不同性质的下垫面、不同类型的云面对太阳辐射有不同的反照率，相应地在云图上呈现出不同程度的黑白色调。白色表示反照率最强，黑色表示反照率最弱，这种黑白程度称为亮度（即色调）。按照云面和下垫面反照率的强弱，可把云图上的色调分为 6 个等级，如表 6.8 所示。

表 6.8　各种目标的一般色调

色调	目标物
黑色	海洋、湖泊、大的河流
深灰色	大面积森林、草地、耕地
灰色	陆地晴天积云、大沙漠、单独出现的卷云
灰白色	大陆上薄的中高云
白色	积雪、冰冻湖海、中等厚度的云
浓白色	大块厚云、积雨云、多层云

可见光云图上的色调取决于目标反射太阳辐射的大小。反射太阳辐射越大，色调越白，反之则暗。而目标反射太阳辐射的大小又取决于太阳辐射强度和目标的反照率两个因素，即对同一目标，卫星观测的季节和时刻不同，云图的色调也是有差别的。在一定的太阳高度角下，物体的反照率越大，其色调越白；反照率越小，色调就越暗。这时从可见光云图上的色调可以估计反照率的大小，从而区分各种物体。由于云与地表间的反照率差异很大，所以在可见光云图上很容易将云和地表区分开。

2. 红外云图（IR）

卫星将红外波段测得的辐射转换成图像就得到红外云图。辐射大的用黑色表示，辐射小用白色表示。色调越黑表示红外辐射越大，目标温度越高；反之，色调越浅，表示温度越低。这种云图所反映的是地表和云面的红外辐射或温度分布。如高云最白，中云次之，低云较暗呈灰色。因此，我们可以根据红外云图上色调的差异来判别云层的高低，从而看出云系的垂直结构。

由于大气和地表的温度随季节和纬度变化而变化，所以红外云图的色调表现出以下几种特征：

（1）红外云图上，地面、云面的色调随纬度和季节变化而变化。在红外云图上，从赤道到极地，色调越来越白，这是由于地面及云面的温度随纬度增高而减小的缘故。由于高纬地区地面与云之间、云与云之间的温差较小（这种情况冬季最明显，而且尤其在夜间），要区别冷地表与云、云的类型就比较困难。

（2）红外云图上海陆色调对比随季节变化而变化。在冬季中高纬度地区，海面温度高于陆面温度，所以海面的色调比陆面要暗。但在夏季，陆面的温度高于海面温度，这时陆面的色调比海面要暗。附图1中（a）、（b）是两张不同季节的红外云图，在图（a）中，辽东半岛、山东半岛、朝鲜半岛因白天太阳加热使地面温度升高，因而呈现灰暗的色调。毗邻的渤海、黄海呈现灰白色。在图（b）中，由于冬季陆地冷却，温度低于海面，海陆色调正好与图（a）中的相反。

总之，可见光云图和红外云图原理是不同的。比较一下，有些云和地表特征在两种云图上是相似的，有些则差异较大，见表6.9。

表6.9 可见光云图与红外云图的比较

红外云图							
	黑				沙漠（白天）		暖海洋
	深灰		层积云		晴天积云 沙漠（夜间）		冷海洋
	灰	厚云（厚） 雾（厚）		晴天积云 卷层云（薄）	纤维状卷云	青藏高原	高山森林
	浅灰	高层云（厚） 淡积云		纤维状卷云	高层云（薄）		
	白	密卷云多层卷层云 卷云砧，冰雪地			消失中的卷云砧		宇宙空间
		白		浅灰	灰	深灰	黑
		可见光云图					

卫星云图上标有卫星名称、拍摄时间（世界时）、卫星所处的经纬度、国境线以及云图种

类。可见光云图用"VIS"表示，红外云图用"IR"表示。两种云图配合起来使用，比单独用一种更好些。一般说来，白天可以同时得到红外和可见光云图，而夜间只能得到红外云图。

6.1.2.3 地表特征分析

为了把卫星云图上的云和地表区分开，必须识别和熟悉各地区的地表特点。另外，卫星云图上地面特征的识别，对云图的定位很有帮助。我们可以将地表作为固定参照物进行定位，以修正定位中出现的误差。

在可见光云图上，云面、陆面和海面的反照率相差较大，较容易识别；云、冰雪的反照率相差较小，比较难以识别。

1. 陆地表面

陆地表面如果没有冰雪覆盖，在云图上一般表现为深灰色到浅灰色；有森林覆盖的陆地表面为深灰色，耕田、草原和牧场为中等程度灰色；沙漠黄土地区由于反照率较强表现为灰白色，稍不注意，就会误认为是云；小而薄的卷云，如果出现在较亮的沙漠表面上空，常常不容易识别。附图 2 是 1988 年 2 月 9 日 11：55（UTC）的可见光云图，图中 D 是撒哈拉沙漠，N 是尼罗河沿岸带状耕作区，V 是非洲热带雨林。

2. 水面（湖面和海面）

水面表现为黑色，在少云或无云的条件下，海洋上的岛屿、湖泊和大陆海岸线表现很清晰。

3. 冰雪覆盖区

如果地面有大片冰雪覆盖，在图片上表现为白色或灰白色，很容易与云相混，不易区分。但有冰雪覆盖的山脉，在图片上往往表现有树枝状的分权，明亮的区域是山脊，树枝的暗线表示山谷，且前后几天变化不大，而云的形状却变化较快。

一般来说，有雪覆盖的地表面，积雪超过 3 cm 时，雪面的反射才能在云图上表现出来，积雪越深，反射率越强。附图 3 显示了我国西南地区横断山脉的积雪，其中树枝状的黑线是山谷，其走向与河流方向一致。

6.1.2.4 卫星云图上云的识别

1. 识别云状的依据

在可见光云图上，一般根据图像的 6 个基本特征来判别云状。这 6 个特征是：结构形式、范围大小、边界形状、色调、暗影和纹理。其中 5 个基本特征（除去暗影）也可应用于红外云图。

1）结构形式

在卫星云图上，云系的分布式样即结构形式有带状、涡旋状、细胞状和波状等。云的结构形式能帮助我们识别云的种类和了解形成云的物理过程。例如，冬季洋面上的细胞状云系是冷空气从陆地到达洋面后变性引起的，云系以积状云为主，表现为细胞状，从而可以把它与海洋区别开来。又如台风、气旋云系具有涡旋结构，锋面、急流则表现为云带。附图 4 是北大西洋地区的 IR 图，图中显示了 A、B、N 3 个涡旋及其相联的云带和细胞状结构云系。

2）范围大小

云图照片上物像的大小，直接表明物像的尺度。例如，根据云图上云区的范围大小，可以识别是一个云的单体还是一个云团，或者是一大片云。云图上云系的尺度是与天气系统一致的。如对应锋面和急流的云系可以长达几千千米，台风云系约为几百千米，而洋面上的细胞状云系，只有几十千米。

3）边界形状

云图上的云和地表目标物都具有一定的形状，要区别图片上的物像是地表还是云，就应识别各种不同的云和物像的边界形状。云的边界形状因其形成原因而有一定规律，有直线的、圆形的，有呈气旋性弯曲的、有呈反气旋性弯曲的。例如，急流卷云的左界光滑，细胞状云系呈环状等。层云和雾的边界一般整齐光滑，边界的形状与地形走向相一致。

4）色　调

色调也称亮度或灰度，它指的是卫星云图上物像的明暗程度。在可见光云图上，由于色调与太阳高度角和目标反照率有关，对云而言，色调与云的厚度、云中粒子性质和云面光滑程度有关。一般来说，云的色调随云的厚度加大而变白。在云厚和照明条件相同的情况下，水滴组成的云比由冰晶组成的云要白；大而厚的积雨云在可见光云图上表现最白。在红外云图上，物像色调取决于其自身温度：温度越低，色调越白。在可见光云图中，薄的卷云几乎不能被发现。因为在陆地或水面上空，比较薄的卷云反照率较低，因此薄的卷云覆盖地区和地表面之间的色调差异很小，不易识别。而在红外云图上，同样的卷云仍然表现很亮，完全可以把它和较暖的（即较黑的）陆地和水面区分开来。

5）暗　影

暗影是指在一定的太阳高度角之下，高的目标物在低的目标物上的投影，所以暗影都出现在目标物的背光一侧，暗影可以出现在云区里或者云区的边界上，在云图上表现为一些细的暗线或者暗的斑点。分析暗影可以帮助我们识别云的相对高低，在识别暗影时，要注意将暗影和云的裂缝相区别。附图 5 是四川盆地上空的卷云的暗影。在图中，B 是大片均匀的中低云区，在可见光云图上色调明亮；A 为云区 B 上空的卷云，这片卷云在 B 云区上投有明显的暗影；云区 C 在云图上纹理不均匀，说明云顶高度不一。

在红外云图上不出现暗影，云的相对高低由色调决定：云顶越高，色调越白。

6）纹　理

纹理是用来表示云顶表面光滑程度的一个判据。由于云的种类不同、云顶高度不同、厚度不同而形成云的表面不一。有的表现光滑，有的表现为多起伏的皱纹和斑点，有的表现为纤维状。如雾和层状云的纹理一般很光滑和均匀，它表示云顶较平，在云区内云层的厚度差异很小。如果云的纹理表现为皱纹或斑点，则表明云的表面多起伏，云顶高度不一，如积状云就具有这种特征。卷云区常出现的是纤维状的纹理。

识别云的 6 个判据，往往综合起来判别云状以及云的各种情况。

2．云的识别

卫星云图上的云与地面观测的云有很多不同之处，最重要的一点是分辨率不同。如果地面观测到的云块小于卫星探测分辨率，在卫星云图上就不能辨认。目前，在卫星云图上可以识别以下几种云：卷状云、积雨云、中云、积云、浓积云、低云和雾。

1）卷状云（卷云、卷层云、密卷云、卷云砧）

卷状云主要由冰晶组成，透明度好，反照率低，因而在可见光云图上一般表现为浅灰色到白色不等，有时还可透过卷状云看到地面目标物。由于卷状云的温度比其他云都要低，所以在红外云图上表现为白色，与地表、中低云之间形成明显的反差，因而卷状云在红外云图上表现最清楚。卷状云多带有纤维状纹理。附图 6 是 2001 年 5 月 22 日 14：32 时的红外云图。图中，我国内蒙古北部和太平洋上有大片卷云区，卷云中的纤维状纹理清晰可见，与高空风的走向一致。

2）积雨云

卫星云图上的积雨云常常是几个雷暴单体集合而成的。在可见光云图及红外云图上都表现得很白亮，呈浓白色，云顶比较光滑，在积雨云的边界上常有纤维状的卷云砧；有时在积雨云区上空高空风速甚小（在 500 hPa 上风速小于 7 m/s），则没有卷云砧出现，积雨云表现为一个个近乎圆形的明亮孤立的单体；有时候在热带地区可见到一团团的积雨云合并成大片白色的卷云区。附图 7 显示了我国南方夜间的积雨云团群 A、B、C，其四周仅有一些短的卷云羽，表明该处高空风较小。附图 8 为我国青藏高原南侧高空风很大时的积雨云团，G、H、D 表现为上风边界整齐，下风方向处出现卷云砧，云系色调越来越暗，积雨云母体处色调很白。

3）中云（高层云和高积云）

在卫星云图上，由于高积云云块远小于卫星仪器的分辨率，所以无法将高层云和高积云区分开，只能将高层云和高积云统称为中云。中云在卫星云图上常表现为一大片，范围可达 2～20 万 km^2，云区的表现形式有涡旋状、带状、线状或逗点状。在可见光云图上与锋面气旋相联的中云色调很白，纹理均匀，呈一大片或带状，常伴随着雨层云，同时有降水出现。

在中纬度地区，中云的高度较高（4～6 km）。在可见光云图上也可出现暗影区，但不如卷云明显；如果中云下面没有低云，则其色调从灰色到白色不等。如果只有一层薄的中云，其色调表现为灰色。

中云区内有时有斑点，这是由于云区内厚度不一或有对流造成的。由于中云大多数出现在卷云下面，所以一般不易把中云和卷云区别开来。只有在气旋或锋面边缘处或在破碎的孤立云区中，才能直接见到中云。

在红外云图上，中云一般表现为浅灰色，云区的边界不清楚。附图 9 显示了与锋面气旋相联系的中云的情况，图中 M-N 是与气旋相联的中云区，R 处表现为多起伏，说明该处云层厚薄不一，云中有对流，色调最白处与降水相联。

4）积云、浓积云

在卫星云图上看到的积云和浓积云实际上是积云群，常表现为云线、云带或细胞状结构，云区边界清楚，但形状不整齐，其纹理表现为有皱纹、多起伏和不均匀（见附图 10）。在可见光云图上的纹理不均匀是由于积云内部高度不一、厚度参差、云的形状不规则以及有暗影等原因造成的。在红外云图上的纹理不均匀则是由于云区内对流云顶高度不一而使云顶温度不一致引起的。对流较强的浓积云云顶较冷，色调较白，对流较弱的积云云顶较暖，色调较暗，由此造成暗淡相间的纹理。附图 11 是台湾岛上空的积云和浓积云的可见光云图。晴天积云的色调，由于和地表的色调差异很小，因而不容易识别，只是表现为比地表色调稍淡一些的模糊区域。

5）低云（层积云、层云和雾、雨层云）

（1）层积云：由于层积云是在大气的乱流混合中形成的，所以在可见光云图上表现为多起伏的球状云区，并常是一大片或呈带状，在洋面上呈球状的闭合细胞状云系（见附图12）。层积云的范围可以相差很大，大体上与地面风速为弱风到中度风区域相一致。在冷锋后由于高云很少，层积云的结构很明显，在大陆上由于层积云的反照率较低以及层积云往往是断裂、稀疏分布的，所以表现为灰色。在洋面上，由于水汽丰富，层积云一般密蔽天空，云顶也较均匀，故常呈白色，与中云的色调相似。

在红外云图上，由于层积云高度比较低，云顶温度较高，色调表现为浅灰到深灰色。

（2）层云和雾：由于卫星观测无法判断云底是否到达地面，所以云图上不能将层云和雾区别开，层云和雾的特征在云图上是类似的。

在可见光云图上，层云和雾表现为一片光滑均匀的云区，其色调从白色到灰色，这主要取决于云的稠密程度和太阳的高度角。如果层云与雾很厚（超过300 m），则色调呈白色。层云和雾区的边界很清楚，常和地形（如海岸线、山脉、河谷）走向一致。层云和雾的这种特性是识别它的主要依据之一。附图13（a）、（b）分别为上、下午的VIS云图。在上午云图中，黄海雾区伸至陆地；到下午，云图中陆地上的雾消散，海雾西界与海岸线相一致。

由于层云和雾的云顶高度很低，云层厚度很薄，所以一般看不到暗影。在红外云图上，层云和雾表现为灰色，纹理均匀；在夜间，近地面若有逆温层存在，层云或雾区的温度反而比四周无云区地面温度要高，因而云（雾）区的色调反而比四周无云区地表面显得更黑，这种现象在红外云图上称为"黑层云"或"黑雾"。

（3）雨层云：在可见光云图上，雨层云的色调从白到灰白不等，当太阳高度角较低时，可以在雨层云中出现纹线。一般说来，雨层云出现在锋面云带中，另外，在热带季风云系中也可以见到。

在红外云图上，雨层云表现为均匀的浅灰色。

6.1.2.5　天气尺度云系

我们在卫星云图上识别出不同种类的云以后，接着就要分析各类云的大范围分布。卫星云图上范围在 500～5 000 km 的云系称为天气尺度云系。各种大范围云系的分布表现为与某些天气系统和大气物理过程有关的特征性云型。因此，通过对天气尺度云系分布的分析，便能从云图上识别各类天气系统，并判断其发展情况，这对天气分析和航线天气预报有极大的帮助。

1. 带状云系

带状云系是指一条大体上连续的云带，它具有明显的长轴，长宽比至少为 4∶1。如果云系的长与宽之比小于 4∶1，则称该云系为云区。若带状云系的宽度大于一个纬距，称为云带，宽度小于一个纬距的称为云线。

带状云系大多数为多层云系，云的种类可以是卷状云，也可以是积状云或层状云。一般锋面、急流、热带辐合带等都表现为带状云系。

云线在卫星云图上有积云线和卷云线两种。积云线由积云、浓积云组成，在可见光云图上表现清楚。低压后部的冷气团中，常见到积云线，这些积云线的走向指示了低空风的方向；

在高空急流里也常能见到一条条的卷云线，卷云线在红外云图上很清楚，它指示了高空风的方向。

2. 涡旋云系

在卫星云图上，涡旋云系是指一条或数条云带或云线以螺旋形式旋向一个共同的中心。这类云系一般和大气中的气旋性涡旋相联系，识别这种云系可以确定大气中一些重要的低压中心的位置，并判断气旋性扰动发展的阶段。发展完好的温带气旋、成熟的台风等，螺旋结构表现很明显。附图 14 是爱尔兰西南方的一个发展完好的气旋，主要云带围绕气旋中心旋转一圈以上，螺旋结构十分清楚。附图 15 是一个成熟的台风，其涡旋云系近于圆形。

3. 逗点云系

逗点云系是涡旋云系的一种，云系形状像标点符号中的逗号，常出现在西风带高空槽前部，由中高云组成，色调很白。发展完好的逗点云系，在地面常有低压系统相对应，附图 16 就是一张逗点云系的红外云图。

4. 细胞状云系

细胞状云系主要出现在湖面和洋面上。在冬季，当冷锋移到洋面时，锋后的冷空气由于受暖洋面的加热作用，气层很不稳定，引起强烈对流，造成大片的积云区，这种由大片的积云组成的云系就称为细胞状云系。每个细胞直径为 40～80 km，由于它的尺度较大，一般不能在地面上观测到。凡是出现细胞状云系的地区，风速垂直切变都较小。如果风的垂直切变较大，细胞状云系也就被破坏了。

细胞状云系可分为两大类：未闭合的细胞状云系和闭合的细胞状云系。

（1）未闭合的细胞状云系：是指每个细胞中心部分是晴空少云区，而在边缘是云区，细胞形状表现为指环形或"U"字形。这类细胞状云系主要是由浓积云或积雨云组成的，因此常在气温和海水温度差异较大、对流比较强的地区形成。附图 17 是在北大西洋上出现的未闭合细胞状云系的可见光云图，图中，C 是气旋云系中心，A 处是围绕这中心的大片未闭合细胞状云系。

（2）闭合的细胞状云系：每个细胞中心是云区，而在细胞的边缘却是无云或者少云区。这类细胞状云系主要由层积云组成。形成这种云时，海水与空气之间的温度差异较小，对流比较弱（见附图 12）。

细胞状云系与地面、高空的流场有一定的关系。一般情况下，未闭合细胞状云系出现在低空气流呈气旋性弯曲的地区，即地面气压场上低压后部等压线表现为气旋性弯曲的地区。闭合细胞状云系出现在低空气流呈反气旋性弯曲的地区，即地面气压场上高压东南部等压线表现为反气旋性弯曲的地区。

细胞状云系一般出现在洋面上。在中纬度地区，强寒潮冷锋之后以及夏季青藏高原上也可以见到。

5. 波状云系

在卫星云图上，有时可以看到排列整齐、有波纹状结构的云系，称为波状云系。它有以下两种：

1）山脉背风坡后由重力波造成的云系

山脉背风坡上空产生的波状云和山脉的走向一致，平行排列。附图 18 中 G 处是东北—西南向的山脉，在山脉下风方向的 O 处形成了一系列十分清晰的波状云，走向平行于山脉，并且横跨整个西北气流。在这些地区飞行会发生强烈的颠簸。

2）高空急流区中的横向波动云系

高空急流里的波状云系以卷云线的形式出现，波状卷云线的方向与急流轴正交，并使急流云系的左边界表现为扇贝状或锯齿形。当有横向波动出现时，风速都很强，一般大于 40 m/s。这种横向波动云线是风的水平切变的结果。由于水平切变，使得卷云线在云区内离开急流轴，最远的一些云线末端朝上风方向旋转。飞机探测表明，横向波动云线中的乱流，比表面光滑的盾状卷云区或带状卷云区中要强得多，所以飞机在这种云区中常常会遇到严重的颠簸。附图 19 是 GOES 卫星的可见光云图，显示了直气流中的横向云带和扇贝状卷云，虚线包围的范围为中或强的湍流区。

6.1.2.6　重要天气系统的云图特征

1. 锋面云系的特征

在卫星云图上，锋面往往表现为带状云系，称为锋面云带。锋面云带往往有数千千米长，其宽度差异很大，窄的只有 2～3 个纬距，宽的可达 8 个纬距。锋面云带常常由多层云系组成，最上一层是卷状云，下面是中云或低云。

1）冷　锋

活跃的冷锋表现为与涡旋云系相联系的一条宽的、连续的、完整的云带，色调较白，平均宽度在 3 个纬距以上，长度有数千千米，离涡旋中心越远，冷锋云带越窄。云带边界清楚，呈明显的气旋性弯曲。高空风大体上平行于活跃的冷锋，云带为多层云系（以层状云为主），常伴有降水。

如果冷锋云带前界光滑，锋线就在云带的前界；如果冷锋云带后界光滑，锋线就在云带的后界。附图 20 是我国南方的冷锋云系，云带宽达 4 个纬距，左界整齐，且呈气旋性弯曲。云带后界光滑，因此锋线就定在云带的后界。

2）暖　锋

暖锋云带的主要特征是短而宽，一般只有几百千米长，宽为 300～500 km，云区呈反气旋性弯曲，并向冷空气一侧凸起。附图 21 是发展气旋中的暖锋云系，云系呈反气旋弯曲，以卷云为主，暖锋定在暖锋云系下方的某个地方。夏季，云区里还可能有积雨云。

3）静止锋

静止锋云带与冷暖锋云带不同，它一般不呈气旋性或反旋性弯曲。高空风大体平行于锋，而且云带很宽，分布不均匀，边界不规则；有时，静止锋南界常伸出一条条枝状云线。静止锋云系在冬季以层状云为主，夏季云系内多积状云。附图 22 是我国南方冬季出现的静止锋云系，云区范围很宽，色调白亮而均匀。

4）锢囚锋

锢囚锋云带表现为一条宽约 300 km，且有较亮的气旋式螺旋的云带，其中心即地面气压中心。螺旋云带的后部边界一般很清楚，其后面常常是一条无云或少云带；螺旋云带的前部边界比较不清楚而且参差不齐。在红外云图上，接近螺旋的中心色调逐渐变暗，因为螺旋中心的云最低。附图23是一个具有冷暖锋结构的锢囚气旋，锢囚锋定在云带后界附近。

2. 高空急流云系

在卫星云图上，高空急流云系的特征有：

（1）急流卷云区位于急流轴南侧（北半球），其左界清楚且与急流轴平行。

（2）在急流呈反气旋弯曲的地方云系稠密，在急流呈气旋性弯曲的地方云系稀薄或消失，所以急流云系主要位于急流呈反气旋弯曲的地方。

（3）在可见光云图上，急流云系左界有明显的暗影，而且暗影呈反气旋弯曲的线状。

附图24是一条十分典型的副热带急流云系的卫星图像。整个云系由卷云组成，北部边界十分清晰，并略呈反气旋性弯曲，急流的强风带轴线就位于云系的边界处。云系西端位于孟加拉湾南支槽前，经长江口南，穿过日本南部海域抵达北太平洋中部，全长1万多千米。

附图25是中纬度地区出现的盾状急流云系的云图。这种急流云系的范围十分宽广，且呈反气旋弯曲的盾状，云区的左界光滑，与急流轴相平行，这种卷云常常可以在高空槽前部的锋区中看到。

当高空急流附近水汽条件不充分时，在高空急流区就没有大片卷云，只表现为一条条狭长的卷云线，这种卷云线大体上与风向相平行，并处于急流轴的南侧。由于这种卷云线是断裂的，所以不容易确定急流轴的位置。但根据卷云线可以推断高空风的风速：卷云线越狭长，边界越光滑，说明风速越大。

在高空急流云系中，时常可见到与急流轴相垂直的波状云线，使得急流轴的左界呈现锯齿形，这种云系称横向波动云系。附图26中，有一条条相互平行且与急流轴垂直的横向波动云线，左边是一片急流卷云线。飞机探测表明，在横向波动云线中的乱流，比表面光滑的盾状卷云区或带状卷云区中强得多，所以飞机在这种云区中常常会遇到严重的颠簸。当有横向波动出现时，风速都很强，一般大于40 m/s。这种横向波动云线是风的水平切变的结果。由于水平切变，使得卷云线在云区内离开急流轴，最远的一些云线末端朝上风方向旋转。

6.1.3　气象雷达

雷达，是英文词组 Radio Detection and Ranging 的缩写"Radar"的音译，意为无线电探测与测距，也就是用无线电的方法发现空间目标并测定其位置。天气雷达的工作波长多为 3～10 cm，仅对较大的降水粒子有效，这一点同卫星云图形成鲜明的对照。卫星观测所用的波长比天气雷达所用的波长小得多，对非常小的云粒子很敏感，因此雷达和卫星两种图像相互补充，为天气分析和预报提供详细的资料。利用气象雷达不但可以测出降水区域的分布，而且可以测出机场附近及航线上的雷暴、湍流与冰雹，使管制人员能够引导飞机安全地飞过这些区域，这对保障飞行安全有重要的意义。目前，气象雷达已成为探测云雨等天气最有效和最基本的装备之一。本节主要介绍气象雷达的探测原理，各种回波的识别以及雷达图像的分析。

6.1.3.1　雷达探测基本知识

1. 雷达探测的原理

雷达是以向空间发射电磁波，并检测来自目标的回波的方式来判断目标是否存在以及目标的空间位置。

雷达的工作原理如图6.14所示。从图中可以看出，雷达主要由天线、收发开关、发射机、接收机、显示器和图像处理系统6个部分组成。其工作过程是：发射机产生的高频大功率电磁波脉冲，通过天线定向发射出去，在以光速传播的过程中，遇到雨滴、冰粒、云滴等气象目标时，照射的电磁波便产生散射和吸收。目标散射的能量也是一种电磁波，它分布在目标周围的各个方向上。在这些散射波中，我们感兴趣的仅仅是处在雷达接收机方向上的散射波，这种散

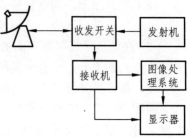

图 6.14　雷达工作原理示意图

射波称为后向散射波，也常常称它为目标的回波。目标的回波以光波的速度沿着和发射波相反的方向传播到雷达的接收天线，并送到接收机。从功率的角度讲，回波信号仅仅是散射能量中很小的一部分，它比发射信号的能量要小得多。对于如此微弱的回波信号，人们无法直接认识其中的信息，必须经过接收机中各级放大器和信号变换电路以后，把它放大到100万倍以上，才可以被人们识别。因此雷达接收机的任务是对回波信号进行放大和变换，以满足雷达显示器正常工作时的要求，在荧光屏上显示出气象目标回波图像。图像处理系统的计算机，可对气象回波信号进行数字处理，在彩色监视器荧光屏上显示出以彩色表示的不同强度的回波图像、地理标志、探测时间以及有关雷达参数等数据。

应当指出，常规雷达系统只有一个天线，它既是发射天线，又是接收天线，具有发射电磁波和接收回波信号的双重作用。天线的发射或接收作用的分工问题是由收发开关电路来解决的。天线收发开关电路的作用是：当发射机工作时，天线收发开关电路把发射机和天线之间的电路接通，将发射机输出的信号送往天线，并向空间辐射电磁波。与此同时，把接收机与天线之间的电路切断，保证了发射机工作的安全可靠。在另一种情况下，当接收机工作时（这时发射机不工作），天线收发开关把接收机与天线之间的电路接通，同时切断发射机与天线之间的电路，从而保证了回波信号只进入接收机而不进入发射机。

2. 气象雷达的种类

用于进行气象探测的雷达叫气象雷达。根据其用途的不同可以分为四类：

1）天气雷达

天气雷达（又称测雨雷达）主要用于探测降水的发生、发展和移动，并以此来跟踪降水系统。天气雷达的工作波长多为3~10 cm，它能探测200~400 km范围内的降水和积雨云等目标，测定其垂直和水平分布、强度、移动方向、速度和发展演变趋势，发现和跟踪天气图上不易反映出来的中小尺度系统。因此，天气雷达是短时期天气预报和航空气象保障工作的一种有力工具。

2）测云雷达

测云雷达主要是用来探测未形成降水的云层高度、厚度以及云中物理特性的气象雷达。测云雷达和测雨雷达工作原理相似，它利用云滴对电磁波的散射作用，来测定云底、云顶高度和云的层次。由于云滴直径很小，所以测云雷达选用比较短的波长。但云滴和雨滴之间并

没有一个明显的界限，探测实践表明，测雨雷达也能探测到一些云滴较大、浓度较高的云。

3）多普勒气象雷达

多普勒气象雷达是利用多普勒效应来测量云和降水粒子相对于雷达的径向运动速度的气象雷达。它除了具有一般天气雷达的功能外，还可以测出各高度上的风向、风速、垂直气流速度、湍流和强的风切变、云雨滴谱等，特别是在监测雷暴、冰雹、下击暴流、龙卷等航空危险天气方面十分有效。

4）机载气象雷达

机载气象雷达是供飞行人员在飞行中探测航线上的积雨云、雷暴等危险天气的雷达。它也是一种天气雷达，它能有效探测的仅仅是那些含有大小水滴的"湿性"气象目标。屏幕采用彩色平面位置显示，气象目标回波在显示器上以多种色彩显示。

3. 天气雷达对气象目标的探测

1）对降水区的探测

水是一种导体。液态的水滴具有良好的导电性，因此，包含有较大雨滴的空中降雨区域，能够对天气雷达所辐射的电磁波产生一定程度的反射，形成降雨区的雷达回波。但降雨区的反射特性与金属有明显的差别，电磁波不能穿过金属向前传播，而对于空中的降雨区域来说，由于雨滴不能完全充满降雨空间，雨水的导电性也不如金属，加上气象雷达所发射的电磁波的波长很短，因而当雷达波由无雨区射向降雨区时，除了会在雨区界面处反射一部分入射波能量外，雷达波仍可继续穿入整个降雨区域从而产生不断的反射。不仅如此，雷达波在穿透整个雨区而射向位于该雨区后面的其他气象目标时，也同样会使这些较远的气象目标产生各自的雷达回波。毫无疑问，雷达波的这种穿透能力正是我们所需要的。它使气象雷达能够透过遮挡的近距离目标，而发现较远的气象目标。

对降雨区而言，雨滴的直径越大，则该雨区所产生的雷达回波就越强。湿雪和湿冰雹，由于表面有一层水膜，对入射的雷达波产生有效的反射，所以能形成很强的回波。干冰雹对雷达波的反射能力很差，雷达气象学的研究表明，干冰雹所产生的反射回波只相当于同样尺寸的雨滴的1/5左右。因此，颗粒较小的冰雹区域所产生的反射回波很弱，难以被雷达所检测。只有当干性冰雹的直径增大到雷达波长的8/10左右时，才能被雷达正常检测到。这对一般的气象雷达来说，意味着冰雹的直径已达到2.5 cm左右。

一般常用"dBZ"来表示反射率因子的大小。dBZ* 可用来估算降雨和降雪强度及预测诸如冰雹、大风等灾害性天气出现的可能性。一般地说，它的值越大，降雨、降雪可能性越大，强度也越强。当它的值大于或等于40 dBZ时，出现雷雨天气的可能性较大；当它的值在45 dBZ或以上时，出现暴雨、冰雹、大风等强对流天气的可能性较大。

2）对湍流的探测

天气雷达是通过与湍流夹杂在一起的水滴反射雷达波时的多普勒效应而检测湍流的。被湍流所夹带的水滴在反射雷达波时，由于其急速多变的运动特点，与一般降雨区所产生的反射回波是明显不同的。天气雷达正是根据这一特性来检测湍流的。

综上所述，猛烈的暴雨区域、与之相伴随的夹带雨滴的中度以上的湍流区域、表面包裹着水层的冰雹以及直径较大的干冰雹，均可产生较强的雷达回波。直径较小的干冰雹对雷达

---

*dBZ 国标为 dB。

电波的反射很微弱，因而不能有效地被雷达检测到。与此相似，干的雪花也不能产生有效的回波，只有潮湿的较大雪晶，才可能产生较弱的回波。此外，天气雷达也不能直接探测晴空湍流区（见图 6.15）。

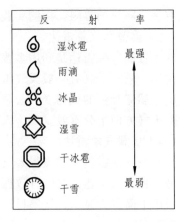

反 射 率	
湿冰雹	
雨滴	最强
冰晶	
湿雪	
干冰雹	
干雪	最弱

图 6.15　不同气象目标的反射特性

一般的云、雾中虽含有大量的微细水珠，但因其直径过于微小，也不能在天气雷达上产生回波，因而不能被有效检测到。

4. 雷达显示

雷达显示器的作用是把目标的回波信号显示在荧光屏上，直接测定目标的大小、位置、强度和性质等。天气雷达常用的显示方式有以下几种：

1）平面位置显示（简称平显或 PPI）

电子束从屏幕的中心向外作等速的径向扫描，可在荧光屏上显示出雷达站周围气象目标的分布。

2）距离高度显示（简称高显或 RHI）

它是用来显示气象目标回波的垂直分布。

由于雷达技术的发展，现代气象雷达都已采用彩色显示。根据目标对雷达波的反射率，将不同强度的回波分为若干色调，如我国普遍使用的 714 系列天气雷达将反射率因数从 0 ~ 75 dBZ 就分为从深蓝色到深红色共 15 种颜色。

6.1.3.2　地面雷达回波的识别

气象台的雷达主要是地面的天气雷达，因此对天气雷达回波的识别十分重要。

1. 降水回波的识别

1）层（波）状云降水回波特征

在平显（PPI）上，层（波）状云降水回波的范围较大，显绿色，呈比较均匀的片状，边缘发毛，破碎模糊（见附图 27）。若在大范围的弱降水中含有强雨中心，则形成片絮状回波，中间有黄色或红色。在高显（RHI）上，层状云降水回波高度不高，顶高一般为 5 ~ 6 km，随地区和季节有所不同。回波顶比较平坦，没有明显的对流单体突起（见附图 28）。

当对层状云连续性降水进行铅直扫描探测时，在 RHI 上会出现一条平展而且比较强的回波带，色调为黄色或红色。它的高度通常在零度等温线以下几百米的地方，称为零度层亮带，有时也称为融化带。零度层亮带是层状云连续降水的一个重要特征，它反映了在层状云降水中存在明显的冰水转换区，即亮带上面的降水粒子以冰晶为主，通过亮带后全部转化为水滴。在冰晶或雪花掉到 0 ℃ 层以下融化成水滴的过程中，表面常先融化并形成有一定厚度的水膜，使其散射电磁波的能力大大增强，因而在雷达屏幕上出现一个亮带。在冰晶或雪花完全融化后，由于表面张力的作用，迅速变成球形水滴，降落速度也增加，从而使得单位体积内降水粒子数目变少，导致总的散射能力减小，于是亮带以下的回波减弱。

2）对流云降水回波特征

在平显上，对流云降水回波呈块状，尺度较小，从几千米到几十千米，内部结构密实，边缘清晰，黄色和红色的区域呈块状或点状分散在蓝色和绿色的区域中（见附图29）。在高显上，对流云降水回波呈柱状，底部及地，顶部较高，中心是黄色和红色。一些强烈发展的单体，回波顶常呈现为砧状或花菜状（见附图30）。还有一些强烈发展的对流云在发展成熟阶段降水还未落到地面前，常呈纺锤状，中间为明亮的红色。对流云降水回波一般发展得都比较高，多数在6~7 km，但随地区、季节和天气系统的不同差异会很大，最高可达20 km左右。

3）雹云回波特征

由于雹云的云体庞大高耸，云内含水量较大，因此在雷达显示器上表现为强度很大、边缘格外分明的块状回波。在平显上，雹云回波远离雷达一侧（或上升气流流入一侧），有时出现呈"U"形的无回波缺口；强对流回波的一侧，有时伸出强度较大、边缘轮廓分明、但尺度较小的指状回波或钩状回波，它通常位于云体回波移动方向的右侧或右后侧（见附图31）。在高显上，通常雹云回波柱粗大、高耸、陡直，顶部呈花菜状或砧状。在雹云内部上升气流的部位，呈现出弱回波穹窿。

4）混合性降水——絮状回波

混合性降水的回波常表现为层状云降水回波和积状云降水回波的混合。它往往与高空低槽、低涡、切变线和地面静止锋等天气形势相联系，回波外形像棉絮状。

在平显上，它的回波表现为范围较大，回波边缘呈现支离破碎，没有明显的边界，回波中夹有一个结实的团块，为黄色和红色，有时呈片状，有时呈带状或块状（见附图32）。在高显上，回波特征是高低起伏，高峰常达到雷阵雨的高度，而较低的平坦部分一般只有连续性降水的高度，有时出现零度层亮带。

絮状回波常是出现连阴雨天气的征兆。这种回波出现时，降水时间长，累积雨量大，有时可达到暴雨的程度。

2. 云的回波

云滴和雨滴没有本质的区别，只有大小的不同，当云滴大到一定程度时，天气雷达也是能探测到的。

已经产生降水的云，在雷达荧光屏上由于云体的回波和降水回波联结在一起，从回波上无法加以区别，只能根据回波所在的高度来判断哪是云的回波。

对于一些还未形成降水的云，由于云体内云滴的粒子比较小，含水量也少，一般的测雨雷达不容易观测到，只有用波长很短的雷达或超高灵敏度的雷达才能探测到。

云回波的主要特征是强度弱、底部不及地。不同类型的云，其回波又各有特点：

（1）层（波）状云在平显上的回波是薄膜状或小片状，强度很弱，边缘不整齐。在高显上，顶部平坦，底部不及地，其厚度和强度随距离增大而减小，有时还可以观测到雨幡的回波（见附图33）。

（2）对流云的回波在平显上呈分散、孤立的小块状，尺度很小。在高显上，初始回波顶常位于空中5 km左右，呈两头尖的米粒状或上大下小的倒梨状（见附图34），强回波位于回波顶附近。对流云回波发展很快，在条件适合时，很短时间内就会出现阵雨或雷雨。

6.1.3.3 机载气象雷达

机载气象雷达是一种天气雷达，现代飞机上的气象雷达均为彩色气象雷达。它可以用来探测航路上的雷雨、湍流、冰雹等恶劣天气区域。飞行员根据气象雷达所提供的平面位置显示图像，可及时操纵飞机沿安全的路径避开各种危险区域。

1. 机载气象雷达的特点

与地面的天气雷达相比，机载气象雷达有如下一些特性：

（1）机载气象雷达的体积小、重量轻，它不像普通雷达那样由6个部分组成，而只有4个部件：收发组、天线组、显示器和控制盒。有的飞机上设备更加简单，只由3个基本组件及波导组成，不设置单独的控制盒，系统的控制元件装置在显示器的面板上。小型飞机和直升机轻便灵活，载重量小，通常装备只有2个组件的小型气象雷达，该系统由天线-收发机组件和显示-控制器组件组成。

（2）机载气象雷达探测的是航路前方及左右扇形区域内的天气，并能显示出气象目标的平面分布图像及它们相对于飞机的方位。目前，机载气象雷达所能探测的范围通常可达80 n mile。由于采用先进的数字技术，气象回波图像的重显率达到50次/s以上，使空勤人员在明亮的座舱里也能清楚地观测前方航路上的气象状况。

（3）彩色气象雷达用象征性的颜色来表示降雨率不同的区域。附图35表示了雷暴云中的不同降水强度及其在雷达屏幕上的显示情况。大雨区的图像为红色，以表示该区域有一定的危险性；中雨区的图像为黄色，这是人们常用来提醒注意的颜色；小雨区用绿色图像来表示，其意为安全；微雨或无雨区在荧光屏上则为黑色——荧光屏上的该区域不产生辉亮图像；与降雨区相伴的湍流区用醒目的紫色（或品红色、绛红色）来表示，以提醒飞行员注意避绕。附图36是WXI-711雷达显示器上所显示的湍流图像。

（4）机载气象雷达除了可以探测航路上的危险气象区域外，还可用于观察飞机前下方的地形，发现航路上的突立山峰等障碍物，以及用作雷达导航信标等。

2. 机载气象雷达的基本工作方式

雷达的工作方式是指雷达处于何种工作状态之下。彩色气象雷达的种类很多，工作方式也不完全相同，综合起来，有以下几种基本工作方式（见附图35）：

1）准备（STBY）方式

这是雷达在开机以后所必须经历的一个过渡状态。按下STBY键，雷达的接收机即正常工作，但发射机处于加温准备状态，不产生射频发射信号，天线也不扫掠。准备状态约需持续70 s。如果在开机后立即按下其他工作方式键中的一个而未选择准备方式，系统也会自动进入这一准备状态，不会马上进入所选择的工作方式。此时，显示器上会显示WAIT（等待）字样。

2）自检（TEST）方式

雷达的自检工作方式可以对雷达系统的性能状态进行快速的全面检查。按下雷达控制盒或显示器上的自检（TEST）方式键，即可完成这一检查。在地面或空中，均可选用自检方式。

如果系统的性能正常，屏幕上会显示出规则的彩色自检图形。附图37为P-90雷达显示器上的彩色自检图形，在屏幕的左下角显示蓝色的TEST信息，屏幕上显示如图的绿—黄—红—黑—黄5圈同心彩色带，并在最外圈显示绿色的噪声带。噪声带是由接收机输出的噪声所形成的图像，因而可表明接收机的性能状况。如果接收机的灵敏度正常，则绿色的噪声点应填充噪声带上 85～95 n mile 的范围。

当通过性能自检发现系统存在故障时，雷达显示器上的自检图形即消失，同时显示所检查出的故障组件通告信息。

3）气象（WX）方式

当按下 WX 键时，雷达工作于气象方式。这时，降雨率不同的区域在屏幕上用不同的色彩表示出来。一般肉眼可见的云区是不产生雷达图像的，即机载气象雷达不能探测不降雨的云区。

4）湍流（TURB）方式

比较先进的雷达如 WXR-700X 雷达具备探测湍流的功能。按压湍流（TURB）方式键，即可使雷达提供湍流情况，屏幕上将显示出湍流区的紫色（或品红色）图像，其他雨区的红、黄、绿色图像不显示。有的显示器上有气象与湍流方式的显示，其方式键为 WX/T。这时屏幕上除了显示有大、中、小降雨区的红、黄、绿色图像外，还用醒目的紫色图像显示出危险的湍流区域。

5）轮廓（CYC）方式

雷达选择轮廓方式时的工作情况与气象方式基本相同，显示器上所提供的也是空中气象目标的平面分布图像。所不同的是这时屏幕上的红色图像将会按每秒一次的间隔闪烁——半秒显现半秒消失，所消失的红色图像区域呈现为一个黑洞，其作用相当于早期黑白气象雷达中的"轮廓"效应。此时黄色和绿色图像仍与气象方式一样稳定显示。采用这种红色图像闪烁方式的目的，是提醒飞行员注意那些较强的 3 级（红色）降雨区。

6）地图（MAP）方式

机载气象雷达工作于地图（MAP）方式时，显示器上会用不同的颜色来显示飞机前下方扇形区域中的地形。观察城市、山峰、河湖、海岸线等地形轮廓的彩色地图，可以帮助飞行员判明飞机当前的地理位置及飞机的实际航向。在缺少地面导航设备的荒凉地区，也可以利用气象雷达所提供的地图来进行导航。

3. 机载气象雷达回波的识别

机载气象雷达主要用于探测航路上的恶劣气象区域。空中的雷雨区、暴雨区、冰雹、湍流等恶劣天气区，就是机载气象雷达所要探测的目标。只有当雷达工作于地图方式时，其探测对象才是飞机前下方的地形。

1）不同降水区的色调显示

在有降水的区域，雨滴越多，直径越大，则该雨区所产生的雷达回波就越强。也就是说，降雨的强度越大，雷达回波就越强。在气象学中是用降雨率来定量描述降雨程度的，单位时间内的降雨量称为降雨率，降雨率实际上综合了雨滴直径、密度以及雨滴下降速度等因素。降雨率的常用单位为 mm/h 或 in/h。

彩色气象雷达用不同颜色来表示不同降雨率的气象目标。表 6.10 列出五级彩色编码方案的图像颜色与降雨率及反射系数的对应关系。WXR-700X 等雷达即采用这种方案。

表 6.10　五级彩色方案

反射系数等级	图像颜色	降雨率	
		mm/h	in/h
Z_1	黑	< 0.76	< 0.03
Z_2	绿	0.76 ~ 3.81	0.03 ~ 0.15
Z_3	黄	3.81 ~ 12.7	0.15 ~ 0.5
Z_4	红	12.7 ~ 50.8	0.5 ~ 2.0
Z_5	紫	> 50.8	>2.0
湍流	紫		

从表 6.10 中可以看出，降雨率小于 0.76 mm/h 的微雨区，由于反射率太小，在屏幕上不产生图像。小雨区为绿色，中雨区为黄色，大雨区为红色，暴雨和湍流区为紫色。不同降雨率的区域所产生的回波，在荧光屏上颜色鲜明，十分清晰。

2）湍流区的探测和显示

从前面降雨区的图像上我们已经知道，暴雨区往往伴随着湍流。在实际观测中发现，最强烈的湍流通常存在于雷暴区的中等高度（20 000 ~ 30 000 ft）范围内，但在雷暴雨区的上风方向和下风方向及雷暴云的顶部及其下方，均可能存在湍流。图 6.16 为典型的雷暴云、降雨区和湍流区的示意图。

机载气象雷达对湍流的探测，主要探测湍流中的水滴对雷达波的反射，但这种反射与雨中的反射是不相同的。由于湍流中水滴急速多变的运动，会使反射的回波产生明显的多普勒效应，在雷达显示器上形成一个偏离雷达发射频率且频谱宽度较宽的多普勒频谱，它与一般的降水所产生的反射回波有很大不同。气象雷达正是通过这一特性来检测湍流的。

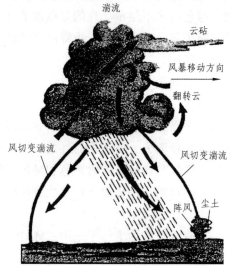

图 6.16　雷暴云、降雨区及湍流区

前已说明，在 WXR-700X 及其他一些气象雷达中，湍流区域的图像是紫色的，也有用红色、品红色或白色图像来表示湍流区的。

3）对冰雹区域的探测

冰雹所形成的回波强度，与冰雹表面的状态有极大的关系。在一定条件下，例如，当下降的冰雹遇到较暖的上升气流时，就会在冰雹表面形成一层薄薄的水膜。冰雹表面的水膜无疑会对入射的雷达波产生有效的反射，加之冰雹的直径通常比雨滴大，所以这种湿性冰雹所产生的雷达回波是很强的，在屏幕上形成红色信号。另一类冰雹是没有包裹水层的干冰雹，这类冰雹对雷达电波的反射能力很差，不容易被机载雷达所探测到。

应该注意的一点是，冰雹只有下降到一定高度（如 30 000 ft 以下）进入较暖的气流中时，其表面才可能开始融化，形成一层薄薄的水膜。当飞机在较高的高度层上飞行时，在天线俯仰旋钮置于 0° 的情况下，波束所照射到的巡航高度层中的干性冰雹区域一般不会形成很强的雷达回波。但若此时将天线略微下俯，即可使波束照射到较低高度上已融化的冰雹及大雨区，在屏幕上产生强烈的红色图像，如附图 38 所示。可见天线的俯仰调节对识别较高高度层上的冰雹区域的存在是很有帮助的。

另外，还可根据气象区域的外形轮廓来判断冰雹区域的存在。冰雹云降水回波往往有特殊的形状，附图31所示为4种很可能结合有冰雹的降雨区的图像：U形、指形、钩形及外缘凹凸不平的图形。虽然这些区域位于强降雨区外沿的绿色区域，但却预示着冰雹区域的存在。

4. 机载气象雷达的地形识别

1）气象雷达识别地形的基本原理

机载气象雷达是通过地面目标对雷达信号反射特性的差别来显示地形轮廓的。

大地表面的田野和山地、江河湖海的水面、城市的建筑物，都对雷达信号具有不同程度的反射能力，可以产生一定强度的回波信号。由于不同地物本身的性质、形状等方面的差异，它们所产生的回波信号的强度存在着一定程度的差别，会在彩色显示器上形成颜色不同的地貌图像。与气象目标一样，地貌图像的颜色也是象征性的：江、河、湖、海对雷达电波的反射能力较差，其图像用代表水面的绿色或青色表示；一般陆地的反射能力稍强，以黄色模仿大地的颜色；大型城市中的工矿企业及大型桥梁含有大量的金属结构，其反射能力较强，以红色或紫色图像来表示。由于丘陵、山地对电波的反射程度明显高于周围的平原，江、河、湖、海对电波的反射状况与陆地不同，因而可以显示出清晰的轮廓图形，如海岸线、河湖的轮廓、大型工业城市的轮廓线等。

当机载气象雷达工作于地图方式时，为了获得飞机前下方的地物反射回波，需将天线下俯一定的角度，以使天线所发射的雷达波束投射到大地表面，如图6.17所示。这是因为天线所发射的波速是较窄的圆锥形波束，飞机在水平方向飞行且高度较高时，如不下俯天线，则波束是不能射向地面的。

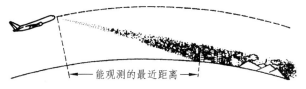

图 6.17　下俯天线以获得地物回波

显而易见，显示距离越小，所应选用的天线下俯角越大；飞行高度增大时，天线下俯角也应相应增大。

2）地物与水面回波图像的特点

平坦的大地所产生的回波很弱，一般不能形成显示图像；丘陵、山地由于具有起伏不平的反射表面，其回波能量明显高于平地，所以能够形成回波图像；大型工矿企业和具有高大钢筋混凝土建筑物的城市，回波图像比较鲜明，能够形成红色，甚至紫色的图像。

平静水面产生的回波很弱，往往不能形成明亮的图像。但当水域周围是山地、丘陵或粗糙的地面时，就能显示出水域的轮廓，如河流、湖泊的轮廓或者海岸线。

海面及其他大面积水域的图像与风力和风向有关。平静的海面或者长浪像镜面一样反射入射电波的能量，因而不能提供良好的回波；而波涛汹涌的海面，则可对下风方向的入射电波产生较强的回波，从而形成明亮的图像，如附图39所示。

3）发现航路上的山峰等空中障碍物

在飞机的离地高度较低时，或者在飞机下滑进近过程中，飞机前方的突立山峰也会被雷达波束照射到，如图 6.18 所示。被雷达波速照射到的山峰可在荧光屏上形成鲜明的图像，使飞行员能及时觉察到。此外，在相邻高度层上飞行的大型飞机，一般也能形成目标回波。

图 6.18   雷达波束照射到突立的山峰

气象雷达的这一特性，对在雾天、低云层等能见度差的情况下，或夜航的飞机以及在地形复杂的山区飞行和起降的飞机来说，都具有重要的意义。

5. 机载雷达的气象回避

在一些区域和雷雨季节，空中的气象状况是复杂多变的。雷暴可以很快地形成，其耗散也相当迅速。干性湍流等与雷暴及猛烈降雨相联系的危险区域，目前气象雷达还无法直接显示。雷暴区域中的闪电，会给穿越其间的飞机带来危险。温度的急剧多变，还可能造成飞机操纵面结冰。利用气象雷达探测出各类恶劣的气象区域，就可以使飞行员尽早地选择合理的航线，回避一切有可能导致危险和剧烈颠簸的区域。从这个意义上讲，气象雷达的作用是引导飞机回避恶劣的气象区域。

在利用气象雷达所提供的彩色图像回避各种恶劣气象区域时，应注意以下一些问题：

（1）将气象工作方式作为基本的工作方式，结合使用湍流方式。增益旋钮通常应置于自动（AUTO）位，以保证雷达对不同强度目标的检测与定标。

（2）应回避一切在屏幕上显现为红色和紫色的区域。尽量使飞机与这些区域的距离保持在 20 n mile 以上，因为一些不夹带较多雨粒的湍流区域会存在于较大降雨区以外的地方。

（3）飞机不可进入雷暴云回波范围之内的无回波区。

（4）如果在两块雷暴云之间穿越，两块雷暴云回波之间的距离不应小于 40 n mile。

（5）在巡航高度较高时，应经常下俯天线以保持对低高度雷暴区的监视；在低高度飞行时，则应经常上仰天线，以避免误入高层雷暴区的下方。

利用气象雷达回避恶劣天气区域的具体方法在各种使用手册中均有详细的说明和规定，以上只是粗略地加以说明。

6. 飞行中的注意事项

（1）机载气象雷达是一种天气雷达，它只能探测到含有水滴的气象目标，而不能有效地探测到干冰雹和干雪，一般的云、雾及晴空湍流也不能探测到。所以机载气象雷达不能保证可以避开所有危险天气区。

（2）气象雷达的基本功能是探测大面积的气象降雨区，它对山峰、相遇飞机的探测能力和所显示的相应图像及位置的准确程度，是不能满足地形回避和防撞要求的。因此，绝不可把气象雷达的显示图像作为地形回避和空中防撞的依据。

（3）如果只选用较小的显示距离，很难保证有足够的时间和以较大的安全距离来避开已邻近的恶劣天气区，这种现象称为气象盲谷。在危险天气区飞行时，有时要适当增加显示距离，以观测远处的危险天气，避免因选用较短显示距离而使飞机进入盲谷区域。如附图 40，当显示距离选择为 40 n mile 时，屏幕上显示位于 30 ~ 40 n mile 间的两个降雨区。由该图判断，飞机保持目前的航向飞行是安全的。然而，当将显示距离增大到 80 n mile 时，就可显示出另一个位于 60 ~ 80 n mile 间的更严重的降雨区，它恰好位于飞机目前的航路上。由此可见，如只选用较小的显示距离，很难保证有足够的时间和以较大的安全距离来避开已邻近的恶劣天气区。

（4）我们要清楚地知道，机载气象雷达是用来帮助飞行员避开危险气象区域的，而不是用来帮助穿过这些区域。雷暴、湍流、冰雹区域会给飞机带来极大危害，即使有机载气象雷达，也不能飞进去。

7. 地面注意事项

雷达在地面工作时，应采取预防措施，以防起火、伤害人体或烧坏接收机。

（1）在飞机或其附近正在进行加油或抽油时，不得使气象雷达处于发射工作方式，以免引燃汽油蒸发气。在机坪上大量使用汽油清洗机件时，也应避免接通雷达电源。

（2）不应在机库中或在机头朝着近距离内的建筑物、大型金属反射面的情况下使气象雷达工作于发射方式，以免回波过强而损坏气象雷达接收机。

（3）地面检查时，应尽量使雷达工作于准备或自检方式。在需要使雷达工作于发射方式时，应将天线上仰，尽量避免天线波束照射近处地面目标。

（4）在飞机前方 0° ~ 120°、距离为 3 m 范围内，如果有人，不得接通雷达，以防有害辐射伤害人体。

各型飞机气象雷达的使用注意事项，在有关维护手册、使用手册中均有明确规定。使用人员、维修人员应当仔细阅读有关内容，严格按规定执行。

6.2　飞行气象图表

6.2.1　重要天气预报图

重要天气预报（Significant Weather Forecast）就是对航路（区域）有重大影响的天气的预报，常以预报图和缩写明语形式的电码提供，一般有效时间为 24 h。它一般分 3 种高度层提供，即飞行高度在 FL100（10 000 ft）以下的低层，飞行高度 FL100（10 000 ft）至 FL250（25 000 ft）的中层和飞行高度在 FL250（25 000 ft）以上的高层。

6.2.1.1　低层（FL100 以下）重要天气预报图

飞行高度在 FL100（10 000 ft）以下的低层的重要天气预报图，图中标明地面锋线位置及其预期的移动（用箭头表示方向，用数值表示移速，单位 km/h 或 kt），影响飞行的各种重要天气，降水和其他引起大范围能见度低于 5 000 m 的天气现象（能见度用数值，单位为 m），及其所影响的区域和高度。

1. 低层重要航空天气预报的主要内容

（1）重要天气和重要天气系统。重要天气和重要天气系统的种类和符号见表 6.11，图上用符号表示。

表 6.11　重要天气和天气系统的种类和符号

重要天气和天气系统	符号	重要天气和天气系统	符号
热带气旋	〇	大范围的吹雪	＋
强飑线	～W～	大范围的霾	∞
中度颠簸	∧	大范围的烟	～
严重颠簸	⋀	山地状况不明	⋀⋀
轻度飞机积冰	∪	辐合线	≪≪≪
中度飞机积冰	⋃	热带辐合带	Ⅲ⫙
严重飞机积冰	⋓	冷锋	▲▲
严重沙或尘霾	S	暖锋	●●
大范围的沙（尘）暴	⑂	锢囚锋	▲●▲●
大范围的强地面风	◇40◇	准静止锋	▲●▲●
雹	△	急流	←▲▲▲ FL270 ╫╫ ▲▲▲ FL360 →
山地波	◯	对流层顶高点	Ⓗ400
冻雨	∿	对流层顶低点	270⌊
大范围的雾	≡	对流层顶高度	380
大范围的轻雾	＝	零度等温层高度	0℃:100
阵雨	▽̇	海面状况	⚑10
毛毛雨	●	海面温度	⑩
雨	⫽⫽⫽	火山喷发	⩫
雪	✳	大气中的放射性物质	☢

（2）与重要天气相伴的云。与重要天气相伴的云采用八分制云量，云状用简写符号。在重要天气预报图上，重要天气和云区范围用波状线围成，有些重要天气和云还标出下限高度和上限高度，有时还用简语加以说明，如表 6.12 所示。

表 6.12　重要天气预报常用简语

简语	含义	简语	含义	简语	含义
CLD	云	FRQ	频繁的	BKN	多云
OCNL	有时	SCT	疏散的	LAN	内陆
GRADU	逐渐地	LYR	呈层状	COT	在海岸
STNL	停滞	SLW	慢	MAR	在海上
ISOL	独立	INC	在内	VAL	在山谷地区
EMBD	隐藏	LOC	局地	CIT	邻近或在城市上空
ISLTD	有些地方	OVC	阴天	MON	在高地或山区上空

（3）地面能见度。低于 5 000 m 的地面能见度，用 m 为单位表示；若能见度大于 5 000 m，则用 km 为单位标出，也可以不标出。

（4）气压中心（H、L）及其预期的移动方向和速度。

（5）FL100 以下的 0 ℃ 等温层的高度。

（6）海平面温度和海面状况。

（7）有关当地火山喷发及火山灰云的情报，如果可能，加上火山名和第一次喷发的时间，提醒用户参考有关区域发布的 SIGMET 电报。

2. 低层重要天气预报图例

重要天气预报图显示了航线经过地区影响飞行的重要天气、重要天气系统的分布，可以给飞行人员选择安全航线提供极其重要的参考。

图 6.19 是低层重要天气预报图，从图中可以看到冷锋、暖锋和锢囚锋的位置和分布，高低压中心位置，其移动的方向和速度，各地 0 ℃ 等温层高度，云状云量及其下限高度和上限高度。在这个区域中飞行可能碰到的重要天气有雷暴、降雨、山地状况不明、中度飞机积冰、中度飞机颠簸等。

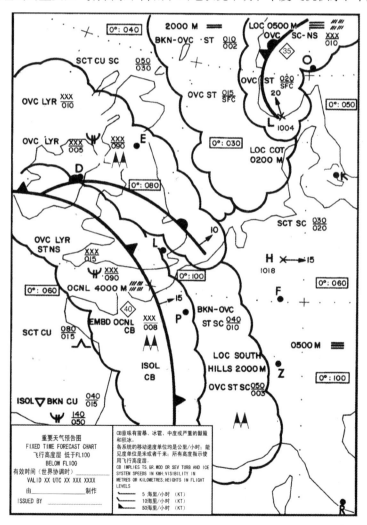

图 6.19　重要天气预报图（低层）

6.2.1.2 中层（FL100 至 FL250）重要天气预报图

1. 中层重要天气预报图的内容

在中层重要天气预报图上，主要的内容仍然是表 6.11 中的重要天气现象和续表 6.11 中的天气系统与其他符号。与低层预报不同的是没有地面能见度、气压中心、0 ℃ 等温层高度、海平面温度和海面状况等内容，而增加了出现在中高空的飞行气象条件：

（1）晴空颠簸及其强度（晴空颠簸区用断线标出）。

（2）急流及出现高度和风速（用流线箭头表示）。

（3）火山灰云（VA）。

需要注意的是：高空急流的出现高度用飞行高度层表示；风速表示与天气图上的有区别，这里一条短线代表 5 KT，一条长线代表 10 KT，而一个黑色的风三角代表 50 KT。

2. 中层重要天气预报图实例

图 6.20 是中层重要天气预报图。图中显示了从南宁到贵阳航线上的重要天气、重要天气系统的分布情况。航线经过的天气系统是暖锋；航线上可能碰到的重要天气有中度晴空颠簸、雷阵雨，有时有隐藏的雷暴、中度飞机积冰。

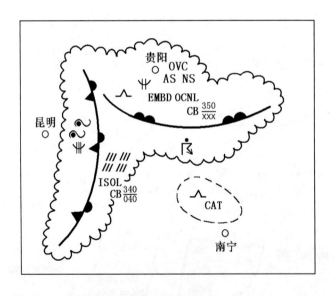

图 6.20　重要天气预报图（中层）

6.2.1.3 高层（FL250 以上）重要天气预报图

高层重要天气预报图中预报了中层的所有天气现象，不同的是云只预报积雨云；另外还增加了对流层顶的高度资料，对流层顶高度用数字表示，单位为 100 ft。高层重要天气预报图例见图 6.21。

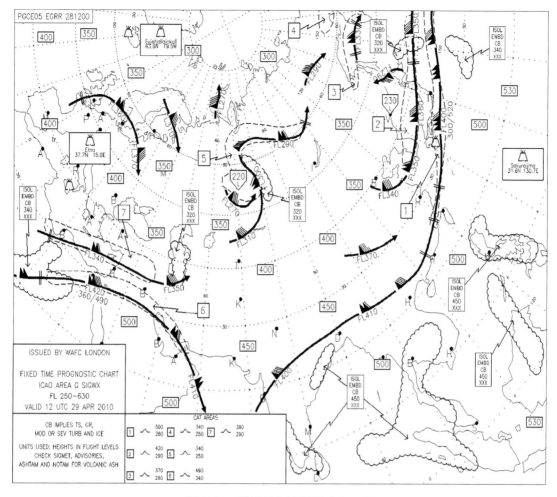

图 6.21　重要天气预报图（高层）

6.2.2　空中风和温度预报图

　　空中风和温度预报图提供的是选择的航站上空不同高度的风向、风速及温度。这些预报在作飞行计划时十分重要。飞行员可以根据控制风和温度预报图，了解航线上的风向、风速，估计高空急流出现的大概位置，了解航线上的温度分布情况，从而在起飞前做好准备。

　　空中风和温度预报图上风速的标注方式如表 6.13。

表 6.13　空中风和温度预报图上风速的标注方法

风　速	标注
5 n mile/h（2.5 m/s）	
10 n mile/h（5 m/s）	
50 n mile/h（25 m/s）	

预报方式是在选定的网格点上直接用风矢杆表示风向和风速，并在其旁边注明温度值。在这种图上风速的表示与高空急流中风速的表示相同，而温度除前面标有"+"号外，均为负值，如图6.22所示。

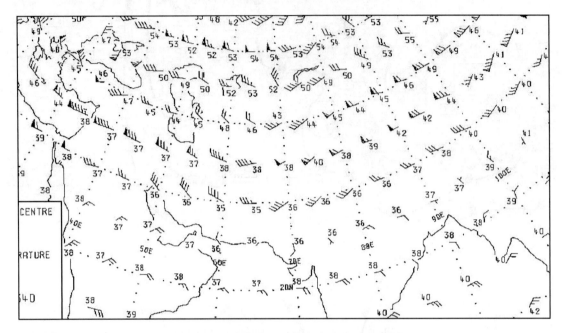

图 6.22　标准等压面上的空中风和温度预报

6.2.3　雷达综述图

雷达综述图提供的是能被特殊的天气雷达系统探测到的一定形式的天气现象的图形描述。这种系统主要探测云内的或从云中下落的降水粒子，因此雷达显示器上可表现出降水区、单个的雷暴单体、雷暴单体的廓线和雷暴活动区，根据雷达观测由计算机绘出雷达综述图。

6.2.3.1　雷达综述图的主要内容

（1）雷达回波区用黑色实线表示。

（2）恶劣天气监视区用虚线围起来的范围表示，表示该区域内有强烈雷暴或龙卷。

（3）与降水区有关的回波的顶高和底高用数字表示，横线上面为顶高，下面为底高，单位为 100 ft（30 m）。

（4）回波强度用等高线的形式绘出，雷达图形上强度的 6 个等级合并为 3 条周线。

① 第一周线代表 1~2 级回波，即弱和中度回波（轻到中等降水）；

② 第二周线表示 3~4 级回波，即较强和强回波（较大和大量降水）；

③ 第三周线表示 5~6 级回波，即很强和极强回波（强烈和极强降水）。

（5）雷达回波移动方向用箭头表示，若是雷暴单体，其移动速度用箭头前的数字表示，单位为海里/小时（n mile/h）。而回波线或回波区的移动速度用矢羽表示，一条短线为 10 n mile/h，半条短线为 5 n mile/h。

（6）其余说明见表 6.14 所示。

表 6.14　雷达综述图上出现的部分符号及其含义

符　号	说　明	符　号	说　明
	1～2 级回波，强度为弱到中等	$\dfrac{240}{80}$	回波顶高 24 000 ft（MSL），回波底高 8 000 ft（MSL）
	3～4 级回波（第二周线），强度为较强到强	＋	强度增大或新回波
	5～6 级回波（第三周线），强度为很强到极强	－	强度减小
		SLD	实心回波，覆盖达 8/10
┌ ─ ┐ (虚线框)	虚线表示恶劣天气区	LEWP	线状回波
		HOOK	钩状回波
▭ (实线框)	回波区	HAIL	冰雹
╱	回波线	⌐WS999⌐	强烈雷暴监视区
		⌐WT999⌐	龙卷监视区
→ 20	雷暴单体向东移动，移速为 20 kt	N E	无回波
		N A	无法观测
╲→ (带短线箭头)	回波线或回波区向东移动，移速为 20 kt（1 条短线 10 kt）	O M	设备维修
		STC	灵敏度时间控制

雷达综述图上常出现回波线，如线状区内回波达到 8/10，则在线的两端标上"SLD"。勾状回波（HOOK）可能与陆龙卷有关，在线形回波中，回波的前方有向前凸出的部分是飑线，它能产生强烈的阵风。灵敏度时间控制（STC）是一种雷达技术特征，它能使附近的回波减弱而增强远处回波的接收力。但这可能使一些回波变得模糊或改变回波间的相对强度。

6.2.3.2　雷达综述图实例

图 6.23 的上部有一个恶劣天气监视区，方框的右上方有记号"WS473"，这里字母"WS"表明这个区域是强烈雷暴监视区，数字 473 表示这是今年发布的第 473 号恶劣天气监视报告。图中右下部方框中表示一个降水区，符号 TRW+表示雷暴和阵雨正在发展，强度正在增加。第二周线表示强或极强回波，上方的"230"表示这个区域内单独的雷暴顶高为 23 000 ft（MSL），从数字到回波区中的线标出了雷暴单体的位置。箭头表示回波区域向东北移动，速度为 18 kt。

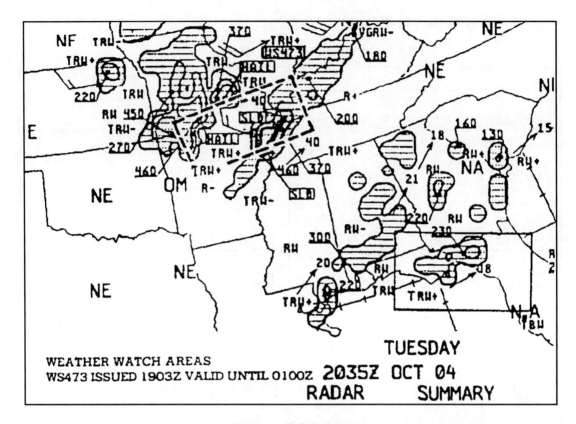

图 6.23　雷达综述图

　　需要注意的是，并不能保证无回波区就是晴天，因为雷达只能探测到冻结的或液态的降水，它不能探测到所有的云。例如，雾就不能探测出来，实际的云顶可能高于或低于回波所指示的高度。

　　尽管雷达综述图是一种极有价值的资料，但它还是有一定的局限性，要知道它仅是在有效期内存在的观测事实。把雷达综述图与天气描述图对照起来看，就能得出云和降水的三维形象。然而由于雷暴发展迅速，因此还要随时寻求新的资料以便得到最新的实际和预报的天气条件。

6.3　航空气象电报

　　航空气象电报的种类很多，本节只介绍比较常用的 3 种：机场例行天气报告（或特殊报告）电报、机场天气预报电报和航路（区域）天气预报电报。

6.3.1　机场例行天气报告（或特殊报告）

　　地面航空天气报告分为两种：机场例行天气报告和特殊天气报告（都可含趋势预报）。机场例行天气报告又称日常航空天气报告，机场例行天气报告（SA）是每小时正点或每半小时观测；特殊天气报告（SP）是不定时观测，它表示一种或几种天气因子有重大变化。

6.3.1.1 电码格式

$$\left\{\begin{array}{l}\text{METAR}\\\text{或}\\\text{SPECI}\end{array}\right.\quad \text{CCCC}\quad \text{YYGGggZ}\quad \text{(AUTO)}\quad \text{dddffGf}_m\text{f}_m\text{MPS}\quad \text{d}_n\text{d}_n\text{d}_n\text{Vd}_x\text{d}_x\text{d}_x$$

$$\left\{\begin{array}{l}\text{VVVV}\left\{\begin{array}{l}\text{RD}_r\text{D}_r/\text{V}_r\text{V}_r\text{V}_r\text{V}_r\text{i}\\\text{或}\\\text{RD}_r\text{D}_r/\text{V}_r\text{V}_r\text{V}_r\text{V}_r\text{VV}_r\text{V}_r\text{V}_r\text{V}_r\text{i}\end{array}\right.\\\text{或}\\\text{CAVOK}\end{array}\right.\quad \text{w'w'}\quad \left\{\begin{array}{l}\text{N}_s\text{N}_s\text{N}_s\text{h}_s\text{h}_s\text{h}_s\\\text{或}\\\text{VVh}_s\text{h}_s\text{h}_s\\\text{或}\\\text{SKC}\\\text{或}\\\text{NSC}\end{array}\right.$$

$$\text{T'T'/T}_d\text{'T}_d\text{'}\quad \text{QP}_h\text{P}_h\text{P}_h\text{P}_h\quad \text{REw'w'}\quad \left\{\begin{array}{l}\text{WS}\quad \text{RWYD}_r\text{D}_r\\\text{或}\\\text{WS ALL RWY}\end{array}\right.$$

$$\left\{\begin{array}{l}\text{(TTTTT}\quad \text{TTGGgg}\quad \text{dddffGf}_m\text{f}_m\text{MPS}\left\{\begin{array}{l}\text{VVVV}\\\text{或}\\\text{CAVOK}\end{array}\right.\left\{\begin{array}{l}\text{W'W'}\\\text{或}\\\text{NSW}\end{array}\right.\\\text{或}\\\text{NOSIG)}\end{array}\right.$$

$$\left\{\begin{array}{l}\text{N}_s\text{N}_s\text{N}_s\text{h}_s\text{h}_s\text{h}_s\\\text{或}\\\text{VVh}_s\text{h}_s\text{h}_s\\\text{或}\\\text{SKC}\\\text{或}\\\text{NSC}\end{array}\right.$$

6.3.1.2 电码说明

1. 第一组（METAR 或 SPECI 报告名称组）

METAR 是机场例行天气报告名称，SPECI 是机场特殊天气报告名称。METAR COR 表示机场例行天气报告的更正报，SPECI COR 表示机场特殊天气报告的更正报。

2. 第二组（CCCC 地名代码组）

一律使用国际民航组织规定的四字地名代码（见表 6.15）。

表 6.15　国内常用四字地名代码

机场名	四字地名代码	机场名	四字地名代码
首都国际	ZBAA	南宁吴圩	ZGNN
天津张贵庄	ZBTJ	深圳	ZGSZ
太原武宿	ZBYN	珠海	ZGUH
呼和浩特白塔	ZBHH	沈阳桃仙	ZYTX
石家庄	ZBSJ	哈尔滨闫家岗	ZYHB
上海虹桥	ZSSS	兰州中川	ZLLL
厦门高崎	ZSAM	西安咸阳	ZLXY
南昌	ZSCN	银川	ZLIC
福州义序	ZSFZ	西宁	ZLXN
杭州笕桥	ZSHC	乌鲁木齐地窝铺	ZWWW
南京大较场	ZSNJ	昆明巫家坝	ZPPP
合肥骆岗	ZSOF	重庆江北	ZUCK
青岛流亭	ZSQD	拉萨贡嘎	ZULS
济南张贵庄	ZSJN	成都双流	ZUUU
广州白云	ZGGG	贵阳磊庄	ZUGY
长沙黄花	ZGHA	广汉	ZUGH
海口	ZGHK	武汉南湖	ZHHH
桂林奇峰岭	ZGKL	郑州东郊	ZHCC

3. 第三组（YYGGggZ　时间组）

"YYGGgg" 是观测时的日期、小时、分；"Z" 是世界时的指示码，如 "220800Z" 意为 22 日世界时 08 时正。

4. 第四组（AUTO 组）

（1）由自动化观测系统自动生成的 METAR 和 SPECI 只能在机场的非运行时间内使用。这些报告应以 "AUTO" 标识。

（2）在自动发布的 METAR 和 SPECI 中，应按照与 METAR 和 SPECI 有关的规定，分别报告地面风、跑道视程、气温、露点温度和气压。

5. 第五组（dddffGf$_m$f$_m$　KMH 或 MPS 或 KT　d$_n$d$_n$d$_n$Vd$_x$d$_x$d$_x$　风向、风速组）

"dddff" 为观测前 10 min 内的平均风向（精确到 10°）和平均风速，"G" 为阵风指示码，无阵风时略去。"f$_m$f$_m$" 为大于平均风速 5 m/s 的阵风（维持 3 s 以上的平均值）。"MPS" 是单位 m/s 的英文简写，"KT" 是海里/小时，"KMH" 是 km/h，我国本组单位常选用 m/s。例如，本组编报为 "34006G12MPS" 译为：风向 340°，风速 6 m/s，阵风 12 m/s。电码 "00000MPS" 表示静风。

当风向多变，平均风速≤2 m/s 时，ddd 必须编报成 VRB。

在风向变化不定，风速 >2 m/s 且风向变化≥60° 时，"d$_n$d$_n$d$_n$Vd$_x$d$_x$d$_x$" 组用来表示风向变化范围的两个边界值，按顺时针方向编报。例如，本组编报为 "VRB04MPS 350V080"，表示风向变化不定，风速 4 m/s，风向在 350°～80° 范围内摆动。"P49MPS"，表示风速≥50 m/s。

6. 第六组（$VVVVD_v$　$V_xV_xV_xV_xD_v$　能见度组）

其中"VVVV"为能见度数值，一般指主导能见度，当有效能见度≥本场最低标准，而跑道能见度≤本场最低标准时，则用跑道能见度代替有效能见度编报。当水平能见度在各方向不同时，以最小能见度编报 VVVV 再加 D_v，D_v 表示最小能见度相对于气象台的方向，可用一个或两个字母表示，如 N、NW 等。当最小能见度 <1 500 m，而其他方向的能见度>5 000 m 时，在 $VVVVD_v$ 之后须再加编一组 $V_xV_xV_xV_xD_v$，$V_xV_xV_xV_x$ 表示最大能见度，D_v 表示其方向。例如，本组编报为"0000"，表示能见度 < 50 m；本组编报为"9999"，表示能见度≥10 km。

7. 第七组（$RD_rD_r/V_rV_rV_rV_ri$　$RD_rD_r/V_rV_rV_rV_rVV_rV_rV_rV_ri$　跑道视程组）

只有当有效能见度≤本场最低标准时才编报此组，且不管跑道视程与有效能见度数值有无差异均应编报。

（1）$RD_rD_r/$：R 为跑道视程指示码，D_rD_r 为跑道的方位编号，平行跑道要附加 L、C、R 字母（分别表示左、中、右）加以区别。如"R12L/"指"12 号左跑道"。

（2）$V_rV_rV_rV_r$：观测前 10 min 内的平均跑道视程，单位是 m。

（3）i：观测前 10 min 内，前、后 5 min 跑道视程的变化情况。在平均差值≥100 m 时用此电码。有以下几种情况：

①"U"表示观测时跑道视程有明显上升趋势；

②"D"表示观测时跑道视程有明显下降趋势；

③"N"表示观测时跑道视程没有明显变化。

当无法确定跑道视程的变化趋势时可省略不报。

（4）$RD_rD_r/V_rV_rV_rV_rVV_rV_rV_rV_ri$：当跑道视程有重大变化时用此组电码，$RD_rD_r$ 的意义与前面相同，V 为指示码，V 前后的 $V_rV_rV_rV_r$ 则分别编报观测前 10 min 内跑道视程某 1 min 平均的极小值和某 1 min 平均的极大值。i 的意义与前同。例如，"R27R/0800V1200D"表示 27 号右跑道跑道视程最小 800 m，最大 1 200 m，在观测时跑道视程有明显下降的趋势。

当跑道视程超过或小于所用观测仪器所能测得的最大值或最小值时必须加报"P"或"M"。"P"为超过指示码，"M"为小于指示码。如"M100"表示跑道视程小于 100 m。

8. 第八组（W′W′　天气现象组）

当观测时出现几种不同的天气现象时，可重复编报，W′W′可按表 6.16 编报（每组可由 2 ~ 9 个字符表示）。

表 6.16　现在天气和预报天气

限定词		天气现象		
强度和特点	描述	降水	视程障碍	恶劣天气
− 表示小（轻）的 + 表示强（大、浓）的 （中常的无须说明） VC　机场附近 （不含机场）	MI　浅的 BC　散片的 DR　风吹起（低） BL　风吹起（高） SH　阵性的 TS　雷暴 FZ　过冷却的	DZ　毛毛雨 RA　雨 SN　雪 SG　米雪 IC　冰针 PL　冰粒 GR　冰雹 GS　霰	BR　轻雾 FG　雾 FU　烟幕 VA　火山灰 DU　浮尘 SA　扬沙 HZ　霾	PO　发展完好的 　　沙卷或尘卷 SQ　飑 FC　漏斗云 　　（龙卷） DS　尘暴 SS　沙暴

例如，"BR"表示轻雾，"DZ"表示毛毛雨，"SHRA"表示中等阵雨，"+SHRA"表示有大阵雨，"VCFG"表示机场附近 8 km 以内（不含机场）有雾（不需区别是什么形式的雾）。

9. 第九组（$N_sN_sN_sh_sh_sh_s$（CC）或 $VVh_sh_sh_s$ 或 SKC 或 NSC 云组）

本组可以编报若干组，按云底高度从低到高顺次编报。

（1）"$N_sN_sN_s$"为云量，需用简语"FEW"（1~2 个八分量，少云），"SCT"（3~4 个八分量，疏云），"BKN"（5~7 个八分量，多云），"OVC"（8 个八分量，阴天）。

"$h_sh_sh_s$"为云底高，以 30 m 为单位编报（云高等于电码乘以 30 m）。

（2）"CC"为云状，只需编报积雨云（Cb）和浓积云（TCu）的云状，但当积雨云和浓积云出现在同一高度时，只需编报积雨云的云状。

（3）"$VVh_sh_sh_s$"为垂直能见度，当天空被天气现象所遮蔽而模糊不清或不明时，需用此组，"VV"为垂直能见度指示码，"$h_sh_sh_s$"为垂直能见度，编报标准与云底高相同。

（4）"SKC"为碧空（Skyclear）。表示天空无云或不足 1 成云，且无积雨云，无浓积云。

例如，"SCT030"为疏云，云底高 900 m；"BKN010（Cb）"表示在 300 m 高度上有 5~7 个积雨云。

"NSC"表示无重要的云。

10. 第十组（CAVOK　好天气组）

字码 CAVOK 可用来代替能见度组、天气现象组和云组，其条件是：

（1）有效能见度 10 km 或以上。

（2）1 500 m 以下无云，且天空没有微量积雨云、微量浓积云等恶劣天气。

（3）无降水、雷暴、沙暴、吹雪等天气现象。

11. 第十一组（T′T′/Td′Td′　温度/露点组）

T′T′为气温，$T_d'T_d'$为露点，都表示为整数摄氏度。数字前加 M 表示温度在 0℃ 以下。例如，"05/M04"表示温度 5 ℃，露点 − 4 ℃。

12. 第十二组（$QP_hP_hP_hP_h$　修正海平面气压组（QNH））

"Q"为修正海平面气压指示码，"$P_hP_hP_hP_h$"是以百帕为单位的气压数值（整数），不足 4 位时第一位补零。

例如，"Q0989"意为修正海平面气压 989 hPa。

当编报场面气压时用"QFE"作指示码。例如，"QFE0985"表示场面气压是 985 hPa。

在某些国家，修正海平面气压以 inHg 为单位，此时，该组以"A"为指示码，后面编报 4 位气压数值，保留两位小数。例如，"A3027"表示修正海平面气压为 30.27 inHg。

13. 第十三组（REW′W′　补充报告组）

表示本次报告与上次报告之间发生的重要天气现象，可报三组近时天气。"RE"为指示码，"W′W′"的编报方法，见表 6.16，其重要天气现象见表 6.17。

表 6.17　几种重要天气现象

1	冻雨（雨凇）
2	中或大的毛毛雨、雨或雪
3	中或大的冰粒（冰丸）、雹、小雹和（或）霰（雪丸）
4	中或大的高吹雪（包括雪暴）
5	沙暴或尘暴
6	雷暴
7	龙卷云（陆龙卷或水龙卷）
8	火山灰

14. 第十四组（WS TKOF RWYD$_r$D$_r$ 或 WS LDG RWYD$_r$D$_r$　风切变组）

本组表示起飞或着陆跑道有风切变，"WS TKOF　RWY"为起飞跑道有风切变，"WS LDG RWY"为着陆跑道有风切变，"WS ALL RWY"为所有跑道的起飞或进近航道有风切变。"D$_r$D$_r$"为跑道编号，若有平行跑道，在 D$_r$D$_r$ 之后用 R、L 或 C 分别表示右跑道、左跑道或中间跑道。

例如，"WS TKOF RWY36"表示在 36 号跑道上起飞方向有风切变，"WS LDG RWY24L"表示在 24 号左跑道上着陆方向有风切变。

以下内容为附加的趋势型着陆预报。

15. 第十五组（TTTTT 或 NOSIG　天气变化趋势组）

当前面各组中有一项或几项气象要素预计将发生明显变化时，"TTTTT"用"BECMG"或"TEMPO"编报。其中"BECMG"表示"天气将变为……"，"TEMPO"表示气象要素有"短时波动（波动时间小于 1 h）"。若预计气象要素无显著变化，则用"NOSIG"表示。

16. 第十六组（TTGGgg　变化时间组）

"GGgg"表示变化的时、分，用世界时。

"TT"可表示为"FM"、"TL"和"AT"，分别指变化开始时间、变化结束时间和在某一时刻出现。

电码"FM0000、AT0000　和 TL2400　"表示所预报的变化发生在世界协调时（UTC）的午夜。

例如，"BECMG FM 0215"意为 02 点 15 分天气将变为……"TEMPO 1014　"意为天气在 10：00 至 14：00 之间有短时变化……

17. 第十七组（变化的气象要素组）

后面几项分别为风向组、风速组、能见度组、天气现象组和云组。它们的出现表示前面所报的天气有变化，它们的编报方法和前面相应组的编报方法相同，其中"NSW"表示无重要天气现象。

6.3.1.3　机场例行天气报告举例

【例1】　METAR　ZUGH 070800Z 03003MPS 5000 SCT030 BKN070 OVC090 20/18 Q1005

译文：机场例行报，广汉，7 日 08 时 00 分；地面风向 30°，风速 3 m/s；能见度 5 km；疏云，云高 900 m；多云，云高 2 100 m；阴天，云高 2 700 m；气温 20 ℃，露点 18 ℃；QNH = 1 005 hPa。

【例2】　METAR ZPPP 200000Z 00000MPS 3000 BR FEW023 SCT040 12/11 Q1024 NOSIG

译文：20 日 0000 世界时，昆明机场的例行报告；静风；能见度 3 000 m；轻雾；云底高 700 m，少云；云底高 1 200 m，疏云；气温 12 ℃；露点温度 11 ℃；修正海平面气压 1 024 kPa；未来 2 h 发展趋势：无重要变化。

【例3】　METAR ZGGG 211100Z VBR02MPS 0700 R35/0600V0800U FG VV/// 24/21 Q1004 NOSIG

译文：21 日 1100 世界时，广州机场的例行报告；地面风向不定，风速 2 m/s；能见度 700 m；雾；代表 35 号跑道接地地带的跑道视程变化显著，1 min 平均极小值 600 m，1 min 平均极大值 800 m，同时跑道视程在前 10 min 有上升趋势；天空不明；气温 24 ℃；露点温度 21 ℃；修正海平面气压 1 004 hPa；未来 2 h 发展趋势：无重要变化。

【例4】　METAR ZPPP 020600Z 19004MPS 4000 SHRA FEW010 SCT023TCU OVC036 12/11 Q1025 BECMG FM0700 9999 NSW

译文：2 日 06000 世界时，昆明机场例行报告；地面风向 190°，风速 4 m/s；能见度 4 000 m；中度阵雨；云底高 300 m，少云；浓积云，云底高 700 m，疏云；云底高 1 100 m，阴天；气温 12 ℃；露点温度 11 ℃；修正海平面气压 1 025 kPa；未来 2 h 发展趋势：从世界时 0700 点到 0800 点渐变为能见度大于等于 10 km；重要天气现象结束。

【例5】　METAR ZPPP 082200Z 09004MPS 6000 -TSRA SCT023CB OVC040 17/15 Q1018 BECMG AT2330 9999 NSW SCT023 BKN040 NOSIG

译文：8 日 2200 世界时，昆明机场例行报告；地面风向 90°，风速 4 m/s；能见度 6 000 m；雷暴伴弱降水；积雨云云底高 700 m，疏云；云底高 1 200 m，阴天；气温 17 ℃；露点温度 15 ℃；修正海平面气压 1 018 hPa；未来 2 h 发展趋势：世界时 2330 能见度变为大于等于 10 km；重要天气现象结束；疏云，云底高 700 m，多云，云底高 1 200 m。

6.3.1.4　特殊报告（Special Aviation Weather Reports）

机场特殊报告是指在两次正点观测之间，当某一对飞行有较大影响的天气现象出现（终止或消失）时而进行的报告。当某一天气要素变坏伴随另一气象要素好转（例如，云高降低而能见度好转）时只需发一份 SPECI 报告。

SPECI 报的电码格式与 METAR 相同。只是 SPECI 代替了 METAR 作为特殊报告的起头。由于特选报主要是针对恶劣天气编报的，为了突出重点，METAR 中无关的项可以省略，因此它简单明确。相关的各项编报方法和 METAR 中与之相对应的项相同。

【例1】　SPECI ZUGH 220615Z TSRA SCT040（Cb）

译文：特殊报告，广汉，观测时间 22 日 06 时 15 分；有中雷雨，3～4 个量的积雨云，云底高 1 200 m。

【例 2】 SPECI ZHHH 060315Z 09002MPS 1800 BR SKC 06/01 Q1027 NOSIG

译文：6 日 0315 世界协调时，武汉机场的特殊报告；地面风向 90°，风速 2 m/s；能见度 1.8 km；轻雾；碧空；气温 6 ℃，露点温度 1 ℃；修正海平面气压 1 027 hPa；未来 2 h 发展趋势：无重要变化。

6.3.2 机场天气预报电报

机场天气预报又称航站天气预报，是为目视飞行提供的基本天气报告，也是仪表飞行必不可少的。可以根据机场天气预报中所预报的云高、能见度和风来选择最佳进场着陆方向；也必须根据机场天气预报来确定是否需要一个备降机场，如果需要，还要看备降机场预报的天气是否适合降落。

机场预报的有效时段应不小于 9 h，不大于 24 h。有效时段小于 12 h 的机场预报应每 3 h 发布一次；有效时段为 12～24 h 的机场预报应每 6 h 发布一次。

6.3.2.1 机场（航站）天气预报电报格式

$$\text{TAF} \quad \text{CCCC} \quad \text{YYGGggZ} \quad Y_1Y_1G_1G_1G_2G_2 \quad dddffGf_mf_m\text{MPS}$$

$$\left\{ \begin{array}{l} \text{VVVV} \\ \text{或} \\ \text{CAVOK} \end{array} \right\} \left\{ \begin{array}{l} \text{W'W'} \\ \text{或} \\ \text{NSW} \end{array} \right\} \left\{ \begin{array}{l} N_SN_SN_Sh_Sh_Sh_S \quad \text{或} \\ VVh_Sh_Sh_S \quad \text{或} \\ \text{SKC} \quad \text{或} \\ \text{NSC} \end{array} \right\} \text{PROB}C_2C_2 \quad GGG_eG_e$$

$$\left\{ \begin{array}{l} \text{TTTTT } GGG_eG_e \\ \text{或} \\ \text{TTGGgg} \end{array} \right\} (\text{TX}T_FT_F/G_FG_FZ \text{ TN}T_FT_F/G_FG_FZ)$$

6.3.2.2 电码说明

1. 第一组（TAF 电报名称）

机场预报电报用 TAF 起头，意为机场天气预报（Terminal Aviation Forecast）。

"TAF AMD（预报错）"表示机场预报的修订报；"TAF COR（发报错）"表示机场预报的更正报；"TAF AMD CNL"表示机场预报取消报。

2. 第二组（CCCC 地名代码组）

一律使用国际民航组织规定的四字地名代码，见表 6.14。

3. 第三组（YYGGggZ 时间组）

发的日、时、分（UTC）。"Z"为世界时的指示码（Zulu）。

4. 第四组（YYG₁G₁G₂G₂ 预报的有效时间）

"YY"为日期，"G₁G₁"为预报有效的开始时间，"G₂G₂"为预报有效的结束时间。

5. 第五组（dddffGf_mf_m MPS 预报的风）

编报方法与 METAR 报中的风组相同。电码"00000MPS"表示静风（预报的风速小于 1 m/s）。

6. 第六组（VVVV 预报的能见度）

编报方法与 METAR 报中的能见度组相同。

7. 第七组（W'W'重要天气现象（预报值））

编报方法见表 6.16。当预计重要天气现象结束时，编报"NSW"。

8. 第八组（N_sN_sN_sh_sh_sh_s（CC）或 VVh_sh_sh_s 或 SKC 或 NSC 预报云组）

编报方法与 METAR 报中相同，碧空时报"SKC"，无重要的云时编报"NSC"。

9. 第九组（CAVOK 好天气组）

CAVOK 的用法与 METAR 报中相同。

10. 第十组（PROBC_2C_2 GGG_eG_e 概率组）

预计气象要素出现另一数值的概率和时间，"PROB"为概率指示码，"C_2C_2"为概率，只用 30% 或 40% 表示，如概率小于 30%，则认为不适宜用 PROB 组报；当概率超过 50% 时，视情况可用"BECMG"、"TEMPO"或"FM"表示。"GGG_eG_e"表示变化的起止时间，"TTTTT"编报方法与"METAR"报中相同，"TTGGgg"中"TT"可用"AT（在……）"，"FM（从……）"，"TL（直到……）"。"GGgg"为时间组，用世界时表示出时分。

例如，"1500 PROB40 1214 0800 FG"表示"能见度 1 500 m，12 点到 14 点之间有 40% 的概率出现能见度 800 m 和大雾"；又如"PROB30 TEMPO 1517"表示"15 点到 17 点之间，有 30% 的概率，短时出现"。

11. 第十一组（气象要素变化组）

$$\begin{cases} TTTTT\ GGG_eG_e \\ 或 \\ TTGGgg \end{cases}$$

表示预报的有效时段（G_1G_1 至 G_2G_2）内，当预计部分或全部要素在某一中间时刻 GGgg 或在 GG 至 G_eG_e 时段内发生变化。如果 G_eG_e 编报为 24，表示预报时段终止于午夜。

若时间指示组 TTGGgg 编报为 FMGGgg 形式(从 GGgg 开始)，表示一份预报中某个独立部分开始时间 GGgg。若使用 FMGGgg 组时，该组之前的预报状况将全部由 FMGGgg 组之后的预报状况所取代。

变化组 TTTTT GGG_eG_e 为 BECMG GGG_eG_e 形式，用来描述预报的气象状况在 GG 至 G_eG_e 时段内的某个时间预期以规则或不规则的速度发生变化。GG 至 G_eG_e 时段一般不得超过 2 h，最多不超过 4 h。变化组之后是预报有变化的所有要素。如变化组之后没有描述某一要素，则表示在 G_1G_1 至 GG 时段内对该要素的描述在 GG 之后继续有效。

变化组 TTTTT GGG_eG_e 为 TEMPO GGG_eG_e 形式，用来描述对预报的气象状况的频繁的或偶尔的短暂波动，并且每次波动不得超过 1 h，其累计所占时间不超过 GGG_eG_e 时段的一半。

12. 第十二组（(TXT_FT_F/G_FG_FZ TNT_FT_F/G_FG_FZ) 预报气温组）

"T" 为气温指示码，"T_FT_F" 为预报的气温，单位 ℃，若为负值前面加 "M"；"G_FG_F" 为预计出现该气温的时间（UTC），"Z" 为 UTC 指示码。简语 TX 是预报时段内的最高气温指示码，TN 是预报时段内的最低气温指示码。

例如，电码 "TX25/06Z TN15/23Z" 表示预计最高气温 0700 世界时为 25 ℃，最低气温 2300 世界时为 15 ℃。

6.3.2.3 电码举例

【例 1】 TAF ZBAA 130430Z 130615 31007MPS 8000 SHRA FEW005 FEW010CB SCT018 BKN025 TEMPO 1014 4000 +SHRA PROB30 TEMPO 1315 TSRA SCT005 BKN010CB

译文：北京首都机场的机场天气（航站）预报，发报时间 13 日 04:30（UTC），预报有效时间为 13 日 06:00（UTC）至 15:00（UTC）。地面风向 310°，风速 7 m/s，能见度 8 000 m，中阵雨，有 1/8 ~ 2/8 量的云，云底高度 150 m，1/8 ~ 2/8 量的积雨云，云底高度为 300 m，3/8 ~ 4/8 量的云，云底高度为 540 m，5/8 ~ 7/8 量的云，云底高度 750 m。预计在 10:00（UTC）至 14:00（UTC）之间有短暂变化，能见度变为 4 000 m，大阵雨。在 13:00（UTC）至 15:00（UTC）之间，有 30% 概率出现中等强度的雷雨，3/8 ~ 4/8 量的云，云底高度 150 m，5/8 ~ 7/8 量的积雨云，云底高度 300 m。

【例 2】 TAF ZUUU 050340 050606 35003MPS 5000 BR SCT030 TX20/07Z TN12/23Z。

译文：成都机场 5 日发布的有效时间 5 日世界时 0600 到 6 日 0600 点的 TAF 报，风向 350°，风速 3 m/s，能见度 5 000 m，轻雾，云量疏云，云底高 900 m，最高气温 0700 世界时为 20 ℃，最低气温 2300 世界时 12 ℃。

【例 3】 TAF COR ZUUU 250550Z 250615 03003MPS 3500 BR SCT030 OVC080TEMPO 0610 -TSRA SCT033CB SCT033 OVC070

译文：成都机场 25 日 0450 世界时发布的有效时间 25 日世界时 0600 时到 1500 的 TAF 更正报（发报错），地面风向 30°，风速是 3 m/s，能见度是 3 500 m，轻雾，云量疏云，云底高 900 m，云量阴天，云底高 2 400 m；从 0600 世界时至 1000 世界时发生短时变化：雷暴伴弱降水，积雨云，云量疏云，云底高 1 000 m，云量疏云，云底高 1 000 m，云量阴天，云底高 2 100 m。

【例 4】 TAF AMD ZGGG 042100Z 042106 08004MPS 6000 SCT040 SCT100

译文：广州机场在 4 日 2100 世界时发布有效时间为 4 日世界时 2100 到 5 日 0600 点的 TAF 修订报（预报错），地面风向 80°，风速是 4 m/s，能见度 6 000 m，云量疏云，云底高 1 200 m，云底高 3 000 m。

【例 5】 TAF AMD ZSSS 242100Z 242106 CNL

译文：上海机场在 24 日 2100 世界时发布的 TAF 修订报（预报错），取消先前发布的有效时间为世界时 24 日 2100 点至 25 日 0600 点的 TAF 报。

6.3.3 航路天气预报电报

6.3.3.1 ROFOR 电码格式

（1）第一段：　　ROFOR　　　（YYGGggZ）　　$Y_1Y_1\,G_1G_1G_2G_2$　　　KMH
　　　　　　　　　航路预报　　　发报日时分　　　预报起止时间　　　风速单位

　　CCCC　　　　（$QL_aL_aL_oL_o$）　　　CCCC　　　　$0i_2ZZZ$　　　　（VVVV）
　起点站名　　　　附加点组　　　　　终点站名　　　航段指示组　　　　能见度

　（$W_1W_1W_1$）　　$N_sN_sN_sh_sh_sh_s$　　　$7h_th_th_fh_fh_f$　　　　（$6I_ch_ih_ih_it_L$）
　天气现象　　　　云量和云高　　　　云顶和 0 ℃ 层高度　　　积冰组

　（$5Bh_Bh_Bh_Bt_L$）（$4h_xh_xT_hT_h$）　　$d_hd_hf_hf_hf_h$　　　（$2h'_ph'_pT_pT_p$）
　颠簸组　　　　　某高度气温　　　　风向风速　　　对流层顶高度和气温

（2）第二段：（11111　　　　$QL_aL_aL_oL_o$　　　$h_jh_jf_jf_jf_j$）
　　　　　　　高空急流　　　　急流轴位置　　　急流轴高度和风速

（3）第三段：（22222　　　　$h'_mh'_mf_mf_mf_m$　　　（d_md_mVV））
　　　　　　　风组指示码　　　某高度最大风速　　风向和垂直风切变

（4）第四段：　9i_3nnn
　　　　　　　补充现象组

6.3.3.2 电码说明

各组名称上面已说明，翻译方法大多数与航站预报相同，现重点说明如下几点：

1. 附加点组（$QL_aL_aL_oL_o$）

在国内，在起点站和终点站间如果需要选一个或几个附加点，一般多用站名代号表示，在国际上可用"$QL_aL_aL_oL_o$"表示，"Q"表示地球八分象限，见表 6.18。"$L_aL_aL_oL_o$"分别表示纬度和经度整度数，并略去百位数。如附加点为"24017"表示该点在"北纬 40°，东经 117°"。

表 6.18　地球八分象限

电码	北半球经度	电码	南半球经度
0	0°～90°W	5	0°～90°W
1	90°～180°W	6	90°～180°W
2	180°～90°E	7	180°W～90°E
3	90°～0°E	8	90°E～0°E

2. 航段指示组（$0i_2ZZZ$）

本组用在航路各段或各点预报的开头，编报含义见表 6.19，如"03ZBAA"表示"直到北京"。其中出现的"Q"的含义可见上一组说明。

表 6.19 航段指示组电码含义

$0i_2ZZZ$	含　义
00000	直至转折点（第一个附加点）为止
$01QL_aL_a$	至纬度 L_aL_a
$02Ql_oL_o$	至经度 L_oL_o
03CCCC	至 CCCC 站
04nnn	至距前一地点的 nnn km 处
05QZZ	至气象 ZZ 编号地区的 5°带
$06QL_aL_a$	在纬度 L_aL_a 处
$07QL_oL_o$	在经度 L_oL_o 处
09nnn	在距前一地点的 nnn km 处

3. 天气现象组（$W_1W_1W_1$）

当预报有表 6.20 中任何一种现象时可按表中电码编报。

表 6.20　航路天气现象电码

电码	111 或 TS	222 或 TRS	333 或 LSQ	444 或 HAIL	555 或 MTW	666 或 SAND	777 或 DUST	888 或 FZR
天气	雷暴	热带气旋	强飑线	冰雹	明显的地形波	大面积沙暴	大面积尘暴	冻雨

4. 云组和 7 字组（$N_sN_sN_sh_sh_sh_s$ $7h_th_th_th_fh_fh_f$）

云的预报与航站报相同，7 为云顶高度指示码，$h_fh_fh_f$ 为 0 ℃ 层高。对每一层云，必须成对地使用云组和 7 字组，航线上的云顶高度采用海拔。若预报了两个云组但只预报了一个 0 ℃ 层高，则第二个 7 字组应编报为"$7h_th_th_t///$"，表示 0 ℃ 层高度同前。若只预报了一个云组，但预报了两个 0 ℃ 层高，则第二个 7 字组应编报为"$7///h_fh_fh_f$"，表示云顶高度不详。

5. 第五组（$6I_ch_ih_ih_it_L$ 积冰组）

"6"为积冰指示码，"$h_ih_ih_i$"为积冰层底的高度（=电码×30 m）；"t_L"为积冰层的厚度（=电码×300 m）；"I_c"为积冰类型，编报方法见表 6.21。例如，"621002"为"在 3 000 m 高度上有厚度为 600 m 的云中轻度积冰"。

表 6.21　积冰类型和颠簸类型

类型电码	积冰类型	颠簸类型
0	无积冰	无颠簸
1	轻度积冰	轻度颠簸
2	云中轻度积冰	晴空不频繁中度颠簸
3	降水中轻度积冰	晴空频繁中度颠簸
4	中度积冰	云中不频繁中度颠簸
5	云中中度积冰	云中频繁中度颠簸
6	降水中中度积冰	晴空不频繁强烈颠簸
7	严重积冰	晴空频繁强烈颠簸
8	云中严重积冰	云中不频繁强烈颠簸
9	降水中严重积冰	云中频繁强烈颠簸

6. 第六组（5B$h_B$$h_B$$h_B$$t_L$颠簸组）

"5"为颠簸指示码，"$h_B$$h_B$$h_B$"为颠簸层底高度（=电码×30 m），"$t_L$"为颠簸层厚度（=电码×300 m），"B"为颠簸类型，编报方法参见表6.20。例如，"532002"为"在6 000 m高度上有厚度为600 m的晴空中颠，不频繁"。

7. 气温和风组（4$h_x$$h_x$$h_x$$T_h$$T_h$ $d_h$$d_h$$f_h$$f_h$$f_h$）

"4"为指示码，"$h_x$$h_x$$h_x$"表示某高度（=电码×30 m），"$T_h$$T_h$"表示该高度的气温，"$d_h$$d_h$"表示该高度的风向（=电码×10°），"$f_h$$f_h$$f_h$"表示风速，单位在前面已注明，我国一般采用km/h（KMH）。

8. 对流层顶组（2$h'_p$$h'_p$$T_p$$T_p$）

"2"为指示码，"$h'_p$$h'_p$"表示对流层顶高度（=电码×300 m），"$T_p$$T_p$"表示对流层顶气温。

9. 第二段和第三段补充说明

急流轴高度=电码×300 m，最大风速高度=电码×300 m（或1 000 ft），风向=电码×10°，垂直风切变"VV"的单位是（km/h）/300 m。

10. 第四段（9$i_3$nnn）

该组用来表示预报内容的补充说明或变化，其内容见表6.22。

表6.22 9$i_3$nnn的电码含义

9$i_3$nnn	补充内容或含义
91$P_2$$P_2$$P_2$	预报的最低海平面气压
92$F_t$$L_a$$L_a$	锋面的类型和纬度的位置
93$F_t$$L_O$$L_O$	锋面的类型和经度的位置
94F_tGG	锋面的类型和过境时间
951//	沿航线渐变
952$L_a$$L_a$	沿航线在北纬$L_a$$L_a$变化
953$L_a$$L_a$	沿航线在南纬$L_a$$L_a$变化
954$L_O$$L_O$	沿航线在东经$L_O$$L_O$变化
955$L_O$$L_O$	沿航线在西经$L_O$$L_O$变化
96GGGp	从GG时开始变化，持续Gp时
97GGGp	从GG时短时波动，持续Gp时
9999C_2	变化概率是C_2（10%为单位）
99GGGp	999C_2变化的开始和持续时间

91、92、93和94组都放在ROFOR电报有关部分的末尾，而96和97组后没有描述某一要素时，则表示前面对该要素的预报仍然有效，96组后所描述要素情况在G_p时段结束后

仍然有效，直至第 2 个变化组出现时方止。9999C$_2$组与 99GGG$_p$一起使用，之后即为预报要素的另一数值。

表 6.22 中锋面类型 F$_t$的编报可见表 6.23。

表 6.23　锋面类型及电码

电　码	含　义	电　码	含　义
0	地面静止锋	5	地面以上冷锋
1	地面以上静止锋	6	锢囚锋
2	地面暖锋	7	不稳定线
3	地面以上暖锋	8	热带锋
4	地面冷锋	9	辐合线

6.3.3.3　举　例

【例 1】ROFOR 2207 KMH ZLLL ZLSN BKN070 7120140 OVC130 7180/// 621602 51////
4160M04 24065 ＝

译文：航路天气预报，预报有效时间 22 时至 07 时（UTC），风速使用单位为 km/h，兰州至西安航线；云量 5～7，云底高 2 100 m（海拔），云顶高 3 600 m，0 ℃层高度 4 200 m，8 个云量，云底高 3 900 m，云顶高 5 400 m，0 ℃层高度同前；云中轻度积冰，积冰层底高 4 800 m，厚度 600 m；有轻度颠簸，高度和厚度不明，在 4 800 m 高度上气温为－4 ℃，风向 240°，风速 65 km/h。

【例 2】　ROFOR 0010 KMH ZBAA 23518 ZSSS 01235 SCT030（Cb）　7300210 BKN230
7240/// 541208 420001 18090 03ZSSS SCT026 7050220 96062 BKN050 7120/// 418005 21060 ＝

译文：航路天气预报，有效时间 00 时到 10 时（UTC），风速使用单位为 km/h，航线：北京过 35°N118°E 至上海；北京到 35°N 航段上，有 3～4 个积雨云，云底高 900 m，顶高 9 000 m，0 ℃层高度 6 300 m，5～7 个云量，云底高 6 900 m，云顶高 7 200 m，0 ℃层高度不明；云中中度颠簸，不频繁，颠簸层底高 3 600 m，厚 2 400 m；在 6 000 m 高度上气温为 1 ℃，风向 180°，风速 90 km/h。从 35°N 至上海航段，有 3～4 个量的云，底高为 780 m，云顶高 1 500 m，0 ℃层高度 6 600 m；从 06 时至 08 时，将变化为多云，云底高 1 500 m，云顶高 3 600 m，0 ℃层高度同前；5 400 m 高度上气温为 5 ℃，风向 210°，风速 60 km/h。

6.3.4　重要气象情报（SIGMET）

重要气象情报发布的是除对流之外能给飞行造成危害的天气，它适合于各个飞行高度层上的飞机，常用缩写明语作出其发生和（或）预期发生的简要说明。

6.3.4.1　重要气象情报的内容

重要气象情报的电文内容见表 6.24。

表 6.24 重要气象情报报告内容

在亚音速巡航高度上	OBSC TS	模糊不清的雷暴
	EMBD TS	隐嵌在……里的雷暴
	FRQ TS	成片无隙的雷暴
	LSQ TS	飑线
	OBSC TS HVYGR	模糊并带有强冰雹的雷暴
	EMBD TS HVYGR	隐嵌并带有强冰雹的雷暴
	FRQ TS HVYGR	成片无隙并带有强冰雹的雷暴
	LSQ TS HVYGR	带有强雹的飑线
	TC（＋名称）	热带气旋 [10 min 内平均地面风速达到或超过 63 km/h（34 kt）]
	SEV TURB	严重颠簸
	SEV ICE	严重积冰
	FZRA（SEV ICE）	冻雨引起的严重积冰
	SEV MTW	严重的山地波
	HVY DS	强尘暴
	HVY SS	强沙暴
	VA（＋火山名称）	火山灰
在跨音速和超音速巡航高度上	MOD TURB	中度颠簸
	SEV TURB	严重颠簸
	ISOL CB	孤立的积雨云
	OCNL CB	偶尔（个别）的积雨云
	FRQ CB	成片无隙的积雨云
	GR	雹
	VA（＋火山名称）	火山灰

6.3.4.2 电报格式及说明

（1）第一组：服务于重要气象情报涉及的飞行情报区或管制区域的空中交通服务单位的地名代码，如 ZBAA、ZSSS 等。

（2）第二组：电报指示码和序号。为亚音速飞机提供重要气象情报必须用"SIGMET"标明，为超音速飞机在跨音速和超音速飞行阶段提供的重要气象情报必须用"SIGMET SST"标明。例如，"SIGMET5"即为亚音速飞机提供的第 5 号重要气象情报。

（3）第三组：有效时间组。用世界时表明的有效时间。例如，"VALID 221215/221600"表示"有效时间 22 日 12 时 15 分到 16 时"。

（4）第四组：始发电报的气象监视台的地名代号，后面紧随连字号"－"将报头与电文分开，电文写在下一行，如"ZUUU－"。

（5）第五组：重要气象情报为之发布的飞行情报区或管制区的名称。

（6）第六组：重要天气现象和现象的描述（见表 6.24），如"FRQ TS"。

（7）第七组：说明以上重要天气现象是观测到的（OBS）还是预报的（FCST），以及出现的时间（用世界时）。

（8）第八组：重要天气现象出现的位置（可用纬度和经度表示，也可用国际上熟知的位置或地理特征）和高度层（用"FL"）。例如，"FCST TOPS FL390 S OF 54 DEG N"表示"预报云顶高度为飞行高度层 39 000 ft，北纬 54°以南"；"ZHHH AT FL250"表示"在武汉上空，飞行高度层 25 000 ft"。

（9）第九组：移动情况或预期移动情况，单位用 km/h 或 KT。例如，"MOV E 40KMH"表示"向东以 40 km/h 的速度移动"。

（10）第十组：强度变化情况。用缩写"INTSF"（加强）、"WKN"（减弱）或"NC"（无变化）表示。

（11）第十一组：（转下一行）提供上述第三组项规定的有效时期以外的火山灰云轨迹和热带气旋中心的位置和展望（电码 OTLK，即 Outlook）。

6.3.4.3 举 例

【例 1】 YUCC SIGMET3 VALID 251600/252200 YUDO－

AMSWELL FIR TC GLORIA OBS 27.1N 73.1W AT 1600UTC FRQ TS TOPS

FL500 W OF 150NM CENTRE MOV NW 10KT NC

OTLK TC CENTRE 260400 28.5N 74.5W 261000 31.0N 76.0W ＝

译文：YUCC 飞行情报区（或管制区域）空中交通服务单位，YUDO 气象监视台 25 日发布的第 3 号重要气象情报，有效时间从 25 日 1600 世界时到 25 日 2200 世界时。

AMSWELL 飞行情报区内，在 1600 世界时观测到热带气旋 GLORIA 的中心位置在北纬 27.1°、西经 73.1°；频繁性雷暴，顶高在 FL500，在中心西面 150 n mile 以西，以 10 kt 速度向西北移动，强度无变化。

展望：热带气旋的中心，26 日 0400（UTC）在北纬 28.5°、西经 74.5°；26 日 1000（UTC）在北纬 31.0°、西经 76.0°。

【例 2】 YUCC SIGMET2 VALID 221215/221600 YUDO－

AMSWELL FIR SEV TURB OBS AT 1210 YUSB FL250 MOV E 40KMH WKN ＝

译文：YUCC 飞行情报区（或管制区域）空中交通服务单位，YUDO 气象监视台 22 日发布的第 2 号重要气象情报，有效时间从 22 日 1215（UTC）到 1600（UTC）。

AMSWELL 飞行情报区内，在 YUSB 机场上空 25 000 ft 的飞行高度层上，于 1210（UTC）观测到严重颠簸，预计颠簸层将以 40 km/h 的速度向东移动，强度减弱。

6.3.5 低空重要气象情报（AIRMET）

低空重要气象情报是以简写明语的形式提供的有关对地面上的航空器(包括停场航空器、机场设施及机场服务）和在起降阶段的航空器有严重影响的气象情况的简要情报，它扼要地描述有关的发生和（或）预期发生的特殊天气现象。这些天气现象在 SIGMET 中发布的低空飞行区域中不包括，但会影响低空飞行的安全，并在时间尺度上发展。低空重要气象情报（AIRMET）的有效时间不超过 6 h。

6.3.5.1 低空重要气象情报的报告内容

低空重要气象情报所涉及的内容一般是发生在低于 FL100（在山区低于 450 m）巡航高度的表 6.25 中的某种天气现象。

表 6.25 AIRMET 的报告内容

要素含义	简写明语
大范围地面风速大于 60 km/h（30 kt）	SFC WSPD（加风速和单位）
大范围的、下降小于 5 000 m 的地面能见度	SFC VIS（加能见度和单位）
不带冰雹的孤立的雷暴	ISOL TS
不带冰雹的成片的雷暴	OCNL TS
带冰雹的孤立的雷暴	ISOL TSGR
带冰雹的偶尔的雷暴	OCNL TSGR
山地状况不明	MT OBSC
距地面小于 300 m（1 000 ft）的多云	BKN CLD（加云底高度和单位）
距地面小于 300 m（1 000 ft）的阴天	OVC CLD（加云底高度和单位
不带雷暴的孤立积雨云	ISOL CB
不带雷暴的有间隙的积雨云	OCNL CB
不带雷暴的成片无间隙的积云雨	FRQ CB
中度积冰（对流性云中的积冰除外）	MOD ICE
中度颠簸（对流性云中的颠簸除外）	MOD TURB
中度的山地波	MOD MTW

6.3.5.2 AIRMET 的报告格式

（1）第一组：低空重要气象情报发往的飞行情报区的空中交通服务部门的地名代码，例如"YUCC"。

（2）第二组：信息标示符和序号，如"AIRMET2"（第 2 号低空重要气象情报）。

（3）第三组：有效时间段，用世界时，如"VALID 221215/221600"。

（4）第四组：最初发布信息的气象监视台的地名代码，之后用"－"将报文内容分开，如"YUDO－"。

（5）第五组：（转下一行）低空重要气象情报为之发布的飞行情报区或分区的名字，如"AMSWELL FIR/2"。

（6）第六组：引起发布 AIRMET 的天气现象及天气描述，如"MOD MTW"。

（7）第七组：说明是观测到的（OBS）或是预报的（FCST），以及观测的时间。

（8）第八组：位置（用经纬度表示或国际通用的位置或地理特征）和高度。如 OBS 48.0 DEG N 10.0 DEG E AT FL080（观测到的，在北纬 48.0°、东经 10.0°，2 400 m 的高度上）。

（9）第九组：用罗盘八方位和速度（km/h 或 KT）表示移动或预期移动的方向和移速或静止，如"STNR（静止）"。

（10）第十组：强度改变时，使用"INTSF""WKN"和"NC"说明"加强""减弱"和"不变"。

6.3.5.3 举　例

【例 1】　YUCC AIRMET4 VALID 181015/181600 YUDO －

AMSWELL FIR MOD MTW OBS AT 1005 24 DEG N 110 DEG E AT FL080 STNR NC =
译文：YUCC 飞行情报区（或管制区域）空中交通服务单位，YUDO 气象监视台发布的第 4 份低空重要气象情报，有效时间 18 日 1015UTC 到 1600UTC。

AMSWELL 飞行情报区，于 1005UTC 在 24°N110°E，2 400 m 的高度上，观测到中度的山地波，山地波维持稳定，并且强度不再变化。

思 考 题

1. 常用的等压面图有哪些？它们对应的海拔是多少？

2. 什么是可见光云图？影响可见光云图上辐射强弱的因素有哪些？

3. 在卫星云图上怎样识别积雨云？

4. 在卫星云图上如何区别云和高山积雪？

5. 积云、浓积云与积雨云在卫星云图上有什么区别？

6. 在卫星云图上，怎样识别层云和雾？

7. 在卫星云图上，锋面云系有什么特点？

8. 在卫星云图上，高空急流云系有什么特征？

9. 在出现横向波动云系的航线上飞行，会碰上哪些影响飞行的天气？

10. 闭合的细胞状云系和未闭合的细胞状云系各由什么样的云构成？

11. 哪种云和降水不能被气象雷达有效地探测？

12. 层状云降水回波和对流云降水回波各有什么特点？

13. 雹云回波有什么特征？

14. 为什么说利用机载气象雷达并不能保证避开所有危险天气区？

15. 不同强度的降水在彩色气象雷达上是怎样显示的？

16. 利用机载气象雷达进行气象回避应注意些什么？

17. 如何应用雷达概要图？

18. 翻译下列机场例行天气报告，并说明影响飞行的天气。

（1）METAR ZBAA 130100Z 02005MPS CAVOK 27/08 Q1003 NOSIG =

（2）METAR ZBAA 212300Z VRB01MPS 0400 R01/0300 FG SKC 05/04 Q1005 =

（3）METAR ZBAA 220000Z 00000MPS 0300 R03/0200 FG VV008 02/02 Q1004 =

19. 翻译下列特殊报告，并说明影响飞行的天气。

（1）SPECI ZGGG 010130Z 0500 FG =

（2）SPECI ZLXN 210645Z 27004G10MPS FZDZ =

（3）SPECI ZWWW 140315Z 28014G20MPS 0300 BLSN =

20. 翻译下列机场（航站）天气预报电报，并说明影响飞行的天气。

（1）TAF   ZUGH   0211   VRB01MPS   0800   FG   BKN090   T15/05Z FM05
18002MPS 2000 BR SCT008 620603 FM07 4000 NSW BKN020 =

（2）TAF   ZUGH   0615   20008G13MPS   3000   TSRA   BKN040（CB） T35/08Z
BECMG 0810 36002MPS 5000 SHRA SCT010 OVC050 =

（3）TAF   ZBAA   220400Z   0615   29020G30KMH   TM06/12Z   CAVOK =

（4）TAF   ZSFZ 130312 VRB02MPS 9999 FEW033 SCT120 BKN250 BECMG 0405
14004MPS TEMPO 0712 15005MPS 3500 TSRA BKN033 SCT030（CB）=

21. 翻译下列航路天气预报电报，并说明影响飞行的天气。

（1）ROFOR 0615 KMH ZUUU 23816 ZBAA 01238 SCT060（CB）7230140
BKN080 7200/// 631503 521202 03ZBAA SCT120 7260180 562004 4280M16 27070 =

（2）ROFOR 2207 KMH ZUUU ZUCK BKN060 7120140 OVC130 7180///
631402 4160M04 24065 =

（3）ROFOR 0412 KMH ZUUU ZGGG BKN060 7120160 SCT230 7200///
651503 4300M06 32080 =

（4）ROFOR 122210 KMH ZUUU ZUBD SCT220 7280/// 52//// 4320M36 28065 =

（5）ROFOR 2207 KMH ZLLL ZLSN BKN070 7120140 OVC130 7180///
621602 51//// 4160M04 24065 =

22. 翻译下列重要气象情报。

（1）ZSSS SIGMET8 VALID 120800/122000 ZSSS—

SHANGHAI FIR TC 99NO.4 OBS 32.5N 128.6E AT 0600UTC FRQ TS TOPS
TO FL350 E OF 160NM CENTRE MOV NW 18KT NC =

（2）ZUGH SIGMET5 VALID 100830/101000 ZUUU—

GUANGHAN FIR EMBD TS TOPS FL350 SEV ICE FCST AT FL200 32

DEG N 105 DEG E NC =

（3）YUDO SIGMET3 VALID 111200/11600 YUSO—

SHANLON FIR/UIR FCST TS FCST TOPS FL400 N OF 54 DEG N MOV E =

23. 翻译下列低空重要气象情报。

（1）ZGHK AIRMET12 VALID 181400/181630 ZGGG—

HAIKOU FIR FRQ TS SEV ICE OBS AT 1350 20 DEG N 110 DEG E AT FL230 MOV E INTSF =

（2）ZUGH AIRMET5 VALID 201530/201700 ZUUU—

GUANGHAN FIR ISOL TS MOD ICE OBS AT 1520 33 DEG N 107 DEG E AT FL120 NC =

附 图

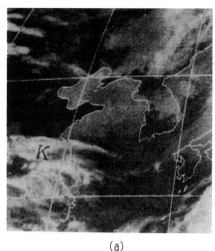

(a)

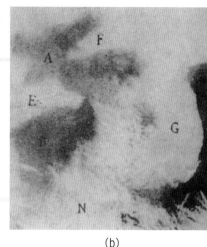

(b)

图1 红外云图上地表色调的季节差异

图1(a)中，辽东半岛、山东半岛、朝鲜半岛因白天太阳加热使地面温度升高，因而呈现灰暗的色调，毗邻的渤海、黄海呈现灰白色；在图1(b)中，由于冬季陆地冷却，温度低于海面，海陆色调正好与图1(a)中的相反。在K处是卷云区。

图2 可见光云图上的地表特征

该图是1998年2月9日12：00（UTC）的可见光云图，图中D是撒哈拉沙漠，N是尼罗河沿岸带状耕作区，V为非洲热带雨林，G是太阳耀斑。

图3 横断山脉积雪

图中显示了横断山脉的积雪，树枝状黑线是山谷，其走向与该地的河流方向一致。

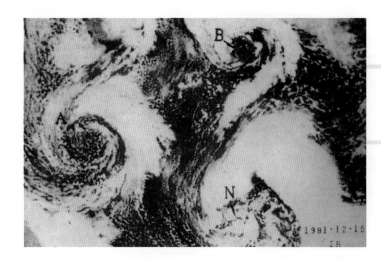

图4 涡旋和细胞状结构云系

这是北大西洋地区的IR云图，图中显示了A、B、N三个涡旋及其相联的云带，和细胞状结构云系。

图5 四川盆地上卷云的暗影

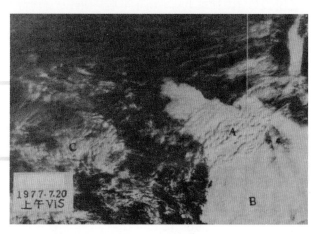

在图中，B是大片均匀的中低云区，在可见光云图上色调明亮，A为云区B上空的卷云，这片卷云在B云区上投有明显的暗影；云区C在云图上纹理不均匀，说明云顶高度不一。

图6 纤维状卷云

2001年5月22日14:32时的红外云图。图中，我国内蒙古北部和太平洋上有大片卷云区，卷云中的纤维状纹理清晰可见，与高空风的走向一致。

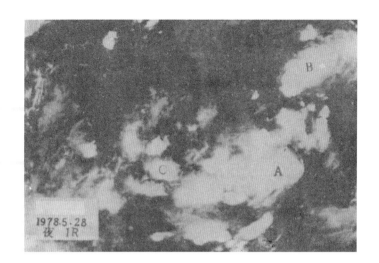

图7 积雨云团

该图显示了我国南方夜间的积雨云团群A、B、C，其四周仅有一些短的卷云羽，表明该处高空风较小。

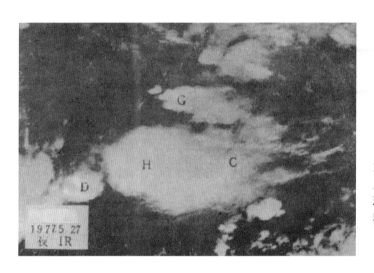

图8 高空风大时的积雨云

这是一张红外云图，图片显示了青藏高原南侧高空风很大时的积雨云，G、H、D表现为上风边界整齐，下风方向C上出现卷云砧，云系色调越来越暗，积雨云母体处色调很白。

图9 与锋面气旋相联的中云区

该图为可见光云图，图中M-N是与气旋相联的中云区，R处表现为多起伏，说明该处云层厚薄不一，云中有对流，色调最白处与降水相联。

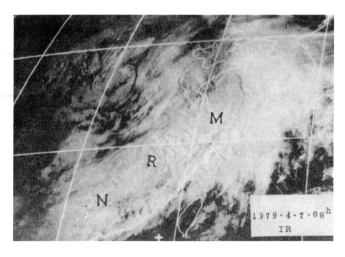

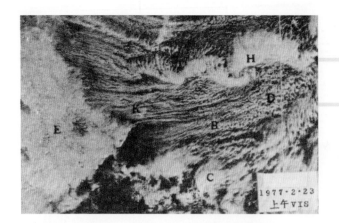

图10 积云线和中尺度涡旋

图中，K、B处为积云线，D处为未闭合细胞状云系，H处为涡旋状云系，E处为海冰。

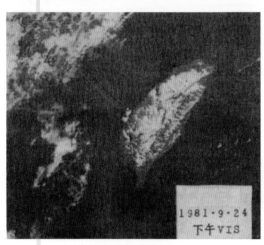

图11 台湾岛上的积云、浓积云

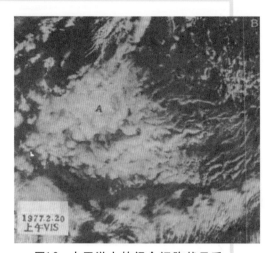

图12 太平洋上的闭合细胞状云系

图13
黄海雾区

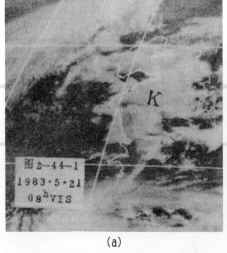

(a)

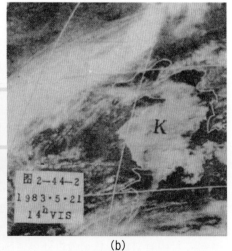

(b)

图(a)、(b)分别为上下午的VIS云图，在上午云图中，黄海雾区(K)伸至陆地；在下午云图上，陆上雾消散，海雾西界与山东和苏北沿海岸线一致。

378

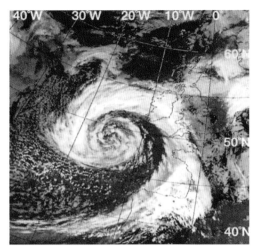

图14 爱尔兰西南方的一个发展完好的气旋

图15 9806号台风的IR云图

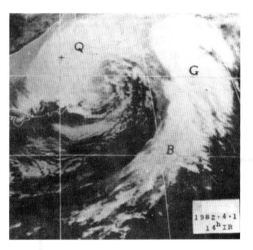

图16 太平洋上出现的逗点云系

图中G-B是围绕低压旋转的云带，云带呈气旋性弯曲。

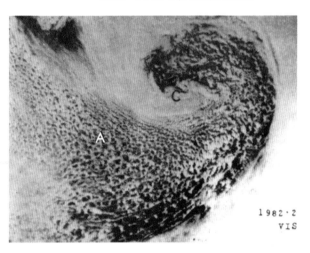

图17 低压周围的细胞状云系

图中，C是气旋云系中心，A处是围绕这中心的大片未闭合细胞状云系。

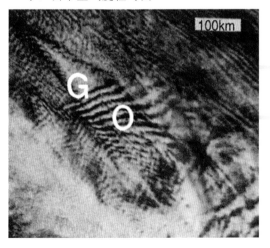

图18 山地波中的波状云

山地波中的波状云系，图中G处是山脉，O处是背风波云，云条平行排列与山脉走向一致。

379

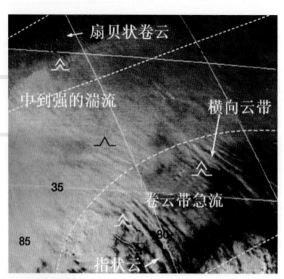

图19 高空急流中的横向云带

GOES卫星的可见光云图,显示了
直气流中的横向云带和扇贝状卷云,
虚线包围的为中或强的湍流区。

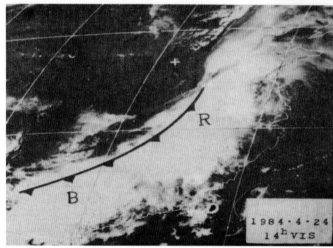

图20 南方冷锋云系

图中,R-B是我国南方的冷
锋云带,云带宽达4个纬距,左
界整齐,且呈气旋性弯曲。

图21 发展气旋中的暖锋云系

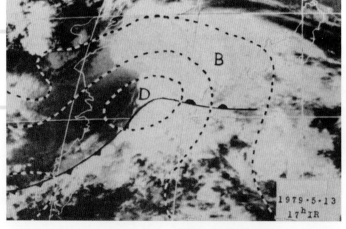

在卫星云图上,暖锋表现为一片向北凸起的卷云覆盖云区,其长宽比很小。图中,B是气
旋处于发展阶段的暖锋云系。云系呈反气旋弯曲,以卷云为主,暖锋定在暖锋云系下方的某
个地方。

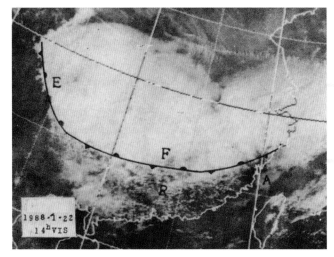

图22 冬季南方静止锋云带

　　图中，E-F是我国南方的静止锋云系，云系白亮而均匀，在锋前暖区(R)内为纹理不均匀的积云、浓积云，A处是锋前洋面层状云。

图23 锢囚锋云系

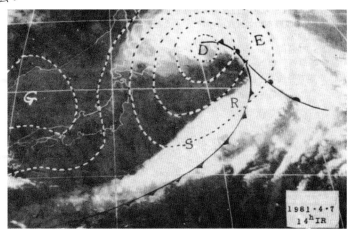

　　锢囚锋云系表现为一条从暖区顶端出发，按螺旋形状旋向气旋中心的云带，图中显示了具有冷暖锋结构的锢囚气旋，E为锢囚锋云带，锢囚锋定在云带后界附近，其后表现有明显的宽的干舌。

图24 副热带急流云系

　　这是一条十分典型的副热带急流云系。整个云系由卷云组成，北部边界十分清晰，并略呈反气旋性弯曲，急流的强风带轴线就位于云系的边界处。云系西端位于孟加拉湾南支槽前，经长江口南，穿过日本南部海域抵达北太平洋中部，全长1万多千米。

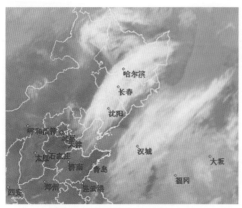

图25　宽广的盾状卷云区

图中上部白亮的云区是一片盾状卷云区，其左界整齐光滑，与急流轴平行。

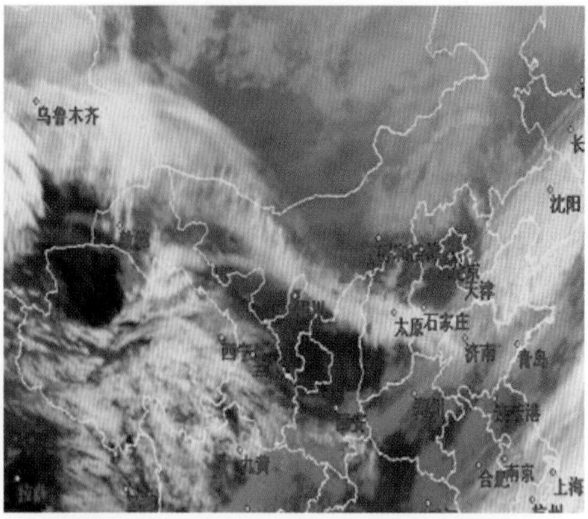

图26　高空急流中的横向波动云系

图中有一条条相互平行且与急流轴垂直的横向波动云线，左边是一片急流卷云线。

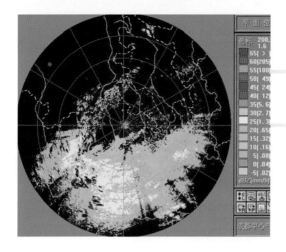

图27　CTL天气雷达上层状云降水的PPI图像

图28　CTL天气雷达上层状云降水的RHI图像

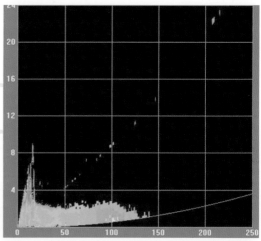

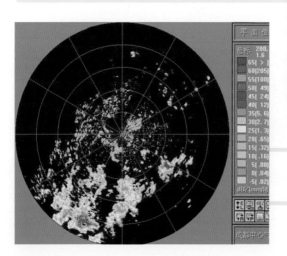

图29　CTL天气雷达上对流云降水的PPI图像

图30 CTL天气雷达上对流云降水的RHI图像

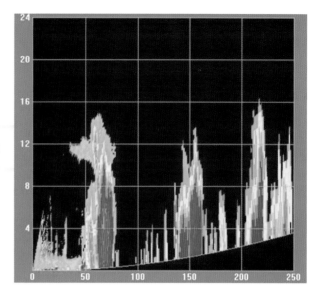

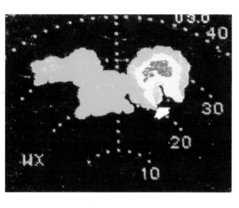

Finger

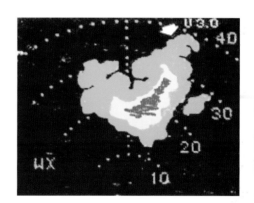

Mook

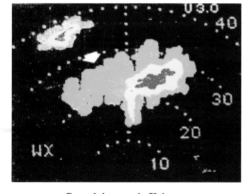

Scalloped Edge

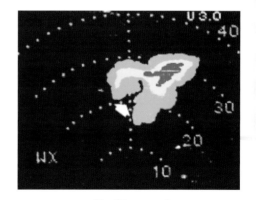

U-Shaped

图31 冰雹云回波的特殊形状

上述4个图分别为机载气象雷达上所显示的指状、钩状、扇形边缘和U形缺口。

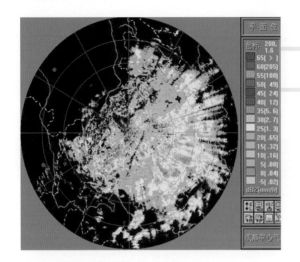

图32 混合型降水的絮状回波

图33 层（波）状云回波的RHI图像

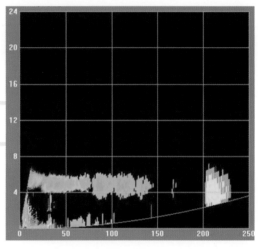

图34 对流云回波的RHI图像

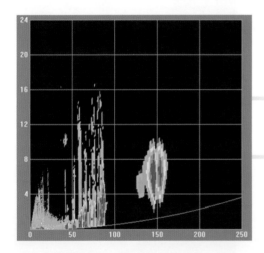

图35 机载气象雷达的工作方式及显示

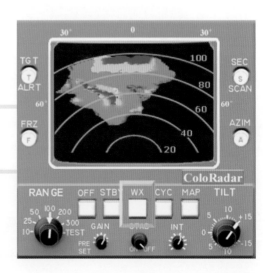

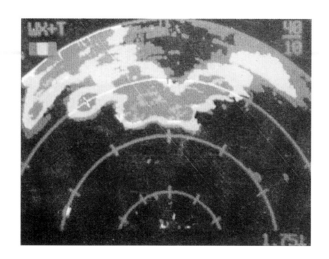

图36 不同降水区湍流区

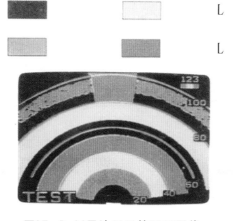

图37 P-90雷达显示的TEST图像

图38 使天线下俯以识别冰雹

385

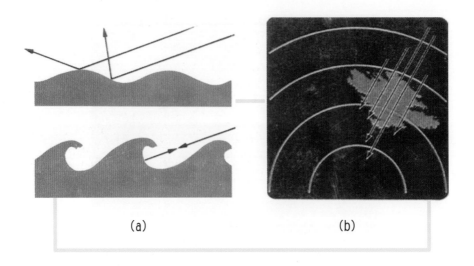

图39　海面回波

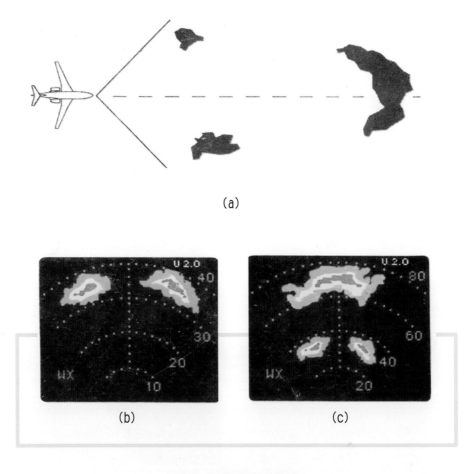

(a)

(b)　　　　　　　　　(c)

图40　气象盲谷示意图

7　空 中 领 航

7.1　空中领航概述

空中领航学是研究利用领航设备引领飞机航行的一门应用学科。研究空中领航的目的是为了在不同的航行条件下，使用不同的设备和方法，准确、准时和安全地引导飞机飞向目的地；并在实践的过程中，不断地对领航设备及方法进行改进。

7.1.1　空中领航学研究的问题和内容

确定飞机位置、飞机航向和飞行时间，是空中领航的 3 个基本问题。空中领航学就是研究如何解决这 3 个基本问题。空中领航的基本任务就是引导飞机沿着预定的航线安全、准确、准时地飞到目的地。

空中领航学研究的主要内容有：

（1）领航基础及元素：主要研究地球和地图知识，研究基本领航元素的测定和计算。

（2）领航原理和方法：主要研究飞机航行的规律，以及应用这一规律确定飞机位置和基本航行元素的原理和方法。

（3）领航设备工作原理和使用：主要从使用角度研究各种领航设备的工作原理，以及使用不同设备测算领航参数的原理和方法。

（4）领航误差及修正原理：主要研究使用不同设备、运用不同方法测算的误差，误差的产生原因和规律，以及修正和减小误差、提高准确性的原理和方法。

（5）领航准备和实施：主要研究在各种不同条件下，综合使用各种领航设备，进行领航准备和实施领航的程序和方法。

7.1.2　空中领航的环节

空中领航就是有目的地、安全地引导飞机从起点到终点的控制过程。其基本环节如图 7.1 所示，这一领航过程是具有 3 个环的闭环系统。

从图中可以看出：根据飞机飞往的目的地，选择航线，确定航线距离，安排时间表，这就是飞机的进程。为了使飞机按照事先安排的时间表，沿着所选定的航线飞行，必须使飞机以一定的航向、速度飞行。为了得到所要求的速度和航向，就要通过飞行仪表来控制飞机飞行的加速度。控制飞机的轴线加速度是为了遵守进程中的时间表；控制飞机的横向加速度是为了改变飞机的航向；控制垂直方向的加速度是为了爬高或下降。

"引导环"是通过领航设备对飞机位置进行测量，并根据所规定的航线来确定飞机进程中的航向和速度；"控制环"是得到所要求的航向和速度的一个环节；"航向和速度环"是领航过程中的纽带，它把领航与普通的观测区别开来。

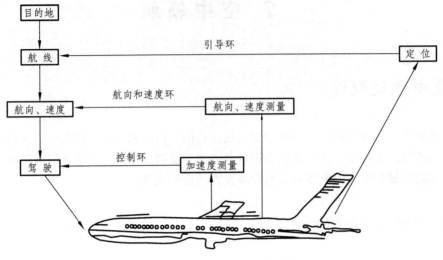

图 7.1　空中领航的基本环节

7.2　地球及地图

空中领航学是以地球作为参照系来研究飞机相对于地球的运动及导航方法的一门应用学科。空中领航学所要解决的三大基本问题都与地球有着直接的关系，而飞行中所必备的航空地图对完成飞行任务具有十分重要的作用。

7.2.1　地球的形状和大小

地球是一个近似于椭球的天体，是太阳系的八大行星之一，它的表面凹凸不平，东西稍膨大，南北稍扁平（见图 7.2）。

最早测定地球大小的是希腊人，公元 8 世纪我国科学家也测量出了地球经线的长度。目前我国使用的大地坐标系为北京大地坐标系，所选用的参考椭球为 1975 年国际第 16 届大地测量与地球物理联合会推荐的参考椭球。其数据为：东西半径（长半轴 a）为 6 378.140 km，南北半径（短半轴 b）为 6 356.755 km，地球长、短半轴只相差 21.385 km，椭球体的扁平率 c = 1/298.253。所以，领航学中为了研究问题的方便，通常把地球看做正球体。通过计算：地球的平均半径 R = 6 371.004 km。

图 7.2　地球的形状和大小

7.2.2 地理坐标

地理坐标是用来确定在地面和空中运动物体位置的一种最基本、使用最广泛的坐标，用经度和纬度表示。

7.2.2.1 纬度（Latitude，LAT）

利用假想的平面去切地球，形成无数个平面与地球表面相交的圆圈。其假想平面通过地心的是大圆圈，不通过地心的是小圆圈。平面垂直于地轴的大圆圈叫做赤道，其平面就是赤道平面，赤道平面将地球分成了南、北两个半球；与赤道平面平行的平面上的小圆圈叫做纬圈，纬圈的一段叫纬线。地球表面任何地点都有一条纬线通过，它代表该地点的东西方向，如图 7.3 所示。

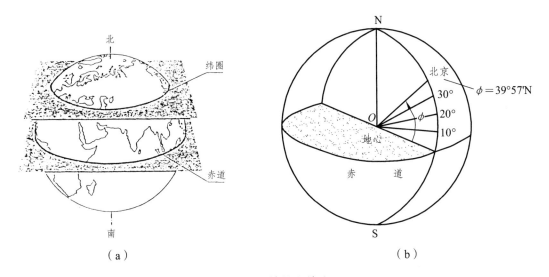

（a）　　　　　　　　　　　（b）

图 7.3　纬线和纬度

每一条纬线的地理位置，用它的坐标——纬度（ϕ 或 LAT）来表示。某纬线的纬度，就是该纬线上任意一点和地心的连线与赤道平面的夹角，叫该地点的纬度，单位为度（°）、分（′）、秒（″）。以赤道为 0° 量起，向南、北两极各 90°，赤道以北的叫北纬（ϕ_N 或 LAT N），赤道以南的叫南纬（ϕ_S 或 LAT S）。同一纬圈上各地点的纬度相同。北京的纬度是北纬 39°57′，常见的表示形式为 ϕ_N39°57′、39°57′N、N 39°57′、LAT N 39°57′。

7.2.2.2 经度（Longitude，LONG）

通过地球两极的大圆圈叫经圈，每个经圈都被两极分为两半，每一半或一段叫经线。1884 年国际经度会议决定以通过英国伦敦南郊格林尼治天文台中心的经线，作为起始经线（也叫主经线或零度经线），其他经线则都叫做地方经线，其所在的平面分别叫做起始经线平面和地方经线平面。地球表面上任何地点都有一条经线通过，它代表该地点的南北方向。

每一条经线的地理位置，用它的坐标——经度（λ 或 LONG）来表示。某条经线的经度，就是该地方经线平面和起始经线平面的夹角，叫该地点的经度，单位为（°）、（′）、（″）。以起始经线为0°量起，向东、西各180°，起始经线以东的叫东经（λ_E或 LONG E），起始经线以西的叫西经（λ_W或 LONG W），如图7.4所示。北京的经度为东经116°28′，常见的表示形式为λ_E116°28′、116°28′E、E 116°28′、LONG E 116°28′。

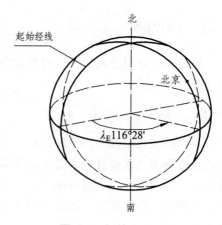

图7.4　经线和经度

地面上任何地点都有且仅有一条纬线和一条经线通过。在地图或地球仪上标画出每一地点的经、纬度就可以建立一个完整的地理坐标网。根据某地点的经、纬度（即地理坐标），就可以在地球仪或地图上查出该地点的地理位置；反之，也可以通过已知位置点查出其经、纬度（地理坐标）。

7.2.3　地球磁场（Geomagnetic Field）

地球磁场的两个磁极叫地球磁极。靠近地理北极的叫磁北极，约在北纬74.9°和西经101°的地方[*]；靠近地理南极的叫磁南极，约在南纬67.1°和东经142.7°的地方，如图7.5所示。磁差、磁倾和地磁力称为地球磁场三要素。

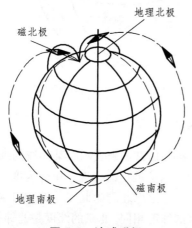

图7.5　地球磁场

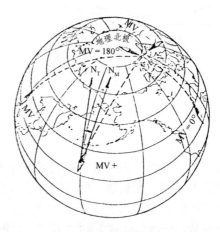

图7.6　磁差

7.2.3.1　磁差（Magnetic Variation，MV 或 VAR）

地球仪或地图上所标画的经线，都是指向地理南北的方向线，叫做真经线，真经线的北端用真北（N_T）来表示；稳定的自由磁针所指的南北方向线叫做磁经线，磁经线的北端用磁北（N_M）来表示。

由于地磁南北极与地理南北极不重合，使得稳定的自由磁针指示地磁的南北极，即各地点的磁经线常常偏离真经线，磁经线北端偏离真经线北端的角度，叫做磁差或磁偏角，用

---

[*] 地球磁极的位置是随时间"显著变化"的。

390

MV 或 VAR 表示，如图 7.6 所示。磁经线北端偏在真经线以东为正磁差，以西为负磁差，磁差范围为 0°～±180°。磁差的常见表示形式有 MV－2°、VAR 2°W。

某一地点的磁差，可以从航空地图或磁差图上查出。在航空地图或磁差图上，通常把磁差相等的各点，用紫色的虚线连接起来，并标出磁差的数值，这些虚线就叫做等磁差曲线，可供飞行时查取磁差之用。

7.2.3.2 磁倾和地磁力

在大多数地区，地球磁场的磁力线都同水平面不平行，磁针的轴线（磁力线的切线方向）同水平面的夹角，叫做磁倾角（θ），简称磁倾。磁倾随纬度增高而增大；在地球磁极附近的地区，磁倾最大可达 90°，所以磁针难以准确地指示出南北方向。

地球磁场对磁体（如磁针）的作用力叫地磁力。同一磁体所受的地磁力，在地球磁极附近最强，在地磁赤道上最弱。地磁力的大小还同飞行高度有关：随着高度的升高，地磁力将逐渐减弱。

7.2.3.3 地磁要素的变化

根据各地实际测量的结果，地磁要素不仅因地区不同而不同，而且随着时间在缓慢地变化。

地磁要素长期有规律的变化叫世纪变化，变化的周期大约是 1 000 年。其中对领航准确性影响较大的是磁差的变化。磁差世纪变化的年平均值叫磁差年变率，磁差年变率一般不超过 10′。为了在领航中准确地确定某地点当前的磁差，应当根据地图上等磁差曲线的年份、磁差数值，通过注明的磁差年变率，进行修正计算。

7.2.4 航 线

从地球表面一点（起点）到另一点（终点）的预定航行路线叫航线，也称为预计航迹。

由于地面导航设施、空中交通管理、飞行任务、地形等因素的影响，一条航线由起点、转弯点、终点等航路点构成，其中还包括指定的或飞行员自选的检查点，这样的航线称为航路。

在目视飞行规则（VFR）条件下飞行，通常以起飞机场作为航线起点，以着陆机场作为航线终点，转弯点和检查点则是一些明显易辨的地面景物；而在仪表飞行规则（IFR）条件下飞行，通常分别以起飞机场和着陆机场的主降方向远距台或附近的归航台为航线起点和终点，而转弯点和检查点则是一些无线电导航点或定位点。实施区域导航时，这些航路点则是一些选定的点（采用经、纬度表示）。

7.2.4.1 航线角和航线距离

航线的方向和距离用航线角和距离表示。航线（航段）的方向，用航线角（Course）表示，即从航线起点的经线北端顺时针量到航线（航段）去向的角度，如图 7.7 所示。航线角范围为 0°～360°。因经线有真、磁，所以航线角用真航线角（TC）和磁航线角（MC）两种来表示，换算关系式为

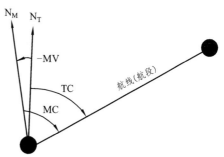

图 7.7 航线角及换算

$$MC = TC - (\pm MV)$$

航线距离（D—Distance）是航线起点到终点间的地面长度，它等于各航段长度之和，其计算方法按《飞行管制 1 号规定》执行。航线距离我国常用千米（km）和浬（n mile）为单位，也有以哩（mile）为单位的，规定地球上大圆弧 1′ 的长度为 1 n mile。三者间的关系为

$$1\ n\ mile = 1.852\ km = 1.15\ mile$$

飞行领航工作中可用计算尺或心算进行换算。

7.2.4.2　大圆航线和等角航线

1. 大圆航线（Great Circle）

以通过两航路点间的大圆圈线作为航线的叫大圆航线。大圆航线上各点的真航线角不相等，但航线距离最短，如图 7.8 所示。

2. 等角航线（Rhumb Line）

以通过两航路点间的等角线作为航线的叫等角航线。等角航线是一条盘向两极的螺旋形曲线，等角航线上各点的航线角相等，但它的距离一般都比大圆航线长，如图 7.8 所示。

3. 大圆航线和等角航线的应用

地球上任意两点间都有一条大圆航线和一条等角航线，只有当两点都在赤道上或同一经线上时，这两条航线才互相重合，否则就一定是两条不重合的航线。

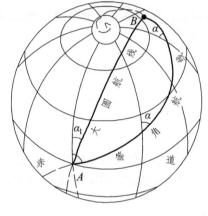

图 7.8　大圆航线与等角航线

等角航线一般比大圆航线的距离长，二者相差的距离随航线长度而增加，且与起点和终点的航线方向及纬度、经度差有关：经度差越大，航线角越接近 90° 或 270°，距离差越大；在中纬度地区，距离差最大。但是，经过计算表明：在经度差小于 30° 的情况下，无论其他条件如何，距离差都很小，完全可以忽略。

大圆航线距离虽短，但在飞行中需要经常改变航线角，极不方便；等角航线虽然距离长，但可以在飞行中不改变航线角一直到达目的地。因此，一般在近程飞行，相差距离很小时，选用等角航线；远程飞行时，则必须计算出两者相差的数值，然后根据差值的大小选择一种或二者配合。最常用的方法是全程采用大圆航线，然后将大圆航线根据实际情况分成几个航段，每一航段按等角航线飞行。这样，可以减少不必要的麻烦，便于领航的空中实施，同时也能得到较好的经济效益。

7.2.5　航空地图基础

将地球表面的全部或者一部分地形、地物按一定的比例缩小，用一定的方法和符号描绘在平面上的图形，就叫地图。它是地面上各种景物的简略记录。

专供航空使用的地图叫航空地图，简称航图。我国民航使用的航图分为通用航图和特种航图。这里主要介绍通用航图的基本知识，特种航图将在有关章节中加以介绍。

地图比例尺、地图符号和地图投影，称为地图三要素。

7.2.5.1 地图比例尺

地图比例尺就是地图上线段的长度（$D_{图}$）与地面上相对应的实际长度（$D_{地}$）之比，即

$$地图比例尺 = \frac{图上长度（D_{图}）}{实际长度（D_{地}）}$$

地图比例尺通常绘注在每幅地图的图廓下方，常用的有以下 3 种表示形式：

（1）数字比例尺：用分式或比例式表示。如 1∶1 000 000 或 1/1 000 000。

（2）文字说明比例尺：用文字在地图上注明图上长度同地面实际长度的关系，如 1 cm 相当于 10 km。

（3）图解比例尺：用线段图形标明图上长与实地长的关系，也称为线段比例尺。

为了适应航行的不同用途，需要各种不同大小比例尺的航图。领航上习惯于把比例尺大于 1∶500 000 的地图称为大比例尺地图，如 1∶200 000 和 1∶100 000 地图；把比例尺小于 1∶1 000 000 的地图称为小比例尺地图，如 1∶1 500 000 和 1∶2 000 000 地图。

图幅同样大小的地图，比例尺大的所表现的地面范围要小些，但比较详细；比例尺小的地图所表现的地面范围要大些，但比较简略。飞行人员应根据飞行任务的需要，选择适当比例尺的航图。

7.2.5.2 地图符号

绘制地图时，需将地面上的各种景物、高低起伏的形态表示出来，因而必须采用不同的表示符号，这些符号就称为地图符号。

1. 地物在地图上的表示

地面上的河流、湖泊等自然景物，以及居民点、铁路、机场等人工建造物，统称地物。各种地物，依据它们的面积、长短，有以下 3 种表示形式：

（1）真形：湖泊、岛屿、大居民点、城市等，按比例尺缩小后仍能在地图上表示出真实轮廓即真实形状的，地图上用实线或虚线画出其真实轮廓，其间填充不同的符号和颜色。

（2）半真形：铁路、公路、河流以及其他较狭窄的线状地物，其长度和弯曲情况可按比例尺缩小，但宽度按比例尺缩小后无法表示出来，因而采用半真形的符号表示。

（3）代表符号：较小的地物按比例缩小后，根本无法在地图上表现其形状和大小，因而只能用一些规定的符号来表示，这些符号只表明地物的位置，而不表明其形状和大小。在每幅地图的边缘或背面有代表符号的图例，使用时可参照图例来了解地面的各种景物。同一地物在不同比例尺地图上其表示符号不完全相同，使用时须注意。

2. 地形在地图上的表示

地面高低起伏的形态叫地形，也叫地貌。为了计算和比较地面各点的高低，我国规定以黄海平均海平面作为基准面，从这一基准面算起的某地点的高度，叫该地的海拔，也叫标高（ELEV—Elevation）。两地点标高之差叫标高差，如图 7.9 所示。

将地形情况清楚地在地图上表现出来，常采用标高点、等高线和分层着色 3 种表示方法。

（1）标高点：标高点是一些选定的特殊地点，如山峰、山脊的顶点。其位置用一小黑点或黑三角表示，旁边注明该地点的标高数值，如"●1046"或"▲1705"；标高前附加有"±"的（如±2 700），表示标高不精确；标高数值为红色表示该地点是所在 1°经、纬网格的最大标高；标高数值为红色并加一个长方形红框则表示该位置点标高为本幅地图范围的最大标高。标高点只能查出个别地点的标高，看不出整个地形的起伏情况。

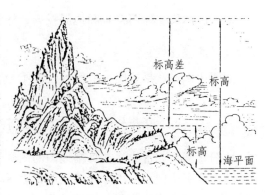

图 7.9　标高

（2）等高线：等高线指的是地球表面标高相等的各个地点的连线在地图上的投影。在现代地图上，地形主要是用等高线来表示的。在每幅地图上，每隔一定高度画有一条等高线，旁边注明其标高。用等高线表示地形虽然详细准确，但看起来不够明显。

（3）分层着色：在两条等高线之间，从低到高、由浅到深分别涂上不同的颜色，以表示不同的高度。这样，航图的地形看起来更为明显，一目了然。不同颜色所表示的高度，在地图边缘的颜色高度尺上都有注明。

目前使用的航空地图为了把地形表现得更加明显、准确，都是采用 3 种方法综合起来表示地形的起伏。

7.2.5.3　地图投影

1. 地图投影原理

地球表面某点的位置，是用它的经、纬度来表示的。因此，绘制地图时须将地球上的经、纬线转画到平面上，就可以按照各位置的经、纬度，把它们准确地标在平面上。所以，将地球上的经、纬线描绘到平面上的方法，就叫做地图投影。地图投影采用透视投影方法，即将地球缩小成一个透明的地球仪，然后从地球仪的中心将经、纬线投影到投影面上（平面或可展开的圆柱面、圆锥面），最后展开成平面，如图 7.10 所示。

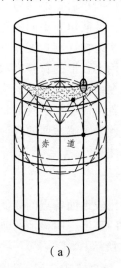
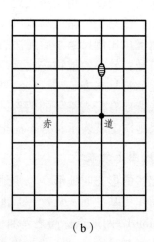

（a）　　　　　　　　　　　　（b）

图 7.10　地图投影（透视投影）

394

实际制作地图时，地图上的经、纬线网并不是用透视投影的方法描绘的，而是根据地球球面和投影面的关系，按照一定规律，用数学方法列出经、纬线的投影方程式，并通过计算绘制出来的。

2. 地图失真

地球表面的一些地方，投影到各种投影面上时，必然要产生变形，这种变形，就叫地图失真。如图 7.10 所示，地球仪上一个很小的区域（小圆），投影到投影面（如圆柱面）上时，由于沿经线和纬线方向被不同程度地拉长，变成了一个很小的椭圆。由此可知：长度、角度和形状大小（即面积）都产生了失真，即地图失真表现在长度、角度和面积 3 个方面。

长度失真：地球仪表面上的线段投影到投影面上后，其长度产生伸长或缩短，叫长度失真。由于长度失真，地图上各个地点不同方向上的比例尺将发生变化。

角度失真：地球仪表面上的任意两线段所成的夹角投影到投影面上后，其夹角的增大或减小，叫角度失真。角度失真是由于投影时沿经线和纬线方向的局部比例尺不同而产生的。

面积失真：地球仪表面的任意区域（小圆）投影到投影面上后，其面积的扩大或缩小，叫面积失真。面积失真是由于长度失真而引起的。

3. 地图投影的分类

（1）按失真的性质：一般分为等角投影、等距投影、等积投影和任意投影 4 种。

（2）按投影面的类型：投影时采用的投影面有圆柱面、圆锥面和平面 3 种类型，如图 7.11 所示。绘制地图时，根据要求各投影面可以选择与地球球面相切或相割的方法。

（3）按投影面与球面的关系位置：一般可分为正轴投影、横轴投影和斜轴投影。

目前所使用的航图采用的投影方法，是在保证等角的前提下，尽量减小长度失真，以便用同一比例尺在地图上量取距离，同时，还应考虑方便在地图上画大圆航线或等角航线。

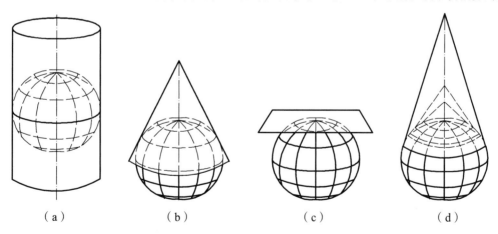

（a）　　　　　（b）　　　　　（c）　　　　　（d）

图 7.11　不同投影面的地图投影

7.2.6　常用的航空地图

为了满足领航上对航空地图的各种要求，常采用不同的投影方法绘制各种航图，这些航图都各有特点。

7.2.6.1 等角正圆柱投影图

等角正圆柱投影图又称为墨卡托投影图，是荷兰人墨卡托于 1569 年创制的。墨卡托投影图的主要特征是：经、纬线互相垂直，经线是等间隔的平行直线；纬线也是平行直线，但纬度差相等的各条纬线间，离赤道越远，间隔越大，如图 7.12 所示。

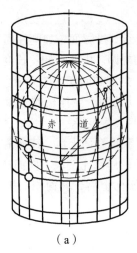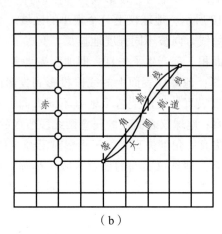

（a）　　　　　　　　　　　（b）

图 7.12　等角正圆柱投影图

墨卡托投影图无角度失真，赤道无任何失真，其余地区有不同程度的长度和面积失真。由于图上经线互相平行，所以等角航线是一条直线，大圆航线则是一条凸向两极的曲线。

在墨卡托投影图上利用图解法计算飞机位置十分方便，适用于海上领航，同时也用做绘制较长距离等角航线时的辅助地图。

7.2.6.2 极地平面投影图

投影时平面与地球的南（北）极相切，然后从地球仪中心将经、纬网投影到平面上，就成为极地平面投影图。它的主要特征是：经线都是从极点向外发散的直线，各经线间的夹角等于它们之间的经度差，纬线都是以极点为圆心的同心圆，纬度差相等的各纬线间的间隔，离极点越远，间隔越大，如图 7.13 所示。

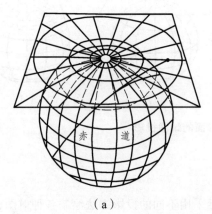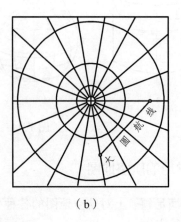

（a）　　　　　　　　　　　（b）

图 7.13　极地平面投影图

极地平面投影图是任意投影，即有角度失真、长度失真和面积失真，除平面与地球仪相切的极点没有任何失真外，其他地区离极点越远，失真越大。

等角航线在极地平面投影图上是凹向极点的螺旋曲线，大圆航线是一条直线。极地平面投影图用做画大圆航线的辅助地图。

7.2.6.3 等角正割圆锥投影图

等角正割圆锥投影图又称为兰伯特投影图，是德国人兰伯特创制的。投影时以圆锥面与地球仪的两条选定的标准纬线相割，根据等角投影的要求，从地球中心将经、纬网投影到圆锥面上，然后将圆锥面展开成平面就得到了兰伯特投影图，如图 7.14 所示。其主要特征是：经线都是互不平行的直线，收敛于图外的一点（投影圆锥的顶点）；纬线都是以圆锥顶点为圆心的同心圆弧；纬度差相等的各纬线间的距离基本相等；两经线间的夹角（δ）小于它们间的经度差（$\Delta\lambda$）。

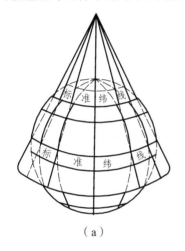

（a）

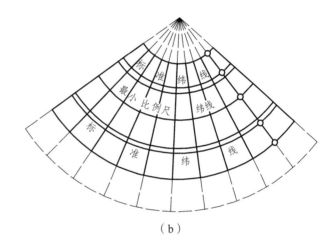

（b）

图 7.14　兰伯特投影图

兰伯特投影图没有角度失真，但存在长度失真和面积失真。

等角航线是凸向赤道的曲线，大圆航线则是凸向比例尺大的一方的曲线，如图 7.15 所示。在一幅地图上，大圆航线极近似于直线。

实际使用中，可以认为兰伯特投影图既等角又等距，成为一种最主要的航空地图。全世界统一规范的 1:1 000 000 世界航图，从赤道 0° 起至北纬 84° 或南纬 80° 之间，采用的就是兰伯特投影图。但需注意，由于图上经线不平行，在量航线角时，应以航线中间的经线为基准。

图 7.15　兰伯特投影图航线的形状

7.2.6.4 高斯-克吕格投影图

高斯-克吕格投影图是德国数学家高斯在 19 世纪首创，后经克吕格改进而成的，它是一种等角横圆柱投影图。高斯-克吕格投影图的特征是：各中央经线和赤道是直线，其他经线和纬线都是曲线；经线都凹向中央经线，纬线则凹向两极。

高斯-克吕格投影图没有角度失真，存在长度失真，但长度相对失真只有 0.013%，所以在实际使用时可以忽略不计，认为是等距的。

大圆航线在图上近似于直线，等角航线为曲率很小的螺旋线，领航中在近距离内把它们都看做直线。大比例尺航图多为此种投影图，常用于研究地面目标，在通用航空飞行领域应用广泛，同时也用做绘制机场专用航图和设计仪表飞行程序的基础用图。

7.2.7 航空地图的分幅和编号

为了使全国的地图大小规格一致，便于保管和使用，我国各种比例尺航图，是以 1：1 000 000 等角正割圆锥投影图的分幅作为基础，进行统一的分幅编号。表 7.1 为各种比例尺航图图幅的范围规定。

表 7.1 地图比例尺与图幅范围

地图比例尺		1：50 000	1：100 000	1：200 000	1：500 000	1：1 000 000	1：2 000 000
图幅范围	纬度差	10′	20′	40′	2°	4°	12°
	经度差	15′	30′	1°	3°	6°	18°

7.2.7.1 百万分之一世界航图的分幅

百万分之一航图的分幅如图 7.16 和表 7.2 所示，在纬度为 88°～90° 间为一幅图，采用的是极地平面投影。

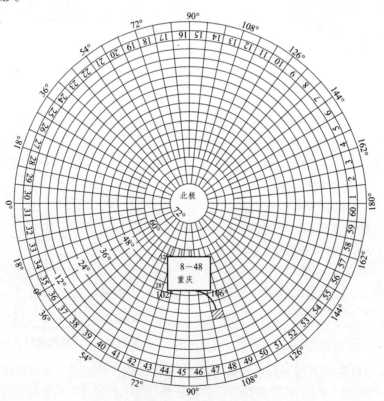

图 7.16 百万分之一航图的分幅编号

表 7.2　百万分之一航图的分幅

地图区域		0°~60°	60°~76°	76°~84°	84°~88°	88°~90°
分幅范围	纬度差	4°	4°	4°	4°	2°
	经度差	6°	12°	24°	36°	360°

7.2.7.2　地图的编号

每幅图的编号由列数和行数组成。百万分之一航图从赤道起向两极纬度每隔 4° 为一列，依次以 1，2，3，…，22 表示；从经度 180° 起，自西向东经度每隔 6° 为一行，依次以 1，2，3，…，60 表示。在北半球的图幅，编号前加注 N，南半球的图幅则加注 S。我国领土都在北半球，编号时通常将 N 省略。如图 7.17 所示：重庆在一幅百万分之一航图上位于第 8 列和第 48 行，编号为 8—48。

五十万分之一航图的编号为百万分之一航图编号后面加上甲、乙、丙、丁；二十万分之一航图的编号为在百万分之一航图编号后面加上（1），（2），（3），…，（36）；十万分之一航图的编号为在百万分之一航图编号后面加上 1，2，…，144。

7.2.8　航空地图的选用

7.2.8.1　航图的选择

航图的选择，应以有利于判断飞机位置和飞行方向，以及图上作业方便为原则，主要考虑以下几方面：地图的准确性、地图的比例尺、地图的投影、地图的内容、地图的出版日期等。

7.2.8.2　航空地图的拼接

由于每幅航图所包括的地面范围有限，不少航线常常跨越好几张航图，因此在进行领航准备时，经常需要把许多幅航图拼接起来使用。拼接时，先按航图边缘注记的图幅结合表（邻接图表），找出邻接的航图，然后按左压右、上压下（左图与上图截去相接部分的图边）的方法，将相同度数的经、纬线以及主要的线状地标互相对齐接好，注意应使主要飞行地区不出现裂隙。

7.3　基本领航元素

航行中，飞行员必须随时掌握飞机的航向、高度、空速和飞行时间等反映飞机飞行动态及空间位置的参数。这些参数就是基本的领航元素，这些元素是通过相应的机载仪表来进行测量的。飞行中，准确测量和计算这些领航元素，是顺利实施领航工作、完成飞行任务的必要保证。

7.3.1　高度的测量、计算及飞行高度层

飞机到某一基准面的垂直距离叫飞行高度（Flight Altitude），常用米（m）或呎（ft）为

单位。飞行高度不仅是领航计算的一个重要条件，而且是维护正常飞行秩序、保证飞行安全的一个重要因素。飞行员正确地选择飞行高度，对于充分发挥飞机性能、节省油量、节约飞行时间、顺利完成飞行任务都具有极其重要的意义。

7.3.1.1 高度及种类

飞行高度常分为两类：几何高度和气压高度。

1. 几何高度

几何高度是以地表面上某一水平面作为基准面的高度，它实际上就是飞机相对于地球表面的真实高度，它只与地表面所处的高低有关，具有稳定的几何形态。根据基准面的不同，几何高度又分为真高、相对高和绝对高。

（1）真高（True Height）是指以飞机正下方的地点平面为基准面的高度，即飞机到其正下方的垂直距离。当飞机水平飞行时，真高随飞机飞越地点地形的高低变化而改变。飞行中飞行员掌握了真高，对于起飞、降落的安全，对于航摄、航测、护林、飞播等工作具有重要意义。

（2）相对高（Relative Height）是指以起飞或降落机场的平面作为基准面的高度，即飞机到某机场平面的垂直距离。相对高对于飞机起飞、降落的安全具有极其重要的意义。

（3）绝对高（Positive Altitude）是指以平均海平面为基准面的高度，即飞机到平均海平面的垂直距离。在飞机保持平飞时，绝对高度不随地形的高低不平而改变；在海上飞行时，飞行员随时知道绝对高度尤其必要。

许多西方国家将真高、相对高统称为高（Height），绝对高则称为高度（Altitude）。从图7.17 中可看出各高度间的关系是

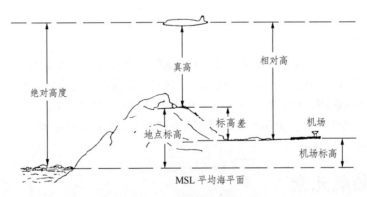

图 7.17　几何高度间的关系

$$绝对高度 = 相对高 + 机场标高 = 真高 + 地点标高$$
$$相对高 = 真高 + 标高差 = 绝对高度 - 机场标高$$
$$真高 = 绝对高度 - 地点标高 = 相对高 - 标高差$$
$$标高差 = 地点标高 - 机场标高$$

式中，当地点标高大于机场标高时，标高差为正值；反之标高差为负值。

机场标高通常指机场内可用跑道最高点的标高，飞行员可以从机场使用细则或机场图中

400

查出；地点标高则是指飞机正下方地面最高点的标高，可从航空地图上查出。

2. 气压高度

随着高度 H 的增加，大气压力 p 是有规律地逐渐降低的。在标准大气条件下，可用公式表示

$$p_H = 1\,013(1 - 0.025\,5H)^{5.256} \quad（\text{hPa}） \qquad H \leqslant 11\ \text{km}$$

$$p_H = 226.2\,\text{e}^{0.157\,8(11-H)} \quad（\text{hPa}） \qquad H > 11\ \text{km}$$

从公式可以看出，气压随高度上升呈指数函数递减。表 7.3 是标准大气条件下高度与气压、气温的关系。

表 7.3　标准大气条件下高度与气压、气温的关系

H （km）	t （°C）	p_H （mmHg）	p_H hPa	ρ （kg·s²/m⁴）	H （km）	t （°C）	p_H （mmHg）	p_H hPa	ρ （kg·s²/m⁴）
0	+15	760.00	1 013.25	0.125	8	−37	266.85	355.9	0.053 6
1	+8.5	674.07	898.7	0.113	9	−43.5	230.42	307.4	0.047 6
2	+2	596.18	794.8	0.103	10	−50	198.12	264.4	0.042 1
3	−4.5	525.75	701.1	0.092 7	11	−56.5	169.60	226.2	0.037 1
4	−11	462.21	616.2	0.083 5	12	−56.5	144.84	193.4	0.031 7
5	−17.5	405.04	540.2	0.075 1	13	−56.5	123.69	165.1	0.027 1
6	−24	353.73	471.8	0.067 3	14	−56.5	105.64	141.1	0.023 1
7	−30.5	307.82	410.6	0.060 1	15	−56.5	120.5	120.5	0.019 7

所以，我们就可以利用仪表测量出大气压力来间接测量飞行高度，这样得到的高度就是气压高度。由于在飞行中选择的气压基准面不同，因此有 3 种气压高度。

（1）以起飞机场或着陆机场的场面气压（QFE）为基准面的气压高度，叫做场面气压高，简称场压高（H_{QFE}）。场面气压是由气象台测定机场标高（或跑道入口）处的大气压力并发布的，当飞机停在跑道上时，场面气压高通过高度表指示应为座舱高，但实际使用时可忽略。在标准大气条件下，场压高就等于相对高。

（2）以修正海平面气压（QNH）为基准面的气压高度，叫做修正海平面气压高度，简称修正海压高（H_{QNH}）。修正海平面气压是由气象台测定的场面气压通过机场标高推算出的平均海平面的气压值。当飞机停在跑道上时，修正海压高通过高度表指示应为机场标高加座舱高度。在标准大气条件下，修正海压高就等于绝对高。

（3）以标准海平面气压（为一个大气压力，即 1 013 hPa，760 mmHg 或 29.92 inHg）为基准面的气压高度，叫做标准气压高（H_{QNE}）。

从图 7.18 可以看出 3 种气压高度的关系为

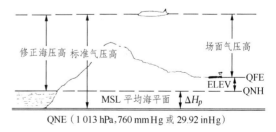

图 7.18　气压高度间的关系

$$H_{\text{QNH}} = H_{\text{QEE}} + \text{ELEV}_{\text{机场}}, \qquad H_{\text{QNE}} = H_{\text{QNH}} + \Delta H_p$$

式中　气压修正量

$$\Delta H_p = (760 - QNH)(mmHg) \times 11 (m)$$

或者
$$\Delta H_p = (1\,013 - QNH)(hPa) \times (33/4)(m)$$

7.3.1.2 高度的测量

飞行高度是通过高度表来测量、指示的。高度表主要有气压式高度表和无线电高度表两种。

1. 气压式高度表

气压式高度表是通过一组具有弹性的真空膜盒，来测量飞行高度上的大气压力，并通过传送使指示器的指针指示出相应的高度，如图 7.19 所示。当飞行高度升高，大气压力减小，真空膜盒膨胀，经过传动机构使指针指示的高度增加；当高度降低时，大气压力增加，真空膜盒收缩，经过传动机构使指针指示的高度减小。

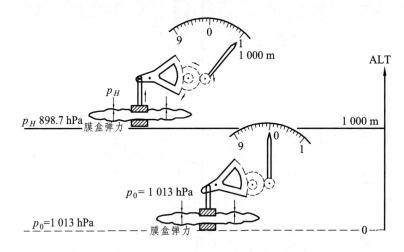

图 7.19 气压式高度表简单工作原理

气压式高度表有机械式和电动式两种。其区别在于：机械式高度表是通过机械传动将膜盒位移变成高度的指示；而电动式高度表则是将膜盒位移转换为电信号，放大后去驱动伺服电动机，使指针或计数器指示出高度来。图 7.20 和图 7.21 所示为常用的高度表表面。

图 7.20 机械式高度表

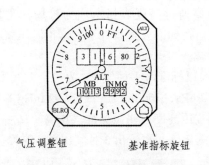

气压调整钮   基准指标旋钮

图 7.21 电动编码高度表

从图中可以看出：表面上都有一个气压调整钮和气压刻度窗，其用途就是调节（选择）不同的气压基准面。电动编码高度表还可以向高度垂直速度预选器和自动驾驶仪提供编码高度信号，可以向二次雷达应答机提供编码高度信号。气压的调节范围一般在 946～1 050 hPa，或 670～790 mmHg。以前的老式高度表的气压调整钮一般都有松紧螺帽，以方便调节气压刻度时指针的指示；而目前各类飞机使用的气压高度表，气压调整钮大都没有松紧螺帽。

气压式高度表在设计制造时，由于受到许多条件的限制，使得测量方法和结构都不十分完善，从而指示高度即表高（$H_表$）与实际高度不一致而产生误差。为了正确地实施飞行，保证飞行安全，就必须掌握气压式高度表存在的误差及修正方法。其误差主要有机械误差和方法误差两部分。

1）机械误差

由于高度表制造时机件不够精密，使用中某些零件磨损变形，以及真空膜盒弹性发生变化等，都会使气压式高度表产生误差。这种误差叫机械误差（$\Delta H_机$），高度表少指，机械误差为正；多指为负。机械误差随着生产材料和制造工艺的改进，将越来越小。机械误差由机务维护人员定期测定后绘制成误差曲线表，供飞行员修正时查用。表高（$H_表$）修正机械误差后的高度叫修正表高（$H_{表修}$）。$\Delta H_机$ 实际飞行中，往往忽略不计。

2）方法误差

根据产生的原因不同，可分成气压误差和气温误差两种。

（1）气压误差：是由于气压式高度表上所调定的基准面气压与实际的基准面气压不同而造成的误差。这种误差是在实际使用中由飞行员操作错误引起的。修正气压误差的方法：转动气压调整钮，直至气压刻度窗指示基准面实际气压值为止，这时须注意高度指针的指示。

（2）气温误差：气压高度表是按照标准大气条件设计的，但实际的大气条件同标准条件相符合的情形极少，那么当实际气温同标准气温不一致时，空气密度发生变化，气压垂直递减率也随之发生变化，从而使高度表产生误差。这种由于气温不标准而引起的高度表误差，叫气温误差。如图 7.22 所示：如果实际气温等于标准气温，这时，气压递减率与标准大气条件下的相同，不考虑机械误差，高度表指示的表高就等于实际高度；如果实际气温偏低，空气密度增大，气压递减率也增大，这时高度表指示的表高大于实际高度，即产生多指误差；如果实际气温偏高，空气密度减小，气压递减率也减小，这时高度表指示的高度小于实际高度，即产生少指误差。由上述分析可得：以标准气温为准，实际气温偏高少指，偏低则多指。所以，由气温较高地区向气温较低地区飞行时，气压式高度表将产生多指误差。飞行人员应特别注意这一特点，防止发生危险。

修正表高经修正气温误差后的高度就是飞机的实际高度，也称为修正高度（$H_修$）。修正气温误差有两种方法：一种就是通过数学公式计算求出，一种是通过领航计算尺对尺求出。在实际飞行中多采用领航计算尺对尺计算，对尺尺型如图 7.23 所示。对尺时需注意：压力高度是标准气压高，单位是"千英尺"；温度为该高度上的静温；修正高度与表高的气压基准必须是一致的；修正高度、表高的单位必须相同。

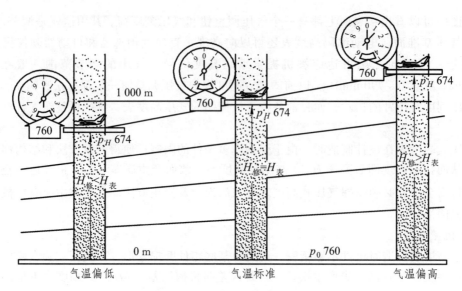

图 7.22　高度表的气温误差

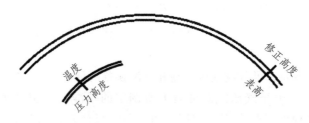

图 7.23　修正气温误差的尺型

【例】　飞机在仪表指示 8 900 ft 上飞行（气压高度表的气压窗口设置在 30.12 inHg），机舱外空气温度为 – 10 ℃，求实际的修正海压高。

解：计算标准气压高：气压每差 1 inHg 对应高度差 1 000 ft，因此可计算出飞机在标准气压高 8 700 ft 上飞行。

转动活动盘使高度计算窗口的标准气压高 8 700 ft 与高度计算窗口的温度 – 10 ℃ 对齐，如图 7.24 所示。

在计算尺的活动盘上，找到仪表指示的修正海压高 8 900 ft（89 处），在固定盘中读出与之对齐的刻度为 86.5，所以实际修正海压高（即修正高度）为 8 650 ft。

2. 无线电高度表

在起飞、着陆和低空飞行时，准确地掌握真高对飞行安全具有十分重要的意义，目前在各型飞机上都装有能够直接测定飞机真实高度的无线电高度表。

图 7.24　计算尺修正气温误差

无线电高度表是利用电波的等速传播和反射特性来测量高度的。如图 7.25 所示，飞机上的发射天线向正下方发射的电波，经反射后通过接收天线接收，因此测出电波从发射到接收的时间，就可以计算出飞机的真高，计算公式为

$$H_{真} = \frac{1}{2} ct$$

式中　c——电波传播速度。

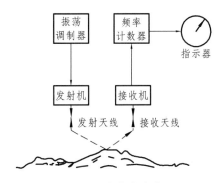

图 7.25　无线电高度表原理

无线电高度表的指示随地形而改变，与地面的覆盖层和大气层条件无关。无线电高度表的测量范围较小，图 7.26 所示是典型的无线电高度表表面。

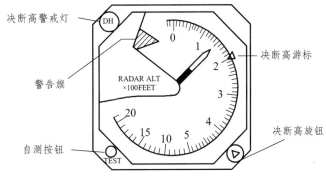

图 7.26　无线电高度表表面

无线电高度表使用时应注意：飞机高度较高或作长途飞行时，应关闭无线电高度表；飞机着陆后应立即关闭无线电高度表；飞机通过城市、丘陵地带或森林上空时，因高低起伏较大，因而指示器的指示不稳定，应注意认读；飞机在作大坡度转弯时，高度表指示有误差，这种情况下一般不用无线电高度表。

7.3.1.3　气压式高度表在飞行中的应用

在飞行中，飞行员是通过高度表来判断飞机高度的，因此选择不同的基准气压面，对飞行具有重要意义。

1. 基准面气压的调定

基准面气压的调定，是飞机停在机场跑道平面上时通过气压式高度表的气压调整钮来进行的，其目的就是使调定的气压基准面与实际的气压面一致，即使气压面与机场平面或平均海平面、标准气压面一致。气压调整钮带有密封螺帽的气压式高度表，调定方法是：

（1）基准面是场压（QFE）的调整：拧紧密封螺帽，转动调整钮，使高度指针指"0"，这时，气压刻度窗的气压刻度应为场压（QFE），如果不是则进行下一步。松开密封螺帽，转动调整钮，使气压刻度窗指示场压（QFE），这个过程中，高度指针应始终指"0"不动，调好场压后必须拧紧螺帽。当高度表指针指示高度时，这一高度即是场压高（H_{QFE}）。

（2）基准面是修正海压（QNH）的调定：拧紧螺帽，转动调整钮，使高度指针指示机场标高（ELEV），这时，气压刻度窗的气压刻度应为修正海压（QNH），如果不是则进行下一步。松开密封螺帽，转动调整钮，使气压刻度窗指示修正海压（QNH），这一过程中，高度指针应始终指机场标高不动，调好修正海压后必须拧紧螺帽。当高度表指针指示高度时，这一高度即是修正海压高（H_{QNH}）。

（3）基准面是标准气压（QNE）的调定：先调定场压（QFE）或修正海压（QNH），不松开密封螺帽转动调整钮，使气压刻度窗口的气压刻度指示"1 013 hPa"或"760 mmHg"或"29.92 inHg"，这时高度表指示的高度即是标准气压高（H_{QNE}）。如果飞机停在跑道上，这时指示的H_{QNE}就是机场标准气压高。

对于气压调整钮没有密封螺帽的气压面调定，则是转动调整钮分别使高度指针指"0"或"ELEV"，然后看气压刻度窗是否指示相对应的"QFE"或"QNH"，如果是则调定完毕；如果不是，则应报告机务维护人员进行调整校正。

2. 高度表使用注意事项

密封螺帽必须拧紧，以保证高度表的气密性，空中禁止松动密封螺帽。高度表常用的单位是米（m）或呎（ft），两者的关系是 1 m = 3.28 ft。飞行中可以用计算尺或心算进行换算。大、中型飞机驾驶舱都备有"米·呎换算表"，并贴在很醒目和方便的地方，飞行员可以很方便地查出。

7.3.1.4　安全高度与飞行高度层

1. 最低安全高度及计算

最低安全高度（Minimum Safe Altitude，MSA）是指保证飞机不与地面障碍物相撞的最低飞行高度。飞行中，最低安全高度必须对飞行区域内的所有障碍物具有最小的超障余度，也就是飞机飞越障碍物上空时必须保证具有最小的垂直间隔（即安全真高）。

最小超障余度（即安全真高）（Minimum Obstacle Clearance，MOC）是指飞机超越障碍时所应保证的最小垂直间隔。它的大小依据可能造成高度偏差的气象条件、仪表误差、飞机性能及驾驶员技术水平等因素，由中国民用航空局规定，发布在《中国民用航空飞行规则》中。其规定如下：航线仪表飞行的最小超障余度是平原地区为 400 m，丘陵和山区为 600 m。

最低安全高度的计算是在航线两侧各 25 km 区域内的最大标高，加上最小超障余度，以及由于沿航线飞行的最低海平面气压低于 760 mmHg 而产生的气压修正量 ΔH，即

$$MSA = ELEV + MOC + \Delta H$$

式中　ΔH =（760 – 航线最低海压）× 11（m），但一般不作计算，可忽略；

ELEV——可从地图作业或航行资料中查出。

【例】　宁陕至小烟庄，航线两侧 25 km 范围内的最高障碍物是秦岭山脉的静裕垴，其标高为 3 015 m，计算该航线的最低安全高度。

解：宁陕至小烟庄属山区，最小超障余度取 600 m，因此

$$MSA = 3\ 015 + 600 = 36\ 15（m）$$

在实际飞行中，民航班机航线的每一航段的最低安全高度，由航行情报部门进行精确计算后，以航线图和航行资料的形式发布，供飞行员查用。

2. 飞行高度层及其确定方法

飞行高度层（Fight Level，FL）是为了维护空中交通秩序，防止空中飞机相撞，增大空中交通流量而配备的一种高度。在《中国民用航空飞行规则》中规定飞行高度层并发布实施，其规定如图 7.27 所示。

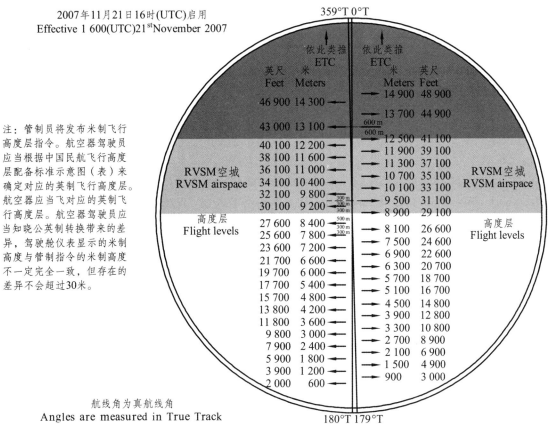

注：管制员将发布米制飞行高度层指令。航空器驾驶员应当根据中国民航飞行高度层配备标准示意图（表）来确定对应的英制飞行高度层。航空器应当飞对应的英制飞行高度层。航空器驾驶员应当知晓公英制转换带来的差异，驾驶舱仪表显示的米制高度与管制指令的米制高度不一定完全一致，但存在的差异不会超过30米。

图 7.27　高度层的配备

航线最低飞行高度层指在紧急情况下能够确保飞机安全的可以使用的最低高度层。它是根据航线的去向和最低安全高度而确定的。其方法是：首先计算或查出航线角和最低安全高度，然后按照高度层配备，选择高于最低安全高度的最低高度层，这一高度层即是航线最低飞行高度层。

例如，广汉至遂宁的最低安全高度为 1 646 m，真航线角为 114°。从高度层的配备可知：2 100 m、2 700 m、3 300 m……都是可飞行的高度层，而最低的可使用的高度层是 2 100 m，即最低飞行高度层为 2 100 m。

确定飞行高度层，对充分发挥经济效益和提高交通流量具有极大意义。飞行高度层的确定主要依据 4 个方面：

（1）飞行高度层必须高于最低飞行高度层，以保证飞机安全。

（2）增加空中交通流量，提高空域利用率。

（3）充分发挥飞机性能，以减少油耗，提高效益。

（4）便于空中交通管制。

实际飞行中，每次飞行的高度层，由有关的空中交通管制部门规定，或按事先批准的高度层飞行。凡在我国境内飞行的国际、国内民航班机，都应严格按规定的航线和飞行高度层飞行，如果需要改变高度层，应当经过区域管制员许可。只有在紧急情况下，机长才能自行决定改变规定的飞行高度层，但必须立即报告区域管制员，机长应对该决定的正确性负责。

有的航线前后两航段的走向处于两个不同的高度层配备范围时，飞机转换航段时应转换飞行高度层。但当航段距离较短或对其他飞行影响不大的特殊航段，可以不转换飞行高度层。

7.3.2 航向的测量计算

7.3.2.1 航向及种类

飞机纵轴前方的延长线叫航向线。航向线的方向，即飞机纵轴前方的指向，叫做航向（HDG），用航向角来表示。从经线北端顺时针量到航向线的角度，范围为0°~360°。如图7.28所示飞机的航向为80°，当飞机转弯时，向右转航向增大，向左转航向减小。

以真经线北端为基准顺时针量到航向线的角度，叫真航向（True Heading，TH）。

以磁经线北端为基准顺时针量到航向线的角度，叫磁航向（Magnetic Heading，MH）。

飞机的航向是利用罗盘来测定的，当罗盘安装到飞机上以后，罗盘中的磁条由于受飞机上钢铁部件和电气设备所形成的飞机磁场的影响，磁条将指向地球磁场与飞机磁场的合成方向，从而偏离磁经线的南北方向。飞机上磁罗盘的磁条所指的南北方向线叫罗经线。罗经线偏离磁经线的角度，叫罗差（DEV）（图7.29）。以磁经线北端为准，罗经线北端偏东为正罗差（+DEV），罗经线北端偏西为负罗差（-DEV）。罗差一般较小（≤5°），罗差的大小随着航向的变化而改变。而不同罗盘的罗差由于安装位置不同，其大小也不一样。每架飞机上，各磁罗盘的罗差，由机务维护人员定期进行测定和校正后，绘制成罗差表供飞行员修正罗差时查用。以罗经线北端为基准顺时针量到航向线的角度，叫罗航向（CH）。

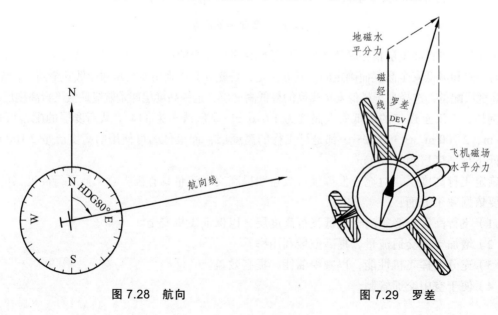

图 7.28　航向　　　　　　　　　图 7.29　罗差

必须注意，上述 3 种航向都是表示一架飞机的同一航向线指向，只是由于罗盘存在磁差和罗差，才有了 3 种不同的表达形式。

7.3.2.2 航向的换算

领航上，进行有关计算时使用的是磁航向，因此在飞行中需要根据情况进行一些航向换算。在飞行实施中，根据飞行的需要，3 种航向间要经常换算，应熟练掌握。

7.3.2.3 航向的测量

飞机的航向通过罗盘来测量。目前民航飞机采用的罗盘主要有直读磁罗盘、陀螺半罗盘、陀螺磁罗盘等。在现代化的飞机上则采用航向系统，其目的是实现机载设备的综合化及实施自动飞行管理等。

1. 直读磁罗盘

直读磁罗盘是根据磁针恒指南北的特性制成的，它是早期飞机上测量航向的主要仪表。它具有体积小、不易发生故障的优点，因此现在主要用做各型飞机的备用罗盘。

直读磁罗盘是利用永磁铁与地磁相互作用的原理而指示航向的。如图 7.30 所示，它由外壳和罗盘两部分组成，外壳固定在飞机上，上面的玻璃中央刻有一条航向标线，罗盘上刻有刻度，其中 0°（N）—180°（S）与磁条平行。当航向改变时，罗盘不动，外壳随飞机转动，航向标线在刻度环上所对的刻度就是飞机的航向，从而测量出飞机任一航向的刻度。

直读磁罗盘的缺点主要是当飞机进行机动飞行或飞机姿态长时间不稳定时，存在较大的飞行误差；在高纬度地区地磁水平强度很弱，不能准确而稳定地测量航向；直读磁罗盘指示的是罗航向，使用时必须修正罗差后才是磁航向。

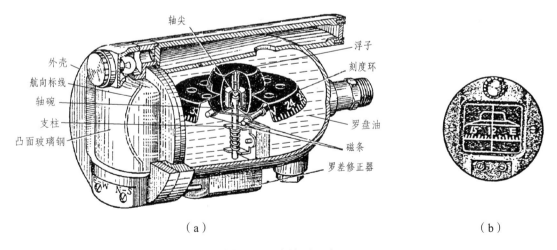

（a） （b）

图 7.30 直读磁罗盘

2. 陀螺半罗盘

陀螺半罗盘是利用陀螺的定轴性，通过一个二自由度陀螺仪来测定罗盘的基准线，依靠人工调整罗盘基准线同经线的方向一致，从而测定出飞机的航向。目前飞机上使用的陀螺半罗盘有直读式和远读式两种。

（1）直读式陀螺半罗盘：如图7.31所示，刻度环固定在二自由度陀螺仪的外框上，如果将刻度环上0°～180°线（罗盘基准线）人工调整与经线方向一致，外壳上航向标线指示的就是航向。

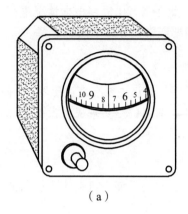 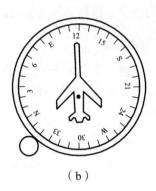

（a）　　　　　　　　　　　　　　　（b）

图 7.31　直读式陀螺半罗盘

飞行过程中，直读式陀螺半罗盘存在自走误差，为每15 min 2°～3°，所以飞行中必须每隔约15 min校准一次航向。航向的调定或校准，是通过仪表下方的航向调整钮进行的：先推进旋钮，陀螺上锁，向左或向右转动，使航向标线指示直读式磁罗盘或其他罗盘航向的刻度，刻度盘上0°—180°线便与经线一致，拔出旋钮，便指示飞机的航向。

（2）远读式陀螺半罗盘：由陀螺传感器、指示器和控制器等组成，指示器和控制器装在仪表板上，陀螺传感器在飞机其他位置。远读式陀螺半罗盘的陀螺稳定性和测定航向的精确度大大提高，飞行中陀螺自走误差每30 min约1.5°，是一种性能较好的罗盘。

陀螺半罗盘的结构简单，造价低，而且指示稳定、准确，但罗盘基准线需人工调定。因此，飞行中必须与磁罗盘配合使用，而且存在自走误差，飞行中必须定时与磁罗盘校准。

3. 陀螺磁罗盘

陀螺磁罗盘主要由磁传感器、陀螺传感器、指示器等部件构成，是一种较先进的罗盘。陀螺磁罗盘有磁条式和感应式两种。

陀螺磁罗盘的主要优点有：直线飞行指示航向稳定、准确；转弯误差很小，积累误差一般不大于 0.5°/min；由于修正机构中的罗差修正器和补偿器能消除磁传感器的罗差，磁传感器输出的是磁航向信号，因此指示器指示磁航向，使用中不需要换算为磁航向；地磁感应元件灵敏度比较高，高纬度地区仍可正常工作，是该区测量航向的主要仪表；飞行中不需要定时进行航向校准，减少了飞行员的负担。陀螺磁罗盘也有不足的地方：构造比较复杂，价格较高，故障率高，维护困难。

4. 航向系统

航向系统是在感应式陀螺磁罗盘基础上发展起来的一种组合式的罗盘系统。

航向系统主要由传感器、指示器和控制器等部分组成，如图7.32所示。其主要特点是：多种传感器（包含两个或两个以上传感器）组合成多种罗盘；航向信号的输出除送到指示器提供给飞行员读取外，还可以向自动驾驶仪（A/P）、飞行指引仪（FD）、无线电导航系统和飞行数据记录器提供信号；航向指示器与其他指示器组合在一起成为多功能综合指示器；飞机上都装有两套以上航向系统，保证在一套发生故障的情况下还有数据正常输出，其转换通过转换电门进行。

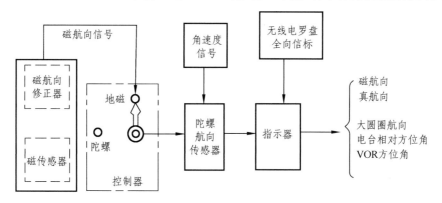

图 7.32　航向系统

飞行中，航向系统可用来保持磁航向或真航向沿等角航线飞行，也可用来保持大圆航向沿大圆航线飞行，还可以选择以起降跑道为基准的陀螺方位来进行起落航线飞行。

表 7.4 为常用罗盘的传感器及存在误差和修正方法、使用特点和指示航向等情况。

表 7.4　常用罗盘对照

名称	传感器	磁传感器误差及修正	陀螺传感器误差及修正	指示航向	使用特点
直读磁罗盘	磁条	存在罗差,可校正多种罗差因素;存在飞行误差		罗航向	高纬度地区不能使用,作备用
陀螺半罗盘	陀螺机构		一定纬度上可以修正视在运动误差,进动误差不能修正	人工调定基准指示不同航向	需与其他罗盘配合使用,指示稳定、准确
陀螺磁罗盘	磁传感器陀螺传感器	可以修正或补偿	采取自动修正	磁航向	高纬地区可以使用,指示稳定、准确

7.3.3　空速的测量计算

飞机相对于空气运动的速度叫空速（Airspeed），常以 km/h 或 m/s 或 kt（浬/小时）为单位。空速是反映飞机飞行性能的一个重要参数，是飞行员正确操纵飞机的主要依据，也是领航计算不可缺少的元素。飞行中正确地选用空速，还能增长飞行距离，充分发挥飞机的性能。

飞行中空速的大小用空速表来测定，它是利用空气相对于飞机的动压来测定空速的。

7.3.3.1　空速及其种类

空速是用空速表来测定的，按测定空速的误差情况，有以下几类：

（1）指示空速（Indicated Airspeed，IAS））：根据标准海平面大气条件下空速与动压的关系，利用开口膜盒测动压来指示的空速，称为指示空速，也称为表速（Basic Airspeed，BAS）。指示

411

空速存在机械误差、空气动力误差、空气压缩性修正量误差和密度误差。在低空一定空速范围内飞行,指示空速能够比较准确地反映空气相对飞机的动压关系,所以是飞行操纵的一个重要参数。

（2）修正表速（Calibrate Airspeed,CAS）:指示空速经过修正机械误差和空气动力误差得到的空速就是修正表速,也称为校正空速（Rectified Airspeed）。

（3）当量空速（Equivalent Airspeed,EAS）:修正表速经过修正空气压缩性修正量误差得到的空速就是当量空速。

（4）真空速（True Airspeed,TAS）:当量空速经过修正空气密度误差得到的空速就是真空速,它是飞机相对于空气运动的真实速度。

（5）马赫数（Mach Number,Ma）:马赫数是该飞行高度上的真空速与音速之比,即 $Ma = TAS/c$。现代民航运输机都装有 Ma 表,在低空按空速表来保持指示空速或真空速飞行,在高空一般按 Ma 表来保持马赫数飞行。

7.3.3.2 测量空速的仪表

空速通过空速表测定,它们都是根据动压与空速之间的函数关系,利用开口膜盒测量动压表示空速的。它通过开口膜盒感受动压的变化,然后经过机械传动机构或电位随动系统使指示/显示器指示（或显示）出相对应的空速值。

空速表测定空速所依据的基本关系为

$$v = \sqrt{2p_\text{d}/\rho(1+\varepsilon)}$$

式中 p_d——动压;

ρ ——空气密度;

ε ——空气压缩性修正量,即表示空气被压缩的程度。

目前飞机上使用的空速表按信号传递的方式分为机械式和电动式两大类,主要有:

1. 仪表空速表

仪表空速表的基本原理和指示器表面如图 7.33 和图 7.34 所示。它是通过表头里的开口膜盒来感受飞机所受动压的大小,经传动机构直接带动指针指示出相应的空速值。仪表空速表没有任何修正补偿机构,因而这种空速表存在机械误差、空气动力误差和方法误差,指示的是仪表空速。这种空速表一般多用于低空飞行的低速飞机。

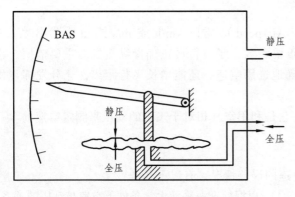

图 7.33　仪表空速表原理

图 7.34　仪表空速表表面

2. 仪表真空速表

仪表真空速表也叫组合型空速表，是在仪表空速表的基础上，增加了一套补偿方法误差的装置（真空膜盒），其作用是通过真空膜盒感受该飞行高度上的静压，以补偿气压变化而引起的密度误差。当静压减小时，真空膜盒膨胀，力臂缩短，真空速指针在刻度盘上指示出近似的真空速，这一近似的真空速称表真速（TAS$_\text{表}$）。

组合型空速表指示的表真速同真空速很接近，但同样存在误差，包括机械误差、空气压缩性修正量误差以及由于实际空中气温同标准气温不一致而导致的密度误差。所以，在低空飞行而且空速比较小的时候，表真速可认为就是真空速。

3. 真空速表

真空速表在组合型空速表的基础上，再增加一个同感温器相连接的开口膜盒，用来感受气温的变化与标准海平面气温不一致引起的误差。其基本原理和指示器表面如图 7.35 和图 7.36 所示。

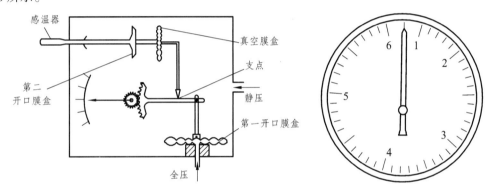

图 7.35　真空速表原理　　　　　图 7.36　真空速表表面

当飞机所在飞行高度的气温降低时，装在座舱外面的感温器感受温度的变化，感温器内的液体收缩导致开口膜盒收缩，力臂增加，指针转动角度减小，在指示器上指示出相应的真空速。

机械式真空速表仍存在机械误差和空气压缩性修正量误差，但随着空速表制造工艺的不断提高，制造材料性能日益提高，其精确度越来越高，机械误差已经降至很小，完全可以忽略不计。所以在高空高速飞行时，仅存在由于空气压缩性修正量误差引起的真空速误差。

4. 马赫数表

马赫数表是通过开口膜盒测量动压，真空膜盒测量静压，传送部件将测量到的参数通过传动特性传至指示器指示出来。这是因为马赫数是动压和静压的函数，与气温无关，即

$$Ma = \sqrt{2p_\text{d}/Kp_H}$$

式中　K——常数。

图 7.37 和图 7.38 所示为马赫数表的基本原理和表面，刻度盘上有一根指针指示飞机所在飞行高度的马赫数，还有一根最大马赫数限制的指针。

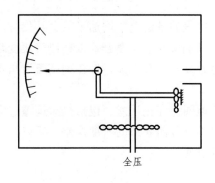

全压

图 7.37　马赫数表原理

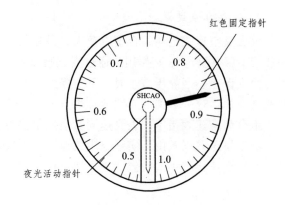

红色固定指针

SHCAO

夜光活动指针

图 7.38　马赫数表表面

5. 电动组合空速表

电动组合空速表是大气数据计算机系统（Air Data Computer System，ADCS）的指示/显示的一部分，通过静压、动压、总温、迎角传感器收集大气参数送到计算装置，经过计算机计算后输出高度、空速、温度和马赫数等参数，这些参数可以在指示/显示器上表现出来。同时这些参数还可以送到导航系统、自动飞行控制系统等作为原始控制信息。

（1）电动高度空速表：由气压电动高度表和指示空速表组合而成。飞行员可从表面下方直接读出飞机的指示空速。

（2）电动马赫数空速表：由马赫数（MACH）表和指示空速（IAS）表组合而成。指示空速指针和计数器由大气数据计算机输出的 IAS 信号驱动；马赫数由大气数据计算机输出的马赫数信号驱动，显示在马赫数刻度窗内。

（3）总温/静温、真空速显示器：大气数据计算机系统将自动计算出的静温和真空速送到 TAT/SAT、真空速显示器显示。

7.3.3.3　空速表的误差

测量空速的空速表结构不同，其误差也不同，概括起来有以下误差：

1. 机械误差（Δv_i）

由于空速表的内部机件制造不可能绝对精确，使用中机件磨损变形、老化等原因引起空速表产生的误差叫机械误差。空速表多指时，机械误差为负值；少指时为正值。每个空速表的机械误差由机务维护人员定期测定并绘制成空速表误差表，以供飞行中飞行员修正时查用。

2. 空气动力误差（Δv_q）

由于气流流经空速管时产生弯曲和紊乱，使空速管接受的全压和静压不准确，引起空速表产生的误差叫空气动力误差。空速表少指，空气动力误差为正值；多指为负值。空气动力误差的大小随机型、飞行重量和表速不同而异。通常在表速的 ±2% 以内，飞行员可从各机型使用手册中查出，飞行中进行修正。随着飞机设计的不断研究和改进，新型飞机的空气动力误差已经逐渐减少，部分飞机已经减小到只有 1.5 ~ 2 km/h。

3. 方法误差

方法误差包括空气压缩性修正量误差（Δv_ε）和空气密度误差（Δv_ρ）两部分。我们知道，仪表空速是按照海平面标准大气条件下动压与空速的关系进行设计的。只有当飞行高度上的空气密度 ρ_H 和空气压缩性修正系数 ε_H 同海平面的标准空气密度 ρ_0 和空气压缩性修正系数 ε_0 完全一致时，指示空速 IAS 才等于真空速 TAS。而实际飞行中，各个飞行高度上的大气条件不可能与海平面标准大气条件完全一致，因而指示空速常常不等于真空速，它们之间可用关系式表示

$$\text{TAS} = \sqrt{\rho_0(1+\varepsilon_0)/\rho_H(1+\varepsilon_H)} \cdot \text{IAS}$$

从关系式可以看出，方法误差存在两部分，通过计算可得到在标准大气条件下各飞行高度上指示空速与真空速的对应值。

1）空气压缩性修正量误差（Δv_ε）

由于空气压缩性修正系数 ε 变化所引起的误差叫空气压缩性修正量误差（Δv_ε），其误差值计算公式为

$$\Delta v_\varepsilon = \left(\sqrt{\frac{1+\varepsilon_0}{1+\varepsilon_H}} - 1 \right) \cdot \text{IAS}$$

根据不同飞行高度上的空气压缩性修正系数 ε_H，可以计算出各飞行高度上不同速度（IAS）所对应的 Δv_ε。

从计算可知，低空低速飞行 Δv_ε 比较小，所以在 6 000 m 以下高度飞行时，空气压缩性修正量误差可不进行修正，而超过 6 000 m 则应予以修正。

2）空气密度误差（Δv_ρ）

由于飞行高度上的空气密度 ρ_H 与海平面的标准空气密度 ρ_0 不一致所引起的误差叫空气密度误差。以海平面标准气压 p_0 和气温 T_0 为基准，当高度升高时，气压和气温都随之降低。气压降低（$p_H < p_0$）时，空气密度 ρ_H 减小，真空速将大于当量空速；气温降低（$T_H < T_0$）时，空气密度增大，真空速将小于当量空速。由于气压变化比温度变化对空气密度的影响要大得多，所以飞行中真空速通常大于当量空速，高度越高，二者相差越大。空气密度误差是仪表的主要误差，必须予以修正。常用的有两种方法：一种是采用修正补偿机构进行修正；另一种是采用领航计算尺计算修正。前一种方法现已被广泛采用，后一种方法仅用于小型低速飞机，其计算修正方法在空速的换算中将详细说明。

7.3.3.4 空速的换算

飞行中为了进行有关的领航计算，必须对空速进行换算，以满足领航工作的需要。

1. 表速（指示空速）与真空速的换算

飞行中，由表速计算真空速的步骤是：

$$\text{IAS（BAS）} \xrightarrow{\Delta v_i} \xrightarrow{\Delta v_q} \text{CAS} \xrightarrow{\Delta v_\varepsilon} \text{EAS} \xrightarrow{\Delta v_\rho} \text{TAS}$$

如果要用仪表空速表来保持预定的真空速 TAS 飞行，则按上述相反的顺序计算即可。在实际飞行中，由于目前飞机上空速表的机械误差和空气动力误差都较小，一般不进行这两种误差的

修正, 就把表速看成指示空速。而对于使用仪表空速表的飞机, 一般都是小型低速飞机, 所以 Δv_{ε} 也不作修正。所以, 我们就把表速认为等于指示空速, 经修正空气密度误差后即为真空速:

$$\text{IAS（BAS）} \xrightarrow{\Delta v_\rho} \text{TAS}$$

1) 尺算方法

领航计算尺对尺尺型如图 7.39。对尺时需注意: 压力高度是标准气压高, 单位是"千英尺"; 温度是该高度上的静温; 指示空速、真空速的单位必须相同。

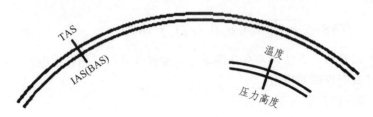

图 7.39 IAS（BAS）与 TAS 换算的尺型

【例】 指示空速 370 km/h, 飞行高度（H_{QNE}）5 000 m（16 400 ft）, 空中气温 – 30 ℃, 求真空速是多少?

解: 转动活动盘使速度计算窗口中温度刻度 – 30 ℃ 与速度计算窗口中标准气压高 16 400 ft 对齐, 如图 7.40 所示。

图 7.40 计算尺修正气温误差

416

在计算尺的活动盘上，找到指示空速 370 km/h（37 处），在固定盘中读出与之对齐的刻度为 46.5，所以计算出的真空速为 465 km/h。

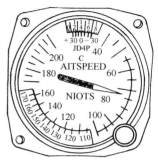

图 7.41　TB-20 的空速表

在有的飞机上（如 TB-20），对空气密度误差修正采用一套人工调整机构，即带有计算尺的空速表，如图 7.41 所示。使用时转动空速表右下角的旋钮，使活动刻度盘上的高度刻度对正固定表盘上的空中温度刻度，就可以从指针在活动刻度盘的指示读出真空速。

2）心算方法

在中、低空，通常高度每升高 1 000 m，真空速比表速约大 5%，这里仅修正了气压变化所引起的误差，对于气温变化引起的误差则未作修正。但心算方法快速简便，飞行中常用，如上例：TAS = 370 + 370 × 5 × 5% = 463（km/h）。

2. 马赫数与真空速的换算

马赫数与真空速之间的关系可用数学式表示为

$$\text{TAS} = 1\ 224 \times \sqrt{273 + t_H / 288} \times Ma$$

从式中可以看出：保持一定的 Ma 飞行，高度升高时，气温降低，真空速减小；在同一飞行高度，空中温度越高，真空速越大。所以，由于同一 Ma 在不同的高度和气温条件下所对应的真空速不同，因而不能直接进行相关的领航计算，必须将 Ma 换算为真空速。

Ma 与真空速的尺算关系式为

$$\sqrt{273 + t_H / 288} / (1/1\ 224) = \text{TAS} / Ma$$

Ma 数与真空速计算尺换算方法：将气压高度窗口的空中温度与固定盘上的"↑MACH NO.INDEX"指标对齐，从活动盘上 Ma 数值（$Ma \times 1\ 000$）所对的固定盘读出真空速值，从活动盘上 1 000 所对的固定盘读出音速值。对尺时需注意:真空速、音速的单位是浬/小时(kt)，如图 7.42 所示。

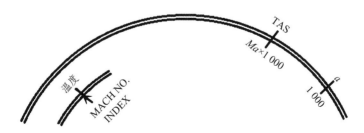

图 7.42　Ma 数与 TAS、a 换算的尺型

【例 3.5 】　Ma 数表指示 Ma 数为 0.6，飞行高度 H_{QNE} 为 15 700 ft，空中温度为 – 30 ℃，求真空速为多少？

解： 对尺（见图 7.43）即可求出 TAS = 366 kt。

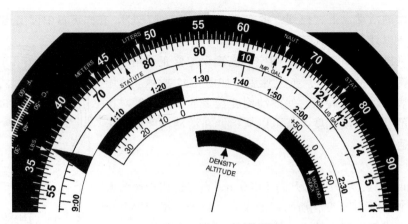

图 7.43　*Ma* 数与 TAS 换算

7.3.4　时间的测量、计算

由于飞机的运动是在一定的空间和时间内进行的，因此，飞行中要解决各种领航问题，就必须了解时间的有关知识。

7.3.4.1　时间的含义及度量

时间有两种不同的含义：一是表示某一瞬间的早晚，叫时刻。例如，飞机从北京起飞时刻是 10 时 45 分（领航上常写成 10：45 或 1045），到达上海着陆的时刻是 13 时 18 分（领航上常写成 13：18 或 1318）。二是表示两时刻间所间隔的长短，叫时间。例如，飞机从北京到上海的飞行时间是 1 小时 33 分（领航上常写成 1：33 或 1.33'）。

要表示时刻的早晚和时间的长短，就需要有时间单位，时间的基本单位是日。年和月是日的倍数，时、分、秒是日的等分。

地球在自转的过程中总有一半对着太阳，即白天；一半背着太阳，即黑夜。白天和黑夜的分界线叫晨昏线，地球不停地自西向东旋转，晨昏线就在地球上自东向西移动，形成了太阳的升没和昼夜的不断更替。

人们在度量时间时，主要是按照太阳的运动来进行的。起初人们根据太阳的视运动制定了真太阳日，即同一经线连续两次对正太阳的时间。但由于地球公转的速度不均匀和地轴同公转轨道平面的相对倾斜，真太阳日的长短每天都不一样。根据目前精确的测定，一年中最长和最短的真太阳日相差 51 s，这样就造成了使用上的不便。为了弥补这一缺陷，天文学家就假想了一个太阳，称平太阳。平太阳在赤道平面内，地球以匀速沿着圆形轨道绕着平太阳公转，公转的周期是一年。同一经线连续两次对正平太阳中心的时间叫一个平太阳日，平太阳日的任何一天都是一样长，可视为一年中真太阳日的平均值。将一个平太阳日分成 24 小时，每小时分成 60 分钟，每分钟分成 60 秒钟，就是日常用的时间单位。

地球自转一周（360°）的时间是 24 小时，而地球自转的速度又是相对均匀的。所以，地球自转角度（也就是经度差）与时间的关系如表 7.5 所示。

表 7.5　经度改变量与时间的关系

经度改变量	15°	1°	15′	1′	15″
时间	1 h	4 min	1 min	4 s	1 s

7.3.4.2　时刻种类及其换算

1. 地方时（Local Time，LT）

以当地经线正对太阳为正午 12 时，正背着太阳的时刻为 0 时，这样确定的时刻，就叫做该地的地方时。除同一经度外，任何经度不同的地方，其地方时是不相同的。两地地方时的差数，正好等于地球转过其经度差所需的时间，同时又由于地球自西向东自转，因而同一天内西边的时刻数少于东边的时刻数。两地方时的差数（ΔT）可用公式表示为

$$\Delta T = \Delta \lambda \times 4（\text{min}）\quad（\Delta \lambda \text{ 以度为单位}）$$
$$T_2 = T_1 \pm \Delta T \quad（\text{东加西减原则}）$$

【例】　已知锦州（E121°07′）的地方时是 10：30，求拉萨（E91°07′）的地方时。

解：
$$\Delta T = \Delta \lambda \times 4 = （121°07′ - 91°07′）\times 4 = 2.00′$$
$$T_2 = T_1 + \Delta T \quad（\text{所求拉萨在锦州以西，取 " – "}）$$
$$T_2 = 10：30 - 2.00′ = 08：30$$

2. 区时（Zone Time，ZTM）

地方时虽然适应了当地人们的生活习惯，但随着通信和交通的日益发展，地方时因经度而异的缺点就带来了很大的不便。在 1884 年国际经度会议上，许多国家共同商定采用以时区为单位的标准时间，即时区制度。理论时区是以经线为界，将地球表面划分成 24 个时区，每个时区的范围是经度 15°。在同一时区里的各地方都统一使用这一时区中央经线的地方时，叫该时区的区时（ZTM）。在同一时区，地方时同区时的差数不超过 30 min。时区的编号顺序是，以零度经线为中央经线，东、西经各 7.5° 范围的地区叫零时区（又称中时区）；以零时区为准，向东每隔 15° 经度依次为东一区至东十二区，向西每隔 15° 经度为西一区至西十二区。相邻两时区的中央经线相差 15°，时间差 1 h，所以，任何两时区之差，就等于其时区号码的差数（东时区号为正，西时区号为负）。

实际上，在理论时区的基础上，考虑到地球表面陆、海分布，国家领土和行政区划，实际时区界线有所弯曲。同时许多国家还根据自己的需要来确定本国的时间，这种通过国家法律规定公布使用的时刻，叫做法定时（Legal Time），它与理论区时不完全符合。如英国、法国、荷兰虽位于零时区，但规定采用东一时区的区时作为标准时间；而印度、尼泊尔则以东 5.5 时区为标准；新加坡、马来西亚以东 7.5 时区为标准。

3. 北京时

我国幅员辽阔，全国共跨 5 个时区（东五～东九时区）。为了使用方便，全国统一使用北京所在的东八区的区时作为标准时间，称为北京时，北京时就是我国的法定时。我国西部地区的地方时与北京时有较大的时差。

4. 世界时（UT）和协调世界时（UTC）

世界各国使用着不同的区时，而国际通信、航空及科学记录等，却需要共同的时间标准。

为此，国际上规定以零时区的区时作为全世界的统一时刻，叫世界时（Universal Time，UT），也称为格林尼治平时（Greenwich Mean Time，GMT）。目前在航空上很多自动导航设备都要用到世界时。两极地区由于经常可能通过时区界线，使用区时很不方便，因而通常都采用世界时；各时区的区时同世界时相差的小时数，正好等于它的时区号码数。

世界时由于地球公转速度不均匀，除了不规则变化以外，还存在着长期变慢的趋势，每年大约要比原子时慢 1 s。由于原子时与世界时的不同，国际天文学会和国际无线电咨询委员会于 1971 年决定采用一种称为"协调世界时"（Coordinated Universal Time，UTC）的时间标准，世界协调时用原子时秒长，并采用一整秒的调整。但在航空应用中，协调世界时（UTC）与世界时（UT）没有多少差别，完全可以认为两者相同。

许多国家在夏季为了节省电力及照顾人民工作、生活习惯，由国家规定将各地的标准时间在夏季提前一小时或半小时，这种时间称为夏令时（Daylight Time，DT）。夏季过去又恢复到原来的标准时间。例如，叙利亚、埃及、古巴、加拿大、美国等地夏季都提前一小时，多米尼加则提前半小时，我国也曾在 1986—1992 年使用过夏令时。

5. 各种时刻的换算

由于同一天内西边的时刻总比东边的少，任何两时刻之差等于地球转过其基准经线的经度差所需要的时间。所以，时刻相互换算的步骤和方法是：

（1）查出两种时刻的基准线，并求出经度差。

（2）将经度差换算为时刻差。

（3）东加西减原则：以已知时刻的基准经线为准，所求时刻的基准经线在东，加时刻差；在西，减时刻差。

【例】 已知北京时是 10：00，求成都（E104°23′）的地方时和世界时。

解： 已知成都的经度是 E104°23′，北京时的基准经线的经度是 E120°，经度差为 15°37′，换算为相应的时刻差为 1：02′28″。而成都在北京时基准经线的西边，应减时刻差，所以，成都的地方时

$$LT = 10：00 - 1：02′28″ = 08：57′32″$$

北京时（即东八区区时）与世界时相差 8 小时，且零时区在东八时区的西边，应减去时刻差，所以，世界时

$$UT = 10：00 - 8：00 = 02：00$$

7.3.4.3 日界线

在时刻换算中我们发现，东十二时区和西十二时区的时刻相差 24 h。假定东十二时区是 9 月 23 日正午 12 时，西十二时区则是 9 月 22 日正午 12 时，但是，东十二时区和西十二时区是重合的，那么，这一时区的各个地点，到底是 9 月 23 日还是 9 月 22 日，这就必须有一个规定，否则将使计算日期出现差错（见图 7.44）。

国际经度会议规定以 180°经线为日界线，又叫国际日期变更线或改日线。当飞机从西向东飞越日界线，日期应减一天；飞机从东向西飞越日界线，则应增加一天。我国民航中—加、中—美航线都飞越日界线，所以飞行员在飞行中须注意日期的变更。

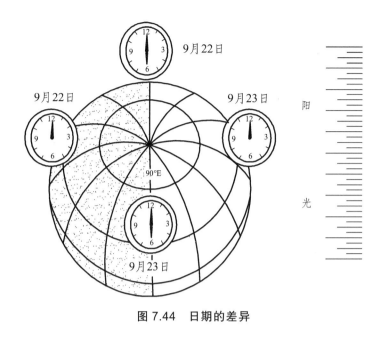

图 7.44　日期的差异

理论上的日界线是 180° 经线，但实际上为了保证行政区域计算日期的统一，避开陆地，实际日期变更线有所弯曲，并不完全同 180° 经线重合。

7.3.4.4　日出、日没和天亮、天黑时刻

昼夜条件关系到领航的难易和飞行安全，同时也是制订机场天气标准和飞行员等级标准的一个重要条件。因此，正确掌握日出、日没和天亮、天黑时刻，有着重要意义。

1. 日出、日没和天亮、天黑

早晨，当太阳上边缘升到地平线时叫日出（Sunrise）；傍晚，太阳上边缘沉没于地平线时叫日没（Sunset）。由于大气对光线的反射与折射，在日出以前天就亮了，日没以后天还没有全黑，因此天亮、天黑并没有一个明显的界线。领航学里将太阳中心升到地平线下 7° 时叫天亮；太阳中心沉没于地平线下 7° 时叫天黑，如图 7.45 所示。

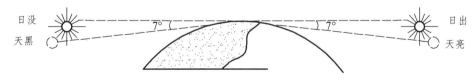

图 7.45　日出、日没和天亮、天黑

地球表面除赤道以外，不同纬度的各地点，在同一天中，日出、日没和天亮、天黑的时刻不相同；同一地点，在不同的季节，日出、日没和天亮、天黑时刻也不相同。日出、日没和天亮、天黑时刻还与飞行高度有关，飞行高度越高，日出和天亮越早，日没和天黑越晚。

2. 求日出、日没和天亮、天黑时刻

各地每天的日出、日没和天亮、天黑时刻，可以用日出、日没曲线图或日出、日没时刻表查出。

7.3.4.5　时间的测量

飞机上都装有航空时钟，用来指示时刻及测量飞行时间，同时也记录续航时间，以便飞行员在飞行中计算飞行距离，确定飞机位置，掌握飞机到达预定点的时刻。目前飞机上安装的航空时钟有机械钟和电子钟两种。

1. 机械时钟

机械时钟有两种：一种是飞行时钟，另一种是领航时钟。它们的原理与日常生活中的时钟相同，只是使用上有其特点。

（1）飞行时钟：图 7.46 所示为两种典型的飞行时钟，它们都用来测量并指示时刻和飞行时间，其刻度盘上的时针、分钟与普通时钟一样。

（2）领航时钟：领航时钟由时刻表、续航时间表和飞行秒表等组成（见图 7.47）。它可以指示时刻、记录续航时间和某一段短暂的飞行时间，如进近着陆的飞行时间。

领航时钟和飞行时钟要求在高空、低温环境工作中计时准确。在每个时钟里面都有电加温装置，接通时钟加温电源，就可以对时钟进行加温。

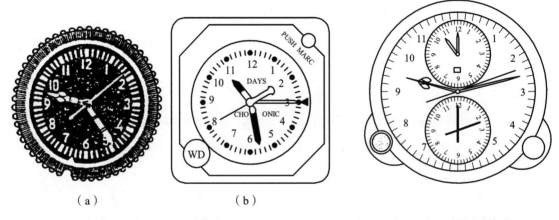

（a）　　　　　　　　（b）

图 7.46　飞行时钟表面　　　　　　　　图 7.47　领航时钟表面

2. 电子时钟

图 7.48 所示是民航飞机上常使用的电子时钟，它可以连续显示格林尼治平时（GMT），也可以显示航程时间（ET）和精确计时时间（CHR）。

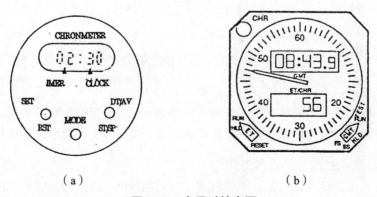

（a）　　　　　　　　（b）

图 7.48　电子时钟表面

7.3.5 基本领航计算

领航工作中，有关速度单位、距离单位、重量单位和容积单位的换算非常普遍，而速度、时间、距离的换算，是领航工作中一项经常性的计算。这些计算是飞行人员的基本功，必须熟练掌握，达到迅速、准确。

7.3.5.1 单位换算

1. 距离单位

距离单位有公制和英美制两种。在我国民航两种单位运用十分广泛，因而在领航工作中常需进行单位间的换算。

1）公里（千米）、哩、浬的换算

常见的距离单位有千米（km）、哩（sm）、浬（NM），计算尺的换算尺型如图 7.49 所示。

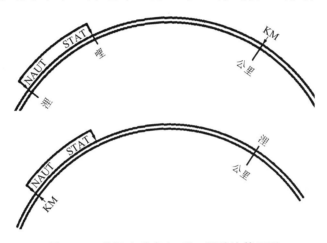

图 7.49　公里（千米）、哩、浬的换算尺型

【例】　124 km 等于多少浬？多少哩

解：对尺的尺型如图 7.50 所示，对尺求得：124 km = 77 sm = 67 NM。

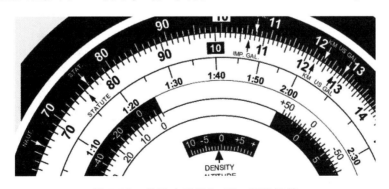

图 7.50　公里（千米）、哩、浬的换算

2）米、呎的换算

高度表常用的单位是米（m）或呎（ft），两者的关系是：1 m = 3.28 ft，飞行中飞行员可

423

以用心算或领航计算尺进行换算，计算尺换算尺型如图 7.51 所示；大中型飞机驾驶舱都备有"米·呎换算表"，贴在很醒目方便的地方，飞行员可以很方便地查出。

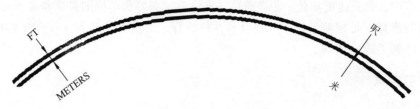

图 7.51　米与英尺换算尺型

【例】　飞机在航线上的飞行高度为 20 700 ft，问对应为多少米？

解：利用计算尺求出 20 700 ft=6 300 m，如图 7.52 所示。

图 7.52　米与英尺换算

心算的方法是：英尺转换到米为（英尺数/3 − 英尺数/3 × 10%），例如 6 900 ft 转换为 2 300（6 900/3）− 230 = 2 070 m（精确值为 2 104 m）；米转换到英尺为米数 × 3 + 米数 × 3 × 10%，例如 60 m 转换为 180 + 18 = 198 ft（精确值为 197 ft）。

2. 速度单位

常用的速度单位有 km/h、sm/h、kt（NM/h），进行相互间的换算尺型如图 7.53 所示。

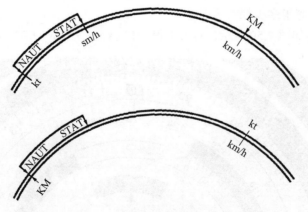

图 7.53　速度单位换算尺型

【例】　TB-20 巡航速度 140 kt 对应为多少 km/h？

解：对尺求得：140 kt = 260 km/h，如图 7.54 所示。

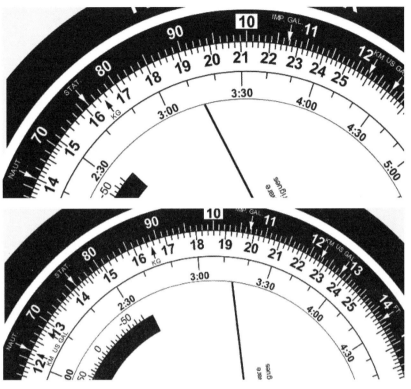

图 7.54　速度单位换算

3. 重量单位

常用的重量单位是千克（公斤）、磅，其关系是：1 千克（公斤）= 2.205 磅，进行相互间的换算尺型如图 7.55。

图 7.55　重量单位换算尺型

【例】　2 500 磅是多少千克?

解：换算的尺型如图 7.56 所示，对尺时须注意放大或缩小，求得：2 500 磅 = 1 134 千克。

图 7.56　重量单位换算

4. 容积单位

常用的容积单位有公升、英加仑、美加仑，关系式是：1 公升 = 0.264 2 美加仑 = 0.220 4 英加仑。进行相互间的换算尺型如图 7.57 所示。

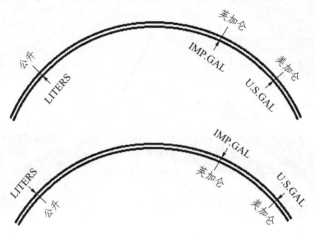

图 7.57 容积单位换算尺型

【例】 900 美加仑是多少英加仑?是多少公升?

解： 换算的尺型如图 7.58 所示，对尺求出：900 美加仑 = 750 英加仑 = 3 410 公升。

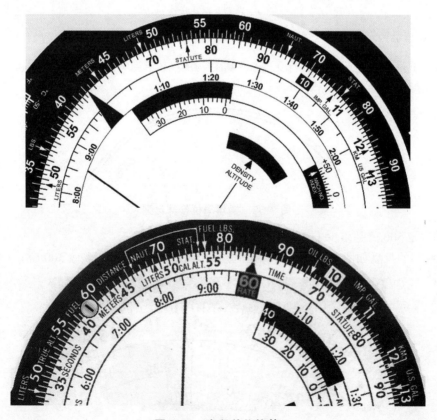

图 7.58 容积单位换算

7.3.5.2 速度、时间、距离的换算

速度（GS）、时间（t）、距离（D）之间的关系可表示为：距离＝速度×时间。由此可知速度（GS）、时间（t）、距离（D）3个元素，只要知道了任意两个，就可以求出第三个。换算的方法很简单，可用计算尺进行，也可以心算。

1. 尺算方法

利用计算尺进行速度、时间、距离换算，可以用"▲""↑"指标进行。

1）用"▲"指标进行换算

飞机的速度就是1 h飞过的距离，因此，速度、时间、距离三者的关系就可以写成下面的比例式

某一时间的飞行距离/某一飞行时间＝一小时的飞行距离/一小时（即60 min）

为便于计算尺计算，在活动盘上代表时间刻度60处，刻一个黑色"▲"作为一小时的标记，而固定盘则代表距离和速度数值。换算时，将"▲"对正固定尺上的速度数值（即一小时的飞行距离），则活动盘上飞行时间所对正的固定盘上数值，就是该飞行时间内的飞行距离，如图7.59所示。由于计算尺刻划数字范围是一定的，因此，使用对尺上代表的数值可以根据需要按比例扩大或缩小。

图7.59　用"▲"指标换算尺型

【例】　运十二飞机在五凤溪—合川航段飞行，飞机通过五凤溪后20 min到达检查点，已飞距离为98 km，从检查点到合川的未飞距离为89 km，求飞机的飞行速度及从检查点到合川所需的飞行时间为多少？

解：首先求出飞机的飞行速度，根据所求的速度即可求出未飞距离所应飞的飞行时间，该换算可以同时在计算尺上进行，对尺关系如图7.60所示。所求的结果是：运十二飞机在该航段的飞行速度为294 km/h，从检查点到合川的飞行时间需18 min。

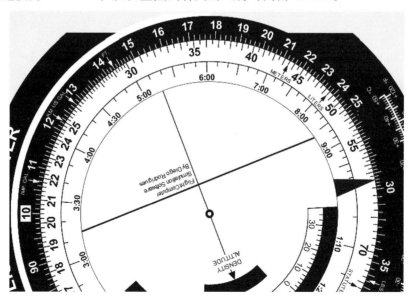

图7.60　GS/t/D换算举例

2）用"↑SECONDS"指标进行换算

在实际飞行中，有时飞行时间或飞行距离很短，这时利用"↑SECONDS"指标进行换算更为快速、准确，如图 7.61 所示。"↑SECONDS"指标刻在 36 处，代表一小时即 3 600 s。若按原比例式计算，应当在时间刻度 3 600 处刻一个指标，但由于圆形计算尺刻度范围的限制，所以比例关系可写成。

$$V(\text{km/h})/36 = D/10(\text{m})/t\,(\text{s}) = 100D(\text{km})/t\,(\text{s})$$

或者 $$V(\text{kt})/36 = 100D(\text{NM})/t\,(\text{s})$$

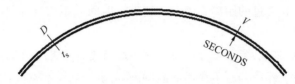

图 7.61 "↑SECONDS"指标换算尺型

【例】 飞行速度为 180 km/h，飞行时间为 1′30″，求飞行距离是多少？

解：对尺时"↑SECONDS"指标对固定尺的 18（即 180）读出 90 s（即 1′30″）时间所对固定尺的刻划为 45（即 450），如以 m 为单位，则飞行距离为 4 500 m，如以 km 为单位，则为 4.5 km，如图 7.62 所示。

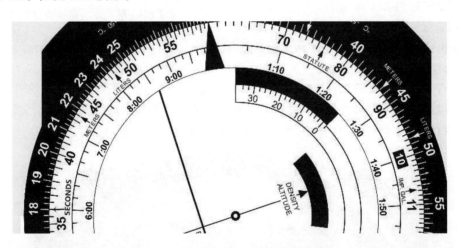

图 7.62 "↑SECONDS"指标换算举例

2. 心算方法

心算方法很多，常用的有 3 种：六分钟距离法、分段求和法和一分钟距离法。

1）六分钟距离法

1 h 是 60 min，所以 6 min 所飞过的距离，是 1 h 飞过距离的 1/10（即速度数值去掉一个 0），以此为基础进行心算。实际应用时，60 min 还分别是 10、12、15、20、30 min 的 6、5、4、3、2 倍，所以当飞行时间为上述数值时，也可以用同样的方法进行换算。

【例】 3 min 飞行距离为 10 km，飞行速度为多少？

解：3 min 飞行 10 km，6 min 则飞 20 km，所以 60 min 飞行距离为 200 km（10 个 20 km），即飞行速度为 200 km/h。

2）分段求和法

当飞行时间不是 6 min 的整数倍时，可把实际飞行时间分为 6 min 的整数倍和 1 min、2 min 的零头来计算，最后求出两者之和。

【例】 飞行速度为 430 km/h，求 7 min 的飞行距离。

解：6 min 飞行 43 km，1 min 约飞行 7 km，所以 7 min 的飞行距离约为 50 km。

3）一分钟距离法

实际飞行中由于机型的相对固定，飞行人员可以熟记一些基本数据，用一分钟距离法，可在实际飞行中快速、准确地进行换算，如表 7.6 所示。

表 7.6 不同速度飞行 1 min 的距离对照

速度（km/h 或 kt）	每分钟飞行距离（km 或 n mile）	速度（km/h 或 kt）	每分钟飞行距离（km 或 n mile）
180	3	600	10
240	4	660	11
300	5	720	12
360	6	780	13
420	7	840	14
480	8	900	15
540	9	960	16

【例】 飞行速度为 240 km/h，8 min 飞行距离为多少？

解：从表 7.6 查出对应的 4 km/min，所以 8 min 飞行距离为 32 km（8 个 4 km）。

7.4 飞机在风中的航行规律

围绕地球表面的空气总是运动着的，风就是空气运动的一种形式，风能够使空中之物改变位置，使运动之物偏离预定轨道。要想正确地引导飞机航行，首先就要了解风对飞机航行的影响，懂得飞机航行的基本规律。

7.4.1 飞机在风中的航行

7.4.1.1 风的表示

空气在地球表面的水平流动叫风（Wind），其运动的方向叫风向（WD），运动的速度叫风速（WS）。因此，风是由风向和风速表示的，可用风速向量 $\overrightarrow{WS}$ 表示，它表明了风相对地面运动的情形。

风有两种表示方法：一种是气象上用的风叫气象风，其风向是指风吹来的真方向，即从真经线北端顺时针量到风的来向的角度，用 WD_m 表示，范围为 $0° \sim 360°$，风速常以 m/s 或 kt 为单位；另一种是领航上用的风叫航行风，其风向是指风吹去的磁方向，即从磁经线北端顺时针量到风的去向的角度，用 WD_n 表示，范围为 $0° \sim 360°$，其风速常以 km/h 或 kt 为单位（见图 7.63）。

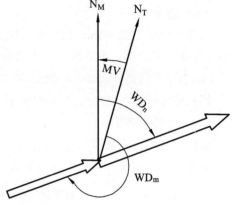

图 7.63 气象风向和航行风向

1. 风向的换算

从图 7.63 可以看出，航行风向和气象风向之间相差 $180°$ 和一个磁差 MV，可写成关系式

$$WD_n = WD_m \pm 180° - MV$$

式中　磁差——可从航图或资料中查出，但在实际应用中，如果磁差较小，可忽略不计。

2. 风速的换算

航行风与气象风的风速换算，实际上就是速度单位的换算，即 m/s 换算为 km/h 或 kt。可通过计算尺或心算方法进行，尺算方法在前面已讲过，这里只介绍心算方法。

$$WS（km/h）= 3.6 \times WS（m/s）= 4 \times WS（m/s）- 4 \times WS（m/s）/10$$
$$WS（kt）= 2 \times WS（m/s）$$

未特别说明，飞行中均使用气象风向风速。飞行员可以从气象台、空管部门、ATIS 及机载导航系统获得风向风速。

7.4.1.2　飞行中存在的 3 种运动

飞机在风中航行，同时存在 3 种相对运动，即飞机相对于空气、空气相对于地面和飞机相对于地面的运动。

飞机相对于空气的运动，其运动的方向是航向，运动的速度是真空速，可以用向量来表示，即 $\overrightarrow{TAS}$，称为空速向量。

空气相对于地面的运动，其运动的方向是风向，运动的速度是风速，可以用向量来表示，即 $\overrightarrow{WS}$，称为风速向量。

飞机相对于地面的运动，其运动的方向是航迹角，运动的速度是地速，可以用向量来表示，即 $\overrightarrow{GS}$，称为地速向量。

7.4.1.3　航迹线、航迹角和地速

飞机对地面运动所经过的路线，叫航迹线，简称航迹。航迹的方向用航迹角（TK）表示，航迹角有真航迹角（TTK）和磁航迹角（MTK）两种。从真经线北端顺时针量到航迹线去向的角度，叫真航迹角；从磁经线北端顺时针量到航迹线去向的角度，叫磁航迹角，如图 7.64

所示。从图中可以看出

$$TTK = MTK + MV$$

飞行中常用的是磁航迹角,但在地图上标画航迹或推算飞机位置时,必须使用真航迹角,所以必须注意换算,否则将导致错误。

飞机在单位时间里所飞过的地面距离叫地速,常用千米/小时(km/h)、浬/时(kt)为单位。

飞机对地面的运动,是飞机对空气的运动和空气对地面的运动共同作用的结果。

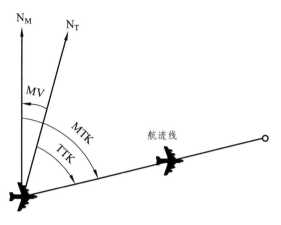

图 7.64　航迹角的表示

7.4.2　飞机在风中的航行情形

7.4.2.1　在无风情况下的航行情形

空中无风时,机头对向哪里,飞机就能飞到哪里,这时飞机的航迹完全同航向线一致,飞机的航迹角等于航向,地速等于真空速。

7.4.2.2　在有风情况下的航行情形

在有侧风下航行,虽然航向、空速没有改变,但由于侧风的影响,飞机除与空气相对运动外,同时还将随风飘移,航迹线将偏到航向线的下风面,地速和空速也常不相等(见图 7.65)。

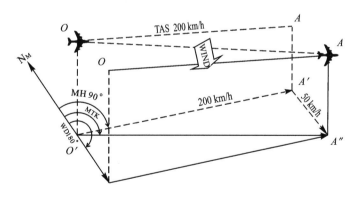

图 7.65　飞机在风中的航行情形

7.4.3　航行速度三角形

根据向量合成的法则,空速向量、风速向量和地速向量构成了一个三角形,叫做航行速度三角形。它准确地反映了 3 个向量之间的关系,准确地说明航迹角和航向、地速和空速的关系,同时准确地反映飞机在风中的航行规律。

航行速度三角形包含 8 个领航最常用的元素,分别是磁航向(MH)、真空速(TAS)、风向(WD)、风速(WS)、磁航迹角(MTK)、地速(GS)、偏流(DA)和风角(WA)(见图 7.66)。

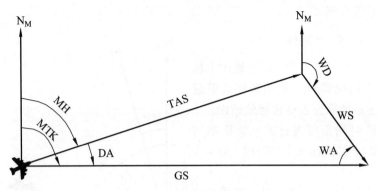

图 7.66　航行速度三角形

7.4.3.1　偏流（DA）

由于侧风的影响，飞机的航迹线将偏向航向线的下风面，从航行速度三角形中可以看出：航迹线同航向线的关系，可以用地速向量同空速向量的夹角，即航迹线偏离航向线的角度来表示，这一角度叫偏流角（DA），简称偏流。左侧风时，航迹线偏在航向线的右侧，规定偏流为正（ + DA），也称为右偏流（RDA），如图 7.67 所示；右侧风时，航迹线偏在航向线的左侧，规定偏流为负（ – DA），也称为左偏流（LDA）。偏流的大小与真空速和风速的大小及侧风程度有关。

7.4.3.2　风角（WA）

通常将航行速度三角形中地速向量同风速向量的夹角，即航迹线同风向线之间的夹角，叫做风角（WA），它说明了飞机所受侧风的方向和侧风程度。风角与偏流的正、负完全一致，都是由风的左、右决定的。左侧风时，由航迹线顺时针量到风向线，为正值，即"+ WA"；右侧风时，由航迹线反时针量到风向线，为负值，即" – WA"。风角的范围从 0° ~ ±180°。0°

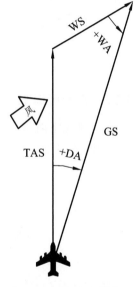

图 7.67　偏流和风角

表示顺风，180° 表示逆风，±90° 表示（左或右）正侧风，0° ~ ±90° 之间表示（左或右）顺侧风，±90° ~ 180° 之间表示（左或右）逆侧风。

7.4.3.3　航行速度三角形各元素的关系

1. 航迹角与航向的关系

由于受侧风的影响，航迹线总是偏在航向线的下风面，即左侧风，航迹线偏在航向线右边，航迹角比航向大；右侧风，航迹线偏在航向线左边，航迹角比航向小，如图 7.68 所示。

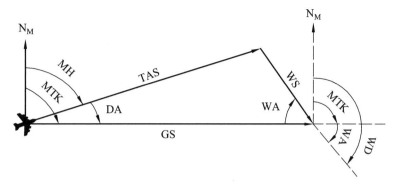

图 7.68　风向与航迹角的关系

$$MTK = MH + DA \quad 或者 \quad DA = MTK - MH$$

2. 偏流、地速同真空速、风速和风角的关系

偏流、地速的大小与真空速、风速的大小及侧风程度即风角有关，如图 7.69 和图 7.70 所示。

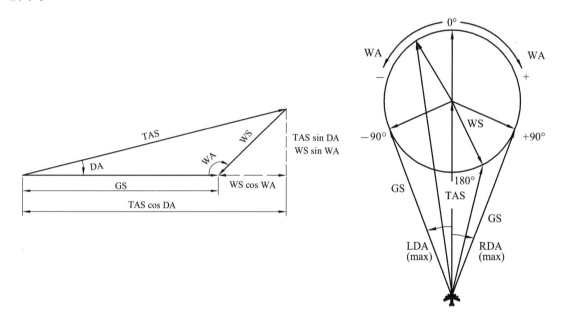

图 7.69　DA、GS 的计算　　　　图 7.70　偏流、地速与侧风程度

$$\sin DA = （WS / TAS）\cdot \sin WA$$

由于 DA 一般较小，因此

$$DA \approx （WS \cdot \sin WA / TAS）\times 57.3° = （57.3° / TAS）\cdot WS \cdot \sin WA$$

$$GS = TAS \cdot \cos DA + WS \cdot \cos WA$$

由于 DA 较小，因此

$$GS \approx \approx TAS + WS \cdot \cos WA$$

从图 7.70 和公式可以看出：当真空速和风速一定时，侧风程度（即风角）不同，偏流、地速的大小也不一样。当风角为 0° 时，为顺风，偏流角为 0°，地速为最大值，GS = TAS + WS；当风角为 ±90° 时，为正侧风，偏流角最大，地速略小于真空速，可近似认为相等；当风角为 180° 时，为逆风，偏流角为 0°，地速为最小值，GS = TAS − WS；当风角在 0° ~ ±90° 之间，为顺侧风，风速 WS 可分解为垂直航迹的侧风分量 WS₂ 和平行于航迹的顺风分量 WS₁，所以有偏流，地速大于真空速；当风角在 ±90° ~ 180° 之间，为逆侧风，WS 可分解为侧风分量 WS₂ 和逆风分量 WS₁，所以有偏流，地速小于真空速。

从风的分解我们可以知道：WS · sin WA 是侧风分量（WS₂），它将使航迹线偏离航向线，产生偏流，影响航行方向；而 WS · cos WA 是顺（逆）风分量（WS₁），它将影响飞机的地速，使地速不等于真空速，影响航行时间，导致飞机不能准时到达。

7.4.4 偏流、地速的影响因素

航行速度三角形是由 3 个向量组成的，它们中的航向、真空速、风向和风速的变化会直接影响偏流、地速的变化。而偏流变化，航迹将发生变化，使飞机不能沿航线准确飞到目的地；地速变化将直接影响飞机的准时到达。

7.4.4.1 空速变化对偏流、地速的影响

有风情况下，假定风向、风速和飞机的航向不变，当真空速增大时，地速增大，偏流角度减小；真空速减小时，地速减小，偏流角度增大。当真空速变化时，地速变化量与侧风程度无关，其大小近似等于真空速的变化量；而偏流的变化量则同侧风程度有关，但真空速变化引起的偏流变化量一般较小（见图 7.71）。

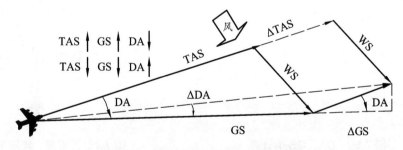

图 7.71 TAS 变化对 DA、GS 的影响

实际飞行中，飞行员应注意保持真空速。如果真空速变化，地速将产生相应的变化，使到达预定点的时刻提前或延迟，飞行员应及时检查和测定地速，对预达时刻进行修正。

7.4.4.2 风速变化对偏流、地速的影响

飞机在空中保持一定的航向、真空速飞行，如果风向不变而风速发生变化，偏流、地速也会发生变化。当风速增大，风为顺侧风时，偏流、地速都增长；逆侧风时，偏流增大，地速减小。风速变化同一个量 ΔWS，风为接近顺（逆）风时，偏流变化较小，地速变化较大；

风为接近正侧风时，偏流变化较大，地速变化较小（见图7.72）

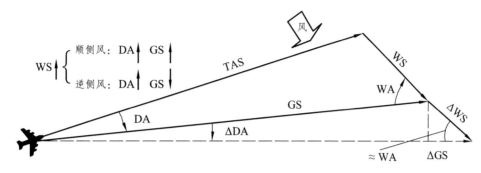

图7.72 WS变化对DA、GS的影响

实际飞行中，当需要改变飞行高度，飞机飞过不同地区或穿越锋线时，飞行员应注意风速的改变。当接近顺（逆）风飞行时，应注意检查和修正地速，使飞机准时到达；当接近正侧风飞行时，应注意检查和修正飞机的航迹，防止飞机偏离预定航线而不能准确到达目的地。

7.4.4.3 风向变化对偏流、地速的影响

飞机在空中保持一定的航向、真空速飞行，如果风速不变而风向发生变化时，将引起风角的改变，偏流、地速将发生变化。当风角为正，即左侧风时，地速随风向增大而减小，偏流的变化随风角的大小而有规律地变化；当风角为负，即右侧风时，地速随风向的增大而增大，偏流的变化同样随风角的大小而有规律地变化，如图7.73所示。从图中可以看出，接近顺（逆）风时，风向的变化主要引起偏流的变化，地速变化很小；接近正侧风，风向的变化主要引起地速的变化，偏流的变化很小。

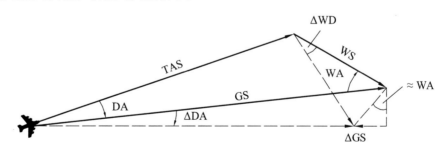

图7.73 WD变化对DA、GS的影响

飞行中，当飞机改变飞行高度、飞越不同地区或穿越锋线时，飞行员应注意风向变化对偏流、地速的影响。当接近顺（逆）风飞行时，应重点检查和修正航迹，防止飞机偏离预定航线；当接近正侧风飞行时，应重点检查地速，修正预达时刻，使飞机准时到达目的地。

7.4.4.4 航向变化对偏流、地速的影响

飞行中由于飞行员操纵不当或仪表误差，将使飞机的航向发生变化。如果真空速、风向

和风速不改变，偏流、地速将随航向的变化而变化。从图 7.74 可以看出，航向变化与风向变化引起的偏流、地速的变化情形是相同的，所以航向变化时偏流、地速的变化规律同风向变化所引起的变化规律一致。但需要注意的是：航向变化时，不仅引起偏流的变化，还将直接引起航迹的改变。所以，航迹角变化量就等于航向变化量与偏流变化量之和。

在实际飞行中，如果航向变化量较小（不超过20°），那么偏流变化量将很小，可认为偏流不变，即航迹角变化量就等于航向变化量，航向改变多少航迹角就改变多少。反过来，如果飞行中需要改变航迹，则飞行员可通过改变航向来实现。

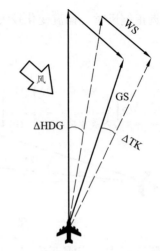

图 7.74　航向变化对 DA、GS 的影响

7.5　地标罗盘领航

飞行中，必须随时解决飞机飞往预定点的航向、时间和位置等领航的基本问题。解决这些问题的方法，就是领航方法。常用的领航方法有地标罗盘领航、无线电领航和自动导航。地标罗盘领航就是地标领航与罗盘领航的结合。用地图对照地面，按辨认出来的地标确定飞机位置、航向和距离，以引导飞机航行的方法，叫地标领航。根据飞行中所测定的航行元素和航行的基本规律，通过推测计算来确定飞机位置、航向和距离，以引导飞机航行的方法，叫罗盘领航，也称为推测领航。

地标领航是最早、最原始的领航方法，其优点是简单可靠，缺点主要是受飞行地区的地形、季节、昼夜、气象条件以及飞行高度、速度和座舱环境的影响，在实际应用时有极大的局限性。罗盘领航是每次航行中必不可少的最基本、最重要的领航方法，其优点是不受天气、昼夜和地区等外界条件限制，可以在不同的条件下采用；缺点是受设备误差、作业准确性以及推算积累误差的影响。所以，实际应用中，地标领航与罗盘领航相配合，以地标定位为基础，推测计算为主要手段的领航方法，就叫地标罗盘领航。地标罗盘领航主要用于低速飞机在中、低空目视飞行条件下的飞行，也可作为其他领航方法的辅助手段。

7.5.1　推算应飞航向和时间

飞行中，确定航线后，飞行员将操纵飞机沿预定航线飞行。首先要解决的问题是：飞机应该保持多少度航向飞行，飞多少时间才能到达预定航路点，即推算飞机沿航线飞行的应飞航向和时间。

7.5.1.1　推算应飞航向

飞机沿预定航线飞行所应该保持的航向，称为应飞航向（ $MH_{应}$ ）。推算应飞航向的目的就是使飞机航迹线与预定航线重合，使飞机沿航线准确到达预定航路点。

在无风或没有侧风的情况下，飞机的航迹线与航向一致，机头对向哪里，飞机就能飞到哪里。因此，当飞机准确通过航段起点时，飞行员应操纵飞机使机头对正航线去向，即采取的应飞航向 MH应 = MC，飞机就能沿航线飞到预定航路点。有侧风的情况下，如果飞机通过航段起点时仍然采取航向等于航线角，由于侧风的影响，飞机将产生偏流，航迹线将偏到航线的下风面，不能飞到预定点上空，如图 7.75 所示。

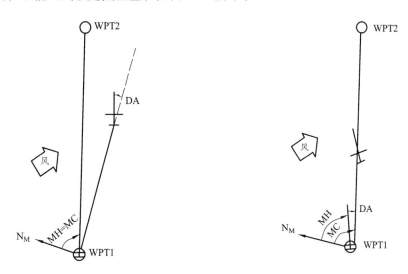

图 7.75　有侧风 MH = MC　　　　　　　图 7.76　有侧风修正 DA

飞机在有侧风的情况下飞行，为了使航迹线与航线重合，必须使飞机的航向线向迎风方向修正一个偏流角，即在航线角基础上迎风修正一个偏流，得到应飞航向 MH应，如图 7.76 所示。这一关系可用数学式表示为

$$MH_应 = MC - DA$$

由于修正了偏流，机头虽然没有对正预定航路点，但在侧风的影响下，航迹线刚好与航线重合，飞机将沿着航线飞到预定航路点上空。实际飞行中，应多使用心算方法进行计算。左侧风，正偏流，应向左修正一个偏流，应飞航向比航线角少一个偏流角度；右侧风，负偏流，应向右修正一个偏流，应飞航向比航线角多一个偏流角度。

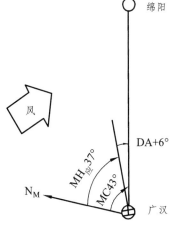

【例】　从广汉飞往绵阳，航线角（磁）为 43°，已知偏流 DA = +6°，求从广汉到绵阳的应飞航向为多少。

解：已知 MC = 43°，DA = +6°，则

$$MH_应 = MC - DA = 43° - (+6°) = 37°$$

所以，广汉飞往绵阳的 MH应 = 37°（见图 7.77）。

图 7.77　推算应飞航向举例

7.5.1.2 推算应飞时间

推算应飞时间是每次领航工作中不可缺少的工作。应飞时间指的是沿航线飞行所需的时间，它是计算飞机应携带燃油量、推算预达时刻及推算起飞时刻所必不可少的条件。

推算应飞时间是根据航段距离和预计地速进行计算，计算方法有尺算和心算，前面已进行过详细介绍。如广汉至绵阳的距离为 70 km，预计地速为 170 km/h，通过尺算或心算可求出应飞时间为 25 min。

在实际应用中，如果不能预先知道地速，也可以用真空速进行计算，但准确性较差。飞行员在飞行中应尽快测算出地速，以便对应飞时间及时进行修正。

7.5.1.3 按已知风计算偏流、地速

推算应飞航向和预达时刻的关键是测定或计算出偏流和地速。飞行中，偏流、地速可通过实际测量得到或根据已知的风向、风速计算出来。按已知风计算偏流、地速，在飞行前地面准备或空中领航实施中应用十分广泛，是重要的领航计算。

按已知风计算偏流、地速，最常用的方法有尺算和心算两种。

1. 尺算法

按已知风尺算偏流、地速的必要条件是：

（1）预定航线的航线角。航线角可从已完成的地图作业中或航线资料中查出。

（2）真空速。飞行前准备时可根据机型规定的巡航指示空速、指定的飞行高度层及预报的该飞行高度层的气温计算得到；空中实施中，则可根据仪表指示的指示空速、标准气压高度和空中大气温度计算得到。

（3）风向和风速。气象台预报的风向、风速或飞行中测算出的实测风。

利用圆盘计算尺的计风板可以直接进行按已知风尺算偏流、地速，尺算的步骤是：

（1）转动索环使 WD 刻度与顶部▼对齐。

（2）拉动计风板将盘中心孔放在任意点（最好为 TAS 值），并以该点为"0"沿中心线向上取 WS 值标出风点。

（3）转动索环使 TC 刻度与顶部▼对齐。

（4）上下拉动板使 TAS 值速度弧线与风点压叠。

（5）风点所压板上角度线刻度即为 DA（左"＋"右"－"），索环中心孔所压板上速度弧线刻度即为 GS。

【例】 已知真航线角 TC30°、真空速 TAS170 kt、预报的风向 WD80°、风速 WS20 kt，求 DA、$TH_应$、GS。

解： ① 转动索环使 WD80°刻度与顶部▼对齐，如图 7.78 所示。

② 拉动计风板将盘中心孔放在任意点（最好为 TAS170 值），并以该点为"0"沿中心线向上取 WS20 值标出风点，如图 7.79 所示。

③ 转动索环使 TC30°刻度与顶部▼对齐，如图 7.80 所示。

④ 上下拉动板使 TAS 值速度弧线与风点压叠，如图 7.81 所示。

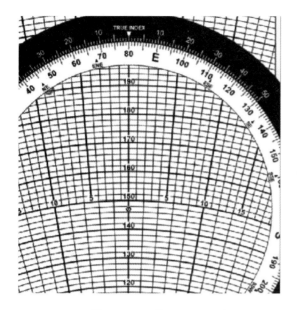

图 7.78　按已知风尺算 DA、GS 举例 1

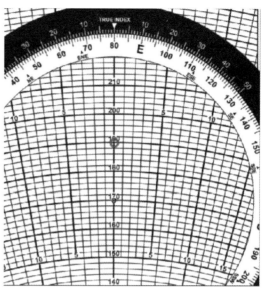

图 7.79　按已知风尺算 DA、GS 举例 2

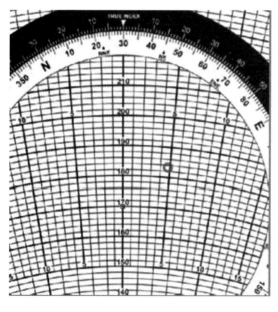

图 7.80　按已知风尺算 DA、GS 举例 3

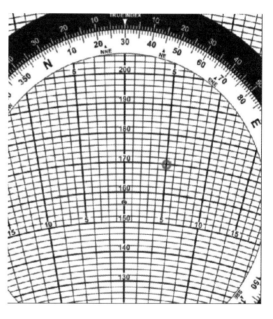

图 7.81　按已知风尺算 DA、GS 举例 4

⑤ 风点所压板上角度线刻度即为 DA（左"＋"右"－"），索环中心孔所压板上速度弧线刻度即为 GS。从拉尺结果可以看出：风点压在板上角度线刻度为 5°，而且在右侧，即 DA 为 – 5°；索环中心孔所压板上速度弧线刻度 156，即 GS 为 156 kt；从而飞机求出沿航线飞行的 TH$_应$ 为 35°。

圆盘计算尺的计风板尺算偏流、地速实际就是在计风板上解算航行速度三角形，如例中

439

的解算如图 7.82 所示。按已知风尺算 DA、GS 必须注意下列问题，才能在工作中做到快速、准确。

（1）尺算时航线角必须是真航线角，风必须是气象风，要逐步掌握并熟悉根据航线与风的关系来判断侧风是左或右，即偏流的正负。

（2）真空速、风速、地速必须是同一单位。

（3）尺算时应将概念（线和角）、计算、图形三者结合，防止出现错误。

2．心算法

常用的心算方法是先计算最大偏流，然后计算偏流、地速。

1）心算最大偏流

当风角 WA = 90° 时偏流的角度最大，即：$\mathrm{SinDA_{max}}$ = WS/TAS，由于偏流通常不大于 20°，所以计算最大偏流的常用公式是

$$\mathrm{DA_{max}} \approx (\mathrm{WS/TAS}) \times 57.3° \approx (60/\mathrm{TAS}) \times \mathrm{WS}$$

对于民航班机，同一机型沿航线飞行高度和真空速的变化很小，那么，同一机型 60/TAS 可看成为一个常数，飞行员就可根据所飞机型的平均真空速，计算出常数 60/TAS，在飞行中乘以风速即可心算出最大偏流。

2）心算偏流

当实际风角不是 90° 时，实际偏流就等于最大偏流 $\mathrm{DA_{max}}$ 乘以风角的正弦函数值，表达式为

$$\mathrm{DA} = \mathrm{DA_{max}} \cdot \mathrm{SinWA}$$

实际应用中心算时使用不同风角的正弦函数值的近似值（见图 7.83），飞行员应熟记。

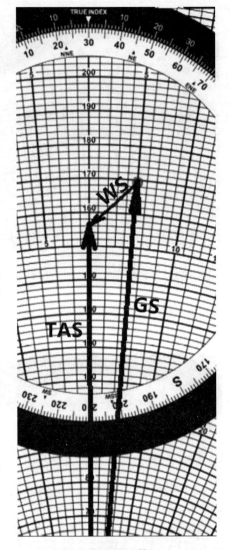

图 7.82　计风板尺算 DA、GS

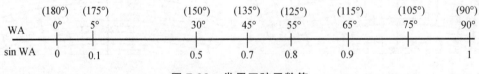

WA	(180°) 0°	(175°) 5°	(150°) 30°	(135°) 45°	(125°) 55°	(115°) 65°	(105°) 75°	(90°) 90°
sin WA	0	0.1	0.5	0.7	0.8	0.9		1

图 7.83　常用正弦函数值

3）心算地速

地速等于真空速和风的顺（逆）风分量之和，即

$$\mathrm{GS} = \mathrm{TAS} + \mathrm{WS} \cdot \mathrm{CosWA}$$

通过三角函数的变换，心算地速公式变换为

$$\mathrm{GS} = \mathrm{TAS} + \mathrm{WS} \cdot \mathrm{Sin}\,(90° - \mathrm{WA})$$

飞行员即可通过数学式，算出顺（逆）风分量，然后计算出地速。在进行心算时，风角取绝对值，对正负不予考虑。当风角的绝对值小于 90°时为顺侧风，应加上顺风分量；风角的绝对值大于 90°为逆侧风，应减去逆风分量。

【例】 已知 MC = 90°，TAS = 180°km/h，WD = 135°，WS = 40km/h，心算偏流和地速。

解： ① 心算最大偏流 DA_{max}：$DA_{max} = 60/180 \times 40 = 1/3 \times 4 = 13°$。

② 心算偏流：$WA = 135° - 90° = +45°$，$DA = DA_{max} \times \sin 45° = 13° \times 0.7 \approx +9°$。

③ 心算地速：$GS = TAS + WS \times \sin（90° - WA）= 180 + 40 \times \sin 45° = 180 + 40 \times 0.7 = 208$ km/h。

总之，按已知风计算偏流、地速，推算应飞航向、应飞时间时，为了使计算更准确、更符合实际，飞行人员应选用在推算前所获得的最新的风资料。

7.5.2 确定飞机位置

飞机位置是指某一时刻飞机的空间位置在地面上的投影，即飞机的平面位置。确定飞机位置是领航工作要解决的首要问题，也是解决其他领航问题的前提和基础。

确定飞机位置常用的方法有地标定位、推测定位和无线电定位等。地标定位和推测定位是目视飞行规则（VFR）条件下的基本定位方法，而无线电定位是仪表飞行规则（IFR）条件下的基本定位方法。地标定位和无线电定位都是通过直接观察地面或利用导航设备测出某一时刻的飞机位置，这些位置都是飞机当时的实际位置，称为实测位置；推测定位是根据飞机对地面的运动规律，通过推测计算所确定的任一时刻的飞机位置，称为推测位置。

7.5.2.1 地标定位

地标定位就是用地图对照地面，依靠目视观察辨认地标来确定飞机位置，是求实测位置的一种主要方法。地标定位方法简单可靠，是地标罗盘领航中检查、修正航迹的重要依据，也是完成通用航空飞行的基本条件之一。

1. 地标种类及识别特征

地标是一些具有识别特征和领航使用价值的地形地物，如机场、居民点、道路、河流、湖泊、山峰等。根据飞行时空中观察地标的几何形状、大小，可分为线状地标、面状地标和点状地标。一些河流、道路、山谷、海岸线等在空中观察其形状细长，称为线状地标；城市、湖泊、机场、大水库等，在空中观察其具有一定的面积，称为面状地标；村镇、小岛、山峰、桥梁以及各种线状地标的交叉点或转折点等，在空中观察其面积很小，可以当做一个点，所以称为点状地标。

地图上地标用一定的符号表示，地面上的地标比地图上的丰富多彩，形状各异，而且由于受季节、地区、建筑等的影响，地标将发生变化，所以，必须学会识别各种地标。

飞行员在地面对各种地标的认识，是空中识别地标的基础。但是，飞行员在地面看到的多是地标侧面的近景，而飞行中是俯视地标的远景，与在地面时大不相同。因此，从空中识别各种地标，必须着眼其大小、形状、颜色以及其他特征。

各种类型的地标识别特征，在不同的飞行地区、飞行高度及不同的季节，昼夜和气象条件，还有不同的进入方向去观察，都有所不同，但也有其不变的一面。对于各种地标识别特征，主要通过飞行员的飞行实践去观察、总结从而达到熟悉。

2. 辨认地标的基本程序

为了准确地辨认地标，必须掌握对正地图、确定范围和观察辨认 3 个基本环节。

1）对正地图

对正地图的目的就是使地图上的方向同地面上的方向一致，便于用地图同地面对照，常用的方法有两种。

（1）按航向对正地图：飞行中，首先从罗盘上读出飞机的航向，然后，在地图上目测出相应的方向，使它对正机头，那么，地图上的方向同地面上的方向就大体一致了，如图 7.84 所示。这种对正地图的方法常用在飞机机动飞行后，确定飞机位置。沿航线飞行时，航线角和航向一般相差不大，可以直接将航线去向对正机头，地图上的方向就和地面上的方向一致了。

（2）按线状地标对正地图：首先观察辨认出地面上明显的线状地标，如河流、铁路、公路等，并在地图上确认，然后使地图上该线状地标的走向同地面上的一致，这样，地图上方向就和地面上的方向基本一致了，如图 7.85 所示。使用这种方法应当仔细，对好地图后应参考罗盘的指示，检查是否对反 180°，即防止把地图拿反 180°。

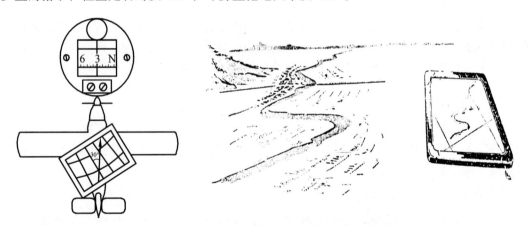

图 7.84　按航向对正地图　　　　　　　图 7.85　按线状地标对正地图

2）确定范围

地图所包括的地面范围很广，而飞行中飞行员目视所能观察到的地面范围却小得多。为了不失时机地有计划地辨认地标，辨认之前，应该确定地图和地面对照的范围，以便飞行员集中注意力去辨认地标。

确定对照范围，是以推算位置为圆心，以当时飞行高度上的能见距离为半径的圆所包括的区域。由于对照范围并不需要十分精确，所以多用心算、目测来确定。地标的能见距离与地形特点、飞行高度、座舱玻璃透明度、座舱视界、季节、昼夜和气象条件有着直接的关系。

3）观察辨认

对正地图并确定了对照范围以后，应通过地图和地面对照，由飞机两侧向前、由近及远地进行观察辨认。按照由线到点，由明显到一般的顺序，先搜索易于辨认的明显地标，如大的河流、居民点、铁路和公路等，再辨认出比较小的地标。

进行观察辨认地标时，必须以推算位置为基础，依据四个要素即航迹、时间、地标特征和地标相关位置进行比较，准确地辨认出地标。

飞行员在飞行中应掌握飞机的航迹，其目的在于了解辨认地标出现在飞机的哪一侧，使飞行员观察时有目的，避免在空中左右盲目观察，防止将左右的相似地标认错。掌握预达时刻的目的在于飞行员了解远近不同地标出现的早晚，可以根据预达时刻，提前一定时间（一般为 3～5 min），对正地图进行观察辨认，使飞行员能够合理地安排工作，有效地分配注意力，同时，也可避免将前后的相似地标认错。每个地标都有它本身的特征，如城镇、河流、铁路、公路和具有特殊外貌的地标，特征十分明显，一眼就能认出，飞行员应当仔细研究地标特征，认真观察辨认，防止记错地标特征而出现认错地标。有些特征不太明显或相似的地标则不易辨认，这时应根据地标与周围其他地标的相关位置即相互关系来观察辨认，才能避免认错地标。由于自然的变迁、建设的发展及其他影响，地标面貌将会发生较大变化，但地标间的相关位置却变化较慢，因此，辨认地标多以辨别地标相关位置为主。

3. 辨认地标的步骤

对正地图、确定范围、观察辨认，这 3 个辨认地标的基本环节，飞行中应根据具体情况灵活运用。辨认地标，通常有以下两种情况：

（1）辨认预定地标：在搜索辨认预定地标时，首先根据预达时刻，提前 3～5 min 对正地图，确定对照范围，进行认真、仔细地辨认。在沿航线飞行中就常需辨认预定地标。

（2）辨认临时地标：飞行中，有时需要辨认临时观察到的地标，这时，应根据当时的时刻和航迹、地速，迅速推算出飞机的大概位置，并确定对照范围，然后对正地图，根据地标间的相关位置及本身特征用地图和地面反复、仔细地进行辨认。这种情况常用在机动飞行后辨认临时地标，也用在沿预定航线飞行时辨认临时地标。

4. 地标定位的方法

辨认出地标以后，就可以根据某一时刻飞机与该地标间的相互关系，在地图上确定该时刻飞机的位置。用地标定位，必须对具体情况作具体分析。地标定位的方法有：

1）飞机从地标上空通过

如果飞机从已辨认的地标上空通过，那么，该地标在地图上的位置就是飞机的实测位置，因此，在地图上查出该地标并记下"×"和飞越的时刻。

2）飞机从两地标间通过

如果飞机从已辨认的两个地标之间通过，那么，飞行员通过目测出飞机与两地标间的距离，即可在地图上依据目测出的距离标出相应地点，这一点即是飞机位置，如图 7.86 所示。

3）飞机从地标正侧方通过

如果飞机从已辨认地标的正侧方通过，这时，飞行员目测出飞机同该地标的水平距离，即可在地图上该地标的正侧方量出水平距离，该点即是飞机位置，如图 7.87 所示。

飞机同地标间的水平距离，通常根据飞机的真高 H 和地标的垂直观测角 β 来确定。真高根据高度表的指示确定，垂直观测角可利用量角器向量尺测量出来。在实际飞行中，这一距离主要凭飞行员的经验测定。测定水平距离的准确性，将直接影响定位的准确性，因此，必须经常练习，反复实践，才能掌握过硬的目测本领，提高地标定位的准确性。

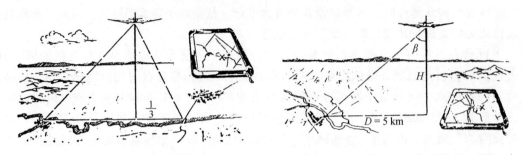

图 7.86　飞机从两地标间通过　　　　　图 7.87　飞机从地标正侧方通过

7.5.2.2　推测定位

推测定位是根据飞机飞离起始点上空后所测出的航迹角和地速，通过计算和进行地图作业，确定出任一时刻的飞机位置。推测定位的起始点一般都是实测位置。根据实际飞行中的情况和条件，以及计算方法的不同，推测定位的方法有三种。

1. 按两个实测位置求推测位置

在目视飞行规则条件下，根据飞机保持同一航向飞行过程中先后确定的两个或两个以上的实测位置，推算出保持这一航向飞行任意时刻的飞机位置。实施的程序和步骤是：

（1）在地图上标出两实测位置并通过两实测位置画出航迹线。

（2）根据两实测位置的距离和飞行时间，计算出到达预定时刻的飞行距离。

（3）在地图上的航迹延长线上量出预定飞行距离，该点就是预定时刻的推测位置。

【例】　飞机于 14：15 飞越新津上空，飞机保持预定航向、高度、真空速飞行，14：37 飞越简阳上空，飞机保持所有的航行元素不变，求 14：50 飞机的推测位置。

解：首先在地图上标出两实测位置（见图 7.88），通过两实测位置画出航迹线，并量出两实测位置间距离为 72 km。根据新津到简阳的飞行距离 72 km 和飞行时间 22 min，就可用尺推算出 14：37 至 14：50（即 13 min）的飞行距离为 43 km。在地图上从简阳沿航迹延长线量取 43 km，得到的该点就是 14：50 飞机的推测位置，并以"○"标出，注明时刻。

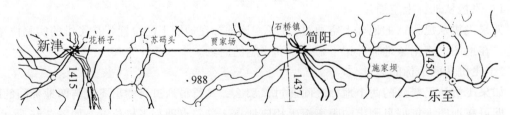

图 7.88　按两实测位置推测定位

按两个实测位置求推测位置，简便可靠，是缺乏测量偏流、地速设备的飞机常用的方法。飞行员使用这种方法时，为了提高推测位置的准确性，记录两个实测位置的时间应精确到秒。实际应用时，飞行员先按照两实测位置目测出航迹，再以位置间的距离为单位，按时间比例目测出飞离第二个位置的距离，求得推测位置。

2. 按航迹角和地速推测位置

按航迹角和地速推测位置，必须确定一个实测位置作为推算起点，测出飞离推算起点以后的偏流角和地速，记录下平均磁航向，然后推算出飞机的航迹角和某一时间飞过的距离，在地图上求出推测位置。实施的程序和步骤是：

（1）在地图上标出推算起点，一般是机场、导航台、明显地标等。

（2）根据测出的有关数据计算真航迹角（TTK），并在地图上从推算起点画出航迹线。

（3）根据地速（GS），计算出从飞离推算起点到预定时刻的飞行距离。

（4）在地图上的航迹线上量出飞行距离，该点即为预定时刻飞机的推测位置。

【例】 飞机于 14：15 飞离新津上空，保持平均磁航向 94°，真空速 180 km/h，测出偏流 +6°，地速为 200 km/h。求 14：50 飞机的推测位置。

解：在地图上标出推算起点（见图 7.89），然后根据 $MH_平$ 94°、DA +6° 计算出 MTK100°，修正磁差（新津地区为 -2°）后 TTK98°，在地图上以推算起点画出航迹线；又根据 GS 200 km/h，计算出从 14：15 到 14：50，即飞离推算起点的飞行距离为 117 km，在地图上从新津沿航迹线量取 117 km 距离，就是 14：50 飞机的推测位置，并标注"○ 1450"。

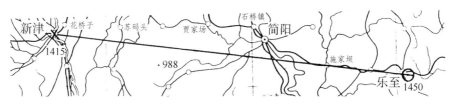

图 7.89 按航迹角和地速推测位置

按航迹角和地速推测位置，只需要有一个实测位置，但要作一定的测量、计算和图上作业，因而是飞行员在有测量偏流、地速设备的飞机上常用的一种方法。

3. 按无风航迹求推测位置

飞行中，有时为了绕飞雷雨、禁区，或由于其他航行上的原因等，需要改变航向作机动飞行，这时飞机的航向改变次数很多，需要飞行员在进行机动飞行的过程中，及时确定飞机位置，防止位置不清导致迷航。按航迹角和地速来确定飞机位置，由于改航次数多，每一段直线飞行的时间短，就需要飞行员进行大量的测量和计算工作，使空中工作过于繁忙，增加了飞行员的工作负荷，而且在暂时不知道风或偏流、地速的时候，甚至无法推测计算。在这种情况下，可以按无风航迹推测飞机位置的方法进行。

空中无风时，飞机的航迹线与航向线一致，即 MTK = MH、GS = TAS。因此，从地图上的推算起点开始，按航向画出航向线（称为无风航迹），按真空速和飞行时间计算出飞机无风时的飞行距离，便可以求出无风时的飞机位置，这一位置叫无风位置或无风点。根据航行速度三角形的原理可知：有风时的飞机位置，总是偏在无风位置的下风方向，与无风位置的距离等于飞行时间内随风飘移的距离。所以，从无风位置画出该飞行时间内的风速向量，即可求出有风时的飞机推测位置。由此可见，按无风航迹求推测位置，实际上就是图解航行速度三角形，只是图解时，为了简化空中工作、减轻飞行人员负荷，并不是逐段画出航行速度三角形，而是从最后一个无风位置画出机动飞行时间内的风速向量，以求出与最后一个无风位置对应的推测位置。实施的程序和步骤如下：

（1）确定一个实测位置作为推算起点。

（2）记录下每次改航的时刻、平均磁航向和真空速，计算出每一航段的无风距离。

（3）从推算起点开始，在地图上逐段画出空速向量。

（4）从最后一个无风位置，画出改航时间内随风的飘移量，求出推测位置。

例如，由新津飞往遂宁，已知风向100°、风速30 km/h，飞机临近苏码头时，发现前方有雷雨，决定向航线右边绕飞。12：10飞机通过苏码头上空开始绕航，保持磁航向MH127°、真空速 TAS180 km/h 飞行。这时飞行员按真航向 TH125°（新津地区磁差为－2°）在地图上从苏码头（即推算起点）画出第一段无风航迹。

12：19飞机改航，保持磁航向87°、真空速 180 km/h 飞行。这时飞行员立即计算出第一段无风距离为 27 km，推算出 12：19飞机的无风位置。然后从该无风位置按真航向85°在地图上画出第二段无风航迹。

12：29飞机改航，保持磁航向49°、真空速 180 km/h 飞行。这时立即计算出第二段无风距离为 30 km，推算出 12：29无风位置。然后从该无风位置按真航向47°在地图上画出第三段无风航迹。

判断飞机已绕过雷雨区，于 12：40 结束绕飞继续飞往遂宁。这时飞行员应立即计算出第三段无风距离为 33 km，推算出 12：40无风位置（为最后一个无风位置）。然后根据风向98°（真方向）从最后的无风位置画出风向线，再根据风速 30 km/h 和绕飞总时间 30 min，计算出绕飞过程中受风影响的飘移距离为 15 km，在风向线上从最后无风位置量出飘移距离 15 km，即推算出 12：40飞机的推测位置，并标上"○"，注明时刻，如图 7.90 所示。

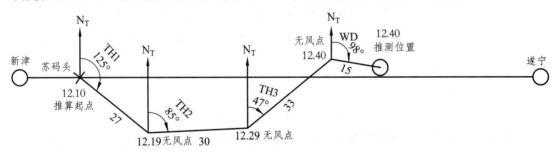

图 7.90　按无风位置求推测位置举例

由于各种误差的影响，推测出来的飞机位置是一个概略位置。飞行员应以该推测位置为参考，用地图对照地面，辨认临时地标的方法，辨认出地标，以确定飞机的精确位置。如果需要从该位置飞向某一预定点，则画出该位置到预定点的航线，量出航线角和距离，并根据空中风计算应飞航向和时间。当飞机正确通过该位置上空后，操纵飞机保持预计的航向、高度和空速飞行；如果不能确定飞机的精确位置，则应以推测位置为起点进行，这种情况准确性稍差，并应在飞行过程中注意检查和修正。

7.5.3　检查航迹

飞行中，飞机进入航线后，虽然修正了偏流，按应飞航向和预计地速飞行，但由于空中风的变化以及仪表设备、领航计算的误差以及其他因素的影响，飞机仍可能偏离预计航线，不能按预达时刻准时到达。因此，在沿航线飞行过程中，必须经常检查航迹，判定飞机位置，适时进行修正，以保证飞机能准确地飞到预定点。

7.5.3.1　偏航的产生

1. 偏航距离和偏航角

飞机偏离航线的垂直距离叫偏航距离（Cross Track Distance，XTK）。飞机位置在航线右侧，偏航距离为正；飞机位置在航线左侧，偏航距离为负，如图7.91所示。偏航距离可根据飞机到地标的水平距离与地标偏离航线的距离来确定。

飞机的航迹线与航线间的夹角，叫偏航角（Track Angle Error，TKE）。航迹线偏在航线右边，偏航角为正；航迹线偏在航线左边，偏航角为负，如图7.91所示。

偏航角一定，偏航距离与飞行时间（即飞行距离）成正比；偏航距离一定，偏航角与飞行时间（即飞行距离）成反比。

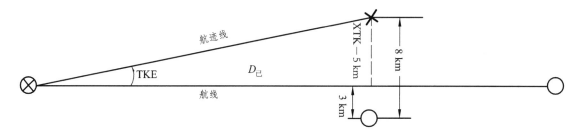

图 7.91　偏航距离和偏航角（通过起点）

在地标罗盘领航中，偏航角可通过偏航距离进行计算，从图7.91中得出

$$\tan \mathrm{TKE} = \mathrm{XTK}/D_已$$

偏航角一般较小，简化得到

$$\mathrm{TKE} = 57.3° \times \mathrm{XTK}/D_已 \approx 60° \times \mathrm{XTK}/D_已$$

整理为　　　　　　$\mathrm{TKE}/60° = \mathrm{XTK}/D_已$

按公式的比例关系可以用计算尺求出 TKE，计算尺尺型如图7.92所示。

图 7.92　计算 TKE 尺型

【例】　飞机准确通过起点，飞行 90 km 判断飞机在航线左侧 6 km，求偏航角。

解：确定出 XTK = −6 km，根据计算尺对尺可求得：TKE = −4°（见图7.93）。

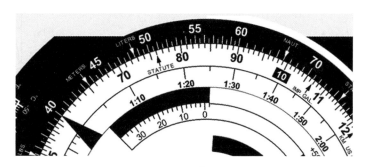

图 7.93　尺算 TKE

2. 产生偏航的原因

飞行中，飞机会偏离航线产生偏航。产生偏航的原因归纳起来有以下 3 方面：

1）没有正确通过航线（航段）起点

飞机通过起点加入航线（航段）时，如果飞机没有从航线（航段）起点上空通过，偏离起点一定的距离，假如风修正正确且航行诸元在飞行过程中不发生变化，那么，飞机的航迹线将与航线平行。这样飞机将不能准确飞到预定点上空。

2）偏流变化或修正偏流不正确

在侧风中飞行，为了使航迹线与航线重合，飞机正确通过起点后，必须迎风修正一个偏流，保持 $MH_{应}$ 飞行。飞行中，假定仪表没有误差，航向也保持得准确，但由于实际偏流发生变化或飞行员修正偏流不正确，飞机的航迹线同样将与航线不一致，产生偏航。

实际偏流变大或修正偏流过小，即 $DA_实 > DA_预$，航迹线将偏在航线的下风面，如图 7.94 所示，即左侧风时飞机偏右，偏航角为正；右侧风时飞机偏左，偏航角为负。

实际偏流变小或修正偏流过大，即 $DA_实 < DA_预$，航迹线将偏在航线的上风面，如图 7.95 所示。即左侧风时飞机偏左，偏航角为负；右侧风时飞机偏右，偏航角为正。

偏流修正反，即 $DA_实 = -DA_预$，航迹线将向下风面偏得更大，如图 7.96 所示。即左侧风时飞机偏右，右侧风时飞机偏左。

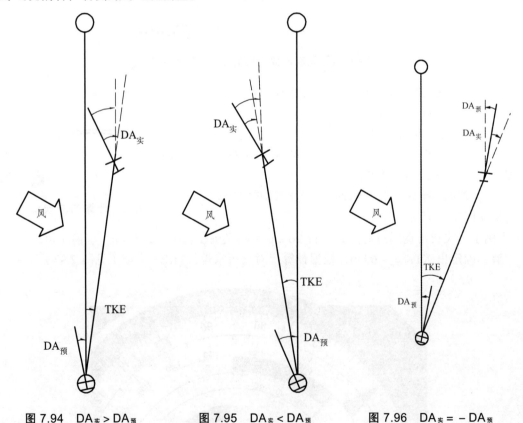

图 7.94　$DA_实 > DA_预$　　　　图 7.95　$DA_实 < DA_预$　　　　图 7.96　$DA_实 = -DA_预$

从上图中可以看出：在飞行过程中，如果在保持航向不变的情况下，偏航角就等于偏流的变化量，即 $TKE = \Delta DA$。偏流的变化，在接近顺（逆）风飞行时，主要是由风向变化引起的；而在接近正侧风飞行时，则主要是由风速变化引起的。在其他侧风情况下，风向、风速的变化将引起偏流不同程度的变化。

3）航向保持不准确

飞行中，飞机正确通过起点，由于一些因素（如飞行员技术、飞机颠簸、仪表误差等）的影响，飞机实际飞行的平均磁航向与预计的应飞磁航向不一致，即 $MH_平 \neq MH_应$，如果偏流不变，这时航迹线将偏离航线，产生偏航。如图 7.97 和图 7.98 所示，当航向增大时，航迹线将偏在航线右侧，航迹角增大，偏航角为正；当航向减小时，航迹线将偏在航线左侧，航迹角减小，偏航角为负。

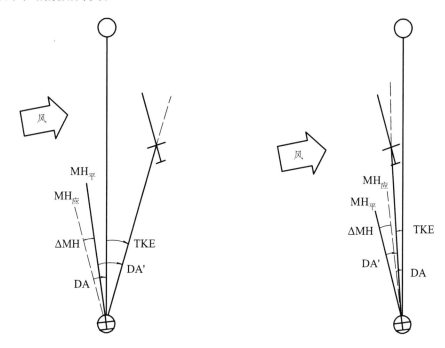

图 7.97　航向增大产生的偏航　　　　图 7.98　航向减少产生的偏航

从图中可以看出：偏航角的大小，在偏流不变的情况下，就等于航向改变的角度，即航向的变化量，可用数学式表示为

$$TKE = \Delta MH = MH_平 - MH_应$$

还有一个问题需说明：偏航角和偏流有根本区别。偏航角是航迹线偏离航线的角度，而偏流是航迹线偏离航向线的角度。产生偏流的原因是由于有侧风，无风或顺（逆）风时偏流为 0°。而产生偏航的原因主要是由于偏流的变化和航向的变化，不论有风或无风，不论有无侧风，都可能偏航。偏流的正负完全取决于侧风的情况：左侧风产生正偏流，右侧风产生负偏流。而偏航角的正负完全取决于航迹线偏离航线的情况：左侧风时航迹线可能偏右，也可能偏左，还可能不偏；右侧风也是一样的。在航向不改变的条件下，偏流的变化量等于偏航角。

7.5.3.2　检查航迹

在沿航线的飞行中，必须首先确定出飞机位置，准确地判断飞机的偏航情况，然后才能适时、正确地引导飞机飞往预定点。

1. 检查航迹的内容和方法

检查航迹就是从方向、距离上检查飞机能否准确地沿预计航线准时地到达预定点。从方向上检查飞机的航迹是否偏离航线，偏航角多少，如保持原航向能否准确飞到预定点上空，叫做方向检查；从距离上检查飞机已飞过的距离（称为已飞距离 $D_已$），以及到预定点的剩余距离（称为未飞距离 $D_未$），判断飞机能否按预达时刻准时到达，叫做距离检查。飞行中，根据实际情况和飞行需要，可以单独进行方向或距离的检查，也可以同时对方向和距离进行检查，这种检查叫做全面检查。在地标罗盘领航中，全面检查一般在沿航线预定的检查点进行。

2. 检查航迹的程序和方法

地标罗盘领航中，常用明显的线状地标进行方向检查和距离检查，而全面检查则通过两个实测位置进行方向和距离检查。

1）用线状地标进行方向检查

飞行中，当航线附近有近似平行（交角不大于 15°）于航线的线状地标时，可以用该线状地标来进行方向检查，即检查航迹线偏离航线的情况。其实施步骤是：根据地速和已飞时间，推算出已飞距离，确定当时飞机所在区域；目测定位，比较飞机到地标的水平距离与地标到航线的距离，确定偏航距离。

【例】 如图 7.99 所示，飞机于 14：20 飞越甲地上空，14：40，判定飞机在河流右侧约 4 km 处，已知地速为 205 km/h，根据已飞时间 20 min 推算出飞机距离甲地约 68 km，飞行员从地图上可以查出，这一区域内河流在航线左边约 8 km，所以飞机偏在航线左边约 4 km，即 XTK = − 4 km。

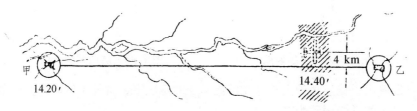

图 7.99 利用线状地标进行方向检查

2）用线状地标进行距离检查

飞行中，利用适当距离上与航线近于垂直（交角一般为 60°~120°）的线状地标，可以进行距离检查，即求出已飞距离和未飞距离，推算出预达时刻。其实施步骤是：根据航迹角或航向推算出飞越该地标的时间；飞机飞越线状地标时计时，依据地图量取已飞距离和未飞距离；根据已飞时间，推算出地速和预达时刻，判断飞机是否能准时到达预定点。

【例】 如图 7.100 所示，甲、乙两地相距 140 km，飞机于 11：47 飞越甲地上空，预达乙地 12：12。12：02 从河流上空通过，即可从地图上查出已飞距离为 80 km、未飞距离为 60 km，又根据飞行 15 min，就可计算出地速为 320 km/h 和下一段的飞行时间为 11 min，即预达乙地的时刻是 12：13。所以如果飞机继续这样飞下去，将晚到 1 min。

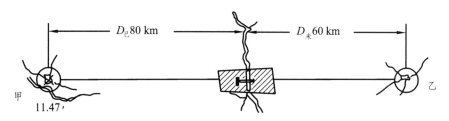

图 7.100　利用线状地标进行距离检查

在实际飞行中用线状地标检查方向或距离时，为了避免差错，不能单一，必须兼顾，即在进行方向检查时应注意飞机的已飞距离，而在进行距离检查时注意飞机的航迹（即方向），防止工作中出现认错地标、量错距离、判断不准确等危及飞行安全的情况。

3）用两个实测位置进行全面检查

在保持预计航向、高度和空速的条件下飞行，这时产生偏航的原因就是偏流发生了变化；不能按预达时刻准时到达预定点，是因为地速发生了变化。用地标确定两个实测位置进行全面检查，就是通过选定的检查段，推算出偏航角、航迹角、偏流和地速，其目的就是确定出偏航情况和能否准时到达预定点，以便正确地修正偏差，保证飞机准确、准时到达目的地。

地标罗盘领航若航线较长，常在航线附近选择 1~2 个位置适当的显著地标作为检查点，进行全面检查。全面检查的实施步骤和方法是：选择检查点，作为检查段的终点，并量取距离；飞机飞越检查段起点时，确定飞机位置，记下时刻；保持预定航行诸元（航向、高度、空速）飞行，记录有关数据，预达检查点时刻；根据预达时刻提前 3~5 min 辨认检查点，当飞机飞越或正切检查点时确定飞机位置并记下时刻，确定偏航距离；根据飞机在检查段飞行过程中所记录和测定的已飞距离、飞行时间、平均磁航向和偏航距离等，通过计算得出偏航角、航迹角、偏流和地速。

【例】　由绵阳飞往南充，选择绵阳至盐亭作为检查段，盐亭在航线左侧 7 km，如图 7.101所示。09:15 飞机飞越绵阳上空，保持平均磁向 114°、真空速 185 km/h 飞行，09:35 飞机从盐亭右侧 4 km 处通过，求偏航角、航迹角、偏流和地速。

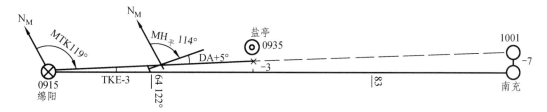

图 7.101　全面检查举例

解：确定偏航距离，从飞机、航线、检查点三者关系可以判断出飞机的偏航距离为 − 3 km，即 XTK = − 3 km。

计算偏航角：根据已飞距离和偏航距离，TKE = − 3°。

计算磁航迹角：磁航迹角等于磁航线角与偏航角之和，即 MTK = MC + TKE。偏航角为正，航迹偏在航线右侧，磁航迹角大于磁航线角；偏航角为负，航迹偏在航线左侧，磁航迹角小于磁航线角。实际上多用心算，方法是：磁航迹角等于在磁航线角基础上向偏出方向加一个偏航角，即偏航角为正，磁航迹角是在磁航线角上多一个偏航角度；偏航角为负，磁航迹角是在磁航线角上少一个偏航角度。已知 MC = 122°，TKE = − 3°，所以心算出 MTK = 119°。

　　计算偏流：DA 就是磁航迹角与平均磁航向之差，即 DA = MTK − MH$_平$。当磁航迹角大于平均磁航向，说明航迹偏在航线右侧，偏流为正；磁航迹角小于平均磁航向，说明航迹偏在左侧，偏流为负。偏流的大小就等于航迹与航向的夹角。已知 MH$_平$ = 114°、MTK = 119°，心算可得 DA = + 5°。

　　计算地速：计算的地速为检查段的平均地速，根据检查段距离即已飞距离和测定的飞行时间 $t_已$，用领航尺第一组尺或心算即可求出。已知 $D_已$ = 64 km，$t_已$ = 20 min，即可求出地速为 192 km/h。同时根据未飞距离 $D_未$ = 83 km，可以推算出到达南充需飞行 26 min，即 10：01 到达南充。如果原来预计到达南充为 10：00，则可知道飞机将晚到 1 min。并且根据检查段检查航迹情况可知：飞机到达南充时将偏在南充左边，距离约 7 km。

　　需要说明的一个问题：如果所测量的检查段里包含沿航线上升阶段，那么，由于平飞真空速比爬升的平均真空速大，在不考虑各高度层风的变化条件下，平飞地速就比爬升平均地速大，即飞机以平飞地速飞过相同距离的时间，要比有爬升段所用的时间少。因此，必须在已飞时间中扣除爬升多花的时间，这样计算才能得到较准确的平飞地速。根据经验和计算：目前民航运输机，在中、低空大约每上升 4 min 所飞过的水平距离要比按平飞地速飞过同样距离多花 1 min；在 6 000 m 以上高空，高度越高，上升平均真空速越接近平飞真空速，上升率也越来越小，上升多花 1 min 的上升时间就要长一些。通过计算，上升多花 1 min 与上升率、上升高度的关系如下：

上升率	1 m/s	上升高度	240 m（约 250 m）	多花 1 min
	2 m/s		480 m（约 500 m）	多花 1 min
	3 m/s		720 m（约 700 m）	多花 1 min
	4 m/s		960 m（约 950 m）	多花 1 min
	5 m/s		1 200 m	多花 1 min

　　【例】　飞机 12：00 通过起点高度为 1 000 m（QNE），保持 2 m/s，沿航线爬升到 3 000 m（QNE）改平飞，12：19 到达检查点，$D_已$ 72 km，计算平飞地速为多少。

　　解：飞机保持 2 m/s 从 1 000 m 爬升到 3 000 m，爬升高度为 2 000 m，多花 4 min（2 000 m/500），所以

$$GS = D_已/(t_已 − t_多) = 72/[(19 − 4)/60] = 288（km/h）$$

即飞机在该航段飞行的平飞地速为 288 km/h。

　　用两个实测位置进行全面检查，简便可靠，是地标罗盘领航常用的方法。用这种方法计算的偏流、地速，其准确性取决于实测位置标记、平均磁航向记录、距离量取和时间测量的准确度，并且与飞过的距离有关。因此，为提高所测偏流、地速的准确性，飞行中除保持航行诸元、准确记录平均航向、测准飞行时间、提高地标定位的准确性外，检查段的距离应当选择得当，过短或过长都不好。经验表明，中、小型飞机，一般以 50 ~ 100 km 为宜。

7.5.4　修正航迹

经飞行员全面检查确实判定航迹已偏离了航线，即产生了偏航，如继续保持原航向和地速飞行，则飞机将不能准时、准确地飞到预定点上空。因此，飞行中应对航迹进行修正，即重新计算确定应飞航向，使修正后的航迹能够准确、准时通过预定点。修正航迹的方法还可用在飞机改航直飞航路点的情况。

修正航迹实际包括两方面的修正：一方面就是进行方向修正，使飞机能准确飞到预定点；另一方面就是进行距离（即时间）修正，使飞机能够按新的预达时刻准时到达预定点。

7.5.4.1　方向修正

方向修正的常用方法有两种：按新航线角修正和按航迹修正角修正。

1. 按新航线角（$MC_新$）修正方向

飞机偏航后，飞行员可以通过操纵飞机从当时所在位置改航直飞预定点。飞机当时所在位置与预定点间的连线，叫做新航线，这一概念是相对计划的原航线而言，如图 7.102 所示。新航线的方向，就是新航线角（$MC_新$）；新航线偏离原航线的程度，可以用一个角度来表示，即新航线同原航线的夹角叫偏离角（Deviation of Track Angle，TKD），飞机偏在原航线右侧，偏离角为正；飞机偏在原航线左侧，偏离角为负。

从图中可以看出

$$\tan TKD = XTK / D_未$$

简化整理为　　　　$$TKD/60° = XTK/D_未$$

偏离角可根据偏航距离（XTK）和未飞距离（$D_未$）通过领航计算尺正切尺算出。

新航线角（$MC_新$）可用向量尺从地图上直接量出，但通常是根据原航线角计算出来。从图 7.102 可以看出：新航线角（$MC_新$）等于原航线角（MC）减去一个偏离角（TKD），即 $MC_新 = MC - TKD$。因此，在原航线角基础上向偏出反方向修正一个偏离角，就得新航线角。在飞机从起点通过的前提下，TKE 与 TKD 符号相同。

按新航线角修正方向，就是在新航线角基础上迎风修正一个偏流，计算出飞机沿新航线飞到预定点的应飞航向，并保持这一航向飞行，即 $MH_应 = MC_新 - DA$。

沿直线飞行中，如果偏航不大，改变航向不大（一般不超过 20°），我们知道改航前后偏

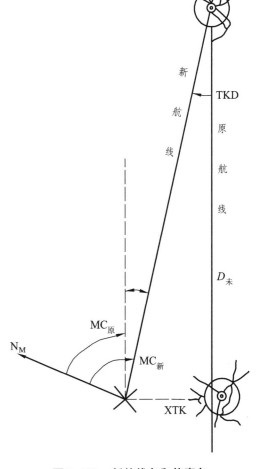

图 7.102　新航线角和偏离角

流变化不大，可以忽略不计。因此，在推算应飞航向时，可以用检查段飞行中实际偏流作为沿新航线飞行的预计偏流；如果航向改变过大，就应该重新测量偏流或根据空中风计算出新的偏流。按新航线角修正方向的程序和步骤如下：

（1）确定飞机位置，判断偏航距离。

（2）根据已飞距离和未飞距离，用计算尺求出偏航角和偏离角。

（3）根据求出的偏航角计算出航迹角和偏流。

（4）根据求出的偏离角计算出新航线角。

（5）在求出的新航线角基础上修正实际偏流即可求出沿新航线飞行的应飞航向。

【例】 由合川飞往五凤溪（见图7.103），飞机通过合川上空后，保持平均磁航向288°和预定空速在指定高度层飞行，到检查点安居坝时判断出飞机从安居坝左侧通过，偏航距离为7 km，计算改航直飞预定点五凤溪的应飞航向。

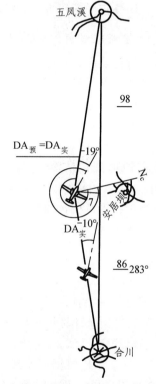

解： 确定偏航距离：XTK = − 7 km。

计算偏航角和偏离角：已知 $D_已$ = 86 km、$D_未$ = 98 km，得 TKE = − 5°、TKD = − 4°。

计算航迹角和偏流：已知 $MH_平$ = 288°、MC = 283°，计算出 MTK = 278°、DA = − 10°。

计算新航线角：已知 $MC_原$ = 283°，计算出 $MC_新$ = 287°。

计算应飞航向：根据前面已计算的 $MC_新$ 和 DA，可算出 $MH_应$ = 297°。

按新航线角修正方向，只要能求出准确的位置和偏流，就能计算出沿新航线飞行的应飞航向。因此在实际飞行中只要能够测出偏流，可以不考虑飞过的航迹和偏航的远近。常用于风变化较大、偏航较远、中途改航至备降机场以及绕飞等机动飞行后，引导飞机飞向预定地点。

2. 按航迹修正角（ΔTK）修正方向

飞行中，根据同一航向上的两个实测位置判断偏航后，如果不改变航向而是继续保持原来的平均航向和空速飞行，在风不变的条件下，飞机将沿着航线的延长线飞行。飞行员为了修正方向，使飞机准确飞到预定点，就必须使航迹向预定点改变一个角度，这个角度就叫航迹修正角（ΔTK），就是航迹延长线与新航线的夹角，如图7.104。从图中可以看出，航迹修正角等于偏航角（TKE）和偏离角（TKD）之和，即

图7.103 按新航线角修正方向

$$ΔTK = TKE + TKD$$

航向改变不大时，偏流的变化很小，可以认为航向改变多少，航迹角就改变多少。因此，当航迹需要改变 ΔTK，则可通过改变航向来实现。按航迹修正角修正方向就是在原来所保持的平均磁航向（$MH_平$）的基础上修正航迹修正角（ΔTK），求出应飞航向，即

$$MH_{应} = MH_{平} - \Delta TK$$

按航迹修正角修正方向的程序和步骤是：

（1）记录平均航向，飞行中要注意罗盘指示，记录平均的航向。

（2）确定飞机位置，判断偏航距离并将飞机位置标记在地图上，记下时刻。

（3）计算偏航角和偏离角，并求出航迹修正角。

（4）在原来平均航向的基础上修正一个航迹修正角，即可得出沿新航线飞行的应飞航向。

【例】　由绵阳飞往遂宁，如图 7.105。10：05 通过绵阳上空，保持 $MH_{平} = 143°$，TAS190 km/h 飞行，10：20 飞机从三台右 7 km 通过，三台县城在航线左边 1 km，求改航直飞遂宁的应飞航向。

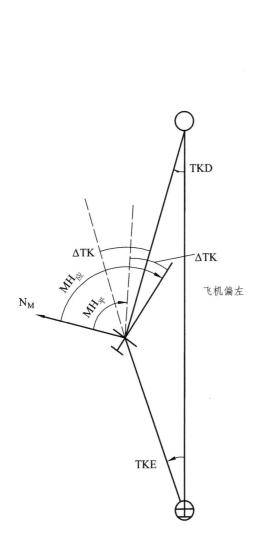

图 7.104　按 ΔTK 修正方向

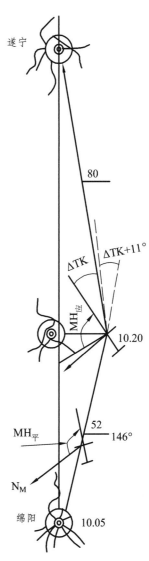

图 7.105　按航迹修正角修正方向

解：记录平均航向：$MH_平 = 143°$。

确定位置，判断 XTK：飞机在三台右 7 km，确定偏航距离为 XTK = + 6 km。

计算 TKE、TKD 和 ΔTK：已知 $D_已 = 52$ km、$D_未 = 80$ km，根据 XTK = + 6，分别对尺求出 TKE = + 7°，TKD = + 4°，计算出 ΔTK = + 11°。

计算应飞航向：已知 $MH_平 = 143°$，根据 ΔTK = + 11°，可知飞机偏右，应向左修正，即航向减小，因此可计算出 $MH_应 = 143° - (+ 11°) = 132°$。

所以飞机改航沿新航线直飞遂宁的应飞航向 $MH_应 = 132°$。

按航迹修正角修正航迹，不需要掌握偏流资料，简便易行，并且能够修正因偏流不准而引起的航迹偏差，是飞行中常用的一种方法。但是，这种方法要求所飞过的航迹线必须近似于直线，航迹修正角不能过大（一般不超过 20°），如果航迹因航向改变和空中风不稳定而有较大曲折或偏航过大，则不宜采用此方法。

心算偏航角和偏离角方法：在进行修正方向时，为了简化空中工作，迅速、准确地求出应飞航向（$MH_应$），常常采用系数法心算偏航角和偏离角。其方法是：飞行前准备时，飞行员根据检查点前后两个航段的距离，用计算尺或心算出偏航距离 1 km（n mile）时的偏航角（称为偏航系数）和偏离角（称为偏离系数），两者之和即为偏航距离 1 km（n mile）时的航迹修正角（称为航迹修正角系数），将这一系数标记在检查点旁。飞机到达检查点时，迅速判定偏航距离后，将偏航距离乘航迹修正角系数，即可心算出航迹修正角，从而准确、快速地心算出修正方向直飞预定点的应飞航向。

心算修正系数。通过偏航角和偏离角的计算公式可以推导出修正系数的心算方法。

$$TKE = 57.3° \times XTK/D_已 \approx 60° \times XTK/D_已$$

$$TKD = 57.3° \times XTK/D_未 \approx 60° \times XTK/D_未$$

当 XTK = 1 km 时，计算出的偏航角就是偏航角系数，即

$$TKE \text{ 系数} = 60°/D_已$$

或 $$TKE \text{ 系数} \times D_已 = 60°$$

同理，当 XTK = 1 km 时，计算出的偏离角就是偏离角系数，即

$$TKD \text{ 系数} = 60°/D_未$$

或 $$TKD \text{ 系数} \times D_未 = 60°$$

心算偏航角、偏离角方法就是运用 1 / 60 规则，它的理论基础是如果飞行距离约为 60 km（NM），每偏离 1 km（NM），则偏差的角度为 1°。例如已飞距离 60 NM，未飞距离 30 NM，偏航距离为 3 NM，则偏航角为 3°、偏离角为 6°。

推算应飞航向有按已知风、按新航线角、按航迹修正角 3 种方法。必须将这 3 种推算方法进行认真的分析、比较，并将其运用于飞行实践，如表 7.7 所示。

表 7.7　3 种推算应飞航向的方法

方法	基本表达式	所需条件及来源	优　点	缺　点	使用特点
按已知风	$MH_应 = MC - DA$	MC：地图量或航行资料查 DA：按已知风（气象台预报或空中实测）计算	预先在地面或到一段航线起始点前计算，增加了预见性 如风的资料准确且风比较稳定，则工作简单、准确	风变化大则不准确 罗盘有误差，保持推算出的应飞航向飞行，仍会偏航	只要知道风就可用。常用于到航段起始点前预计应飞航向
按新航线角	$MC_新 = MC_原 - TKD$ $MH_应 = MC_新 - DA$	MC：地图量或航行资料查 TKD：地图上量或计算 DA：TKD<15°，用改航前所测的；TKD>15°，需重测或用已知风计算	修正风变化的影响，使飞机飞往预定地点	不能避免罗盘固定误差而造成的偏航	主要用在每段航线的中途，是飞行途中风的变化较大或航迹不规则时，推算应飞航向的主要方法
按航迹修正角	$MH_应 = MH_平 - \Delta TK$	$MH_平$：飞行中罗盘读出 ΔTK：地图上量或计算	不需要掌握偏流可消除因罗盘固定误差、测量或计算偏流误差而造成的偏航	飞过航迹必须是近似直线；如风有变化，航迹弯曲不准确	主要用在航段中途。航迹近似直线，没有掌握偏流和罗盘有固定误差时使用的方法

7.5.4.2　距离（时间）修正

根据已飞距离（$D_已$）、未飞距离（$D_未$）以及检查段的飞行时间（$t_已$），即可在计算尺上计算出检查段的平均地速，以及保持该地速飞到预定点的飞行时间（$t_已$），从而确定出预达预定点的时刻，随即将该预达时刻向 ATC 进行通报，并修正飞机预达预定点的时刻。

综上所述，在飞行中，通过对方向和距离的修正，使飞机准确地沿预计航线、准时到达预定点。在修正航迹中飞行员应注意：

（1）修正航迹必须有根据：飞行中无根据地改变航向来修正航迹，会给沿航线飞行领航工作带来混乱，且容易导致丢失飞机位置，所以，飞行中禁止无根据地任意改变航向。在能见地面的情况下，必须确定飞机的精确位置，并用该位置进行修正计算。

（2）修正航迹时找准原因，选择适当方法：飞行中飞行员必须对飞机航迹进行认真的分析，找准偏航产生的原因，并根据原因选择适当的方法进行修正。

（3）修正航迹要及时但不要频繁：飞行中，检查航迹时发现了偏差，并且预计到发展下去将会影响辨认地标、正常航行以及危及飞行安全时，就应果断地及时修正航迹；但又不要过于频繁，偏差不大时，可以等到一定的时机才予以修正，如检查点位置。

（4）修正航迹要便于检查和再修正：修正航迹时，不仅要考虑到当时已存在的偏差，还要照顾到修正航迹以后是否便于掌握飞机位置，进行再检查和修正。在地标罗盘领航中，一般情况都作直飞预定点的修正。

7.5.5　计算空中风

飞行中，随着飞行时间、地区和高度的改变，空中风经常会发生变化，将引起偏流、地速的改变，为了准确地推算应飞航向、预达时刻和飞机位置，必须求出空中的实际风向、风速，以便飞行员及时、准确地修正风的影响。

对于没有测量风向、风速设备的飞机，常采用图解法、计算尺法及心算目测法计算出风向、风速。

7.5.5.1　图解法计算风向、风速

在航行速度三角形中，如果知道了空速向量和地速向量，就可以通过图解的方法计算出空中的风向、风速。

图解法计算风向、风速有两种形式：一种是已知空速向量和地速向量，按比例画出航行速度三角形，量出风向、风速；另一种是已知两个实测位置和空速向量，在地图上图解航行速度三角形，量出风向，计算出风速。

【**例**】　已知飞机保持平均磁航向 $MH_平 = 80°$、真空速 $TAS = 300\ km/h$ 飞行，飞行中测出 $DA = +10°$、$GS = 330\ km/h$，按比例画航行速度三角形图解风向、风速。

解：取比例尺为 1：300 万，按航行速度三角形的合成画出，如图 7.106 所示，然后用向量尺分别量出风向（航行）$WD_n = 147°$、风速 $WS = 66\ km/h$（图上为 22 mm）。

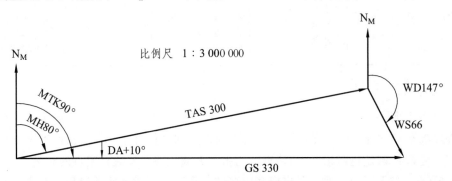

图 7.106　航行速度三角形图解风向、风速

从上述例子可以看出，图解法计算风向、风速，需要进行图上作业，飞行员工作负荷较大，而且麻烦，准确性也比较低，一般只在不能用其他方法计算风向、风速时使用。

7.5.5.2　计算尺计算风向、风速

飞行中，如果在同一航向上测量或计算出一个实际偏流和地速，就可以根据偏流、地速和飞机所保持的平均航向、真空速，用计算尺计算出风向风速。计算尺计算风向、风速的程序和方法：

（1）转动索环使 TTK 刻度与顶部▼对齐。

（2）拉动计风板使盘中心孔压住 GS 值速度弧线。

（3）在 TAS 值速度弧线与 DA 值角度线交点处标出风点。

（4）转动索环使风点在索环上半部并压在中心线上。

（5）顶部▼所对索环刻度即为 WA，风点与盘中心孔间的差值即为 WS。

【例】 已知真航迹角 TTK120°，地速 GS140 kt，真航向 TH115°，真空速 TAS150 kt，求风向和风速。

解：① 求 DA。已知 TTK120°、TH115°，计算出 DA = + 5°；

② 转动索环使 TTK 刻度 120°与顶部▼对齐，如图 7.107 所示；

③ 拉动计风板使盘中心孔压住 GS140kt 值速度弧线，如图 7.108 所示；

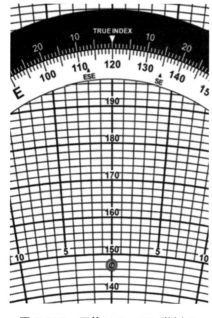

图 7.107　尺算 WD、WS 举例 1

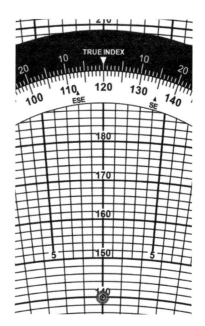

图 7.108　尺算 WD、WS 举例 2

④ 在 TAS150kt 值速度弧线与 DA + 5°值角度线交点处标出风点，如图 7.109 所示；

⑤ 转动索环使风点在索环上半部并压在中心线上，如图 7.110 所示；

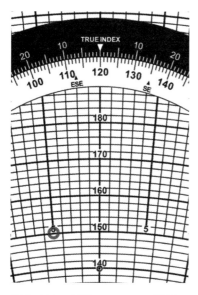

图 7.109　尺算 WD、WS 举例 3

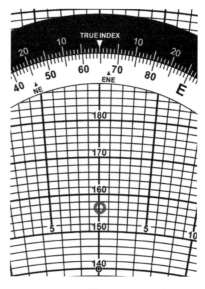

图 7.110　尺算 WD、WS 举例 4

⑥ 顶部▼所对索环刻度即为 WA，风点与盘中心孔间的差值即为 WS。从拉尺结果可以看出：顶部▼所对索环刻度为 65°，即 WA 为 65°；风点与盘中心孔间的差值为 16，即 WS 为 16 kt。

圆盘计算尺的计风板尺算风向、风速实际就是在计风板上解算航行速度三角形，如例中的解算如图 7.111 所示。尺算 WD、WS 必须注意下列问题，才能在工作中做到计算快速、准确：

（1）尺算时航迹角必须是真航迹角，尺算出的风是气象风。

（2）真空速、风速、地速必须是同一单位。

（3）尺算时应将概念（线和角）、计算、图形三者结合，防止出现错误。

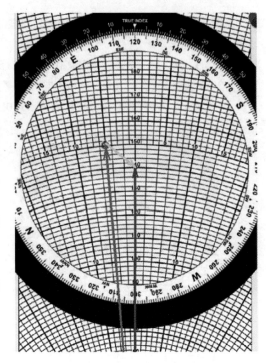

图 7.111　尺算 WD、WS

7.5.5.3　心算目测风向、风速

飞行中将测量或计算得到的偏流、地速换算成相对的侧风分量 WS_2 和顺（逆）风分量 WS_1，在罗盘上目测 WS_1、WS_2 即可得到风向、风速，其步骤和方法是：

1. 心算风速分量

由风的分解已经知道顺（逆）风分量 $WS_1 \approx GS - TAS$；侧风分量 $WS_2 = TAS \cdot \sin DA$，可以变换为 $WS_2 = (TAS / 57.3°) \cdot DA \approx (TAS / 60) \cdot DA$。

实际应用中，根据所飞机型常用的真空速，计算出心算系数（TAS/60），飞行中就可以按照测出或计算出的偏流（DA），快速心算出侧风分量（WS_2）来。例如，Y5 飞机真空速一般为 180 km/h，心算系数 TAS/60 ≈ 180/60 = 3，则 $WS_2 \approx 3DA$；TB-20 飞机真空速一般为 140 kt（约 260 km/h），心算系数 TAS/60 ≈ 260/60 = 4.5，则 $WS_2 \approx 4.5DA$；Y7-100 飞机真空速一般为 420 km/h，心算系数 TAS/60 ≈ 420/60 = 7，则 $WS_2 \approx 7DA$。

2. 心算风速

飞行中，为了计算简便，常按下面的近似公式心算风速：

$WS \approx WS_1 + WS_2 / 2$　　（使用条件：$WS_1 > WS_2$）

$WS \approx WS_2 + WS_1 / 2$　　（使用条件：$WS_1 < WS_2$）

3. 目测风向

根据 WS_1、WS_2 通过罗盘中心，与航向一致的是 WS_1，与航向垂直的是 WS_2，目测按比例假想出风的分量，其两个分量的合成方向就是风向（罗盘刻度），如图 7.112 所示。

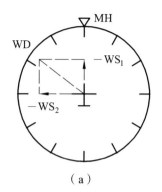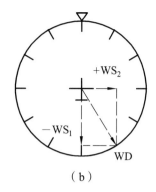

图 7.112 利用罗盘表面目测风向

【例】 已知 TB-20 飞机飞行中,$MH_{\Psi} = 30°$,TAS = 140 kt;测出 DA = $-5°$,GS = 125 kt,心算风向、风速各是多少。

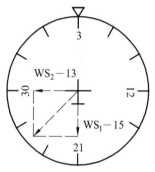

解:(1)心算风速分量:已知 TAS = 140 kt,GS = 125 kt,DA = $-5°$,心算出 $WS_1 = 125 - 140 = -15$(kt),$WS_2 \approx (TAS/60) \cdot DA \approx (140/60) \times (-5°) \approx 2.5 \times (-5°) \approx -13$(kt)。

(2)心算风速:由于 $WS_1 > WS_2$,所以 $WS = WS_1 + WS_2/2 = 15 + 13/2 \approx 22$(kt)。

(3)目测风向:用算出的 WS_1、WS_2,从罗盘表面目测出的风向 WD = 250°,如图 7.113 所示。

心算、目测风向、风速是一种简便、快速的方法,但准确性较差,一般多用在对风的计算准确性要求不高的情况。

图 7.113 罗盘目测举例

7.6 无线电领航

利用飞机上的机载无线电导航设备接收和处理无线电波从而获得导航参量,确定出飞机位置及飞往预定点的航向、时间,从而引导飞机沿选定航线安全、经济地完成规定的飞行任务,这就是无线电领航。现代航空中,基本的、核心的领航方法就是无线电领航,它具有突出的优点:不受时间、天气限制;精度高;定位时间短,甚至可以连续地、适时地定位;设备简单、可靠。因此,无线电领航是云上、云中、夜间、低能见度等复杂气象条件和缺乏地标区域、远程飞行时一种必不可少的重要领航方法,是目前保证飞机在复杂气象条件下按仪表飞行规则(IFR)进近着陆的一种基本方法。

7.6.1 无线电领航基础

7.6.1.1 无线电领航基本结构

无线电领航的本质及其过程可概括成如图 7.114 所示的结构。这个结构图概括了所有无线电导航系统的基本内容和方法,其要点如下:

(1)一个或若干个精确地知道其地理位置的发射台及由它发射的无线电信号。

(2)无线电信号的电参量中一个或多个携带着导航信息,经过电波传播到达接收机。

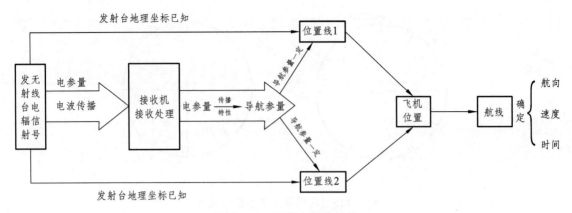

图 7.114 无线电领航结构

（3）接收机接收和处理无线电信号，测出所需要的电参量，再根据电波传播特性，转换成相应的导航参量。

（4）根据得到的导航参量及精确的发射台的地理位置，就可以在地图上获得一条相对于该发射台的位置线（或位置面）。

（5）两条位置线或 3 个位置面交于一点，就可以得到飞机的平面（或空间）位置。

（6）根据确定的飞机位置与预定航线的关系，就可以确定出下一航段的应飞航向、速度，使飞机安全、准时、准确地到达目的地。

在这个无线电领航结构图中，不仅可以较准确地理解无线电领航的基本过程，而且还能看出各种无线电导航系统的区别就在于发射台安装位置不同、利用的电波电参量不同、采用的位置线或位置面的形式不同。

7.6.1.2 位置线与导航系统

在准确知道导航发射台位置的情况下，接收并测量出无线电信号的电参量，根据有关的电波传播特性，转换成为导航需要的、接收点相对于该导航台坐标的导航参数——位置、方位、距离、距离差等。位置线就是一个导航系统所测量的电信号的某一参量为定值时，该参量值所对应的接收点位置的轨迹。就目前来看有 3 种位置线：直线、圆、双曲线。

目前使用的无线电导航设备，按其测定的位置线不同，无线电导航系统可分为：无线电测角系统、无线电测距系统、无线电测角测距系统、无线电测距差系统（见图 7.115）。

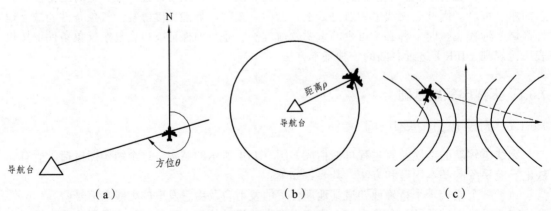

（a）   （b）   （c）

图 7.115 位置线与导航系统

（1）无线电测角系统：如自动定向仪，全向信标系统和仪表着陆系统等。通过无线电波测定飞机和地面导航台之间的方位角。飞机位置线是一条无线电方位线（径向线）或航向道。

（2）无线电测距系统：如测距仪，通过无线电波测量飞机和地面导航台之间的斜距。飞机的位置线为平面上的圆。

（3）无线电测角测距系统：如 VOR/DME，塔康等。通过无线电波同时测定飞机的方位和距离，以极坐标的形式显示飞机瞬间位置。在近距离导航中被广泛使用。飞机位置线是直线和圆。

（4）无线电测距差系统：如奥米伽导航系统（该系统已关闭）。通过无线电波测量飞机与两个或两个以上地面导航台之间的距离差，也叫做双曲线导航系统。飞机位置线为双曲线。

上述讨论是以接收点与发射点位于同一平面内为前提的，当接收点与发射点不在同一平面内时，对应于某一导航参数量的接收点轨迹就不是平面中的位置线而是空中的位置面了。只有在飞行高度相对于距离来说可以忽略不计时，才能把位置面看成位置线。因此，对于远距离导航，不会引起较大误差；而对于近距离导航，飞机上装有数字计算机和有高度输入数据的情况下，也可以通过计算校正来测得飞机的平面位置。所以本章所讨论的导航系统，都认为在同一平面内。

目前使用的无线电导航设备，按有效作用距离分为：近程导航系统，有效作用距离为 100～500 km；远程导航系统，有效作用距离为 500～3 000 km；超远程导航系统，有效作用距离大于 3 000 km。

目前使用的无线电导航设备，按机载设备所实现的系统功能分为：自主式（自备式）无线电导航系统，机载设备不依赖飞机以外任何设备，自主完成系统功能；他备式无线电导航系统，机载设备必须配合导航设施如地面、空间台站，才能完成系统的功能。

7.6.2　无线电方位

利用无线电测角系统测量出飞机与电台之间的方位角，确定出飞机的位置线。正确理解无线电方位相互间的关系，是使用无线电测角系统进行领航的基础。

7.6.2.1　无线电方位的概念

地面导航台和机载设备（一般情况就用飞机代替）之间的连线，叫做无线电方位线，简称方位线，它也是电台到飞机的无线电波传播的路线。如果地面台是 VOR 台，方位线又称径向线。飞机在空中飞行的瞬间位置，必定在地面导航台有效作用范围内所测定的方位线上，飞机与电台之间的位置关系改变将使方位线同样改变（见图 7.116）。

从航向线顺时针方向量到无线电方位线的角度，叫电台相对方位角（RB），简称相对方位，范围是 0°～360°，它表示电台相对于飞机纵轴的位置，即电台在飞机纵轴的哪一个方位上。当 RB 为 360°（或 0°）附近时，飞机向电台飞行；RB 为 180°附近时，飞机背电台飞行；当 RB 为 0°～180°之间时，电台在飞机的右侧；当 RB 为 180°～360° 时，电台在飞机的左侧。

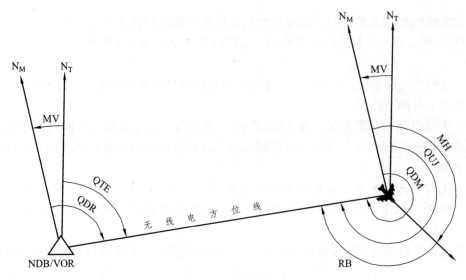

图 7.116　无线电方位

　　从飞机所在位置的经线北端顺时针方向量到无线电方位线的角度，叫电台方位角，范围是 0°～360°，它表示电台在飞机位置的哪个方位上。以真经线北端为基准的电台方位角叫电台真方位（True Bearing，QUJ）；以磁经线北端为基准的电台方位角叫电台磁方位角（QDM），该角度就是飞机从当时位置飞往电台的磁方位，即新航线角。电台磁方位角（QDM）表示电台在飞机的某个方向上，当 QDM 为 0°～90° 时，电台在飞机的东北方向；当 QDM 为 90°～180° 时，电台在飞机的东南方向；当 QDM 为 180°～270° 时，电台在飞机的西南方向；当 QDM 为 270°～360° 时，电台在飞机的西北方向。

　　从电台所在位置的经线北端顺时针方向量到无线电方位线的角度，叫飞机方位角，范围是 0°～360°，它表示飞机在电台位置的哪个方位上。以真经线北端为基准的飞机方位角叫飞机真方位（True Radial of the Station，QTE）；以磁经线北端为基准的飞机方位角叫飞机磁方位角（QDR），该角度就是飞机背离电台飞行的磁方位。飞机磁方位（QDR）表示飞机在电台的某个方向上，当 QDR 为 0°～90° 时，飞机在电台的东北方向；当 QDR 为 90°～180° 时，飞机在电台的东南方向；当 QDR 为 180°～270° 时，飞机在电台的西南方向；当 QDR 为 270°～360° 时，飞机在电台的西北方向。

　　从图 7.111 中可以看出：飞机在当时所保持磁航向(MH)所测得的电台相对方位角(RB)、电台磁方位角（QDM）、飞机磁方位角（QDR）之间的关系是

$$QDM = MH + RB, \quad QDR = QDM \pm 180°$$

7.6.2.2　无线电方位的变化规律

　　无线电方位与飞机的航向和位置之间相互联系，它们的变化具有一定的规律。

1. 在同一条方位线上，无线电方位的变化

　　在同一条方位线上，电台方位角（QDM）和飞机方位角（QDR）都是一定的，一个航向将对应一个相对方位 RB，当航向改变时相对方位 RB 也将随之改变。即航向增大，相对方位减小；航向减小，相对方位增大。航向的改变量就等于相对方位的变化量。因此，飞行中读

取相对方位时必须注意航向（见图 7.117）。

2. 保持航向飞行，无线电方位的变化

飞行中，飞机保持一定的航向飞行，除飞机沿方位线飞行外，无线电 3 个方位都将随着飞机位置的改变而变化。当电台在右侧时，无线电 3 个方位角都将逐渐增大；电台在左侧时，无线电 3 个方位角都将逐渐减小（见图 7.118）。

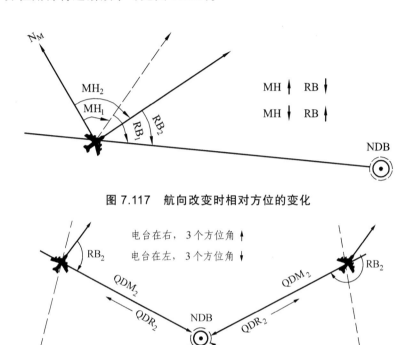

图 7.117　航向改变时相对方位的变化

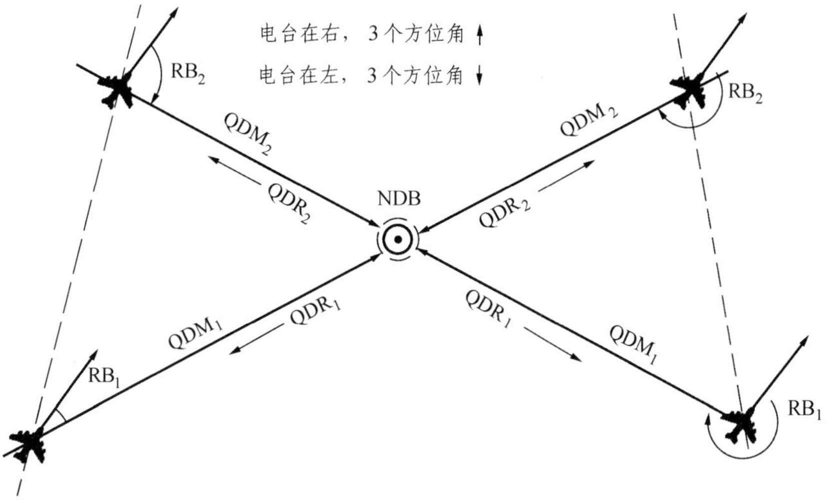

图 7.118　保持航向飞行中无线电方位角的变化

7.6.3　ADF、VOR 测量无线电方位

目前，民用航空使用的测角无线电导航系统有自动定向仪（ADF）系统和甚高频全向信标（VOR）系统。

7.6.3.1　自动定向仪（ADF）

自动定向仪（ADF）是最早应用的无线电导航系统，它与地面 NDB 导航台配合，组成一种近程测角系统。自动定向仪是依靠机上环形天线的方向特性来测定电台相对方位的，典型设备的工作频率为 190 ~ 1 750 kHz。自动定向仪具有结构简单、使用维护方便、价格低廉等优点，它还可以利用众多的民用广播电台为飞机定向，因此在目前仍然是一种常用的导航系统。

1. 自动定向仪系统的组成

在导航中完成自动定向功能的整个系统包括地面设备和机载定向仪两部分。

1）地面设备

主要是地面导航台，它由中波发射机、发射天线及一些辅助设备组成，安装在每个航站和航线中，不断地向空间发射一个无方向性的无线电信号，因此称为无方向性信标（NDB）台，简称 NDB 导航台。根据不同的用途，地面 NDB 导航台又分为两种：一种是供飞机在航线上定向和定位使用的，称为航路 NDB。它的发射功率一般为 500 W，有效作用距离不少于150 km。不同的航线 NDB 导航台使用不同的识别码，识别码一般为两个英文字母国际莫尔斯电码。航线 NDB 导航台的开放与关闭由航站指挥调度部门控制和掌握。航线 NDB 导航台可用于归航，即引导飞机飞到该导航台上空进场着陆。第二种就是用于飞机着陆导航台——远、近台。我国很多机场都在主降方向的跑道中心延长线上安装有远、近台，而现在新建机场则一般只安装近台，远台一般都兼做航线导航台使用，故发射功率与航线导航台相同，有效作用距离不少于 150 km，近台发射功率为 100 W 左右，有效作用距离 50 km。远台发射的识别码是两个英文字母国际莫尔斯电码，近台识别用远台识别码的第一个字母，近台 NDB又称为终端区 NDB。

2）机载定向仪（ADF）

包括自动定向接收机、控制盒、方位指示器、环形天线和垂直天线或组合式环形/垂直天线。环形天线和垂直天线联合接收地面 NDB 台的无方向性信号，送入定向接收机，进行处理，并将处理后的方位信息送至方位指示器显示，分离出来的地面 NDB 导航台的音频识别信号送至飞机音频系统，供飞行员识别导航台使用，防止调错导航台，防止飞行事故的发生。

2. 自动定向原理

自动定向仪（ADF）是利用环形天线和垂直天线的联合接收，以及接收机自动控制电路来实现自动定向的。测定的方位通过同步系统在指示器上指示出来。

自动定向仪（ADF）之所以能测出地面发射台的方向，是因为环形天线接收电波所具有的方向性。环形天线是一个比接收信号波长小得多的闭合环路，由绝缘导线缠绕在长方形铁粉芯上而成。当环形天线平面与电波来向成一个角度 θ 时，环形天线上的感应合成电动势为

$$e_{合} = 2e\pi d / \lambda \cos\theta = K\cos\theta$$

可见，环形天线感应合成电动势随着来波方向即 θ 角的变化而变化，当 $\theta = 0°$ 或 180°（即来波方向与环形天线平面平行），环形天线上合成电动势最大，接收机里音量最强；当 $\theta = 90°$ 或 270° 时（即来波方向与环形天线平面垂直），天线上合成电动势为零，接收机里音量最弱。用极坐标来表示环形天线感应合成电动势与电波来向的关系，表现为一个"8"字图形，称为"8"字形方向图，图中用"＋"、"－"号表示相位相反的合成电动势。因此，根据

8字形方向图，如果转动环形天线找出接收机里音量最小的位置，这时，环形天线平面所对正的方向，就是电台方向（见图7.119）。

环形天线旋转一周，感应总电势有两个最小值，因此测出的电台方向具有双值性。为了消除环形天线定向的双值性，采取环形天线与垂直天线相结合的复合天线，以取得单值定向。当垂直天线接收信号的感应电势的振幅相位和环形天线接收信号的最大感应电势相同时，则两种天线的感应电势进行叠加后，得到的总电势 $e_T = 1 + K \cdot \cos \theta$，其方向性图为心形方向性图。从心形方向性图可以看出：两种天线组合后只有一个接收信号最小值，即复合天线旋转一周（实际只是环形天线转动），接收到的总电势只有一个最小值，这种方法称为单值定向，用这种方法就消除了双值性（见图7.120）。

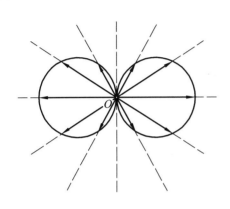

图 7.119　环形天线的方向特性

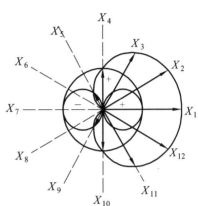

图 7.120　心形方向性图

当环形天线转动时，伺服系统带动方位指示器指针向左或向右转动，直到环形天线平面对准电台来波方向时，环形天线接收信号等于零即合成总电势为零，方位指示器指针就停在相应的方位上。由于环形天线平面对正电波来波时，其平面与飞机纵轴的夹角为 θ，因此在方位指示器上就可直接读出电台相对飞机纵轴的关系即电台相对方位。所以，自动定向机测量的是地面 NDB 台的电台相对方位角（RB）。

现在飞机上安装的环形天线是不动的，而是采用正交固定环形天线与测角器连接起来取代环形天线的旋转。测角器由两组固定的励磁线圈和可在其中自由旋转的定向线圈组成。励磁线圈分别与固定环形天线的纵向和横向环形天线连接，模拟电波来向；定向线圈则起旋转式环形天线的作用，当励磁线圈中有感应电流通过时，测角器中便形成一个与电波来向相应的合成电势，定向线圈转动，同时将这一电势送到接收机带动方位指示器转动。当定向线圈停止转动时，方位指示器也停止转动，指示出方位来。目前最新式的自动定向机已不采用测角器和任何转动部件，而是采用低频（如 96 Hz）调制信号对固定环形天线接收信号调幅后合成产生一个组合调制信号，再经微处理器采用相关技术与低频调制信号比相，以确定出飞机与地面导航台的相对方位。

3. 自动定向仪的显示仪表

用自动定向仪测量 NDB 电台时，必须首先在 ADF 控制盒上调谐好所测导航台的频率，ADF 接收机才能接收所测导航台的无线电信号，进行定向，测量出方位（见图7.121）。

467

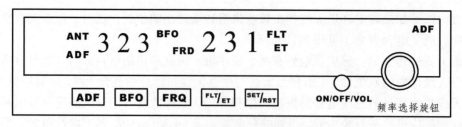

图 7.121　机载自动定向仪

自动定向仪的指示器有多种形式。一种是以飞机纵轴为基准，从指示器顶部标线为 0°
开始，顺时针转动的角度即是飞机到地面 NDB 台的相对方位。如果仪表盘是固定的，一般就称为无线电罗盘（如运-5 飞机）；如果仪表盘可以人工转动，现在一般都称为 ADF 指示器（如 TB-20 飞机）（见图 7.122）。另一种就是现在民航运输机普遍使用的无线电磁指示器（Radio Magnetic Indicator，RMI），这种指示器的刻度盘是活动的，它由罗盘系统或惯性基准组件驱动，这时自动定向仪指针相对于刻度盘上的读数就是电台磁方位（见图 7.123）。第三种就是将方位信息送至电子飞行仪表系统，并在电子水平状态指示器上显示出来（见图 7.124）。

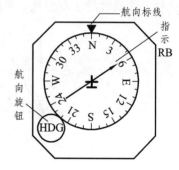

图 7.122　ADF 指示器

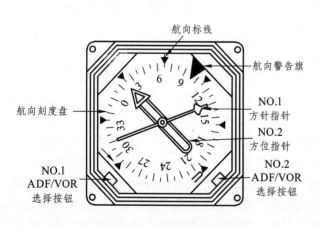

图 7.123　无线电磁指示器

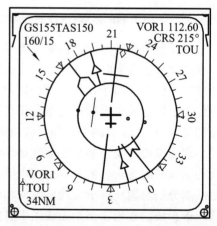

图 7.124　电子飞行仪表

（1）无线电罗盘：它是一种没有航向旋钮的 ADF 指示器，标线与 0° 对齐，这时指针指示的读数就是电台相对方位角（RB）（图 7.125）。

（2）ADF 指示器：它的左下角有航向旋钮。这时如果转动旋钮，使标线与当时航向对正，那么方位指针指示的就是电台磁方位，方位指针针尾所指就是飞机磁方位，方位指针与标线的夹角即为电台相对方位；如果转动旋钮，使标线与 0° 对正，这时指针指示的读数就是电台相对方位角（RB）。例如，飞机航向为 90°，测出的相对方位为 320°，转动"HDG"，使标线与刻度盘 90° 对齐，可读出 QDM = 50°，QDR = 230°（见图 7.126）。

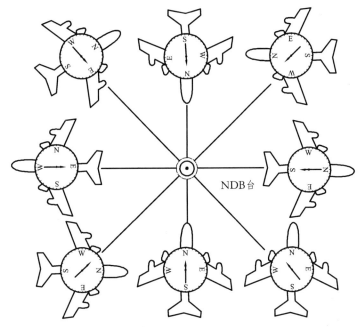

图 7.125　ADF 指示器的指示

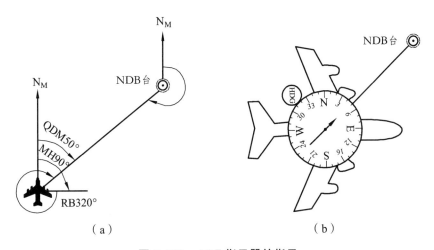

（a）　　　　　　　　　　　　（b）

图 7.126　ADF 指示器的指示

（3）无线电磁指示器（RMI）：当飞机的航向改变时，RMI 的刻度盘随之转动，从 RMI 的航向标线处可以读出飞机当时的航向；方位指针有两根：细针指示第一部 ADF 或 VOR 接收机送来的方位信号，显示出所测定的方位，粗针指示第二部 ADF 或 VOR 接收机送来的方位信号，显示出所测定的方位。方位指针指示方式是 ADF 还是 VOR，由仪表下方的两个 ADF/VOR 转换钮控制，左边的转换钮控制第一部接收机，即控制细指针；右边的转换钮控制第二部接收机，即控制粗指针。转换钮按进为 ADF 方式，按出为 VOR 方式，交替转换。在选择好地面 NDB 台频率和指示方位 ADF 后，即可在 RMI 上显示出所测定的方位角。下面的例子以细指针为例，粗指针的指示完全与细指针方法相同。如图 7.127 所示，飞机磁航向为 45°，电台磁方位为针尖所指读数即 315°，飞机磁方位为针尾所指读数即 135°，电台相对方位为指针针尖所指刻度与航向刻度之差为 270°。

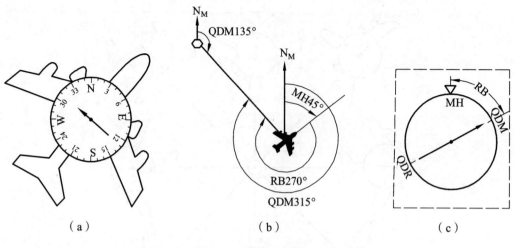

（a）　　　　　　　　（b）　　　　　　　　（c）

图 7.127　RMI 的指示

无线电磁指示器（RMI）的指示与所在方位线有关，而与飞机航向无关（见图 7.128）。

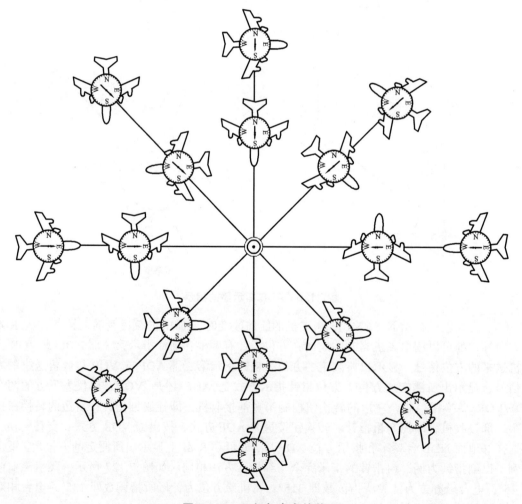

图 7.128　飞机与电台的关系

4. 自动定向机的干扰和误差

1）干扰误差

干扰误差主要包括大气静电放电产生的静电干扰和环形天线附近金属导体干扰引起的象限误差。

（1）静电干扰：大气放电时，会辐射多种频率的电波，其中影响最大的是中波和长波，这样 ADF 接收机会接收大气中产生的这些杂波，使定向的指示器指针摆动或缓慢旋转，难以辨别准确的方位。克服静电干扰的方法：仔细辨听信号，当干扰杂音最小，指针指示稳定的瞬间读取方位；选择的导航台应是距离近、功率大的导航台。

（2）象限误差：当地面电台辐射的无线电波碰到飞机机身等金属物体上时，将在金属物体上产生交变的感应电流，该电流又在机身等金属物体周围产生辐射电波，这种现象称为二次辐射。二次辐射电波与原信号电波叠加后，合成电波作用到环形天线的方向与原电波传播方向相差一个角度，从而改变了定向方向，造成定向误差，该误差称为象限误差。象限误差同飞机（主要机体）的形状和来波的方向有关，即象限误差将随来波的方向而变化。通过对象限误差的分析可以找出象限误差的规律，就可以用机械传输装置或电感的方法来补偿：补偿原理是使指示器指针比环形天线多转或少转一个相当于象限误差的角度。现代飞机通常采用电感式象限误差修正器来解决。

2）电波传播误差

电波传播误差主要有极化误差（也叫夜间效应）、山地效应误差和海岸效应误差等。电波传播误差的大小一般随接收的地点、时间和季节等有所不同。

（1）夜间效应（极化误差）：自动定向机工作在中波波段，电离层对电波的吸收白天比夜间强，并且夜间电离层变化较大，工作在中波的自动定向机在夜间受的影响较大，这种误差称为夜间效应。夜间效应通常出现在日落后两小时和日出前两小时的一段时间内，这时电离层的变化最大。减小夜间效应的根本办法是避免接收天波。由于波长越长，电离层反射越弱，所以应尽量选择频率低、距离较近的导航台，增加飞行高度，并在测定方位时读取平均值。

（2）山区效应：电波在传播过程中，遇到山峰、丘陵和大建筑物时会发生绕射和反射。因此在山区等低空飞行时，自动定向机指示器的方位指针有可能出现偏离正确位置或摆动，这种现象叫做山区效应。山区效应只存在于靠近山地 30～40 km 范围内，并且山区效应的大小主要取决于飞行高度和离山地的距离：飞行高度越低，离山地距离越近，山区效应越大。因此，在多山地区飞行时，为了避免和减小山区效应的影响，应尽可能利用熟悉的地形进行目视飞行，或在干扰范围之外测定方位，并适当提高飞行高度，以及选择合适的地面导航台。

（3）海岸效应：电波从陆地进入海面，或从海面进入陆地，由于电波传播的导电系数发生改变，从而使定向机接收的偏转电波来向与原来电波方向不一致，方位指针指示的方位产生误差，这种现象称为海岸效应。海岸效应只在飞机接近海岸线的地面或海面时发生，随着飞行高度的升高，误差逐渐减小，当飞行高度在 3 000 m 以上时，海岸效应可以忽略不计。为避免或减小海岸效应的影响，应当尽量不要在靠近海岸低高度测方位，如果必须测方位，应当选择电波传播方向与海岸线的夹角接近垂直的电台，并适当上升飞行高度。

3）设备误差

设备误差是自动定向机系统本身的结构引起的定向误差，这个误差很小，在实际应用中可以忽略不计。

上述误差，在飞行中经常会遇到，其中大部分不能直接消除，但飞行员可以根据情况迅速判断引起方位误差的原因，及时采取适当措施，完全可以避免或减小它对准确测定方位的影响。

7.6.3.2 甚高频全向信标（VOR）

甚高频全向信标（VOR）系统，是一种近程无线电测角导航系统。VOR 系统属于他备式导航系统，由地面发射台和机载设备组成，工作在 108～118 MHz 频段。它由地面发射台通过天线发射出方位信息，机载设备接收和处理这一方位信息，并通过有关的指示器指示相应的方位信息，引导飞机完成飞行任务。

1. VOR 系统的组成

VOR 系统包括地面设备和机载设备两部分。

1）地面设备

VOR 系统的地面设备就是地面全向信标台，简称 VOR 台。根据不同的用途，VOR 台又分为两种：一种是用于引导飞机进场及进近着陆的终端 VOR 台，也称为 B 类 VOR 台，使用 108.00～112.00 MHz 之间十分位为偶数的频率，共计 40 个波道，发射功率为 50 W，工作距离为 25 n mile；另一种是用于航路导航的 VOR 台，即航路 VOR 台，也称为 A 类 VOR 台，使用 112.00～118.00 MHz 之间每隔 50 kHz 的共计 120 波道，发射功率为 200 W，工作距离为 200 n mile，航路 VOR 台台址通常选在无障碍物的地点，如山顶。地面的 VOR 台使用的识别码为三个英文字母的国际莫尔斯电码。VOR 系统的工作范围取决于接收机灵敏度、地面台的发射功率、飞机高度以及 VOR 台周围的地形。

2）机载 VOR 设备

机载 VOR 设备包括控制盒、天线、甚高频（VHF）接收机和指示器。尽管有多种型号的机载设备，处理方位信息方法也不同，但它们的基本功能是相似的，都是通过天线接收地面 VOR 台的无线电信号，送入甚高频接收机进行处理，将处理后的方位信息送至方位指示器显示，并与预选的航路（或航道）比较，得到航道偏差信号去驱动航道偏离杆，指示出航道偏离情况，同时分离出地面 VOR 台的音频识别信号送至音频系统进行监听（见图 7.129）。

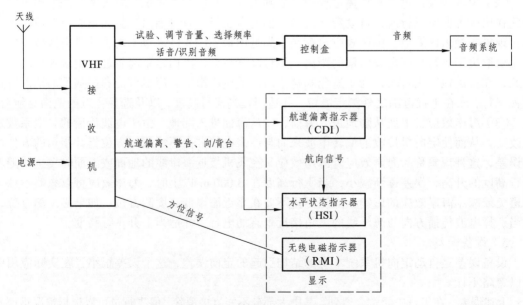

图 7.129　机载 VOR 设备系统

2. VOR 系统测方位的原理

地面 VOR 台发射两种信号：一种是基准相位信号，它是通过"8"字天线的不旋转垂直部分发射的，该信号在水平方向图上的波形为一个圆；另一种就是可变相位信号，有方向性，相位随 VOR 台的径向方位而变化，可变相位信号是通过全向天线发射的，有方向性，它的合成辐射场是旋转的"8"字方向图。因此 VOR 地面台发射的信号是有方向性的（见图 7.130）。

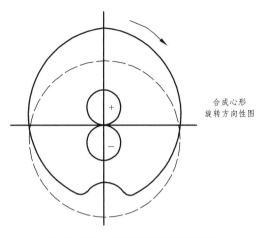

合成心形旋转方向性图

地面 VOR 台发射信号时，在磁北方向上，可变相位信号与基准相位信号的相位是一致的；当可变相位信号旋转时，可变相位信号离开磁经线北端越远，与基准相位信号间的相位差也越大。飞机在同一接收点两种信号的相位差，正好等于 VOR 径向方位，即飞机磁方位。飞机上的甚高频接收机通过测量接收到的可变相位信号

图 7.130　合成辐射场的方向图

与基准相位信号的相位差，得到 VOR 径向方位，再经 180° 的相移得到电台磁方位。经处理后输出的信息有：方位信息、航道偏差信号、向/背台信号以及音频信号等。方位信息可直接送到无线电磁指示器（RMI）指示出方位角；航道偏离信号和向/背台信号可以送到水平状态指示器（HIS）和航道偏离指示器（CDI）指示出偏离预选航道的情况；音频信号则送到音频系统，供飞行员监听。同时，接收机所输出的信号还可输送到飞行指引仪和自动飞行控制系统，供完成飞行指引或自动飞行（见图 7.131）。

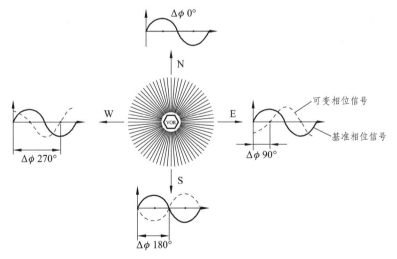

图 7.131　不同方位时两种信号的相位差

3. VOR 的显示仪表

用机载 VOR 设备测量地面 VOR 台的方位时，必须首先在甚高频导航控制盒上调谐好所需 VOR 台的频率，机载 VOR 接收机才能接收所需 VOR 台的全向信号，进行测定及显示方位。VOR 台的显示仪表有 RMI、CDI、HSI 3 种。

（1）RMI 显示的角度在使用 VOR 台时有：磁航向（MH）、电台磁方位（QDM）和飞机磁方位（QDR）（就是 VOR 径向方位）。其显示基本格式与 ADF 方式一样，不同的地方是：调谐好地面 VOR 台频率和选择 VOR 方式后，即可在 RMI 上显示所测定的方位。

如图 7.132 所示，以细指针为例：针尖所指的角度是电台磁方位（QDM）为 45°，飞机航向为 270°，飞机磁方位（QDR）为 225°，即飞机在 VOR 台 225° 径向方位上，这时相对方位（RB）为 135°。图 7.133 是飞机在 VOR 台的不同径向线时 RMI 的指示情况。

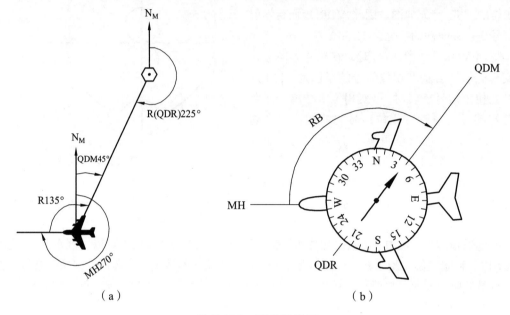

图 7.132　RMI 的指示

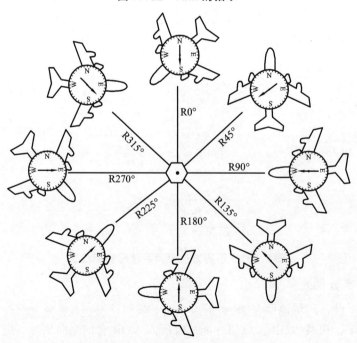

图 7.133　VOR 径向线与 RMI 指示

（2）航道偏离指示器（CDI）一般安装在中、小型飞机上，它主要用来指示飞机与 VOR 预选航道的关系：如果航道偏离杆偏在刻度盘中心右侧，表示飞机偏在预选航道的左边；如航道偏离杆偏左，表示飞机偏在预选航道的右边。预选航道由全方位选择（Omni-Bearing Selection，OBS）旋钮调定，偏离角度的大小可以直接读偏离刻度盘中心的点数，在 VOR 方式时每点表示 2°，最大偏离范围是 ±10°。图 7.134 中，飞机偏在预选航道右边半个点，偏 1°；如果飞机离电台 60 km，则表示飞机偏在预选航道右边 1 km。

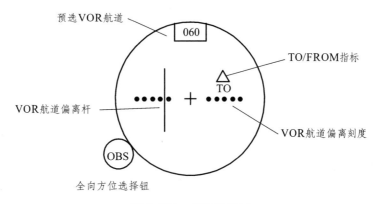

图 7.134　CDI 的指示

使用时首先在控制盒上调谐好所选地面 VOR 台，然后转动左下角 OBS 旋钮选择预选航道（即 MC），这时刻度盘随 OBS 转动而转动，直至刻度盘上预选航道度数与航道指标对正，此时可从航道偏离杆读出飞机偏离航道情况。

向/背台指示器的说明：向/背台指示器是用来说明飞机在预选航道的哪一侧飞行。当测出的电台磁方位与预选航道之差小于 ±90° 时，指向台；当测出的电台磁方位与预选航道之差大于 ±90° 时，指背台。由此可见，向/背台指示与飞机的航向无关，只取决于预选航道和所测量的电台磁方位的差角。

利用 CDI 还可以测定当时飞机所在位置的 VOR 方位。其步骤是：首先调谐所需测定的 VOR 台频率，并听清莫尔斯电码，然后转动 OBS 旋钮直至航道偏离杆处于中立位置，这时从航道标线所对度数即所需测量的 VOR 台的方位。如果向/背台指示器指背台，所读出的方位是 VOR 径向方位（QDR），即当时飞机所在 VOR 台的径向线；如果向/背台指示器指向台，所读出的方位是电台磁方位（QDM）。

（3）水平状态指示器（HSI）也称为航道罗盘，现代飞机都已安装，有电子式和机械式两种。电子式 HSI 的工作原理和显示内容与机械式 HSI 基本相同。水平状态指示器（HSI）是一个综合的领航仪表，它指示飞机在水平面内的状态，它是航向系统、甚高频全向信标系统和仪表着陆系统的综合指示器。当选择 VOR 方式时，可以显示出飞机偏离预选 VOR 航道的情况，这时航道偏离杆由飞机相对于预选 VOR 航道的偏离信号驱动，偏离角度大小由偏离杆偏离中心的点数读出：对于有 5 个点的 HSI，每点偏离角为 2°，最大偏离范围是 ±10°；对于只有 2 个点的，每点偏离角为 5°，最大偏离角度也是 ±10°。

预选航道通过航道选择旋钮转动调定，转动时，刻度盘不动，预选航道指针转动，直至指示预选航道度数为止，有的 HSI 上有预选航道显示窗，调定时观察显示窗里的数据，即可很方便地调定预选航道。而对于如 B737、B757 等大型机，预选航道选择则在方式控制板（MCP）

上调定，方法同有预选航道数据显示窗的一样。向/背台指示器指示情况同 CDI 完成一样。

使用 HSI 指示飞机偏离预选航道时，首先在控制盒上调谐好所选地面 VOR，然后转动预选航道选择旋钮选定航道（MC），这时如果航道偏离杆偏在刻度盘的右边，说明飞机偏在预选航道的左边；如果航道杆在左，说明飞机偏右，偏航的大小，看点数（见图 7.135）。

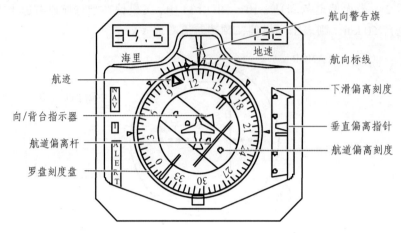

图 7.135　水平状态指示器（HIS）

利用 HSI 还可以测定当时飞机所在位置的 VOR 方位，其步骤是：首先调谐好所需测的地面 VOR 台的频率，并听清莫尔斯电码；然后转动预选航道旋钮，航道预选指针和航道窗读数同时转动，当航道偏离杆回到仪表中央时，预选航道度数即为所测方位角。如果向/背指示器指"背台"，为飞机磁方位，即 VOR 径向方位；如果向/背指示器指"向台"，为电台磁方位。图 7.136 为不同飞机位置、航向与地面 VOR 台的关系及在 CDI、HSI 的显示情况。

4. VOR 系统的误差

整个 VOR 系统的误差，由两大类组成，即传播误差和设备误差。

（1）传播误差主要有 3 个误差因素，即垂直方向性图效应、场地误差和地形误差。

① 垂直方向性图效应是指由于地面反射波和直达波的相互干涉，会使垂直面的方向性图分裂成多瓣状，也就是说，在某些仰角范围内，VOR 信号强度很弱。另外，为了使 VOR 有足够的作用距离，希望 VOR 天线架高一些，而天线架得越高，波瓣分裂现象也越严重，即造成垂直方向性图效应。为了减小这种效应所造成的误差，一般在天线下面一点附加一个圆的金属反射网。

② 场地误差是指那些靠近 VOR 台周围的地形、地物的影响所产生的误差。

③ 地形误差是指那些远离 VOR 台的地形特点（如山丘、森林等）引起的误差。这些误差导致在测定方位时，好像 VOR 台址发生了位移，影响最小的也会使得 VOR 台的方位射线产生不均匀的间隔。所以，对 VOR 台的架设场地和周围的地形提出了严格要求：在靠近 VOR 台周围地区，在 100 m 范围内，地面上灌木丛和树木应清除干净，地面的凹凸不平不应超过 ±15 m；在 100 m 处，不应有高于 10 m 的铁桩、围栏，更不允许有金属网；在 200 m 处不应有高 15 m 以上的铁塔；在 500 m 范围内不应有较高的障碍物。

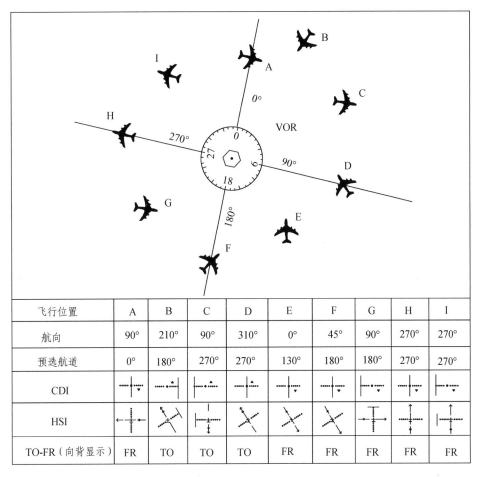

飞行位置	A	B	C	D	E	F	G	H	I
航向	90°	210°	90°	310°	0°	45°	90°	270°	270°
预选航道	0°	180°	270°	270°	130°	180°	180°	270°	270°
CDI									
HSI									
TO-FR（向背显示）	FR	TO	TO	TO	FR	FR	FR	FR	FR

图 7.136　飞机位置与地面 VOR 台的关系

（2）设备误差是设备本身引起的误差，包括地面台的天线间隔误差、接收指示设备误差和极化误差。

① 地面台的天线间隔误差，主要是由于 VOR 天线系统中形成"8"字形的一对天线之间的间隔，与其波长相比不是小得很多，而是"8"字形失真引起的，它会使天线系统方向性图的旋转不稳定。

② 接收指示设备误差主要来源于接收机和全方位选择器 OBS 的影响。

③ 极化误差主要是接收垂直极化波引起的，当飞机姿态或 VOR 天线倾斜时，就会产生这种极化误差，飞机相对于 VOR 的仰角越大，即飞行高度越高，极化误差也越大。

由于上述误差的存在，特别是传播误差的影响，普通 VOR 的精度一般在 ±2°～ ±4°内，多普勒 VOR 的精度一般在 ±1°以内。

7.6.4　进入预定方位线

从选定电台到预定地点的连线，叫预定无线电方位线，简称预定方位线。引导飞机飞到预定方位线的瞬间，就叫进入预定方位线。

进入预定方位线在领航上应用十分广泛。利用与航线接近垂直的预定方位线，可以进行距离检查，判断飞机到达各航路点的时刻；可以进行切入到指定方位线的飞行；可以用于掌握转弯时机；可以用于进场及加入仪表进近；可以用于控制空域边界，避开禁区或障碍物；可以用于准确进入空中走廊等。

7.6.4.1 进入预定方位线的判断原理

进入预定方位线的判断方法有按电台相对方位判断和按电台磁方位判断两种，可以用于判断进入预定方位线的领航仪表有 ADF 指示器、RMI、CDI 和 HSI 4 种。

我们知道：每一条无线电方位线都可以用一个电台方位角（或飞机方位角）以及电台相对方位角来表述，而且对于预定的每一条方位线其电台方位角（或飞机方位角）都是唯一的。可以得到无风时进入预定方位线的电台磁方位和电台相对方位，即无风时 MH = MC，我们称为预定电台磁方位和预定电台相对方位，飞行中就是根据无线电领航仪表上指示出的电台磁方位（$QDM_{指}$）（或 $QDR_{指}$）和 $RB_{指}$ 与预定电台磁方位（$QDM_{预}$）（或 $QDR_{预}$）和 $RB_{预}$ 比较即可得到飞机是否进入方位线。

在飞机保持航向沿航线向预定方位线飞行过程中，电台方位角和电台相对方位角是不断变化的。如果电台在右侧，飞机在向前飞行中，三个方位角不断增大，飞机到达预定方位线之前，仪表指示的电台磁方位角（$QDM_{指}$）小于预定的电台方位角（$QDM_{预}$），仪表指示的电台相对方位角（$RB_{指}$）同样也小于预定的电台相对方位角（$RB_{预}$）；当飞机飞至预定方位线即飞机所在方位线与预定方位线重合，这时 $QDM_{指} = QDM_{预}$，$RB_{指} = RB_{预}$，这一时刻就是进入预定方位线的瞬间；当飞机继续向前飞行，飞机将离开预定方位线，则无线电方位都将大于预定的无线电方位。电台在左侧时判断进入预定方位线的时机与电台在右侧刚好相反。对于所选地面电台是 NDB 则可用 ADF 指示器和 RMI 进行判断，如所选地面电台是 VOR 则可用 RMI、CDI、HSI 进行判断（见图 7.137）。

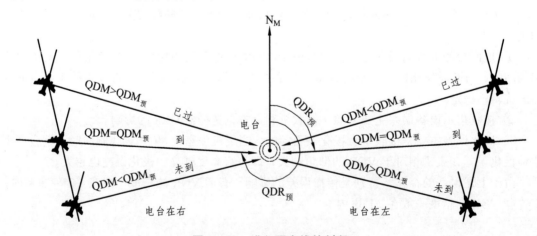

图 7.137 进入预定线的判断

如果地面是 VOR 台的情形，而 CDI、HSI 调好预选航道（即预定的 QDM）后直接看航道偏离杆偏离情况。航道杆回中，说明飞机在预定方位线上；航道杆向中央移动，说明飞机还未到预定方位线；航道杆逐渐远离中央，说明飞机已过预定方位线。

根据机载领航仪表指示的无线电方位与预定的无线电方位进行比较，就可以判断出飞机进入预定方位线的瞬间。从图可以总结出其判断规律如下。

电台在右侧，飞机向前飞行，无线电方位逐渐增大：

QDM$_指$ < QDM$_预$或 RB$_指$ < RB$_预$ 飞机未到方位线

QDM$_指$ = QDM$_预$或 RB$_指$ = RB$_预$ 飞机进入方位线

QDM$_指$ > QDM$_预$或 RB$_指$ > RB$_预$ 飞机已过方位线

电台在左侧，飞机向前飞行，无线电方位逐渐增大：

QDM$_指$ > QDM$_预$或 RB$_指$ > RB$_预$ 飞机未到方位线

QDM$_指$ = QDM$_预$或 RB$_指$ = RB$_预$ 飞机进入方位线

QDM$_指$ < QDM$_预$或 RB$_指$ < RB$_预$ 飞机已过方位线

在实际运用时须注意：由于空中侧风的影响，须修正偏流后保持 MH$_应$飞行，只有当 RB$_指$ = RB$_应$时飞机才进入预定方位线；RB$_应$是指飞机保持 MH$_应$飞行，飞机在方位线上，ADF 指示器应该指示的相对方位（RB）。也就是说用 ADF 指示器判断进入预定方位线，必须与航向仪表配合，并根据航向的变化，及时算出进入预定方位线时应该指示的电台相对方位（RB$_应$），然后与 ADF 指示器所指示的 RB$_指$对照，准确地判断飞机是否进入方位线。

7.6.4.2 进入预定方位线的地面准备

进入预定方位线，首先要结合飞行前领航准备选择好适当的侧方台，在航图上画出从选定导航台到预定点的预定方位线，并量出无线电方位（相对方位角、电台磁方位角），按规定标注在图上并填写记录表。进入预定方位线的地面准备内容和步骤是：选、画、量、标、算、填六个字。

选：选择航线侧方一个合适的导航台，用经纬度或以机场为准画出导航台位置，以该位置为中心用红色"△"符号标记出来。

画：从导航台中心到预定点之间画出预定方位线。

量：用向量尺量出进入预定方位线时的电台真方位和相对方位。量取电台真方位（QUJ）的方法是：将向量尺的底边压住预定方位线，移动向量尺使量角器中心压在经线（或纬线）上，从经线（或纬线）所对刻度处读取电台真方位。读取电台真方位时应防止读反 180°，读取时以预定点为准，电台在预定点以东，量取的电台真方位为 0°~180°；电台在预定点以西，量取的电台真方位 180°~360°。量取电台相对方位（RB）的方法是将向量尺的底边压住预定方位线，移动向量尺使量角器中心压在预定点上，从航线去向所对的半圆刻度处读取电台相对方位。读取时防止读反 180°：读取时以预定点所在的航线去向为准，电台在航线右侧时应读取外圈刻度，电台在航线左侧时应读取内圈刻度。在作业中，量取完真航线角以及电台真方位或电台相对方位其中一个方位，可以用计算的方法计算出另一个方位，因为地面准备时，量出的真航线角就是无风时飞行的真航向，根据航向、电台方位、电台相对方位的关系，即可进行这一计算。

标：将量取的相对方位角、电台磁方位角标注在方位线的一端。

算：就是根据气象台预报的空中风，计算出应飞航向和保持这一航向进入预定方位线时的相对方位角。

填：就是将前五个步骤中的数据按规定格式填入领航计算表格内。

【例】 航线为绵阳导航台—遂宁导航台，检查点为三台，准备用五凤溪导航台来控制飞机到检查点的时机，预报的气象风为 280°/10 m/s（空中），飞机保持 TAS185 km/h 飞行，完成进入预定方位线的地面准备（见图 7.138）。

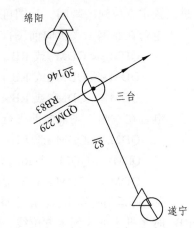

图 7.138　进入预定方位线的地面准备

解： 首先完成画航线、标航线数据的作业，然后进行进入预定方位线的地面准备。

（1）选定侧方台：所选的侧方台为五凤溪导航台，台址在城镇中心，然后用红色"△"以台址为中心标出侧方台位置。

（2）画出方位线：用五凤溪导航台控制飞机到检查点的时机，预定点就是三台正切航线的垂足位置，连接五凤溪台中心到预定点，取航线左右一小段用铅笔或蓝色笔画出预定方位线。

（3）量取电台真方位和电台相对方位：按量取无线电方位的方法量取，得到电台真方位 QUJ = 227°，电台相对方位 RB = 83°。

（4）标注数据：首先计算出电台磁方位 QDM = 229°（磁差按 – 2°计算），按规定将无线电方位标注在预定方位线一侧。

（5）计算修正预报风后的无线电方位：将预报的空中风 280°/10 m/s 换算为航行风为 100°/ 36 km/h，已知 TAS = 185 km/h，用计算尺计算出 DA = – 7°、$MH_{应}$ = 153°，所以可求出飞机保持应飞航向飞行进入预定方位线时的电台相对方位 RB = 76°。

（6）将地图作业和计算的数据按规定格式填写在领航计划表格内（见图 7.139）。

航线	预 计 磁航迹	磁向	地速	距离	时间	安全 高度	指定 高度	无线电 导航点	电台磁 方位	相对 方位	航线 检查
绵阳	146°	153°	205	50	15	1 297		五凤溪	229°	83°	三台
三台	146°	153°	205	82	24	1 297					
遂宁											
		WA – 46		DA – 7		GS205					

图 7.139　领航计划表的填写示例

7.6.4.3　进入预定方位线的空中实施

进入预定方位线的空中实施程序，可归纳为"调、算（定）、判、记"4 个字。飞行中可利用 ADF 指示器、RMI、CDI、HSI 判断进入预定方位线的时机。使用时应注意，地面 NDB 电台只能用 ADF 指示器和 RMI，地面 VOR 台只能用 RMI、HSI、CDI 仪表。

调：根据预计进入方位线的时刻，提前 3 ~ 5 min 调台定向，听呼号，判明电台，并观察指示器的指示是否正常。

算（或定）：如果使用的是 ADF 指示器则应根据实际的航向，计算出进入预定方位线时应指的电台相对方位；如果使用的是 RMI 则无须飞行员进行任何工作；如果使用的是 CDI、HSI 则要根据地面 VOR 台的径向方位，按电台磁方位角（即径向方位反向 180°）选定预选航道。

480

判：根据指示器的变化，判定进入预定方位线的瞬间。

记：飞机进入预定方位线的瞬间记下时刻，供领航计算使用。

如上例飞机从绵阳导航台向遂宁导航台飞行，地面准备已完成，现在结合领航仪表进行空中实施，说明进入预定方位线的方法。

1. 用 ADF 指示器进入预定方位线的方法

航线数据如图 7.138、图 7.139 所示，飞机于 09：00 过绵阳导航台，保持平均磁航向 153°沿航线飞行，预计 09：15 进入预定方位线；根据预达时刻 09：15，提前 3～5 min 调五凤溪 NDB FR312 台，这时飞机在方位线上，ADF 指示器指示相对方位角（RB$_{应}$）为 76°；由于电台在飞机的右侧，飞行中 ADF 指示逐渐增大，当 ADF 指示 70°，说明飞机未到预定方位线，只有指示 76°时，飞机才到预定方位线；如果 ADF 指示 77°，说明飞机已过预定方位线。如果飞机保持的平均磁航向是 150°，则 RB$_{应}$为 79°；如果飞机保持的平均磁航向为 161°，则 RB$_{应}$为 68°。

2. 用 RMI 进入预定方位线的方法

航线数据如图 7.138、图 7.139 所示，飞机于 09：00 过绵阳导航台，保持平均磁航向 153° 沿航线飞行，预计 09：15 进入预定方位线；根据预达时刻 09：15，提前 3～5 min 调五凤溪 NDB FR312 台或 VORWFX117.1 台，这时注意 RMI 仪表上 ADF、VOR 的选取。由于电台在飞机的右侧，飞行中 RMI 指示逐渐增大，当 RMI 指示 220°时，说明未到预定方位线；指示 229°，说明进入预定方位线；指示大于 229°，说明已过预定方位线。

3. 用 CDI 进入预定方位线的方法

航线数据如图 7.138、图 7.139 所示，飞机于 09：00 过绵阳导航台，保持平均磁航向 153°沿航线飞行，预计 09：15 进入预定方位线；根据预达时刻 09：15，提前 3～5 min 调五凤溪 VORWFX117.1 台，这时在 CDI 仪表上预选航道 QDM229°或 QDR49°，此时 CDI 航道杆逐渐回中，当回到中央时，说明飞机进入预定方位线，记下时刻；如果航道杆逐渐远离中央，说明飞机已过预定方位线。

4. 用 HSI 进入预定方位线的方法

航线数据如图 7.138、图 7.139 所示，飞机于 09：00 过绵阳导航台，保持平均磁航向 153°沿航线飞行，预计 09：15 进入预定方位线；根据预达时刻 09：15，提前 3～5 min 调五凤溪 VORWFX117.1 台，这时在 HSI 仪表上预选航道 QDM229°或 QDR49°，此时 HSI 航道杆逐渐回中，当回到中央时，说明飞机进入预定方位线，记下时刻；如果航道杆逐渐远离中央，说明飞机已过预定方位线。

7.6.4.4 进入预定方位线的误差

1. 进入预定方位线的测角误差

进入方位线的角度误差由测方位角的误差和量画方位角的误差引起，但测量误差大大多于量画误差，因此可以不考虑量画误差。测角误差按其产生原因可分为设备误差、方法误差和飞行技术误差 3 部分，目前使用的无线电测角设备的测角误差 $\Delta\theta$ 一般为 2°～3°，这些误差使得飞机进入预定方位线时产生偏差（见图 7.140）。

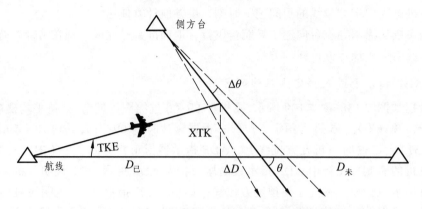

图 7.140　进入预定方位线的距离误差和测角误差

2. 进入预定方位线的距离误差

当无线电方位线与航线不垂直时，由于飞机偏航，飞行员即使准确判断飞机已进入预定方位线，但飞机实际未到达或已飞过预定位置点，使记下的时刻和计算的地速产生误差，使预达下一位置点的时刻不准确，这种误差就是进入预定方位线的距离误差 ΔD（见图 7.140）。

3. 提高进入预定方位线准确性的方法

从上面的分析可以看出，要减小进入预定方位线的误差，除了测准方位外，还应尽可能选择功率大（$\Delta\theta$ 较小）、距离近、精度高和预定方位线同航线夹角 θ 接近于 90° 的侧方台，并在进行地图作业时准确地量、画方位线，对由于飞机偏航而引起的距离误差进行必要的修正。

实际飞行中应当调准电台、保持好航向和姿态，读准无线电方位；在选择侧方台时，一般以电台远近为主，以方位线同航线的夹角为辅，全面衡量，进行选择。总之，通过这些方法，可以提高进入预定方位线的准确性。

7.6.5　向 NDB/VOR 台飞行

利用无线电领航设备引领飞机飞向电台，叫向电台飞行。其目的是准确通过电台上空确定飞机的精确位置，或沿预定航线、指定方位线飞至预定点。

7.6.5.1　向 NDB/VOR 台飞行的两种方法

向电台飞行有两种方法，一种是不修正偏流向台飞行，另一种是修正偏流向台飞行。

1. 不修正偏流向 NDB/VOR 台飞行

不修正偏流向台飞行，就是在飞行中，始终使机头对正电台，即始终保持相对方位角为 0° 或使每一瞬间的航向等于电台方位角飞行，最后飞机将飞到电台上空，这种方法也叫被动向台。常用的方法有连续修正法和间断修正法两种。

没有侧风时，如果保持机头对正电台飞行，飞机可以沿大圆圈线进入电台上空，飞机的航迹是一条直线；有侧风时，飞机将向下风方向偏出，飞行员为了使飞机纵轴对正电台，就必须不断地向迎风方向转动飞机，即修正航向，左侧风时航向不断减小，右侧风时航向不断增大，使 ADF 指示器指针始终指零或 RMI 指针始终指飞机航向。最后飞机将从接近逆风的方向飞向电台，进入电台上空，这种方法就叫连续修正法。在有侧风时被动向台飞行过程中，航迹是一条偏向下风方向的曲线，因此，飞行时间将有所增长，并造成偏航。时间增长和偏航的程度与真空速和风速的大小及侧风程度有关（见图 7.141）。

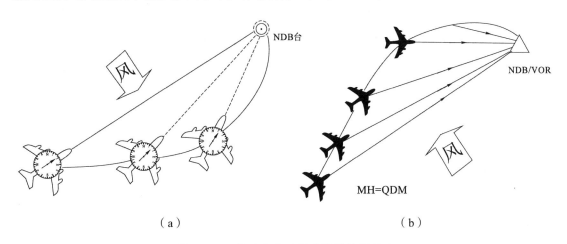

（a）   （b）

图 7.141　被动向台飞行（连续修正法）

　　被动向台飞行，当距电台较远时，为了减少修正次数，常常按仪表使飞机纵轴对正电台，并保持机头对正电台的航向飞行，经过一定时间后，如果发现飞机纵轴已经不对正电台，则进行修正使机头重新对正电台，保持修正后的航向飞行，如此不断修正，飞机将沿着折线飞到电台上空，这种方法叫间断修正法。修正的间隔时间，取决于方位角变化的快慢，一般是 3～5 min；飞机接近电台时，方位角变化加快，修正的间隔时间应该相应地缩短。间断修正法的飞机航迹是一条折线，同样会造成偏航和时间增长，但由于不需要经常改变航向，是被动向台的常用飞行方法（见图 7.142）。

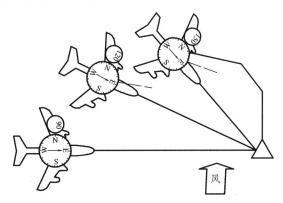

图 7.142　间断修正法被动向台飞行

　　由于被动向台时飞行时间的增长及产生偏航，使得飞机航迹不易掌握、进入电台的准确性低，还会影响航班的经济性，并且空中交通从安全角度上也不允许飞机偏航过大。所以飞机沿航线飞行时，正常情况下，都不采用不修正偏流向台飞行，只有在飞机发生迷航等特殊情况才采用。

利用 ADF 指示器、RMI 仪表还可以测出空中侧风的情况。其方法如下：首先让飞机对正电台，即 ADF 指示器指 0°或 RMI 仪表指针指航向标线（这时 MH = QDM）并保持这一航向飞行，如果仪表指示数据逐渐增大，说明空中存在右侧风；如果仪表指示数据逐渐减小，说明空中存在左侧风；如果仪表指示不变，说明空中无侧风。

2. 修正偏流向 NDB/VOR 台飞行

在有侧风的情况下作向电台飞行，为了不致偏航过大或者由于航行条件的限制，要求飞机沿直线飞向电台时，就必须迎风修正一个偏流，使航向线偏在航线（或方位线）的迎风方向一侧。这样，飞机将沿着无线电方位线进入电台上空，这种方法就是修正偏流向电台飞行，称为主动向台。飞行过程中：$MH_应 = QDM - DA$，$RB_应 = 360° + DA$，$QDM_应 = QDM$。

从图 7.143 中可以看出，飞机在某位置测定的电台磁方位就等于飞机从该位置直接飞向电台的航线角，这条无线电方位线也称为向台航迹。

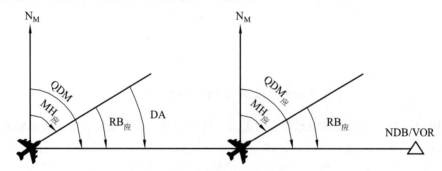

图 7.143　修正偏流向 NDB/VOR 台飞行

修正偏流向电台飞行时所用的偏流，可用已知风计算出来，也可以在向电台飞行过程中进行估算得出。当偏流已知时，则直接修正偏流，保持应飞磁航向飞行，用 ADF 指示器和 RMI、HSI、CDI 判断飞机是否沿着航线飞向电台。

当不知道偏流角时，可采用渐次修正法估算偏流，然后修正偏流向台飞行。飞行中根据方位角的增减，可以判断飞机偏离的方向，根据方位角变化的快慢，可以估计出偏流角的大小，判明以后，即以估计的偏流作修正偏流飞向电台。如果发现飞机继续偏离，可以将前次估计的偏流角增大或减小一半，这样逐次增半或减半，直到方位角不再变化为止。这时候的航向就是飞向电台的应飞航向。这种方法，就叫渐次修正法。此方法一般在不能准确掌握飞机距导航台的距离时使用。

例如，飞机开始时机头对正电台飞行，这时 $MH = 90°$、$RB = 0°$；保持航向飞一段时间后，测得 RB357°，飞机偏右，左侧风，估计 $DA = +4°$，向左修正到 $MH = QDM - DA = 87° - （+4°）= 83°$，$RB_应 = 4°$；飞机保持 83°航向再飞一段时间后，测得 $RB = 2°$，说明修正不够，因此偏流增加一半，即估计 $DA = +6°$，向左修正到 $MH = QDM - DA = 85° - （+6°）= 79°$，对应的 $RB_应 = 6°$；飞机保持 MH79°飞行，如果观测到 RB 不再变化，即可认为空中实际偏流为 $DA_实 = +6°$，飞机飞向电台的 $MH_应 = 79°$，飞机保持这一应飞航向飞行，就可以飞向电台上空（见图 7.144）。

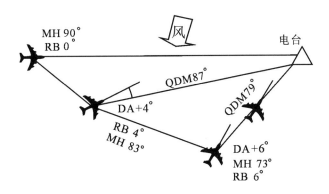

图 7.144　渐次修正法估偏流

7.6.5.2　向 NDB/VOR 台检查和修正航迹

向电台飞行过程中，由于风及其他因素的影响，可能造成飞机偏航，因此向电台飞行必须及时地发现并进行修正，使飞机能够准确地飞至电台上空。

1. 判断偏航的基本原理

向电台飞行中，飞机每一个时刻都必定在某一条方位线上，如果没有偏航，飞机所在方位线将与航线重合，电台磁方位（QDM）将等于磁航线角（MC）。如果偏航，飞机所在方位线与航线就不再重合，QDM 不再等于 MC。如果飞机偏左，电台磁方位将大于磁航线角，反之，则小于磁航线角。这就是说飞机当时测出的电台磁方位就是飞机飞向电台的新航线角，因此利用测出的电台磁方位角与航线角比较，即可判断飞机的偏航情况，可归纳为：向电台飞行，大偏左，小偏右（见图 7.145）。

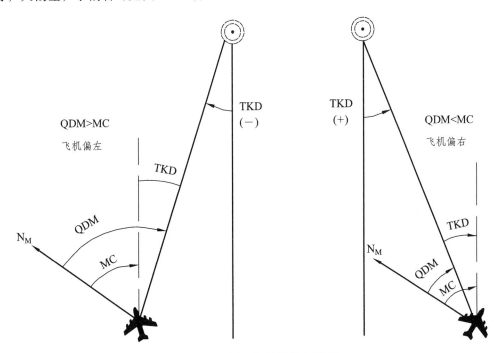

图 7.145　判断偏航的基本原理

因此，利用飞行中所测出的电台磁方位角与磁航线角比较，即可判断出飞机偏离航线的情况：

QDM > MC　　飞机偏左

QDM = MC　　飞机不偏

QDM < MC　　飞机偏右

电台磁方位角与航线角之差，就是偏离角，即

$$TKD = MC - QDM$$

2. 用仪表判断偏航的方法

（1）利用 RMI 判断偏航，通过"ADF/VOR"按钮选择导航源，方位指针针尖指示 QDM，与 MC 比较即可得出偏离角（TKD）。

【例】 预定航线的磁航线角 MC = 50°，调谐好电台并判明电台后，RMI 的指示如图 7.141 所示，MH = 55°、QDM = 60°，判断飞机偏航情况。

解： 从图 7.146 可以进行仪表设想，刻度盘中心设想为电台，指针针尾为飞机，从刻度 50° 处连接中心画出假想航线，可以直接判断出飞机偏在航线左侧，并可得出 TKD = – 10°；也可用指示的 QDM60° 与 MC50° 直接比较，判断出飞机偏左。

（2）ADF 指示器测定电台相对方位（RB），飞行中一般与航向仪表配合使用。ADF 指示器只能指示 NDB 电台的相对方位（RB），电台磁方位（QDM）必须通过计算得出，然后计算出偏航角 TKD，即

$$QDM = MH + RB, \quad TKD = MC - QDM$$

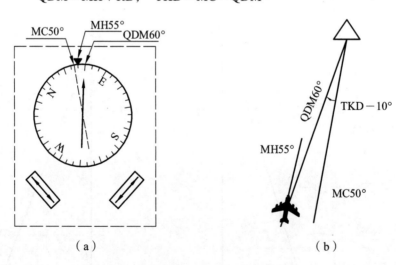

图 7.146　RMI 上飞机与电台的关系

图 7.147 所示是用 ADF 指示器判断偏航的仪表设想。指针代表方位线，指针针尖表示实际电台相对方位，仪表中心表示电台，飞机在指针针尾，方向与航向标线一致。飞行员从刻度盘上找到 RB$_{应}$ 刻度，然后通过仪表中心画出一条线，实际上就是假想的航线。所以，直观地观察飞机在假想航线的左侧还是右侧，即可判断出飞机偏离航线的情况，偏离角的大小就

是刻度盘上实际方位与 $RB_{应}$ 刻度的差值。

　　例如，预计磁航迹角 MC = 127°，从仪表上读出 MH = 120°、RB = 5°，这时将电台相对方位 5°加到航向上，即可得电台磁方位为 125°，比预计磁航迹 127°小，表明飞机偏右，TKD 为 + 2°。

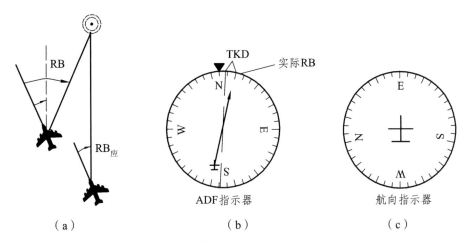

（a）　　　　　　　　　　（b）　　　　　　　　　　（c）

图 7.147　ADF 指示器上飞机与电台的关系

　　（3）利用 CDI 判断偏航，是直接判断出飞机与航道偏离杆的关系，其中，航道杆代表预选航道 MC，表盘中心代表飞机。如果航道偏离杆偏右，表明飞机偏左；航道偏离杆偏左，表明飞机偏右。偏离的大小从偏离刻度处直接读出数点，一个点代表偏 2°。

　　用 CDI 判断偏航的实施程序是：首先在控制盒上调谐好选定的地面 VOR 台，并听清呼号，然后转动"OBS"旋钮使刻度盘上的 MC 刻度与标线对齐，这时飞行员从 CDI 上航道偏离杆直接判断飞机偏航情况。

　　【例】　　预定航线的磁航线角 MC = 50°，调谐好地面 VOR 台后调定预选航道，MH55° 飞行，这时 CDI 的指示如图 7.148 所示，判断飞机的偏航情况。

　　解：从图可以看出，航道偏离杆偏在中心右侧 4 个点，说明飞机偏左，得出 TKD = − 8°。

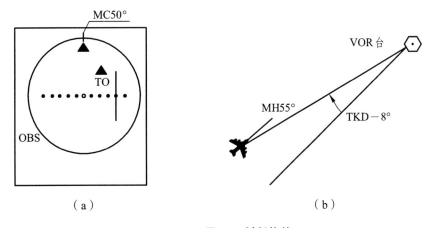

（a）　　　　　　　　　　　　（b）

图 7.148　用 CDI 判断偏航

（4）利用 HSI 判断飞机偏离情况，其方法完全与 CDI 相同，只是增加了一个磁航向，并且刻度盘的转动是受航向系统信号控制，转动预选航道旋钮则预选航道指针随之转动。实施步骤是：调谐好地面 VOR 台后，转动预选航道旋钮在刻度盘或窗上选定预选航道 MC，这时飞行员通过航道偏离杆偏向左或右的点数，判明飞机的偏航情况；对于 5 个点的 HSI，一个点代表偏 2°，满偏 10°；对于 2 个点的 HSI，一个点代表 5°，满偏 10°。

【例】 　预定航线的磁航线角为 120°，调谐好地面 VOR 后调定预选航道 MC120°，保持 MH110°飞行，这时 HSI 的指示如图 7.149 所示，判断飞机的偏离情况。

解： 从图可以看出，航道偏离杆偏在中心左侧 3 个点，说明飞机偏在右侧 6°，即 TKD = +6°。

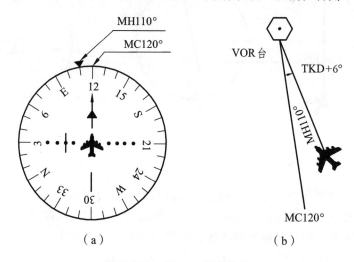

图 7.149　用 HSI 判断偏航

利用 CDI 和 HSI 判断飞机偏航，可以很直观地判断出飞机偏航的左右及角度大小，但随着飞行距离的不同，同样的偏离角所对应的偏航距离不相同。飞行中为了及时掌握飞机偏离航线的距离，常常采用快速的心算方法：对于 5 个点的 HSI 和 CDI，每海里每点偏航距离约 210 ft（65 m），就是说当飞机距离电台 1 n mile，如果 HSI 指示飞机偏离航道 1 个点，则飞机偏航的距离大约为 210 ft（65 m），以此类推即可算出在不同距离偏离不同点数飞机的偏航距离。例如，飞机在 30 n mile 偏一个点的偏航距离约 1 n mile，飞机在 60 n mile 偏 2 个点的偏航距离约 4 n mile。

3. 修正航迹

向电台飞行，用领航仪表判断出飞机偏航后，有两种方法可以修正偏航：一种是修正偏流沿新航线直飞电台，称为修正航迹；另一种是切入原航线，修正偏流沿原航线直飞电台，称为向台切入。

飞行中，向电台修正航迹有按新航线角修正和按航迹修正角修正两种方法。

（1）按新航线角修正航迹：向电台飞行时，测出的电台方位角（QDM）就是当时改航直飞电台的新航线角（MC），因此，只需求出偏流角（DA），即可按新航线角修正偏流飞向预定电台（见图 7.150）。

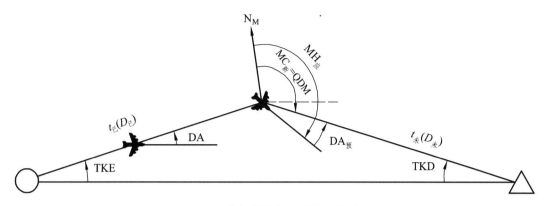

图 7.150　按新航线角向台修正航迹原理

按新航线角向电台修正航迹的方法和步骤是：

① 根据判断偏航的方法求出新航线角（即当时的电台磁方位角）和偏离角；

② 计算偏航角（TKE）：可用尺算和心算进行，心算的公式是

$$TKE = [D_{未}(t_{未})/D_{已}(t_{已})] \cdot TKD$$

③ 计算航迹角（MTK）：　　　　MTK = MC + TKE

④ 计算偏流（DA）：　　　　　　DA = MTK − MH$_{平}$

⑤ 计算应飞磁航向（MH$_{应}$）：　MH$_{应}$ = QDM − DA

⑥ 计算应指示无线电方位（即飞机在新航线上，ADF 指示器和 RMI 应指示数据）：

$$RB_{应} = 360° + DA, \quad QDM_{应} = QDM（或 MC_{新}）$$

【例】　　飞机保持平均磁航向 MH = 60° 沿 MC = 70°飞行，飞行 15 min，利用 ADF 指示器进行向台检查，航向 MH60°，ADF 指示器指示 RB = 13°，还有 20 min 未飞，判断偏航并进行向台修正航迹的计算和作图（见图 7.151）。

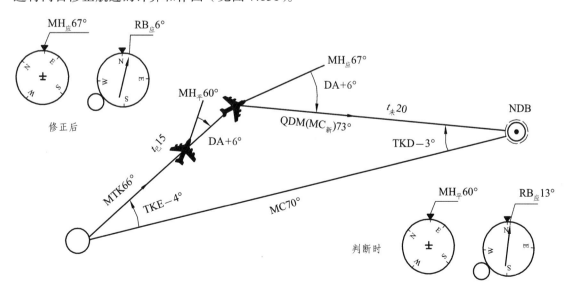

图 7.151　用 ADF 指示器按新航线角修正航迹

489

解：① 经计算可得电台磁方位 QDM = 73°，这一角度也是飞机直飞电台的新航线角，说明飞机偏左，TKD = − 3°；

② 计算 TKE：结合目测心算出 TKE = − 4°；

③ 计算 MTK：已知 MC = 70°，计算出 MTK = 66°；

④ 计算 DA：已知 $MH_平 = 60°$，计算出 DA = + 6°；

⑤ 计算 $MH_应$：由上面求出的 QDM 和 DA 即可求出 $MH_应 = 67°$；

⑥ 计算 $RB_应$：计算出的 $RB_应 = 6°$。

【例】 飞机保持平均磁航向 $MH_平 = 60°$ 沿 MC = 70° 飞行，航道偏离指示器 CDI 指示为：预选航道调定 70°，航道偏离杆向右偏离 1 个半点，飞机已飞行 15 min，还有 20 min 未飞，判断偏航并进行向台修正航迹的计算和作图（见图 7.152）。

解：① 据 CDI 上偏离杆与飞机的关系，确定出飞机的偏航：飞机偏左，TKD = − 3°，QDM = 73°；

② 计算 TKE：结合目测心算出 TKE = − 4°；

③ 计算 MTK 和 $MC_新$：已知 MC = 70°，计算出 MTK = 66°，$MC_新$ = QDM = 73°；

④ 计算 DA：已知 $MH_平 = 60°$，计算出 DA = + 6°；

⑤ 计算 $MH_应$：$MH_应 = 67°$；

⑥ 重新预选航道 $MC_新$，转动"OBS"旋钮，使预选航道为 73°，航道偏离杆回到中立位置，飞行中始终保持航道偏离杆在中立，飞机将沿新航线飞到 VOR 台上空。

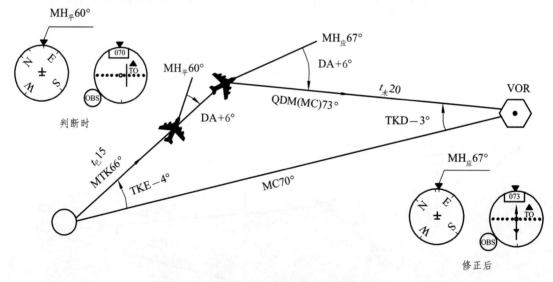

图 7.152　用 CDI 按新航线角向台修正航迹

（2）按航迹修正角修正航迹：根据向电台测出的偏离角，计算出航迹修正角，然后在平均磁航向的基础上修正一个航迹修正角飞向预定电台上空。因此，只需求出航迹修正角，即可按航迹修正角修正航迹完成直飞电台的工作（见图 7.153）。

按航迹修正角修正航迹的方法和步骤是：

① 根据判断偏航的方法求出偏离角；

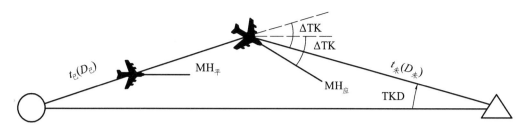

图 7.153 按航迹修正角（ΔTK）修正航迹的原理

② 计算 TKE 和航迹修正角（ΔTK）：ΔTK = TKE + TKD；

③ 计算应飞航向（$MH_应$）：$MH_应$ = $MH_平$ – ΔTK；

④ 计算应该指示的无线电方位：$RB_应$可以根据改航前后的航向变化量和判断飞机偏航时的电台相对方位计算出，$QDM_应$则是判断飞机偏航时的 QDM。

【例】 飞机保持平均磁航向 $MH_平$ = 125° 沿 MC = 120° 飞行，飞行 15 min，用 RMI 判断飞机偏航情况，这时，QDM = 116°，飞机还有 16 min 未飞，判断偏航并进行向台修正航迹的计算和作图（见图 7.154）。

解：① 用 RMI 上测出的 QDM = 116° 与 MC = 120° 比较，即可判定飞机偏右，TKD = + 4°；

② 计算 TKE 和 ΔTK：TKE = + 4°，ΔTK = TKE + TKD = + 8°；

③ 计算 $MH_应$：已知 $MH_平$ = 125°，所以 $MH_应$ = 125° – （ + 8°）= 117°；

④ 确定 $QDM_应$：飞机在同一方位线上改航后飞向电台，其指示的电台磁方位不会改变，即 $QDM_应$ = 116°。

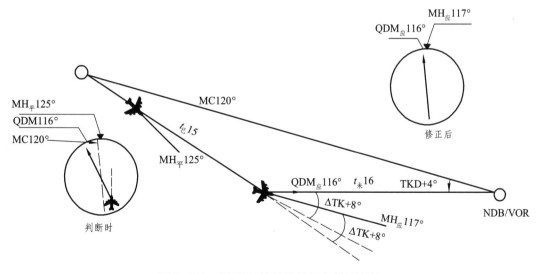

图 7.154 用 RMI 按航迹修正角修正航迹

【例】 飞机保持平均磁航向 $MH_平$ = 125° 沿 MC = 120° 飞行，飞行 15 min，用 HSI 判断偏航，HSI 预选航道 120°，航道偏离杆偏在中心左侧 2 个点，未飞时间为 16 min，判断偏航并进行向台修正航迹的计算和作图（见图 7.155）。

解：① 根据 HSI 航道偏离杆与飞机的关系，确定出飞机偏右，TKD = + 4°，$MC_新$ = QDM = 116°；

② 计算 TKE 和 ΔTK：TKE = + 4°，ΔTK = TKE + TKD = + 8°；

③ 计算 $MH_应$：已知 $MH_平 = 125°$，所以 $MH_应 = 125° - （ + 8°） = 117°$；

④ 重新预选航道，转动"航道预选"旋钮，使预选航道指 116°，航道偏离杆回到中立位置；飞行中始终保持航道偏离杆在中立，飞机将沿着 QDM116° 方位线飞到 VOR 台上空。

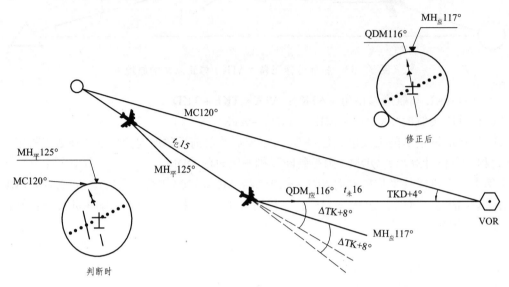

图 7.155　用 HSI 按航迹修正角修正航迹

实际飞行中，当发现飞机偏航进行修正航迹直飞电台时，一般较多采用按航迹修正角修正航迹的方法；如果要按新航线角修正航迹，也常采用估计偏流渐次修正的方法；修正时常结合目测和心算。

7.6.5.3　向 NDB/VOR 台切入

航线飞行中，如果发现飞机向台飞行偏离航线较远，飞机有可能偏出航路以及影响飞行安全，可应用进入预定方位线的原理，首先引导飞机切回航线，然后修正偏流，沿航线向电台飞行。此外，在仪表离场、进场和仪表进近中，有时为了避开空中冲突以及航行需要，ATC 常指令飞机切入某一指定方位线，飞至要求位置。向电台切入有切入预定航线和切入指定方位线两种。

1. 向 NDB/VOR 台切入预定航线

向电台切入预定航线的实施步骤是：

（1）判断飞机偏离预定航线情况：利用 ADF 指示器、RMI、CDI、HSI 判断偏航的知识，准确地判定飞机偏离预定航线的左右及大小。

（2）确定切入航向（$MH_切$）：当判定飞机偏离预定航线情况后，应操纵飞机向偏出的反方向修正航向，使修正后的航向线与预定航线成一定的夹角（称为切入角 α），这个航向就叫切入航向（$MH_切$），飞机保持这一航向切入预定航线。

$$MH_切 = MC \pm \alpha \quad （右切 " + "，左切 " - "）$$

沿航线飞行，偏离角一般较小，切入角可选 2TKD 或 30° ~ 60° 间的整数，自动驾驶仪 A/P 通常选用 45° 切入角。飞行中飞行员主要依据四个方面选择 α：飞机所处的上、下风面；飞机偏航的大小程度；飞机离电台的远近；航路情况（包括地形、禁区、走廊等情况）。如果需要尽早切回航线，α 可选大一些（见图 7.156）。

（3）判断飞机切回预定航线的瞬间：飞机保持切入航向（$MH_切$）飞行，根据无线电方位指示器的指示判断切入预定方位线的瞬间，飞机偏左，向右切入航线时，电台在左，无线电方位角都逐渐减小；飞机偏右，向左切入航线时，电台在右，无线电方位都逐渐增大；当 ADF 指示器指示 $RB_切$（或 RMI 指示 $QDM_切$，或 CDI、HSI 航道偏离杆回中），飞机切回预定航线（见图 7.157）。

$$RB_切 = 360° \pm \alpha \qquad （飞机偏左向右切"-"，飞机偏右向左切"+"）$$
$$QDM_切 = MC$$

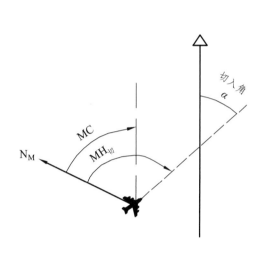

图 7.156　确定切入航向

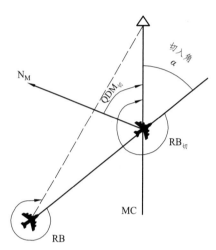

图 7.157　切回航线的判断

（4）修正偏流沿航线向台飞行：飞机切回预定航线后，迎风修正偏流使飞机沿预定航线飞到电台上空。

$$MH_应 = MC - DA$$

【例】　由宜昌至天门 NDB 台，$MC = 95°$，飞行中航向仪表指示 $MH_平 = 85°$，ADF 指示器指示 $RB = 20°$，判断飞机偏航并用 30°切入角切入航线（见图 7.158）。

解：① 判断飞机偏航情况：已知 $MH_平 = 85°$、$RB = 20°$，计算得出 $QDM = 105°$，$TKD = -10°$，飞机偏在预定航线左边；

② 确定切入航向（$MH_切$）：$MH_切 = 95° + 30° = 125°$；

③ 确定切回航线瞬间：$RB_切 = 360° - 30° = 330°$，所以飞机保持切入航向（MH）飞行，这时电台在左，ADF 指示器指示电台相对方位（RB）不断减小，当指示减小至 RB330° 时，飞机切回原航线；

④ 修正偏流沿航线向台飞行：估计 $DA = +5°$；计算出飞机沿航线飞行 $MH_应 = MC - DA = 95° - (+5°) = 90°$，因此，飞机保持航向 90°飞行，其 ADF 指示器指示 RB 应该为 5°，如果 ADF 指示器指示 RB5° 不变，则飞机将沿预定航线飞向天门 NDB 台。

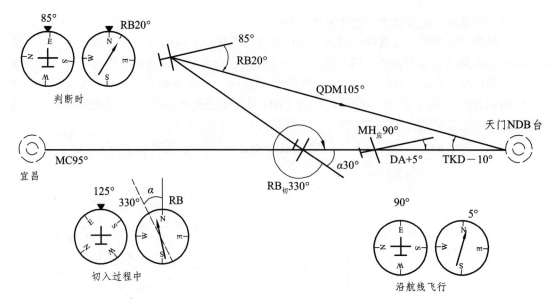

图 7.158　用 ADF 向台切入预定航线

【例】　由五凤溪到涪陵 NDB，MC = 111°，RMI 指示是：$MH_平$ = 115°，QDM = 120°，判断偏航并用 40° 切入角切入预定航线（见图 7.159）。

解：① 判断飞机偏航情况：已知 QDM = 120°，QDM > MC，说明飞机偏左，TKD = − 9°。

② 确定切入航向（$MH_切$）：$MH_切$ = MC + α = 111° + 40° = 151°。

③ 确定切回航线瞬间：飞机保持切入航向 $MH_切$ = 151° 飞行，这时电台在左，RMI 指示的电台磁方位 QDM 不断减小，当指示减小为 QDM111° 时，飞机切回原航线。

④ 修正偏流沿航线向台飞行：估计 DA − 6°，计算出飞机沿航线向台飞行 $MH_应$ = MC − DA = 117°，因此，保持飞机航向 117° 飞行，RMI 应该指示的电台磁方位 $QDM_应$ = 111°，如果 RMI 的指示 QDM111° 始终保持不变，说明飞机保持 117° 航向沿航线飞向涪陵 NDB 台。

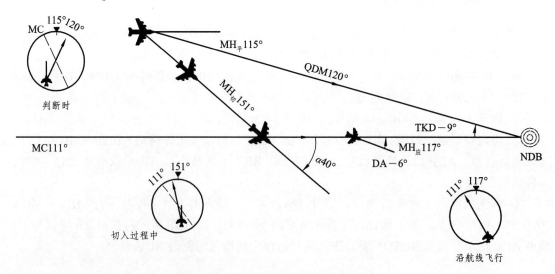

图 7.159　用 RMI 向台切入预定航线

【例】 飞机保持平均磁航向 $MH_平 = 190°$ 沿 $MC = 179°$ 向百色 VOR 台飞行，从 CDI 上读出：预选航道调定 179°，航道偏离杆偏左 3 个点，判断偏航并用 $α = 45°$ 切入角切入原航线。

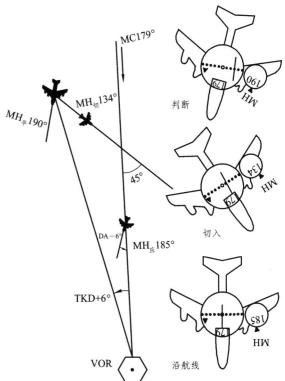

解：① 判断飞机偏航情况：根据 CDI 的指示可知道飞机偏右，$TKD = +6°$；

② 确定切入航向（$MH_切$）：$MH_切 = MC - α = 134°$；

③ 确定切回航线瞬间：$QDM_切 = MC = 179°$，飞机保持切入航向 $MH_切 = 134°$ 在向左切入过程中，CDI 上航道偏离杆逐渐向仪表中心移动，当航道偏离杆回中时，飞机切回原航线；

④ 修正偏流沿航线向台飞行：估计偏流 $DA = -6°$，计算出飞机沿原航线向台飞行的应飞磁航向 $MH_应 = MC - DA = 185°$，因此，飞机保持应飞磁航向 185° 飞行，CDI 的航道偏离杆应始终在中立位置，说明飞机沿原航线向百色 VOR 台飞行（见图 7.160）。

图 7.160 用 CDI 向台切入预定航线

【例】 由息峰飞往花垣 VOR，飞机保持平均磁航向 $MH_平 = 56°$ 沿航线 $MC = 59°$ 飞行，从 HSI 上读出：预选航道是 59°，航道偏离杆偏左 4 个点，判断偏航并按 $α = 30°$ 切入角切入预定航线飞向花垣 VOR 台（见图 7.161）。

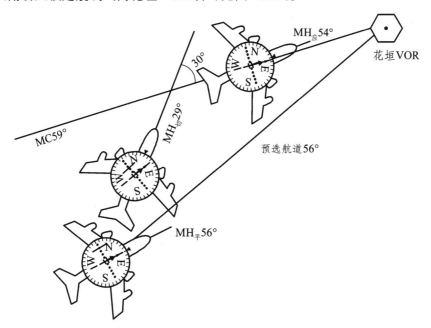

图 7.161 用 HSI 向台切入预定航线

495

解： ① 判断偏航情况：根据 HSI 的指示可判断出飞机偏右，TKD = + 8°；

② 确定切入航向（MH$_切$）：MH$_切$ = MC − α = 59° − 30° = 29°；

③ 确定切回航线瞬间：QDM$_切$ = MC = 59°，飞机保持切入磁航向 MH$_切$ = 29° 在向左切入过程中，HSI 上航道偏离杆逐渐向仪表中心移动，当航道偏离杆回到中心时，飞机切回原航线；

④ 修正偏流沿原航线向台飞行：估计偏流 DA = + 5°，计算出飞机沿原航线向台飞行的应飞磁航向 MH$_应$ = 54°，因此，飞机保持应飞磁航向 54° 飞行，HSI 的航道偏离杆应始终在中心位置，说明飞机沿预定航线向花垣 VOR 台飞行。

【例】 如图 7.162 所示，飞机从位置 2 到位置 3 的切入航向是 95°；飞机切入 R265° 的切入角为 10°；如果飞机从位置 2 到位置 3 的时间为 8 min，则从位置 3 到电台上空预计需要 8 min 时间。

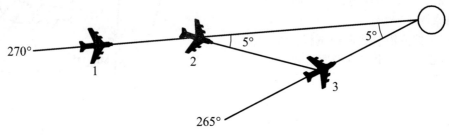

图 7.162 切入过程的判断

2. 向 NDB/VOR 台切入指定方位线

向电台切入指定方位线，与切入预定航线的步骤一样，也是 4 个步骤，只要把指定方位线的 QDM$_指$ 当成航线角（MC）即可。切入方法是：

（1）判断飞机与指定方位线的关系：就是判断出飞机在指定方位线的左或右，即根据飞机所在方位线的电台磁方位（QDM）与指定方位线的电台磁方位（QDM$_指$）比较：

$$QDM > QDM_指 \qquad 飞机在指定方位线的左边$$
$$QDM < QDM_指 \qquad 飞机在指定方位线的右边$$
$$TKD = QDM_指 − QDM$$

（2）确定切入航向 MH$_切$：判明飞机偏在指定方位线的哪一边后，应操纵飞机转向指定方位线，保持切入航向飞行，但切入指定方位线时，偏离角一般较大，为了保证飞机飞越电台之前能够切到指定方位线上，切入角应按以下原则确定：

$$TKD \leqslant 5° \qquad 选择切入角 \alpha = 10°$$
$$5° < TKD \leqslant 45° \qquad 选择切入角 \alpha = 2 \cdot TKD$$
$$45° < TKD \leqslant 60° \qquad 选择切入角 \alpha = 90°$$
$$TKD > 60° \qquad 采取分段切入法$$

切入航向（MH$_切$）为：MH$_切$ = QDM$_指$ ± α，偏左向右切 "+"，偏右向左切 "−"。

（3）判断切入指定方位线的瞬间：方法与切入预定方位线相同。

（4）修正偏流沿方位线向台飞行：飞机切到指定方位线后，迎风修正偏流使飞机沿方位线飞到电台上空，即 MH$_应$ = QDM$_预$ − DA。

【例】 飞机正向某机场 VOR 台归航，ATC 指挥飞机切入向台航迹即 QDM$_指$ = 150° 的方位线，然后飞向 VOR 台，当时 RMI 的指示为 MH = 230°、QDM = 230°，判断偏航并切入指定方位线飞向 VOR 台（见图 7.163）。

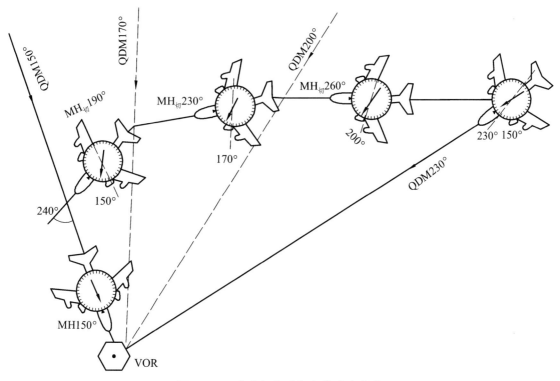

图 7.163　分段切入法切入指定方位线

解：① 判断飞机与指定方位线的关系：从 RMI 指示 QDM = 230°，指定方位线的 QDM$_{指}$ = 150° 可知，飞机在指定方位线的左侧，TKD = − 80°，偏离角太大，因此采用分段切入的方法，分 3 段切入。

② 第一段，由 QDM = 230° 切入到 QDM = 200°，可知 TKD = − 30°，选切入角 α = 60°，确定的 MH$_{切}$ = 260°，飞机保持 260° 航向向右切入 QDM = 200° 的方位线，这时电台在左，RMI 指示逐渐减小，当减小到 QDM = 200° 时，进入 QDM = 200° 的方位线，适当提前改出至下一段航向。

第二段，由 QDM = 200° 切入到 QDM = 170°，可知 TKD = − 30°，选切入角 α = 60°，确定的 MH$_{切}$ = 230°，飞机保持 230° 航向向右边切入 QDM = 170° 的方位线，这时 RMI 指示也不断减小，当减小到 QDM = 170° 时，进入 QDM = 170° 的方位线，适当提前改出至下一段航向。

第三段，由 QDM = 170° 切入到 QDM = 150° 的指定方位线，可知 TKD = − 20°，选切入角 α = 40°，确定的 MH$_{切}$ = 190°，飞机保持 190° 航向切入 QDM150° 指定方位线，这时 RMI 的指示逐渐减小，当减小到 QDM = 150° 时飞机切到指定方位线。

③ 修正偏流沿指定方位线 QDM = 150° 向台飞行：如果飞行员知道空中风，则计算或估算出偏流，修正偏流沿指定方位线飞向电台；如果不能得到偏流，则采用摸偏流的方法进行向台飞行。

7.6.5.4　判断飞机过台时机

向电台飞行时，还应正确判断过台的时机，确定飞机位置。飞行员根据预达电台的时刻，知道飞机将要飞到电台上空时，必须依靠无线电仪表进行判断。

1. 地面台是 NDB 台

地面 NDB 台正上空有一个静锥区，无线电波极其微弱，不能使自动定向机（ADF）正常工作。当飞机进入静锥区时，将收听不到地面 NDB 台的信号，同时方位指针将停滞或摆动，此时即为过台点。如用 ADF 指示器、RMI 判断过台点，仪表上指针刚开始会出现摆动，然后迅速"倒台"，指针反向 180°，这时飞机从电台正上空通过。如果飞机从地面电台的一侧过台，则方位指针开始也会摆，然后指针缓慢倒转，当方位指针指示 3 点钟时，说明飞机从电台左侧通过；当方位指针指示 9 点钟时，说明飞机从电台右侧通过。过台后，随着飞机远离地面电台，方位指针将逐渐向背台方位接近。为了保证过台的准确性，有的在电台位置还安装了指点标台，飞机上则装有信标接收机。当飞机通过电台上空时，信标接收机会发出信号，即灯亮、铃响，提醒飞行员飞机正在过台，根据信号，即可判定飞机过台的时刻。

2. 地面台是 VOR 台

地面 VOR 台在它的天线延长线上空有 45° 夹角的锥形盲区，当飞机进入盲区时，CDI、HSI 上航道杆会出现摆动，当向/背台指标倒转间隙，故障警告旗出现，飞机从电台正上空通过；而飞机从地面 VOR 台一侧通过时，航道偏离杆摆动较小，故障警告旗不出现。

7.6.6 背 NDB/VOR 台飞行

飞机飞越航线（航段）起点以后，可以用位于航线（航段）起点的 VOR 台或 NDB 台作背电台飞行，用背电台测定的航行元素判断偏航，修正偏航或切入航线，使飞机沿航线飞行直到终点的上空。

7.6.6.1 背 NDB/VOR 台检查航迹

飞机准确通过 NDB/VOR 台上空后，保持一定的航向直线飞行一定时间，那么飞机所在的无线电方位线就是飞机的平均航迹线，即测出的飞机磁方位（QDR）就是飞机的平均磁航迹（MTK）（见图 7.164），常将飞机磁方位（QDR）称为背台航迹。因此，根据飞机准确过台到测偏流期间所保持的平均磁航向（MH$_平$）和测出的飞机磁方位（QDR），可以得出

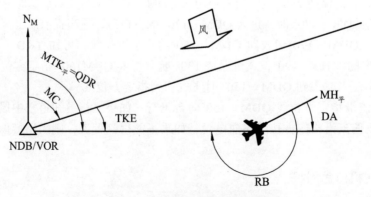

图 7.164 飞机准确过台后检查航迹

$$MTK_{背} = QDR, \quad DA = QDR - MH_{背}$$
$$DA = RB - 180°, \quad TKE = QDR - MC$$

1. 用 ADF 指示器判断

方位刻度盘可以调整的 ADF 指示器，可通过旋钮将航向标线对准当时的磁航向，这时 ADF 指示器针尾指示数据就是 QDR，即是背台磁航迹（MTK）。

如果方位刻度盘不能调整，ADF 指示器指针指示相对方位（RB），常采用先计算出飞机磁方位（QDR），然后用算出的飞机磁方位（QDR）与预定航线的航线角（MC）比较，进行背台航迹的检查，判断出飞机与预定航线的关系，并可求出 DA、TKE。

例如，飞机准确过 NDB 电台，保持平均磁航向 MH90° 沿航线 MC104° 飞行，飞行一段时间后，测得 ADF 指示器指示 RB190°（见图 7.165），可以得出

$$MTK = QDR = MH + RB - 180° = 100°$$
$$DA = MTK - MH_{背} = +10° \quad 或 \quad DA = RB - 180° = +10°$$
$$TKE = MTK - MC = -4°$$

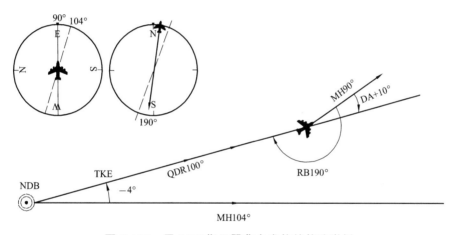

图 7.165　用 ADF 指示器背台求偏航偏流举例

用 ADF 指示器检查航迹，其准确性与飞机准确过台后保持的航向是否稳定、读取电台相对方位角的准确性及离台的远近等因素有关。当用 ADF 指示器时，必须定准瞬间航向，如果平均航向与瞬间航向不一致，则求出的偏流角、航迹角、偏航角就会有相应的误差。为了减小这种误差，应取电台相对方位的平均值来计算，读取电台相对方位平均值是读取电台相对方位的最基本、最常用的方法。飞行中，应在严格保持平均航向的同时，仔细观察 ADF 指示器的指示，经过一段时间的判断，确定读取的数值；在确定具体数值时，应先确定指示的方向，再确定指示的范围，最后确定应读取的数值。读取电台相对方位时，应参照飞机与电台的概略方位和已飞时间进行综合判断。

2. 用 RMI 检查航迹

调好 NDB 或 VOR 电台的频率，听清电台呼号，然后 RMI 上选择相应的 VOR 台或 NDB 台的指示，这时 RMI 上的方位指针针尾指示 QDR，并用 QDR 与预定航线的航线角（MC）比较，就可判断出飞机偏离预定航线的情形：

QDR < MC   飞机偏左

QDR = MC   飞机不偏

QDR > MC   飞机偏右

TKE = QDR – MC， DA = QDR – MH平

例如，预定航线的磁航线角 MC50°，调谐好电台并听请呼号后，RMI 的指示为 MH = 55°，QDR = 60°，这时 MTK = QDR = 60°，TKE = MTK – MH平 = + 10°，DA = MTK – MC = + 5°，说明飞机偏右（见图 7.166）。

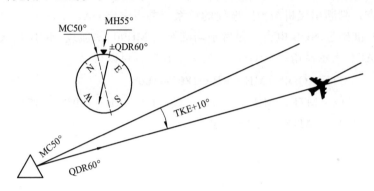

图 7.166　用 RMI 检查航迹举例

飞行中，可以采用仪表设想的方法，如上例，从刻度 50° 处连接中心画出假想航线，可以从 RMI 上直接判断出飞机偏右，并根据方位指针尾部比假想航线大 10°，即 TKE = + 10°；根据方位指针尾部航向标线大 5°，即 DA = + 5°；也可根据背台飞行指示的 QDR60° 与 MC50° 比较，大偏右，所以飞机偏在航线右侧 10°。

3. 用 CDI 检查航迹

飞行中，用 CDI 检查航迹十分方便，就是通过观察 CDI 上航道偏离杆与表盘中心的位置关系来确定飞机偏航。如果航道偏离杆偏在刻度盘中心的右侧，表明飞机偏左；航道偏离杆偏在刻度盘中心的左侧，表明飞机偏右；偏航的大小从偏离刻度处直接读出数点即可。用 CDI 判断偏航的实施程序是：首先在控制盒上调谐好所选地面 VOR 台，并听清呼号，然后转动 "OBS" 旋钮预选航道 MC，这时飞行员从 CDI 上航道偏离杆的情况直接判断飞机偏航情况，计算出 QDR 和 DA。

例如，预定航线的磁航线角为 MC = 100°，调谐好地面 VOR 台后调定预选航道 100°，保持 MH90° 飞行，检查航迹时，CDI 的指示情况为：航道偏离杆偏在中心右侧 2 个点，说明飞机偏左，TKE = – 4°，计算出 QDR = MTK = MC + TKE = 96°，DA = MTK – MH平 = + 6°（见图 7.167）。

4. 用 HSI 检查航迹

飞行中，利用 HSI 检查航迹的方法，同 CDI 完全相同，只是在 HSI 上可以直接读出飞机的磁航向，转动预选航道旋钮时，预选航道指针转动而刻度不动。用 HSI 背台检查航迹的实施步骤是：在控制盒上调谐好地面 VOR 台，转动 "预选航道旋钮" 在刻度盘或窗上选定预选航道，这时飞行员通过航道偏离杆偏离中心左或右的点数，即可判明飞机的偏航情况，并可计算出 QDR 和 DA。

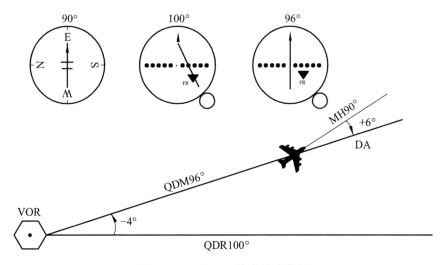

图 7.167　用 CDI 检查航迹举例

例如，预定航线的磁航线角为 120°，调谐好地面 VOR 台后，转动"预选航道旋钮"调定预选航道 120°，飞机保持 MH115°飞行，这时 HSI 指示为：航道偏离杆偏在中心左侧 3 个点，表明飞行偏右，TKE ＝ ＋6°，通过计算可得

$$QDR = MTK = MC + TKE = 126°, \quad DA = MTK - MH_{平} = +11°$$

5. 通过电台上空不准确产生误差

当飞机没有准确从航线起点导航台上空通过时，进行背台航迹检查，测出的无线电方位就不是平均磁航迹线，飞机磁方位（QDR）就不是 MTK。

从电台一侧通过：由于 VOR 台和 NDB 台都存在顶空盲区，根据仪表指示判断飞机过台不可能绝对准确，加上飞行员的操纵技术水平，飞机过台时往往从电台的一侧通过，即过台时飞机通过电台有一个偏出距离 d，这样就使得背台飞行测出的方位线与飞机的航迹线不一致，存在一个误差角 θ，这一角度的大小取决于通过电台时的偏出距离 d 和背台测方位时的已飞距离 D，写成数学表达式为

$$\tan\theta = d/D, \quad \theta \approx d \cdot 57.3°/D$$

飞机过台的偏差随飞行高度升高而增大，通常在 0.2～1 km 范围内；而误差角 θ 随飞过距离增大而减小，当飞过距离不小于 57 km，误差角 θ 将小于 1°。所以飞行中，飞机过台不准，不能立即测方位，而应飞行一段时间以后再测，才能减小过台不准带来的误差，使它达到保证飞行安全的要求（见图 7.168）。

切入航线：在许多情况下，飞机离场时，不是通过起点导航台上空切入航线，而是起飞上升到一定高度时切入航线。飞机切到航线时，已经距离电台一段距离了，此时背台测出的无线电方位线与飞机的航迹线将有一个偏差，这个偏差随飞行距离的增加而减小。所以，为了减小误差，切入航线后不要马上测偏流，而应飞行一段时间后再测，可以有效地减小误差。

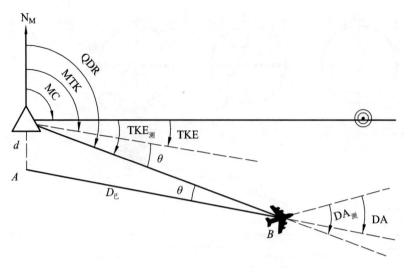

图 7.168　从电台一侧通过检查航迹

7.6.6.2　背 NDB/VOR 台修正航迹

背电台飞行检查完航迹后，发现偏航，有两种方法修正偏航：一种是立即改航或到预定时刻（或预定点）改航，沿新航线直飞下一预定点，即修正航迹；另一种是切入原航线，修正偏流沿原航线飞行。背电台修正航迹有按新航线角修正和按航迹修正角修正两种方法。

1. 按新航线角修正航迹

按新航线角背台修正航迹是在背电台测定无线电方位的基础上，求出偏航角和偏流，然后在新航线角上修正一个偏流，确定应飞航向使飞机沿新航线直飞预定点（见图 7.169）。其方法和步骤是：

（1）根据背台检查航迹的方法，求出飞机磁方位和偏航角、偏流。

（2）计算偏离角（TKD）：可用尺算和心算进行，心算公式是 TKD＝（$D_{已}$ $D_{未}$）· TKE＝（$t_{已}/t_{未}$）· TKE。

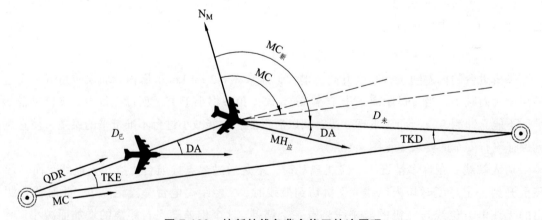

图 7.169　按新航线角背台修正航迹原理

（3）计算新航线角（$MC_{新}$）：$MC_{新}$ = MC – TKD。

（4）计算应飞磁航向（$MH_{应}$）：$MH_{应}$ = $MC_{新}$ – DA。

（5）应该指示的无线电方位：当飞机保持应飞航向背台修正航迹时，如果电台在飞机纵轴左侧，则修正过程中，无线电方位越来越小；如果电台在飞机纵轴右侧，则修正过程中，无线电方位越来越大。

【例】 飞机由五凤溪 NDB 台飞往涪陵 NDB 台，MC = 111°，飞机准确通过五凤溪导航台上空后，用 RMI 保持 $MH_平$ = 100°飞行，预计五凤溪到涪陵需要飞行 45 min，飞机过台后飞行 16 min，RMI 的指示 QDR106°，进行修正航迹的计算（见图 7.170）。

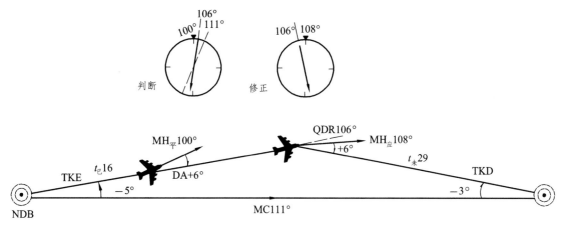

图 7.170 用 RMI 仪表按新航线角背台修正航迹

解： ① 判断偏流：从 RMI 上读出 MH = 100°、QDR = 106°，判明飞机偏在航线的左边，TKE = −5°、DA = +6°；

② 计算 TKD：$t_已$ = 16 min，$t_未$ = 29 min，TKE = −5°，按心算公式得 TKD = −3°；

③ 计算 MC新：已知 MC = 111°，TKD = −3°，可计算出 MC新 = 111° − （−3°）= 114°；

④ 计算 MH应：已知 MC新 = 114°，DA = +6°，可计算出 MH应 = 114° − （+6°）= 108°；

⑤ 飞机偏左，应向右修正，飞行员操纵飞机至航向为 108° 并保持，使飞机背台修正航迹直飞预定点，在这一飞行过程中，RMI 上方位指针指示逐渐增大。

【例】 飞机由桐庐飞往宁波，MC = 89°，飞机于 09：00 准确从桐庐 VOR 台上空通过，保持平均磁航向 $MH_平$ = 80°飞行，09：18 用桐庐 VOR 台检查航迹，其 HSI 的指示为：预选航道调定为 89°，航道偏离杆在中心右侧 3 个点处，飞行员作背台检查航迹并保持航行诸元，决定在 09：20 改航直飞宁波，预达宁波的时刻为 09：40，进行改航计算并作图（见图 7.171）。

解： 根据飞机准确过台时刻 09：00，预计改航时刻 09：20，预达时间 09：40 可以得到背台检查，修正航迹计算所需的 $t_已$ = 20 min，$t_未$ = 20 min。

① 判断偏航：从 09：18 背 VOR 台检查航迹的 HSI 指示航道偏离杆在中心右侧 3 个点，说明飞机偏左，TKE = −6°，已知 MC = 89°、$MH_平$ = 80°，计算出 QDR（MTK）= 83°，DA = +3°；

② 计算偏离角（TKD）：根据已确定的 $t_已$、$t_未$、TKE，按心算公式可得 TKD = −6°；

③ 计算新航线角（MC新）：已知 MC = 89°、TKD = −6°，可计算出 MC新 = 95°；

④ 计算应飞航向（MH应）：根据已计算出的 MC新、DA，可以计算出 MH应 = 92°；

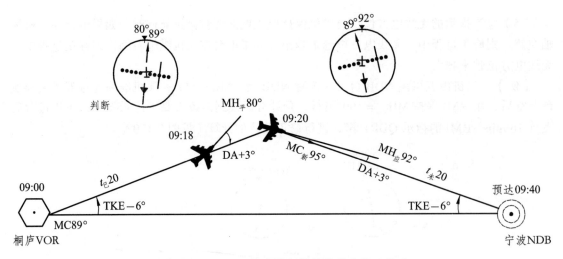

图 7.171　用 HSI 仪表按新航线角背台修正航迹

⑤ 飞机偏左，应向右修正，飞行员操纵飞机至航向为 92° 并保持，使飞机背台修正航迹直飞宁波，在这一飞行过程中，桐庐 VOR 台在飞机纵轴的右侧，因而无线电方位是逐渐增大的，其中逐渐增大的电台磁方位与 HSI 上预选航道 89° 的差值逐渐减小，在 HSI 上反映出来就是航道偏离杆逐渐向中立位置移动。

2. 按航迹修正角修正航迹

按航迹修正角背台修正航迹是在背台测定无线电方位的基础上，求出偏航角和航迹修正角，然后在原来保持的平均磁航向（$MH_平$）基础上，修正一个航迹修正角，使飞机沿新航线直飞预定点（见图 7.172）。方法和步骤是：

（1）根据背台检查航迹的方法，求出飞机磁方位和偏航角。

（2）计算航迹修正角（ΔTK）：可用尺算和心算进行，$\Delta TK = TKE + TKD$。

（3）计算应飞航向（$MH_应$）：$MH_应 = MH_平 - \Delta TK$。

（4）确定应该指示的无线电方位：确定方法与背台按新航线角修正航迹的方法一样。

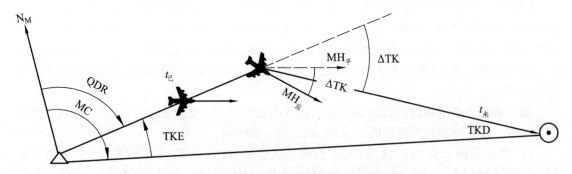

图 7.172　按航迹修正角背台修正航迹原理

【例】 从太原飞石家庄，$MC = 71°$，飞机准确从太原 NDB 台通过后，保持 $MH_平 = 65°$ 飞行，预计太原到石家庄需飞行 40 min，飞机准确过台飞行 15 min 后，从 ADF 指示器上测出 $RB = 190°$，背台检查航迹并修正偏航直飞石家庄（见图 7.173）。

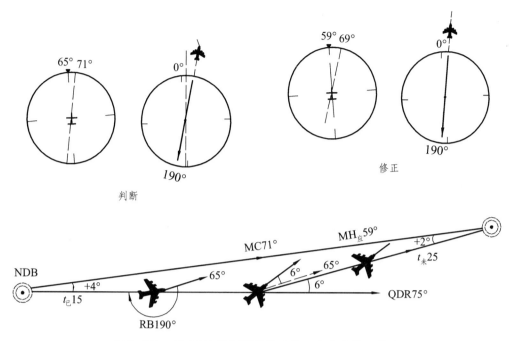

图 7.173 用 ADF 指示器按航迹修正角背台修正航迹

解： ① 经计算得到 QDR = 75°，QDR > MC，飞机偏右，TKE = +4°；

② 计算 ΔTK：已知 $t_已$ = 15，$t_未$ = 25，TKE = +4°，心算出 ΔTK = +6°；

③ 计算应飞航向（MH应）：已知 MH平 = 65°，ΔTK = +6°，可计算出 MH应 = 59°；

④ 确定应该指示的电台相对方位，飞机偏右，向左修正，操纵飞机向左转至航向 59°并保持，飞机在飞行过程中，其 ADF 指示器的指示逐渐减小。

【例】 从花垣 VOR 台飞往常德，MC70°，飞机准确通过花垣 VOR 台后，保持 MH平67° 飞行，从花垣 VOR 台至常德需要飞行 55 min，飞机过花垣 VOR 台后 30 min 用 CDI 检查航迹，CDI 的指示是：预选航道调定为 70°，航道偏离杆偏在中心左侧 2 个点处，机组决定立即修正航迹直飞常德，检查和修正航迹（见图 7.174）。

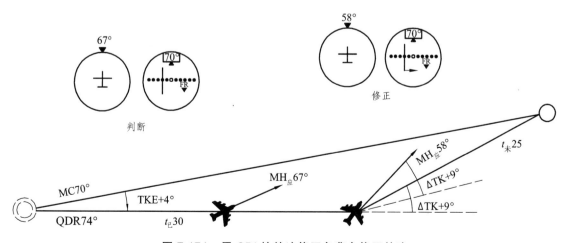

图 7.174 用 CDI 按航迹修正角背台修正航迹

505

解：① 判断偏航：从 CDI 的指示可以看出，航道偏离杆在中心左侧 2 个点处，说明飞机偏在航线右边，TKE = + 4°；

② 计算航迹修正角（ΔTK）：已知 $t_{已}$ = 30，$t_{未}$ = 25，TKE = + 4°，计算出 ΔTK = + 9°；

③ 计算应飞航向：根据 $MH_平$ = 67°、ΔTK = + 9°，可以计算出 $MH_应$ = 58°；

④ 飞机偏右，向左修正，所测定的电台磁方位角逐渐减小，从 CDI 上直接反映就是航道偏离杆逐渐向中立位置移动（这是因为电台磁方位减小后，与预选航道的差值也逐渐减小），所以保持航向 58°飞行，飞机就可以修正航迹直飞到常德。

实际飞行中，按航迹修正角进行向、背台修正航迹时，在进行完航迹修正角的计算后，飞行员直接在指示航向的仪表上修正航迹修正角，即飞机偏在预定航线左边，向右修正，在原来航向的基础上向右增大一个航迹修正角；飞机偏在预定航线右边，向左修正，在原来航向的基础上向左减小一个航迹修正角；如果有航向预选游标或航向选择窗，则直接拧大或拧小一个航迹修正角。

3. 利用 RMI 仪表进行同时向和背 NDB/VOR 台飞行

对于实际飞行，很多航段都是由电台到电台，因而可以用 RMI 完成向、背台的飞行，前提是飞机能够同时接收到前、后台的方位信号。而且用 RMI 同时进行向、背台飞行，对于航迹控制、航迹修正十分方便。RMI 进行向、背台飞行的方法是：第一部接收机调后方台，RMI 上细针（单针）指示的就是后方台的无线电方位；第二部接收机调前方台，RMI 上粗针（双针）指示的就是前方台的无线电方位。进行向、背台飞行时，如果飞机不偏，则没有 TKE、TKD，两根方位指针将重合；当飞机偏左时，两方位指针不重合，而且两方位指针针尖都指右侧；当飞机偏右时，两方位指针不重合，两方位指针针尖都指左侧；单（细）针针尾所指刻度与双（粗）针针尖所指刻度的差值就是航迹修正角，因而进行航迹修正十分方便，并且可以随时进行航迹修正。

【例】 由溧水 NDB 台飞往无锡 VOR 台，MC = 98°，飞机准确通过溧水 NDB 台后，第一部接收机调溧水 NDB 台，第二部接收机调无锡 VOR 台，飞机飞行一段时间后，RMI 的指示如图 7.175 所示，判断偏航并修正航迹直飞无锡 VOR 台。

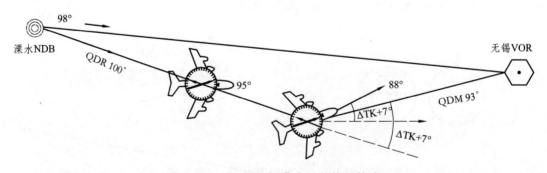

图 7.175　用 RMI 向/背台飞行修正航迹

解：① 判断飞机偏航：从 RMI 的方位指针可以看出两方位指针针尖都指左侧，说明飞机偏右，应向左修正；

② 计算航迹修正角（ΔTK）：如果从 RMI 读出单针所指示溧水 NDB 台的飞机磁方位为 100°，双针所指示无锡 VOR 台的电台磁方位为 93°，因而可求出 ΔTK = + 7°；

③ 确定 $MH_{应}$：应向左在原来平均航向95°基础上减小一个航迹修正角7°，应飞航向为88°；

④ 确定无线电方位的指示：飞行员操纵飞机转至航向88°并保持飞行，这时飞机沿前方台的一条方位线飞行，这条方位线就是修正航迹后直飞前方台的新航线，因而双针所指示的无线电方位不变，即双针指示不动；而单针的指示在改航后将逐渐减小，并逐渐向双针方向移动，当飞机直飞到电台上空时，单针转至与双针重合。

7.6.6.3 背电台切入

航线飞行，飞机起飞离场时，常采用背台切入的方法加入航线。沿航线飞行中，判断偏航以后，除按前述方法修正偏航直飞预定航路点外，也常采用切入航线的方法切回航线，再修正偏流沿航线飞行。特别是在仪表离场、进场和仪表进近中，偏航时更需要切入航线保持在规定的航线上。背电台切入有切入预定航线和切入指定方位线两种。

1. 背电台切入预定航线

背电台切入预定航线的实施步骤是：

1）判断飞机偏离预定航线情况

背台飞行利用 ADF 指示器、RMI、CDI、HSI 进行偏航的判断，准确地判定飞机偏离预定航线的左右及大小（见图 7.176）。

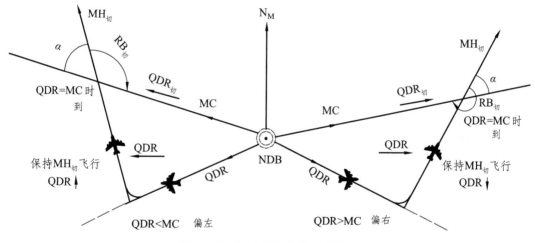

图 7.176　背电台切入航线的判断

2）选切入角 α 确定切入航向（$MH_{切}$）

$$MH_{切} = MC \pm \alpha \text{（右切 “ + ”，左边 “ − ”）}$$

切入角的大小选择依据与向台切入航线一样，背电台切入预定航线的加入角是 30° ~ 60° 间的整数，最常用的是选择45°切入角。

3）判断切回预定航线的瞬间

飞机保持切入航向（$MH_{切}$）飞行，根据进入预定方位线原理，飞机偏左向右切入航线时，电台在右，无线电方位都逐渐增大，当 ADF 指示器指示 $RB_{切}$ 或 RMI 指示 $QDR_{切}$ 时，飞机切回预定航线；飞机偏右向左切入预定航线时，电台在左，无线电方位都逐渐减小，当 ADF

指示器指示 $RB_切$ 或 RMI 指示 $QDR_切$ 时，飞机切回预定航线。飞机切回航线瞬间的无线电方位可通过公式计算

$$RB_切 = 180° \pm \alpha（飞机偏左向右切 "-"，飞机偏右向左切 "+"）$$

$$QDR_切 = MC$$

用 CDI 和 HSI 切入，当航道杆回到中心时，飞机回到原航线上。

4）修正偏流沿航线背台飞行

飞机切回预定航线后，迎风修正偏流使飞机沿航线背台飞行。偏流（DA）可通过背台飞行中求出，这是因为沿预定航线飞行其偏差不大，因而航向变化也不是很大，因此可以用前段背台飞行中求出的偏流作为沿航线背台飞行的预计偏流，所以可以计算出 $MH_应$

$$MH_应 = MC - DA，\quad RB_应 = 180° + DA，\quad QDR = MC$$

在保持应飞航向（$MH_应$）沿航线背电台飞行中，飞机仍可能偏离航线，因此，飞行中要用无线电领航设备不断地检查飞机背台飞行的航迹，发现偏航，立即修正，使飞机沿航线背电台准确飞至下一预定点。

【例】 飞机准确过商县 NDB 台飞往宜阳，$MC = 76°$，飞行中航向仪表指示 $MH_平 = 80°$，ADF 指示器指示 $RB = 182°$，判断偏航并用 45°切入角切入航线飞向宜阳（见图 7.177）。

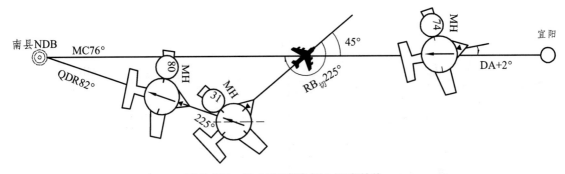

图 7.177　用 ADF 背台切入预定航线

解：① 判断飞机偏航情况：已知 $MH_平 = 80°$、$RB = 182°$，计算得出：$QDR = 82°$，$QDR > MC$，说明飞机偏右，$TKE = +6°$，$DA = +2°$；

② 确定切入航向（$MH_切$）：飞机偏右应向左切，切入角 $\alpha = 45°$，确定出的 $MH_切 = 76° - 45° = 31°$，这时飞机保持 $MH_切 = 31°$切入预定航线；

③ 确定切回航线瞬间：$RB_切 = 225°$，飞机保持切入航向 $MH_切 = 31°$ 向左切入过程中，电台在左，ADF 指示器指示 RB 不断减小，当指示减小至 225° 时，飞机切回航线，飞行中飞行员应当适当提前改出至沿航线飞行；

④ 修正偏流沿航线背台飞行：已知 $MC = 76°$ 和已计算出的 $DA = +2°$，可以计算出沿航线飞行的 $MH_应 = MC - DA = 76° - (+2°) = 74°$，因此，保持飞机航向 74° 飞行，其 ADF 指示器应该指示 $RB = 182°$（即 $180° + DA$），如果 ADF 指示器指示不变，则飞机将沿预定航线背离商县 NDB 台飞向宜阳。

【例】 由西昌 VOR 台飞往洪溪，$MC = 55°$，飞机准确通过西昌 VOR 台后，保持 $MH_平 = 60°$ 飞行，一段时间后用 CDI 作背台检查航迹，CDI 的指示为：预选航道调定为 55°，航道偏离杆在中心左侧 5 个点处，判断偏航并用 60° 切入角切入航线飞向洪溪（见图 7.178）。

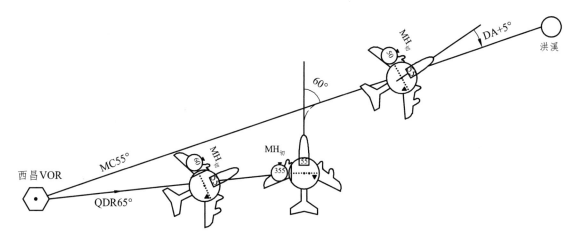

图 7.178　用 CDI 背台切入预定航线

　　解：① 判断飞机偏航情况：根据 CDI 的指示可知 TKE = + 10°，MC = 55°，飞机偏右，QDR = MTK = MC + TKE = 65°；又根据 $MH_平$ = 60°，可计算出 DA = MTK − $MH_平$ = + 5°；

　　② 确定切入航向（$MH_切$）：飞机偏右向左切，可以计算出 $MH_切$ = MC − α = 55° − 60° = 355°，操纵飞机左转至切入航向 $MH_切$ = 355°，保持该航向切入预定航线；

　　③ 确定切回航线瞬间：飞机向左切回航线瞬间的 $QDM_切$ = MC = 55°，所以飞机在向左切入航线过程中 CDI 上航道偏离杆从左边逐渐向中心位置移动，当航道偏离杆回到中心位置时，飞机切回航线；

　　④ 修正偏流沿航线向台飞行：根据 MC = 55° 和已确定的 DA + 5°，计算出飞机沿航线背台飞行的 $MH_应$ = 55° − (+ 5°) = 50°，因此，保持航向 MH = 50° 飞行，其 CDI 的航道偏离杆应始终在中立位置，说明飞机正沿着预定航线背台飞至洪溪。

　　2. 背电台切入指定方位线

　　背电台切入指定方位线，与切入预定航线的方法步骤一样，只需将 $QDR_指$ 当成预定航线 MC 即可。背台切入指定方位线的方法和步骤是：

　　（1）判断飞机与指定方位线的关系：就是判断出飞机在指定方位线的左或右，判断时是通过当时飞机所测定的飞机磁方位（DQR）与指定方位线的飞机磁方位（$DQR_指$）（也可以称为背台航迹）相比较，即

$$QDR > QDR_指 \quad 飞机在指定方位线的右边$$

$$QDR < QDR_指 \quad 飞机在指定方位线的左边$$

$$TKE = QDR − QDR_指$$

　　（2）选切入角 α 确定切入航向（$MH_切$）：准确判定飞机与指定方位线的位置后，应选切入角 α 确定切入航向，其切入角的选择方法与向台切入指定方位线完全一样。

$$MH_切 = QDR_指 ± α（飞机偏左向右切 " + "，飞机偏右向左切 " − "）$$

　　（3）判断切入指定方位线的瞬间。

　　（4）修正偏流沿方位线背台飞行：飞机切到指定方位线后，迎风修正偏流使飞机沿指定方位线背台飞至预定位置。偏流可通过空中实测风计算或估计得到，并在飞行过程中不断检查背

台飞行的航迹，发现偏航，立即修正，使飞机沿指定方位线背台准确到达预定位置。

【例】 飞机用英德 VOR 台作背台飞行，RMI 的指示为：$MH_平 = 10°$、$QDR5°$，现需要切入背台航迹为 340° 的方位线背台飞行，判断并切入指定方位线背台飞行（见图 7.179）。

解： ① 判断飞机与指定方位线的关系：从 RMI 当时的指示 $MH_平 = 10°$、$QDR = 5°$，可知 $QDR5° > QDR_指 340°$，$TKE_测 = +25°$，飞机在指定方位线的右侧；

② 确定切入航向（$MH_切$）：飞机偏右应向左切，取 $\alpha = 50°$，计算出 $MH_切 = 290°$，操纵飞机左转至航向 290° 并保持，向指定方位线切入；

③ 确定切入指定方位线瞬间：飞机向左切入指定方位线 QDR340° 的过程中，RMI 指示的 QDR 逐渐减小，当减小到指示 $QDR_切 = 340°$ 时飞机切到指定方位线；

④ 沿指定方位线背台飞行：飞行员采取估计偏流的方法，得出 $DA = -4°$，计算出沿指定方位线背台飞行的 $MH_应 = QDM_指 - DA = 344°$，保持该航向飞行，RMI 上方位指针指示 $QDR = 340°$，说明飞机在指定方位线 $QDR = 340°$ 上飞行。

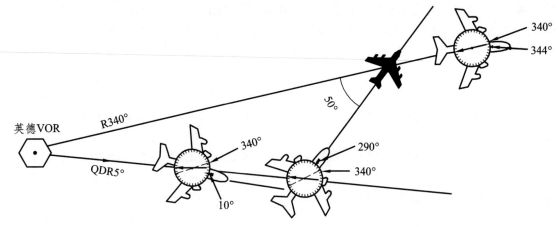

图 7.179 用 RMI 切入指定方位线

【例】 飞机保持 MH150°，测出到 VOR 台的飞机磁方位为 160°，ATC 指令飞机切入 VOR 台的 $QDR = 120°$ 径向线并沿 $QDR = 120°$ 的径向线作背 VOR 台飞行，进行切入指定方位线的工作（见图 7.180）。

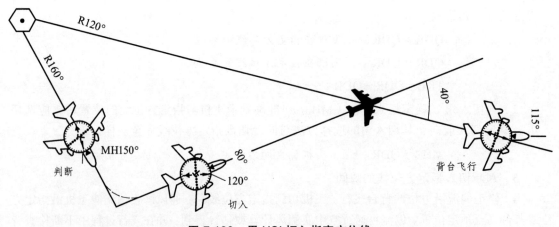

图 7.180 用 HSI 切入指定方位线

解： ① 得到 ATC 指令后，在 HSI 上预选航道 QDR = 120°，这时航道偏离杆偏左，说明飞机偏右。当然，也可以从测出的 QDR = 160° 与指定方位线的 QDR = 120° 比较，可知飞机偏在指定方位线的右侧，得出飞机与指定方位线的关系。

② 确定切入航向（MH$_{切}$）：飞机偏右应向左切，取 α = 40°，切入航向 MH$_{切}$ = QDR$_{指}$ - 40° = 80°。

③ 判断切入方位线瞬间：飞机在向左切入过程中（这时预选航道应调定在 120°），无线电方位不断减小，与预选航道的角度差越来越小，当差值为 10° 时，航道偏离杆开始移动，当回到中心位置时，飞机切回指定方位线。

④ 修正偏流沿方位线背台飞行：采取估计偏流的方法，取 DA = + 5°，计算出沿方位线背台飞行的 MH$_{应}$ = QDM$_{指}$ - DA = 115°，保持该航向飞行，HSI 的航道偏离杆在中心位置，说明飞机在指定方位线 QDR = 120° 上飞行。

7.6.7 利用测距机（DME）飞行

测距机（DME）系统是一种能够测量由询问器到某个固定应答器（地面台）距离的二次雷达系统。测距机是目前民用飞机普遍装备的一种无线电测距系统，有两类组成形式：一类是 VOR 与 DME 相配合，这是民用飞机使用最广泛的形式；另一类就是将 VOR 与 TACAN 台（战术空中导航系统）安装在一起的伏尔塔克（VORTAC）系统，可以同时为军用和民用飞机提供方位和距离信息。目前民航使用的 VOR/DME 系统，DME 台与 VOR 台安装在一起，它构成了符合 ICAO 标准的、使用广泛的测角测距导航系统。它可用于飞机定位、测距、等待飞行、进场着陆、航路间隔、避开保护空域及计算地速等。

7.6.7.1 DME 系统的组成

DME 系统是询问-回答式脉冲测距系统，由地面信标设备和机载 DME 设备组成。

（1）地面信标设备：由应答器、监视器、控制单元、机内测试设备、天线和电键器组成。应答器是 DME 系统地面信标设备的主要组成部分，它由接收机、视频信号处理电路和发射机组成，接收机的作用是接收、放大和译码所接收的询问信号；发射机的作用是产生、放大和发送回答脉冲对。

（2）机载 DME 设备：主要由询问器、控制盒、距离指示器和天线部分组成。

① 询问器：由收发信机组成。发射机的作用是产生、放大和发射编码的询问脉冲对；接收机的作用是接收、放大和译码所接收的回答脉冲对。询问器还包含距离计算电路，其作用是确定回答脉冲对的有效性，并计算距离，这一距离为飞机到地面信标台的斜距。

② 控制盒：对询问器收发信机提供需要的控制和转换电路以及频率选择。

③ 距离指示器：指示飞机到地面信标台的斜距，以海里为单位；在某些距离指示器上，还显示有计算的地速和到达地面信标台的时间。必须注意：这两个参数只有在飞机沿径向线飞行时才是准确的，如电台在飞机一侧，显示的只是 DME 距离变化率。距离指示器可以是单独的显示器，也可以与其他电子设备的显示器共用（见图 7.181）。

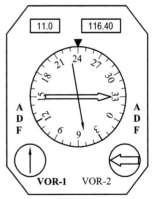

图 7.181 典型的 DME 距离指示器

511

④ 天线：是具有垂直极化全向辐射图形的单个 L 波段天线，其作用是发射询问信号和接收回答信号。

7.6.7.2　DME 系统的测距原理

DME 系统测距是从机载询问器向地面信标台发射询问脉冲对，地面信标台接收到这些询问脉冲对，延迟 50 μs，然后给询问器发射应答脉冲对；机载 DME 按照发射询问脉冲对和接收回答脉冲对之间所经过的时间 t，计算出飞机到地面台的斜距 D 为

$$D = ct / 2$$

式中　c——脉冲传播速度。

然后输入到显示器指示。

7.6.7.3　DME 系统的主要性能数据

（1）工作频率：DME 系统的工作频率为 962～1 213 MHz 之间的 252 个波道，相邻波道间隔为 1 MHz，机上设备与地面设备的收发频率是对应的，测距信标台的发射频率比询问频率高或低 63 MHz。询问频率安排在 1 025～1 150 MHz 范围，共安排 126 个询问频率，采用 X、Y 的波道安排，则共有 252 个应答波道，分别为 1X～126X 和 1Y～126Y 波道。对于民用 DME 来说，有 52 个波道不用，不用的波道是 1～16X、Y 和 60～69X、Y，这是因为：一是 DME 通常与 VOR 和 ILS 联用，而 VOR 和 ILS 一共只有 200 个波道，所以 DME 也只需要 200 个波道；二是测距机与空中交通管制应答机工作在同一频段，尽管采用不同的时间编码，但为了避免可能产生的相互干扰，测距机系统中 252 个波道中禁止使用 52 个波道。

（2）工作容量：DME 系统的地面 DME 台通常设计为能同时为 100 架飞机提供服务，如果询问的飞机多于 100 架，地面 DME 台通过降低灵敏度来限制回答，保持对最近的 100 架飞机询问的回答。

（3）测距范围和测距精度：正常的测距范围为 0～200 n mile，最大可达 390 n mile，测距精度一般为 0.3 n mile。地面 DME 台识别信号：DME 系统地面信标的识别信号是三个国际莫尔斯电码。

（4）DME 的测距误差包括三类：时间间隔测量本身的误差、地面 DME 台延迟的不稳定和不精确引起的误差、电波传播速度的误差。

7.6.7.4　机载 DME 系统的调谐

一般情况下，地面 DME 台与 VOR 或 ILS 地面台安装在一起，它们的工作频率是配套使用的，即在 "VHF NAV" 控制盒上调谐好 VOR 或 ILS 的频率，则 DME 的频率也就自动地调定了；而有的 DME 台是单独安装的或控制盒是单独的，则需在控制器上调 DME 台的频率。

7.6.7.5　沿 DME 弧飞行

沿 DME 弧飞行，然后切入到某一径向线或跑道延长线，是民航飞行中经常要做的工作，它有越来越多的优点，已被国际上多数国家所采用，我国也不例外，如北京机场、贵阳机场。

沿 DME 弧飞行，就是利用 VOR/DME 台作为圆心，保持规定的 DME 距离作圆周飞行。沿 DME 弧飞行需要 DME 设备和 VOR 设备；飞行时利用 DME 距离指示器配合 HSI、RMI、CDI 来完成，最佳的配合就是使用 RMI 进行。

1. 进入 DME 弧

飞行中，飞机在某一径向线上作向 VOR 台或背 VOR 台飞行，飞行员根据 DME 指示器显示的距离，引导飞机进入预定的 DME 弧，即向左或向右转 90°，按标准转弯率（$\omega = 3°/\text{s}$）转弯，准确地切入 DME 弧；实施时，应掌握好切入 DME 弧的转弯提前量，即飞机向台飞行进入时（从弧外切入），应提前在 $D_指 = D_预 + R$ 开始转弯；飞机背台飞行进入时（从弧里切入），应提前在 $D_指 = D_预 - R$ 开始转弯，其中 R 为飞机转弯半径；当飞机的转弯速度小于 170 n mile 时，提前量 ΔD 可用心算的方法（见图 7.182）

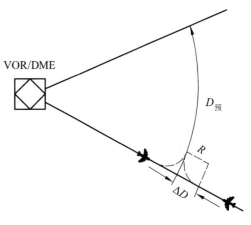

图 7.182　进入 DME 弧的提前量

$$\Delta D = R = 0.5\% \cdot \text{GS} \approx 0.5\% \cdot \text{TAS}$$

2. 沿 DME 弧飞行

在无风条件下通过保持 RMI（或 ADF 指示器）方位指针与"左翼尖"（电台在左时）或"右翼尖"（电台在右时）一致，DME 指示器显示预定 DME 距离，这样飞机可以保持一定的速度沿 DME 弧飞行。

在实际飞行中，通常是沿一系列的短直线飞行，即沿 DME 弧割线的飞行方法。沿 DME 弧割线飞行的方法就是当 RMI（或 ADF 指示器）方位指针指向左翼尖参考，或右翼尖参考，且飞机在预定的 DME 距离时，保持航向沿割线飞行并允许 RMI 方位指针落后于翼尖参考 5° 或 10°，这时 DME 指示器显示的距离 D 比 $D_预$ 有少许增加；飞行员操纵飞机向电台一侧转 10° 或 20° 航向，RMI（或 ADF 指示器）方位指针又回到翼尖参考之前 5° 或 10°，并保持其航向飞行，这时，RMI（或 ADF 指示器）方位指针又逐渐从翼尖参考之前 5° 或 10° 再次变为翼尖参考之后 5° 或 10°，DME 指示器也从比 $D_预$ 多变为相等直至又比 $D_预$ 多，飞机再次向电台一侧转 10° 或 20° 航向飞行。如此按需要重复上述操作，就可以保持飞机沿 DME 弧飞行（见图 7.183）。

3. 风的修正

在沿 DME 弧飞行中，虽然空中风是稳定的，但飞机的航向是不断变化的，因而飞机沿 DME 弧飞行时风角是不相等的，是不断变化的。因此，在侧风情况下沿 DME 弧飞行，必须对侧风进行修正，重新选择一个参考点，可以称这一参考点为有风参考点。选择有风参考点的原则是：如果侧风使飞机远离电台（内侧风），则有风参考点在翼尖前一个角度；如果侧风使飞机靠近电台（外侧风），则有风参考点在翼尖后一个角度。这一角度大小根据风的风向、大小及沿 DME 弧飞行方法综合确定。在整个沿 DME 弧飞行中，有风参考点应随着飞行的变化按所修正的 DA 大小设置在翼尖前或后的一个角度上（见图 7.184）。

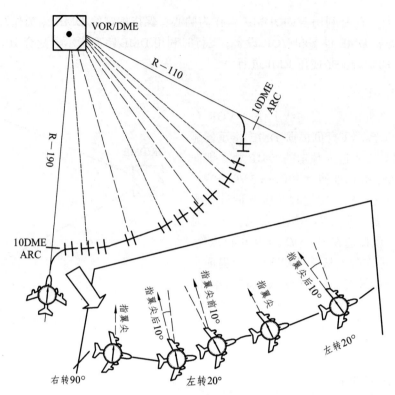

图 7.183　RMI 沿 DME 弧飞行

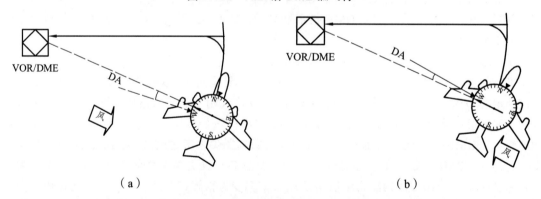

（a）　　　　　　　　　　　　　　（b）

图 7.184　　沿 DME 弧飞行对风的修正

4. 从 DME 弧过渡到径向线

当飞机沿 DME 弧飞行，需要切入指定径向线时，飞行员应提前转弯改出 DME 弧飞行，转弯的提前量随 DME 弧的距离和飞机速度的不同而变化。在实际飞行中，飞机转弯速度在 170 kt 范围内，可以用心算公式进行计算，计算出转弯前置角 AOL（Angle of Lead），飞行中，常用 RMI、HSI、CDI 来控制提前转弯的时机（见图 7.185）。

$$\text{AOL} = \frac{\dfrac{180°}{\pi \cdot 3°/\text{s}} \times \dfrac{\text{GS}}{3\,600\,\text{s}}}{D_{预}} \times 57.3° = 0.3\text{GS}/D_{预} \approx 0.3\text{TAS}/D_{预}$$

其中，TAS 的单位为 kt，$D_{预}$ 的单位为 n mile。

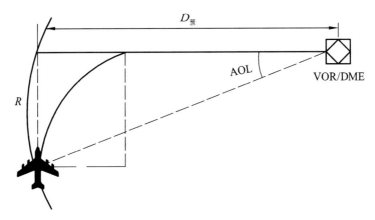

图 7.185　转弯提前角的计算

7.6.8　无线电定位

利用机载无线电领航设备测得的无线电方位，在航图上画出方位线来确定飞机位置，称为无线电定位，这种方法确定的飞机位置是实测位置。

7.6.8.1　无线电定位的基本原理和方法

按照所利用的位置线的形状，可以把无线电定位分为 $\theta\text{-}\theta$ 定位、$\rho\text{-}\theta$ 定位、$\rho\text{-}\rho$ 定位和双曲线定位（目前在民航系统中，双曲线定位系统已经不再使用），ρ 表示距离，θ 表示角度或方位，通过这 4 种定位方式可实现飞机在空中预定位置的定位，也可实现即时位置的实时定位。

1. $\theta\text{-}\theta$ 定位（测向-测向定位）

通过测定两个导航台的方位，可以获得两条方位线，从而通过这两条方位线的交点 M，确定出飞机的位置。在应用中可实现 $\theta\text{-}\theta$ 定位的有：双 NDB 台、双 VOR 台、NDB/VOR 台和 ILS 等。在 $\theta\text{-}\theta$ 定位中，当两个导航台的两条位置线相交成直角时几何定位精度最高；交角不等于直角时，精度将降低；交角为 0° 或 180° 时，两位置线重合，不能实现 $\theta\text{-}\theta$ 定位；当交角在 30° ～ 150° 之间时，能满足导航定位的要求（见图 7.186）。

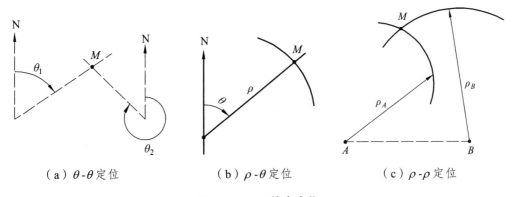

（a）$\theta\text{-}\theta$ 定位　　　　　（b）$\rho\text{-}\theta$ 定位　　　　　（c）$\rho\text{-}\rho$ 定位

图 7.186　无线电定位

2. ρ-θ 定位（测距-测向定位）

通过测定飞机到 DME 台的距离和测角系统的方位，获得一条圆位置线和一条直线（方位线），两条位置线的交点 M 就是飞机的位置。在应用中可实现 ρ-θ 定位的有：NDB/DME、VOR/DME、ILS/DME 等，这种定位也称为极坐标定位。ρ-θ 定位时两条位置线总是正交成直角的，因而具有很高的精确度（见图 7.186）。

3. ρ-ρ 定位（测距-测距定位）

通过测定到两个导航台的距离，从而获得两个圆位置线，通过两个圆的交点即可确定飞机的位置。在应用中可实现 ρ-ρ 定位的有：DME/DME、GPS 等。ρ-ρ 定位的优点是具有很高的精度，缺点是存在双值性，有位置模糊问题，即两个圆位置线可以有两个交点，因此在实际使用时增加一个分离的导航台获得第三条圆位置线，从而消除位置的模糊性，称为 ρ-ρ-ρ 定位（见图 7.186）。

4. 双曲线定位（测距差定位）

通过测量到两组导航台的距离差，获得两组双曲线，利用这两组双曲线的交点，即可确定出飞机的位置。可实现双曲线定位的有：ONS（奥米伽导航系统）、LORAN-C 等。

7.6.8.2 利用机载无线电领航设备进行定位

飞行中，实现无线电定位有两种方法：一种是预定点定位；另一种是即时定位。常利用双台和单台实施定位。

（1）预定点定位：利用机载无线电领航设备，飞机在预先确定的位置点定位的方法称为预定点定位，其目的是通过定位判断飞机位置与预定点的关系，定出飞机的航迹，以便确定飞机飞往下一航路点的航向和地速。预定点定位的方法，可广泛应用于飞机离场、沿航路飞行、进场进近着陆等方面。

（2）即时定位：利用机载无线电领航设备，在当时时刻进行定位的方法称为即时定位，其目的是通过定位让飞行员明确飞机和电台的关系，确定出飞机当时位置，以便计算确定飞往某航路点的航向和预达时刻。即时定位的方法广泛用于飞机离场、进场着陆过程中的机动飞行、航路飞机中的绕飞、返航及备降等方面。

1. 双台定位

飞行中，如果地面有两个电台，对于有两部测角无线电设备的飞机，可以实现同时刻双台定位；对于一部测角无线电设备的飞机只能先后测出两个电台的方位，然后通过计算确定飞机位置，实施 θ-θ 定位；如果地面有一个用于测角的电台（VOR 或 NDB）和一个用于测距的 DME 台，可以实现 ρ-θ 定位。

（1）预定点定位的实施步骤是：

① 飞行前，根据航线附近电台的分布情况，确定定位区域，选用合适的电台；

② 根据预达预定点的时刻，稍提前对所选电台进行调谐，听清呼号；

③ 保持好飞行状态，同时向两个电台测量飞机磁方位，并记录读数和当时的时刻；

④ 按测得的飞机磁方位，经换算，在地图上画出飞机所在区域的一段方位线，两条方位线的交点就是测方位时的飞机位置，用"×"标出并注明时刻。

（2）即时定位的实施步骤是：

① 根据飞机现在的概略区域，确定定位区域，并进行选台调谐，听清呼号；

② 保持好飞行状态，同时向两个电台测量飞机磁方位，并记录读数和当时的时刻；

③ 按测出的飞机磁方位，经换算，在地图上画出飞机所在区域的一段方位线，两条方位线的交点就是测方位时的飞机位置，用"×"标出并注明时刻。

（3）用 RMI 同时刻双台定位：如果利用 RMI 进行双台定位，在 RMI 上同时测定两个电台的飞机磁方位，换算为飞机真方位，并在地图上从电台处画出两条方位线，两条方位线的交点就是飞机位置。

【例】 RMI 仪表上，单针调的是 NDB 台，双针调的是 VOR 台，11：30 从 RMI 上读出：$QDR_A = 230°$，$QDR_B = 150°$，磁差为 $MV = -2°$，确定飞机 11：30 的位置（见图 7.187）。

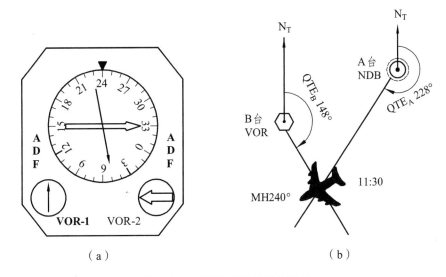

图 7.187　RMI 同时刻双台定位

解： ① 进行磁差的修正，计算得出飞机真方位（QTE）：经换算，$QTE_A = 228°$，$QTE_B = 148°$；

② 在航图上，从 A 台画出 $QTE_A = 228°$ 的方位线，从 B 台画出 $QTE_B 148°$ 的方位线，其交点即是 11：30 飞机位置；

③ 标出飞机位置，注明时刻"11：30"。

（4）用 ADF 指示器配合 HSI 或 CDI 同时刻定位：如果所选择的电台一个是 NDB 台，另一个是 VOR 台，用 HSI 或 CDI 测出 VOR 台的飞机磁方位，用 ADF 指示器测定 NDB 台的电台相对方位，计算出 NDB 台的飞机磁方位，换算为飞机真方位，在地图上该两电台处画出两条方位线，其相交的交点就是测方位时的飞机位置。

（5）VOR/NDB 结合 DME 定位：当地面有 DME 台而且飞机在其有效工作范围内时，可以用 VOR/NDB 台结合 DME 实施 ρ-θ 定位。实施 VOR/NDB 结合 DME 的定位，其定位精度比 θ-θ 定位要高得多，因此是仪表离场、进场进近中常用的定位方式。所以在飞行中，只要有条件，都应当充分利用 VOR/NDB 结合 DME 进行定位，控制飞机进入预定点或进行实时定位。

【例】 飞机沿 NDB 台作背台 164° 的飞行，预计在 DME 距离为 12.5 n mile 进行转弯，11：38 从仪表指示读出：MH = 168°，QDR = 164°，DME = 11 n mile，确定飞机位置（见图 7.188）。

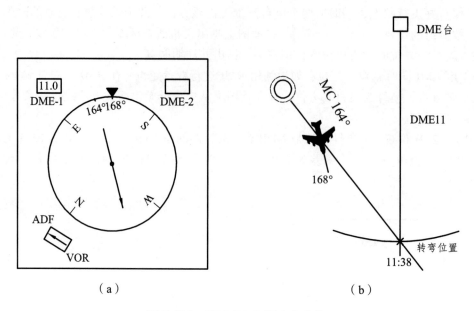

（a） （b）

图 7.188　NDB/DME 预定点定位

解： ① 用仪表背台判断偏航：QDR = 164°，飞机在背台航迹上；

② 将 QDR = 164° 换算为飞机真方位（QTE）：磁差 MV = − 1°，QTE = 163°，从地面 NDB 台画出 QTE = 163° 的方位线；

③ 根据 11：38 DME 指示器指示 11 n mile，从 DME 台以 11 n mile 为半径画一个圆，与方位线的交点即为飞机位置；

④ 将飞机位置用"×"标注，并说明时刻，可知飞机还未到转弯位置。

2. 单台定位

利用航线侧方的一个电台也可确定飞机位置，称为单台定位。单台定位的特点是：连续对一个电台测量两次方位，取得两条方位线，然后通过作图或计算即可确定飞机位置。

正切电台心算法定位：心算法有正切电台前 45°（27°）法。飞行中，飞机在正切电台前 45°（27°）开始计时，正切电台时停止计时，根据测量出的飞行时间和地速心算出正切电台时飞机到电台的距离 d，在地图上从电台开始在正切电台的方位线截取距离 d，即可确定飞机位置。飞行中根据电台的远近选取 45° 或 27° 法：电台较近时，选择 45° 法，$d = GS \cdot t$；电台较远时，选择 27° 法，$d = 2GS \cdot t$（见图 7.189）。

应用这种定位方法，在空中即时定位时十分方便，当电台在左、右翼尖基准参考点前后时，飞行员根据方位的变化角 α 及平飞时间 $t_平$，可以用心算得出飞机到电台的飞行时间 t 和到电台的飞行距离 d，即

$$t = 60 \times t_平/\alpha, \quad d = GS \times t_平/\alpha$$

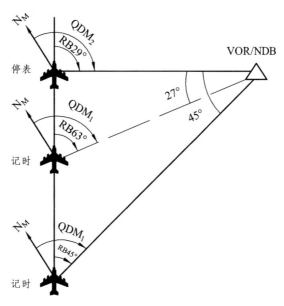

图 7.189　正切电台前 27°（45°）法

心算时：如果无线电方位角变化为 5°、10° 和 20°，这时飞机到电台的距离分别是平飞距离的 12 倍、6 倍和 3 倍。例如，ADF 指示器指示的电台相对方位角在 2 min 内从 265° 变为 260°，地速为 148 kt，则可计算出飞机到电台的飞行时间为 $t = 60 \times 2/5 = 24$（min）。飞机离 NDB 台的距离为 $d = 145 \times 2/5 = 58$（n mile）。利用这种方法还可以快速地计算出飞机飞往该电台所需的燃油量（见图 7.190）。

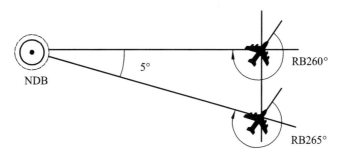

图 7.190　心算飞往电台的时间

例如，7.5 min 内翼尖方位改变了 15°，真空速 85 kt，耗油率 9.6 gal/h，飞往该电台所需时间、距离、燃油分别是 30 min、42.5 n mile、4.8 gal。

7.7　仪表进近着陆

飞机沿航路巡航到达目的地机场后，要按照规定的进场路线进场，并加入进近程序进近着陆。仪表进场、进近着陆是飞行员利用机载无线电导航设备和地面导航设施飞行的一种不能见进近方式，是仪表飞行规则条件下领航工作的重要部分，是飞行员最重要的基本功。它对于保证机场区域空中交通的流畅，增大空中交通流量和确保飞行安全，提高经济效益都具有十分重大的意义。

7.7.1 仪表进近着陆概述

仪表进近程序（Instrument Approach Procedure）是航空器根据飞行仪表和对障碍物保持规定的超障余度所进行的一系列预定的机动飞行，实际上就是利用地面导航设施和机载无线电领航设备所提供的导航数据，飞行员按照仪表指示进行一系列预定的（即规定航迹）机动飞行，机动飞行中必须保证对障碍物保持规定的超障余度（即高度限制）。这种飞行程序（即机动飞行）是从规定的进场航路或起始进近定位点开始，到能够完成目视着陆的一点为止，并且如果飞机不能完成着陆而中断进近，则应飞至等待或航路飞行的一个位置，即仪表进近程序包括进场程序、进近程序和复飞程序。

7.7.1.1 程序结构

一个仪表进近程序，通常由以下 5 个航段组成，如图 7.191 所示。

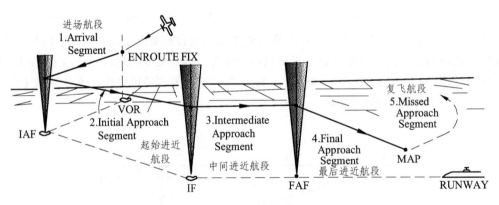

图 7.191 仪表进近程序航段

1. 进场航段（Arrival Segment）

进场航段是航空器从航路飞行阶段下降过渡到起始进近定位点（Initial Approach Fix，IAF）的航段，主要用于理顺航路与机场运行路线之间的关系，提高运行效益，维护空中交通秩序，保证空中交通流畅。一般在空中交通流量较大的机场设置这一航段，制定出标准仪表进场程序，有的机场在这一航段还设有等待程序。

2. 起始进近航段（Initial Approach Segment）

起始进近航段是从起始进近定位点（IAF）开始，到中间进近定位点（Intermediate Approach Fix，IF）或者最后进近定位点/最后进近点（Final Approach Fix，FAF / Final Approach Point，FAP）终止的航段。主要用于航空器消失高度，并通过一定的机动飞行完成对准中间或最后进近航迹。在仪表进近程序中，起始进近航段具有很大的机动性，一个仪表进近程序可以建立一个以上的起始进近，但其数据应按空中交通流向或其他航行要求加以限制。

3. 中间进近航段（Intermediate Approach Segment）

中间进近航段是从中间进近定位点（IF）到最后进近定位点/最后进近点（FAF/FAP）间的航段。它是起始进近到最后进近的过渡航段，主要用于调整飞机外形、速度和位置，并稳定在航迹上，完成对准最后进近航迹，进入最后进近。中间进近航段最好是平飞姿态，一般不下降，如果确实需要下降高度，下降也应平缓，以消失少量高度。

4. 最后进近航段（Final Approach Segment）

最后进近航段是完成航迹对正和下降着陆的航段，这一航段是整个仪表进近程序中最关键的阶段，包括仪表飞行和目视着陆两部分，仪表飞行部分是从 FAF/FAP 开始至复飞点（Missed Approach Point，MAPt）或下降到决断高度的一点为止；目视着陆部分是从飞行员由仪表飞行转入目视进近开始直到进入跑道着陆为止。根据实际飞行情况，目视着陆可以对正跑道直接进入着陆，也可以作目视盘旋进近着陆。

5. 复飞航段（Missed Segment）

复飞航段是从复飞点或决断高度中断进近开始，到航空器爬升到可以作另一次进近或回到指定等待航线、重新开始航线飞行的高度为止。当飞机进近时飞行员判明不能确保飞机安全着陆时，应当果断地中断进近进行复飞。因此每一个仪表进近程序都制定了一个复飞程序，这是保证飞行安全的必备条件。在复飞的起始阶段不允许转弯，飞机直线上升到复飞程序公布的转弯高度或转弯点上空时，方可转向指定的航向或位置。

7.7.1.2 仪表进近程序分类

传统仪表进近程序根据仪表进近程序最后航段所使用的导航设备及其精度，可以分为精密进近和非精密进近两大类。

1. 精密进近程序（Precision Approach Procedure）

精密进近程序是在最后进近航段能够为飞机提供航向道和下滑道信息，引导飞机沿预定的下滑线进入着陆的仪表进近程序，精确度比较高。

我国民航现有导航设备中，能够实施精密进近程序的有仪表着陆系统（ILS）和精密进近雷达（PAR）。仪表着陆系统（ILS）是目前国际上广泛使用的一种着陆引导系统，我国有超过一半的机场都安装这一设备。飞行中利用相应的机载设备，主动控制飞机沿预定的下滑线下滑进入着陆。精密进近雷达（Precision Approach Radar，PAR）是被动的着陆引导系统，飞行中飞行员无法判断飞机相对于航向道、下滑道的位置，飞机的航向和高度必须按照雷达管制员的指令来操纵飞机沿下滑线下滑着陆。目前，我国没有将 PAR 进近作为一种独立的程序使用，只是作为一种辅助手段，对在复杂气象条件下实施仪表进近的飞机进行监控，并给予必要的帮助。实际飞行中，机场如安装有 DME 台，则用 ILS 结合 DME 实施精密进近，精度更高，飞行起来更加灵活、方便。

2. 非精密进近程序（Non-precision Approach Procedure）

非精密进近程序是在最后进近航段只能提供航向道信息，而不能提供下滑道信息的仪表进近程序，精确度比较低，因而受天气条件的限制要大得多。

我国民航现有导航设备中能够实施非精密进近程序的有 NDB、VOR，如安装有 DME 台，则用 DME 台与之配合实施。

NDB 进近：利用地面 NDB 台和自动定向机（ADF）实施航向道引导的非精密进近程序。这种程序在我国使用广泛，但精度较低。

VOR 进近：利用地面 VOR 台和机载 VOR 设备实施航向道引导的非精密进近程序。它比 NDB 进近精度高。

VOR/NDB 结合 DME 进近：通过 VOR/NDB 提供航向道引导，DME 提供距离信息，实施起来更加准确、方便。

仪表着陆系统当下滑台不工作或机载设备收不到下滑信号时，只能用其航向道引导飞机沿最后进近航段进近，也是一个非精密进近程序。

7.7.1.3　仪表进近程序的基本形式

根据各机场的导航设施及其布局，以及起始进近所采用的航线，仪表进近程序有 4 种基本形式。

1. 直线航线程序

起始进近采用直线航线（NDB 方位线或 VOR 径向线）或 DME 弧的进近程序。飞机从 IAF 沿规定的航迹直接下降到中间进近的起始高度。这种程序具有良好的经济性和安全性，飞行操作简便，在机场具备必要的导航设施和不受地形限制的情况下使用。

2. 反向航线程序（Reversal Procedure）

当进场方向与着陆方向接近相反时，为使飞机转至着陆方向，在起始进近航段所进行的一种机动飞行，使飞机在规定高度进入中间或最后进近航段。这种程序是仪表进近程序的重要型式，它包括基线转弯（Baser Turn）和程序转弯（Procedure Turn），我国民航目前仅设计、公布基线转弯的反向程序。

基线转弯：也称修正角航线，基线转弯的起点必须是一个导航台，包括规定的出航航迹和出航时间或 DME 距离，接着转弯切入入航航迹，如图 7.192 所示。

45°/180° 程序转弯：程序转弯的起点必须是一个导航台或一个定位点，包括一条有航迹引导的直线航段，然后进行 45° 角的转弯，接着进行一条无航迹引导的直线航段，飞行规定时间向反方向 180° 转弯切入入航航迹，如图 7.193 所示。

80°/260° 程序转弯：程序转弯的起点必须是一个导航台或一个定位点，包括一条有航迹引导的直线航段，然后进行 80° 角的转弯，接着进行反方向 260° 转弯切入入航航迹，如图 7.194 所示。

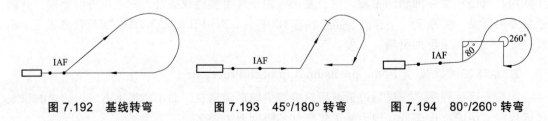

图 7.192　基线转弯　　　　图 7.193　45°/180° 转弯　　　　图 7.194　80°/260° 转弯

3. 直角航线程序（Racetrack Procedure）

起始进近采用直角航线的进近程序。在直线程序没有足够的距离以适应消失高度的需要，和不便于采用反向程序时可采用直角航线程序；为了增加运行的机动可以用直角航线程序作为反向程序的备份。直角航线程序常用作等待航线程序。在我国一些小机场或导航设施不完备的机场，采用直角航线程序较多，如图7.195所示。

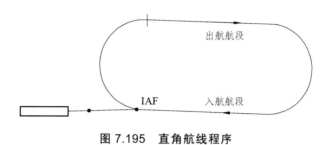

图7.195 直角航线程序

4. 推测航迹程序

推测航迹程序就是在起始进近切入中间进近航段之前，采用一段推测航迹的进近程序。这种程序可以缩减飞机在机场上空飞行的时间和空域，减少飞机间进近时的冲突，实施简便，特别有利于空中交通管制员通过雷达引导对航空器实施合理的调配，增加空中交通流量。空中交通繁忙的机场应采用推测航迹程序。

S形程序：飞机顺向进入时，使用S形的推测航迹程序，可以避免作大量机动飞行，节省时间和空域，并且飞行操纵简便。

U形程序：飞机顺向进入时，使用U形的推测航迹程序，不仅具有S形程序的优点，而且可以减小由起始进近切入中间进近的切入角度，大大减少飞机偏离或穿越中间进近的可能性。

7.7.1.4 仪表进近程序的一般标准

仪表进近程序设计、实施中所使用的速度、转弯坡度或转变率，超障余度及下降梯度或下降率等基本参数，必须掌握其标准，在飞行实施时按照标准进行飞行操作，确保仪表进近的顺利实施，保证飞行安全。

1. 飞机的分类

在仪表进近的过程中，飞机要作机动飞行，而飞机性能上的差别，将直接决定实施机动飞行所需要的空域和超障高度，因而设计仪表进近程序时，根据各型飞机的着陆入口速度 v_{at} 将目前使用的飞机划分为A、B、C、D、E 5类（见表7.8），分别制定出不同类飞机的仪表进近程序予以公布。进近实施时，机组应当根据所飞机型类别采用与公布相同类的仪表进近程序。着陆入口速度 v_{at} 是该型飞机在着陆形态下以最大允许着陆重量进近着陆时失速速度的1.3倍，即 $v_{at} = 1.3 v_s$。此分类与我国空中交通管制部门为配备飞行高度层和进出走廊口高度的飞机分类不同。

表 7.8 飞 机 仪 表 进 近 分 类

类别	v_{at}（kt）	机 型
A	≤90	双水獭、TB20、运 5、运 12、TB200
B	91～120	安 24、安 26、安 30、BAE146-100、冲 8、空中国王、萨伯 340B、肖特 360、夏延Ⅲ A、运七、雅克 42
C	121～140	A300-600、A310-200、A310-300、安 12、BAE146-300、福克 100、B707-320、B737-200、300、400、500、700、800、B747SP、B757-200、B767-200、C-130、奖状Ⅵ、运八、里尔喷气 55、MD82、伊尔 76
D	141～165	B747-200、400、B767-300、DC10、MD11、图 154M、伊尔 62、伊尔 86
E	166～210	暂无

2. 进近各航段所用的速度

在设计仪表进近程序时，各类飞机进近机动飞行所需空域（即安全保护区），是按照各航段所规定的速度范围中最大速度设计的，各航段所使用的速度范围如表 7.9 所示。表列速度为指示空速（IAS），飞行实施时所飞机型的进近速度不能超过所属飞机分类各航段的最大速度限制，以保证飞机在规定的安全保护区内飞行。

表 7.9 程序设计各航段所用速度（kt）

飞机分类	起始进近速度范围	最后进近速度范围	目视盘旋最大速度	复飞最大速度	
				中间	最后
A	90～150（110*）	70～100	100	100	110
B	120～180（140*）	85～130	135	135	150
C	160～240	115～160	180	180	240
D	185～250	130～185	205	205	265
E	185～250	155～230	240	240	275

注：*为反向和直角程序的最大速度。

3. 仪表进近转弯坡度或转弯率

为了保证飞机在仪表进近的机动飞行中有足够的安全保护区，程序设计时，还规定了转弯坡度或转弯率：采用标准转弯率 3°/s 所对应的坡度转弯，但等待和起始进近使用的坡度不超过平均 25°，目视盘旋不超过平均坡度 20°，复飞转弯不超过平均坡度 15°。经过计算，实际应用中，起始进近和等待使用的坡度为：当转弯速度 v≤315 km/h（170 kt）时，采用 3°/s 转弯率对应的坡度；当转弯速度 v>315 km/h（170 kt）时，采用平均坡度 25°。

4. 最小超障余度（Minimum Obstacle Clearance，MOC）

最小超障余度是指飞机飞越划定的超障区时，对障碍物应具有的最小真高，就是保证飞机不致与障碍物相撞的垂直间隔。程序设计所规定的最小超障余度，考虑了许多变化因素如地形、气象条件、设备精度、飞机性能及驾驶员的能力等，由于各种变化因素的存在，规定的超障余度认为是最小的，从安全的角度考虑，是不能再降低的。

起始进近主区内的最小超障余度是 300 m（984 ft），中间进近主区内的最小超障余度是 150 m（492 ft）。非精密进近程序最后进近的最小超障余度是：有最后进近定位点 FAF 的最小超障余度为 75 m；没有最后进近定位点 FAF 的最小超障余度为 90 m。精密进近程序的精密进近航段不规定最小超障余度，而是用高度表余度或高度损失来代替。

5. 下降梯度或下降率

下降梯度（Gr）是飞机在单位水平距离内所下降的高度，等于飞机下降的高度与所飞过的水平距离之比，采用百分数表示。仪表进近各航段都规定有最佳下降梯度和最大梯度限制：起始进近的最佳下降梯度为 4%，为了避开障碍物需要一个较大的下降梯度时，则允许的最大下降梯度为 8.0%；中间进近的最佳下降梯度为 0，如果需要下降，则允许的最大下降梯度为 5%；最后进近的最佳下降梯度为 5%，允许的最大下降梯度为 6.5%。

直角或反向程序：由于航迹的实际长度不同，不可能为直角或反向程序规定一个下降梯度，用程序的出航和入航航迹规定的最大下降高度代替，如表 7.10 所示。

表 7.10　规定的最大下降率

分　　类	出　　　　航		入　　　　航	
飞机分类	A/B 类	C/D/E 类	A/B 类	C/D/E 类
下降率	245 m/min（804 ft/min）	356 m/min（1 197 ft/min）	150 m/min（492 ft/min）	230 m/min（755 ft/min）

7.7.2　转弯诸元的计算

转弯诸元是指飞机进近转弯时的真空速（TAS）、转弯坡度（α）或转弯率（ω）、转弯半径（R）、转弯角度（θ）、转弯时间（t_θ）等。飞机进近转弯时的速度和坡度，决定了转弯半径和转弯率，而转弯半径和转弯率的大小，将直接影响机动飞行所占的空域和时间。为了保证飞机在仪表进近机动飞行中具有足够的安全保护区，程序设计时，必须按规定转弯坡度或转弯率计算出转弯半径和转弯时间。

飞机保持转弯速度、坡度或转弯率进行进近转弯，导出的转弯诸元间基本关系式是

$$R = （TAS^2/g）\cdot \tan\alpha = TAS / 2\pi\omega$$

$$t_\theta = \frac{\theta}{\omega} = \frac{\theta}{360°} \times \frac{2\pi R}{TAS}$$

转弯坡度、转弯半径和转弯时间可以通过计算尺、公式或心算求出。

7.7.3　等待航线的飞行方法

很多大、中型机场都设有等待航线，等待进近着陆、等待天气好转、消失高度；在到达一个许可限制或复飞时，也会使用等待航线。其中右航线为标准等待程序，左航线为非标准等待程序，如图 7.196 所示。

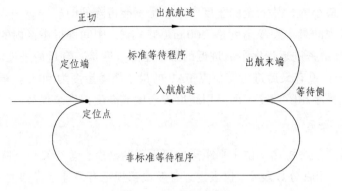

图 7.196 等待程序构成

对于已公布的等待航线，可以从图上查出等待定位点参数、出航航迹、入航航迹、出航时间、最低等待高度层、最大等待速度。未公布的等待航线，以上数据则可从空中交通管制部门处获得。而等待燃油耗油量及最大等待时间则需进行计算。

在飞机到达等待定位点前 5 min，由管制部门发给飞机进行等待的管制许可。等待的许可包括：

（1）等待定位点。

（2）等待航线与等待定位点的方位关系。

（3）飞向等待定位点的入航航迹所使用无线电设备的径向线、航向、方位、航路或航线。

（4）等待航线的出航距离或以分钟为单位的出航时间。

（5）等待航线的转弯方向（右转弯可以省略）。

以上内容为航图上未公布的等待航线，如果等待航线在航图上已公布，则（1）~（5）项的内容可以省略。发给飞机上述等待许可之后，管制部门还要通知飞机预计进近时间或预计追加管制许可（下一个许可）的时间。而进场飞机的预计追加管制许可时间，是在该飞机的等待定位点不是其进近等待点时由管制部门发给。

等待程序的出航时间规定是：14 000 ft（4 250 m）（含）以下为 1 min，14 000 ft（4 250 m）以上为 1.5 min。如果有 DME，可用 DME 距离限制来代替时间。等待飞行中，如果空中交通管制员未指明是左等待或者等待图没有规定，则所有的转弯都是右转弯。

7.7.3.1 等待航线的实施程序

（1）当需要飞机在等待定位点进行等待延迟时，空中交通管制部门在飞机到达定位点前 5 min，发出进行等待的管制许可。

（2）进行各种计算，并在到达等待定位点前 3 min，开始减速到等待速度。

（3）根据飞机飞往等待定位点的航向，按规定扇区进入等待航线。

（4）沿等待航线飞行，直至脱离等待航线。

7.7.3.2 等待航线的进入

1. 常规等待程序的进入

加入等待程序应根据进入的扇区，采用平行进入、偏置进入和直接进入 3 种方法。

1）进入扇区的划分

以等待航线起始点（导航台）为圆心，入航航迹方向为基准，向等待航线程序一侧（右航线向右、左航线向左）量取110°并通过起始点画出一条直线，该直线与入航航迹方向线将360°的区域划分为3个扇区。第一扇区110°，第二扇区70°，第三扇区180°，各扇区还应考虑其边界两侧各5°的机动区（见图7.197）。

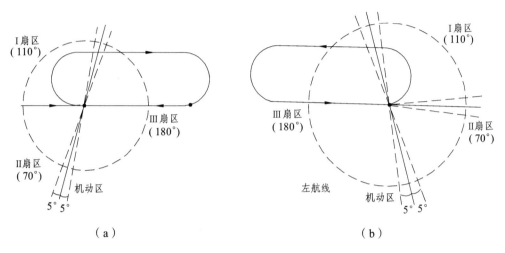

图 7.197　进入扇区划分

2）扇区进入方法

等待程序飞机从扇区进入，根据飞向定位点的航向与3个扇区的关系，确定进入方法。

第一扇区：平行进入（Parallel Entry）。如图7.198所示，飞机到达定位点后，转至出航航向飞行适当时间，然后左转弯（右航线）或右转弯（左航线）切入到入航航迹上向台飞行，飞机第二次飞越定位点（二次过台），然后作正常转弯加入等待航线。

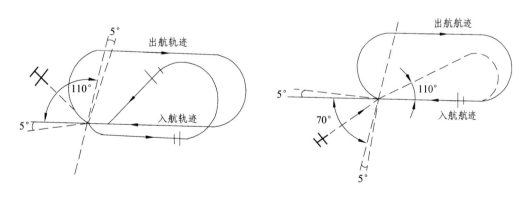

图 7.198　平行进入　　　　　　　　　图 7.199　偏置进入

第二扇区：偏置进入（Teardrop Entry）。如图7.199所示，飞机到达定位点后，向等待航线一侧转弯，使飞机航向与入航航迹成30°的偏置角，保持这一航向飞行适当时间，然后转弯切入入航航迹向台飞行，第二次飞越定位点，正常转弯加入等待航线。

偏置航迹的飞行时间规定：等待航线程序出航时间在 1.5 min 以内时，飞机在偏置航迹上飞行时间与出航时间相等；如果出航时间超过 1.5 min，则在偏置航迹上飞行 1.5 min，然后转至出航航向飞行剩余的出航时间。

第三扇区：直接进入（Direct Entry）。如图 7.200 所示，飞机到达定位点后，直接转向出航航迹方向，加入等待航线程序。第三扇区进入时，过台后飞机立即转弯加入等待航线，将会使航线宽度变窄，当飞机完成入航转弯后，飞机可能偏到航线的外侧，不能准确切入入航向台航迹（见图 7.201）。

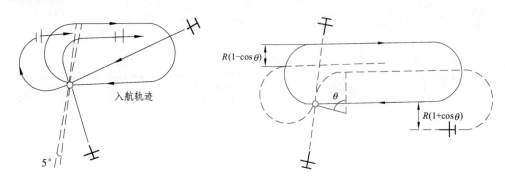

图 7.200　直接进入　　　　　　　　　图 7.201　直接进入的偏差

在实际飞行中，为减小这种偏差，当进入方向与向台航迹交角在 ±30° 以内时，采取先切入向台航迹，引导飞机飞向导航台，过台后直接转弯加入等待航线。如果进入方向与向台航迹接近垂直，飞机从程序一侧（三扇区上半部）进入时过台后立即转弯；当转弯角度接近 180°时，将坡度减小为原坡度的一半，继续转弯至出航航向加入等待航线；当飞机从非程序一侧（三扇区下半部）进入时，过台前先切入垂直向台航迹的方位线向台飞行，过台后平飞一个转弯半径的时间 t_R，然后开始转弯至出航航向，出航计时可以从飞机转过约 30° 时开始（见图 7.202）。

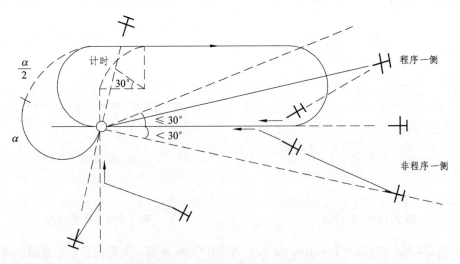

图 7.202　减小直接进入偏差的方法

3）等待航线进入的直观判断

在很多情况下，飞行员需要快速、准确地判断飞机所在的进入扇区和方法。因此，飞行中依据 RMI 和 HSI 进行直观判断，是最简便的方法，同时也可以用左（右）手确定扇区的进入方法，这也是一种极简便有效的判断方法。

用 RMI 和 HSI 的直观判断：首先是在 RMI 和 HSI 表面上设想出 3 个扇区，然后看入航航迹线或出航航迹角落在哪个扇区，确定进入直角航线的方法。

如图 7.203 所示，右航线的 RMI、HSI 仪表设想是以"右翼尖"为基准，向上 20° 画出一条通过仪表中心的假想直线，又画出航向标线到仪表中心的连线，这两条线即扇区分界线就将仪表表面分为 3 个进入扇区，左上方为第一扇区，右上方为第二扇区，下方为第三扇区。左航线的 RMI、HSI 仪表设想是以"左翼尖"为基准，扇区分界线的画法同右航线一样，右上方为第一扇区，左上方为第二扇区，下方为第三扇区。

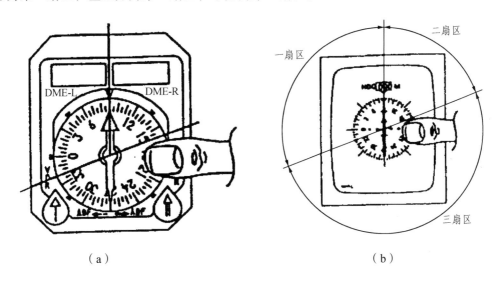

（a）　　　　　　　　　　　　　　　　（b）

图 7.203　RMI、HSI 扇区划分

3 个扇区在 RMI、HSI 设想以后，假设仪表中心就是导航台（即等待航线起始进近定位点），以导航台为准，设想出等待航线，看入航航迹线或出航航迹角落在哪个扇区，就用该扇区的进入方法进入等待航线。下面以进入右等待航线为例，说明用 RMI、HSI 判断进入等待航线的方法。如图 7.204 所示，HSI 调定的向台航道为 240°，从 RMI 指示可知道飞机沿着QDM90° 的方位线飞向电台，设想出 3 个扇区，画出等待航线，可以知道入航航线或出航航迹角 60° 落在第一扇区，因此采用平行进入的方法，即飞机通过导航台后，向左转至出航向 60° 保持并背台飞行适当时间，再左转弯切入向台航迹 240°，保持至第二次过台操纵飞机右转弯加入等待航线。

用左（右）手法直观判断：就是通过左（右）手进行扇区的设想，然后看入航航迹线或出航航迹角落在哪个扇区，确定进入等待航线的方法。

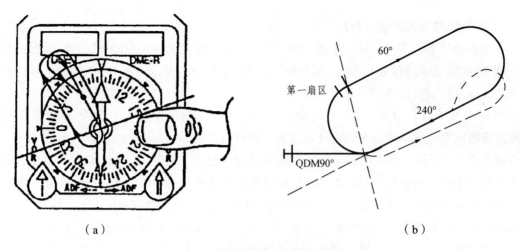

(a)

(b)

图 7.204 用仪表判断进入等待航线举例

如图 7.205 所示为扇区设想：右航线用右手，食指所指是飞向定位点的航向，以食指为准，向左减小 110° 的方向为拇指所指方向，向右增加 70° 的方向为中指所指方向，连接中指、拇指，这样就将 360° 范围分成了 3 个扇区，左上方拇指与食指所夹 110° 扇区为第一扇区，右上方食指与中指所夹 70° 扇区为第二扇区，下方中指与拇指所夹 180° 扇区为第三扇区。左航线用左手，扇区设想与右航线相同，右上食指与拇指所夹的 110° 扇区为第一扇区，左上方中指与食指所夹的 70° 扇区为第二扇区，下方拇指与中指所夹的 180° 扇区为第三扇区。

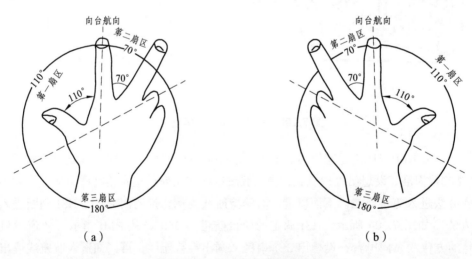

(a)

(b)

图 7.205 左（右）手扇区设想

3 个扇区在左（右）手上设想以后，假设掌心就是导航台，以导航台为准，设想出等待航线，看入航航迹线或出航航迹角落在哪个扇区，就用该扇区的进入方法进入等待航线。下面以右等待航线为例，说明用左（右）手法判断进入等待航线的方法：如图 7.206 所示，飞机向台航向为 50°，空中交通管制员指挥飞机飞至导航台上空进入向台航迹为 60° 的右等待航线。这时飞行员用右手划分进入扇区，食指指示 50°、拇指指示 300°、中指指示 120°，从而确定出飞机的入航航迹或出航航迹角 240° 落在第三扇区。采用直接进入的方法，即向左转切入向台航迹为 60° 的入航航迹上，控制飞机沿入航航迹飞向导航台，过台后向右转 180° 弯，进入等待航线。

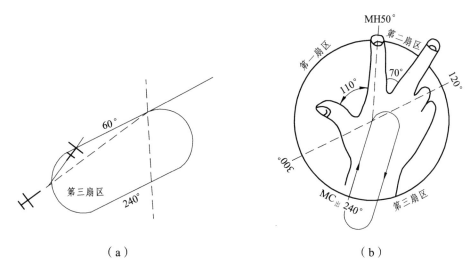

（a）　　　　　　　　　　　　　　　（b）

图 7.206　左（右）手法判断进入等待航线举例

2. 特殊 VOR/DME 等待程序的进入

特殊 VOR/DME 等待程序可以有以下形式：沿入航航迹的轴线进入，沿规定的航迹进入，使用雷达引导在规定的飞行航径进入。进入点可分为两种：等待定位点和出航航段末端定位点。

7.7.3.3　等待程序对风的修正

由于在等待程序飞行中，侧风分量（WS_2）将使等待航线产生偏离，因而我们在出航航段上修正 WS_2 对出航转弯、出航、入航转弯的影响，顺（逆）风分量将使等待航线变长或变短，因而在出航边多飞或少飞一个时间 Δt。

1. 侧风分量（WS_2）的修正（见图 7.207）

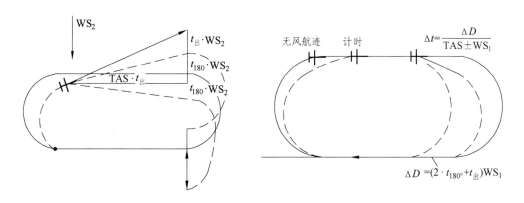

图 7.207　等待航线 WS_2 修正　　　　　**图 7.208　等待航线 WS_1 修正**

$$MH_{出} = MC_{出} - \theta$$

$$\theta \approx \frac{(t_{出} + t_{360°})WS_2}{t_{出}}DA$$

$$DA = \frac{57.3°}{TAS}WS_2$$

通过计算：$t_{出} = 1$ min，取 $\theta = 3DA$；$t_{出} = 1.5$ min，取 $\theta = 2DA$。

2. 顺（逆）风分量（WS_1）的修正（见图 7.208）

可以得出：　　$t_{应} = t_{出} \pm \Delta t$

顺风：　　　　$\Delta t = \frac{(t_{出} + 2t_{180°})WS_1}{TAS + 2WS_1}$

逆风：　　　　$\Delta t = \frac{(t_{出} + 2t_{180°})WS_1}{TAS - 2WS_1}$

既定的机型和等待程序，其 TAS、$t_{出}$、$t_{180°}$ 是一定的，只要将顺（逆）风分量（WS_1）代入计算式即可算出心算的系数。

7.7.4　沿直角航线起始进近方法

直角航线程序通常建立在着陆方向的左侧，称为左航线，建立在着陆方向右侧的称为右航线。机组人员应对直角航线数据做到心中有数，准确地实施进近，保证飞行安全。

7.7.4.1　直角航线程序的构成

直角航线程序的开始点是一个导航台或定位点，由出航转弯、出航航段（迹）和入航转弯、入航航段（迹）所构成，如图 7.209 所示。

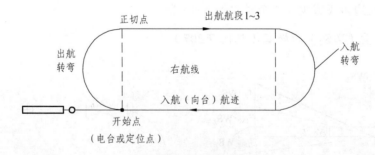

图 7.209　直角航线程序

出航时间的规定：出航时间可根据下降的需要，从 1～3 min 以 0.5 min 为增量。如果空域紧张，为了缩小保护区的总长度，出航航段的飞行时间按不同分类的飞机规定不同，但必须公布出相应的程序。我国民航按 A、B 类和 C、D 类两种公布。

出航计时的规定：使用一个电台的直角航线程序，出航计时是从正切电台或转至出航航向开始，以晚到者为准；使用一个定位点的直角航线程序，出航计时是以转至出航航向时开始。

出航航段长度的限制：出航航段长度可根据位置适当的导航设施的径向线/方位线及DME距离加以限制。

7.7.4.2 直角航线程序的无风数据

直角航线程序的无风数据，按 A/B 类和 C/D 类飞机的仪表进近图的形式予以公布，但公布的数据，都是按照飞机分类的最大速度设计的，而所飞机型实际飞行时可能有较大的差异，所以使用时必须进行一些相应的计算。

1. 公布的数据

如图 7.210 所示为某机场公布的直角航线程序（程序为 NDB/DME 进近）数据。

（1）起始进近定位点及高度：起始进近定位点在 LOM（外示位信标台）上空；起始进近高度为修正海压高 1 200 m，飞机飞越定位点前不得低于该高度。

（2）出航航段的航迹角和出航时间：该直角航线程序为左航线，出航航段磁航迹为 223°；出航时间为 A/B 类飞机 1.5 min，C/D 类飞机 1.0 min。

（3）入航转弯开始高度：入航转弯开始高度为修正海压高 800 m；飞机左转进行 180°的平飞入航转弯，切入到五边进近（跑道延长线）的向台高度为修正海压高 1 000 m。实际飞行时，如果飞机到达入航转弯开始位置，高度高于规定高度，则在入航转弯过程中还可以继续下降高度至五边向台高度改平，继续转弯至切入五边改出。有的程序没有中间进近航段，飞机切入五边（向台航迹）即开始最后进近；如果五边航迹与跑道延长线不一致，则飞机平飞转弯改出应在五边向台航迹上。

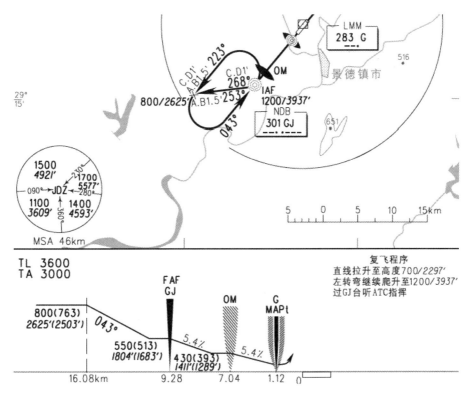

图 7.210 某机场公布的直角航线程序

533

（4）入航航段的航迹和第二次过台高度：该程序的最后进近定位在 NDB 台（GJ）上空，入航航段的向台航迹为 43°，第二次过台（GJ 台）高度为修正海压高 550 m，飞机在飞越该台前不得低于该高度。

作为飞行员应用时，无风数据应当熟记并着重掌握：1 个时间、2 个航迹和 3 个高度，即 1 个出航时间，2 个无风时的航迹——出航航迹和入航航迹，3 个高度——起始进近高度、入航转弯高度及第二次过台高度。

2. 结合机型的计算数据

飞行员在按照公布的数据飞行时，必须掌握所飞机型进近时的程序宽度、长度，以及正切起始进近定位点（是一个电台）的无线电方位、出航航段的下降率、入航转弯开始位置的无线电方位、四转弯开始（剩余航向 90°）位置的无线电方位。飞行实施中，应当根据所飞机型的进近速度、转弯坡度或转弯率，按公布程序数据进行计算（见图 7.211）。

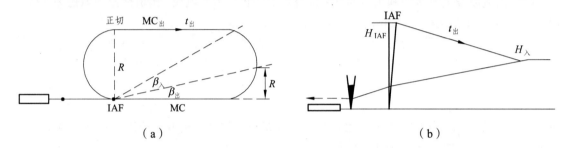

（a）　　　　　　　　　　　　（b）

图 7.211　直角航线机型数据的计算

1）直角航线的宽度和长度

直角航线的宽度：出航转弯为 180° 连续转弯时，航线宽度为出航转弯半径的 2 倍；出航转弯是先转 90°（一转弯），飞机飞一段直线，然后再转 90°（二转弯）时，航线宽度为出航转弯半径的 2 倍再加上直线长度。

直角航线的长度：航线长度为出航航段长度加入航转弯半径 R，出航航段长度 L 等于出航时间与出航真空速的乘积，即 $L = \text{TAS} \times t_{出}$。转弯半径可用计算尺算或心算。

2）正切电台的无线电方位

$$\text{RB}_切 = 90°, \quad \text{QDM}_切 = \text{MC}_出 + 90° \text{或} \text{MC}_入 - 90° \quad （右航线）$$

$$\text{RB}_切 = 270°, \quad \text{QDM}_切 = \text{MC}_出 - 90° \text{或} \text{MC}_入 + 90° \quad （左航线）$$

3）出航航段长度和出航下降率

$$出航航段长度 \ L = \text{TAS}_出 \cdot t_出$$

$$出航下降率 \ \text{RD} = \Delta H / t_出 \quad （\Delta H = H_{\text{IAF}} - H_入）$$

4）入航转弯开始位置的无线电方位

$$右航线 \ \text{RB}_入 = 180° - \beta_入 \qquad \text{QDM}_入 = \text{MC}_入 - \beta_入$$

$$左航线 \ \text{RB}_入 = 180° + \beta_入 \qquad \text{QDM}_入 = \text{MC}_入 + \beta_入$$

其中，$\tan\beta = 2R/L$，整理为 $\tan\beta/2R = \tan45°/L$，通过正切尺计算。

5）四转弯开始位置的无线电方位

四转弯开始位置就是入航转弯的最后 90° 转弯开始位置，通过下列关系式可以得出这一位置的无线电方位：

$$右航线\ RB_4 = 90° - \beta_4, \quad QDM_4 = MC_入 - \beta_4$$
$$左航线\ RB_4 = 270° + \beta_4, \quad QDM_4 = MC_入 + \beta_4$$

其中，$\tan\beta_4 = R/（L + R）$，整理为 $\tan\beta_4/R = \tan45°/（L + R）$，可以通过正切尺进行计算。

【例】 TB-20 飞机，出航转弯时保持 TAS 100 kt、坡度 15° 转弯，飞机正切电台后，出航速度 TAS 95 kt，入航转弯时 TAS 90 kt、α15° 转弯，直角航线公布的无风数据如图 7.210 所示，计算机型的无风数据。

解： TB-20 属于 A 类飞机，执行 A/B 类进近程序。

① 计算转弯半径和航线宽度、长度。根据 TAS 100 kt、α15° 对尺求出 $R = 0.54$ n mile；航线宽度为 $2R = 1.08$ n mile；出航航段长度 $L = TAS_出 \cdot t_出 = 95$ kt × 1.5 min = 2.4 n mile；入航转弯半径 $R = 0.44$ n mile；航线长度为 $L + R = 2.4 + 0.44 = 2.88$ n mile。

② 正切电台（IAF）的无线电方位。直角航线为左航线，$MC_出 = 223°$、$MC_入 = 43°$，通过计算可知飞机正切电台的无线电方位是 $RB_切 = 270°$，$QDM_切 = 133°$。

③ 出航航段的下降率。从图上可看出飞机出航航段下降高度 $\Delta H = 1\ 200 - 800 = 400$（m），$t_出 = 1.5$ min，可计算出 $RD = \Delta H/t_出 = 400$ m/1.5 min = 4.4 m/s。

④ 入航转弯开始位置的无线电方位：出航航段长度 $L = 2.4$ n mile，航线宽度 $2R = 1.08$ n mile，则 $\tan\beta_入/1.08 = \tan45°/2.4$，用尺求出 $\beta_入 = 24°$，入航转弯开始位置的无线电方位是：$RB_入 = 180° + 24° = 204°$，$QDM_入 = MC_入 + \beta_入 = 43° + 24° = 67°$。

⑤ 四转弯开始位置的无线电方位。入航转弯的转弯半径 $R = 0.44$ n mile，航线长度 $L = 2.88$ n mile，则 $\tan\beta_4/0.44 = \tan45°/2.88$，用计算尺求出 $\beta_4 = 9°$，因此，四转弯开始位置的无线电方位是 $RB_4 = 270° + \beta_4 = 270° + 9° = 279°$，$QDM_4 = MC_入 + \beta_4 = 43° + 9° = 52°$。

7.7.4.3 沿直角航线程序起始进近实施程序和步骤

（1）在取得进近许可和进场条件后，飞机沿指定进场航线飞向起始进近定位点，进行直角航线程序的计算，重点是风的修正，按规定高度和方法加入直角航线程序。

（2）飞机完成 180° 出航转弯后，正切电台计时，保持下降率下降，利用径向线/方位线或 DME 距离限制、出航时间控制入航转弯时机，并检查航线的宽、窄。

（3）按规定高度进入入航转弯，在转弯的后半段利用仪表指示控制四转弯开始时机，并在四转弯过程中及时检查和修正转弯偏差。

（4）改出四转弯后，计时，报告，控制飞机沿五边进近着陆。

7.7.4.4 直角航线进近对风的修正

沿直角航线作起始进近的过程中，由于风的影响，飞机的实际航迹将偏离预定的直角航线，使实际的航线变宽或窄、长或短，使飞机在完成入航转弯改出时不能准确地切入五边向台航迹上飞行。如果航线过窄过短，将造成五边向台进近着陆困难，不能安全着陆；如果航线过宽过长，有可能使飞机偏出规定的安全保护区而危及飞行安全。因此，在飞行中必须对风进行准确修正，其目的是保证航线的宽度和长度。

直角航线对风的修正，通常按心算的方法进行。为便于心算，须先对风进行分解，然后推算出所飞机型的心算系数。

1. 风的分解

风对飞机航行的影响反映在两个方面：顺（逆）风分量影响飞机的地速，影响飞行时间；侧风分量影响飞机的航迹，使飞机偏离预定航线。在直角航线飞行中，将预报风分解成平行预定航迹的顺（逆）风分量（WS_1）和侧风分量（WS_2），如图 7.212 所示。从图中可以看出

$$WS_1 = WS \cdot \cos\alpha, \quad WS_2 = WS \cdot \sin\alpha$$

式中　α——风向与出航航迹（$MC_出$）或入航航迹（$MC_入$）之间的夹角。这一计算可用计算尺上的正弦尺进行。

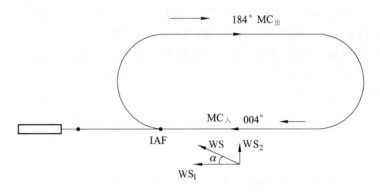

图 7.212　风的分解

【例】　直角航线 $MC_出 = 184°$，$MC_入 = 004°$，预报风 WD210°，WS = 10 m/s，分解风。

解：预报风是气象风，风向是指风的来向。画风的分解向量图方法是：以 IAF 为基准点，用风向与 $MC_出$ 或 $MC_入$ 比较，看哪一个夹角 α 小于 90°。确定后，以 $MC_出$（或 $MC_入$）为准，增大或减小一个 α 角，画出风向线，在风向线上画出一个指向基准点 IAF 的箭头，就完成了预报风的表示。然后沿平行和垂直于出航航迹画出风的分量。本例风 210°，与出航航迹 $MC_出$ = 184° 夹角 α 为 26°，所以以出航航迹为基准，顺时针增大 26°，画出方位线，该方位线就是风向 210°的风向线，画出指向 IAF 的箭头，并分解风分量 WS_1、WS_2：

$$WS_1 = 10\cos26° = 10\sin(90° - 26°) = 9 \ (\text{m/s})$$

$$WS_2 = 10 \times \sin26° = 4.4 \ (\text{m/s})$$

在实际飞行中，还经常利用风分量图和航向仪表进行快速分解。风分量图如图 7.213 所示：同心圆弧为预报风速值，发散的直线为夹角 α 值，纵、横坐标为分解的 WS_2、WS_1。使用时从风速值所在的圆弧与夹角 α 边的交点分别画出纵、横坐标的平行线，与坐标线的相交处即可读出风的分解值，实际使用时飞行员都是用目测的方法快速分解。

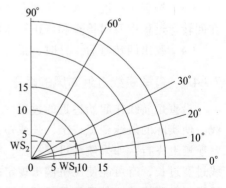

图 7.213　风分量图

在航向仪表上分解，将刻度中心假设为定位点 IAF，分别在刻度盘上确定出 $MC_出$、$MC_入$，然后以刻度盘上刻度作为预报风风向，向刻度盘

中心画出风向线，箭头指向刻度盘中心，确定出夹角 α，在罗盘上分解出风的分量。

2. 风的修正

风对直角航线的影响主要是出航转弯、出航航段和入航转弯的影响。

1）修正风对出航转弯的影响

出航转弯中顺（逆）风分量和侧风分量将影响转弯，使飞机进入出航航段时航线变宽或变窄，使飞机转至出航航向时错过正切计时点，因此必须对出航转弯进行风的修正。

顺（逆）风分量（WS_1）的修正：如图 7.214 所示，当飞机过台开始转弯时，如果是顺风，则不需修正，飞机转至出航航向飞一段时间就可以正切计时点；如果是逆风转弯则必须多飞一个 Δt，以修正 $180°$ 转弯中受 WS_1 的影响而产生的偏移 ΔD

$$\Delta t = \Delta D/\mathrm{GS} = t_{180°} \cdot WS_1 / (\mathrm{TAS} - WS_1)$$

对于规定的程序和机型，$t_{180°}$、TAS 都是一定的，计算出不同 WS_1 所对应的 Δt，即可确定时间修正量的心算系数。

侧风分量的修正：可以采取一种是转弯中增减坡度的方法，另一种是转 $90°$ 后改平飞一定时间再转 $90°$ 的方法修正。第一种转弯增减坡度的方法如图 7.215 所示。

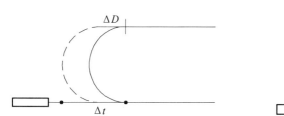

图 7.214　出航转弯修正 WS_1

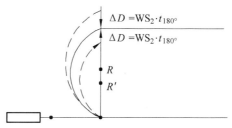

图 7.215　增减坡度修正 WS_2

转弯坡度修正量 $\Delta\alpha$ 为

$$\Delta\alpha = \frac{\pi\alpha}{\mathrm{TAS}} WS_2$$

对于既定机型，α、TAS 一定，计算出不同的修正系数，便可在飞行中进行心算。

第二种 $90°$ 改平直线飞行一定时间如图 7.216 所示，但这种方法只适合逆风转弯的情形

$$\Delta t = \Delta D/\mathrm{GS} = 2 \cdot t_{90°} WS_2 / (\mathrm{TAS} - WS_2)$$

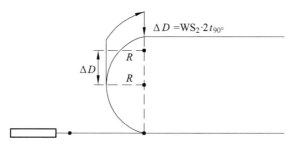

图 7.216　出航转弯修正 WS_1

既定机型 TAS、$t_{90°}$一定，计算出不同 WS_2 所对应的 Δt，即可确定平飞的时间修正系数。

2）修正风对出航航段的影响

风对出航航段的影响是使航线长度增加或减少，宽度变宽或变窄，使飞机不能在预定入航转弯位置开始转弯，因此必须对风进行修正。

侧风分量（WS_2）修正：飞机应修正一个偏流（DA），即修正风后的出航航向（$MH_{出}$）

$$MH_{出} = MC_{出} - DA$$

$$DA = （WS_2 / TAS）\times 57.3° = （57.3° / TAS）\times WS_2$$

顺（逆）风分量（WS_1）修正：顺（逆）风分量（WS_1）使出航地速增加或减小，因此修正时，顺风时少飞一个 Δt，逆风则多飞一个 Δt。

$$\Delta t = [（t_{出} + t_{90°}）/ GS] \times WS_1 = [（t_{出} + t_{90°}）/（TAS \pm WS_1）] \times WS_1$$

既定的程序、机型，其 $t_{出}$、TAS 是一定的，计算出不同 WS_1 所对应的 Δt，就可确定出时间的心算系数。

3）修正风对入航转弯的影响

由于出航转弯速度与入航转弯速度不同，$TAS_{出} > TAS_{入}$，因此飞机入航转弯转 90° 改平直线飞一段距离 $2（R_{出} - R_{入}）$然后再转 90° 切入到五边上。入航转弯中同样要受到风的影响，必须对风进行修正。

顺（逆）风分量（WS_1）的修正：飞机沿出航航段飞行后作一个 90° 转弯，如图 7.217 所示，对于直线段的修正

$$DA = （WS_1 / TAS）\times 57.3°$$

侧风分量（WS_2）的修正：如图 7.218 所示，侧风对入航转弯的影响，可采取时间修正或坡度修正的方法。

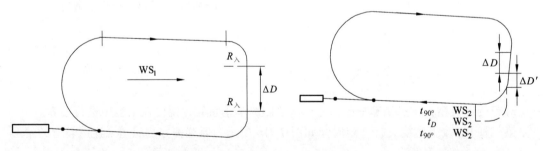

图 7.217　入航转弯修正 WS_1　　　　图 7.218　入航转弯修正 WS_2

采取时间修正：时间修正量

$$\Delta t = \frac{t_D + 2\tan 90°}{TAS \pm WS_2} \cdot WS_2$$

对于既定的机型，其 TAS、$t_{90°}$一定，通过计算即可得到修正系数。由于时间上对 WS_2 的修正，将使开始四转弯的时机提前（顺风）或延迟（逆风），引起无线电方位的改变，如图 7.219 所示。为了准确控制四转弯开始时机，必须对这一提前（或延迟）量进行修正，提前（或延迟）量 $\Delta\beta$ 为

$$\Delta\beta \approx [t_{90°} \cdot 57.3°/(L+R_入)] \times WS_2$$

从图可以看出：左航线顺风加上 $\Delta\beta$，逆风减 $\Delta\beta$；右航线顺风减 $\Delta\beta$，逆风加 $\Delta\beta$。

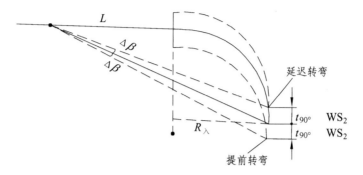

图 7.219　四转弯进入的修正

采取坡度修正：入航转弯 90° 后改平直飞至进行转弯开始方位线，飞机采取增加或减小坡度的方法修正侧风 WS_2 的影响，使飞机改出正好在五边航迹上。坡度修正量

$$\Delta\alpha = [\alpha\pi/2TAS_入] \times WS_2$$

对于既定的机型，其 α、$TAS_入$ 是一定的，可通过计算得出修正的心算系数。

飞行中须注意的一点就是飞机切到五边航迹上的飞机位置将在无风切入点的前或后，即增大坡度转弯飞机位置落在无风切入点后；减小坡度转弯飞机位置落在无风切入点前。飞行员应注意这一点，防止五边过长或过短。

4）无线电方位和下降率的修正

由于在出航边对侧风分量的修正，使飞机航向发生了改变，因而飞机正切电台位置和入航转弯开始位置的电台相对方位 $RB_切$、$RB_入$ 发生变化，因此必须进行修正。修正的方法是：航向增大一个 DA、则 $RB_切$、$RB_入$ 就减小一个 DA；反之 $RB_切$、$RB_入$ 就增大一个 DA。

出航航段的下降率经风的修正后，用公式表示

$$RD_应 = \Delta H / t_应$$

通过心算或计算尺即可求出出航时应保持的下降率。

7.7.4.5　直角航线的进入

直角航线的进入方法与等待航线的进入方法完全相同。

7.7.4.6　出航航迹的检查

直角航线飞行中对程序的宽度和长度的准确判断十分重要，是正确做好入航转弯和五边飞行的前提，因此飞行中必须对出航航迹进行检查。

1. 无线电方位配合出航时间检查

利用地面 NDB/VOR 台，测量出飞机与电台的无线电方位（QDM 或 RB），同时参考出航时间来判断出航航迹，即判断直角航线的宽窄和长短。当飞机进入入航转弯时机的方位线时，参考飞机出航时间与应飞时间相比较即可确定：若 $t_出 > t_应$，直角航线变宽变长；若 $t_出 <$

$t_{应}$，直角航线变窄变短。

2. 无线电方位配合 DME 检查

利用测量飞机到地面 NDB/VOR 台的无线电方位，配合 DME 的距离指示来判断出航航迹，即判断直角航线的宽窄和长短十分方便、准确。

7.7.5 沿修正角航线起始进近方法

我国民航制定和公布的反向程序只有基线转弯即修正角航线一种，建立在着陆方向右侧的称为右航线，建立在着陆方向左侧的称为左航线。机组人员应当对修正角航线数据做到心中有数，准确地实施进近，保证飞行安全。

7.7.5.1 修正角航线的构成

修正角航线由出航航迹（背台边）、基线转弯（入航转弯）和向台航迹（入航航迹）构成，如图 7.220 所示。

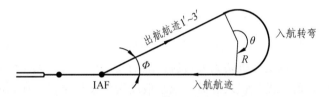

图 7.220 修正角航线的构成

修正角航线出航时间的规定与直角航线相同，只是开始计时是在通过导航台（起始进近定位点）瞬间。出航航段的限制与直角航线规定相同。

偏置角 Φ 的确定：出航航迹与入航航迹的夹角 Φ，程序设计是根据出航时间（$t_{出}$）和飞机进近真速计算出来的，但在飞行员使用修正角航线时，直接比较两条航迹就可以得出偏置角 Φ 的大小。

基线转弯角度 θ：从图中可以看出，基线转弯角度 $\theta = 180° + \Phi$。

7.7.5.2 修正角航线的无风数据

修正角航线的无风数据，按 A/B 类和 C/D 类飞机以仪表进近图的形式予以公布，但须注意的是公布的数据都是按飞机分类的最大速度设计的，而实际飞机飞行时有较大的差异，使用时必须结合所飞机型进行计算。

1. 公布的数据

如图 7.221 所示为某机场公布的修正角航线数据，该程序为 NDB 进近。

（1）起始进近定位点及高度：起始进近定位点在 LOM（外出位信标台）上空，起始进近高度为场压高 900 m，飞机飞越定位点前不得低于该高度。

（2）出航航段（背台边）的航迹角和出航时间：该修正角航线程序为左航线，出航航段的磁航迹为 A、B 类 134°，C、D 类 148°；出航时间为 A、B 类飞机 2 min，C、D 类飞机 1.5 min。

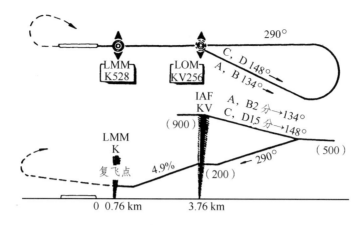

图 7.221　某机场公布的修正角航线

（3）入航转弯开始高度：该航线入航转弯开始高度为场压高 500 m，飞机向左进行 204°（A、B 类）或 218°（C、D 类）的平飞入航转弯，切入到五边进近（跑道延长线）的向台高度为场压高 500 m。

（4）入航航段的航迹和第二次过台高度：该程序的最后进近定位点在 LOM 台上空，入航航段的向台航迹为 290°，第二次过台 LOM 高度为场压高 200 m，飞机在飞越该台前不得低于该高度。

飞行员在使用修正角航线进近时，应当熟记无风数据，着重掌握：1 个时间——出航时间，2 个航迹——出航航迹和入航航迹，3 个高度——起始进近高度、入航转弯高度及第二次过台高度。

2. 结合机型的计算数据

飞行员在按照公布的数据飞行时，必须掌握飞机进近时航线宽度、长度，以及出航航段的下降率、四转弯开始位置的无线电方位，飞行实施中，飞行员应当根据所飞机型进近速度、转弯坡度或转弯率，按公布程序的数据进行计算。

1）修正角航线的长度和宽度

修正角航线的长度是 $L'\cos(\Phi-\theta)+R$，修正角航线的宽度是转弯半径 R 加上 R'，即 $R+R'$，如图 7.222 所示：

$$\tan\theta=R/L_{出}, \quad L=\mathrm{TAS}t_{出}, \quad L'=\sqrt{L^2+R^2}, \quad R'=L'\sin(\Phi-\theta)$$

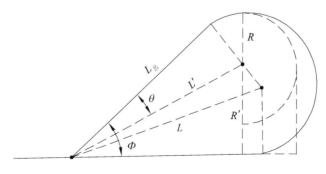

图 7.222　航线长度和宽度

这是因为修正角航线设计时使用的是航段最大速度，所以在实际计算时，航线长度按 $L + R$ 计算，航线宽度按 $R_{设} + R$ 计算，其中 $R_{设} = L \cdot \tan(\Phi/2)$，其目的是使飞行员明确飞机执行该程序所需的空域范围。

2）出航航段的下降率

$$RD = (H_{IAF} - H_入) / t_出$$

3）四转弯开始位置的无线电方位

由于飞机实际转弯半径与设计所需转弯半径的偏差，因而在计算转弯开始位置的无线电方位时有两种方法：入航转弯是连续 180° 的计算，如图 7.223 所示，这种转弯方法一般用于实施精密进近程序飞机过渡到五边；入航转弯是转 90° 改平直飞一段直线再转弯 90° 的计算，如图 7.224 所示，这种转弯方法一般是用于实施非精密进近程序飞机过渡到五边。

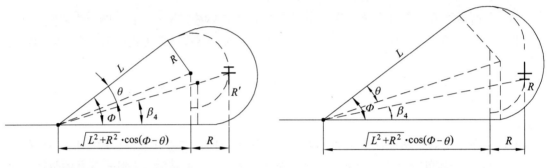

图 7.223　连续转弯方位　　　　　　　　图 7.224　分段转弯方位

入航转弯是连续 180° 转弯：

右航线　　　　$RB_4 = 90° - \beta_4$，　$QDM_4 = MC_入 - \beta_4$

左航线　　　　$RB_4 = 270° + \beta_4$，　$QDM_4 = MC_入 + \beta_4$

$$\frac{\tan\beta}{R'} = \frac{\tan45°}{\sqrt{L^2 + R^2}\cos(\Phi-\theta) + R}$$

用正切尺求出 β_4。

入航转弯是两个 90° 转弯和一个直线段（称为四边）：

右航线　　　　$RB_4 = 90° - \beta_4$，　$QDM_4 = MC_入 - \beta_4$

左航线　　　　$RB_4 = 270° - \beta_4$，　$QDM_4 = MC_入 - \beta_4$

$$\frac{\tan\beta_4}{R'} = \frac{\tan45°}{L + R}$$

可通过正切尺求出 β_4。

【例】　TB-20，出航速度 95 kt，入航转弯速度 90 kt、$\alpha = 15°$，入航转弯按先转 90° 后直线飞行一段再转 90° 进行，修正角航线的无风数据如图 7.221 所示，计算机型的无风数据。

解：TB-20 属于 A 类飞机，执行 A、B 类进近程序：$\Phi = 24°$。

① 计算转弯半径和出航航段长度：根据入航转弯 $TAS = 90$ kt，$\alpha = 15°$ 对尺求出 $R =$

0.44 n mile，根据出航时间 $t_出 = 2$ min，出航速度 95 kt 计算出 $L = TAS_出 \cdot t_出 = 95$ kt $\times 2$ min $= 3.17$ n mile。

② 计算航线长度和宽度：航线长度按 $L + R$ 计算，计算出为 3.61 n mile，航线宽度按 $L \cdot \tan\Phi/2 + R$ 计算，计算出为 1.11 n mile。

③ 计算出航航段的下降率：

$$RD = \Delta H / t_出 = （900 - 500）\text{ m} / 2 \text{ min} = 3.33 \text{ m/s}$$

④ 计算四转弯开始的无线电方位：该程序为左航线，出航航段长度 $L = 3.17$ n mile，四转弯半径 $R = 0.44$ n mile，则

$$\tan\beta_4 / 0.44 = \tan45° / （3.17 + 0.44）$$

用计算尺求出 $\beta_4 = 7°$，因此四转弯开始位置的无线电方位：

$$RB_4 = 270° + \beta_4 = 270° + 7° = 277°$$

$$QDM_4 = MC_入 + \beta_4 = 290° + 7° = 297°$$

7.7.5.3 沿修正角航线起始进近实施程序和步骤

（1）在取得进场许可和进场条件后，飞机沿指定的进场航线飞向起始进近定位点 IAF，进行修正角航线的计算，重点是风的修正，按规定高度和方法加入修正角航线。

（2）飞机过台计时沿出航航迹背台飞行，保持下降率下降至入航转弯开始高度改平，利用 DME 距离限制或出航时间限制控制入航转弯时机，并检查航线的宽、窄。

（3）按规定高度进入入航转弯，在转弯的后半段利用仪表指示控制四转弯开始时机，并在四转弯过程中及时检查和修正转弯中的偏差。

（4）改出入航转弯后，计时，报告，控制飞机沿五边进行着陆。

7.7.5.4 修正角航线进近对风的修正

沿修正角航线作起始进近的过程中，由于风的影响，飞机的实际航迹将偏离预定的修正角航线，使实际的航线变宽或窄、长或短，使飞机在完成入航转弯改出时不能准确地切到五边向台航迹上飞行。如果航线过窄或过短，将造成五边向台进近着陆的困难，不能安全着陆；如果航线过宽过长，有可能使飞机偏出规定的安全保护区而危及飞行安全。因此，在飞行中必须对风进行准确修正，其目的是保证航线的宽度和长度。

修正角航线对风的修正，通常按心算的方法进行。为便于心算，须先对风进行分解，然后推算出所飞机型的心算系数。

1. 风的分解

在修正角航线飞行中，将预报风按出航边分解成顺（逆）风分量 WS_1 和侧风分量 WS_2：

$$WS_1 = WS \cdot \cos\alpha$$

$$WS_2 = WS \cdot \sin\alpha$$

式中　α——风向 WD 与出航航迹（$MC_出$）的夹角。这一计算用正弦尺可以进行。

【例】　修正角航线 $MC_出 = 180°$、$MC_入 = 024°$，预报风 $220°/10$ m/s，分解风。

解：预报风是气象风，按出航边分解为顺（逆）风分量（WS_1）和侧风分量（WS_2），画

风的分解向量图方法同直角航线风的分解一样。风向 220° 与出航航迹（MC_出）180° 夹角 α 为 40°，以出航航迹为基准，顺时针增大 40°，画出风向线，并分解风，计算尺计算为

$$\mathrm{WS}_1 = 10 \cdot \cos 40° = 7.7 \ \mathrm{m/s}$$
$$\mathrm{WS}_2 = 10 \cdot \sin 40° = 6.4 \ \mathrm{m/s}$$

风的分解在风分解（分量）图和航向仪表上进行快速分解，其方法与直角航线分解风一样。

2. 风的修正

风对修正角航线的影响主要是对出航航段、入航转弯的影响。

1）在出航航段、入航转弯分别修正风的方法

修正风对出航航段的影响：风对出航航段的影响是使航段长度增加或减少、宽度变宽或变窄，使飞机不能在预定入航转弯位置开始转弯。为了使飞机在完成入航转弯切入五边向台航迹时，能够保证飞机到电台之间的规定距离，必须对风进行修正。

侧风分量（WS_2）的修正：飞机应向侧风方向修正一个 DA，修正后的出航航向：

$$\mathrm{MH}_{出} = \mathrm{MC}_{出} - \mathrm{DA}$$
$$\mathrm{DA} = （\mathrm{WS}_2 / \mathrm{TAS}）\times 57.3° = （57.3° / \mathrm{TAS}）\times \mathrm{WS}_2$$

对于既定机型，其出航速度一定，因而 DA 就可算出一个心算的系数。

顺（逆）风分量（WS_1）的修正：，顺（逆）风分量使出航地速增加或减少，因此，修正时：顺风少飞一个 Δt，逆风多飞一个 Δt，即 $t_{应} = t_{出} \pm \Delta t$。

顺风 $\qquad \Delta t = t_{出} \cdot \mathrm{WS}_1 / （\mathrm{TAS} + \mathrm{WS}_1）$

逆风 $\qquad \Delta t = t_{出} \cdot \mathrm{WS}_1 / （\mathrm{TAS} - \mathrm{WS}_1）$

对于既定机型和程序，其 TAS、$t_{出}$ 是一定的，计算出不同 WS_1 所对应的 Δt，就可确定出心算的系数。

修正风对入航转弯的影响：在入航转弯过程中，同样要受到 WS_1 和 WS_2 的影响，但 WS_1 的影响较小，主要是 WS_2 的影响使飞机入航转弯改出时不能正确切入五边。对 WS_2 的修正采用增或减坡度的方法进行，如图 7.225 所示。坡度修正量 $\Delta\alpha$ 为

$$\Delta\alpha = \pm 2\pi\theta\cos\Phi \cdot \mathrm{WS}_2 / 360 \ \mathrm{TAS}（1 + \cos\Phi） \qquad （顺风取 "+"，逆风取 "-"）$$

对于既定机型和程序，其 TAS、Φ、θ 都是一定的，将不同 WS_2 代入计算出坡度修正量 $\Delta\alpha$，确定出心算的修正系数。

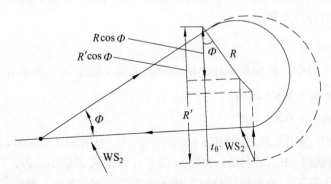

图 7.225 入航转弯修正 WS_2 影响

2）在出航航段修正风对出航、入航转弯影响的方法

为了消除飞机沿出航航迹和入航转弯中风的影响，使飞机完成入航转弯时正好准确地切到五边向台航迹上，因此采取在出航航段修正 WS_1、WS_2 对出航、入航转弯的影响，即方向上在出航航段上迎风修正一个航向修正量 A 角，时间上多或少飞一个 Δt，入航转弯用正常的坡度进行转弯准确地切到五边向台航迹上。

顺（逆）风分量（WS_1）的修正：为了使飞机在完成入航转弯切入五边向台航迹时，能够保证飞机到电台之间的规定距离，消除顺（逆）风分量（WS_1）对出航背台飞行和入航转弯的影响而产生的距离偏差 ΔD。因此，必须在顺风时少飞一个 Δt 的时间，逆风时则多飞一个 Δt 的时间

$$\Delta t = \Delta D / GS = (t_{出} + t_\theta) WS_1 / (TAS \pm WS_1)$$

$$t_{应} = t_{出} \pm \Delta t \quad （顺 "-"，逆 "+"）$$

对于既定的机型和程序，其 $t_{出}$、t_θ、TAS 都是一定的，将不同的 WS_1 代入即可计算出 Δt，确定出心算的修正系数。

侧风分量（WS_2）的修正：为了消除飞机在出航背台飞行和入航转弯中受 WS_2 的影响，使飞机在完成入航转弯时正好切到五边向台航迹上，修正出航背台飞行和入航转弯中 WS_2 影响而产生的距离偏差 ΔD，因此，在出航航段飞行中，迎风修正一个 A 角，即保持 $MH_{出} = MC_{出} - A$ 飞行，如图 7.226 所示。A 角包含两重含义：出航侧风的修正，即 DA；WS_2 对入航转弯的影响。出航航段飞行的实际航迹线是图中虚线。

顺风
$$A = \frac{(t_{出} - \Delta t + t_\theta)\ TAS}{(t_{出} + \Delta t)\ (TAS - WS_1)} DA$$

逆风
$$A = \frac{(t_{出} + \Delta t + t_\theta)\ TAS}{(t_{出} + \Delta t)\ (TAS - WS_1)} DA$$

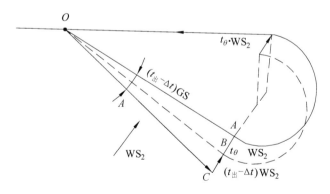

图 7.226　出航航段修正 WS_2 影响

对于既定的机型和程序，将不同的 WS_1 代入即可得出角度的修正量 A 角，并确定出心算的系数。

3）修正风对四转弯开始位置无线电方位的影响

飞机入航转弯剩余 90° 航向时即进行四转弯，由于受风的影响，四转弯过程中飞机将随风飘移一段距离，使得飞机转弯改出结束不能准确地切入五边，因而必须对风进行修正：顺

风转弯修正一个提前转弯量，逆风转弯修正一个延迟转弯量。转弯提前或延迟量的心算方法同直角航线程序，不再重述。

4）出航下降率的修正

修正角航线出航下降率的计算方法与直角航线相同，即 $RD = \Delta H / t_{应}$。飞行中，如果保持的下降率大于计算的 RD，则未到达入航转弯开始位置时飞机高度已下降到入航转弯规定高度，飞行员应改平飞；如果保持的下降率小于计算的 RD，则飞机开始入航转弯时还没有下降到规定的入航转弯高度，飞行员应在转弯中继续下降到规定高度改平。

7.7.5.5　修正角航线的加入方法

沿修正角航线作起始进近时，修正角航线的加入有两种：加入扇区进入和全向进入。

1. 沿加入扇区加入

当飞机保持航向飞向定位点时，如果飞机落在进入扇区里，则直接加入修正角航线，即飞机飞向定位点，按规定高度飞越定位点，沿出航航迹背台飞行。如果飞行员已经确认飞机在以电台为圆心的 25 n mile（46 km）进场扇区内，则可以在到达定位点前先切入出航航迹反向延长线（即方位线）上，沿方位线飞行，过台后直接加入修正角航线（见图 7.227）。

加入扇区的划法：以定位点为基准点，以出航航迹的反方向 ±30° 画出扇区，如扇区没有包括入航反方向，则进入扇区应扩展至入航反方向。因此，当 $\Phi \leqslant 30°$，进入扇区范围为 60° 角；当 $\Phi > 30°$，进入扇区范围为（30° + Φ）（见图 7.228）。

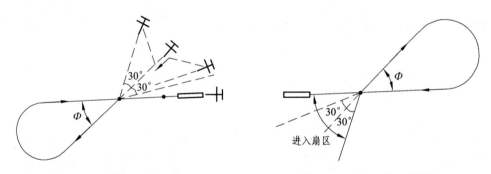

图 7.227　按加入扇区进入　　　　　图 7.228　加入扇区的划法

2. 沿等待航线全向进入

如果修正角航线和一个等待航线相结合，则可以按加入等待航线的方法加入等待航线后，过渡到修正角航线，实现全向进入。

7.7.5.6　入航转弯时机的判断

掌握好入航转弯的时机，对于准确切入五边下降着陆具有重要意义，因此飞行中必须严格控制出航背台航迹，使飞机沿规定航迹飞行，同时参考出航时间或 DME 距离来控制开始入航转弯的时机。

1. 利用出航时间检查

出航背台飞行中，严格保持背台航迹，则当 $t = t_{应}$ 时，开始入航转弯，完成入航转弯飞机刚好切到五边向台航迹；如果 $t < t_{应}$，则可能会造成五边向台航迹缩短，入航转弯改出后下滑线高，造成着陆困难；如果 $t > t_{应}$，则会使五边向台航迹增长，入航转弯改出后下滑线低，同样造成进近着陆困难，并可能偏出安全保护区，危及飞行安全。

2. 用 DME 距离检查

用地面 DME 台和机载 DME 指示器可以十分方便地检查出航航迹，准确度较高。检查方法与用出航时间检查航迹相同。

7.7.6 非精密进近程序的五边进近

五边进近在完成起始进近切入五边向台航迹时开始，常包括中间进近和最后进近。

非精密进近程序的五边进近，常用的有 NDB、VOR 进近及结合 DME 的进近，是利用地面的 NDB 或 VOR 台与机载设备配合使用，引导飞机沿五边在不能见情况下下降高度至最低下降高（度），转入目视飞行，安全着陆。五边进近是仪表进近程序中的重要阶段，是保证飞行安全的关键阶段。在这一阶段，需进一步调整飞机的着陆外形和速度，严格保持五边航迹和高度，创造良好的着陆条件，在规定高度取得目视参考则转入目视着陆，如不能取得目视参考则应中断进近而复飞。实施非精密进近时，必须严格按照进近图公布的数据飞行，并根据飞行仪表的指示，及时判断和修正五边进近偏差，安全着陆。

7.7.6.1 非精密进近程序的实施程序

1. 脱离航路进场

在取得进场许可和进场条件后，机组应调谐、收听并识别所需的导航台，计算沿航线下降的开始时刻和位置，如采用直角航线或修正角航线过渡到五边还须进行风的修正。

飞机由航路下降点沿规定的进场路线飞向起始进近定位点 IAF，飞机在到达 IAF 前应保持进场程序规定高度或空中交通管制员指令高度，并调整速度和飞机外形。

2. 机动飞行过渡到五边

飞机按指定高度和加入方法加入起始进近，作机动飞行过渡到五边，常用的机动飞行过渡方法有沿 NDB/VOR 方位线过渡、U 形程序过渡、直角航线过渡、修正角航线过渡、DME 弧过渡。在这一阶段应注意检查和修正，使飞机在规定点和高度准确地切入五边向台航迹。当飞机转到向台航迹时减速并选放襟翼。

3. 沿五边进近下降着陆

完成机动飞行后，应及时判断飞机偏离五边向台航迹的情况，并采取适当的修正方法修正，然后修正侧风沿五边向台航迹飞行，并下降到规定的高度。如果有远台，则应按规定高度过台后转入正常的下滑，背远台飞向近台，飞机下降到最低下降高度（MDA）时，当能见到足够的跑道环境并能使飞机安全着陆时，放着陆襟翼，继续下降目视进近着陆。

4. 中断进近复飞

当飞机下降到 MDA 时，如果飞行员看不到足够的跑道环境或处于不能正常着陆的状态，则不能继续下降，应保持这一高度飞至复飞点 MAPt，如果这一过程中仍然看不到足够的跑道环境，则必须按规定的复飞程序复飞。

7.7.6.2 五边向台航迹的控制

飞机完成转弯后，飞机应迅速稳定在进近航迹上，尽早建立良好的着陆形态。在五边进近的向电台飞行中，由于侧风影响或其他原因，飞机可能偏离向台航迹。因此，必须经常检查 ADF 指示器、RMI、CDI、HSI 的指示，迅速判断飞机位置，及时地进行修正，操纵动作要柔和，修正量不能过大。五边向台航迹的判断和修正方法与航线飞行相同，只是修正时切入角比较小。

1. 五边向台航迹偏差的判断

1）用 ADF 指示器判断偏差

用 ADF 指示器判断五边向台航迹偏差时，必须与航向仪表相配合。五边进近中可以根据具体情况用不同方法进行。

飞机转至对正电台 RB = 0°，用航向 MH 与五边向台航迹比较：当 $MH < MC_人$，飞机偏右；当 $MH = MC_人$，飞机不偏；当 $MH > MC_人$，飞机偏左。

飞机转至 $MH = MC_人$ 时，用指示的 RB 与 0°或 360°比较：当 RB < 360°，飞机偏右；当 RB = 0°，飞机不偏；当 RB > 0°，飞机偏左。

飞行中常用填补法进行偏差判断，心算出当时的电台磁方位角（QDM），与五边向台航迹进行比较，判断飞机位置的偏差。心算时，可根据情况采取固定电台相对方位角或固定航向的方法进行。

2）用 RMI 判断偏差

判断时根据 RMI 方位指针指示的 QDM 与五边向台航迹（$MC_人$）相比较，即可判断出偏差，使用时须注意 ADF/VOR 的选择，防止选错电台。

3）用 CDI、HSI 判断偏差

判断方法与前面讲过的向台飞行完全一样。

2. 五边向台航迹偏差的修正

判明偏差后，根据偏离角的大小、离台远近及侧风情况，选择适当的切入角切入五边向台航迹，修正偏流沿五边进近。在选择切入方法时，主要从切入五边的快慢、切入位置到电台的距离远近、操纵的复杂程度等方面考虑。常用的方法有 3 种：

1）倍角切入法

就是取切入角等于两倍偏离角，即 $\alpha = 2TKD$，保持切入航向切入五边向台航迹。倍角切入法能够较快地切入五边向台航迹，但不容易掌握转弯提前量，所以这种方法常用于偏离角较大或飞机处于下风面的情形。

如图 7.229 所示，五边向台航迹 $MC_人 = 270°$，当 RB = 0° 时 MH = 290°，判明飞机偏左，TKD = - 20°，取切入角 2TKD = 40°，向右切入，保持 $MH_切 = 310°$飞行，ADF 指示器逐渐由 340° 减小至 RB 指示接近 320° 时，表明飞机即将切到五边向台航迹上，适当提前改出并使飞机沿向台航迹飞行。

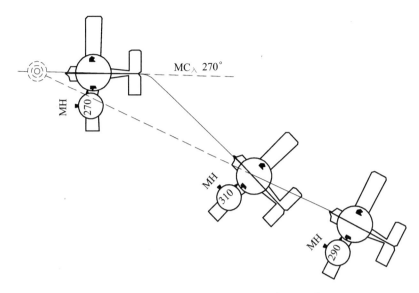

图 7.229　倍角切入法（用 ADF 指示器）

2）固定角切入法

不论偏离角大小，都采用固定的切入角，通常采用的切入角是 10° 因而又称 10° 切入法。固定角切入法实施简单，修正量较小，常用在偏离角不大或飞机处于上风面的情况。如果偏离较大，可以用 15° 或 20° 的固定角切入。使用固定航向切入，偏离角最好不大于 10°，而采用固定无线电方位切入，偏离角不大于 20° 为好。固定角切入法有两种形式：

（1）按固定航向切入，就是取切入角为 10°，保持 $MH_切 = MC_入 ± 10°$ 飞行，当 RMI 指示 $MC_入$ 或 ADF 指示器指示 10°（350°），飞机切到五边向台航迹，如图 7.230 所示。用 HSI 同样可以完成切回五边向 VOR 台飞行航迹。

（2）按无线电方位切入，就是保持固定的电台相对方位 RB = 10°（或 350°）切到五边向台航迹上；也可以用 RMI 进行，就是始终保持方位指针与航向的夹角为 10° 即可。在切入过程中，飞机的航向逐渐接近五边向台航迹，沿曲线逐渐接近五边向台航迹，当航向与五边向台航迹之差为 10° 时，飞机切回五边向台航迹，稍提前改出，修正偏流飞向电台，如图 7.231 所示。

3）变换角切入法

就是在偏离角较大的情况下，根据偏离采取先大后小地选取不同的切入角，分段切入五边向台航迹。变换角切入法能迅速修正较大的偏差，便于掌握转弯提前量，准确切入五边向台航迹，但切入过程中切入航向改变次数多，计算较繁，应当防止判断错误。

如图 7.232 所示：当 MH = 130° 时，测出 QDM = 115°，判明飞机偏右，TKD = ＋15°。先取切入角 30°，保持 $MH_切 = 100°$ 飞行；当 RMI 方位指针指示 QDM = 120° 时，即 TKD ＝ ＋10°，将切入角减小到 20°，保持 $MH_切 = 110°$ 飞行；当 RMI 方位指针指示 QDM = 125° 时，即 TKD = ＋5°，将切入角减小到 10°，保持 $MH_切 = 120°$ 飞行；当 RMI 方位指针指示 QDM = 130° 时，飞机切到五边向台航迹上。

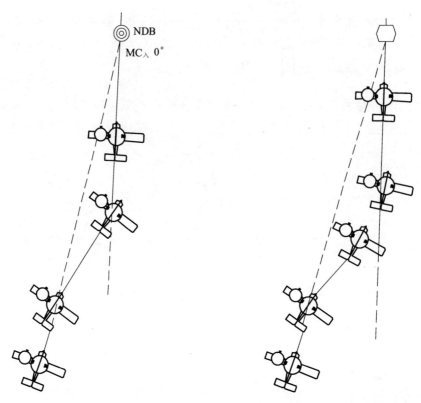

图 7.230　ADF 固定航向切入　　　　图 7.231　ADF 固定方位切入

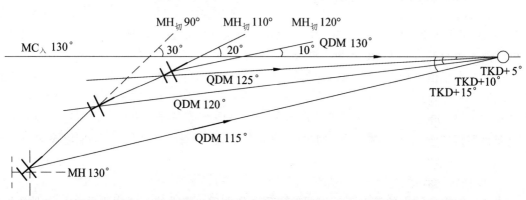

图 7.232　变换角切入法

　　对于机场建有远、近台的五边进近，还须注意过远台时参考近台指示；在远、近台间飞行，利用远台背台、近台向台飞行的方法控制五边航迹；在飞机快到达近台时，应当参考远台的指示来综合判断。

7.7.6.3　五边进近高度的控制

　　仪表进近过程中，必须按仪表进近图公布的数据，严格控制飞越各定位点的高度，特别是最后进近航段下降梯度的控制，对于安全着陆具有十分重要的意义。

　　非精密进近没有下滑引导，必须按公布的最后进近航段的下降梯度来控制飞机，控制五边进近高度的方法有下列 4 种。

1. 根据飞机的地速调整下降率

仪表进近图的剖面图公布有最后进近航段的下降梯度（Gr）和最后进近定位点至复飞点的距离，如图 7.233 所示。还公布有不同地速飞过这一距离的时间和应保持的下降率，以表格的形式公布。在五边飞行中，飞行员根据五边进近地速，从表中查出对应的下降率和飞行时间，操纵飞机保持该下降率下滑。同时根据地速的增加或减小，适当地增加或减小下降率，控制飞机按公布的规定下降梯度下降到最低下降高（度）MDH（A）。

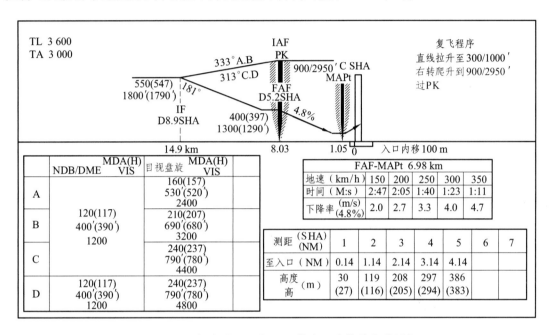

图 7.233　仪表进近图剖面图的应用（非精密进近）

最后进近航段的下降率和飞行时间，还可以根据 FAF 到 MAPt 的距离 D、下降梯度 Gr 和地速 GS 进行计算。

心算下降率的公式为

$$RD（ft/min）= 100Gr \cdot GS（kt）\qquad （Gr 为 \%）$$
$$RD（m/s）= Gr \cdot GS（m/s）$$
$$RD（ft/min）= Gr \cdot GS（kt）/60 \qquad （Gr 为 ft/NM）$$

【例】　最后进近航段的下降梯度 Gr 为 5%，地速 GS 为 81 kt（150 km/h）= 41.7 m/s，求 RD。

解：$RD（ft/min）= 100 \times 5\% \times 81（kt）= 405（ft/min）\approx 410（ft/min）$

$RD（m/s）= 5\% \times 41.7（m/s）= 2.1（m/s）$

实际飞行，常需进行"m/s"与"ft/min"的换算，换算时可用心算的方法进行，即将"m/s"换算为"ft/min"时下降率 × 200；将"ft/min"换算为"m/s"时用下降率 ÷ 200，用关系式表示为

$$RD（m/s）= RD（ft/min）\div 200$$

或　　　　　　　　　　　$$RD（ft/min）= RD（m/s）\times 200$$

2. 根据 DME 距离控制五边进近高度

如果机场内安装有 DME 台，利用机载 DME 设备，可以根据所测出的 DME 距离和与之对应的高度来控制最后进近的各点高度。在仪表进近程序图中，根据最后进近和下降梯度，按每海里 DME 测距计算出相对应的高度，以 DME 距离-高度表格形式公布，如图 7.233 所示。实际飞行中，根据测距机和高度表的指示，按表列的数据，就可以判断出飞机的垂直偏差，即飞机飞越每一定位点时是否在规定的下滑线。如果判断出高了，应适当增大下降率；如果低了就应适当减小下降率，将飞机修正到正常的下滑线上下降。由于下滑角较小，可近似地认为 DME 距离就是飞机到 DME 台的水平距离。

3. 利用飞机飞越电台高度控制五边进近高度

对于在五边进近航迹上安装有导航台、指点标台的机场，在五边进近过程中可以利用飞机飞越电台的高度指示与规定高度比较，控制飞机沿正常的下滑线下降。

4. 利用目视进近坡度指示系统控制五边进近高度

如果机场安装有目视进近坡度指示系统，飞行员可以利用目视灯光来控制五边进近高度，特别在最后进近的后半段作用更加明显。它可以提供能增大安全系数的下滑轨迹，引导飞机继续下降，完成进近着陆。

7.7.6.4　复飞点的确认及正确决断

飞机沿最后进近航迹下降到规定的一个高度/高时，如果不能建立目视参考，或者是不处于能够正常进入着陆的位置，飞机不能继续下降，应保持这一规定高度平飞至复飞点。如果改平飞至复飞点的过程还是不能转入目视进近，则应当按公布的复飞程序复飞。这一规定的高度/高就叫做最低下降高度/高（Minimum Descent Altitude/Height，MDA/H），是表示机场着陆最低标准的要素之一。最低下降高度（MDA）是以平均海平面为基准，飞行中气压式高度表拨正值为 QNH；最低下降高（MDH）是以机场标高或跑道入口标高为基准，飞行中气压式高度表拨正值为 QFE，如图 7.234 所示。

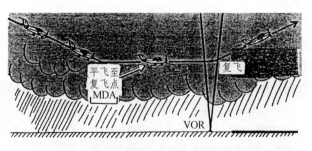

图 7.234　继续进近与中断进近复飞的高度/高

1. 复飞点的确认

在非精密进近程序中规定的复飞点有 3 种：① 电台上空；② 交叉定位点；③ 距离 FAF 的一个点。在我国公布的非精密进近程序中复飞点通常是电台上空或交叉定位点，图中标注有"MAPt"或"复飞点"的位置，如图 7.233 所示。

2. 继续进近或中断进近复飞的决断

飞机沿五边航迹下降到仪表进近图公布的最低下降高度/高（MDA/*H*）时，如果能够目视跑道并处于正常进入着陆的位置，可以继续下降，转入目视进近着陆，按空中交通管制员的指令进行直线着陆或目视盘旋着陆；如果下降到最低下降高度/高（MDA/*H*）时，不能目视跑道或处于不能够正常进入着陆的位置，飞机应中断进近，不得继续下降，改平飞保持 MDA/*H* 飞至复飞点。在这一过程中可继续判断能否转入目视进近，如飞机已到达复飞点还不能转入目视，应当按进近图上公布的复飞程序复飞，上升至规定高度或规定点转弯，重新进近或者到等待航线等待，根据情况也可以沿航线飞行返航或备降。

7.7.7 精密进近程序的五边进近

精密进近程序是在最后进近航段，利用仪表着陆系统或精密进近雷达为飞机提供航向道和下滑道信息，引导飞机沿预定的下滑道下降着陆。仪表着陆系统（Instrument Landing System，ILS）俗称盲降系统，是目前国际、国内广泛使用的一种着陆引导系统。精密进近雷达（Precision Approach Radar，PAR）进近，是由精密进近雷达提供引导的进近程序，飞行员是完全被动的，这是因为飞行员不能从任何机载设备上判断飞机相对于预定航向道和下滑道的位置，飞机的航向和高度必须按雷达管制员的指令来操纵。目前我国没有将 PAR 进近作为一种独立的程序使用，只作为一种辅助方法，对在复杂气象条件下实施仪表进近的飞机进行监控，并给予机组必要的帮助。

7.7.7.1 仪表着陆系统（ILS）

仪表着陆系统（ILS）在 1949 年就被国际民航组织定为飞机标准进近和着陆设备。它能在气象条件恶劣和低能见度条件下给飞行员提供引导信息，保证飞机安全进近着陆。

1. 仪表着陆系统的功用和分类

仪表着陆系统的功用就是为进场着陆飞机提供航向道和下滑道信息，并在飞行仪表上显示出来，供飞行员操纵飞机沿下滑道完成进场着陆。

根据仪表着陆系统地面台的精度和机载接收设备的分辨能力以及机场的净空条件、跑道视程等因素，国际民航组织将仪表着陆系统分为 3 类，用跑道视程（Runway Visual Rang，RVR）和决断高度/高（Decision Altitude/Height，DA/*H*）两个量来表示。决断高度/高是指飞行员对飞机着陆或复飞作出判断的最低高度，在这一高度上，飞行员必须目视跑道并处于正常的着陆位置才能转入目视下降着陆，否则应当复飞。ILS Ⅰ类的标准是：跑道视程 550 m、决断高 60 m。

2. 仪表着陆系统地面台

仪表着陆系统地面台包括 3 个系统：提供航向道的航向信标台（LLZ 或 Localizer，LOC）、提供下滑坡度的下滑信标台（Glide Slope，GS）、提供距离引导的指点信标台（Mark Beacon，MB），如图 7.235 所示。

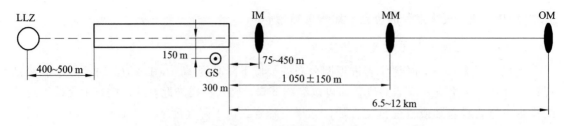

图 7.235　ILS 地面台的配置

（1）航向信标台通过航向台天线阵所产生的辐射场，在通过跑道中心延长线的竖直平面内，形成航道面，如图 7.236 所示。用来提供飞机偏离航道面的横向引导信号。

（2）下滑信标台通过下滑台天线所产生的辐射场形成下滑面，下滑面与跑道水平平面的夹角即下滑角最佳为 3°，根据机场净空条件，可在 2°～4° 间调整，如图 7.236 所示。下滑台提供飞机偏离下滑面的垂直引导信号。

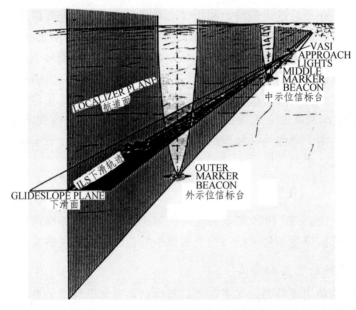

图 7.236　航向台和下滑台产生的引导信号

航道面和下滑面的交线，定义为下滑道，飞机沿下滑道下降，就能对准跑道中心线和规定的下滑角，准确地进近着陆。

（3）指点信标台为 2 个或 3 个，装在顺着着陆方向的跑道中心延长线的规定距离上，分别叫内指点标（Inner Marker，IM）、中指点标（Middle Marker，MM）和外指点标（Outer Marker，OM），其作用是向空中飞机提供位置和距跑道头的距离。外指点标通常安装在下滑道切入点附近，常与远台 NDB 安装在一起，称为外示位信标台（LOM）。中指点标一般位于决断高 DH60 m 处，常与近台 NDB 安装在一起，称为中示位信标台（LMM）。Ⅰ 类 ILS 进近下降至此高度时应能转为目视进近，非精密进近或 ILS 进近下滑道不工作时，该点通常作为复飞点。内指点标安装在决断高 DH30 m 处，是 Ⅱ 类 ILS 进近正确决断的依据。每个指点信标台发射垂直向上的扇形波束，当飞机飞过不同指点标台上空时，机上接收指示设备接收并指示信号，使指点标灯亮，耳机或喇叭中可以听到不同音调的频率和识别码。指点信标台的工作频率是 75 MHz。

航向信标台工作频率是 108.10 ~ 111.95 MHz 间十分位为奇数的频率再加 50 kHz 的频率，共有 40 个波道。下滑信标台的工作频率为 329.15 ~ 335 MHz 的 UHF 波频，频率间隔 150 kHz，共有 40 个波道。航向信标台和下滑信标台工作频率是配对工作的，选择调谐了航向台频率，也就自动选择了下滑台频率。

3. 仪表着陆系统机载设备

在机载 ILS 设备中一般有 3 个接收机以及控制盒、指示仪表和天线。

（1）接收机。一般有 3 个接收机：甚高频 VOR/LOC 航向接收机、超高频 GS 下滑接收机、甚高频指点标接收机。其作用是接收并处理地面台所发射的信号，送入指示器指示飞机偏离下滑道情况或送入自动飞行控制系统。

（2）控制盒。机载 ILS 系统的控制一般是通过控制盒实现的。在控制盒上可选择航向信标接收机频率。

（3）指示仪表。仪表着陆系统的指示可由几种不同的仪表同时显示。常用的指示仪表有（电子）水平状态指示器（E）HSI 和（电子）姿态指引仪（E）ADI。在指示器上可读出飞机的横向偏离和垂直偏离。

（4）天线。机载 ILS 系统需要 3 种天线：共用的水平极化型 VOR/LOC 天线、用于下滑接收机的折叠式偶极天线、用于指点标台的环状天线。

7.7.7.2　仪表着陆系统的工作原理

仪表着陆系统有两种调制制度：一种是比相制，主要在苏联和东欧一些国家使用；一种是比幅制，主要在欧美和东南亚一些国家及我国使用。随着航空事业的发展，国际民航组织决定现在都采用比幅制为国际民航的通用制度。以下用比幅制为例说明。

1. 航向信标系统的工作原理

航向信标台的 VHF 振荡器产生 108.10 ~ 111.95 MHz 频段中的任意一个航向信标频率，分别加到两个调制器。一个载波用 90 Hz 调幅，另一个用 150 Hz 调幅。两个通道的调制幅度相同，调制后的信号通过两个天线阵发射，在空间产生两个朝着着陆方向，有一边相重叠的相同形状的定向波束，左波束用 90 Hz 正弦波调幅，右波束用 150 Hz 正弦波调幅，在两波束相重叠的中心线部分，90 Hz 和 150 Hz 调制信号的幅度相等，形成 3° ~ 6° 航向道，并调整使它与跑道中心线相重合。

当飞机在航向道上时，90 Hz 调制信号等于 150 Hz 调制信号；如飞机偏离到航向道的左边，90 Hz 调制信号大于 150 Hz 调制信号；反之，150 Hz 调制信号大于 90 Hz 调制信号。当机载接收设备接收到两种调制信号后，经放大、检波和比较两个调制信号的幅度，由指示仪表中"航道偏离杆"显示出飞机偏离航向道的方向（右或左）和大小（度），如图 7.237 所示。对于 HSI 上航道偏离刻度是 2 个点的仪表，每偏 1 个点表示飞机偏离航向道 1.25°，满偏刻度为偏离 2.5°；对于 HSI 上航道偏离刻度是 5 个点的仪表，每偏 1 个点表示飞机偏离航向道 0.5°，满偏刻度为偏离 2.5°。

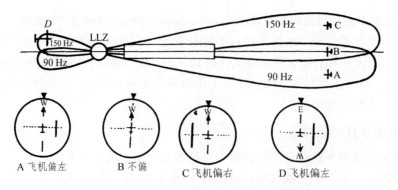

图 7.237　航向信标台发射信号和飞机位置关系

有的航向信标台天线还同时提供与跑道着陆方向相反的天线方向性图。在这个方向上 90 Hz 调制信号在反进近航道的右边，而 150 Hz 调制在左边，并且航向信标发射机在跑道的近端，这个区域叫反航道（Back Course）。反航道区域没有下滑信号，沿反航道进近的飞机只能使用航向信标，在仪表上指示与正常进近时指示相反。

2. 下滑信标系统的工作原理

下滑发射天线有两组，安装在一根直杆上，在顺着着陆方向上发射两个与跑道平面成一定仰角（即下滑角）、并有一边相重叠的相同形状的波束，在两个波束相重叠的中心线部分，90 Hz 和 150 Hz 调制信号的幅度相等，形成 1.4° 厚的下滑面。

从图 7.238 可以看出，当机载接收设备接收到下滑台发射的两种调制信号后，经放大、检波和比较两个调制信号的幅度，由指示仪表中"下滑道偏离指标"显示出飞机偏离下滑道的上、下和大、小（度）。在 ADI、HSI 上"下滑偏离指标"每偏离 1 点为 0.35°，满偏刻度为 0.7°。

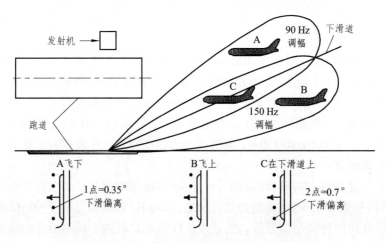

图 7.238　下滑台发射信号和飞机位置关系

3. 理想下滑道的形成

仪表着陆系统中，航向信标所确定的航道面与下滑信标所确定的下滑面，两个面的交线即为下滑道，下滑道的范围为航向道宽 3°～6° 与下滑面厚 1.4°，在空间形成了一个矩形延长的角锥形下滑道。飞行中就可以通过 HSI、ADI 的显示，确定出飞机偏离下滑道的上、下和左、右及大、小。在下滑道扇区以外，偏离指示只能判断出飞机在下滑道的上或下、右或左，但不能准确地读出偏离下滑道的角度大小。

4. 机载 ILS 设备的工作原理

下滑信标（航向信标）信号由天线接收后送入预选器，预选器选择出下滑台（航向台）频率信号并排除其他频率信号，预选出的信号与频率合成器的本振信号相混合，产生中频信号送至检波器，检波器从载波频率中分离出 90 Hz 和 150 Hz 音频信号，检波后的信号分成两路：一路至监控电路，用来检查信号的有效性和信号强度；一路至仪表偏转电路，用来比较 90 Hz 和 150 Hz 音频信号的强度，并产生相当于两个音频信号之差的信号电压——偏离电压，此电压用于驱动 ADI 和 HSI 中的下滑偏离指针（航道偏离杆），向飞行员提供下滑偏离（航道偏离）情况。

7.7.7.3 ILS 系统的性能数据

航向台发射的电波覆盖区，在 ILS 航向道中心线左右 10° 范围内的有效作用距离为 25 n mile；在左右 10°～35° 范围的有效作用距离为 17 n mile；在左右 35° 以外的有效作用距离为 10 n mile。如果地形限制或有其他导航设备能在中间进近段提供满意的覆盖时，在左右 10° 范围内的有效距离可减小至 18 n mile，其余范围的有效距离可减小至 10 n mile。

下滑台发射的电波覆盖区，在跑道中心（延长）线两侧各 8° 内，从跑道平面以上 0.3～1.75θ 的范围内，有效作用距离为 10 n mile。

ILS 的识别信号采用国际莫尔斯电码，由 3 个英文字母组成，第一个字母是"I"，后两个字母为远台或机场归航台的识别代码。

7.7.7.4 ILS 进近的实施程序

ILS 进近及结合 DME 的进近，实施时包括 4 个阶段：

（1）脱离航路进场：这一阶段的工作与非精密进近时相同，增加的工作是将 VHF 控制盒频率调 ILS 频率。

（2）机动飞行过渡到五边：机动飞行过渡时，飞机在切入航向道前的工作与非精密进近相同。用 U 形程序、直角航线程序、修正角航线程序、DME 弧过渡，在飞机转向五边的后半段应选择切入角切入航向道，保持飞机沿航向道飞行，保持平飞切入下滑道，改下滑使飞机沿下滑道飞行。

（3）沿五边下滑道下降着陆：完成机动飞行后，应及时判断飞机偏离五边下滑道的情况，如有偏差，及时调整航向和下滑角进行修正，使飞机沿规定的航道和下滑坡度下降至决断高（DH），转入目视进近，安全着陆。

（4）中断进近复飞：当飞机下降到决断高度（DA）之前约 3 s，如果不能看到足够的跑道环境，或者飞机处于不能正常着陆的状态，应在下降到不低于决断高度（DA）时按照公布的复飞程序立即复飞。

7.7.7.5 ILS 进近的实施方法

1. 切入航向道的方法

按公布的程序建立修正角、直角或 U 形航线以及 DME 弧，飞机转向五边的后半段，当飞机航向与跑道方向小于 60° 夹角的任意度数时，改平飞机，放切入角，保持切入航向切入航向道。切入角的选择最佳为 45°，如是顺风转弯则应适当减小切入角，以利于飞机一旦截获航向道后，能迅速转向航向道方向，减小风的影响；逆风转弯则应适当增大切入角，以利于飞机在转弯中克服风的影响，飞机改出时位于航向道上；一般情况下，减小切入角选择 30°，增大切入角选择 60°。在切入过程中，可根据 ADF 指示器、RMI 和 HSI 指示逐渐减小切入角，以免在截获航向道信号时，因切入角大而不能及时准确地在航向道内对正着陆航道而偏离航向道。

改出切入的时机和方法：飞机放好切入角后，应保持飞机状态，稳定切入航向，适时检查航道偏离杆的变化，判断改出切入的时机。

（1）人工操纵：当 HSI 上航道偏离杆一开始从最大范围处向中立位置移动时，进行改出切入的工作，即迅速操纵飞机以适当的坡度改出切入，改出过程中应及时检查和协调航向和航道杆向中立位置移动速度，防止改出过早或过晚。当航向变化快，偏离杆移动慢，进入早应减小坡度；当航向变化慢，偏离杆移动快，进入晚应增大坡度。实践经验证明，当严格保持航向标线和偏离杆相互压叠，一致运动，就能使飞机改出至着陆航向时位于航向道上。

（2）人工操纵结合 ADI：飞行员按 ADI 的驾驶指令操纵飞机，使飞机改出切入位于航向道上。

（3）使用自动驾驶仪：当所有设备正常工作时，飞机将自动切入 ILS 航向道。

2. 切入下滑道的方法

飞机保持在航向道上飞行过程中，下滑偏离指标逐渐回中，当指标回中时，飞机切到下滑道，这时操纵飞机改下滑，但是因为飞机的向前惯性，当放着陆襟翼时，飞机升力增加，导致飞机上拱，飞机实际位置则在下滑道之上。接着操纵飞机回到下滑道，增加了操纵动作，使飞机舒适性降低，再加上操纵动作的提前量，因而可以将改下滑的时机提前。

（1）人工操纵：飞机截获下滑道后，根据下滑道偏离指标，保持飞机以平飞状态从下滑道的下方切入，这样有利于飞机状态的保持，有利于安全。当下滑道偏离指标向下移至 1/2 点时操纵飞机改下滑。

（2）人工操纵结合 ADI：飞行员按 ADI 的驾驶指令操纵飞机，使飞机改下滑后在下滑道上飞行。

（3）使用自动驾驶仪：当所有设备正常工作时，飞机将自动切入下滑道。

在航向道没有截获的情况下，下滑道不会首先被截获，这是系统内部所设置的。

3. 五边进近的飞行

飞机在完成切入 ILS 航向道和下滑道后，沿五边进近，跟踪 ILS 航向道和下滑道下降至决断高（DH）作出继续进近或者中断进近复飞的决断。

1）航向道偏差的判断与修正

航向道偏差的判断在 HSI 或 ADI 上可以直观地确定出来，以航道偏离杆偏离中心位置来确定，偏离杆偏左，飞机偏右，偏离杆偏右，飞机偏左，偏离的大小从偏离刻度读出。

航向道偏差的修正：当发现飞机偏离航向道后，应及时向偏离杆方向切入。切入角的选择一般是 HSI 为每侧 5 个点的，每偏 1 个点，取 5° 切入角；HSI 为每侧 2 个点的，每偏 1 个点取 10° 切入角。放切入角后，严格保持飞行状态，适时检查偏离杆移动情况，当偏离杆与航道预选指针接近重合即将回到中立时，及时改出切入，修正偏流沿航向道飞行，保持飞机偏离杆在 1 个点（或半个点）以内飞行。

2）下滑道偏差的判断与修正

下滑道偏差的判断在 HSI 或 ADI 上可以直观地确定出来：当下滑偏离指标在中立位（基准线）以上，说明飞机低于下滑道；下滑偏离指标在中立位以下，说明飞机高于下滑道；偏差的大小由下滑道偏差刻度直接读出。

下滑道偏差的修正：飞机下滑道高了，应增大下降率，使高度下降快一些，使飞机切入下滑道上；飞机下滑道低了，应减小下降率，使高度下降慢一些，使飞机切回下滑道，必要时可平飞切入下滑道。飞机回到下滑道上后，注意调整下滑速度，使飞机保持在下滑偏离指标 1/2 个点以内飞行。

对于下滑道的控制以 HSI 和 ADI 为主，同时也可利用升降速度表、DME 与 H 表格、飞机过台高度及精密进近坡度指示系统（Precision Approach Path Indicator，PAPI）进行判断和修正，如图 7.239 所示。其方法与非精密进近五边控制高度相同。

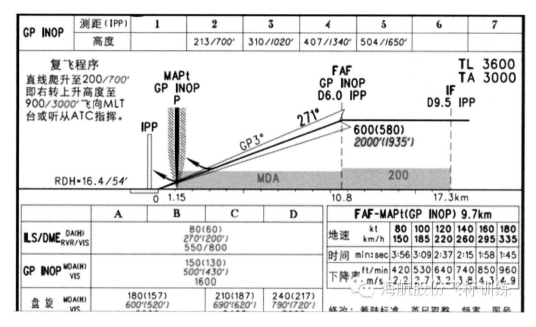

图 7.239　仪表进近图剖面图的应用（精密进近）

3）继续进近或中断进近复飞的决断

飞机沿下滑道下降到规定的高度/高时，如果不能建立目视参考，或者不是处于能够正常着陆的位置，飞机不能继续下降，而应按公布的复飞程序立即复飞。这一规定的高度/高就叫决断高度/高（Decision Altitude/Height，DA/H），是表示机场着陆最低标准的要素之一。决断高度（DA）是以平均海平面为基准，飞行中气压式高度表拨正值为 QNH；决断高（DH）是以入口标高为基准，气压式高度表拨正值为 QFE（见图 7.240）。

飞行员可从剖面图中查出机型所属类别的决断高（DH），如图 7.239 所示。当飞机下降至这一高度时，如果能够建立足够的目视参考，则转入目视继续下降进近着陆；如果飞机下降至这一高度前 3 s 还不能建立足够的目视参考或飞机处于不能正常着陆的位置，则应当果断地立即复飞，按复飞程序完成工作。

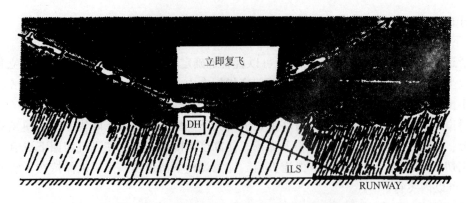

图 7.240　继续进近与中断进近复飞的高度/高

4. 下滑台不工作或接收不到下滑信号

飞行中由于一些情况的发生，有时下滑台不工作或机载接收机接收不到下滑信号。这时按非精密进近的最低着陆标准执行，这种情况下五边航迹的控制完全与设备完好时一样，只是高度的控制方法按非精密进近五边高度的控制方法。

7.7.7.6　ILS 反航道（Back Course，BC）进近

我国已安装 ILS 系统的机场中多数为单向的，即只安装有一套 ILS 系统，因此如果进近是从航向台一端着陆，这种进近称为反航道进近。反航道进近与正航道进近的最大区别就在于反航道进近没有下滑指引。反航道进近时有两种方法，如图 7.241 所示。

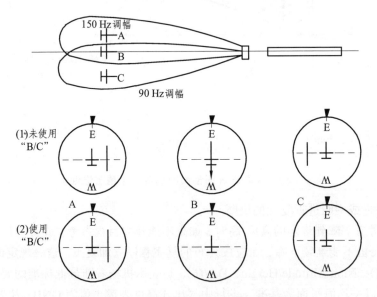

图 7.241　反航道进近飞机位置与仪表指示

（1）HSI 预选航道对"正航道"，进近时看针尾，偏离杆指示和修正与正航道方法相同。

（2）使用自动驾驶仪"B/C"方式按钮，则在 HSI 上预选航道对正"着陆航道"，这时设备对航向信标信号的响应是反的，显示在仪表上的关系与飞机和航向道的关系完全相同。

反航道进近在五边飞行时，五边高度的控制按非精密进近的方法进行。飞机沿反航道进

近必须注意 3 点：

（1）当飞机飞过航向台 LLZ 时，ILS 引导将变成无效。因此飞行时能见度必须足够，以便在进近的最后阶段使用目视进近着陆。

（2）不像正航道进近，无法使用指点标信息。

（3）如果不使用"B/C"方式，可能会造成飞行员判断飞机位置的错误。

7.7.7.7 航图的应用

在领航准备和实施中都会用到大量的航图，包括航线图、空中走廊图、危险区/限制区/禁区图、停机位置图、机场图、仪表进近图、标准仪表进场图、标准仪表离场图等。飞行员应熟悉各种航图的符号、航行要素及信息，并注意更正航图的最新资料，掌握各种航图在飞行中的使用时机，为保证飞行安全服务。

7.7.7.8 成功进近要素

成功进近包括的要素有速度、高度、着陆状态和对正跑道偏差等。影响这些的主要有侧风的修正、速度的调整、飞行姿态的控制以及飞行座位的调整、着陆灯的使用时机等。

成功的进近是指飞机在跑道入口时高度为 15 m（50 ft）、速度为该机型着陆入口速度、飞机处于着陆外形并位于跑道中心线上。因此，飞行中应全面、综合地控制好飞机，发现偏差及时修正，使飞机成功地进近着陆，顺利地完成飞行任务。

7.8 现代导航系统与方法

利用 NDB、VOR、DME 等无线电导航设备实施导航，其航线计划是按逐台飞越的原则编排的，其航线就是导航台之间的连线，飞行中采用从一个导航台飞向另一个导航台的传统导航方法；无线电定位只能定出相对于电台的位置。随着航空事业的高速发展，空中交通流量日益增长，束缚于导航台的这种传统的航线结构和导航方法，存在着很大的局限性，限制了飞行流量的增加。自从出现了奥米伽导航、多普勒雷达、惯性导航以后，导航手段发生了根本的变化。无线电定位或其他定位方法可以定出飞机的绝对位置（地理坐标）和/或飞机相对于计划航线的位置（航线坐标），从实践和设备上不需飞向或飞越导航台，因而航线可以由不设导航台的航路点之间的线段连接而成，使得航线编排更加灵活，这种实施导航的方法称为区域导航（Area Navigation，RNAV）。国际民航组织（ICAO）在 1991 年提出了新航行系统（FANS）和区域导航（RNAV）的概念。

应用区域导航技术，能够提高空域容量，减轻管制员和飞行员的工作负荷，减少飞行延误，提高空域运行效率。早期的区域导航系统采用与传统的地基航路和程序相似的方式，通过分析和飞行测试确定所需的区域导航系统及性能。对于陆地区域导航运行，最初的系统采用 VOR 和 DME 来进行定位；对于洋区运行，则广泛采用惯性导航系统。在不断的实践中，这样的新技术已逐步通过了开发、评估和认证。基于此，国际民航组织在附件 11《空中交通服务》和《航空器运行手册》（DOC 8168）中提出了部分区域导航设计和应用的标准和建议。美国和欧洲等航空发达国家和地区已经积累了丰富的区域导航应用经验，但由于缺乏统一的标准和指导手册，各地区采用的区域导航命名规则、技术标准和运行要求并不一致，如美国 RNAV 类型分为 A 类和 B 类，欧洲 RNAV 类型分为 P-RNAV 和 B-RNAV。

根据 RNAV 运行过程中出现的问题，提出了所需导航性能（Required Navigation Performance，RNP）概念。RNP 概念是 1991—1992 年间由 FANS 委员会向国际民航组织提出，在 1994 年，国际民航组织正式颁布 RNP 手册（DOC 9613—AN/937）。在此基础上，ICAO 及其成员国设计了基于 RNP 的区域导航航路。

基于性能的导航（Performance Based Navigation，PBN）是国际民航组织（ICAO）提出的一种新型飞行运行方式和空中交通管理概念，对民航实现持续安全、增加空域容量、减少地面导航设施投资、提高节能减排和环保效果等具有重要作用，是我国民航建设新一代航空运输系统的核心技术之一，对中国民航的机场建设、导航设施布局和空域使用将产生重大影响，对有效促进民航持续安全，提高飞行品质、增加空域容量、减少地面设施投入和节能减排等都具有积极作用。为统一认识并指导各缔约国实施新技术，经过多个国家及国际组织众多技术、运行专家多年的努力，ICAO 于 2007 年 3 月发布了《基于性能导航 PBN 手册》（ICAO DOC 9613 终审稿），用以规范区域导航的命名、技术标准，并指导各国实施该新技术。它统一确定了 PBN 的导航标准，为各国家及地区、各导航服务提供商和空域使用者提供了如何在 PBN 的统一架构下实施 RNAV 和 RNP 运行的指南，也为 RNAV 和 RNP 需求规划了全球协同一致的远景目标。

7.8.1 新航行系统

新航行系统（Future Air Navigation System，FANS）是为取代现行航行系统，以在全球范围内更有效地利用空间而由国际民航组织提出的。新航行系统是通信导航监视/空中交通管理（CNS/ATM）的简称，"新 CNS/ATM 系统"概念于 1992 年 9 月在 ICAO 航行委员会第 10 次会议上被采纳。该系统是新一代通信、导航、监视和空中交通管理系统，它克服了现行航行系统的不足和限制，满足了民航进入 21 世纪的需要，为航空运输提供了高质量的通信、导航、监视（CNS）和空中交通管理（ATM）服务。CNS/ATM 系统的使用可降低机场的飞机起降时间间隔，使起降路线机动灵活，使更多的飞机以最佳航线和高度飞行，并且可以减少飞机延误，增大流量，增加飞机起飞降落的安全性。

CNS/ATM 包括 4 大要素，即通信（C）、导航（N）、监视（S）和空中交通管理（ATM）。对于导航来说就是采用全球导航卫星系统（GNSS）来提供全球覆盖并用于区域导航、所需导航性能及基于性能的导航，实施航路、进/离场及进近的引导。

7.8.1.1 新航行系统的目的和实质

新的 CNS/ATM 包括通信（C）、导航（N）、监视（S）和空中交通管理（ATM）4 大要素，其中 CNS 是硬件，ATM 是软件，两者必须协调配套，才能充分发挥功能和获得经济效益。

1. 新航行系统的目的

（1）利用新技术适应未来航行的需求，提高系统容量。

（2）覆盖海洋、边远地区和高高度，形成连续无间隙覆盖。

（3）实现数字式数据交换，改善信息传输管理，提高空中交通管理自动化，创造灵活高效的飞行环境。

（4）提高交通管制的实时性、应变性，从程序管制过渡到监视管制，获得更好的动态空域。

（5）扩展监视作用，保证在安全目标下缩减飞行间隔，更有效地利用空域。

（6）提高精密定位能力，实现四维区域导航，扩展短捷直飞航线，扩大飞机运行自由度，节约飞行时间和燃油。

（7）对各种环境的适应性，包括不同空域、不同交通流量、不同机载设备、不同地面设施，并能适应多种用户，具有全球飞行跨区或飞越国境的适应性。

2. 新航行系统的实质

新航行系统实质上就是以星基为主的全球 CNS 系统加上自动化的 ATM 系统，即卫星应用＋数据链＋计算机网络。全球 CNS 系统的关键问题就是卫星应用问题，ATM 系统的关键问题是数据化、计算机处理及联网问题。

7.8.1.2 新航行系统的组成

新航行系统由通信（C）、导航（N）、监视（S）和空中交通管理（ATM）组成。

（1）通信（C）。对于通信，最关键在于双向数据传输，与飞机的话音和数据通信将采用直接的卫星-飞机数据链；在终端区以及不存在视线限制问题的区域也使用 VHF 和 S 模式二次监视雷达。

（2）导航（C）。逐步引入区域导航能力，并使其符合所需导航性能（RNP）标准；采用全球导航卫星系统（GNSS）来提供全球覆盖并用于飞机航路导航和进离场、进近着陆；微波着陆系统（MLS）或差分卫星导航系统（DGNSS）将取代 ILS；NDB、VOR、DME 将逐步退出导航领域；保留惯性导航并发展与卫星导航的组合系统，用于导航，如图 7.242 所示。

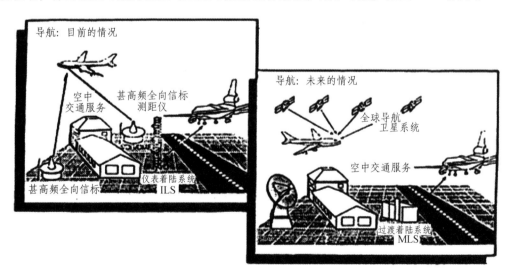

图 7.242　新航行系统的导航系统

（3）监视（S）。采用自动相关监视（ADS），即通过卫星或其他通信链向空管中心自动发送其位置及其他相关数据，飞机位置将以目前的雷达显示类似的方式显示。ADS 的一个重要特殊性是不仅向空管中心发送位置数据，而且还发送如飞机航向、速度、航路点等附加信息。

（4）空中交通管理（ATM）。考虑空中和地面系统能力及运行上经济的需要，对用户提供空域利用上的最大灵活性；考虑飞机设备和运行的目的、任务，尽可能灵活组织不同用户之间分享空域；改进对用户提供的信息，提高自动化水平。空中交通管理是管理体制、配套设施及其应用软件的组合。

7.8.1.3 新航行系统的优点

（1）CNS/ATM 是以卫星导航、卫星和数据通信技术为基础，可在全球范围内对飞机航行的各阶段实施准确、实时有效的导航、监视和自动化管理。

（2）新系统突出了数据通信的特点，使地面系统与机载系统间的通信更准确、实时，减少了人为造成错误的可能性，大大增加了通信的保密性，提高了飞行安全。

（3）新航行系统的导航以覆盖全球的 GNSS 为核心，为航路、终端和非精密进近提供了高精度、高完善性的导航服务，DGNSS 还可用于精密进近程序，因而减少了导航设备。

（4）新航行系统的自动相关监视将精确的卫星导航与数据通信结合起来，空中交通管制中心对空中动态在全面、实时、准确掌握的同时，使地面设备的需要量大大减少，节约大量的基础建设费，也减少了对地面设备维护的费用。

（5）新航行系统的自动化空中交通管理能力以新型的通信、导航和监视为基础，为飞机提供最佳飞行剖面和灵活的流量控制，使飞行时间缩短，降低运营成本，提高了安全性，减少了飞机延误，提高了航班正点率。

7.8.2 区域导航、所需导航性能及基于性能的导航

7.8.2.1 区域导航（RNAV）

国际民航组织在国际民航公约附件 11 中对区域导航（RNAV）定义为一种导航方法，允许飞机在台基导航设备的基准台覆盖范围内或在自主导航设备能力限度内或两者配合下按任何希望的飞行路径运行。其中台基导航设备包括传统的以地面电台为基础的陆基导航设备和以卫星导航系统为基础的星基导航设备。区域导航不仅是一种导航方法，同时也涉及航路结构和空域环境。

传统的航路结构是基于连接地基导航设备限定的各个固定航路点的航路航线纵横交错而成。随着航空器机载设备的不断更新、日渐复杂和精确，导航精度越来越高，传统的航路系统就空域使用和机载设备能力的应用而言显得越来越缺乏经济性、灵活性和高效性。在 20 世纪 70 年代后期，随着流量逐步增长，延误和空域拥挤问题已成为航空界关注的焦点，国际民航组织意识到提高空管系统容量已经是一个亟待解决的问题。解决这一问题最好的方法之一就是在航路飞行阶段更好地利用新一代机载导航系统。新一代机载导航系统具备不依赖于地基导航设备而在任意两点之间精确飞行的能力，这就是区域导航的概念。到 20 世纪 80 年代初期，航空电子技术已经发展到能够实现区域导航的程度。到 1998 年以后，欧洲率先

实施了基础的区域导航 B-RNAV（Basic-RNAV），B-RNAV 的实施被认为是向所有航路飞行阶段实施区域导航运行的第一步过渡。

1. 区域导航使用的导航系统

从民航目前所使用的导航系统来看，可以用于区域导航的导航系统有：

（1）VOR/DME。这种导航系统是最简单的设备。由飞行员选定一个 VOR/DME 台，算出方位和距离，作为下一个航路点的位置，使飞机根据 VOR 方位变化飞向该航路点。但此种设备受限于所选台的覆盖范围和接收距离。要批准将此设备用作 RNAV，必须在航路上有足够的 VOR/DME 台覆盖，能收到 50 n mile 以内的电台；计算机至少能接收并对 3 个预定航路点进行计算。

（2）DME/DME。目前在陆地上飞行的飞机一般认为采用多台 DME 作位置更新的飞行管理系统最为精确。位置信息的质量取决于 DME/DME 双台对飞机的几何位置关系和接收距离，所以在有较多 DME 台覆盖并可以选取较好组合时，此系统极为可靠。

（3）惯性导航系统（INS/IRS）。惯性导航完全是靠机载的自主设备实现导航，其导航计算机都具有 RNAV 计算能力，可以输出精确的现在位置、导航数据、驾驶指令和飞机的姿态航向信息；缺点是精度随时间增加变差。现代飞机上一般装有 2 套或 3 套惯性导航系统，而且目前很多都与其他导航系统进行了组合，因而成为目前理想的 RNAV 设备。

（4）全球卫星导航系统（GNSS）。全球卫星导航系统是由机载设备接收天空中 24 颗卫星发射的信号而定位的独立导航系统，是一种具有高可靠性、高准确性、全球覆盖的导航系统，符合单一导航手段，完全满足国际民航组织对 RNAV 的技术要求。当前的 GPS 和 GLONASS 的误差都在 100 m 以内，不仅能供航路导航，而且能供终端区域导航和非精密进近使用。如果其完好性问题获得进一步解决，它也将是理想的仪表进近设备。

2. 区域导航的特点

RNAV 充分利用现代计算机技术，便于发挥多套组合及多种导航设备组合导航的优势。在定位计算中采用了余度技术、卡尔曼滤波技术后，导航精度和可靠性都有明显提高。近代导航计算机可以结合在导航设备内部，也可以在其外部。此外，都能和自动驾驶耦合，和显示器耦合，因而能把航线偏差或驾驶指令送到自动驾驶或自动飞行系统和显示仪表，实现自动制导和显示器监视，还能在到达航路点前给出提醒信息。

区域导航（RNAV）的主要特点是能够脱离电台台址的束缚，便于编排希望的短捷飞行路径，便于发挥多套组合及多种导航系统组合的优势。区域导航（RNAV）的特点反映在航线结构上：RNAV 的航线就是航路点系列组成的连线，这些航路点是脱离电台台址而自行定义的任何地理位置点，而传统导航的航线是电台台址点系列组成的连续；反映在定位方法上：RNAV 定出的是飞机在地球上的绝对位置，传统导航定出的是飞机相对于电台的位置；反映在导航计算方法上：RNAV 按飞行计划转换到航线坐标，算出向前方航路点飞行的已飞距离或待飞距离和航迹的侧向偏离，所有的计算是在大圆航线上进行的，而传统导航的计算是在当地地图投影平面上进行的，如表 7.11 所示。

RNAV 的主要优点包括航迹选择灵活；减少陆空通话，减轻管制员、飞行员的工作负荷；便于驾驶员操作；充分利用空域，增加终端区容量。

表 7.11 传统导航和区域导航的对比

项　目	传统导航	区域导航
航路结构	电台-电台构成，逐台飞行，从一个台飞向下一个台	航路点-航路点构成，可以逐点飞行，也可跳过航路点飞行
依赖的导航设施	NDB、VOR、DME……	VOR/DME、DME/DME、INS（IRS）、GNSS
机载设备组成	无线电导航接收机	导航传感器＋RNAV计算机(包括导航数据库)
机载设备配置	单套或双套设备，中等精度，中等可靠性	双套或3套设备，提高精度，提高可靠性
定位计算	相对法：相对于电台，平面上计算	绝对法：地理坐标转换到航线坐标，大圆航线计算

3. 区域导航类型

（1）RNAV 10：RNAV 10 应用于远洋和偏远缺少导航台的区域，如表 7.12 所示。

表 7.12 各飞行阶段的可用导航规范

导航规范	飞　行　阶　段							
	航路	航路	进场	进　近				离场
	海洋/偏远陆地	陆地		起始	中间	最后	复飞	
RNAV-10（RNP-10）	10							
RNAV-5		5	5					
RNAV-2		2	2					2
RNAV-1		1	1	1	1		1	1
RNP-4	4							
基本 RNP-1			1	1	1		1	1
RNP APCH				1	1	0.3	1	
RNP AR APCH				1-0.1	1-0.1	0.3-0.1	1-0.1	

（2）RNAV 5：适用于陆地航路，属于 RNAV 和传统 ATS 航路的过渡和混合。导航源可以为 GNSS、DME/DME、VOR/DME、INS/IRS、VOR，一般要求有雷达覆盖和直接话音通信。该规范应用于欧洲、日本、中东等地区。

（3）RNAV1 & RNAV2：主要用于有雷达监视和直接陆空通信的陆地航路和终端区飞行。RNAV1 导航规范适用于航路和终端区进离场、进近程序；RNAV2 适用于航路和进/离场。导航源为 GNSS、DME/DME、DME/DME/IRU。我国天津、北京、上海（虹桥、浦东）、广州、深圳、成都、沈阳、西安、乌鲁木齐、台湾海峡海上航路、京沪/京广平行航路属于 RNAV1。

4. 区域导航原理

通用区域导航系统基本工作原理如图 7.243 所示，计算机根据储存的数据以及各种传感器的输入数据来计算飞机位置，用经纬度的形式给出飞机的绝对位置，也可以给出飞机相对于所选航线的相对位置，输出的导航参数至飞行仪表、控制显示单元，提供给飞行员目视信息。导航计算机在完成导航计算的过程中，所需要的数据以 3 种不同的形式输入。

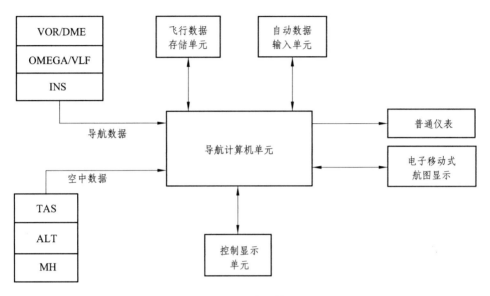

图 7.243　区域导航原理

（1）定期航线上的"硬"数据，它包括机场和 VOR/DME 等导航台的位置、标高、工作频率等。这些数据一般存储在"飞行数据存储单元"中。

（2）有关航路点的"软"数据，在飞行过程中它是可以输入和修改的。

（3）从导航设备和空中传感器得来的适时数据，这些数据可以从各种设备或传感器连续得到。它们在计算机处理之前需要进行模/数变换，再进行输入。

"硬"数据和"软"数据存储在穿孔卡、磁带或磁盘上，通过自动存储输入单元输入导航计算机中。导航计算机进行导航计算后，输出导航参数如已飞/未飞距离、偏航距离等，同时输出导出的参数如预达时刻、地速、航迹角、偏航角等。

实现区域导航而编制计划航线时，必须向计算机输入各航路点的坐标数据，采用 VÓR/DME 导航时必须记忆导航台的坐标和频率数据等。早期的导航计算机采用过各种光电读入的小规模数据卡，它们只能存储本次飞行的计划航线数据；后来采用了多次飞行用的较为永久性的中规模导航数据库。随着空中交通密度的增大，终端（航站区）飞机起降频繁，所需航行资料极其庞大，随着显示技术的发展及计算机芯片和存储器技术的飞跃，导航数据库得以发展成大规模的新型产品，既能适应局部地区的应用，也能适应全球飞行的应用。

导航数据库包括"硬"数据和"软"数据，有的数据要进行定期更新，国际民航组织对全球导航数据库规定每 28 天更新一次。各公司生产的导航数据库只能配合它自己生产的导航系统使用，其编码方法和写入程序都各自规定，不能用到其他公司的产品上。民航所用的导航数据库目前只限于离散点线数据，将来民航采用差分全球导航系统实现精密进近着陆时，有可能采用跑道延长线上的地形剖面数据库支持。

导航数据库的应用不仅限于飞机上，还可以用在飞行训练的模拟机上，用于飞行签派室作飞行计划及飞行准备。

7.8.2.2 所需导航性能（RNP）

所需导航性能（Required Navigation Performance，RNP）是一种支持机载导航性能监控和告警的区域导航系统。它是航空器导航系统利用现代飞行计算机、全球卫星导航系统（GNSS）技术和创新的程序来确保航空器精确地沿着预定航道飞行的方法。RNP 具有持续监视和位置出现不确定时提供告警的能力，因此 RNP 能确保精确的导航性能。RNP 的航径设计能够缩短飞行距离，减小推力设定值，为航空公司节省几百万美元的油耗，同时还减少噪音和排放，使机场周边区域和环境受益。此外，RNP 的准确性和全天候能力能够极大地加强飞行安全。RNP 是建立在 RNAV 基础上的一种全新导航概念，引入了包容度（Containment）的概念（见图 7.244），以概率的形式控制和预测精度，并能随时监控航迹误差。与传统导航技术相比，飞行员不必依赖地面导航设施就能沿着精确定位的航迹飞行，能使飞机在能见度极差的条件下安全、精确地着陆，大大提高了飞行的精确度和安全水平。

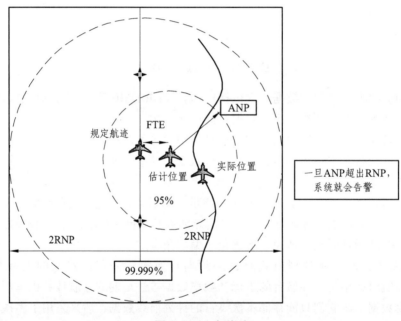

图 7.244　包容度

1. RNP 类型

RNP 类型由相关 RNP 空域的精度值决定（见表 7.12）。RNP 的精度以海里数表示；在 95% 的时间内能处于其中；RNP 包容区为中心线两侧各 $2x$（见图 7.245）；数值越小，精度越高，分别为 10、5、4、2、1、0.5、0.3，甚至 0.15。

RNP 类型可提供精密仪表进近和需考虑超障的离场。当前只在经过特别批准的航空公司运行的特别地区，比如阿拉斯加航空公司在朱诺机场的 RNP 运行、我国国航西南公司在林芝机场的 RNP 运行。

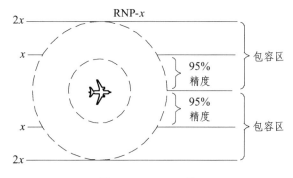

图 7.245　RNP 值

（1）RNP 20 类型：RNP 20 提供最低空域容量的 ATS。

（2）RNP 12.6 类型：RNP 12.6 限用于缺少导航台空域的优化航路。

在实际应用中，RNP 12.6 和 RNP 20 很少使用，也没有这样分类的空域。

（3）RNP 10 类型：RNP 10 应用于远洋和缺少导航台的偏远区域。RNP 10 并无机载性能监视和告警功能要求，概念等同于 RNAV 10，这是源于 RNP 10 名称已在国际上普遍使用。最早用于北太平洋、Tasman 海。在地面导航、通信和监视设备可用的情况下，允许的最低航路横向间隔为 50 n mile；该导航规范不需要任何陆基导航设施，但需装有至少两套机载远程导航系统（IRS/FMS、INS、GNSS）；惯导更新不得超过 6.2 h。目前 RNP 10 已应用于南中国海/三亚情报区、北大西洋和中、北太平洋运行标准。

（4）RNP 5 类型：目前在欧洲空域，RNP5 是绝大多数航空运输运行要求的标准，也被称为 B-RNAV（基本区域导航），RNP 5 是过渡性标准，起源于 RNP 4，该标准允许实施 RNP 程序来使用目前的导航设备而无需改变航路结构。这旨在使空域设计和有利于潜在使用者方面有着更大的灵活性，如更多的直飞航路和更省油。RNP 5 可通过传统的航路导航设备（如 VOR/DME）来实现。

（5）RNP 4 类型：RNP 4 应用于海洋和偏远地区。RNP 4 被设计用于一定距离的导航台之间航路和空域，通常在大陆空域。最早用于太平洋某些区域。它要求有两套 GNSS 接收机，要求有直接通信或 CPDLC、ADS-C，使用 GNSS 的 RAIM 功能来保障完好性，以支持 30 n mile 最低航路间隔标准。我国的 L888 航路、西宁—玉树、拉萨—成都平行航路属于该类型。

（6）RNP 2 类型：国际民航组织制定中。

（7）RNP 1 类型：RNP 1 系指以计划航迹为中心，侧向（水平）宽度为 ±1 n mile 的航路，包括基本 RNP 1 和高级 RNP 1。基本 RNP 1 适用于航路和终端区，该导航规范旨在建立低到中等交通密度且无雷达覆盖区域的航路和终端区程序；GNSS 是基本 RNP 1 的主要导航源，使用 GNSS 的 RAIM 功能来保障完好性；使用基于区域导航系统的 DME/DME 导航则需要严格的安全评估。高级 RNP 1 由国际民航组织制定中。RNP 1 提供最精确的位置信息以支持灵活航路。从机场终端区到航路，对运行、进离港程序、空域管理都是极为有益的。RNP 1 也可称为精密 RNAV（PRNAV），目前仅有限地应用于特定空域。

RNP APCH——包括 RNP 进近程序，以及直线进近阶段 RNAV（基于 GNSS）进近程序，精度值一般为 0.3。GNSS 是 RNP 进近程序的主要导航源，飞行操作误差（FTE）是误差的主要部分；程序设计时需要考虑由于卫星失效或机载监控和告警功能丧失导致失去RNP 进近能力的可接受性。复飞航段可以使用 RNAV 或传统导航程序。该导航规范不包括相关的通信和监视要求。RNP APCH 于 2009 年 12 月在中国民航飞行学院的绵阳机场进行试验。

RNP AR APCH——特殊授权的 RNP 进近程序。其特点是进近程序、航空器和机组需要得到局方特殊批准。一般用于地形复杂、空域受限且使用该类程序能够取得明显效益的机场，精度值一般为 0.3~0.1。RNP AR APCH 只允许使用 GNSS 作为导航源，应对实际能够达到的 RNP 精度进行预测。该规范不包括相关的通信和监视要求。拉萨、林芝、丽江、黄山、延吉、邦达等高原或地形复杂地区机场已经使用了 RNP AR APCH 这种技术。高原机场常使用的 RNP 值为 0.3，所需要的保护区为中心线每一侧 0.6 n mile，总宽度为 1.2 n mile（2 222 m）。

2. RNP 容量参数

确定水平范围内的总系统误差（TSE）就决定了 RNP 类型，它包括侧向和纵向范围两个部分。侧向范围方面，TSE 被假设为飞机的真实位置和导航系统计划的飞行航路中心线间的差异。RNP 类型值就决定了航迹每侧允许的距离误差。纵向范围方面，TSE 被假设为到规定航路点的显示距离和到该点真实距离的差异。RNP 类型值决定了到规定航路点允许的距离误差。

所谓 RNP X，就是 95% 总飞行时间不得偏移航道两边 x 海里。这就意味着 95% 总飞行时间内航空器必须在"空域块"内。以规定的 RNP1 类型的航路为例，在 95% 总飞行小时内，航空器真实位置必须保证在规定航迹或前或后、或左或右 1 n mile 以内，RNP1 是指以计划航迹为中心，侧向（水平）宽度为 ±1 n mile 的航路。

3. RNP 与 RNAV 的区别

RNP 是在 RNAV 基础上的进一步提升：通过使用 GPS 确保飞机位置的精确计算；转弯时，使用 RF（至定位点半径）航段保证飞机航迹的跟踪能力；机组能够监控飞机导航性能并在超出容限范围时接到告警。RNAV 和 RNP 系统关键的不同在于，RNP 标准包含机载设备的监视和告警导航性能要求，并能向飞行员显示是否达到了预定运行要求，而 RNAV 标准则不包括。20 世纪 90 年代，大多 RNAV 系统都提供了机载监视和告警功能，促进了导航标准的发展，进而产生了 RNP 系统。RNP 系统提高了运行的完整性，使航路间距和保护区缩小、空域资源得到进一步优化。传统航路、RNAV 航路和 RNP 航路的区别如图 7.246 所示。

从发展的角度来看，导航应用将由 2D 向 3D/4D 过渡，这就要求机载监视与告警性能必须在垂直导航方面加以完善。虽然目前很多 RNAV 系统不具备监视和告警功能，但同样实现了很高的精度并具备多种 RNP 系统功能。因此，RNAV 和 RNP 运行将会共存多年，最后将逐渐转换为 RNP 运行。

RNAV 标准和 RNP 标准都包含了对导航功能要求，这些功能要求包括：提供与航迹相关的飞机位置的连续指示、显示各航路点的距离和方位、显示过航路点的地速或时间、导航数据存储功能、提供包括导航设备在内的 RNAV 系统故障指示。

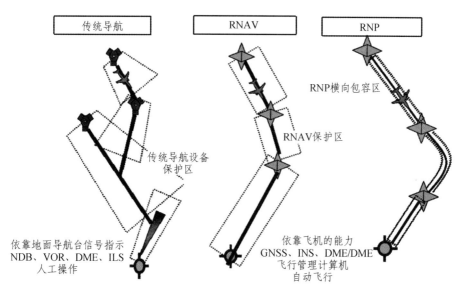

传统导航　**RNAV**　**RNP**

RNP横向包容区

RNAV保护区

传统导航设备
保护区

依靠地面导航台信号指示
NDB、VOR、DME、ILS
人工操作

依靠飞机的能力
GNSS、INS、DME/DME
飞行管理计算机
自动飞行

图 7.246　传统航路、RNAV 航路和 RNP 航路的比较

7.8.2.3　基于性能的导航（PBN）

基于性能的导航（PBN）是随着区域导航（RNAV）系统的广泛使用和发展而产生的一个新概念。基于性能的导航（PBN）规定了区域导航系统内航空器沿 ATS 航路、仪表进近程序和空域飞行时的性能要求，是通过空域运行所需的精度、完整性、持续性、可用性和功能来确定的。PBN 运行的两个基本要素是导航标准和支持系统运行的导航设施。导航标准是在已定义的空域概念下对航空器和机组人员提出的一系列要求，定义了区域导航系统所需要的性能及具体的功能要求。PBN 的概念体现了导航方式从基于导航源到基于性能导航的转变，导航标准不仅定义了性能要求，同时也定义了导航源和设备的选择方式，能够对国家和运行者提供具体的实施指导。

基于性能的导航为任何特定的飞行运行规定了明确的性能要求，它涉及从常规的陆基导航设备和程序到星基导航设备和区域导航程序的重大转变，它更加精确，并容许在两个特定点之间有更短、更直达的航路以及更高效的起降，这能减少燃油消耗、机场和空域的拥挤以及航空器的排放。例如，澳洲航空公司（Qantas Airways Ltd.）和澳大利亚航空服务公司商定，为澳大利亚各机场制定基于性能导航的抵达程序。第一阶段包括了布里斯班的进近，由澳洲航空的波音 737 飞行。第一年里，澳洲航空在低能见度条件下，往布里斯班飞了 1 612 次基于性能导航的进近，这样就少飞了 17 300 n mile 的正常飞行距离，减少了 650 000 kg 的二氧化碳排放。总体而言，国际航空运输协会（IATA）估计，如果在全球实施更短的基于性能导航的航路，每年能削减 1 300 万吨二氧化碳的排放。

1. PBN 的产生

随着航空运输业的持续发展，传统航路的局限性日趋严重。因此，不依赖于地基导航设备，可使航空器在两点间沿任意需要的航路飞行的区域导航技术应运而生。也正是在区域导航发展起来以后，由于缺乏统一的标准和指导手册，各地区所采用的 RNAV 命名规则、技术标准和运行要求千差万别。为统一认识并指导各地区实施新技术，ICAO 提出了 PBN 的概念，以此来规范区域导航的命名、技术标准，从而停止非统一技术标准的扩散及使用，协调、统一 RNAV 系统的使用以确保互通，并促进区域导航的全球运用。

正是因为产生于区域导航（RNAV）和所需性能导航（RNP）的基础之上，PBN 也涵盖了 RNAV 和 RNP 的所有技术标准。而 PBN 中最关键的要素也正是 RNAV 和 RNP。

2. PBN 的作用及优势

（1）能够精确地引导航空器，提高飞行运行安全性。

（2）能够提供垂直引导，实施连续稳定的下降程序，减少可控飞行撞地（CFIT）的风险。

（3）改善全天候运行水平，提高航班正常性，保障地形复杂机场运行的安全。

（4）实现灵活和优化的飞行航径，增加飞行业载，减少飞行时间，节省燃油。

（5）规避噪声敏感区，减少排放，提高环保水平。

（6）实施平行航路，增加终端区内进、离场航线定位点，提高交通流量。

（7）缩小航空器横向和纵向间隔，增大空域容量。

（8）减少陆空话音通信和雷达引导需求，降低飞行员和管制员的工作负荷。

（9）减少导航基础设施投资和运行成本，提高运行的整体经济效益。

3. PBN 的组成

PBN 是空域概念的有机组成部分。它与监视、通信和空中交通管理系统协同工作，共同构建了空域的概念。在空域的环境中，PBN 主要由导航基础设施、导航规范和导航应用 3 个要素组成。

1）导航基础设施

导航基础设施主要包括提供定位能力的地基导航设备（VOR、DME 等）、空基导航设备（GNSS，包括 GPS、GLONASS 等）和机载导航设备（惯导等）。鉴于导航基础设施是提供导航信息的基础，根据 ICAO 的建议，每个国家在确定 PBN 需求的时候都需要考虑导航基础设施的现状和发展策略。

2）导航规范

导航规范是指对能完成 PBN 运行的航空器和机组的要求。要特别注意的是导航规范既定义了 RNAV 系统所需的性能要求，也包括为达到所要求的性能而对航空器和机组提出的要求。导航规范包括 RNAV 规范和 RNP 规范两类，如图 7.247 所示。每个导航规范都详细描述了对系统精度、完整性、可用性、连续性和功能的需求，以及对操作程序、机组培训和安全评估的要求。导航规范的要求也不尽相同：相对简单的规范可能不包含对机载导航数据库的要求（如 RNAV 5）；而稍微复杂的规范可能包括对机载性能监视及告警的要求（如 RNP），以及固定半径转弯能力的要求（如 RNP AP APCH）。

每个导航规范都有一个标记号，如 RNAV 5，RNP 1，RNP APCH，RNP AR APCH。标记号中的数字就表示以海里为单位的最小侧向导航精度。在 95% 的飞行时间内，航空器都必须保持在这个精度范围内。该导航精度限制了航空器系统中存在的各种误差的总和（TSE）。

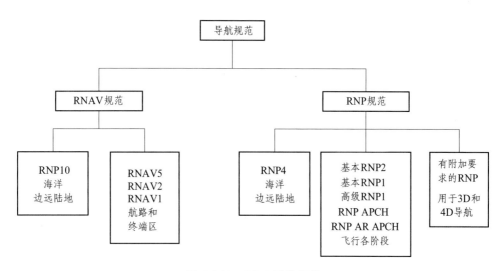

图 7.247　PBN 导航规范

导航规范的性能要求主要有以下方面。

（1）精度：实际位置与预计或所需位置的差异。

（2）完整性：系统不能提供安全使用时及时告警的能力。

（3）可用性：整个系统在按预期步骤实施操作的情况下，能正常发挥功能的能力。

（4）连续性：导航系统在操作过程不中断提供服务的能力。

ICAO 导航规范被设计用于满足全球的需求，并具有全球范围内的兼容性。它的目的是使在现有航空器和系统的基础上实现 PBN 的成本最低，影响最小。ICAO 导航规范被各个国家作为适航性和运行批准的指南。每个国家可根据自己的需求从《PBN 手册》中选择所发布的某种导航规范。当某个国家在确定自己的需求时，不但要考虑现有机队的功能和可用的导航基础设施，还必须考虑与通信、监视基础设施和空中交通管理系统的兼容性。同时，我们也应清楚：每个导航规范都与某个特定的空域概念相对应，即不同的空域运行与导航标准间有很强的关联，因为每个导航规范原本就是为某个特定的空域运行而设计的（见表 7.13）。因此，在实施过程中，每次作出决定前，都应该仔细审核备选的导航规范。

表 7.13　运行区域和导航规范对照表

序号	运行区域	导航规范
1	洋区/边远陆地	RNAV 10 ，RNP 4
2	航路/陆基导航设备	RNAV 5
3	航路、SIDs 、STARs（雷达条件下）	RNAV 1 &2
4	终端区（程序条件下）	BASIC-RNP 1
5	进近（无陆基导航设备）	RNP APCH, RNP AR APCH

3）导航应用

导航应用就是指导航标准和导航基础设施在指定 ATS 航线、程序或空域中的应用。导航应用的标识号与相应的导航规范相同。RNAV 规范支持 RNAV 应用，RNP 规范支持

RNP 应用。同时，导航应用应详细指明所需的导航规范以及该导航应用所提出的特殊限制条件，这些都应该在 AIP 中有详细的描述。

由以上可以看出，PBN 正是将某个特定的导航规范下对航空器的能力和机组的要求，与可用导航基础设施配合一起，支持某一特定的导航应用，如表 7.13 所示。

4. PBN 的特点

PBN 既沿袭了 RNP 提出的获得特定导航精度的要求，也包含了识别机组程序、区域导航系统功能及导航设备能否获得所需的导航性能等 RNP 概念中未要求的内容。同时，PBN 还针对 RNP 的不足，加强了对协同概念的描述，提供了完成指南和详细的导航标准，并描绘了未来区域导航标准及导航应用发展的全球框架，使 RNAV 系统使用的方式更明晰，提供了对空域的更有效的使用。

7.8.3 惯性导航

惯性导航是利用惯性敏感元件测量飞机相对惯性空间的线运动和角运动参数，在给定的运动初始条件下，由计算机推算出飞机的姿态、方位、速度和位置等参数，从而引导飞机完成预定的航行任务。

惯性导航最主要的惯性敏感元件是加速度计和陀螺仪。这两种元件是根据牛顿力学定律测量飞机相对惯性空间的线运动和角运动参数的（有的新型陀螺，如激光陀螺，它的工作原理不属于牛顿力学原理范畴）。用这两种惯性元件与其他控制元件、部件、计算机等组成测量系统，完成导航参数的测量，故称为惯性导航系统（Inertial Navigation System，INS），简称惯导系统。

惯性导航是一种自主式的导航方法，惯导系统依靠自身的惯性敏感元件，不依赖任何外界信息测量导航参数，因而惯导系统的突出优点是：① 完全自主式的导航系统，不受气象条件的限制，隐蔽性好，完全依靠机载设备自主完成导航任务；② 系统校准后短时定位精度高。

惯导系统的主要缺点是：① 定位误差随时间而不断增加，即存在积累误差，一般为 1.5～2 kt，因而在长时间工作后，会产生不同程度的积累误差；② 陀螺、加速度计、计算机的精度要求高，成本也高。

目前广泛应用的惯导系统，按结构可归纳为两大类：一类是系统中有 1～2 个三轴陀螺稳定平台，加速度计和陀螺都安置在平台上，这种系统称为平台式惯导系统；另一类是系统中没有实际的陀螺稳定平台，加速度计和陀螺直接"捆绑"在机体上，"平台"的概念是用计算机建立的"数学平台"模型来替代的，这种系统称为捷联式惯导系统。惯导系统也可以按照采用的导航坐标系分为两类：一类是采用当地水平坐标系作为导航坐标系，称为当地水平惯导系统；另一类是采用惯性坐标系，即惯性平台稳定在惯性空间，称为空间稳定惯导系统，这种惯导平台只有稳定回路，不需要跟踪回路。目前常用的是指北方位惯导系统、游动方位惯导系统等。

7.8.3.1 惯性导航原理

1. 惯性导航系统

惯导系统测量的最基本的导航参数是地速和位置，其他参数均可由此推导得出。

假设飞机在地球表面的飞行距离不远，因而可以认为飞机在一个平面内飞行；又假设飞机飞行的时间不长，因而可以认为地球不转，即不考虑地球的自转运动。在上述假设条件下，设想在飞机上做一个平面装置即平台，这个平台的台面始终平行于当地的水平面。在这个平台上，沿北—南方向放置一个加速度计 A_y，沿东—西方向放置一个加速度计 A_x，如图 7.248所示。飞机起飞地点为直角坐标系的原点。

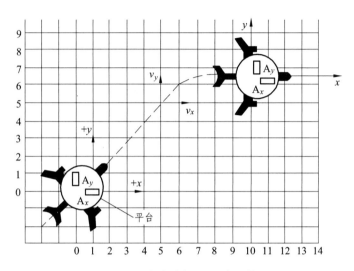

图 7.248　二自由度惯导系统导航原理

当飞机起飞后，两个加速度计可以随时测出飞机沿北—南和东—西方向的线加速度。根据数学、物理学原理，加速度 a 对时间的一次积分即为速度。

$$v_x = \int_0^t a_x \mathrm{d}t$$

$$v_y = \int_0^t a_y \mathrm{d}t$$

求得飞机沿 x 轴和 y 轴方向的速度 v_x、v_y，即可得到飞机的即时速度（合成速度）。速度对时间的积分，即加速度对时间的二重积分，就可得距离。

$$x = \int_0^t v_x \mathrm{d}t = \int_0^t \int_0^t a_x (\mathrm{d}t)^2$$

$$y = \int_0^t v_y \mathrm{d}t = \int_0^t \int_0^t a_y (\mathrm{d}t)^2$$

求得飞机沿 x 轴和 y 轴方向的距离 x、y，即可合成而得出飞机在直角坐标系上的位置。

综上所述，飞机在飞行中只要测出飞机对地面运动的水平加速度，利用积分器，经一次积分可求得地速，再经一次积分就可求得飞机飞行的距离，从而计算并确定出飞机的位置。实现这一原理的简化惯导系统如图 7.249 所示（图中 x_0、y_0、$\dot{x}_0$、$\dot{y}_0$ 为起始坐标值和起始初速度值）。

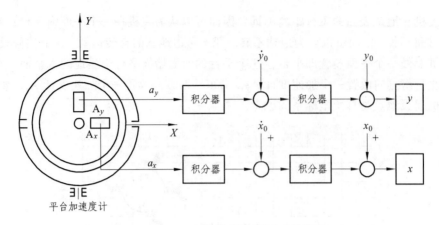

图 7.249　二自由度简化惯导系统原理

　　上述原理是假设地球表面为平面的条件下阐述的，飞机的位置是用直角坐标系来表示的。实际上，地球是一个椭球体，飞机的位置应以纬度（ϕ）、经度（λ）来表示。用经、纬度定位的惯导系统简化原理如图 7.250 所示。图中 R 为地球半径，ϕ、λ 为飞机即时位置的纬度、经度，v_{EO}、v_{NO} 为起始东向、北向速度，ϕ_0、λ_0 为起始点的纬度、经度，v_E、v_N 为飞机的即时东向、北向地速。

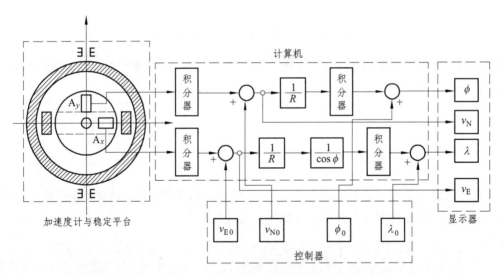

图 7.250　用经/纬度表示的简化惯导系统原理

2. 惯性基准系统

　　惯性基准系统（Inertial Reference System，IRS）实质上就是使用激光陀螺的捷联式惯性导航系统。惯性基准系统可靠性较高、制造成本较低，因而得到了广泛的应用。

　　惯性基准系统就是将陀螺和加速度计直接固联于机体上的惯导系统。它没有电气机械平台，是用计算机建立一个数学平台来代替平台式惯导系统中的电气机械平台实体。用计算机建立数学平台是惯性基准系统的关键问题。

　　惯性基准系统的原理如图 7.251 所示。导航加速度计和陀螺直接安装在飞机上，用陀螺测量的角速度信息减去计算的导航坐标系相对惯性空间的角速度，则得到机体坐标系相对导航坐标系的角速度，利用这个信息进行姿态矩阵的计算。有了姿态矩阵，就可以把机体坐标系轴向的加速度信息变换到导航坐标系轴向，然后进行导航计算。同时利用姿态矩阵的元素，提取姿态和航向信息。所以，姿态矩阵的计算、加速度信息的坐标变换、姿态航向角的计算，这 3 项功能实际上就代替了导航平台的功能。

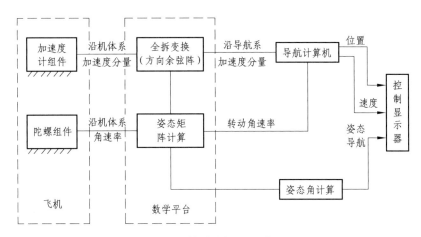

图 7.251　捷联式惯导系统原理

7.8.3.2　惯性导航系统误差及初始对准

惯性导航系统的误差源有许多，其中主要有陀螺仪和加速度计本身的误差、安装误差和标度误差，系统的初始条件误差，系统的计算误差以及各种干扰引起的误差等。

由惯导系统原理可知，惯导系统在进入正常的导航工作状态之前，应当首先进行系统的初始化工作。惯导系统的初始化包括：给定初始条件、惯导平台的初始对准、陀螺仪的测漂和定标。第一项内容比较简单，容易引入，在静基座（地面）情况下，初始速度为零，初始位置为当地的经、纬度；在动基座情况下，初始条件一般由外界提供；给定初始速度和位置的操作也简单，只要将这些数值通过控制显示器送入计算机即可。第三项内容在陀螺性能比较稳定的情况下，不需要每次起动都进行。而第二项内容即惯导平台的初始对准，是将惯导平台在系统开始工作时调整在所要求的坐标系内，使平台水平精度达 10″、方位精度达 2′ ~ 5′。作为初始对准，除了精度要求外，对准速度或时间也是非常重要的指标。一般民航飞机所用惯导系统的对准时间为 15 ~ 20 min，最短的大约 10 min。

1. 系统误差

惯导系统的误差源有确定性和随机性两类。两类误差源引起的系统误差特性不同。

1）确定性误差源引起的系统误差特性

惯导系统中确定性误差源主要有陀螺仪和加速度计的安装误差、标度误差，初始条件误差，系统的计算误差等。确定性误差源可以通过补偿方法加以消除。

（1）安装误差。陀螺仪和加速度计安装时由于安装角度偏差而引起的误差，称为安装误差。如果陀螺仪有 1′ 的安装误差角，大约产生 0.004°/h 的等效漂移；如果加速度计的安装误差角为 3′，飞机的运动加速度为 0.1g，则安装误差相当于 $10^{-4}g$ 的加速度零位误差。

（2）标度误差。加速度计和陀螺仪的输出是脉冲，每一个脉冲信号代表一个速度增量 q_A（对加速度计）或一个角度增量 q_g（对陀螺仪），q_A 称为加速度计的标度因子，q_g 称为陀螺仪的标度因子。q_A 和 q_g 是通过测试确定的，并存在计算机内。在工作过程中，每次采样后，将采样得到的脉冲数乘标度因子就得到所要的增量。标度误差就是指在工作中的实际标度因子和存放在计算机内的标度因子可能不一致，从而引起的误差。如陀螺仪的标度误差为 0.001，则由它产生的等效陀螺漂移大约为 0.01°/h；如加速度计的标度误差为 0.001，飞机的轴向加速度为 $10^{-1}g$，则产生等效于 $10^{-4}g$ 的加速度计零位误差。

（3）初始条件误差。由于初始条件不准确而引起的系统误差称为初始条件误差。初始条件误差将引起常值的经度误差，以及系统其他振荡误差。

（4）计算误差。由于计算模型、计算速度及字长所引起的误差称为计算误差。计算误差通常包括：量化误差、不可交换性误差、计算方法上的截断误差、计算机有限字长的舍入误差。

2）随机性误差源引起的系统误差特性

补偿了确定性误差源引起的误差后，随机误差源就成为影响系统精度的主要误差源。在随机误差源的作用下，惯导系统误差是随时间增大的。系统的随机误差源有很多，其中主要的有陀螺漂移的零位偏置和加速度计的零位偏置。

（1）陀螺漂移的零位偏置：是指陀螺由于随机漂移而导致陀螺仪零位产生偏差。陀螺的随机漂移除白噪声外，主要的是有色噪声，包括随机常数、随机斜坡、随机游动和马尔柯夫过程。

（2）加速度计的零位偏置：加速度计的零位产生偏差将引起系统误差，加速度计的零位偏置是随机的，这一随机误差是随机偏置、随机斜坡和两种马尔柯夫过程的组合。

2. 初始对准

惯导系统必须进行系统的初始对准。通过光学或机电方法，将外部参考坐标系引入平台，使平台对准在外部提供的姿态基准方向，称为受控式对准；利用惯导系统本身的敏感元件（陀螺和加速度计）测得的信号，结合系统原理进行自动对准，称为自主式对准。

根据对准精度的不同，可把初始对准过程分为粗对准和精对准。粗对准是直接利用加速度计和陀螺仪的信号控制平台或计算初始姿态阵，在较短的时间内使平台系大致对准导航系或粗略地计算出初始姿态阵，在这一粗对准步骤中，对准精度没有严格要求，但要求对准速度快，即要求尽快将平台对准在一定的精度范围内，为下一步精对准提供良好的条件；精对准在完成粗对准后即进行，使之达到系统对准的精度要求。

自主对准包括水平对准和方位对准，方位对准是在水平对准的基础上进行的。

1）惯性基准系统的对准实质

惯性基准系统的一个关键问题就是：在外场条件下，满足环境条件与时间限制的初始对准，即系统必须在飞机受阵风、登机、装载等各种干扰运动的影响下，在较短的时间内以一定的精度确定出从机体坐标系到导航坐标系的初始变换矩阵。所以，系统的初始对准实质就是确定初始时刻的姿态阵。

2）惯性基准系统的对准方法

（1）粗对准：在这一阶段，依靠重力矢量及地球速率矢量的测量值，直接估算从机体坐标系到导航参考坐标系的变换矩阵。

（2）精对准：在这一阶段，通过处理惯性仪表的输出信号，精校计算的参考系与真实参考系间的小失准角，建立精确的初始变换矩阵。

7.8.3.3 惯性基准系统

1. 惯性基准系统的组成

惯性基准系统由惯性基准组件、方式选择组件和控制显示组件组成。但装备在不同的飞机上有不同的组合。目前主要有两种组合形式，B737-300飞机上装备的为一种形式，B757、B767飞机上装备为另一种形式。

B737-300飞机装备的惯性基准系统由两个惯性基准组件IRU、一个公用的惯性基准系统显示组件（ISDU）、一个公用的方式选择组件（MSU）组成，如图7.252所示。B757、B767飞机装备的惯性基准系统由3个惯性基准组件（IRU）、一个公用的惯性基准方式板IRMP组成，惯性基准方式板实际上就是惯性基准显示组件（ISDU）和方式选择组件（MSU）的组合，如图7.253所示。

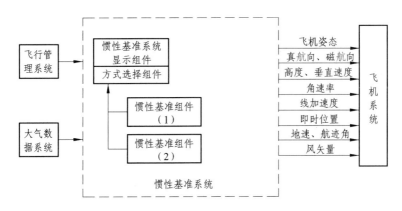

图 7.252　B737-300 飞机惯性基准系统

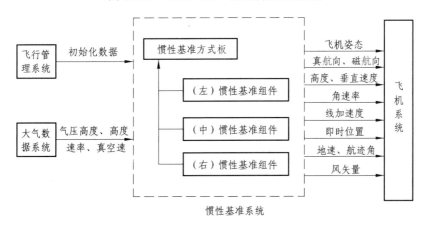

图 7.253　B757、B767 飞机惯性基准系统

向惯性基准系统输入信号的设备主要有大气数据系统和飞行管理系统。大气数据系统向惯性基准系统输入气压高度、升降速度和真空速，前两个参数用来与惯性基准系统垂直通道组合计算飞机的高度和惯性垂直速度，而真空速主要用来计算风向、风速、偏流等；飞行管理系统用来向惯性基准系统引入起始位置，同时，惯性基准系统也向该系统提供数据。惯性基准系统与飞机其他系统的连接及提供的参数，如图 7.254 所示。

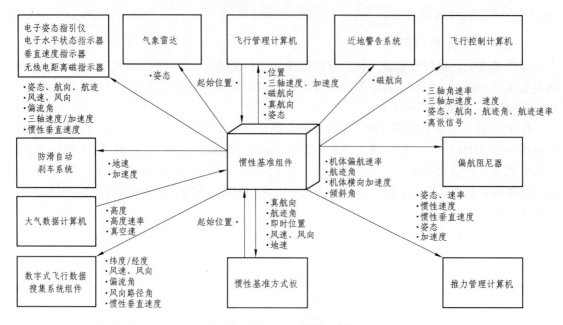

图 7.254　惯性基准系统与机上系统的连接

惯性基准组件是惯性基准系统的核心组件。惯性基准组件内部主要有固联于箱体上的 3 个激光陀螺、3 个挠性加速度计组成的传感器组件和不同数量的电子插件。现代飞机上一般装有 3 套惯性基准组件（IRU），对于最重要的位置数据使用的是 3 个 IRU 数值的加权平均值；使用的顺序是左、中、右，但误差过大的那台 IRU 不在其列。而对于速度数据，一般使用的是 3 个 IRU 数值的算术平均值。如果某一个 IRU 失效，则使用单一的正常工作的 IRU 输来的数据。对于航向、高度和升降速度数据来说，则需看自动驾驶仪所衔接的"指令"方式所对应的通道，该通道对应的 IRU 即是使用的那一套；如自动驾驶仪不在"衔接"状态，则按左、右、中的顺序使用来自 IRU 的数据。

惯性基准方式板相当于 LTN-72R 系统的 CDU 和 MSU 的组合，主要用作系统控制、数据引入、系统状态通告和导航信号选择显示。B757、B767 飞机的惯性基准方式板实际上是一个组件，上半部分为控制显示器，下半部分为方式选择电门和信号通告牌，如图 7.255 所示。而在 B737-300 飞机上，这部分仍分开为两个组件，即惯性基准系统显示组件（ISDU）和方式选择组件（MSU），如图 7.256 所示。上述两类控制显示组件的功能相同。

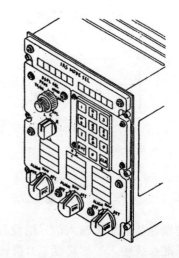

图 7.255　B757、B767 的惯性基准方式板

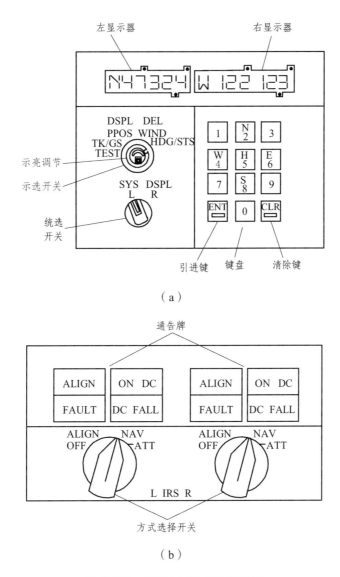

（a）

（b）

图 7.256 　 B737-300 的组件面板

2. 惯性基准系统相关显示仪表

惯性基准系统显示信息的相关仪表和装置主要有：飞行管理系统的控制显示组件
（CDU）、水平状态指示器（EHSI/HSI）、姿态指引仪（EADI/ADI）、无线电距离磁指示器
（RDMI）、垂直速度指示器（VSI）等。

1）飞行管理系统的控制显示组件（CDU）

由于飞行管理系统与惯性基准系统交联，因此，惯性基准系统的一些工作可通过飞行管
理系统的 CDU 来完成，主要有两方面工作：① 通过 CDU 输入飞机的起始位置，进行自对
准；② 通过 CDU 完成系统的自检程序，并将其故障存储以供空、地勤人员使用。

2）姿态指引仪（EADI/ADI）

姿态指引仪是一个多功能综合仪表，可以指示惯性基准系统提供的俯仰角、倾斜角和转
弯速率等参数，以及其他设备提供的参数。

3）水平状态指示器（EHSI/HSI）

水平状态指示器是一个多功能综合性仪表，它以惯性基准系统送来的真、磁航向为基础，以飞行管理系统计算的数据为主要内容，并集中其他机载设备提供的数据，送到水平状态指示器，显示出飞机导航参数。

4）无线电距离磁指示器（RDMI）

该指示器指示惯性基准系统输出的磁航向以及 VOR、ADF 方位。

5）垂直速度指示器（VSI）

该指示器指示惯性基准系统与大气数据系统混合计算出的飞机垂直速度。

3. 惯性基准系统工作方式

惯性基准系统的工作方式有"ALIGN"方式、"NAV"方式、"ATT"方式和"OFF"方式。惯性基准系统的对准方式有正常对准和重新对准两种。

1）正常对准方式

对准时，将 IRMP 的方式电门从"OFF"转到"ALIGN"或"NAV"位，这时"ALIGN"灯亮，"ON DC"灯亮 5 s 后熄灭。引入飞机即时位置经/纬度，第一种方法用 IRMP 或 ISDU 数字字母键引入经、纬度；第二种方法是通过飞行管理系统的 CDU 引入，这是目前较常用的方法，具体步骤将在飞行管理系统相关内容中介绍；引入起始位置经/纬度时，可通过 IRMP 或 ISDU 显示窗进行监控，防止引入数据错误。对准状态号和对准结束的监控：对准状态号为数字 0~7 由 IRMP 的右显示器显示，对准状态的数字编号反映了对准过程与对准持续时间关系，整个对准过程需 10 min 或更长一些，但对准状态号仅与前 7 min 对应。如果方式电门放"NAV"位进行对准，当对准结束时，"ALIGN"灯由方式电门放"ALIGN"位进行对准，当对准结束时，"ALIGN"灯继续亮，状态号显示 7，这时将方式电门转到"NAV"位，"ALIGN"灯熄灭，系统进入导航工作方式。对准过程中，如果引进的飞机起始位置数据不正确，则"ALIGN"闪亮；如果系统工作不正常，系统有故障，则"FAULT"亮。另外，对准过程中飞机有移动，"ALIGN"将闪亮，要使这种闪亮停止，必须关断 IRS 系统，并再进行一次对准。

2）重新对准方式

当惯性基准系统对准结束进入导航工作方式后，由于起飞时间或滑行时间延误而又没有关断系统时，为了消除速度误差或再次对准位置误差，需要进行重新对准。重新对准条件：惯性基准系统处于正常工作，方式电门在"NAV"位；地速小于 20 kt。重新对准方法是将方式电门从"NAV"转至"ALIGN"位，时间大于 30 s 即可，这期间"ALIGN"灯亮，系统重新进行水平和航向调整，速度调零；当方式电门重新转到"NAV"位，"ALIGN"灯灭。

系统完成对准进入导航方式，方式电门在"NAV"位，这时系统进行加速度和角速度的测量、加速度值的坐标变换、姿态矩阵的修正、姿态参数的解算、导航参数的解算及惯性高度、垂直速度的混合等，同时监控系统的工作；系统输出接口向有关系统传送导航及制导参数，并在显示窗显示 TK/GS、PPOS、WIND、HDG 4 组参数。此外，有关的飞行仪表显示相应的参数。

7.8.4 全球导航卫星系统（GNSS）

GNSS 是一个全球性的位置和时间测定系统。当前 GNSS 有两大系统，即美国的全球定位系统（GPS）和俄罗斯的全球轨道导航卫星系统（GLONASS）。

7.8.4.1 全球定位系统（GPS）

全球定位系统（GPS）全称为定时和测距的导航卫星（Navigation Satellite Timing and Ranging-Navstar），它的含义是利用导航卫星进行测时和测距，以构成全球定位系统，国际上将这一全球定位系统简称为 GPS（Global Positioning System）。

GPS 是美国国防部于 1973 年 11 月授权开始研制的海陆空三军共用的美国第二代卫星导航系统，是继美国阿波罗登月飞船和航天飞机之后第三大航天工程。

GPS 定位系统的建立，给导航和定位技术带来了巨大的变化，目前，GPS 技术的应用已进入多个领域，用于多种用途，有多种机型并出现了多种技术。

全球定位系统（GPS）的优点：① GPS 具有全球、全天候、连续导航能力。系统能提供连续、实时的三维空间坐标、三维速度和精密时间，并具有良好的抗扰干性能。② GPS 具有高精度。系统三维空间定位精度优于 10 m，三维速度精度优于 3 cm/s，时间精度为 20 ~ 30 ns。③ GPS 能满足各类用户。系统可用于铁路、航空、城市交通、农业、森林防火、地震预报、救援等。④ GPS 具有多种功能。系统可以广泛用于导航、搜索、通信、交通管理、授时、航空摄影、大地测量等。⑤ GPS 为连续输出，更新率高，一般为每秒一次，适用于高动态移动用户的定位。⑥ GPS 用户设备简单，购置费用较低。

GPS 存在的缺陷：① GPS 卫星工作于 L 波段，电波入水能力差，不能用于潜艇导航；② GPS 的完好性监测和报警能力不足，对卫星的一些软故障要在很长时间后才能发出故障状态信息；③ GPS 的可利用性即所有地区的连续服务不足，某些时候在某些地方将出现少于四颗卫星的情况；④ 整个系统维护费用太高，每年大约需 5 亿美元的维护费。

1. 全球定位系统（GPS）的组成

全球定位系统包括空间 GPS 卫星、地面控制站组、用户 GPS 接收机 3 部分，如图 7.257 所示。

1）空间 GPS 卫星

空间 GPS 卫星部分由 24 颗分布在倾角为 55° 的 6 个等间隔轨道上的卫星组成，此外还留有在轨备用卫星 1 ~ 4 颗，如图 7.258 所示。GPS 卫星分 Block-Ⅰ 和 Block-Ⅱ 两类，新一代 GPS 卫星为 Block-ⅡR 替补卫星，采用先进的星上氢原子钟，卫星分布可保证全球任何地区、任何时刻都有不少于 4 颗卫星以供观测。卫星轨道离地高度为 20 230 km。

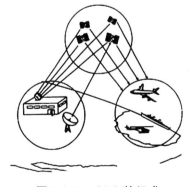

图 7.257　GPS 的组成

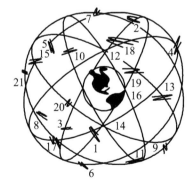

图 7.258　GPS 卫星配置

GPS 卫星上除了控制卫星自身工作的遥测、跟踪、指令系统，用于轨道调整与姿态稳定的推进系统等组成外，其供电系统由两块太阳能翼板组成，但主要是提供导航信号的无线电收发机、天线、原子钟和计算机。铯原子钟具有 1×10^{-14} 稳定度，各卫星的原子钟相互同步，并与地面站组的原子钟同步，建立起 GPS 精密时系，称为 GPS 时，它是精密测距的基础。导航发射机以双频 1 575.42 MHz 和 1 227.60 MHz 发射导航信号，通过测量这些信号的到达时间，用户可以用 4 颗卫星确定出导航参数，即经度、纬度、高度和时间。

2）地面控制站组

地面站组包括 1 个主控站、5 个监测站和 3 个注入站，如图 7.259 所示。主控站位于科罗拉多的联合空间执行中心，3 个注入站分别设在大西洋的阿松森岛、印度洋的狄哥·伽西亚和太平洋的卡瓦加兰 3 个美国军事基地上，5 个监测站设在主控站和 3 个注入站以及夏威夷岛。

图 7.259　GPS 地面站组分布

5 个监测站分别观测卫星，然后把有关信息发送到主控站，主控站计算出卫星 12 h 内的运行星历数据，通过注入站将此信息送回卫星，如图 7.260 所示。

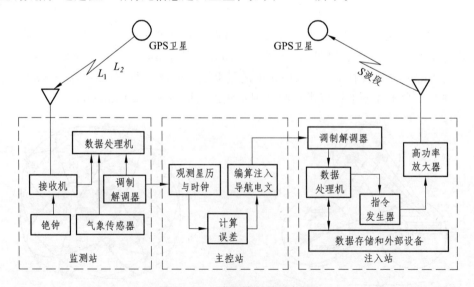

图 7.260　地面控制站组框图

监测站的主要作用就是对每颗卫星进行观测，并向主控站提供观测数据，并采集当地的气象等数据，数据处理机处理收集到的数据，定时将处理后的数据送往主控站。监测站是无人值守的数据采集中心，受主控站控制。由监测站提供的观测数据形成了 GPS 卫星实时发布的广播星历。

主控站拥有大型计算机，它完成以下的功能：① 采集数据。主控站采集各个监测站所测得的伪距和积分多普勒观测值、气象要素、卫星时钟和工作状态的数据，监测站自身的状态数据，以及海军水面兵器中心发来的参考星历。② 编辑导航电文。根据采集到的全部数据计算出每颗卫星的星历、时钟修正量、状态数据以及大气修正量，并按一定的格式编辑为导航电文，传送到注入站。③ 诊断功能。对整个地面站组的协调工作进行诊断，对卫星的状况进行诊断，并加以编码向用户指示。④ 调整卫星。根据所测的卫星轨道参数，及时将卫星调整到预定轨道，使其正常运转。而且还可进行卫星调度，用备份卫星取代失效的工作卫星。

主控站将编辑的卫星电文传送到注入站，定时将这些信息注入各个卫星，然后由 GPS 卫星发送给用户，这就是所用的广播星历。

注入站的主要作用是将主控站发送来的卫星星历和钟差信息，每天一次地注入卫星上的存储器中。

3）用户 GPS 接收机

用户 GPS 设备包括天线、接收机、微处理机、控制显示设备等，因而有时也称为 GPS 接收机。用户 GPS 接收机是采用无源工作方式，凡是有 GPS 接收设备的用户都可以使用 GPS 进行定位导航。

2. GPS 工作原理

GPS 是无源测距系统，在无源测距系统中，用户通过比较接收到的卫星发射信号及本地参考信号，测量传播延时 τ，τ 正比于卫星和用户间的距离 D（$D = C\tau$）。

GPS 通过一颗卫星只能测得一个距离参量，所以测得 3 个距离参量至少要有 3 颗卫星才能确定飞机的三维位置。当系统以无源方式工作，用户又未装备高稳度时钟时，用户从一颗卫星测得的伪距可表示为

$$d_i^* = \left[(x - x_{si})^2 + (y - y_{si})^2 + (z - z_{si})^2 \right]^{1/2} + C \cdot \Delta t_i$$

式中　i——第 i 颗卫星；

　　x、y、z——飞机的宇宙直角坐标；

　　x_{si}、y_{si}、z_{si}——第 i 颗卫星的宇宙直角坐标。

若所有卫星钟都采用高精度时钟，并且各卫星钟相互同步，则 $\Delta t_i = \Delta t$，表达式可写成

$$d_i^* = f_i(x, y, z, \Delta t)$$

此方程有 4 个未知量 x、y、z、Δt，求解此 4 个未知量，须建立 4 个独立的方程，这意味着用无源测距定位方法确定飞机的三维位置和一维时钟，在空间至少需接收到 4 颗卫星的信号，从 4 颗卫星测量 4 个伪距，如图 7.261 所示。从几何上讲，由 4 个伪距形式的 4 个位置面相交的交点，就是飞机在四维空间的位置点。这样，采用无源测距定位时，用户只需采用一般的石英钟即可。

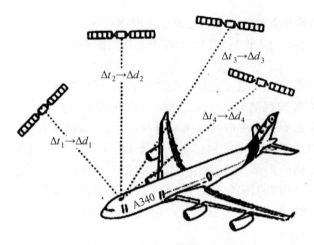

图 7.261　GPS 的定位方法

GPS 采用四星无源测距定位的实施步骤是以卫星作为时空基准点；然后测量出定位参数时间，建立位置面或导航定位方程；最后求解用户位置。

卫星导航系统中，飞机通过测量对卫星的相对位置，进而确定自己在宇宙空间或在地球上的位置。导航卫星是系统设置在空间的导航台，为了实现高精度导航定位，必须准确知道任一时刻卫星在空间的位置 (x, y, z)。不同时刻的一组组时空数据 (t_i, x_i, y_i, z_i)（$i = 1, 2, 3, \cdots$）称为卫星星历。

GPS 信号由两个频率分量 L_1 和 L_2 组成。L_1 为 1 575.42 MHz，L_2 为 1 227.60 MHz。信号 L_1 是由两种信号调制，一种是用时钟速率为 10.23 MHz，长度为 7 天的伪随机二进制码调制，称为 P 码；另一种是用时钟速率为 1.023 MHZ，长度仅为 1 ms 的伪随机二进制码调制，称为 C/A 码。信号 L_2 仅用 P 码（或 C/A 码）调制。

GPS 信号的主要特征：进行精确的伪距测量，无多值性；进行精确的多普勒频移测量，以便提取速度信息；提供双频测量，以测量出电离层延时量；提供足够的数据信道来发射卫星星历、时钟修正信息以及其他必要信息；提供两种信号，一种是具有高精度的 P 码，P 码是卫星的精测码，具有较强的抗干扰能力，该码禁止提供给民用用户；另一种是较简单的 C/A 码，C/A 码是用于粗测和捕获的伪随机码，是一种短码，具有一定的抗干扰能力，每个 GPS 卫星分配不同的 C/A 码，其保密性较差，测距精度较低，但能在短时间内被接收机捕获；具有较强的抗干扰能力，能抗低功率窄带干扰、中等功率人为干扰及多路径干扰。

3. GPS 的性能参数

GPS 的性能参数主要包括定位精度、完好性、可用性和连续服务性 4 个。单靠 GPS 卫星本身是不能满足上述完好性、可用性和连续服务性要求的。

（1）定位精度。目前对 GPS 来说，其定位精度符合航路、终端和非精密进近的要求，对精密进近还有一定的差距。

（2）完好性。完好性指卫星信号故障或引起误差的事件能及时检测出来并及时报警的能力。从航路到非精密进近，要求故障非检测概率小于 10^{-5}/h，故障报警时间在 10 s 以内。

（3）可用性。可用性指在卫星的全球覆盖、连续工作下使得所有地区的飞机在各飞行阶段一开始就能收到 4 颗以上卫星信号，能求出定位解概率，一般要求大于 0.999 99。

（4）连续服务性。连续服务性指飞机在飞行中每个飞行阶段从头至尾都能收到 4 颗以上卫星信号进行定位和制导，不致中断的概率。如在最后进近阶段，要求其 150 s 时间内不致出现制导中断，非精密进近时要求中断概率不能超过 1×10^{-5}。

4. 全球定位系统（GPS）的误差

GPS 的误差主要表现在测距误差。引起 GPS 测距误差的因素很多，主要包括与卫星有关的误差、信号传播误差及观测和接收设备引起的误差。GPS 误差主要有时钟误差、星历误差、电离层附加延时误差、对流层附加延时误差、几何误差和设备误差，如表 7.14 所示。

表 7.14　GPS 误差估算（静态）

误　差　源		预　算　误　差（ft）	
卫星时钟误差		10	
星历误差		8.6	
		P 码	C/A 码
电离层延时误差		1.3	21.0
对流层延时误差		1.3	1.3
接收机噪声/量化误差		0.8	8.0
接收机通道间偏移		0.5	2.0
多路径干扰		4.0	10.0
用户等效测距误差（均方根）		13.9	27.9
产生的位置精度	均方根水平位置误差（假设 HDOP = 1.5）	21	42
	均方根垂直位置误差（假设 HDOP = 2.5）	35	70

（1）时钟误差。GPS 中各卫星钟要求互相同步并与地面站同步，但即使采用原子钟，走时也不是绝对稳定，同样存在着漂移。漂移的种类有：时钟时间的起始漂移、时钟起始的频率漂移及随机漂移等。随机漂移是产生时钟误差的主要来源，它是由热噪声、老化及温度、振动等环境因素引起的。起始时间漂移和频率漂移可预先进行校准而消除。时钟误差引起的定位误差约为 10 ft。

（2）星历误差。星历数据是由地面站测算后注入的，由于各监测站对卫星进行跟踪测量时的测量误差，以及由于无法完全了解的影响卫星运动的各种因素及变化规律，因而预报的星历中不可避免地存在误差。综合各种因素，星历误差引起的定位误差约 8.6 ft。

（3）电离层附加延时误差。由于 GPS 系统工作于 L 波段，所以电离层的影响主要是电波相位传播速度变化产生的附加延时，当电波垂直穿过电离层，夜间附加延时为 10 ns，白天可增大到 50 ns。为了得到好的修正效果，采用导航发射机发射双频的校正法。

（4）对流层附加延时误差。GPS 信号在对流层传播速度发生变化引起的附加延时误差，它的修正只能用气象模型进行，可以修正对流层延时误差的 90%。

（5）几何误差。GPS 导航定位时，只用 4 颗卫星就可以了，但每次选择并非都是最佳几何关系。因而用户与 4 颗卫星的几何关系不同，产生的定位误差也不同。所以选择最佳几何关系的 4 颗卫星，它们在过用户并与地面相切平面上的投影相互隔开，可以使定位误差最小，如图 7.262 所示。

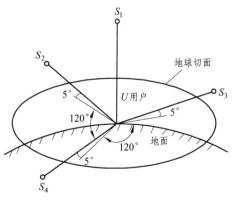

图 7.262　GPS 卫星最佳几何位置

（6）设备误差。卫星发射设备及用户接收机的电路延时等将产生固定的和随机的测距误差。只有通过采用高性能时钟、设计性能良好的电路等来改善信杂比，抑制和校正各种延时误差，提高测距精度。

5. 差分全球定位系统（DGPS）

在地面已知位置设置一个地面站，地面站由一个 GPS 差分接收机和一个差分发射机组成。差分接收机接收卫星信号，监测 GPS 误差，并按规定的时间间隔把修正信息发送给用户，用户用修正信息校正自己的测量数据或位置数据，如图 7.263 所示。

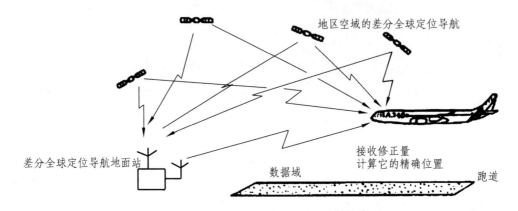

图 7.263　差分全球定位系统（DGPS）原理

由于差分基准台可同时兼作完好性监测，伪卫星可同时提高可用性、连续服务性和完好性，因此这些地面设施可以增强 GPS 的性能，我们就把差分技术称为"增强系统"。目前航空界运用的典型增强系统是本地增强系统（LAAS）和广域增强系统（WAAS）。

本地增强系统就是本地差分 GPS，所能提高的精度能力随用户离基准台距离增加而降低，当用户离开基准台 100～200 km 以外时，修正能力降低，并且还受数据链作用的限制。

广域增强系统是从广域差分系统发展起来的，它和一般的本地差分 GPS 具有根本的差异，除了基准台联网和覆盖地广外，其突出优点是：误差处理方法上，由主控站在地面解决空间相关性的解耦工作，对星历误差、星钟误差及大气延时误差分别导出；电文利用卫星广播，除差分修正数据外还有卫星完好性信息同时发送，电文调制在 GPS 的 L 频率上，使得该广播卫星也能供测距用，增加了导航星座中的卫星数目，使得系统的可用性和连续服务性也相继提高；用户设备不必另设数据链的射频接收部分，只要将 GPS 接收机略作修改留出一个接收广播卫星的通道，加设 WAAS 电文提取和处理程序即可；只需数十个广域增强系统就能达到全球无隙差分增强，如表 7.15 所示。

实施差分全球定位系统（DGPS），可以完全消除公共误差（包括星钟误差、星历误差、电离层附加延时误差、对流层附加延时误差等）；可以大部分消除不能由用户测量或校正模型来计算的传播延迟误差；但用户接收机的固有误差不能消除，如表 7.16 所示。差分全球定位系统（DGPS）的主要误差源是噪声和多路径干扰误差。

表 7.15　两种增强系统的性能比较

内容　　　系统	广域增强系统	本地增强系统
拟建部门	美国联邦航空局（FAA）	美国海岸警卫队（USCG）
用途	航空 I 类精密进近着陆	海岸用作进港引导
覆盖范围	由静地卫星广播所覆盖地域决定	由海上 NDB 台发射的有效距离决定，一般为 35～170 n mile
覆盖范围内的精度（95%）	7.6 m	10 m
可用性	0.999	广播 0.997，信号 0.999
完好性 连续服务性	4×10^{-8} 进近 5.2 s 内报警 $1\sim5.5\times10^{-5}$/进近 0.999 7	

表 7.16　差分全球定位系统 DGPS 误差估算

误差源	预算误差（ft）	
剩余的卫星时钟误差 剩余的星历误差	0 0	
	P 码	C/A 码
剩余的电离层/对流层延时误差 接收机噪声/量化误差 接收机通道间偏移 多路径干扰	0.5 0.8 0.5 4.0	0.5 8.0 2.0 10.0
用户等效测距误差（均方根）	4.2	13.0
产生的位置精度　均方根水平位置误差（假设 HDOP = 1.5） 均方根垂直位置误差（假设 HDOP = 2.5）	6.3 10.5	19.5 32.5

从以上可看出差分 GPS 的特点是：基准测量同被测位置进行比较；用户采用了修正数据；公共误差得到消除。

6. 全球定位系统（GPS）的应用

1）作为独立导航系统使用

目前来看，使用较多的还是作为独立导航定位的 GPS 接收机，图 7.264 为一典型的 GPS 作为独立导航系统使用的原理图。

图 7.264　典型 GPS 独立导航系统

2）作为飞行管理系统的传感器使用

现在在波音、空客飞机上，有部分机型安装有 GPS，并与飞行管理系统（FMS）一起作为重要的导航设备。在 CDU 和 EFIS 上可以显示需求导航性能的选择、估计的位置误差、当前导航的精确度、GPS 的主要状态、人工定位的更新、GPS 位置和使用的卫星数量等数据，如图 7.265 和图 7.266 所示。

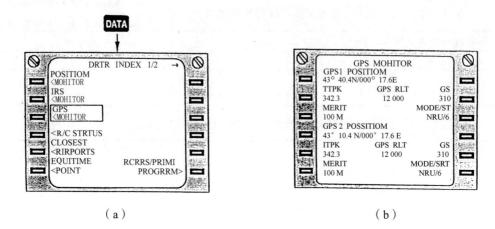

图 7.265　GPS 监控显示

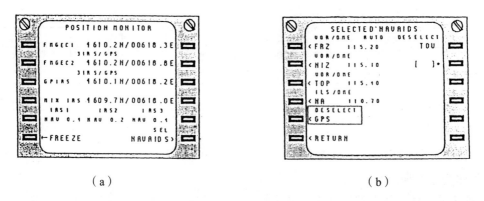

图 7.266　导航数据显示

7. 以 GPS 为主的导航优点

以 GPS 为主的导航优点表现为：改进了导航的精度和完整性；符合所需求的导航性能（RNP）；可以不需要常规导航设备；大幅度减少了地图变换带来的不便；减少了机组的工作量和负担；自我监测功能监测 GPS 的工作；完整性预测和告警。

7.8.4.2　GLONASS 系统

GLONASS 于 1997 年 1 月建成，而起步是 1982 年 10 月。GLONASS 星座的轨道为 3 个等间隔圆轨道，卫星离地高度 19 100 km，轨道倾角 64.8°，每条轨道上等间隔分布 8 颗卫星。

GLONASS 卫星向空间辐射两种载波信号，即 $L_1 = 1.6$ GHz 和 $L_2 = 1.2$ GHz，L_2 为民用，L_1 和 L_2 供军用。每颗 GLONASS 卫星上装有铯原子钟以产生星上高稳定时标，并向所有星载设备的处理提供同步；星载计算机将从地面控制系统接收到的专用信息进行处理，并生成导航电文向用户广播。

GLONASS 地面控制站组包括一个系统控制中心、一个指令跟踪站，都分布在俄罗斯境内。指令跟踪站跟踪可视见卫星，它遥测所有卫星，进行测距数据的采集和处理，并向各卫星发送控制指令和导航信息。

GLONASS 用户接收机自动接收导航信号，进行测距和测速，同时从卫星信号中选出并处理导航电文。GLONASS 接收机中的计算机对所有输入数据进行处理并算出位置坐标的 3 个分量、速度矢量的 3 个分量和精密时间。

GLONASS 用户设备在俄罗斯发展缓慢，生产厂家少，而且品种少，多为专用型，不适合民用和普遍化，较笨重。

7.8.4.3 全球导航卫星系统（GNSS）

国际民航组织大力建立起国际航空界共用的 GNSS。GNSS 是一种多成分组成的系统，GPS 和 GLONASS 为首先的成分，加入民间的 INMARSAT-3。

1. 从 GPS/GLONASS 演进成 GNSS

国际民间普遍认为单国军用系统不论 GPS 或 GLONASS 虽然具有短时可用性，但缺乏长期可用性，航空应用上更是如此。这是因为卫星导航应能保证高精度，解决所有飞行阶段直至非精密进近和 I 类精密进近的应用，因而能省去一些着陆引导设备；卫星导航的经济效益只能在卫星导航作为单一导航系统而撤销所有陆基无线电导航设施以后，才能节约费用；在单国军方控制下，其他国家无法作长远计划，并且没有安全保障，如表 7.17 所示。

表 7.17　GLONASS 与 GPS 对比

数　据		GLONASS	GPS	
发展过程		1982 年宣布发展 1996 年 1 月 18 日布满轨道运行	1973 年制订发展计划 1974 年开始实验 1978 年开始卫星组网 1993 年 12 月 8 日达到初始运行能力 1995 年 4 月 27 日达到全运行能力	
轨道参数	轨道形式/偏心率 轨道面和卫星数目 轨道倾角 离地高度 绕地球周期/同步周期 地迹重复周期（恒星时） 每天偏移量	圆 0 ± 0.01 3 个 × 8 颗卫星 $64.8° \pm 0.3°$ 19 100 km 11 h 15 min 44 s ± 5 s/17 圈 8 天 -4.07 min/天	圆 6 个 × 4 颗卫星 55° 20 230 km 32 h/16 圈 1 天 -4.06 min/天	
导航精度 2σ	信号	民用码	C/A 码	P 码
	水平 垂直 测速 定时	100 m 150 m 15 cm/s 1 µs	100 m 157 m 50 cm/s 386 ns	18 m 28 m 20 cm/s 100 ns
卫星星历数据表达法		用卫星运动对地心直角坐标系统参数表达	用卫星轨道开普勒参数表达	
采用的测地坐标		PZ-90	WGS-84	
地面站		跟踪站 5 个、监测站 9 个	主控站 1 个、注入站 3 个、监测站 5 个	
目前单个卫星工作寿命		约 3 年	约 7.5 年（Block I）	

ICAO 在其 CNS/ATM 计划中已阐明，在多元观点下，实施全球导航卫星系统（GNSS），从现有卫星（GPS/GLONASS）增加完好性和保证可用性，发展和扩大民间成分，直至长远期的一个 GNSS 系统。这里 GPS 和 GLONASS 首先成为主要的候选成分，加入 INMARSAT-3 静止卫星导航重叠的民间部分，然后加发民间导航卫星，并使民间导航卫星的数目增加至达到两维以至三维定位和导航的可用性。由于 GPS 和 GLONASS 的性能限制，GNSS 增加了外部系统以增强其性能，包括机载增强系统（ABAS）、地基增强系统（GBAS）和星基增强系统（SBAS）。

（1）机载增强系统（ABAS）。ABAS 系统利用机载 GPS 信息和其他传感信息，实现机载导航系统的完好性监控。目前普遍应用的增强系统为接收机自主完好性监视（RAIM），也可以使用其他形式的 ABAS，比如结合大气高度辅助测量，或者利用 GNSS 和惯性信息组合来增强完好性监控。当没有其他可用的增强系统时，用于航空的 GNSS 接收机必须具备 ABAS 功能，以提供完好性监视和告警。ABAS 的主要形式为由 RAIM 算法提供的失效探测。

（2）地基增强系统（GBAS）。GBAS 是一种星基导航技术，包括空间系统、地面系统和机载系统 3 部分。GBAS 的空间部分包括 GPS 和 GLONASS 星座，以及可选的提供 SBAS 服务的测距源。GBAS 地面系统可提供 GPS 独立增强信息，也可提供 GLONASS 和/或 SBAS 增强信息。GBAS 机载增强系统通常采用多模式接收机（MMR），集成 GBAS 和 ILS 接收机功能。GBAS 地面部分包括位于已知位置的参考接收机和中央处理设备。中央处理设备计算观测到的卫星伪距修正量，同时监控信号完好性和可用性，用 VHF 数据广播（VDB）信息发送给用户。一套 GBAS 设备可以为其安装所在机场的所有跑道端提供服务。GBAS 可以为 RNAV 和 RNP 运行提供有效的服务。中国民航将合理利用 ABAS 和 GBAS 增强系统，以满足 PBN 运行要求。

（3）星基增强系统（SBAS）。星基增强系统主要由 SBAS 卫星、SBAS 机载接收机和地面设备组成。地面设备包括地面地球站（GES）、参考站和主站，各站之间利用地面通信网络连接。

每个参考站有多台 GNSS 接收机，跟踪并测量到可见卫星的伪距，将观测结果发送到主站。主站证实卫星信号的完好性，计算一系列修正量，同时汇总系统的状态数据。将处理结果通过地球同步卫星数据链发送给用户。地球同步卫星发送的信号在格式上与 GNSS 卫星信号相似，便于用户接收处理。

2. 全球导航卫星系统（GNSS）与惯性导航（INS）组合导航

GNSS 与惯性导航组合，克服各自缺点，取长补短，使导航精度高于独立系统的精度。

GNSS 在精度上有绝对的优势，而惯性导航的自主性却是 GNSS 所不具备的，两者具有很强的互补性，如表 7.18 所示。

INS 和 GNSS 接收机间有三种组合方式：松散组合、紧密组合和深度组合。

（1）松散组合的 GPS/INS 中，GPS 接收机基本上作为一个自主导航仪，它可通过自动或手动方式为 INS 提供周期性的位置或（和）速度修正。它是一种典型的各自独立的组合等级，其最终输出性能将比单独装置中的任意一个都要好，但它只能在低的载体动力学和干扰小的条件下使用。

表 7.18　GNSS 和 INS 的互补性

GNSS	INS
高精度位置输出	适当精度的位置输出
有界的位置误差	惯性传感器有漂移趋势
高精度速度输出	慢变化的速度输出
精度取决于飞机动力学	精度与飞机动力学无关
不需要初始化，可用于惯性传感器初始对准	要求设置初始值
要求 4 颗可见卫星	不要求外界信息
提供精确时间信息	不提供时间信息
不提供机体加速度	提供飞机的姿态、姿态变化率和加速度
数据更新率较低	数据更新率高
单独的 GPS 卫星具有较低的完好性	单独的惯性传感器具有很高的完好性

（2）紧密组合的 GPS/INS 中，GPS 接收机和惯导装置各自包含一个卡尔曼滤波器，它们产生位置和速度导航数据，通过数据总线传输到中央任务计算机，然后在那里同一个进一步的滤波器非常仔细的时间同步数据处理。

（3）深度组合又叫做嵌入式组合，在这种组合的 GPS/INS 中，GPS 接收机作为一块线路板嵌入 INS 的单元内，构成嵌入式系统。单独的卡尔曼滤波器用来将原始的惯性测量数据与卫星测量数据进行深度组合。由于被组合的是测量数据而不是导航数据，它允许卡尔曼滤波器比较准确地建立起误差模型，从而提供一个连续而准确的导航解。

将 GNSS 的位置数据用作对惯导系统导航解的连续或有选择性的修正，则可大大提高惯导系统的精度。将 GPS 信息与来自惯性导航的信息进行比较，然后利用差值作为标定惯性元件的一种手段，它能被用作惯性系统的空中对准。组合系统可以充分利用 GNSS 和 INS 的互补特点，组合后无论是在精度、性能、可靠性等方面，都高于单独的系统。

实施 GPS/INS 组合导航具有下列优点：

（1）GPS/INS 组合对改善系统精度有利。GPS 提供位置与速度信息，有利于提高 INS 的精度，反过来，在卫星覆盖不好的时段内，INS 帮助 GPS 提高精度。

（2）GPS/INS 组合系统加强了抗干扰能力。当 GPS 信号条件显著改善到允许跟踪时，INS 向 GPS 接收机提供有关的初始位置、速度等信息，以供在迅速地获取 GPS 码和载波时使用；INS 信号也可被用来辅助 GPS 接收机天线的方向瞄准卫星，从而减小了干扰对系统工作的影响，同时由于 INS 知道位置，故接收机搜索 GPS 的工作量减小；INS 还能提供数据以供修改跟踪回路参数之用，通过改变信号动态特性和信噪比，从而改进跟踪回路的能力，保证捕获并锁定 GPS 卫星信号。

（3）解决了 GPS 动态应用采样频率低的问题。

（4）GPS/INS 组合降低了对 INS 的要求。这是因为组合系统中主要利用 INS 的速度信号解决动态跟踪问题，而高精度定位则由 GPS 来实现；同时，高精度 GPS 信号可以显著提高组合系统的性能。

（5）GPS/INS 组合系统用途更广。

7.8.5 飞行管理系统

飞行管理系统（Flight Management System，FMS）综合了以前飞机电子设备的功能并加以扩展，使设备的自动化程度更高，减轻了飞行员的工作负荷，并使飞行员有更多的时间去管理、操纵飞机。飞行管理系统可以连续、自动地提供导航、制导和性能管理信息。

飞行管理系统各组件、传感器和显示部分由 ARINC-429 数据联系起来，执行飞行计划、性能管理、导航、制导及数据管理的工作。新型电子飞行仪表与 FMS 结合起来，不但提供范围更广的显示信息，而且更加灵活，充分满足了飞行的需要和发展。

飞机爬高、巡航、下降的最低成本飞行剖面的计算，是基于飞行员输入的待飞航线、巡航高度、飞机全重、成本指数、阻力因素等数据进行的。自动飞行控制系统和自动油门系统控制飞机沿着计算的最佳剖面飞行；也可由飞行员按飞行指引仪的指示人工操纵飞机。飞行管理系统实施对飞机的综合管理，具有下列特点：

（1）具有大容量的导航、性能数据库。

（2）能提供从起飞到降落的闭环横向制导。

（3）能提供节约燃油、降低直接运行成本的垂直制导。

（4）能以最优性能来管理飞机的运行。

（5）能减轻驾驶员的工作负担。

（6）综合化的飞行显示，便于驾驶舱资源管理。

7.8.5.1 飞行管理系统的功用、组成及原理

飞行管理系统（FMS）实现了全自动导航，减轻了飞行员的工作负荷，提高了飞机操作的自动化程度，最重要的是飞行管理系统能够提供从起飞到进近着陆的最优横向和垂直飞行剖面。飞机可以在 FMS 的控制下，以最佳的飞行路径和最省燃油的方式从起飞机场飞到目的地机场。

1. 飞行管理系统的功用

飞行管理系统自动化程度高、功能全，可完成飞行员的大部分工作。

（1）导航和制导。飞行管理计算机发送操纵指令到飞行控制计算机和推力管理计算机以完成导航和制导功能。飞行管理计算机计算出两航路点间的大圆航线，实现四维制导。

（2）编排飞行计划，实施性能管理。通过飞行员选择最适应飞行要求的性能数据，进行运算，可获得最佳经济效果的飞行计划，可以节省 2%～5% 的燃油。

（3）全自动着陆能力。飞行管理系统具备飞机全自动Ⅱ-ⅢB级着陆能力。

（4）快速诊断故障的能力。系统内装自检设备，可以对系统进行连续监控，快速诊断故障，并以显示信息告知飞行员，防止错误信息输出。

2. 飞行管理系统的组成

现代飞机上的 FMS 是一个由计算机、传感器、无线电导航系统、控制板、电子显示仪表、电子警告组件以及执行机构联系起来的大设备系统。典型的飞行管理系统是由 4 个分系统组成的，它们分别是：飞行管理计算机系统、自动飞行控制系统、自动油门系统和传感器系统，其中飞行管理计算机系统是 FMS 的中枢，如图 7.267 所示。

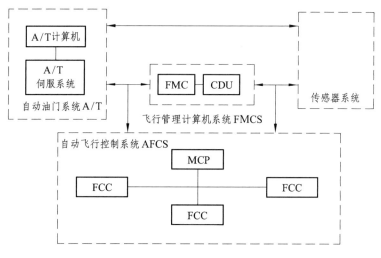

图 7.267 飞行管理系统的组成

3. 飞行管理系统基本工作原理

飞行管理系统是用当时飞机所在的位置、飞机性能参数、目的地机场的经纬度和可用跑道、各航路点、无线电导航台以及等待航线、进近程序等信号或数据进行综合分析计算，确定出飞机的航向、速度以及爬高、下降角度和升降速度、阶梯爬高和下降等指令，来计划飞机飞行的水平和垂直剖面；同时飞行员在起飞前选定最适应飞行要求的性能数据，FMC 就可根据要求的性能数据和其他参数进行计算，以获得最佳经济性的航路计划。在飞行中飞行员也可以根据实际情况对计划航路进行修改。

飞行员只要在飞行管理计算机中输入起飞机场、目的地机场并规定计划航路，FMCS 就能根据 IRS 和无线电导航设备的信号准确地计算出飞机在飞行中的现在位置，根据计算发出指令到 AFCS 的自动驾驶仪或飞行指引系统，实施水平和垂直导航，引导飞机从起飞机场飞往目的地机场。同样，飞行员也通过向 FMCS 输入飞机的起飞全重及性能要求，FMCS 就能计算出从起飞机场到目的地机场飞行的最经济速度和巡航高度，也能连续计算推力限制值，送出指令到自动驾驶仪和自动油门系统。同时，有关显示装置显示出信息，以便于飞行员监控，如图 7.268 所示。

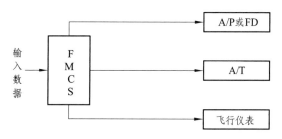

图 7.268 FMS 简单工作原理

4. 飞行管理系统的数据库

飞行中，飞行员必须参考地图、飞行性能手册、航图、各种图表，以便获得导航和性能的信息数据。现在这些数据都存储在飞行管理系统中的 FMC 内。按数据的种类可分为两大类：一类是与飞机导航有关的导航数据，另一类是与飞机性能有关的性能数据。这些数据都储存在计算机的磁盘存储器或半导体存储器或磁泡存储器内，成为数据库。

1）导航数据库

导航数据库功能：用于确定飞机位置，进行导航计算及导航台自动调谐管理等。

导航数据库按数据的适用性分为两类：一类为各航空公司都适用的数据，称为标准数据，如世界范围的机场、导航台等有关数据；另一类为各航空公司飞行航线的航路结构相关的数据，称为特定数据。

导航数据库按数据的更改性分为两类：一类为飞行机组无法更改的数据，称为永久性数据，如机场跑道、助航设备的位置和其他设备，也包括航空公司选择的航路、标准仪表进/离场以及进近程序等数据；飞行前或飞行中，飞行员可以通过 CDU 进行选择使用，但数据的更改必须由机务人员使用专用设备完成。另一类为飞行机组人工输入并可以更改的辅助数据，称为临时数据，如永久数据中未包含全部需要的飞行计划数据、机组能确定的助航设备、航路点等，临时数据可以无限量地储存，但在该次飞行结束时就自动清除。

导航数据库中的数据包括飞机飞行区域的机场、航路点、导航台地理位置、航路结构等，具体可分为 6 个方面的资料。

（1）导航设备。包括导航设备类别、位置、频率、标高、识别标志、级别等。

（2）机场。包括机场基准点位置、登机门参考位置、跑道长度和方位、机场标高、仪表着陆系统（ILS）设备等。

（3）航路。包括航路类型、高度、航线角、航段距离、航路点说明等。

（4）公司航路。是由各航空公司负责飞行的固定航线数据。

（5）终端区域程序。包括标准仪表进/离场程序、进近程序以及各程序的航线角、距离、高度等数据。

（6）ILS 进近。包括 ILS 设备频率标识、飞越高度以及距离等数据。

由于导航数据库内的很多数据在经过一段时间后可能发生变化，尤其是公司航路，因此国际民航组织规定导航数据库要定时进行更改，更改的周期为 28 天进行一次。FMC 内存有共 56 天有效的导航数据，分为两个有效周期，一个是现用的数据库，另一个是以前或下一个 28 天有效的数据库。当现用数据库有效日期到期的那天，必须把下一个有效周期的数据库变为现用数据库，这一操作由飞行员在 CDU 上进行。

导航数据库的应用不仅在飞机上，还用在飞行训练的模拟机上，用于飞行签派室作飞行计划及飞行准备用。

2）性能数据库

性能数据库的功用：对飞机纵向导航进行性能计算。

性能数据库包含爬升和巡航性能、推力极限、最高和最低高度、各种形态的最大和最小空速以及阻力特性等数据，它们是与飞机和发动机型号有关的参数，基本上是固定不变的数据，是在飞机和发动机设计后就已确定了的。一般是不需要更改的。但机务人员可以用输入修正系数的方法对个别飞机的阻力和燃油流量特性进行修正，其目的是使性能计算更精确。

性能数据库可分为两类数据：一类是详细的飞机空气动力模型；另一类是装在飞机上的发动机数据模型。

7.8.5.2 飞行管理系统的传感器

FMS 为完成各项功能，需要各种参数数据，通过综合计算，输出指令到执行机构。

1. 惯性基准系统（IRS）

IRS 向 FMCS 输送飞机经纬度位置、真航向、磁航向、南北和东西加速度、俯仰和倾斜角、高度、升降速度、地速等数据。

2. 甚高频全向信标/测距机（VOR/DME）

VOR 接收机通过模数转换器或直接向 FMS 提供方位和航道偏离信号；DME 也通过模数转换器或直接向 FMS 提供飞机到某一地面台的距离数据。

现代民用飞机已使用以 VOR/DME 为基础的 RNAV 系统，即 VOR/DME RNAV 系统。它是一种利用 VOR 测向、DME 测距以及气压高度作为基本输入信号，来计算飞机到某个航路点的航向和距离的导航引导系统，如图 7.269 所示。

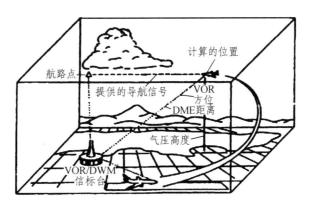

图 7.269　VOR/DME RNAV

3. 全球导航卫星系统（GNSS）

全球导航卫星系统（GNSS）接收机将接收到的空间卫星信号输送到 FMS。

GNSS 是一个全球性的位置和时间测定系统。当前 GNSS 有两大系统，即美国的全球定位系统（GPS）和俄罗斯的全球轨道导航卫星系统（GLONASS）。

飞行管理系统（FMS）用 VOR 接收机及 DME 测距机测量地面导航台地理位置的方位、距离信号以及来自惯性基准系统（IRS）和全球导航卫星系统（GNSS）的导航数据，进行综合计算，得出精确的飞机导航数据。

4. 仪表着陆系统（ILS）

ILS 向 FMS 提供航向道和下滑道的偏离信号。使用 ILS 接收机信号的条件是：航路中包含有仪表进近着陆程序；飞机在距跑道 20 n mile 范围内，在 HSI 上航向偏差的指示已小于 1.25°；飞机航迹在跑道方位的 45° 以内；已经接收到有效的 ILS 信号。满足以上所有条件使用 ILS 的信号数据进行位置修正；左 ILS 接收机是主用，右 ILS 是备用。

5. 大气数据计算机（ADC）

ADC 向 FMS 提供飞机高度、空速、马赫数和温度信息。现代飞机一般装有两台 ADC。

6. 燃油油量总和器

油量总和器把燃油油箱油量表的油量加起来，得到飞机的总燃油量。总燃油量信号经过模数转换器转换为数字信号输到 FMCS 去。FMS 用这个飞机总燃油量信号预报到达各航路点和目的地机场的剩余燃油量。FMC 经过计算，减去燃油储备量后，若现有油量不够飞到目的地机场时，FMS 会向飞行员发出告警信号。

7. 时　钟

左座时钟向 FMC 提供格林尼治时间 GMT，FMC 用这个时间来预报到达各航路点和目的地机场的时间。

8. 其他传感元件

飞机发动机防冰、机翼防冰和发动机引气系统内的一些传感元件也向 FMC 输送系统工作情况的离散信号，FMS 使用这些离散信号对发动机目标推力、发动机推力限制或 N_1 转速的限制等数据进行修正计算。分辨飞机在空中还是地面的离散信号，是从空地继电器处获得的。

7.8.5.3　飞行管理系统的显示装置

飞行管理系统的显示装置如图 7.270 所示。

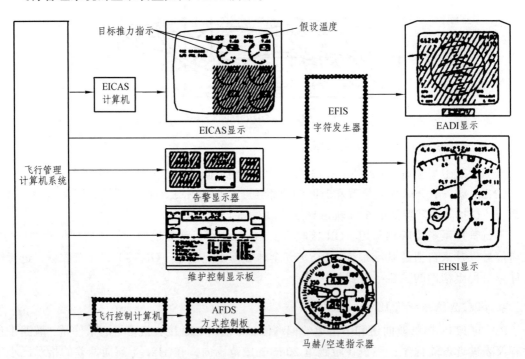

图 7.270　FMS 的显示装置

1. 控制显示组件（CDU）

CDU 是 FMCS 的一个主要组成设备，是 FMC 的终端，是飞行员与 FMS 进行交流的界面，可用作人工输入系统参数和选择工作方式。CDU 在显示屏上把操作者通过键盘或行选键输入的信息全部显示出来，供飞行员检查、核实；它可根据操作者的要求检索显示多种多样页面的信息。CDU 一般每 2 s 对显示的数据更新一次。

2. 马赫/空速表 MASI

马赫/空速表是 ADC 的显示仪表，在它上面可显示飞机的空速，用指针指示飞机的飞行速度，同时在表盘上也用数字显示。

3. 发动机 N_1 转速表

FMC 在 N_1 转速表上显示出计算的 N_1 目标转速；需要显示该数值时，N_1 转速表上的目标 N_1 选择钮必须按下。

4. 发动机显示和机组警戒系统（EICAS）

有些飞机上装有电子显示的 EICAS，它代替了许多指针式仪表，可以显示大量信息。FMCS 在 EICAS 上显示两种数值和各种文字信息；FMS 根据各系统的状态所产生的各种信息，有些会在 EICAS 的显示屏幕上显示，FMC 一旦出现故障也会在 EICAS 的屏幕上出现文字警告信息。

5. 飞行方式告示牌和信息故障灯

FMC 在飞行方式告示牌上向飞行员显示当时发动机所执行的推力限制或 N_1 限制方式，同时 FMC 也向飞行方式告示牌上的信息和故障灯提供离散信号，一旦出现警戒信息或出现故障，信号灯亮。

6. 电子飞行仪表系统（EFIS）

FMC 输出有关飞行计划的飞行航路、飞机航向、航路点、导航台、机场、跑道、风向/风速等信息，以地图显示的形式出现在 EFIS 的电子姿态指引仪（EADI）和电子水平状态指示器（EHSI）的显示屏上，飞行员可非常直观地通过该显示了解整个飞机飞行的详细动态情况。

（1）电子姿态指引仪（EADI）。EADI 主要是 IRS 的显示器，只显示来自 FMC 的地速和飞机在各飞行阶段的飞行方式。

（2）电子水平状态指示器（EHSI）。EHSI 显示许多来自 FMC 的信息。它显示 FMC 信号的方式有 "MAP（地图）""CTR MAP（地图定中）""PLAN（计划）" 3 种方式。3 种方式都可显示飞行航线、航路点、导航台等飞行信息，通过控制板上的 "距离" 电门来选定显示的范围。当 EHSI 处于其他显示方式时，并不显示来自 FMC 的任何信息。

7.8.5.4　飞行管理系统的控制装置

FMS 的操纵控制主要在 CDU 上进行，此外，许多其他控制面板上也有 FMS 的控制元件，如图 7.271 所示。

1. 控制显示组件（CDU）

飞行员主要通过 CDU 对 FMS 进行控制。在 CDU 的面板上有许多键，飞行员通过键盘控制各种不同的输入数据，显示不同的页面，转换各种数据，执行各种功能等。

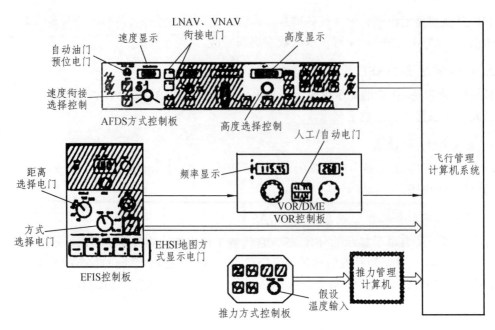

图 7.271　FMS 的控制装置

2. 无线电导航 VOR/DME 控制板

VOR/DME 控制板上有一个自动/人工调谐选择电门，可控制无线电导航接收机由 FMC 自动调谐，还是由飞行员人工调谐。控制板上的频率显示窗口显示所调定的频率。

3. AFCS 方式控制板（MCP）

MCP 上有飞行指引系统、自动驾驶仪、自动油门系统等控制元件，如图 7.272 所示。与 FMCS 有关的控制元件是水平和垂直导航的方式选择按钮等。通过这两个按钮电门可供 FMCS 起始横向和垂直导航功能。

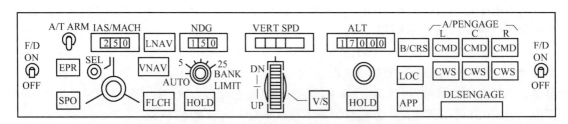

图 7.272　AFCS 方式控制板（MCP）

4. EFIS 控制板

在装有 EFIS 的飞机上，FMS 通过 EFIS 屏幕显示动态的导航图。EFIS 控制板上有 3 个电门可由飞行员进行操纵，图 7.273 所示。

5. 其他控制装置

装有两台 FMC 的飞机上，在左右仪表源选择板上，各有一个 FMC 选择电门，用来选择使用左或右 FMC 的数据作为导航数据源，并在 EHSI 上显示出来。

图 7.273 EFIS 控制板

7.8.5.5 飞行管理系统的飞行前准备

飞行管理系统在飞行前要完成准备工作，使整个系统正常工作。飞行前主要的工作有：选定飞行航线，对 IRS 进行位置起始，输入必要的飞行性能数据，使 FMCS 能够实施 LNAV 和 VNAV，选定参数确定发动机起飞 EPR 或 N_1 转速限制以及选定起飞和目的地机场的跑道、离场/进场及进近程序等。所有这些工作都在 CDU 上进行，一般在 10 min 内即可完成。

飞行前准备，一般按识别→位置起始→航路→性能起始→起飞基准的顺序操作，这样翻页方便，操作容易。离场/进场索引页可根据需要穿插在中间进行，如图 7.274 所示。需注意，起飞前的工作顺序没有固定的要求，可根据需要进行选择。

FMS 飞行前准备共有 6 个页面：IDENT（识别）、POS INIT（位置起始）、RTE（航路）、PERE INIT（性能起始）、TAKE OFF（起飞基准）、DEP/ARR INDEX（离场/进场索引）。还有供选取飞行前 FMC 和 IRS 起始所需的数据页面和供选取基准数据各页面的 INIT/REF INDEX（起始/基准索引）。这些页面在 FMC 的控制下都有固定的格式。飞行前准备页面多数需飞行员输入数据外，还有一些其他信息数据向飞行员显示，供检查。选定了飞行航线，输入了需要的数据后，就完成了准备工作，FMCS 即可执行水平导航和垂直导航。

7.8.5.6 飞行管理系统在飞行中的应用

飞机起飞后，FMC 使用在起飞以前通过 CDU 输入的航路计算性能数据，进行导航计算并在 CDU 上向飞行员显示飞行各阶段的状态参数、飞行进展情况以及咨询信息。

飞行中，FMC 的 CDU 显示页面种类很多，数量大，但根据其使用范围、作用可分为 4 类。

第一类是飞行阶段执行方式页面，即 CLB（爬高）、CRZ（巡航）、DES（下降）和 HOLD（等待）4 种页面，每一种方式页面又有许多变型页面，它们除向飞行员显示各飞行阶段的工作情况外，也能由飞行员选择所需的性能飞行方式。

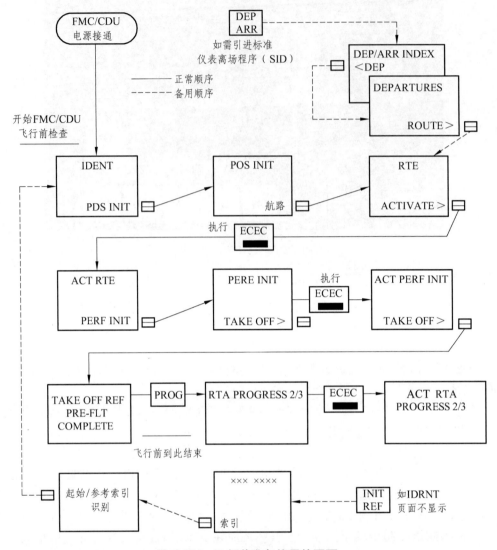

图 7.274　飞行前准备使用的页面

第二类是检查飞机飞行动态情况的检查页面，主要的页面是 RTE LEGS（航路段）和 PROGRESS（进程）页面。页面以动态方式显示飞机在飞行中所要飞过的每一航路点、距离、预达各航路点的时间等数据。同时飞行员也可在页面上对飞行计划进行修改。

第三类是供飞行员选择对飞行计划作特定方式的局部修改用的页面，包括原来航路段页面的修改页面，还有可以选择跑道和进近程序的进场页面等。

第四类是向飞行员提供各种参考信息、数据的页面，包括 FIX INFO（定位点信息）、APPROCH REF（进近参考）、REF NAV DATA（参考导航数据）和 N1 LIMIT 等页面。这一类页面仅仅显示飞行参数，一般不对飞行进行控制。

飞行中，飞行员为掌握整个飞行状况及偏航、准时到达情况，必须对飞机进行监控及检查，因此，飞行员在 RTE LEG（航路段）、PROGRESS（进程）、RTE DATA（航路数据）和 RTA PROGRESS（按要求时间到达进程）页面上进行，其中，最重要、使用最多、时间最长的页面是航路段和进程页面，它们显示随着飞行进程而变化的动态数据。在装有两台 CDU 的飞机上，飞行中，一般将一台 CDU 选择显示航路段页面，另一台 CDU 选择显示进程页面。

　　航路段页面提供详细的各航段的飞行计划信息，并显示一个完整的航线，各航路点按顺序排列；页面显示的信息有航段间的距离、航段间的航向/航迹、航路点的空速/高度限制，预计飞越航路点的空速/高度，如图 7.275 所示。

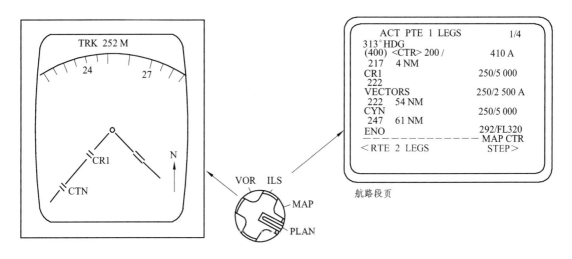

图 7.275　航路段页面信息

　　飞行中，飞行员经常利用进程页面来掌握飞机沿有效航路飞行的动态数据信息。进程页面有三页，用来显示详细的沿有效航路飞行的状态参数。进程页仅用于参考检查，不能进行输入或选择，但"按要求时间到达进程"页面可以进行输入。进程第 1 页显示信息有现在所飞航段、下一航段和目的地，对于刚飞过的航路点，显示其实际到达时间、高度、剩余油量；对于后面的各航路点则显示预达时刻、未飞距离、预计飞越时剩余油量，还显示导航设备的使用情况和现行的目标速度，如图 7.276 所示。进程第 2 页上当引进要求到达时间的航路点和时间后即显示与要求到达时间飞行进程相关的咨询数据，如图 7.277 所示。进程第 3 页显示与现行飞行相关的参数，如风分量、航迹误差、垂直偏差等信息，如图 7.278 所示。

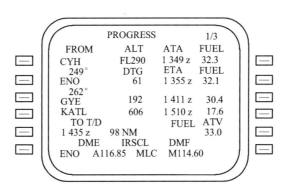

图 7.276　进程页面及信息（第 1 页）

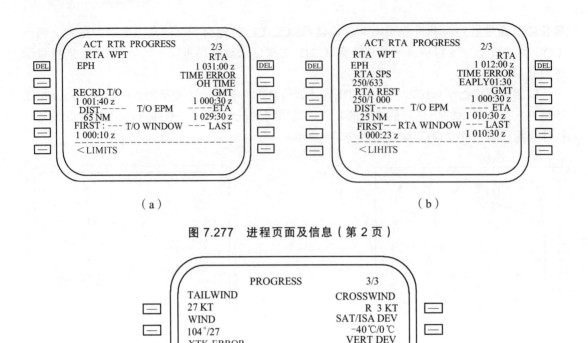

图 7.277 进程页面及信息（第 2 页）

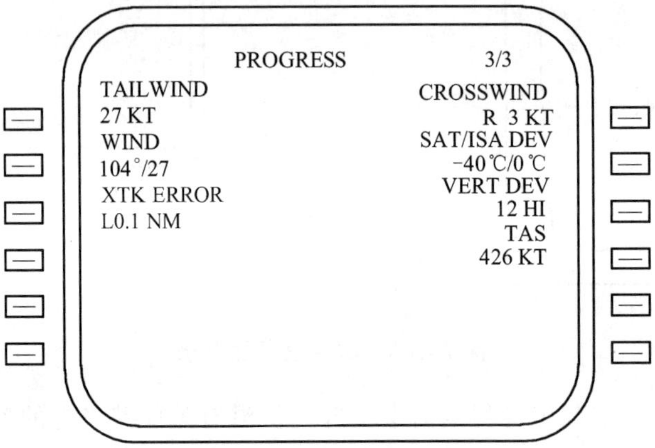

图 7.278 进程页面及信息（第 3 页）

  飞机在起飞前，飞行员在航路页上做好了计划飞行航路，实施后就可在 FMC 控制下按照计划航路实现自动飞行。但在实际飞行中，由于天气、空域或航行需要等原因，飞机不能按照原来的预定计划飞行时，必须对原飞行计划作适当的修改。改变飞行计划的主要内容有：增加航路点、删除航路点、直飞/切入、平行（偏航）飞行、飞向备降场等。

  修改计划航路的工作必须在航路成为现用有效之后，可在飞行前或飞行中进行。进行航路计划修改最方便的页面是航路页面和航路段页面。

7.9 领航准备和实施

  领航工作是组织实施飞行的重要环节，贯穿于整个飞行过程，任何领航差错都可能影响飞行正常和经济效益，甚至危及飞行安全。飞行中领航工作要求准确、迅速，但由于空中领航工作内容繁杂、情况多变、时间有限，又不能用过多的精力和时间去进行分析和计算。因此，预先在地面做好准备，将实施领航所必需的而又能预先完成的工作预先在准备中做好，以便飞行中简化空中工作，保证飞行正常和飞行安全。空中领航实施是飞行人员在飞行前准备的基础上，利用机上领航设备和地标进行的，其目的是使飞机按照飞行任务要求沿预定航线准时、准确安全地到达预定地点，为顺利完成飞行任务提供和创造有利条件。空中领航实施从飞机开车开始到飞机关车为止，贯穿于整个飞行过程中。

7.9.1 飞行前领航准备

在进行飞行前领航准备时，必须以高度的安全责任感，进行周密、细致的研究与计划，从最困难、最复杂的情况出发，对飞行中可能出现的各种特殊情况，预先做好处置方案，对一切必须和可以在地面完成的工作，应尽可能在地面准备中准备好，使空中领航实施工作有计划、有秩序地进行，顺利完成飞行任务。

领航准备包括平时领航准备和飞行前领航准备。为了缩短飞行前领航准备时间和提高准备质量，飞行员应进行平时领航准备，培养良好的职业习惯。平时领航准备包括：

（1）搜集和研究领航有关的航行资料：如所飞机型的性能数据；固定航路、空中走廊、空中禁区和危险区、国境线的资料；常用机场的基本数据、离场和进场着陆的规定与方法；通信设备的有关资料；飞行区域的气象特点、地形特征、高大障碍物、地磁异常区及其对飞行的影响。对这些航行资料进行科学的分析和研究，不断充实修正，做到准确可靠。

（2）准备地图：飞行员应根据飞行的特点，备有飞行区域航行地图，常用的有百万分之一、五十万分之一地图或大比例尺地图，在地图上标出有关的航线资料，并注意作好地图的校正工作。校正的重点是：高大障碍物和标高、显著地标的地理坐标以及铁路、公路、河流、桥梁、水库、湖泊等地标的变化情况。

（3）熟悉领航设备和准备好领航工具：用于领航的设备主要有磁罗盘、高度表、空速表、时钟、自动定向机（ADF）、甚高频全向信标（VOR）、测距机（DME）、仪表着陆系统（ILS）、惯性基准系统（IRS）、全球导航卫星系统（GNSS）、飞行管理系统（FMS）等。飞行员必须经常进行学习和研究，熟悉设备性能、构造，能够正确操作及排除一般故障；飞行员个人的领航工具如计算尺、向量尺等，必须准备齐全、完好，并应经常使用，达到能熟练使用领航工具的要求。

完成一次飞行，必须先作一个飞行计划并进行申报，得到批准后需作好飞行前准备，确保飞行的顺利实施。

7.9.1.1 飞行计划的申请

一切飞行都应当预先申请，并且经过批准后方能执行。飞行员在作飞行计划前应当把所学过的航图、航行情报、气象、领航、通信、性能和规则等知识综合运用，并注意收集实际飞行过程中要用到的信息情报，尽可能地增大每次飞行的安全余度。

飞行员在申报飞行计划时，应当于计划飞行前一日北京时 15 时前向当地空中交通服务报告室提交飞行申请。提交飞行申请时应填写飞行申请单，如表 7.19 所示。

报告室将提交的飞行申请上报上级航行主管部门，上级航行主管部门将在不迟于航空器预计起飞前 5 小时批复，如果到规定时间申请者未收到批复电报，即表示被批准。

表 7.19　飞行申请单

任务性质	航　线	机　号	起飞时间	机　长	天气标准	空勤组	备降场

飞行员在得到飞行计划申请批准后，即可进行飞行前准备，其目的是在地面尽量解决空中飞行实施可能遇到的问题，最大限度地减少空中工作。飞行前准备应力求周密、细致、迅速、准确。飞行前准备包括预先准备和直接准备，在执行紧急任务时，预先准备和直接准备可以合并进行。

7.9.1.2　预先领航准备

预先准备是飞行前围绕本次飞行任务所进行的准备，预先领航准备通常在飞行前一天进行，由于飞行员的技术水平及对航线、资料等准备内容的不同，可以提前数天，甚至更早的时间进行。这项工作一般在飞行单位的航行情报室进行。进行预先领航准备的目的是在地面尽量解决空中领航实施可能遇到的问题，最大限度地减少直接准备的内容，缩短直接准备的时间，以减轻飞行员的空中工作负荷，形成领航工作的程序化。预先领航准备的主要内容有：个人准备、集体准备、领航准备检查等。

1. 个人准备

飞行员受领飞行任务后，应根据飞行任务的性质、要求和规定，进行个人准备，准备时要认真、细致，独立思考。个人准备的内容包括下述 6 个方面。

1）选择航线

执行飞行任务时，一般按照规定的航线飞行，但有时航线没有具体规定，如临时飞行任务或开辟新航线等，就必须选择航线。在选择航线时，主要应服从飞行任务的需要，保证飞行安全，争取有利的航行条件。选择航线的主要依据是：航线起点和终点，目视飞行规则条件下选择起飞、着陆机场；航线尽量减少曲折，以直线为佳，如因航线过长或其他原因需要选用转弯点时，转弯点必须是显著的天然地标或人工地标；沿航线根据需要选择用来判断位置、检查航迹的检查点，提高领航的准确性；航线严禁通过禁区及穿越空中走廊；航线地形、气象条件较好，且有可靠的气象保障；航线周围要有可利用的备降机场；飞机的性能和设备能够充分发挥作用；飞行的有关特殊规定。

2）准备航行资料和领航工具

必备的航行资料包括航线飞行区域百万分之一、五十万分之一航空地图，起飞机场、降落机场、备降机场的机场图，中、低空航线图，起降机场、备降机场的仪表离场、进场图，各种进近图、走廊图，机场细则、通信手册及有关飞行文件。准备的航行资料是保证飞行安全和飞行正常的基础，因此，受领飞行任务后，必须根据飞行任务进行充分准备和仔细核对与本次飞行任务有关的航行资料，选择好飞行所需的各种图，并准备好所需的领航工具：计算尺、向量尺、铅笔等。

3）飞行情报资料的获取

飞行员在做准备时，需要相关的飞行情报资料，这些资料可以从下列航行情报资料中获取：

（1）航行资料汇编（AIP）是为了国际间互换航行所必要的持久性航行资料，它内容齐全、可靠并保持最新。它包括的内容有总则、机场、通信、气象、空中规则和空中交通服务、简化手续、搜寻救援、航图等。

（2）机场使用细则是飞行人员使用机场的重要依据，也是必备的资料；它的资料可靠，数据准确；规定合理，飞行员从机场使用细则中可以查到机场道面、夜航灯光、通信导航等地面设施资料，可以查到机场地形、主要障碍物、气象特征等与飞行密切相关的重要资料；还可以查到飞行、地面活动等有关规定的资料。

（3）航线手册是飞行重要的航行情报资料，它内容丰富，技术性强，具有较强的时间性。飞行员在航线手册中可以查到与飞行有关的各种航图，包括空中走廊图、危险区／限制区／禁区图、停机位置图、机场图、仪表进近图、标准仪表进场图、标准仪表离场图等。

（4）航行通告是飞行人员必须及时了解的有关航行的设施、服务、程序的建立情况或者变化，以及对航行有危险情况出现和变化的通知，是保证飞行安全、正常和效益所需的重要情报。航行通告分为一级航行通告、二级航行通告（包括定期制航行通告）和雪情通告 3 种。飞行员可以从发布的航行通告查出所需的航行资料和对飞行有重要意义的资料。

以上航行情报资料在航行情报室均可查到。如果对一些问题不清楚，可要求航行情报员提供讲解服务。

4）地图作业

地图作业是为了便于飞行中利用地图检查航迹和进行领航计算，根据飞行任务在已准备好的航空地图上进行作业。飞行员必须熟练掌握地图作业的技能，准确而迅速地进行地图作业，缩短飞行前的准备时间，适应紧急情况的需要。地图作业的内容包括：根据经纬度或与地标的相关位置，标出所需机场位置；标出起点、转弯点和终点，画航线；标出各航段的磁航线角和距离，在检查点处标出航迹修正角系数；标出飞行地区的磁差、航线两侧 25 km 范围内的最大标高；标出禁区、靶场、空中走廊、备降场、放油区位置等。

地图作业必须按照统一规定的格式和符号标绘，务求准确、清晰。地图作业完成后，按规定将有关领航数据填入领航记录表中领航计划部分。

5）研究航线

飞行员应从航线的实际情况出发，周密地研究沿航线的各种情况，正确选择领航方法和制订特殊情况处置方案，为顺利实施空中领航创造有利条件。研究航线的范围，主要根据机型、领航设备和航行条件来确定。通常应包括航线两侧各 50 km 左右的地区，起点附近可窄一点，转弯点和终点附近适当宽一点。研究航线的主要内容包括以下方面：

（1）研究沿航线的地形、地标。熟悉沿航线的地形、地标，对判断飞机位置、检查航迹和保证航行安全有着重要的作用。因此，飞行前飞行员应根据不同比例尺的地图、航空照片，以及飞过该地区的飞行人员的介绍，详细研究沿航线的地形和地标。研究沿航线的地形，主要包括其起伏情况和对飞行安全有影响的标高，对沿航线的主要山峰、高大建筑物等的标高、准确位置和识别特征，应详细研究，并作出标记：飞行员还应对各航段的最低安全高度记熟；还应根据沿航线的地形起伏情况，选择一些适合于迫降的场地，以备紧急情况下使用。研究时特别要着重研究起飞爬高段和下降着陆段的地形和标高，并结合天气情况研究并确定爬高入航与下降着陆的实施方法。研究沿航线的显著地标，应以航线基本点为主，对其他地标则根据航行条件和飞行地区的特点，有重点地进行研究。通常在高空飞行时，主要研究大而明显的各类地标及其相互关系；低空飞行时，主要研究地标细部的明显特征；对于与航线近似平行的线状地标，可用来检查方向，为了提高准确性，应详细了解其与航线的相关位置，作为检查方向的参考；对于与航线近似垂直的线状地标，为了用来检查距离，应当了解它和前一个检查点（或转弯点）之间的距离；对于与航线斜交的线状地标，则应了解它左右两段的不同特征，以便判断飞机是在航线的哪一侧通过。此外，还应考虑地形对空中辨认地标的影响，防止在空中辨认时发生错误。在研究线状地标的同时，应对沿航线的城镇、湖泊、山峰等进行详细的研究，了解它们离开航线的距离和利用其判断飞机位置的可能性，重点是它们本身的特征，以及周围地标（尤其是线状地标）的相互关系。

（2）研究国境线和空中禁区。当航线邻近国境线和空中禁区，应了解国境线、空中禁区的准确位置和范围，以及地形、地貌和地标的特征，防止误入邻国领空或空中禁区，造成不良影响。

（3）研究机场的使用细则。机场使用细则是实施飞行的重要依据，必须熟练掌握。研究时应详细、准确，着重研究：机场的地理坐标；机场同城市的相关位置（方位、距离）；机场的标高、磁差、道面、主跑道等资料；机场区域附近的限制区位置；通过机场区域或者机场区域附近的航路，机场区域内净空地带的情况，高大建筑物的位置、高度和飞行安全高度；保障飞行的通讯、灯光设备的配置以及起飞和着陆地带的规定；起落航线飞行的规定；进场、离场方法；飞行空域和靶场的位置；本机场允许飞行的最低气象条件；邻近机场和备降机场的有关资料，本机场区域内可供迫降的地带。

（4）研究沿航线的备降机场和迫降机场。飞行中，因天气或其他原因，飞机有可能到其他机场去着陆，因此，飞行前应对沿航线附近的机场进行细致的研究，作好必要的准备：应根据机场分布的情况、距离航线的远近和机场的有关资料，选出一些可供飞机备降的机场和迫降机场。然后按机场使用细则和大比例尺地图研究其跑道的方向、长、宽和标高；净空条件及起落航线规定；机场附近的地形、地标特征等；对几个主要的备降机场，还应研究从各航段飞向备降机场的概略航向、距离、时间和所需油量。

（5）研究航线天气。飞行前应详细地研究天气情况和资料，研究的主要内容有沿航线的天气实况；空中的风向、风速和起飞机场的气温、气压；飞行区域内云的情况；飞行区域所处的气压系统和飞行过程中天气变化的趋势；危险天气的区域和性质，以及移动的方向和速度；降落机场的天气情况及其变化趋势。飞行前准备时应认真听取气象人员对航线天气的分析，翻阅有关资料，飞行员应结合研究的内容以及资料，并根据航线情况考虑在各航段的航行方法，如可能会遇到危险天气时，应作好处置的方案。

（6）研究可供利用的导航设备。搜集和校对有关机场和航线附近可供使用的导航设备。并熟记有关内容，包括：地面导航台、广播电台及其他导航设备的地理位置、工作频率和呼号；地面导航设备的工作特点和有效距离；地面导航设备的变动情况，如有无增设、关闭、更改频率和呼号等，使用广播电台时应注意不同频率的不同播音时间；根据航线情况，制订出使用方案：如在每一航段上用哪些导航台检查航迹（方向、距离），用哪些导航台定位，用哪些导航台测地速、校正预达时刻等，特别要制订出当自动领航设备故障时用哪些导航台来进行定位、检查和修正航迹。

（7）研究特殊情况的处置。飞行中的特殊情况，是指突然发生的、直接或间接威胁飞行安全的情况。在准备中，应将可能出现的特殊情况认真加以准备，只有做到任何时候都处于有准备的状态中，才能正确而迅速地处置各种特殊情况，确保飞行安全。主要内容包括：飞向备降机场的方法；返航的方法；绕飞的方法；防止迷航及复航方法。

6）制订领航计划

领航计划是飞行员对领航的实施程序、方法和特殊情况处置的预先设想，也是实施空中领航的基本依据。周密细致的领航计划可以使空中实施有秩序、有步骤地进行，可以保证飞行任务的顺利完成。拟订领航计划，应根据飞行任务的性质、航线情况和自己的工作能力，安排好整个航线的领航工作，应在研究航线的基础上，制订出切实可行的领航计划。领航计划内容通常包括：起飞离场和爬升的程序和方法；各航段测量航行元素和检查航迹、修正航迹的时机和方法；进行通用航空作业时，搜索和进入目标的方法；保证准时到达着陆机场或预定点的方法；特殊情况的处置方法；下降和进场着陆的程序和方法。

领航计划的形式，对经验少的飞行员采用画出航线略图的形式，在略图上沿航线方向按实施程序标注各项工作内容，这种形式一目了然，便于空中查看；对经验丰富的飞行员采用记忆形式，将领航计划记忆在脑中，重点记忆领航的主要工作及内容和特殊情况处置方法，而不作文字标注。

完成飞行计划的制订后，应填写领航记录表（见图 7.279），它是飞行中实施领航的实际记录，是检验领航工作质量和迷航后推测飞机位置的依据。填写要求：准确、完整、清晰、相对集中。在填写领航记录表时，根据飞行航线及气象环境，应作相应的航行资料、飞机机载设备的检查，并针对飞行任务研究领航方案、领航方法的预案，尤其是对飞行中的特殊情况，要有详细的处置方案，对可能遇到的迷航现象作出充分的准备。

XXXXX 领航记录表

日期：		起飞机场：			着陆机场：		机号：				机场频率	
飞行高度：		真空速：			总飞行距离：		总飞行时间：		平均燃油流量：		起飞机场	着陆机场
航路	导航台	航向/航迹			地速	距离	时间/时刻		燃油		通波：	通波：
检查点/交接点	频率	真航迹	磁航迹	磁航向	预计地速	航段距离	预计航段时间	预计到达时刻	使用燃油	可用燃油时间	放行：	放行：
	代码				实际地速	剩余距离	实际航段时间	实际到达时刻	剩余燃油		地面：	地面：
											塔台：	塔台：
											进近：	进近：
											塔台：	塔台：
											天气	
											起飞机场	着陆机场
											进港条件	
总计：												

放行指令		进近：	
C（限制）		备降：	
R（航路）		备份：	
A（高度）		总燃油需求：	
F（频率）		备注：	
T（编码）			

图 7.279　领航记录表填写实例

2. 集体准备

集体准备是在个人准备的基础上，以机组为单位进行的准备。准备中，应着重研究协同动作和紧急处置方法，解决技术难点，统一认识，提高准备质量。集体准备的主要内容有：

（1）汇报个人准备情况，研究完成飞行任务的方法。机组根据个人准备的情况，统一认识，研究各航段的特点和领航方法，研究沿航线的各机场（包括备降机场）起飞入航和进场着陆的方法，校对航行资料和研究特殊的航行规定等。

（2）研究特殊情况处置方案和技术难点，并根据以上的研究，修订领航计划。

（3）研究机组的分工，协同动作，互相提出要求和注意事项。

3. 领航准备的检查

为了督促飞行员进行领航准备，顺利完成飞行任务，航行部门和飞行队要认真检查领航准备的质量。详细的检查领航准备情况，不但对领航准备起监督作用，而且是保证飞行任务完成的必要条件。检查时对领航准备不好的飞行员，要帮助其进行补充准备和进行地面练习，质量达到要求后方可允许参加飞行；在检查中如发现有不足或错误，应立即纠正或重新准备。检查的内容包括：

（1）航空地图等航行资料是否携带齐全。

（2）领航计划是否适宜，领航记录表是否按规定填写，主要航行数据的记忆情况。

（3）对沿航线的机场、地形地物、领航设备的熟悉程度。

（4）机上领航设备、个人领航工具是否良好，是否经过检查。

（5）对禁区、备降机场和特殊规定的熟悉程度。

（6）特殊情况的处置方案是否可行。

7.9.1.3 直接准备

直接准备是在预先领航准备的基础上，在起飞前的一段时间内（一般在起飞前 90 min）所进行的准备，地点在航行情报室和飞机上。直接准备是针对起飞前根据航行需要和天气实况的变化对预先准备进行必要的修正和补充，直接准备关系到按时起飞和圆满完成飞行任务。直接准备的主要内容包括：申报飞行计划；领取气象资料；阅读最新航行资料和飞行动态；进行领航计算并填表；办理离港和过站手续；检查领航用具及设备。

1. 申报飞行计划

飞行员应根据航行需要填写并向空中交通服务报告室申报飞行计划（PPL），申报的飞行计划内容包括：飞机种类、航空器编号、航班号、航空器型别和特殊设备、真空速或马赫数、起飞机场、预计起飞时间、巡航高度层、飞行航线、目的地机场、预计飞行时间、航空器登记号码、航空器油量、备降机场、航空器乘载人数及其他。

申报飞行计划时，飞行员或其代理人必须签字。

2. 领取气象资料

飞行员应领取起、降机场和备降机场的天气实况及天气预报、航路天气预报。飞行员应听取气象预报员讲解天气，重点放在恶劣天气和危险天气的发展趋势及对飞行安全可能产生的影响上，还应分析起飞、降落、备降机场的天气实况和预报，应注意云高、结冰高度、能见度及风切变情况，还要制订出利用机载设备在复杂气象条件下的飞行方法。

3. 阅读最新航行资料和飞行动态

飞行员应注意阅读最新的航行资料通报和航行通告。检查航行资料有无变化，对已改变的资料进行修订并修改预先准备制订的飞行计划。还应了解起飞机场和飞行区域的飞机活动情况、有无相对飞行和追赶飞行等，认真听取空中交通管制员关于飞行动态的讲解和指示。

4. 进行领航计算并填表

为减少空中工作，在起飞前应根据飞行高度和取得的气象资料进行计算，计算内容包括：

（1）按预定表速、飞行高度和空中温度计算真空速。

（2）按航线角、真空速和预报风计算各航段的应飞航向、地速和航段飞行时间。计算时注意应使用航行风，否则会出现错误。

（3）计算航线距离和航线飞行时间。航线距离为起飞至落地各航段距离之和，而航线飞行时间是航线上各航段飞行时间之和加上起飞至航线起点、终点至加入起落航线着陆所需的时间，即各航段飞行时间之和加上起飞落地所需时间，目视飞行一般按 5 min 计算，仪表飞行一般按 10 min 计算。

（4）计算最少携带油量。航线飞行应携带的最少油量包括：航线各航段飞行的油量、备份油量以及飞机在地面试车、滑行所需的油量（一般按 15 min 计算），即

最少携带油量＝（航线飞行时间＋备份时间）×耗油率＋地面试车和滑行所需油量

中国民航局颁发的《飞行规则》规定：备份油量是因特殊情况改变飞行计划、绕航、返航或去备降机场降落时使用的油量，通常应保证飞机到达降落站不能着陆再飞抵备降机场上空时，还有不少于 45 min 的油量。每次航线飞行应选择至少一个备降机场，有两个及以上备降机场时，备份油量应按最远的备降机场计算。当以起飞机场作为备降机场时，航行备用油量不得少于 90 min。直升机的航行备用油量，通常不少于 30 min。

耗油率和地面试车及滑行所需油量随机型而定，可在各型飞机使用手册中查到。

（5）计算油量可飞时间。可飞时间是在现有油量条件下，飞机可以飞行的最大时间，这一时间对飞行员来说是相当重要的。

直接准备阶段领航记录表内填写的内容包括：机型、机号、机长姓名、副驾驶姓名、实施日期及时间、起飞/降落地点、日出日落时刻、各航段飞行高度上的气象条件、领航计算数据、指定高度、修正偏流所对应的电台相对方位角等。

5. 办理离港或过站手续

完成领航计算、填写飞行放行单并签字后，交飞行签派员或代理人签字生效，飞行员完成上述工作后，在调度室或签派室办理离港或过站手续。气象条件较差时应和气象人员、管制人员共同研究是否放行或继续飞行。如有客、货载重时，还应到值机室办理商务手续。

如果飞机在外站过夜，飞行员（机长）要对飞机负全面责任，应盖好飞机、系好系留、挡好轮挡等，细致检查飞机有无损伤。

6. 检查领航用具及设备

完成离港或过站手续的办理后，还必须认真检查领航工具和领航设备。

检查机组成员领航工具，包括检查量画、计算工具是否齐备良好，是否带有本次飞行的地图、飞行文件和各种表格、资料，在飞行中可能用到的有关资料是否带齐。

检查飞机上的领航设备时，应先了解所有有关领航仪表和设备是否齐全，安装是否正确，有无损坏，误差表是否过期，然后再逐个检查，检查时应着重注意以下几个方面：

（1）飞机现有油量，不得少于最少携带油量。

（2）校对时钟并上好弦。

（3）气压式高度表在不同机场的拨正。

（4）飞机上各罗盘的校正及比较，相互间的误差不应超过2°。

（5）其他领航设备，按使用说明书规定进行检查。

（6）如发现故障或异常，应通知机务人员及时排除。

检查好领航工具和领航设备后，飞行员得到放行许可，则应根据管制员要求制订飞机起飞离场方法，完成整个地面领航准备内容。

7.9.2　空中领航实施程序和方法

飞行实施是飞行员在飞行前准备的基础上，利用机上设备进行的，其目的是使飞机按照飞行任务要求沿预定航线准时、准确、安全地到达预定点，为顺利完成飞行任务提供和创造有利条件。由于空中情况多变，因此要善于分析情况，机动灵活地运用各种方法，认真、仔细、熟练地作好空中实施的每一项工作，紧张而有序地完成飞行实施。

7.9.2.1　空中领航实施程序和内容

1. 起飞离场及加入航线

起飞前检查、调整好各种领航设备，使设备均处于工作或准备的良好状态；检查好各种资料和文件及领航用具；研究并确定入航方法。

起飞时，打开续航时钟，记录起飞时刻，并按机组分工做好各项工作。

起飞后，飞机上升到100 m以上，按指示的入航方法加入航线；当上升到规定位置时，将其中一个气压式高度表气压刻度调到"760 mmHg"或"1013 hPa"。

2. 沿航线爬升

飞机沿航线爬升至指定高度改平，为了检查沿航线上升阶段的航迹和飞过距离，保证上升阶段的飞行高度不低于安全高度，飞行员要计算改平时刻和位置，并在飞机改平前 3～5 min，按预计的改平位置观察辨认地标，确定飞机位置，并以此位置作为新的起点进行领航计算，飞向检查点。如果飞机沿空中走廊爬升，则应在飞机出走廊时，爬升到指定高度，并记下时刻和位置，向管制员通报。同时推算到检查点的预达时刻和航迹。

3. 沿航线巡航

沿航线巡航时，主要的领航工作就是检查航迹和修正航迹，通常是在检查点前后进行的。

检查点工作的所有计算结果均需填入领航记录表相应表格，并按规定或按管制员要求发位置报。

有的航线有一个或多个转弯点，实际上转弯点既是前一航段的终点，又是后一航段的起点，同时还起检查点的作用。因此，当飞机飞向转弯点转弯加入下一航段的飞行中，除了完成检查点的各项工作外，飞行员还应进行转换航段和按预报或实测风加入航线的工作：按预报风加入航线一般用在空中风变化不大或航段方向改变不大的情况，即按地面准备所计算的应飞航向和飞行时间进行；按实测风加入航线一般用在空中风变化较大或航段方向改变较大的情况，使用时在到达转弯点前，按空中实际测算的最新风向、风速和下航段的航线角、保持的真空速进行计算，求出偏流、地速、应飞航向和飞行时间，此方法加入航线比按预报风加入准确性高。当飞机通过转弯点时，记下时刻，操纵飞机对正应飞航向加入下一航段飞行。

4. 沿航线下降

航线飞行的最后阶段是沿航线下降，它是指到达着陆机场前一段时间的飞行。在这段飞行过程中，飞机保持规定的下降速度和下降率下降，直至到达着陆机场着陆为止。飞机沿航线下降的工作包括：

（1）根据地形情况，准确地计算开始下降时机：根据下降高度和下降率计算出下降时间，然后在预达时刻和平飞地速基础上计算出开始下降时刻和位置，并按计算的开始下降时刻提前辨认开始下降位置，确认位置并得到管制员许可，即可操纵飞机保持预定的下降率沿航线下降到规定高度。

（2）距离机场 10～20 min 向着陆机场索取进场条件（包括场压、风向、风速、能见度、机场活动情况等），并听管制员指挥。

（3）根据进场条件，机组确定着陆方案，计算有关数据，检查设备和仪表是否在准备着陆状态。

（4）按高度表拨正程序规定调节气压刻度。

（5）检查和修正航迹，并修正预达终点的时刻。

（6）根据预达时刻，提前寻找机场，引导飞机飞至加入着陆航线的起始位置，记下时刻，报告管制员，计算最后一个航段的导航数据并填表。

5. 进场着陆

进场着陆是保证飞行安全的关键，因此必须集中精力、胆大心细，严格按标准执行飞行，完成飞行工作。进场着陆的领航工作包括：

（1）在得到管制员着陆许可时，检查着陆设备的工作情况，按要求的着陆方法，加入仪表进近程序着陆。

（2）飞机接地后关续航时钟，记下着陆时刻，关闭所有领航设备和仪表至规定位置，记下关车时刻。

（3）计算总飞行时间，填写完成领航记录表，检查、整理好所有领航工具和文件、资料，完成全部领航工作。

每次飞行完成后，飞行机组应根据本次飞行的情况进行讲评，指出存在的问题，分析总结经验。

顺利完成飞行最重要的是加强飞行前准备，抓好离场和进场的航迹、飞机状态的保持，抓住飞机的航迹和地速两大要素，认真检查飞机、发动机的工作情况，注意观察和收听指令，同时还要注意防止五大差错，即：

（1）防止弄错时间：主要是防止算错、看错和报错时间。

（2）防止弄错航向：主要是防止记错、看错和对错航向。

（3）防止飞错高度：主要是防止忘调和调错场压、标准海压，记错高度，看错高度表以及高度表拨正时机错过。

（4）防止认错地标：主要是防止盲目找地标和无根据的肯定或否定地标，防止不按3个环节、4个要素辨认地标。

（5）防止调错电台：主要是使用自动定向机和全向信标 VOR 等机载设备时，要防止调错频率、听错识别码和不进行守听，一定要听准信号，细心判断。

7.9.2.2　离场入航方法

离场入航即加入航线，是飞机起飞至第一个航路点的阶段，入航的准确与否，将直接影响整个航线领航的准确性，因此必须根据具体情况运用正确的方法，引导飞机加入航线，并按应飞航向沿航线飞行。飞行前，机组必须根据机场情况，参照机场使用细则，研究制订离场入航的具体方法。

1. 目视飞行离场入航方法

各机场的入航方法，通常在机场使用细则中有规定；在没有规定的情况下，可根据机场区域的地形、障碍物、禁区及沿航线飞越高山的可能性及天气条件、起飞方向和航线去向的关系来决定。

1）直接离场入航

直接离场入航方法适用于机场净空条件好、无本场爬高规定、没有周围机场活动限制，飞机起飞后取得管制员许可，均可采用直接离场加入航线。

实施方法是：飞机起飞后，上升到该机型所要求的转弯高度时转至计划航线，修正偏流直接飞向第一航路点，并记下入航时刻和入航高度。入航时刻的确定根据起飞方向和航线方向的夹角不同而不同：当夹角小于 30° 时，起飞时刻即为入航时刻，机场标高即为入航高度；夹角在 30° ~ 90° 间，飞机起飞后开始转弯高度即为入航高度，其开始转弯时刻即为入航时刻；夹角大于 90° 时，飞机起飞后在要求高度转弯飞向第一航路点，飞机正切机场中心的时刻和高度，即为入航时刻和入航高度，如图 7.280 所示。

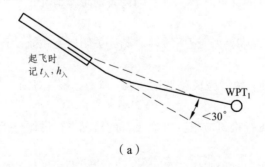

（a）

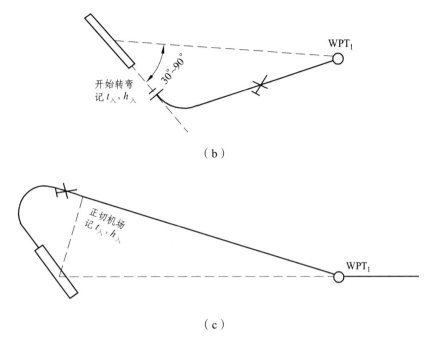

（b）

（c）

图 7.280　目视直接离场方法

2）通过机场上空离场入航

通过机场上空离场入航方法适用于机场净空条件差、需要在本场爬高，或者是周围机场有活动，需要高高度通过的情况。

实施方法：飞机起飞后，根据所需高度建立目视爬高航线，飞机通过机场或规定入航点上空时，记下入航时刻和入航高度，并修正偏流飞向第一航路点，如图 7.281 所示。

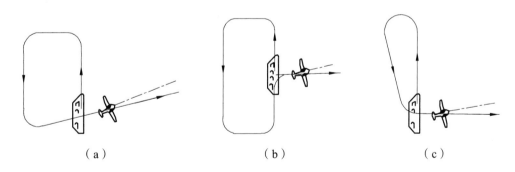

（a）　　　　　　　　　（b）　　　　　　　　　（c）

图 7.281　通过机场上空离场入航

2. 仪表飞行离场入航方法

仪表飞行离场入航方法有：标准仪表离场和非标准仪表离场。

1）标准仪表离场

在规定有标准仪表离场程序的机场，飞机起飞后，应当严格按管制员指令的离场路线飞行，没有新的指令不得擅自改变。飞行员在起飞前应根据所飞航线和起飞方向，仔细地阅读标准仪表离场图，熟悉离场的程序。

2）非标准仪表离场

在没有规定标准仪表离场程序的机场，飞机起飞后，应当根据机场使用细则中仪表飞行的规定、地面和机载设备条件、起飞方向等确定离场路线和加入航线的方法。其具体方法是：

（1）过台入航：这种方法适用于需要在机场爬高或导航设备差的机场。飞机向导航台方向起飞时，起飞后直接飞到导航台上空，并操纵飞机转向应飞航向，记下入航时刻和高度；背导航台起飞时，起飞后，按管制员指令，上升到一定高度后向航线方向转弯，切入到航线反向延长线向电台飞行，按指定高度过台并操纵飞机转向应飞航向，记下过台时的入航时刻和入航高度，如图 7.282 所示。

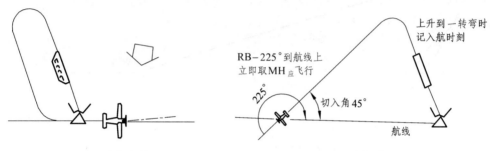

图 7.282　过台入航　　　　　　　　　图 7.283　旁切电台 45°入航

（2）旁切电台入航：这种方法适用机场净空条件较好、没有入航高度规定的情况。根据起飞方向与航线方向夹角的大小，分别采用 45°角切入法和 30°角切入法。起飞方向与航线方向的夹角小于 90°时，采用 45°角切入法：起飞后，飞机上升至一转弯高度记下入航时刻，向航线方向转弯，以 45°角切入航线，保持 MH$_切$飞行，根据无线电领航设备的指示器判断飞机切到航线的瞬间，适当提前改出切入，操纵飞机对正应飞航向背台飞行，如图 7.283 所示。起飞方向与航线方向的夹角大于 90°时，采用 30°角切入法：起飞后，飞机上升至一转弯高度时，向航线方向转弯，以 30°切入角切入航线，保持 MH$_切$飞行，根据无线电领航设备的指示器判断切回航线的瞬间，适当提前改出切入，操纵飞机对正应飞航向背向飞行，如图 7.284 所示。当方位指针在航向指标（或 0°位置）左右 75°时记下时刻、高度，该时刻和高度就是入航时刻和入航高度。

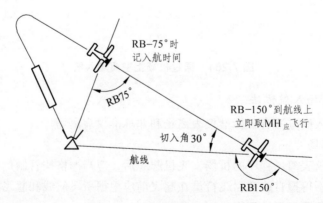

图 7.284　旁切电台 30°入航

7.9.2.3　高度表的拨正程序

为了维护机场区域的空中交通秩序，以及航路飞行的安全，确保飞机正常起降，防止飞机空中相撞，我国规定飞机起降过程中使用修正海压高，航线飞行则使用标准气压高。所以，飞机起飞离场加入航线或脱离航线进场着陆，就需要进行修正海压高与标准气压高的转换，即进行基准气压面的调整，调整基准面气压的时机就是高度表的拨正程序，对于不同的机场有不同的方法。

1. 规定过渡高度和过渡高度层的机场拨正程序

过渡高度（Transition Altitude，TA）是以修正海压（QNH）为基准面在航站区域内划定的一个气压高度，在这个高度（含）以下，飞机按修正海压高（H_{QNH}）飞行。

过渡高度层（Transition Level，TL）是在过渡高度以上可以利用的最低飞行高度层（是以 QNE 为基准面的飞行高度），在这个高度（含）以上，飞机按标准气压高飞行。

过渡层（Transition Layer）是指过渡高与过渡高度层之间的空间（即垂直间隔），它随修正海压的变化而改变，但在任何情况下必须在 300 ~ 600 m。

目前，我国许多大、中型机场，如北京、上海、成都等都规定有过渡高度和过渡高度层。

（1）离场航空器在爬升过程中，保持本机场的 QNH 直至到达过渡高度。在穿越过渡高度或者在过渡高度以下穿越修正海平面气压适用区域的侧向水平边界时，必须立即将高度表气压刻度调到标准气压 1 013.2 hPa，其后航空器的垂直位置用飞行高度层表示，如图 7.285 所示。航空器在修正海平面气压适用区域内，按过渡高度平飞时，应使用机场的修正海平面气压。

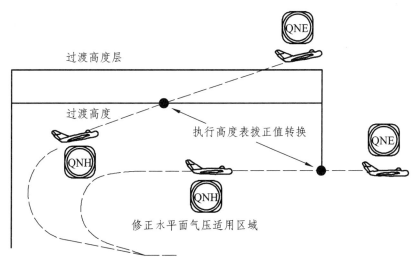

图 7.285　离场时高度表拨正时机

（2）在航路、航线及未建立过渡高度和过渡高度层的区域飞行，航空器应使用标准大气压 1 013.2 hPa 作为高度表拨正值，并按照规定的飞行高度层飞行。

（3）进场航空器在下降穿过机场的过渡高度层，或者在过渡高度以下进入修正海平面气压适用区域侧向边界时，应立即将高度表气压刻度调到本机场的 QNH 值，其后航空器的垂直位置用高度表示，如图 7.286 所示。

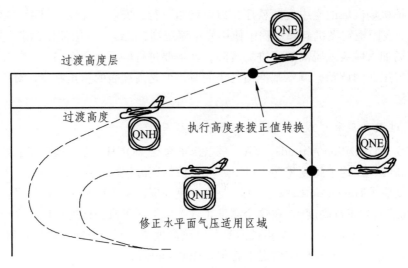

过渡高度层

过渡高度

执行高度表拨正值转换

修正水平面气压适用区域

图 7.286　进场时高度表拨正时机

（4）在过渡高度层或者以上飞越机场的航空器，高度表拨正值使用标准大气压 1 013.2 hPa；在过渡高度以下飞越机场的航空器，在修正海平面气压适用区域内飞行时，其高度表拨正值使用 QNH。

在整个拨正的过程中，起降机场的修正海压在起飞前或进场着陆前，从空中交通管制服务部门获得，飞行员应当防止听错或调错气压刻度，避免飞行事故的发生；由于在过渡层中上升飞机，气压基准面用的是"QNE"，而下降飞机用的是"QNH"，因此，有两个高度表以上的飞机应当只调左座的高度表，而右座的高度表则等上升至 TL 或下降至 TA 时才调整，以防止在过渡层中飞机同高度危险接近或相撞事故的发生。

2. 没有规定过渡高度和过渡层的机场

（1）飞机起飞前，调定修正海压（QNH）。

（2）飞机起飞后，当上升到修正海平面气压适用区域的水平边界或管制员指令高度时，调定其中一个高度表的气压刻度为标准气压 1 013.2 hPa 或 760 mmHg，另一个高度表则等到上升至指定的航线飞行高度以后，再调定到标准气压 1 013.2 hPa 或 760 mmHg。

（3）飞机进场着陆前，当飞机进入修正海平面气压适用区域的水平边界或者根据塔台管制的通知，将高度表的气压刻度调定为着陆机场的修正海压（QNH）。

7.9.2.4　沿航线爬升的计算

飞行中为了节省燃油，增加航程，飞机入航后继续保持应飞航向和速度沿航线爬升到指定的飞行高度层巡航，因而在沿航线爬升过程中就需要计算上升时间，确定改平飞的时刻和位置。

1. 计算上升时间（Time of Climb，TC）

上升时间（TC）可根据飞机所保持的平均上升率（Rate of Climb，RC）和飞机从入航高度上升到指定高度层的上升高度差进行计算，即

$$TC = (H_{指} - H_{入}) / RC = \Delta H / RC$$

这一计算可用计算尺或心算进行。

2. 计算改平时刻和位置

改平时刻

$$t_{改平} = t_{入航} + TC$$

改平位置是根据改平飞位置点到入航点的水平距离，在地图上标出飞机改平位置。改平飞位置点到入航点的水平距离（D）等于上升时间（TC）与上升平均地速的乘积，即

$$D = GS_{平均} \times TC$$

在实际计算中，一般用飞行高度层的巡航地速（$GS_{巡}$）代替上升平均地速进行计算，但必须修正上升多花时间 Δt，也就是将上升时间换算为相应的平飞时间，即可求出概略的平飞位置到入航点的距离，即

$$D = GS_{巡} \times (TC - \Delta t)$$

【例】　一架飞机于 07：25 从新津机场上空加入航线，$H_{入航}$ 600 m（QNE），航线飞行高度层为 2 100 m，保持表速 230 km/h，上升率 2 m/s，已知飞行高度层的风为 110°/33（km/h），气温 – 10 ℃，求改平飞时刻和位置。

解：① 计算上升时间

$$TC = (2\,100 - 600) / 2 = 750 （s） = 12'30''$$

② 计算飞行高度层的预计地速：根据航线飞行高度层的风向、风速和气温以及表速 230 km/h，先计算出真空速，然后计算出飞行高度的预计地速，经计算得

$$TAS_{巡} = 250 \text{ km/h}$$

$$GS_{巡} = 268 \text{ km/h}$$

③ 计算改平时刻和位置

飞机以 2 m/s 上升，经计算每上升 500 m 多花 1 min，因此飞机从 600 m 上升到 2 100 m 多花了 3 min，即求出

$$t_{改平} = 07：25 + 12'30'' = 07：37'30''$$

$$D = GS_{巡} \times (TC - \Delta t) = 268 \times (12'30'' - 3') = 43 （km）$$

从新津机场沿航线量出 43 km，该点就是推算的飞机改平位置。

7.9.2.5　沿航线下降的计算

沿航线下降必须根据地形情况，认真、准确地计算和确定开始下降的时刻和位置，尤其是在地形复杂、生疏的航线或标高不准确的地区，以及能见度较差的情况下飞行，飞行员必须取得确切位置方可下降高度，绝对禁止盲目、无根据地下降。准确掌握下降时机，对民航飞行安全和效益具有重要意义：下降过早容易使飞机低于安全高度，危及安全，而且飞机在低高度飞行还会大大增加燃油的消耗，造成浪费，使经济效益降低；下降过晚会给进场着陆造成困难，同样会影响飞机的正常飞行。

1. 计算下降时间（Time of Descent，TD）

下降时间（TD）是根据航线飞行高度下降到通过降落机场上空规定高度的高度差和下降率（Rate of Descent，RD）计算出来的，即

$$TD = (H_指 - H_规)/ RD = \Delta H / RD$$

2. 计算开始下降时刻（$t_开$）

$$t_开 = 预达机场上空时刻\ (t_到) - TD$$

3. 确定开始下降位置

根据下降中平均地速（一般用巡航地速 GS）和下降时间（TD）计算出开始下降点到终点的水平距离（D），然后按此距离在地图上量出该位置，即可确定出开始下降点的位置，即

$$D = GS \cdot TD = (GS / RD) \cdot \Delta H$$

实际飞行中，对于一定的机型，其地速差别不是很大，如果保持正常的下降率下降，则 GS/RD 可近似认为是一个常数，所以距离（D）就等于飞机所要下降的高度乘上一个常数。飞行中，有时计算的开始下降时刻和位置不宜下降高度，或预先规定了开始下降的时刻和位置，这时，应根据允许下降的时间和需要下降的高度，计算飞机下降中应保持的下降率是多少，当飞机到达规定的开始下降时刻和位置，即可操纵飞机保持所求下降率下降至规定高度。

【例】 由遂宁飞往新津，航线高度为 2 400 m，10：34 飞机飞越石桥镇上空后保持航向飞向新津机场，已知平飞地速 180 km/h，航行管制员许可飞机沿航线下降至 900 m（QNE）通过机场中心，如飞机保持 2 m/s 下降率下降，求开始下降的时刻和位置。

解：① 计算到达新津机场的时刻：根据 10：34 通过石桥镇上空保持平飞地速 180 km/h，石桥镇到新津机场未飞距离 63 km，预达新津机场时刻可求出为 $t_到$ = 10：56。

② 计算下降时间：根据下降率 2 m/s 和下降高度 1 500 m（2 400 m – 900 m），可计算出下降时间（TD）为 12′30″。

③ 计算开始下降时刻：

$$t_开 = 10：56 - 12′30″ = 10：43′30″$$

④ 计算开始下降点到新津机场的距离：

$$D = 180 \times 12′30″ = 38\ km$$

所以从新津机场往石桥镇方向量出 38 km，即可确定出飞机开始下降的位置。

7.9.2.6 转换航段的方法

飞机到达转弯点需进行航段的转换。当飞机通过转弯点，即是进入下一航段的起点，因此应力求准确。飞机通过后按已知风或实测风计算应飞航向及预达时刻。飞机通过转弯点的方法有以下几种。

1. 三角或多边航线

（1）飞越式：如图 7.287 所示，在飞机飞越转弯点地标上空后，操纵飞机向下一航段方

向转弯，然后估计提前量改出转弯至应飞航向。

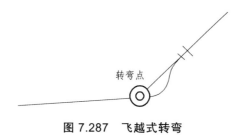

图 7.287　飞越式转弯

（2）非飞越式：如图 7.288 所示，在飞机距转弯点前估计一个转弯提前量，然后操纵飞机转弯至下一航段的应飞航向。

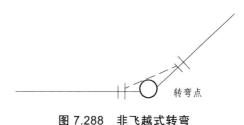

图 7.288　非飞越式转弯

2. 单程往返航线

对于飞行训练和通用航空作业，经常有单程返航线，即飞机飞到转弯点转弯返回起飞机场，转换航段时常用标准转弯返回通过转弯点。实施的方法是：飞机到达转弯点上空后，记下时刻，根据需要，飞行一段时间后，向右作标准转弯，改出转弯后，对正转弯点地标并保持应飞航向飞行，再次通过转弯点上空，记下时刻和高度，如图 7.289（a）所示。

除常用的标准转弯外，还采用修正角的方法，这种方法使用也很普遍，到转弯点后向左（右）转 30° 飞行 60 s，然后转向原航线的反方向，改出转弯后，对正转弯点地标并保持应飞航向飞行，再次通过转弯点上空，记下时刻和高度，如图 7.289（b）所示。

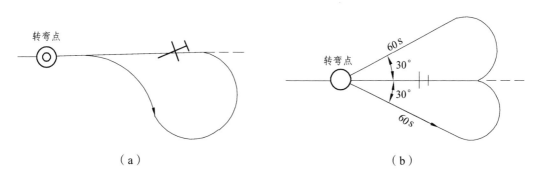

（a）　　　　　　　　　　　　（b）

图 7.289　标准转弯和修正角转弯

7.9.2.7　加入起落航线的方法

目视进场着陆是根据飞机的进入方法，按照管制员的指挥，保持目视，飞机下降高度进场，灵活地加入起落航线的各边，直接实施着陆。加入起落航线的方法通常有直接加入长五边，加入三边、四边和通场加入一边、三边等。各机场具体的目视进场着陆方法，要按照机场使用细则的规定和地面管制员的指挥执行。

目视进场着陆没有图表，因此在整个目视进场着陆飞行过程中，飞行员应加强对外观察，防止与其他飞机危险接近或者低于安全高度飞行，危及飞行安全。

7.9.2.8 返航和备降

飞行中如果因天气或任务变化等原因需要在中途返航或飞往备降机场时，应报告管制员，经同意后，首先确定飞机位置，然后操纵飞机转向起飞机场或备降场，记下时刻和航向，作目视飞行，最后在地图上画出航线并量取准确的航线角和距离，按已知风进行领航计算，计算出准确的应飞航向和预计到达时刻，并操纵飞机按计算出的数据进行调整。

7.9.2.9 准时到达的计算

民航运输飞行，必须按照航班时刻表的规定，准时起飞，准时到达，争取飞行正常；专机飞行时对准时到达的要求更加严格。因此，掌握准时到达的方法具有重大意义。

要使飞机按任务要求的时刻到达目的地，必须做好两方面工作：一方面是准确计算起飞时刻并准时起飞；另一方面是飞行中严格保持好航行诸元，并经常检查实际到达各航路点时刻与预计到达时刻是否一致，如果发现有偏差应及时调整速度进行修正，使飞机安全地准时到达目的地。

1. 计算起飞时刻（$T_{起飞}$）

起飞时刻（$T_{起飞}$）等于任务规定到达目的地的时刻（$T_{规定}$）减去航线飞行总时间（$t_{总}$）（包括：起飞和着陆建立航线的时间、航线飞行时间以及上升和下降多花的时间）和备份的提前时间。提前的时间，一般为航线飞行总时间的 1%~3%，主要是用于飞行中偏航所造成的时间增加，以及消磨早到时间（这比补偿晚到时间容易，所以常提前一些时间起飞）。因此，准时起飞时刻可表示为

$$T_{起飞} = T_{规定} - t_{总} - (1\% \sim 3\%)t_{总} = T_{规定} - (1.01 \sim 1.03)t_{总}$$

飞机准时到达各航路点的时刻，则应根据规定准时到达目的地的时刻和各航段的预计飞行时间，由目的地往航线起点，逐点推算出来。

2. 调整速度准时到达

发现飞机将晚到预定点时，增大速度可以补偿晚到的时间；发现将早到时，减小速度可以消磨早到时间，所以，只要使调整速度后飞行时间等于剩余时间，飞机就能准时到达预定点。实施方法是：

1）计算准时到达应飞地速

应飞地速（$GS_{应}$）等于飞机到预定点的剩余距离（未飞距离）（$D_{剩}$）除以剩余飞行时间（$t_{剩}$），即

$$GS_{应} = D_{剩} / t_{剩}$$

2）地速修正量的计算

根据应飞地速（$GS_{应}$）和当时飞机实际地速可以计算出地速修正量（ΔGS），即 $\Delta GS = GS_{应} - GS$。如果 ΔGS 为负，即 $GS_{应} < GS$，则表示应减速；ΔGS 为正，即 $GS_{应} > GS$，则表示应

增速。

3）计算应飞真空速（TAS$_应$）

由航行速度三角形中影响地速大小的因素可知：不论在什么侧风条件下，真空速的变化量都近似等于地速变化量，所以，应飞真空速（TAS$_应$）就等于当时实际真空速（TAS）加上地速修正量（ΔGS），即

$$TAS_应 = TAS + \Delta TAS = TAS + \Delta GS$$

有真空速指示的飞机，可以用真空速指示器来保持 TAS$_应$飞行，使飞机准时到达；如果没有真空速指示，则应将 TAS$_应$ 换算为 IAS$_应$，然后用指示空速表保持 IAS$_应$飞行，使飞机准时到达。

TAS$_应$ 与 IAS$_应$ 的换算：在低空，IAS 与 TAS 比较接近，可以认为指示空速修正量等于真空速修正量，即

$$IAS_应 \approx IAS + \Delta IAS = IAS + \Delta GS$$

在高空，指示空速与真空速相差较大，所以，如需准确计算用计算尺对尺求出应飞指示空速；如心算，则按 $\Delta IAS \approx$（IAS / TAS）$\cdot \Delta$GS 计算，所以

$$IAS_应 = IAS + \Delta IAS = IAS +（IAS / TAS）\cdot \Delta GS$$

用调整速度的方法准时到达，准确性比较高，而且在调速的过程中，飞机仍沿预定航线飞行，便于掌握航迹。但如果时刻偏差较大或飞机的调速范围较小，就必须作较长时间的调速飞行。因此，这种方法主要用于调速范围较大的机型，以及有适当的剩余距离和时刻偏差较小的情况。

7.9.2.10　相遇和追赶的计算

在同一条航线上，同时有多架飞机来往飞行的时候，为了保证飞行安全，除了采用高度层配备的方法以外，机组还应准确计算相遇时刻和追赶上时刻，随时掌握前后飞机的位置，加强空中观察，避免空中飞机危险接近或相撞事故的发生。

1. 相遇时刻（$T_遇$）的计算

两架飞机在同一条航线作相对飞行，相遇时刻（$T_遇$）的计算有两种情况。

1）两机在同一航路点外相遇

如图 7.290 所示，A、B 两机在同一航线上作相对飞行，A 机于 T_1 通过航路点保持 GS$_1$飞行，B 机保持 GS$_2$飞行，预达同一航路点时刻为 T_2，从图中可以得出：

两机相遇所需时间　　　$t_遇 = GS_2（T_2 - T_1）/（GS_1 + GS_2）$

两机相遇时刻　　　　　$T_遇 = T_1 + t_遇$

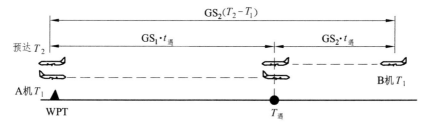

图 7.290　两机在同一航路点外相遇的计算

【例】 A、B 两机在同一航线上相对飞行，A 机保持地速 $GS_1 = 470$ km/h 于 10：05 飞越航路点，B 机保持地速 $GS_2 = 420$ km/h 飞行，预计飞越同一航路点时刻 10：15，求两机相遇时刻。

解： 计算两机相遇所需时间（$t_遇$）：根据条件用公式或计算尺求出两机相遇所需时间

$$t_遇 = GS_2(T_2 - T_1)/(GS_1 + GS_2)$$
$$= 420 \times (10：15 - 10：05)/(470 + 420)$$
$$= 420 \times 10/890 \approx 5（min）$$

计算两机相遇时刻（$T_遇$）：两机相遇时刻（$T_遇$）是在 A 机通过航路点时刻 T_1 的基础上与两机相遇所需时间相加，由已知条件可计算出

$$T_遇 = T_1 + t_遇 = 10：05 + 5 \ min = 10：10$$

在实际工作中，可采用简便的经验公式

$$T_遇 = T_1 + (T_2 - T_1) / 2$$

这一简便的经验公式适用于两机速度差小于 50 kt 的情况。当两机速度差大于 50 kt 时则用计算公式进行计算，求出两机相遇所需时间 $t_遇$，再求出两机相遇时刻 $T_遇$。如上例用简便经验公式可算出

$$T_遇 = 10：05+(10：15 - 10：05)/ 2 = 10：10$$

如果速度差小于 50 kt，而经验公式计算时其时刻差（$T_2 - T_1$）大于 10 min，则心算时需进行"细分"，即细分时选择一个"点"，如果两飞机通过该点的时差小于 10 min，就可以用上述经验公式进行计算。心算时一般是在"可能"相遇的航段中选择其中间点，如果两机过此中间点时差小于 10 min，则用上述经验公式心算，一次成功；如果两机过此中间点时差仍大于 10 min，则再从两个小航段中进行比较，看两机在哪个小航段内相遇，再把此小航段分为两段，看两机飞越"中间点"的时差是否小于 10 min，如果满足就用此点进行心算。

2）两机在两航路点间相遇

如图 7.291 所示，A 机通过航路点 WPT1 时刻为 T_1，B 机通过航路点 WPT2 时刻为 T_2，A、B 两机作相对飞行，且 A 机早于 B 机飞越航路点。从图上看出

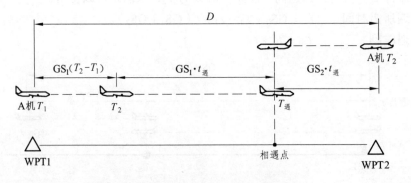

图 7.291　两机在两航路点间相遇的计算

$$D = \mathrm{GS}(T_2 - T_1) + \mathrm{GS}_1 \times t_{遇} + \mathrm{GS}_2 \times t_{遇}$$

经整理得 $\qquad t_{遇} = [D - \mathrm{GS}_1(T_2 - T_1)] / (\mathrm{GS}_1 + \mathrm{GS}_2)$

两机相遇时刻 $\qquad T_{遇} = T_2 + t_{遇}$

【例】 A 机 12：03 通过 WPT1，地速为 460 km/h，B 机 12：30 通过 WPT2，地速为 300 km/h，两机在不同高度层作相对飞行，两航路点相距 540 km，计算两机相遇时刻。

解： 根据已知条件：$D = 540$ km，$\mathrm{GS}_1 = 460$ km/h，$\mathrm{GS}_2 = 300$ km/h，T_1 为 12：03，T_2 为 12：30，经计算可求出

$$t_{遇} = [D - \mathrm{GS}_1(T_2 - T_1)] / (\mathrm{GS}_1 + \mathrm{GS}_2)$$
$$= [540 - 460 \times 27/60] / (460 + 300) \approx 0.44 （h） = 26 \ \mathrm{min}$$
$$T_{遇} = 12：30 + t_{遇} = 12：30 + 26 \ \mathrm{min} = 12：56$$

计算相遇时刻须注意：如果已知的是入航时刻，入航还要沿航线爬升，则应将入航时刻加上爬升多花的时间，修正到相当于平飞通过入航点的时刻后，再进行相遇时刻的计算。

2. 追赶时刻（$T_{追}$）的计算

两架飞机在同一航线上同方向飞行时，如果慢速飞机在前，快速飞机在后，经过一定的时间飞行，快速飞机将会追上并超过慢速飞机。从图 7.292 中可以看出：

1）快速飞机追上慢速飞机所需时间（$t_{追}$）

$$\mathrm{GS}_2 \times t_{追} = \mathrm{GS}_1(T_2 - T_1) + \mathrm{GS}_1 \times t_{追}$$

经整理得 $\qquad t_{追} = \mathrm{GS}_1(T_2 - T_1) / (\mathrm{GS}_2 - \mathrm{GS}_1)$

2）快速飞机追上慢速飞机的时刻（$T_{追}$）

追赶时刻是在快速飞机通过航路点时刻（T_2）基础上加上追赶上慢速飞机所需的时间（$t_{追}$），即 $T_{追} = T_2 + t_{追}$。在实际计算中，为了计算方便，常将速度化为 km/min 或 kt/min 为单位来进行计算。

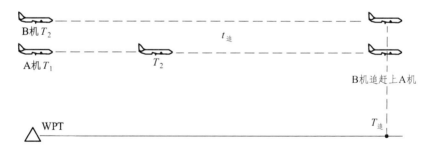

图 7.292　追赶时刻 $T_{追}$ 的计算

【例】 A 机通过航路点时刻为 10：15，保持 300 km/h 的速度飞行，B 机在 10：19 通过航路点以 420 km/h 的速度与 A 机同方向飞行，计算 B 机追上 A 机的时刻。

解： 首先将两速度进行单位换算，可得 300 km/h = 5 km/min，420 km/h = 7 km/min。

① 计算追赶上需要的时间（$t_{追}$）

根据已知 GS_1 和 GS_2、T_1 和 T_2，计算出快机 B 追上慢机 A 需要的时间

$$t_{追} = \mathrm{GS}_1(T_2 - T_1) / (\mathrm{GS}_2 - \mathrm{GS}_1) = 5 \times (10：19 - 10：15) / (7 - 5) = 10 （\mathrm{min}）$$

② 计算追赶上的时刻（$T_追$）

从已求出的 $t_追 = 10$ min 可以知道，B 机通过航路点后 10 min 即可追赶上 A 机，因此，追赶上的时刻

$$T_追 = T_2 + t_追 = 10：19 + 10 \text{ min} = 10：29$$

所以，B 机将在 10：29 追赶上 A 机。

7.9.2.11 飞行进程与燃油的计算

在飞行中，有的情况要求在现有油量的前提下计算最大飞行距离和飞行时间，如在进行备降场的选择，改航飞到新的航路点及迷航等；有的情况又要根据飞行距离和飞行时间来计算燃油需要量，确定所载油量能否完成这一次飞行任务。

进行计算时，可根据油量和燃油消耗率计算出可以飞行的时间（即最大飞行时间）；然后用该时间与地速计算出最大飞行距离；所需油量的计算则是先根据飞行距离和地速计算出该段的飞行时间，再乘燃油消耗率就可计算出该航段的燃油需要量，与油量表指示相比较，就可知道目前飞机油量够不够。

【例】 运-5 飞机现有油量 100 kg，其燃油消耗率为 120 kg/h，飞机的地速为 195 km/h，计算飞机最远还能飞多少千米。

解：首先计算现有油量能够飞行的最长时间：

$$t = 100/120 = \frac{5}{6}（\text{h}）= 50 \text{ min}$$

计算飞机最远飞行距离：

$$D = 195 \times 50/60 = 163（\text{km}）$$

所以，飞机还能飞行 163 km。

7.9.2.12 迷航的处置与防止

飞行中，机组不能判明飞机所在位置，无法确定飞往预定点的应飞航向，以致不能按预定的计划完成飞行任务的一种状态叫迷航。迷航是严重的领航事故，迷航不仅会影响飞行任务的顺利完成，而且处置不好还可能危及飞行安全，甚至导致严重的飞行事故发生。因此，迷航后的处置及迷航的防止是飞行中一项重要工作。

1. 迷航的原因

根据对以往许多迷航事故的统计、分析，迷航的原因概括起来主要有以下几个方面：

（1）安全观念不牢，责任心不强。迷航的产生往往是由于机组成员"安全第一"的观念不牢固，安全观念淡薄，思想松懈，责任心不强，不遵守飞行纪律，违反领航规则，随心所欲，不按空中领航实施程序工作。

（2）组织指挥不严密，地面保障不力。飞行的组织指挥标准不高、要求不严，有关条令（例）和规章制度不落实；对飞行员领航准备没有认真检查，及时纠正，使飞行员带着问题上飞机，埋下不安全的因素；在复杂或临时改变等情况出现时，不能给予及时、正确

的指挥；地面保障如气象、情报资料和助航设备等出现差错或未及时提供给机组，同样也会导致迷航。

（3）领航准备不充分。发生迷航大多数与飞行员的领航准备不充分有关，领航计划不周密，特别是对可能遇到的特殊情况没有进行认真研究、计划和分工，如对飞行区域不熟悉，没有带全所需要的地图。地图作业和领航计算没有做完或有严重错误，没有领航计划或领航计划不切合实际及不周密，检查设备不细致和马虎。

（4）领航基本功差，工作中疏忽大意或发生严重差错。这是导致迷航的主要原因，如使用领航设备不熟练、对错航向、认错地标等，不执行领航计划、随意改变航向，不及时检查和修正航迹，不注意保持航行诸元等。

（5）不能正确处置特殊情况，心理素质差。飞行中遇到一些事先未预料到的特殊情况，心里急躁，惊慌失措，无法正确处理所发生的情况，也可能造成迷航。

总之，迷航的产生多数是机组成员方面引起的。

2. 迷航的处置

在飞行中一旦发生了迷航，飞行员必须保持沉着、冷静，不能盲目改变航向、空速或高度去寻找地标，而应根据当时实际情况迅速作出正确的处置，尽快地复航。为此，迷航后应采取以下措施：

（1）立即将迷航情况向空中交通管制员报告，以便取得地面可能给予的帮助。

（2）记下时刻，用能获得最大续航时间的飞行状态，争取最长的飞行时间，迅速判明情况和推算迷航区域。

（3）检查油量，计算可以继续飞行的最长时间。

（4）按照管制员的指挥或领航计划预定的方案飞行，创造对复航有利的条件：如在国境线附近迷航时，必须立即取垂直于国境线的航向飞向本国领空；在恶劣的天气中迷航时，应当立即飞向天气较好的区域；在海上迷航时，应当立即飞向陆地；在山区迷航，应当立即飞向平坦地区。

（5）当油量不能保持继续飞行时，应在就近机场降落或选择场地迫降，但着陆前应当保存一定油量，以备低空观察地形或复飞之用。

3. 常用的复航方法

1）向线状地标飞行复航

此方法通常在能见地面且飞机有足够燃油时使用，是目视飞行规则常用的复航方法。

实施方法是：首先在迷航区域以外选择一条明显的线状地标，然后采取同线状地标近于垂直的航向飞去。离开迷航区域时，记下时刻、航向、空速和高度，并推算出到达线状地标的概略时刻；在飞向线状地标的过程中，随时推算飞机位置的可能区域，用地图同地面对照，力求在飞到线状地标之前就能复航；如果飞到线状地标还不能复航，则应当沿着线状地标飞行，搜索显著地标，直到复航为止。复航以后，立即报告管制员，按其指示，飞向指定机场降落，如图 7.293 所示。

2）向显著地标飞行复航

此方法常用在能见地面而且迷航区域以外又有明显的点状或面状地标的情况。

实施方法是：首先利用一切可能的方法，判定飞机的位置，并通过显著地标作出飞机横轴的平行线；然后，取垂直于这一平行线的航向飞去，同时推算出飞到这一平行线的概略时刻；飞机到了预计时刻，立即转弯沿平行线飞向该显著地标，用地图和地面对照复航，如图7.294 所示。

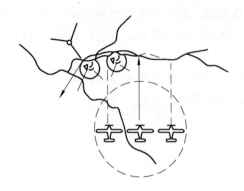

图 7.293　向线状地标飞行复航

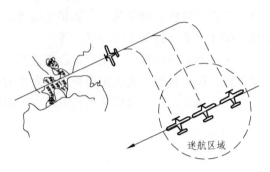

图 7.294　向显著地标飞行复航

3）向电台飞行复航

向电台飞行复航可以在接收得到所调谐电台范围内任何条件下采用，是一种最简单、可靠的复航方法。

实施方法是：仔细调谐电台并听清呼号；在飞向电台的过程中，应根据飞机方位角在地图上目测无线电方位线，并从迷航区域起推算飞过距离，用地图同地面对照，力求在飞到电台前就能复航；如果对迷航区域不够明确，则可以在飞向电台的过程中 90° 转弯，求出飞机到电台的距离，作概略定位；如果在飞到电台以前未能复航，则需要根据通过电台的时机来判定飞机位置。

4．防止迷航的措施

针对产生迷航的原因，每个飞行员都必须加强学习，全面提高自己的思想素质、业务素质、心理素质和身体素质，养成一丝不苟的严谨的工作作风，牢固树立"安全第一"的观念，形成处处讲安全、人人保安全的风气，以高度的责任感、坚定的事业心和扎实的准备工作来对待每次飞行，仔细地做好领航准备工作，严格遵守各项规章制度，安全精飞，顺利地完成飞行任务，只要认真地做好以下几方面工作，迷航是可以避免的。

（1）确实提高飞行人员对领航工作重要性的认识，认真做好领航工作，纠正一些不正确的观点和行动。

（2）严密的组织指挥和良好的勤务保障。

（3）平时应详细地研究飞行区域，熟记必需的航行资料，学习和熟悉机载领航设备的使用方法，经常练习领航工具的使用，虚心向有经验的飞行员请教，认真学习领航基础理论，打好基本功。

（4）飞行前准备时，应按飞行任务的要求，详细研究航线，认真地分析天气情况和变化趋势，准确修订各种航行资料，研究并制订好特殊情况的处置方案和切实可行的飞行计划，仔细地检查领航设备的工作情况。

（5）飞行中，应当严格按照领航条例认真地做好空中领航工作，认真检查领航计划的执行情况，严格保持航行诸元，随时掌握飞机的推算位置，迅速、准确地检查和修正航迹，综合运用领航设备和方法来确定飞机位置。

（6）注意观察天气的变化，遇到特殊情况时，应周密考虑各方面的情况，勇敢、坚定、沉着地处置特殊情况，切忌惊慌失措、胸中无数、毫无目的。

（7）加强飞行员心理素质锻炼，提高心理承受能力，使之能够在困难环境下沉着、冷静、迅速地作出正确的决定，顺利地完成飞行任务。

（8）加强身体锻炼，提高身体素质，飞行员平时应加强锻炼，参加体育活动，保证充足的睡眠，保持轻松、愉快的心情，也是顺利完成飞行任务所需的必要因素。

飞行技术专业系列教材

飞行员航空理论教程

第 3 版（下册）

主编 赵廷渝　朱代武　杨　俊

主审 李勇军

西南交通大学出版社

·成　都·

飞行员航空理论教程

（上册）

主编　韩文彬　王小丽　陈　松

主审　李宗宇

西南交通大学出版社

成都

目　录

8 目视和仪表飞行程序

8.1 目视飞行环境

本节将讨论在实际飞行过程中每时每刻都将遇到的飞行环境的不同方面，包括扫视、避免冲突、飞机设计盲点、优先规则、高度规定以及某些保证安全应考虑的因素。还要介绍一些航空规则，全面了解有关飞行安全的重要因素。

8.1.1 飞行分类

按照飞行任务的性质划分：运输飞行、通用航空飞行、训（熟）练飞行、检查试验飞行、公务飞行。

按照飞行区域划分：机场区域内飞行、航线飞行、作业地区飞行。

按照昼夜时间划分：昼间飞行（从日出到日落之间）、夜间飞行（从天黑到天亮）、拂晓飞行（从天亮到日出之间，其性质属于夜间飞行）、黄昏飞行（从日落到天黑之间，其性质属于夜间飞行）。

按照驾驶和领航条件划分：目视飞行和仪表飞行。

按照飞行高度划分：超低空飞行（距离地面或者水面 100 m 以下）、低空飞行[距离地面或者水面 100（含）~ 1 000 m]、中空飞行[1 000（含）~ 6 000 m]、高空飞行[6 000（含）~ 12 000 m]、平流层飞行[12 000 m（不含）以上]。

按照自然地理条件划分：平原地区飞行，丘陵地区飞行，高原、山区飞行，海上飞行和沙漠地区飞行。

8.1.2 目视搜索

发现并避开其他航空器的能力是保证安全飞行的一个重要因素。在飞行过程中，至少需要花 70% 的时间进行搜索，或观察机外。为提高搜索效率，必须采取一种与眼睛活动相一致的搜索方式。例如，当你从看仪表板转换到看机外远处物体时，你的眼睛需要经过一段时间重新聚焦。眼睛的另一个特征是只有晶状体后部的一小块区域才能够将清晰的、准确聚焦的图像反映到大脑中。由于眼睛需要时间在如此窄的视觉区域上聚焦，因此，最有效的搜索是使用一系列短暂、固定时间间隔的眼睛运动，这样有助于将天空连续的区域反映到中央视觉区域。

美国联邦航空局（FAA）建议搜索时，眼睛的每次运动间隔不超过 10°，而且在每一段停留的时间不少于 1 s。确信所使用的搜索方法能够保证看到在座舱中所能看到的一切，包括水平和垂直两个方面。

良好的搜索习惯可以弥补一种称之为空虚视野近视（Empty Field Myopia）的现象。当我们观察无任何特征，即没有物体、没有对比色彩的天空时，眼睛趋向于注视前方 10～30 ft 远的地方。在这种视距情况下，在风挡片远处一些看起来可能是飞机和航空器的东西可能被忽视。当此现象发生时，航空器可能要增大（接近）二三倍时才能够被发现。如果你感觉到你曾经历过此现象，你就应该有意识地增加搜索频率，交替注视远距和近距。

正如汽车司机驾驶汽车向着太阳行驶一样，向着太阳飞行时，搜索过程中注视不同的扇区可能比较困难。这时可以考虑飞另外一条路线或改变离港时间，以最大限度减小太阳的影响。

另外，经验表明，清洁的风挡和使用太阳镜可在明亮的阳光下更清楚地看到物体。当两架航空器对头飞行，速度均为 150 kt 时，每 3 s 两航空器接近约 1/4 mile，这通常要求飞行员采取措施进行处理。在这种情况下，尽早发现另一架航空器就显得尤为重要。

在准确定位其他航空器时，边缘视力（Peripheral Vision）也起着重要的作用，因为它在评定相对运动时特别有效。仅当搜索停止期间，这种运动才出现。当停止观察天空连续扇区时，应切记，应特别警惕那些看起来相对于你的飞行没有运动的航空器，除非你采取避让行动，否则就有可能发生冲突。当你考虑采取避让行动时，你应估计另一航空器相对于你的高度。如图 8.1 所示，可利用天地线作为参考，判定你是否与另一航空器在同一高度。如果该航空器高于天地线，则表明该航空器可能高于你的高度。如果该航空器低于天地线，则表明该航空器可能低于你的高度。如果该航空器位于地平线上，则表明该航空器可能与你在同一高度，你必须迅速判定它是否对你构成威胁。如果存在冲突，就应立即采取适当的避让行动。

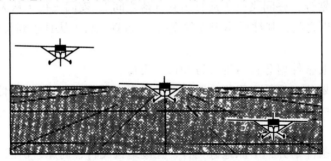

图 8.1　目视参考

注意，另一航空器上的飞行员可能正忙于其他工作而并没有搜索，而且可能未采取你所期望对方采取的行动。当你采取避让行动的同时，注意观察另一航空器，看它是否采取了任何非正常行动，如果是，则应相对地作出反应。你还应明白，在一个区域内可能存在不止一个潜在的冲突危险。在早期飞行训练中，你在提高搜索技术方面花的时间越多，其后的搜索技术使用起来就越自然。此处所描述的扫视技术将有助于你尽早发现潜在的冲突，并采取适当的措施避免冲突。同样，知道所飞航空器的设计盲点，将会提高你对潜在危险的意识。

8.1.3　盲点和航空器设计

飞机与汽车一样，由于设计原因，必定涉及盲点问题。上单翼飞机不容易看到其上方的飞机，却容易看到其下方的飞机。当然，下单翼飞机容易看到其上方的飞机，却不容易看到其下方的飞机。在上升或下降过程中，特别是在机场区域飞行时应特别注意（见图 8.2）。

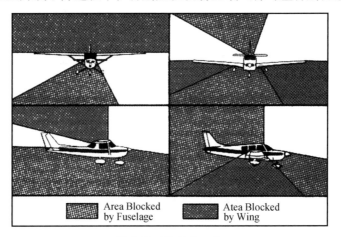

图 8.2　盲点（一）

　　在转弯时也需特别注意。当我们开始转弯前，总是看着我们的转弯方向。对于下单翼飞机，这不存在什么问题。但是，对于上单翼飞机，我们的视线被挡住了。通常应在开始转弯前抬高机翼观察，这样就能"清楚"该区域内其他航空器的情况。

8.1.3.1　机场运行

　　在机场附近飞行应格外注意。即使在有管制塔台的机场，由于空中活动较多，也存在危险。在管制环境下飞行，并不能减轻我们发现并避开其他航空器的责任。有时，我们反而应该更加警惕。在无管制塔台的机场属于非管制机场，我们应加倍注意。在那些机场，我们可能会看到实验航空器的联合体、超轻型航空器、滑翔机以及有无线电和没有无线电的航空器。这些各种各样的航空器可能由于其设计盲点的屏障而更不易发现冲突。这将会导致更为严重的问题，特别是在进近和着陆阶段更是如此。如图 8.3 所示，当一架上单翼飞机在另一架下单翼飞机下方进近着陆时，两机容易相互看不见。同样，离港时也如此。

图 8.3　盲点（二）

如果我们正驾驶上单翼航空器爬升出港，机翼上的盲点就会使我们看不到上方的航空器。同时，有可能有一架下单翼航空器正在下降准备着陆，该航空器上的飞行员不能看见机翼下方的活动。

减少上升下降过程中的可能冲突的一个好方法就是作小坡度"S"转弯，并避免以陡梯度上升下降。爬升速度越快，则梯度越小。转弯可使我们通过发动机整流罩向外看得清楚，爬升时作一个小坡度"S"转弯可拓宽我们的视野范围。如果我们在飞一个下单翼机，就应调整下降率，不要太陡，并在下降过程中作"S"转弯。

8.1.3.2 在训练区域中机动

当你继续进行飞行训练时，教员将要教你在训练空域作清场转弯（Clearing Turn）。训练空域是用作训练飞行机动所用的区域。即使活动空域内没有其他冲突，练习时保持搜索也非常重要。教员将会为你演示几种不同的清场转弯。清场转弯时方向改变至少为 180°。清场转弯可让你看清你的航空器盲点所在的区域。同时，可一直观察到在此训练空域中的其他航空器。

注意在你开始每一个机动飞行前先作清场转弯，并仔细搜索整个空域。一旦发生冲突，你应知道采取何种行动。这通常取决于谁有优先权的问题。

8.1.4 优先规则和避让规定

通过训练，飞行员将越来越熟悉中华人民共和国飞行基本规则。每一次飞行都应遵守有关的规则，其中包含了优先和避让规则。规则明确指出，在目视飞行条件下，机长对发现和避免所有冲突负责。责任重大，要求你和其他飞行员都应特别注意安全。

涉及优先权的一般规则是：① 机动性差的航空器通常优先于机动性好的航空器。② 处于危险状态的航空器优先于其他航空器。③ 动力驱动的重于空气的航空器，应当避让飞艇、滑翔机和气球；飞艇应当避让滑翔机和气球；滑翔机应当避让气球；动力驱动的航空器应当避让拖曳物体的航空器。

另外，当在机场准备着陆时，还有优先权问题。在五边进近或正在着陆的航空器优先于起落航线上和地面的航空器。如果你加入起落航线，同时有其他航空器也准备着陆，则高度最低的航空器有优先权。但这并不是说你可以低于规定高度加入起落航线，破坏或截入前方已建立起落航线的其他航空器。

根据中华人民共和国飞行基本规则的规定，在飞行中，飞行员看到其他航空器时，应当按照下列规定避让：

（1）两架航空器在同一高度上对头相遇，应当各自向右避让，相互保持 500 m 以上的间隔（见图 8.4）。如果有足够的安全间隔，就不必采取这种行动。

（2）两架航空器在同一高度上交叉相遇，飞行员从座舱左侧看到另一架航空器时应当下降高度，从座舱右侧看到另一架航空器时应当上升高度（见图 8.5）。

（3）在同一高度上超越前面航空器时，被超越的航空器有优先权，因此必须从前面航空器的右侧保持 500 m 以上的间隔进行（见图 8.6）。

（4）单机应当主动避让编队或者拖曳飞机；有动力装置的航空器应当主动避让无动力装

置的航空器；战斗机应当主动避让运输机。

图 8.4　同高度对头相遇

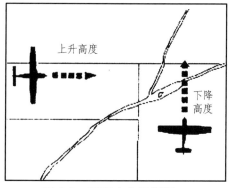

图 8.5　同高度交叉相遇

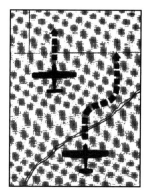

图 8.6　同高度超越前机

8.1.5　目视飞行规则（VFR）

航空器按目视飞行规则飞行，包括按目视飞行规则在飞行高度 6 000 m（不含）以上和作跨音速或者超音速飞行以及飞行高度 3 000 m（不含）以下、指示空速大于 450 km/h 飞行时，应当经飞行管制部门批准。

8.1.5.1　目视飞行间隔

航空器按目视飞行规则飞行应当符合以下气象条件：航空器与云的水平距离不得小于 1 500 m，垂直距离不得小于 300 m；高度 3 000 m（含）以上时，能见度不得小于 8 km；高度 3 000 m 以下时，能见度不得小于 5 km。

在 B、C 类空域内，目视飞行航空器的最低纵向和侧向间隔标准应当符合如下规定：

（1）同航迹、同高度目视飞行的航空器之间纵向间隔为：

a. 巡航表速 250 km/h 以下的航空器，不得小于 2 km；

b. 巡航表速 251 km/h 以上的航空器，不得小于 5 km。

（2）超越前面航空器时，应当从其右侧，保持 500 m 以上的侧向间隔超越。

在 D 类空域内，目视飞行航空器的最低纵向和侧向间隔标准应当符合如下规定：

（1）昼间航空器之间的纵向间隔：A 类航空器不得小于 1.5 km，B 类航空器不得小于 3 km，C、D 类航空器不得小于 4 km，并应当注意航空器尾流的影响。同型航空器之间不得超越。只有经过允许，在三转弯以前，快速航空器方可以从外侧超越慢速航空器。昼间各航空器之间的侧向间隔：A 类航空器不得小于 200 m，B、C、D 类航空器不得小于 500 m。除需被迫着陆的航空器外，不得从内侧超越前面航空器。

（2）夜间飞行时，航空器在起落航线或者加入、脱离起落航线时，航空器驾驶员能够目视机场和地面灯光，管制员可允许其做夜间起落航线飞行。在夜间起落航线飞行中，不得超越前面航空器，各航空器之间的纵向间隔不得小于 4 km，并由管制员负责其纵向间隔配备，航空器与地面障碍物之间的垂直间隔则由航空器驾驶员负责。

（3）同时有目视飞行和仪表飞行的航空器飞行时，目视飞行的航空器之间的间隔按照仪表飞行的规定执行。

（4）管制员在必要时应当向有关目视飞行航空器提供交通情报，通知其应当使用目视间隔。

目视飞行航空器使用同一跑道起飞、着陆时，其最低间隔标准应当符合如下规定：

（1）在前面航空器已飞越跑道末端或在跑道上空改变航向已无相撞危险前，或者根据目视或前面航空器报告确认该航空器已脱离跑道前，后面航空器不得开始起飞滑跑。

（2）在前面航空器已飞越跑道末端或在跑道上改变航向已无相撞危险前，或者根据目视或前面航空器报告确认该航空器已脱离跑道前，后面航空器不得飞越跑道进入端。

目视飞行的航空器相遇时，应当按照下列规定避让并调整间隔：

（1）两架航空器在几乎同一高度上对头相遇时，应当各自向右避让，相互间保持 500 m以上间隔。

（2）两架航空器在几乎同一高度上交叉相遇时，航空器驾驶员从座舱左侧看到另一架航空器时，应当下降高度；从座舱右侧看到另一架航空器时，应当上升高度。

（3）航空器在几乎同一高度上（小于对称面夹角 70°）超越前面航空器时，应当从前面航空器右侧保持 500 m 以上的间隔进行，避免小于规定间隔从对方上下穿越或从其前方切过，超越的航空器对保持两架航空器之间的间隔负责。

（4）单机飞行的航空器，应当避让编队飞行的航空器。

（5）有动力装置重于空气的航空器应当避让飞艇、滑翔机或气球。

（6）飞艇应当避让滑翔机及气球。

（7）滑翔机应当避让气球。

（8）有动力装置的航空器，应当避让拖曳物体的航空器。

（9）飞行中的或在地面上、水面上运行的航空器，应当避让正在着陆或正在进近着陆的航空器。

（10）正常飞行的航空器，应当避让已知需被迫着陆的航空器。

（11）重于空气的航空器为了着陆而在同一机场同时进近时，高度较高的航空器，应当避让高度较低的航空器；但是，后者不得利用此规定切入另一架正在进入着陆最后阶段的航空器前方或超越该航空器。

（12）滑行的航空器，应当避让正在起飞或即将起飞的航空器。

8.1.5.2 起落航线飞行的规定

起落航线飞行的高度通常为 300～500 m，直升机通常为 200 m。低空小航线不得低于120 m。起飞后，开始第一转弯和结束第四转弯的高度不得低于 100 m，低空小航线不得低于50 m，在复杂气象条件下或者夜间不得低于 150 m。

在起落航线飞行中，各航空器之间的距离不得少于 1 500 m，并且还应当遵守航空器尾流间隔的规定。在第三转弯以前，只有经塔台管制员许可，快速航空器才可以从外侧超越慢速航空器，其横向间隔不得小于 200 m。除被迫着陆的航空器外，后面的航空器不得从内侧超越前面的航空器。

通常情况下，准备起飞的航空器，在起落航线第四转弯后无其他航空器进入着陆时，经空中交通管制员许可，方可滑进跑道；跑道上无障碍物，方准起飞。

加入起落航线时，机长必须注意观察，经过塔台管制员许可后，按照指定的高度顺沿航线加入。

8.1.5.3　最低安全高度

机场区域内目视飞行最低安全高度规定：巡航表速 250 km/h（含）以下的航空器，距离最高障碍物的真实高度不得低于 100 m；巡航表速 250 km/h（不含）以上的航空器，按照机场区域内仪表飞行最低安全高度的规定执行，即在机场区域内，以机场导航台为中心，半径 55 km 扇区范围内，距离障碍物的最高点，平原不得小于 300 m，丘陵、山区不得小于 600 m。

航线目视航线最低安全高度的规定：巡航表速 250 km/h（不含）以上的航空器，按照航线仪表飞行最低安全高度的规定执行，即飞机距离航线两侧各 25 km 地带内的最高点：平原地区不得低于 400 m；丘陵和山区不得小于 600 m。巡航表速 250 km/h（含）以下的航空器，通常按照航线仪表飞行最低安全高度的规定执行，如果低于最低高度层飞行时，距离航线两侧各 5 km 地带内最高点的真实高度，平原和丘陵地区不得低于 100 m，山区不得低于 300 m。

在此，也附带介绍美国联邦航空条例（FAR）对最低安全高度的规定。出于安全原因，在飞行中必须保持最低安全高度。此规则适用于除起飞和着陆外的所有飞行阶段。最低高度就是在紧急着陆时，不致过度毁坏地面人或财产时所能飞的高度。FAA 要求保持足够高度，一旦发动机失效，有更多的选择余地选择紧急着陆地点。

在人口密集区域上空，如城镇或大城市上空，飞行高度必须高于航空器周围 2 000 ft 范围内最高障碍物 1 000 ft 以上。如果你记住最低高度为 1 000 ft，且在人口密集区所飞高度高于此高度，那么，你就有足够的时间解决你所遇到的问题。而且一旦遇到不得不紧急着陆的情况时，就能够选择更好的着陆地点。

在一个非人口密集区上空飞行时，至少要高于地面 500 ft。在人口稀疏地域或宽广水域，最低安全高度略有不同。飞越人、船只、车辆或建筑物的高度不得小于 500 ft。切记要遵守此规则，并保持足够高度，这样才能保证发动机失效时飞机能安全着陆（见图 8.7）。

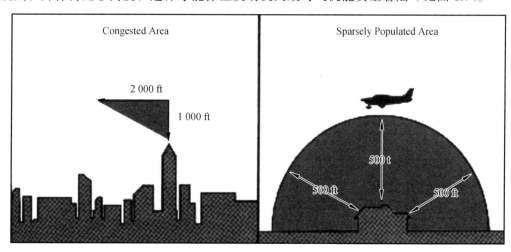

图 8.7　最低安全高度

8.1.5.4 高度层的配备

航路、航线或转场飞行的高度层配备:真航线角在 0°~179°范围内,由 900~8 100 m,每隔 600 m 为一个高度层;8 900 m~12 500 m,每隔 600 m 为一个高度层;12 500 m 以上,每隔 1 200 m 为一个高度层。真航线角在 180°~359°范围内,由 600~8 400 m,每隔 600 m 为一个高度层;9 200 m~12 200 m,每隔 600 m 为一个高度层;13 100 m 以上,每隔 1 200 m 为一个高度层。飞行高度层应当根据标准大气压条件下假定海平面计算。真航线角应当从航线起点和转弯点量取,如航线的个别航段曲折,应当遵守该航线总的方向规定(见图 8.8)。

机场区域或等待空域内飞行的高度层配备,不论航向如何,从 600~8 400 m,每隔 300 m 为一个高度层;8 400 m 以上,每隔 600 m 为一个高度层。作起落航线飞行的航空器与最低高度层上的航空器,其垂直距离不得小于 300 m。

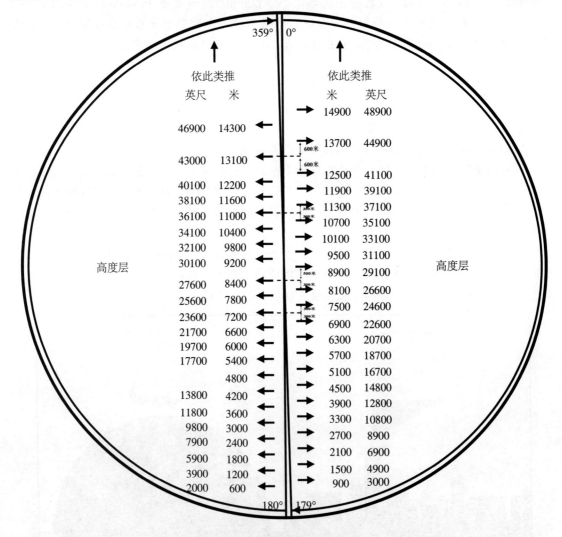

图 8.8 航线飞行高度层配备示意图(航线角为真航线角)

8.1.6 其他安全因素

到现在为止，我们已经讨论了搜索、冲突的避免、优先规则、FAR 超障余度和巡航高度等许多方面。本节最后一部分讨论需特别注意的安全飞行环境以及增强个人飞行技术等方面的内容。

我们已经讨论过，在机场附近飞行需要特别注意。在航路上和导航设备上空，你也会面临潜在的交通拥挤。航路就像供汽车行驶的高速公路一样，它们代表从一地到另一地的路线，担负空中交通的流通。因此，保持搜索，使用正确的 VFR 巡航高度，在航路上上升或下降时作小坡度"S"转弯等等，都是非常重要的。航路在导航设备上空汇集，由于在导航设备上空的空中交通流量大，应特别注意其他航空器。

如果你感到自己在飞行过程中需要花大量的时间看图表或仪表，你就应考虑在飞行前作准备，确认你需要的一切，其中包括确认你的风挡玻璃是干净的。记住，能见度好时，你较容易发现危险；而在霾中，或其他低能见度条件下则不然。烟雾使人感到其他航空器和地形特征外形看起来比实际距离远。考虑到飞机上存在的设计盲点，并设法弥补其不足，应认真复习在本节中所学的安全知识。

最后，有两点建议助你飞行更安全。一是鼓励在离港和进近时使用着陆灯，特别建议在机场附近 10 mile 范围内，或在能见度差时使用灯光。

建议你参考飞行员操作手册中有关灯光使用限制部分。二是无论是在白天还是在夜间，当发动机在运转时就打开防撞灯，但当打开防撞灯会危及安全时则不要打开。例如，当闪光会妨碍其他人的视觉时，应关闭频闪灯。

8.2 机　场

本节主要介绍有关机场环境的新概念和知识，掌握如何判定和使用跑道，熟悉跑道和滑行道标志及机场各种灯光的使用，为飞行员正确地在机场实施飞行奠定良好的基础。

8.2.1 机场概况

机场是指在陆上或水上的一个划定区域，全部或部分用于航空器起飞、降落、滑行、停放和地面活动，包括其中的一切建筑物、设施及设备。下面我们先介绍有关机场的概念和组成部分。

8.2.1.1 常用概念

机场基准点（Aerodrome Reference Point，ARP）是表示机场地理位置的一个点，每个机场都必须设置一个基准点。我国规定机场基准点应位于主跑道中线的中点,国际民航组织(ICAO)建议机场原始的或规划的几何中心,首次设定后应保持不变。机场基准点的地理坐标用经纬度表示,精确至秒。

机场标高(Aerodrome Elevation)指起飞着陆区最高点的标高。一个机场除必须提供机场标高外,还须提供跑道两端中点(如有入口内移,则为入口内移端部中点)的标高。

机场基准温度(Aerodrome Reference Temperature)应为一年内最热月(指月平均温度最高的那个月)的日最高温度的月平均值。该温度应至少取5年的平均值。

飞行区(Flight Area)是机场内供飞机起飞、着陆、滑行和停放的地区,包括跑道、升降带、跑道端安全区、停止道、净空道、滑行道、机坪以及机场净空。

活动区(Movement Area)是指机场内用于飞机起飞、着陆和滑行的部分,由跑道、滑行道和停机坪组成。

运转区(Manoeuvring area)也称机动区,是指机场内用于飞机起飞、着陆和滑行的部分,由跑道和滑行道组成,不包括机坪。

着陆入口(Threshold)是指可用于着陆的那一部分跑道的起始端。

8.2.1.2　机场基准代号(Aerodrome Reference Code)

机场基准代号即机场飞行区等级,是按飞行区指标Ⅰ和飞行区指标Ⅱ来划分的,以使该机场飞行区的各种设施的技术标准能与在这个机场上运行的飞机性能相适应。

飞行区指标Ⅰ按拟使用机场跑道的各类飞机中最长的基准飞行场地长度分为1、2、3、4共4个等级(见表8.1)。飞机基准飞行场地长度(Aeroplane Reference Field Length)是指飞机以规定的最大起飞重量,在平均海平面、标准大气温度、无风和跑道无纵坡条件下起飞所需的最小飞行场地长度。飞行区指标Ⅱ按使用该机场飞行区的各类飞机中的最大翼展或最大主起落架外轮外侧边的间距,分为A、B、C、D、E、F 6个等级,两者中取其较高等级。机场基准代号并没有用来确定跑道长度或所需道面强度的意图,所需跑道长度还需根据机场的海拔高度、机场基准温度、跑道纵坡等进行修正得到。

表8.1　机场基准代号

飞行区指标Ⅰ		飞行区指标Ⅱ		
代　码	飞机基准飞行场地长度	代　码	翼　展	主起落架外轮外侧边间距
1	<800 m	A	<15 m	<4.5 m
2	800~<1 200 m	B	15~<24 m	4.5~<6 m
3	1 200~<1 800 m	C	24~<36 m	6~<9 m
4	≥1 800 m	D	36~<52 m	9~<14 m
		E	52~<65 m	9~<14 m
		F	65~<80 m	14~<16 m

8.2.1.3　跑　道

由于飞机起飞和着陆时受风向的影响，所以跑道并不是由建造者任意布置的。如果在机场中只有一条跑道，其布置方向是按保证逆盛行风向起降布置。如果有多条跑道，主跑道方向对正盛行风方向，其他跑道布置对正通常风向。

跑道的长度应满足使用该跑道的主要设计机型的运行要求，根据主要机型性能手册中的有关图表，按预测航程计算的起飞重量、机场标高、机场基准温度、跑道坡度和跑道表面特性等数据进行计算，选择最长的跑道长度。一般说来，飞机的起飞重量越大、航程越远、机场标高越高、机场气温越高，所要求的跑道长度就越长。

跑道上的号码并非任意确定的，它一般由两位数字组成，如为平行跑道还应另加一个字母。无论是单条跑道、两条或三条平行跑道，这两位数字应是最接近向该跑道端进近方向与磁北方向（从磁北方向顺时针方向计算）夹角的十分之一的整数。对于四条以上的平行跑道，则一组跑道号码标志的两位数字应按上述确定；而另一组跑道号码标志的两位数则应为次一个最接近上述角度的十分之一的整数。如得出的整数仅有一位，则应在该整数前加"0"，如图 8.9 所示。跑道号码标志的位置应如图 8.10 所示。

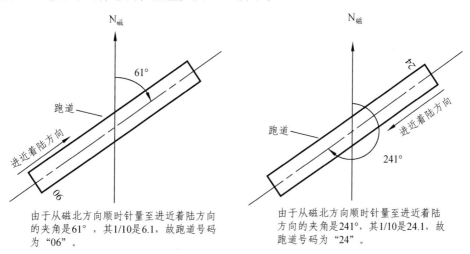

图 8.9　跑道号码

平行跑道的跑道号码中的字母应按照以下确定（顺序为从进近方向看去自左至右）：

两条平行跑道 —— "L""R"；

三条平行跑道 —— "L""C""R"；

四条平行跑道 —— "L""R""L""R"；

五条平行跑道 —— "L""C""R""L""R" 或 "L""R""L""C""R"；

六条平行跑道 —— "L""C""R""L""C""R"。

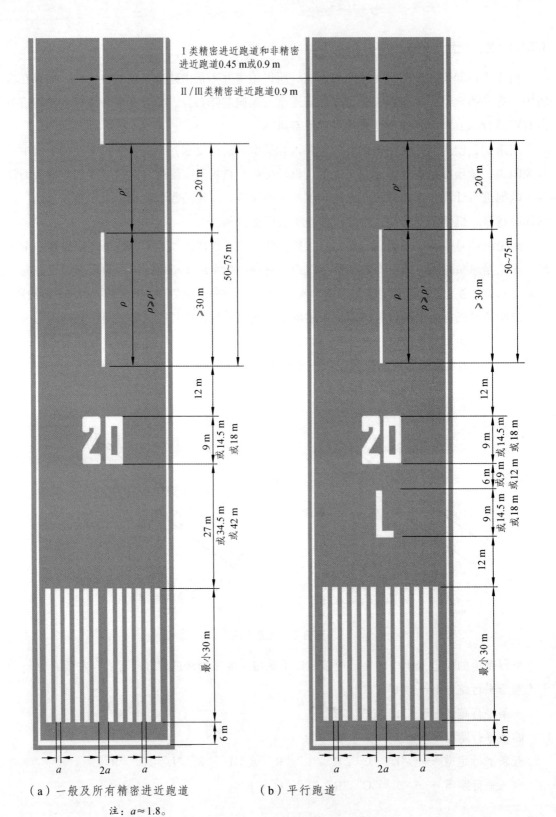

I 类精密进近跑道和非精密
进近跑道0.45 m或0.9 m

II / III类精密进近跑道0.9 m

ρ'

≥20 m

ρ

ρ≥ρ'

50~75 m

>30 m

12 m

20

9 m 或14.5 m 或18 m

27 m 或34.5 m 或42 m

最小30 m

6 m

a 2*a* *a*

（a）一般及所有精密进近跑道

ρ'

≥20 m

ρ

ρ≥ρ'

50~75 m

>30 m

12 m

20

9 m 或14.5 m 或18 m

6 m 或9 m 或12 m

L

9 m 或14.5 m 或18 m

12 m

最小30 m

6 m

a 2*a* *a*

（b）平行跑道

注：*a*≈1.8。

图8.10　平行跑道号码标志

642

8.2.1.4 净空道、停止道和升降带

净空道（Clear Way，CWY）和停止道（Stop Way，SWY）应根据跑道端外地区的物理特性和飞机的运行性能要求等因素决定是否设置。

净空道设在跑道可用起飞滑跑距离末端，经选定或整备的使飞机可以在其上空进行一部分起始爬升到规定高度的地面或水面上划定的长方形区域。其长度不超过可用起飞滑跑距离的一半，宽度自跑道中线延长线向两侧各延伸至少 75 m。位于净空道上可能对空中的飞机造成危险的物体应被认为是障碍物，并应将其移去。

停止道设在跑道可用起飞滑跑距离末端，是一个划定并经过修整的长方形区域，其宽度和与它相连的跑道同宽，飞机中断起飞时，可以在上面停住。停止道能够承受准备使用该停止道的飞机，不致引起飞机结构的损坏。

升降带（Strip）是指一块划定的包括跑道和停止道（如果设有）的场地，用来减少飞机冲出跑道时遭受损坏的危险，保障飞机在起飞或着陆过程中在其上空安全飞过。仪表跑道的升降带自跑道端（当设置停止道时自停止道端）向外至少延伸下述距离：基准代码为 2、3、4 的跑道为 60 m；基准代码为 1 的仪表跑道为 60 m，基准代码为 1 的非仪表跑道为 30 m。基准代码为 3 或 4 的跑道其升降带的宽度通常自跑道中线及其延长线向每侧延伸 150 m，基准代码为 1 或 2 的跑道延伸为 75 m。升降带内被认为是障碍物的物体应移去。

跑道、停止道、净空道、升降带和滑行道的关系如图 8.11 所示。

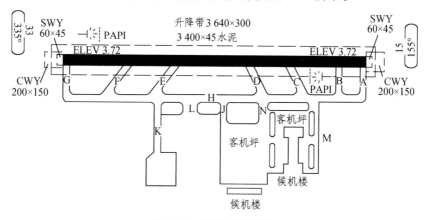

图 8.11　机场道面系统

8.2.1.5 跑道端安全地区

跑道端安全地区是指一块对称于跑道中线延长线与升降带端相接的地区，其作用主要是减小飞机在过早接地或冲出跑道时遭受的损坏。

基准代码为 3 或 4 及基准代码为 1 或 2 的仪表跑道，应在升降带两端提供跑道端安全地区。跑道端安全地区应自升降带端尽可能大地延伸，至少为 90 m。跑道端安全地区的宽度至少应为与之相联接的跑道的宽度的两倍。位于跑道端安全地区上可能对飞机构成危险的物体，应被认为是障碍物，并应尽可能地移去。

8.2.1.6　滑行道

连接停机区域与跑道的部分称之为滑行道。通过观察滑行道中间的黄色中心线即可判明其为滑行道。滑行道边线也和中线一样画为黄色。滑行道编号可以是字母或字母加数字，如"滑行道 A"、"滑行道 B1"等等，用以帮助飞行员识别进出跑道的路线。

从滑行道加入跑道时，飞行员将会看到等待线。等待线通常距跑道接地区域 125 ~ 250 ft，保证飞机距跑道有足够的安全距离。通常在其附近布置标识有关跑道的小标志牌。在非管制机场，飞行员应在该处停下，以观察空中活动。只有当飞行员确认五边没有进近着陆的航空器时，才能穿越此等待线。在管制机场，管制员可能会要求飞行员在等待线等待，以避开着陆航空器。遇到这种情况时，飞行员应在等待线前停下来，而且只有当飞行员收到管制员可以穿越的指令时才能穿越此等待线。这时，飞行员仍需观察其他航空器（见图 8.12）。

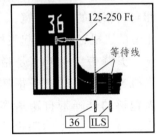

图 8.12　滑行等待标志

等待线位置标记包括横穿滑行道的等待线和跑道标记牌。在所有滑行道和跑道相关处都画有标志。仪表着陆系统等待线的位置距跑道距离更远。

在装有仪表着陆系统（ILS）的机场，如果航空器在跑道附近，有可能会干扰 ILS 信号。此时，等待线距跑道更远，以防止任何干扰。这就意味着在一些跑道有两条等待线，其中较近的一条是正常等待线，较远的一条是 ILS 等待线。当跑道只有 ILS 等待线，而五边又有航空器 ILS 进近时，管制员会要求飞行员"……在 ILS 敏感区外等待"。

8.2.1.7　公布距离（Declared Distances）

机场跑道每个方向必须公布下列距离（精确至米）：

可用起飞滑跑距离（Take-off Run Available，TORA）：公布的可用于并适用于飞机起飞时进行地面滑跑的跑道长度。

可用起飞距离（Take-off Distance Available，TODA）：可用起飞滑跑距离加上净空道的长度。

可用加速停止距离（Accelerate-Stop Distance Available，ASDA）：可用起飞滑跑距离加上停止道的长度。

可用着陆距离（Landing Distance Available，LDA）：公布的可用于并适用于飞机着陆时进行地面滑跑的跑道长度（见图 8.13）。

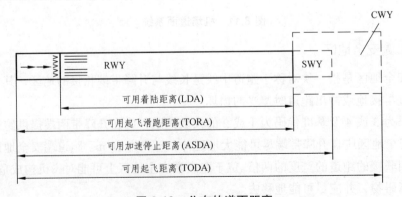

图 8.13　公布的道面距离

8.2.1.8 道面承载强度

道面承载强度采用"ACN-PCN"的方法确定。

道面等级序号（Pavement Classification Number，PCN）表示不受飞行次数限制的道面承载强度的数字，由机场建设部门提供。

航空器等级序号（Aircraft Classification Number，ACN）表示飞机对具有规定土基强度的道面相对影响的数字，其大小取决于道面类型和土基强度。一般由厂方提供最大载重时和基本重量时的 ACN 值，界于最大和基本重量之间的实际 ACN 值可用计算方法确定。

当 ACN 等于或小于 PCN 时，能在规定胎压和飞机的最大起飞重量的条件下使用该道面。如果道面强度受季节性影响有明显变化时，应相应确定不同的 PCN。当 ACN 大于 PCN 时，在满足下列条件下可有限制地超载运行：

（1）道面没有呈现破坏迹象，土基强度未显著减弱期间。

（2）对柔性道面，ACN 不超过 PCN 的 10%；对刚性道面或以刚性道面为主的复合道面，ACN 不超过 PCN 的 5%。

（3）年超载运行的次数不超过年总运行次数的 5%。

道面承载强度的报告格式如下（拟供质量小于或等于 5 700 kg 的航空器使用的道面）：PCN 值/道面类型/土基强度/胎压限制/评定方法。应确定 ACN 和 PCN 的道面类型、土基强度类型、最大允许胎压类型和评定方法，并采用下列代号：

（1）道面类型：

• 刚性道面，代号 R；

• 柔性道面，代号 F；若道面结构是复合的或非标准类型时，应加以注解。

（2）土基强度类型：

• 高强度：代号 A；

刚性道面基层顶面 $k = 150$ MN/m^3，代表大于 120 MN/m^3 的 k 值；柔性道面土基顶面 CBR $= 15$，代表大于 13 的 CBR 值；

• 中强度：代号 B；

刚性道面基层顶面 $k = 80$ MN/m^3，代表 60 ~ 120 MN/m^3 范围的 k 值；柔性道面土基顶面 CBR $= 10$，代表 8 ~ 13 范围的 CBR 值；

• 低强度：代号 C；

刚性道面基层顶面 $k = 40$ MN/m^3，代表 25 ~ 60 MN/m^3 范围的 k 值；柔性道面土基顶面 CBR $= 6$，代表 4 ~ 8 范围的 CBR 值；

• 特低强度：代号 D；

刚性道面基层顶面 $k = 20$ MN/m^3，代表小于 25 MN/m^3 的 k 值；柔性道面土基顶面 CBR $= 3$，代表小于 4 的 CBR 值；

（3）最大允许胎压类型：

• 胎压无限制，代号 W；

• 高：胎压上限至 1.75 MPa，代号 X；

• 中：胎压上限至 1.25 MPa，代号 Y；

• 低：胎压上限至 0.50 MPa，代号 Z；

（4）评定方法：

• 技术评定：代号 T，表示对道面特性进行检测评定或理论评定；

• 经验评定：代号 U，依据使用经验，表示该道面能正常承受特定航空器的作用。例如，中强度土基类型，刚性道面，技术评定方法评定道面等级序号为 80，无胎压限制，则其报告资料为：PCN80/R/B/W/T。

"ACN-PCN"法就是用某一跑道的 PCN 值与某一飞机相应的实际 ACN 值进行比较，以确定该型飞机能否在该跑道上运行的一种方法。一般 ACN ≤ PCN 值，且胎压符合要求时，就可满足运行要求。

8.2.1.9 停机区域

航空器停放和系留的区域称为停机区域，或停放区域。停机区域附近一般是机场终端区和维修地。航空器在此区域加油，因此，应注意停机坪上的油车和正在加油的油车。当在停机区域滑行时，应特别注意走近或离开其他航空器的人。附近螺旋桨产生的气流会将地面灰尘和沙石吹向机后的其他人。因此，当机后有其他人走过时，不要起动发动机。即使已起动后也应用慢车。进入滑行道时，滑行速度应控制为与人在地面慢跑的速度差不多。滑行速度小，能够保证当前方有人或车辆时，能够及时停下来。

当离开飞机的时间较长时，应系留飞机，以防止飞机滑到停机坪上，与其他航空器发生冲突，或在阵风时将飞机掀翻。

8.2.1.10 消音程序

使用消音程序以降低机场附近航空器起飞区域的噪声等级。但是，机场当局通常只提供跑道和风的限制以及在某一时段的某些飞行活动，如着陆训练。在机场有 3 条途径可获得消音程序的有关信息。第一条途径，有管制塔台的机场会指明消音程序使用跑道；第二条途径，可参考机场 / 设施指南，其中有有关当地程序的信息；第三条途径，可在飞行员休息室查阅有关信息或阅读跑道附近公布的有关告示。

8.2.2 机场标志

8.2.2.1 跑道和滑行道标志

仅可用作目视飞行规则（VFR）飞行的跑道与可用作仪表飞行规则（IFR）飞行的跑道的标志不同。仪表进近又按是否有电子下滑道引导着陆来划分等级，如果有则为精密进近，例如 "ILS"；如没有则称之为非精密进近，相应的跑道标志也不同。

基本的 VFR 跑道具有跑道号码和白色虚线形成的跑道中心线。当 VFR 跑道可用作非精密仪表进近时，就应增加跑道入口标志。当用作精密进近时，就应增加接地地带标志、定距标志和边线标志。通常在非精密跑道也有定距标志。

1. 跑道识别标志

每一跑道入口处应设跑道号码标志。跑道号码标志由两位数字组成，如为平行跑道，还应另加一个字母。无论是单条跑道、两条或 3 条平行跑道，这两位数字应是最接近向该跑道端进近方向与磁北方向（从磁北方向顺时针方向计算）夹角的十分之一的整数；对于 4 条以上的平行跑道，则一组跑道号码标志的两位数字应按上述确定；而另一组跑道号码标志的两位数则应为次一个最接近上述角度的十分之一的整数。如得出的整数仅有一位，则应在该整数前加 "0"，参见图 8.10 所示。

2. 跑道入口标志

跑道入口标志应由一组尺寸相同、位置对称于跑道中线的纵向线段组成，如图 8.14 所示。

短距起降跑道（STOL）是为要求短距起降的航空器特别设计的。除非航空器具有短距起降能力，否则不要使用此种跑道（见图 8.14）。

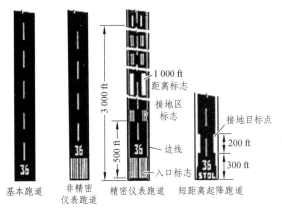

图 8.14 跑道入口标志

VFR、精密、非精密、STOL 跑道的一般形式如图 8.14 所示。VFR 飞行员可使用精密和非精密跑道，而不受任何限制。在精密进近跑道上的跑道入口标志、接地地带标志、定距标志和边线标志是协助飞行员进行仪表进近的。STOL 跑道标志明显，以免产生混淆。

飞行中可能经常会遇到另外一种跑道，具有一种称之为跑道入口内移的标志。一般情况下，入口内移是由于跑道头有障碍的缘故。跑道头的障碍物限制了飞机在铺筑面的起始部分正常下降和着陆。这些障碍物中以树木、输电线和建筑物最为常见。在这种跑道的起始部分用白色的实线标志，且有一些黄色箭头指向该标志线。虽然铺筑面开始的几百英尺可能不能用于着陆，但却可能用作滑行和起飞。

气流缓冲区/停止道区域与入口内移不同，因为它既不能用作起飞也不能用作着陆。气流缓冲区是一片可使螺旋桨或喷气发动机的气流消散而不产生危害的区域。停止道区域是当航空器中断起飞时，可用作减速并停止的区域。其道面强度可以承受住一架飞机，但不可连续使用。因为其承重能力较小，所以不能用气流缓冲区/停止道区域进行起飞或着陆。跑道着陆起始部分用白色实线表示，同入口内移一样（见图 8.15）。

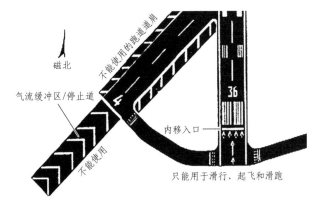

图 8.15 跑道入口前和入口内移标志

看到一些黄色箭头指向一条白色实线，就能识别出这是入口内移。入口内移处的线表示着陆起始区域。气流缓冲区/停止道区域涂有黄色"V"形标志，表明铺筑面的强度不可用作正常运行。在跑道两侧铺筑面强度小的区域也有黄色斜线标志，这些区域也不能使用。

另一个必须熟悉的机场标志是跑道或滑行道关闭标志。由于某种原因，跑道或滑行道不能使用，则会在其两端涂上大"×"标志。虽然从表面上看起来仍可以使用，但这条跑道或滑行道不能安全使用。

3. 跑道中线标志

跑道中线标志应设置在跑道两端的跑道号码标志之间的跑道中线上，由均匀隔开的线段和间隙组成（参见图8.10）。

4. 瞄准点标志

仪表跑道的每一个进近端应设瞄准点标志，瞄准点标志的开始端至跑道入口的距离与可用着陆的距离有关，但在跑道装有目视进近坡度指示系统时标志的开始端必须与目视进近坡度的起点重合，如图8.16所示。

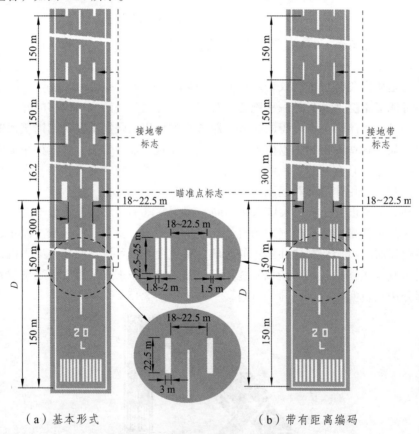

（a）基本形式   （b）带有距离编码

图 8.16　瞄准点标志和接地带标志

5. 接地带标志

精密进近跑道、飞行区指标Ⅰ为3或4的非精密进近跑道和非仪表跑道应设接地带标志，用以向飞行员提供航空器接地的范围（见图8.16）。

6. 跑道边线标志

精密进近跑道应设跑道边线标志，其他跑道当其边缘与道面或周围地面反差不明显时应设跑道边线标志，跑道边线标志应设在跑道两端入口之间的范围内。

8.2.2.2 滑行道标志

滑行道标志包括滑行道中线标志、跑道等待位置标志、ILS 等待位置标志和滑行道关闭标志，如图 8.17 所示。

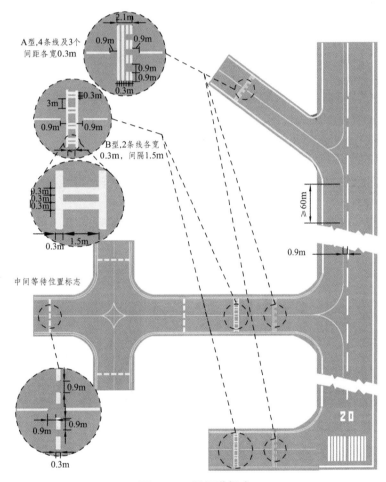

图 8.17 滑行道标志

滑行道、除冰/防冰设施以及机坪滑行通道应设滑行道中线标志，并安排足以提供从跑道中线到各机位之间的连续引导。

在跑道等待位置处必须设置跑道等待位置标志。

在中间等待位置和比邻滑行道的远距除冰/防冰坪的出口边界上设置中间等待位置标志。

永久或临时关闭的跑道和滑行道或其一部分，至少应在其两端设关闭标志。

8.2.2.3 风向标

在起飞和着陆时，应知道使用哪一条跑道。在管制机场，有多种途径可获得当时信息，包括"可用跑道"或"使用跑道"。在非管制机场，应按机场提供的服务决定使用哪条跑道。在许多情况下，飞行员通过看风向指示器作出决定。

在跑道附近通常有两种风向指示器。无论在管制机场还是在非管制机场，最常见的是风向袋。虽然在管制机场，风向袋指示器的指示并不是有关风的信息的主要来源，但在跑道附近还是有风向袋。风向袋指示出跑道接地区域风的情况，在阵风情况下，风向袋前后摆动，风越大，风向袋伸得越直，如图 8.18 所示。

在非管制机场，风向袋指示是飞行员选择正确跑道的主要依据。由于风从风向袋的大头一端指向风的来向，因此，风向袋的小端指向下风。如可能，飞行员应选择平行于风向袋的跑道逆风起飞或着陆。

图 8.18　风向标

另一种风向指示器为"T"字布。"T"字布的末端就像风向标一样，指向风的来向。但它并不指示风的强度或阵风情况。有时候，风向袋和"T"字布布置在同一位置（这时，"T"字布由人工放置），指示使用跑道，如图 8.19 所示。

"T"字布不像风向袋那么普遍，但它可用来帮助飞行员判断风向和可用跑道。由于"T"字布外形看起来像飞机一样，它指示风的来向，所以，飞行员可在最平行于"T"字布方向的跑道上逆风起降。

四面体着陆标志是一种着陆方向指示器，通常位于风向指示器附近。它也可像风向袋一样自由摆动，也可由人工放置，指示着陆方向，如图 8.20 所示（我国不采用）。

图 8.19　风向指示器

图 8.20　四面体着陆标志

四面体着陆标志是一种典型的着陆方向指示器。四面体着陆标志可通过摆动，使其细端指向风的来向或人工设置指示器着陆方向。另外，应注意不要单独使用它作为风向指示器，而应与风向袋结合使用。

8.2.2.4　滑行引导标记牌

标记牌的主要目的是帮助飞行人员在机场上滑行飞机。在进行管制的机场上，标记牌起到补充管制员指示的作用，并帮助飞行员履行那些指示。标记牌还能帮助空中交通管制人员简化对飞机滑行放行、滑行路径和等待的指示。在没有机场交通管制塔台的地方或者飞机上没有无线电设备时，标记牌为飞行员提供去机场各主要目的地的引导。

滑行引导标记牌包括强制性指令标记牌（见图 8.21）和信息标记牌[见图 8.22（a）\（b）\（c）等]，信息标记牌又包括位置标记牌和方向标记牌。

(a) 位置/跑道号码（左侧）　(b)跑道号码/位置（右侧）　(e)跑道等待位置　(f)跑道号码/II类等待位置

黑底黄字

(c) 位置/跑道号码（左侧）　(d)跑道号码/位置（右侧）　(g)禁止进入　(h)道路等待位置标记牌

(i) 增加了黑边的白色字　(j)用于转换频率的等待点标记牌

图 8.21　强制性指令标记牌

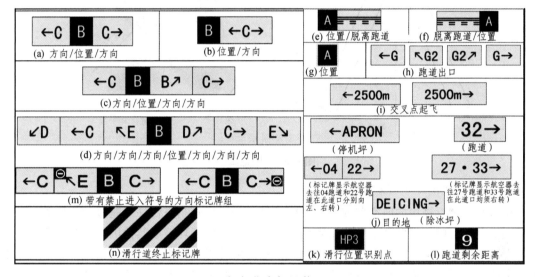

（a）信息标记牌

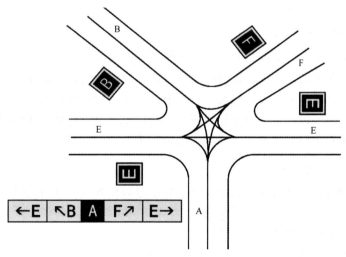

（b）复杂滑行道交叉处增设位置标记牌

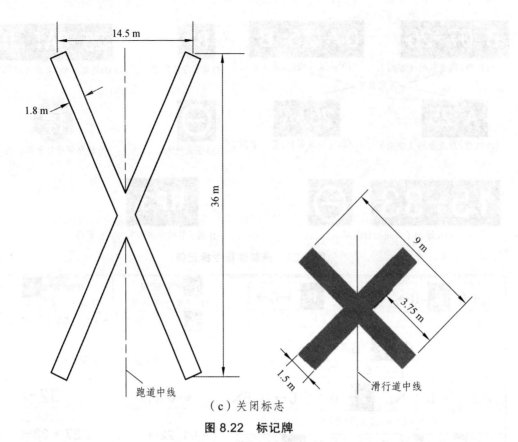

（c）关闭标志

图 8.22　标记牌

1. 强制性指示标记牌应为黄底白字

在需要指示行进中的航空器或车辆不能越过未经机场管制塔台许可越过的界限处，应设强制性指令标记牌，强制性指令标记牌应为红底白字。由于环境或其他因素，强制性指令标记牌文字符号需要突出其鲜明性时，白色文字符号的外缘宜加黑色边框，信息标记牌应为黑底黄字或黄底黑字。方向标记牌应为黄底黑字，在运行需要标明在一相交点的滑行道的识别代码和方向时应设置一块方向标记牌。

2. 方向标记牌应为黄底黑字

方向标记牌应包括滑行道编号和用以识别转弯方向的箭头。箭头的方向应与指示的方向一致或近似。指向左转的箭头应设在滑行道编号的左侧，指向右转的或直行的箭头应设在滑行道编号的右侧。在滑行道与滑行道交叉点之前，若按运行常规要求航空器进行观察选择前进的方向，则应在该处设一个方向标记牌组。方向标记牌组应包括一块标明所在滑行道的位置标记牌和若干个标出航空器可能需要转入的滑行道的方向标记牌。

3. 位置标记牌应为黑底黄字

在需要向驾驶员提供其所在位置的信息之处应设置位置标记牌，标出所在滑行道的编号。单独设置的位置标记牌应增加一个黄色边框。

至少应在下列位置设置位置标记牌：

（1）在通往跑道的 A 型跑道等待位置处，设在跑道号码标记牌的外侧。

652

（2）在有可能进入其他滑行道的机坪出口处的滑行道或交点以远的滑行道，位置设在出口滑行道的左侧。

（3）在航空器穿越跑道或一个复杂的滑行道交叉点之后需要证实航空器确已进入正确的滑行道之处，宜设置一位置标记牌，设在航空器穿越后进入的滑行道的左侧，若不能设在左侧时可设置在右侧，也可设在位于该处的其他标记牌的背面。

（4）位置标记牌与跑道脱离标记牌合设，设置在其外侧。

（5）位置标记牌与方向标记牌合设构成方向标记牌组。

（6）在每一中间等待位置处应设一位置标记牌，但如果该处已设有方向标记牌组，则不再单独设置位置标记牌。

仪表跑道应设置跑道脱离标记牌。跑道脱离标记牌应设置在跑道等待位置处。对于单向运行的出口滑行道，则应设置在相当于跑道等待位置处。

当跑道设有 ILS/MLS 时，跑道脱离标记牌应设置在临界/敏感区的边界或内过渡面的底边，以距离跑道中线较远者为准。跑道脱离标记牌上应展示 A 型跑道等待位置标志的图案，且至少应设在出口滑行道的一侧，在跑道脱离标记牌的外侧还应设一块位置标记牌。

8.2.3 机场灯光

飞行员不仅要在白天飞行，而且还要在夜间飞行。飞行员会发现，不同机场的灯光系统基本相似，因为机场供夜间运行使用的灯光系统是按国际民航组织规定的颜色要求布置的。

8.2.3.1 机场灯标

在夜间，机场灯标用作引导飞行员飞向有夜间开放标准的机场。机场灯标可能是旧式旋转式，也可为新式频闪式，所产生的效果一样。在能见度好时，如果飞行的高度足够高，飞行员就可以在较远的地方看见机场灯光。机场灯标颜色的组成因机场类型不同而异，如图 8.23 所示。一般情况下，不可在军用机场起降。

图 8.23 机场灯标

民用机场的机场灯标产生的光颜色为白色和绿色相间的灯光，而在军用机场的机场灯标按两白一绿的顺序闪烁。水上机场的机场灯标颜色为白色和黄色相间的灯光。直升机机场的机场灯标为绿、黄和白相间的灯光。

通常，机场灯标的开放时间从傍晚至黎明。除非云底低于 1 000 ft 或能见度小于 3 mile，即低于 VFR 最低气象标准以外，白天一般不开放机场灯标。但有时候，当天气低于 VFR 最低气象标准时机场灯标也不开放。

8.2.3.2　进近灯光系统

一些机场有复杂的灯光系统，以帮助飞行员在仪表进近结束时向目视参考过渡。仪表进近灯光系统可能是从机场中心线延长线 3 000 ft 开始。仪表进近灯光系统也可供 VFR 飞行员在夜间飞行使用。各种仪表进近灯光系统中，最复杂的系统是为精密仪表进近跑道设计的。通常情况下，该系统由一系列顺序闪光灯组成，看起来就像一个光球高速向机场方向运动。靠近跑道，有更多的灯光引导飞机飞向接地区域。非精密仪表进近跑道的进近灯光系统则简单些，而 VFR 跑道可能仅包括目视进近坡度指示灯

1. 简易进近灯光系统

简易进近灯光系统用于夜间和白天低能见度条件下、基准代码为 3 或 4 的非仪表跑道和非精密进近跑道。

简易进近灯光系统必须由一行位于跑道中线延长线上并尽可能延伸到距跑道入口不少于420 m 处的灯具和一排在距跑道入口 300 m 处构成一个长 18 m 或 30 m 的横排灯的灯具组成，如图 8.24 所示。

2. Ⅰ类精密进近灯光系统

Ⅰ类精密进近灯光系统必须由一行位于跑道中线延长线上并尽可能延伸到距跑道入口900 m 处的灯具和一排在距跑道入口 300 m 处一个长 30 m 的横排灯组成，如图 8.25 所示。

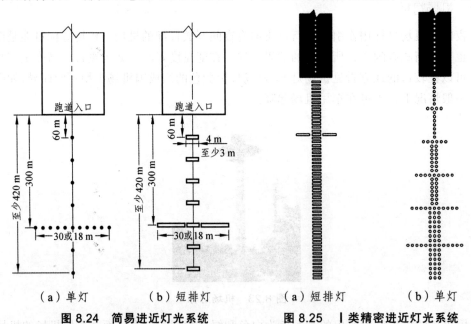

（a）单灯　　　（b）短排灯　　　　　（a）短排灯　　　（b）单灯
图 8.24　简易进近灯光系统　　　　图 8.25　Ⅰ类精密进近灯光系统

3. Ⅱ类和Ⅲ类精密进近灯光系统

Ⅱ类和Ⅲ类精密进近灯光系统必须由一行位于跑道中线延长线上并尽可能延伸到距跑道入口 900 m 的灯具组成。此外，该系统还必须有两行延伸到距跑道入口 270 m 处的侧边灯以

及两排横排灯，一排在距入口 150 m 处，另一排在距入口 300 m 处，如图 8.26 所示。

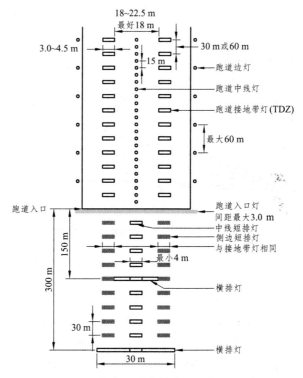

图 8.26　Ⅱ类和Ⅲ类精密进近灯光系统

8.2.3.3　目视进近下滑道指示器系统

不同机场有不同的目视进近下滑道指示器系统（Visual Approach Slope Indicator System，VASIS），这些系统指示可告诉你是高于还是低于下滑道。VASIS 可能位于基本或仪表跑道，白天和夜间均可使用。在有 VASIS 的各种机场进近着陆时，规则规定应保持在或高于下滑道，直到能保证安全着陆时才进一步下降高度。在非管制机场使用 VASIS 则无任何限制。

常见的 VASIS 由 12 个灯具组成，分上风灯和下风灯两组，设置在跑道入口两侧，每个灯具上部发射白色光束，下部发射红色光束。当最后进近的飞机驾驶员在正常下滑道上时，看到的上风灯为红色，下风灯为白色；高于正常下滑道时，看到的上风灯和下风灯均为白色；低于正常下滑道时，看到的上风灯和下风灯均为红色，如图 8.27 所示。

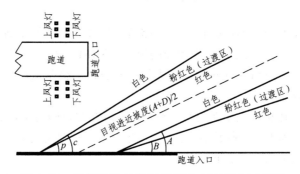

图 8.27　目视进近坡度指示系统（VASIS）图解

精密进近跑道应安装精密进近航径指示器（PAPI），必须以 4 个等距设置的急剧变色的灯具组成，安放在一排，而非远近布置。PAPI 通常位于跑道左侧，白天可在 5 mile 的地方看到，夜间则在 20 mile 远的距离就可看到，如图 8.28 所示。

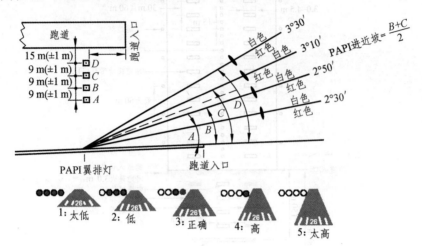

图 8.28　精密进近航径指示器

如果全部灯光为白色则说明高度太高。如果最右边的一盏灯为红色，而其他 3 盏灯为白色，则说明高度略偏高。如果在下滑道上，则左边的两盏灯为白色，右边的两盏灯为红色。如果高度略偏低，则只有最左边的一盏灯为白色。如果低于下滑道，则所有 4 盏灯都为红色。

8.2.3.4　跑道入口灯光

夜间，有 3 种方法可以确定何处为跑道入口。如果跑道入口有标志线，在白色的入口标志线两侧各有一组绿灯，指示出跑道着陆部分的入口。如果跑道入口没有标志，则在跑道铺筑面的起始部分安装一排绿色灯。这些灯为双面的，如果从相反的方向起飞或着陆，则显示红色，表示跑道可用部分到此为止。因此，当进近时，跑道头为绿色，而起飞时看到的跑道末端为红色。

有时候，在跑道两侧安放有高强度频闪灯指示跑道头，称之为跑道头识别灯（REILS），它们可与绿色跑道头灯结合使用。

8.2.3.5　跑道边灯

跑道边灯由围绕跑道边的单排灯组成。跑道边灯按其发光强度划分为 3 个等级。高光强跑道灯（HIRL）是最亮的跑道灯，中光强跑道灯（MIRL）和低光强跑道灯（LIRL）的亮度较暗。有些机场，飞行员可在驾驶舱使用无线电发射机调整跑道灯亮度；在其他地方，灯光亮度由空中交通管制员调节。

有些跑道边线灯还包括剩余跑道灯。剩余跑道灯在跑道的后半部分（或跑道剩余 2 000 ft 部分，以距离较短者为准）。剩余跑道灯为黄色边灯，指示跑道的剩余部分。剩余跑道灯为双向灯，因此，从反方向看时为白色灯光。

有些机场还有闪烁中线灯，此系统是在极低能见度情况下，供仪表飞行员判断跑道剩余长度用的。这些灯安放在跑道最后 3 000 ft。从 3 000～1 000 ft 为交替白红灯，最后 1 000 ft 全为红灯，如图 8.29 所示。

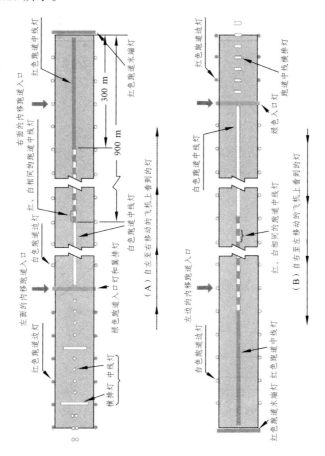

示例显示在两边具有内移跑道入口的灯光，而左边内移跑道入口有1类精密进近灯光系统。

图 8.29　跑道入口内移的进近灯光和跑道灯光示例

8.2.3.6　滑行道灯

当滑离跑道时，蓝色的滑行道灯引导飞机从跑道滑到停机区域。由于这些灯可从任何方向看得见，因此称之为无方向性灯，安置于滑行道两侧。某些安装有闪烁跑道中心线灯的跑道也安有指示从跑道转向塔台的闪烁灯。在较小的机场，可看到在蓝色滑行道灯光处有反光镜，引导飞机在滑行道上滑行，如图 8.30 所示。

8.2.3.7　飞行员控制机场灯光（PCL）

由于现实和经济原因，在某些无人照看的机场，其进近灯、跑道灯和滑行道灯由计时器控制，当灯光开放 15 min 后自动关闭。如果遇到这种情况，当准备离港或进近着陆时，可按需要开灯。飞行员控制机场灯的意思是一种可由航空器上的麦克风在指定无线电频率上控制机场灯光的系统。除进近灯和跑道灯外，还有其他类型的机场灯由飞行员控制。例如，在某些地方，VASI 和 REIL 可由飞行员控制。

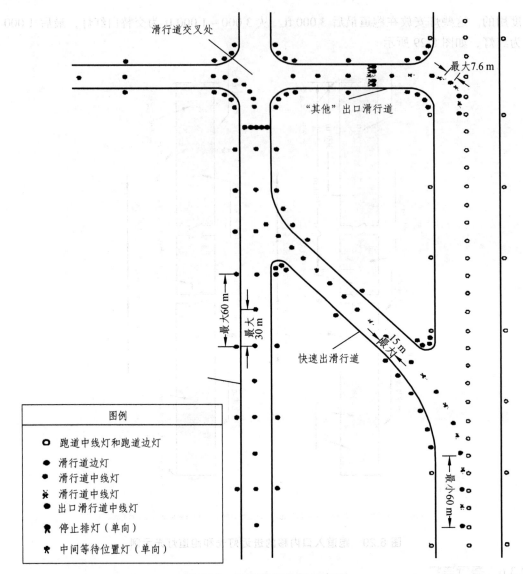

图例

⊙	跑道中线灯和跑道边灯
●	滑行道边灯
●	滑行道中线灯
✕	滑行道中线灯
●	出口滑行道中线灯
⚑	停止排灯（单向）
✕	中间等待位置灯（单向）

图 8.30　滑行道灯位置示意图

下面举例说明飞行员控制跑道灯光的机场，飞行员应使用的一般程序。首先，飞行员应在指定频率上键话筒7次，将所有灯光打开到最大亮度。如果环境只需要较小的亮度，键话筒5次，则所有灯光亮度变为中强；键话筒3次，则所有灯光亮度为最弱。每次调整灯光亮度时，应在5 s内键所需次数的话筒。但在某些机场，在使用低强度灯光时会关闭 REIL。机场/设施指南中包含有各机场各类有关飞行员控制机场灯光的内容。

8.2.3.8　障碍灯

机场障碍灯在白天和夜间都闪亮。这类灯光的使用目的是指明障碍物。障碍灯装于障碍物（如塔台、建筑物）的凸起部分，有时安置于输电线上。典型的障碍灯为明亮的红色和高光强白灯，一开一关地闪亮，从塔台到地面有拉线相连。飞机应与障碍物保持一定距离。

8.3 飞行程序的建立

根据飞行中采用的领航方式的不同，通常把飞行程序分为目视和仪表两类。一个完整的飞行过程通常由起飞离场、航线飞行和进近着陆 3 个阶段组成，本节将重点介绍建立起飞离场和进场进近飞行程序的有关规定，为飞行人员将来安全和准确地实施飞行程序奠定坚实的理论基础。

8.3.1 概　述

首先我们将了解飞行程序的定义和结构、航空器使用的速度、定位点及容差等基本知识，为后面知识的深入展开作准备。

8.3.1.1 飞行程序的概念及分类

仪表飞行程序包含传统导航和基于性能导航（PBN）的飞行程序。传统导航主要依据 NDB、VOR/DME、ILS 和雷达等特定的导航设施提供航迹引导或下滑引导。

1. 基于性能导航（PBN）的概念

1）PBN 的概念

基于性能的导航（Performance Based Navigation，PBN）是国际民航组织（ICAO）在整合各国区域导航（RNAV）和所需导航性能（RNP）运行实践及技术标准的基础上，提出的一种新型概念。它将飞机先进的机载设备与卫星导航及其他先进技术结合起来，涵盖了从航路、终端区到进近着陆的所有飞行阶段，提供了更加精确、安全的飞行方法和更加有效的空中交通管理模式。

PBN 是指在相应的导航基础设施条件下，航空器在指定的航路、仪表飞行程序或空域内飞行时，对系统精确性、完好性、可用性、连续性以及功能等方面的性能要求。PBN 的引入体现了航行方式从基于传感器导航到基于性能导航的转变。

PBN 包含两个基本导航规范：区域导航（Area Navigation，RNAV）和所需导航性能（Required Navigation Performance，RNP）。其中，区域导航（RNAV）是一种导航方式，它可以使航空器在导航信号播盖范围之内，或在机载导航设备的工作能力范围之内，或二者的组合，沿任意期望的航径飞行。所需导航性能（RNP）是对在规定空域内运行所需要的导航性能的描述。RNP 的类型根据航空器至少有 95% 的时间能够达到预计导航性能精度的数值来确定。所需导航性能（RNP）是具有机载导航性能监视和告箱（On-board Performance Monitoring and Alerting）能力的 RNAV。也就是说，要求机载性能监视与告警的导航规范被称为 RNP 规范，不要求机载性能监视与告警的导航规范则被称为 RNAV 规范。

2）PBN 的 3 个要素

基于性能导航（PBN）概念 3 个相互关联的要素组成：导航规范、导航系统基础设施和导航应用。

导航规范是在已定义的空域概念下对航空器和飞行机组提出的一系列要求，它定义了实施 PBN 所需要的性能及具体功能要求，同时也确定了导航源和设备的选择方式，能够对国家管理当局和运营人提供具体指导。导航规范被各个国家用做合格审定和运行审批的基础。导航规范详尽说明了沿特定航路、程序或在规定空域内运行的区域导航系统的各项要求，这些运行需要根据导航规范获得审批。具体要求包括：① 区域导航系统在精度、完好性、连续性和可用性方面所需具备的性能；② 为达到所需性能，区域导航系统需要具备的功能；③ 整合到区域导航系统中的可用以达到所需性能的导航传感器；④ 为达到区域导航系统上述性能需要具备的飞行机组人员程序和其他程序。

导航系统基础设施是指每个导航规范中提及的星基或陆基导航系统。星基导航设施：GNSS；陆基导航设施：DME、VOR（没有 NDB）。

导航应用是按照空域概念，将导航规范及相关的导航系统基础设施应用于空中交通服务航路、仪表进近程序和/或限定的空域范围。如何将导航规范和导航设备基础设施共同用于导航应用的实例，包括 RNAV 或 RNP 标准仪表离场和标准仪表进场、RNAV 或 RNP 空中交通服务航路，以及 RNP 进近程序。

3）PBN 的导航规范

国际民航组织《基于性能的导航（PBN）手册》（Doc 9613）详细阐述了 PBN 概念和如何实施 PBN 的有关指导说明，及下述各应用的导航规范：

（1）RNAV 10：用于支持航路飞行阶段的 RNAV 运行，支持在海洋或偏远区域空域以纵向距离为基础的最低间隔标准。

（2）RNAV 5：用于支持大陆空域航路阶段飞行的 RNAV 运行。

（3）RNAV1 和 2：用于支持航路阶段飞行、标准仪表离场（SID）、标准仪表进场（STAR）和 进近至 FAF/FAP 的 RNAV 运行。

（4）RNP4：用于支持在海洋或偏远区域空域基于纵向距离最低间隔标准的航路阶段飞行的 RNAV 运行。

（5）RNP 2：用于支持洋区、偏远地区和大陆空域航路阶段飞行的 RNP 运行。

（6）RNP 1：用于支持 SID，STAR 和进近至 FAF/FAP 的 RNP 运行，没有或有限制的 ATS 监视服务限制，用于低到中等程度的交通量。

（7）高级 RNP（ARNP）：用于支持大陆空域的航路，SID，STAR 和进近程序的 RNP 运行。ARNP 导航要求的导航精度值的要求如下：最后进近 0.3 NM；大陆航路 1 NM 或 2 NM；和 SID、STAR、起始/中间进近和复飞中为 1 NM。可选择性要求则包括洋区/偏远空域的应用，和在所有终端飞行阶段（最后进近除外）允许选择一个在 1.0 NM 和 0.3 NM 之间，以 0.1 NM 为增量的导航精度。

（8）RNP0.3：用于支持除最后进近以外，直升机所有飞行阶段的直升机 RNP 运行。

（9）RNP APCH：用于支持 RNP 进近运行至 LNAV、LNAV/VNAV、LP 和 LPV 的最低标准。

（10）RNP AR APCH：用于支持 RNP 进近运行，包括有直线和/或固定半径航段组成的最后进近航段，最后进近的导航精度等于或小于 0.30 NM，其他进近阶段为 1 NM。

4）PBN 的优势

PBN 在运行中具有如下优点：

（1）精确地引导航空器，提高飞行运行安全性。

（2）提供垂直引导，实施连续稳定的下降程序，减少可控撞地的风险。

（3）改善全天候运行，保障地形复杂机场运行的安全。

（4）实现灵活和优化的飞行航径，增加飞机业载，减少飞行时间，节省燃油。

（5）避开噪声敏感区，提高环保水平。

（6）减小航空器间水平和纵向间隔，增大空域容量。

（7）减少地空通信和雷达引导需求，便于指挥，降低管制员和飞行员的工作负荷。

（8）减少导航基础设施投资和运行成本，提高运行的整体经济效益。

2. 仪表进近程序的分类及定义

机场飞行程序包含起飞离场、进场及等待、进近等飞行阶段，其中，进近阶段是影响飞行安全最重要、也是最复杂的阶段。

仪表进近程序（Instrument Approach Procedure，IAP）是根据飞行仪表并对障碍物保持规定的超障余度所进行的一系列预定的机动飞行。这种机动飞行是从起始进近定位点或从规定的进场航路开始，至能完成着陆的一点为止，之后，如果不能完成着陆，则至下一个等待或航路超障准则适用的位置。

仪表进近程序分类如下：

非精密进近程序（Non-Precision Approach Procedure，NPA）：设计仅用于水平导航引导（2D）仪表进近运行 A 的仪表进近程序。[注：非精密进近程序的飞行可以使用最后进近连续下降技术（CDFA）。对于有机载设备计算 VNAV 指引咨询的 CDFA 可以被看作 3D 仪表进近运行。]

有垂直引导的进近程序（Approach Procedure with Vertical Guidance，APV）：设计用于水平导航和垂直导航引导（3D）仪表进近运行类型 A 的基于性能导航（PBN）仪表进近程序。

精密进近程序（Precision Approach Procedure，PA）：设计用于水平导航和垂直导航引导（3D）仪表进近运行类型 A 或 B 的基于 ILS，MLS，GLS 和 SBAS Cat I 导航系统的仪表进近程序。

仪表进近程序分类如图 8.31 所示。

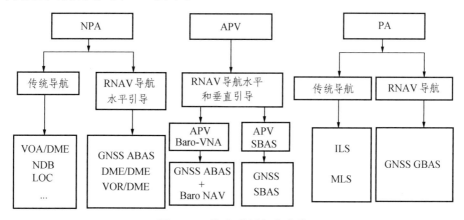

图 8.31　仪表进近程序分类

8.3.1.2 仪表进近程序的结构和基本要求

1. 程序结构

1）仪表进近程序的航段构成

一个仪表进近程序，不论是精密进近还是非精密进近，通常由 5 个航段所构成（见图 8.32）。

（1）进场航段（线）：航空器从航线飞行阶段飞至起始进近定位点（IAF）的航段。一般在空中交通流量较大的机场设置这一航段，主要用于理顺航路与机场运行路线之间的关系，提高运行效益，维护空中交通秩序，保证空中交通流畅。

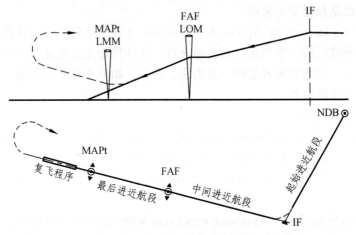

图 8.32 仪表进近程序的结构

（2）起始进近航段：该航段从起始进近定位点（IAF）开始，至中间进近定位点（IF）或最后进近定位点 / 最后进近点（FAF / FAP）终止。主要用于航空器消失高度，并通过一定的机动飞行完成对准中间或最后进近航段。在仪表进近程序中，起始进近具有很大的机动性，一个仪表进近程序可以建立一个以上的起始进近，但其数量应按空中交通流向或其他航行要求加以限制。当中间进近定位点同时是个航路点时，就没有必要规定起始进近航段，仪表进近程序就从中间进近定位点开始，并使用中间航段的准则。

（3）中间进近航段：从 IF 至 FAF / FAP 之间的航段。它是起始进近与最后进近的过渡航段，主要用于调整飞机外形、速度和位置，并消失少量高度，完成对准最后进近航迹，进入最后进近航段。

（4）最后进近航段：最后进近航段是完成对准着陆航迹和下降着陆的航段，其仪表飞行部分是从 FAF 开始（ILS 进近从 FAP 开始），至复飞点（MAPt）为止。其目视飞行部分可以向跑道作直线进入着陆，或向机场作目视盘旋进近。

（5）复飞航段：从复飞点（MAPt）开始，到航空器爬升到可以作另一次进近，或回到指定的等待航线，或重新开始航线飞行的高度为止。当判明不能确保航空器安全着陆时，进行复飞是保证安全的必要手段，因此，每一个仪表进近程序都应规定一个复飞程序。

2）起始进近航段采用的基本模式

根据起始进近所采用的航线，传统仪表进近程序在结构上有 4 种基本模式，分别为：

（1）直线航线程序。起始进近采用直线航线（NDB 方位线、VOR 径向线）或 DME 弧的进近程序。这种程序经济、简便。

（2）反向航线程序。起始进近采用反向航线的进近程序。航空器通过基线转弯、45°/180°或 80°/260°程序转弯，从与着陆方向相反的方向转至着陆方向上，以便进入中间或最后进近航段。反向程序是仪表进近程序的重要模式。

（3）直角航线程序。起始进近采用直角航线的进近程序。进场高度过高时，用于降低高度，或不便于采用反向程序时使用的一种程序。复飞等待或再次进近时，也使用直角航线程序。

（4）推测航迹程序。在起始进近切入中间进近航段之前，采用一段推测航迹的进近程序。这种程序节省时间和空域，实施简便，特别有利于空中交通管制员通过雷达引导对航空器实施合理的调配，增大空中交通流量，因此很适合于流量较大的机场。

2. 程序设计的基本原则和要求

所有民用航空器使用可供仪表飞行的机场，都必须设计仪表飞行程序，制订机场运行的最低标准。建立机场仪表飞行程序的目的，是保证航空器在机场区域内按规定程序安全而有秩序地飞行，以避免在起飞离场和进近着陆过程中，航空器与地面障碍物、航空器与航空器之间相撞。

确保飞行安全，提高经济效益，便于指挥、调配和飞行操纵，是建立每一个仪表飞行程序必须达到的要求。

安全、经济、简便的原则，是机场仪表飞行程序设计所应遵循的基本原则。其中，安全是前提。为了确保飞行安全，仪表飞行程序设计必须以国际民航组织 8168 号文件，即《目视和仪表飞行程序的设计》为依据。8168 号文件是国际民航组织安全超障专家组经过十多年的工作，在大量试飞、数字模拟试验和碰撞模拟实验的基础上制定出来的关于飞行程序设计的规范，它所确定的安全指标为飞机与障碍物碰撞的概率不大于 1×10^{-7}，即千万分之一。参加国际民航组织的国家和地区，都必须以此文件为依据设计仪表飞行程序。近年来，我国按照国际民航组织的标准，在原有机场的飞行程序改革和新机场的飞行程序设计方面，均取得了显著的成就。今后，对飞行程序的设计，仍然必须严格按照 8168 号文件的各项规定，结合各个机场的具体情况，进行精心设计，并按照民用航空局颁发的《机场运行最低标准的制定与实施规定》来确定机场的最低运行标准。

设计仪表飞行程序，还必须在确保安全的前提下，达到经济和简便的要求。这主要取决于机场的导航设施及其布局，以及采用的飞行程序模式。我国原有的许多机场，其导航设施比较落后，布局也很不合理，已经不适应民航大型机建立安全、经济、简便的飞行程序的需要。因此，对于一些主要机场，应在可能的条件下，设置仪表着陆系统，合理调整导航台的布局，以便建立精密进近程序，达到降低机场最低标准的目的，提高飞行安全和航班正常率，从而提高经济效益。对于新建机场，程序设计必须与机场选址同时进行。从选址定点开始，飞行程序设计人员就必须参加，设想最佳飞行程序方案，根据程序需要设置合理布局导航设施，使新机场所建立的飞行程序达到安全、经济、简便的目的。在飞行程序的选择上，直线航线程序最为简便、经济、顺畅，U 形程序次之。空中交通比较繁忙的机场，在地形允许的情况下，只要顺应空中流向，都应采用直线程序与 U 形程序相结合模式。设备简单，空中交通流量较小的中、小机场，一般采用反向或直角航线程序（有条件的当然也可以建立直线程序）。

为了便于具有简单导航设备的飞机也能使用整个飞行程序，设计时，各航段应尽可能以中单一的导航设施为基础。

飞行程序的安全可靠性建立在机场资料的完备和可靠的基础上。因此，程序设计人员必须充分收集有关资料，参加实地勘察，必要时请测绘部门对某些障碍物进行测量，以取得准确可靠的数据。机场和有关的文件资料，也是飞行程序设计的基本依据。

完成仪表飞行程序设计后，应按照《机场仪表飞行程序设计编写大纲》的要求，编写《仪表飞行程序设计报告》，上报民用航空审核批准。

飞行程序设计是一项综合性比较强、技术要求比较高的严密细致的工作，要求设计者不仅具有高度的责任心、科学的态度和严谨的作风，而且应具备较高的基础理论知识，熟悉程序设计规范，懂得飞机性能和导航设施的技术性能以及制图等其他有关知识。因此，每个程序设计人员都应努力学习和实践，不断提高自己的素质，以适应工作的需要。

8.3.1.3 航空器的分类及设计中使用的速度

1. 航空器的分类

在仪表进近的过程中，往往要做一些机动飞行，如等待、基线转弯或程序转弯、复飞转弯以及目视盘旋等。飞行性能上的差别，将直接影响实施机动飞行所必需的空域和能见度，而性能上最重要的因素是速度。因此，在程序设计中，国际民航组织规定，各型航空器按其跑道入口速度（v_{at}）分为下述 5 类：

A 类：$v_{at} < 91$ kt（169 km/h），如 Y-5、Y-12、TB-20、TB-200 等。

B 类：91 kt$\leqslant v_{at} < 121$ kt（224 km/h），如 SH-360、Y-7、AN-30、BAe-146、夏延ⅢA、雅克 42 等。

C 类：121 kt$\leqslant v_{at} < 141$ kt（261 km/h），如 AN-12、B737、B757、B767-200、B747-SP、MD82、A300、A310、A320 等。

D 类：141 kt$\leqslant v_{at} < 166$ kt（307 km/h），如 B747-200 / 400、B767-300、A340、Ty-154、IL-86、MD-11 等。

E 类：166 kt$\leqslant v_{at} < 211$ kt（391 km/h）。

各型航空器的跑道入口速度 v_{at}，等于该航空器以批准的最大着陆重量在着陆形态下的失速速度的 1.3 倍或 1.23 倍，若 v_{so} 和 v_{slg} 都可得到，则取计算出的较大者为 v_{at}。失速速度可以从飞行手册中查出。

2. 程序设计使用的速度

进行仪表进近程序设计时，国际民航组织规定各类航空器在各航段所使用的速度范围见表 8-2。表列的速度（IAS）范围是考虑实施规定机动飞行所用的操纵速度和用于程序设计速度。当某些机场空域不能满足某一具体的飞机分类的要求时，可根据较低速度分类的飞机设计程序，程序使用时就仅限该分类飞机使用。还有一种程序就是不考虑飞机分类，而是对特定的航段规定一个最大指示空速作为限制，飞机在飞行中在该航段速度不得超过该限制。

表列速度为指示空速（IAS），当用于程序设计时必须换算为真空速（v 或 TAS）。

表 8.2　程序设计所用速度　　　　　　　　　　　　　（km/h）/kt

航空器	起始进近	最后进近	目视盘旋	复飞最大速度	
分　类	速度范围	速度范围	最大速度	中　间	最　后
A	165～280　*205 （90～150　*110）	130/185 （70/100）	185（100）	185（100）	205（110）
B	220～335　*260 （120～180　*140）	155/240 （85/130）	250（135）	240（130）	280（150）
C	295～445 （160～240）	215/295 （115/160）	335（180）	295（160）	445（240）
D	345～465 （185～250）	240/345 （130/185）	380（205）	345（185）	490（265）
E	345～465 （185～250）	285/425 （155/230）	445（240）	425（230）	510（275）

注：*为反向和直角航线使用的最大速度。

8.3.1.4　定位点及容差

航站区域的定位点是指构成仪表飞行程序的各个位置点，如起始进近定位点（IAF）、中间进近定位点（IF）、最后进近定位点（FAF）、等待定位点、转弯点（TP）以及必要时用以标志复飞点（MAPt）的定位点等。这些定位点通常也是仪表进近过程中的位置报告点，其定位精度对仪表进近程序的安全性和可靠性有着直接的影响。因此，程序设计时，必须确定和检查各定位点的定位容差，以确保其不超过国际民航组织所规定的最低容差标准。

导航系统的精度取决于地面电台的容差、机载接收系统的容差、监控系统的容差及飞行技术容差等因素，它等于这些容差因素的平方和根。在设计仪表进近程序时，各定位系统的精度一般使用表 8.3 所列的数值。根据系统精度，设计人员即可确定定位点的容差。

表 8.3　用于程序设计的定位系统的精度

	提供航迹引导	提供侧方定位
NDB	±6.9°	±6.2°
VOR	±5.2°	±4.5°
LOC（ILS）	±2.4°	1.4
DME	±（0.25 + D×1.25%）NM	
TAR	（37 km／20 NM 内）：±1.6 km	
RSR	（74 km／40 NM 内）：±3.2 km	

8.3.1.5　PBN 程序中的航路点及容差

航路点（Waypoint）用于确定一条区域导航航线或确定使用区域导航的航空器飞行航径而规定的地理位置。在 PBN 飞行程序中，所有的定位点均定义为航路点。

1. 航路点类型

在 PBN 飞行程序中，航路点有飞越航路点（Flyover）和旁切航路点（Fly-by）两种类型，两种类型的航路点如图 8.33 所示。

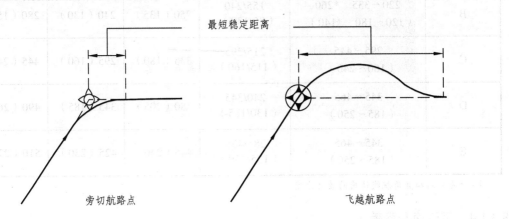

最短稳定距离

旁切航路点　　　　　　　　　　　　　　　飞越航路点

图 8.33　飞越航路点（Flyover）和旁切航路点（Fly-by）

飞越航路点（Flyover waypoint）：为加入下一段航路或程序而飞越该点开始转弯的航路点；旁切航路点（Fly-by waypoint）：要求在到达该点以前转弯使飞机切入下一段航路或程序的航路点。

在 PBN 飞行程序设计中，除了少数几个航路点（如复飞点、等待点等）采用飞越航路点外，其他的航路点（如 IAF、IF、FAF 等）采用旁切航路点。

2. 航路点名称

PBN 程序中使用的定位点是一般准则中规定的那些定位点，只不过每个定位点必须公布为航路点（纬度和经度至最接近的 1/10 秒）。航路点除使用国际民航组织五字代码命名外，可以使用"字母-数字"的方法来命名，即"AAXXX"，其中 AA 为机场国际民航组织四字代码的后两位；X 为 0~9 的数字。如果航路点与导航台重合，则应使用该导航台的识别号；如果航路点与跑道入口重合，则应使用"RWNNA"，NN 为跑道号，A 为"L""R""C"。

3. 总系统误差（TSE）

总系统误差（TSE）是指飞机实际位置相对于期望位置的偏差。总系统误差（TSE）取决于导航系统误差（NSE）、航径定义误差（PDE）、飞行技术误差（FTE）等因素，等于这些误差因素的平方和开根。总系统误差（TSE）与导航系统误差（NSE）、航径定义误差（PDE）及飞行技术误差（FTF）的关系如图 8.34 所示。

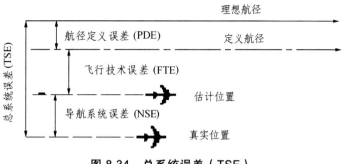

图 8.34　总系统误差（TSE）

导航系统误差（NSE）：真实位置与估计位置之间的差值，也称之为位置估计误差（PEE）。导航系统误差（NSE）由导航系统性能决定，在 PBN 程序中卫星导航系统（GNSS）的导航系统误差（NSE）是一个常量，为 0.08 NM，而 VOR/DME 或 DME/DME 的导航系统误差（NSE）却是一个变量。VOR/DME 或 DME/DME 的导航系统误差（NSE）的计算见后面相关的章节。

飞行技术误差（FTE）：控制飞机的精度，根据飞机指示位置与期望位置之间的差异来确定。飞行技术误差（FTE）不包括操作失误所引起的误差。飞行技术误差（FTE）见表8.4 所示。

表 8.4　飞行技术误差（FTE）

飞行阶段	导航规范	飞行技术误差（FTE）
航路[距离机场基准点（ARP）（目的地或起飞机场）超过 56 km（30 NM）]	RNAV 5	4.6 km（2.5 NM）
	RNP 4	3.7 km（2.0 NM）
	RNAV 2	1.9 km（1.0 NM）
	RNAV 1	926 m（0.5 NM）
	Basic — RNP 1	926 m（0.5 NM）
终端区[离场、进场、在 ARP 56 km（30 NM）内的起始和中间进近]	RNAV 2	1.9 km（1.0 NM）
	RNAV 1	926 m（0.5 NM）
	Basic- RNP 1	926 m（0.5 NM）
	RNP PACH	926 m（0.5 NM）
最后进近	RNP PACH '	463 m（0.25 NM）
复飞	RNP PACH	926 m（0.5 NM）

航径定义误差（PDE）：定义航径与要求航径之间的差别，为 0.25 NM 的一个常量。一般情况下，PDE 可忽略不计。

4. 航路点容差区

1）航路点容差区的 ATT 和 XTT

航路点容差与定位点容差一样，按照 2SD（标准差）确定，表示飞机假定在定位点位置和可接受的概率（95%）。在 PBN 飞行程序中无论是采用 RNAV 规范还是采用 RNP 规范，所有的航路点容差区均由沿航迹容差（ATT）和偏航容差（XTT）两部分组成，如图 8.35 所示。

其中：沿航迹容差（Along-track Tolerance，ATT）指由机载和地面设备容差产生的沿标称航迹的定位容差；偏航容差（Cross -track Tolerance，XTT）是由机载和地面设备的容差和飞行技术容差（FTT）产生的垂直于标称航迹的定位容差。

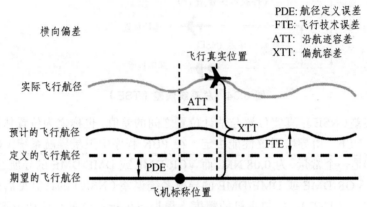

图 8.35　航路点容差示意图

2）基本 RNAV（ GNSS）程序航路点的容差

在 RNAV 导航规范中，当 RNAV 导航规范规定的飞行技术误差（FTE）值大于 GNSS 接收器的完整性监视告警限制（IMAL）时，系统总误差（TSE）等于导航系统误差（NSE）、飞行技术误差（FTE）和计算误差（ST）的平方和开根，其中，导航系统误差（NSE）为 0.08 NM 的一个常量，计算误差（ST）为 0.25 NM 的一个常量，此时 XTT 等于 TSE。

在 RNAV 导航规范中，当 RNAV 导航规范规定的飞行技术误差（FTE）值小于等于 GNSS 接收器的完整性监控告警限制（IMAL）时，XTT 等于 IMAL 值。

不同飞行阶段、导航规范的飞行技术误差（FTE）、完整性监视告警限制（IMAL）及偏航容差（XTT）值见表 8.5。

表 8.5　不同飞行阶段、导航规范的飞行技术误差（FTE）、完整性监视告警限制（IMAL）及偏航容差（XTT）值

飞行阶段	导航规范	FTE（NM）	1MAUNM）	XTT
航路和终端[距机场 ARP 大于 56 km（30 NM）]	RNAV5	2.5	2	4.65 km（2.51 NM）
航路和终端[距机场 ARP 大于 56 km（30 NM）]	RNAV2、RNAV1	1	2	3 704 m（2.00 NM）
终端[距机场 ARP 小于 56 km（30 NM）]到 IAF	RNAV2、RNAV1	1	1	1 852 m（1.00 NM）
离场程序[距机场 ARP 小于 28 km（15NM）]	RNAV2、RNAV1	0.5	1	1 852 m（1.00 NM）

沿航迹容差（ATT）等于 XTT 的 0.8 倍，即：ATT = 0.8 × XTT。此外，在 RNAV 等待程序中，等待点的偏航容差（XTT）和沿航迹容差（ATT）为航路飞行阶段的相应值。如果等待点距机场基准点（ARP）的距离小于 56 km（30 NM）时，采用标准进场航线（STAR）的相应值。

3）RNP 程序中航路点的容差区

在 RNP 导航规范中，总系统误差（TSE）由位置估计误差（空间信号误差及机载接收系统误差）、航径定义误差、显示误差及飞行技术误差决定。RNP 导航规范定义的总系统误差（TSE）值如下：

（1）RNP4：在 95% 的总飞行时间内，横向 TSE 和沿航迹误差不超过 ±7.4 km（4 NM）。

（2）Basic RNPl：在 95% 的总飞行时间内，横向 TSE 和沿航迹误差不超过 ± 1.9 km（1 NM）。

（3）RNP APCH：进近程序的起始、中间和复飞阶段，在 95% 的总飞行时间内，横向 TSE 和沿航迹误差必须不大于 ± 1.9 km（1 NM）。在最后进近航段，在 95% 的总飞行时间内，横向 TSE 和沿航迹误差必须不大于 ± 0.56 km（0.3 NM）。

因此，在 RNP 导航规范中，航路点的偏航容差（XTT）、沿航迹容差（ATT）按下列方法确定：

$$XTT=TSE \qquad ATT=0.8 \times TSE$$

需要说明的是，RNP APCH 准则仅用于目的地机场基准点（ARP）56 km（30 NM）范围内，超过这个范围采用 RNAV1 或 Basic RNP1 准则。

4）有关说明

在 RNP1 进离场、进近程序的起始、中间和复飞阶段，至少 95% 的总飞行时间内，偏航容差（XTT）及沿航迹容差（ATT）必须小于等于 ± 1 NM；

在 RNAV2 规范下的进离场、起始进近航段，至少 95% 的总飞行时间内，偏航容差（XTT）及沿航迹容差（ATT）必须小于等于 ± 2 NM；

在 RNAV1 规范下的进离场、起始进近航段，至少 95% 的总飞行时间内，偏航容差（XTT）及沿航迹容差（ATT）必须小于等于 ± 1 NM；

在最后进近航段，至少 95% 的总飞行时间内，偏航容差（XTT）及沿航迹容差（ATT）必须小于等于 ± 0.3 NM。

此外，在 RNP 和 RNAV 后随的数字表示在 95% 的时间内的导航精度，如 RNAV1，RNP0.3。

需要注意的是同样的数字，RNAV 和 RNP 对机载导航设备和机组程序会有很大的差别。

8.3.2 离场程序

在需要仪表离场的每一条跑道，都应建立离场程序。建立的离场程序可限于某一分类飞机使用。程序设计时，根据机场地形、障碍物、助航设施以及空中交通流向等情况，规定标准离场航线或全向离场（不规定标准离场航线），按照 8168 文件关于离场程序的超障准则，检查离场航线保护区或全向离场保护区的超障余度。标准仪表离场程序如图 8.36 所示。

为了保证在飞行阶段中飞越障碍物的安全余度和识别障碍物，仪表离场程序可能用以下形式中的任一种形式表示：① 规定要飞行的航线；② 规定要达到的最小净上升梯度；③ 全向离场可规定要避开的扇区。

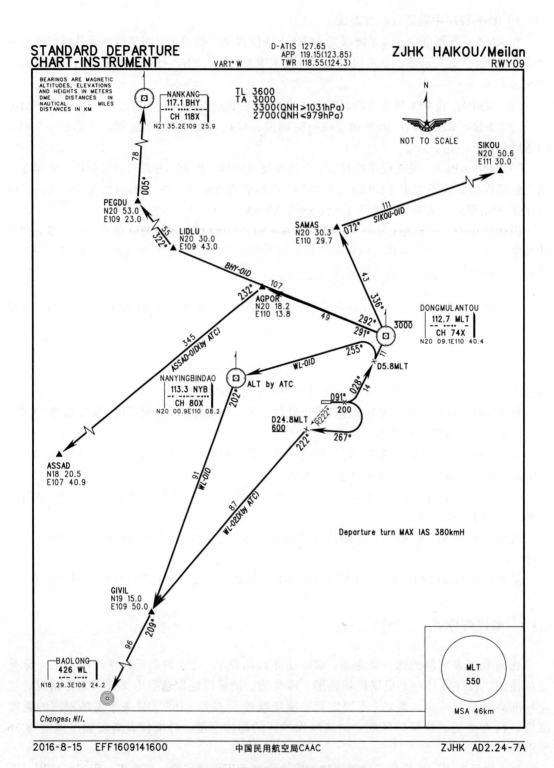

STANDARD DEPARTURE
CHART-INSTRUMENT
VAR1° W

D-ATIS 127.65
APP 119.15(123.85)
TWR 118.55(124.3)

ZJHK HAIKOU/Meilan
RWY09

BEARINGS ARE MAGNETIC
ALTITUDES, ELEVATIONS
AND HEIGHTS IN METERS
DME DISTANCES IN
NAUTICAL MILES
DISTANCES IN KM

NANKANG
117.1 BHY
CH 118X
N21 35.2E109 25.9

TL 3600
TA 3000
3300(QNH≥1031hPa)
2700(QNH<979hPa)

N

NOT TO SCALE

SIKOU
N20 50.6
E111 30.0

78
005°

PEGDU
N20 53.0
E109 23.0

55
322°

LIDLU
N20 30.0
E109 43.0

BHY-OID

111
SIKOU-OID

072°

SAMAS
N20 30.3
E110 29.7

43

336°

232°

107

AGPOR
N20 18.2
E110 13.8

49

292°
291°

3000

DONGMULANTOU
112.7 MLT
CH 74X
N20 09.1E110 40.4

345
ASSAD-OID(by ATC)

255°

028°

D5.8MLT

NANYINGBINDAO
113.3 NYB
CH 80X
N20 00.9E110 08.2

202°

WL-OID

ALT by ATC

091°

200

D24.8MLT
600

R222°

14

222°

267°

ASSAD
N18 20.5
E107 40.9

91
WL-OID

Departure turn MAX IAS 380kmH

87
WL-02D(by ATC)

GIVIL
N19 15.0
E109 50.0

96

209°

BAOLONG
426 WL
N18 29.3E109 24.2

MLT
550

MSA 46km

Changes: Nil.

图 8.36 标准仪表离场程序举例

8.3.2.1　一般准则

1. 离场程序的起点和终点

离场程序以起飞跑道的离场末端（Departure End of the Runway，DER）为起点。这一点也就是起飞区域的末端（跑道端或净空道端）。DER 的标高为跑道末端或净空道末端的标高中的较高者。

离场程序在程序设计梯度（PDG3.3% 梯度或根据安全超障要求的梯度）沿飞行航径到达下一飞行阶段（航线、等待或进近）的批准的最低高度为止。

2. 障碍物鉴别面

障碍物鉴别面（Obstacle Identification Surface，OIS）是建立在机场周围用于识别离场保护区内障碍物的一组斜面，该斜面的梯度为 2.5%。当有障碍物穿透 OIS 面时，必须考虑在离场程序中规定一条飞行航径，以便安全避开障碍物；或者规定一个最小净上升梯度，以提供飞越这些障碍物时有一个适当的余度。

OIS 面必须定期检查（每年一次即可），以证实障碍物资料是否有效，有没有新的变化，能否保证满足最小超障余度和程序的完整性。无论何时，如果有建筑物损害 OIS 面时，应立即通知主管部门。

3. 程序设计梯度 PDG

程序设计梯度（PDG）是从 OIS 面起点（DER 点之上 5 m）开始计算的公布爬升梯度。如果没有障碍物穿透 OIS 面，则飞机的程序设计梯度等于 OIS 面梯度加 0.8%（对 H 类飞机为 4.2%）。

如果 OIS 面被穿透，可通过调整离场航线来避开穿透障碍物。如果无法避开穿透障碍物，则应增加 PDG 以保证最小超障余度（距 DER0.8%的距离）飞越障碍物，此时应公布 PDG 以及该 PDG 延伸的高度。

若 PDG 为了避开穿透障碍物而增加，当以最小超障余度飞越关键障碍物后，PDG 应减小到 3.3%，如图 8.37 所示。

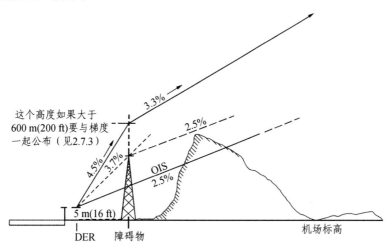

图 8.37　程序设计梯度 PDG

若增加的 PDG 延伸高度不超过 60 m（通常由靠近跑道的低矮障碍物引起），则可不公布该 PDG，但必须公布该靠近跑道穿透 OIS 面的低矮障碍物，如图 8.38 所示。

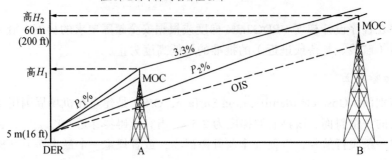

障碍物A的PDG P_1 不公布，因为 $H_1 \leqslant$ 60 m(200 ft)；
障碍物B的PDG P_2 应公布，因为 $H_2 >$ 60 m(200 ft)；
但A和B两个障碍物都应公布

图 8.38　靠近跑道障碍物

如果存在一个合适的 DME 台，或能够建立一个合适的 RNAV 定位点，则可公布一些特殊的高度/距离信息，用以监视飞机相对于关键障碍物的位置。

8.3.2.2　标准离场程序

通常制定的标准仪表离场（SID）要适应尽可能多的航空器分类，如果程序要求特定的航空器类别，这种适用范围应予以公布。

离场航线有直线离场和转弯离场两种基本形式。直线离场航线应在距 DER20 km（10.8 NM）以内得到航迹引导，在离场需要转弯时，则要求在完成转弯后 10 km（5.4 NM）以内得到航迹引导。航迹引导通常由 NDB、VOR 提供，如果有监视雷达，也可用于航迹引导。

1. 直线离场

起始离场航迹与跑道中线方向相差在 15°以内的离场，但只要实际可能，离场航线就应尽可能与跑道中线延长线一致。

根据起始离场能否得到航迹引导，直线离场分为无航迹引导直线离场和有航迹引导直线离场两大类。其中，无航迹引导直线离场又分为无航迹调整离场、在指定航迹调整点处做调整的离场以及无指定点航迹调整离场；有航迹引导直线离场分为导航设施在跑道中心线上以及偏置（航迹与跑道中心线平行、偏置、交叉）两种情况。

在设计区域时，应假定直线离场航线方向的调整是在 PDG 到达 DER 标高之上 120 m 以前，或在规定的航迹调整点进行。

对于无航迹引导直线离场，当不用做航迹调整时，其保护区以 DER 为起点，起始宽 300 m，按 15°向两侧扩张（见图 8.39）。当起始离场航迹需要做不超过 15°的调整时，航迹调整一侧的保护区边界向外增加扩张角度，增加度数为航迹调整的度数，而对于航迹调整另一侧的保护区边界，当 PDG 到达 120 m 时（对于 3.3%的 PDG 来说一般是距 DER3.5 km 远时到达该高度）向内减小扩张度数，减小的度数为航迹调整的度数（见图 8.40）。当有指定的航路调整点做调整时，航迹调整一侧的保护区边界从航迹调整点最早容差处向外增加扩张度数，增加度数为航迹调整的度数，航迹调整另一侧的保护区边界从航迹调整点最晚容差处向内减小扩张度数，减小的度数为航迹调整的度数（见图 8.41）。

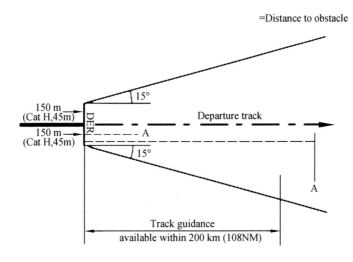

图 8.39　无航迹引导的直线离场

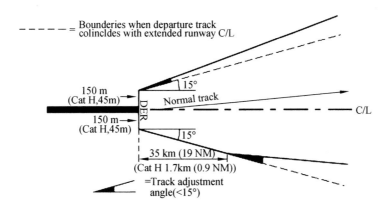

图 8.40　有航迹调整的直线离场（无指定航迹调整点）

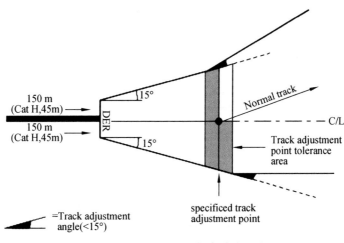

图 8.41　有指定航迹调整点的直线离场

对于有航迹引导的直线离场,其保护区的构成同无航迹引导且不做航迹调整的直线离场的保护区一样,并延伸到与提供航迹引导的导航设备的保护区相切如图 8.42～图 8.46 所示。

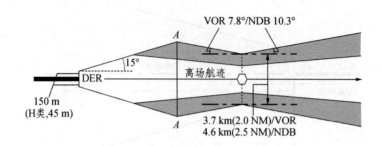

图 8.42　直线离场（向台）

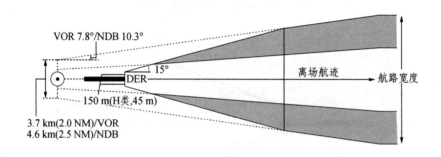

图 8.43　直线离场（背台）

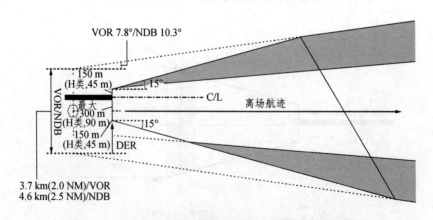

图 8.44　离场航迹偏置的直线离场（航迹平行于跑道方向）

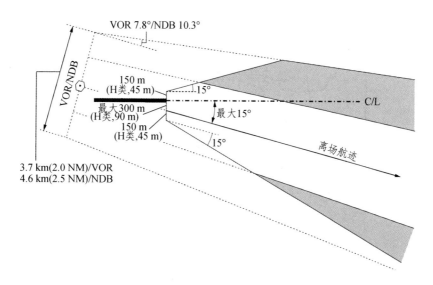

图 8.45 离场航迹偏置的直线离场（航迹偏离跑道方向）

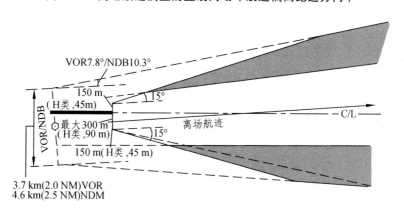

图 8.46 离场航迹偏置的直线离场（航迹与跑道方向相交）

2. 转弯离场

离场航线要求大于 15° 的转弯时为转弯离场。转弯离场规定在飞机起飞离场到达 DER 标高之上 120 m（394 ft）之后，在此之前为直线飞行。

转弯可规定在一个高度或一个定位点上空进行，为检查转弯离场的超障余度，程序设计时必须画出转弯区。

如果障碍物的位置和高度不能使转弯离场满足最低转弯高度的准则，则离场程序应根据当地情况与有关飞行单位的意见进行设计。

3. 应急程序

标准离场程序所规定的程序设计梯度（PDG）可能高于某些机型在决断速度（v_1）以后发生发动机故障或飞行中紧急情况时适航当局批准的梯度。为了对这些飞机提供保护，航空公司或飞行部门必须根据个别机型一发失效时批准的上升性能对障碍物进行检查，并在必要时建立应急程序。如果地形和障碍物允许，应急程序的路线应遵循标准离场程序的路线（见图 8.47）。

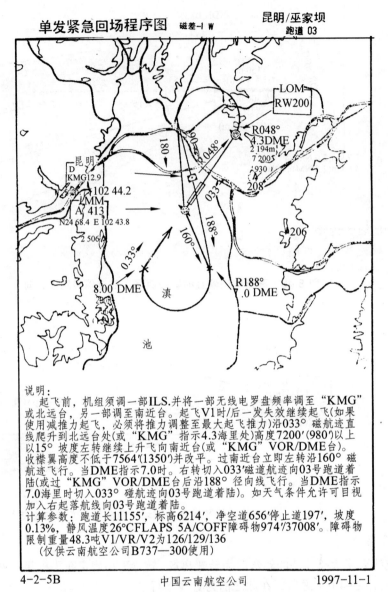

说明:

　　起飞前, 机组须调一部ILS.并将一部无线电罗盘频率调至 "KMG" 或北远台, 另一部调至南近台。起飞V1时/后一发失效继续起飞(如果使用减推力起飞, 必须将推力调整至最大起飞推力)沿033° 磁航迹直线爬升到北远台处(或 "KMG" 指示4.3海里处)高度7200′(980′)以上以15° 坡度左转继续上升飞向南近台(或 "KMG" VOR/DME台)。收襟翼高度不低于7564′(1350′)并改平。过南近台立即左转沿160° 磁航迹飞行。当DME指示7.0时。右转切入033′磁道航迹向03号跑道着陆(或过 "KMG" VOR/DME台后沿188° 径向线飞行。当DME指示7.0海里时切入033° 碰航迹向03号跑道着陆)。如天气条件允许可目视加入右起落航线向03号跑道着陆。

计算参数: 跑道长11155′, 标高6214′, 净空道656′停止道197′, 坡度0.13%, 静风温度26℃FLAPS 5A/COFF障碍物974′/37008′。障碍物限制重量48.3吨V1/VR/V2为126/129/136

(仅供云南航空公司B737—300使用)

4-2-5B　　　　　　中国云南航空公司　　　　　　1997-11-1

图 8.47　离场航线的应急程序举例 (昆明机场)

8.3.2.3　全向离场

　　没有规定离场航线的机场或在不具备适用的导航设施的地方, 由于其周围总会有影响离场的障碍物存在, 为了保证飞机离场的安全, 应使用全向离场准则所规定的面和区域来鉴别影响离场的障碍物。全向离场的限制以规定要避开的扇区、该扇区要达到的高度或该扇区要达到满足的 PDG 限制表示。

1. 基本程序保证

　　全向离场程序设计中, 飞机在转弯前必须上升到 DER 标高以上 120 m。并且在开始大于15° 的转弯之前, 必须提供至少 90 m 的超障余度。

2. 全向程序

全向程序的设计可使用以下任何一种组合：

标准情况：在没有障碍物穿透障碍物鉴别面（OIS）和满足 90 m（295 ft）超障余度的地方，使用 3.3% 梯度上升至 120 m（395 ft）就能满足向任何方向转弯的超障要求。

规定转弯高度/高：如果由于障碍物的原因不可能在 120 m（395 ft）作全向转弯，程序必须规定 3.3%上升至一个能进行全向转弯的高度/高。

规定程序设计梯度（PDG）：在有障碍物的地方，程序可规定一个大于 3.3% 的最小梯度爬升至允许转弯的规定高度/高。

扇区离场：在有障碍物的地方，可规定扇区，在扇区内规定最小上升梯度或最低高度/高（如"直线上升至高度/高 —— 开始向东/0°～180° 扇区转弯和至高度/高 —— 开始向西/180°～360° 扇区转弯"）。

如果有障碍物不允许制订全向程序，则必须飞行离场航线或保证云高和能见度使之有可能用目视避开障碍物。

8.3.2.4　公布的资料

国际民航组织 8168 号文件对离场程序应公布的资料，有如下规定：

程序要求的所有航迹、定位点和高度/高（包括转弯高度/高）；所有用于确定航段的导航设施、定位点或航路点、径向方位和 DME 距离；穿透 OIS 面的重要障碍物；穿透 OIS 面而靠近跑道的障碍物的位置和高，无论何时有靠近跑道的障碍物而不考虑公布 PDG 时，在标准仪表离场（SID）图中应有注明；在离场区内的最高障碍物和区域外决定程序设计的重要障碍物；不再使用超过 3.3% 梯度的高度/高。无论何时仅仅由于空域限制而公布的程序设计梯度应在图中注明；必须在 SID 图中标出。

只有在使用区域导航（RNAV）为主要领航方法的离场航线才标记为 RNAV 离场航线。

全向离场的限制必须用要避开的扇区表示，或在扇区内规定最小上升梯度和/或最低高度，使飞机能安全飞越障碍物。

公布的最小梯度必须是可能要求飞越的任何扇区内的最大值。规定最小梯度达到的高度必须能使飞机能够继续以 3.3% 的梯度通过那个扇区以及随后的扇区或达到为另一飞行阶段（即航路、等待或进近）批准的高度。也可公布一个定位点用以标志飞机飞越这一位置后不再使用大于 3.3% 的上升梯度。

如果转弯后需要飞行一个航向切入规定的方位线或径向线，则程序应公布规定的转弯点，保持的航迹以及要加入的方位/径向线，如"在 DME 2 NM 左转至 340° 航迹，切入 VOR RO20°"。

如果离场程序仅限于特定的飞机分类使用，则应在程序中清楚说明。

如果云高和能见度最低标准是限制准则时，这个资料应予以公布。

8.3.3　仪表进场和等待程序

仪表进场和等待程序虽然在操纵技术上不作为一个进近航段，但它们是许多仪表进近程序的一个组成部分，是航路结构与进近结构的过渡形式。一个进近程序可能有几条进场航线，但飞行员通常使用最接近于航路到达点的那一条，如图 8.48 所示。

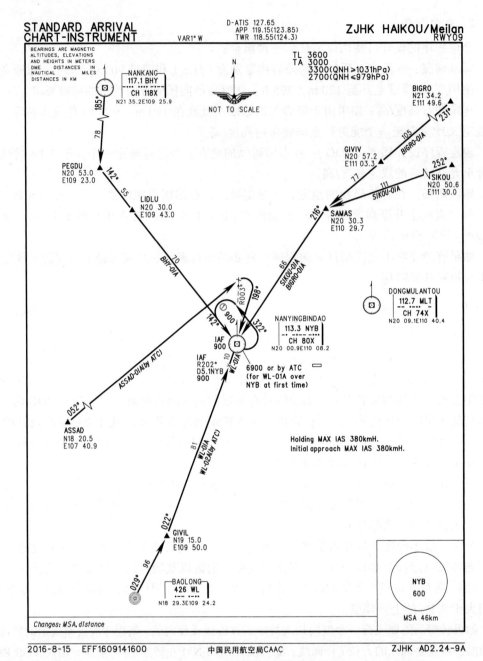

图 8.48 标准仪表进场和等待程序举例

8.3.3.1 进场航线

当一条进场航线被标明时，图中将提供所飞的航道或方位角、距离和最低安全高度。

进场航段应当按规定划设保护区，如果进场航线长度等于或大于 46 km（25 NM），航路准则使用至 IAF 之前 46 km（25 NM），保护区宽度从 46 km（25 NM）处减小，收敛角为轴线两侧各 30°，直至到达起始进近准则规定的宽度。如果进场航线长度小于 46 km（25 NM），保护区的宽度从进场航线开始用轴线两侧各 30° 收敛角直至到达起始进近准则规定的宽度。

到达 IAF 46 km（25 NM）以前，转弯的保护区使用航路准则，而在 IAF 之前的最后 46 km（25 NM），使用起始进近准则（见图 8.49）。

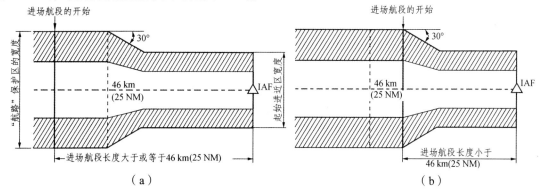

图 8.49　进场航段保护区

8.3.3.2　最低扇区高度

在仪表进场中，飞行员还必须遵守最低扇区高度的规定。最低扇区高度也叫扇区最低安全高度，是紧急情况下在规定扇区可以使用的最低高度。每个已建立仪表进近程序的机场，都必须确定最低扇区高度。

1. 扇区的划分

以仪表进近中用于归航的导航台为中心、46 km（25 NM）为半径所确定的区域内，通常按罗盘象限，即进入的磁方位为 0°、90°、180° 和 270° 划分为 4 个扇区，但如果因地理条件或其他原因，扇区边界也可以选择其他方位，以便取得最佳的最低扇区高度。图 8.50 中，根据地形和障碍物情况，分别以 140°、210°、300°的磁方位为界，将整个区域划分为 3 个扇区，从而使最高障碍物的影响限制在最小的范围（图中 210° ~ 300°扇区）内。在各扇区边界之外9 km（5 NM）以内的范围为该扇区的缓冲区。

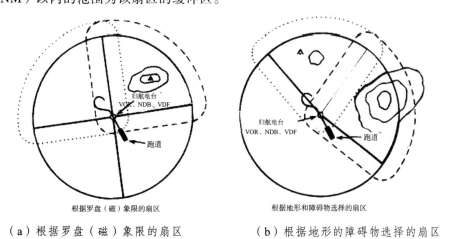

（a）根据罗盘（磁）象限的扇区　　　（b）根据地形的障碍物选择的扇区

图 8.50　扇区的划分

2. 最低扇区高度的确定

最低扇区高度等于该扇区（包括缓冲区）内的最高障碍物标高加上至少 300 m 的超障余

度，然后以 50 m 或 100 ft 向上取整。在山区，最低超障余度应予增加，增加的数值最大可达 300 m，即山区飞行时，最低超障余度应为 300 ~ 600 m。

3. 以 VOR / DME 或 NDB/DME 为中心的扇区

以 VOR / DME 或 NDB / DME 为中心的扇区，可以在扇区内另外规定一个圆形边界（DME 弧），将扇区划分为分扇区，在里面的区域使用较低的 MSA。使用的 DEM 弧应选择在 19 ~ 28 km（10 ~ 15 NM）之间，以避免使用的分扇区太小。分扇区之间的缓冲区宽度仍使用 9 km（5 NM），如图 8.51 所示。

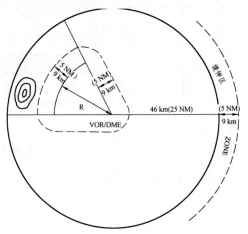

图 8.51 用 DME 弧确定 VOR / DME 分扇区的边界

8.3.3.3 等待程序

等待程序是指航空器为等待进一步放行而保持在一个规定空域内的预定的机动飞行。等待程序一般设置在进场航段的末端或进场航线上的某一点。

1. 构 成

1）常规的等待程序

等待航线的形状和有关术语如图 8.52 所示。

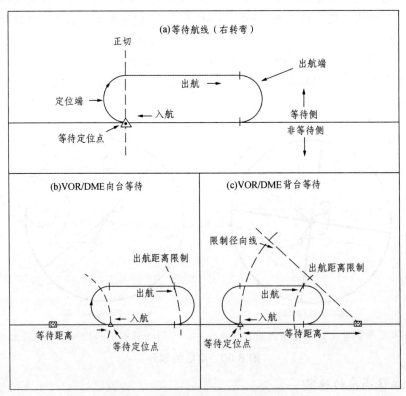

图 8.52 右等待航线的形状和有关术语

等待程序的出航时间与飞行高度有关，在 14 000 ft（4 250 m）或以下为 1 min，14 000 ft（4 250 m）以上，则飞行 1.5 min。出航飞行（三边）计时的开始，是在转至出航航向或正切定位点，以发生较晚者为准。如果不能确定正切位置，则在完成出航转弯至出航航向即开始计时。

如果出航航段的长度是由 DME 确定，则到达 DME 限制距离，出航段即行终止。DME 限制的出航距离应由用特定的真空速飞行 1 min 的距离表示，这样就可以保证入航转弯结束后任可获得 30 s 的入航航迹，且考虑到了倾斜的范围。

在背台等待情况，如果从等待定位点至 VOR / DME 台的距离较短，可规定一条限制径向线。在需要限制空域的地方，也可规定一条限制径向线。如果飞行中首先遇到限制径向线，则应跟随这条径向线直至开始入航转弯，如果有限制 DME 距离则最晚到达限制 DME 距离开始转弯。

如果由于某种原因飞行员不能遵守在正常条件下制定的任何特定的等待航线时，应尽早通知空中交通管制。

2）以 VOR / DME 为基准的区域导航（RNAV）等待程序

航空器装有 RNAV 系统并经国家批准达到适当的 RNAV 运行水平，可使用这种系统进行 VOR / DME RNAV 等待。可以建立两类 RNAV 等待程序：航路点 RNAV 等待和 RNAV 区域等待如图 8.53 所示。

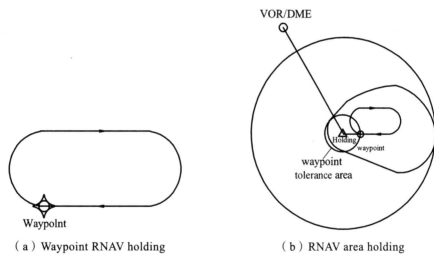

（a）Waypoint RNAV holding   （b）RNAV area holding

图 8.53　RNAV 等待程序

2. 等待或直角航线程序的进入方法

1）以电台为起点的进入

如果等待或直角航线程序的起始点是个电台，可以根据航向与下述 3 个扇区的关系，采用全向进入直角航线的方法。如果起始点是 VOR 交叉定位点或 VOR / DME 定位点，则沿径向线或 DME 弧进入。为了节省空域，也可限制在特定的航线进入，如果有这种限制，则进入航线应规定在程序内。

直角航线进入扇区的划分（见图 8.54）：以起始点为圆心，入航航迹的为基准，向直角航线程序一侧量取 70°并通过圆心画出一条直线，该直线与入航航迹反向线将 360°的区域划分为 3 个扇区。第一扇区 110°，第二扇区 70°，第三扇区 180°，各扇区还应考虑其边界两侧各 5°的机动区。

第一扇区平行进入，飞机到达起始点后，转到出航航向飞行适当的时间或距离，而后向左（右航线）或右（左航线）转至等待一侧切入向台航迹或回到定位点（采用直角航线的进近程序必须先切入入航航迹而后飞向起始定位点），第二次飞越起始定位点时向右（右航线）或向左（左航线）转弯加入直角航线飞行。

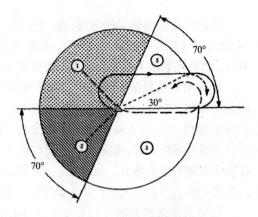

图 8.54　进入扇区的划分

第二扇区偏置进入，飞机到达起始定位点后，向等待航线一侧转弯，保持 30° 偏置角的航向飞行适当的时间或距离，而后转弯切入向台（入航）航迹，第二次飞越起始定位点时转弯加入直角航线飞行。从第二扇区偏置进入时，在 30° 偏置航迹上的飞行时间不应超过 30 s。如果出航时间仅为 1 min，则在 30° 偏置航迹上也只飞行 1 min；如果出航时间大于 1.5 min，则在 30° 偏置航迹上飞行 1.5 min 后，应转至出航航向飞行其余的时间。

第三扇区直接进入，飞机到达起始定位点后，右转弯（右航线）或左转弯（左航线）直接进入第三边（出航航迹）加入直角航线飞行。加入直角航线程序的所有机动飞行应尽可能在向台（入航）航迹的直角航线一侧进行。

2）VOR / DME 等待的特殊进入

到达 VOR / DME 等待航线可以是沿入航航迹的轴线，沿规定的航迹，或者如果航空器必须建立在规定的受保护的飞行航迹上则使用雷达引导进入（见图 8.55）。

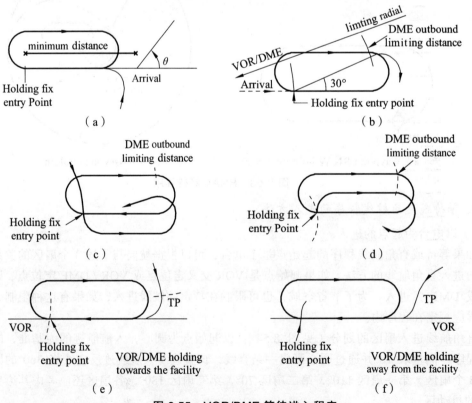

图 8.55　VOR/DME 等待进入程序

到达 VOR / DME 等待航线的进入点可以是等待定位点或在出航段末端的定位点。以等待定位点为进入点时，通常使用入航段的 VOR 径向线，或确定等待定位点的 DME 弧进入；以出航末端为进入点时，通常使用通过出航段末端定位点的 VOR 径向线进入。

用于引导进场至 VOR / DME 等待的 DME 弧半径不得小于 18.5 km（10 NM）。

进场航段至进入点为止的最后段的最小长度是随最后航段与前航段或雷达引导航径的交角 θ 而变化。切入角（θ）与最小距离的规定如下：0°～70°为 4 NM；71°～90°为 5 NM；91°～105°为 7 NM；106°～120°为 9 NM。

8.3.4 非精密进近程序

这部分主要阐述在非精密进近条件下，起始进近、中间进近、最后进近和复飞航段的建立准则以及保障飞行安全的主要因素。

8.3.4.1 起始进近航段

根据起始进近所采用的航线，仪表进近程序在结构上有以下 4 种基本形式：

（1）直线航线程序：起始进近采用直线航线（NDB 方位线、VOR 径向线）或 DME 弧的进近程序。这种程序经济、简便。

（2）反向航线程序：起始进近采用反向航线的进近程序。航空器通过基线转弯、45°/180° 或 80°/260° 程序转弯，从与着陆方向相反的方向转至着陆方向上，以便进入中间或最后进近航段。反向程序是仪表进近程序的重要形式。

（3）直角航线程序：起始进近采用直角航线的进近程序。进场高度过高时，用于降低高度或不便于采用反向程序时使用的一种程序。复飞等待或再次进近时，也使用直角航线程序。

（4）推测航迹程序：在起始进近切入中间进近航段之前，采用一段推测航迹的进近程序。这种程序节省时间和空域，实施简便，特别有利于空中交通管制员通过雷达引导对航空器实施合理的调配，增大空中交通流量，因此很适合于流量较大的机场。

1. 沿直线或 DME 弧航线的进近

在设定起始进近航迹及其定位点时，应以下述标准为依据。

1）航迹对正

起始进近航迹在中间进近定位点与中间进近航迹的交角（切入角）不应超过 120°，如果交角超过 70°，则应确定一条径向线或一条方位线或 DME 弧，以提供至少 2 NM（4 km）的转弯提前量。如果交角超过 120°，则应考虑采用 U 形程序、反向或直角航线程序。

使用 DME 弧作起始进近航迹时，DME 弧可以在 IF 或以前与中间航段相交，圆弧的半径不得小于 7 NM（13 km）。如果半径过小，飞行中将因圆弧曲率过大而增加航迹保持的困难。

2）航段长度

起始进近航段没有规定标准的长度，它的长度根据该航段规定的下降梯度和需要下降的高度确定，下降梯度一定时，需要下降的高度越多，航段就越长。

3）下降梯度

下降梯度是飞机在单位水平距离内所下降的高度，它等于下降的高度与相应的水平距离之比，用百分数表示。规范规定起始进近的最佳下降梯度为 4%，如果为了避开障碍物（缩短起始航段长度）需要一个较大的下降梯度时，则允许的最大下降梯度为 8%。如果起始进近的指示空速限制在 165 km/h（90 kt）时，最大下降率可以增加到 13.2%。

4）安全保护区

为了保证安全，仪表进近程序的各个航段都规定有相应的安全保护区，即超障区。提供有航迹引导的航段，其超障区是一个以进近航迹为对称轴的区域，并分为主区和副区两部分，在进近航迹两侧，主、副区各占总区域宽度的一半（见图 8.56）。

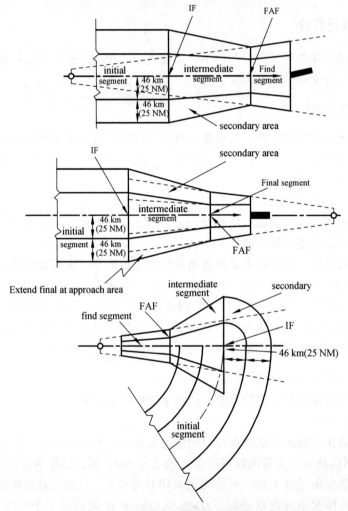

图 8.56　各进近航段超障区的衔接

使用直线航线或 DME 弧的起始进近航段，其超障区宽度一般为 ± 5 NM（9.2 km）。在起始进近航迹两侧，主区和副区宽度各为 2.5 NM（4.6 km）。

5）最小超障余度

超障余度，顾名思义，就是飞越安全保护区内的障碍物上空时，保证飞机不致与障碍物相撞的垂直间隔。在设计仪表进近程序时，主要的安全考虑就是超障余度。程序设计规范为各航段规定的超障余度，是根据现代标准设备和大量飞行实践结果制定的，它考虑了许多变

684

化因素，如地形、气象条件、设备精度、飞机性能及驾驶员的能力等。由于各种变化因素的存在，规范中规定的超障余度认为是最小的，从安全考虑，是不能再降低的。

在起始进近区的主区内，最小超障余度（MOC）为 300 m。在副区内，MOC 由其内边界的 300 m 逐渐向外递减至外界边为零。副区内任一点的最小超障余度（MOC′）可按下式计算（见图 8.57）

$$\mathrm{MOC'} = 2 \times 300 \times （5\,\mathrm{NM} - 1）/5\,\mathrm{NM} \quad （\mathrm{m}）$$

式中，5 NM（9.26 km）为起始区宽度，1（NM）为该点至起始进近航迹的垂直距离，300 m 为起始航段主区的最小超障余度。

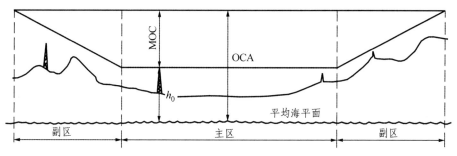

图 8.57　起始进近区副区内任一点的 MOC′

6）最低超障高度/高（OCA/OCH）

进近各航段的最低超障高度，就是保证仪表进近过程中，飞机不致与超障区内的障碍物相撞的最低安全高度。进行程序设计时，起始进近定位点、中间定位点和最后进近定位点最低高度的确定，有赖于进场航段、起始进近航段和中间进近航段最低超障高度的计算，而最后进近和复飞的最低超障高度，也就是整个仪表进近程序的最低超障高度，则是制定机场运行最低标准的依据。因此，最低超障高度的计算是程序设计的一项极其重要的计算。

飞机飞越障碍物时的最低超障高度（OCA），等于该障碍物标高（h_0）加上最小超障余度（MOC），即

$$\mathrm{OCA} = h_0 + \mathrm{MOC}$$

在主区，对各障碍物提供的超障余度都是相同的，障碍物越高，要求的最低超障高度就越高。在副区，处于不同位置的障碍物，其超障余度则不相同。其中标高很高的，要求的最低超障高度不一定很高。因此，在计算最低超障高度时，对副区内的障碍物，必须逐个计算其超障余度和超障高，对主区内的障碍物，只需计算飞越其中最高障碍物的超障高就可以了。

根据计算出来的最低超障高度来确定各航段的最低高度时，起始进近航段应按 50 m 或 100 ft 向上取整。

2. 反向航线

1）应　用

反向程序是由出航航迹和转至向台（入航）航迹的转弯（入航转弯）所构成，用于以下情况：起始进近从位于机场或机场附近的电台（或定位点）开始时；在中间定位点（IF）要

求进行大于 70° 的转弯而又没有适当的电台提供提前转向中间航段的径向线、方位线或 DME 距离时；在中间定位点（IF）需要进行大于 120°（ILS 进近为 90°）的转弯因而不能建立直线航线程序，也不能提供雷达向量或推测（DR）航迹时（见图 8.58）。

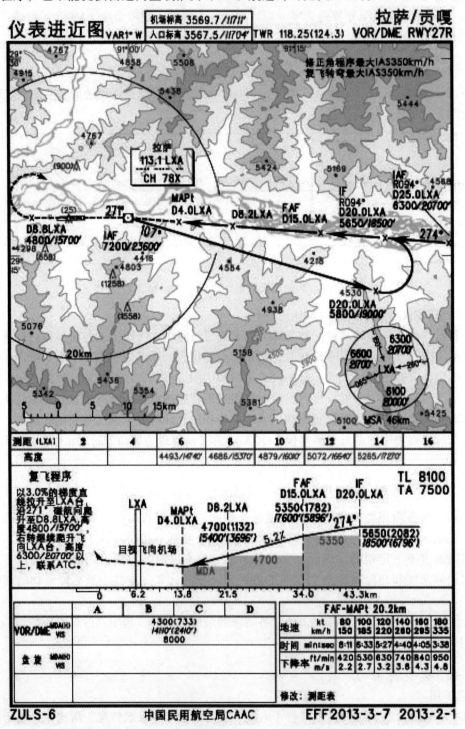

图 8.58　非精密进近程序举例（拉萨/贡嘎机场）

2）构　成

反向程序可以采用下述的基线转弯（修正角航线）、45°/180°程序转弯和80°/260°程序转弯3种形式。在反向程序之前，往往是位置适当的等待航线。

基线转弯（修正角程序）的开始点必须是电台。飞机按规定高度（起始高度）飞越电台后，沿出航航迹飞行规定的时间（出航时间 t），并下降到切入向台航迹的规定高度，接着转弯切入向台航迹。

45°/180°程序转弯的开始点是个电台或定位点，飞机从电台或定位点起计时出航飞行，并下降高度，而后向左或右作45°转弯，从开始转弯起计时飞行60 s（A、B类飞机）或75 s（C、D、E类飞机）后，接着向相反方向作180°转弯飞向向台（入航）航迹（见图8.57）。飞机从开始45°转弯到开始180°转弯之间的飞行时间，应足以保证在改出180°转弯时不致错过向台（入航）航迹。这期间可以继续下降到规定的向台高度。

80°/260°程序转弯的开始点是个电台或定位点，程序包括从电台或定位点起计时飞行，并下降到规定的向台高度，而后向左或右作80°转弯，紧接着向反方向作260°转弯切入向台（入航）航迹（见图8.59）。

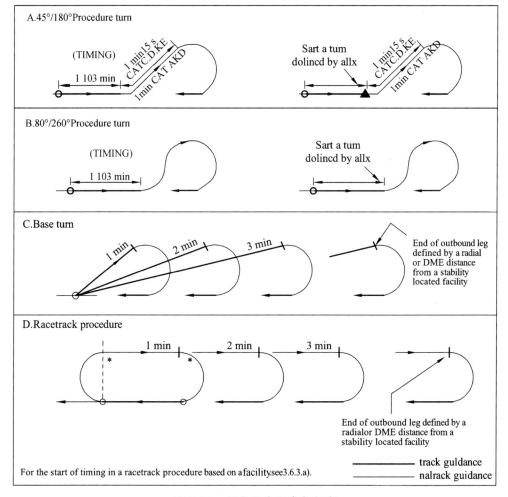

图8.59　反向程序和直角程序

687

3）基线转弯程序的标准航迹参数

基线转弯的出航（背台）航迹与向台航迹之间的夹角（偏置角或修正角 ϕ），取决于出航时间（t）、飞机的真空速（v）和转弯坡度（α）。这一角度使得飞机沿出航航迹飞行规定的时间后开始以规定的速度和坡度转弯，在转至向台航向改平时正好切到向台航迹上。

（1）反向和直角航线程序规定的最大下降率。

由于各类飞机的速度大小不同，同样的出航时间，航迹的长度（$v \cdot t$）是不一样的，如果下降同样的高度，下降梯度将各不相同。因此，不可能为反向或直角航线程序规定一个下降梯度，而是用规定的最大下降率来代替。各类飞机出航和入航的最大下降率的规定见表8.6。

表 8.6 反向和直角航线程序规定的最大下降率

		Maximum*	Minimum*
Outbound track	Cat A/B	245 m/min（804 ft/min）	N/A
	Cat C/D/E/H	365 m/min（1 197 ft/min）	N/A
Inbound track	Cat A/B	200 m/min（655 ft/min）	120 m/min（394 ft/min）
	Cat H	230 m/min（755 ft/min）	N/A
	Cat C/D/E	305 m/min（1 000 ft/min）	180 m/min（590 ft/min）

（2）反向或直角航线程序的出航时间（t）规定。

反向或直角航线程序的出航边的飞行时间，可根据下降的需要，从 1 min 到 3 min 以 0.5 min 为增量规定之，但出航时间延长到 3 min 属于例外情况。如果空域紧张，为缩减保护区，可对不同分类的飞机规定不同的出航时间。如果由于空域紧张，出航时间不可能延长至 1 min 以上时，则可根据需要下降的高度和规定的下降率，确定沿直角航线飞行一圈以上。

反向或直角航线程序必须根据出航航段和入航航段（两次过台）所要下降的高度和规定的最大下降率（v_z）计算出最小出航时间（见图8.60），即

$$出航最小时间 = \frac{(起始高度 - 第二次过台高度)}{(出航最大v_z + 入航最大v_z)} （min）$$

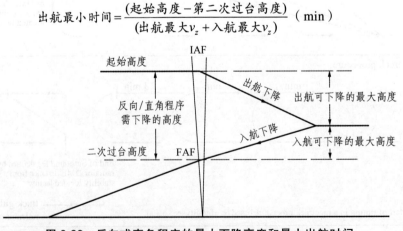

图 8.60 反向或直角程序的最大下降高度和最小出航时间

计算值应按 0.5 min 向上取整，反向或直角航线程序所规定的出航时间不得少于这一最小数值（经取整后）。为不同分类的飞机规定不同的出航时间时，各类飞机的出航航迹和飞行时间应分别予以公布。

如果有位置适当的导航设施可供利用时，反向和直角航线程序的出航航迹的长度，可规定一个 DME 距离或一条径向线/方位线加以限制。飞行中驾驶员将根据仪表的指示确认到达规定的限制线时开始入航转弯，而不是根据飞行时间来控制开始转弯时机。

（3）基线转弯程序的出航偏置角（φ）。

φ 角的大小可按下式计算

$$\tan(\varphi/2) = r/vt = v/(gt \cdot \tan\alpha)$$

或 $$\tan(\varphi/2) = 1/(\tan R \cdot t)$$

式中，g 为重力加速度，等于 9.806 65 m/s²；R 为转弯率即转弯角速度[（°）/ s]。

实际应用时，上述公式应根据 α 或 R 的规定数值加以简化。例如：

A/B 类飞机（TAS≤315 km/h）：$\varphi = 36/t$（t 的单位为 min）

C/D 类飞机（TAS>315 km/h）：$\varphi = 0.116\text{TAS}/t$（$t$ 的单位为 min，TAS 的为 km/h）

4）反向程序的进入

反向程序的进入航迹必须在该程序出航航迹 ±30° 以内，但对于基线转弯，如果 ±30° 的进入扇区不包含入航航迹的反方向，则应扩大到包含入航航迹的反方向在内（见图 8.61）。如果反向程序与一个位置适当的等待程序相结合，则可以按进入等待程序（直角航线）的方法全向进入反向程序。

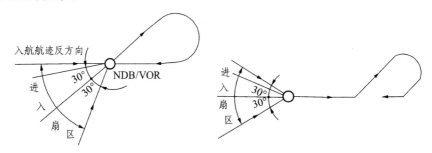

图 8.61 进入反向程序的扇区

5）反向航线保护区

反向程序保护区域，即是在考虑各种容差因素的影响下飞机可能偏离的最大范围，其设计原理参看直角航线程序的保护区模板画法。

3. 直角航线

1）应　用

在仪表进近程序的设计中，如果直线航段没有足够的距离来适应消失高度的要求而又不适于建立反向程序时，可建立直角航线程序。为了增大运行上的机动性，也可以用直角航线程序作为反向程序的备份。

2）构　成

直角程序形状与等待程序相同，但是拥有不同的运行速度和出航时间。入航航迹通常作为程序的中间或最后进近航段。

直角航线程序的开始点是个电台或定位点，由出航转弯、出航航段和入航转弯所构成（见图 8.62）。飞机保持出航航向以规定高度通过起始点上空后，开始向右或向左作 180°转弯进入出航航迹（向右转弯为右航线，向左转弯为左航线），沿出航航迹（三边）飞行规定时间并下降到规定高度后，接着向同一方向作 180° 转弯切入中间或最后航段（入航航迹）。

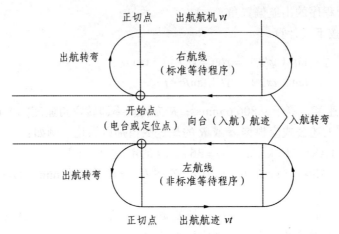

图 8.62　直角航线程序

以电台作为起始点的直角航线程序，出航计时是从正切电台或转弯到出航航向时开始，以发生较晚者为准。如果以定位点为起点，则计时是从转至出航航向时开始。直角航线出航时间的计算和确定方法与方向程序的有关规定相同。为了防止在转弯以前穿越规定的入航航迹，第三边（出航航段）的飞行必须修正风的影响。

3）直角航线和等待航线的保护区

反向、直角和等待航线所要求的保护区，应根据下述区域参数确定：

（1）高度：反向或直角航线程序的起始高度（离平均海平面的气压高度 MLA）。

（2）温度：规定高度上的国际标准大气温度 ISA + 15°C。

（3）指示空速（IAS）：使用表 8.2 中各类飞机反向或直角航线程序最大速度。这一速度应根据上述高度和温度换算为真空速（TAS）。

（4）转弯坡度：平均 25°，或 3(°)/s 转弯率的坡度，以二者中较小的坡度为准（TAS ≤ 315 km/h 时，使用转弯率为 3(°)/s 的坡度；TAS > 315 km/h 则使用平均坡度 25°）。

（5）风速（W）：规定高度（H）上的全向风速。如果有风的统计资料，可使用最大 95%概率的全向风，如果没有统计资料，则用下列公式计算的全向风速

$$W = 12H + 87 \text{ km/h} \qquad （H 单位为 km）$$
$$W = 2H + 47 \text{ kt} \qquad （H 单位为千英尺）$$

（6）定位容差：取决于导航设施的精度、定位方式以及加入程序的方式等。

（7）飞行技术容差：驾驶员反应时间 − 0 ~ + 6 s；建立坡度时间 + 5 s；出航计时容差 ± 10 s；航向容差 ± 5°。

根据直角（或等待）航线保护区所要求的区域参数，首先，在不考虑程序开始点容差的

情况下，绘制出保护区模板，如图 8.63 所示；然后再根据定位点的容差和进入航线的方向进一步绘制出所需要的安全保护区。

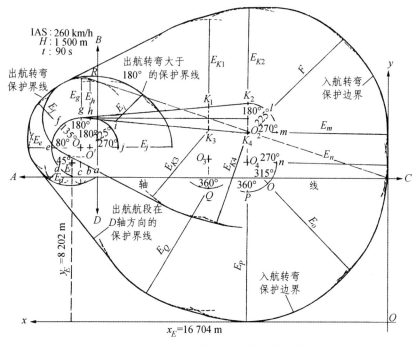

图 8.63　直角或等待航线的保护区模板

4. 推测航迹程序

推测航（DR）迹程序，实质上是一种直线航线程序，只不过其中有一段（不大于 10 NM）为推测航段，不提供航迹引导，飞行员以航向保持方式飞行。

1）推测航迹程序的特点

在空中交通密度相当大的机场，当不能采用直线航线程序直接进近着陆时，采用 DR 程序较之反向或直角程序，在航行上可以得到许多好处：

（1）顺向进入时，使用推测航迹程序（S 形），可以避免做直角程序那样大量的机动飞行，节省时间和空域，并且飞行操作简便。

（2）反向进入时，使用推测航迹程序（U 形），不仅具有（1）项的优点，而且可以减小由起始进近切入中间航迹（ILS 航道）的角度，大大减小飞机偏离（穿越）中间航迹（ILS 航道）的可能性。

（3）程序设计时，可以设计出不同长度的推测航迹，以供同时达到终端区的快速和慢速飞机飞行，便于交通管制员调整飞机进近间隔。如使用雷达引导，可以在雷达荧光屏上提供一条切入 ILS 航道的最好的飞行路线基准。因此，空中交通较繁忙的机场，应根据程序设计的要求，设置必要的导航设施并进行合理的布局，尽可能建立 DR 程序。

2）DR 程序结构

DR 程序有以下两种形式（见图 8.64）：

U 形程序 —— 在 DR 航段之前的转弯和切入最后进近航段（IF 处）的转弯方向相同。航线的构成形似 "U" 字，用于反向进入。

S 形程序 ——在 DR 航段之前的转弯和切入最后进近航段（IF 处）的转弯方向相反。航线的构成形似 "S" 字，用于顺向进入。

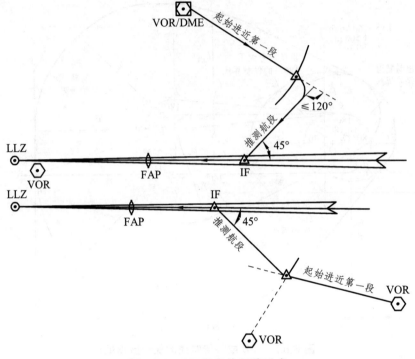

图 8.64 DR 程序的两种形式

这两种形式包括以下 3 个部分：

（1）起始进近的第一段：这一段的航迹由 VOR 径向方位确定，由起始进近第一段转入 DR 航段的角度，当转弯点由 VOR/VOR 定位时，不应超过 105°；当转弯点由 VOR/DME 定位，VOR 台和 DME 台在同一位置时，转弯角度不应大于 120°。为了限制 DR 定位点的容差，该航段长度不应超过 56 km（30 NM）。

（2）DR 航段：DR 航迹与最后进近航迹（ILS 航道）的交角在任何情况下都应等于 45°。DR 航段的最大长度为 10 NM，最小长度要在遇到最大顺风的情况下，能在开始转向 ILS 航道之前完成 DR 航段之前的转弯。这一最小长度决定于程序形式和转弯角度。

（3）中间进近航段：中间进近航段从 DR 航迹切入中间进近航迹的一点开始，至 FAR 为止。要求有一个中间进近定位点（IF），航段的长度取决于速度范围和高度（见表 8.7），最小长度甚至在最坏的情况下并且除了 ILS 信息以外没有其他开始转弯的指示时，也能以 45°切入并稳定在中间进近航迹（ILS 航道）上。

表 8.7 中间航段的长度

	165 ~ 335 km/h（90 ~ 180 kt）	335 ~ 465 km/h（180 ~ 250 kt）
1 500 m（5 000 ft）	11km（6.0 NM）	17 km（9.0 NM）
3 000 m（10 000 ft）	12 km（6.5 NM）	20 km（11 NM）

3）DR 程序的保护区

确定 DR 航迹及其保护区时，使用的影响参数与反向和直角航线保护区的参数相同。在绘制保护区时，应当根据 U 形或 S 形程序、飞机的速度和坡度、标准气压高度、风速、飞行技术容差、定位容差等因素确定。

U 形或 S 形程序的安全保护区举例如图 8.65 所示。

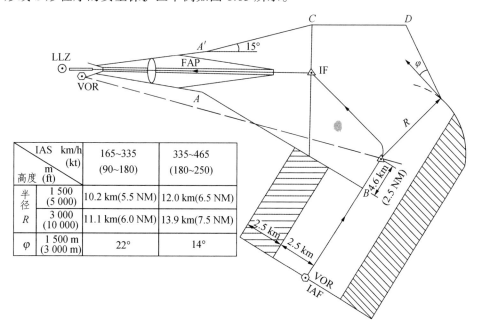

IAS km/h (kt) 高度 m (ft)		165~335 (90~180)	335~465 (180~250)
半径 R	1 500 (5 000)	10.2 km(5.5 NM)	12.0 km(6.5 NM)
	3 000 (10 000)	11.1 km(6.0 NM)	13.9 km(7.5 NM)
φ	1 500 m (3 000 m)	22°	14°

图 8.65　U 形程序安全保护区举例（VOR/VOR 定位）

8.3.4.2　中间进近航段

起始进近采用直线航线和推测航迹程序的中间进近航段，从中间定位点（IF）开始，到最后进近定位点（FAF）终止。起始进近采用反向和直角航线时的中间进近航段通常从转弯切入入航边（向台航迹）的一点开始（IP），也有少数机场根据导航设施的情况，设置了中间进近定位点（IF）或者不设置中间进近航段。

1. 航迹对正

其航迹方向应与最后进近航迹一致。如果为了避开障碍物需要偏开一个角度，而 FAF 是一个电台时，则在非精密进近时，中间航迹偏离最后进近航迹的角度不得大于 30°。当 FAF 处转弯超过 10°时，最后进近航段的保护区在转弯处的外边界应扩大。

2. 航段长度

中间进近航段沿航迹量取的长度不应小于 5 NM（9.3 km），也不应大于 15 NM（28 km），航段的最佳长度为 10 NM（19 km）。除非航行上要求一个较大距离证明是正确的，否则一般不应使用大于 10 NM 的长度。

3. 下降梯度

中间航段的主要作用不是下降而是调整飞机的外形、速度和位置，以便从起始进近过渡到最后进近，因此该航段必须平缓，如果需要下降，则允许的下降梯度最大为 5.2%，而且要在最后进近之前提供一段足够长的平飞段（A/B 类飞机需 1.0 NM 平飞段，C/D 类飞机需 1.5 NM 平飞段），使飞机从航路速度或限制速度减速，并在最后进近之前进行必要的飞机外形改变。

4. 超障高度/高（OCA/OCH）

中间进近航段的超障区，其内外边界（主、副区边界）是由直线连接起始进近区和最后进近区的内外边界而成。在 IF 处，区域宽度一般为 ±5 NM（9.3 km）；在 FAF 处，其宽度等于最后进近区在该点的宽度。中间进近航段的超障区包括 IF 定位容差区。

在中间进近区主区内，最小超障余度（MOC）为 150 m。在副区内，最小超障余度由其内边界的 150 m 逐渐向外递减到外边界为零。副区内任一点的最小超障余度（MOC'）可按下式计算

$$MOC' = 2 \times 150 \times (L - l) / L$$

式中，L 为障碍物所在点的区域一侧的宽度；l 为该点到中间航迹的垂直距离；150 m 为中间航段主区的最小超障余度。

飞机飞越障碍物时的最低超障高度（OCA），等于该障碍物标高（h_0）加上最小超障余度（MOC），即

$$OCA = h_0 + MOC$$

根据计算出来的最低超障高度来确定各航段的最低高度时，中间进近航段应按 50 m 或 100 ft 向上取整。

8.3.4.3 最后进近航段

最后进近航段是沿着陆航迹下降和完成对准跑道进行着陆的航段，根据最后进近提供航迹引导的设备不同分为非精密进近和精密进近。由于航迹对正、航段长度和下降梯度等因素的影响，非精密进近可以向跑道作直线进入着陆（直线进近），或向机场作盘旋进近着陆（仪表飞行部分之后，向机场作目视盘旋着陆）。

1. 非精密进近的直线进近

非精密进近的直线进近是指最后进近航迹与着陆跑道中线延长线的交角不超过一个特定值的进近，其最后航段的仪表飞行部分，是从最后进近定位点开始，到复飞点终止。具体规定如下：

1）航迹对正

最后进近航迹应尽可能与跑道中线延长线重合，航迹方向应对准跑道中线。如果由于导航台的位置或地形障碍物的原因，最后进近航迹不能对准跑道中线时，则应根据最后进近航迹与跑道中线的对准程度，确定采用直线进近还是盘旋进近。

符合下列条件者，可建立非精密进近的直线进近（见图 8.66）：

（1）最后进近的航迹与着陆跑道中线延长线的交角，对 A 类和 B 类飞机不超过 30°，对 C 类、D 类、E 类飞机不超过 15°，最后进近航迹与着陆跑道中线延长线的交点距跑道入口不

小于 1 400 m。

（2）最后进近的航迹与着陆跑道中心延长线不相交时，在跑道入口前 1 400 m 处，最后进近航迹与着陆跑道中线延长线的横向距离不大于 150 m。

如果最后进近的航迹对准不符合上述标准时，就只能建立目视盘旋进近。

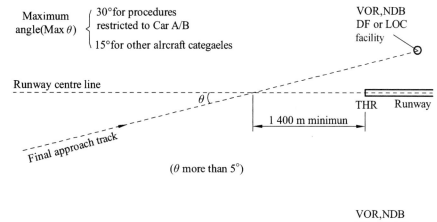

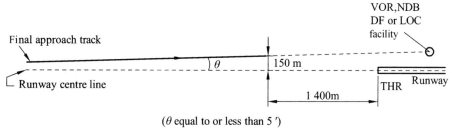

图 8.66　直线进近的航迹对正

2）航段长度

最后进近航段的长度，从跑道入口算起，最佳为 5 NM（9.3 km），最大长度通常不应大于 10NM（19 km），最小长度由飞机下降所需要的距离和要求在 FAF 上空转弯时给予航迹对准所需要的距离确定。

3）下降梯度

对于有 FAF 的非精密进近的最后进近航段，其下降梯度最小/最佳为 5.2%（相当于精密进近或有垂直引导的进近中 3°下滑角），最大 A/B 类不超过 6.5%，C/D/E 类不超过 6.1%；最后进近航段无 FAF，将执行相应的下降率。程序设计时，在确定最后进近定位点的高度（Hf）之后，必须计算最后航段的下降梯度，该梯度一般不应大于 5.2%，除非采用各种方法仍不能降低时，才使用较大的下降梯度。如果最后航段的下降梯度大于 6.5%，就只能建立盘旋进近。

4）安全保护区

最后进近可以从距离 VOR 台最远 20 NM（37 km）或 NDB 台最远 15 NM（28 km）处开始，可以利用 VOE 或 NDB 台进行向台或背台进近。最后进近的安全保护区（超障区），以提供其航迹引导的导航设施的容差为依据，从 FAF 至 MAPt（复飞点）之间，包括 FAF 定位容差区在内的区域。电台处的宽度为：VOR ± 1 NM，NDB ± 1.25 NM，并以 7.8°或 10.3°的角度向两侧扩展，区域的宽度如图 8.67 所示。

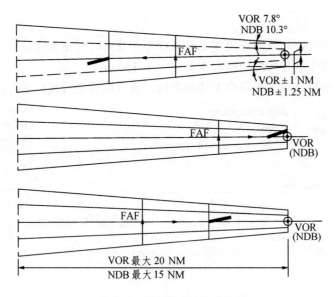

图 8.67 最后进近航段的超障区

从图上可以看出，最后进近航迹上各点的区域宽度互不相等，离电台越远，区域宽度越宽，距离电台为 D 的一点，其两侧区域的宽度（L）可按下式计算

$$L = 1.9 + D \cdot \tan 7.8° （km）VOR$$

或

$$L = 2.3 + D \cdot \tan 10.3° （km）NDB$$

5）最小超障余度

有最后进近定位点（FAF）的最后进近航段，在其超障区的主区内，最小超障余度（MOC）为 75 m。在副区内，MOC 由内边界的 75 m 逐渐向外递减至外边界为零。

没有最后进近定位点的最后进近航段，其主区 MOC 为 90 m，副区 MOC 由其内边界的 90 m 逐渐向外递减至外边界为零。

副区内任一点的最小超障余度（MOC′）可按下式计算

$$MOC' = 2 \times 75 \times （L - l） / L$$

式中，L 为最后进近航迹一侧已知点处的区域宽度；l 为该点至最后航迹的垂直距离；75 m/90 m 为主区的 MOC。

如果最后进近航段过长，即从 FAF 至跑道的距离超过 11 km（6 NM）时，则每超过 0.2 km（0.1 NM）超障余度应增加 1.5 m（5 ft）。但如果其间设置一个梯级下降定位点，只要这个定位点距跑道在 11 km（6 NM）以内，则梯级下降定位点和复飞点之间可使用基本的超障余度。

为山区机场设计程序时，必须考虑山区有 37 km/h（20 kt）或更大流速的风。在这种地形上空运动时，会导致气压高度表误差和驾驶员操纵问题。因此，在已经知道存在这种情况的地方，最小超障余度（MOC）应予增大，起始进近可以增加多到 600 m，中间进近可以增加到 300 m，最后进近可以增加到 150 m，即各航段的最低超障余度翻一番。为了取得最好的当地资料，设计程序时应征求航空公司飞行人员的意见。

6）超障高度/高（OCA/OCH）

飞机飞越最后进近障碍物时的最低超障高度（OCA），等于该障碍物标高（h_0）加上最小超障余度（MOC），即

$$OCA = h_0 + MOC$$

根据计算出来的最低超障高度来确定各航段的最低高度时，最后进近航段应按 5 m 或 10 ft 向上取整。

最后进近的最低超障高度（OCA）是确定该机场最低运行标准的主要依据。同时，它也是复飞航段超障计算的基础，作为复飞爬升的起始高度，它必须满足复飞的最低超障标准。

7）计算 OCA 时可不考虑的障碍物

在最后进近定位点和梯级下降定位点附近的障碍物，如果是在定位容差区最早点之后 5 NM（9.3 km）以内，以前一航段最低超障高减 MOC 为起始高、梯度为 15% 的斜面之下（障碍物高低于该处的斜面高），则在确定最后进近航段的 OCA 时可以不予考虑。

8）建立梯级下降定位点

梯级下降定位点是在一个航段内，确认已安全飞过控制障碍物时允许再下降高度的定位点。在有条件的地方，建立必要的梯级下降定位点可以获得航行上的好处，如在进场、起始进近和中间进近通过建立梯级下降来减小该航段的最低超障高度，可以为 IAF、IF、FAF 的高度选择提供有利条件。最后进近航段过长或没有 FAF 时，通过建立梯级下降来保持基本的 MOC 和降低 OCA，可以为降低机场运行标准提供有利条件。

如果能用位置适当的 DME 台提供定位时，可在规定的航迹上或在会聚到着陆机场一个规定的扇区内建立一系列的梯级下降。设计这种程序应从航路飞行阶段至最后进近阶段，根据梯级下降定位点所在的航段提供相应的超障余度。

在最后进近航段最好只规定一个梯级下降定位点，而且只有在飞机能同时接收航迹引导和交叉定位的指示时，才允许使用梯级下降定位点。如果在最后进近航段使用一个梯级下降定位点，则应对有和没有梯级下降定位点两种情况都提供最低超障高度，如图 8.68 所示。

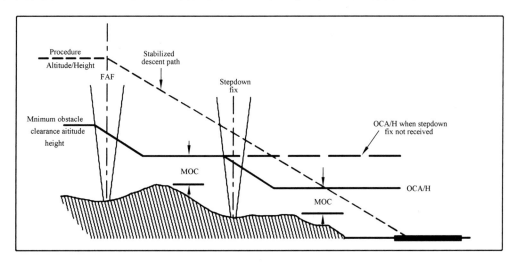

图 8.68　梯级下降定位及双重 OCA

【例】 最后进近航段，FAF 为 NDB，FAF 距入口为 10 700 m，OCH $_{中}$ = 550 m，下降梯度 5%，障碍物情况见表 8.8，求 OCH。

表 8.8　障碍物情况

障碍物	X（m）	Y（m）	Z（m）
01	9 800	在主区	290
02	4 000	在主区	10

解　① OCH$_1$ = 290 + 75 = 365 m，　　　OCH$_2$ = 10 + 75 = 85 m

② 15%的检查。

最早容差点的位置（X）

$$X = X\mathrm{FAF} + （OCH_{中} - MOC_{中}）\cdot \tan\alpha = 10\,700 + （550 - 150）\cdot \tan 40° = 11\,036\ \mathrm{m}$$

15%面的高

$$Z_{(15\%)} = （550 - 150）- （11\,036 - 9\,800）\times 15\% = 215\ \mathrm{m}$$

$Z1 > Z_{(15\%)}$，障碍物 01 有影响。

③ 设置梯级下降定位点。

$$X（SDF）= （Z1 + MOC_{最后} - 15）/ 0.05 = 7\,000\ \mathrm{m}$$

④ 公布 OCH。

如收到 SDF：　　　　OCH = 85 m

如未收到 SDF：　　　OCH = 365 m

2. 目视盘旋进近

由于地形障碍物等因素的影响，使直线进近的航迹对正、航段长度或下降梯度超过规定的标准时，应建立目视盘旋进近。对于直线进近，也应计算和公布目视盘旋的最低超障高度或高，以备必要时进行反向目视着陆之用（见图 8.69）。

目视盘旋进近是紧接最后进近的仪表飞行部分之后，在着陆前围绕机场所进行的目视机动飞行（沿与起落航线相一致的目视盘旋航线着陆）。在目视机动飞行的过程中，必须对跑道保持能见。

1）航迹对正

目视盘旋进近的仪表飞行部分，其航迹最好对正着陆区中心。如果做不到这点，可对正可用着陆道面的某一部分，万不得已时也可以对正机场边界以外，但不得超过可用着陆道面 1.0 NM（1.9 km）以外（见图 8.70）。

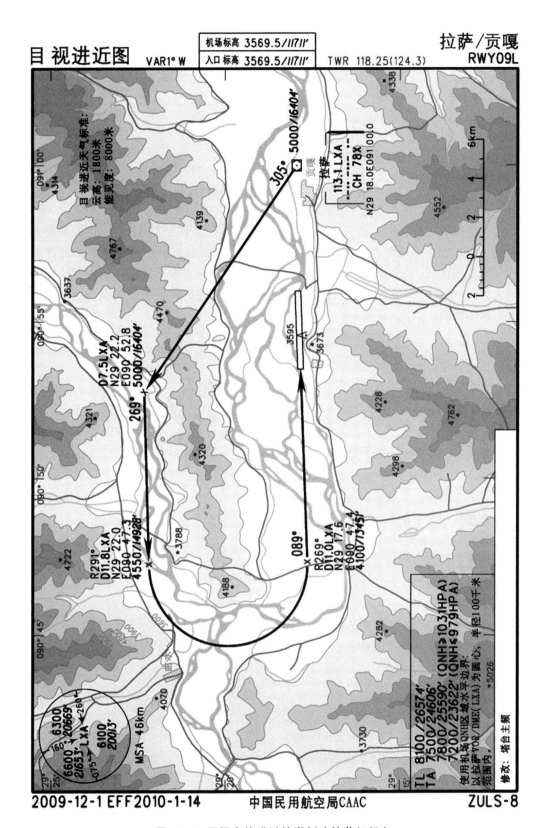

图 8.69　目视盘旋进近的举例（拉萨机场）

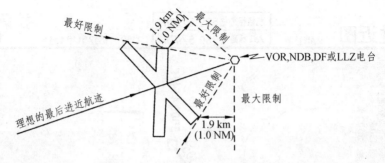

图 8.70　目视盘旋进近的航迹对正

2）目视盘旋区

飞机在着陆前进行目视机动飞行的超障区，其大小决定于飞机的分类。不同分类飞机的区域限制，是以每条可用跑道的入口中心为圆心，用相应的区域半径（R）画出的圆弧及其公切线所围成的区域（见图 8.71）。绘制某类飞机的区域时，对于该类飞机不能使用的跑道不画圆弧，图 8.71（a）（E 类飞机目视盘旋区）中，南北向的两条跑道 E 类飞机不能使用，所以没有画出圆弧。

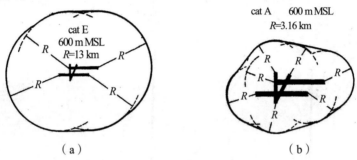

图 8.71　目视盘旋区

目视盘旋区半径（R），等于各类飞机两倍转弯半径（r）加上一段直线段（d），即 $R = 2r + d$。计算举例见表 8.9，它所依据的参数是：

（1）速度：程序设计所规定的各类飞机目视盘旋最大速度（IAS）。该速度要根据机场气压高度及其标准气温加 15℃（ISA + 15℃）换算为真空速（TAS）。

（2）坡度：转弯坡度平均 20°，或取得 3(°)/s 转弯率的坡度，以其中坡度较小者为准（TAS < 250 km/h 时，取 3(°)/s 转弯率的坡度；TAS≥250 km/h 时，取平均坡度 20°）。

（3）风：在整个转弯过程中，使用 46 km/h（25 kt）的全向风速。

（4）转弯半径（r）根据上述参数按下列公式计算：

A 类飞机（TAS < 250 km/h）

$$r = （TAS + 46）/（20\pi \times 3）= 0.005\,31（TAS + 46）\ km$$

B、C、D、E 类飞机（TAS≥250 km/h）

$$r = （TAS + 46）^2 / 2\,023\,\tan20° = 0.001\,36（TAS + 46）^2\ km$$

（5）直线段相当于以盘旋进近最大真空速飞行 10 s 的距离，即

$$d = TAS \times 10'' / 3\,600$$

表 8.9　当机场气压高度为 600 m 时，各类飞机的区域参数

飞机分类 / IAS（km/h）	A/185	B/250	C/335	D/380	E/445
TAS + 46 km/h（TAS=1.054 6 IAS）	241	310	400	448	516
转弯半径 r（km）	1.28	2.08	3.46	4.34	5.76
直线段 d（km）	0.56	0.74	0.93	1.11	1.30
区域半径 $R = 2r + d$（km）	3.12	4.90	7.85	9.79	12.82

3）超障余度

目视盘旋区内的最小超障余度（MOC）见表 8.10。根据表列的超障余度计算出来的最低超障高（等于目视盘旋区内最高障碍物高加上 MOC），如果低于表列的最低超障高（OCH），则应以表列的 OCH 为准。表中的能见度只是假定飞行员在表列的 OCH 上具有的最低能见度，作为程序设计专家感兴趣的资料，而不应把它认作最低标准。

表 8.10　盘旋进近的超障余度

飞机分类	MOC（m / ft）	最低 OCH（m / ft）	最低能见度（NM / km）
A	90 / 295	120 / 394	1.0 / 1.9
B	90 / 295	150 / 492	1.5 / 2.8
C	120 / 394	180 / 591	2.0 / 3.7
D	120 / 394	210 / 689	2.5 / 4.6
E	150 / 492	240 / 787	3.5 / 6.5

在最后进近区、复飞区和机场障碍物限制面的进近面之外的目视盘旋区内，如果存在显著的障碍物时，可以不考虑其超障余度，但公布的程序必须禁止驾驶员在该扇区内作目视盘旋飞行（见图 8.72）。

所公布的各类飞机目视盘旋进近的 OCA/H，不应低于同类飞机直线进近的 OCA/H。目视机动飞行不绘制特定的复飞区。

4）下降梯度

目视盘旋进近仪表飞行部分（最后进近航段）的下降梯度，根据该航段的长度和所要下降的高度计算。这一梯度最佳为 5.2%，最大不应超过 6.5%。

5）使用规定航迹的目视机动飞行

在能清楚确定目视地标的地方，如果运行上需要，除盘旋区之外，可规定一个具体的目视机动飞行航迹。

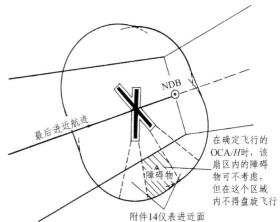

图 8.72　禁止目视盘旋飞行的区域

这种程序为各个航空器分类或分类组（如 A 和 B 类为一组）描绘在特殊的图上，表示确定航迹所用的目视地标或接近航迹的其他有特点的地形。应当注意，这种程序主要用目视参考航行，任何无线电导航信息只作为参考；这种程序使用正常仪表程序的复飞程序，但是为

机动飞行提供规定航迹时，应考虑加入规定航迹程序的下风边（三边）或仪表复飞航迹爬升到安全高度/高。机组必须在为这种程序规定的最低运行标准的天气条件之上熟悉所用的地形和目视的地标。

（1）标准航迹。

常用的规定航迹目视机动飞行的形式如图 8.73 所示。这种程序必须在图上明确表示每个航段的长度和方向，如果有规定速度限制也必须在图中公布。

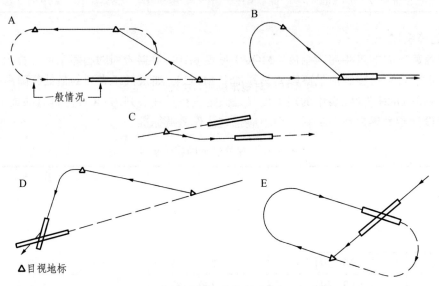

图 8.73　常用的规定航迹的目视机动飞行

为简单起见，建议所有航空器使用一条航迹，在不致引起运行的制约时，可为 A/B 类规定一条，而为 C/D/E 类航空器规定另一条航迹。标准航迹的一般情况如图 8.74 所示。

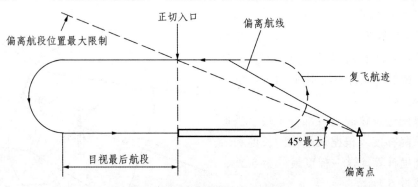

图 8.74　标准航迹的一般情况

改航点必须用一个能清楚辨认的目视地标确定，如果需要用一个无线电定位补充，其定位容差应小于 0.5 NM，如中指点标或 DME 距离。

最后航段的长度计算要考虑在入口以前有 30 s 的飞行距离。最后进近的最佳下降梯度为 5%，如有必要可考虑使用 10%的下降梯度。

（2）与规定航迹有关的超障区域。

该区域是以标称航迹为中心的固定宽度的走廊，该走廊从改航点开始并保持航迹，包括为第二次按规定航迹目视飞行的复飞（见图 8.75）。

走廊的宽度（*l*）按照航空器的分类规定为：A 类 1 400 m，B 类 1 500 m，C 类 1 800 m，D 类 2 100 m，E 类 2 600 m。

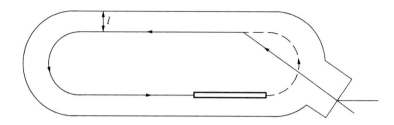

图 8.75　与规定航迹有关的超障区域

8.3.4.4　复飞航段

复飞程序或复飞航段，是整个仪表进近程序的一个组成部分，每个仪表进近程序都应规定一个复飞程序。非精密进近的复飞程序，是在不低于 *OCA/H* 的一个规定点即复飞点开始，其终止的高度应足以允许开始另一次进近、回至指定的等待航线或重新开始航线飞行。

1. 复飞程序的构成

原则上，复飞程序包括复飞航段的起始、中间和最后阶段，如图 8.76 所示。

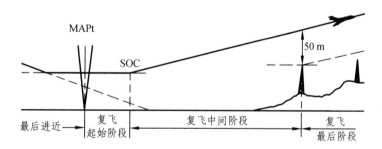

图 8.76　复飞程序的起始、中间和最后阶段

1）复飞起始阶段

复飞起始阶段从复飞点（MAPt）开始，至建立爬升的一点（SOC）终止。在这个阶段，驾驶员需要集中注意力来操纵飞机，特别是建立爬升和改变飞机外形，并且假定在这些飞机操作中不能充分运用导航设备，因此在这个阶段不允许改变飞行方向。

2）复飞中间阶段

复飞中间阶段从建立爬升的一点（SOC）开始，从该点飞机以稳定速度上升直到取得并能保持 50 m 超障余度的第一点为止。复飞面标称的上升梯度为 2.5%，在飞机的爬升性能允许并且在运行上有利时，也可使用 3%、4% 或 5% 的梯度。如果能提供必要的测量和安全保护并经有关当局批准，也可用 2% 的梯度。程序设计使用非标称梯度时，必须在进近图中说明，并标明适用于标称梯度和非标称梯度的双重 *OCA/H*。

复飞中间阶段以有航迹引导为有利，复飞航迹可从 SOC 开始作不大于 15° 的转弯。

3）复飞最后阶段

复飞最后阶段紧接着复飞中间阶段，延伸到可以开始作一次新的进近、等待或回到航线飞行（飞往备降机场）为止。在这个阶段可根据需要进行转弯。

2. 复飞点和起始爬升点

1）复飞点（MAPt）及其容差区

在非精密进近程序中规定的复飞点可以是一个电台、一个交叉定位点或离FAF一个距离的点。

进行程序设计时，复飞点最好用一个电台或一个交叉定位点确定，该点位于最后进近下降至OCA/H的一点与跑道入口之间的适当位置。复飞点容差区的纵向限制根据其定位方式而异。

如果复飞点是一个电台（VOR、NDB或75 MHz指点标），则定位容差可视为零。

如果是由交叉定位点确定的复飞点，则其容差区的纵向限制规定如图8.77所示。

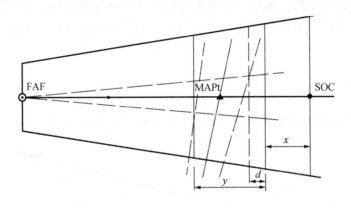

图 8.77　MAPt 至 SOC 的纵向距离

2）起始爬升点（SOC）

进行复飞爬升的超障计算时，必须首先确定一个点，作为计算复飞爬升的开始点。规定从MAPt至SOC的距离可以包括以下部分：

（1）标称复飞点至容差区最晚限制的距离。

（2）驾驶员反应时间3 s的距离（d），即相当于各类飞机以最后进近的最大真空速（TAS）加上10 kt（19 km/h）顺风飞行3 s的距离。

（3）过渡容差（X），即飞机从进近下降过渡到复飞爬升用于改变飞机外形和飞行航径所需的修正量，它等于各类飞机以最后进近的最大真空速（TAS）加上10 kt（19 km/h）顺风飞行15 s的距离。

3. 直线复飞的超障计算

直线复飞是指转弯角度不大于15°的复飞，主要包括复飞的起始阶段和中间阶段。复飞的最后阶段，无论是为了避开直线复飞方向的障碍物，还是为了航行上的需要，总是要转弯的。为了确定最后进近和复飞的最低超障高度，选定复飞点和起始爬升点，在完成最后进近航段最低超障高度计算之后，必须进行直线复飞的超障计算，检查直线复飞的超障余度。

1）直线复飞保护区

如果复飞的航迹引导是由最后进近的电台连续提供时，复飞区就是该电台所确定的最后进近区的延续。如果在复飞点作不大于 15°的转弯，转弯后没有取得航迹引导，则区域应以转弯后的航迹方向为准，各向两侧扩大 15°。

直线复飞区要延伸到足以保证飞机上升到能够符合其他程序（重新进近、等待或航线飞行）规定的超障余度所要求的高度为止。

在设计复飞程序时，使用适当位置的电台提供航迹引导，可以缩小复飞最后阶段的保护区，如图 8.78 所示。

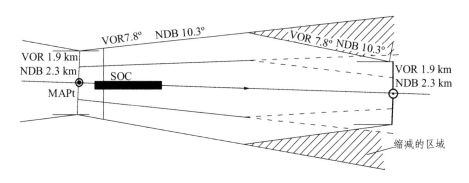

图 8.78　提供另外的航迹引导的复飞区

2）起始复飞的最低超障高度

复飞航段的起始阶段（MAPt→SOC）是水平的，在起始复飞区的主区内，SOC 处的最小超障余度（MOC）为 30 m，采用 2.5%的复飞爬升梯度，在离 SOC 每 40 m 的距离上，MOC 增加 1 m，直到离 SOC1 800 m 处 MOC 增大到 75 m 为止（无 FAF，在离 SOC2 400 m 处 MOC 为 90 m），如图 8.77 所示。在副区，其内边界为全超障余度，逐渐向外减小至外边界为零。副区内任一点的最小超障余度的计算方法与最后进近航段相同。

复飞起始阶段的最低超障高度（OCA_m），等于该复飞区内控制障碍物标高加上其最小超障余度（MOC）。如果 OCA_m 低于最后进近航段的最低超障高度（OCA_f），在进行复飞爬升的计算时，应以 OCA_f 为爬升的起始高度；如果 $OCA_m > OCA_f$，则以 OCA_m 为准。这就是说，在 OCA_f 与 OCA_m 中，应以其中较大者作为最后进近和复飞的最低超障高度（OCA_{fm}）。

3）复飞爬升的超障余度

在中间复飞区的主区内，规定的最小超障余度为 30 m，在副区则由其内边界的 30 m 逐渐向外减至外边界为零，如图 8.79 所示。这一超障余度一直延伸到取得并能保持 50 m（主区）的超障余度止。因此，在复飞爬升区内，障碍物的高（h_0）应低于或等于该处复飞爬升面的高，即

$$h_0 \leqslant OCH_{fm} + d_0 \cdot \tan z - MOC$$

式中，d_0 为障碍物至 SOC 的水平距离（转弯小于 15°时，为障碍物至起始复飞区边界最

近点的距离); tan z 为复飞爬升梯度 (标称梯度 2.5%, 可使用 2% ~ 5% 的梯度); OCH_{fm} 为最后进近和起始复飞的最低超障高 (以机场标高为准, 如果机场标高高于入口标高 2 m 以上时, 则以入口标高为基准); MOC 为障碍物处的最小超障余度。复飞航段的中间阶段, 全超障余度为 30 m, 最后阶段为 50 m。副区的超障余度根据障碍物处的区域宽度 (L) 和障碍物到复飞航迹的距离 (l) 计算。

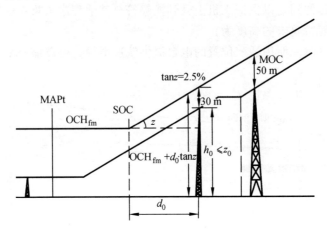

图 8.79　复飞阶段的超障余度

4. 转弯复飞的超障计算

有两种情况需要规定转弯复飞, 其一是为了重新进近, 转至指定的等待定位点或转向航线飞行 (飞往备降机场); 其二是为了避开直线复飞前方危及安全的障碍物。可以规定在指定高度转弯或在指定的转弯点转弯。如果规定转弯复飞, 必须画出转弯复飞区, 进行转弯复飞的超障计算, 检查转弯复飞的超障余度。

整个仪表进近的最低超障高度或最低超障高 (OCA/OCH), 由最后进近和起始复飞的最低超障高 (OCH_{fm})、中间和最后复飞所要求的最低超障高决定。为了取得最低的 OCA/H, 可能需要调整转弯复飞的转弯高度或转弯点, 这些变数可用试算法确定。

1) 转弯区参数

设计转弯区所依据的原始参数为:

(1) 高度: 机场气压高度。

(2) 温高: 机场高度的标准气温 (ISA) + 15°C。

(3) 指示空速 (IAS): 使用规定的各类飞机最后复飞速度 (IAS)。如果为了避开障碍物需要缩小转弯复飞区时, 可以使用低至中间复飞的较小的速度 (IAS)。

(4) 转弯坡度: 平均转弯坡度 15°。

(5) 风速 (W): 有风的统计资料时, 可用最大 95% 概率的全向风速; 没有风的资料时则用 30 kt (56 km/h) 的全向风速。

(6) 定位容差: 决定于导航设施的精度和定位方式。

(7) 飞行技术容差: 驾驶员反应时间 3 s, 建立转弯坡度时间 3 s。

2) 在指定高度转弯

为了避开直线复飞前方的障碍物而规定在指定高度转弯复飞时, 复飞程序必须要求飞机爬升到一个指定的高度后再开始转向规定的航向或电台。这一高度要能保证在转弯以后以适当的余度飞越转弯区内的所有障碍物。

设计在指定高度转弯复飞程序的根本任务，是通过反复试算的方法确定转弯高度和转弯方向。

在指定高度转弯的安全保护区分为起始转弯区和转弯区两部分。

起始转弯区的最小超障余度为 50 m。在起始转弯区内，各障碍物的标高或高应小于 TA / TH − 50 m（164 ft）。

转弯区的最小超障余度（MOC）为 50 m（164 ft），如有副区，副区内任一点的超障余度将按照前面讲述的方法计算。

在转弯区内（包括附加保护区），各障碍物的标高或高应小于：$TA/TH + d_0 \cdot \tan z − MOC$。

式中，d_0 为障碍物至起始转弯区边界最近点的距离；$\tan z$ 为复飞爬升梯度，取 2.5%。

如果飞越起始转弯区和转弯区内的障碍物时，不能满足最小超障余度的要求，就应调整转弯高度，以达到最低超障标准。

调整高度的方法有以下 3 种：提高转弯高度或高（TA/TH）而不改变最低超障高度或高（OCA/H_{fm}）；向直线复飞的反方向移动（后移）SOC 以增大 d_z，从而提高转弯高度（TA/TH）；增加 OCA/OCH，这种方法最简单，但增加 OCA/H 后，机场最低运行标准也就相应提高。

3）在指定转弯点（TF）转弯

为了避开直线复飞前方的障碍物而规定在指定的转弯点转弯复飞时，必须在距前方障碍物有足够距离的地方，选择一个定位点作为转弯点，飞机到达转弯点时开始转向预定的航向或电台。

在指定转弯点转弯时，直线复飞的准则使用到最早 TF，这就可以进行最后进近和直线复飞的超障计算，求出最后进近和直线复飞的最低超障高（OCH_{fm}），从而确定 SOC，检查转弯复飞的超障余度。

在转弯复飞区主区内，规定的最小超障余度（MOC）为 50 m，如有副区，则 MOC 从副区内边界向外减小至外边界为零。

转弯复飞区内的障碍物，其标高或高（h_0）应小于该处复飞爬升面的高度或高，即

$$h_0 \leqslant OCH_{fm} + (d_z + d_0) \tan z − MOC$$

式中，d_z 为 SOC 至最早 TP（KK 线）的水平距离；d_0 为障碍物至 KK 线的最短距离；$\tan z = 2.5\%$。

如果不能满足上述要求，就应调整 TP 或 MAPt（连同 SOC）的位置，或者提高 OCH_{fm} 以达到规定的最低超障标准。

经过最后进近、直线复飞和转弯复飞的超障计算而最终确定的 OCA/H，就是仪表进近程序所公布的最低超障高度或高。该高度以 5 m 或 10 ft 向上取整。

8.3.5 ILS 精密进近程序

ILS 精密进近是利用仪表着陆系统提供航迹和下滑引导进行着陆的一种进近程序，如图 8.80 所示。在此将着重阐述 ILS 进近的有关准则和 OCA/OCH 的计算。

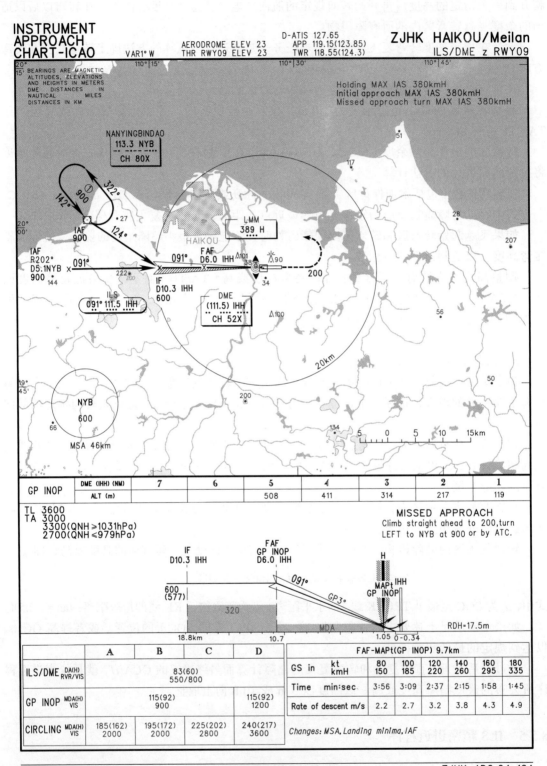

图 8.80 ILS 精密航段举例

8.3.5.1　仪表着陆系统的组成及其性能分类

1. ILS 的组成

仪表着陆系统（ILS）的地面设备由航向台（LOC）、下滑台（GP）、指点标和灯光系统组成。

航向台的天线安装在跑道末端的中心延长线上，一般距跑道末端 400～500 m。这种设备能在空间产生一条无线电航道，航道扇区的中心线必须调整得和跑道中心线一致。其有效作用距离在航道中心线左右各 10°的扇区内应达到 25 NM（46 km），最小距离不少于 18 NM（33 km）；10°～35°扇区内应达到 17 NM（31 km），最低不能少于 10 NM（19 km）。在 LOC 的有效范围内，驾驶员即可根据飞行仪表（HSI、CDI）的指示，使飞机切入航道对准跑道中心线飞行。

下滑台的天线安装在跑道入口内的一侧，一般距入口 250 m 前后，与跑道中心线的横向距离为 150 m 左右。这种设备能产生一种与跑道平面成一定角度的下滑道。下滑道在跑道入口处的高，即 ILS 基准高（RDH）为（15±3）m（标准 15 m），正常下滑角（θ）为最小/最佳 3.0°，最大 3.5（对 II/III 类运行为 3°）；3.5°以上的下滑角仅用于以超障为目的设计的进近程序，不得用作消噪声程序手段。这种程序是非标准的，并要求特别批准。在跑道中心线两侧各 8°的扇区中，在 0.3θ～1.75θ 的范围内，有效距离至少为 10 NM（19 km）。在下滑台的有效范围内，驾驶员根据飞行仪表（HSI、ADI）的指示，使飞机切入下滑道并沿下滑道下降到规定的高度，进行着陆。

在仪表着陆系统中，应配备两台或 3 台指点标机（I 类 ILS 一般配有两台），用以配合下滑道工作。它向上空发射一束锥形波束，当飞机通过指点标上空时，飞机内的接收显示设备即发出灯光和音响信号，使飞行员知道自己所处的位置。

内指点标台（IM）的位置要求安装在 II 类精密进近的最低决断高 30 m 与标称下滑道的交点处，距入口 75～450 m，偏离中心线不能大于 30 m，以便在低能见度条件下，通过飞机内的灯光和音响信号指示，告诉飞行员即将到达跑道入口。

中指点标台（MM）位于距跑道入口约 1 050 m（±150 m）处，偏离跑道中心线不得大于 75 m。在低能见度条件下，通过飞机内的信号指示告诉飞行员，飞机已临近目视引导处（I 类着陆的最低决断高度 60 m）。

外指点标台（OM）一般设置在最后进近点处（飞机沿航向道以中间航段最低高度切入下滑道的一点），为飞机提供进行高度、距离和设备工作情况检查的位置信息，距入口约 3.9 NM（7.2 km），有时因地形和航行等原因，也可以设置在 3.5～6 NM（6.5～11 km），最好安装在跑道中心延长线上，若情况特殊，则距离跑道中心延长线不得大于 75 m。

2. ILS 的性能分类

仪表着陆系统根据它的引导性能可分为 3 类，各类 ILS 达到的最低着陆标准（性能标准）见表 8.11。

表 8.11　ILS 的分类及其性能标准

	I 类	II 类	III 类		
			A	B	C
能见度或跑道视程（m）	800/550	300	175	50	0
决断高度（m）	60	30	0	0	0

如果使用导航台（NDB、VOR）作仪表着陆系统的补充，其位置应安装在外指点标或中指点标处，如果只使用一个导航台，最好安装在外指点标处。

8.3.5.2　ILS 进近程序结构

ILS 进近程序由进场航线、起始进近航段、中间进近航段、精密航段和最后复飞航段组成。除精密航段外，程序设计的一般准则也适用于 ILS 进近程序的其他航段。

1. 起始进近航段

ILS 进近程序的起始进近航段从 IAF 开始，到 IF 止。IF 必须位于 ILS 的航向信标的有效范围内。为便于切入 ILS 航道，起始进近航迹与中间航迹的交角不应超过 90°，最好不超过 30°，以便使用自动驾驶（自动耦合）进近时，使自动驾驶与航向台信号耦合。当交角大于 70°时，必须提供至少 4 km（2 NM）前置量的一条 VOR 径向线、NDB 方位线、雷达向量或 DME 测距信息，以便驾驶员操纵飞机提前转弯，正确地切入中间航迹。如果交角大于 90°，则应考虑使用反向程序、U 形程序或直角航线程序。

直线、反向和直角航线程序的起始进近保护区，与非精密进近的有关规定一致。使用 U 形程序或雷达向量引导至中间定位点（IF）时，它们的保护区将在后面的章节中阐述。

2. 中间进近航段

ILS 进近程序的中间航段从切入 ILS 航道的一点（中间进近点 IP）开始，至切入下滑道的一点（最后进近点 FAP）终止，其航迹方向必须与 ILS 航道一致。航段的长度应能使飞机切入下滑道之前稳定在航道上，最佳长度为 5 NM（9 km），最小长度决定于从起始进近航迹切入中间航迹的角度。

中间航段的最大长度决定于这个航段必须完全处于航向台有效范围之内，一般 IF 至航向台天线的距离不超过 25 NM（46 km）。

3. 精密航段

精密航段从最后进近点（FAP）开始至复飞最后阶段的开始点或复飞爬升面到达 300 m 高的一点终止（以其中距入口较近者为准），包括最后进近下降过程和复飞的起始与中间阶段。（见图 8.81）。ILS 精密航段必须与航向台的航道一致。

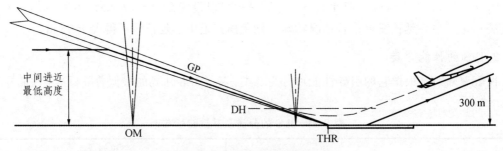

图 8.81　ILS 进近的精密航段

FAP 是在前一航段规定的最低高度上切入下滑道的一点，一般位于距入口不超过 10 NM（19 km）的地方。在这个地方最好设置一个外指点标（OM），或用 DME 定位（也可设置导航台）。这样，最后进近点（FAP）就成了最后进近定位点（FAF），使前一航段的 MOC 与精密航段平滑地连接在一起，又便于飞行员在切入下滑道时，比较高度表与下滑道的指示，以检查下滑道信号是否准确可靠。

精密进近不设复飞定位点，复飞点在决断高度或高（DA/DH）与下滑道的交点处。

4. 最后复飞航段

ILS 进近的复飞最后阶段，即精密航段后的复飞，将在后面的有关章节中详细阐述。

8.3.5.3 精密航段障碍物的评价

与非精密进近程序的设计一样，精密进近程序设计的基本任务之一，就是确定精密进近的最低超障高度或最低超障高（OCA/OCH）。为了计算 OCH，必须对精密航段所要求的安全保护区内的障碍物进行评价，以判明哪些障碍物在计算 OCH 时必须予以考虑。

评价障碍物的方法有三种：使用障碍物限制面 —— 基本 ILS 面评价障碍物；使用障碍物评价面 ——OAS 面评价障碍物；使用碰撞危险模式（CRM）评价障碍物。这些方法依次增加了对障碍物处理的精密程度。用 CRM 评价的结果，可以使精密进近的航空器与障碍物碰撞的危险率达到千万分之一的安全目标。本节将着重阐述使用基本 ILS 面和 OAS 面评估障碍物的一般准则和方法。

1. 程序设计的标准条件

（1）航空机的尺寸：最大半翼展 A、B 类航空器 60 m，C、D 类航空器 65 m，DL 类航空器 80 m；着陆轮和 GP 天线飞行路线之间的垂直距离分别为 6 m、7 m 和 8 m。

（2）Ⅱ类 ILS 进近的飞行使用飞行指引仪。

（3）下滑角。

① 最小/最佳 3.0°

② 最大 3.5°（对Ⅱ/Ⅲ类运行为 3°）

（4）ILS 基准高（RHD）为 15 m（49 ft）。

（5）复飞标称上升梯度 2.5%。

（6）所有障碍物的高以跑道入口标高为基准。

（7）ILS 航道波束在入口的宽度为 210 m。

（8）对于Ⅱ类和Ⅲ类运行，ICAO 附件 14 规定的内进近面、内过渡面和中止着陆面没有被障碍物穿透。如果Ⅱ类 OCA/H 高于内水平面，但低于 60 m，则内进近面和中止着陆面延伸至Ⅱ类 OCA/H，以适宜Ⅲ类运行。

当程序设计的实际条件与上述标准条件有不利的差别时，必须进行调整。

2. 使用基本 ILS 面评价障碍物

1）基本 ILS 面的构成

基本 ILS 面是在机场障碍物限制面的基础上，为精密跑道 A、B 或 C 规定的一组障碍物限制面，它由下述的几个面构成（见图 8.82）：

（1）起降带：起降带自跑道入口前 60 m 起至入口后 900 m 止，宽 300 m（±150 m），是一个与跑道入口平面相重合的水平面。

（2）进近面：进近面从入口前 60 m 开始，起始宽 300 m（±150 m），两侧扩张率为 15%。

第一部分以 2%的梯度向上延伸至高 60 m 处，第二部分接着以 2.5%梯度继续延伸到最后进近点（FAP）。

（3）复飞面：复飞面从入口之后 900 m 处开始，起始宽 300 m（±150 m），以 2.5%梯度紧沿两侧的过渡面向上延伸到内水平面的高度（45 m），其扩张率为 17.48%，然后改用 25%的扩张率向两侧扩张直到精密航段的终点（上升梯度仍为 2.5%）。

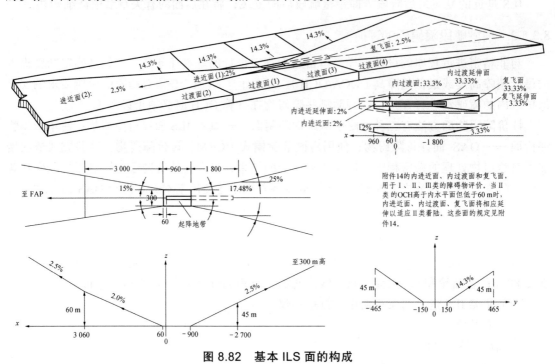

图 8.82　基本 ILS 面的构成

（4）过渡面：过渡面沿起降带、进近面和复飞面的侧边，以 14.3%的梯度向上延伸到高 300 m 处。

2）基本 ILS 面高度方程式

由上述各面交点坐标就可以导出每一个面的表达式，即该面的高度方程式。方程式中假定跑道是水平的，x、y 为障碍物所在位置的平面坐标，z 为该处 ILS 面的高。计算时，y 值不考虑其正负（取绝对值）。这些方程式分列如下：

进近（1）面：　　　　$z = 0.02\, x - 1.2$

进近（2）面：　　　　$z = 0.025\, x - 16.5$

起降地带：　　　　　$z = 0$

复飞面：　　　　　　$z = -0.025\, x - 22.5$

过渡（1）面：　　　　$z = -0.001\,45\, x + 0.143\, y - 21.36$

过渡（2）面：　　　　$z = 0.003\,55\, x + 0.143\, y - 36.66$

过渡（3）面：　　　　$z = 0.143\, y - 21.45$

过渡（4）面：　　　　$z = 0.010\,75\, x + 0.143\, y + 7.58$

3）评价的步骤方法

用基本 ILS 面评价障碍物的基本步骤是：

（1）判断障碍物在基本 ILS 面的哪一个面内。根据基本 ILS 面各交点坐标先画出基本 ILS 面的示意模板（平面坐标图），然后根据每一个障碍物的 x、y 坐标，判断它所在的面。

（2）将障碍物的坐标（x、y）代入所在面的高度方程式，计算出该处 ILS 面的高（z）。

（3）比较障碍物高（h_0）与基本 ILS 面高（z），如果障碍物高大于基本 ILS 面高，说明障碍物穿透了基本 ILS 面，否则没有穿透。

（4）在标准条件下，没有穿透基本 ILS 面的障碍物不加限制，而穿透基本 ILS 面任何一个面的障碍物，就成为控制障碍物，必须使用 OAS 面对其进行进一步的评估。

3. 用 OAS 面评价障碍物

OAS 面是在基本 ILS 面之上的一组障碍物评价面，它的大小取决于 ILS 进近的分类及其几何数据以及飞机的大小等因素，比使用基本 ILS 面评估障碍物要精确得多。因此，对于穿透基本 ILS 面的障碍物，还必须使用 OAS 面作进一步评价。但必须注意，基本 ILS 面是作为限制障碍物增长、确保机场净空的规划面，在跑道附近的某些位置，它要比 OAS 面更靠近跑道，因而 OAS 面并不能代替基本 ILS 面或机场障碍物限制面。

1）OAS 面的构成及其表达式

OAS 面由对称于精密进近航迹（ILS 航道）的 6 个斜面和包含入口的水平面（称为入口水平面）构成，如图 8.83 所示。

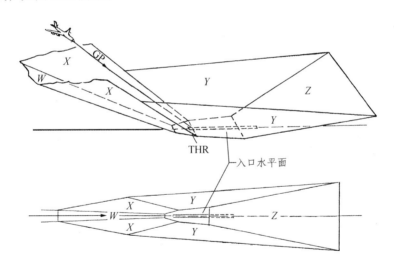

图 8.83　OAS 的构成示意图

这些斜面分别叫做 W 面、X 面、Y 面和 Z 面，各用一个线性方程式 $z = Ax + By + C$ 表示。式中，x、y 为某一点的平面坐标，z 为该点所在位置的 OAS 面高（以入口标高为基准），A、B、C 为 OAS 常数，其中 A、B 分别为各斜面沿 x、y 方向的斜率，C 为斜面的截距。这些常数可根据 ILS 参数（航向台至入口距离 LOC/THR 和下滑角 θ）、进近类别（Ⅰ类、Ⅱ类和Ⅲ类自动驾驶）及其复飞爬升梯度，从专用的 OAS 常数表上查出，从而建立各个斜面的表达式即高度方程式。

OAS 面受精密航段的长度（W 和 X 面直至 FAP）和最大 300 m（Ⅰ类）或 150 m（Ⅱ类）高的限制。

2）OAS 常数表

OAS 面的 A、B、C 常数，对Ⅰ类和Ⅱ类运行，各斜面的常数 A、B 和 C 由 PANS-OPS OAS CD-ROM 得出。PANS-OPS OAS CD-ROM 给出了 2.5°和 3.5°之间步长为 0.1°的下滑角和介于 2 000 m 和 4 500 m 之间的航向台入口距离所对应的系数。不得对超出这些限制的情况进行外推。如果输入的航向台入口距离超出此范围，则 PANS-OPS OAS CD-ROM 相应地给出 2 000 m 或 4 500 m 的对应系数，作为必须使用的结果。PANS-OPS OAS CD-ROM 的结果举例如图 8.84 所示。

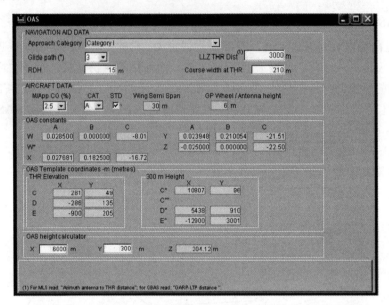

图 8.84　PANS–OPS OAS CD–ROM 生成的 OAS 输出数据

3）评估步骤与方法

评价一个障碍物是否穿透 OAS 面时，根据 ILS 进近的分类，Ⅰ类 ILS 进近使用Ⅰ类 OAS 面；Ⅱ类 ILS 进近使用Ⅱ类 OAS 面及位于Ⅱ类 OAS 面之上的Ⅰ类 OAS 面部分；Ⅲ类 ILS 进近使用的 OAS 面与Ⅱ类相同。

评价的一般步骤和方法是：

（1）根据程序设计的条件和进近类别，建立起相应的 OAS 方程式。建立方程式时，如果是非标准条件，则必须按前述方法对常数 C 进行修正。

（2）借助 OAS 模板估计障碍物所在的面。标准条件时，各类进近的 OAS 模板坐标直接从 OAS 常数表中查出，非标准条件则应通过计算建立起来的 OAS 方程式求出（方法已如前述），然后绘出 OAS 示意模板，以便根据障碍物坐标判断其所在的面。有的障碍物可以有把握地判明它在哪一个 OAS 面内，而有的障碍物则只能大概地估计它在哪两个甚至 3 个相邻的面内。

（3）将障碍物坐标（x，y）代入其所在面的方程式，解算出该处的 OAS 面高（z 值）。有的障碍物如果只能估计它在两个相邻的面内，则应分别计算出这两个面的高，其中数值较大者就是障碍物所在的面。计算 OAS 面高时，y 值不考虑其正负。

（4）比较障碍物高（h_0）与 OAS 面高（z），如果 h_0 大于 z，说明障碍物穿透了 OAS 面；否则没有穿透。

8.3.5.4 确定 ILS 进近的 OCH

ILS 进近的最低超障高度或最低超障高（OCA/H），是制订精密进近的最低着陆标准的基本依据之一。这一高度必须能够确保航空器在精密航段及其后的复飞中的飞行安全。因此，应在评估障碍物的基础上，计算出 ILS 精密航段的最低超障高（OCH），检查精密航段后复飞的超障余度，并进行必要的飞行检验，然后呈报民航局审批公布。

1. 计算精密航段的 OCH

计算精密航段的 OCH 要考虑穿透基本 ILS 面和 OAS 面的所有障碍物。这些障碍物分为两类：进近障碍物（在 FAP 至入口以后 900 m 之间的障碍物）和复飞障碍物（在其余精密航段内的障碍物）。由于精密航段中的飞行包括了最后进近的下降和失误进近时的复飞爬升过程，因此，计算 OCH 时，进近障碍物与复飞障碍物应区别对待，为此，必须首先区分出穿透 ILS 面和 OAS 面的障碍物中，哪些属于进近障碍物，哪些属于复飞障碍物，然后将每一个复飞障碍物的高换算成当量进近障碍物的高（即复飞障碍物当量高），最后根据规定的高度表余度或高度损失，计算出精密航段的 OCH。

1）鉴别进近障碍物和复飞障碍物的方法

区分进近障碍物与复飞障碍物最简便的方法，就是以入口之后 900 m（$x = -900$）为界，在此之前（即障碍物的纵坐标 $x \geq -900$）为进近障碍物，在此之后（$x < -900$）为复飞障碍物（见图 8.85）。由于 $x = -900$（m）之前的某些障碍物，可能在复飞航径之下，飞机飞越这些障碍物时是在上升而不是下降，因此这些障碍物如果划分为进近障碍物，将会造成最低着陆标准不必要的增大，不利于发挥机场运行效益（于航行不利）。有利的方法应当是：以通过入口之后 900 m 且平行于标称下滑道 GP 面的斜面 GP′为分界面，凡 $x < -900$（m）或高于 GP′面的障碍物，都属于复飞障碍物；低于 GP′面的障碍物则属于进近障碍物。

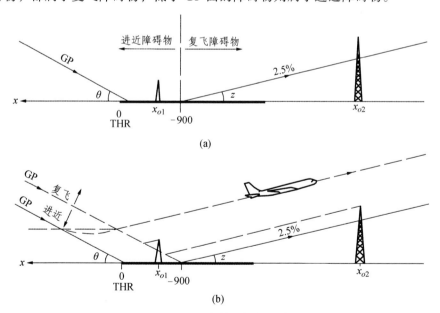

图 8.85 进近障碍物与复飞障碍物

GP′面的高度方程式为：$z(\text{GP}') = (x + 900)\tan\theta$

将障碍物的 x 坐标代入上面的方程式，计算出该处的 GP′面高 z（GP′），与障碍物高（h_0）比较即可鉴别该障碍物属于哪一类障碍物。如果 $h_0 \leq z$（GP′），属进近障碍物；$h_0 > z$（GP′），则属复飞障碍物。

2）计算复飞障碍物当量高

区分出进近障碍物和复飞障碍物之后，应当按下式将复飞障碍物高（h_{ma}）换算为当量进近障碍物高（h_a）

$$h_a = [(x + 900) + h_{ma} \cdot \cot z] / (\cot z + \cot \theta)$$

式中，x 为障碍物的纵坐标；θ 为 ILS 下滑道的下滑角（标准 3°）；z 为 OAS 面 Z 面（ILS 面复飞面）的倾斜角（标准复飞梯度 $\tan z = 2.5\%$），如图 8.86 所示。

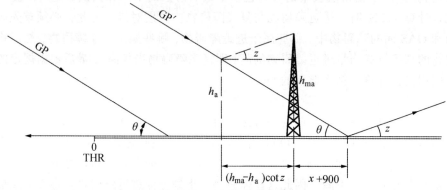

图 8.86 h_{ma} 与 h_a 的关系

在穿透基本 ILS 面和 OAS 面的进近障碍物高和复飞障碍物当量高中，其数值最大者，就是计算精密航段 OCH 的控制障碍物。

3）计算 OCH 值

为了保证安全飞越穿透 ILS 面和 OAS 面的障碍物，OCH 应在控制障碍物高的基础上加上一个高度表余度或高度损失（HL），即

$$OCH = h_0 + HL$$

高度表余度（HL）是考虑到飞机由最后进近的下降转为复飞上升时，飞机的惯性和空气动力性能以及高度表误差等因素所引起的高度损失，它的数值见表 8.12。该数值是按照飞机在规定的进近航径上从 OCH 高度上使用正常手操纵复飞程序的情况计算得到的，只适用于 Ⅰ、Ⅱ类进近。这些数值没有考虑一个障碍物的横向位移，也没有考虑飞机会有偏离的可能性，如果需要考虑这些综合的可能性，则应使用危险碰撞模式（CRM）。

表 8.12 高度表余度/高度损失（HL）

飞机分类	使用气压高度表（Ⅰ类）（m/ft）	使用无线电高度表（Ⅱ类）（m/ft）
A（$v_{at} < 169$ km/h）	40/130	13/42
B（169～222）	43/142	18/59
C（223～260）	46/150	22/71
D（261～306）	49/161	26/85

表中没有列出的 E 类飞机（v_{at} = 307/390 km/h）或特定的入口速度（v_{at}）所要求的高度表余度应按下式计算：

使用无线电高度表　　　　　HL = $0.096 v_{at}$ – 32

使用气压式高度表　　　　　HL = $0.068 v_{at}$ + 28.3

式中，v_{at} 的单位为 km/h，HL 的单位为 m。

【例】 I 类 ILS，标准条件，已知下列障碍物：O1（975，65，25）；O2（– 1 500，– 500，55）；O3（4 260，205，86）。求精密航段内的 OCH。

解：（A）使用基本 ILS 面评估障碍物。

① O1 在进近（1）面

z_1 = （x – 60）× 2% = 18.3 m　　$z_1 < h_{o1}$，O1 穿透进近（1）面。

② O2 在过渡（3）面

z_2 = 0.143y – 21.45 = 50.1 m　　　$z_2 < h_{o2}$，O2 穿透起降过渡面。

③ O3 在进近（2）面

z_3 = （x – 3 060）× 2.5% + 60 = 90 m　　$z_3 > h_{o3}$，O3 未穿透进近（2）面。

（B）使用 OAS 面评估障碍物。

① O1 可能在 W 面或 X 面内

$$z_w = 0.028\ 5x - 8.01 = 19.8 \text{ m}$$
$$z_x = 0.027\ 681x + 0.182\ 5y - 16.72 = 22.1 \text{ m}$$

O1 在 X 面内，穿透 X 面。

② O2 可能在 Z 面或 Y 面内

$$z_z = -0.025x - 22.5 = 15 \text{ m}$$
$$z_y = 0.023\ 948x + 0.210\ 054y - 21.51 = 47.6 \text{ m}$$

O2 在 Y 面内，穿透 Y 面。

③ O3 可能在 X 面或 Y 面内

$$z_x = 0.027\ 681x + 0.182\ 5y - 16.72 = 138.6 \text{ m}$$
$$z_y = 0.023\ 948x + 0.210\ 054y - 21.51 = 123.6 \text{ m}$$

O3 在 X 面内，未穿透 X 面。

（C）计算 OCH。

① z（GP′）=（900 + 975）× tan3° = 98.3 m

因 $h_{o1} < z$（GP′），O1 为进近障碍物。

② O2 为复飞障碍物，其进近当量高为

$$h_a = [（x + 900）+ h_{ma} \times \cot z]/（\cot z + \cot \theta）= 27.1 \text{ m}$$

③ 比较 O1 与 O2，确定 O2 为控制障碍物，各类航空器的 OCH 如下：

A 类：　　　　OCH = 27.1 + 40 = 67.1 m（取整 70 m）

B 类：　　　　OCH = 27.1 + 43 = 70.1 m（取整 75 m）

C 类：　　　　OCH = 27.1 + 46 = 73.1 m（取整 75 m）

D 类：　　　　OCH = 27.1 + 49 = 76.1 m（取整 80 m）

2. 检查精密航段后复飞的超障余度

为了确保飞机在精密航段之后的复飞中，能够安全地飞越复飞区里的所有障碍物，在计算出精密航段的最低超障高（OCH$_{PS}$）之后，应检查精密航段后的复飞（即复飞最后阶段）的超障余度。

ILS 进近最后复飞的准则是在一般准则的基础上，考虑到 ILS 精密进近的特点而进行了某些修正。如起始爬升点（SOC）的位置、复飞区的大小、直线复飞的超障余度以及对 OCH 和复飞转弯高度的调整方法等，都与非精密进近有所不同。下面将依据其特点说明检查 ILS 进近最后复飞的超障余度的有关问题。

1）确定起始爬升点的位置

为了检查最后复飞的超障余度，必须首先确定用于计算超障高的起始爬升点（SOC）。ILS 进近的复飞是在标称下滑道（GP）到达决断高的一点开始，考虑到下降转入上升的过渡，ILS 进近复飞上升的起始点（SOC）是在 GP′ 到达 "OCH-HL" 的一点开始，该点的纵坐标（x_{soc}）根据 GP′ 面的高度方程式 $z(GP') = (x+900)\tan\theta$ 求出，如图 8.87 所示。式中，$z(GP') = OCH - HL$，θ 为 ILS 下滑道的下滑角（标准 3°）。

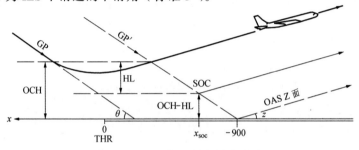

图 8.87　ILS 进近的起始爬升点

2）检查直线复飞的超障余度

ILS 精密航段是在 Z 面到达入口以上 300 m 的高度为止，最后复飞从这一点开始。在这个距离上 Z 面的宽度，可以从 Y 面和 Z 面 300 m 等高线交点 E″ 的坐标查出，此后以 15° 的扩展角向两侧扩张，没有副区，如图 8.88 所示。

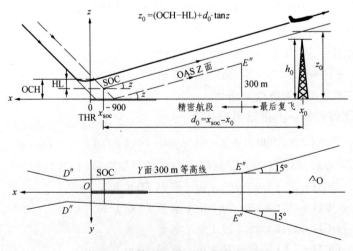

图 8.88　精密航段后的直线复飞区

在直线复飞的最后复飞区内，各障碍物的高（h_0）应小于或等于起始爬升面（Z'）的高，即

$$h_0 \leq (\text{OCH}_{\text{PS}} - \text{HL}) + d_0 \cdot \tan z$$

式中，$d_0 = x_{\text{soc}} - x_0$，是从 SOC 至障碍物 O 的水平距离（平行于复飞航迹）；OCH_{ps} 和 HL 均属于航空器分类的同一类飞机。

8.3.5.5 ILS 进近的中间和起始进近区

ILS 进近程序的起始进近区，与非精密进近的起始进近区完全相同，而中间进近区则有较大的差别，因此，本节将主要介绍中间进近区。

图 8.89 所示为 ILS 进近中间航段与最后航段相互连接的情形，下面将分别说明起始进近采用直线航线、反向和直角航线、推测（DR）航迹时，中间航段的安全保护区及其与起始和 ILS 精密进近区的衔接。

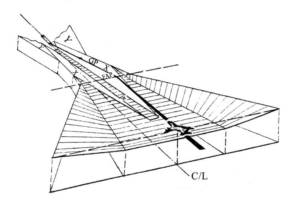

图 8.89 ILS 进近中间航段与最后航段的连接

起始进近使用直线航线的 ILS 进近程序，其中间航段保护区在 IF 处的宽度，由起始进近区的总宽度（±5 NM）确定，而后逐渐均匀缩小至 FAP 或 FAF 处的宽度为 OAS 面的 X 面之间的水平距离。

8.3.5.6 I 类 ILS 航向台偏置或下滑台不工作

I 类 ILS 航向台偏置或下滑台不工作，是 ILS 进近中的两种特殊情况，在程序设计中必须根据具体情况加以考虑。

1. I 类 ILS 航向台偏置

有时候，由于台址问题，或由于机场施工要求临时将航向台偏离跑道中线位置，航向台的航道波束不能与跑道中心延长线一致，在这种情况下，应确定航向台偏置的 OCA/OCH。

不能用偏置航向台来作为消除噪声的措施。

1）对偏置航道的要求

航向台偏离跑道中心线的位置，必须符合以下要求：

（1）ILS 航道与跑道中线延长线的夹角不超过 5°（见图 8.90）。

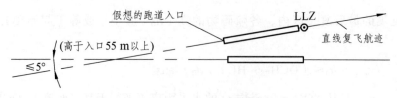

图 8.90 航向台偏离

（2）交点应在标称下滑道到达的高度（切入跑道中线延长线的高度）至少在入口以上 55 m（180 ft）处。

这种程序应注明："航道偏离××度。"

2）超障准则

航向台偏置时，评估障碍物和确定 OCH 的步骤、方法和准则，与正常情况一样，只是在评估和计算时，是以一条与航道波束相一致的假想跑道为依据。这条跑道在长度、入口标高、入口至切入点的距离与真跑道相同。航道波束宽度和 ILS 基准高也是相对于假想跑道的。

这种程序所公布的 OCA/OCH 不应小于切入跑道延长线交点的高度加 20 m（66 ft）。

2. ILS 下滑台不工作

只用航向台的程序（下滑台不工作）是一种非精密进近程序。在设计 ILS 精密进近程序时，应同时设计只用航向台（下滑台不工作）的程序，以备飞机在实施 ILS 进近过程中，一旦下滑台不工作（或收不到下滑台信号）时，能够顺利地转为只依据航向台提供的航迹引导下降至公布的最低下降高度。

只用航向台的进近程序应按非精密进近有 FAF 的准则设计，但有如下例外：

1）中间进近

中间进近航段以 FAF 为终点（外指点标或任何满足 FAF 要求的定位点）。

中间进近区主要区的宽度逐渐缩小至 FAF 处为 OAS 的 X 面之间的宽度，副区则逐渐缩减至 FAF 处为 0。

2）最后进近和复飞

最后进近航段从 FAF 开始至 MAPt 终止。这个复飞点的位置，不应安排在下滑道工作时下滑道与入口平面的交线之后（通常不应在跑道入口之后）。

最后进近区和起始复飞区由 I 类 ILS 进近的 OAS 的 X 面外边界所确定，从 FAF 起直到 Y 面和 X 面 300 m 等高线交叉点 D''，此后以 Y 面 300 m 等高线为界，直至 E'' 点。E'' 点之后，区域应向两侧各扩张 15°，如图 8.91 所示。OAS 面的 300 m 等高线按一个假定的 3° 下滑角计算。

起始爬升线（SOC）的位置根据一般准则，由复飞点的定位容差和过渡容差确定。此后即可检查直线复飞和转弯复飞的超障余度。

在最后进近和复飞区内，Y 面之下的区域（图 8.91 中 $DED''E''$）为副区。

上述的 X 面和 Z 面也可以用基本 ILS 面的进近面和复飞面来代替。

3）超障余度

在主区内的最小超障余度（MOC）为 75 m，副区由内边界的 75 m 向外逐渐减小至外边界为 0。但 Y 面下面的障碍物穿透 Y 面时才予考虑。

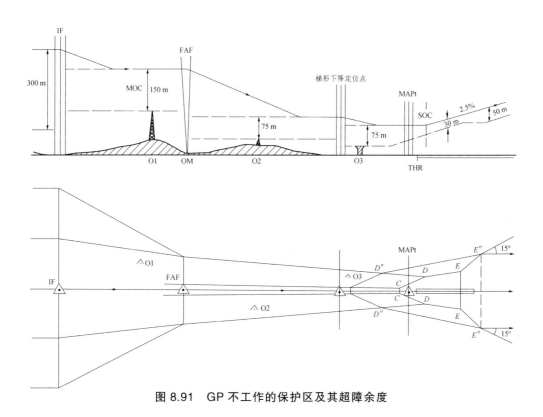

图 8.91 GP 不工作的保护区及其超障余度

8.3.6 机场运行最低标准

机场运行最低标准是一个机场可用于飞机起飞和进近着陆的运行限制,用以下数据表示:对于起飞,用能见度（VIS）和/或跑道视程（RVR）表示, 在需要时, 还应当包括云高;对于精密进近（PA）和类精密进近（APV）着陆, 根据运行分类用能见度（VIS）或跑道视程（RVR）和决断高度/高（DA/DH）表示;对于非精密进近和盘旋进近着陆,用能见度（VIS）和最低下降高度/高（MDA/MDH）表示。

飞机类别和机场飞行区等级指标是两个不同的概念, 在制定机场最低运行标准时, 应包含该机场可能运行的所有飞机类别。

为提高民用飞机全天候运行的安全水平和航行的标准化程度,规范机场运行标准和实施程序,中国民用航空局根据《中华人民共和国民用航空法》,制定发布了《航空器机场运行最低标准的制定与实施准则》。本规定适用于对已建立仪表飞行程序的民用机场和军民合用机场制定民用飞机使用的机场运行最低标准,也适用于航空营运人对所用机场制定本航空营运人的运行最低标准和实施细则。

对于已建立仪表进近程序的机场,应当对每个程序的直线进近、盘旋进近按飞机分类规定着陆最低标准;对于仪表起飞离场应当规定起飞最低标准。民航局公布的机场运行最低标准,没有考虑具体机型的机载设备、飞机性能、飞行机组的技术水平和飞行经验,这些因素应当由各航空营运人确定其所用机场的运行最低标准（公司标准）时予以考虑。

民航局通过《中华人民共和国航行资料汇编》（AIP）对外公布我国机场的仪表进离场程序和仪表进近程序,并按不同进近程序和飞机分类公布超障高度/超障高（OCA/OCH）,通过颁发各机场的仪表进近图、机场图和仪表进离场图，向国外各航空营运人公布各机场的仪表进离场程序、各类仪表进近程序和起飞着陆最低标准。

航空营运人在确定其所用机场的运行最低标准（公司标准）时必须充分考虑以下因素：

（1）飞机的机型、性能和操纵特性。

（2）飞行机组的组成及其技术水平和飞行经验。

（3）所用跑道的尺寸和特性。

（4）可用的目视助航和无线电导航设施的性能和满足要求的程度。

（5）在进近着陆和复飞过程中可用于领航和飞行操纵的机载设备。

（6）在进近区和复飞区内的障碍物和仪表进近的超障高。

（7）机场用于气象测报的设备。

（8）爬升区内的障碍物和必要的超障余度。

注：在非精密进近中不使用 CDFA 时，运营人的最低标准一般应在本机场最低标准之上，对于 A、B 类飞机，RVR/VIS 至少增加 200 m，对于 C、D 类飞机，RVR/VIS 至少增加 400 m。

8.3.6.1　起飞最低标准

起飞最低标准通常只用能见度（VIS）/跑道视程（RVR）表示。如果在仪表离场过程中规定一个安全飞越障碍物所要求的最小爬升梯度（或使用缺省值 3.3%），并且飞机能满足规定的爬升梯度时，起飞最低标准才可以只用能见度（VIS）/跑道视程（RVR）表示。如果要求目视避开障碍物时，起飞最低标准应当包括 RVR/VIS 和云高，并在公布的离场程序图中标出该障碍物的确切位置。

1. 基本的起飞最低标准

起飞机场可以使用下列基本起飞最低标准：一、二发飞机，RVR/VIS 为 1 600 m（其中单发飞机起飞最低标准为云高不低于 100 m）；三、四发飞机，RVR/VIS 为 800 m。

2. 特殊的起飞最低标准

对于双发或双发以上的飞机，如果飞机在起飞中任何一点关键发动机失效后能够停住或者以要求的超障余度继续起飞至高于机场 450 m（1 500 ft），则起飞最低标准可以使用的最低值见表 8.13；若无 RVR 测报，对于表 8.13，可使用的 VIS 为 800 m。

表 8.13　多发涡轮飞机起飞最低标准

设施	RVR（m）
无灯（仅昼间）	500[①]
跑道边灯和中心线	400[①②]
跑道边灯和中线灯	200/250[②③⑤]
跑道边灯和中线灯以及多个 RVR 信息	150/200[②③④⑤]

注：① 表示接地区的 RVR 为控制 RVR，该值也可由驾驶员目测估算。

② 表示对于夜间运行，还要求有跑道末端灯。

③ 表示 D 类飞机采用较高值。

④ 表示要求 A 类飞机必须有接地区的 RVR 报告，B、C 类飞机必须有接地区和中部两个位置的 RVR 报告，D 类飞机必须有接地区、中部和停止端 3 个位置的 RVR 报告，并且所需 RVR 报告都不小于规定值。

⑤ 表示使用 LVTO 还应当满足机场 LVP 正在实施中和跑道中线灯（RCLL）间距不大于 15 m。

8.3.6.2 非精密直线进近的最低标准

非精密直线进近的最低标准应当包括最低下降高度/高和能见度两个要素。

1. 最低下降高度/高（MDA/MDH）

最低下降高度（MDA）或最低下降高（MDH）是在非精密进近和盘旋进近中规定的高度或高。在这个高度或高，如果没有取得要求的目视参考，则不能下降至最低下降高度或最低下降高以下。

确定最低下降高度/高应当以仪表进近程序确定的超障高度/高为基础，最低下降高度/高的数值可以高于但不得低于超障高度/高。航空营运人出于对其飞机的性能、机载设备、飞行机组技术永平和经验等因素的考虑，在根据超障高计算最低下降高度/高时，可以增加一个余度。最低下降高度或最低下降高的公布数值应当按 5 m 向上取整。NPA 导航设施与其对应的 MDH 见表 8.14。

表 8.14　NPA 导航设施与其对应的 MDH

设施	最低的 MDH
仅有航向台（ILS 下滑台 GP 不工作）	75 m（250 ft）
RNP（LNAV）	90 m（300 ft）
VOR	90 m（300 ft）
VOR/DME	75 m（250 ft）
NDB	105 m（350 ft）
NDB/DME	90 m（300 ft）

2. RVR/VIS

驾驶员为了及时取得目视参考以便从最低下降高度/高安全下降和机动飞行至着陆所需要的最低能见度，决定于飞机的分类、最低下降高度/高、可用目视助航设施以及进近方式（直线进近或盘旋进近）。除非特别批准，MDH 不低于 75 m（250 ft），RVR/VIS 不低于 800 m。

非精密进近 NPA 通常使用气压式高度表作为高度基准，决断高度/高的计算数值应当按 5 m 向上取整。

8.3.6.3 目视盘旋进近的最低标准

每个机场都应当规定目视盘旋进近的最低标准，在有条件的机场应当尽可能制定规定航迹的目视盘旋飞行。有些机场由于跑道一侧地形障碍较高或由于邻近机场的空域限制，盘旋进近可以限制在地形较低或无空域限制的一侧进行。这种情况应当在仪表进近图中明确规定对目视盘旋飞行的限制，并注明："只准在跑道×侧进行目视盘旋着陆"。

目视盘旋进近最低标准应当包括最低下降高度/高和能见度两个要素。各类飞机盘旋进近的最低下降高度/高，应当根据超障高确定，但不得低于各类飞机规定的最小 OCH 数值。盘旋进近的最低下降高度/高按 5 m 向上取整。目视盘旋进近的最低标准见表 8.15。

表 8.15　目视盘旋最低标准

飞机类别	A	B	C	D
MDH	120 m （400 ft）	150 m （500 ft）	180 m （600 ft）	210 m （700 ft）
VIS	1 600 m	1 600 m	2 400 m	3 600 m

盘旋进近的最低能见度（不能用 RVR），应当根据最低下降高和机场使用的目视助航设施从换算表中获得。

盘旋进近的最低标准不得低于该机场直线进近的最低标准。如果出现盘旋进近的超障高度/高低于直线进近的超障高度/高时，则盘旋进近的超障高度/高应采用直线进近的超障高度/高的数值。

8.3.6.4　精密进近的最低标准

使用仪表着陆系统（ILS）、微波着陆系统（MLS）或精密进近雷达（PAR）提供方位和下滑引导的进近为精密进近，根据导航设施的引导性能，可分为Ⅰ类、Ⅱ类和Ⅲ类精密进近。各类精密进近的最低标准分述如下。

1.　Ⅰ类精密进近最低标准

任何精密进近，包括仪表着陆系统（ILS）、微波着陆系统（MLS）和精密进近雷达（PAR）进近，其决断高在 60 m 或以上，最低能见度在 800 m 或 RVR550 m 或以上都是Ⅰ类精密进近。Ⅰ类精密进近的最低标准应当包括决断高度/高（DA/DH）、跑道视程（RVR）或者能见度 VIS。在装有 RVR 的跑道，精密进近最低标准用决断高度/高（DA/DH）、跑道视程（RVR）表示。

1）决断高度/高（DA/DH）

决断高度（DA）或决断高（DH）是在精密进近中规定的一个高度或高。在这个高度或高，如果不能取得继续进近所需的目视参考，则必须开始复飞。

决断高（DH）应当以超障高（OCH）为计算依据，且不应低于飞行程序设计为各飞机类别所确定的超障高（OCH）。Ⅰ类精密进近 PA 使用 ILS 或 GLS。除非特别批准，否则其 DH 不低于 60 m。

对于因机场周围地形陡、使用大下滑角度、经常出现下沉气流、最后进近偏离跑道延长线、使用远距高度表拨正等情况，可根据情况适当提高最低标准。

使用仪表着陆系统（ILS）偏置航道的仪表进近，飞机将偏离跑道中线延长线，因此确定的决断高应当使飞机能在到达着陆入口以前完成对正跑道的机动飞行。使用仪表着陆系统（ILS）偏置航道进近的决断高不低于 75 m。

Ⅰ类精密进近 PA 通常使用气压式高度表作为高度基准，决断高度/高的计算数值应当按 5 m 向上取整。

2）能见度或跑道视程

跑道视程（RVR）是指飞机位于跑道中线，驾驶员能看清跑道道面标志或跑道边灯或中线灯的最大距离。跑道视程是经大气透射仪测量后考虑大气消光系数、视觉阈值和跑道灯强度而计算的数值。跑道视程（RVR）数值的大小与跑道灯光的强度有关。当跑道视程（RVR）小于飞机起飞、着陆要求的数值时，应考虑将跑道灯光强度调大直至最强（5级灯光），以提高飞机运行的正常性。

Ⅰ类精密进近 PA 使用 ILS 或 GLS。除非特别批准，RVR 不得低于 550 m。对于Ⅰ类精密进近 PA，只有 DH 不大于 75 m，且在满足跑道具有 FALS、RTZL、RCLL 和跑道具有 FALS，使用经批准的 HUD 或自动驾驶仪或飞行指引仪进近，才可使用 RVR 小于 800 m 的标准。最小 RVR/VIS 可由下列公式计算：RVR/VIS=DH/tan θ – 进近灯光长度。

Ⅰ类精密进近 PA 采用接地区 RVR 作为控制 RVR，在其故障时，可临时由中部 RVR 代替。Ⅰ类精密进近 PA 通常使用气压式高度表作为高度基准，决断高度/高的计算数值应当按 5 m 向上取整。

2.Ⅱ类精密进近 PA 最低标准

Ⅱ类精密进近 PA 的最低标准包括决断高（DH）和跑道视程（RVR）两个要素，不得用能见度表示。决断高（DH）在 60 m 以下但不低于 30 m，跑道视程不小于 300 m。标准的Ⅱ类运行最低标准为 DH30 m，RVR300 m。

Ⅱ类精密进近的决断高（DH），应当用超障高为计算依据，且不应低于飞行程序设计为各飞机类别所确定的超障高（OCH）。Ⅱ类精密进近最低标准的最低值如表 8.16 所示。

Ⅱ类精密进近 PA 采用接地区 RVR 和中部 RVR 作为控制 RVR，

表 8.16　Ⅱ类精密进近最低标准

DH[①]	RVR（m）	
	A、B、C	D
30～35 m（100～120 ft）	300	300/350[②]
36～42 m（121～140 ft）	400	400
43 m（141 ft）以上	450	450

注：① 表示Ⅱ/Ⅲ类运行时，通常不使用 DA 的概念。
　　② 表示 D 类飞机实施自动着陆可采用 RVR 300 m。

Ⅱ类精密进近 PA 的目视参考除非获得并能够保持进近灯、接地地带灯、跑道中线灯、跑道边灯或这些灯的组合中至少 3 个连续灯的目视参考，驾驶员不得继续进近至 DH 之下。目视参考中必须包括地面构成的横向水平要素，如横排灯、入口灯或接地地带灯，除非用经批准的 HUD 至接地。

8.3.6.5　类精密进近（APV）最低标准

类精密进近（APV）是有方位引导和垂直引导，但不满足建立精密进近和着陆运行要求的仪表进近。

类精密进近（APV）的最低标准应当包括决断高度/高（DA/DH）、跑道视程（RVR）或者能见度 VIS 两个要素。

类精密进近（APV）是使用气压垂直导航的 RNP APCH 或 RNP AR，或者是使用星基增强系统（SBAS）。除非特殊批准，其 DH 不低于 75 m（250 ft），RVR/VIS 不低于 800 m。

类精密进近（APV）采用接地区 RVR 作为控制 RVR，在其故障时，可临时由中部 RVR 代替。Ⅰ类精密进近 PA 通常使用气压式高度表作为高度基准，决断高度/高的计算数值应当按 5 m 向上取整。

8.3.6.6 Ⅰ类 PA、APV 和 NPA 实施最低标准的目视参考

除非在拟用跑道上，驾驶员可以至少清楚看见并识别下述目视参考之一，可充分判断相对于预定飞行航径位置和位置变化率，否则不得继续进近到 DA/*H* 或 MDA/*H* 之下：

（1）进近灯光系统。

（2）跑道入口。

（3）跑道入口标志。

（4）跑道入口灯。

（5）跑道入口灯识别灯。

（6）目视进近坡度指示系统。

（7）接地区或接地区标志。

（8）跑道接地地带灯。

（9）跑道边灯。

（10）局方认可的其他目视参考。

进近灯光系统为进近的飞机提供目视指示，并使跑道环境清晰可见，降低了对 RVR/VIS 的要求。对于夜间运行或对进近灯光有要求的其他运行，灯光必须打开并可使用。

8.3.6.7 目视运行标准

在机场执行目视起飞和进近着路时，驾驶员应确保飞机在云外飞行，并保持对地面目视参考的持续可见。一般情况下，要求机场云底高不小于 300 m；如果机场标高等于或高于 3 000 m（10 000 ft）时，VIS 不小于 8 000 m，如果机场标高低于 3 000 m（10 000 ft）时，VIS 不小于 5 000 m。经局方批准，可使用云底高不小于 100 m，VIS 不小于 1 600 m 的标准。

8.4 航 图

仪表飞行可以分为 3 个飞行阶段：离场阶段是指飞机从机场起飞到加入航路的过程；航路阶段是指飞机从某一地点上空飞往另一地点上空的过程；进近阶段是指飞机从航路过渡到目的地机场的过程，进近阶段开始于公布的进场程序，通常终止于仪表进近的完成。

国际民航组织（ICAO）附件 4 规范了 17 种航图，但这 17 种航图在航行中的作用和重要性是不一样的。按照航图在飞机运行中的不同用途分为 4 类：

（1）仅用于作计划的航图，包括机场障碍物 A 型图、机场障碍物 B 型图、机场障碍物 C 型图、精密进近地形图 4 种。

（2）从起飞至着陆之间飞行时使用的航图，包括标准仪表离场图、航路（线）图、区域图、标准仪表进场图、仪表进近图、目视进近图 6 种。

（3）飞机在机场场面上运行时使用的航图，包括机场图、机场地面运行图、航空器停放/

停靠图 3 种。

（4）目视领航、作业和计划使用的航图，包括百万分之一世界航图、五十万分之一航空地图、作业图、小比例尺航空领航图 4 种。

在国内飞行，各阶段的仪表飞行航图由中国民用航空局负责制作提供，其制图规范主要依据国际民航组织（ICAO）附件 4 所公布的标准。在国际飞行中，通常使用杰普逊·桑德森（Jeppesen Sanderson）公司出版的各类航图。这两种航图主要用于民用飞机的操作，也可供大部分军用飞机操作使用。因此，应重点掌握这两种航图。本章将分别对这两种航图进行分析。

8.4.1 仪表进近图和机场图

标准的仪表进近程序（IAP），是允许飞机从航路高度安全地下降到临近目的地机场跑道的一个比较低的高度上。在使用仪表着陆系统（ILS）的情况下，飞机可以直接到达高于接地地带标高 60 m（200 ft）并距离跑道入口约 800 m（0.5 mile）的某点上空；目前我国最低可达到 30 m（100 ft）。如果能建立可靠的目视参考，飞机则可以利用目视参考继续着陆；如果在该点不能建立目视参考或在通过该点后失去目视参考，则必须终止进近，并立即实施复飞程序。

8.4.1.1 仪表进近图

虽然有许多不同类型的进近方式可以使用，但大多具有相同的程序和图式。因此，飞行员要通过认读一般的航图而获得举一反三的能力。学习本节内容就是要达到熟练认读航图的目的。文中选择了一张 ILS 进近图和 VOR 进近图来进行教学，通过对这张进近图的学习，可以掌握其他进近图的主要特点。

1. 中国民航出版的仪表进近图

仪表进近图就是将设计好的仪表进近程序、复飞程序和等待程序绘制成图，提供给用户。使用户了解机场的仪表进近程序、复飞程序和等待航线程序以及实施仪表进近程序所需的机场最低天气条件，并按程序的规定进行各项工作，如图 8.92 所示。

1）制图要求

凡建立了仪表进近程序的机场都必须为每一条着陆跑道单独设计仪表进近程序和单独绘制仪表进近图，并且此程序经试飞成功，证实设备良好、数据准确方可正式出版。当图中所公布的资料有所变化时，应及时对仪表进近图进行修订。

为了适应各种性能航空器的仪表进近需要，航空器按其跑道入口速度分为 A、B、C、D、E 5 类。主管部门应该按机场所能提供的导航设备和降落的飞机类型，将设计好的程序绘制成相应的仪表进近图。

根据程序中最后航段所使用的导航设备的不同，仪表进近程序可分为非精密进近和精密进近两类。在非精密进近中只能为航空器提供方位引导，如 NDB、VOR 进近等；而在精密进近中能够同时提供方位引导和垂直引导，如 ILS 进近等。

按以上分类原则分别设计出的仪表进近程序中，如果中间进近航段、最后进近航段和复

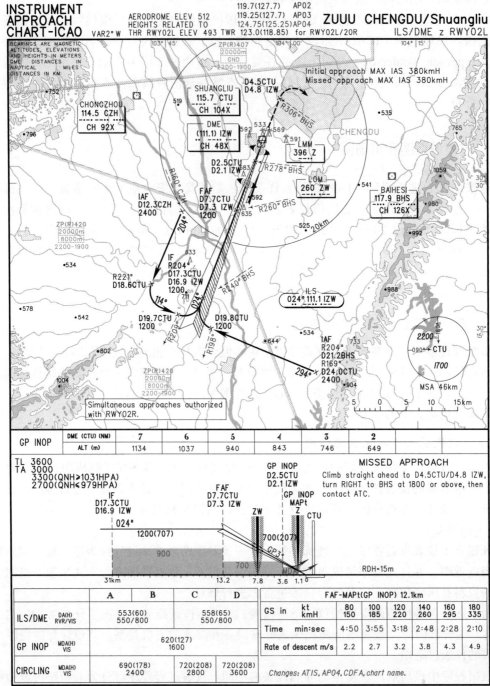

INSTRUMENT APPROACH CHART-ICAO

D-ATIS 131.45
ATIS 128.6(DEP) 126.45(ARR)
APP 124.85(127.7) AP01
119.7(127.7) AP02
119.25(127.7) AP03
124.75(125.25)AP04

AERODROME ELEV 512
HEIGHTS RELATED TO
VAR2°W THR RWY02L ELEV 493 TWR 123.0(118.85) for RWY02L/20R

ZUUU CHENGDU/Shuangliu
ILS/DME z RWY02L

BEARINGS ARE MAGNETIC ALTITUDES, ELEVATIONS AND HEIGHTS IN METERS DME DISTANCES IN NAUTICAL MILES DISTANCES IN KM

Initial approach MAX IAS 380kmH
Missed approach MAX IAS 380kmH

SHUANGLIU
115.7 CTU
CH 104X

CHONGZHOU
114.5 CZH
CH 92X

DME
(111.1) IZW
CH 48X

D2.5CTU
D2.1 IZW

LMM
396 Z

FAF
D7.7CTU
D7.3 IZW
1200

IAF
D12.3CZH
2400

LOM
260 ZW

BAIHESI
117.9 BHS
CH 126X

IF
R204°
D17.3CTU
D16.9 IZW
1200

R221°
D18.6CTU

ILS
024° 111.1 IZW

D19.7CTU
1200

D19.8CTU
1200

IAF
R204°
D21.2BHS
R169°
D24.0CTU
2400

2200 — CTU
1700
MSA 46km

Simultaneous approaches authorized with RWY02R.

GP INOP	DME (CTU) (NM)	7	6	5	4	3	2
	ALT (m)	1134	1037	940	843	746	649

TL 3600
TA 3000
3300(QNH≥1031HPA)
2700(QNH≤979HPA)

MISSED APPROACH

Climb straight ahead to D4.5CTU/D4.8 IZW, turn RIGHT to BHS at 1800 or above, then contact ATC.

IF
D17.3CTU
D16.9 IZW

FAF
D7.7CTU
D7.3 IZW

GP INOP
D2.5CTU
D2.1 IZW

GP INOP
MAPt
Z CTU

024°
1200(707)
900
700(207)
700
GP3°
MDA
RDH=15m

31km   13.2   7.8 3.6 1.1 0

FAF-MAPt(GP INOP) 12.1km

		A	B	C	D	GS in	kt kmH	80 150	100 185	120 220	140 260	160 295	180 335
ILS/DME	DA(H) RVR/VIS	553(60) 550/800		558(65) 550/800		Time min:sec		4:50	3:55	3:18	2:48	2:28	2:10
GP INOP	MDA(H) VIS	620(127) 1600				Rate of descent m/s		2.2	2.7	3.2	3.8	4.3	4.9
CIRCLING	MDA(H) VIS	690(178) 2400	720(208) 2800	720(208) 3600		Changes: ATIS, APO4, CDFA, chart name.							

2014-3-1 EFF1404021600

中国民用航空局CAAC

ZUUU AD2.24-10E

图 8.92 仪表进近图（成都/双流）

728

飞航段完全相同，并且在一张图中表示不会造成图面混乱而影响可读性时，可以合并，使用一张仪表进近图表示一个以上的仪表进近程序；但精密进近程序和非精密进近程序之间不得相互合并。

仪表进近图一般用彩色印刷。蓝色表示水系，绿色表示区域最低高度，灰色表示地形、地物等底图要素，黑色表示航行要素。本图的图幅范围一定要充分包括仪表进近程序的各个阶段及预定的进近方式可能需要的附加区域。

2）程序识别名称

目前，我国有些机场同一跑道拥有两个以上使用相同导航设备类型提供最后进近引导的进近程序。这些程序的标识相同，如果不加以区分，将会导致仪表进近程序无法编入导航数据库，对飞行的正常运行造成不利的影响。参照 ICAO 的相关规范，为保证所有的仪表进近程序都能编入导航数据库中，对于同一机场同一条跑道拥有两个以上相同标识的进近程序，将在程序标识中增加后缀加以区分，具体方法如下：

（1）在程序标识中的导航设备名称与跑道编号之间增加小写字母后缀，中间留一空格；后缀从字母 z 开始编起，程序标识相同的第一个程序增加后缀 z，第二个程序增加后缀 y，依此类推。例如"ILS/DME z RWY02、ILS/DME y RWY02、RNAV ILS/DME w RWY02"等。

（2）编排航图顺序时，在征求程序设计、批复及使用单位意见的前提下，了解程序重要等级，将标识相同的程序中较常用、较重要的程序放在前面，不常用的程序放在后面。

（3）同一条跑道若既有 ILS/DME 程序，又有 ILS 程序，则在程序标识中增加后缀加以区分。同一条跑道若既有 ILS/DME 程序，又有 RNAV ILS/DME 程序，则加后缀加以区分。

（4）公布了 Ⅱ 类 ILS 进近程序的跑道，若 Ⅱ 类 ILS 进近程序航迹与 Ⅰ 类 ILS 程序完全一致，则认为是相同的进近程序，不增加后缀；如果 Ⅱ 类航迹与 Ⅰ 类不一致（通常不会出现），标识中则增加后缀来区分。

3）方位、航迹和径向方位

仪表进近图中的方位、航迹和径向方位以磁北为基准。当另规定方位和航迹作为 RNAV 航段的真值时，它们必须列在括号当中，精确至 1/10 度，比如 290（294.9T）。在高纬度地区，如有关当局确定不能以磁北为基准时，可采用其他适宜的基准，如真北或网格北。如果方位、航迹或径向方位以真北或网格北为基准时，必须清楚说明。当采用网格北时，基准网格经线必须加标记。

4）航行要素

仪表进近图由平面图、剖面图和机场运行最低标准及附加资料组成。平面图主要表示仪表进近程序的平面布局、导航台布局、机场位置，以及仪表进近程序在使用时所需要的各种领航数据和制图范围内的主要地形；剖面图主要表示仪表进近程序中各个阶段的垂直高度、下降梯度、复飞梯度与导航台、跑道的关系；补充资料采用表格方式表示使用该进近程序的各类航空器所需要的最低天气标准及其他一些数据和说明。

制图时，通常采用 1∶250 000、1∶500 000 这两种比例尺。剖面图的水平、垂直比例尺（垂直比例尺仅为制图参考）将根据平面图中仪表进近程序的范围和高度以及图幅的宽度来确定，并在剖面图的底边处绘出水平比例尺。

（1）平面图中的航行要素。

① 机场。为了避免飞行员在进近过程中认错机场，制图区域内所有能向空中显示出轮廓的机场，都要用适当的标志表示。废弃的机场，一定要标明已废弃。其中，影响起落航线的机场，或者在坏天气的情况下，会被误认为目的地的机场，都应按比例尺绘出跑道的图形。

② 地形和障碍物。与安全实施仪表进近程序（包括复飞程序）、等待程序和目视机动密切相关的地形情况，应在图上表示出来。标绘地形时，还应标出陆地、重要湖泊及河流的示意图。表示地貌时，一般只需将山头最高点标绘出来，如果地形对 OCH 影响很大，则应用等高色线的方法标绘。

在仪表进近图中，一般只表示以下 3 种障碍物：一是穿透起飞航径区 1.2%梯度面的障碍物；二是高于场压 150 m 的障碍物；三是对 OCH 起决定作用的障碍物。

在标注障碍物高度时通常可使用以下基准面：以海平面为基准时，直接用数字注明高度，如"850"；以机场标高为基准时，用带括号的数字注明，如"（47）"；以入口标高为基准，用于非精密进近入口标高低于机场标高 2 m 以下或精密进近时，都必须在图中加以注明。障碍物的高度用整数来标注，有障碍物灯的须用灯光符号表示。在小区域内有许多障碍物时，选取最高的表示出来。

③ 限制区域。可能影响实施仪表进近程序的禁区、限制区必须标出，并注明其识别标志和垂直限制。

④ 无线电通信设施和导航设备。它们是实施仪表进近程序必不可少的资料。需根据设备的类型，选用相应的符号，按其各自的坐标，准确地绘在图上，并注明各导航设备的名称、呼号、频率（或波道）。

⑤ 进近程序。在仪表进近图上，用粗实线表示进近航线，用粗虚线表示复飞航线，过渡航线用粗点线表示，并且需注明进近航线和过渡航线的航向。如果进近方法采用直角航线和基线转弯，并且几类航空器合并用一张图表示进近程序时，应分别注明 A、B 类和 C、D 类的航向以及出航时间。

⑥ 最低扇区高度。最低扇区高度也叫扇区最低安全高度，是紧急情况下在规定扇区内可以使用的最低高度。在仪表进近图上，需要表示出各个扇区的最低扇区高度。

⑦ 其他信息。在平面图的图廓内侧，以一定间隔用小刻划描绘经纬线的位置并注记。在图的空白处，绘制图解比例尺。同时，还需在平面图上，以测距仪或机场基准点为圆心，20 km为半径绘一个距离弧，并在弧上注明半径。

（2）剖面图中的航行要素。

① 高距比。如果程序中要求在最后进近阶段需要使用测距台，则应根据情况，在补充资料的右下部分，列表注明每隔 1 NM 的飞行高度/高（注：DME 距离从小于 FAF 的 DME 距离的整数起）。

② 机场。在机场标高处用实心框标出机场。

③ 导航设施。根据导航台的类型、位置在剖面图中用适当的符号标绘出来，并加以注记。

④ 仪表进近资料。在剖面图上，用粗实线表示进近航线，用粗虚线表示复飞航线，用粗点线表示过渡航线。同时，需要注明进近航线和过渡航线的航向；各类航空器在基线转弯或直角航线程序中的出航时间、出航航向和入航转弯高度，程序的起始高度、中间进近高度和

最后进近的梯度，还需注明过渡高度和过渡高度层以及复飞方法。精密进近程序还需标注下滑角和 ILS 基准高。

（3）补充资料。

在仪表进近图上，用表格形式列出了使用该进近程序的各类飞机的着陆最低天气标准和其他数据及说明。

在仪表进近图的左下部分，公布的是各类飞机在执行该程序时的最低着陆标准。非精密进近采用最低下降高度（高）和能见度两个要素来表示，精密进近采用决断高度（高）、跑道视程或能见度表示；如果是精密进近，还需同时公布下滑台不工作时的最低着陆标准，此时最低着陆标准的表示方法与非精密进近最低着陆标准的表示方法相同。各类仪表进近程序都应公布目视盘旋的着陆标准。

补充资料的右上部分，提供的地速从 80 kt 到 180 kt，每隔 20 kt 的速度间隔，也标注相应速度单位 kt 所对应的 km/h；同时标注从 FAF 至 MAPt（对于精密进近标注下滑台不工作）所需飞行时间及按公布梯度进近时的下降率，单位 ft/min 和对应 m/s。

2. 杰普逊（Jeppesen）仪表进近图

中国民航的航图和杰普逊航图都是用图形表示出一个给定机场的仪表进近程序。通常情况下，这两种航图都能表示同样的信息，只是符号系统和图的布局有所不同。

1）标题部分

杰普逊航图上，标题部分说明了机场名称、主要的进近设备、通信频率以及有效的最低安全高度等信息（见图 8.93）。

杰普逊航图上列出了机场坐落的城市名称/地点和州/国家名称（序号①），所用的地理名称通常是民用机场所服务的大城市，军用机场为设施名称。当地名是机场名称的一部分时，在机场名称前加连字符，航图按所服务的地理名称的字母顺序排列（美国范围内的民用进近图按洲名的字母顺序排列；在每个洲内，航图按所服务的城市名称的字母顺序排列）。图上先标明机场所在的州名简写词，其后标明机场所在的城市名称。

程序名称（序号②）表示使用的进近类型及按直线进近所使用的跑道。进近所需设备的最低要求可以通过程序名称或/和进近图上公布的情况来认定。本例的进近是使用名古屋机场 34 号跑道的仪表着陆系统。如果所飞飞机具有按仪表着陆系统实施进近的能力则可在该机场使用此程序。

如果程序名以"ILS/DME RWY1"（仪表着陆系统/测距仪 1 号跑道）表示，说明在进近时除了仪表着陆系统设备外，飞机还应具有测距仪接收机；如果程序名出现如同"VOR-A"字样，表明程序不能按直线进近着陆准则实施，这种情况存在一个机动转弯，称为目视盘旋进近，所以要在盘旋进近后才能完成着陆。

为便于机组使用机载导航数据库，杰普逊航图上标出了杰普逊导航数据/ICA0/IATA 机场识别，包括机场四字码和机场三码（序号③），紧接着下一行是机场名称（序号④）。

杰普逊航图上标明了航图使用的有效期（序号⑤），在未到有效期之前仍需使用原先的航图，如果未标明有效期，则可使用到更换新的航图为止。

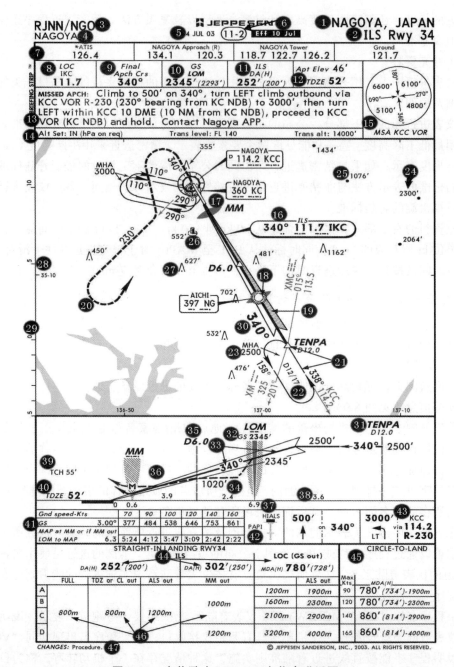

图 8.93　杰普逊（Jeppesen）仪表进近图

　　杰普逊航图用其序号索引（序号⑥）来确认航图。杰普逊图的序号有助于飞行员对航图进行归档并确认一定的特征。例如，图上的第一位数字代表了机场的序号，通常用"1"表示，但在同一城市和州中有一个以上机场时，那么第一个机场编号"1"，第 2 个机场编号"2"……以此类推；第二位数字代表航图的种类，具体代表如下：

　　0 ——代表区域图，标准仪表离场图（SID）、TMA、标准终端进场图（STAR）、RNAV 进场 B 类航图等；

1——代表使用仪表着陆系统（ILS）、航向道（LOC）、微波着陆系统（MLS）、横向引导进近（LDA）以及简式定向设备（SDF）的进近等；

2——GPS（单独使用）；

3——代表 VOR 进近；

4——代表 TACAN 进近；

5——保留备用；

6——代表 NDB 进近；

7——代表定向台（DF）进近；

8——代表机场监视雷达进近；

9——代表区域导航（RNAV）、邻近地区航图、目视进场图或目视离场图。

第三位数字用于同一种类航图在存在多张图时的编号。例如，如在某一城市的第二个机场有第一种 ILS 进近，其航图序号为"21-1"；那么第二种 ILS 进近，则其航图序号为"21-2"；如果在该机场还有第一种 VOR 进近方式，则航图序号为"23-1"。

杰普逊航图能提供按正常顺序使用的通信数据（序号 ⑦）。按正常顺序使用的"进近"通信频率，如果机场划分了扇区并规定了扇区频率，则分别标注扇区的通信频率，频率扇区的方位按顺时针方向确定（如 270°至 90°是机场北部）。其中，自动终端情报服务是部分时间开放的设备，在图上用"＊"表示。杰普逊图中还有一个特点是对装备了雷达设施的管制部门名称后标注"R"字母。对于名古屋机场来说，表明其进近管制安装了雷达设备。

例如，在名古屋机场进近时，首先联络的是名古屋进近管制，接着是塔台管制，然后是地面管制等通信频率和开放时间，杰普逊图上对部分时间工作的设备提供了备份的通信联络频率，当塔台不工作时，可用公共交通咨询频率 119.8 MHz 等向麦瑞丹飞行服务电台联络。

由于特高频用于军用飞机，所以在杰普逊图上不包含其数据。

杰普逊航图上列出了以下信息：程序标题中的导航设施及频率（序号⑧）；最后进近航道磁方位（序号⑨）；正常 ILS 进近时，下滑道在 LOM 处（或等同位置）的高度（序号⑩）；正常 ILS 直线进近的决断高度（高）（序号⑪），如果是 ILSⅡ和 ILSⅢ，还注明了无线电高度表（RA）的高；机场和接地区标高（序号⑫）；复飞程序的完整说明（序号⑬）；进近程序有关适用的注释（序号⑭），该处标注高度拨正的单位，统一使用百帕，过渡高度层、过渡高度，也可能是进近对设施和机组的要求，程序适用的资料或图形的注解，当无适用的注释内容时，省略注释框，如 35R、35L 两条平行跑道同时进近。

最低扇区高度（MSA）（序号⑮）提供归航台周围 25 NM（其他特定距离要进行专门标注）范围内障碍物标高加上 300 m / 1 000 ft（山区可增加至 600 m / 2 000 ft）超障余度的高度。最低安全高度也可以按导航设备的径向线或方位线划定的扇区范围分别提供不同的许可数值。在该机场，有 4 个扇区，按罗盘象限进行划分。每一最低安全高度仅用于进近图上所指定的范围，而不适用于其他任何进近。最低安全高度的表示用圆圈标注在杰普逊航图上的标题部分。

最低扇区高度有几个重要特征。第一，仅提供所在扇区内障碍物的超障余度，而与导航和通信特性无关；第二，最低扇区高度仅为紧急状态或按目视飞行规则飞行所设定的，例如，在夜间按照目视飞行规则进近的情况；第三，最低扇区高度并不是按每种进近程序标注的，其省略可能是由于缺少用于确定最低安全高度圆环方向的易于识别的设备。

2）平面图部分

平面图显示了整个进近程序的一般情况。由于仪表进近图用于仪表气象条件，它只标绘出被限制的地形和障碍物信息。但是，当按所标绘的程序飞行时，对于整个进近过程均要提供超障余度（见图 8.94）。一个完整的仪表进近程序一般由进场、起始进近、中间进近、最后进近和复飞 5 个航段构成，仪表进近图包括除进场航段外的其他航段信息。

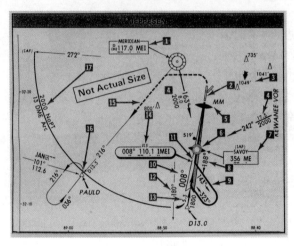

图 8.94　平面图

通过平面图中的注记能识别许多特征。这些要素还将在相关部分作进一步的讨论。图中①为导航设备标识；②为跑道布局；③为标注的最高参考点；④为进场航路；⑤为中指点标（MM）；⑥为外指点标（OM 或 LOM）；⑦为设备标识框；⑧为背台航道；⑨为程序转弯；⑩为向台航道；⑪为航向台（LLZ）；⑫为引导径向线；⑬为过渡；⑭为主要进近设备；⑮为复飞航路；⑯为复飞等待航线定位点；⑰为转换范围边界。

导航设备标识框（序号 1、7、14）表示各种标在进近图上的导航设备的有关数据。在杰普逊航图中，矩形框用于表示 VOR、NDB 或 LOM 设备，椭圆形框用于标注 ILS、LOC、LDA或 SDF 设备。杰普逊航图中用阴影区表示实施进近的主要设备。本例中，主要进近设备是 ILS航向台，其对准的磁航道为 008°，频率为 110.1 MHz。同时还提供了莫尔斯识别电码，字母"I"代表的识别表示 ILS 或 LDA 航向台。杰普逊图上也可标注 VOR、VORTAC 或 VOR/DME等设备的类别，字母"H"表明使用的是高高度类别，如在麦瑞丹机场表示使用的是高高度VOR/TAC 设备。

部分参考点，如自然的或人造的地物地标，也标注在航图上。由于在毗邻区域内还有比它们更高的地形或障碍物没有在航图上标出，这些参考点及其标高不能用作地形或障碍物避让的参考。一般情况下，在高出机场标高 400 ft 以下的参考点未标出，最高参考点（序号 3）在杰普逊图上用一个箭号表示。图 8.93 中所示进近程序中的最低高度已经在所绘制飞行航径内的地形和障碍物之上增加了一个安全余度。

进场航路（序号 4）在杰普逊图上用带箭号的黑体线表示，每一种可能选用的航路都标注了飞往起始进近定位点的径向方位（或电台方位）、距离和最低高度。例如，如果从东面飞往肯·菲尔德机场实施进近，飞机应沿克瓦尼（Kewanee）242°径向方位飞到 Savoy 中指点标（LOM），此处的 LOM 就是起始进近定位点。Kewanee 到 Savoy 间距离为 17.5 NM，进场航路的最低高度为 2 000 ft（MSL）；另一进场航路来自于麦瑞丹 VORTAC 台，距 Savoy 距离 8 NM，其径向方位 163°，最低高度 2 000 ft（MSL）。

指点标用棱镜形符号表示，中指点标（序号 5）用字母"MM"在其表示符号附近。如果 NDB 与中指点标安装在一起，那么它是一种中距定向台或 LMM。当 NDB 与外指点标（OM）安装在一起时，它就是一个远距定向台或 LOM（序号 6）。

程序转弯是飞机反向进近的标准方法，图上标出程序转弯，如本例（序号 9），表明飞行员按图中标画的进近航道的同侧在特定空域内沿所需的转弯方向作反航道飞行，这里的程序转弯建议的出航航向为 142°，经过一定时间，右转到 322°航向切入航向道。如果用一等待航线或修正角航线形式代替程序转弯，则表明这是唯一被批准使用的反向方法。如果倒钩形程序转弯未在图上画出，表明不允许使用程序转弯进近。

引导径向方位（序号 12）是一个不用于飞行的径向线的常见例子，用于确定飞机沿一个弧形航路过渡到中间航段的开始点，其细线表示是只用于标注而不作实际飞行的径向线，也不标注最低高度，这种表示有助于将它与可飞航路区别开来。从 DME13 NM 弧线切入航向台的过渡点到 LOM 距离为 5.3 NM（序号 13），该段最低高度为 1 800 ft（MSL）。

复飞航径（序号 15）和相关的等待航线（序号 16）也在进近图上有所标注。本例中，等待航线是在 Pauld 定位点沿向台航道和背台航道构成的。等待定位点可以由两种途径来确认：一是如果飞机上有 DME 设备，则可用麦瑞丹 VOR 台的 216°径向线和 13.3DME 弧来确定；二是可用麦瑞丹 VOR 台 216°径向线与地处杰克森（JAN）的 VORTAC101°径向线来确认。虽然 JAN 处的 VORTCA 在平面图中未标出，但所需要的识别信息和使用信息却包括于其中，实际的复飞程序中还应包括剖面图。

3）剖面图部分

剖面图以另一种方式表示了进近过程并标出了飞行路径、设施和最低高度（MSL，单位 ft）。在杰普逊图上，用括号表示了一种附加高度，这种高度可能是高于接地地带的高度，也可能是高于机场标高的高度。高于接地地带的高度（HAT）是由用于进近的跑道的接地地带标高为基准所测量的高度；高于机场的高度（HAA），是由以当地机场标高为基准测定的高度。杰普逊图的剖面图上，当给出接地地带标高（TDZE）时，HAT 就标在图上，如果未给出 TDZE，则其数值代表的是高于机场的高度（HAA），如图 8.95 所示。

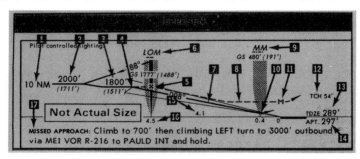

图 8.95　剖面图（一）

在剖面图上有许多特征信息，其中的一些要素将在有关内容中作进一步的讨论。图中①为程序转弯距离限制；②为程序转弯高度；③为下滑道切入最低高度；④为切入下滑道的开始点；⑤为非精密最后进近定位点；⑥为外指点标（LOM）；⑦为精密进近路径；⑧为非精密进近路径；⑨为中指点标（MM）；⑩为精密进近复飞点；⑪为非精密进近复飞点；⑫为跑道入口高度（TCH）；⑬为接地地带标高（TDZE）；⑭为机场标高（APT）；⑮为定位点间的距离；⑯为到入口距离；⑰为复飞程序。

本例中，程序转弯必须在距 LOM（序号 1）10 NM 以内完成，其最低高度为 2 000 ft（MSL）（序号 2），HAT 数值为 1 711 ft。完成转弯并建立起向台航道时，飞机应下降到最低下滑道切入高度 1 800 ft（MSL）（序号 3）。在这一点上，按杰普逊航图的要求，除标有"max""maximum""mandatory"（强制性的）或 "recommended"（推荐的）等字符的情况外，应当强调按杰普逊图的要求的最低高度建立起规定的高度。

下滑道切入点（序号 4）表明了飞机在最低下滑道切入高度上切入下滑道的地方，也同时表示了精密进近的最后进近定位点，而非精密进近定位点是飞机在飞越该点后的某一点（序号 5）。飞机进行非精密进近时必须至少保持其最低高度 1 800 ft（MSL）到达该点。

精密进近中最后进近定位点（FAF）设于最低下滑道切入高度对应的点上，在杰普逊航图上用灯光闪烁符号表示下滑道/下滑路径切入点。

本例中，由于安装了罗盘定向台，所以在图上的外指点标（序号 6）用 LOM 表示，并且杰普逊航图提供了建立在下滑道中心线上的飞机飞越 LOM 的高度 1 777 ft，杰普逊航图上还提供了 HAT 标高及外指点标的莫尔斯电码。

杰普逊航图上标注了含有航向台磁航向的精密进近航道（序号 7）。由于可能出现只有航向台（无下滑台）的进近，在杰普逊图上还专门标画出了非精密进近航线（序号 8）。注意这种航线需要在一定时间内下降高度，在讨论进近最低标准时其重要性将更为明显。

杰普逊图还提供了飞机沿下滑道穿越中指点标（序号 9）时的高度，本例中的数值为 480 ft（MSL）或高于跑道接地地带 191 ft，图中还注明了中指点标的莫尔斯电码。

在图上注明了精密进近的复飞点（序号 10），杰普逊图上还注明了适当的非精密进近复飞点（序号 11）。如能继续进近着陆，飞越入口高度（TCH）为高于跑道 54 ft（序号 12），这时飞机能继续保持在下滑道上。下滑角 3° 等信息在杰普逊图上专门标出的着陆最低标准表中列出。

杰普逊图在其剖面图上提供了接地地带标高和机场标高。

接地地带标高（TDZE）（序号 13）是着陆跑道从跑道头算起 3 000 ft 长度范围内的最大中心线高度，它用于计算 HAT 值。

公布的机场标高（序号 14）是指机场上可用跑道最高点的高度，其数值是用 HAA 标高计算的。

定位点间的距离（序号 15）在杰普逊图上有标注，本例中，外指点标到中指点标的距离为 4.1 NM。

杰普逊图上还标出了到跑道入口的恰当距离（序号 16），通过该值，可以很快地确定另一入口到外指点标的距离为 4.5 NM。复飞程序的文字表述（序号 17）标在杰普逊图对应的剖面图下面。

许多进近都存在一个或多个梯级下降点，它们通常位于沿进近阶段上以使飞机在飞越不同障碍物时下降到一个较低的高度。然而，在最后进近定位点和复飞点之间，通常只允许存在一个梯级下降点，如果飞行员不能识别梯级下降点，则进近中必须在到达定位点前使飞机达到其最低飞行高度（见图 8.96）。

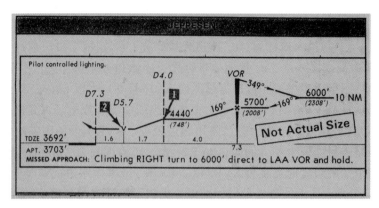

图 8.96　剖面图（二）

　　先于梯级下降点（序号 1）时，飞机必须保持最低高度 4 440 ft（MSL）。在飞机到达 DME4.0 NM 定位点时，飞机才可下降到进近最低高度。目视下降点（VDP）（序号 2）代表了飞机能进行正常下降并着陆的一点，假定飞行员能完全看见跑道，才开始从最低下降高度下降，飞机不能在到达 VDP 之前开始从最低高度下降。

　　4）着陆最低标准

　　进近图中，着陆最低标准部分是最重要的一部分内容，其最低标准对于给定机场的每一种进近方式都必须形成并且随跑道不同而变化。影响最低标准的因素有：安装的进近设备类型、跑道灯光以及进近或复飞区域内的障碍物等，也受机载设备和飞机进近速度的影响。进近最低标准包含最低能见度和最低下降高度两项指标（见图 8.97）。本图是杰普逊图上的着陆最低标准部分的节录部分。其一般特征及有关内容将在后面相关部分中作详细讨论。图中①为飞机进近种类；②为能见度要求；③为决断高/决断高度（DH/DA）；④为高于接地高度（HAT）；⑤为未生效的最低标准；⑥为航向台进近最低标准；⑦为盘旋进近最低标准；⑧为盘旋限制；⑨为盘旋最低下降高度/最低下降高（MDA/MDH），高于机场的高度（HAA）和能见度；⑩为复飞点位置；⑪为最后进近定位点到复飞点的时间；⑫为下滑角和下降率；⑬为经纬度；⑭为非标准起飞和备份最低标准。

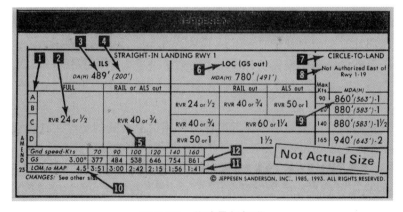

图 8.97　着陆最低标准

　　（1）能见度要求。

　　飞机在飞越复飞点并继续进近过程中，能见度必须等于或高于进近图中公布的数值。另外，飞机在预定跑道上着陆时，必须能清晰地识别到下列至少一种目视参考：a. 进近灯光系统；b. 跑道入口；c. 跑道入口标志；d. 跑道入口灯光；e. 跑道入口识别灯光；f. 目视进近下滑仪；g. 接地地带或接地点；h. 接地地带灯光；i. 跑道或跑道标志；j. 跑道灯光。

能见度在进近图上以英里或 100 ft 为单位列出（序号 2）。当以 mile 及其分数表示时，该数值通常为授权观察员（塔台或天气人员）报告的当前能见度或电子方式确定的跑道能见度值（RVV）；当以 100 ft 为单位表示时，是用跑道视程（RVR）设备测定的。进近图上，跑道视程的表示是略去后面两个零，例如，RVR24 表示跑道视程为 2 400 ft。在 Key 机场的全仪表着陆系统跑道 1 的最低能见度为 RVR24（2 400 ft）或者无跑道视程报告值时，通常认定其值为 0.5 mile。杰普逊图上的进近最低标准部分提供了跑道视程和对应的通用能见度；NOS图上在其前面提供了能见度与跑道视程（单位：mile）的换算表，NOS 图上用括号表示的云高和能见度是用于对军用飞机来做飞行计划的。

（2）最低下降要求。

在最低标准部分表示出的下降限制表明了允许飞机下降多低以使其能够识别所需的目视参考。这可以通过参考各进近类型对应的决断高度（高）（DA/*H*）或最低下降高度（高）（MDA/*H*）来确定。对于精密进近，（序号 3）杰普逊航图上是指决断高度/决断高（DA/DH）。杰普逊航图上以括号表示的数值（序号 4）是高出接地点（或机场标高之上）的高度。在 Key机场的仪表着陆系统 1 号跑道中，飞机可以下降到的最低高度为 489 ft，即高于跑道接地地带标高（HAT）200 ft。

当仪表着陆系统下滑道不工作时，程序变成了一种非精密进近，即航向台进近（序号6）。非精密进近使用的最低高度标准是最低下降高/最低下降高度（MDH/MDA）。飞机飞越到最后进近定位点或适当的梯级下降点，应下降到最低下降高度。飞机除非在最低下降高度这一点能建立目视参考，否则应保持这一高度飞到复飞点，此时复飞点位置是从最后进近定位点开始计算的时间来确定（也可以是交叉定位或电台上空定位确定，查看平面或剖面图）。

对于可以采取计时进近的情况，在杰普逊图的底部列出了复飞点与时间的换算表（序号10），该表提供了以飞机地速计算的各种到达复飞点的时间。如果飞机在 1 号跑道的航向台进近的地速为 90 kt，则从外指点标（LOM）到复飞点所需的时间为 3 min；如果缺少计时信息，表明复飞点不能用计时来确定且定时进近是不允许的。

在杰普逊图上的换算表还提供了在仪表着陆系统进近中保持下滑道所要求的下滑角和推荐的下降率（序号 12）。例如，若飞机地速为 90 kt，则下降率应为 484 ft/min 才能使飞机沿下滑道飞行。

许多仪表进近具有在一条跑道上进近而在另一跑道上着陆的特点，这种程序称为盘旋进近（序号 7）。盘旋到着陆最低标准由该程序公布（序号 9），盘旋进近的最低着陆标准由 MDA（H）和 VIS 表示飞行员按该程序的限制许可实施进近。例如，在麦瑞丹机场是不允许在 1—19 号跑道中心线东面进行盘旋的（序号 8）。

盘旋进近不终止于某一特定的跑道，在最低下降高下面括号内的数字是以机场标高为基准。

有些图上还列出了盘旋机动飞行的其他程序形式。在该程序中，可允许飞机在一条跑道上进近而在另一平行跑道上着陆，这种程序称为侧滑机动飞行旁侧跑道着陆，其最低标准通常高于直线航线进近的最低标准但比盘旋进近最低标准低。当实施侧滑机动飞行旁侧跑道着陆时，希望在看到跑道环境后尽快开始侧滑（具体的盘旋进近类型参见本章第三节目视盘旋相关内容）。

（3）部分设备不工作。

当程序要求的某一部分助航设备或目视助航设备不工作时，着陆最低标准通常要增加。杰普逊图在每一张图上都提供了部分设备不工作时的最低标准（序号 5）。例如，如果在仪表着陆系统 1 号跑道进近中，进近灯光不工作，使用与 489 ft 相同的决断高/高度，但天气标准却增加到跑道视程 4 000 ft（RVR40）或 0.75 mile；如果出现一个以上的部件不工作，每一种最低标准将增至由单一部件不工作时所需的最大的最低标准。仪表着陆系统下滑台不工作时的最低标准像航向台进近最低标准那样公布在仪表进近图上。

进近中，当某一部件不工作或未安装时，允许对某些部件进行替代。例如，在仪表着陆系统进近上，可以用罗盘定向台或精密进近雷达代替外指点标。这样，就允许在不增加着陆标准情况下实施进近。当 DME、VOR 或 NDB 定位点在进近程序中允许使用，或监视雷达有效时，使用它们也能代替外指点标。杰普逊图上的中指点标外柱将像航图上因其他原因修订那样而被清除。平时，中指点标外柱可以忽略。

（4）各类进近最低标准栏描述差异。

由于非精密进近（NPA）、类精密进近（APV）和精密进近（PA）属于 3 类不同的仪表进近，且着陆最低标准的决定因素存在一定的差异，因此，仪表进近图着陆最低标准栏中最低标准的表示参数、进近类型和适用条件的描述也存在一定的差异。

对于Ⅰ类 ILS 精密进近，当 ILS 下滑台（GS）不工作或机载下滑接收机故障时，实施非精密 LOC 进近，且着陆最低运行标准会提高，图中标注的进近类型为 LOC（GS out）。如图8.98（b）所示，当航空器进近着陆时应使用 LOC（GS out）着陆最低标准 。

对于Ⅱ类 ILS 和Ⅲ类 A 或Ⅲ类 B 精密进近，最低运行标准还注明无线电高度表（RA）的高度，如图 8.98（a）成都/双流机场 ILSⅡ进近最低标准）和图 8.98（b）日本东京机场 ILSⅡ和 ILSⅢ进近最低标准所示，其中双流机场 ILSⅡ进近最低标准栏分别列出各类航空器复飞使用不同爬升梯度爬升两个Ⅱ类标准的 RA 和 RVR。东京机场 ILSⅡ和 ILSⅢ进近最低标准栏分别列出Ⅲ类 B 和Ⅲ类 A 的 RVR 以及Ⅱ类的 RA 和 RVR，且各类航空器最低标准相同时，不再标示航空器类别。

当机上某些设备不工作，或驾驶员和承运人不愿采用更低标准时，最低标准栏右边还列出了适用较高的Ⅱ类最低标准。

Standard		STRAIGHT-IN LANDING RWY 02L CAT II ILS				
Missed apch climb gradient mim 3.0%		Missed apch climb gradient mim 2.5%				
AB RA 105'	CD RA 105'	A RA 105'	B RA 121'	C RA 138'	D RA 154'	
DA(H) 1717'(100)	DA(H) 1717'(100)	DA(H) 1717'(100)	DA(H) 1732'(115)	DA(H) 1749'(132)	DA(H) 1765'(148)	
RVR 300m	RVR 300m	RVR 350m ■	RVR 300m	RVR 400m	RVR 400m	RVR 450m
■ Manual operation below DH.						

注：左侧竖排标注 PANS OPS

（a）双流机场 ILSⅡ进近最低标准

STRAIGHT-IN LANDING RWY16R		
CAT IIIB ILS	CAT IIIA ILS	CAT II ILS RA 101′ DA(H) 230′(100′)
RVR 100m	RVR 200m	RVR 300m

（b）东京机场 ILSⅡ和 ILSⅢ进近最低标准

图 8.98　进近最低标准

对于非精密进近，当最后进近航段在 FAF 和 MAPt 之间还设计有其他定位点，航空器实施进近收到与没收到该定位点的信息其着陆最低标准不相同时，进近图中将分别描绘不同的直线进近标准，如图 8.99 所示。当能识别 DME 定位点 “RACCY（D2.3ORD）”时，可以采用着陆最低标准栏最左边较低的着陆最低标准。

Gnd speed-Kts		70	90	100	120	140	160
Descent Angle	3.00°	372	478	531	637	743	849
MAP at D0.5 ORD or LAPPS to MAP	5.3	4:33	3:32	3:11	2:39	2:16	1:59

1300′ ↑	4000′ LT	D→	OBK 113.0

TERPS AMEND 22A　29 MAY 2014

TERPS	STRAIGHT-IN LANDING RWY 4L		CIRCLE-TO-LAND		
	MDA(H) 1060′(402′) With RACCY	MDA(H) 1260′(602′) Without RACCY	Max Kts	With RACCY MDA(H)	Without RACCY MDA(H)
A	RVR 55 or 1	RVR 55 or 1	90	1220′(548′)-1	1260′(588′)-1
B	RVR 55 or 1	RVR 55 or 1	120	1220′(548′)-1	1260′(588′)-1
C	RVR 60 or 1⅛	1¾	140	1220′(548′)-1½	1260′(588′)-1¾
D	RVR 60 or 1⅛	1¾	165	1240′(568′)-2	1260′(588′)-2

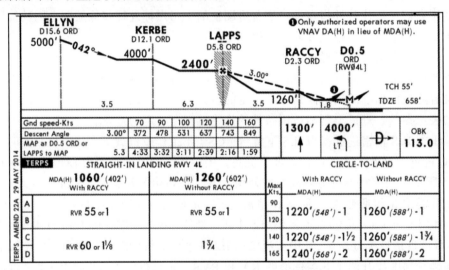

图 8.99　有无 DME 定位着陆最低标准

如果该国要求非精密进近最后采用连续下降最后进近（CDFA）而不是采用梯级下降或快速下降再平飞的飞行技术，在直线进近最低标准栏中将标注适用条件“CDFA”字样，并公布各类航空器采用 CDFA 飞行技术进近的最低着陆标准，如图 8.100（a）和图 8.100（b）所示。其中图 8.100（b）中标注 DA/MDA（*H*）其含义为决定高度 DA 和/或最低下降高度 MDA（高 *H*）时显示，若两者都可使用，那将取决于运行批准。DA（*H*）将连同非精密进近可能需要运行授权一起使用。

对于类精密进近程序 APV，最后进近航段既有方位引导又有垂直引导，但不满足建立精密进近和着陆运行要求。APV 程序的两种类型包括 APV Baro-VNAV 和 APV SBAS，有的国家两种类型都存在，但一般后者比前者的着陆最低标准更低。

根据仪表进近跑道能否提供垂直引导，以及提供垂直引导的设备是 SBAS/WASS 还是 Baro-VNAV 系统。对于要求授权的 RNP AR APCH 程序，进近图直线进近着陆最低标准栏着陆条件还标注了最后进近航段使用不同导航规范的着陆最低标准。

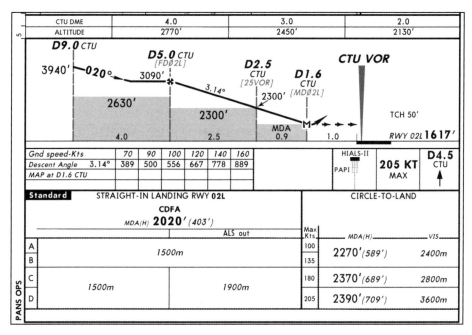

（a）

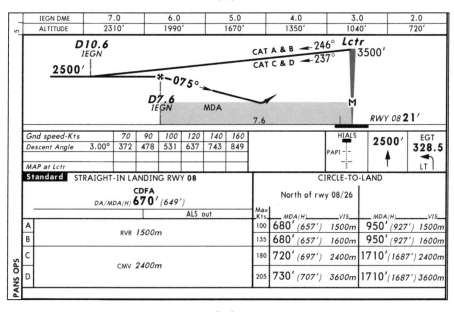

（b）

图 8.100　CDFA 运行着陆最低标准

美国的 RNAV（GPS）进近图直线进近着陆最低标准栏着陆条件从左到右分别标注 LPV、LNAV/VNAV 和 LNAV 及其对应的着陆最低标准。如图 8.101（a）洛杉矶 RNAV（GPS）进近图和图 8.101（b）首尔金浦 RNAV（GNSS）进近图所示。其中图 8.101（a）剖面图中虚线表示由 WASS 提供垂直引导。

其中 LPV 栏公布 WASS 系统正常工作的着陆最低标准，当航空器进近下降到图中公布的 DA（H），若不能取得要求的目视参考应立即复飞。

LNAV/VNAV 栏公布 Baro-VNAV 系统正常工作的着陆最低标准,由于 Baro-VNAV 系统提供垂直引导当航空器进近下降到图中公布的 DA（H），若不能取得要求的目视参考应立即复飞,若能取得要求的目视参考转为目视进近着陆。

LNAV 栏公布无垂直引导或垂直引导系统不正常工作的非精密进近着陆最低标准。航空器最后进近的飞行技术参见非精密进近运行准则。

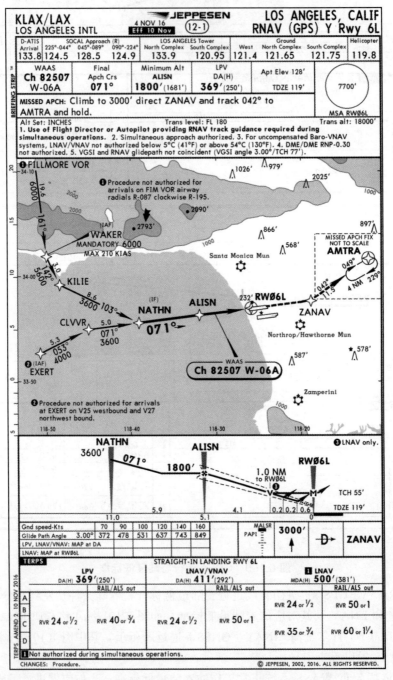

（a）

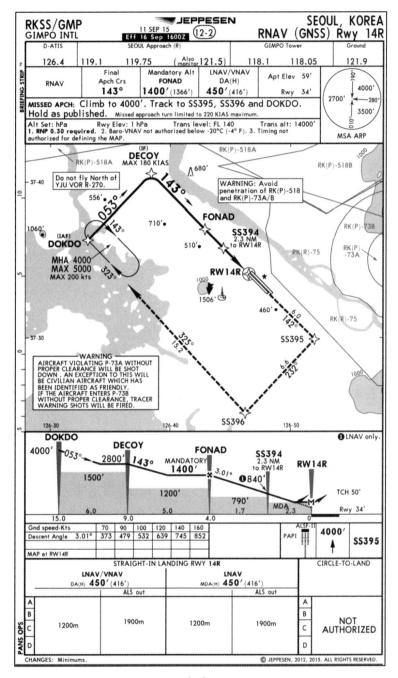

（b）

图 8.101　进近图

5）其他进近程序

  最普遍的进近程序有仪表着陆系统（ILS）、航向台（LOC）、VOR 和 NDB 进近，但飞行员对其他一些进近类型也应熟悉，如航向台式定向设备（LDA）、简式定向设备（SDF）、区域导航（RNAV）等，其中 LDA、SDF 与仪表着陆系统航向台进近相似，只是进近航道不能调整到与跑道一致、航道宽度不如航向台进近精确。如果飞机装备有仪表进近系统设备，则可作 LDA 或 SDF 进近。

航向台式定向设备（LDA），可以看成一种与跑道中心线不能校准的航向台进近系统。一些航向台式定向设备上装有电子下滑引导仪（虽然它不是该系统的必备设备）。直线着陆最低标准在其最后进近航道校准至与跑道中心线夹角 30°以内时，对这种进近同样有效。

简式定向设备（SDF）进近系统比航向台式定向设备进近系统精度要低些，典型的仪表着陆系统或航向台式定向设备在 3°~6° 范围内，而简式定向设备为 6°或 12°。另外，简式定向设备不能与电子下滑引导仪组合安装。基于性能导航 PBN 与微波着陆系统进近需要飞机增加相应的设备，其中 PBN 包括 RNAV 和 RNP。

RNAV 和 RNP 进近通过 FMC 计算飞机的位置、航迹角和地速，提供相对于航路点和航线距离、待飞时间、相对方位和偏航距离等导航信息。为了反映 RNAV 是基于性能导航，而不是基于系统的导航，只要飞机能达到仪表进近的 RNP，具有各种特性的导航系统都能实施 RNAV。JEPPESEN RNAV 进近图将以前的 VOR/DME RNAV、非增强型 GPS、增强型 GPS 以及基于 FMS 的 RNAV 进近图名称全部统一为 RNAV（GPS）。进近图中将分别公布 LNAV/VNAV 和 LNAV 的最低着陆标准，如图 8.101（a）所示。

8.4.1.2　机场图

机场图是向飞行员及空中交通管理人员提供航空器在停机位置与跑道之间往返地面活动时的所需资料，使飞行员能安全操作航空器进行地面活动，也使空中交通管制员全面掌握机场布局，有条不紊地指挥航空器在场内正常运行，同时本图还为飞行员提供航空器运行所必需的机场资料。

1. 中国民航出版的机场图

凡是供国际民用航空使用的机场，都应提供机场图。机场图的范围必须包括机场各条跑道的灯光系统。但在制图时，图幅的大小应保持 A5 号纸的基本尺寸。国际民航组织（ICAO）的机场图分为 3 个部分：第一部分为机场平面，它主要表示机场的平面布局、道面数据、进近灯光以及主要的附属设施；第二部分为道面标志；第三部分为跑道、滑行道灯光。而中国民航出版的机场图则由标题、平面图和补充资料 3 部分组成。如果某个机场的资料过于复杂，在机场图中无法清楚标注，还将提供机场地面活动图和航空器停放/停靠图进行补充。

机场图主要是为了让飞行员和空中交通管理人员了解机场范围内各种道面的平面布局、机场内的灯光布局以及目视助航标志。它们包括：

（1）机场资料。

机场活动区：它是指跑道、滑行道、停止道和停机坪。

活动区内目视标志：它们是跑道标志、滑行道引导设备、风向标等。

机场灯光：进近灯、跑道灯、滑行道灯、目视坡度指示系统等。

（2）候机楼、停机坪、客机坪、停车场、机库、海关、检疫及航空情报室、塔台、气象讲解室。

（3）邻近活动区的无线电导航设备和雷达设备。如果全向信标台、测距仪、仪表着陆系统、下滑天线等在制图范围内，则应用符号表示出其位置。

（4）机场基准点。只有一条跑道的机场，以跑道中心作为基准点，经纬度精确到秒。跑道中线最高点作为机场的标高。多条跑道的机场，以整个机场的几何中心作为机场基准点。

（5）高度表和全向信标场内校准点位置。高度表校准点一般设在停机坪上。

（6）真北指标。注明磁北方向、真北方向、磁差及年变度。

（7）观测跑道视程仪位置。详细情况如图 8.102（a）和图 8.102（b）所示。

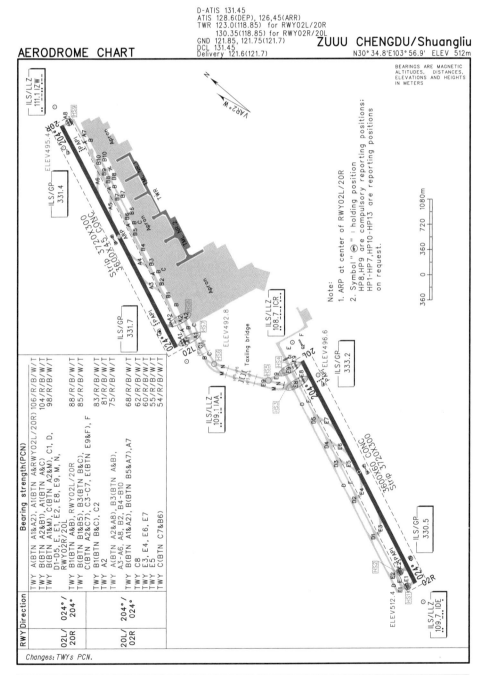

（a）

AERODROME CHART

D-ATIS 131.45
ATIS 128.6(DEP), 126.45(ARR)
TWR 123.0(118.85) for RWY02L/20R
       130.35(118.85) for RWY02R/20L
GND 121.85, 121.75(121.7)
DCL 131.45
Delivery 121.6(121.7)

ZUUU CHENGDU/Shuangliu

N30° 34.8'E103° 56.9' ELEV 512m

BEARINGS ARE MAGNETIC
ALTITUDES, DISTANCES,
ELEVATIONS AND HEIGHTS
IN METERS

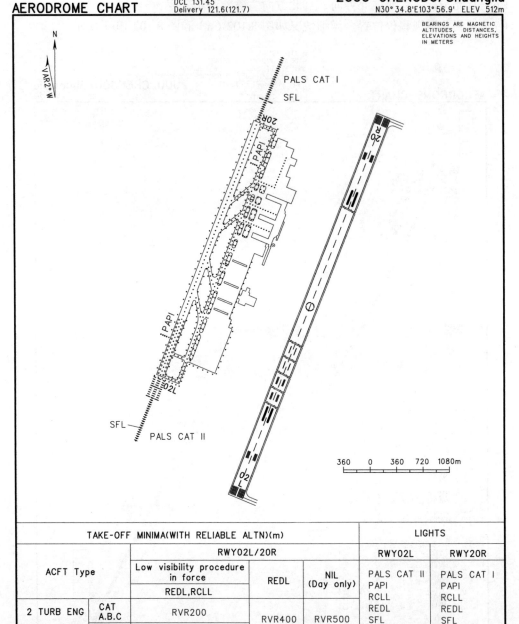

TAKE-OFF MINIMA(WITH RELIABLE ALTN)(m)					LIGHTS	
		RWY02L/20R			RWY02L	RWY20R
ACFT Type		Low visibility procedure in force	REDL	NIL (Day only)	PALS CAT II PAPI RCLL REDL SFL TDZL	PALS CAT I PAPI RCLL REDL SFL
		REDL,RCLL				
2 TURB ENG	CAT A.B.C	RVR200	RVR400	RVR500		
or 3&4 ENG	CAT D	RVR250				
Other		VIS1600				
Changes: NII.						

2016-9-15   EFF1610121600   中国民用航空局CAAC   ZUUU AD2.24-1B

（b）

图 8.102 机场图

2. 杰普逊（Jeppesen）机场图

对每一个公布了仪表进近程序的机场都要提供机场图。在存在复杂的跑道和滑行道结构的机场，杰普逊还提供了整页的机场图以帮助地面的交通活动。它通常是在给定机场的第一张进近图的反面。对于大机场，杰普逊图提供了比标准机场图更为详细的机场信息。与杰普逊进近图一样，其机场图分为标题、机场平面图、附加跑道信息及起飞和备降最低标准几部分（见图 8.103）。

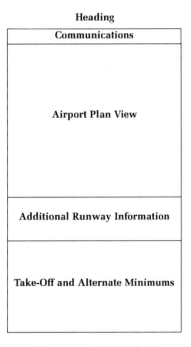

Heading

Communications

Airport Plan View

Additional Runway Information

Take-Off and Alternate Minimums

图 8.103　机场图布局

1）标题部分

杰普逊机场图的标题部分有机场识别、位置、标高、磁差和归航台通信频率等部分。可以注意到这一部分与杰普逊进近图的标题部分比较接近，包括地理名称、机场名称、经纬度、标高、磁差、地名代码、索引号、修订日期和通信资料，详细参见图 8.104 所示的济州岛杰普逊机场图。

杰普逊机场图上列出了以下信息：城市/地点和州/国家名称（序号 1），所用的地理名称通常是民用机场所服务的大城市，军用机场为设施名称。当地名是机场名称的一部分时，在机场名称前加连字符。航图按所服务的地理名称的字母顺序排列（美国范围内的民用进近图按洲名的字母顺序排列。在每个洲内，航图按所服务的城市名称的字母顺序排列）；机场名称（序号 2）；杰普逊导航数据/ICA0/IATA 机场识别（序号 3），包括机场四字码和机场三码；机场标高（序号 4）；机场位置（序号 5），以度、分、1/10 分的经纬度表示，当标注 ARP 时，代表机场基准点（ARP）的位置，当图上没有 ARP 时，代表有管制当局提供的该机场位置的地理坐标；修订日期、索引号和生效日期（Eff）（序号 6）；机场内 VORTAC 或 VORDME 的识别标志及频率（序号 7）；通信频率（序号 8），所有离场使用的通信资料，按使用顺序排列，包括自动终端情报服务频率（ATIS）、滑行前放行许可频率（Delivery）、地面管制频率（GND）、塔台频率（TWR）等，如果机场划分了扇区并规定了扇区频率，则分别标注扇区的通信频率、离场管制频率，通信频率后随字母 R 表示该机场提供雷达服务。没有塔台管制或其塔台部分时间工作的美国公共机场标有指定的共用交通咨询频率（CTAF）。CTAF 可以是航空咨询服务（UNICOM）、多用通信（Multicom）、飞行服务站（FSS）或塔台频率。在当地不能提供其他通信能力时，如 "UNICOM" 可用，则在图上标注。CTAF 一般情况提供气象服务，这样的机场飞机活动相对少。有的还标注用以检查全向信标正确性的 VOR 测试频率（VOT），表示测试信号仅在机场指定的位置才能收到。

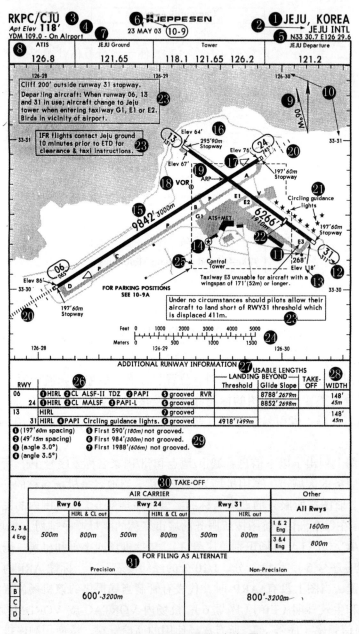

图 8.104　JEPPESEN 机场图

2）平面图和附加跑道信息

平面图描绘了机场的全貌，其目的是向飞行员提供机场信息，这些信息包括跑道和灯光系统等。杰普逊图上在机场项目下列出了一些信息，允许以不零乱的形式表示出许多信息（见图 8.100）：机场平面图描绘了机场的全貌，其目的是向飞行员提供机场信息，包括跑道道面及数据；机场磁差（序号 9）在图中用真北和磁北箭头描绘，真北箭头平行于平面图的图边，这一信息帮助飞行员在飞行前对磁罗盘和航向仪进行最后的对照检查；经纬度（序号 10）以 1/10 分的间隔用短画线标绘在平面图边线周围，向具有现代导航设备的飞机提供了经纬度，使飞行员在飞行前在停机坪是进行即时位置的输入和在飞行中改善设备精度；障碍物（序号 11）提供机场有参考意义的建筑物、障碍物及标高；跑道号数和磁向（序号 12）在极地地区后随 T 表示真方向；跑道两端的标高（序号 13），便于飞行员估计跑道的坡度或梯度；机场塔台位置及机场识别灯标（序号 14）；跑道长度（序号 15）标在跑道中部，如 06-24 跑道长度为 9 842 ft（3 000 m）；跑道外的道面及长度（序号 16），道面类型不加区别，对机坪、滑行道、关闭的跑道、关闭的滑行道、跑道道肩和其他非跑道区域，其表面的类型未加区别。不管停止道和安全道道面如何，如果有长度资料，则均予以标出。停止道和安全道不包括在跑道长度之内。此处为停止道； RVR 测量位置（序号 17），可能有识别字母或数字，如 A、B 等；机场内导航设施（序号 18）-VOR、NDB 或 LCTR（不与 ILS 配套的示位台）；机场基准点（序号 19）位于跑道中心线上的机场基准点，箭头指向准确的位置，当在跑道外时采用十字交叉外加圆表示，十字交叉的中心为准确的位置；进近灯光（序号 20）在杰普逊图上用进近灯光示意图表示，杰普逊图上在附加跑道信息部分对这一系统类型作出专门的说明，每一种进近灯光系统的说明在杰普逊图的图例上有相应的解释，进近灯光按照机场图相同比例尺以公认的形式用符号表示；盘旋引导灯光（序号 21）；位移的跑道入口位置及标志（序号 22）；必要的文字说明（序号 23）；（24）线段比例尺（序号 24）；停机位置图的覆盖范围（序号 25）。

附加跑道资料包括跑道灯光、进近灯光、目视进近坡度指示系统（VASIS/PAPI）以及刻槽（grooved）跑道（如有）、跑道视程仪（如有）（序号 26）；可用跑道长度，包括着陆和起飞可用跑道长度（序号 27），如果国家规定可以实施着陆短时等待运行，将注明着陆短时等待运行（LAHSO）的距离，当可用跑道长度与机场平面图中标绘的不同时，在"可用长度"一栏中注明。该空白栏表示采用机场平面图中所述跑道长度。可用着陆长度分为从着陆入口至跑道末端的距离和正切下滑台的一点至跑道末端的距离（若标注的是关于 ILS 的长度）或从理论上的下滑坡度面与跑道相交处至跑道末端的距离（若标注的是关于 PAR 的长度）。如果既有 ILS 又有 PAR，则提供的为关于 ILS 的数据，当一个着陆航空器能够而且管制员也命令其在跑道/滑行道交叉点或指定的短时等待点短时等待时，空中交通管制员可能会批准包括同时起飞和着陆和/或同时着陆的运行，这时会在"可用长度"一栏中增加一项可用着陆短距运行（LAHSO）的数据，当起飞长度有限制时，所表示的长度是从起飞滑跑开始点至可用起飞道面终点的距离，此数值不包括停止道、净空道。跑道附加资料中标有"NA"时，表示该跑道不准起飞或降落；跑道宽度（序号 28）； 适用于跑道的重要注解（序号 29）是杰普逊航图的一个增加的特征，通过它可以知道有关跑道的重要注解。

3）起飞和备降最低标准

杰普逊机场图列出了起飞最低标准，其格式与国际民航组织的有所不同，但阅读很方便。

如需选择一个合格的备降场，所选择的机场及预报天气必须具备一定条件，图中列有备降最低标准，并标注了使用说明。

（1）起飞最低标准（参见图 8.104 序号 30）。

① 世界范围航图上的起飞最低标准格式。

公布起飞最低标准并不表示允许所有承运人使用，每个承运人必须获得使用该最低标准的相应许可。

在所有格式中，当最低起飞标准用云高和能见度规定时，地面负责单位必须报告这两项数值。RVR 和 VIS 的数值，按照管理机构报告的测量单位标示。

在"AIR CARRIER"标题下公布的起飞最低标准，根据以实际经验编制的国际民航组织/欧洲民航会议（ICAO/ECAC）指导材料为依据制定。左起第一栏表示最低的批准标准，紧接右面的一栏为根据适用条件提高的最低标准。

在"AIR CARRIER（FAR 121）"标题下公布的最低标准，表示此标准是依据美国的运行规范制定。这些起飞最低标准的应用，可能会受到起飞和离场区域内障碍物情况的限制。规定 RVR/VIS 最低标准，以保证航空器在起飞滑跑阶段的目视引导。在此之后的超障余度的制定由承运人负责。

最低标准标题为"TAKE-OFF & DEPARTURE PROCEDURE"，表示规定有起飞和离场程序。在这种情况下，如图 8.105 所示，阅读左边紧接最低标准栏下面"DEPARTURE PROCEDURE"为题的程序描述。

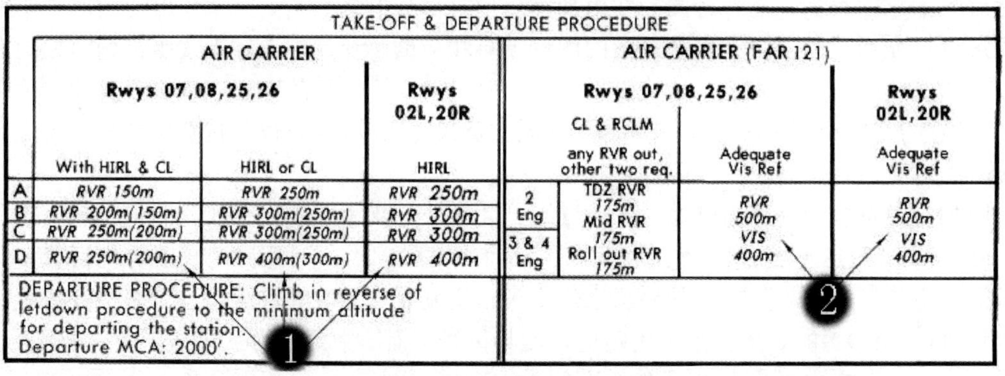

图 8.105　ICAO 起飞最低标准

a. 在"AIR CARRIER"标题下公布的起飞最低标准，基于起飞速度进行公布（A、B、C、D）。放在括号中的 RVR，仅当接地区 RVR 有跑道中部和/或起飞滑跑末端的 RVR 测报作为补充时才适用。接地区的 RVR 可由驾驶员在起飞位置确定，并考虑其对于最低标准的可用性。

有的机场在接地区没有安装 RVR 测报仪，但是可能会标出相应于接地区 RVR 位置的 RVR/VIS 最低标准。另外，没有跑道标志（白天）的最低起飞标准不得低于 500 m。

b. 在"AIR CARRIER（FAR 121）"标题下公布的起飞最低标准基于发动机数目进行公布。批准的最低标准 RVR 500 m、VIS 400 m，对于 1、2 发航空器必须增加至标准的 RVR 1 500 m 或 VIS 1 600 m，3、4 发航空器增至 RVR 720 m 或 VIS 800 m，除非至少有下列目视助航设施之一可用。显示足够的目视参考（Adequate Vis Ref），至少有下述目视助航设施之一必须是可用的来作为一种提示。如果接地区 RVR 测报可用，则其为控制 RVR。如果接地区的 RVR 测报不可用，可以用中部的 RVR 测报代替。

- 高强度跑道灯工作（HIRL）；
- 跑道中线灯工作（CL）；
- 有跑道中线标志（RCLM）；
- 在上述目视助航设施均不可用的情况下，假如其他跑道标志或跑道灯能向驾驶员提供足够的目视参考，以连续辨认起飞道面，并且起飞滑跑全过程能保持方向，仍可使用 400 m 的能见度[RVR 500 m、能见度 400 m（RVR 1 600 ft 或 1/4 mile）。

基于发动机数目和起飞速度同时公布（A、B、C、D）的起飞最低标准，欧洲大多数使用起飞速度，图 8.106 所示为首都机场起飞最低标准。

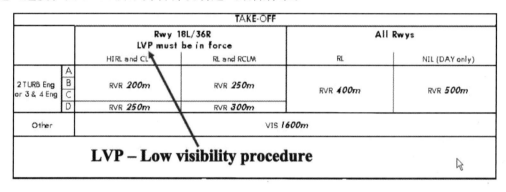

图 8.106　首都机场起飞最低标准

低能见度程序（LVP）-RVR/VIS：低于 400 m 的低能见度起飞，要求确认低能见度程序（LVP）已经建立并有效（所有批准的 II/III 机场），且须具有适当的跑道警戒和保护措施、跑道灯和跑道标志符合精密进近跑道正常规定、两名驾驶员。对 A 类航空器要求有接地区 RVR 测报，对 B、C 类航空器要求有接地区 RVR、跑道中部 RVR 测报，对 D 类航空器要求有接地区 RVR、跑道中部和起飞滑跑末端 RVR 测报。

对于没有批准 II/III 运行的机场已经制定了相应指导材料：在机场已建立 LVP 概念时，指挥员自己或机场经营人必须有满意的实施低能见度起飞的空中交通服务。机动区内车辆交通受管制，而且控制在最低限度。

② JAA（欧洲联合航空组织）成员国起飞最低标准格式。

自 1998 年 3 月 26 日起，JAA 各国生效的航图采用了 JAA 最低标准的概念，如图 8.107 所示。

图 8.107　JAA 最低标准

现用最低标准由 JAR-OPS-1 最低标准所代替，如图 8.108 所示。在最低标准框的标题中，“JAR-OPS”标识表明最低标准以 JAR-OPS-1 中 E 分部为依据。该最低标准既适用于 JAR-OPS 批准的承运人，同时又适用于按照 FARl21 部运行的承运人。高于适用 121 部承运人的现行最低标准和采用美国运行规范的，应加脚注说明。RVR/VIS 数值以测量单位表示，由官方机构提供。有关 JAR-OPS-1 最低标准的详细摘录，参见空中交通管制（ATC）600 系列的各页资料。

JAR-OPS TAKE-OFF 1

	Rwy 16/34 LVP must be in Force: Approved Operators HIRL, CL & mult. RVR req	Rwy 16/34 LVP must be in Force: RL, CL & mult. RVR req	Rwy 16/34 LVP must be in Force: RL & CL	All Rwys: LVP must be in Force RCLM (DAY only) or RL	All Rwys: RCLM (DAY only) or RL	All Rwys: NIL (DAY only)
A B C	125m	150m	200m	250m	400m	500m
D	150m	200m	250m	300m		

1 Operators applying U.S. Ops Specs: CL required below 300m; approved guidance system required below 150m.

图 8.108 JAR–OPS–1 最低标准

采用这些最低标准可能会受到起飞和离场区域内障碍物环境的限制。确定 RVR/VIS 最低标准要保证起飞滑跑阶段的目视引导，而其后的超障标准则由承运人负责。RVR/VIS 低于 400 m 的低能见度起飞，需要证实低能见度程序（LVP）已经建立并正在运行。起飞滑跑初始部分的 RVR/VIS 可由飞行员的估计代替。要求的多个 RVR 意指除起始部分的 RVR 可由飞行员估计外，RVR 数值必须来自所有相关的 RVR 测报点。获准的承运人可能将其起飞最低标准减少至 RVR 125 m（A、B、C 类航空器）和 RVR 150 m（D 类航空器）。

③ 美国起飞和备降最低标准格式。

美国航图上标准栏的起飞最低标准：1、2 发航空器为 RVR 50（5 000 ft）或 1（mile），3、4 发航空器为 RVR24（2 400 ft）或 1/2（mile）。在有 RVR 测报时，跑道视程（RVR）用以代替报告的能见度，供任何方式下的运行。

在有些机场，由于障碍物或其他因素的影响，要求规定更高一些的起飞最低标准和/或使用 IFR 离场程序，以帮助驾驶员 IFR 上升离场至最低航路高度或巡航高度。起飞限制，包括要求的云高、能见度和超障离场程序，适用于 FAR（联邦航空条例）121 部、129 部和 135 部的承运人。

FARl29 部规定了管理外国航空公司在美国境内运行的规则。

a. 低于标准的起飞最低标准。规定标准起飞最低标准的跑道，并不排除使用更低的起飞最低标准。按照 FAR 121 部和 129 部审定的承运人，也可允许使用下述最低标准。在其运行规范中获得特别批准的 FAR 135 部承运人，亦可使用这类最低标准。

低于标准的起飞最低标准是：能见度或 RVV（跑道能见度数值）1/4 mile 或接地区 RVRl6，至少有下述一种目视助航设施可使用。如果适用，接地区 RVR 测报为控制 RVR；如果接地区 RVR 测报不适用，则用跑道中部的 RVR 测报代替接地区的 RVR 测报。

- 高强度跑道灯工作（HIRL）;
- 跑道中线灯工作（CL）;
- 具有跑道中线标志（RCLM）;
- 在上述目视助航设施均不可用的情况下，如果跑道标志或跑道灯能向驾驶员提供足够的目视参考，在起飞过程中能够连续辨别起飞道面和保持控制方向，能见度或 RVV 仍可使用 1/4 mile。

b. 如果下述所有目视助航设施以及 RVR 设备可供使用，接地区 RVR 10（起飞滑跑起始处）和滑跑末端 RVR 10。如果接地区 RVR 测报不能使用，可由中部 RVR 测报代替接地区的 RVR 测报。

- 跑道中线灯工作（CL）;
- 用于所用跑道的两套 RVR 测报系统均工作，而且两套都是必需的并可控制。如果接地区或者滑跑末端的 RVR 测报不能使用，中部的 RVR 测报可以代替接地区 RVR 或者滑跑末端的 RVR。

c. 假如下述所有目视助航设施以及 RVR 设备可供使用，接地区 RVR 5（起飞滑跑起始处）、中部 RVR 5 和滑跑末端 RVR 5。

- 跑道中线灯工作（C1）;
- 有跑道中线标志（RCLM）;
- 服务于所用跑道接地区和滑跑末端的 RVR 测报系统工作，两者都可控制，或 3 个服务于所用跑道的 RVR 测报系统工作，三者均可控制。但是，如果 3 个测报系统中的 1 个有故障时，只要其他两个 RVR 值等于或高于相应的起飞最低标准，仍可允许起飞。

d. 如果起飞引导系统可用，且提供的下述所有助航设施可用，则接地区 RVR3（开始起飞滑跑端）、中部 RVR 3 和滑跑末端 RVR 3。服务于跑道的接地区 RVR 和滑跑末端 RVR 测报系统，两者均为控制 RVR，或者服务于跑道的 3 个 RVR 测报系统，全部为控制 RVR。然而，如果 3 个 RVR 测报系统中的 1 个失效，提供的其他两个 RVR 数值等于或大于相应的起飞最低标准，则允许起飞。

- 高强度跑道灯（HIRL）工作;
- 跑道中线灯（CL）工作;
- 有跑道中线标志（RCLM）;
- 航向台的前航道引导必须可用而且正在使用（如果适用于正在使用的引导系统）;
- 报告的侧风分量须不超过 10 NM/h;
- 机长和副驾驶完成了合格证持有人为此运行制订的训练课程;
- 所有使用这些最低标准的承运人必须使用相应的跑道。这类跑道提供直接通道，进入滑行道中线灯光标明的滑行路线，满足美国或 ICAO 的 Ⅲ 类运行标准或使用批准用于这类运行的其他滑行引导系统。

美国起飞和备降最低标准格式如图 8.109 所示。

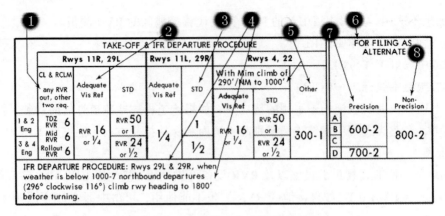

图 8.109　美国起飞和备降最低标准

在图 8.109 中标题"起飞和超障离场程序"用以表示规定的起飞最低标准和 IFR 离场程序。此种情况阅读左边紧靠最低标准栏下面的注释中的超障离场程序。

❶ 用于 FAR121 部和 129 部的承运人。适用于 FAR135 部在其运行规范，特别批准的承运人。所用跑道的接地区和滑跑末端 RVR 测报系统工作，两者都可控制；或者所用跑道的 3 个 RVR 测报系统工作，全都能控制。然而，如果三者中的一个失效，假如其他两个 RYR 数值等于或者大于起飞最低标准时，仍可批准起飞。

❷ 足够的目视参考（AdequateVis Ref）作为一种提示标注时，至少下述目视助航设施之一必须是可用的。如果接地区 RVR 测报可用，则其为控制 RVR。如果接地区的 RVR 测报不可用，则可以用中部的 RVR 测报代替。

- 高强度跑道灯工作（HIRL）；
- 跑道中线灯工作（CL）；
- 有跑道中线标志（RCLM）；
- 在上述目视助航设施均不可用的情况下，只要跑道标志或跑道灯能向驾驶员提供足够的目视参考，以连续辨认起飞道面，并在起飞滑跑全过程能控制方向，仍可使用 1/4 mile 或 RVR16。

❸ STD 表示适用于 121 部、123 部、125 部、129 部和 135 部的承运人的起飞最低标准。其标准为：1、2 发-RVR50 或能见度 1 mile，3、4 发-RVR24 或能见度 1/2 mile。

❹ 29L/R 跑道超障离场要求在初始转弯前沿跑道方向爬升到 1 800 ft MSL（当天气条件云高低于 1 000 ft、能见度 7 mile 时）。

❺ 为了符合下述各栏中的最低标准，要求至少 90 ft/NM 的爬升梯度，直至爬升到 1 000 ft MSL。如果不能满足爬升要求，采用云高 300 ft、RVR50 或能见度 1 mile 的标准。

❻ 备降最低标准。该栏中如果有限制，适用于所有承运人。

❼ 在该机场实施精密进近。

❽ 在该机场实施非精密进近，如 LOC、VOR 等。

RVR（跑道视程）以 100 ft 为单位的数值表示，无 RVR 前缀的数值表示英里或其分数的能见度。例如，RVR50 或 1，表示 RVR 5 000 ft 或能见度 1 mile；RVR24 或 1/2，表示 RVR 2 400 ft 或能见度 1/2 mile。当各跑道最低标准不同时，表示单独跑道栏。主用跑道在最左边。在每一跑道栏内，规定了所有条件，最低标准按照升序自左至右排列。当其他所有条件都相同时，各栏不再单独按跑道有无 RVR 分栏。列在爬升梯度要求中的高度或者 IFR 离场程序的高度为高于平均海平面（MSL）的高度。为起飞或备降最低标准规定的云高是指高于机场平面的高。

（2）备降最低标准（参见图 8.104 序号 31）。

当国家有规定时，将只标注单个机场的"备降"最低标准。标注的最低标准为这些国家所规定内容。美国的运行规范要求承运人计算备降机场的最低标准。下述标准是适用运行规范的简化版。

填报备降机场的最低标准当受美国运行规范制约时，批准持照人备降机场的最低天气标准要从表 8.17 中查得。任何情况下持照人均不得使用低于从该表中查得的适用最低标准的天气标准。在确定备降机场最低天气标准时，持照人不能使用任何未经批准作为备降的机场。

表 8.17　备降机场的最低标准

进近设施配置	备降机场的 IFR 天气最低标准	
	云高	能见度
具有至少一个能工作的导航设施可以提供直线着陆非精密进近程序或 I 类精密进近，或适用时，一个仪表进近程序的盘旋机动飞行的机场	按照适用情况 MDH 或 DH 增加 400 ft	着陆最低标准增加 1 mile 或 1 600 m
具有至少两个能工作的导航设施，每一设施对"不同的"适用的跑道可以提供直线着陆程序的机场。对于一个为航路运行的航路备降机场，这些运行规范适用于"单独的"适用跑道。"不同的"跑道是跑道号码不同的任何跑道，而"单独的"跑道不是同一跑道的相反的两个方向	两个进近使用的 DH 或 MDH 较高者之上增加 200 ft	两个进近批准的着陆最低标准较高者之上增加 1/2 mile 或 800 m

8.4.2　航路图和区域图

本节内容介绍在航路图和区域图上包含的信息和符号的一般知识。凡是已建立飞行情报区的区域必须将提供空中交通服务的所有航路绘制成航路图，以提供全部航路飞行的空中交通服务资料以及保证飞行安全的资料，使飞行符合空中交通服务程序的要求。

航路图所包括的地区不同，各地区资料密集程度也不同，因此不能规定一个统一的比例尺。选用的比例尺应大到足以清楚地标绘出所有必要的资料即可。即使如此，在一幅图中，不同的空中交通服务航路和位置报告点的要求是不尽相同的。特别是在一些繁忙机场附近，报告点及航路导航台非常复杂、密集，在航路图上，不可能予以充分绘制。这样，就应将这一区域绘制成区域图。在这种情况下，航路图不需要重复区域图中的内容。

8.4.2.1　航路图

1. 中国民航出版的航路图

航路图是为机组提供便于沿空中交通服务航路飞行的资料，使之符合空中交通服务程序的要求而制作的。

由于空中交通服务航路不同，位置报告要求、飞行情报区域或管制区域的横向限制在空域的不同层次内也随之不同。如果这些资料不可能在一张图上充分而清晰地标绘出来，那么，就应分别绘制几张航路图来提供这些资料。目前中国民航国内航路（线）图共计 3 张 6 幅图，在封面上描绘了覆盖的区域，并采用蓝色的小点标明所在城市的位置，如第一幅中的城市 ——哈尔滨；同时也用文字标明航路资料的截止日期、生效日期、比例尺和相关使用说明。在封面用浅灰色阴影表示可用的区域图位置，我国有 4 个城市提供了区域图，分别是上海、北京、广州和成都，如图 8.110 所示。

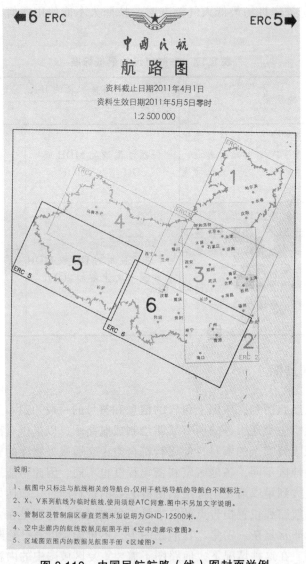

图 8.110　中国民航航路（线）图封面举例

由于纸张尺寸的限制，有些连续航路结构可能被分成几幅相互衔接的航路图。这些相互衔接的航路图比例尺最好一致。如无法一致时，比例尺不应相差太大。同时，图与图之间应能充分重叠，以保证航行的连续性。

在制作航路图时，应采用直线近似大圆的正形投影（如兰伯特投影）。我国航路（线）图采用的比例尺为 1∶2 500 000。我国航路图的航行要素包括机场、限制区域和空中交通服务系统。

1）机 场

航路图是为整个制图区域内的飞行服务的，它包括区域内的任何一个民航机场以及可供民航使用的军用机场。因而，在航路图上应标出供民用飞机使用的所有能进行仪表进近的机场。在航路图中，机场采用如图 8.111 所示的符号表示。

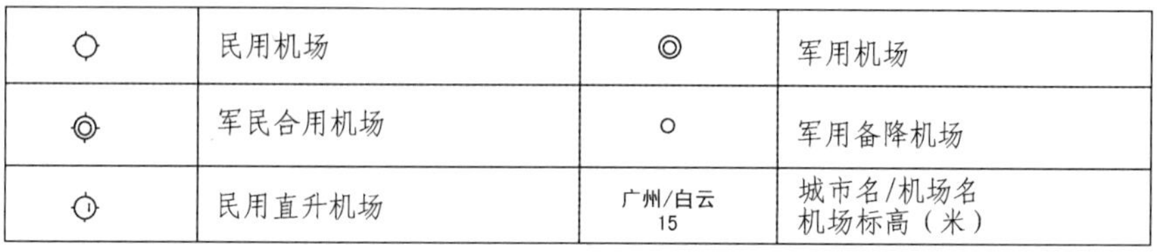

○	民用机场	◎	军用机场
◎	军民合用机场	○	军用备降机场
○	民用直升机场	广州/白云 15	城市名/机场名 机场标高（米）

图 8.111　中国民航航路图机场图例

2）限制区域

在禁区、限制区和危险区这些限制区域，会影响到航路的设置及飞行的安全。在航路图上，应将与空域高度有关的禁区、限制区和危险区及其范围、识别标志和垂直限制标注清楚，如图 8.112 所示。

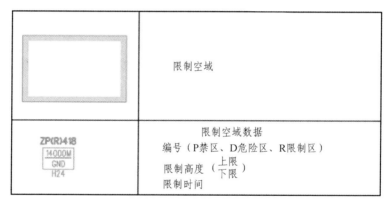

	限制空域
ZP(R)418 14000M GND H24	限制空域数据 编号（P禁区、D危险区、R限制区） 限制高度（上限/下限） 限制时间

图 8.112　中国民航航路图限制空域图例

3）空中交通服务系统

空中交通服务系统是航路图要表示的主要内容，大体上可以分为导航设备资料、航路资料和空域资料三大类。

（1）导航设备。

导航设备在民航运输飞行中起着非常重要的作用，没有它们，民航运输将处于瘫痪状态。导航设备的种类很多，各种设备要求有对应的机载设备。飞行人员必须根据所驾驶的航空器的导航性能来选择不同导航设备的航路。因此，航路图中应注明导航设备的类型和导航设备的特性，如频率、呼号、坐标等。

常见的导航设备的符号及注释如图 8.113 所示。

符号	含义	符号数据	注释
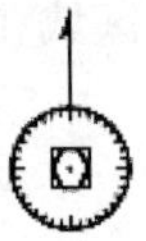	甚高频全向信标台(VOR)和测距仪(DME)合装	哈密 115.1 HM CH 98X N42 50.0 E93 38.3	VOR/DME数据框 台名 频率(MHz)、识别 莫尔斯电码 测距频道 地理坐标
	甚高频全向信标台(VOR)	九洲 117.2 ZAO N22 14.8 E113 36.7	VOR数据框 台名 频率(MHz)、识别 莫尔斯电码 地理坐标
	无方向性无线电信标台(NDB)	奇台 300 HJ N44 01.0 E89 36.0	NDB数据框 台名 频率(MHz)、识别 莫尔斯电码 地理坐标
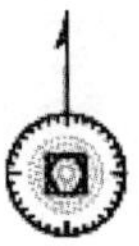	VOR/DME与NDB在同一位置	宁陕 116.3 NSH CH 110X N33 19.2E108 18.8 402 RQ N33 19.4E108 18.7	VOR/DME/NDB数据框 VOR/DME数据（蓝色） NDB数据（绿色）

图 8.113　中国民航航路图导航设备图例

　　在对导航设备注记时，NDB 台应注明导航台的名称或"LOM"（当 NDB 为机场的远台时）、呼号、频率及地理坐标（若 NDB 在机场，则不标注坐标）；VOR 台应注明台名、频率、坐标；DME 台应注明台名、呼号、波道及坐标。

　　若两种或 3 种导航设备安装在同一位置或由于距离太近而无法分别表示时，将各设备的数据舍去重要部分，按 NDB、VOR、DME 的排列顺序表示出来。

　　（2）空域资料。

　　空域资料是指各种飞行管制区和飞行情报区的名称、空间范围及提供服务的单位、服务频率等。航路图中，必须将空域资料表示出来，以便飞行人员掌握这些资料，保证飞行的安全。空域资料的表示方法如图 8.114 所示。

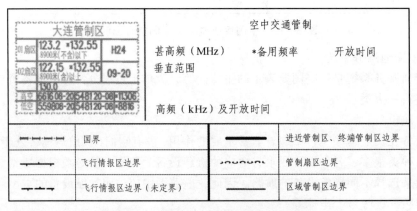

图 8.114　中国民航航路图空域资料图例

　　（3）航路资料。

　　飞机在航线飞行时，除了需要导航设备资料外，还必须得到所飞航线的各种领航数据和空中交通管理数据。如航向、距离、巡航高度、最低安全高度、位置报告点等。

对于那些距离太短，无法注记航路数据的航路，可采用数据框的形式注记航路数据。

强制报告点是指飞机到达该点上空时，必须向航管人员报告；要求报告点是指飞机到达该点上空时，根据要求向航管人员报告。

在航路图上，还需注明报告点的名称或编号及其地理坐标。

航线等待空域一般在飞行流量比较大的机场的空中走廊口位置，是为航管人员安全而有序地调配飞机而建立的。

目视航线要求飞行人员在航线飞行时，根据天地线、地标来判断飞机的姿态、位置。民航运输飞行很少采用目视航线飞行。

航路图除了以上内容外，还包括：以 km 和 NM 为单位绘制的公制和英制两种制式的图解比例尺，出版单位和制图时间以及图名、图的编号、投影方法、数字比例尺、资料截止日期、分幅方法和图例等内容。

航路资料的相关符号和表示方法如图 8.115 所示。

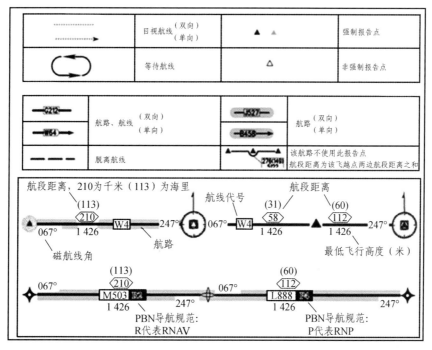

图 8.115　中国民航航路图航路数据图例

4）其他资料

一切开阔水域、大的湖泊和河流的示意性岸线及海岸线应适当地描绘在航路图上。这些资料对飞行安全有很大的帮助。在航路图上还需要将各条航路左右 25 km 范围内的最高障碍物的位置和标高标示在图上。

在底图上，绘出图幅内所有偶数经线和偶数纬线，并在 4°的整数倍经纬线上，每 30′绘一长刻划，每 10′绘一中刻划，每 5′绘一小刻划，以满足看图者的需要。同时，在 2°经纬差组成的经纬网格中部，还应注明区域最低安全高度和地区界，此外，在航路图上须绘出等磁差线。中国民航航线图部分航线举例如图 8.116 所示。

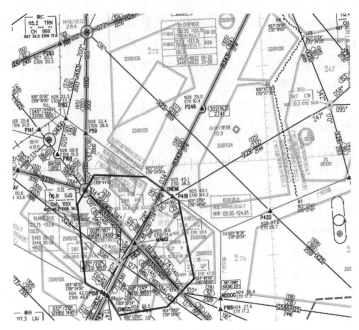

图 8.116 中国民航航路（线）图部分航线举例

5）我国航路（线）代号的组成及使用规定

我国航路（线）代号的组成由一个字母，后随 1～999 的数字组成。国际航路（线）代号的字母分别为：A、B、G、R、W、L、M、N、P、Y 和 V，其中 A、B、G、R 为地区航路网组成的常规航路航线，L、M、N、P 为地区航路网组成的区域导航航路航线，W、Y 和 V 为非地区航路网组成的航路航线，Y 为区域导航航路航线，V 为临时航路航线；H、J、Z 和 X 为国内航路航线（Z 为国内区域导航航路航线，X 为国内临时航路航线）。

某一航线（航段）有几个航线代号时，选用航线（航段）代号应与下一段航线（航段）相一致。

2. 杰普逊航路图

航路图主要用于按照仪表飞行规则实施转场飞行的科目中，它包含了帮助飞行员跟踪飞机位置的主要信息，也包括了保持与障碍物许可高度及导航信号的接收等内容。区域图比航路图记载了更为详细的信息，它主要用于飞机从航路过渡到进场或从离场过渡到航路飞行期间。

在美国，18 000 ft（MSL）是从 A 类空域分离出联邦航路的高度，因此，习惯上是在高空航路结构与低空航路结构之间建立分割线，对低于 18 000 ft（MSL）的航路描绘在低高度航路图上并称之为全向信标航路（V—航图），在 18 000 ft 及其以上直到飞行高度层 45 000 ft（FL450）的航路描绘在高空航路图上并称之为喷气型航路（Jet—航路）。由于飞行员进行的初始仪表飞行规则的飞行经历可能在低空航路的空域中，所以，本节主要集中于低空航路图的讨论。这些航图上显示了大量的信息，如航路、飞行航线、用于航路导航的无线电设施、仪表定位点的识别、机场信息、有效的通信联络、能保障接收到稳定导航信号的高度以及地形许可等。高空航路图与低空航路图相似，本节将不再介绍。

1）封面的信息

杰普逊与中国民航出版的每一份航路图都在封面上描绘了覆盖的区域，它们通常都能表示出同样的信息，但使用符号及范围不一样，杰普逊航路图封面部分如图 8.117 所示。

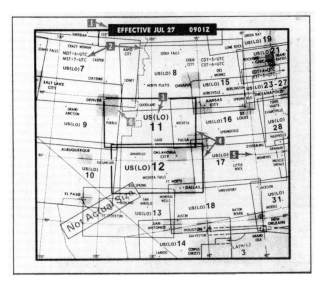

图 8.117　杰普逊航路图封面部分的节录

　　图中一些元素将在相关内容中作出全面的介绍。图中，①为有效期；②为时区及换算方法；③为航路图名称；④为图的覆盖范围；⑤为城市参考；⑥为区域图。

　　图的封面部分包含了对航路图使用有价值的信息：顶端的有效期告诉飞行员用于飞行的旧图作废和新图生效的日期信息；其边框用于表示所持有航图的覆盖区域，也包括了主要城市的位置坐标，以帮助飞行员很快地找出所需的航图。

　　杰普逊图用蓝色阴影表示可用的区域图位置，图上包括了时区边界（用一系列的"TS"符号表示）。杰普逊图封面部分还包括了地区标准时（MST）或夏时制时间（MDT）换算成世界协调时的换算公式。

　　杰普逊图中提供了图例用来帮助飞行员认识航路图上的符号，它利用了一种包括单一介绍各元素的易于理解的图例（见图 8.118）。飞行员应该掌握航图符号的有关知识并且定期地对更新的和改进的图例进行恰当的复习。

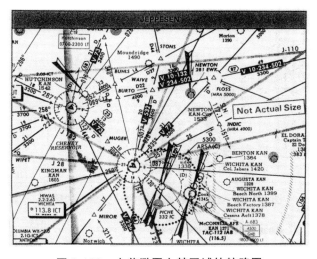

图 8.118　杰普逊图上某区域的航路图

2）导航设备

VOR 用一指向磁北的带箭号的罗盘表示，罗盘中心表示 VOR 台的位置，杰普逊图上用这一符号本身来代表一套 VOR 设备，如图 8.119（1）所示。

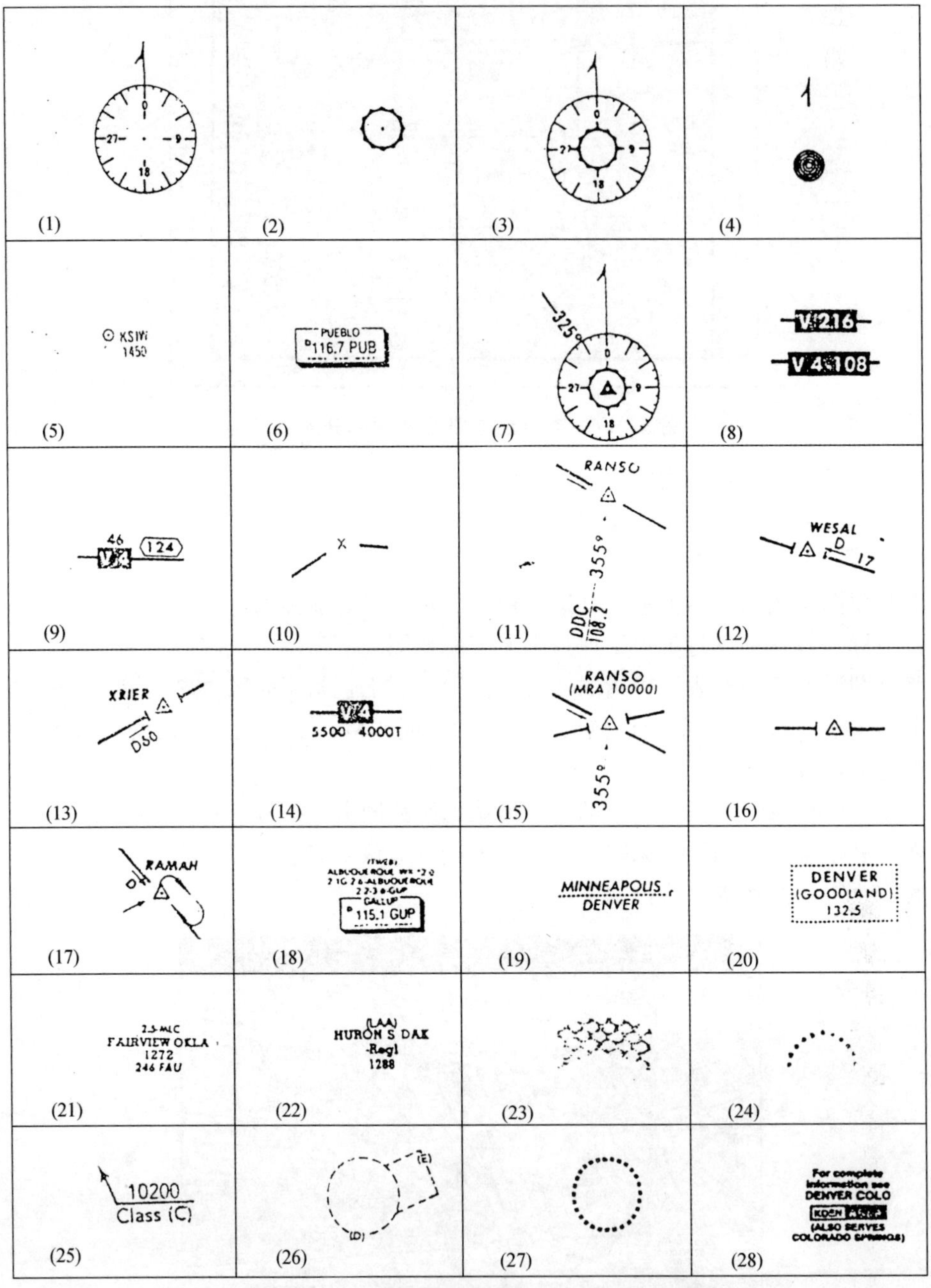

(1)	(2)	(3)	(4)
(5)	(6)	(7)	(8)
(9)	(10)	(11)	(12)
(13)	(14)	(15)	(16)
(17)	(18)	(19)	(20)
(21)	(22)	(23)	(24)
(25)	(26)	(27)	(28)

图 8.119　杰普逊航路图上的一些单独的图例

杰普逊图用一锯齿形圆环来描绘塔康和测距仪安装在一起的设备，如图 8.119（2）所示。

当 VOR 与塔康安装在一起时，这种设备就称为 VORTAC，VOR 与 DME 安装在一起时就称为 VOR/DME。由于 VORTAC 与 VOR/DME 对于民用飞机来说功能识别一致，在杰普逊图上只用一个符号表示设备的类型，如图 8.119（3）所示。

无方向性无线电信标（NDB）是一种用于仪表进近以及航路导航的低频导航设备。它是用圆环点阵来排列表示的，其箭号延至顶部与磁北对齐，以帮助飞行员使用向量尺来测定其磁方位。该符号还与罗盘定向仪的标绘方法相似。在杰普逊图上只有当其设备能提供航路功能或播发录制的天气广播信息时才表示出来，如图 8.119（4）所示。

杰普逊图上用航向台符号表示出了可用于进近的仪表着陆系统（ILS）、微波着陆系统（MLS）、航向台式定向设备（LDA）以及简式定向设备（SDF）。图 8.120 除表示出了前航道符号外，图上还描绘出了有关的背航道。该航向道服务于一条（空中交通管制）航路，设施的识别标志、频率和向台航道的也将标注出来。

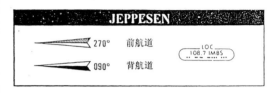

图 8.120　ILS 前航道和背航道图例

被选择使用的商用广播电台在杰普逊图上也有表示，这些电台可作为装备有自动定向接收机的飞机进行目视飞行的导航设备使用，由于它们不能发射连续的识别信号，因此，它们对于仪表飞行规则下的导航是不可靠的，如图 8.119（5）所示。

关于 VOR 或 VORTAC 设备的有关信息，在航图上用一个矩形框表示，可向飞行员提供设备名称、频率及其识别标志（三字码及莫尔斯电码）。若在图上的频率中注明了字母"D"，表明测距仪信息有效。对 NDB 的信息框中包括有 NDB 名称、频率及识别码。如果在机场附近有相同于机场名的 NDB 台，杰普逊图通常用这一机场名来代表 NDB 的信息，如图 8.118（6）所示。

3）全向信标航路

在 VOR 或 VORTAC 台之间所生成的航路用 V—型航路来标注，这些航路是用其设备的向外扩展的径向线来形成的，例如，如图 8.119（7）所示的航路是来自该 VORTAC 台的 325°径向线。

V—型航路以表示其通用方向的数值来表示，偶数航路通常用作东/西走向，奇数航路一般用作南/北走向的航路。如果一条公共的航段分别处于不同的航路上，则要表示出全部称谓的识别数字，如图 8.119（8）所示。

航路宽度通常是在航路中心线两侧 4 NM 范围内，所以整个航路宽度是 8 NM，当其航路长度超过 102 NM 时，将确定出其附加空域（见图 8.121）。

当航路延伸到距离最临近的导航台超过 51 NM 以外时，其空域将包括以导航台之间中心线为基准向左右扩张 4.5°所包含的空域。其边线要一直延伸至与另一个导航台扩张出来的边界线相交叉止。

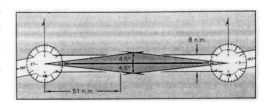

图 8.121　航路宽度

在仪表飞行规则航路图上的全部距离单位为 NM。在杰普逊图中，用一封闭的轮廓框表示出两个导航台之间的总距离，不在轮廓框中的数字表示两个交接点和导航台间或间断点之间的距离，如图 8.119（9）所示。

一个里程间断点在航路上用"×"表示在航图上，如图 8.119（10）所示。通常这个符号的出现表明航路出现了方向改变以及未设交叉点。

交叉点是飞机沿航路飞行时所提供的检查点或为空中交通管制提供飞行进程检查的一点，它们常常设置在航路转弯点或需要准确确定飞机位置的某一点。交叉点用五个字母表示，其实际位置可以用两个 VOR 径向线、测距仪、或用一条航向道和一条 NDB 方位线来确定。箭头符号标注方法是：从导航台指向交叉点和从上一交叉点指向下一交叉点，例如，图 8.119（11）所示中的交叉点的箭号就是由航路及来自 DDCVOR 355° 径向线。

在杰普逊图上，用 DME 定义的交叉点用一箭号和字母"D"来标绘，如图 8.119（12）所示。如果该点为来自导航设备的第一交叉点，那么沿航路标注的数值就是一种标准里程数据。

当无其他明显标识时，在杰普逊图上标注来自一交叉点的 DME 距离数值，需要注明字母"D"，其数值代表从导航设备到该定位点的累计距离，如图 8.119（13）所示。

交叉点既可用作强制报告点，也可用作非强制报告点。强制报告点用一实心三角符号表示，在无雷达环境下，需要飞行员在飞机飞越该点时作出位置报告。非强制报告点用一非实心三角符号表示，除非 ATC 需要，位置报告可以省略。

最低航路高度（MEA）通常是指在两个无线电定位点之间保证能够接收到导航信号，并能与障碍物保持规定的超障余度（山区 2 000 ft，其他地区 1 000 ft）时所公布的最低高度。它通常也是飞机转场飞行的最低高度。虽然在最低航路高度（MEA）上通信信号不被保障，但飞行员在该高度上通常也能获得相关的通信联络。图 8.119（14）中摘录的该航路的最低航路高度为 5 500 ft（MSL）。

最低超障高度（MOCA）在一些航段中有所表示。在杰普逊图上，是用带字母"T"的数值来表示的，在图 8.119（14）中，其航段上的最低超障高度为 4 000 ft（MSL），在美国仅最低航路高度和最低超障高度的主要区别是后者仅能在其设备附近 22 NM 以内保证可靠的导航信号，相反，最低航路高度却能在整个航路（段）上保证可靠的导航信号。

当在最低超障高度上距离导航台超过了 22 NM 时，同样需要保证有规定的超障余度，但此时飞行员可能接收不到这一导航台的信号并沿航路飞行。在某些情况下，只有在距离导航设施 22 NM 范围以内，空中交通管制员（ATC）可以指挥飞行员使用最低超障高度。

当飞行员不是沿航路飞行，如在一条直线航段上按照仪表飞行规则飞行时，飞行员有责任遵照有关规定确定其最低高度。原则上应该在所飞航线的两侧水平方向 4 NM 范围内与最高障碍物保持至少 1 000 ft 的余度，山区飞行时其余度应增至 2 000 ft。同时，在建立这一最低高度时，还应考虑导航设施的作用范围限制以及通信联络要求。

在一些情况下，对于一个航路段还需建立最大允许高度（MAA）。最大允许高度是基于 VOR 台或使用相同频率的 VORTAC 台的有效传播距离，而允许飞行员飞行的最大高度。当在使用相同频率的两个导航台之间的距离内，出现既能同时接收到两个导航台的信号，但又不是能够用于领航的可靠信号时，就应该确定最大允许高度了。最大允许高度用字母"MAA"表示，并在其后标出高度数值。

最低接收高度（MRA）是保证能够接收到可靠的导航信号来确定某交叉点或定位点的最低高度。在低于最低接收高度时的飞行操作并不意味着不能保持沿航路中心线飞行，只能说明飞行员不能识别某交叉点或定位点。

当在某一个最低高度上才能接收到非航路导航设施的信号来确定交叉点时，最低接收高度将被设置。

当 ATC 需要位置报告或飞行员需要确定飞机位置时，最低接收高度是一项重要的参数。在没有超障限制时，最低接收高度对于确保接收到导航信号也是很重要的。在杰普逊图上用缩写词"MRA"及其数值来表示这一高度值。从图 8.119（15）中可以发现"Ranso"交叉点的最低接收高度为 10 000 ft（MSL）。

在交叉点与航路垂直相交的短线表明了最低航路高度有变化。在杰普逊图上，如果最低航路高度未公布在航路上，这种符号也可用来表示最大允许高度或最低超障高度的变化，如图 8.119（16）所示。飞行员看见这种符号时，应比较沿整个航路的最低航路高度和最低超障高度，并要寻找出最大允许高度以确定其数值的变化。

最低飞越高度（MCA）是指航空器按照高于最低航路 IFR 高度（MEA）的方向飞行时，飞越某些定位点必须飞行的最低高度；当最低航路高度增至一个较高的数值时，障碍物的许可限制要求飞机在飞越出现变化的定位点时开始爬升高度。然而，在某些情况下，要求飞机在到达定位点前就必须开始爬升，此时，就应该在这一定位点建立一个最低飞越高度（MCA）。有时，最低飞越高度用于保证飞机能够接收到导航信号，而不是为了障碍物许可而设置的（见图 8.122）。

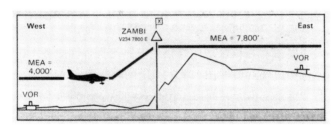

图 8.122　最低飞越高度（MCA）

在向东飞行时，飞机在到达交叉点"Zambi"之前，通常不需要开始爬升到较高的最低航路高度。然而，由于地形的限制，在飞机到达交叉点之前必须及时地爬升到下一段较高的最低航路高度上，那么在 V-234 航路上向东飞行时，应使用最低飞越高度 7 800 ft。向西飞行时，这个最低飞越高度则无实际意义。

杰普逊图上还标明了沿航路编号方向的下一交叉点的最低飞越高度。要减小信号混乱，有时还用一半闭合的线条表征的数值来表示最低飞越高度。此时，在定位点附近有一种信息框来对其附加信息进行说明。

飞机沿航路飞行时，在导航设施之间的中点处通常要改变其频率，但有些时候这是不实际的。当频率改变不是在中点而是其他位置点时，就应建立转换点（COP）（见图 8.123）。

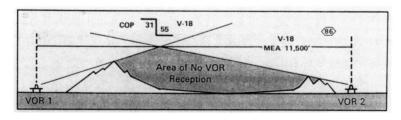

图 8.123　频率转换点（COP）

飞机在 VOR1 和 VOR2 之间飞行时，在航路中部无法接收到导航信号。因此，要设置一个转换点。该转换点表示了频率需要改变的地点以及到每一导航设备的距离。

如果飞行许可限制要求飞行员飞向一个设置有等待航线的定位点，并且在没有收到继续飞行的指令时，空中交通管制员（ATC）将指挥你加入航图上描绘的等待航线，如图 8.119（17）所示。

为了帮助飞行员在低空和高空航路之间实施过渡，杰普逊图在低空航路图上包含了高空航路结构。这一航路用绿色印制并标注了相关的 J—航路序号，在高空航路图上，J—航路通常不列出最低航路高度值，这是因为对于所有 J—航路的最低航路高度，除有其他另外的特殊要求外，均为 18 000 ft（FL180）。

4）通　信

在杰普逊图上，飞行服务站（FSS）的通信频率在导航设备信息框中可以找到，由于其频率是从"12"MHz 开始的，所以杰普逊图中仅标出了最后两位或三位数字。例如，在 Gallup 的 VORTAC 台，飞行员可以与 Gallup 飞行服务站或 Albuguergue 飞行服务站联系。在杰普逊图上用其名称或在频率后面的三字识别码来表示。在图 8.119（18）中，Albuguergue 的飞行服务站在 122.1～122.6 MHz 间均有效，但 122.1 MHz 是一种守听频率或是一种只供接收的频率。121.5 MHz 是警戒频率，由于它对大多数飞行服务站均有效，所以在杰普逊图上省略不作专门的标注。

杰普逊图的另一特点是具有在该区域内提供了航路飞行咨询服务（EFAS）的飞行服务站的识别标志和频率。本例中，飞行员可在 122.0 MHz 的频率上向 Albuguergue 无线电台联络。打引号的频率表示这种服务是在部分时间内工作有效。如果飞行中危险天气咨询服务（HIWAS）或录制的天气广播（TWEB）对于特别设施有效，则在杰普逊图的信息框上面给予注明。

航路空中交通管制中心（ARTCC）的边界用一条线来表示，沿途标出其管制中心的名称，如图 8.119（19）所示。远程通信台（RCOs）由每一中心建立并为所覆盖区域提供恰当的通信范围，为管制中心服务。远程通信台用管制中心的名称列于一个信息框中，例如，图 8.119（20）所示的管制中心为 Den er，后面是其远程台所处的地名（Gooland），最后是使用频率（132.5 MHz）。飞行服务站还可以利用远程通信台来扩展其覆盖区域。在杰普逊图上，机场上的远程通信台列在机场数据之上，图 8.119（21）中，在 Fairview 机场的远程通信受 McAlester（MLC）的飞行服务站控制，其频率为 122.5 MHz。

5）机　场

机场分为两种基本类型，即公布了仪表进近程序的机场和未公布仪表进近程序的机场。如果一个机场已经公布了仪表进近，则在杰普逊图上就印制了以大写字母表示的机场名称和所在的城市名及州名；而没有仪表进近的机场则以仅有第一位字母大写的形式印制出上述名称。

杰普逊图提供了每一机场的基本信息。例如，Huron Regional 机场具有仪表进近程序，其标高为 1 288 ft，当地机场咨询服务有效，则在杰普逊图上还应注明"LAA"，飞行服务站的频率在其附近标出，通常标在导航设备信息框上面或飞行服务站的频率框中，如图 8.119（22）所示。

对于具有仪表进近的机场的其他附加信息在杰普逊图上可以找到，这些信息一般包括进近名称、离场设施名称和频率。

6）空　域

在与美国毗邻的地区，所有在 14 500 ft（MSL）及其以上的空域［除在 1 500 ft（AGL）

内的空域〕均为管制空域，低于这一高度，空域又可分为管制空域和非管制空域两大类。杰普逊图中用颜色标明了各种不同的空域，用白色来表示管制的空域，它们包括 B、C、D、E 类空域；非管制空域（G 类空域）在杰普逊图上用蓝色标注。注意，每个国家的空域分类不完全相同，我国的空域划分为 A、B、C、D 4 类。

杰普逊图上用淡蓝色华夫饼形勾画出 B 类空域，并表明其上限，如图 8.119（23）所示。

杰普逊图中将 C 类空域的边界用蓝色的点来标画，其顶部标出以 ft 为单位的高度（MSL），如图 8.119（24、25）所示。杰普逊图对于 B、C 类空域的更为详细的情况还专门提供了各自分离的区域图，美国还提供了专门的 B 类空域图。

杰普逊图上表征了围绕机场的 D、E 类空域边界，其方式为用带空域类型的字母的绿色虚线，用白色表征的开放区域在没有其他表示意义时代表 E 类空域，如图 8.119（26）所示。

在杰普逊航路图上会标注各类空域的垂直限制 —— 上限和下限。

对于那些有特殊的禁止按目视飞行规则飞行的机场，在杰普逊图上用一条较细的墨绿色虚圆圈来描绘出禁止按目视飞行规则飞行的边界，这种符号仅在杰普逊区域图上出现，如图 8.119（27）所示。

特殊使用空域在航路图上用于识别禁飞区、限制区、警告区、警戒区或军事活动区。在杰普逊图上，所有特殊使用空域均用绿色边界框画出，每一区域的信息均列于空域内或其附近地方，或在图例中可以找出。图 8.124 所示为部分杰普逊航路图。

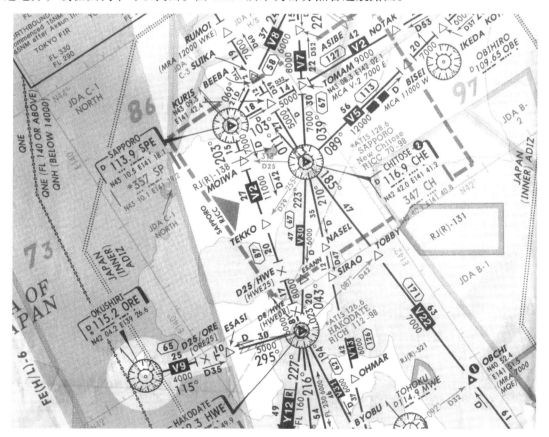

图 8.124　杰普逊航路图举例

7）杰普逊典型低空和高空航路图符号举例（见图 8.125）

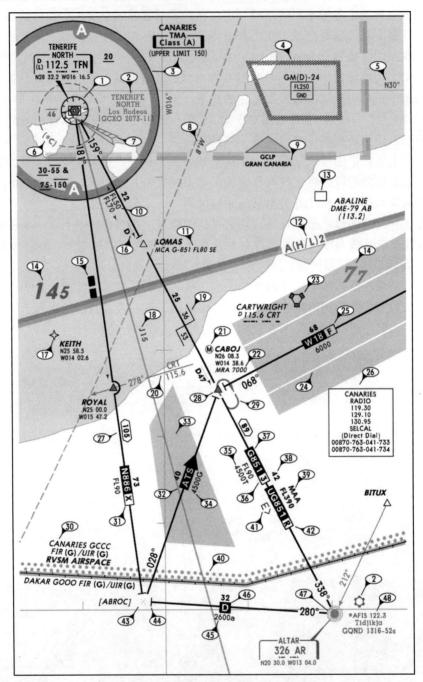

图 8.125　杰普逊低空和高空航路图符号举例

导航设备的类型和导航设备（序号 1）；机场（序号 2），主要包括机场所在的城市名、机场名、标高、杰普逊导航数据（数据库）机场代码和以 100 ft 为单位的最长跑道长度；终端区 A 类空域上限至 FL150（序号 1）；专用空域（序号 4）；网格经纬度数值（序号 5）；C 类空域，星号表示非 24 服务（序号 6）；机场 ILS 或航向台可用（序号 7）；等磁差线（序号 8）；

单独区域图范围图廓边界线（序号 9）；方向性 MEA（序号 10）；东南方向飞行的最低飞越高度（序号 11）；航图边界线用于识别本航图分幅被其他航图覆盖区域范围（序号 12）；当 TAC 或 DME 和 VOR 的频率不匹配时，则单独标出 TACAN/DME 频道，括号内的频率为假设与 TAC/DME 配对的 VOR 频率，使民用航空器能调谐到 TACAN/DME（序号 13）；网格 MORA（序号 14），14 000 ft 及以上标为褐红色，14 000 ft 以下标为绿色；导航信号覆盖中断（序号 15），在航路图上，当两个航迹引导的导航设施的覆盖范围不能相互衔接时，在导航信号没有覆盖到的地方，用沿航路带有裂痕的黑色矩形表示；用以确定报告点的背向导航设施的箭头（序号 16）；航路点，区域导航上用于确定航空器位置的点称作航路点，空心四角星为非强制报告点，实心四角星为强制报告点（序号 17）；重叠在低空航路图上的 J15 高空航路（序号 18）；）导航设施频率转换点 COP（序号 19），通常飞越某一条航路或航路转弯点时，除非特别指明了 COP，否则应该在两个导航电台之间的中心点或航路转弯点转换频率，此时省略 COP 符号；交叉点或定位点构成的信息（序号 20），当导航设施在图边以外时，还包括莫尔斯电码；当沿某些航路飞行飞经某报告点上空要求飞行员做气象报告时，图上用带圈的"M"标注（序号 21）G851 航路经过"CABOJ"位置点要求气象报告；最低接收高度（MRA）（序号 22）是指能够确定交叉点的最低高度；在低空或高/低空航路图上偏离航路的导航设施和高空航路图的导航设施识别信息不加信息框（序号 23）；该空域内航线为非管制航线或咨询航线（序号 24）；仅提供咨询服务的航路（序号 25）；管制中心通讯频率（序号 26）；导航设施间的总距离（序号 27）；有名称和惯性导航设施坐标的强制报告点（序号 28）；等待航线（序号 29）；各类空域边界线参见前面空域小节内容，其中飞行情报区和高空飞行情报区（FIR/UIR）边界线（序号 30）；可供不具备 B-RNAV 设备的航空器使用的航线，仅限于欧洲（序号 31）；ATS 航路中心线（序号 32）；非管制空域（序号 33）；GPS 最低航路高度 GPS MEA（序号 34），仅使用 GPS 作为导航系统的最低航路高度。在航路图上 GPS MEA 由高度数字和后缀字母"G"表示。本例为 4500 ft；最低超障高度（序号 35）；条件航线类型（序号 36）；航路代号（序号 37）；航段里程（序号 38）；最高批准高度（序号 39）；RVSM 空域边界线（序号 40）；偶数/奇数飞行高度层（序号 41），箭头所指方向使用偶数千位数高度/飞行高度层，相反方向为奇数千位数高度；RNAV ATS 航路欧洲以外（序号 42）；数据库识别标志加方括号[ABROC]，不具备 ATC 和飞行计划功能（序号 43）；高度转换（序号 44）；航线最低偏航高度（序号 45）；直飞航线，需要 ATC 批准，不能填在飞行计划中（序号 46）；NDB 电台（序号 47）；机场附近的 FSS 其可用通信频率和服务（序号 48），在机场名称上方列出。

8.4.2.2　区域图

1. 中国民航出版的区域图

如果一个或几个机场周围的航站区域内的空中交通拥挤到需要对具体的进场、离场航路和过境航路加以管制，以保证航空器在该区域着陆、起飞或飞越时能安全和有效地运行。同时，在这个区域内的空中交通服务航路或位置报告，无法清楚地标绘在航路图上时，在这种情况下，需要提供区域图，以帮助机组能安全地完成以下任务：

（1）航路飞行阶段和进入机场进近之间的过渡。

（2）起飞、复飞和航路飞行阶段之间的过渡。

（3）通过复杂的空中交通服务航路或空域结构复杂的地区。

区域图可以当做航路图的部分扩大或"放大"。每一幅图的覆盖范围，应延伸到有效地表示离场和进场路线的一切点；离场航路通常从跑道末端开始，到沿指定的空中交通服务航路飞行的航路阶段开始的那个重要点上终止；进场航路从飞行的航路阶段终止的那一点开始，并在飞行的进近阶段起始的那一点终止。

区域图的比例尺没有统一的规定。使用的比例尺应保证能够清楚地标出所需的数据。在我国，目前有广州、上海、北京和成都绘制了区域图，比例尺为 1：100 万，采用的是改良多圆锥投影。

区域图上的航行要素及其他内容与航路图绝大部分内容的表示方法一样，请参照航路图相应部分的内容。区域图与航路图不同的地方主要有：区域图增加了进近管制区边界、机场塔台频率表和空中走廊及其编号等内容。详细情况如图 8.126 广州区域图部分样例所示。

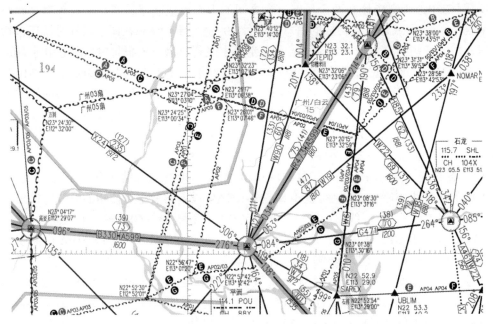

图 8.126　广州区域图部分样例

2. 杰普逊区域图

在杰普逊航路图封面上用浅灰色阴影表示可用的区域图位置及所在城市，如果使用的起飞机场或目的地机场处于其边界以内，那么飞行员就应该参看这幅区域图以获得全面的信息。

区域图可以当做航路图的部分放大或扩大，其航行要素及其内容与航路图绝大部分内容的表示方法一样。在区域图上的大多数符号均可在航路图上找到，由于所选的比例尺不同，区域图记载更为详细的信息，可读性也得到增强。区域图部分样例如图 8.127 所示，它与航路图不同的地方主要包括：

区域图名称（序号 1）；区域图上主要机场的通信频率（序号 2），以方框标出（标题为 COMMUNICATIONS），如图 8.127 所示；当区域图的覆盖范围内有高于主要机场 4 000 ft 以上的地形时，图内可能标出地形资料（序号 3）。图中标绘有简化地形等高线和等高线数值。色彩梯度表示等高线间的高程变化。等高线、数值和色彩用褐色印刷。在等高线之间，可能包括某些（不是全部）地形高程点及其高于平均海平面的标高，以供补充参考之用。地形等高线资料的标绘，不能确保地形或人工建筑物之上或周围的超障余度。在其附近可能会有更高的地形或人工建筑没有标绘。地形等高线资料对于了解地形的方向和一般可视地形有用，但并不能代替航路和航路结构规定的最低高度。此外，没有地形等高线资料并不能保证没有地形和建筑物；速度限制点 —— 速度限制标在符号的阴影一边（序号 4）。

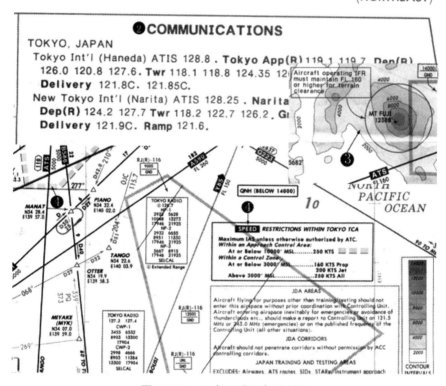

图 8.127　日本区域图部分样例

8.4.3　离场图和进场图

　　进/离场图是为了减轻复杂的许可、减少频繁的交通拥挤和控制机场周围的交通流量而设置的。在某些情况下，它们有助于减少燃油消耗并降低噪声程度等。标准仪表离场（SID）用于起飞后向飞机提供从机场过渡到航路结构的方式；标准终端区进场航线（STAR）具有相反的功能，它为飞机提供一种从航路结构中脱离并将飞机引导到目的地机场的标准方法。标准终端区进场航线通常终止于一种仪表进近或目视进近程序。本节将对标准仪表离场图和标准仪表进场图作出一些讨论、分析，以帮助学生对其所包含的符号和信息较好地熟悉。

　　杰普逊公司出版了由有关民用航空局批准的机场标准仪表离场图、标准仪表进场图以及机场剖面下降程序。杰普逊图在基本的进近图的描述中包含了可用的离场图和进场图，这些图均由机场的进近图组合而成。

当飞行员得到标准离场或标准终端进场许可或在飞行计划中提供文件时，需要飞行员至少应有一个在飞行进程中所需要的几何性的或文本描述的程序。如果没有合适的航图或不想使用它们，飞行员则需要在其仪表飞行规则飞行计划的修订部分作出"NO SID—NO STAR"记录，告诫空中交通管制不得实施这些程序中所包含的任何许可。

为了说明如何将这些程序简单地用于复杂的许可并减轻频繁的交通拥挤，考虑下面这一发向飞行员实施的离场许可：假定飞机从加利福尼亚的 Terps 离场，"赛斯纳飞机 32G，允许从 Terps 机场的 Terps 台 170° 径向线到达 Oakville，V—192Thor 航路，Thor 径向方位 285°和 Barnsdall 103° 径向方位到 Barnsdall，然后通过其机场，保持高度 8 000 ft；离场后，保持跑道方向上升到 3 000 ft，右转到 170° 并切入 Terps170° 径向线，飞越 Terps 高度至 5 000 ft以上"。

现在考虑按标准仪表离场实施这一离场许可，"赛斯纳飞机 32G，飞往 Oakville 机场，Thor-1 离场，Baunsdall 过渡，然后通过机场上空保持高度 8 000 ft"，这是一种和上述的冗长示例对应的简洁的传送转达方式。

8.4.3.1　标准仪表离场图

1. 中国民航出版的标准仪表离场图

标准仪表离场图（Standard Instrument Departure Chart，SID）是向机组提供资料，使其能够从起飞阶段到航路阶段遵守规定的标准仪表离场航路飞行。离场航路通常开始于跑道端，结束于一个指定的重要点。从该点开始，就是沿一条指定的空中交通服务航路飞行的航路阶段，如图 8.128 所示。设计出的标准仪表离场航线应当满足以下条件：适合航空器的性能；适合通信失效程序；上升和下降的限制减至最少；使用的导航设备在数量上越少越好；航线代号按统一规定。

标准仪表离场图一般采用单色印刷。比例尺通常采用 1：200 000 ~ 1：1 000 000，如不按比例尺绘图，应在图上标注"不按比例"字样。

1）机　场

除起飞机场外，所有影响标准仪表离场航路的机场，都必须标出并加以注明。由于机场跑道的方向对离场航线的设置影响很大，因此要将跑道的方向描绘出来。

2）限制区域

可能影响执行程序的禁区、限制区和危险区及其识别标志和垂直限制，都必须标出。

3）空中交通服务系统

空中交通服务系统是空中飞行必不可少的资料，如果没有它，飞行人员将无法进行飞行。在起飞至加入航线飞行之间，飞行员工作量较大，同时机场的交通流量大，为了确保飞行安全，与离场航线无关的资料应尽可能地减少，以降低图幅的负载量，使图面简洁明了，以免分散飞行员的注意力。

空中交通服务系统主要由两方面组成。一是导航设备，它的要求与航路图相同。二是航线，离场航线代号有两种表示方法：一种是英文字母"D"加数字编号作为离场航线的代号（如 D-01，D-02）；另一种是用离场航线所使用的导航台呼号加上数字编号及英文字母"D"来表示，如 JH-1D、HG-2D。对于 RNAV 标准仪表离场航线代号则由离场的结束点名称加上数字编号（1 ~ 9）及英文字母（除"I"和"O"字母外），为便于机载导航数据库识别，总字符数不超过 6 个。离场航线其他数据表示方法与航路图相同，如图 8.128（a）和 8.128（b）所示。

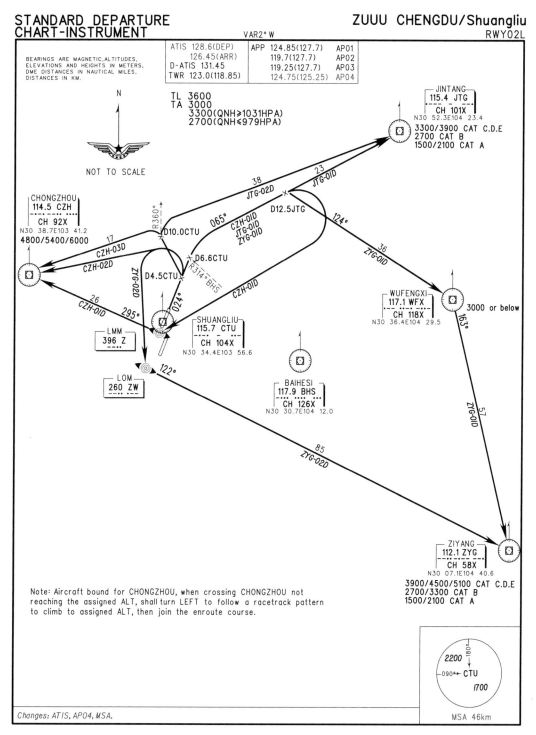

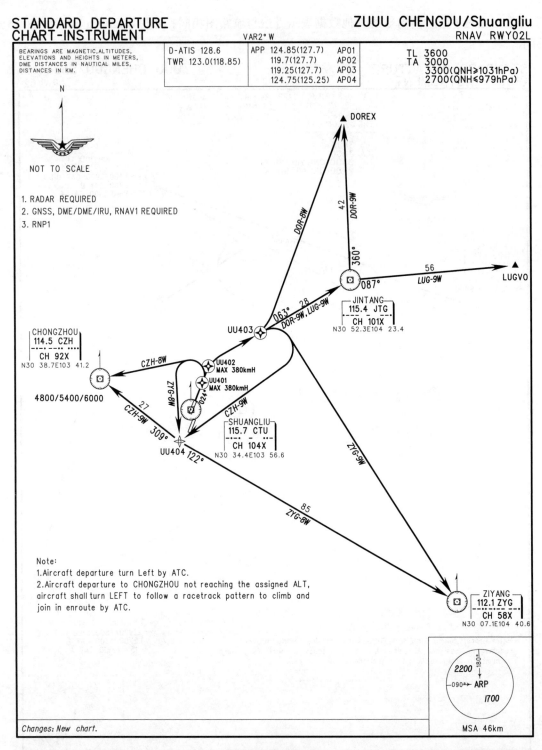

BEARINGS ARE MAGNETIC,ALTITUDES,
ELEVATIONS AND HEIGHTS IN METERS,
DME DISTANCES IN NAUTICAL MILES,
DISTANCES IN KM.

D-ATIS 128.6	APP	124.85(127.7)	AP01
TWR 123.0(118.85)		119.7(127.7)	AP02
		119.25(127.7)	AP03
		124.75(125.25)	AP04

TL 3600
TA 3000
3300(QNH≥1031hPa)
2700(QNH≤979hPa)

NOT TO SCALE

1. RADAR REQUIRED
2. GNSS, DME/DME/IRU, RNAV1 REQUIRED
3. RNP1

Note:
1.Aircraft departure turn Left by ATC.
2.Aircraft departure to CHONGZHOU not reaching the assigned ALT,
aircraft shall turn LEFT to follow a racetrack pattern to climb and
join in enroute by ATC.

Changes: New chart.

2015-10-15   EFF1511111600   中国民用航空局CAAC   ZUUU AD2.24-7E

（b）PBN SID 图

图 8.128 标准仪表离场图

4）地　形

在标准仪表离场图中，通常只描绘便于空中识别的主要河流。如果有重要的地形和地物特征有利于从目视飞行过渡到仪表飞行，应将该特征标出。

2. 杰普逊的标准仪表离场图

任何实施的包含标准仪表离场的许可都应采用所公布的该机场的仪表飞行规则离场程序的相应程序。既然要按照所列出的标准仪表离场程序实施的要求行事，飞行机组就必须保证所飞机型达到其性能要求。例如，如果一种标准仪表离场结束于一喷气型航路，则大多数轻型飞机是很难实施这种程序的，这是因为喷气型航路的最低航路高度为 18 000 ft，这对于轻型飞机是达不到的。一些标准仪表离场程序需要飞机飞越某定位点时达到或高于一个指定高度，如果飞机的爬升性能不满足其在这一定位点达到指定的高度，就不能使用这一标准仪表离场程序。机长的职责要求，对于每一标准仪表离场，都应确信所飞飞机能否实施这种程序，杜绝任何超出飞机限制的标准仪表离场。

标准仪表离场一般分为两类：飞行员导航和被引导的仪表离场。设置飞行员导航的标准仪表离场是为了允许飞行员与空中交通管制员保持最少的通信联络，而能按指定的航线飞行。这种标准仪表离场，通常包含提供给所有航空器的一种初始指令设置，然后通过一条或多条过渡航路将飞机引导到航路结构中的某一相关的定位点。许多飞行员导航的标准仪表离场还包含一个帮助飞机加入标准仪表离场程序的雷达引导阶段。被引导的标准仪表离场建立在有空中交通管制提供雷达导航引导的地方，其航图通常包含了一个初始的指令设定，这种设定有飞行航向和高度保持等，当空中交通管制员建立了雷达联络时，它们将提供引导以帮助飞机到达图中所标绘的几个定位点中的一个。

1）飞行员导航的标准仪表离场

杰普逊图上所用的符号与用于其他航图上的符号极其相似，均包括了初始起飞及过渡程序的文字性描述以及航路上的平面图。在某些情况下，对于简单的过渡程序可能没有文字性描述。

杰普逊标准仪表离场图由标题和平面图构成，如图 8.129 所示，其信息如下：

标题部分：城市/地点和州/国家名称（序号 1）；航图类型识别标志（SID）（序号 2）；杰普逊导航数据/ICA0/IATA 机场识别（序号 3），包括机场四字码和机场三码；机场名称（序号 4）；修订日期、索引号和生效日期（序号 5）；通信频率（序号 6）（SID/DP 中的离场管制频率在图的标题部分中表示，或者当规定有扇区频率时，其可能标注在平面图内）；机场标高（序号 7）（从 2002 年 8 月起自平面图移至标题）；程序注释的通常位置（序号 8）。

平面图部分：最低安全高度（MSA）（序号 9）标绘在一个的固定位置，通常在右上角，MSA 以导航设施/定位点为中心，在 25 NM 为半径的圆圈（或扇区）内提供 1 000 ft 的超障余度，而设施/定位点识别代号标在圆形的右下方。如果保护的距离不是 25 NM，则在中心设施识别代号的旁边注明有效半径。这个高度"仅供紧急情况使用，不必保证导航信号的接收。MSA 的数值由管理当局提供；离场航路名称（序号 10）（后随 DEPARTURE），如果数据库识别代号与名称或计算机代码不同，则包括数据库识别代号，数据库识别代号加方括号；导航设施识别资料及信息框（序号 11）（信息框从 2002 年 8 月起，为便于识别，只突出显示程序标题中的导航设施，其他采用细线框，并用箭头引向导航台）；包含飞行员动作、程序条件

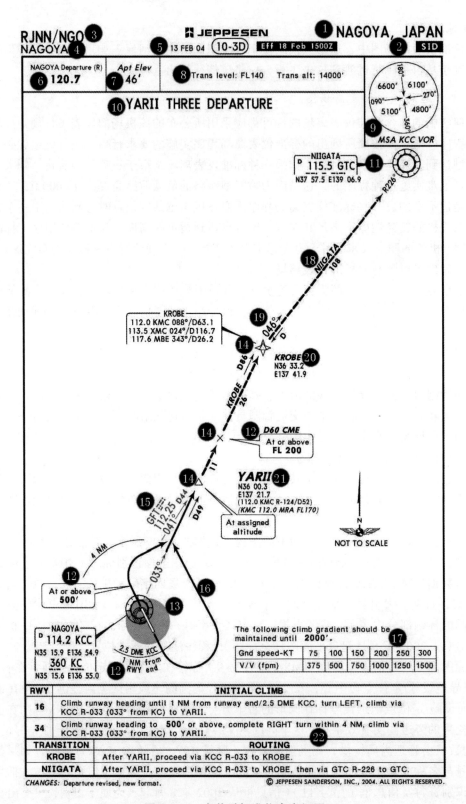

图 8.129　杰普逊标准仪表离场图

或限制的资料及资料框（序号 12）；离场机场（序号 13），用网点圆圈突出表示，圈内的白色长方形为跑道；非强制空域定位点（序号 14）；定位径向线（序号 15），采用套网标注以提高层次感；仪表离场航线（序号 16）；特定的速度与对应爬升梯度表（序号 17），帮助飞行按照所飞地速将爬升梯度（ft/NM）换算成爬升率（ft/min），由于爬升梯度以单位 ft/NM 给出，尚需将它换算成以 ft/min 为单位的上升率，在离场过程中才有用，杰普逊图中对于每一标准仪表离场图均提供了一种爬升梯度换算成爬升率的换算表，根据该表的梯度在地速 200 kt 的情况下，需要保持爬升率为 1 000 ft/min；过渡航线、过渡航线代号和距离（序号 18），如果计划航路允许飞机实施图中的一条过渡程序，那么，飞行员按图上程序填写计划通常是有利的，过渡航路在杰普逊图上用虚线表示，在有的图上还列出空中交通管制代码和高度，在进行这一过渡计划时，便于向空管部门告知其飞行离场程序和过渡程序的计划；列出如同在标准仪表离场图上一样精确的代码有助于空管部门将它输入计算机并减少处理飞行计划所需的时间；开始的航路剩余部分按随后的代码输入，来自空中交通管制的许可可以这样呼叫"赛斯纳飞机 34G，允许飞离 NAGOYA 机场，按 YARII 号离场程序离场，并实施 NIIGATA 过渡程序，然后通过机场，高度保持×××ft"；航迹角（序号 19），如果航迹角后随很多个，表示只使用航向飞行的航段；非程序标题中的交叉点或航路点识别标志（序号 20）；程序标题中的交叉点或航路点识别标志（序号 21）；表格文字描述（序号 22），如果如国家提供则公布，主要公布初始航线和过渡航线的文字描述，在标准仪表离场过程中，有可能遇到双向无线电通信失效的情况，飞行员应熟悉规定的通信失效程序。如果通信失效程序不同于标准的程序，应清晰地了解航图上的有关说明，通信失效程序及边线框参见图 8.130 所示的马来西亚 WBKK 机场雷达扇区离场图。

2）被引导的仪表离场

被引导的仪表离场图，除缺少离场航路和过渡程序外，与飞行员导航的标准仪表离场图相似。这是因为空中交通管制部门在飞机刚好起飞就开始提供雷达引导，并一直持续到飞机到达飞行计划中所设计的航路上或航图上标出的一个定位点时为止，起飞后就按照文字性描述所提供的初始程序进行操纵。仪表飞行规则的离场程序，包括飞行员导航和被引导的标准仪表离场，是以每海里爬升 200 ft 的最小梯度来设计的，这种需要是建立在保证飞机在离场路径中有足够的超障余度要求之上的。若这一梯度不能满足超障余度，其程序可以附加特定的最低云高和能见度以允许飞行机组能看见并且能避让障碍物，或者使爬升梯度大于每海里 200 ft，其机动飞行的详细表述或这些程序的综合性应用如图 8.130 所示。

8.4.3.2 标准终端进场航线图

1. 中国民航出版的标准仪表进场图

标准仪表进场图（Standard Terminal Arrival Route Chart，STARC）与标准仪表离场图一样，当机场设立了标准仪表进场航线，而又无法在区域图上绘制清楚时，应提供标准仪表进场图。标准仪表进场图是为机组提供从航路阶段过渡到进近阶段的资料，使其能遵守规定的标准仪表进场航路飞行。进场航路通常在仪表进近开始之点终止。

本图目的与要求的其他内容与标准仪表离场图相同，详细情况如图 8.131（a）和图 8.131（b）所示。

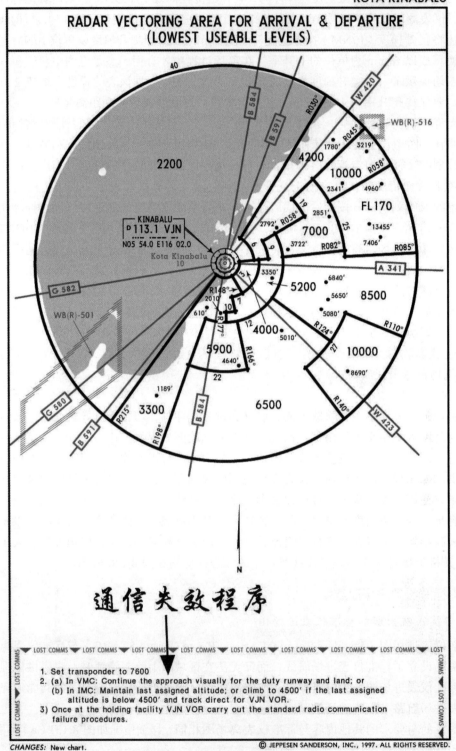

图 8.130 机场雷达扇区进/离场图

778

VAR2° W

ATIS	128.6(DEP)	APP	124.85(127.7)	AP01
	126.45(ARR)		119.7(127.7)	AP02
D-ATIS	131.45		119.25(127.7)	AP03
			124.75(125.25)	AP04

| TWR | 123.0(118.85) for RWY02L/20R |
| | 130.35(118.85) for RWY02R/20L |

BEARINGS ARE MAGNETIC, ALTITUDES,
ELEVATIONS AND HEIGHTS IN METERS,
DME DISTANCES IN NAUTICAL MILES,
DISTANCES IN KM.

TL 3600
TA 3000
    3300(QNH≥1031hPa)
    2700(QNH≤979hPa)

N

NOT TO SCALE

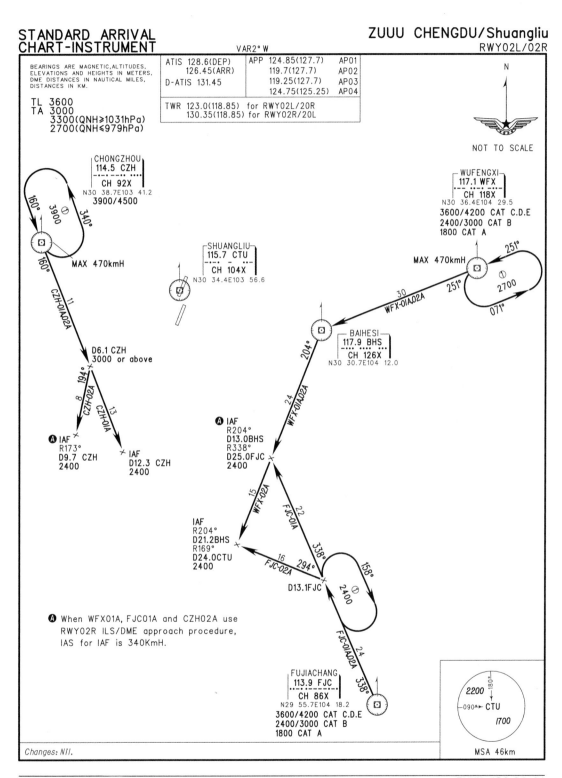

CHONGZHOU
114.5 CZH
CH 92X
N30 38.7E103 41.2
3900/4500

MAX 470kmH

160°
340°
3900
160°

CZH-01A02A
11

D6.1 CZH
3000 or above
194°

8 CZH-02A
CZH-01A
13

A IAF
R173°
D9.7 CZH
2400

IAF
D12.3 CZH
2400

SHUANGLIU
115.7 CTU
CH 104X
N30 34.4E103 56.6

WUFENGXI
117.1 WFX
CH 118X
N30 36.4E104 29.5
3600/4200 CAT C.D.E
2400/3000 CAT B
1800 CAT A

MAX 470kmH

251°
251°
2700
071°

30
WFX-01A02A

204°
WFX-01A02A
24

BAIHESI
117.9 BHS
CH 126X
N30 30.7E104 12.0

A IAF
R204°
D13.0BHS
R338°
D25.0FJC
2400

WFX-02A
15

FJC-01A
22

338°

IAF
R204°
D21.2BHS
R169°
D24.0CTU
2400

FJC-02A
16
294°

D13.1FJC
2400
158°

A When WFX01A, FJC01A and CZH02A use
RWY02R ILS/DME approach procedure,
IAS for IAF is 340KmH.

FJC-01A02A
24
338°

FUJIACHANG
113.9 FJC
CH 86X
N29 55.7E104 18.2
3600/4200 CAT C.D.E
2400/3000 CAT B
1800 CAT A

2200
180°
090°—➤ CTU
1700

MSA 46km

Changes: Nil.

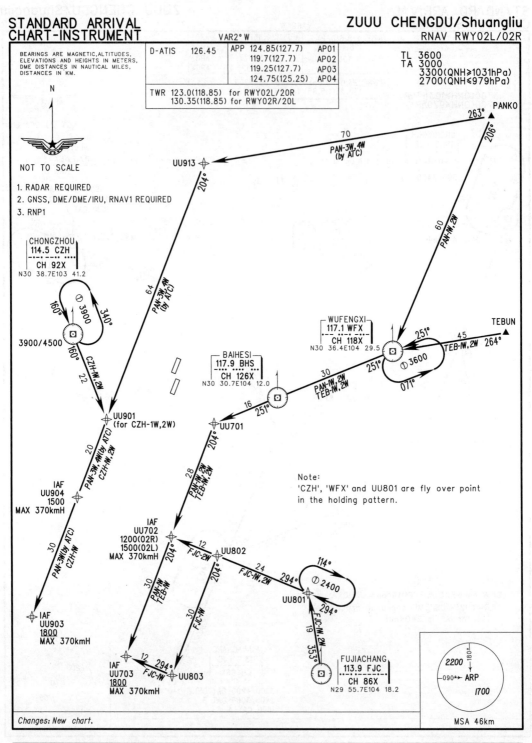

VAR2° W

D-ATIS	126.45	APP	124.85(127.7)	AP01
			119.7(127.7)	AP02
			119.25(127.7)	AP03
			124.75(125.25)	AP04

TWR 123.0(118.85) for RWY02L/20R
130.35(118.85) for RWY02R/20L

TL 3600
TA 3000
3300(QNH≥1031hPa)
2700(QNH≤979hPa)

BEARINGS ARE MAGNETIC,ALTITUDES,
ELEVATIONS AND HEIGHTS IN METERS,
DME DISTANCES IN NAUTICAL MILES,
DISTANCES IN KM.

N

NOT TO SCALE

1. RADAR REQUIRED
2. GNSS, DME/DME/IRU, RNAV1 REQUIRED
3. RNP1

PANKO
263°
206°
70
PAN-3W,4W
(by ATC)

UU913
204°

60
PAN-1W,2W

CHONGZHOU
114.5 CZH
CH 92X
N30 38.7E103 41.2

160°
① 3900
340°
3900/4500
160°
CZH-1W,2W
22

64
PAN-3W,4W
(by ATC)

WUFENGXI
117.1 WFX
CH 118X
N30 36.4E104 29.5

251°
① 3600
251°
251°
071°

TEBUN
TEB-1W,2W 264°
45

BAIHESI
117.9 BHS
CH 126X
N30 30.7E104 12.0

30
PAN-1W,2W
TEB-1W,2W

16
251°

UU901
(for CZH-1W,2W)
UU701
204°

20
PAN-3W,4W(by ATC)
CZH-1W,2W

28
PAN-1W,2W
TEB-1W,2W

Note:
'CZH', 'WFX' and UU801 are fly over point
in the holding pattern.

IAF
UU904
1500
MAX 370kmH

30
PAN-3W(by ATC)
CZH-1W

IAF
UU702
1200(02R)
1500(02L)
MAX 370kmH
204°

12
FJC-2W
UU802
204°

24
FJC-1W,2W

114°
① 2400
294°
UU801
294°

30
PAN-1W
TEB-1W

30
FJC-1W

IAF
UU903
1800
MAX 370kmH

IAF
UU703
1800
MAX 370kmH

12
294°
FJC-1W
UU803

353°
19
FJC-1W,2W

FUJIACHANG
113.9 FJC
CH 86X
N29 55.7E104 18.2

2200
180°
090° ARP
1700

MSA 46km

Changes: New chart.

（b）PBN STAR 图
图 8.131 标准仪表进场图

1）机　场

着陆机场及影响进场航线的所有机场都必须标出并加以注记。着陆机场由于跑道方向对进场航线的设置有很大影响，因此要将跑道平面绘出。

2）限制区域

对可能影响执行程序的禁区、限制区和危险区及其识别标志和垂直限制，都必须标出。

3）空中交通服务系统

空中交通服务系统是飞行员在飞行时必不可少的资料。飞行员经过长时间的航行后，开始进场飞行时，已经相当疲劳。同时，在进场飞行时，飞行员需要为进近和着陆作准备；加上机场的交通流量大，为了确保安全，与该进场程序无关的资料，应当尽量减少，以降低图幅中的负载量，避免分散飞行人员的注意力，增大劳动强度。

（1）导航设施：其要求与航路图相同。

（2）航线：进场航线的航线代号有两种表示方法：一种是英文字母"A"加上数字编号，如 A-01，A-02 等；另一种是进场使用的导航台呼号加上数字编号及英文字母"A"，如 PM-2A、YB-3A 等，对于 RNAV 标准仪表进场航线代号则由进场的起点名称加上数字编号（1~9）及英文字母（除"I"和"O"字母外），为便于机载导航数据库识别，总字符数不超过 6 个。离场航线其他数据表示方法与航路图相同。如在进场航线上设立了等待航线，则需注明等待点、等待最低高度层和出航时间。进场航线其他数据的表示方法与航路图相同。

4）地　形

如果有重要的地形和地物特征有利于从仪表飞行过渡到目视飞行，应将该特征描绘在图上。

2. 杰普逊的标准终端进场航线图

标准终端进场航线（STAR）图所用符号与标准仪表离场图中所用符号相似。标准仪表进场图（STAR）是向机组提供资料，使其能够从航路过渡到进近的规定程序到阶段遵守规定的标准仪表离场航路飞行，大部分国家和地区，进场图都采用"STAR"这一术语，但是个别进场图采用"ARRIVAL"进行标示，而"ARRIVAL"进场图用于特定跑道，图中没有可供用于填写飞行计划的标准进场航线代号。杰普逊标准仪表进场图其布局与离场图相同，除以下几项外，标准仪表进场图与标准仪表离场图标注的航行要素及格式、图例几乎相同。这里标准仪表进场图与标准仪表离场图相同的信息不再重述，不同部分如图 8.132 标准仪表进场图所示：

航图类型识别标志（STAR）（序号 1）；索引号（序号 2），其中第一位数字与第二位数字相同；进场航路名称（后随 ARRIVAL）（序号 3），如果数据库识别代号与名称或计算机代码不同，则包括数据库识别代号，数据库识别代号加方括号；程序标题中的交叉点或航路点识别标志（序号 4）；非程序标题中的交叉点或航路点识别标志（序号 5）。

由于程序可开始于一个以上的航路定位点，对于一条普通的进场航路，就可能有几种过渡程序。进场航路图终止于一进近定位点或由雷达引导到最后进近航道。

例如，洛杉矶 RNAV STAR 的航图上，在随同 ROSIN.BUFIE3 的进场航路图上，标绘了来自 ROSIN 至 VOR"SXC"台的过渡航路，从此 ROSIN 航路点处开始，它们沿一条通用的过渡航路到达 VOR"SXC"台上空，如图 8.133 所示。

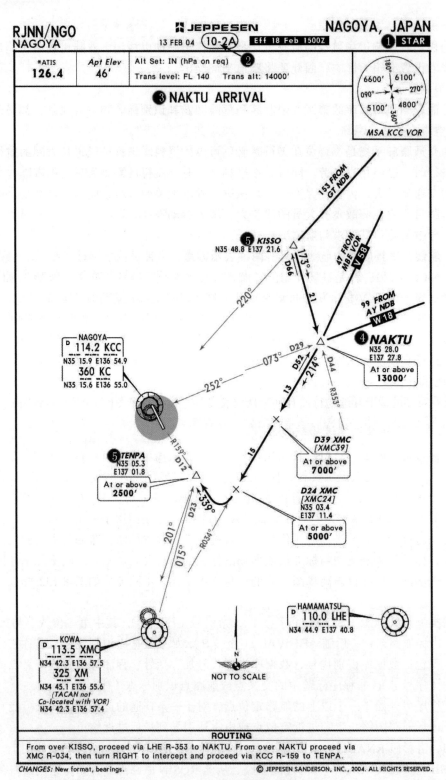

图 8.132　名古屋 STAR

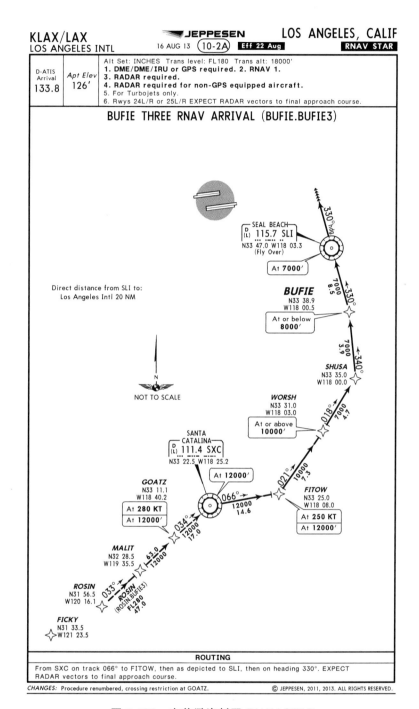

图 8.133 杰普逊洛杉矶 RNAV STAR

杰普逊图中用实线绘制进场航路。杰普逊图的平面图中也注明了在该航段中所需的引导到最后进近航道的雷达引导说明。

与离场图一样，一些标准终端进场航线图上也列出了一些帮助那些涡喷飞机飞行员作下降计划的信息。垂直导航计划信息通常不排除飞行员使用标准终端进场航线图，此时，虽然一些图上规定了一个飞越高度来限制飞行员以实施其说明要求的能力，但这种说明也仅适用于涡喷飞机。要随时确信所飞程序一定要在所飞机型的性能限制以内。

标准终端进场航线图的一个变化是增加了剖面下降程序，它是为涡喷飞机和涡桨飞机等高性能飞机减少低高度飞行时间而设计的。该程序允许飞机从巡航高度不间断地下降到切入下滑道，或下降到一个特定高度，如像仪表进近的起始进近或中间进近航段的高度，也可终止并用雷达引导到一种进近方式。当有飞越高度和速度限制时，空中交通管制指挥飞机首先下降到飞越高度，再减小速度。在飞行计划中，飞行员通常不作剖面下降程序的操纵计划。

剖面下降程序或标准终端进场航线的发布不规定进近飞行的许可，在程序中规定的或由空中交通管制部门指定的最后"保持高度"，为飞机直至接收到进近许可或接收到较低高度允许的能够下降到的最低高度。

8.5 航空情报服务

航空情报服务是保证飞行安全、正常、高效的必需资料，它由航空情报部门搜集、校核、编辑和印发，并为航行各部门提供情报服务。航空情报资料多种多样，一体化航空情报系列资料包括：国际飞行必备的综合性技术资料航空资料汇编（AIP）、国内飞行必备的综合性技术资料国内航空资料汇编（NAIP）及航空资料汇编修订和补充、航行通告（NOTAM）和飞行前资料公告（PIB）、航空资料通报（AIC）航行通告校核单和明语摘要。本章将对此作详细介绍。

8.5.1 航空情报服务概述

国际民航组织 ICAO 规定各缔约国关于航空情报服务的标准和建议措施参照附件 15《航空情报服务》，执行标准 DOC8126；我国于 1988 年发布了中国民用航空规章《民航航空情报工作规则》，2010 年再次作了修订，命名为《民航航空情报工作规则》，作为我国组织实施航空情报工作的依据。航空情报服务的是服务职能是搜集编辑、设计制作和发布情报资料，以保证飞行安全、正常和高效。民用航空情报工作的基本内容包括：

（1）收集、整理、审核民用航空情报原始资料/数据。

（2）编辑出版一体化航空情报资料和各种航图等。

（3）制定、审核机场使用细则。

（4）接收处理、审核发布航行通告。

（5）提供飞行前和飞行后航空情报服务以及空中交通管理工作所必需的航空资料与服务。

（6）负责航空地图、航空资料及数据产品的提供工作。

（7）组织实施航空情报业务人员的技术业务培训。

民用航空情报服务的要求：及时、准确、完整。航空情报资料如有差错、残缺不全或已变动的资料未及时更改，都有可能导致航空器迷航、迫降，甚至造成飞行事故。

8.5.1.1 机构和职责

民航局空管局应当设立民用航空情报运行机构，其他相关航空营运企业内设或指定专门机构负责航空情报工作。

民用航空情报运行机构包括：全国民用航空情报中心、地区民用航空情报中心、机场民用航空情报单位等。

民用航空情报服务机构由民航局设立或批准设立。民用航空情报服务工作由民用航空情报服务机构实施。民用航空情报服务机构应当在指定的职责范围内提供民用航空情报服务。

全国民用航空情报中心应当履行下列职责：

（1）协调全国民用航空情报的运行工作。

（2）负责与联检单位、民航局有关部门、民航局空管局有关部门等原始资料提供单位建立联系，收集航空情报原始资料。

（3）审核、整理、发布《中国民航国内航空资料汇编》《中华人民共和国航空资料汇编》《军用备降机场手册》以及航空资料补充资料、航空资料通报负责航图的编辑出版和修订工作。

（4）提供有关航空资料和信息的咨询服务。

（5）负责我国航空情报服务产品的发行。

（6）负责国内、国际间航行通告、航空资料和航空数据的交换工作，审核指导全国民航航行通告的发布。

（7）负责航行通告预定分发制度的建立与实施。

（8）承担全国航空情报自动化系统的运行监控。

（9）向各地区航空情报部门提供情报业务运行、人员培训等技术支持。

地区民用航空情报中心应当履行下列职责：

（1）协调本地区民用航空情报的运行工作。

（2）收集、初步审核、上报本地区各有关业务部门提供的航空情报原始资料。

（3）接收、处理、发布航行通告，指导检查本地区航行通告的发布工作。

（4）组织实施本地区航空资料/数据的管理。

（5）负责本地区航空情报自动化系统的运行监控。

（6）向本地区机场航空情报单位提供情报业务运行、人员培训等技术支持。

地区民用航空情报中心可同时承担所在机场民用航空情报单位的职责。

机场航空情报单位应当履行下列职责：

（1）收集、初步审核、上报本机场及与本机场有关业务单位提供的航空情报原始资料。

（2）接收、处理、发布航行通告。

（3）组织实施本场飞行前和飞行后航空情报服务。

（4）负责本单位及本机场空中交通管理部门所需的航空资料、航空地图的管理和供应工作。

全国民用航空情报中心、地区民用航空情报中心、机场航空情报单位应当提供 24 h 航空情报服务；其他航空情报服务机构应当在其负责区域内航空器飞行的整个期间及前后各 90 min 的时间内提供航空情报服务。民用航空情报服务机构应当安排航空情报员在规定的服务时间内值勤。

民用航空情报服务机构应当制订应急预案，并应每年组织应急演练，而且各民用航空情报服务机构应当建立工作差错追究制度。

8.5.1.2　工作程序及工作内容

1. 航空情报 原始资料的提供和收集

航空情报部门的责任是对搜集到的原始资料进行检查、整理、编辑和发布，因而航空情报资料能否达到及时、准确、完整的要求，主要取决于民航各有关业务部门能否及时、准确地提供和修订原始资料。

航空情报原始资料分为基本资料和临时性资料两种。基本资料是有效期在半年（含）以上较为稳定的资料，主要用于编辑《中华人民共和国航空资料汇编》《中国民航国内航空资料汇编》以及各种航图、航空资料通报；临时资料是有效期在半年以内和临时有变更的资料，主要用于发布航行通告和航空资料汇编补充资料。

2. 航空情报运行保障的基本条件

民用航空情报运行机构应当具备下列基本条件：

（1）航空情报服务机构应使用配置统一的航空情报自动化处理系统和连接航空固定电信网的计算机终端。

（2）配备符合提供航空情报服务工作需要的，持有有效航空情报员执照的专业技术人员。

（3）设有值班、飞行准备和资料存储等功能的基本工作场所。

（4）配备满足工作所需的办公、通信和资料存储等基本设施设备和工具。

（5）配备本单位所需的民用航空情报服务产品，与航空情报工作紧密相关的法规标准和规定，供咨询和飞行前讲解使用的参考图表和文件等。

（6）国际机场及其他对外开放机场的航空情报服务机构应当配备与之通航国家的航空资料以及相关的国际民航组织出版物。

（7）配备航空情报服务需要的其他设施和设备。

8.5.1.3 飞行前和飞行后航空情报服务

飞行前和飞行后航空情报服务是指直接为每日飞行所提供的航空情报服务。它是机场航空情报运行部门和航空营运企业航空情报运行机构的主要工作任务之一，由负责飞行保障的航空情报运行部门负责实施。飞行实施单位应与地区空管局、空管分局、空管站签订服务协议，根据法律、法规和规章要求，明确责任与义务，航空情报运行部门按照协议内容提供航空情报服务。

1. 飞行前航空情报服务

飞行前航空情报服务主要包括：飞行前资料公告、讲解服务及资料查询。机场航空情报运行部门和航空营运企业航空情报运行机构的值班员应当于每日本场或本企业飞行活动开始1.5 h前，完成提供飞行前航空情报服务的各项准备工作。其具体工作内容为：

（1）了解当日的飞行计划和动态。

（2）检查处理航行通告。

（3）了解机场、航路、设施的变化情况和有关的气象资料。

（4）检查必备的各种资料、规章是否完整、准确。

（5）检查本部门设备的工作情况。

飞行前资料公告是指向机组提供的与起、降机场、备降机场及所飞航线相关的有效航行通告和其他紧急资料。

航空情报部门应提供飞行前资料公告，提供时应当遵守以下规定：

（1）应当至少包括制作时间、发布单位、有效期、起飞站、第一降落站及其备降场、航路以及与本次飞行有关的航行通告。

（2）作为提供服务的飞行前资料公告不得早于预计起飞前 90 min，从航行通告处理系统中提取。

（3）飞行前资料公告的提供情况应有相应记录。

讲解服务是在航空情报员认为有必要或者机组有要求的情况下进行的。它应当按照讲解服务清单所规定的项目，逐项进行提示或者检查，并且要结合不同飞行的要求，对有关项目进行重点讲解。讲解服务清单的内容应当包括：

（1）法规与程序，包括航空资料及其修订、航空资料补充资料、空域使用的程序、空中交通服务程序、高度表拨正程序。

（2）气象服务简况，包括气象设施、预报和报告的可用情况以及其他获得有效气象情报的规定。

（3）航路及目的地信息，包括可用航路的建议，保证航路安全高度的航迹、距离、地理和地形特征，机场和机场设施的可用性，导航设施的可用性，搜寻援救的组织、程序和设施。

（4）通信设施和程序，包括地空通信设施的可用性、通信程序、无线电频率和工作时间。

（5）航行中的危险情况。

（6）其他影响飞行的重要信息。

机组提供飞行前航空情报服务时，航空情报员应当讲解和受理查询与该机组飞行任务有关的资料。为外国机组提供飞行前航空情报服务时，航空情报员只能讲解和受理查询《中华人民共和国航空资料汇编》、批准对外提供的航行规定以及国际航行规定和资料。

提供自我准备所需要的规定和资料包括：

（1）设立地图板，张挂航空地图。航空地图上，应当标画飞行情报区、管制区界线和航路、机场的有关数据。对外开放机场还应当张挂或者展示适当比例尺的、标有国际航路、国际机场的世界挂图或者世界区域图。

（2）备有供机组查阅的航空资料，包括《中华人民共和国航空资料汇编》《中国民用航空国内航空资料汇编》《军用备降机场手册》、通信和导航资料以及其他与飞行有关的资料。对外开放机场，还应当备有供国际飞行机组查阅的其他资料。

（3）备有供机组查阅的规章、文件。对外开放机场，还应当备有国际民航组织的有关文件。

2. 飞行后航空情报服务

用航空情报的单位，应当收集机组飞行后对有关飞行保障设施工作情况的意见、鸟群活动等信息以及机组填写的《空中交通服务设施服务状况及鸟情状况报告单》，具体内容见附件八。

用航空情报单位收集到《空中交通服务设施服务状况及鸟情状况报告单》或者其他相关信息后，应当根据信息内容及时转告有关部门处理。

收到《空中交通服务设施服务状况及鸟情状告单》或者其他相关信息的有关部门，应当及时核实有关情况，并将处理情况反馈给机场民用航空情报单位。

8.5.2 航空情报资料

一体化航空情报系列资料包括：国际飞行必备的综合性技术资料 —— 航空资料汇编（AIP）、国内飞行必备的综合性技术资料 —— 国内航空资料汇编（NAIP）及航空资料汇编修订和补充、航行通告（NOTAM）和飞行前资料公告（PIB）、航空资料通报（AIC）航行通告校核单和明语摘要；它们涉及机场、航路的情况以及规定，是飞行人员和航务人员的指导性和指令性资料，是确保飞行安全的资料，应执行和利用这些资料。

8.5.2.1 航空资料汇编（AIP）

航空资料汇编必须包含准确、现行的有关信息，按国际民航组织（ICAO）附件 15 附录 1 列出的目录排列。

为了方便采用航空资料汇编信息电子检索，必须使用航空资料汇编样本中显示的参照系统。所有航空资料汇编的基本结构和参照必须是相同的，同时应当容许包括与国家规定一致的信息数量和 / 或特性的差异。在所有的航空资料汇编中，一个章节中每一个指定的"强制性"参照编号必须对应相同的内容，除了标明"不适用"的情况和其他信息数量的增减。为了增加特定情况的信息种类，每一个国家可决定提供可供选择的另外的参照。

如果信息按照 ICAO 附件 15 附录 1 列出的顺序统一提供，将便于确定特定标题下的信息位置和使用自动化储存 / 检索信息。

中华人民共和国航空资料汇编构成如图 8.134 所示。

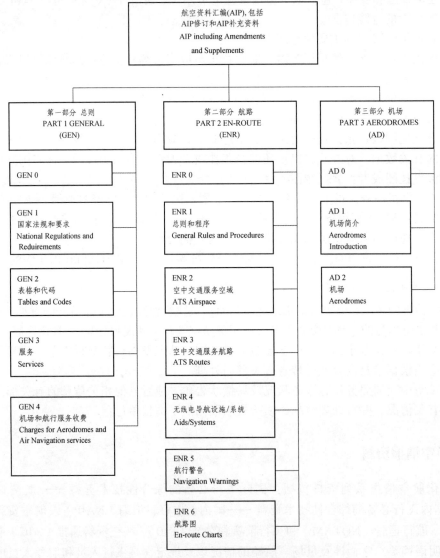

图 8.134　中华人民共和国航空资料汇编构成

航空资料汇编内容分为三大部分：

第一大部分——总则，由 5 部分组成，包含管理和咨询性质的、不是航行通告必须发布的具有重大运行意义的信息；

第二大部分——航路，由 7 部分组成，包含有关空域及其使用的信息；

第三大部分——机场，由 4 部分组成，包含机场／直升机场及其使用的信息。

如果航空资料汇编被制作、发行成不止一卷，且每一卷都有独立的修订和补充资料服务，那么在每一卷中必须包括如下独立的部分：

- 前言；
- 修订记录；
- 航空资料汇编补充记录；
- 航空资料汇编页校核单；
- 现行的手改清单。

1. 第一大部分——总则

该部分包含下列内容及编号：

（1）总则 0。

总则 0.1 前言；总则 0.2 航空资料汇编修订记录；总则 0.3 航空资料汇编补充修订记录；总则 0.4 航空资料汇编页的校核单；总则 0.5 航空资料汇编的手改清单；总则 0.6 第一大部分的内容目录。

（2）总则 1. 本国规定和要求。

总则 1.1 指定的权威机构；总则 1.2 航空器的入境、过境和出境；总则 1.3 乘客和机组人员的入境、过境和出境；总则 1.4 货物的入境、过境和出境；总则 1.5 航空器仪表、设备和飞行文件；总则 1.6 本国规定与国际协议/公约摘要；总则 1.7 与国际民航组织标准、建议措施和程序的差异。

（3）总则 2. 表格与代码。

总则 2.1 计量系统、航空器标记、假日；总则 2.2 航空情报出版物中使用的简缩词；总则 2.3 航图符号；总则 2.4 地名代码；总则 2.5 无线电导航设备一览表；总则 2.6 换算表；总则 2.7 日出／日落表。

（4）总则 3. 服务。

总则 3.1 航空情报服务；总则 3.2 航图；总则 3.3 空中交通服务；总则 3.4 通信服务；总则 3.5 气象服务；总则 3.6 搜寻和救援。

（5）总则 4. 机场／直升机场和空中航行服务收费。

总则 4.1 机场／直升机场收费；总则 4.2 空中交通服务收费。

2. 第二大部分——航路

（1）航路 1. 总则与程序。

航路 1.1 总则；航路 1.2 目视飞行规则；航路 1.3 仪表飞行规则；航路 1.4 空中交通服务空域分类；航路 1.5 等待、进近和离场程序；航路 1.6 雷达服务和程序；航路 1.7 高度表设定程序；航路 1.8 区域补充程序；航路 1.9 空中交通流量管理；航路 1.10 飞行计划；航路 1.11 飞行计划电报的收电地址；航路 1.12 民用航空器的拦截；航路 1.13 非法干扰；航路 1.14 空中交通事故。

（2）航路 2. 空中交通服务空域。

航路 2.1 飞行情报区、高空飞行情报区、终端管制区；航路 2.2 其他规定的空域。

（3）航路 3. 空中交通服务航路。

航路 3.1 低空空中交通服务航路；航路 3.2 高空空中交通服务航路；航路 3.3 区域导航航路；航路 3.4 直升机航路；航路 3.5 其他航路；航路 3.6 航路等待。

（4）航路 4. 无线电导航设施/系统。

航路 4.1 无线电导航设施（航路）；航路 4.2 特殊的导航系统；航路 4.3 重要点的名称代码；航路 4.4 航空地面灯光（航路）。

（5）航路 5. 导航警告。

航路 5.1 禁区、限制区和危险区；航路 5.2 军事演习和训练区；航路 5.3 其他危险性质的活动；航路 5.4 航行障碍物（航路）；航路 5.5 航空运动和航空娱乐活动；航路 5.6 鸟类的移栖和有敏感性动物的区域。

（6）航路 6. 航路图。

3. 第三大部分——机场

（1）机场 1. 机场/直升机场介绍。

机场 1.1 机场/直升机机场的可用性；机场 1.2 消防救援服务和扫雪计划；机场 1.3 机场和直升机机场的索引；机场 1.4 机场/直升机机场的分组。

（2）机场 2. 机场。

机场 2.1 机场地名代码及其名称；机场 2.2 机场地理和行政管理数据；机场 2.3 运行时间；机场 2.4 勤务服务和设施；机场 2.5 旅客设施；机场 2.6 救援和消防服务；机场 2.7 季节性的可用设施（清扫）；机场 2.8 机坪，滑行道和校正点数据；机场 2.9 地面活动引导和管制系统与标志；机场 2.10 机场障碍物；机场 2.11 提供的气象信息；机场 2.12 跑道物理特性；机场 2.13 公布距离；机场 2.14 进近和跑道灯光；机场 2.15 其他灯光，备用电源；机场 2.16 直升机着陆区域；机场 2.17 空中交通服务空域；机场 2.18 空中交通服务通信设施；机场 2.19 无线电导航和着陆助航设备；机场 2.20 本场交通法规；机场 2.21 噪声消除程序；机场 2.22 飞行程序；机场 2.23 附加资料；机场 2.24 与机场有关的航图。

（3）机场 3. 直升机机场。

机场 3.1 直升机机场地名代码和名称；机场 3.2 直升机机场地理和行政管理数据；机场 3.3 运行时间；机场 3.4 勤务服务和设施；机场 3.5 旅客设施；机场 3.6 救援和消防服务；机场 3.7 季节性的可用设施（清扫）；机场 3.8 机坪，滑行道和校正点数据；机场 3.9 标记和标志；机场 3.10 直升机机场障碍物；机场 3.11 提供的气象信息；机场 3.12 直升机机场数据；机场 3.13 公布距离；机场 3.14 进近和 FATO 灯光；机场 3.15 其他灯光，备用电源；机场 3.16 空中交通服务空域；机场 3.17 空中交通服务通信设施；机场 3.18 无线电导航和着陆助航设备；机场 3.19 本场交通法规；机场 3.20 噪声消除程序；机场 3.21 飞行程序；机场 3.22 附加资料；机场 3.23 和直升机场有关的航图。

8.5.2.2　国内航空资料汇编（NAIP）

为了与国际接轨、服务广泛、使用方便并保留我国长期形成的特色，中国民航国内航空资料汇编（NAIP）根据《中华人民共和国民用航空法》《中华人民共和国飞行基本规则》和《民用航空航空情报工作规则》出版，是中国民用航空器在国内飞行时必备的综合性技术资料。

国内航空资料包括国际"一体化航空情报系列资料"的全部内容。国内航空资料汇编（NAIP）必须包含准确、现行的有关信息，参照国际民航组织（ICAO）附件 15 附录 1 列出的目录排列进行编辑、出版，是一体化航空情报系列资料的核心组成部分，具体也分为三大部分，如图 8.135 所示：

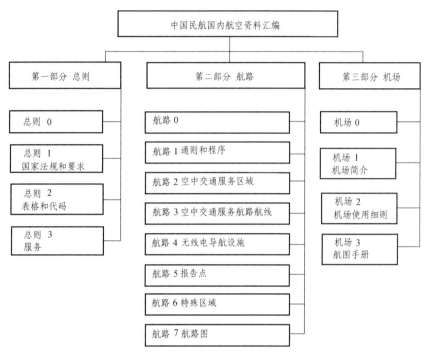

图 8.135　中国民航国内航空资料汇编构成

第一大部分 —— 总则，由 4 部分组成，包含管理和咨询性质的、不是航行通告必须发布的具有重大运行意义的信息；

第二大部分 —— 航路，由 8 部分组成，包含有关空域及其使用的信息；

第三大部分 —— 机场，由 4 部分组成，包含机场、机场使用细则、航图手册及其使用的信息。

1. 第一大部分 —— 总则

该部分包含下列内容及编号：

（1）总则 0。

总则 0.1 前言；总则 0.2 国内航空资料汇编修订记录；总则 0.3 国内航空资料汇编补充修订记录；总则 0.4 航空资料汇编页的校核单；总则 0.5 第一大部分的内容目录。

（2）总则 1.国家法规和要求。

总则 1.1 负责当局；总则 1.2 国家法规摘要。

（3）总则 2. 表格与代码。

总则 2.1 计量系统；总则 2.2 简缩词；总则 2.3 航图符号；总则 2.4 地名代码；总则 2.5

换算表；总则 2.6 气象符号；总则 2.7 日出 / 日落表。

（4）总则 3. 服务。

总则 3.1 航空情报服务；总则 3.2 航图；总则 3.3 空中交通服务；总则 3.4 通信导航监视服务；总则 3.5 气象服务；总则 3.6 搜寻和救援服务。

2. 第二大部分——航路

（1）航路 0 航路部分目录。

（2）航路 1. 总则与程序。

航路 1.1 总则；航路 1.2 目视飞行规则；航路 1.3 仪表飞行规则；航路 1.4 空中交通服务空域分类；航路 1.5 等待、进近和离场程序；航路 1.6 雷达服务和程序；航路 1.7 高度表设定程序；航路 1.8 空中交通流量管理；航路 1.9 飞行高度层；航路 1.10 位置报告；航路 1.11 应进行的请示和报告；航路 1.12 管制移交；航路 1.13 飞行计划；航路 1.14 飞行动态电报；航路 1.15 空中交通通信、通话；航路 1.16 民用航空器的拦截；航路 1.17 非法干扰；航路 1.18 民航不安全信息报告。

（3）航路 2. 空中交通服务空域。

航路 2.1 飞行情报区和区域管制区；航路 2.2 终端管制区和进近管制区；航路 2.3 区域管制区、终端管制区和进近管制区飞行规定（待补充）。

（4）航路 3. 空中交通服务航路航线。

航路 3.1 非区域导航航路航线；航路 3.2 区域导航航路；航路 3.3 航路等待。

（5）航路 4. 无线电导航设施/系统。

航路 4.1 无线电导航设施表；航路 4.2 特殊的导航系统。

（6）航路 5.报告点。

包括航路报告点名称、坐标及所属航路。

（7）航路 6. 特殊区域。

航路 6.1 禁区、危险区和限制区；航路 6.2 空中禁区表；航路 6.3 限区表；航路 6.4 危险区表；航路 6.5 其他危险性活动。

（8）航路 7. 航路图。

3. 第三大部分——机场

（1）机场 0 机场部分目录。

（2）机场 1。

机场 1.1 机场可用性；机场 1.2 救援、消防服务和扫雪计划；机场 1.3 飞行程序；机场 1.4 机场运行最低标准；机场 1.4 机场索引。

（3）机场 2. 机场使用细则。

机场 2.1 机场地名代码及其名称；机场 2.2 机场地理位置和管理资料；机场 2.3 AD 2.3 地勤服务和设施；机场 2.4 救援和消防服务；机场 2.5 可用季节-扫雪；机场 2.6 停机坪、滑行道及校正位置数据；机场 2.7 地面活动引导和管制系统与标识；机场 2.8 地形特征和障碍物；机场 2.9 气象特征和气象资料；机场 2.10 气象观测和报告；机场 2.11 提供的气象信息；机场 2.12 跑道物理特性；机场 2.13 公布距离；机场 2.14 进近和跑道灯光；机场 2.15 其他灯光，备用电源；机场 2.16 直升机着陆区域；机场 2.17 空中交通服务空域；机场 2.18 空中交通服务通信设施；机场 2.19 无线电导航和着陆助航设备；机场 2.20 主要邻近机场；机场 2.21 本场飞行规定；机场 2.22 噪声限制规定及减噪程序；机场 2.23 飞行程序；机场 2.24 其他资料 ；机场 2.25 机场有关航图列表；机场 2.26 机场障碍物图-A 型（运行限制）、精密进近地形图。

（4）机场 3. 航图手册。

机场 3.1 补充资料； 机场 3.2 修订单/校核单；机场 3.3 介绍；机场 3.4 机场航图资料，具体包括：ZXXX-1 区域图、空中走廊图、放油区图等；ZXXX-2 机场图、停机位置图 ZXXX-3 标准仪表离场图；ZXXX-4 标准仪表进场图；ZXXX-5 仪表进近图（ILS）；ZXXX-6 仪表进近图（VOR）；ZXXX-7 仪表进近图（NDB）；ZXXX-8 目视进近图；ZXXX-9 进近图（ RADAR、RNAV、RNP、GPS、GNSS）。

中国国内航空资料汇编（NAIP）以活页形式分 13 册用中文印发，其中总则（GEN）和航路（ENR）合订为 1 册，机场（AD）1、2 部分分 6 册装订，纸页为 A4；机场（AD）3（航图手册）以 A5 纸印刷，分 6 册装订。

使用资料前请先阅读总则 0.1 前言、总则 3.1 航空情报服务，了解汇编的总体情况和提供的航空情报服务。

8.5.3 航行通告

航行通告是飞行人员和飞行有关人员必须及时了解的有关航行的设施、服务、程序的建立情况或者变化以及对航行有危险情况的出现和变化的通知，是保证飞行安全、正常和效益所需的重要情报。

常用的航行通告分为航行通告、雪情通告和火山灰通告 3 种，均采用电信方式发布。航行通告（NOTAM）是航空公司飞行员、飞行运行人员进行飞行准备实施飞行运行的必备资料之一，是保证飞行安全和效率的重要情报资料，该内容以 PIB 的形式提供给机组。

我国航行通告按系列划分为 A、E、 F、G、L、U、W、Y、C 和 D 共计 10 个系列的航行通告以及 2 个特殊系列的航行通告，即 S 系列的雪情通告和 V 系列的火山灰通告。航行通告应当在生效前 7 天发布；不能预知的情况，收到后应当及时发布。

当跑道、停止道、滑行道、停机坪上有积雪、结冰、雪浆或者跑道灯被覆盖时，机场航空情报室应当发布雪情通告；该通告必须在第一架进出机场或备降的飞机，预计起飞 1.5 h 前发出，并且从飞行开始到结束，应当根据雪情变化或者扫雪情况每小时发布一次；如果跑道雪情有重大变化时，要增加发布次数。

8.5.3.1 航行通告涉及的内容

航行通告的内容有两方面，一类是航空资料，另一类是对飞行有重要意义的资料。

1. 航空资料的通告

航空资料的通告发布的内容有：临时性资料；根据定期制航行通告发出的资料；发航空资料汇编修订或印发航空资料汇编在时间上不够迅速的资料。

2. 对飞行有直接重要意义的航行通告

这类航行通告涉及的内容有：

（1）机场或跑道的设置、关闭或运行上的重大更改。

（2）航空服务（机场和地面设施、航空情报服务、空中交通服务、通信、气象、援救等）的建立、撤销或服务过程中的重大更改。

（3）电子的和其他导航以及机场设备的设置或撤销。这包括更改频率，更改已通告的服务时间，更改识别信号，更改方向（方向性设备），更改位置，功率增、减 50% 以上，更改广播时间和内容和更改任何工作不正常或不可靠的电子导航设备和陆空通信服务。

（4）目视导航设备的设置、撤销或重要变动。

（5）机场灯光系统主要组成部分的中断和恢复工作。

（6）航行服务程序的制定、撤销或重要更改。

（7）机动区内主要缺陷或障碍物的出现或排除。

（8）可提供的燃料、滑油及氢气有限制或有变化。

（9）现用搜寻援救设施和服务的重要变动。

（10）标志航行障碍的危险灯标的设置、撤销或恢复工作。

（11）需要立即采取措施的规章的更改，如搜寻和援救活动的禁区。

（12）影响航行的险情存在（包括障碍物、军事演习、航空表演、航空竞赛以及在公布地点外的各项跳伞）。

（13）起飞和爬升、复飞、进近区及升降带内对航行有重要关系的障碍物的设置、排除或变动。

（14）禁区、限制区或危险区的性质的更改或建立或停止活动（包括开始活动或停止活动）。

（15）地名代码的分配、取消或更改。

（16）机场援救和消防设施通常备有的保障水平的重要变动。只有涉及改变分类，才须签发航行通告，而此种改变分类必须清楚说明。

（17）由于活动区存在雪、雪浆、冰或水产生的危害条件或其清除。

（18）发生传染病需要更改预防注射和检疫的要求。

（19）太阳宇宙射线预报（在备有此预报的地区）。

（20）火山爆发前活动的出现，火山爆发地点、日期和时间，火山云的存在、密度和范围，包括移动方向，飞行高度层和可能受其影响的航路或航段。

（21）存在拦截航空器可能性，并要求在甚高频紧急频率 121.5 MHz 上长守的地区、航路或其部分的规定或暂停。

（22）出现核或化学事件之后，在大气中的有毒化学物质或放射性物质的释放地点、日期和时间，包括移动方向、可能受其影响的飞行高度层和航路或航段。

（23）诸如联合国资助的人道主义救援活动的实施，包括影响空中航行的程序和限制。

当然，在任何运行情况出现时，航行人员都应考虑签发航行通告的需要，在不必发布航行通告的情况下，应该向有关部门发出通知。

（24）空中交通服务和有关支持服务中断或者部分中断所采取的短期紧急措施。

（25）发生可能影响航空器运行的其他情况。

8.5.3.2 航行通告的认读

航行通告填发格式见表 8.18。

表 8.18 NOTAM 填发格式

电报等级	→
收电单位	

	《≡

签发日期和时间	
发报单位代码	《≡（
电报系列编号代码	→

包括新资料的航行通告	（系列和编号/年）　　　　NOTAMN
代替以前的航行通告	（系列和编号/年）　　　　NOTAMR （被代替的航行通告系列和编号）
取消以前的航行通告	（系列和编号/年）　　　　NOTAMC 　　　　（被取消的航行通告系列和编号） 《≡

限定行								
飞行 情报区	航行通告 代码	飞行	目的	范围	下限	上限	坐标、半径	
)　　　Q)		/	/	/				《≡

设备空域或所报情况所在地 ICAO 地名代码	A)	→

有 效 时 间		
从（日时组）	B)	→
至（永久或日时组）	C)	EST*PER M*
时间段	D)	→

《≡

航行通告正文；明语填写（使用 ICAO 简字）	
E)	《≡
下限	F)　　　　　　　→
上限	G)　　　　　　）《≡

注：《≡为换行，→为空一格不换行，*为按需要删除。

1．电报等级

航行通告电报等级通常使用 GG，但是当航行通告内容十分紧急，需要特殊处理时，可以使用 DD 等级。

2．收电地址

收电地址由地名代码和单位代号组成；地名代码为采用 ICAO 规定的四字地名代码，单位代号采用局规定的部门代号，对国外发布采用 ICAO 规定的代号，凡不是四位者，以"×"在末尾补位。例如，民航局航行通告室为"ZBBBYNYN"，华东航行通告室为"ZSSSOI××"。为减少收电地址的数目，可使用规定的集体收电地址，例如，"ZBZZNA××"表示"北京民航局航行通告集体收电地址 A 分发表"。每一电报的收报单位最多不超过 4 行。

3. 签发日期和时间

航行通告的日时组以两位数的日期和 4 位数的时分表示。例如，"131547"表示"13 日 15 时 47 分"。国际分发（A、E、F、G、L、U、W、Y 系列）的 NOTAM 采用协调世界时，国内分发（C、D 系列）的 NOTAM 采用北京时。

4. 发电地址

发电地址的组成同收电地址，只能填写一个。

5. 航行通告系列、编写及标志

航行通告系列和编号由 A、E、F、G、L、U、W、Y、C 和 D 中的一个字母紧随四位阿拉伯数字及斜线和表示年份的两位阿拉伯数字组成。每个发布单位从每年公历 1 月 1 日零时开始自 0001 连续编号。A、E、F、G、L、U、W、Y 系列为国际分发，C 系列为国内分发，D 系列为地区分发。

NOTAMN 为新航行通告，如 D0021/11 NOTAMN。

NOTAMC 表示取消航行通告。例如，"C0022 /10 NOTAMC C0359 /10"表示"这两份航行通告均失效"。

NOTAMR 表示代替航行通告，以新航行通告代替以前发布的航行通告。例如，"A0068 /10 NOTAMR A0555 / 10"表示"A0068 /10 有效，A0555 / 10 因被代替而失效"。

6. 限定行

限定行包括 8 个子项，在一行中表示。每 1 个子项用一斜线隔开。如果某一子项无资料填写，则不必拍发斜线之间的空格。

（1）飞行情报区：飞行情报区必须用 ICAO 规定的四字地名代码填写。如果涉及一个以上的飞行情报区，应在国家代码后加"××"，然后在 A）项逐一列出。中国的国家代码为 ZB。

（2）航行通告代码：航行通告的代码用五字码表示。其组成如下：第 1 个字母"Q"为识别码，第 2、3 个字母为航行通告的主题，第 4、5 个字母为航行通告主题的情况或状态。

（3）飞行种类：I 表示 IFR 飞行有影响，V 表示 VFR 飞行有影响，IV 表示 IFR 和 VFR 飞行都有影响；K 表示航行通告校核单。

（4）签发航行通告的目的：N 为需立即引起航空器营运人注意的航行通告；B 供选入飞行前资料公告的航行通告；O 表示与飞行有关的航行通告 ；M 为其他航行通告，不包括在飞行前资料公告中，但可按申请提供；K 为航行通告校核单。

（5）影响范围：A 为机场区域，E 为航路，W 为航行警告。

（6）下限和上限：如果航行通告的主题涉及空域结构，必须填入适当的下限和上限，并用 FL 表示。例如，"020 / 361"表示"下限为 2 000 ft（600 m），上限 36 100 ft（11 000 m）"；"000 / 999"表示"高度无限制或高度限制不明确"。

（7）坐标半径：坐标表示航行通告所影响的区域中心，半径表示所影响区域的半径。经、纬度精确到分，半径单位为海里。例如，"2600N08246E055"表示"以北纬26度东经82度46分为中心，半径为55 NM区域"。

7. 发生地

A）项填写设施、空域或报告情况所在地的四字地名代码。如该地无四字地名代码时，可用ZB××，并在E）项中用明语说明地名或以经纬度表示坐标。A）项中可同时填写一个或一个以上的飞行情报区，但飞行情报区代码之间必须用空格分开，最多可填写七个飞行情报区，超过者应另发一份航行通告，并且机场和飞行情报区不应在一份航行通告的A）项中同时出现。

若航行通告内容涉及两个（含）以上机场时，应按机场发布多份航行通告。若影响范围代码为"AE"或"AW"，则其中一份航行通告应填写"AE"或"AW"，其他航行通告应填写"A"。例如，深圳保安机场和珠海三灶机场均使用连胜围VOR/DME，影响范围为"AE"，当该台出现状况时，将发布以下两份航行通告：

1）（F0617/10 NOTAMN

Q）ZGZU/QNMAS/IV /BO/ AE/000/999/2200N11323E025

A）ZGSZ

2）（F0618/10 NOTAMN

Q）ZGZU/QNMAS/IV /BO/ A!000/999/2200NI1323E025

A）ZGSD

8. 开始生效的日期和时间

B）项填写开始生效日期和时间，由十位数字组成，按年、月、日、时、分顺序表示，例如，"1002031020"表示"2010年2月3日10时20分"。

9. 结束日期和时间

C）项填写该NOTAM结束的日期和时间。如果NOTAM资料是永久性的，则C）项填写PERM，带有PERM的NOTAM，当修订资料生效时，应以NOTAMC取消；如果NOTAM资料是非永久性的，则C）项的填写方法同B）项。如果NOTAM资料的结束时间为估计时间，则必须在时间后面加"EST"。例如，"1003300001EST"表示"预计结束时间是10年3月30日零时"。任何C）项中含有EST的NOTAM，应发布NOTAM予以取消或代替，不能自行失效。C）项中不允许使用"APRX（大约）""DUR（持续期）"和"UFN（直到进一步通知）"等不规范简字，该项中零时整不得用"0000"或"2400"表示，如遇此情况需减1分钟。例如，2011年4月6日24时整表示为"1104062359"。

10. 有效时间段

如果所报险情、工作状态或设备情况在规定生效日期内间断有效时，应在D）项中填写时间段表示，不超过200个字符，如果太长则须另发一个NOTAM。如果分段生效时间比较复杂或超过3行时，应在E）项中说明。两个连续的时间段一般不应超过七天。D）项的时间段应包括在B）项和C）项的时间范围内。第一个时间段的起始时间和最后一个时间段的截止时间应与航行通告的起始时间和最后一个时间相符合，即与B项和C项时间的后4位相符合；年份在 B）、C）项中表述；但当 D）项分段日期以星期几来表示，且 B）、C）项时间跨两个星期或以上时，会出现例外情况。

11. 航行通告的正文

E）项为 NOTAM 正文，填写要求如下：

① 一份 NOTAM 应当只说明一项事宜，内容应简明扼要且意义准确清楚，其内容的表示方法应适合直接用于 PIB（Per-flight Information Bulletin）。

② 如果 A）项中使用 ZXXX 等，应在正文开始对地名进行说明。

③ 如遇超长电报，可分几部分填发，但第一行应为部分说明。例如，PART 1 OF 3PARTS "表示该超长电报为三部分，此为三部分中的第一部分"。

④ 取消类 NOTAMC 应包括参考情况和状态说明航行通告正文在内，以便能够进行准确合理的检查。

⑤ A 类 NOTAM，可使用航行通告代码的全文，必要时用指示码、呼号、频率或明语等详加说明，适用时应使用 ICAO 简缩语、英语明语等来说明。如：

E）RWY 18L/36R QMRLC

E）TWY Y CENTRELINE LIGHT U/S.

⑥ C、D 类 NOTAM 使用航行通告代码全文的中文译文，必要时用指示码、呼号、频率或明语等详加说明，适用时使用 ICAO 简缩语或国内规定的简缩语。

数字组在 3 位数以上应加分节号，如"18，000"；若有计量单位，则将数字与计量单位简字合为一个字组，如"100M""20KM""1200FT""3850KHZ"；表示时间的字组应在时与分之间加"："表示，如"18:00"。

凡高度都标明基准面时，应在高度字组之后用简字或明语说明。如"1800M AGL""3600M QFE""9000M QNE""1200M（场压）""1800（修正海压）"等。

经纬坐标统一规定为"N182030E1202030"的形式，纬度在前，经度在后，其意义为北纬 18 度 20 分 30 秒，东经 120 度 20 分 30 秒；也可使用标准到 1/10 分的方法表示，如"N4301.1E09345.2"。

⑦ 规定使用的标点符号如下：

－ ：（ ） . 。 ， = ／ ＋ - ' 使用"（A）"替代"@"（共计 12 种）。

⑧ 距离和半径等数据应注明计量单位。

⑨ 角度和温度的标注方式为：

a. 航线角、导航设施的方位角或径向线应使用汉字或简缩字表示度，不应使用符号"。"，需要明确时可注明真方位或磁方位。例如，"航迹角 90 度"或"方位角 30 DEG（MAG）"。

b. 航向台的角度应使用中文或正、负符号注明正、负值或以左、右标注。

例如，"正 020 度以外……"、"－010 度以外……"或"航向信标前航向道左侧 20 度以外……"。

c. 温度应使用明语或简缩字表示摄氏度或华氏度，不应使用符号"℃"或"℉"。

⑩ 空域范围的标注方式。

a. 当空域水平范围为圆形时，应以圆心和半径方式标注，圆心应标明具体坐标或导航设施；

b. 当空域水平范围为多边形时，应以各点坐标按顺时针或逆时针方向标注成一个封闭的区域，坐标之间使用连接符"—"连接，最后一个坐标应和第一个坐标相同；

　　c. 空域垂直范围的下限应标注基准参照面（SFC 或 GND）或具体数据，上限应标注具体数据或无限高（UNL）；

　　d. 如果航空资料中已公布了空域的水平和垂直范围且没有变化，则不必在 E）项中重复空域范围飞但应注明空域名称或编号。

　　⑪ 跑道、滑行道和停机坪等场道面名称应使用汉字或简缩字，并注明相应的编号，如 RWY18L/36R、TWY NR. 22、TWY A2，03 号跑道、T3 号滑行道或 5 号停机坪。为避免产生歧义，以跑道两端为基准描述事件时，应明确"跑道入口"或"跑道末端"，不应使用"跑道端"的描述方式。

　　⑫ 新辟航路或航段数据更改时，应注明航路代号、航段距离、磁航迹角和最低飞行高度等数据，明确导航设施的名称、设施类型和识别以及报告点的名称。

　　⑬ 导航设施的标注方式如下：

　　a. 导航设施的类型应使用简缩字，例如 NDB、VOR、DME、LOC 和 OM 等。

　　b. 识别应加单引号标注，频率应注明单位，DME 台应注明波道，频率和波道之间加斜线（/）。例如，大王庄 VOR/DME 'VYK' 112.7MHZ/CH74X 不提供使用。

12. 上限下限

当报告的内容涉及高度限制时，应在 F）项填入下限，在 G）项填入上限，同时注明基准面和度量单位，如 F）1 800 M AGL、G）9 000 M MSL，有时也使用高度层，如 FL310。

13. NOTAMR

NOTAMR 只能代替同一系列的 NOTAM，每份 NOTAMR 只能代替一份 NOTAMN 或 NOTAMR，其主题应一致，发生地相同。NOTAMR 不得代替 NOTAM 中的一部分，而应全部代替。当发布的 NOTAM 有错误时，应发布代替或取消的 NOTAM，不得发布校正电报。

14. NOTAMC

NOTAMC 只能取消同一系列的 NOTAM，每份 NOTAMC 取消一份 NOTAM 的全部内容，它只能填写当前的具体时间，不得填写未来时间或以 WIE 作为生效时间。

【例】 航行通告

1）ZCZC YOP006

GG KJAAYNYX

200115 ZBBBYNYX

（Y0056/15 NOTAMN

Q）ZBPE/QFALC/IV/NBO/A/000/999

A）ZBTJ　　B）1509250800　　C）1509251000

E）AD CLSD DUE TO RWY MAINT）

意义：民航局航行通告室 2010 年 A 系列 56 号新航行通告，自 2010 年 1 月 25 日世界协调时 8 时至 10 年 1 月 25 日 10 时天津机场由于跑道维修关闭。

2）ZCZC YOP001

GG ZBBBYOYX

060912 ZYTXOFXX

（C0047/15 NOTAMN

Q）ZYSH/QNDAS/IV/BO/AE/000/999

A）ZYTL　　B）1510060910　　C）1510061640

E）DME 'DLC'CH70X CLSD DUE TO MAINT）

意义：沈阳桃仙机场航行通告室 2015 年 C 系列 47 号新航行通告，自 2015 年 10 月 6 日北京时 9 时 10 分至 2015 年 10 月 6 日北京时 16 时 40 分，大连测距仪 DLC 70X 频道由于维修关闭。

3）（A0738/15 NOTAMN

Q）WAAF/QFALC/IV/NBO/A/000/999/0503S11933E005

A）WAAA　　B）1505170850　　C）1505170950

E）AD CLSD DUE TO WX BELOW MINIMA RMK/VISIBILITY 800M）

4）（C2457/15 NOTAMN

Q）ZLHW /QWLLW/IV/M/W/000/394/3427N10859E025

A）ZLHW　　B）1511170715　　C）1512312025EST

D）07:15-08:25　　19:15-20:25 DLY

E）释放探空气球：

1. 释放点：西安 N342635E1085843，半径 46 km。

2. 气球直径约 2 m，重 750 g，升速约 400 m/min，颜色为白色，气球升空后飞行 70 min 左右，升限 12 000 m。

3. 每日释放时刻：07:15　　19:15

F）GND　　G）12000M AGL）

5）（A1317/15 NOTAMN

Q）WMFC/QLYAS/IV/NBO/A/000/999/0517N10016E005

A）WMKP　　B）1505211250　　C）1506050900

E）TWY EDGE LGTS FOR TWY B，G，H U/S.）

6）（A0040/15 NOTAMN

Q）LRBB/QFBAS/IV/NBO/A/000/999/4421N02829E005

A）LRCK　　B）1501102000　　C）1503312359 EST

E）BRAKING ACTION MEASUREMENT EQUIPMENT U/S）

7）（F1265/15 NOTAMR F1200/15

Q）ZSHA/QXXXX/IV/NBO/A/000/999/3652N11713E005

A）ZSJN　　B）1501102000　　C）1503312359EST

E）EMERGENCY LANDING STRIP CLSD.）

8）（G1165/15 NOTAMR F1130/15

Q）ZGZU/QMPLC/IV/NBO/A/000/999/2811N11313E005

A）ZGHA　　B）1511102000　　C）1511312359EST

E）A/C STANDS NR.2-NR.9 CLSD DUE TO WIP.）

8.5.3.3　雪情通告的填写与认读

1. 一般原则

填发格式见表 8.19。

表 8.19 雪情通告格式

COM 报头	电报等级	收电单位		
	签发日期和时间	发电单位（代号）		
简化报头	（SWAA*顺序号）	（地名代码）	（观测日期时间）	（任选项）
SNOTAM（顺序号）				
机场名称（四字地名代码）			A）	
观测日期和时间（测定结束时间，协调世界时）			B）	
跑道代号			C）	
扫清跑道长度（m）			D）	
扫清跑道宽度（m）			E）	
全部跑道上堆积物 （自跑道代号数字的一端着陆入口开始，在跑道上每三分之一地方观察） NIL 没有积雪，跑道上干雪 1——潮湿 2——湿或小块积水 3——雾凇或霜覆盖（深度一般不超过 1 mm） 4——干雪 5——湿雪 6——雪浆 7——冰 8——压实或滚压的雪 9——冰冻的轮辙或冰脊			F）	
跑道总长度每三分之一的平均深度（毫米）			G）	
每三分之一跑道的摩擦系数和测量设备 测定或计算的系数　或　　估计的表面摩擦力 0.4 和以上　　　　好　　　——5 0.39～0.36　　　中/好　　——4 0.35～0.30　　　中好　　　——3 0.29～0.26　　　中/差　　——2 0.25　　　　　　差　　　　——1 9 不可靠　　　　不可靠　　——9 （引用测定系时，采用观察的两位数字，后随所用摩擦力测量设备的简称；引用估计值时，采用一位数字）			F）	
临界雪堆			J）	
跑道灯			K）	
进一步清扫计划			L）	
预期完成扫雪的时间			M）	
滑行道			N）	
滑行道雪堆			P）	
停机坪			R）	
下次计划观测时间			S）	
明语注			T）	

注：《≡为换行，→为空一格不换行，*为按需要删除；

（1）各机场的雪情通告须及时发布至国内有关机场，国际机场还应发给民航局航行通告室并转发国外；对外发布的雪情通告用 UTC，国内用北京时；雪情通告每年从 7 月 1 日 0001 开始第一次发布雪情通告，编号 0001，顺序编号直至第二年的 6 月 30 日 2400 止；该通告采用米制单位，但发布时不报计量单位。

（2）报头的标准格式。

简化报头组成如下：

TTAAiiiiCCCC MMYYGGgg（BBB）

意义：

TT：雪情通告的识别标志，填写 SW。

AA：国家或地区地理位置识别代码，如 ZB 为中国民航局，ZY 为东北管理局。

iiii：雪情通告的编号。

CCCC：雪情通告所涉及的机场四字地名代码。

MMYYGGgg：观测日期和时间——月、日、时、分。

BBB：任选项，用同一编号更改先前发布的雪情通告，即 COR。

（3）雪情通告的最长有效时间为 24 h。在任何时候，雪情有重要变化时，必须发布新的雪情通告。重要变化是指：道面摩擦系数变化约 0.05；堆积物深度变化，干雪时大于 20 mm，湿雪时大于 10 mm，雪浆时大于 3 mm；跑道长和宽度变化大于 10%；雪堆有变化；跑道灯亮度有明显变化等。

2. 雪情通告的认读

A）项为机场名称的 ICAO 四字地名代码。

B）项为观测日期和时间。

C）项为跑道代号数字小的一端的代号。

D）项为扫清跑道长度，单位米。

E）项为扫清跑道的宽度。

F）项为跑道堆积物。跑道代号小的一端开始观测，跑道每 1/3 地段的堆积物情况，用"/"分开，其表示方法为：NIL——没有积雪；1——潮湿；2——湿或小块积水；3——雾凇或霜覆盖（深度不超过 1 mm）；4——干雪；5——湿雪；6——雪浆；7——冰；8——压实或滚压的雪；9——冰冻的轮辙或冰脊。

G）项为平均跑道雪深。从入口观测，跑道每 1/3 地段的平均雪深（单位 mm），用"/"分开。

H）项为跑道摩擦系数。每 1/3 测量一个数字用"/"分开，其表示方法见表 8.20。

J）项为临界雪堆。如果存在，填入高度（cm）和离跑道边缘的距离（m），后随"左（L）"、"右（R）"或"左右（LR）"。

K）项为跑道灯被遮盖，填入 YES，后随"左"、"右"或"左右"。

L）项为进一步消除计划。计划扫除跑道的长度和宽度（m）。如果为跑道的全长，则填入 TOTAL（全部）。

M）项为预定完成扫雪的时间。

N）项为滑行道雪情用 F 项的代码描述。如无滑行道可用，则填入 NO（无）。

表 8.20　跑道摩擦系数表示方法

测定或计算的摩擦系数	结　果	估计的表面摩擦力
0.40 和以上	好	−5
0.39 ~ 0.36	中/好	−4
0.35 ~ 0.30	中/好	−3
0.29 ~ 0.26	中/差	−2
0.25 和以下	差	−1
9 不可靠	不可靠	−9

P）项为滑行道的雪堆如存在，填入 YES，后随侧向距离（m）。

R）项为停机坪雪情也用 F 项代码描述。如停机坪不能使用，则填入 NO。

S）项为下次观测时间。

T）项为说明。用明语说明在运行上具有重要意义的资料，但应经常报告未清除的跑道长度以及跑道 1/3（F 项）的污染范围。跑道污染 10%，表示小于 10%；跑道污染 25%，表示为 11% ~ 25%；跑道污染 50%，表示为 26% ~ 50%；跑道污染 100%，表示 51% ~ 100%。

【例】　GG ZBBBYNYX ZGGGOFXX ZSSSOFXX

101530 ZBAAOFXX

SWZB0015 ZBAA 01101530

SNOWTAM0015

A）ZBAA B）01101530

C）18L　F）4/4/4　　G）30/30/30　　H）3/3/3

C）18R　F）1/1/1　　G）20/20/20　　H）5/5/5

C）01　F）4/4/4　　G）30/30/30　　H）3/3/3

L）TOTAL S）01101730

T）RWY CONT 100 PER CENT）

意义：北京首都机场第 15 号雪情通告，1 月 10 日 15 时 30 分观测，从 18L 跑道入口观测：跑道的每三分之一的地段为干雪，跑道的每三分之一地段的积雪深度为 30 毫米，跑道的每三分之一地方摩擦系数为中好。从 18R 跑道入口观测：跑道的每三分之一地段为潮湿，跑道的每三分之一地段的积雪的深度为 20 毫米，跑道的每三分之一地方摩擦系数为好。从 01 跑道入口观测：跑道的每三分之一的地段为干雪，跑道的每三分之一地段的积雪深度为 30 毫米，跑道的每三分之一地方摩擦系数为中好。计划清除跑道上的所有积雪，计划下一次观测的时间为 17 时 30 分，被污染的跑道为 51% ~ 100%。

8.5.3.4　火山通告的填写与认读

1. 一般原则

火山通告是一种特殊系列的航行通告，以特殊格式通知对航空器飞行有重要影响的火山活动、火山爆发和/或火山灰云的变化情况。

在火山爆发时，火山会产生对飞行有重要影响的火山灰云和/或火山灰柱，火山通告就是给飞行人员和与飞行有关人员提供有关火山灰云和/或火山灰柱的位置、范围和活动方向及受影响的航路和飞行高度层等情报。这些情报按照规定的火山告警码等级发布。

火山通告的电报等级为 GG，识别标志为 ASHTAM。

火山通告最大的有效时间间隔 24 h，只要告警等级发生变化时即应发布新火山通告。

2. 火山通告认读

（1）简化报头。

在正常的航空固定电信报头之后，编入简化报头"TT AAiiii CCCC MMYYGGgg（BBB）"，便于自动处理计算机数据库中的火山通告电报。这些符号含义如下：

TT：火山通告数据代号，即 VA。

AA：各国地理代码，例如：NZ 表示新西兰。

iiii：四字组火山通告顺序号。

CCCC：有关飞行情报区的四字地名代码。

MMYYGGgg：报告日期和时间。其中，MM 表示月份，例如，1 月表示为 01，12 月表示为 12；YY 表示日期；GGgg 表示时（GG）和分（gg）（世界协调时）。

（BBB）：任选组用原顺序号修改前发火山通告电报，即 COR。

注：括号内（BBB）用以说明为任选项。

举例：奥克兰海洋飞行情报区火山通告简化报头，报告日期 11 月 7 日，0620 世界协调时，可表示为：VANZ001NZZO 11070620。

（2）A）项为受影响的飞行情报区，在简化报头中用于明语一致的地名代码，例如，奥克兰海洋飞行情报区。

（3）B）项为第一次火山爆发日期和时间（世界协调时）。

（4）C）项为火山名称和火山号码，按照国际民航组织火山灰、辐射物质和有毒化学云手册（Doc9691）附录 H 和火山及重要航空地貌的世界图所列。

（5）D）项为火山位置的经纬度或距导航设施的径向和距离，按照火山名称和火山号码，按照国际民航组织火山灰、辐射物质和有毒化学云手册（Doc9691）附录 H 和火山及重要航空地貌的世界图所列。

（6）E）项为表示火山活动的告警等级颜色码，包括按表 8.21 表示以前的告警色码等级。

（7）F）项为如果报告对飞行有重要影响的火山灰云，用经纬度（整数度）和千米（英尺）高度或距火山源的径向和距离表示的灰云的水平范围和灰云的云底和云顶。最初情报可能根据基于特殊的空中报告，气候情报可以根据负责的气象观测室和/或火山灰云咨询中心通知的详细情况。

（8）G）项为根据负责的气象观测室和/或火山灰云咨询中心通知说明，在选定高度上火山灰云的预报活动方向。

（9）H）项为表示受影响或将要受影响的航路、航段和飞行高度层。

（10）I）项为表示关闭的空域或航路、航段和可用的备份航路。

（11）J）项为资料来源，如"特殊空中报告"或"火山观测机构"等。情报来源应为必报内容，无论是否还在爆发或是否报告有火山云。

表 8.21

告警颜色码等级	火山活动状况
红色告警	火山正在爆发。观测到的火山灰柱/云高于 FL250 或火山危险，可能要爆发，火山灰柱/云预计超过 FL250。
橙色告警	火山正在爆发。火山灰柱/云达到并估计不会达到 FL250 或火山危险，可能要爆发，并估计火山灰柱/云不会达到 FL250。
黄色告警	据告火山将随时爆发，火山活动近来明显趋于频繁，火山当前无危险但应小心谨慎或火山活动明显变弱，火山当前无危险但应小心谨慎。（一次爆发之后，即从红色或橙色告警变成黄色告警）
绿色告警	据告火山活动已停止，火山恢复正常状态。

注：有关国家负责火山观测的机构应向区域管制中心提供火山活动状态告警颜色码和先前火山活动情况的任何变化。

（12）K）项为包括以明语说明补充前述内容的任何对飞行有重要意义的情报。

火山通告的标准格式见表 8.22。

表 8.22　火山通告标准格式

（通信报头）	电报等级		收报地址			
	签发日期和时间			发报地址		
简化报头	（VA*2 顺序号）		（地名代号）	发布日期和时间		任选组
	V　A　*2　*2					
ASHTAM	顺序号					
（受影响的飞行情报区）						A）
（火山爆发的日期和时间（UTC））						B）
（火山名称和编号）						C）
（火山位置的经纬度或距导航设备的径向和距离）						D）
（火山告警色码等级，包括先前告警色码等级）						E）
（现状及火山灰云的水平和垂直范围）						F）
（火山灰云的移动方向）						G）
（受影响的航路、航段和飞行高度层）						H）
（关闭的空域和/或航路、航段和可用的备份航路）						I）
（资料来源）						J）
（明语备注）						K）

发报人签名（不拍发）：

【例】（VANF0001 NFFF 01232220

ASHTAM 0001/09

A）NADI FIR

B）0901232145

C）VOLCANO LOPEVI

D）S1630.7 E16820.1

E）YELLOW ALERT

F）VERTICAL EXTENT OF ASH CLOUD 8，000FT

G）ASH CLOUD DRIFTING SOUTH

H）ATS ROUTE B590 AND B599 MAY BE AFFECTED UPTO 8，000FT

I）TBA

J）SPECIAL AIREP COMPILED BY PORT VILA ATC FROM PILOT REPORT

K）INTERMITTENT ERUPTION BUT NO APPARENT LAVA FLOW EXCEPT FOR THE PLUME OF ASH CLOUD）

意义：2009 年斐济楠迪第 1 份火山通告，火山于 2009 年 1 月 23 号 21 时 45 分爆发，NADI 飞行情报区受到影响，火山名称 "LOPEVI"，火山具体位置位于 S1630.7 E16820.1，火山现在处于黄色告警，火山灰云现到达的高度 8，000FT，火山灰云现向南移动，空中交通服务航路 B590 AND B599 会受到影响，高度直到 8，000FT，需要关闭为 TBA，该资料来源于特别的空中报告，由飞行员向维拉港的管制员所报告的，现在火山间隙性爆发，从外观上看，除了存在火山灰云柱外，没有火山喷发后熔岩流。

8.5.3.5 航空资料通报（AIC）

1. 航空资料通报的一般规范

航行资料通报（AIC）：不够签发航行通告或编入航行资料汇编的资料，但此类资料涉及飞行安全、航行、技术、行政或法律上的问题应以发布航空资料通报的形式向有关部门（单位）提供服务。航空资料通报（AIC）签发要求：

（1）航空资料通报必须以印刷形式发布。

（2）航空资料通报的签发国必须选择出供国际间分发的航空资料通报。

（3）航空资料通报必须编有顺序号。该编号应以每一日历年为基础连续编号。航空资料通报必须以印刷形式发布。

（4）航空资料通报以一个以上系列分发时，每系列必须分别用一个字母识别。

（5）建议：如果有效的航空资料通报数量足以用这种形式识别的话，可使用不同颜色的编号以对不同内容航空资料通报加以区分和识别必须像发布航空资料通报那样，至少每年发布一次现行的资料通报校核单。。

2. 航空资料通报签发所包括的内容

（1）立法、规章、程序或设施的任何重大改变的长期预报。

（2）可能影响飞行安全的纯粹解释性或咨询性资料。

（3）关于技术、立法或纯粹行政事务的解释性或咨询性资料或通知。其内容包括：

- 所提供的航行程序、服务和设施的重要变动的预报；
- 实施新导航系统的预报；
- 有关飞行安全的航空器失事或事故调查的资料；
- 有关国际民用航空反非法干涉行为规定的资料；
- 对驾驶员有特殊关系的医疗问题的通知；
- 有关对驾驶员提出避免对健康有危害的警告；
- 某些天气现象对航空器飞行的影响；

- 影响航空器操作技术的新险情的资料；
- 有关航空禁运物品的规则；
- 公布国家法令的更改以及国家法令要求的引证；
- 有关空勤人员执照颁发事宜；
- 航空人员的训练；
- 国家法规要求的应用或豁免；
- 规定型号设备的维护与使用的通知；
- 实际或计划可用新的或修订版航图的通知；
- 无线电设备的携带；
- 减少噪声的说明性资料；
- 选定的适航性指示；
- 航行通告系列或分发的改变、新版 AIP 或其内容、范围和格式的重大改变；
- 有关雪情计划的先期情报；
- 类似性质的其他资料。

3. 举　例

如图 8.136（a）、（b）所示分别为国际和国内航行资料通报（AIC）。

TELEGRAPHIC ADDRESS
AFTN: ZBBBYOYX
COMM: CIVIL AIR BEIJING
FAX: 8610 67347230

PEOPLE'S REPUBLIC OF CHINA
CIVIL AVIATION ADMINISTRATION OF CHINA
AERONAUTICAL INFORMATION SERVICE
P. O. BOX 2272, BEIJING

AIP CHINA
AIC
Nr.07/15
Nov. 15, 2015

电子版航行资料汇编（eAIP）网站实行用户注册使用
The user registered implemented on eAIP website

1、电子版中国航行资料汇编（eAIP）网站 www.eaipchina.cn 将于 2016 年 1 月 7 日(北京时)起实施注册访问。

1. Users visit the eAIP website (www.eaipchina.cn) by online registration will be implemented from 1600UTC on 06 JAN, 2016.

2、AIP 订购用户应在 AIS 订购发行系统订购 AIP 相关产品，订购发行系统可通过以下途径访问：
方法 1. 登陆 www.aischina.com，通过"订购发行系统"模块进行注册。
方法 2. 在 eAIP 网站（www.eaipchina.cn）点击"Register"，跳转后进行注册。

2. Users for AIP subscribed shall order the AIP relative products on the 'Order and Distribution system' which can be visited in two ways as following:
1) Users login www.aischina.com and click the section of 'Order and Distribution system' to register.
2) Users login the eAIP website (www.eaipchina.cn) and click 'Register' section, then register after webpage redirecting.

3、AIP 订购用户在 AIS 订购发行系统订购相关产品后可获取 eAIP 网站登入账号。

3. Users for AIP subscribed can access the eAIP login name after ordering the AIP relative products on the 'Order and Distribution system'.

4、国际间免费交换的用户可发送电子邮件至 publication@aischina.com 申请 eAIP 网站登入账号。

4. Users for international free exchange can send email to publication@aischina.com to apply for the eAIP login user name.

5、情报中心发行科联系方式：
传真：+86-10-67336632
电子邮箱：publication@aischina.com

5. AIS publication office:
FAX: +86-10-67336632
Email: publication@aischina.com

（a）AIC（国际）

电 话：010-67318524 传 真：010-67499291 E-mail:naip@aischina.com AFTN: ZBBBYNYX 邮 编：100122	**中国民用航空局** 民航局空管局航行情报服务中心 北京市朝阳区十里河2272信箱	国内航空资料汇编 航空资料通报（AIC） 编号：04/2015 2015-9-15

航行通告明语摘要发布形式变更

自2015年11月1日起，航行通告明语摘要的发布形式将发生变更，具体变更方式如下：

一、取消国内系列航行通告明语摘要的出版，用户可通过自动要报的方式索取即时校核单和所缺失的国内系列航行通告。现行有效的航空资料汇编补充资料（SUPPLEMENT）和航空资料通报（AIC）在国内航空资料汇编（NAIP）的每期修订单中公布。

二、取消国际系列航行通告明语摘要纸质版的发布，保留国际系列航行通告明语摘要电子版，在空管局情报中心网站上发布。用户可登陆网址www.aischina.com查询相关信息。

（b）AIC（国内）

图 8.136　航行资料通报

思 考 题

1. 最佳的搜索方式是什么？目视飞行时应花多少时间观察机外？
2. 空虚视野近视一旦发生时，如何识别并克服？
3. 被盲点挡住的区域，在上升和下降时怎样才能增加观察范围？
4. 何时作清场转弯？转弯至少多少度？为什么？
5. 优先权的一般原则是什么？
6. 航空器避让规则是什么？
7. 飞行的主要分类方法有哪些？
8. 目视飞行间隔是如何规定的？
9. 起落航线飞行的规定是什么？
10. 机场区域和航线飞行的最低安全高度的规定是什么？FAA 的规定如何？
11. 飞行高度层配备的规定是什么？
12. 着陆灯应当在何时使用？
13. 机场基准点、机场标高、机场基准温度、飞行区、活动区等常用概念应如何理解？
14. 机场的基准代号是如何规定的？
15. 四种跑道公布距离的含义？
16. 跑道和滑行道是如何标志的？它们之间有何不同？
17. 风向指示器有哪些类型？它提供什么信息？
18. 进近灯光系统有哪些类型？
19. 跑道灯光的类型有哪些？它们有何特点？
20. 目视进近坡度指示系统的类型有哪些？它们是如何指示的？
21. 滑行道灯光是如何规定的？

22. 掌握基本概念：仪表进近程序、精密进近、非精密进近、跑道入口速度、最低扇区高度、最小超障余度（MOC）、最低超障高度/高（OCA/OCH）、梯级下降定位点、目视盘旋进近、最小净上升梯度、机场运行最低标准、能见度、跑道视程（RVR）、云高、最低下降高度/高（MDA/MDH）、决断高度/高（DA/DH）等。

23. 简述仪表进近航段的划分和各航段的主要作用。

24. 简述程序设计中转弯参数的规定及转弯半径的计算。

25. 简述导航设施的精度和定位容差确定的基本方法。

26. 简述离场程序的起点、终点和表示形式。

27. 简述最小净上升梯度和最小超障余度。

28. 简述直线离场航迹对正的规定。

29. 简述直线离场保护区基本画法和超障余度的检查。

30. 简述全向离场的含义和保护区基本范围。

31. 简述 VOR/NDB 航路保护区宽度的基本规定。

32. 简述进场航线保护区的一般规定。

33. 简述仪表进近程序中 MSA 扇区的划分及 MSA 的确定方法。

34. 简述等待航线程序的构成、基本参数及进入方法。

35. 简述仪表进近程序起始进近航段采用的基本程序形式及其主要特点。

36. 简述起始进近航段沿直线航线进近的各航段建立准则（航迹对正、航段长度、下降梯度）。

37. 简述起始进近航段沿直线航线(或 DME 弧)进近的各航段保护区的绘制方法和 MOC 规定。

38. 简述反向航线程序的构成（航段划分、出航时间、偏置角、进入扇区限制）。

39. 简述反向、直角和推测航线保护区参数的限制（转弯坡度、风速、飞行技术容差等）及其绘制原理。

40. 简述推测航迹程序的特点和各阶段设计基本要求。

41. 简述直线复飞各阶段的超障余度（MOC）规定和障碍物检查的基本方法。

42. 简述绘制转弯复飞保护区的主要影响因素和基本原理。

43. 简述目视盘旋进近的航迹对正规定及各型飞机盘旋区内的 MOC 和最小 OCH 规定。

44. 在最后进近航段，FAF 为 VOR，FAF 距入口为 9 510 m，$OCH_中 = 500$ m，下降梯度 5.1%，障碍物情况见表 8.22，求 OCH。

表 8.22 障碍物情况表

障碍物	x（m）	y（m）	z（m）
O1	9 200	在主区	230
O2	8 900	在主区	200
O3	3 000	在主区	23

45. 简述 ILS 的组成、布局及性能分类。

46. 简述 ILS 进近程序的结构及有关准则。

47. 简述基本 ILS 面的组成及评价障碍物的基本方法。

48. 简述影响 OAS 面的参数及 OAS 面评价障碍物的基本方法。

49. 简述精密航段的超障余度及 OCH 计算方法。

50. 简述精密航段后的直线复飞障碍物的检查原理。

51. 简述 I 类 ILS 航向台偏置或下滑台不工作的有关规定。

52. I 类 ILS，下滑角 3°，LOC/THR 为 3 000 m，已知下列障碍物：O1（1800，105，30）；O2（–1650，580，65）；O3（–3260，205，90）。求 OCH。

53 简述基本的起飞最低标准。

54. 简述非精密进近最低标准的表示参数及最小 MDH 的限制。

55. 简述精密进近最低标准的确定及表示参数。

56. 类精密进近（APV）最低标准的确定原理及运用。

57. I 类 PA、APV、NPA 和 II 类 PA 实施最低标准目视参考的规定如何？

58. 进近图上包含了哪些信息？位于何处？梯级下降定位点与目视下降点的意义是什么？进近中如何使用它们？

59. 如何确定进近的着陆最低标准？能见度、高度及设备不工作的定义是什么？

60. 仪表着陆系统（ILS）、航向台式定向设备（LDA）和简式定向设备（SDF）等进近设施的差别有哪些？

61. 机场图上包含哪些信息？位于何处？

62. 什么是起飞和备降最低标准？在哪里能找到非标准的最低标准？

63. 在航路图封面可以找到哪些信息？

64. 描绘各类导航设施使用的基本符号以及信息框中的内容有哪些？

65. 标准航路的宽度以及 DME、MOCA、MAA、MCA 和 COP 等缩写词有什么意义？

66. 如何识别一个交叉点？哪些是强制报告点？哪些是非强制报告点？

67. 怎样用飞行服务电台或一个管制中心来确定用于通信联络的频率？

68. 哪类机场有仪表进近？对于这些机场的附加信息表示在何处？

69. 哪些空域是管制空域？哪些空域是非管制空域？

70. 区域图如何在航路图上表示？它描绘了哪些信息？

71. 如何运用标准仪表离场图简化许可来减轻频繁的交通拥挤状况？

72. 飞行员导航和被引导的标准仪表离场图的区别是什么？如何对每种类型实施飞行操纵？

73. 设立标准终端进场航路的目的是什么？如何使用它们？

74. 飞行计划中如何使用空中交通管制代码来指定一种标准仪表离场或标准终端进场航路程序？

75. 简述飞行前的资料获取。航空情报室可以提供哪些服务？

76. 国际航行的飞机欲了解某国的收费标准、申请手续，应查什么资料，在哪一部分？

77. 怎样了解固定航班国内飞行航线的情况？（到什么部门，查什么资料）

78. 发布航行通告、雪情通告和火山通告的目的是什么？

79. 航行通告、雪情通告和火山通告的系列号、识别标志以及签发时限是怎样规定的？

80. 什么是航空资料通报？

9 空中交通管制基础

保证航空器在飞行过程中安全、有效地运行，是空中交通管制部门的主要职责。本章主要介绍空中交通管制部门的机构及其职能，我国民航空域的划分情况，与空中交通管制有关的平面和陆空通信，各飞行阶段的管制工作以及飞行安全受到威胁时空管部门提供的告警服务程序。

9.1 管制机构及其职能

9.1.1 空中交通管理介绍

随着民航通信、导航、监视技术的发展，飞行流量的不断增长，"空管"的概念也在不断发展。现在讲的空中交通管理（Air Traffic Managenent，ATM）包括空中交通服务、空中交通流量管理和空域管理三大部分。空中交通服务（Air Traffic Service，ATS）是指对航空器的空中交通活动进行管理和控制的业务。空中交通流量管理（Air Traffic Flow Management）是指在空中交通流量接近或达到空中交通管制可用能力时，适时地进行调整，保证空中交通量最佳地流入或通过相应区域，尽可能提高机场、空域可用容量的利用率。

空域管理（Airspace Management，ASM）是指为维护国家安全，兼顾民用、军用航空器的需要和公众利益，统一规划，合理、充分、有效地利用空域的管理工作，主要内容包括空域划分和空域规划。空域划分即对飞行高度层规定和各种空中交通服务空域的划分。空域规划是指对某一给定空域，通过对未来空中交通流量需求的预测，根据空中交通流的流向、大小与分布，对其按高度方向和区域范围进行设计和规划，并加以实施和修正的过程。空域管理的任务是依据既定空域结构条件，实现对空域的充分利用，尽可能满足经营人对空域的需求。

9.1.2 空中交通服务

空中交通服务是空中交通管理的主要部分，包括空中交通管制服务、飞行情报服务和告警服务。具体的空中交通服务工作由空中交通管制员实施。

9.1.2.1 空中交通管制服务

在我国，所有航空器的整个飞行过程都要接受空中交通管制服务。空中交通管制服务（Air Traffic Control Service，ATCS）的任务是：① 防止航空器与航空器、航空器与障碍物相撞；

② 维护和加速空中交通有秩序地流动。

空中交通管制服务是 ATS 的主要工作，也是保障民航飞行安全的重要工作。依据取得航空器方位信息的方式不同，空中交通管制服务的方式分为程序管制和雷达管制两种，具体内容在后面章节分别讲解。

9.1.2.2 飞行情报服务

飞行情报服务（Flight Information Service，FIS）是指向飞行中的航空器提供有益于安全的、有效的飞行建议和情报服务。主要包括：重要气象情报；使用的导航设备的变化情况；机场和有关设备的变动情况（包括机场活动区内的雪、冰或者有相当深度积水的情况）；可能影响飞行安全的其他情报。飞行情报服务的具体内容和提供时机根据飞行的实际需要而定，飞行过程中一般是在管制员对航空器提供空中交通管制服务的同时穿插提供飞行情报服务。

9.1.2.3 告警服务

空中交通管制单位遇到下列情况时应当提供告警服务（Alerting Service）：没有得到飞行中的航空器的情报而对其安全产生怀疑；航空器及所载人员的安全有令人担忧的情况；航空器及其所载人员的安全受到严重威胁，需要立即援助。告警服务的任务是：向有关组织发出需要搜寻、援救航空器的通知，并根据需要协助该组织或协调该项工作的进行。

9.1.3 空管机构及其职能

9.1.3.1 民航行政管理机构

中国民用航空局是中国民用航空业务的主管部门，简称民航局。下设 7 个地区管理局：华北管理局、东北管理局、西北管理局、华东管理局、中南管理局、西南管理局、新疆管理局。每个地区管理局管辖若干个省（市、区）的民航业务，具体范围见表 9.1。

表 9.1　中国民航地区管理局一览表

管理局	管理局所在地	所辖行政区域
民航华北管理局	北京市	北京市、天津市、河北省、山西省、内蒙古自治区
民航西北管理局	西安市	陕西省、甘肃省、青海省、宁夏回族自治区
民航中南管理局	广州市	河南省、湖北省、湖南省、广东省、广西壮族自治区、海南省
民航西南管理局	成都市	四川省、重庆市、云南省、贵州省
民航华东管理局	上海市	上海市、山东省、江苏省、江西省、安徽省、浙江省、福建省
民航东北管理局	沈阳市	辽宁省、吉林省、黑龙江省
民航新疆管理局	乌鲁木齐市	新疆维吾尔自治区

中国民航局内设空管行业管理办公室，主要负责：起草民航空管法规、规章、政策、标准和技术规范并监督执行；编制民航空管发展和建设规划并监督执行；负责民航空管单

位的安全审计、监督检查工作，指导民航空管系统的安全管理体系建设；拟订航班时刻和空域容量等资源分配政策，并监督检查执行情况；负责空中交通管制人员、航空情报人员、航空电信人员、航空气象人员资格管理工作，以及空管监察员的业务培训工作；负责民航空管设施设备的使用许可、开放运行许可管理工作；负责民航无线电台（站）址的审批，气象探测环境许可管理，以及民航无线电频谱的规划与管理工作；负责民航无线电频率、呼号与编码的指配工作，核发民用航空器无线电台执照；负责重大民航无线电干扰事件的协调与处理。

9.1.3.2　空管局

中国民用航空局空中交通管理局（简称民航局空管局）是民航局管理全国空中交通服务、民用航空通信、导航、监视、航空气象、航行情报的职能机构。中国民航空管系统现行行业管理体制为民航局空管局、地区空管局、空管分局（站）三级管理；运行组织形式基本是区域管制、进近管制、机场管制为主线的三级空中交通服务体系。

民航局空中交通管理局的主要职责有：

贯彻执行国家空管方针政策、法律法规和民航局的规章、制度、决定、指令；拟定民航空管运行管理制度、标准、程序；实施民航局制定的空域使用和空管发展建设规划；组织协调全国航班时刻和空域容量等资源分配执行工作；组织协调全国民航空管系统建设；提供全国民航空中交通管制和通信导航监视、航行情报、航空气象服务，监控全国民航空管系统运行状况，负责专机，重要飞行活动和民航航空器搜寻救援空管保障工作；研究开发民航空管新技术，并组织推广应用；领导管理各民航地区管理局，并按照规定，负责直属单位人事、工资、财务、建设项目、资产管理和信息统计等工作。

民航局空管局下辖 7 个地区空管局，分别是：民航华北地区空中交通管理局、民航华东地区空中交通管理局、民航中南地区空中交通管理局、民航东北地区空中交通管理局、民航西南地区空中交通管理局、民航西北地区空中交通管理局和民航新疆空中交通管理局。

民航地区空中交通管理局的主要职责有：贯彻执行国家空管方针政策、法律法规以及民航局的决定、指令和规章制度；实施本地区空域使用和空管发展建设规划，组织实施本地区民航空管系统建设；负责本地区民航空管业务办理和专业技术培训；提供民航空中交通管制、航行情报、通信当行监视、航空气象服务；负责本地区专机、重要飞行活动和民用航空器搜寻救援空管保障工作；负责辖区内航班时刻和空域容量等资源分配的执行工作；监控本地区民航空管系统运行状况；负责所属单位民航空管设施设备的维修维护；领导管理民航省（区、市）空中交通管理分局（站），负责管理所属单位的行政、规划投资、人力资源、财务、党群等工作。

9.1.3.3　空中交通管制单位

民用航空空中交通管制工作分别由不同空中交通管制单位实施，这些单位是：机场塔台管制单位（简称塔台管制单位）、进近管制单位（终端管制单位）、区域管制单位（区域管制中心）和空中交通服务报告室，如图 9.1 所示。各个管制单位负责的管制范围有所不同，管制空域的具体内容将在下一节介绍。另外，民航局空管局、各地区空管局分别设有运行管理中心：民航局空管局运行管理中心、地区空管局运行管理中心。各管制单位的职责是对本管制区内的航空器提供空中交通管制、飞行情报和告警服务。

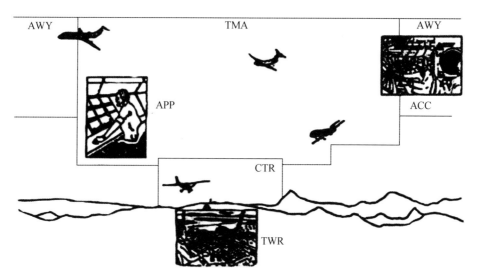

图 9.1　塔台管制室、进近管制室和区域管制中心工作示意图

1. 塔台管制单位（TWR）

　　塔台管制单位一般设在机场的管制塔台内或跑道的起飞线附近（起飞线塔台），负责对本塔台管辖范围内航空器的开车、滑行、起飞、着陆和与其有关的机动飞行的管制工作。在没有机场自动情报服务的塔台管制室，还应当提供航空器起飞、着陆条件等情报。在飞行流量大的机场，塔台管制室还设有地面管制席、放行许可发布席等，以降低管制员的工作负荷、缓解通信波道的拥挤程度。

2. 进近管制单位（APP）

　　进近管制单位负责一个或数个机场的航空器进、离场的管制工作，工作重点是为处于下降、上升阶段的进、离场航空器之间提供安全间隔，安排着陆次序。我国的中型以上机场都设有进近管制室，飞行流量较小的机场，可以由塔台管制室代为行使进近管制室的职能。

3. 区域管制单位（ACC）

　　区域管制单位也叫区域管制室，负责向本管制区内受管制的航空器提供空中交通管制服务；受理本管制区内执行通用航空任务的航空器以及在非民用机场起降而航线由民航保障的航空器的飞行申请，负责管制并向有关单位通报飞行申请和动态。区域管制单位根据所管制空域高度范围的不同，分为高空和中低空管制室。

4. 空中交通服务报告室（ATSRO）

　　负责受理和审核飞行计划的申请，向有关管制单位和飞行保障单位通报飞行计划和动态。

5. 地区空管局运行管理中心

　　地区空管局运行管理中心负责统一协调所辖区域内民航空中交通管制工作，监控所辖区域内民航空中交通管理系统的日常运行情况，协调处理所辖区域内特殊情况下的飞行。

6. 民航局空管局运行管理中心

民航局空管局运行管理中心负责监督全国范围内的有关飞行，控制全国的飞行流量，组织、承办专机飞行的有关管制工作并掌握其动态，处理特殊情况下的飞行，审批不定期飞行和外国航空器非航班的飞行申请。

9.2 空 域

空域是航空器的运行环境，也是宝贵的国家资源，科学合理地对空域进行规划、管理已经成为各国政府的重要议题。国务院、中央军委十分重视我国民航空中交通管理的建设工作，正在一起推进空域的进一步改革，我国领空的航路已经全部交由民航统一管制，在保证飞行安全、提高空域的有效利用、增大飞行流量等方面发挥了积极和重要的作用。

9.2.1 空域的分类

根据民用空域使用和管理内容的不同，民用空域分为：飞行情报区、空中交通服务空域、禁航区、限制区和危险区。上述空域以代码或地理名称命名，并明确其水平范围、垂直范围、开放的时间和空域管理者。

9.2.1.1 飞行情报区

飞行情报区是一划定范围的空间，于其内提供飞行情报服务和告警服务。在中国境内和经国际民航组织批准由我国管理的境外空域内划分了 11 个飞行情报区：沈阳、北京、上海、武汉、广州、昆明、兰州、乌鲁木齐、香港、三亚和台北。

9.2.1.2 空中交通服务空域

空中交通服务空域是规定范围的空域，在航图上用字母予以标明，在其内可进行特定种类的飞行，并为之规定了运行规则和空中交通服务。空中交通服务空域包括管制空域、非管制空域和特殊空域。

1. 管制空域

管制空域是一个通称，在我国包括 A、B、C、D 4 类空中交通服务空域。每一个管制空域都是一划定范围的三维空间，在其内，按照空域的分类，对按仪表飞行规则的飞行和按目视飞行规则的飞行提供空中交通管制服务。

1）A 类空域（高空管制空域）

在我国境内 6 000 m（不含）以上的空间，划分为若干个高空管制空域。在此空域内飞行的民用航空器必须按照仪表飞行规则飞行，接受空中交通管制部门的管制，取得飞行许可及航空器之间和航空器与障碍物之间的间隔配备。

2）B 类空域（中、低空管制空域）

在我国境内 6 000 m（含）以下、最低高度层以上的空间，划分为若干个中、低空管制空域。在此空域内飞行的民用航空器，可以按照仪表飞行规则飞行，如符合目视飞行规则的条件由机长申请，经过中、低空管制室批准，也可以按照目视飞行规则飞行。但所有飞行必须接受空中交通管制单位的管制，取得放行许可及航空器之间和航空器与障碍物之间的间隔配备。

高空管制区和中、低空管制区统称为区域管制区。区域管制区的范围应当包含按照仪表飞行规则运行的所有航路和航线以及仪表等待航线区域和空中放油区等特殊飞行区域，但是终端（进近）管制区和机场塔台管制区除外。区域管制区的水平和垂直范围在符合有关标准的情况下，应当尽量减少对空中交通服务和航路、航线运行的限制。区域管制区的划设，必须与通信、导航、监视和气象等设施的建设和覆盖情况相适应，并考虑管制单位之间的协调需要，以便能够有效地向区域内所有飞行的航空器提供空中交通服务。我国现在设有北京、上海、广州、成都、西安和沈阳 6 个区域管制中心，新疆区域管制中心正在建设中。

3）C 类空域（进近管制空域）

通常在一个或几个机场附近的航路汇合处划设管制空域，便于进场和离场的民用航空器的飞行。它是中、低空管制空域与塔台管制空域之间的连接部分。垂直范围通常在 6 000 m（含）以下最低高度层以上；水平范围通常是半径 50 km 或走廊进出口以内、机场塔台管制范围以外的空间。在此空域内飞行的航空器，可以按照仪表飞行规则飞行，如符合目视飞行规则的条件，由机长申请，经过进近管制室批准，也可以按照目视飞行规则飞行。但所有飞行必须接受进近管制室的管制，取得飞行许可及航空器之间和航空器与障碍物之间的间隔配备。

在此空域内，如果机场附近进场和离场航线飞行比较复杂，或者一个或几个邻近机场全年总起降架次超过 36 000 架次，应当考虑设立终端或者进近管制区，以便为进场、离场飞行的航空器提供安全、高效的空中交通管制服务。通常情况下，在终端管制区内同时为 2 个或者 2 个以上机场的进场和离场飞行提供进近管制服务，在进近管制区内仅为一个机场的进场和离场飞行提供进近管制服务。终端（进近）管制区的下限通常应当在距离地面或者水面 200 m 以上，或者为机场塔台管制区的上限。如果终端（进近）管制区内存在弧半径为 13 km 的机场管制地带，则终端（进近）管制区的下限应当在地面或者水面 450 m 以上。如果终端（进近）管制区的下限确定在平均海平面高度 900 m 以上，则应当取某个飞行高度层为其值。终端（进近）管制区的上限通常不超过标准大气压高度 6 000 m，并应当取某个飞行高度层为其值。

4）D 类空域（塔台管制空域）

通常包括起落航线和最后进近定位点以后及第一等待高度层以下地球表面以上的空间和机场活动区，即管制地带。在此空域内运行的民用航空器，可以按照仪表飞行规则飞行，如符合目视飞行规则的条件，由机长申请，经过塔台管制室批准，也可以按照目视飞行规则飞行。但所有飞行必须接受塔台管制室的管制，取得飞行许可及航空器之间和航空器与障碍物之间的间隔配备。

2. 特殊空域

特殊空域是指国家某些单位为了政治、军事或科学试验的需要，经国务院、中央军委批准，划设一定的空域，限制或禁止民用航空器进入。限制禁航空域通常分为危险空域、限制空域、禁航空域，也称危险区、限制区、禁航区。

1）危险空域

在我国境内或在毗邻我国公海上空限定空域内进行军事活动或科学试验活动，将要影响民用航空器安全飞行时，使用这些空域的单位，应当经中国民航局的同意，报请国务院、中央军委批准，划定危险空域。预先警告民用航空器驾驶员某些规定时间在此空域内飞行将有潜在危险。只有经过使用和管理单位的同意，民用航空器方可进入该空域内飞行。

2）限制空域

在我国境内某个区域范围内进行军事活动或科学试验活动，将要影响民用航空器安全飞行时，使用这些空域的单位，应当经中国民航局同意，报经国务院、中央军委批准，划定限制空域，在时间上或高度上限制民用航空器在该空域内飞行。

3）禁航空域

在我国境内为了特殊用途和保证公众利益，经国务院、中央军委批准划定禁航空域。未经批准，任何人不得驾驶民用航空器在禁航空域内飞行。

危险、限制或禁航空域的使用或管理单位，应当于危险、限制或禁航空域生效前，按照中国民航局的要求负责向中国民航局空中交通管理局提供危险、限制或禁航空域的下列资料：空域的名称；空域的范围，包括垂直和水平范围；空域的活动时间，包括每周使用的天数和每天使用的起止时刻；空域内活动的内容，如航空器飞行或炮射等；空域允许民用航空器和公众的使用时间，包括每周的天数和每天起止的时刻；管理空域的单位以及与中国民航空中交通服务单位保持不间断联系的方法；空域的区域图，即有比例尺的区域图，包括垂直和水平范围；其他。

中国民航局空中交通管理局，应当按照国际民航组织附件 15 和中国民航局的有关规定，分别向国外和国内发布危险、限制或禁航空域的航行通告。

9.2.2　航路和航线

航路是由无线电导航设施确定中心线，并具有一定宽度的空中走廊，是管制空域的一部分。

9.2.2.1　空中交通服务航路

空中交通服务航路是为提供空中交通服务，将空中交通纳入其中而划设的航路。我国民航划设的空中交通服务航路宽度一般为 20 km。空中交通服务航路分为地区性航路或国际航路，国内高空空中交通服务航路，国内中、低空空中交通服务航路，终端区空中交通服务航路，进离场航路。地区性空中交通服务航路或国际航路是根据国际民航组织亚太地区航行规划确定的或我国确定的对外开放航路。其航路走向由地区航行会议确定，航路代码由国际民航组织亚太地区办事处指定，分别为 A、B、G 和 R。国内空中交通服务航路由国家确定并指定代码，分别为 H 和 J。

9.2.2.2　区域导航航路

区域导航航路是为区域导航的航空器建立的空中交通服务航路，分为地区性区域导航航路和国内区域导航航路。地区性区域导航航路由国际民航组织亚太地区航行规划确定，航路代码由国际民航组织亚太地区办事处指定，分别为 L、M、N 和 P。国内区域导航航路由国家确定并指定代码，分别为 Q、Y、T 和 Z。

9.2.2.3 航　线

根据空域的使用要求，在机场与机场之间或机场与航路之间及航路与航路之间建立的航迹线，即为航线。航线的空域管理部门，即空中交通管制单位负责向沿航迹线飞行的航空器提供管制服务。交通管制的航线分为固定航线和临时航线。图 9.2 是我国航路航线的分类示意图。

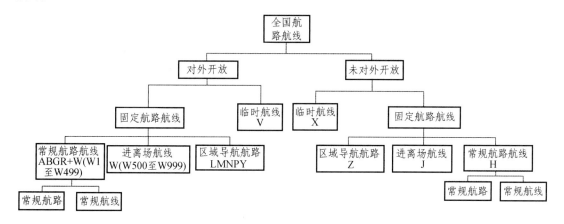

图 9.2　我国航路航线分类图

9.3　民航通信

民航系统涉及的点多、面广，为了保证整个系统运作的安全、高效，各点之间及时准确的信息交流依赖于民航特有的通信网络及其运行规范。民航通信又根据其使用范围、特性而分为两大部分：民航固定通信和民航移动通信（地空通信）。所谓民航固定通信就是在规定的固定点之间进行的单向或双向通信，民航移动通信（地空通信）是航空器电台与地面电台或地面电台某些点之间的双向通信。

9.3.1　民航固定通信

民航固定通信业务是通过平面电报、数据通信、卫星通信、有线通信来进行的，因此，这几种通信方式也就构成了民航的通信网络。民航空中交通服务单位必须具有航空固定通信设施（直接电话通信和印字通信），用以交换和传递飞行计划和飞行动态，移交和协调空中交通服务。

我国使用的平面电报有两种：AFTN 和 SITA。AFTN 是国际民航组织航空固定业务通信网路，为民航当局之间传递航空业务电报和飞行勤务电报服务。SITA 是为传递各航空公司之间运输业务电报服务的。AFTN 格式电报供空中交通管制部门使用；SITA 格式电报供航空公司航务部门使用。两种格式不能混合使用。飞行人员在飞行前填写的领航计划报（FPL）是 AFTN 格式电报。

9.3.1.1 民用航空飞行动态固定格式电报

民用航空飞行动态固定格式电报的拍发与接收，是各空中交通管制单位和各航空公司航务部门了解和掌握飞行动态的重要手段之一。空中交通服务电报的种类、标志及等级见表 9.2，每一种电报的数据量大小、具体内容都有所区别。

表 9.2　AFTN 电报种类

电 报 种 类	标 志	英 文 全 称	等 级
领航计划报	FPL	Field flight plan message	FF
修订领航计划报	CHG	Modification message	FF
取消领航计划报	CNL	Flight plan cancellation message	FF
起飞报	DEP	Departure message	FF
落地报	ARR	Arrival message	GG
延误报	DLA	Delay message	FF
现行飞行变更报	CPL	Current flight plan message	FF
预计飞越报	EST	Estimate message	FF
管制协调报	CDN	Co-ordination message	FF
管制协调接受报	ACP	Acceptance message	FF
逻辑确认报	LAM	Logical acknowledgement message	FF
请求飞行计划报	RQP	Request flight plan message	FF
请求领航计划补充信息报	RQS	Request supplementary flight plan message	FF
领航计划补充信息报	SPL	Supplementary flight plan message	FF
告警报	ALR	Alerting message	SS
无线电通信失效报	RCF	Radio communication failure message	SS

可以看出，具体使用的电报种类是根据飞行的需要来选择，每一次飞行至少会用到领航计划报、起飞报、着陆报。表中所列的飞行预报是我国特有的一种电报格式，是进行飞行申请所需要的。

SITA 格式的航务管理电报分为动态电报（MVT）、飞行预报（PLN）和飞行放行电报（CLR）3 类，而动态电报（MVT）又包括：起飞报（AD）、降落报（AA）、延误报（DL）、取消报（CNL）。

9.3.1.2 领航计划报填写

在每次飞行的起飞前 120 min，飞行员都应当向空中交通服务单位提交填写好的领航计划报。电报内容包括：航空器的识别标志，预计起飞时刻，起降机场，飞行路线、高度、速度，机载设备等，这些内容必须用规定的字母或符号填写在指定的位置，具体见表 9.3。

表 9.3 飞行领航计划报表格

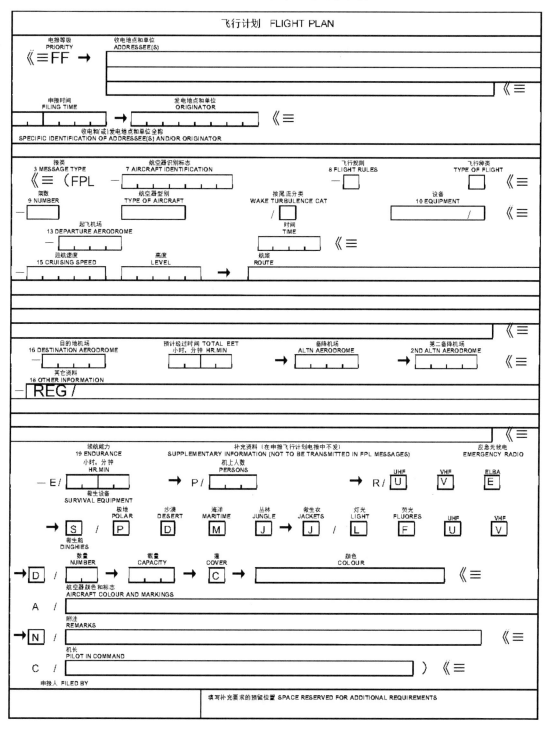

9.3.2 无线电通信

在飞行过程中，飞行员所获得的任何一项服务都是通过无线电通信获得的，这里将学习有关无线电通信设备以及如何进行无线电通话。

9.3.2.1 VHF 通信设备

通用航空器的无线电通信使用甚高频（VHF），频率为 118.0 ~ 135.975 MHz 中的部分频率。按照无线电使用频率的波道的多少对设备分类。现在的大部分无线电台为 360 个波道或者 720 个波道。360 个波道的无线电台为每 50 kHz（0.05 MHz）一间隔，如 118.05，118.10，118.15，8.20；720 个波道无线电台的可用频率多一倍，为每 25 kHz（0.025 MHz）一间隔，如 118.025，118.050，118.075，118.100。

大部分 VHF 无线电台将通信和 VOR 导航接收功能组合在一个部件上。无线电设备通常有频率选择旋钮和频率显示窗，并由音量开/关和啸声抑制电路控制。中间为频率选择旋钮，每档频率可调 0.025 MHz 或 0.05 MHz。由于无线电通信设备一般既包括发射机，又包括接收机，因此称之为收发机（见图 9.3）。

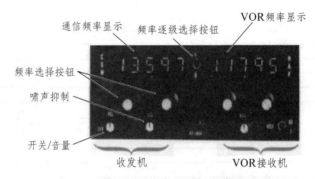

图 9.3 收发机面板示意图

如果飞行员希望能接受到所有的 ATC 服务，特别是在繁忙终端区，就应有 720 波道收发机。如果仅有 360 波道能力，仍可在大部分区域飞行，但可能会使服务有延误以及不能接受到某些服务。还有的收发机为 90、100 或 180 通信波道，飞行前应确认波道能否满足我们计划要联系的设备类型。

当转换频率时，使用旋钮选择并核对显示窗，确认在收发机上调定的频率无误。由于驾驶舱内噪声影响，可通过调节接收机上开/关音量控制旋钮调节音量。当所用频率上无人通话，而需调节音量时，就调啸声控制钮，直到听到背景声为止，而后再调节音量旋钮，关上啸声控制钮，直到听不到背景声为止。虽然打开啸声控制钮可增大接收范围，但大部分时候都是将啸声钮旋调至关位，特别是在想接收远方电台时，更应如此。

VHF 发射机的发射范围限制在视线范围，也就是说，障碍物，如建筑物、地形或地球弯曲等，都会妨碍无线电波的传送。即使在没有山的平原地区，无线电波的传播范围仍为视线范围，因为地球的弯曲也会阻碍无线电的传送。由于 VHF 无线电信号的传播范围为视线范围，所以，航空器飞得越高其发射和接收距离越远。例如，在平原地形上空，航空器高度为 1 000 ft（AGL），其接收发射机范围为 39 NM；高度为 3 000 ft（AGL），其范围可达 69 NM；而航空器高度为 20 000 ft（AGL），其发射机和接收范围可远至 174 NM（见图 9.4）。

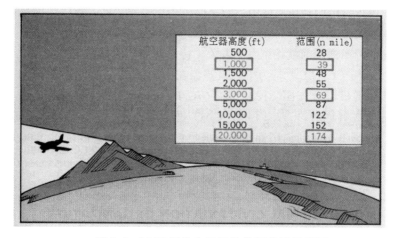

航空器高度(ft)	范围(n mile)
500	28
1,000	39
1,500	48
2,000	55
3,000	69
5,000	87
10,000	122
15,000	152
20,000	174

图 9.4　VHF 无线电信号的传播范围示意图

收发机必须与 VHF 天线相连才能工作。航空器上的天线有多种，但 VHF 天线通常为安置在座舱顶部的弯曲鞭状天线或塑料囊包的刀形天线（见图 9.5）。

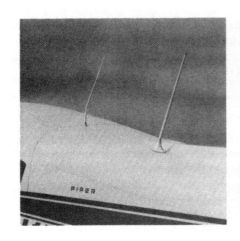

图 9.5　收发机天线

9.3.2.2　无线电通话

无线电通话用语指应用于空中交通服务单位与航空器之间的话音联络，它有自己特殊的发音，语言简洁、严谨，经过严格的缩减程序，多使用祈使句。无线电通话用语必须使用专业用语，因为方言和其他不正确的无线电通话程序会危及飞行安全。无线电通话中最重要的一点是每人的讲话方式能确保其他人明白。在按下话筒按钮准备通话前，首先应考虑好所要讲的内容。无线电通话力求简洁明了，应讲明你是谁、你的位置以及你请求何种服务。在繁忙机场还包括其他一些信息。其次在讲话前先听一听，是否有其他人在通话或等待通话。通话前，将话筒靠近嘴唇，然后按下按钮，用正常的讲话语调通话。过一会就会收到所联系机构的回答。如果没有反应，再试一次。如果话筒没有声音，应检查无线电设备是否工作正常。确认按钮不是卡在发射位置，否则就会妨碍在此频率上其他发射机的发话，导致通信中断。其他的通话技巧有：

通话速率保持适中，在发送需记录或重要信息时降低速率；通话时发音应清楚、明白，保持通话音量平稳，使用正常语调；在通话中的数字前应稍作停顿，重读数字以较慢的语速发出，以便于理解；避免使用"啊、哦"等犹豫不决的词；熟悉掌握送话器的使用技巧，为保证通话内容的完整性，应在开始通话前就按下发送开关，待发话完毕后再将其松开。

中国民用航空局（CAAC）是为中国航空器在中国国内飞行制定规则的机构，对于整个世界，有一个相应的机构——国际民航组织（ICAO）——负责协调国际飞行。进行国际飞行的飞行员不可能掌握各地的语言，因此，ICAO 推荐英语作为国际航空陆空通话语言。在某些非英语国家，作为 ICAO 缔约国都已承诺满足英语通话能力，我国民航正在逐步推广使用英语进行陆空通话。

1. 无线电通话关于数字的使用

1）数字的标准发音

与 ATC 通话时，会接收到大量的航向、高度、频率等数字。有时，通过无线电接收和发射数字时容易产生混淆，使用恰当的方法可减少大部分这方面的问题，见表 9.4。为避免指令中的数字产生混淆，这些数字一般都为一个一个的发音。如果是整百、整千和由整百与整千组成的数字，千位和百位上的数字要分别拼读，并加"百（HUN-dred）"或"千（TOU-SAND）"。含有小数点的数字，在相应的小数点位置上加入"点（DAY-SEE-MAL）"。

表 9.4　数字的标准读法

数　　字	汉 语 读 法	英 语 读 法
0	洞	ZE-RO
1	幺	WUN
2	两	TOO
3	三	TREE
4	四	FOW-er
5	五	FIFE
6	六	SIX
7	拐	SEV-en
8	八	AIT
9	九	NIN-er
.	点	DAY-SEE-MAL 或 POINT
100	百	HUN-dred
1 000	千	TOU-SAND
大写部分应重读		

2）数字组合的一般读法

数字组合的汉语读法一般按数字的汉语发音按顺序逐位读出数字；整百或整千或整千整百组合的数字通常读出数字，后面加上百或千或千百；也可按数字顺序读出。数字组合的英语读法通常按照数字的英语发音按顺序逐位读出；整百或整千或整千整百组合的数字通常读出数字，后面加上百或千或千百的英语读法。数字组合一般读法见表9.5。

表9.5 数字组合一般读法的示例

数 字	汉 语 读 法	英 语 读 法
10	幺洞	WUN ZE-RO
75	拐五	SEV-en FIFE
200	两百	TOO HUN-dred
450	四五洞/四百五	FOW-er FIFE ZE-RO
3 600	三千六	TREE TOU-SAND SIX HUN-dred
2 121	两幺两幺	TOO WUN TOO WUN
9 000	九千	NIN-er TOU-SAND
33 122	三三幺两两	TREE TREE WUN TOO TOO

2. 高度的读法

由于高度是涉及飞行安全的一个重要参数，而且高度的使用又可能涉及公、英制单位和气压基准面的转换等，因此无线电通话的不规范容易造成管制员与飞行员之间的误解而危及飞行安全。

1）高度层的读法

公制高度层的中文读法见表9.6，英语读法按照国际民航组织的发音，通常按照整百、整千读出，为了避免和英制单位混淆，后面统一加上 meters；英制高度层的读法按照国际民航组织的读法读出，如：FL270 的中文读法为"两万七千英尺"，英语读法为"FL TWO SEVEN ZERO FEETS"。

表9.6 公制高度层的读法示例

高度层	汉语读法	英 语 读 法
600 m	六百	SIX HUN-dred METERS
900 m	九百	NIN-er HUN-dred METERS
1 200 m	一千二 或 幺两	WUN TOU-SAND TOO HUN-dred METERS
1 500 m	一千五 或 幺五	WUN TOU-SAND FIFE HUN-dred METERS
1 800 m	一千八 或 幺八	WUN TOU-SAND AIT HUN-dred METERS
2 100 m	两千一 或 两幺	TOO TOU-SAND WUN HUN-dred METERS
2 400 m	两千四 或 两四	TOO TOU-SAND FOW-er HUN-dred METERS
2 700 m	两千七 或 两拐	TOO TOU-SAND SEV-en HUN-dred METERS
3 000 m	三千	TREE TOU-SAND METERS
3 300 m	三千三	TREE TOU-SAND TREE HUN-dred METERS

高度层	汉语读法	英 语 读 法
3 600 m	三千六	TREE TOU-SAND SIX HUN-dred METERS
3 900 m	三千九	TREE TOU-SAND NIN-er HUN-dred METERS
4 200 m	四千二 或 四两	FOW-er TOU-SAND TOO HUN-dred METERS
4 500 m	四千五	FOW-er TOU-SAND FIFE HUN-dred METERS
4 800 m	四千八	FOW-er TOU-SAND AIT HUN-dred METERS
5 100 m	五千一 或 五幺	FIFE TOU-SAND WUN HUN-dred METERS
5 400 m	五千四	FIFE TOU-SAND FOW-er HUN-dred METERS
5 700 m	五千七 或 五拐	FIFE TOU-SAND SEV-en HUN-dred METERS
6 000 m	六千	SIX TOU-SAND METERS
6 300 m	六千三	SIX TOU-SAND TREE HUN-dred METERS
6 600 m	六千六	SIX TOU-SAND SIX HUN-dred METERS
6 900 m	六千九	SIX TOU-SAND NIN-er HUN-dred METERS
7 200 m	七千二 或 拐两	SEV-en TOU-SAND TOO HUN-dred METERS
7 500 m	七千五 或 拐五	SEV-en TOU-SAND FIFE HUN-dred METERS
7 800 m	七千八 或 拐八	SEV-en TOU-SAND AIT HUN-dred METERS
8 100 m	八千一	AIT TOU-SAND WUN HUN-dred METERS
8 400 m	八千四	AIT TOU-SAND FOW-er HUN-dred METERS
9 000 m	九千	NIN-er TOU-SAND METERS
9 600 m	九千六	NIN-er TOU-SAND SIX HUN-dred METERS
10 200 m	幺洞两	TEN TOU-SAND TOO HUN-dred METERS 或 WUN ZE-RO TOU-SAND TOO HUN-dred METERS
10 800 m	幺洞八	TEN TOU-SAND AIT HUN-dred METERS 或 WUN ZE-RO TOU-SAND AIT HUN-dred METERS
11 400 m	幺幺四	ELEVEN TOU-SAND FOW-er HUN-dred METERS 或 WUN WUN TOU-SAND FOW-er HUN-dred METERS
12 000 m	幺两洞	WUN TOO TOU-SAND METERS
12 600 m	幺两六	WUN TOO TOU-SAND SIX HUN-dred METERS
13 200 m	幺三两	WUN TREE TOU-SAND TOO HUN-dred METERS

以 1 013.2 hPa 为基准面，对符合英制高度层配备标准的高度，使用汉语读法时，按照分别读出万位、千位和百位上数字的读法，高度层低于 10 000 ft 时，读作某千英尺；使用英语

读法时，按照国际民航组织的发音，在 FLIGHT LEVEL 后逐位读出万位、千位和百位上的数字。读法示例见表 9.7。

表 9.7 符合英制配备标准和高度层读法示例

高度层	汉语读法	英语读法
9 000 ft	九千英尺	FLIGHT LEVEL NIN-er ZE-RO
29 000 ft	两九洞	FLIGHT LEVEL TOO NIN-er ZE-RO
33 000 ft	三三洞	FLIGHT LEVEL TREE TREE ZE-RO

当高度指令涉及公、英制高度层转换时，英制高度层的首次英语读法按照国际民航组织的发音，在 FLIGHT LEVEL 后逐位读出万位、千位和百位上的数字；汉语读法读作某万某千英尺。符合我国高度层的首次英语读法为某 TOU-SAND 某 HUN-dred METERS，汉语读法为某万某千某百米。读法示例见表 9.8。

表 9.8 涉及公-英制转换的高度层读法示例

高度层	首次汉语读法	首次英语读法
6 600 m	六千六百米	SIX TOU-SAND SIX HUN-dred METERS
9 600 m	九千六百米	NIN-er TOU-SAND SIX HUN-dred METERS
9 000 ft	九千英尺	FLIGHT LEVEL NIN-er ZE-RO
29 000 ft	两万九千英尺	FLIGHT LEVEL TOO NIN-er ZE-RO
33 000 ft	三万三千英尺	FLIGHT LEVEL TREE TREE ZE-RO

当高度指令涉及气压基准面转换时，空中交通管制员应在通话中指明新的气压基准面数值，以后可省略气压基准面。航空器驾驶员应对空中交通管制员指定的气压基准面（数值）进行复诵。符合我国高度层配备标准的高度，使用汉语读法时，对上升到以 1 013.2 hPa 为基准面的高度，在高度数字前加上"标准气压"（示例："上升到标准气压六千六"）。当以修正海平面气压为基准面时，在高度数字前加上"修正海压"，在高度数字后加上"修正海压（数值）"（示例："下降到修正海压一千五，修正海压幺洞幺幺"）。当以场面气压为基准面时，在高度数字前加上"场压"，在高度数字后加上"场压（数值）"（示例："下降到场压一千五，场压幺洞幺幺"）。使用英语读法时，对上升到以 1 013.2 hPa 为基准面的高度，在高度数字后加上"ON WUN ZE-RO WUN TREE"（示例："CLIMB TO SIX TOU-SAND SIX HUN-dred METERS ON WUN ZE-RO WUN TREE（或 ON STANDARD）"）。当以修正海平面气压为基准面时，在高度数字后加上"ON QNH（数值）"（示例："DESCEND TO WUN TOU-SAND FIFE HUN-dred METERS ON QNH WUN ZE-RO WUN WUN"）。当以场面气压为基准面时，在高度数字后加上"ON QFE（数值）"（示例："DESCEND TO WUN TOU-SAND FIFE HUN-dred METERS ON QFE WUN ZE-RO WUN WUN"）。

2）不符合高度层标准的高度读法

对不符合我国高度层配备标准的高度，按照数字的一般读法读出。鉴于非高度层配备标准的高度多应用于进近、起落航线、通用航空飞行和使用半数高度层等情况，为了使对方能够明确理解、不易与固定高度混淆，其读法应全读，高度的后面应读出"米"。读法示例见表9.9。示例： N5802D 的汉语读法为"下降到修正海压五千两百米，修正海压幺洞幺幺，通过 ESBAG 高度不低于五千七百米"；英语读法为："N5802D, DESEND TO 5200 METERS ON QNH WUN ZE-RO WUN WUN CROSS ESBAG AT 5700 METERS OR ABOVE."

表 9.9　不符合高度层标准的高度读法示例

高　度	汉 语 读 法	英 语 读 法
100 m / QNH	修正海压一百米	WUN HUN-dred METERS QNH
450 m / QNE	标准气压四百五十米	FOW-er FIFE ZE-RO METERS STANDARD
700 m / QNH	修正海压七百米	SEV-en HUN-dred METERS QNH
1 210 m / QNE	标准气压幺两幺洞米	WUN TOO WUN ZE-RO METERS STANDARD
8 000 m / QNE	标准气压八千米	AIT TOU-SAND METERS STANDARD
7 100 m / QNE	标准气压七千一百米	SEV-en TOU-SAND WUN HUN-dred METERS STANDARD

3）最低下降（决断）高/（高度）的读法

汉语读法为：最低下降（决断）高/（高度）+ 数字，数字按照数字的一般读法读出，后加"米"。英语读法为：缩写的英文全名 + 数字的一般英语读法 + 单位。读法示例见表 9.10。

表 9.10　最低下降（决断）高/（高度）的读法示例

最低下降（决断）高/（高度）	汉 语 读 法	英 语 读 法
MDH 130 m	最低下降高一百三十米	MINIMUM DESCENT HEIGHT WUN TREE ZE-RO METERS
DA 486 m	决断高度四百八十六米	DECISION ALTITUDE FOW-er AIT SIX METERS

3. 跑道的读法

跑道编号应按照数字的汉语或英语发音逐位读出。跑道编号后的英文字母 R、L、C 分别表示 RIGHT、LEFT、CENTER。汉语按照右、左、中读出，英语分别按照"RIGHT""LEFT""CENTER"读出。读法示例见表 9.11。

表 9.11　跑道的读法

跑 道 编 号	汉 语 读 法	英 语 读 法
03	跑道洞三	RUNWAY　ZE-RO TREE
08L	跑道洞八左	RUNWAY ZE-RO AIT LEFT

4. 字母的发音和读法

1）标准字母的发音

由于字母"B""C""D"和"E"的发音相似，容易产生错误，特别在无线电通话时更易产生错误。因此，使用下述拼读法以避免产生误解。ICAO 规定采用专用音标进行无线电通话。标准字母的发音见表 9.12。

表 9.12　标准字母的发音示例

字母（LETTER）	单词（WORD）	发音（PRONUNCIATION）
A	Alpha	<u>AL</u> FAH
B	Bravo	<u>BRAH</u> VOH
C	Charlie	<u>CHAR</u> LEE
D	Delta	<u>DELL</u> TAH
E	Echo	<u>ECK</u> OH
F	Foxtrot	<u>FOKS</u> TROT
G	Golf	GOLF
H	Hotel	HOH <u>TELL</u>
I	India	<u>IN</u> DEE AH
J	Juliett	<u>JEW</u> LEE <u>ETT</u>
K	Kilo	<u>KEY</u> LOH
L	Lima	<u>LEE</u> MAH
M	Mike	MIKE
N	November	NO <u>VEM</u> BER
O	Oscar	<u>OSS</u> CAH
P	Papa	PAH <u>PAH</u>
Q	Quebec	KEH <u>BECK</u>
R	Romeo	<u>ROW</u> ME OH
S	Sierra	SEE <u>AIR</u> RAH
T	Tango	<u>TANG</u> GO
U	Uniform	<u>YOU</u> NEE FORM
V	Victor	<u>VIK</u> TAH
W	Whiskey	<u>WISS</u> KEY
X	X-ray	<u>ECKS</u> <u>RAY</u>
Y	Yankee	<u>YANG</u> KEY
Z	Zulu	<u>ZOO</u> LOO
划下横线的部分应重读		

2）特殊字母的读法

（1）机场识别代码的读法。

机场识别代码按英文字母逐位读出。读法示例见表 9.13。

表 9.13　机场识别代码读法示例

机场识别代码	汉 语 读 法	英 语 读 法
RJTY	ROMEO JULIETT TANGO YANKEE	ROMEO JULIETT TANGO YANKEE
ZBAA	北京	ZULU BRAVO ALPHA ALPHA

（2）全向信标台（VOR）和无方向信标台（NDB）的读法。

在汉语读法中，VOR 台和 NDB 台按照航图中的地名读出。英语读法按照字母发音读出该台识别代码。对于 VOR 和 NDB 导航台名称相同，不建在一起且距离较远时，应在台名后加 NDB 或 VOR（示例：怀柔 VOR 和怀柔 NDB），全向信标台读法示例见表 9.14。

表 9.14　全向信标台读法示例

全向信标台	汉 语 读 法	英 语 读 法
SIA	西安	SIERRA INDIA ALPHA
VYK	大王庄	VICTOR YANKEE KILO
VM	石各庄	VICTOR MIKE
SX	南浔	SIERRA X-RAY

（3）航路点的读法。

如航路点是 5 个英文字母，则中英语读法相同，按照一个单词的英语发音读出；如航路点是 P 和数字组成，则汉语按照 P 加数字读出，英语按照字母和数字的发音读出。读法示例见表 9.15。

表 9.15　航路点的读法示例

航 路 点	汉 语 读 法	英 语 读 法
BUBDA	BUBDA（按音标读出）	BUBDA（按音标读出）
ANDIN	ANDIN（按音标读出）	ANDIN（按音标读出）
P23	P 两三	PAPA TOO TREE

（4）航路的读法。

航路由航路代号和编码组成，分别按照数字和字母的发音读出。航路代号前有 U、K、S 时，U 读 UPPER，K 读 KOPTER，S 读 SUPERSONIC，其分别表示英文单词 UPPER、HELICOPTER 和 SUPERSONIC。标准进离场航线汉语按导航台名称加有效代号加航路代号加进场或离场读出；英语按照字母和数字的发音，后加"ARRIVAL""DEPARTURE"读出。读法示例见表 9.16。

表 9.16　航路的读法示例

航路、进离场航线	汉语读法	英语读法
G595	G595/GOLF 五九五	GOLF FIFE NIN-er FIFE
J325	J325/JULIETT 三两五	JULIETT TREE TOO FIFE
VYK-01A	大王庄洞幺号进场	VICTOR YANKEE KILO ZE-RO WUN ARRIVAL
NHW-2D	南汇两号离场	NOVEMBER HOTEL WHISKEY TOO DEPARTURE

（5）标准单词。

下列标准单词在通话中具有特定的含义（见表 9.17）

表 9.17　标准单词读法及含义

中　文	英　语	含　义
请认收	ACKNOWLEDGE	向我表示你已经收到并理解该电报
是　的	AFFIRM	是的
同　意	APPROVED	批准所申请的行动
断　开	BREAK	表示电报各部分的间断；用于电文与电报的其他部分无明显区别的情况。如果信息的各个部分之间没有明显的区别可以使用该词作为信息各部分之间的间隔标志
另　外	BREAK BREAK	表示在非常繁忙的情况下，发布给不同航空器的电报之间的间断
取　消	CANCEL	废除此前所发布的许可
检　查	CHECK	检查系统或程序（通常不回答）
准许，可　以	CLEARED	批准按指定条件前行
证　实	CONFIRM	你是否已经准确地收到了……？　或　你是否已经准确地收到了本电报？
联　系	CONTACT	与……建立无线电联系
正　确	CORRECT	你所讲的是正确的
更　正	CORRECTION	在本电报出了一个错误（或所发布的信息本身是错的），正确的内容应当是……
作　废	DISREGARD	当作信息没有发送
请　讲	GO AHEAD	发你的电报
信号怎样	HOWDOYOUREAD	我所发电报的清晰度如何？
我重复一遍	I SAY AGAIN	为了表示澄清或强调，我重复一遍
守　听	MONITOR	收听或调定到某个频率
错误或不同意	NEGATIVE	并非如此，或不允许，或不对
完　毕	OUT	本次通话已经结束，并且你不需作出回答（通常 VHF 通信中不使用）
请回答	OVER	我发话完毕，并希望你回答（通常 VHF 通信中不使用）
请复诵	READ BACK	请向我准确地重复本电报所有或部分内容
重新许可	RECLEARED	此前发布给你的许可已经变更，这一新的许可将取代此前的许可或其中部分内容
报　告	REPORT	向我传达下列情报

中 文	英 语	含 义
请 求	REQUEST	我希望知道……或我希望得到……
收 到	ROGER	我已经收到了你刚才的发话（任何条件下不得用于对要求复诵的问题的回答，或者直接回答对或者不对）
再说/重复一遍	SAY AGAIN	请重复你刚才发话的所有内容或下列部分
讲慢点	SPEAK SLOWER	请降低你的语速
稍等/等待	STANDBY	请等候，我将呼叫你
核 实	VERIFY	与发电方进行检查和确认
照 办	WILCO	"将照办"的缩略语，我已经明白了你的电报并将按照该电报执行
讲两遍	WORDS TWICE	（对于申请来说）通信困难，请把每个词（组）发送两遍
讲两遍	WORDS TWICE	（对于信息来说）因为通信困难，该电报的每个词（组）将被发送两遍

5. 呼号的读法

1）管制单位的呼号

管制单位的名称由管制单位所在地的名字和后缀组成。后缀表明提供何种服务或单位类型。示例见表 9.18。

表 9.18　管制单位的简呼示例

管制单位或服务	后缀汉语简呼	后缀英语简呼
区域管制中心（Area control centre）	区 域	CONTROL
进近管制（Approach control）	进 近	APPROACH
进场雷达管制（Approach control radar arrival）	进 场	ARRIVAL
离场雷达管制（Approach control radar departure）	离 场	DEPARTURE
机场管制（Aerodrome control）	塔 台	TOWER
地面活动管制（Surface movement control）	地 面	GROUND
放行许可发布（Clearance delivery）	放 行	DELIVERY
飞行情报服务（Flight information service）	情 报	INFORMATION
机坪管制/管理服务（Apron control/management service）	机 坪	APRON
公司签派（Company dispatch）	签 派	DISPATCH

航空器和管制单位初次联系时，应全呼航空器和管制单位的全称。在建立双向联系以后的各次通话中，宜简呼地名，管制单位或服务也可省略。示例见表 9.19。

表 9.19　具体管制单位的简呼示例

管制单位或服务	汉 语 简 呼	英 语 简 呼
北京区域管制中心	北京区域或北京	BEIJING CONTROL 或 BEIJING

2）航空器的呼号

航空器的呼号有以下 3 种形式：

（1）航空器的注册号。

注册号字母和数字应按照字母和数字的标准发音逐位读出。有时航空器制造厂商或航空器名通常作为注册号字母的前缀。航空器制造厂商或航空器名按照英语发音习惯或翻译的汉语读出。

示例 1：

G-ABCD　GOLF ALPHA BRAVO CHARLIE DELTA（英、汉发音相同）

示例 2：

Cessna G-ABCD　塞斯纳 GOLF ALPHA BRAVO CHARLIE DELTA（汉）

Cessna GOLF ALPHA BRAVO CHARLIE DELTA（英）

（2）航空器经营人的无线电呼号加航空器注册号的最后四位字母。

航空器经营人呼号英语发音按照国际民航组织指定的无线电呼号读出。中国的航空公司呼号汉语发音按照中国民航规定的呼号读出。注册号的字母全部按照字母英语标准发音逐位读出，数字应分别按照数字的汉语、英语标准发音逐位读出。读法示例见表 9.20。

表 9.20　航空器的呼号（一）

航 空 器 的 呼 号	英 语 读 法
BAW BHWC	SPEEDBIRD BRAVO HOTEL WHISKEY CHARLIE

（3）航空器经营人的无线电呼号加航班号。

航空器经营人呼号的英语发音按照 ICAO 指定的无线电呼号读出。中国的航空公司呼号汉语发音按照中国民航规定的呼号读出。航班号的字母全部按照字母英语标准发音逐位读出，数字应按照数字的汉语、英语标准发音逐位读出。读法示例见表 9.21。

表 9.21　航空器的呼号（二）

航空器的呼号	汉 语 读 法	英 语 读 法
BAW 998A	英航 998 ALPHA	SPEEDBIRD NIN-er NIN-er AIT ALPHA
CES72AC	东方拐两 ALPHA CHARLIE	CHINA EASTERN SEV-en TOO ALPHA CHARLIE
CSN1201	南方幺两洞幺	CHINA SOUTHERN WUN TOO ZE-RO WUN

在建立满意的双向通信联系之后，在无任何混淆产生的情况下，上述航空器的呼号可缩减成如下形式：

● 航空器的注册号中的第一个和至少最后两个字母（示例：G-CD 或 Cessna G-CD）；

● 航空器经营人的无线电呼号加航空器的注册号中的第一个和至少最后两个字母（示例：TWA B-WC）；

● 航空器经营人的无线电呼号加航班号，无缩减形式（示例：南方 1201 无缩减形式）。

只有当管制单位缩减了航空器的呼号后，航空器才可使用缩减后的呼号。当由于存在相似的呼号而可能产生混淆时，航空器在飞行中应改变或更换呼号。管制单位可临时指令航空器改变呼号形式。如果航空器是重型航空器，在第一次呼叫塔台或进近管制单位时，在呼号后紧跟"HEAVY"。

6. 其他读法

机场标高读法：按照机场标高+数字+单位的方式读出，数字按照数字的一般读法读出；英语读法为 elevation+（number）+unit 读出。

时间的读法：一般只读出分钟，如果跨越整点时，通常读出小时和分钟数，按照数字的读法逐位读出。

气压的读法：数字应当逐一读出。汉语读法为气压的气压面名称+数字的汉语读法；英语读法为气压的 Q 字简语+数字的英语读法。

航向的读法：航向后应当跟三位数并逐一读出数值。

速度的读法：使用"海里/小时"作为速度单位时，逐一读出数值，中文读法后不加单位；使用"km/h"作为速度单位时，后面应当加上单位；使用马赫数作为速度单位时，读作"马赫数点××"或"马赫数×点××"；速度的英语读法按照数字的一般读法读出，后加速度单位。

频率的读法：汉语中，频率应当逐一读出。英语读法按照数字的一般读法读出。

距离的读法：距离应当逐一读出，后面应当加上单位。

活动通报钟方位的读法：按照时钟的习惯读法读出，汉语读作"××点钟方向"，英语读作"（number）O'CLOCK"。

应答机编码的读法：应答机/Squawk 后跟四位数并逐一读出。

航空器机型的读法：航空器机型通常按照飞机制造商注册的方式发音，汉语发音时机名按照翻译的汉语名称读出，型号按照汉语发音习惯，英语的发音按照习惯读法。

有关气象方面的数字如能见度的读法按照气象部门的规定读出。

7. 通 话

陆空通话中应使用汉语普通话或英语，时间采用协调世界时。空中交通管制员发出的指令应保证含义清楚和完整，避免发出让航空器驾驶员无所适从或无法操纵的指令。当建立首次通信联系时，航空器应使用航空器和管制单位或服务单位的全称。如果地面电台需要广播信息或情报，可在信息或情报前加上"全体注意"或"ALL STATIONS"。如果某一航空器想对周围的航空器广播信息或情报,可在信息或情报前加上"全体注意"或"ALL STATIONS"。如果对收到的信息存在疑问，可要求重复全部信息或其中一部分，使用表 9.22 中的术语。

表 9.22　要求重复信息的用语

汉　语	英　语	含　义
重　复	SAY AGAIN	Repeat entire message
重复……（项目）	SAY AGAIN…item）	Repeat specific item
重复……之前	SAY AGAIN ALL BEFORE…（the first word satisfactorily received）	Repeat part of message
重复……之后	SAY AGAIN ALL AFTER…（the last word satisfactorily received）	Repeat part of message
重复……和……之间	SAY AGAIN ALL BETWEEN…AND…	Repeat part of message

如果被呼叫单位不能确定谁呼叫自己，被呼叫单位可要求对方重复呼号直至建立联系。

汉语：哪个呼叫（单位），请重复呼号。

英语：STATION CALLING （UNIT），SAY AGAIN YOUR CALLSIGN。

如果空中交通管制员或航空器驾驶员在发布指令或报告的过程中出现错误并立即更正，应说"更正（CORRECTION）"，重复更正后的正确部分。

如果空中交通管制员或航空器驾驶员在通话过程中发现前面的内容有错误，但由于发布的内容较多，立即更正会使对方很难确定哪部分有错误，通过重复全部指令或报告能更好地更正错误，这时空中交通管制员或航空器驾驶员应使用"更正，我重复一遍（CORRECTION，I SAY AGAIN）"用语。

当空中交通管制员或航空器驾驶员认为对方接收可能有困难或有必要时，通话中的重要内容应重复。

示例1：

汉语：北京进近，东方2110保持两千七，我重复一遍，保持两千七，发动机失去推力，右发失去推力。

英语：BEIJING APPROACH, CHINA EASTERN 2110 MAINTAIN 2 700 METERS, I SAY AGAIN, 2 700 METERS, ENGINE LOSING POWER, RIGHT ENGINE LOSING POWER。

示例2：

汉语：东方5315，取消起飞，我重复一遍，取消起飞。

英语：CHINA EASTERN FIFE TREE WUN FIFE, CANCEL TAKE-OFF, I SAY AGAIN, CANCEL TAKE-OFF。

当航空器驾驶员需要记录，同时为避免无谓的重复，空中交通管制员应缓慢、清楚地发布许可，并且注意发布许可的时机。

9.3.2.3 无线电检查

为了保证无线电通话的质量，在第一次通话，或对通话效果不满意时，经常要进行无线电检查。通话的内容及次序为：对方电台呼号；己方电台呼号；无线电检查（RADIO CHECK）；使用的频率。无线电检查回答的内容及次序为：对方电台呼号；己方电台呼号；发射信号的质量（READABILITY）。发射信号的质量按表9.23划分。

表9.23　发射信息质量表

通　话　质　量	中文描述	英文描述
不清楚 Unreadable	1个	1（WUN）
可断续听到 Readable now and then	2个	2（TOO）
能听清但很困难 Readable but with difficulty	3个	3（TREE）
清楚 Readable	4个	4（FOW-er）
非常清晰 Perfectly Readable	5个	5（FIFE）

汉语示例。

飞行员：昆明塔台，东方2406，无线电检查，118.1。

地面管制员：东方 2406，昆明塔台，听你 3 个，你的信号弱，检查你的发射机。

英语示例。

P: KUNMING TOWER， CHINA EASTERN 2406， RADIO CHECK， 118.1.

G: CHINA EASTERN 2406， KUNMING TOWER， READ YOU 3， YOUR SIGNAL IS WEAK， CHECK YOUR TRANSMITTER.

每次飞行都需要进行大量的无线电通话，通话内容和格式将在后面相关的管制部分分别介绍。

9.4 飞行的申请与航空器放行

飞行的组织与实施，包括飞行预先准备、飞行直接准备、飞行实施和飞行讲评 4 个阶段。航空公司、空中交通管制单位、机场管理机构、航空油料公司等部门应当积极组织协调，保证飞行安全、正常、有秩序地进行。本节通过介绍飞行服务报告室的工作程序和方法，说明航空器飞行的组织与保障工作。

9.4.1 空中交通服务报告室的工作

空中交通服务报告室（简称报告室），主要负责受理和审核飞行计划的申请，向有关管制单位和飞行保障单位通报飞行计划和动态。

报告室的工作应在空中交通部门有关领导指挥下，对各航空公司、机场管理机构以及其他各保障飞行部门的工作积极地进行组织与协调，保证飞行安全、正常、有秩序地进行。报告室的工作与飞行、签派工作一样，都必须严格按照预先准备阶段、直接准备阶段、实施阶段和讲评阶段 4 个阶段的程序进行。只有认真做好每一个阶段的工作，飞行安全和正常才能得到保障。

9.4.1.1 预先准备阶段报告室的工作

预先准备是组织飞行的重要阶段，每次飞行都应当预先进行充分准备，预计到可能发生的各项复杂情况，拟订工作方案，保障各项工作的顺利完成。预先准备阶段的主要内容是：受理飞行申请，拍发飞行预报（PLN），制订次日飞行计划，检查落实各项保障工作。预先准备阶段的工作通常是在飞行前一日进行，但遇到临时或紧急任务时，与直接准备阶段合并在一起进行。

9.4.1.2 直接准备阶段报告室的工作

1. 起飞机场

在航空器预计起飞前 1.5 h，报告室值班管制员应当：听取气象预报员讲解天气；听取机场管理机构关于保障飞行准备情况的报告；受理并发出机长或者其代理人提交的领航计划报（FPL），提交领航计划报时，机长或者其代理人必须签字。

当该次飞行延误或取消时，报告室值班员应通知有关协议单位，并发出延误或取消电报。

在可能的情况下，应说明延误后的预计起飞时间。由于天气、客货或其他原因改变飞行计划时，报告室值班员应及时通知有关部门、有关管制室和报告室以及当地军航管制部门。

2. 着陆机场（备降机场）

在航空器预计起飞前 1.5 h，着陆机场（备降机场）报告室值班管制员应当：开始研究本场天气，取得本场天气预报和实况；听取机场管理机构关于保障飞行准备情况的报告；向值班领导报告，做出开放或关闭机场的决定，并通知有关部门；收到起飞电报后，报告室值班管制员将该航空器预计到达时间通知有关协议单位；当接到飞来本场航空器的延误或取消电报后，报告室值班管制员应立即通知本场有关部门。

3. 关闭机场

机场因跑道面、通信导航设备、灯光设备以及其他技术原因，不能保证飞行安全时，应当关闭机场；机场关闭不超过 24 h 时，关闭时间由机场所在地的空管分局（站）的值班领导决定，并报民航地区管理局和民航局备案；机场关闭 24 h 以上时，必须报民航局批准。

机场关闭和重新开放，由机场的报告室发出机场关闭和开放电报，并通知有关单位。机场关闭后，禁止航空器起飞和着陆。

9.4.1.3 飞行实施阶段报告室的工作

飞行实施阶段是飞行 4 个阶段中保证安全和完成飞行任务的关键阶段，在这个阶段随时可能出现各种不正常的情况。因此，在工作过程中值班管制员应充分考虑到与飞行有关的各个环节，根据不同情况，做出适当安排。

1. 起飞机场

收到塔台管制员通知的航空器起飞时间，立即发出起飞电报；延误、取消飞行时，应通知有关协议单位，并发出延误或取消电报，在可能的情况下，应注明延误后的预计起飞时间；当航空器起飞后在本场范围内返航时应发出相关电报，并弄清返航原因，在值班领导指挥下，通知有关部门处理。将航空器起飞、着陆、返航和延误的时间和原因记在飞行动态记录表的有关位置上。

2. 着陆机场（备降机场）

收到航空器起飞电报后，将航空器预计到达时间通知有关协议单位；当航空器因各种特殊情况着陆时，组织好援救工作，确保航空器和乘员的安全；收到塔台管制员通知的航空器着陆时间，发出着陆电报；对过站短停的航空器办理过站手续；将航空器的着陆时间填写在动态表上。

9.4.1.4 飞行结束后报告室的工作

飞行结束后报告室的工作主要包括飞行后的讲评、听取机组的汇报、统计飞行架次和填写工作日志等。这一阶段的工作是总结经验，保证飞行安全和提高服务质量的重要阶段，因此要认真对待。

在实际工作中，4 个阶段的工作并不是截然分开，而是交错在一起的。因此只有对每一阶段的工作环节非常熟练，才能在错综复杂的情况下运用自如。

9.4.2 飞行计划的申请

预先飞行计划是指航空营运人为达到其飞行活动的目的，预先制订的包括运行安排和有关航空器、航路、航线、空域、机场、时刻等内容的飞行活动方案。预先飞行计划应当在领航计划报（FPL）发布之前获得批准。

航空器的飞行应当按规定提出飞行申请，未经批准的飞行申请不得执行。新型航空器首次投入航班飞行前，航空器运营人、所有人应当向管制单位提供航空器的有关性能数据。

航空器营运人及其代理人应当于航空器预计撤轮挡时间 2.5 h 前提交飞行计划。国内航空器营运人执行国内飞行任务不得早于预计撤轮挡时间前 24 h 提交飞行计划；航空器营运人执行其他任务不得早于预计撤轮挡时间前 120 h 提交飞行计划。航空器营运人及其代理人不得为同一飞行活动重复提交飞行计划。

管制单位应当按照《民用航空飞行动态固定电报格式（MH/T4007）》和相关规定拍发飞行动态固定电报。

9.4.3 航空器放行

航空器的放行是保证飞行安全的重要一环，通常由航空公司的飞行签派机构来实施，航空器在公司基地以外的机场起飞，可以委托当地机场有签派资格的飞行服务报告室、其他航空公司的飞行签派室、机场管理机构等行使签派放行职能。起飞站航空公司飞行签派员或委托的代理人必须在航空器起飞前，认真研究航线、起飞站、降落站和备降站的天气实况和天气预报。在遇有复杂气象时应与机长和气象预报员共同讨论。根据天气标准、航空器性能、航路和机场的设备保障情况及空中交通管制部门的意见，分析是否适航，并由签派员和机长共同决定，航空器起飞放行许可证是对一次飞行安全运行各项内容的确认。

9.4.3.1 放行航空器的原则

放行航空器，必须有签派员或其代理人和机长或其代理人在飞行放行单上签字。签派员在飞行放行单上签字，表示起航空器场、航路、目的地机场和备降机场的天气符合放行条件，有关该次飞行的各项条件均符合公司有关规定和安全标准。机长或其代理人在飞行放行单上签字，表示机长胜任该次飞行，并确认该次飞行的天气、航空器和其他各项保障条件符合公司的有关规定和安全标准。机长和签派员对放行许可意见不一致时，应报航空公司经理决定，经理应采用安全程度较高的意见。

在飞行中，需要变更放行许可内容时，机长应当将变更情况尽快报告签派员或其代理人。飞行放行单的有效时限，从签派员和机长签字开始到新的飞行放行单发出为止。在飞行放行单生效后，如情况发生变化，原放行决定不能保证飞行安全时，机长和签派员应及时研究，做出新的决定。

9.4.3.2 禁止放行航空器的规定

飞行签派员或签派代理人在实施放行工作时，应当严格把关，以确保飞行安全。凡遇有下列情况，禁止放行航空器：

（1）空勤组成员不齐，或者由于技术、健康等原因不适于该次飞行的。

（2）飞行人员尚未完成飞行准备、飞行准备质量不符合要求、驻机场航空单位或者航空公司的负责人未批准飞行的。

（3）飞行人员未携带飞行任务书、飞行气象文件及其他必备飞行文件的。

（4）飞行人员未校对本次飞行所需的航行、通信、导航资料和仪表进近图或者穿云图的。

（5）航空器有故障，低于该型航空器最低放行清单的规定，航空器表面有冰、雪、霜没有除尽。

（6）航线或机场的地面保障设施发生故障，不能保障飞行安全。

（7）航空器上的装载和乘载不符合规定的。

（8）航空器未按规定携带备用燃料的。

（9）天气情况低于机长飞行的最低气象条件，以及天气情况危及本次飞行安全的。

（10）在禁区内、危险区、限制区和机场宵禁的有效时间内。

9.4.4　备降机场

备降机场是指在预定的目的地机场不能着陆时，而在飞行计划中规定可以前往着陆的机场。备降机场也可能就是起飞机场。

为保证航空器安全运行，在每次放行航空器时，飞行签派员或其代理人都必须选择一个备降机场，并在飞行计划中注明。当降落机场或第一备降机场天气条件处于标准边缘时，必须至少再指定一个备降机场。在复杂气象条件下放行航空器时，应当采取签派员、气象人员和飞行人员相结合的方法，认真分析天气形势，拟定飞行方案，既要严格遵守最低天气标准、保证飞行安全，又要不放过可飞时机、提高航班正常性。

9.4.4.1　备降机场的选择

当降落机场天气实况低于机长天气最低标准，而天气预报在航空器预计到达时高于机长天气标准；或者当降落机场天气预报在航空器预计到达时低于机长天气最低标准，而在起飞前天气实况高于机长天气最低标准时，应当选择天气稳定可靠的机场作为降落机场的备降机场，并携带足够的备用油量，否则不得放行航空器起飞。

起飞机场的天气实况（云高、能见度）低于该机场的最低着陆标准，但不低于该机场起飞标准时，放行航空器起飞，必须有符合下列条件的机场作为起飞机场的备降机场：天气稳定可靠；高于机场天气最低标准；距起航空器场的距离为：

（1）双发航空器不超过 1 h 航程（按一发失效，正常巡航速度计算）。

（2）三发或三发以上航空器不超过 2 h 航程（按一发失效，正常巡航速度计算）。

9.4.4.2　备降机场最低标准

在签派放行指定为备降的机场，其使用的备降最低标准为：具有精密进近程序的机场，云高 180 m，能见度 3.2 km；具有非精密进近程序的机场，云高 240 m，能见度 3.2 km。但是对于具有两种导航设施并能提供不同跑道直线进近的机场，只要气象报告和预报表示在到达备降机场时，天气允许直线仪表进近，则可以允许使用两种进近程序中较低的着陆最低标准的 MDH 或 DH 增加 60 m 为云高，能见度增加 0.8 km，或云高 120 m，能见度 1.6 km，以较高值为准。

备降机场最低标准是选择备降机场的天气条件，当航空器到达备降机场实施仪表进近时，执行的仍然是该机场仪表进近程序规定的着陆最低标准。

9.5 起飞离场管制

航空器的起飞、离场是属于由 D 类空域到 C 类空域的飞行，应当依次受塔台管制室和进近管制室的管制。在飞行繁忙的机场，将 D 类空域的管制权进一步细分，即跑道以外的地面机动区由地面管制席负责，跑道及 D 类空域的空中部分由塔台管制席负责。航空器起飞、着陆的管制，本教材中都按照在塔台管制室设有地面管制席的模式来进行讲解，对于飞行量小的机场，地面管制席的工作一并由塔台管制席完成。

9.5.1 地面管制

地面管制主要负责向航空器发布放行许可，对航空器的推出、开车和滑行进行管制，同时，负责对在机场机动区内部分区域运行的人员与车辆进行管制。地面管制的职能是防止在有关机动区内运行的航空器与航空器之间、航空器与车辆之间及航空器与该区内的障碍物发生相撞。

9.5.1.1 放行许可的发布

空中交通管制放行许可的目的是指定航空器按照空中交通管制（指机场管制、进近管制和区域管制）批准的离场航线、航路、飞行高度层执行飞行任务，避免空中交通冲突的产生，加速空中交通流量，保证空中交通有秩序高速地运行。空中交通管制放行许可构成了某一架航空器继续向前飞行的依据。放行许可是完全为了加速和隔离空中交通的，不能以此为理由违反任何为加强飞行安全或其他目的的有关规章。

放行许可是根据影响飞行安全的已知交通情况而发布的。这种交通情况不仅包括实施管制的空中和机动区上的航空器，而且还包括使用中机动区上的任何交通车辆和其他非永久性设立的障碍物。如果航空器的机长认为空中交通放行许可不适合，则他可以要求取得修订的放行许可。管制员发给的放行许可仅就交通和机场情况而言，并不减轻驾驶员对可能违反适用规章所必须承担的任何责任。

进近管制员根据区域管制中心的放行许可安排进近的放行，根据区域管制中心的放行结合塔台和进近的管制服务条件发布放行许可。进近管制员根据上述两条向空中交通管制的放行发布席通报放行许可内容，然后由空中交通管制的放行发布席向出港航空器传递放行许可内容。进近的空中交通管制的放行许可应不迟于航空器预计起飞前 15 min 传递给空中交通管制的放行许可发布席。由地面管制席代理发布放行许可时，地面管制员应在航空器建立起始联络时或请求开车前，向进近管制室通报出港航空器的动态，并索要放行许可。区域管制中心在收到进近管制室或机场管制塔台的要求后，必须尽快将放行许可发给这些单位，或者在接到要求之前发给。

1. 空中交通管制放行许可的内容

放行许可内容的数据必须明确、简捷，并尽可能地使用标准用语。放行许可应包括下列事项，并按照顺序明确发出：

（1）航空器呼号。

（2）管制许可的界限。

（3）批准的离场程序。

（4）飞行航路。

（5）飞行高度/高度层。

（6）其他的必要事项（如应答机编码等）。

示例：南方 3403，可以经由 BH03D 标准离场程序和飞行计划航线飞往成都，巡航高度层 9 000 m，应答机编码 A2101。

China Southern 3403 cleared to Chengdu via BH zero tree departure，flight planned route，cruising level 9000 metres on 1013，Squawk A2101.

管制许可界限必须以有关报告点的名称、机场或管制空域的边界来说明。已事先与即将对该航空器实施管制的单位协调，或者可以保证在其承担管制之前尚有富余时间，则放行许可的界限必须为目的地机场；如果这些都不可能，许可界限则为某一适当的中途点，同时必须尽快协调，以便到目的地机场的放行许可可以尽快签发。如果放行一架航空器至相邻管制区域内的一个中途点，则有关的区域管制中心将负责尽块签发到目的地机场的修订的放行许可。

如果目的地机场是在管制区域之外，则负责航空器飞经的最后一个管制区域的区域管制中心必须签发飞至该管制区界限的放行许可。

用语：可以飞至〔机场〕　　CLEARED TO〔airport〕

用语：可以飞至〔定位点〕　　CLEARED TO〔fix〕

用语：可以飞至〔VOR/DME〕的〔度数〕径向线上〔数值〕公里（或英里）处。

CLEARED　TO〔VOR/DME〕〔Specified〕RADIAL〔number〕KMS　（or　miles）　Fix.

示例：可以飞至 CAN/VOR　020 径向线上 19 km 处的定位点。

Cleared　to　CAN/VOR　020　radial　l9 KMS　fix。

用语：可以从〔定位点〕飞到〔定位点〕

CLEARED FROM　〔fix〕TO〔fix〕

2. 在 VMC 下自行保持间隔飞行的放行许可

空中交通管制单位所提供的垂直间隔和侧向间隔，对于允许在保持目视气象条件下自行保持间隔飞行的任何指定航段不适用。按此许可放行的航空器，应保证在许可有效期间不得与其他航空器飞得过近以致发生碰撞的危险。

按目视飞行规则飞行的航空器必须随时保持目视气象条件，因此，向按目视飞行规则飞行的航空器发给持续在目视气象条件下自行保持间隔飞行的许可时，除表明在许可的期间内不需由空中交通管制部门提供间隔外无其他目的。

航空器提出关于某一部分作目视飞行的要求时，在条件满足的前提下可以准许其保持目视气象条件（VMC）飞行。如不可能保持 VMC 或有此顾虑时，应发给其替代的管制许可。

因航空器的要求而准许其保持 VMC 上升或下降，在该航空器与其他有关航空器之间未配备规定的管制间隔时，应向其提供有关航空器的交通情报。

交通情报应包括有关航空器的下列事项：飞行方向、航空器机型（需要迫切提供交通情报时，可以省略）、指定高度、预计到达或预计通过最近的定位点的时刻。

用语：活动通报：向〔方向〕飞行的〔航空器机型〕〔高度〕，预计到达/飞越〔定位点〕〔时间〕。

TRAFFIC,〔direction〕– BOUND〔type of aircraft〕〔altitude〕ESTIMATED/OVER〔fix〕〔time〕

如有关空中交通管制当局认可，并经航空器的要求，一个区域管制中心可以在昼间允许一架受管制的并在目视气象条件下飞行的航空器自行保持间隔飞行并保持目视气象条件。当一架受管制的航空器按这种条件放行时，必须符合下述各项条件：

（1）放行许可必须是对某一指定的爬升或下降的航段而言并受地区航行协议有关规定的限制。

（2）如果有不能在目视气象条件下飞行的可能性存在时，必须提供一种按仪表飞行规则飞行的替换指示，以便在不能保持目视气象条件时遵照执行。

（3）按目视飞行规则飞行的驾驶员，当观察到气象条件开始变坏并认为将不能在目视气象条件下飞行时，必须在进入仪表气象条件飞行前报告有关空中交通管制室，并且必须按照已经给出的替换指示飞行。

9.5.1.2 流量管理

空中交通管制，是一个动态的管制。在实施空中交通管制工作中，经常会遇到这种情况：在某一时段、某一管制区（或扇区）内，有若干架航空器正在本管制区（或扇区）内飞行，又有几架（或一架）航空器将要进入本管制区（或扇区），还有几架（或一架）航空器将要飞出本管制区（或扇区）。这时，要在保证安全的前提下，让管制区内航空器流畅地通过本管制区（或扇区），就必须根据有关规定和当时具体情况合理地管理流量，使单位时间本管制区内的航空器数量不超过一定的限度，从而防止出现超负荷运转现象。

流量管理分为先期流量管理、飞行前流量管理和实时流量管理。先期流量管理包括对全国和地区航线结构的合理调整、制定班期时刻表和飞行前对非定期航班的飞行时刻进行协调。其目的是防止航空器在某一地区或机场过于集中和出现超负荷流量，危及飞行安全，影响航班正常。飞行前流量管理是指当发生天气恶劣、通信导航雷达设施故障、预计扇区或区域流量超负荷等情况时，采取改变航线，改变航空器开车、起飞时刻等方法，疏导空中交通，维持正常飞行秩序。实时流量管理是指当飞行中发现或者按照飞行预报将要在某一段航路、某一区域或某一机场出现飞行流量超过限额时，采取改变航段，增开扇区，限制起飞、着陆时刻，限制进入管制区时刻或者限制通过某一导航设备上空的时刻，安排航空器空中等待，调整航空器速度等方法，控制航空器按照规定间隔有秩序地运行。

实施飞行流量管理的原则是以先期流量管理和飞行前流量管理为主,实时流量管理为辅。可见，限制航空器开车、滑行、起飞时刻是实施流量管理的重要方法。

如果为避免航空器在目的地等待过久而推迟起飞，对于被推迟的航空器，一般应当按照它们的预计起飞时刻的次序放行，除非改变这种次序有利于让更多的航空器起飞，而且其平均延误时间最少。因为交通情况而预料航空器将延误较长时间时，空中交通管制单位应通知航空器经营人或其指定代表，对于延误可能超过 30 min 者，在任何情况下都必须进行通知。

9.5.1.3　起飞情报

为了便于航空器起飞、离场，向其适时发布起飞情报，对保证航空器起飞及起飞以后的飞行安全是很有必要的。起飞情报包括使用跑道、本场气象实况、标准时间以及其他必要的情报。

使用跑道是指机场管制服务单位认为在某一时间内对准备在机场内起降的某些类型航空器最适用的跑道。本场气象实况主要通报地面风向、风速、气温、能见度（跑道视程）、云量云高、高度表拨正值等。在我国，一般情况下只向航空器提供修正海压，场压仅在航空器机长有此项要求时提供。

在繁忙的机场，机场咨询情报由航站自动情报服务系统自动提供。这种非管制信息的连续广播可以减轻空中交通管制甚高频通信波道的负荷，减少了频率混杂，同时提高了管制员的工作效率。在大型机场，对离场航空器使用一个 ATIS 频率，而对进场的航空器可能使用另一个频率。无论何时，机场自动终端情报服务部门收到任何正式的气象情报，不论其内容有无变化，ATIS 情报都要更新一次。当机场状态改变时，航站自动情报服务也会更新一次。当一个新的航路自动情报服务广播时，就以字母表中的下一个字母为标记。如："Information Bravo"改为"Information Charlie"，以此类推。

在空中交通服务中所使用的时间是 24 h 制的协调世界时（Coordinated Universal Time，UTC）。在起飞条件中向航空器通知标准时间的目的是为了校对。此时，时分用四位数字，秒以最近的 30 s 表示；在其他情况下通知航空器有关时间（如预计开车时间、ETD 等），只通知时分，超过 30 s 即作为下 1 min，在不发生误解的情况下，时数也可省略。在通话中时间的各数字要逐个读出。

9.5.1.4　航空器驾驶员的复诵

航空器驾驶员应当向空中交通管制员复诵通过话音传送的放行许可和指示中涉及安全的部分，通话内容以航空器呼号终止。应复诵下述内容：

（1）空中交通管制航路放行许可。

（2）在进入跑道、起飞、着陆、穿越跑道和沿正在使用跑道的反方向滑行的许可和指令。

（3）正在使用的跑道、高度表拨正值、二次监视雷达（SSR）编码、高度指令、航向与速度指令和空中交通管制员发布的或 ATIS 广播包含的过渡高度层。

9.5.1.5　对机动区内人员和车辆的管制

机场机动区内人员与车辆的管制工作由机场管制塔台（塔台管制员或地面管制员，视人员与车辆在机动区内活动的区域而定）负责。因此，人员和车辆在进入机动区之前必须获得机场管制塔台的许可，并且在机动区内的一切活动必须按机场管制塔台指定的路线运行。人员和车辆在进入跑道、跑道升降带或要改变经过准许的运行时，必须获得机场管制塔台进一步的许可。一般情况下，在机动区内活动的所有车辆应与机场管制塔台保持双向无线电通信。

9.5.1.6　地面管制的工作程序

（1）航空器预计起飞或者着陆前 30 min，了解天气情况，检查通信、导航设备，校对时钟，检查风向风速仪，校正高度表。

（2）航空器预计起飞或者着陆前 20 min，开机守听，填写飞行进程单。

（3）了解进、离场航空器的停机位置。

（4）向进近或者区域管制单位索取离场程序和放行许可。

（5）通知航空器驾驶员放行许可、起飞条件和离场程序。

（6）航空器驾驶员请求开车、滑行时，根据飞行申请和管制范围内航空器活动情况和放行许可等，决定开车顺序，指示滑行路线。

（7）离场航空器滑行时，密切注意航空器位置和滑行方向，直到等待点或者移交点。

（8）离场航空器滑行至等待点或者认为无影响时，通知航空器驾驶员转换频率联络机场管制席，并将进程单移交给机场管制席。

（9）通知进场着陆的航空器滑行路线，航空器到达停机位置或者由地面引导后，与航空器脱离联络。

9.5.2　起飞管制

地面管制员将拟离场航空器在地面移交给塔台管制员后，由塔台管制员负责该航空器的管制工作，直到该航空器起飞以后，将其移交给进近管制室管制为止。塔台管制室对离场航空器在这一运行阶段的管制为起飞管制。

9.5.2.1　起飞航空器之间的间隔标准

民用航空运输飞行中，禁止航空器使用同一跑道对头、并排、编队和跟踪起飞，这就要求起飞航空器之间必须保持一定的间隔，这个间隔通常用时间来衡量。作为一名机场管制员，必须熟练掌握起飞航空器之间间隔标准的规定，确保起飞航空器之间保持安全的间隔标准。起飞航空器之间的间隔标准有两种，一种是未考虑尾流影响下的间隔标准，一种是考虑尾流影响下的间隔标准。

1. 未考虑尾流影响的起飞间隔标准

目视飞行航空器，在前面先起飞航空器已飞越跑道末端或在跑道上空改变航向已无相撞危险，或者根据目视或前方着陆航空器报告，确认着陆航空器已脱离跑道后，后方航空器可以开始起飞滑跑。仪表飞行的航空器，除了考虑防止航空器之间在起飞过程中相撞外，还要考虑航空器在离场、航线飞行过程中能否满足安全间隔标准，具体标准按照《空中交通管理规则》中的放行间隔执行。

2. 考虑尾流影响的起飞间隔标准

尾流是航空器在飞行过程中在其尾部形成的气流。尾流包括由于螺旋桨航空器的螺旋桨高速旋转而产生的滑流、航空器机翼表面由于横向流动的气流而产生的紊流、喷气发动机航空器的发动机产生的高温高速喷流以及航空器机翼翼尖处产生的翼尖涡流等。上述几种尾流都在不同程度上影响尾随航空器的飞行。当航空器在地面滑行时，主要考虑前方航空器发动机喷流对后方航空器的影响，而航空器在空中飞行时，对后方航空器产生影响的尾流主要是翼尖涡流。翼尖涡流是航空器在飞行过程中形成的尾流的主体部分。由于机翼翼尖处有自下向上翻动的气流，从而以翼尖为中心形成高速旋转并向后、向下延伸的螺旋形气流。机翼两翼尖形成的两股涡流的旋转方向相反，在两股涡流内侧形成强大的下降气流，外侧形成强大的上升气流，从而对其后通过的航空器造成影响。尤其是在航空器起飞、起始爬升、最后进近和着陆阶段影响最大。

翼尖涡流在航空器起飞时抬前轮的那一点开始形成，直至该航空器着陆时前轮接地的那一点开始消失。因此机场管制员在安排航空器起飞、降落时，必须考虑在其前面起飞或降落的航空器所形成的尾流对即将起飞或着陆航空器的影响。

航空器产生和承受尾流的强度，随航空器重量的增大而增大，管制员根据不同机型配备安全的尾流间隔，避免后方航空器因受到前方航空器的尾流影响而发生事故。为了规定航空器尾流间隔标准，按照航空器的最大起飞重量，将航空器分为以下 3 类：最大允许起飞全重等于或者大于 136 t 的航空器为重型机，用字母 H 表示；最大允许起飞全重大于 7 t，小于 136 t 的航空器为中型机，用字母 M 表示；最大允许起飞全重等于或小于 7 t 航空器为轻型机，用字母 L 表示。

当前后起飞离场的航空器为重型和中型航空器、重型和轻型航空器、中型和轻型航空器，使用下述跑道时，前后航空器之间的尾流间隔标准为：同一跑道，2 min；平行跑道，且跑道中心线之间的距离小于 760 m，2 min；交叉跑道，且后航空器将在前航空器的同一高度上，或者低于前航空器且高度差小于 300 m 的高度上穿越前航空器的航迹，2 min；平行跑道，且跑道中心线之间的距离大于 760 m，但是，后航空器将在前航空器的同一高度上，或者低于前航空器且高度差小于 300 m 的高度上穿越前航空器的航迹，2 min；后航空器使用同一跑道的一部分起飞时，3 min；后航空器在跑道中心线之间距离小于 760 m 的平行跑道的中部起飞时，3 min。

3. 起飞航空器之间间隔的选择

在实际应用中，应综合考虑未考虑尾流影响下的起飞间隔标准及考虑尾流影响下的起飞间隔标准，二者中选择较大的间隔来放行航空器。

9.5.2.2 起飞管制程序

（1）航空器预计起飞前 30 min 完成以下准备工作：了解天气情况、检查通信导航设备、校对时钟、检查风向风速仪、校正高度表。

（2）航空器预计起飞前 20 min，通知开放本场通信导航设备，了解跑道适用情况。

（3）放行航空器时，应当根据空中交通服务报告室的安排和任务性质以及各型航空器的性能，合理放行航空器。放行的管制间隔应当符合规定。

（4）按照规定条件安排航空器进入跑道和起飞，并将起飞时间通知空中交通服务报告室或者直接拍发起飞报；航空器从起飞滑跑至上升到 100 m（夜间 150 m）的过程中，一般不与航空器驾驶员通话。

（5）安排航空器按照离场程序飞行，按照规定向进近管制单位或者区域管制单位进行管制移交。

在航空器到达 C 类空域之前是塔台管制室向进近管制室进行管制移交，进近管制室对其离场上升继续管制。

9.5.3 离场管制

9.5.3.1 离场飞行程序

在满足空中交通有秩序地流通的条件下，尽可能允许作远程飞行的航空器少作转弯或其他机动动作，并不受约束地上升到巡航高度层。航空器一般情况都是按照机场公布的标准仪表离场程序离场。如果是采用目视或其他机动飞行离场，必须在管制许可中说明。

9.5.3.2 离场管制工作程序

（1）航空器预计起飞前 30 min，了解天气情况，取得最近的天气实况，检查通信、导航和监视设备，校对飞行申请和计划，填写飞行进程单，安排离场次序。

（2）在离场航空器开车前 10 min 开始守听，并与塔台管制室协调，将离场程序通知管制塔台。

（3）收到离场航空器进入进近管制空域的位置报告后，指示其按照程序飞行，发布保持或上升高度的指令，检查航空器位置，调配飞行冲突，通知空中有关飞行活动。

（4）在航空器飞离进近管制空域 5 min 前，与区域管制的有关席位协调，通知离场航空器转换频率与区域管制中心联络，按照规定进行管制移交。

（5）接到机长报告已与区域建立联络，并且飞离进近管制空域时，准许航空器脱离联络。

至此，航空器已经顺利地完成起飞离场，下一步准备实施航线飞行，接受区域管制中心的管制。

9.6 航线飞行与进场着陆的管制

9.6.1 区域管制服务

9.6.1.1 区域管制的职责

区域管制中心的管制范围是 A 类和 B 类空域，即除塔台管制与进近管制之外的管制空域。我国民航 A 类和 B 类空域的每一部分空域由相应的区域管制中心实施管理。区域管制中心的职责为：

（1）监督航路上航空器的飞行活动，及时向航空器发布空中飞行情报。充分利用通信、导航、雷达设备，准确、连续不断地掌握飞行动态，随时掌握空中航空器的位置、航迹、高度，及时通报可能形成相互接近的飞行情报，使航空器保持规定的航路和高度飞行。

（2）掌握天气变化情况，及时向航空器通报有关天气情报。及时向航空器通报天气实况和危险天气的发展趋势，当遇到天气突变或航空器报告有危险天气时，按照规定引导航空器绕越。

（3）准确计算航行诸元，及时给予驾驶员管制指令。根据航空器报告和实际飞行情况，管制员应掌握其航行诸元和续航时间，尤其是当航线上有大的逆风或者是在绕飞危险天气时，应计算和考虑航空器的续航能力，及时建议驾驶员继续飞行、返航或改航至就近进场着陆等。

（4）妥善安排航路上航空器之间的间隔，调配飞行冲突。随时掌握并推算空中交通状况，预计相对、追赶、交叉飞行的航空器之间将要发生冲突时，必须主动、及时地予以调整。

（5）协助驾驶员处置特殊情况。特殊情况的处置主要依靠空勤组根据实际情况采取相应措施，管制员提出必要的建议和提示具有非常重要的作用。

9.6.1.2　航路管制协调

航线飞行往往要穿越多个区域管制室的管制空域，有关的全航路或部分航路的各空中交通管制单位之间，应当进行协调，尽可能发给航空器自起飞地点到预定着陆地点的全航段放行许可。如因资料或协调原因不能全航段放行，只能放行到某一点时，应当通知航空器驾驶员。未经双方管制区管制室同意，不得放行航空器进入另一管制区。

航空器每一次飞越两个管制室的交界之前，两个管制室之间应当提前进行协调，以保证航空器的正常前行。移交单位应当在航空器飞越管制移交点前 10 min（短途航线为 5 min）与接收单位进行管制协调。内容包括：通知管制移交、航空器呼号、航空器机型（可省略）、飞行高度、速度（根据需要）、移交点、预计飞越移交点的时间、管制业务上所需的其他情报。管制协调应当通过直通管制电话（包括有线或者无线）进行。没有直通管制电话的管制室之间，通过对空话台、调度电话、业务电话电报进行。

管制协调后，原内容有如下变化时，应当将更正后的内容通知有关单位：

（1）飞行高度改变。

（2）不能从原定的移交点移交。

（3）飞越移交点的时间，区域管制之间相差 5 min 以上；区域管制与进近管制之间相差 3 min 以上，进近管制与塔台管制之间相差 3 min 以上。

9.6.1.3　区域管制工作程序

（1）编制、审理各空中交通服务报告室申报的飞行预报和计划，并将批准的飞行申请通知有关的管制单位和当地军航管制单位。

（2）在航空器预计在本区内起飞前和预计进入本管制区域边界前 30 min 校对军航和民用航空器的飞行申请，阅读航行通告，拟定管制方案，听取天气讲解，研究航路、备降机场的天气实况和预报。

（3）收到航空器起飞的通报后，按照飞行计划电报和各位置报告点的预计时间，填写飞行进程单，配备管制间隔，调配飞行冲突。

（4）航空器在本管制区域内的机场起飞的，应当在预计起飞前 10 min 开始守听；航空器在本管制区域内着陆或者飞越的，应当在航空器预计进入本管制区边界前 30 min 开始守听。

（5）已经接受管制移交的航空器，超过预计进入管制空域边界时间尚未建立联络的，应当立即询问有关管制单位，同时采取措施建立联络。

（6）充分利用通信、导航设备以及航空器的位置报告，准确掌握航空器位置，监督其保持规定的航路和间隔标准飞行，超过预计飞越位置报告点 5 min 尚未收到报告的，应当立即查问情况。

（7）不晚于在航空器预计进入下一管制空域前 10~15 min，与区域、进近或者塔台管制单位进行管制协调，取得进入条件后通知航空器。航空器进入下一管制空域之前，通知航空器转换至下一管制单位的频率联络。

（8）航空器变更预计起飞时间的，管制员应当按照更改后的预计起飞时间开始工作。接到航空器驾驶员报告不能沿预定航线飞行的，或者着陆机场关闭的，区域管制员应当按照下列程序工作：

① 提供航线、备降机场的天气情况和航空器驾驶员要求并能够提供的资料；

② 按照航空器驾驶员返航或者备降的决定，立即通知有关管制单位以及当地飞行管制部门，并发出有关电报；

③ 充分利用各种导航设备，掌握航空器位置；

④ 航空器要求改变高度或者改航时，应当查明空中情况，在取得有关管制单位同意后，方可允许航空器改变高度层或者空中改航；收到航空器驾驶员已被迫改变飞行高度层或者改航的报告后，立即将改变的情况通知空中有关的航空器以及有关的管制单位。

9.6.2 进场航空器的管制

9.6.2.1 进场飞行程序

标准仪表进场航线是航空器从航路飞行到进近程序飞行之间的过渡航线，仪表进近程序有 4 种：直线进近、直角进近、反向进近和推测进近。

如某一机长认为或空中交通管制单位明显地看出他不熟悉仪表进近程序时，必须指明：起始进近高度、开始作程序转弯的位置点、作程序转弯的高度以及最后进近航迹（如果允许作直线进近，仅需指明最后一项）。认为必要时，还须指明复飞程序。如果驾驶员在完成整个进近程序之前已经能够看到地形，除非航空器提出目视进近的申请并得到许可，否则仍须执行原定的全部进近程序。

如果驾驶员能够保持目视参考地形，并且符合下列条件时，可以批准按 IFR 飞行的航空器作目视进近：报告的云底高不低于为该类航空器规定的起始进近高度；或驾驶员报告在起始进近高度或执行仪表进近程序期间，气象条件允许且驾驶员有理由确信可以完成目视进近和着陆。

在批准进行目视进近的航空器同其他进场、离场的航空器之间，必须提供安全间隔。对于连续进行的目视进近，在后随航空器的机组报告看到前行航空器之前，必须保持雷达或仪表飞行间隔。移交给塔台管制的位置点或时刻应选择恰当，以便能够及时发出着陆许可或其他指令。

9.6.2.2 进场管制协调

区域管制中心应将进场航空器的下列情报，在该航空器的预计飞越管制移交点前 5 min，通知进近管制室：航空器呼号、航空器机型（可省略）、进近管制点及预计飞越时刻、预计飞行高度、管制业务移交的方式（时间、定位点或高度）。

进近管制室应将关于进场航空器的下列情报通知区域管制中心：在等待定位点上空使用

着的最高的飞行高度、进场航空器之间平均间隔时间、航空器到达管制移交点的时刻及已接管对该航空器的管制、该机场如已撤销了仪表飞行程序时的撤销时间、要求区域管制中心所发的预计到进近管制点的时间变更 10 min 以上时的变更时间、航空器复飞与区域管制业务有关时的复飞情报、关于通信中断的航空器的情报。

进近管制室应将关于进场航空器的下列情报预先通知机场管制塔台（不迟于航空器飞越管制移交点前 3 min）：航空器呼号、航空器机型（可省略）、预计到达进近定位点或机场上空的时间和预定高度或实际高度；仪表进近的种类（必要时通知）。

机场管制塔台应将有关进场航空器的下列内容通知进近管制室：看到了着陆航空器，并确信该航空器已着陆；着陆时间；撤销了仪表飞行程序时，撤销的时间；关于复飞或通信中断航空器的情报；使用跑道。

各管制单位对已通知出的情报有所变更时，应迅速通知对方单位。（关于预计到达时间的变更，区域管制与进近管制之间相差 5 min 以上，进近管制与塔台管制之间相差 2 min 以上，须另行通知。）

9.6.2.3 进场情报和气象情报

区域管制中心向进近管制室移交进场航空器的通信联络及管制业务，应在完成管制协调的基础上、该航空器到达管制移交点之前进行，以便进近管制室有充裕的时间对该航空器发出追加的管制许可。

进近管制室与进场航空器建立最初的无线电通信联系后，应对航空器的位置进行核实（需要时）并应迅速通知该航空器下列情报（如有关内容已包括在 ATIS 情报中而航空器也报告收到了 ATIS 情报时，则可省略）：仪表或目视飞行的进近程序、使用跑道、风向风速值、高度表拨正值。

影响航空器进场着陆的气象要素比较多，一般只需要通报地面风向风速、高度表拨正值。如果气象报告的云高低于目视进近最低下降高度中的最高值时，或气象报告的能见度小于目视进近最低气象条件的飞行能见度中的最高值时，还应当通知云高和能见度值。进近管制室应根据空中交通情况、管制业务量和通信量，尽可能将可能的气象变化通知进场航空器。但如 ATIS 情报中包括了这项气象变化，而航空器也报告收到了 ATIS 情报时，则可省略。

管制单位接到进场航空器报告目的地机场的气象状态低于着陆最低标准时，根据该航空器的要求，应指示其进行等待或发给飞往备降机场的管制许可并调整进近的顺序。在航空器油量不足、严重机械故障和天气原因不能飞往任何机场的情况下，机长决定在低于着陆最低气象条件的机场着陆时，管制员应采取必要的措施，予以协助，并通知有关保障部门做好应急准备。

9.6.2.4 进近顺序

执行不同任务或者不同机型的航空器同时进场时，应当根据具体情况，妥善安排进近、着陆顺序。通常情况下，应当按照先到先服务的原则，综合考虑空中交通情况、航空器飞行性能、进离场航线结构特点等因素来确定进近顺序。当然，执行紧急或者重要任务的航空器、班期飞行和转场飞行的航空器、有故障的航空器和剩余油量少的航空器，应当优先于其他航空器着陆。如果进场航空器驾驶员为了等待天气好转或因其他原因而请求在空中等待时，应予准许。为了便于其他等待的航空器进近着陆，可将该航空器放到邻近定位点等待或改航，也可放行该航空器到等待空域的上层。

在安排进近顺序时，对于被准许在航路上通过巡航减速来消磨时间的航空器，尽可能告知其应消磨的时间。

9.6.2.5　空中等待

指挥航空器进行等待时，应在该航空器管制许可界限点或进近等待定位点的预计到达前5 min，发给该航空器进行等待的管制指示。

等待的指示应包括下列事项，但如该等待航线已公布时，后面三项可以省略：等待航线与等待定位点的方位关系，等待定位点，飞向等待定位点的入航航线所使用的无线电设施的径向线、航向、方位、航路或航线，等待航线的出航距离（以使用 DME 者为限）或以分钟为单位的出航飞行时间，等待航线的转弯方向（右转弯时可以省略）。

用语 1：在（位置）[上空]（或两个显著地标）之间目视等待。

HOLD VISUAL[OVER]（position），（or BETWEEN（two prominent landmarks））.

用语 2：可以飞往（重要点/导航设施 / 定位点）等待，（保持（或上升或下降到（高度））），按公布程序或[（方向）]等待，预计进近许可 / 进一步许可（时间）。

CLEARED（or PROCEED）TO（significant point，name of facility or fix）（MAINTAIN（or CLIME or DESCEND TO（level）））HOLD[（direction）]AS PUBLISHED EXPECTED APPROACH CLEARANCE（or FURTHER CLEARANCE）AT（time）.

当进场的航空器需要等待时，必须为它确定一个预计进近时刻，并尽快通知该航空器，最好在它从巡航高度层开始下降之前。如果航空器在低高度层飞行耗油大，应尽早将预计进近时刻发给航空器，以便驾驶员选择消磨延误时间的方法。当修订的预计进近时刻与先前发出的相差 5 min 或以上时，必须立即将修订的预计进近时刻发给航空器。

预计有 30 min 上的等待时，管辖进场航空器目的地的管制单位，在该航空器进入本管制区域后，应迅速通知该机预计进近时间或预计追加管制许可的时间。如延误时间未定时，亦应通知该航空器，但应当尽早通知预计的延误时间及延误的理由。

用语：预计进近时间〔数值〕。

EXPECT APPROACH AT〔time〕

用语：预计追加管制许可的时间〔数值〕。

EXPECT FURTHER CLEARANCE AT〔time〕

用语：延误时间未定。

DELAY NOT DETEBMINED.

9.6.2.6　进近许可

发布进近许可时，可根据空中交通情况指定使用某种公布的仪表进近程序或让航空器自选仪表进近程序，按照公布的仪表进近程序进近时，进近许可包括了复飞许可。使用雷达时可以引导航空器飞至所指定的仪表进近程序的最后进近航迹或起落航线。

用语：可以作〔仪表进近程序的种类〕进近。

CLEARED　FOR〔type〕APPROACH.

对于不是在公布的航线上飞行的航空器的进近许可，应在该航空器到达公布的航线上或按照仪表进近程序开始进近的定位点之后发给。但如指示了在到达按照仪表程序开始进近的定位点之前应该保持的高度时，则可以在到达该定位点之前发给进近许可。

对于进行仪表进近的航空器，为配备管制间隔而有必要使其遵守指定的高度时，应在发给进近许可时指定必要的高度。但如该机所使用的仪表进近程序中规定了要遵守的最高高度、最低高度或指定高度以资配备管制间隔时，则不需发给高度指示。

用语：到达平洲前，请保持 1 200 m。

Maintain l 200 m until XK.

为了确切掌握进场航空器的位置，管制单位可以要求进行进近中的航空器报告位置及高度。

用语：请报告开始/结束基线/程序转弯。

REPORT STARTING/COMPLETING BASE/PROCEDURE TURN.

用语：看到跑道报告。

REPORT RUNWAY IN SIGNT.

在仪表进近程序中公布有盘旋进近时,盘旋进近区域的划设主要是考虑到障碍物的要求,所以不得发给想要脱离该区域的指示（例如：延长第三边 Extend downwind）。准许盘旋进近时，应使用以下用语。

用语：向〔跑道号数〕跑道盘旋进近。

CIRCLE TO RUNWAY〔number〕.

如果不能立即发给进近许可，而机场规定有多种仪表进近程序，并能确定由管制许可界限点开始的进近程序时，通知预计准许仪表进近程序。

用语：预计作〔类别〕进近。

EXPECT〔type〕APPROACH.

在预计有延误时，发给进近等待的指示。

9.6.2.7 进场管制工作程序

（1）航空器预计进入进近管制空域前 30 min，了解天气情况，取得最近的天气实况，检查通信、导航和监视设备，校对飞行申请和计划，填写飞行进程单，安排进场次序。

（2）航空器预计进入进近管制空域前 20 min 开始守听，按时开放导航设备，与机场管制塔台协调，取得航空器着陆程序和使用跑道。

（3）与区域管制协调进港动态。

（4）收到进场航空器进入进近管制空域（空中走廊）的位置报告后，指示其按照程序飞行（加入等待或下降高度），通知空中有关飞行活动和飞行情报，检查航空器位置，调配飞行冲突，安排进近次序。

（5）与塔台协调动态。

（6）发布进近许可。

（7）当塔台管制员通知最低等待高度空出后，安排进场等待的该层以上的航空器逐层下降，航空器脱离第 2 等待高度层时，通知机长转换频率与塔台管制室联络。

（8）接到机长报告已与塔台管制建立联络，并且飞离进近管制空域时，准许航空器脱离联络。

9.6.3 着陆管制

进近管制室将进近着陆的航空器移交给机场管制塔台后,由塔台管制室负责该航空器以后着陆的管制工作,直到该航空器到达停机位,或者该航空器复飞后,将其移交回进近管制室。

9.6.3.1 着陆航空器之间的间隔标准

着陆航空器之间的间隔标准主要取决于前方先着陆航空器的尾流对后方航空器的影响及先着陆航空器着陆后脱离跑道的时间。着陆航空器脱离跑道的时间根据机场条件的差异而有所不同。因此,在这里主要介绍着陆航空器之间的尾流间隔标准:当前后进近着陆的航空器为重型和中型航空器时,其尾流间隔为 2 min;当前后进近着陆的航空器为重型和轻型航空器、中型和轻型航空器时,其尾流间隔为 3 min。上述尾流间隔适用于起落航线上飞行的航空器。

9.6.3.2 着陆管制程序

(1)航空器预计着陆前 30 min 了解天气情况,检查通信、导航、雷达设备,校对时钟,检查风向风速仪和校正高度表。

(2)航空器预计进入机场管制空域前 20 min,开放本场通信、导航设备。

(3)与航空器建立联络后,向其发布继续进近的许可。

在航空器最后进近阶段,塔台管制员向航空器发布继续进近许可的同时,应视情况同时向其发布其他有关情报和指令,这些情报和指令包括现行的危险情况(如跑道上有车辆等)、地面风的重要变化、跑道道面情况的重大变化(如跑道上有积水等)、目视及非目视助航设备的变化情况(如 ILS GP 不工作等)、RVR 或 VIS 的变化、通过最低下降高度/决断高度以及远台报告等。

(4)发布着陆许可。原则上在航空器到达最后进近定位点之前,应发给着陆许可;对于做直线进近的航空器,在航空器到达离跑道端 3.7 km(2 NM)之前,应发给着陆许可。发布着陆许可时必须满足下列条件:在航空器进近着陆的航径上,没有其他航空器活动;跑道上无障碍物;符合规定的尾流间隔标准。

(5)监视航空器位置。

在航空器的着陆过程中,塔台管制员应当密切监视该航空器的位置和状态,同时注意进入着陆的航空器与其他相关航空器的相对位置,在着陆航空器通过使用跑道首端之前,必须保证:先着陆航空器已脱离跑道;先起飞航空器已开始转弯或已飞越使用跑道末端。

当出现不安全的情况时,管制员应向正在进近着陆的航空器发出复飞指令。鉴于在复飞初始阶段驾驶舱内的工作较多,复飞指令应尽量简洁明了。管制员给航空器驾驶员发布复飞指令时,若没有指明具体的复飞程序,则不能完成仪表进近的航空器应执行标准复飞程序,按目视飞行规则飞行的航空器应加入正常的起落航线。

(6)着陆航空器滑跑冲程结束后,通知机长脱离跑道程序。

(7)当航空器脱离跑道后,通知机长转换频率联系地面管制,同时将飞行进程单移交给地面管制。

(8)通报着陆时间。航空器的着陆时间是指航空器着陆滑跑终止瞬时的时间。航空器着陆后，机场管制塔台管制员应将该航空器的着陆时间通知有关空中交通服务单位及其他协议单位。

9.6.3.3 着陆滑行的管制

当航空器完成着陆滑跑并按塔台管制员指定的道口脱离跑道后，由地面管制室负责其在地面运行的管制工作，同对将离场航空器地面运行的管制一样，要合理安排着陆航空器在地面的滑行路线，密切注视其位置和滑行动向，必要时发布有关指令，调配地面滑行冲突，防止相撞，直到航空器滑至规定的停机位置或开始由地面引导人员引导为止。此时，地面管制员可与航空器脱离通信联系。

向着陆航空器发布滑行指令时，同向将离场航空器发布一样，应指明具体的滑行路线和许可的界限，无论安排着陆航空器沿什么样的路线滑行，滑行许可界限一般是候机楼或停机坪某一供航空器停放的停机位置或由地面人员开始引导的那一点。

航空器到达停机位关闭发动机就意味着一次飞行实施的结束，也往往是下一次飞行准备的开始。

9.7 雷达管制

前面几节介绍的空中交通管制服务称为程序管制，管制员判定航空器位置的信息主要来自于飞行员的报告（地面管制员、塔台管制员在一定范围内可以目测航空器位置）。雷达管制是指管制员依据雷达显示的航空器位置信息实施空中交通管制服务的管制方式。雷达使管制员可以随时、直观地获得航空器精确位置的信息，在管制的主动性、服务的多样性等方面较程序管制都有所进步。为了有效地利用这些服务，飞行员应熟悉无线电通信并理解雷达和应答机的功用、雷达管制的特点。

9.7.1 雷　达

雷达通过发射脉冲微波判别航空器的方位角和与雷达的距离。角度的测量是从磁北平面顺时针测量。雷达系统有两种：一次雷达系统和二次雷达系统。

一次雷达是带有旋转天线发射无线电脉冲的地基系统。电波返回到地面进行处理、显示。一次雷达按回波原理工作，当雷达发射的无线电脉冲信号到达航空器表面后，部分能量反射回雷达天线。反射的能量或回波，经过处理后在雷达屏幕上显示出来。雷达屏幕实际上就是通过测量发射脉冲与返回脉冲的时间差获得的。

屏幕上的扫线从屏幕中心向四周发散，其转动方向与雷达天线的转动方向一致。由于扫线的强度不大，平常不会在屏幕上产生光亮点，而当接收到回波信号后才在屏幕上产生光亮点。此光亮点是将回波经过处理后形成的光波，代表航空器。

空中交通管制使用的雷达大多为二次监视雷达，或简称为二次雷达。二次雷达是另一类雷达系统，可独立于一次雷达单独工作。但作为一般的空中交通管制，将此两者共同使用。只需在一次雷达上增加 3 个附件，即可使一次雷达具有二次雷达的功能。3 个附件为：译码器、询问器和应答机。译码器与 ATC 机场雷达屏幕控制台相连。询问器安放在雷达天线上，应答机则安装在航空器上。译码器有两个 ATC 功能：控制询问器和解释从应答机接收到的信号。也就是说，询问器发射雷达脉冲并接收应答机的回答。一次雷达和二次雷达返回信息一般都在一个屏幕上显示。机载应答机的二次返回信号可增强其被识别的能力。

一次雷达还有另外一个问题。当降水或云量大时妨碍雷达反射，从而不能探测到某些航空器。大量降水容易反射雷达波。管制员可采取一些方法忽略慢速移动物体，如云等，但这并不能解决所有问题。当管制员试图帮助飞行员避开坏天气，如连续雷暴云等时就会感到十分困难。一次雷达的另一个缺点就是雷达回波的大小决定于航空器反射面的大小。因此，与大型航空器相比，小型航空器的反射信号断断续续，特别是在远距时更甚。一次雷达系统最大的问题是不易辨别具体航空器的回波。例如，管制员通常通过询问飞行员相对于某个导航台的位置对其进行识别。在与每个飞行员联络前，仅使用一次雷达，管制员就不清楚航空器之间的高度差。在许多情况下，这限制了管制员为航空器间提供垂直间隔的能力。

二次雷达克服了上述大部分一次雷达的不足。二次雷达的反射信号比一次雷达的反射信号强得多。利用二次雷达，管制员可在大部分复杂天气条件下跟踪航空器，同时，雷达的覆盖范围也比一次雷达广。与一次雷达不同，二次雷达信号与航空器的反射面无关。目前，管制员几乎全部依靠二次雷达系统进行管制。

9.7.2 应答机

应答机是二次监视雷达系统中的机载部分，由询问器发出代码信号经航空器上的应答机接收后自动回答指定的代码信号，返回到管制员雷达屏幕上显示。由于应答机的回答是雷达管制间隔的依据，因此，规则要求在管制空域内使用的应答机应每隔 24 个日历月进行测试并检查。管制进一步规定，如果飞行员在管制空域运行，航空器又装有应答机设备，就必须打开应答机，包括 C 模式功能（如装有）。虽然应答机使用简单，但有几个数字功能必须熟悉并能正确使用。

典型的应答机操作面板如图 9.6 所示，有 4 个显示窗，可调出从 0 ~ 7 的所有数字，总共给出 4 096 个可用代码。功能旋钮开关应答机并控制运行模式。当将旋钮旋至测试位进行测试时，回答/监视灯就闪亮；当应答机正回答询问讯号或发射识别脉冲时，该灯也闪亮。

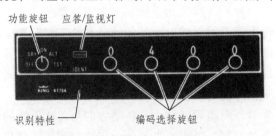

图 9.6　二次雷达应答机操作面板

典型的应答机功能旋钮有多个位置，一般包括：OFF、STY（STANDBY）、ON、ALT（ALTITUDE）和 TST（TEST）。在预备位，应答机在加热准备工作，不回答询问器的询问。

在滑行时，一般将应答机放在预备位。有时，在飞行过程中，由于某种原因，管制员会指示飞行员"应答机放在预备位。"此处的"应答机"是管制员让飞行员调节应答机上的功能旋钮和四个代码旋钮。

按一般规则，飞行员应在起飞后才将应答机从预备位旋到开位。如果应答机有 C 模式自动高度报告功能，则将旋钮旋至高度位；如果应答机没有 C 模式自动应答功能，则将旋钮旋至开位，接通 A 模式。有时管制员指示让飞行员关闭 C 模式应答机，但仍打开 A 模式。此时，管制员若再需要 C 模式信息时，会让飞行员再次打开。着陆后，应将应答机放在关位或预备位。

9.7.2.1 高度确认

在管制员准备使用的应答机上 C 模式信息调整航空器之间的间隔时，管制员应确认高度代码的正确性。换句话说，确认航空器的高度是不是 C 模式设备所显示高度。当航空器在 VFR 飞行中平飞时，管制员可能会说"证实高度 2400"（或其他相应高度）。如果回答："正确"，则此应答机指示的高度可用作调整高度间隔。有时，为节省管制员的时间，初次呼叫时，即报告航空器的准确高度。所报高度为向最近的 100 ft 取整得到的值。

如果所报高度与应答机指示高度不同（差别为 300 ft 或更大），则管制员将发布指令，如"停止高度代码，高度差别为 350 ft。"高度差别原因可能是航空器的 C 模式设备未适当校验或高度表设置不正确。错误的高度表设置并不影响 C 模式应答机报告高度，因为该设备始终以标准气压面为基准。但错误的高度表设置会导致所飞高度与管制员指挥的高度不一致。当管制员指出航空器的 C 模式信息不正确时，就应检查确认高度表设置。

9.7.2.2 应答机识别

有时 ATC 可能要求航空器"应答机识别"。这时，飞行员应按下识别按钮并保持一会儿再松开。这时，雷达屏幕上相应的应答机代码会闪亮几秒钟。识别的目的是管制员主动进行雷达联系的基础。

当然，在识别时，航空器的应答机编码必须正确。应答机面板上的 4 个数字编码按钮是按管制员的指令调定的。例如，管制员可能告诉航空器："编码 1704 并识别。"

9.7.2.3 特殊编码

在雷达环境下，飞行员对应答机操作是否正确负责。在例行改变航空器的应答机编码时，应小心避免出现编码 7500、7600 和 7700，不经意选择了这些编码时会在雷达设施上引起短暂的错误告警。编码 7500 警告 ATC："航空器已被劫持"；双向无线电通信失效后，编码设置为 7600；紧急情况下编码为 7700。例如，从编码 2700 转换到 7200 时，应先转换为 2200，然后再调到 7200。而不是先转换为 7700，而后再调到 7200。在使用编码时还应注意 7500 以及所有 7600 和 7700 系列（即 7600 ~ 7677 和 7700 ~ 7777）。

空中交通管制雷达系统都使用一次和二次雷达信息，都有复杂的计算机和设计的软件程序向管制员提供大量的信息，以帮助管制员保持对航空器的识别和保持航空器之间的间隔。在雷达屏幕上显示的信息一般包括：应答机编码，航空器的速度、高度、上升下降状态、飞行轨迹，根据需要还可以调用预先设计好的地图、航图等信息。

9.7.2.4 VFR 雷达服务

ATC 雷达设施一般只为 IFR 航空器提供交通信息，但如果 VFR 飞行员请求时，也能获得同样的服务。雷达交通信息服务，也称为 VFR 雷达咨询服务，可提醒注意飞行路线上有关的空中交通情况。管制员说出空中有关情况时，飞行员就比较容易发现，定位空中有关活动，如必要时，可采取适当的行动避开冲突。

管制员向飞行员指出空中可能存在的冲突时，所发出的指令一般都指明冲突方相对于其的位置。例如，如果管制员说："11 点钟方向有活动。"意思是说，管制员认为冲突在其机头左方约 30° 方向。就应观察该航空器机头（12 点钟方向）和左机翼（9 点钟方向）之间的活动。当确定了该活动的位置后，告诉管制员已"看到"该活动。并应一直观察该活动，直到其不再构成有任何影响为止。如果未发现该活动，应告诉管制员，表述为"未看见"（见图 9.7）。

发出活动警告时，管制员将航空器当做时钟给出相对应的活动方位位置。由于雷达屏幕上并不能显示空中风的修正量，因此，飞行员应考虑到风的修正。例如，管制员认为活动在 11 点钟位置，但经修正风角后显示活动在 10 点钟位置。

通常可从 ATC 雷达机构获得雷达交通信息服务。这些机构包括空中航路交通管制中心和终端区的雷达进近和离港管制机构。但是，应切记有许多因素妨碍了管制员提供这些服务，如雷达限制、交通流量限制、管制员工作量的限制和频率拥挤的限制等。即使管制员提供了这些服务，仍然是由自己负责避免冲突。

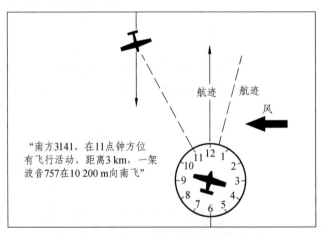

图 9.7　交通情报位置示意图

当在雷达环境中飞行时，应清楚，如果冲突航空器未装有 C 模式应答机，其飞行员也未与 ATC 联系，那么管制员向航空器通报活动时并不知道该航空器的高度。因此，该活动有可能高于你的飞行面，也有可能低于你的飞行面。在任何情况下，雷达服务的基本目的是警告航空器可能存在的冲突。VFR 飞行员应明白，仅当管制员工作量允许时才会提供这些服务。管制员的首要责任是满足 IFR 飞行航空器的飞行需要。

9.7.3　间隔标准

9.7.3.1　水平间隔标准

在雷达显示器上可以得到航空器的水平位置信息，所以间隔航空器的安全标准可以直接以距离来限定。而程序管制由于条件所限，常常用时间来描述间隔标准。

雷达管制最低间隔（以下简称雷达间隔）适用于所有被雷达识别的航空器之间及一架正在起飞并在跑道端 2 km 内将被识别的航空器与另一架被识别的航空器之间。等待航线上的航空器之间不得使用雷达间隔。

航空器之间的雷达间隔最低标准分别为：进近管制不得小于 6 km，区域管制不得小于 10 km。在相邻管制区使用雷达间隔时，雷达管制的航空器与管制区边界线之间的间隔在未经协调前，进近管制不得小于 3 km，区域管制不得小于 5 km；在相邻管制区使用非雷达间隔时，雷达管制的航空器与管制区边界线之间的间隔在未经协调前，进近管制不得小于 6 km，区域管制不得小于 10 km。实施雷达管制时，逆向飞行的两架航空器相遇后并已经获得规定的雷达间隔，或者航空器确认与对方相遇过，且空中交通管制员或者飞行指挥员观察到两架航空器的雷达标志已相互分开，可相互占用或者穿越对方的高度层。

9.7.3.2 尾流间隔标准

航空器的尾流是客观存在的，在下列情况下必须考虑尾流对飞行安全的影响：后航空器将在前航空器的同一高度上，或者低于前航空器且高度差小于 300 m 高度上的后随飞行；两架航空器使用同一跑道，或者跑道中心线之间距离小于 760 m 的平行跑道；后航空器将在前航空器的同一高度，或者低于前航空器且高度差小于 300 m 的高度上穿越前航空器的航迹。

在前面的起飞、着陆管制部分已经讲述了程序管制条件下的尾流间隔标准，由于测量航空器之间间隔的方法不同（并不是因为雷达管制而使尾流强度发生了变化），雷达管制条件下的尾流间隔标准如下：前、后航空器均为重型航空器时，不小于 8 km；重型航空器在前，中型航空器在后时，不小于 10 km；重型航空器在前，轻型航空器在后时，不小于 12 km；中型航空器在前，轻型航空器在后时，不小于 10 km。

9.7.4 进近和区域雷达管制

进近雷达管制的任务是用于引导进场的航空器，使之从航路阶段过渡到可以利用机载和地面设备进入最后仪表进近的某点或监视雷达进近、精密雷达进近、目视进近的某点；用于引导离场的航空器使之离开机场管制塔台区域后尽快到达巡航高度层，或缩短飞行航径，简化离场程序。

区域雷达管制的任务是向航路飞行的航空器提供区域雷达管制服务，利用雷达显示器上显示的雷达情报监督航空器按照指定的航路和高度层飞行，调配飞行冲突，为航空器之间配备安全的雷达间隔。

对航空器实施雷达管制时，为了调配飞行冲突，雷达管制员可对航空器实施雷达引导以及调整航空器的飞行速度，这也是雷达管制与程序管制的不同之处。

9.7.4.1 雷达引导

雷达管制员应当通过指定航空器的应飞航向实施雷达引导。实施雷达引导时应当引导航空器尽可能沿便于航空器驾驶员利用地面设备检查自身位置及恢复自主领航的路线飞行，避开已知危险天气。

1. 雷达引导的原则

在管制区域内，为了符合间隔、安全、减少噪声、操作方便的要求或者在航空器驾驶员提出要求时，应当尽可能允许航空器维持其自主领航。

在开始引导航空器时，应当通知航空器驾驶员引导的意图。引导航空器应当指明转弯方向、转弯角度，必要时指明应飞磁航向。引导终止时，应当通知航空器其所在的位置，指示其恢复自主领航。在最低引导高度或者仪表飞行最低高度以上，应当保证被引导的航空器始终保持规定的超障余度。除非另有协议，否则应当在本管制空域内实施引导，在雷达覆盖范围内允许航空器恢复自主领航。引导航空器离开指定的程序时，应当发布高度限制。

离场航空器的引导，应当尽可能按标准离场航线和规定高度进行。在航空器起飞后立即实施雷达引导的，在起飞前，应当指定应飞的起始航向。

2. 对进场航空器的引导

利用雷达引导进场航空器迅速地由航路阶段过渡到可进入最后仪表进近、目视进近或雷达进近的某点；引导航空器进行起始进近和中间进近，还可以向航空器提供监视雷达进近和精密雷达进近。

引导航空器切入最后进近时，应当确保切入点距外指点标或最后进近定位点不少于4 km；除非气象条件适于作目视进近，而且航空器驾驶员有要求时，航空器高度不得低于精密进近的下滑道或公布的非精密进近程序的下降高度。

航空器驾驶员有明确的特别要求的，可以引导航空器于进近入口内切入最后进近航道，但不得在最后进近点内切入。

在航空器切入最后进近航道之前的引导过程中，应当至少向航空器通报一次位置。

在区域管制范围内，如果由管制员提供最后进近引导至机场，应当在雷达视频图上增加进近入口和一条至少10 km长的代表最后进近航道的线，该线自进近入口开始或通过进近入口延伸至跑道。

航空器利用机载设备作正常仪表进近时，应当指示航空器在建立最后进近航道时报告。收到报告时，进近雷达服务即可终止。

引导航空器切入最后进近航道时，指定航空器所飞的航向与最后进近航道的夹角不应大于30°；在切入点距最后进近定位点小于4 km或双跑道同时进近时，该夹角不应大于20°。

引导航空器穿越最后进近航道时，管制员应当在穿越前通知航空器驾驶员并说明理由。

除非机场管制塔台可以提供目视间隔或与管制单位间另有协议，否则雷达管制员在履行进近管制责任时，应当对着陆航空器间隔的正确与否负责。

当指定切入最后进近航道的航向时，应当通知以下内容：相对于航向道上定位点的位置；保持某一高度直至建立在下滑道上；向相应的跑道进近的许可。

出现下列情况之一的，终止雷达监视：可使用目视间隔；航空器已经着陆或者复飞。如果复飞，飞越跑道的起飞末端至少2 km，并且与任何其他航空器之间已建立适当的间隔。

9.7.4.2 调整速度

1. 调整的原则

雷达管制员为了便于雷达管制或减少雷达引导，可以要求在雷达管制下的航空器以指定的方法调整速度。当使用指示空速时,指定速度通常为 20 km/h 的倍数,当使用马赫数(*Ma*)时,为 0.01 *Ma* 的倍数。

在实施速度限制时,雷达管制员所指定的速度应当经航空器驾驶员认可,并应当避免速度的增减交替进行。当先前指定的调速不再需要时,应当通知航空器驾驶员恢复正常速度。

作中间和最后进近的航空器的调速量不得大于 40 km/h。航空器在等待航线飞行或最后进近中飞越距跑道入口 8 km 后,不应当使用调速。

2. 指定航空器调整速度时使用的最低调整速度标准

对于所有航空器,当航空器的高度在 3 000 ~ 8 500 m 时,最低调整速度的标准为 470 km/h;对于涡轮喷气航空器,当航空器的高度在 3 000 m 以下时,如果航空器距接地点的距离超过 35 km,最低调整速度的标准为 400 km/h,如果航空器距接地点的距离在 35 km 以内,最低调整速度的标准为 310 km/h;对于螺旋桨航空器,当航空器的高度在 3 000 m 以下时,如果航空器距接地点的距离在 3 km 以内,最低调整速度的标准为 310 km/h。

9.7.5 雷达情报服务

使用雷达提供飞行情报服务,不解除航空器驾驶员的任何责任,航空器驾驶员仍有最后的决定权。雷达显示器上的信息可用于向被识别的航空器提供下列情报:

9.7.5.1 交通情报

任何观察到的航空器与已经识别的航空器在一冲突航径上的情报和有关采取避让行动的建议。当观察到被识别的航空器与不明航空器有冲突,可能导致相撞危险时,雷达管制员应当向其管制下的航空器通报不明航空器情报。如航空器驾驶员提出请求,应当向其提供有关避让的建议。冲突危险不存在时,应当及时通知航空器。

如果二次雷达高度未经证实,应当通知航空器驾驶员有相撞危险,并说明该高度信息未经证实。如高度已经证实,该情报应当清楚地发给航空器驾驶员。

9.7.5.2 天气情报

有关航空器将要穿越危险天气的情报,应当提前足够时间向航空器发布,以便航空器驾驶员采取措施。雷达管制员引导航空器绕航应当确保航空器在雷达覆盖范围内能返回至预计或指定的航迹飞行。

9.7.5.3 领航情报

协助航空器领航的情报。

9.7.6 雷达管制特殊情况处置

9.7.6.1 航空器出现特殊情况

当雷达显示器上航空器出现"7500""7600"或"7700"编码时,雷达管制员应当采取如下措施:利用一切通信手段让该航空器驾驶员确认航空器是否处于与该编码含义一致的情况,如果得到确认，按有关规定进行处置。

9.7.6.2 雷达设备失效

雷达管制员应当采取的措施标出所有已识别航空器的位置，与非雷达管制员共同采取行动，在航空器之间建立非雷达间隔。要求非雷达管制员承担已建立非雷达间隔的航空器的管制工作，立即通告所有航空器雷达管制服务终止并实施程序管制间隔。由雷达间隔转为程序间隔时，紧急情况下可采用半数高度层调配高度间隔，但应当尽早配备规定的高度层。

同时，管制员应当将实施程序管制的情况通告相邻管制区，并向航空器飞入相邻管制区实施程序管制移交，可采取措施限制进入本区域的航空器的数量，以达到在没有使用雷达的情况下能安全处理航空器的数量。

雷达恢复工作后，雷达管制员应当对航空器重新进行识别，确认后方可继续实施雷达管制，并应当将恢复雷达管制的情况通知有关的空中交通管制单位。

9.8 告警服务

在飞行过程中，有可能会遇到各种不可预料的特殊情况，如航空器机械故障，增压系统失效，与地面失去通信联络，遇到恶劣天气、非法干扰等。一旦出现危及飞行安全的特殊情况，飞行员与管制员必须密切配合，采取有针对性的紧急措施，尽一切可能保证机上人身财产的安全。万一航空器失事遇险，各方积极协作，有效的搜寻援救工作可以大大减少失事造成的损失。

9.8.1 失去通信联络程序

在飞行过程中，航空器必须与地面管制部门保持双向通信联系。如果航空器的通信用无线电台不工作，可按失去通信联络程序飞行。

9.8.1.1 程序管制条件下无线电通信失效

有可能出现仅仅发射机故障或接收机故障。例如，如果飞行员有把握确认是接收机故障，应向塔台报告航空器类型、位置、高度、着陆意图，并请求用辅助指挥、联络的符号和信号（见表 9.24）管制。当航空器距机场 5～8 km 时，向塔台报告航空器的位置并加入起落航线。从该点起，观察塔台发出的灯光信号。如果航空器所飞的是完整起落航线，当在三边和/或三转弯时自己报告位置。

表 9.24 辅助指挥、联络的符号和信号（1）

顺序	含 义	昼 间	夜 间
1	请求起飞	飞行员向上举手	闪烁航行灯
2	允许起飞	用白色信号旗向上，然后指向起飞方向	打开绿色信号灯
3	禁止起飞（或滑行）	用红色信号旗向上指或者向航空器前方发射红色信号弹	打开红色信号灯或者向航空器前方发射红色信号弹

顺序	含　义	昼　间	夜　间
4	请求着陆	航空器通过跑道上空并且摇摆航空器	航空器通过跑道上空并且闪烁航行灯或者打开着陆灯
5	允许着陆	着陆地带铺设"T"字布或者发射绿色信号弹	打开"T"字灯或者发射绿色信号弹
6	禁止着陆	将"T"字布摆成"＋"字形或者发射红色信号弹	将"T"字灯改成"＋"字形或者发射红色信号弹
7	命令全部航空器立即降落	在"T"字布前5 m处与横布平行放一横布	连续发射绿色信号弹
8	请求立即强迫着陆	航空器通过跑道上空并且发出一颗或者数颗信号弹	航空器通过跑道上空并且发出一颗或者数颗信号弹
9	命令在备降机场着陆	在"T"字布位置摆一箭头式布，箭头指向备降机场	在"T"字灯位置摆一箭头式灯光，箭头指向备降机场
10	命令在迫降地带着陆	将"T"字布摆在迫降地带	关闭"T"字灯，用探照灯照射迫降地带
11	在机场上空作右起落航线飞行	在"T"字布前5 m处用布摆一个三角形	在"T"字灯前5 m处用灯光摆一个三角形
12	起落架未放下	将"T"字布分开5 m或者发射红色信号弹	将"T"字灯分开5 m或者发射红色信号弹
13	右起落架故障	将"T"字布横布右端折起	
14	左起落架故障	将"T"字布横布左端折起	
15	前起落架故障	在"T"字布前，纵布延长线上10 m处，平行跑道铺设一纵布	
备注		"T"字布的尺寸：纵布的长度为12 m，宽度为2 m，横布及辅助布的长度为9 m，宽度为2 m "T"字布的颜色：地面有雪用红色或者黑色，没有雪用白色	

在塔台有高亮度的信号灯组，管制员可以用此灯组向航空器发射各种颜色的光束，每种颜色或颜色组合对于空中和地面的航空器来说代表着不同的含义（见表9.25）。

表9.25　辅助指挥、联络的符号和信号（2）

序号	信号类别	信号含义	
		飞行中的航空器	地面上的航空器
1	绿色灯光指向航空器	可以着陆	可以起飞
2	红色灯光指向航空器	避让其他航空器并继续盘旋	停止
3	一连串绿色闪光指向航空器	返回着陆	可以滑行
4	一连串红色闪光指向航空器	机场不安全，不要着陆	滑离机场起点
5	一连串白色闪光指向航空器	在此机场着陆并滑行到停机坪	滑回到机场起点
6	红色信号弹	暂不要着陆	

如果仅仅是发射机故障，还是按与接收机故障同样的程序执行，只是不用再报告自己的意图。监听机场着陆频率或交通信息，观察可能向航空器发出的灯光信号。

如果发射机和接收机都失效，应当保持目视飞行飞往就近机场着陆。只有确知着陆机场的天气低于标准，方可按照飞行计划飞往备降机场，改变航向后要注意使飞行高度符合高度层的配备。在机场着陆前，应通过观察其他航空器和风向指示器判定着陆方向。顺沿加入机场起落航线并与塔台保持目视联系，注意接收灯光信号。

如果是在白天，航空器收到灯光信号后，应通过摇摆机翼回答塔台发射的电台信号或灯光信号；如果是在夜间，应闪烁航空器的着陆灯或航行灯，表明航空器明白地面灯光信号并将按照此指示飞行。

9.8.1.2 雷达管制条件下无线电通信失效

雷达显示器上出现 7600 编码或与航空器失去双向通信时，雷达管制员应当采取如下措施：

（1）在原用频率上指令航空器作一个指定动作以表示收到指示，并观察航空器航迹，使用改变应答机编码或使用特殊位置识别等方法，确认该航空器是否具有接受能力。如采取上述措施后航空器仍无反应，则应当在航空器可能守听的其他可用频率上重复进行。

（2）在确认该航空器的无线电接收机还具有接受能力后，可以继续提供雷达管制服务，并要求航空器继续以有效方式证实收到指示。

（3）确认该航空器已完全失去通信能力时，如果该航空器所在区域正在采用雷达间隔，或者该航空器即将进入采用雷达间隔的区域时，失去通信联系能力的航空器已被识别，在上述区域内可以继续采用雷达间隔，直至失去通信能力的航空器着陆或已知该航空器已经飞出本区域。

（4）当一架航空器起飞后，在强制要求使用应答机的地区飞行的航空器遇到应答机故障，有关空中交通管制单位应当根据飞行计划尽量保证该航空器继续飞行到第一个预定降落机场。如在某些情况下不能继续飞行，特别是当起飞后不久查出有应答机故障时，可要求航空器返回到起飞机场或经有关航空器经营人和空中交通管制单位同意，在就近机场降落。

9.8.2 应急程序

应急情况包括遇险情况和紧急情况。遇险情况是指航空器受到严重的和（或）迫近危险的威胁，要求立即协助的状况。紧急情况是指航空器的安全将受到威胁，要求及时而不是立即进行协助的情况，即处于潜在的危难状况。如果出于某种原因，意识到自己有安全问题，应立即请求协助。

如果在雷达覆盖范围内出现应急情况，拥有雷达设施的 ATC 机构可提供雷达服务和导航服务。在紧急情况下，可用雷达协助飞行，但并不是可以违反飞行规则。机长仍对航空器和飞行安全负责。

为使航空器在雷达屏幕上容易被识别，应将航空器的应答机编码调到 7700。此编码在雷达设施的所有位置上作为一个特定编码引起注意。即使飞行员不能确认是否在雷达覆盖范围内，仍将编码调为 7700。当航空器在雷达管制之下时，通常也与 ATC 保持联络。在这种情况下，航空器仍按此设置应答机编码，除非收到其他指令改变此设置。

当收到航空器紧急、遇险的情况报告或者信号时，管制员应当迅速判明航空器紧急程度、遇险性质，立即按照情况不明、告警、遇险 3 个阶段的程序提供服务。

9.8.2.1 情况不明阶段

情况不明阶段是指下列情况之一：航空器超过预计飞越某一位置报告点时间 30 min，没有收到任何报告；从第一次与航空器联络起，30 min 内没有再取得联络；航空器最后报告的或者管制单位计算的预计到达目的地时间 30 min 仍未到达。

管制员应当立即报告值班领导，按照失去通信联络的程序继续进行工作，采取搜寻措施，设法同该航空器沟通联络。

9.8.2.2 告警阶段

告警阶段是指下列情况之一：航空器发出紧急情号；对情况不明的航空器经过通信搜寻服务 30 min 后仍无消息；航空器已取得着陆许可，超过预计着陆时间 5 min 尚未着陆，又无通信联络；航空器有通信联络，但飞行能力受到损害尚未导致迫降。

管制员应当通知援救单位，做好援救准备，并报告值班领导。通知航空器所能到达的区域或者机场的管制室，开放通信、导航、雷达设备，进行扩大通信搜寻服务。调配空中有关航空器避让，通知紧急状态的航空器改用紧急频率通话，或者通知其他航空器，暂时减少通话或者改用备份频率。当处于紧急状态的航空器尚无迫降危险时，根据航空器的情况和所处条件，及时提供有利于飞行安全的指示，协助机长迅速脱险。

9.8.2.3 遇险阶段

遇险阶段是指下列情况之一：航空器发出遇险信号；在告警阶段之后，进一步进行扩大通信搜寻服务 1 h 后，仍无航空器的消息；航空器燃油已耗尽而又没有着陆的消息；接到机长报告，决定选择场地迫降或者航空器有迫降的可能时。

管制员应当立即报告值班领导，通知有关报告室和管制室，以及当地空军、军区、人民政府，有可能通知该航空器所属单位。将遇险航空器的推测位置和活动范围或者航空器迫降地点通知援救单位。在海上遇险时，还必须通知海上援救中心。

如果航空器在场外迫降时，航空器接地前，应当与航空器通信联络。接地后，如有可能应当查清迫降情况和所在地点。

根据情况，可指示在遇险地点附近飞行的航空器进行空中观察，或者根据主管领导的指示在搜救中心的统一部署和领导下，派遣航空器前往遇险地点观察和援救。

9.8.3 遇险及紧急情况下的无线电通话

遇险或紧急呼叫通常在所使用的频率上完成。遇险呼叫通信应在这个频率上保持连续，除非认为转换到另外的频率上能提供更好的帮助。尽管 121.5 MHz 是指定的国际航空紧急频率，但是并不是所有航空电台都只在这个频率保持连续守听，如果认为需要或想要转换频率，那么频率转换不能妨碍别的通信频率。遇险或紧急通信的第一次通信时，以"MAYDAY"开始表示遇险信号；以"PAN PAN"开始表示紧急信号。遇险或紧急信号讲三次。在遇险或紧急通信业务中，在其后的任何通信开始时，允许使用遇险和紧急信号（MAYDAY/PANPAN）。

给遇险或紧急的航空器的通话时，发送单位应当将电报的次数、长度和内容限制到情况所需要的最低程度。空中交通管制员应使用镇定、清楚、明确、自信的语气，并且每次只问一条信息，语速应比正常速度慢，避免不必要的重复。遇险通信比所有通信具有优先权，紧急通信比遇险通信以外所有通信具有优先权。空中交通管制员有权强令该区域内的所有移动服务电台或干扰遇险通信的任何电台保持静默。必须根据情况将这些指令发给所有电台，或发给某一电台。

用语：

STOP TRANSMITTING + 无线电遇险信号（MAYDAY）.

【例】 CCA103，STOP TRAMSMITTING，MAYDAY.

ALL STATIONS，STOP TRANSMITTING，MAYDAY.

当空中交通管制员得知遇险结束，应在遇险业务所使用的各个频率上，通知各电台以下内容：发电电台、现在时间、遇险状态解除（DISTRESS TRAFFIC ENDED）。

【例】 ALL STATIONS，BEIJING TOWER 0935 HOURS，CCA103 DISTRESS TRAFFIC ENDED，OUT.（全体注意，北京塔台0935分，国航103遇险结束，完毕。）

9.8.4　搜寻援救

关于搜寻援救工作，国际民航公约附件12制定了国际标准和建议措施。规定飞行中遇到严重威胁航空器和航空器上人员生命安全的情况时，机长应当立即发出规定的遇险信号：报用"SOS"，话用"MAYDAY"，同时打开识别器的遇险信号开关。装有应答机的航空器，应将其位置设定为"A7700"。情况许可时，还应当用搜寻援救频率121.5 MHz或243 MHz报告航空器的位置、遇险性质和所需要的援救。海上飞行时，可以用500 kHz或2 181 kHz。

9.8.4.1　职责范围

中华人民共和国领域内以及中华人民共和国缔结或者参加的国际条约规定由中国承担搜寻援救工作的公海区域内为中华人民共和国民用航空搜寻援救区，该区域内划分若干民用航空搜寻援救区。我国搜寻救援区的划分与飞行情报区一致。

中国民用航空局负责统一指导全国范围的搜寻援救民用航空器的工作；省、自治区、直辖市人民政府负责本行政区域内陆地搜寻援救民用航空器的工作，民用航空地区管理局（以下简称地区管理局）予以协助；国家海上搜寻援救组织负责海上搜寻援救民用航空器工作，有关部门予以配合。各级空中交通管制单位对其管制下的一切航空器都有提供告警服务的责任，对非管制飞行的航空器也应当尽力提供这种服务，以便使遇到紧急情况的航空器能够得到及时的搜寻援救。

民航局搜寻援救协调中心和地区管理局搜寻援救协调中心承担陆上搜寻援救民用航空器的协调工作。中国民航局空中交通管理局运行管理中心兼任全国陆上搜寻援救民用航空器协调中心，中国民航局地区空管局运行管理中心兼任本地区陆上搜寻援救民用航空器协调中心。

海上搜寻援救民用航空器协调工作由国家和沿海各省、自治区或者直辖市的海上搜寻援救组织担任。

为了能够及时给遇到紧急情况的民用航空器提供告警服务，各级空中交通管制单位必须预先做好准备工作：备有和熟悉本地区搜寻援救民用航空器的方案；了解和熟悉担任搜寻援救的单位，可以提供的服务和方法；对于出现不同紧急情况的告警预案和必要的资料准备；地区空管局运行管理中心还应当与本地区有关省、自治区或者直辖市的海上搜寻援救组织建立直接的通信联络。

民用航空空中交通管制单位和担任搜寻援救的航空器应当配备 121.5 MHz 航空紧急频率的通信设备，并逐步配备 243 MHz 航空紧急频率的通信设备，担任海上搜寻援救的航空器应当配备 2 182 kHz 海上遇险频率的通信设备，担任搜寻援救任务的部分航空器应当配备能够向遇险航空器所发出的航空器紧急示位信标归航的设备以及在 156.8 MHz（调频）上同搜寻援救船舶联络的通信设备。

9.8.4.2 搜寻援救的信号

遇险待救人员、搜寻援救工作组与航空器之间的信息沟通非常重要，如果不能使用无线电台进行联络，可以使用规定的信号（见表 9.26、表 9.27）来传递主要信息。

表 9.26 遇险待救人员使用的地对空信号

序 号	意 义	信 号
1	需要援助	V
2	需要医药援助	×
3	不 是	N
4	是	Y
5	向此方向前进	↑

表 9.27 搜寻援救工作组使用的地对空信号

序 号	意 义	信 号
1	工作已经完成	∟∟∟
2	我们已经找到全部人员	∟∟
3	我们只找到几个人员	＋＋
4	我们不能继续工作，正在返回	××
5	已经分成两组，各组按箭头方向前进	⇄
6	收到消息说航空器在此方向	→→
7	无所发现，将继续搜寻	NN

上述两表中信号的长度应当在 2.5 m 以上，同时使其与背景有一定的色反差，尽可能达到醒目。信号可以使用任何材料制作，如布条、降落伞材料、木片、石块等，也可以用染料涂抹或者在适宜的地方（如雪地）加以践踏等。还可以在信号附近使用火光、烟幕、反光体等，以便于引起航空器机组的注意。

航空器在昼间摇摆机翼、夜间开关着陆灯或航行灯两次，表示明白地面信号。

思 考 题

1. 中国民航设有哪几个地区管理局？
2. 民航空管的三级机构设置分别是什么？

3. 报告室与塔台管制室的职能有哪些区别？

4. 我国民航划设了哪几个飞行情报区？

5. 我国民航划设的空中交通服务空域有哪几类？

6. 3种特殊空域的使用和管理有什么区别？

7. AFTN、SITA 两种格式的电报有什么区别？飞行领航计划报是哪一种格式？

8. 无线电通话中数字和字母的读音与日常用语有何不同？

9. 对不符合我国高度层配备标准的高度，如何拼读？

10. 航空器呼号的缩减形式有哪几种？

11. 飞行的组织与实施分为哪几个阶段？

12. 飞行申请和批复的程序是如何实施的？

13. 机长、签派员在飞行放行单上签字分别表示什么含义？

14. 遇到哪些情况时禁止放行航空器？

15. 在什么情况下应当为起航空器场选择备降场？如何选？

16. 放行许可有什么作用？

17. 管制指令中航空器驾驶员应当复诵的内容有哪些？

18. ATIS 的作用是什么？

19. 用于尾流间隔标准的航空器种类是如何划分的？

20. 放行许可、滑行许可、起飞许可分别在什么时机发出？

21. 从起飞到着陆的整个飞行过程中，航空器依次要受到哪几个管制部门的管制？

22. 管制室之间为什么要进行管制协调？

23. 航空器的进近顺序是如何排定的？

24. 管制员发布着陆许可应当满足哪些条件？

25. 一次雷达、二次雷达各有什么优缺点？

26. 应答机如何选择功能和编码？有哪几个特殊编码？

27. 雷达引导是按照什么原则实施的？

28. 雷达管制条件下可以提供的附加情报服务有哪些？

29. 雷达设备失效后，管制员应做哪些工作？

30. 失去通信联络时应按何种程序执行？

31. 遇险、紧急情况下的通信有什么特点？

32. 搜寻援救民用航空器的工作是如何组织实施的？

33. 情况不明阶段、告警阶段、遇险阶段是如何划分的？

34. 各种形式的辅助指挥、联络符号和信号代表什么意思？

10 人的因素、机组资源管理及航空医学

ICAO 于 1986 年通过了"关于飞行安全与人的因素"的决议，它的一个主要目标就是保障飞行安全，并且在近年也取得了相当的成绩，但是依然有接近 75% 的事故是由于人为因素所引发的。为了减少人的失误，提高飞行安全水平，国际上已广泛开展了对人的错误的研究，并积极将有关成果运用到飞行训练和飞行运营之中。这意味着人为因素方面的任何改善与提高都将有效地提高飞行的安全程度。对人的错误的识别和控制已成为当代人的因素和机组资源管理研究的重点。本章主要介绍飞行中人的因素、机组资源管理以及航空医学的有关知识和原理。

10.1 基础航空生理学与健康保持

10.1.1 飞行环境对人体的影响

10.1.1.1 呼吸和循环系统

人体与外界环境的气体交换以及气体的运输都离不开血液循环和呼吸系统，其基本过程是：首先，氧气被吸入人体内，由于肺泡与血液氧分压的存在，氧气顺浓度差通过肺泡弥散入血液，融入血液中的氧气与血红蛋白相结合，经血液循环到达组织。此时，血液氧分压较高，而组织氧分压较低，故血液中的氧便解离出来，进入组织细胞。最后，与细胞内的能量物质化合，并引起能量的释放。其次，能量物质燃烧后产生的废物，即二氧化碳，又由于浓度梯度而顺浓度反向弥散入血液，与血红蛋白结合后，经血液循环到达肺泡，解离后最后被呼出体外，回到大气中。在生理学上，一般将这一过程称之为两次呼吸，即外呼吸和内呼吸，如图 10.1 所示。

外呼吸主要包括在肺泡内进行的两个过程：第一，从外界吸入人体内的氧气通过肺泡弥散入血液，并由血红蛋白运送到组织；第二，血液中的二氧化碳弥散入肺并呼出体外。内呼吸主要包括：由血红蛋白运送到组织的氧气从血液中解离出来，弥散性地进入人体组织，在这里被燃烧并产生能量，氧气与能量物质混合燃烧后产生的二氧化碳反向

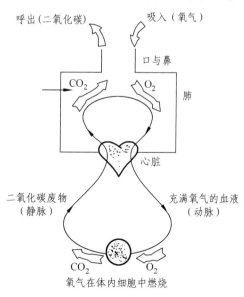

图 10.1 两次呼吸示意图

进入血液。可见，外呼吸发生在肺部，而内呼吸则发生在人体组织。

10.1.1.2　血压、血液与血氧饱和度（Oxyhemoglobin Saturation，SpO2）

人的血液输送到全身各部位需要一定的压力，这个压力就是血压。血管内血液对于单位面积血管壁的侧压力，即压强。由于血管分动脉、毛细血管和静脉，所以，也就有动脉血压、毛细血管压和静脉血压。通常所说的血压是指动脉血压。当血管扩张时，血压下降；血管收缩时，血压升高。心室收缩，血液从心室流入动脉，此时血液对动脉的压力最高，称为收缩压（Systolic Blood Pressure，SBP）。心室舒张，动脉血管弹性回缩，血液仍慢慢继续向前流动，但血压下降，此时的压力称为舒张压（Diastolic Blood Pressure，DBP）。

血液由血浆和血细胞组成。血浆内含血浆蛋白（白蛋白、球蛋白、纤维蛋白原）、脂蛋白等各种营养成分以及无机盐、氧、激素、酶、抗体和细胞代谢产物等。血细胞有红细胞、白细胞和血小板。哺乳类的血液具有凝血机制，血小板破裂时，会将血浆中原本可水溶的血纤维蛋白和血细胞等凝固成为血饼，剩余的透明液体就叫做血清。

血氧饱和度是血液中被氧结合的氧合血红蛋白（Oxyhemoglobin，HbO_2）的容量占全部可结合的血红蛋白（Hemoglobin，Hb）容量的百分比，即血液中血氧的浓度，它是呼吸循环的重要生理参数。因此，监测动脉血氧饱和度（SaO_2）可以对肺的氧合和血红蛋白携氧能力进行估计。正常人体动脉血的血氧饱和度为98%，静脉血为75%。

人体的新陈代谢过程是生物氧化过程，而新陈代谢过程中所需要的氧，是通过呼吸系统进入人体血液，与血液红细胞中的血红蛋白，结合成氧合血红蛋白，再输送到人体各部分组织细胞中去。血液携带输送氧气的能力即用血氧饱和度来衡量。

10.1.1.3　高空低气压

1. 增压、释压

商业航线飞机在 30 000 ft 飞行时，客舱内部的压力相当于在高度为 6 000 ~ 8 000 ft 的大气压力。在飞行的任何阶段都有可能存在客舱释压，失压的主要原因是由于客舱失密或结构破损使客舱内的气压迅速降低造成低气压。失压率可能是缓慢的，机组可以在乘客意识到失压之前意识到问题并下降到有效高度。某些情况下可能也会发生快速失压，比如舱门或玻璃、机身受损，导致客舱内空气迅速流失。当失压发生时，机组和乘客会快速地被曝露于极端的高空环境之中，缺氧症，寒冷，减压病都都会发生。

2. 高空肠胃胀气

在人体胃肠道里，通常含有约 1 000 mL 的气体。这些气体大多是随饮食及唾液咽下的空气，少量是由食物分解产生的。随着飞行高度的增加，由于低气压的作用，滞留在胃肠道的气体便会发生膨胀。轻者感到胃肠不适，重者可感到腹胀和腹痛，在极端的情况下可引起晕厥。对于民用航空飞行员来说，飞行高度及上升速率往往不应该随意改变，但对于自己身体的管理却是可行的。因此，预防高空胃肠胀气的措施包括：

（1）进餐不可太快，以减少所吞咽的气体。

（2）进餐要定时、定量，使胃肠活动保持正常，以利消化而少产气。一般应在起飞前 1 ~ 2 h 进餐完毕。

（3）飞行前的主餐，甚至前一日晚餐应不吃或少吃不易消化的食物以及产气物品，如含纤维多的食物、动物脂肪或油炸食物、洋葱、甘蓝、蚕豆、黄瓜等，禁止饮用汽水、啤酒等。

（4）及时排空大、小便以保持胃肠道的良好通畅性。

3. 高空减压病

指飞机爬升时可能发生的一种特殊症状，主要表现为关节疼痛、皮肤刺痛或瘙痒、胸痛等，极端的情况下可导致休克。高空减压病的发病具有一定的阈限高度，绝大多数都是在上升到 8 000 m 以上高空、停留一段时间以后发病的；降至 8 000 m 以下后，症状一般都能消失。大气压降低时，在组织、体积中溶解的氮气解离出来成为气泡，在血管内形成气泡后，可成为气体栓子堵塞住血管，在其他组织内形成的气泡则压迫局部组织。

4. 潜水与高空减压症

以 30 ft 为界限，一般将潜水分为非减压性潜水和减压性潜水两种。前者是指 30 ft 以内的潜水，后者指 30 ft 以上的潜水。飞行条例规定：非减压性潜水至少相隔 12 h 才能飞行，减压性潜水至少应等 24 h 才能飞行。主要原因是：当人体潜入水下时，会受到强烈水压的挤压，氮气溶入血液及其他体液内，潜得越深，溶入体液的氮气就越多。当回到地面时，施加在人体上的压力骤减，氮气又从体液中解离出来形成气泡，其原理非常类似于刚揭开瓶盖的汽水。若潜水后没有相当时间的间隔便参加飞行，易导致高空减压症。

5. 中耳气压性耳压.

中耳咽鼓管结构的特殊性是导致气压性耳压的基础。中耳由鼓膜、鼓室、咽鼓管及 3 个听小骨所组成，如图 10.2 所示。其中，咽鼓管（亦称耳咽管）为一斜行管道，其功能是与外界相通以维持与外界的气压平衡。该管道在向前下、内侧走行过程中管腔逐渐变窄，最狭窄处称为峡部。由于峡部的存在，使咽鼓管具有"单向活门"的性质。当鼓室腔内压力高于外界时，高压气体可冲开咽鼓管排出。反之，如无主动开放咽鼓管的动作，环境高压气体便不可能进入咽鼓管内部。中耳的气压性耳压主要是在外界气压增高、气体因上述单向活门作用不能进入咽鼓管腔内，使腔内形成较大的负压时造成的。中耳气压性耳压的症状及发生的阈限高度多在 4 000 m 以下，尤以 1 000 ~ 2 000 m 高度为最多。在飞机下降过程中，耳膜内陷；上升过程中耳膜则向外凸出。

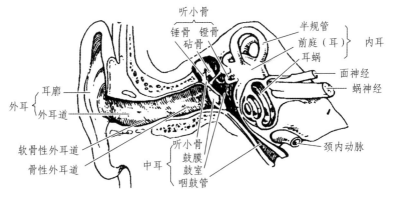

图 10.2　听器及中耳的模式图

预防与克服中耳气压性损伤的方法：

1）运动软腭法

手摸喉结，发"克"音，或张大口用力吸气或模仿打呵欠的动作等可达到开放咽鼓管的作用。

2）捏鼻鼓气法

仅在飞机下降时适用。用拇指捏紧鼻孔，闭口用力向鼻咽腔鼓气，以增加鼻咽腔气体压力而冲开咽鼓管，并应注意，勿使面颊部鼓起和憋气过久，可多做几次。此即所谓的萨尔萨瓦技术。

3）吞咽法

可多次吞咽或咀嚼糖块。

10.1.1.4　高空缺氧症

高空缺氧症（Altitude Hypoxia）是指组织得不到正常的氧气供应，或者不能充分利用氧来进行代谢活动所引起的一系列生理及病理性反应。由于引起缺氧的原因不同，可将缺氧症分为缺氧性缺氧症、贫血性缺氧症、循环停滞性缺氧症和组织中毒性缺氧症四种类型。

1. 缺氧性缺氧症（Hypoxic Hypoxia）

当肺部不能提供充足的氧气溶入血液或肺部不能有效地交换氧气时产生的缺氧症。前者的一个简单事例如潜水时的屏气，使肺部可交换的氧气量减少；后者如吸烟及引起呼吸功能下降的肺部疾病。但对于飞行员来说，引起缺氧性缺氧症的最常见原因是在没有使用供氧设备的情况下处于太高的飞行高度。正如我们前面所提到的那样，在较高高度上空气密度将下降，这意味着每次吸入和弥散入血液的氧气量亦将减少。在低于 10 000 ft 的飞行高度时，大多数人还能挺得住，但在此高度以上时，缺氧所导致的影响将越来越严重。

2. 贫血性缺氧症（Anemic Hypoxia）

血液携带氧气的能力受到破坏时，将引起贫血性缺氧症。此时肺部的氧气量并未减少，血细胞减少，如患贫血病、捐血以及一氧化碳中毒引起血红蛋白与氧的亲合力下降时都可导致贫血性缺氧症。一氧化碳中毒是民用航空中引起贫血性缺氧症的最常见原因。发动机散发出的气体、烟草制品，如香烟和雪茄产生的烟雾等，都可引起一氧化碳中毒。由于一氧化碳与血红蛋白的亲合力比氧气大 200 倍以上，因此，只要在吸入气体中存在一氧化碳，血红蛋白便首先与一氧化碳亲合，从而使血红蛋白携带氧的能力大大下降，导致全身性缺氧。一旦发生一氧化碳中毒，轻则损害大脑的功能和视觉，重则导致死亡。

3. 循环停滞性缺氧症（Stagnant Hypoxia）

对于航线运输机飞行人员来说，这类缺氧症极少发生，但对通用航空飞行员来说则可能由于正 G—效应而引起。当局部或全身性的血流量减少，血流速度较正常慢时，可引起这类缺氧症。在正加速度情况下，人脑及视网膜组织的血流量将减少，导致其处于缺氧状态。

4. 组织中毒性缺氧症（Histotoxic Hypoxia）

这类缺氧症是由于人体组织不能从血液中摄取所需要的氧气而引起。此时，血液的携氧能力和循环功能并未受到损害，血液中有足够的氧气，但人体细胞却丧失了摄氧的能力。在飞行员群体中，这类缺氧症常发生于酒精或药物以及氰化物中毒时。

5. 缺氧的症状

缺氧症是航空界极为重视的一个问题。其主要原因是它具有很大的隐蔽性，它悄悄地降临在飞行员身上，很难觉察，甚至飞行员在发生缺氧时通常还自我感觉良好（见表 10.1），待发现时，为时已经晚矣。在单人制飞行中缺氧症特别危险，原因是：飞行员的反应能力受到影响后，自己却难以辨别缺氧症状。后面即将介绍的"有用意识时间"可说明这一现象的严重危害。

表 10.1　缺氧症的症状

观察者观察到的现象	缺氧者自己体验到的状况
心理上的变化： 　兴奋和愉悦 　操作能力下降 　神志不清 　判断力下降	心理体验： 　兴奋和愉悦 　操作能力良好
生理上的变化： 　呼吸加快 　协调性降低 　意识丧失	生理上的变化： 　头晕目眩 　恶心 　头痛 　震颤
行为上的变化： 　攻击性增强	视觉上的变化： 　模糊不清 　管状视觉

上表表明了观察者观察到的现象与当事者自我体验的差异。

6. 有用意识时间

有用意识时间（Time of Useful Consciousness，TUC）是指：在特定高度上失压、缺氧后，可供进行合理的活命决策和实施措施的最大时间限度，亦指在没有氧气供给的情况下飞行员能有效地维持正常操作的时间。

对缺氧症的反应具有很大的个体差异，并且有一些因素会使缺氧症加重。这些因素包括：① 飞机上升的速率，上升得越快，缺氧症的反应就越严重；② 是否进行身体活动，活动量越大，TUC 将越短；③ 身体是否良好，身体状态越好，TUC 越长；④ 是否吸烟，吸烟者比非吸烟者的 TUC 短。一些研究表明：在 5 000 ft（1 525 m）高度上飞行时，吸烟者的缺氧程度相当于非吸烟者在 10 000 ft（3 050 m）高度上飞行。

7. 换气过度

换气过度是指过深、过快的呼吸所引起的体内氧气过剩、血液二氧化碳化学平衡被打破的现象。其主要症状如下：

- 眩晕感。
- 手指和脚趾震颤。
- 肌肉痉挛。
- 发冷。
- 昏昏欲睡。
- 衰弱或注意力不集中。
- 心跳加速。
- 忧郁和思维混乱。
- 严重者，可使意识丧失。

引起过度换气的因素很多，常见的如应激情境所引起的呼吸反射性加深、加快以及在较高高度上缺氧时所引起的呼吸加深加快等。并且，换气过度现象具有自我加强，即正反馈的性质。对换气过度的预防与克服，其首要措施是能够识别它，判断自己究竟是处于缺氧状态还是换气过度状态。具体的克服措施是：有意识地降低呼吸频率，减小呼吸深度，找机会多说话以及缓慢地吸入一小纸袋 CO_2。

10.1.1.5　过载

过载是指在飞行中，飞行员的身体必须承受的巨大的加速度，这些正或负的加速度通常以 g 的倍数来度量。过载分为正过载和负过载。每个人对加速度都有其承受的极限，通过训练，飞行员可以提高对过载的承受力。正过载是指在加速度的情况下，离心力从头部施加到脚，血液被推向身体下部分，如飞行员的肌肉结构不能很好地调整，大脑就得不到适当的血液补充，飞行员易产生称为灰视或黑视的视觉问题。如压力持续，最终可导致飞行员昏迷。负过载是指飞行员在负加速度下飞行时，血液上升到头部，颅内压力增加，会产生不舒服甚至痛苦的感觉。

10.1.1.6　高空环境

辐射（Radiation）：我们都暴露在两种辐射之中：宇宙辐射和太阳辐射。宇宙辐射包括粒子辐射和量子辐射，主要发生在带电的粒子与氮气、氧气以及大气层其他物质发生交互作用时。带电的粒子进入太阳系并产生了我们所熟知的宇宙辐射。太阳辐射是指太阳向宇宙空间发射的电磁波和粒子流。过量的辐射会影响中枢神经系统和损害器官。它也可以导致癌症，尤其是皮肤癌，并可能影响生育能力。

臭氧（Ozone）：是氧气的同素异形体，在平流层的下部，从 12 000 m 高度开始，臭氧的浓度迅速升高，但大部分集中在 25 000～45 000 m 高度范围。在常温下，它是一种有特殊臭味的淡蓝色剧毒（Toxic）气体，即使吸入少量也会对身体造成严重伤害，尤其是刺激呼吸道和肺部，引起严重的头痛，它还会损害夜视功能；人如果在较高浓度的臭氧环境中，还可以引起肺水肿。

在 12 000 m 高度以下很少有臭氧存在，在此高度或以下飞行的飞机，机上乘员基本不受臭氧的影响。由于臭氧的浓度在平流层下部和极地上空较高，所以，商用喷气式飞机在极地上空和高空飞行时，臭氧对机上乘员可能会产生一些影响。大多数巡航飞机的发动机都具有较高的压缩比，能把进入压缩机的空气加热至较高的温度，并被分解为正常的氧气，所以座舱内臭氧的浓度很少超过 0.1 ~ 0.2 ppm，对人体并无明显持续性影响。

湿度（Humidity）：人体感觉比较舒适的相对湿度为 40% ~ 60%。在低湿度中，人体会由于鼻子和喉咙干燥变得不舒服。航线飞行高度的温度可能会低至 − 30℃ 到 − 55℃。在这种温度下空气非常干燥，相对湿度大概低至 5%。现代飞行器舱内的湿度通常保持在 15% ~ 25%。

10.1.2 飞行生理学基础

10.1.2.1 中枢和周围神经系统

1. 中枢神经系统

中枢神经系统（Central Nervous System，CNS）接收、处理、解释和储存来自外界的感觉信息，如味道、声音、气味、颜色、施加在皮肤上的压力，以及身体内部器官的状态等。包括脑和脊髓，分别位于颅腔和椎管内，两者在结构和功能上紧密联系，组成中枢神经系统。

2. 外周神经系统

外周神经系统（Peripheral Nervous System，PNS）负责中枢神经系统的输入与输出，它由除大脑脊髓外的所有神经系统组成；其分布是从头到脚遍布全身。外周神经分布于全身，把脑和脊髓与全身其他器官联系起来，使中枢神经系统既能感受内外环境的变化（通过传入神经传输感觉信息），又能调节体内各种功能（通过传出神经传达调节指令），以保证人体的完整统一及其对环境的适应。

3. 反射弧

神经系统的功能活动十分复杂，但其基本活动方式是反射。反射是神经系统内、外环境的刺激所做出的反应。反射活动的形态基础是反射弧（Reflex-arc）。反射弧的基本组成：感受器→传入神经→神经中枢→传出神经→效应器。反射弧中任何一个环节发生障碍，反射活动将减弱或消失。反射弧必须完整，缺一不可。脊髓能完成一些基本的反射活动。

10.1.2.2 视觉系统

1. 感光细胞

根据感光细胞的形态和功能的不同，可将它分为视杆细胞和视锥细胞两种。视杆细胞主要分布在视网膜的周围部分，它对弱光很敏感，但却不能感受颜色和物体的细节。视锥细胞主要分布在视网膜中央部分，特别是中央凹处，全是视锥细胞。它专门感受强光和颜色刺激，能分辨物体颜色和细节，但在暗光时却不起作用。根据视锥细胞和视杆细胞的功能差异，昼间扫视与夜间扫视技巧的特点是：昼间扫视是为了利用中央凹视锥细胞的视物功能（明视觉），而夜间扫视则是为了利用中央凹周缘视杆细胞的视物功能（暗视觉）。由于这一原因，昼间扫视的速度和范围相对较大、较快，而夜间扫视时则应较慢、且范围较小。眼球的构造如图 10.3 所示。

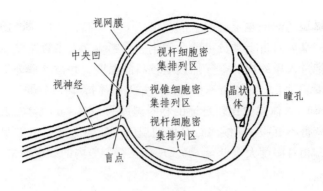

图 10.3　眼球的构造

2. 视敏度、有效视觉距离与视野

视敏度分为静态视敏度和动态视敏度。动态视敏度比静态视敏度低得多，视敏度与物像投射在视网膜上的位置有关。

有效视觉距离是飞行过程中，飞行员从看到物体到做出相应反应以避免飞机与物体发生相撞的一段时间里飞机所飞行的距离。能够达到这一要求的视力，称为有效视觉。

视野是指眼球最大运动时以及头和眼球联合运动时所能看到的空间范围。实际飞行中的视野大小主要取决于座舱视界的大小、飞行速度及飞行员的注意广度，飞行员的有效视野随飞行速度的增加而减小。

3. 视空间知觉

视空间知觉主要指双眼的辐合作用和双眼视差所提供的距离信息。辐合作用：所谓辐合就是指两眼视线向注视对象的合拢（见图 10.4）。看远物时，两眼视线近似于平行。看近物时双眼视线向正中聚合并对准物体。眼睛肌肉在控制视线辐合时产生的动觉，给大脑提供了物体远近的线索。但是，辐合作用所提供的距离线索是在几十米范围内起作用。如果物体太远，视线趋于平行，对物体距离的感知则依靠其他线索；双眼视差：人的双眼相距约 65 mm。当我们看立体物体时，两眼从不同的角度看这一物体，视觉便有差别：右眼看到右边多些，左眼看到左边多些。这样，两个视像落在两个视网膜上的位置便不完全相同，也不完全重合，这就是双眼视差。双眼视差是空间立体知觉的主要线索。

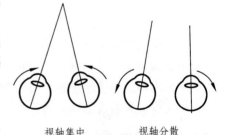

视轴集中　　　　视轴分散

图 10.4　双眼视轴的辐合

10.1.2.3　一般视觉问题

1. 视觉的适应

可分为对暗适应和对光适应。对暗适应的过程称为暗适应，对光适应的过程称为明适应。从明亮的阳光下进入已灭灯的电影院时，开始什么也看不清楚，隔了若干时间以后，我们就不是眼前一片漆黑，而能够分辨出物体的轮廓来了。这种现象便是暗适应。对暗适应是环境刺激由强向弱过渡时，由于一系列相同的弱光刺激，导致对后续的弱光刺激感受性的不断提高所致，暗适应的时间很长，大致需要 30 min 左右才能完全完成；当从黑暗的电影院走到阳光下时，最初感到耀眼发眩，什么也看不清楚，只要稍过几秒钟，就能清楚地看到周围物体了。这种现象便是明适应。明适应是环境刺激由弱向强过渡时，由于一系列的强光刺激，导致对后续强光刺激的感受性迅速降低所致。明适应的速度很快，大致需几秒钟便能完成。

视觉的适应现象在航空活动中随处可见。譬如，在夜间飞行时，飞行员由明亮的休息室进入相对昏暗的驾驶舱内，由日照区转向黑暗的仪表区，在傍晚着陆时，由 10 000 m 以上的高空迅速地进入相对昏暗的低空，以及迅速的时区变换等，都会使飞行员经历一段暗适应的过程。而在暗适应状态下，飞行员往往视物不清，使仪表识读的反应时延长。很显然，如果在这种状态下起飞、进近与着陆，将有可能影响起飞、着陆动作的准确性，造成撞障碍物或偏离跑道以及拉平、接地时机判断失误等后果。此时，即使有其他飞机在同一航路上飞行也可能视而不见或发现太晚。为了克服人眼暗适应的局限，可采取以下一些措施：

（1）夜航飞行前和飞行期间应避免强光源的照射。即在夜航飞行前 30 min 进入座舱，在此期间要避免诸如前灯、着陆灯、频闪光灯或闪光灯等强光源的照射。

（2）如突然遭遇强光，可闭上一只眼以保持该眼对暗光的感受性。这样做可使该眼在强光消失后仍能看清暗光下的物体。

（3）如果是由明亮的区域逐渐飞入黑暗的区域，飞行员可戴上太阳镜以便逐渐适应黑暗。

（4）夜航飞行时，根据需要将仪表板内的照明灯调节并保持在适宜的亮度范围内，这有助于飞行员克服外景与仪表之间视线转移造成的暗适应现象。当飞行员感到视觉模糊时，较频繁地眨眼也有助于促进暗适应。

飞行员明适应的现象也很常见。譬如，在夜间、黄昏或黎明起飞，当进入 10 000 m 以上的巡航高度时，在迅速的时区变换时，由云中飞出云外时等，都会使飞行员经历一个明适应的过程。但是，由于视锥细胞明适应的过程非常迅速，大致在几秒钟内便可完成，故对飞行员的视觉影响不大。然而，如果光源过强，便会带来另一类视觉问题，即眩光。夜航时应将座舱灯光调节，并保持在适宜的亮度范围。

2. 眩 光

眩光是由于在视野范围内亮度过高，从而引起视觉不适，或视觉功能下降，或同时产生这两种效应的现象。根据人眼所受强光刺激的强度不同，可将眩光分为心理眩光、生理眩光和强光盲 3 种。心理眩光：随着视野内亮度的增加，开始出现不舒适感，但不影响视觉功能，这种现象便称为心理眩光。在飞行过程中，有时仪表板一部分在日光的直射下，而另一部分为暗区，明暗对比的强烈反差，使人的视觉产生不舒适感，这种现象就是心理眩光，它使飞行员识读仪表发生困难。生理眩光：在心理眩光强度的基础上，如亮度再增加，不舒适的程度加重，并伴有视觉功能降低，称为生理眩光或失能眩光。强光盲：在生理眩光强度的基础上，若亮度继续增加，将严重影响视觉功能，甚至视觉作业根本无法进行，直至暂时失明，这种现象便称为强光盲。

3. 空虚视野近视和夜间近视

睫状肌的收缩与舒张调节着晶状体的曲度使我们能将远、近距离的物体聚焦于视网膜上。但是，在目标物不明确或无特征的空域中，如霾中或高空飞行时，由于外景没有特征，引不起眼睛的注意，使睫状肌处于持续的收缩状态，此时晶状体因其本身的弹性向前凸出，使眼的聚焦点位于前方 1～2 m 处的空间某点，飞行员的视觉便呈功能性近视状态，这一现象称为空虚视野近视。在这种状态下，飞行员往往会把同样大小的物体看成较小的物体，把同样距离的物体看成较远的。克服空虚视野近视的方法是：频繁地在翼尖或机头与无限远之间来回扫视。

与空虚视野近视相类似的另一种现象是夜间近视。在夜间飞行时，由于外界没有物体可供观察，飞行员的眼睛会自动聚焦于他前面的 1～2 m 处的空间某点。因夜间可供观察的物体更少，因而它比起空虚视野近视来，更为常见。克服的方法是：搜索和观察远处的光源，无论光源明暗与否都应这样做。

4. 盲　点

1）生理盲点

视神经与眼睛视网膜的联结处，即视神经出入视网膜的地方却没有感光细胞，这就意味着，如果物像落在这一点上，人们将会视而不见，感受不到物体的存在。因此，在解剖学上，人们将视神经出入视网膜的那一点称之为视觉生理盲点。克服生理盲点的方法是：不断地在仪表与环境之间进行扫视。

2）夜间盲点

人眼的感光细胞有两种：一是视锥细胞，一是视杆细胞。视锥细胞密集排列在视网膜中央凹处，它具有感受昼光和色光的功能，在昼光条件下视物时多半都是视锥细胞的功能。视杆细胞密集排列在中央凹周缘，它对弱光敏感。夜间视物时，主要依赖于视杆细胞。正视前方物体时，物象投射在中央凹处，而带着一定角度看物体时，则投射于中央凹周缘。由于视锥细胞与视杆细胞的功能及解剖位置的分布特点，在夜间视物时，若正视前方物体，物像便正好投射在中央凹处的视锥细胞上，使人看不清物体，感到视觉模糊。因此，一般将视网膜中央凹处称为夜间盲点。克服夜间盲点的措施是：偏离物体中心 5°～10°作缓慢扫视运动，使物像投射在中央凹周缘的视杆细胞上，以充分发挥视杆细胞的夜视功能。这种方法便称之为偏离中心注视法。

3）飞机盲点

飞机盲点是因飞机设计缺陷造成的、影响飞行员视野的部位。所有的飞机都有视觉盲点，其部位因机型、飞行员坐姿等不同而有差异。有的是在门柱上，有的在机翼上，还有的是在机身上。凡是遮挡飞行员视线或视野的飞机部位都可称之为飞机盲点。

10.1.2.4　听觉系统

听觉与前庭觉同属于人耳的功能。听觉器官由外耳、中耳、内耳三部分组成。听觉的传导过程可以说始于鼓膜，它随外耳道内的气压变化而产生振动。鼓膜对空气运动具有一定的阻力或称"阻抗"。外耳道则执行这种对空气阻抗的重要匹配作用。无论是何种原因使外耳道堵塞，如耳塞或过多的耳垢等，都会使传导到鼓膜的气压减小。人耳能感受的声波频率范围是 20～

20 000 Hz，以 1 000～3 000 Hz 最为敏感。

从信号检测论的观点来说，凡是个体不喜欢的、影响人的工作效率和生活质量的声音，都可定义为噪声。噪声对座舱通话和机组成员对话的影响主要表现为对语言的掩蔽作用，造成在飞机噪声环境中的通话和对话困难，通常用语言可懂度来评价噪声对语言通讯的掩蔽作用。

10.1.2.5 前庭器官

1. 前庭器官的功能

前庭内有 3 个半规管专门感知角加速度。3 个半规管位于 3 个相互垂直的平面内，类似于一架飞机的俯仰、滚转和偏转平面，因而它能够觉察这 3 个平面内的角加速运动。在角加速运动时，有关的半规管亦随之作同向的加速运动，但位于半规管内的内淋巴液都因惯性作用而向反方向冲击，至使毛细胞纤毛弯曲、产生角加速运动的感觉。当角加速运动停止而改为匀速运动时，内淋巴液的运动速度逐渐赶上半规管的运动速度，此时内淋巴液与半规管之间便不再存在速度上的差异，从而使毛细胞纤毛不再弯曲，回复到正常的位置上，角加速运动的感觉便随之消失。半规管的这一特性是产生许多飞行错觉的土壤。人耳前庭器官的两个主要局限是：既不能感知匀速运动，也不能感知组成合力的各个分力。

2. 晕机病

又称运动病（Motion Sickness），是以恶心、呕吐、面色苍白和出冷汗为主要特征的病情，主要原因是控制平衡感觉的内耳前庭感受细胞兴奋性过高。人受到实际或似动运动刺激而对这些刺激又不熟悉时，也就不能适应，从而发生晕机病。典型的晕机病是循序渐进的，发病时间的长短取决于刺激的强度和个体敏感性。最初的症状是胃不舒服的异常感觉，有人将此称之为"意识到了胃的存在"。如果诱发运动持续下去，即出现恶心加重，健康很快恶化、口周围或面部苍白并开始出汗。随着症状的加剧，出现口水增多、身体发热、头发轻，并带有明显的抑郁、情绪淡漠等。在这一阶段，一般很快就会呕吐，大多数人在呕吐后可以获得暂时缓解，然而也有些人长时间严重恶心得不到缓解。

10.1.3 健康与卫生

10.1.3.1 常见疾病

1. 高血压病

1）诊断标准与分级

1999 年世界卫生组织和国际高血压联盟提出了新的高血压病诊断标准和分级，对高血压病的预防和治疗提出了更高的要求（见表 10.2）。

2）影响高血压病预后的因素

● 收缩压和舒张压的水平（1～3 级）。

● 年龄：男性 > 55 岁。随着年龄的增长，高血压病的患病率逐渐升高，这种变化在 35 岁以后更为明显。

● 吸烟。

- 总胆固醇 > 5.72 mmol/L（220 mg/dl）。
- 糖尿病。
- 有早发心血管病家族史（发病年龄男性 < 55 岁）。

表 10.2 高血压病诊断标准和分级

类型	收缩压/mmHg	舒张压/mmHg
理想血压	<120	<80
正常血压	<130	<85
正常高限	130～139	85～89
单纯收缩性高血压	≥140	<90
亚组：临界高血压	140～149	<90
1 级高血压（轻度）	140～159	90～99
亚组：临界高血压	140～149	90～94
2 级高血压（中度）	160～179	100～109
3 级高血压（重度）	≥180	≥110

3）高血压病的危险性分层

根据世界卫生组织和国际高血压联盟制定的高血压病治疗指南，高血压病患者的危险性分层是根据血压水平、危险因素、靶器官损害以及相关的临床疾病来确定的，危险的分层不同，其发生心血管事件的程度和比例也不同。对于无任何心血管疾病的危险因素、靶器官损害以及相关疾病的单纯性高血压病患者，其危险性分层可以根据血压的变化和控制情况来进行评定。即 1 级为低危，2 级为中危，3 级为高危。

2. 冠心病

1）冠心病的含义

冠心病是指冠状动脉粥样硬化使血管腔阻塞导致心肌缺血、缺氧所引起的心脏病，它和冠状动脉痉挛一起，统称为冠心病。心肌缺血和受损的程度以及临床表现的轻重，都取决于冠状动脉狭窄的程度。

根据国际民航组织成员国的报告：每年都有 1～2 名飞行员因为冠心病而导致空中完全失能，该病占飞行员医学停飞的 4.2%，居前十位。鉴于冠心病严重危及飞行安全，国内外航空医学界对它的研究较多，鉴定的要求也比较高。

2）冠心病的易患因素

流行病学调查显示：高血压、高血脂、吸烟、糖尿病、肥胖、男性、老年、家族史以及缺乏体力劳动为冠心病的十大易患因素。其中，高血压、高血脂以及吸烟是冠心病的三大危险因素。

- 年龄：男性≥45 岁。目前，冠心病的发病年龄有提前趋势，飞行员冠心病的发病年龄已提前至 30～35 岁左右。
- 早发冠心病家族史：父亲和其他男性直系亲属 55 岁以前，母亲和其他女性直系亲属 65 岁以前确诊为心肌梗死或猝死者，其冠心病发病率大大增加。

- 吸烟：每日吸烟十只以上，冠心病发病率将大大增加。
- 高血压：血压≥140/90 mmHg，或进行抗高血压药物治疗者，冠心病发病率将大大增加。
- 高血脂。
- 糖尿病。
- 肥胖和缺乏体育锻炼者。

3）临床表现及诊断

根据临床表现的不同，可以将冠心病分为以下几种类型：

- 心绞痛型：可表现为典型的心绞痛，即突然发作的心前区或胸骨后疼痛，伴紧缩、憋闷或压迫感，常放射到喉颈部、左前臂内侧，持续数秒钟到数分钟；也可以表现为类似消化不良的胸骨下部不适，且多在用力、情绪激动或寒冷刺激后出现。
- 心肌梗死型：临床上以心电图发现心肌梗死为主要表现。
- 猝死型：表现为突然死亡。
- 心力衰竭型：以心慌、气紧、口唇发绀、双下肢水肿等心力衰竭症状为主要表现。
- 心律失常型：主要表现为各种类型的心率失常。
- 隐性或无症状性冠心病：飞行人员中的冠心病患者多属于这一类，平时很少有自觉症状，往往都是在体检鉴定作心电图检查时出现心肌缺血改变，在做进一步检查才发现的。

4）冠心病的预防

冠心病的预防可分为一级预防和二级预防。一级预防是指控制或减少冠心病的危险因素，以降低发病率。主要包括以下措施：

- 合理的膳食与营养，即限制高脂肪和高胆固醇食物，把体重控制在标准范围内。
- 积极治疗高血压、糖尿病和高胆固醇血症。
- 戒烟。
- 适量的、坚持不断的体育锻炼。
- 二级预防是指对已患冠心病者采用药物或非药物性措施以预防冠心病的复发和加重。

5）胃肠不适

随着飞行高度的增加，由于外界压力降低，滞留在胃肠道的气体便会发生膨胀，轻者感到胃肠不适，重者可感到腹胀和腹痛，在极端的情况下可引起晕厥。

高空肠胃胀气的预防方法：

（1）采用通风式密封增压座舱。

（2）遵守饮食制度，保持胃肠道机能。

- 提早进餐，定时、定量、细嚼慢咽；
- 易消化、少产气、低刺激性饮食；
- 飞行前排空大、小便；
- 发现并治疗胃肠道疾病。

10.1.3.2 影响飞行员的健康问题

1. 听力丧失

按人的主观体验，可把噪声定义为一种令人不愉快、心烦意乱和讨厌的杂乱声音。从信号检测论的观点来说，凡是个体不喜欢的、影响人的工作效率和生活质量的声音，都可定义为噪声。一定强度的噪声刺激人耳一段时间后，可使听觉阈值增高，表现为听力损失，这一现象便称为听阈偏移。按听阈偏移持续时间的长短，一般可将它分为暂时性听阈偏移（Temporary Threshold Shift，TSS）和永久性听阈偏移（Permanence Threshold Shift，PTS）两类。短时间进入强噪声环境时，开始会感觉声音刺耳、不适、耳鸣，随后这些主观感觉趋于不明显或消失，同时出现暂时性听力下降，听阈上升可达 10～15 dB，如迅速离开噪声环境，经数分钟后可完全恢复正常。这种现象称为听觉适应（Auditory Adaption），是一种保护性生理反应。但听觉适应有一定的限度，较长时间接触强噪声，听阈升高超过 15 dB，甚至达到 35～50 dB 时，脱离噪声环境后则需数小时或更长的时间才能恢复，这种现象便称为听觉疲劳（Auditory Fatigue），听觉疲劳是病理前状态，是可以恢复的功能性变化，仍为生理现象。永久性听阈偏移是指：在高噪声反复长期刺激下，听觉疲劳不能再恢复，听觉器官发生器质性病变和不可逆转的永久性听力损失或丧失现象。在民用航空环境中，比较常见的是暂时性听阈偏移，但如果持续时间很长，也可发展为永久性的听阈偏移或听力缺失。据报道，对听力产生不利影响的噪声强度一般为大于 65 dB 的噪声。

2. 视觉障碍

视觉障碍是指由于先天或后天原因，导致视觉器官（眼球视觉神经、大脑视觉中心）之构造或机能发生部分或全部之障碍，经治疗仍对外界事物无法（或甚难）作视觉之辨识而言。外在过于强烈的光线刺激会对眼睛造成暂时或永久的损伤，如高强度的紫外线光对眼睛有影响。另外，如果不注意用眼健康，或随年龄的增长，也可能出现。一些常见的视觉障碍如下：

（1）近视眼。如果眼睛近视，眼球的厚度会比正常眼睛大，导致图像会聚焦成像在视网膜前面，晶状体的自我调焦也不能完全弥补这一问题。远处的物体不能准确成像在视网膜上，但是近处的却可以。佩戴凹透镜可以矫正近视。

（2）远视眼。如果眼睛远视，眼球的厚度会比正常眼睛小，导致图像会聚焦成像在视网膜后面。远视眼看近处的物体会变得模糊不清，但是远处的物体却可以很清晰地看到，佩戴凸透镜可以矫正远视。

（3）老花眼。随着年龄的增长，人看近物的视力逐渐下降，过了 40 岁后，晶状体逐渐变硬，更适合看远处物体的形态，这就是我们常说的老花眼。通常，老花眼发作的第一特征就是在弱光的条件下看书变得非常吃力。戴老花镜能够矫正老花眼，而要矫正中远距离视力可以使用双焦距，三焦距甚至是四焦距的镜片。

（4）散光。散光是一种由于眼角膜或晶状体表面畸形引起的视力缺陷。通常情况下，眼角膜是如足球一样的球形的。而有散光的眼角膜是椭圆形的，像橄榄球一样。圆柱透镜能够矫正散光。

（5）青光眼。眼球内是充满液体的，这使得眼球可以保持其形状，眼球内的液体是清澈透明的，并不断循环和补充。有时，眼球内的液体循环失衡，进入的液体多余流出的液体，这会导致眼内压增大，会对眼球产生严重的损伤，甚至会导致失明，这被称为青光眼。

（6）灰视、黑视和红视。在飞行中，飞行员的身体必须承受的巨大的加速度。这些正或负的加速度通常以 g 的倍数来度量。在加速度的情况下，离心力从头部施加到脚，血液被推向身体下部。在正过载的情况下，如果飞行员的肌肉结构不能很好地调整，则大脑就得不到适当的血液补充，飞行员易产生称为灰视或黑视的视觉问题。眼睛会感到发黑，看东西模模糊糊，甚至什么也看不见。黑视也是晕厥的先兆，对飞行安全危害较大。当飞机快速地俯冲，负加速度同正加速度相反，惯性力把血液从足部推向头部，使头部形成高血压，负荷载过高时产生红视。红视较黑视更危险，但飞行中剧烈的负加速度过荷比较少，因此红视并不多见。

3. 肥　胖

随着人类社会生产力的发展、经济收入的提高，人们的营养摄入较以前大大提高了；而另一方面，由于轿车等代步工具的逐渐普及，人们的体力劳动和体育活动却在逐步减少，导致目前超重和肥胖的人数越来越多。在我国民航飞行人员中，由于工作范围局限于狭小的驾驶舱内，体力劳动和体育活动的机会较少，加上一部分人错误地担心其营养不能满足飞行活动的需要而大量摄入营养，导致飞行人员的超重问题和肥胖问题日益突出。

1）诊断和表现

当体重超过标准体重的 10%时，成为超重；当体重超过标准体重的 20%或体重指数大于 24 时，成为肥胖症（Obesity）。

标准体重的计算方法是：当年龄在 30 岁以下时，标准体重（kg）=身高（cm）– 110；当年龄在 30 岁以上时，标准体重（kg）=身高（cm）– 105。

体重指数（Body Mass Index，BMI）的计算方法是：BMI=体重（kg）/身高（m）^{2}。

体重超出标准体重的 20%～30%为轻度肥胖。此时一般没有明显的自觉症状，但体形已出现一些改变，如腹部、臀部和背部出现脂肪堆积，尤其是腹部更为明显。

体重超出标准体重的 30%～50%为中度肥胖，超出标准体重的 50%以上为重度肥胖。此时由于大量的脂肪堆积，会给机体造成额外的负担，使其氧耗量较正常人增加 30%～40%。患者除行动不方便以外，还常常又怕热、多汗、容易疲劳、气紧、负重关节酸痛和退行性病变以及不能耐受重体力劳动等表现。

2）肥胖症的治疗

（1）饮食疗法。

对于轻度肥胖者，仅需限制脂肪和糖类食物（包括零食、糕点和啤酒等），并鼓励多做体力劳动和体育运动，使热量的消耗大于热量的摄入，每月体重下降 0.5～2 kg，逐渐达到正常标准，一般不需要服药。

对于中度肥胖者，应将每日的热量摄入限制在 1 200 kcal 以下（如果每日的热量摄入量高于 1 500 kcal，治疗常常无效）或每 kg 体重 15～20 kcal，结合体力劳动和体育运动，使每月体重下降 1～2 kg。如果每月体重减少达不到 1 kg，则应在减少热量摄入和增加体育运动，直至达到要求。食物的配置原则是低脂、低糖和高蛋白，此时，食物中的蛋白质不宜少于 1 g/kg体重/日，可增加到 100 g/日或占食物总热量的 20%，并增加蔬菜量，在减少食物热卡的同时增加食物的体积，以减轻患者的饥饿感。但热卡太少，患者易感疲乏软弱，甚至出现低血糖反应，应密切观察和及时处理。

（2）运动疗法。

对于肥胖症的治疗，运动是一个重要的组成部分，因为运动可以增加热量的消耗，使体重逐渐下降。饮食疗法加运动疗法是目前肥胖症最好的治疗方法，但由于肥胖者往往不愿意运动，所以应加强教育并指导运动方式和运动量。一般来说，轻、中等强度的有氧运动即可达到疗效，如慢跑、骑车、球类运动、游泳和登山等，运动量要从小到大，逐渐增加，并持之以恒。

10.1.3.3 药物使用

1. 中枢神经系统抑制药物

中枢神经系统抑制药物可以导致飞行人员的感知、思维、判断等方面的能力降低，使其不能正常地履行飞行职责。因此，飞行人员服用镇静剂、催眠剂和麻醉剂药物应禁止飞行。

国际民航组织颁布的《民用航空医学手册》规定：飞行人员服用中枢神经系统抑制剂24 h后，才允许飞行。如服用的是短效安眠剂，如氟安定15 g，12 h后可以放飞。

2. 影响植物神经功能的药物

植物神经系统具有控制和调节骨骼肌以外的全身各器官系统活动的功能。影响植物神经功能的药物，其药理作用非常复杂。对于民航飞行员来说，只要是执行飞行任务，都不允许使用这类药物。这类药物常用的有：麻黄素、肾上腺素、苯丙胺和异丙肾上腺素、颠茄片、胃服安以及阿托品等。

3. 飞行活动与镇痛药物

止痛药可以分为两种类型：麻醉性止痛药和非麻醉性止痛药。麻醉性止痛药由于通常具有麻醉抑制作用，会降低飞行人员的飞行能力，且易导致成瘾，飞行人员应禁止使用该类药物。这类药物常用的有：鸦片及其衍生物、吗啡及其衍生物、美散痛类和杜冷丁类药物；非麻醉性止痛药通常不会直接影响飞行人员履行飞行职责，使用这类药物时能否参加飞行主要取决于服用止痛药的原因。它一般分为解热镇痛药和消炎镇痛药两类。常用的药物有：阿斯匹林、扑炎痛、扑热息痛、布洛芬、奈普生、消炎痛、芬必得等。上述两类药物的主要副作用是眩晕、头痛、胃肠道刺激症状、胃溃疡甚至胃出血，应谨慎使用，飞行人员用药后也应停飞12～24 h进行观察。

4. 烟　草

在20世纪50年代，吸烟与肺癌之间的关系已经被人们所认识。60年代，吸烟被发现是诱发冠心病的重要因素。烟草的烟雾由两部分组成，一部分是通过滤嘴或纸烟末端产生的主流烟，另一部分则是烟草前端燃烧产生的侧流烟。

吸烟的房间里大约85%的烟雾是侧流烟。香烟的烟雾里最多可含有4 000种不同的化学物质，而侧流烟比主流烟的浓度更高。这使得另一些人也成了吸烟者，从而导致患与吸烟有关疾病的人数增加。这被称为被动吸烟。

香烟烟雾里有3种主要成分对人类的健康造成威胁：焦油、一氧化碳和烟碱。焦油附着在整个支气管和肺泡中，使受害者感到呼吸困难，因为它阻碍了呼吸通道并损伤肺泡。烟碱使动脉血管收缩刺激交感神经系统，这种刺激使肾上腺释放出肾上腺素。烟碱被吸收入血液和进入大脑只需要几秒钟的时间。肾上腺素的释放使心率加快、血压升高。动脉变窄会减少诸如手、脚等身体末端的血液供给。肢体远端缺氧会引起坏疽从而导致截肢。

一个长期吸烟的人可能患肺气肿并伴有慢性支气管炎。慢性支气管炎会引起呼吸障碍。

1）慢性支气管炎

肺的清洁功能被烟草烟雾中的焦油所抑制。焦油通过呼吸道进入，刺激黏膜，引起更多的黏液分泌。分泌出的黏液积聚在细小的支气管中就会阻碍空气的流通，污垢、细菌或病毒等就会聚集在黏液中——这就是引起"吸烟者咳嗽"的原因。

2）肺气肿

肺由于慢性支气管炎的影响容易受到感染。炎症出现，而一种被叫做胰肽酶E的酶也就产生了。这种酶会导致肺泡爆裂，使肺泡失去弹性，其结果是气体交换只能在较小的表面区域进行。极端的案例是，病人需要靠不断地吸氧来维持生命。

（1）一氧化碳。

一氧化碳是一种无色无味的气体，日常生活中的"煤气中毒"本质上就是一氧化碳中毒。一支香烟燃烧时可产生 20～30 mg 的一氧化碳，如果有几个烟民同时在一个不通风的房间里吸烟，则空气中的一氧化碳浓度很快便接近或达到煤气中毒的浓度。香烟燃烧时产生的一氧化碳在吸烟者吸烟时从呼吸道进入血液。一氧化碳是一种能与血液中的氧气竞争血红蛋白的气体，一方面它与血红蛋白结合生成碳氧血红蛋白，其亲和力是氧气的 250 倍，血红蛋白一旦与一氧化碳结合，便丧失了运输氧气的能力，导致组织细胞缺氧；另一方面，碳氧血红蛋白还可以阻止已经形成的氧合血红蛋白释放氧气，从而加重组织细胞的缺氧。

（2）焦油类物质。

焦油类物质是一类黄色的、具有黏性的树脂，气味又辣又苦，也就是人们平常所说的"烟油"，常常附着在口腔黏膜、牙缝中、牙齿上、咽部以及呼吸道上，并发出阵阵烟臭。它对人体的影响主要表现为致癌和促癌作用。

（3）尼古丁。

尼古丁对人体健康的影响主要由两个方面：一是直接毒性作用，其毒性与氰化物相当。据研究，1 支香烟中包含有 2～4 mg 尼古丁，足以毒死一支小白鼠，而 50 mg 的尼古丁（相当于一包香烟中尼古丁的含量）足以让一个人送命；二是成瘾性，许多医学专家把吸烟与吸毒画上了等号，只不过香烟是合法的、容易得到的，能够得到社会的承认。

尼古丁在生物学上属于兴奋剂。它刺激中枢神经系统使疲劳减轻，但在吸入尼古丁的 20～30 min 以后，兴奋和愉悦感逐渐消失，接踵而至的便是疲劳感。尼古丁的副作用是产生虚假的轻松感；使缺氧症的易患性增加；停吸香烟后还会产生易激惹、攻击或者敌意等行为。

5. 酒 精

酒精的生物学性质属于抑制剂。它像一般的麻醉剂一样，对中枢神经系统具有抑制作用。其主要副作用包括：使人感觉迟钝、观察能力降低；记忆能力变差；责任感降低，易草率行事；判断能力和决策能力下降；动作协调性下降；视、听能力下降；情绪波动较大；自我意识缺乏或丧失；缺氧症的易患性增加；对快波睡眠具有强烈的抑制作用。

目前，我国民航局规定："在引用了含有酒精的饮料后，8 h 内不能参加飞行。"而美国联邦航空条例规定：飞行员飞行时血液酒精浓度不得超过 0.04%，饮酒后必须经过 8 h 才能参加飞行。如果饮酒 8 h 后，飞行员的血液酒精浓度仍然达到或超过 0.04%，须等到血液酒精浓度降到该浓度以下才能飞行；即使飞行员的血液酒精浓度低于 0.04%，但其饮酒后时间间隔不到 8 h，也同样不能参加飞行。在美国，大多数航空公司要求飞行员在饮酒 12 h 以后才能飞行，而商用航空公司则一般要求在饮酒 24 h 以后才能参加飞行。

10.2 基础航空心理学

10.2.1 人类的信息加工

现代认知心理学用信息加工的观点和方法来描述人的认知过程。图 10.5 是一个简化了的人类信息加工模型，我们据此对人的错误进行分析。

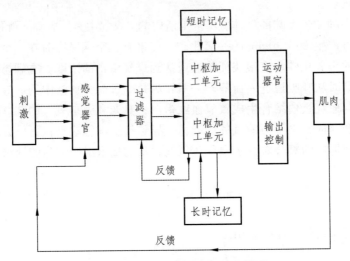

图 10.5　人的信息加工过程模型

10.2.1.1　感觉错误

人类具有一个庞大的接收信息的系统。在这个系统中，不同的感觉器官觉察特定形式和特定能量的信息，它们对不同的信息具有特异的选择性。并且，人与人之间在感受性上存在着个体差异，即便是同一个人在不同的时间内，其感受性也会有所不同。感受性是指感觉器官对适宜刺激的感觉能力。作为一种能力，感受性通常是以感觉阈限（Sensory Threshold）的大小来度量的。人的每一种感觉的感受性和感觉阈限，都有绝对感受性和绝对感觉阈限、差别感受性和差别感觉阈限两种形式。刺激只有达到了一定的强度才能为人体所觉察，那种刚刚能觉察到的最小刺激量称为绝对阈限（Absolute Thresholds），绝对感受性就是指刚刚能够觉察出最小刺激量的能力。对于同一个人来说，由于在不同的时间和环境中，各种因素（如疲劳、药物、情绪状态等）都会使一个人的感受性发生变化。这便意味着，人类的感觉器官不可能觉察到所有重要的信息。一个典型的事例是人类的前庭器官，由于它的结构的特殊性，使它只能感知到重力和加速度力的合力，而不能感知组成合力的分力大小和方向，只能感知加速度而不能感知匀速运动。正是由于这一原因，飞行员和乘客在匀速飞行的客机上的感觉与坐在办公室里的感觉没有多大的区别。对于人类的视觉器官来说，迅速的明、暗环境的交替，也会使它经历一个明适应和暗适应的过程，使人的视力在这段时间里受到限制。

10.2.1.2　注　意

从输入信息到加工信息、直至对信息的提取和输出，注意都始终伴随着人类的认知过程。

它犹如一种背景，对信息起着选择和分配意识的作用。虽然人类感觉信息的通道众多，但注意却具有单通道的性质。虽然来自进近灯、高度表、空速表以及ATC的信息可以被飞行员感知到，但这都是注意单通道在不同的输入之间分时工作的结果。这种瓶颈口式的结构是整个信息加工系统的一道屏障（Broadbent，1958；Poulton，1971）。主要的原因便在于人类注意容量的有限性。按认知心理学的观点来说，这种有限性来源于人类智源的有限性和资源的有限性，如果同一时间里输入了太多的信息，人的思维就可能处于混沌状态（Kohneman，1973）。注意容量的局限性是导致飞行员注意分配和转移困难的基础。学员在初学飞行时，由于每一项任务对他来说都较陌生，都需要占据他较多的注意容量，因而常表现出注意分配困难、紧张，"错、忘、漏"现象时有发生。

注意的单通道性质决定了一些信息正在被加工的时候，其他信息便会被暂时搁置在一边，进入极易流失的短时记忆库里（只能保持1 min左右的时间），以便等待单通道的开放。当对当前的信息加工完毕，单通道开放时，短时记忆库里的信息才会被提取出来，沿着特定的通路迅速传输到加工单元里。许多因素都可能影响这种短时记忆储存和提取的效率，这个过程也是人类错误的重要来源。着陆过程中忘放起落架的现象就有可能是飞行员准备放起落架，但被其他事件干扰所造成的。注意的品质包括注意的广度、注意的稳定性、注意的分配以及注意的转移。注意的广度是指同一时间内个体能观察到的对象的数量，它与个体对任务的熟悉程度等因素有关。飞行学员的注意广度则是指同一时间内能够观察到的座舱仪表以及外景特征的数量。注意的稳定性主要表现为飞行员摒弃内（如情绪紧张等）、外（如噪声等）无关刺激的能力，即所谓的抗干扰能力。注意的分配是指飞行员能在同一时间内将自己的注意力合理地分配到不同的对象上，如一边观察仪表，一边操纵杆、舵等。心理学的研究表明，注意的分配和转移是有条件的，即在同时性任务中，只能有少数是陌生的，其他任务都应非常熟悉，否则注意的分配便不可能。注意的转移是指学员根据任务的需要而将注意力从一个对象主动转移到另一对象上的心理品质。飞行活动的一个重要特征是需要飞行员不断地交叉检查和扫视飞行仪表或外景目视信息，这便对注意的转移品质提出了很高的要求。在学习飞行之初，学员的这种品质尚未形成，往往成为阻碍飞行技能掌握的重要因素。在此，应该将注意力转移和注意力分散现象加以区别，注意力分散是飞行员由于受意外事件的干扰而将注意力脱离主要任务和对象的想象，这与注意力转移的目的性截然不同。驾驶舱注意力分散的类型主要包括：营运性注意力分散、非营运性注意力分散以及生理性注意力分散。

营运性注意力分散是指执行飞行操作任务所引起的驾驶舱注意力分散。这种注意力分散是在正常的飞行工作条件下，由于工作负荷过载所引起的注意力分散现象。执行检查单程序、交通情况观察、ATC（空中交通管制）通话以及简述进近航图等，都可能会引起这类注意力分散。交通情况的观察、检查单的执行、空中交通管制通话以及其他一些营运性注意力分散因素是不能够被消除的，我们只能对它们进行缜密的管理，以确保它们不至于使注意力离开主要操纵任务，使我们能够维持对飞机的操纵和控制。精细的计划和对不确定任务的预期有助于防止在同一时间内试图完成太多的任务，从而达到预防注意力分散的作用。正如飞机制造厂的经理精细地控制组装车间的工作流程一样，驾驶舱内的经理（机长）也必须对驾驶舱内的任务完成进行定速，类似瓶颈口的工作任务分配通常会导致严重的精力危机。

非营运性注意力分散是指与飞行员的主要任务没有直接关系的因素所导致的注意力分散现象。主要的因素包括与飞行无关的交谈、常规性的书面工作或者安顿乘客以及地面等待等。

如果通话飞行员对自己的精力分配不当的话，就有可能会使他的主要精力从监视在飞飞行员的任务中脱离开来，使他不能够发现在飞飞行员已经发生的错误。与飞行员的主要任务没有直接关系的非营运性注意力分散现象通常是可以消除的。我们可以以积极的方式来对非操作性的注意力分散进行控制。例如，与飞行任务无关的交流在关键的飞行阶段可以予以消除。许多航空公司都严格禁止飞行员在低于特定的高度时进行无关交谈。和营运性注意力分散一样，飞行员必须首先认识到这些非营运性注意力分散的潜在危险，应该意识到它们是导致处境意识下降的因素。

生理性注意力分散是指由影响个体操作能力的生理性或情绪性干扰因素所导致的注意力分散。生理性注意力分散处理起来较为复杂。例如，要测量飞行员在驾驶舱内的身体疾病、过热或过冷、疲劳、身体不适、情绪问题以及其他形式的应激效应，就是一件非常困难的事情。在这样一些应激因素中，有一些是在驾驶舱以外形成，紧接着又由飞行员带进驾驶舱内的，它们如同飞行员的一个沉重的包袱影响着飞行员的飞行表现。诸如慢性疾病、慢性疲劳以及家庭问题等应激因素通常都会引起飞行员的注意力分散，而这些应激因素的形成绝不是一日之间就形成的，往往是飞行前的一周、一月甚至一年以前就开始形成了的。它们对飞行员飞行操作的影响则因人、因环境而异。譬如，作为注意力分散因素的缺氧症在个体之间就有很大的个体差异。其他一些因素，如过热和过冷以及身体不适，又有可能是在驾驶舱内形成的，而这些因素在很大程度上是可以得到较好的控制的。

10.2.1.3 知　觉

一旦信息被人所觉察到，它便沿着不同的神经通路传递到大脑，并在这里进行加工。因此，一般把对感觉信息的性质、意义予以解释，命名的过程称之为知觉。而人类的这种解释活动却正是滋生错误的土壤。

人类的知觉除与特定的情境有关外，还与知觉者的经验和习惯有关，经验和习惯对人类来说，既可以是一笔宝贵的财富，但在某些情况下却有可能使人误入歧途。从积极的方面来说，丰富的经验可以熟练操作，减轻工作负荷；从消极的方面来看，在条件已经发生了变化，过去经验和习惯已不适合当前的情境时，如果操作者仍按旧有的经验和习惯的行为方式去应付，就有可能导致错误。在心理学上，一般将人类以一定的方式对环境中的刺激进行确定反应的暂时性心理倾向，定义为心理定式。譬如，飞行员在原来的飞机上形成了适合这种飞机的操作程序，但随着机型的变化，仪表和控制器也随之发生了变化，而飞行员却仍按原有的知觉习惯和相应的动作去操纵飞机，就会发生错误（CHIRP Feedback NOS 6&7），这种现象被称为飞行员行为倒转，它有可能导致机毁人亡的后果（Rolfe，1972）。有两种情境特别容易使飞行员发生行为倒转：第一，当飞行员对特定任务的注意力涣散时；第二，飞行员处于应激情境中时。行为倒转的一个重要特征是：原来形成的经验或行为习惯许久没有自动出现了，而飞行员对这种潜伏在表面现象下的危险又没有清楚地意识到，他们不知道原有的习惯虽然在表面上消失，但在特定的情境中仍会出现。

元认知能力是近年来在教育心理学领域里提出的一个重要的新概念。主要是指学习者对自己学习过程中认识的认知，简要地说便是认识的认知。此时，学习者似乎设立了另外一个自我，对自己的认知过程（如注意、记忆、思维、知觉等）实施监控。一旦自己的认知过程出现了偏差或不合理，元认知便提醒学习者注意，矫正不合理的认知过程。研究表明：元认知能力与学习者的学习效率呈正相关关系。新手与专家的差异之一便是元认知能力的高低。元认知能力强者能够及时发现自己出现的差错，不但能够回忆起已学习过的技能的细节，同时还能回忆出自己学习过程中的心理发展过程。经常不断地反省自己和剖析自己的心理过程有助于发展元认知能力。

10.2.1.4 错 觉

1. 错觉的定义

错觉是在特定条件下产生的对客观事物的歪曲知觉。错觉主要包括几何图形错觉、时间错觉、运动错觉、空间错觉等。飞行错觉也被称为空间知觉障碍或空间失定向。飞行空间定向障碍（Flight Spatial Disorientation）是飞行员在飞行中对所处位置、姿态或运动状态的不正确的心理表象，是对飞机真实状态的歪曲。这一术语还有另外两个称谓（于立身，1992）：失定向（Disorientation）和飞行错觉（Flight Illusion）。其中，飞行错觉在国内外文献中使用最为广泛，可以说是空间定向障碍的同义语。而失定向则是空间失定向的简用语。在以下的讨论中，我们将会用到飞行错觉这个术语。

2. 飞行错觉的特点

1）错觉的普遍性

每一个人都有可能发生飞行错觉，即使是很有经验的飞行员也毫无例外地体验过某种或多种形式的错觉。

2）错觉的特发性

各种气象条件飞行中，以复杂气象飞行发生错觉为最多；从机型比较看，单座飞机飞行员比多座飞机飞行员错觉发生率高；从飞行员个体情况看，心理品质差、健康状态不佳、疲劳的飞行员错觉发生率较高；飞行学员，尤其是仪表飞行训练初期的学员，比有经验的飞行员错觉发生率高。

3）错觉的危害性高

据美国对 1962—1972 年的通用航空机毁人亡事故的调查表明："迷航"、"空间定向障碍"以及"连续地在云中飞行"这 3 类互有牵连的事故占所有机毁人亡事故的 37%。特别值得注意的是：在进近与着陆过程中，因"对距离、高度或速度的视觉判断错误"所造成的事故占该阶段事故总数的 25%。由此可见，飞行错觉是危害飞行安全的一个重要因素，必须防患于未然。

4）错觉的可预防性

飞行实践中大量的事实表明，当飞行人员认识到产生飞行错觉的客观条件和主观因素的规律性后，完全可以通过技能训练和心理训练，在发生前积极预防、发生后努力克服来降低飞行错觉的发生率和事故率。

3. 飞行错觉的分类

1）按飞行员主观体验到的错觉表现形式分类

（1）倾斜错觉。主要指两种情况，一是飞机实际在平飞，但飞行员却错误地认为自己的飞机带着坡度飞行，即飞机在倾斜状态下飞行；另一种情况是指飞机实际上带着坡度飞行，但飞行员却错误地认为飞机是在平飞，这是飞行中最常见的一种错觉形式。

（2）俯仰错觉。指飞机实际在平飞，飞行员却错误地认为自己的飞机在上升或下滑，这种错误知觉又叫做上升错觉或下滑错觉，可统称为俯仰错觉。

（3）方向错觉。飞行员主观认定的飞行方向与实际航向不符，称为方向错觉。

（4）倒飞错觉。指飞机实际在平飞，但飞行员却感觉飞机在倒飞，自身也倒悬在空中飞行，称为倒飞错觉。这类错觉在军用航空中较为常见，民用航空中却发生较少。

（5）反旋转错觉。飞机实际已经停止转动（如水平转弯已经改出），但飞行员却感觉到飞机进入了向相反方向的旋转运动，称为反旋转错觉。在爬升结束改平飞时，如果改平速度较快，飞行员会感觉到自己和飞机有一种向后翻转的感觉，称之为倒翻错觉，这是反旋转错觉的一种表现形式。

（6）速度错觉。飞机以同等速度飞行。当由海上进入陆上时，飞行员感觉自己的飞机速度似乎加快了；由陆上进入海上飞行时，却又感到飞机的速度似乎减慢了。这种对于速度估计发生显著错误的知觉，称为速度错觉。

（7）距离/高度错觉。在飞行中，飞行员对距离/高度的判断错误，称为距离/高度错觉，常表现为误远为近或误高为低，误近为远或误低为高。

（8）时间错觉。在高空单调飞行环境中，或在远海飞行中以及焦虑情绪影响下，飞行员感到飞行时间较实际时间长的错误知觉，称为时间错觉。

2）按产生错觉的主要分析器分类

（1）视性错觉。

在飞行中，飞行人员利用视觉感受器的信息进行空间定向，所产生的错误知觉，称为视性错觉（Visual Illusion）。其主要原因便是由视觉器官向大脑提供了错误的信息或提供的正确信息被大脑进行了错误的解释。常见的视性错觉主要有以下几种：

① 虚假天地线错觉：指自然天地线模糊不清或不明显时，飞行员将虚假的天地线当做自然天地线，并按虚假天地线去定位、操纵飞机的现象。

② 光线引起的错觉：按上明下暗的定向习惯引起的错觉。人在地面活动时，习惯于按天和地进行上、下定向，天空明亮为上，地面阴暗为下。飞行员常用来判断飞机状态的天地线，也可以看成是一个上亮下暗的明暗交界线。这种借助光线分布及其强度所形成的空间定向概念，在飞行中不断得到巩固和加强。如果这一定向习惯在复杂气象条件下飞行和夜间飞行中继续沿用，就可能发生各种状态错觉。

• 飞行员在夜间复杂气象条件下作直线平飞时，飞机上方及左侧没有云，可看到星星和月亮，而右侧有斜坡状乌云遮住了天空。此时飞行员易产生飞机有右坡度的错觉。这是由于飞行员依据平时形成的"上明下暗"的定向习惯，把亮侧与天空联系起来，把暗侧与地面联系起来的结果。

• 在云中飞行时，若光线从机头方向透射过来，可产生上仰错觉。若光线从飞机尾部方向透射过来，则易产生下滑错觉。原因是飞行员将明亮处视为天、阴暗处视为地。

• 在云层之间飞行时，若上面云层较厚且黑，下面云层较薄且明时，易使飞行员产生倒飞错觉，原因同前。

• 如大面积云层呈一斜坡状，飞机向云顶方向平飞时，飞行员会感到飞机带有俯角在飞行，飞机在下降。反之，当向云顶下坡方向平飞时，则会感到飞机带着仰角在上升。其原因在于飞行员将黑云当做地面，将远离黑云当做远离地面。

③ 视性距离/高度错觉：因不适宜的视觉信息和大脑对视觉信息的错误解释所引起的距离/高度判断失误。

● 斜坡云层诱发出两架不同高度的飞机将在同一高度上相遇的错觉。其主要原因在于，由于受云层斜坡的影响，飞行员将上方平直飞行的飞机误认为是带俯角的，正向着自己俯冲下来。

● 跑道坡度和地形坡度引起的高度错觉（见图 10.6、10.7）。当机场跑道或机场附近地形向上带坡度时，可使飞行员产生进场偏高的错觉，如果飞行员按这一错觉操纵飞机，向前顶杆，将使飞机离着陆点过近。而向下带坡度的跑道和周围地形，则会使飞行员产生进场偏低的错觉。如果按这一错觉操纵飞机，将使飞机离着陆点过远。

● 由跑道宽度引起的高度错觉（见图 10.8、10.9）。比常规跑道宽的跑道在五边上的同一点看起来要比真实高度低一些，而比常规跑道窄的跑道看起来却比真实高度要高一些。前者有可能使飞行员进场偏高，使飞机接地过晚；后者可能使飞行员进场偏低，使飞机接地过早。

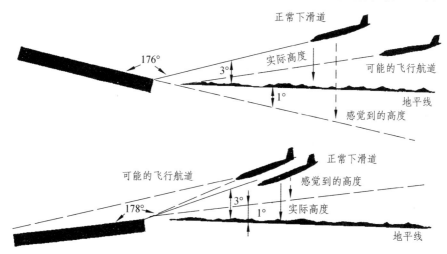

图 10.6　由斜坡跑道诱发的进近高度错觉（Gabriel，1977）

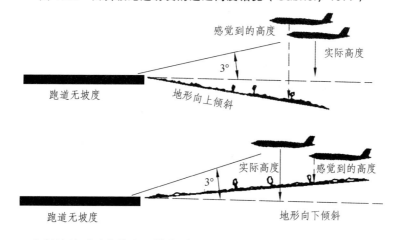

图 10.7　由斜坡地形诱发的进近错觉[本例中与水平线的夹角为 1°（FSF，1965）]

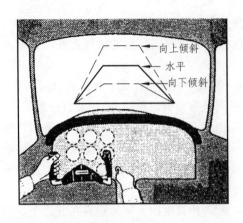

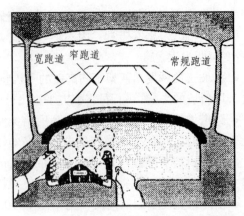

图 10.8　在五边进近中的同一点看向上和　　图 10.9　在五边上的同一点看不同宽度跑道的
向下斜坡状　　　　　　　　　　　　形跑道的形状

• "黑洞"效应与"白洞"效应（"Black Hole" Effect and "White Hole" Effect）："黑洞"效应是指黑夜在仅有跑道边灯，无城镇灯光和街灯，也没有周围自然地形参照的情况下，引起进场高度偏高的错觉现象。如果飞行员按照这一错觉操纵飞机就会压低机头使飞机进场偏低（见图 10.10、10.11）。这种情况常在热带环状珊瑚岛、沙漠机场或四面环水的机场进近时发生。1974 年，一架波音 707 飞机在 Samoa 的 Pago 机场发生的事故，便是因"黑洞"效应引起的，它使 96 名乘员全部遇难。

图 10.10　在黑洞情境中视觉信息非常少　　图 10.11　具有良好地面参照的进近

"白洞"效应是指跑道周围被白雪覆盖，使飞行员在进近过程中无参照物可循，导致他难以发现跑道或主观感觉进场偏高的错觉现象。如果按这一错觉操纵飞机，也可能使飞机进场偏低，到达不了接地点便接地的后果（见图 10.12、图 10.13）。

图 10.12　白洞进近中，白雪限制了视觉信息　　　　图 10.13　无白雪的正常视觉线索

　　根据以上描述，我们可将进近过程中的视性距离错觉归纳见表 10.3。

表 10.3　进近视性距离错觉

进近错觉		
情境	错觉	结果
向上带坡度的地形或跑道	进场高度偏高	进场偏低
比常规偏窄的跑道	进场高度偏高	进场偏低
无特征的地形	进场高度偏高	进场偏低
风挡玻璃上的雨滴	进场高度偏高	进场偏低
霾	进场高度偏高	进场偏低
向下带坡度的跑道或地形	进场高度偏低	进场偏高
比常规偏宽的跑道	进场高度偏低	进场偏高
明亮的跑道和进近灯	离着陆点过近	进场高度偏高
穿雾	机头上仰	陡峭的进近

　　④ 视性运动错觉由不适宜的视觉线索引起的速度错觉和虚假运动错觉。常见的有：

　　• 诱导运动错觉：当登机桥开始滑离飞机时，使飞行员感到自己的飞机在向前移动，此时一般不会有严重后果。但是，当飞机落地后滑向登机桥准备下客时，如果以为静止的登机桥在向自己移动时，飞行员采用刹车便很可能引起乘客受伤。

　　• 吹雪改变了飞行员的速度知觉。在冬季，吹雪可能会席卷整个机场，这便会给飞行员一个虚假相对运动的印象，导致飞行员采取不恰当的操纵动作。譬如，当飞机仍处于地面滑行状态时，因受吹雪的影响，他会以为飞机已处于静止状态。如果一直受这种错觉支配，飞机便有可能撞上障碍物，待发现时也可能采用紧急刹车，这又将使客舱乘员向前冲撞，引起受伤。起飞时，飞行员若受吹雪影响还会干扰他正常的方向控制。

● 滑行时飞行员眼睛的离地高度也可使飞行员误判滑行速度。训练由小飞机向大飞机改装的飞行教员常常报告说，这些改装机型的学员都有滑行速度过快的现象。其原因在于大飞机座舱比小飞机座舱要高一些，这些飞行员由于坐得较高，因而选择的视觉参照物便要离飞机远一些，这便给他滑行速度相对较慢的错觉，导致实际滑行速度过快。譬如，波音 747 的眼基准位置设计（Design Eye Position）是离地 8.66 m，而 DC9 却只有 3.48 m。

（2）前庭本体性错觉。

在飞行中，飞行人员因视觉信息受到限制（如能见度差，夜间飞行时）而前庭本体觉的信息异常突出时所产生的错误知觉，称为前庭本体性错觉（Vestibular Proprioceptive Illusion）。常见的前庭本体性错觉有以下几种：

① "矫正" 性倾斜错觉（Inclination Illusion）是指飞行员将平直飞行的飞机知觉为带着坡度飞行，或飞机带坡度飞行而飞行员却知觉为直线平飞的现象。它常发生于仪表飞行中，飞行员因某种原因，如阅读航图，未注意仪表时。其表现形式主要有：

● 飞机滚转角速度低于前庭器官的知觉阈限时。譬如，飞行员以低于知觉角速度变化的速率[通常为 $0.5(°)/s^2 \sim 5(°)/s^2$]使飞机倾斜，特别是如果操纵动作柔和，或因其他原因使飞机处于倾斜状态，半规管和本体感受器又都受不到角加速度的适宜刺激时，那么他就感觉不出滚转状态的变化，仍以为飞机是在平飞。

● 若飞机做协调转弯，这时的合力矢量与飞行员的头-脚轴（Z 轴）一致，飞行员接受不到来自耳石器和其他感受器反映他处于倾斜状态的信息。如图 10.14 所示，飞行员这时在倾斜飞行，但他认为是在平飞。然而，当他通过航空地平仪一旦发现飞机的倾斜状态，就会着手改为平飞。改平动作通常做得很快，以致滚转的角加速度明显地高于半规管的感觉阈限值。但是，由于飞行员在做改平动作之前认为飞机是在平飞，所以改平后所产生的是向原滚转方向相反的倾斜错觉。可见，一种类型的错觉可引起另一种类型的错觉。

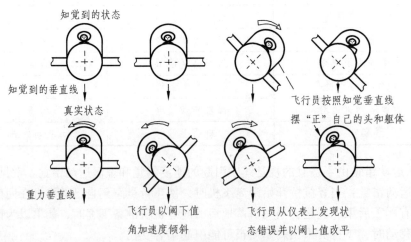

图 10.14　一种发生倾斜错觉原因的示意图

● 倾斜错觉也可以在由阈上感觉刺激使飞机进入滚转状态，而后又以阈下感觉刺激恢复到平飞状态时发生。例如，遇一突如其来的阵风或颠簸气流使飞机倾斜，由于这种倾斜的刺激强度是在感觉阈限以上，所以飞行员能正确地感知。但是，如果飞行员非常缓慢地将飞机恢复到仪表指示的平飞状态，或因飞机本身的横侧稳定性作用，飞机自动缓慢地恢复平飞，角加速度值在飞行员的感觉阈限值以下，这时飞行员就感知不到飞机已恢复了平飞，仍感到飞机处于倾斜状态。

如果航空地平仪指示飞机是平直飞行，而飞行员却感觉飞机是处在倾斜状态，那就出现了必须解决的感觉信息冲突。多数飞行员在这种情况下能够不顾本身的感觉而按仪表指示保持正确的飞行状态，但也有部分飞行员却将注意力集中在这类错误感觉上，难以消除错觉。这种倾斜错觉可持续几分钟，甚至一小时以上。这种持续性的感觉冲突甚至可以使非常有经验的飞行员都被弄得精疲力竭。当飞行员受倾斜错觉的左右时，会被迫地去矫正自己的身体。但这种"矫正"不是按飞机的垂直轴向去矫正，而是按他认为的垂直线去矫正（见图10.14）这便是矫正性倾斜错觉的由来。我们知道，当飞行员把头部和直立的躯体倾向一侧时，他会无意地把驾驶盘压向他认为的垂直位。结果引起飞机状态的变化，又需要阈上刺激去纠正，这样可能造成更强烈的倾斜错觉。

② 躯体重力错觉和眼重力错觉（Somatogravic Illusion and Oculogravic Illusion）。躯体重力错觉是飞机在作直线加、减速度或径向加速度运动时，产生的惯性力作用于前庭耳石器和本体感觉器所引起的错误知觉。而眼重力错觉则是伴随躯体重力错觉而产生的一种错误知觉，是躯体重力错觉在视觉方面的特殊表现。躯体重力错觉的主要表现形式有：

• 曲线运动时，在视觉受到限制或其作用减弱的条件下，飞机以缓慢的速度由平飞进入转弯。此时，飞行员感到飞机不是在转弯，而是在上升（见图10.15）。当飞机从转弯改为平飞时，飞行员又感到飞机在下滑。之所以产生这种躯体重力错觉是由于飞机转弯时，飞行员受到惯性离心力和重力的作用，这两种力形成的合力作用方向与飞行员身体垂直轴相一致。这一合力作用于耳石器便产生上升感。另外，合力还同时沿身体垂直轴把飞行员紧压在座椅上，飞行员根据以往的飞行经验判断，身体哪些部位受到的压力最大，哪些部位的作用力便是向下的。当飞机上升时，臀部受到的压力最大，因此，如果臀部受到的压力最大，就认为飞机是在上升，反之就会产生飞机下滑的错觉，从而产生躯体重力错觉。

• 直线加、减速飞行时，由于惯性力与重力的合力作用于飞行员的前庭本体感受器，同时把飞行员紧压在座椅上，飞行员便易将合力的作用方向误认为重力作用方向，因而产生躯体重力错觉。

当加大发动机功率或减少阻力使飞机加速时，由于向前速度的增加，惯性力与重力组成的合力是向后的，此时飞行员就会感到自己和飞机是处在上仰状态。反之，当飞机持续减速，如放下减速板时，合力矢量是向前的，飞行员就会感到飞机好像处于下俯状态（见图10.16）。

• 在起飞和复飞时，尤其是在夜间或能见度不好的时候发生躯体重力错觉是特别危险

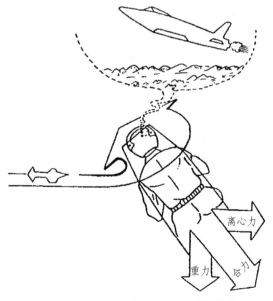

图10.15　转弯飞行中的躯体重力错觉

的。在这种情况下，飞行员感到飞机上仰角过大就有可能随即引起向前推杆的反应。由于这时高度低，时间短，就可能来不及改正错误。产生了这种错觉后，如果飞机接着做曲线飞行，所产生的径向加速度能使这种错觉更加严重。离心力、沿飞机纵轴方向产生的加速度惯性力和重力三者产生的合力向量将使飞行员感到飞机的上仰姿态进一步增加，这样他就可能继续向前推杆。这种向前推杆的动作，使飞机作用力方向进一步转动，甚至可使飞行员处于负 G 作用之下。有些飞行员经历过这种力环境，只不过由于飞行高度很高，使他们有时间辨认并克服这种错觉。据他们描述，感到飞机似乎急速上升并向后翻转，几乎是从近于垂直俯冲中改出。改出后的高度比初发生错觉时的高度低了数千英尺。1992 年，在澳大利亚某飞行学院曾因这种错觉引发了一次飞行事故。一学员夜间飞行时，起飞后不久感觉飞机急速上升，这一感觉促使他向前顶杆，导致飞机撞障碍物坠毁。也许读者会问，难道他未察看仪表吗？我们的回答是：也许他察看过仪表，但他更相信了自己的身体感觉。

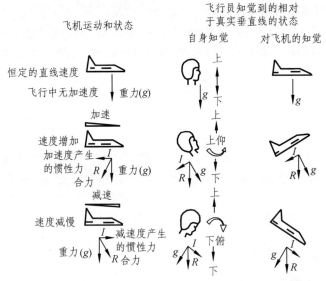

图 10.16 直线加、减速飞行引起的躯体重力错觉

前已述及，眼重力错觉是躯体重力错觉在视觉方面的表现。具体表现在，当躯体重力错觉产生机头上仰的同时，还可同时产生被注视的正前方物体向上移动的错觉。在产生机头下俯错觉的同时则产生前方被注视物体向下移动的错觉。可见，躯体重力错觉与眼重力错觉引起的主观感觉，在方向上是相互矛盾的。这种矛盾往往会加重飞行员的心理冲突，使他难以处置。有关眼重力错觉的发生机理，目前仍不清楚。当垂直方向的作用力突然发生变化时，会发生视性错觉，这种错觉称为电梯错觉。当向上的重力加速度增加时，视野中的物体会产生向上运动的错觉。当向下的重力加速度减小时，视野中的物体会产生向下运动的错觉。

③ 躯体旋动错觉和眼旋动错觉（Somatogyral Illusion and Oculogyral Illusion）。躯体旋动错觉又称反旋转错觉，是指飞行人员在受角加速度刺激后，由前庭本体感受器输入信息所产生的向原旋转方向相反的方向旋转的错觉。而眼旋动错觉则是因半规管感受器受到角加速度刺激，引起半规管-眼动反射（即眼震），使所观察物体发生虚假运动，从而产生的错误知觉，是躯体旋动错觉在视觉方面的表现。

前已述及，半规管感受器只能感受角加速度刺激和反映匀角速运动的起始和终结状态。

当飞机做等角速度转弯时，半规管中的内淋巴液由于惯性作用落后于管壁，使半规管壶腹嵴胶顶向一侧弯曲，产生神经冲动传入中枢，进而产生躯体旋转感觉。当经过一段时间后，由于飞机的匀速运动，壶腹嵴胶顶慢慢恢复到直立状态，旋转感觉逐渐减弱以致消失。当飞机停止转弯运动并改为直线平飞时，内淋巴液因惯性作用，在短时间内仍顺旋转方向流动，冲击壶腹嵴胶顶使之偏移，这时飞行员可产生向原旋转运动方向相反的旋转感觉。此即躯体重力错觉的发生机理（见图 10.17）。

眼旋动错觉发生的主要机理和表现是：当飞机开始做旋转运动时，由于角加速度刺激半规管感觉器，引起眼球震颤，其快相与旋转方向相同。如睁眼注视周围物体，则产生物体顺旋转方向旋动的错觉；当飞机持续做匀速旋转运动（如盘旋）时，由于刺激半规管感受器的角加速度消失，因此眼震亦随之消失。如在无光黑暗环境中，飞行员可以感觉不到飞机在旋转；当旋转突然停止改为直线飞行时，半规管中的内淋巴液因惯性作用冲击壶腹嵴胶顶而产生半规管-眼震反射，眼震快相与原旋转方向相反，睁眼注视物体，则有周围物体逆原旋转方向旋动的错觉。

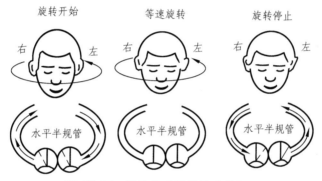

图 10.17　躯体旋动错觉发生的机理

由上可知，躯体旋动错觉和眼旋动错觉都发生于飞机做旋转运动，如盘旋、转弯、横滚、螺旋等运动环境下。如能见度良好或飞行员按仪表飞行，一般可预防和克服这类错觉。

④ 科里奥利错觉（Coriolis Illusion）。科里奥利错觉又称交叉力偶错觉。是当人体绕垂直轴（Z 轴）旋转的同时，头又绕纵轴（X 轴）倾动所产生的绕第三轴即绕横轴（Y 轴）的滚转知觉。这是一种十分严重的飞行错觉。它常常突然发生，且强度大，可使人产生强烈的植物性神经反应，眩晕感、旋转感、翻转感等，往往使飞行员不知所措，因而易导致严重飞行事故。有人认为它是最具有威胁性的飞行错觉之一。在实际飞行中，当飞机在做盘旋、改变坡度、横滚的同时飞行员又做低头、仰头、左右倾动头或弯腰等动作时，最易发生科里奥利错觉。一种典型的情况是：飞行员在按仪表做下滑转弯飞行时，必须转头操纵侧仪表板上的开关、旋钮（如选择新的无线电频道），这种情况便易诱发科里奥利错觉。现将其发生机理简述如下：如图 10.18 所示，当人体绕垂直轴（Z 轴）向右做匀速旋转时，只有一对水平半规管进入旋转平面内，由于是匀速旋转，无角加速度作用，人体不产生旋转感觉。两对垂直半规管没有进入旋转平面，因而也就不产生旋转感觉。当头在旋转中向左倾动 90° 时，水平半规管退出旋转平面，受到 $\omega_z \to 0$ 的角减速度刺激，左水平半规管的内淋巴液向壶腹流动（呈有效刺激）产生一种向相反方向旋转的左旋转感。在水平半规管退出旋转平面的同时，两前垂直半规管进入旋转平面，受到 $0 \to \omega_z$ 的角加速度刺激，其内淋巴液呈离壶腹流动（有效刺

激），产生向前下方翻转的知觉。这样，由左水平半规管感受器产生的左旋转知觉（反旋转感觉）和由前垂直半规管感受器产生的向前下方翻转的知觉，便同时传入大脑，由于后者强度大，经大脑综合后形成一种向前下方翻转的错误知觉——科里奥利错觉。

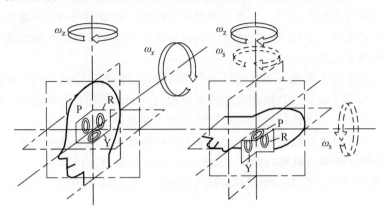

图 10.18　3 对半规管的交叉力偶刺激与旋转感觉

——半规管平面的角速度；------半规管平面的旋转感觉；
Y—水平半规管；R—后垂直半规管；P—前垂直半规管

4. 飞行错觉的预防与克服

（1）熟知各类错觉发生的条件、机理及情境，从而提高自己的处境意识，是预防飞行错觉的首要前提。

（2）要相信仪表，不能靠自己的身体感觉去操纵飞机，即使暂时失去了目视信息时，也不能根据自身的感觉去操纵飞机。使飞行员易于发生空间失定向的条件是：用身体的感觉信号来解释飞行姿态。

（3）如无必要，不要混合使用仪表和目视信息进行飞行。在仪表飞行条件下，引起空间定向障碍的情境是发生在从目视飞行到仪表飞行的过渡期间。

（4）在能见度不好时应及早转入仪表飞行。一旦转入仪表飞行，在外界目标不能清楚看见之前一直要保持按仪表飞行。

（5）打好仪表飞行的技术基础，保持仪表飞行技能，并要经常进行仪表飞行练习。仪表飞行员克服空间定向障碍的有效措施是：正确识读和解释仪表并采取相应的行动。

（6）要避免可引起定向障碍的不必要的飞行动作或动头。

（7）在夜间以及能见度不好的情况下要特别警惕，对飞机定向和位置要保持清醒的控制。

10.2.1.5　记忆及记忆表象

对信息加以编码、储存和提取的过程称之为记忆。记忆能力则是人类将观察到的、收集到的信息进行编码、储存，在需要时进行提取的能力。根据记忆过程中信息保持的时间长短不同，可将记忆划分为感觉记忆、短时记忆和长时记忆。感觉记忆是记忆开始阶段，是一种原始的感觉形式，是记忆系统在对外界信息进行进一步加工之前的暂时登记，通常保持时间很短。短时记忆是个体对刺激信息进行加工、编码、短暂保持和容量有限的记忆。保持在短时记忆的刺激项目大约为（7±2）个组块，在无复述的情况下其保持时间只有 5～20 s，最长也不超过 1 min。长时记忆一般能保持多年甚至终身，其容量被认为是无限的。依照所储存的信息类型可分为情景记忆和语义记忆。

人类在加工信息的过程中往往存在着两种基本形式，即语义加工和表象加工。前者以概念的、抽象的形式进行，而后者则是以具体的、形象的形式进行。两者之间可以相互转换，即人类在储存信息时可将抽象概念转化为形象的形式予以储存，在提取信息时亦可将储存的抽象概念转化为具体形象在头脑中再现出来。因此，表象便是指在头脑中出现的形象。衡量表象质量的两个基本指标是完整性和清晰性。

良好的飞行前心理准备应该包括：① 高质量地完成常规性的飞行前准备；② 对即将到来的飞行进行飞行前的预想，其内容应该包括飞行程序、操纵动作、注意分配的策略、可能发生的情况及预防、解决方案等；③ 对自己的情绪、飞行动机和自信心进行适当的调整等。此外，想象训练法对于飞行学员具有特殊的意义。具体的做法便是有意识地利用头脑中已经形成的动作表象进行回顾、重复、修改、发展自己的动作技能。其要点是：首先使自己处于放松状态，然后生动逼真地在头脑中复演有关的飞行动作，座舱仪表以及当时的所思所想甚至当时的情绪状态，不断找出存在的问题，在头脑中提出解决问题的方案并加入到原有的表象回忆中去。具体实施时，既可进行整体练习，也可进行部分练习。所谓整体练习，就是对所要做的动作，从开始做到动作结束，连续想几遍。所谓部分练习，就是每次只想象已经做过的或所要做的动作的某一细节或几个动作。这种训练不但适用于飞行训练后的回忆总结，同时也适用于飞行训练前的预想。但每次的练习时间不宜过长，否则心理能量就会消耗过多，如在夜间练习时间过长反而会影响睡眠质量，不利于第二天的飞行。

10.2.1.6 学习与动机

1. 学习理论

是指某种体验导致的行为相对持久的改变。学习的类型大致可划分为认知领域的学习、技能领域的学习与情意领域的学习三大类。学习理论主要包括：① 条件反射学说。包括经典条件反射和操作性条件反射，认为学习是刺激（S）和反应（R）之间的联接，通过强化需要的联接来使得某一行为发生的概率增加。② 认知学习理论。认为学习是主动地在头脑内部构造认知结构，不是通过练习与强化形成反应习惯，而是通过顿悟与理解获得。③ 社会学习理论。认为人的多数行为是通过观察他人的行为和行为的结果而学得的，依靠观察学习可以迅速掌握大量的行为模式。社会学习理论重视榜样的作用，强调个人对行为的自我调节，主张建立较高的自信心。

2. 内驱力

内驱力与需要基本上是同义词，是一种内部唤醒状态或紧张状态，可以推动有机体活动以满足需要，学习既可以通过外部驱动，也可以通过内部驱动，内部驱动所带来的效果更好、更持久。

3. 动机和工作表现

所谓动机，是指从事某项活动的内在心理驱力和愿望。人类的目的性行为都是在一定强度的动机驱动下进行的，飞行活动也不例外。但是，过分强烈的动机和过弱的动机都不利于任务的完成，只有中等强度的动机才能促使任务的完成。

10.2.2　压力与疲劳

10.2.2.1　应　激

1. 概　念

应激是指人体对施加于其上的各种要求的反应。有的是令人愉快的，有的要求却不能引起人的愉快，有的属于生理性的，有的则属于心理性的。如果这些要求所产生的压力过大，我们便会受到不良影响，也就产生了应激。而引起应激的一切原因，我们把它们称之为应激源。

2. 应激源及应激的分类

根据应激源持续时间的长短，可将应激源划分为急性应激源和慢性应激源。前者指持续时间很短、很快便会消失的应激源，如当前存在的各种问题、要求等。飞行中的事例包括着陆阶段的意外风切变，迫使飞行员考虑改变目的地机场的意外强大迎风等。与飞行无关的事例包括丢失钱包、机动车事故等。后者则是指持续时间较长，使人筋疲力尽的应激源。如没完没了的家庭纠纷、人际关系长期紧张、长期过分担心生活安全等等。一般而言，急性应激源较易应付，但慢性应激源则很难克服。与此相对应，应激也可以分为急性应激和慢性应激两种。前者是由急性应激源所引起，而后者则是慢性应激源的产物。需要指出的是，这些分类仅具有相对意义。在日常生活和飞行活动中，各种应激是相互影响、相互制约、相互转换的。

3. 应激效应

应激效应具有两层意思：一是指应激的积极影响，同时亦包含应激的消极影响。应激对于人类来说并非都是坏事，适宜的应激水平或强度有助于提高人的唤醒水平，激发人的生理和心理能量去应付当前的应激情境，有利于解决问题，提高工作效率。只有过高或过低的应激才会使人的操作效率遭到破坏（见图 10.19）。

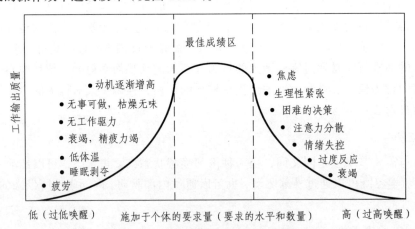

图 10.19　最佳唤醒促使成绩达到最佳

1）低唤醒或低应激条件下人的主要表现

图 10.19 左侧曲线表示低唤醒或低应激水平与工作效率的关系。在这种状态下，飞行员的主要表现是：

（1）情绪淡漠：对飞行缺乏兴趣，工作热情不高，觉得干什么事都没有意思，显得无精打采。

（2）工作动机不足：缺乏工作的动力，飞行的目的不明确，不知道为谁飞行，为什么要飞行。

（3）睡意：由于心理上的动机不足从而导致生理上的睡意朦胧，老打呵欠，意识模糊。

（4）厌倦：由于对飞行缺乏兴趣和动机不足，因而逐渐对飞行产生厌倦情绪，表现为不愿飞行。

（5）反应迟钝且不准确：由于缺乏适宜的唤醒水平，缺乏心理准备，所以当意外情况出现时不能及时觉察，亦不能及时反应，反应的准确性亦会下降。

（6）注意涣散：表现为思维飘逸，注意力没有集中在飞行任务上，这种现象与工作动机不足、厌倦等因素有关。

（7）遗漏：由于动机不足，意识不清及注意涣散等因素，常导致飞行员遗漏一些重要的飞行信息和必须执行的程序，如仪表信息、通话信息以及检查单项目等。

（8）省略：因工作动机不足，从而马虎、草率行事，常省略一些应该执行的飞行程序。

（9）在意外情况出现时惊慌失措：由于缺乏心理准备，一旦出现意外情况便表现出惊慌失措，且很难恢复常态。

（10）情境意识缺乏：对自己、飞机及周围环境缺乏清晰的认识，表现为很晚才发现异常情况。

低唤醒或低应激状态常发生于有一定飞行经历的年轻飞行员身上。没有飞行经验的飞行学员和经验非常丰富的老飞行员一般都对飞行较为重视，因而很少处于过低的应激状态。引起过低应激的因素很多，图 10.19 曲线左侧所列便是一些常见的诱发因素。

2）高唤醒或高应激条件下人的主要表现

图 10.19 右侧曲线表示过高的应激水平与工作效率的关系。在这种状态下，飞行员的主要表现有：

（1）注意范围锥形收缩或注意涣散、不能集中：处于过度应激状态中的飞行员注意往往固着于某一情境、某一仪表或告警信号上，对于其他信息却视而不见或充耳不闻，注意范围呈现出管状收缩状态。另一种情况则正好与此相反，当处于过度应激状态时，飞行员表现出注意涣散，思维不能集中在寻找解决问题的方案上，而是飘忽在后果与当前情境之间，从而贻误处置紧急情况的时机。

（2）思维困难、犹豫不决：由于情绪过度紧张，导致飞行员不能迅速、准确地分析当前情境和备选方案，表现为犹豫不决，举棋不定。

（3）工作程序混乱：在过度应激状态时，飞行员往往倾向于过高地估计情境的危险性，因而常表现出一些冲动性动作，工作计划性不强、程序混乱，在行为上表现为"手忙脚乱"。

（4）肌肉震颤、语速过快或过慢、结巴：由于过高的唤醒使生理、心理能量动员过甚，从而导致肌肉震颤、语速过快或过慢，甚至结巴。其后果是使动作协调性降低，影响交流质量，破坏座舱资源管理的能力。

（5）反应迟钝、准确性降低：由于思维不清晰，心理负荷过重，故而反应迟钝、反应准确性降低。

（6）行为倒转：由于情绪过于紧张，从而使原有的行为自动呈现出来，如寻找原来飞机上的按钮或手柄，或执行旧有的飞行应急程序，以及用家乡土语代替座舱通话的标准表达方式等。

（7）省略或遗漏检查单：在过度应激情况下，由于飞行员过分夸大时间的紧迫性，以及思维的不清晰和注意力的不集中，常出现省略或遗漏检查单项目以及其他飞行程序的现象。

（8）木僵：极度的紧张状态下，飞行员可出现呆滞的现象，有人将此称之为"自杀行为"。

使飞行员处于过度应激状态的因素很多，几乎所有应激源在达到一定强度时都可使飞行员处于这种状态。而且，由于应激具有累积效应，几个微小的应激事件同时出现，或很快地相继出现，都可能导致过度的应激状态。曲线右侧文字所示的因素便是一些常见的诱因，同时也是过度应激的结果。还要指出的是，过低与过高应激的不良影响，有时具有互换性，如省略与遗漏，注意涣散、反应迟钝等都是这两种状态所共有的表现。在过度应激后的衰竭期，也往往表现出过低的唤醒水平或低应激状态。在过低应激状态下若突然出现意外情况，亦会使低应激水平跃升为非常高的过度应激状态。因此，我们说过低与过高应激状态的效应具有一定的互换性。如图10.19所示，在过低与过高应激的两端之间，存在着一个最佳的唤醒/激活区域，一般而言是指中等强度的应激水平。在这一区域里，飞行员的感觉敏锐、注意力集中，思维活跃且清晰、动作准确、反应迅速，飞行技能常可超水平地发挥，人的整个心理达到其最佳状态，故能使飞行操作效率达到最佳。我们可以把这一状态视为应激管理或控制所要达到的目标。而管理或控制的对象则应是过高和过低的应激状态。

4. 应激的阶段

当内、外压力施加于人体时，人体所产生的应激反应可分为3个阶段：警觉反应阶段、抵抗阶段、衰竭阶段。这3个阶段是人类原始的生物学机制，可能来源于我们祖先的"战斗或逃逸"反应。

1）警觉阶段

人体识别应激源，并准备以面对或逃逸的方式去应付它。此时，肾上腺素分泌进入血液，使人的心率增快，呼吸频率增加并泌汗。其结果是血糖水平增高，瞳孔放大，消化减慢。主观上体验到自己突然间变得非常强大、肌力增强、听觉、视觉以及警觉性均得到改善，所有这些都有助于提高我们分析问题、解决问题的能力，迅速地寻找到解决问题的方法。

2）抵抗阶段

人体开始修复由应激引起的生理和心理创伤。在某些情况下是人体适应应激源，如对寒冷、繁重的体力劳动或焦急的适应。

3）衰竭阶段

如果应激源一直存在，人体将长时间的一直处于警觉阶段，由于生理与心理能量的大量消耗，最终不能满足飞行的需要时，就会导致应激的最后阶段——衰竭。

5. 焦虑的概念及异常焦虑的识别依据

焦虑是每个人都体验过的一种复合性负性情绪，是预料到压力但又无能为力去应付的痛苦反应，有正常与异常之分。它既可以是一种正常的具有适应意义的情绪状态，又可以发展到一定的严重程度而成为异常的神经性焦虑症。正常与异常焦虑的主要区别在于：① 焦虑体验的持续时间长短及程度的深浅，正常焦虑持续时间较短、程度较浅；② 焦虑产生及消失的条件，正常焦虑的原因经当事者分析和解释后可以弄得比较清楚，异常焦虑则找不到直接的原因。正常焦虑易于消除，而异常焦虑消减后又会反复出现，且来去突然。

6. 应激的管理

1）急性应激的管理

（1）在感到紧张时，休息 5 min 以便使自己恢复平静。

（2）如果飞行员预料到某个情境会增加工作负荷和与之相应的应激，可在应激发生前有计划地作一次心理放松。

（3）在突遇应急情况时，不要老想危险情境的后果，而应尽快地将注意力转向寻找解决问题的方案或途径，深思熟虑的决定产生后应立刻付诸行动。

（4）在进近着陆过程中，若遇上起落架故障，飞行员应考虑到要处理这一故障需要时间，而时间紧迫会使自己处于压力或应激之中。因此，在这种情况下应中断进场并复飞，加入等待航线。这样，飞行员就可获得较长的时间去处理故障，时间压力亦会随之减轻。

（5）早作决定：在飞入不良气象条件目的地机场前返航或改飞备降机场。

（6）不要分散执行检查单的注意力：要求乘客、教员或检查员不要干扰你。

（7）不要随便中断或改变正常的航路。

（8）如果你正忙于处理应急情况或正在忙于排除棘手的飞机故障，如飞行航路、空速等重要问题时，可要求 ATC 不要干扰你。

（9）做好飞行延误的心理准备，应意识到着急于事无补，反而会增加心理负担。应意识到飞行延误是寻常事，气象条件、飞机加油、检修与维护，甚至驱车去机场都可能导致延误。

（10）应对飞行各阶段的工作负荷和自己的能力变化了如指掌，以便自己做好心理准备。

2）慢性应激的管理

慢性应激并不是偶然危机的产物，而是长期性问题的结果。对它的处理通常需要一个长期的过程。应付慢性应激的最好途径是使用"全身性"的概念或"健康概念"。运用这一概念的目的是在应激变得严重前就予以克服。它主要包括以下几个方面：

（1）生理学方法。

降低应激影响的最简便方法是增加有助于健康的活动，如锻炼、散步、游览以及参加舞会等。这些活动能使你感到健康、强壮有力，产生良好的自我形象，增加生活的信心，提高生活质量。

（2）营养学方法。

实施这一措施的总体策略是最大限度地减少或停止有害于健康的活动，如吸烟、饮酒、吃不利于健康的食物，以及无规律、不科学的饮食习惯等。

（3）环境措施。

环境措施是指采取一定的步骤来控制生活和工作的环境。例如，通过精心地设计使飞行员与应激情境相分离（如用消音装置以控制噪声），通过离开应激情境作一会儿散步、脱岗休息一天、郊游、小睡一会儿以缓解生活应激等等。这些方法有助于恢复精力、缓解过度的负荷。但是，脱离应激源也具有一定的副作用，这主要取决于什么时候使用和怎样使用它。积极地脱离应该是能够改变生活节奏，使生活充满新鲜感，否则脱离就会成为逃避生活，从而引起更高的应激。需要指出的是，"脱离"应该是在其他方法无效时才使用。最好的环境措施是改变自己的行为，以下的行为变化是可取的：

- 建立一个亲密朋友的支持网络，寻求社会支持；

- 学会较多的交际手段和方法；
- 学会肯定自我；
- 对别人和自己的不完美应持较宽容的态度；
- 学会并提高对环境应激源的洞察力，要分清你能改变的和你无法接受的事实，要能够识别自己的缺陷。

（4）情绪心理学方法。

应付慢性应激的情绪心理学方法之一是改变你的工作态度和生活价值观。这意味着应放下包袱，克服自己的局限，形成积极的生活与工作态度。

10.2.2.2 疲 劳

1. 飞行疲劳（Fight Fatigue）

飞行疲劳是指在飞行条件下，由应激的发生和发展所造成的心理、生理上的不平衡状态。国际民航组织（ICAO）认为机组人员的疲劳是一种因睡眠不足或长期处于觉醒状态、生理节律周期或工作负担（精神和/或身体活动）等原因导致的精神或体能下降的生理状态，能够削弱机组人员的警觉性及其安全操作飞机或者履行与安全相关职责的能力。飞行疲劳属于"技巧性疲劳"，作为一种自然的人体防御反应，通常情况下，它不以耗损体力为特征，而是属于心理能量的消耗，常常表现为不能保持注意力集中和发挥飞行技能，工作绩效下降。在航空活动中，主要有 3 种因素容易引起和加重飞行员的疲劳：昼夜生物节律扰乱、睡眠缺失以及工作负荷过大。并且，3 种因素之间相互制约和关联，其中某一因素的负面效应将会引起其他两个因素的一系列变化。

2. 飞行疲劳的类型

依照不同的划分标准，飞行疲劳可以划分为不同的类型。依照根据疲劳的持续时间不同，可以划分为慢性疲劳和急性疲劳。依照产生的原因又可划分为心理疲劳和生理疲劳两种类型，心理疲劳和生理疲劳通常交织在一起，彼此相互影响。

3. 疲劳的影响

首先是飞行员的认知能力受损。认知能力是指个体在观察、记忆、理解、概括、分析、判断以及解决智力问题等方面具有的能力，也就是感知、记忆、思维、想象和言语等方面的能力。其次，可能出现情绪异常，容易产生攻击性行为，人格特质也可能会发生变化。出现飞行疲劳时，飞行员可能会心境异常，情绪不稳定，感到心烦意乱，容易急躁、倾向于冒更大的风险。第三，注意稳定性、注意的分配能力降低。飞行疲劳状况下的飞行员，全神贯注于多种飞行任务的能力降低的同时，容易出现注意力的管状集中，即将注意力全部集中于某个或某几个仪表上，或者是某一活动上，缺乏对多个仪表、多种任务的整体状况的关注。第四，在生理等主观感觉方面，可能首先出现倦怠感，随后出现困倦、头昏、头痛、全身酸痛、疲倦无力等症状。

10.2.2.3 人体昼夜生物节律、睡眠和时差效应

1. 人体生物节律的概念

人体生理、心理功能以近似 24 h 为一周期的内源性节律，它并不是严格遵循 24 h 进行的节律性波动，有时稍长，有时稍短，其周期可由人工"调制"而变更其长短；它属于一种

内源性节律，在缺乏外界时间线索的条件下仍能继续保持其周期性的变化。

2. 人体昼夜生物节律的表现

（1）时差效应。在跨时区飞行后所引起的对时差的不适应及一系列生理、心理与行为能力的节律失调，这种现象称为时差效应。

（2）心理运动能力。从上午9时开始逐渐上升，在15时左右达到最高，此后逐渐降低，在凌晨4~6时左右达到最低点。

（3）飞行员的工作能力。具有节律性，与体温的节律性波动有着密切的关系。在凌晨4~6时，体温到达最低点时，飞行员的工作能力最差。

3. 人体昼夜生物节律重建

由于人体昼夜生物节律具有"可塑性"，在新的环境昼夜周期的影响下，可以逐步改变自身的相位以获得"节律的再同步"。在此，节律的"再同步"就是人体昼夜生物节律的重建。人体昼夜生物节律重建的个体差异。一般而言，猫头鹰型的人、外倾型性格类型的人、年轻人比云雀型的人、内倾型性格类型的人以及老年人更容易达到节律重建。跨时区飞行后，影响昼夜生物节律重建的主要因素是跨越的时区数、飞行的方向。跨时区飞行后，昼夜生物节律重建的一般规律是：达到节律重建的天数与跨越的时区数相同。为了克服时差效应，白天向东跨时区飞行后应进行：上午小睡，下午大睡，当晚早睡。

4. 睡　眠

1）睡眠的分类

根据睡眠脑电图的特点，可将人类的睡眠分为慢波睡眠和快波睡眠。慢波睡眠的主要功能是促进生长发育和体力的恢复；快波睡眠的主要功能是加工信息、储存信息和恢复心理疲劳。做梦是快波睡眠的特征之一，酒精对快波睡眠具有强烈抑制作用。整个睡眠期间两种睡眠相互转化约4~5次。一般情况下，越是临近早晨，快波睡眠持续的时间越长。

2）内因性时间表和外因性时间表

从睡眠的人体内部激发因素来说，觉醒一段时间以后，随着"睡眠因子"分泌量的积累和疲劳的产生，睡眠就会到来，这种内部激发因素可称之为"内因性时间表"；从睡眠的外部原因来说，昼夜变迁，光线的明暗以及各种社会生活事件的交替亦对睡眠起着"调制作用"，在此可将外部激发因素称之为外因性时间表。上述两种时间表控制着人类的睡眠，并使其具有节律性。当外部环境改变时（如跨时区飞行和轮班制工作）这两种时间表便不再一致，可能的情况是：内因性时间表提醒该睡觉了，而外因性时间表却认为是工作时间；或者，外因性时间表提示该睡觉了，但内因性时间表却认为是工作时间。这就是轮班制工作和跨时区飞行后，有时难以入睡或过早醒来的原因。

3）睡眠缺失和失眠

睡眠剥夺是指几夜或者整夜睡眠的全部丧失，而睡眠缺失则是指正常的睡眠习惯遭到了破坏、扰乱或者没有睡足通常的时数。就飞行员群体而言，大多数情况属于睡眠缺失。而失眠则是指不能睡眠或不能够获得充足的睡眠。主要有两种类型：临床性失眠症和情景性失眠症。前者是指在正常的睡眠时间里和适宜的外部条件下仍然难以获得良好睡眠的现象；情景性失眠症则是指在特定的情景、在短时间内，因心理或物化因素引起睡眠困难的现象，如某一次考试或飞行考核前，由于担心而难以入睡的现象，就属于情境性失眠症。睡眠缺失和疲劳都具有累积性效应，意即在连续几夜的睡眠缺失以后，睡眠的缺失程度将日趋严重；同理，在先前的疲劳没有得以恢复之前，如果有疲劳因素存在，将进一步加重个体的疲劳程度。

10.2.3 人　格

10.2.3.1　人格、态度与行为

人格是个体实际和潜在行为模式的总和，是以遗传为基础，在后天环境和教育的影响下形成的。态度是个体对某一特定事物、观念或他人的相对稳定的，由认知、情感和行为倾向三个成分组成的心理倾向。是后天习得的，是个体在家庭、学校和社会生活中，通过与环境的交互作用而逐渐形成的。个体的人格特质难以改变，但可以通过对人格的影响进而改变个体态度，从而达到影响其行为的目的。

10.2.3.2　需要与动机

人类的多数行为来自于需要，一般认为，低级需要的能量最大，随着低级需要的满足，更高级的需要逐渐占主导地位。动机可以分为内在动机和外在动机。内外动机影响飞行员工作满意感，影响飞行员的工作表现。应更多从内在动机角度出发，提高飞行员工作积极性。机组成员之间的需要和动机不同，引发的行为也有差异，机组成员彼此之间认识到这种差异，是有效协作的基础。

10.2.3.3　自我概念与自律

自我概念是指个体与同事等参照群体相比较，形成的与其能力一致的自我评价。

自我概念准确的飞行员能够在工作中表现出真实飞行技能水平，能够和其他机组成员有恰当的协作，不会冒不必要的风险。自律是指行为主体的自我约束与自我管理，通常以事业心、使命感、社会责任感、人生理想和价值观作为基础。

10.3　机组资源管理

10.3.1　机组资源管理的概念

机组资源管理（Cockpit Resource Management，CRM）的含义是：飞行员或机组有效地利用所有可以利用的资源，以便达到安全、高效以及舒适飞行目的的过程。机组资源管理能力则是指飞行员利用一切可以利用的信息源（信息、数据、机载设备以及人的因素）来获得安全有效的飞行行为的一种管理能力。机组资源管理技能的核心问题是驾驶舱交流技能。没有交流，也就谈不上良好的机组的协调与配合；没有交流，机组的处境意识以及良好的判断与决策也就难以形成。目前，形成和完善飞行员机组资源管理技能的主要途径有：课堂教学、角色扮演、模拟机训练和实机训练以及航线实践。在机组资源管理训练过程中应注意以下问题：

（1）所有飞行员都应该接受机组资源管理训练。

（2）机组资源管理技能和所有的行为转化一样需要很长的周期。

（3）针对驾驶舱文化差异进行训练。驾驶舱文化差异是指：语言、民族习俗、所受教育程度以及态度和价值观等方面的差异。

（4）航空知识和飞行训练与经验是机组资源管理技能形成的前提条件。

10.3.2 LOFT 训练的概念、主要内容及其组成成分

10.3.2.1 LOFT 训练的概念

LOFT 的全称是 Line-Oriented-Flight Training，含义是面向航线训练，其根本目的在于强化机组协调与配合意识，减少人为错误，是人的因素和机组资源管理理论在飞行训练实践中的具体运用。这种训练利用全任务模拟机和高保真视景系统来反映整个航线飞行环境。

10.3.2.2 LOFT 训练的主要内容

识别有可能引起错误的应激情景，学会如何降低错误发生率和减小错误后果的方法。它不但要训练考核飞行员的个体表现，更重要的是训练和考核机组在解决特定任务时是否作为一个整体而协同工作。

10.3.2.3 LOFT 训练的组成成分

其组成成分是分析和自我分析。飞行教员原则上应该保持民主的态度，不能在受训者学习时给予指导，仅以训练主持人的身份出现。

10.3.3 驾驶舱处境意识

10.3.3.1 驾驶舱处境意识的含义

驾驶舱处境意识是飞行机组在特定时段和特定的情境中对影响飞机和机组的各种因素、各种条件的准确知觉。简言之，处境意识就是飞行员对自己所处环境的认识，也就是说飞行员要知道自己周围将要发生什么事情。处境意识的构成因素包括：飞行员、飞机、环境以及操纵。驾驶舱中存在着两种处境意识：个体处境意识和群体处境意识。个体处境意识是飞行员个人具有的处境意识，特点是具有较大的个体差异，并处于动态变化之中；机组群体处境意识是整个机组群体对飞行的认知，它不是个体处境意识的简单相加，主要取决于责任机长的处境意识。

10.3.3.2 影响处境意识的因素

影响飞行员处境意识的五个主要因素是：飞行技术、飞行经验、空间定向能力、健康与态度、机组资源管理技能。如果出现飞行活动与既定的目标不吻合、进行不适宜的程序、无人操纵飞机或扫视驾驶舱外、给出的信息模棱两可或含糊不清、有冲动性行为以及视觉固着等情况，可认为该机组或飞行员处境意识下降了。

10.3.3.3 初始飞行员处境意识的获得途径

初始飞行员获得处境意识的途径包括：飞行前的地面准备、初教机训练、模拟机训练、

高教机训练以及航线飞行实践（见图 10.20）

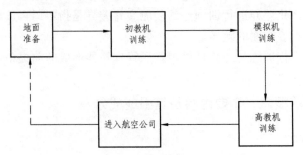

图 10.20 初始飞行员处境意识的获得途径

10.3.4 驾驶舱交流

10.3.4.1 驾驶舱交流的含义

驾驶舱交流是指以令人愉快和易于理解的方式相互交换信息、思维以及情感的过程。驾驶舱交流过程中的信息传递，必须借助于一定的符号系统作为信息的载体才能实现，符号系统是驾驶舱交流的工具。从人类交流的实际功能来说，可将交流分为：工具性交流和满足需要的交流。从驾驶舱交流的功能上来说，驾驶舱内主要有三种类型的交流：标准操作程序交流、管理性交流以及无关交流。

10.3.4.2 驾驶舱劝告及其原则

驾驶舱劝告是指机组成员针对正在计划要做的和将要采取的行动毫无顾虑地提出自己的意见，即以预见的形式陈述它所认为的事实。劝告的原则是劝告者不仅应该陈述自己的观点，而且还应坚持自己的观点，直至被对方完全接受。当坚信他人正在以不安全的方式飞行时，该飞行员应该进行更有说服力的劝告。

10.3.4.3 闭环系统交流过程中的反馈

在"闭环"系统中，控制者对系统的整个反应过程都保持着高度的控制。例如，飞行员-飞机-环境系统便可视为一个闭环系统。在这个系统中，飞行员操纵控制器使飞机运动，然后观察飞行仪表或者风挡以检验操纵的效果，看是否达到了预期的目的，如果没有，便进一步操纵控制器，使飞机的运动逐渐接近自己的要求。这就形成了飞行员-控制器-显示器飞行员的闭合回路。在闭环系统中，基本的原理是要进行"反馈"，反馈具有随时感知自身活动状况、不断比较任务要求与系统实际工作状态之间差异并进行适时调整的能力。执行检查单程序时，应该做到"三到"：口到、眼到、手到。

10.3.4.4 驾驶舱职权梯度

驾驶舱职权梯度是指机长与机组成员在年龄结构、飞行资历和职位以及个性上的差异程度。差异太大和差异太小都不利于机组的协调与配合以及飞行决断。在匹配机组成员时，既不能将技术、资历、职位很高的机长与年轻、胆小的副驾驶匹配在一起（梯度过于陡峭），也不能将两个技术、职位、资历相当的飞行员匹配在一起（梯度过于平坦）。主要原因是：过于陡峭的匹配，副驾驶可能因慑服于机长的威望而不敢提出自己的主张，起不到交互监视和检查的目的；而过于平坦的匹配则不利于机长的决断，有可能造成相互挑剔的局面。

10.3.4.5　驾驶舱冲突的概念及其解决原则

在这里，我们把驾驶舱冲突定义为机组成员之间意见不一致的现象。这种意见不一致的现象具有正反两方面的作用：积极的作用是它能够使问题得以暴露，有利于提高整个机组的处境意识；消极方面的作用是如果不能够正确处理，且带有偏见和过分强调权威性，就有可能破坏机组正常的人际关系，影响机组的协调与配合。因此，每一个机组成员有应该遵循"什么是正确的比谁是正确的更为重要"的原则。

10.3.5　驾驶舱工作负荷

10.3.5.1　驾驶舱工作负荷的含义

对于驾驶舱工作负荷，可以引入一个简单的公式来予以说明

$$驾驶舱工作负荷 = 任务数 \times 任务价值/可用时间$$

在这里，可以将飞行员所面临的飞行任务视为若干个组块或者单元，如操纵任务、空间定向任务、无线电通话任务以及执行检查单任务等。而任务的价值或者权重则是指任务的难易度以及它们的相对重要性。可用时间是指在当前的处境下容许机组做出判断和实施决策的可用时间，也就是机组完成特定的任务或者多个任务可以利用的时间。很显然，任务数越多，飞行员的工作负荷就越大。工作任务的难度越大或者越重要，那么它的价值或者权重也就越高，给飞行员造成的压力也就越大，其工作负荷就越高。与此类似，在特定的处境下和特定的环境中飞行员能够用于完成任务的时间越短，飞行员的工作负荷也越高，所承受的压力也会越大。因此，可以把驾驶舱的工作负荷视为若干个工作单元乘上任务的价值或者权重后再除以可用的时间。虽然上述公式并不是一种绝对科学的定量方法，但它仍然有助于我们描述许多处境下的工作负荷问题。

10.3.5.2　驾驶舱工作负荷的等级

根据上述公式的相对量化和对飞行员工作表现的影响，我们可以把驾驶舱工作负荷划分为五个等级，即正常工作负荷状态、偏低工作负荷状态、过低工作负荷状态、偏高工作负荷状态以及过高工作负荷状态。可以将中等强度的工作负荷水平视为正常工作负荷状态。在正常的工作负荷范围内，机组成员的觉醒或者激活水平处于适宜的状态。主要表现为思维清晰、反应敏捷以及情绪稳定，飞行工作的效率和准确性高并且机组的驾驶舱氛围良好；偏低和过低的工作负荷状态都属于低工作负荷状态。只不过程度不同罢了。由于在特定的飞行阶段（如巡航阶段）和特定的飞行航线中（如长航线飞行、总是飞同样的一条航线，或者总是在飞行中完全依靠飞行管理系统来进行飞行），工作任务的数量相对较少，这些任务的价值也相对较小，并且时间较为富裕，在这样的情境下就有可能使机组处于偏低或者过低的工作负荷状态。其主要表现是：活动减慢、交流减少、瞌睡或者打盹、疏忽性错误以及自鸣得意；在较高的工作负荷状态下，飞行员会感到工作吃力、发生错误以及动作量过大。也可能出现将自己的注意力固着在某些紧急任务上，却忽略对其他任务的监控，脾气变得古怪和易于发怒。在及时采取行动实施管理行为之前，飞行员或者机组的首先应该识别出这种状态的危险信号。在识别出自己或者机组已经处于这样的状态时，机组

成员们应该将注意力集中在重要的任务（如简述）上，停止无关的交谈，并对任务进行合理的分配和计划，通过这样的努力后工作负荷就会降低；当工作负荷超越了飞行员或者机组的最大工作能力时将是非常危险的。在这种情况下，个别飞行员或者整个机组将不能理智地和富有成效地完成好面临的复杂任务。在这种状态下时，机组成员的感受是精疲力竭，有人甚至把它称作零智商状态。主要表现为：工作感到吃力、错误率增高、动作量增大、易于发怒。

10.3.6 领导与协作

10.3.6.1 机组协作

领导工作实质是对人员和工作的关注。人与人在对人员的关心（关系）和确保完成工作的关心（任务）方面是存在差异的。我们大致把领导风格分为 5 类："权威-服从"型领导风格、"乡村俱乐部"型领导风格、"自由主义"型领导风格、"自我中心"型领导风格、"民主团队"型领导风格，如图 10.21 所示。

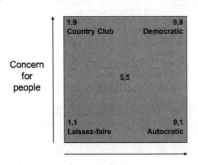

图 10.21　管理模式和领导风格（Blake & Mouton，1964）

1.（9，1）"权威-服从"型领导风格

这种风格的机长最关心的是完成任务，而对人员关心最小。在这种独断管理的机组中，实际在飞行的只有一个人，机长根本不考虑他人的意见，他独自决断，强加决策，很少告诉机组人员关于行动计划的任何变更，几乎不授权，也很少交流。

1）"权威-服从"型领导风格产生的原因

• 机长和其他机组人员在资格和技术水平方面差异很大，例如：一个经验丰富的机长或飞行领导与一个新副驾驶共同飞行。

• 机长本身具有强烈的独断个性。

• 机长缺乏自信，利用职权或权威来掩饰自己的弱点，他们将其他机组成员的协作拒于千里之外，视其为批评。

2）"权威-服从"型领导风格对飞行的影响

这种管理方式会使机组的权威梯度急剧上升（见图 10.22），给飞行安全带来的危害很大。因为在这种机组氛围中，机长的权威性过高，使得机长实际上是一个人驾驶飞机，如果出现紧急情况，他很容易受到工作负荷

图 10.22　过陡的机组权威梯度

908

荷过大的影响出现差错或失误。

另外，机长这种独断专行的管理方式可能会使副驾驶产生以下4种不良反应：

- 变得具有攻击性，增加机组的紧张氛围
- 将不满强行埋在心里，产生退却心理，回避交流和协助，袖手旁观
- 寻找替罪羊（管制员或乘务员），以发泄没表露出的攻击性
- 隐蔽攻击性，将其情绪发泄在事后不相关的事情上

2.（1，9）"乡村俱乐部"型领导风格与（1，1）"自由主义"型领导风格

这两种领导风格的相似之处是都将对工作的关注降到了最低。在（1，1）"自由主义"型领导风格下的机组中，机长往往非常被动，在进行决策时副驾驶有绝对的自由权。在与之相类似的（1，9）"乡村俱乐部"型领导风格下，机组气氛松懈，交谈话题漫无边际且绝大多数与工作无关。在这时，机组的权威梯度几乎为0（见图10.23）。

图 10.23　过平的机组权威梯度

通常，这种情况产生的原因是由于机长与经验丰富的副驾驶一起执行任务，机长与副驾驶在资历与级别上相差不大，特别是由副驾驶负责操纵飞机时，机长不愿意鲁莽地说出自己的想法而选择沉默。这种机组氛围的危险性不在于权威而在于缺乏明确的领导，副驾驶或许会被迫取代机长来控制工作节奏。

以上3种领导风格都存在着权威性与直陈性的冲突问题。

所谓权威性是指机长在机组内的威望和地位；而直陈性是用来标志副驾驶和其他机组成员陈述自己观点的果断性和勇气。一般而言，权威性是一种居高临下的方式施加于职位较低的人身上，而直陈则是由下而上地对领导者产生影响的过程。

大多数人都会同意，机长的权威性与其他机组成员的直陈性之间达到某种平衡的关系，将会给机组带来最安全的处境。机长必须以某种方式实施他的个人方面的和行政上的权威性，但这种权威性本身并不意味着削弱其他机组成员的直陈性。与此相反，机长还应该为机组成员提供足够的机会，使机组成员们能够陈述自己的观点，在必要的时候还应该允许机组成员对自己的决策进行质询。因为集体的智慧将会比一个人的智慧要全面、完善得多。

3."自我中心"型领导风格

在这种领导风格下，驾驶舱里只存在两个独立的个人而不存在机组。机组人员各行其是，相互之间没有信息的沟通，对其他人员的工作不闻不问。由于机组缺乏交流，没有及时共享情景意识，因此差错和误解产生的几率非常高（见图10.24）。

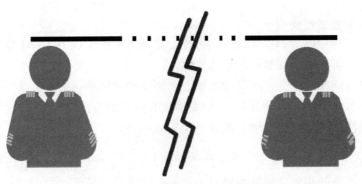

图 10.24　以自我为中心的机组

　　这种情况往往发生在存在矛盾的组员中间或发生在冲突过后的过渡期。中断交流是这种关系或这一时期的典型反应。这是一种最危险的机组氛围，机组之间完全不存在配合甚至还可能相互掣肘。在这种情况下，最重要的是分清个人矛盾与飞行安全之间的利害关系，以大局为重，并且能够大度地做出让步以缓解紧张气氛。

　　4.“民主团队”型领导风格

　　这种领导下的机组氛围是最理想的状态：机长做出决策，但副驾驶和其他机组成员积极参与，齐心协力地完成飞行任务；机长能掌握一切有关信息，弄清实现目标的各个连续阶段，但机长不会包揽一切工作，不会超负荷的工作；机长会向副驾驶和其他机组人员提供展示才华、学习知识的机会。这种领导下的机组梯度总体为机长略高于副驾驶，但不会太陡。在不同情况下，梯度会向权威方向倾斜，机组的适应性强（见图 10.25）。

图 10.25　理想的机组梯度

　　5.机长创造并保持良好机组氛围方法

　　机长的一个简单的行为可能会对飞行时间里的机组氛围带来重大影响。例如：让副驾驶决定机载燃油且事后不检查，或告诉副驾驶选择然后不是副驾驶该管的事，或更糟的是，让副驾驶自己选择，然后立即告诉他说他选错了。这些不良的做法都会影响到机组的氛围。

（1）机长创造和保持良好机组氛围的步骤：

- 确定整体目标，描述人物，特别要介绍注意事项（如，燃油、时刻等）。
- 确定中间目标（获取气象资料、通过等）。
- 建议全体机组人员共同承担任务，利用简单的语言如："我们大家一起完成这次飞行任务……"，这样简单有效地方式来确定共同的行为目标。
- 确定业绩预期，委派任务。
- 邀请所有机组人员参与，畅所欲言。
- 在机组人员间"建立桥梁"（不要忘记乘务人员）。

（2）近年来，在我国的很多航空公司中都存在着由于机队人员迅速扩充所造成的机组人员相互不熟悉甚至完全不认识的情况。在这种情况下，建立一个良好的机组氛围还需要做到：

- 在飞行前准备时，采用点名问候的方式认识每一个机组成员（包括乘务员），并且尽量记住每一个人的名字，简单的了解他/她的性格。
- 花一点时间打量每一个人，通过友善的眼神交流奠定沟通的基础。这样做还可以让你尽可能的记住那些从来没见过的机组成员，记住别人的名字和相貌是一种基本的礼貌。
- 始终铭记：人与人之间的关系中最重要的并非你的意图，而是你的意图被别人获知的方式。
- 听取别人的意见，对他人感兴趣。
- 鼓励同事，知道怎样说"谢谢"也知道怎样说"对不起"，对出色的工作要给予肯定。

（3）讲评工作。具有建设性的讲评对形成机组合力至关重要。在必要的时候，每个飞行阶段之后都要进行飞行情况的讲评。讲评的要领是：

- 讨论任何发生的事件和冲突。
- 让每个机组人员有机会畅所欲言。
- 澄清误会，不要压制疑虑。
- 强调积极行为。

10.3.6.2 驾驶舱职权梯度

"驾驶舱职权梯度"（Trans-Cockpit Authority Gradient，TCAG）概念是爱德华于 1975 年提出来的，意指在匹配机组成员时，既不能将技术、资历、职位很高的机长与年轻、胆小的副驾驶匹配在一起（梯度过于陡峭），也不能将两个技术、职位、资历相当的飞行员匹配在一起（梯度过于平坦）。主要原因在于：过于陡峭的搭配，副驾驶可能因慑服于机长的威望不敢提出自己的主张，起不到交互监视和检查的目的，在机长判断、操纵失误或失能时就会危及飞行安全。而过于平坦的搭配，则不利于机长的决断，有可能造成相互挑剔，逆反心理或反其道而行之等局面（见图 10.26）。

什么是合理的职权梯度呢？爱德华指出：这一梯度的合理匹配应该是机长在职位、技术、经验以及资历等方面稍高于副驾驶，但不能过于平坦和过于陡峭。这样的匹配才有利于机长在必要时的决断，副驾驶也不致过分慑服于机长的威望而不敢质疑，真正地起到交互监视、机长助手和机长备份的作用。

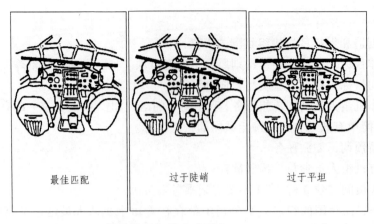

| 最佳匹配 | 过于陡峭 | 过于平坦 |

图 10.26　驾驶舱职权梯度（引自 Edwards，1975）

10.3.7　决　策

10.3.7.1　判断与决策的含义

飞行员判断（Pilot Judgment，PJ）是指飞行员在做出决策的过程中所进行的一切心理过程，其内容包括：觉察信息、评估信息，产生变式（可选方案）、鉴别变式，执行决定及评价执行等环节。

10.3.7.2　判断与决策的分类

根据飞行员判断过程中对信息加工的水平，可将飞行员判断分为知觉性判断、认知性判断和直觉判断 3 类。知觉性判断（Perceptual Judgment）是以知觉为基础的判断。它不需要飞行员进行复杂的思维，信息加工的水平相对较低，对飞行员完成简单的知觉性任务和操纵任务具有非常重要的作用；认知性判断（Cognitive Judgment）是基于思维，尤其是逻辑思维基础上的判断。与知觉性判断相比，其主要特点是：① 获得的信息更不可靠；② 飞行员需要更多的时间去思考；③ 通常具有两种以上的可能性或可选方案；④ 每一种方案的风险系数很难确定；⑤ 最后的决策更容易受非飞行因素（如应激、疲劳、经济压力、个人功利心等）的影响。直觉判断（Intuition Judgment）是指飞行员在飞行中不依赖三段式的逻辑推理方式和步骤，直接导向问题解决的特殊思维方式。自 1989 年以来，Clain 和 Mosier 等人在进行广泛调查和模拟机实验的基础上，认为成熟的航线飞行员，尤其是经验丰富的机长的判断形式主要以直觉判断为主。其主要表现是，在飞行过程中，成熟的航线飞行员的判断主要侧重于对异常信息的觉察，一旦觉察到异常情况，便能迅速甚至自动地提取已有的知识经验，使当前的问题得到解决。这便意味着这类飞行员的判断已经省略了导向决策和行动的中介环节，其思维具有高度压缩的性质。这便是 Mosier 等人（1994）所提出的所谓"专家系统模式"概念。从表面上看，它比较类似于前面提到的知觉性判断，但从思维的性质上看，它显得更为高级。可以认为，直觉判断是飞行员在知觉性判断和认知性判断的基础上建立起来的更为高级的思维形式。其特点是：

- 迅速性。由于省略或跨过了思维的许多中介环节，从而提高了判断和决策的速度。
- 预见性。直觉思维高度发展的飞行员往往具有比其他人更高的洞察力，能够从常人不

912

能发现的或被忽略的现象中预见即将到来的异常情况。Secrest 等人（1993）在"临近阈限刺激对提高飞行员处境意识的作用"实验中已间接证实了这一点。

• 潜意识性。由于成熟飞行员的思维操作已非常熟练，达到了自动化的程度，意识的控制相对减弱，因而一旦刺激出现便能自动地给予一个应答性反应，表现出潜意识的性质。甚至自己利用直觉判断已经解决了问题，但自己有时却无法准确地解释当时自己为什么要这样去做，只有通过反复的内省才能回忆起当时的判断过程。

• 惑然性。是指直觉判断的结果有时是正确的，而有时却是错误的，从准确性来说它不及逻辑思维形式的认知性判断。其正确率与错误率的高低，主要取决于已有的知识经验和直觉思维发展的水平。因此，从安全的角度考虑，即便是一个经验丰富的飞行员，在利用直觉判断时，也应该采取审慎的态度。Mosier 等人（1994）的研究表明：成熟机长的判断模式是，利用直觉觉察到异常情况，并迅速在头脑中勾画出解决问题的最佳方案，然后回过头来审视自己的判断过程和方案的安全系数，最后才执行自己的决策。可见，谨慎是克服直觉判断惑然性的最佳途径。

10.3.7.3　判断与决策的过程

在已提出的众多飞行员判断模型中，DECIDE 模型是目前公认为较好且在多数教科书中引用的模型。

• D ——Detect：觉察，是指飞行员觉察异常情况的过程。它与飞行员的注意警觉性和搜寻能力有关，与飞行经验和知识密不可分。

• E ——Estimate：估计，是指飞行员对觉察到的异常情况进行分析和评价，确定它的来源和对飞行的危害。

• C ——Choose：选择，飞行员在众多的可选方案中选择出一项最佳的解决问题的方案。

• I ——Identify：鉴别，飞行员对选择的方案和即将实施的行动进行风险分析，确定这一方案是否能有效地改变异常情况，确保飞行安全。

• D ——Do：执行，飞行员执行最佳方案，机组成员相互监视完成。

• E ——Evaluate：评价，飞行员对实施行动的效果进行监视，并做出评价。

10.3.7.4　影响判断与决策的五种危险态度

人类的决策过程很少是纯理性的推理。在经过大量研究的基础上，航空心理学家目前已识别出以下五种影响飞行员判断的危险态度：

• 反权威态度：这种态度存在于不喜欢任何人告诉他做什么的人身上。他们也许经常对自己说："我不需要遵守条例"（认为条例是为别人制定的）或"不用你告诉我做什么和怎么做"（认为别人并不比自己强）。机长与副驾驶都有可能产生这样的态度。

• 冲动性态度：经常感到时间紧迫、需要立刻做某事的人往往具有这种态度。他们也许会对自己说："赶快行动起来，现在就得做某事。"产生这种态度的飞行员往往是过分夸大了处境的严重性，即不良认知方式所引起，同时也与他个性的急躁不无关系。

• 侥幸心理态度：认为事故只会发生在别人身上、自己运气总是很好的人容易产生这种态度。他们也许会对自己说："我的运气一向很好，这次也不例外，发生在别人身上的事故不一定就会发生在我身上"或者"车到山前必有路，到时候再说"。

- 炫耀态度：总是试图显示自己如何能干、如何优秀的人往往具有这种态度。他们也许会经常想："我会做给你看，我能做到。"这种态度常由飞行员对自己能力的不合理评价和对飞行条例的认识不足所引起。

- 屈从态度：感到无法控制自己命运的人往往持有这种态度。他们也许会对自己说："有什么用，一切都是命运决定的，一切努力都是白费。"产生这种态度的原因一方面是当事者性格懦弱，另一方面则是与他经常遭受挫折的生活经历有关。

10.3.7.5 危险态度的矫正方法

目前的研究已经表明，对于危险态度的矫正可采用逆向思维的方法。即当飞行员产生了5 种危险态度之一，或几种危险态度同时产生，且飞行员已经意识到自己产生了这些危险态度时，应通过自己的努力，转换自己的认知角度，具体方法见表 10.4。

表 10.4 5 种危险态度的矫正方法

危险态度	矫正措施
反权威态度："不用你管""条例是为别人制定的"	"别人的建议也许是合理的""条例通常都是正确的"
冲动性态度："没时间了，我必须现在就动手"	"不要过于冲动，三思而后行"
侥幸心理态度："不会发生在我身上"	"有可能发生在我身上"
炫耀态度："我做给你看，我能做到"	"无谓的冒险是愚蠢的"
屈从态度："一切努力都是无用的"	"我不是无助的，我能改变现状"

10.3.7.6 判断与决策过程中的虚无假设

在决策阶段，导致人类错误的一个非常重要的诱因是虚无假设和错误推论。虚无假设是指飞行员或机组在信息不充分或情况不太明了的条件下，按照自己的主观想象和推测去判断，从而歪曲客观事实/情景的现象，它的最危险的特点是当事者一旦陷入便常常很难纠正。飞行中，事故征候或言语警告虽然与飞行员的虚无假设相矛盾，但他仍然有可能坚持初衷，轻易地拒绝这些事实上是正确的信息和劝告，直到事情演变成不可逆转时才醒悟，通常是为时已晚。根据大量飞行事故的分析，以下几种情境最易使飞行员产生虚无假设：

（1）当一个人的期望过高时。它常发生于某人在长时间经历某一特定事件或情境后。例如，某飞行员长期的飞行经验告诉他：在特定的航路上通过某个位置后，从巡航高度上开始下降通常是安全的。但是，当情境发生了变化，要求他在不常见的迎风中实行无特征区域的夜间着陆时，如果飞行员仍按原有的经验去控制飞机下降，就很可能在飞机接地前撞击障碍物。这类事故就是飞行员根据以往的地速经验进行错误推论的结果。交流，尤其是 ATC 与机组之间的通话，如果期望过高也会发生同样的错误。主要原因在于：ATC 发送的信息通常是以速记语言的形式进行的，再加之这种简略的标准表达方式在一些国家使用时并不标准，甚至是混乱的，如果因传输或接收装置质量低劣而损失掉一部分信息的话，飞行员就很可能倾向于根据过去经验去补足通信中损失的那一部分信息，这里便潜伏了虚无假设和错误推论的危险。

（2）当飞行员的注意力转向其他方面时。许多飞行事故的调查表明：当机组成员将注意力过分集中在某个问题或某方面时，他们往往对飞行的其他方面，如飞行高度进行错误的推论。

（3）当飞行员处于防御心理状态时。处于这种状态的人都希望听到好消息，不愿听到不

914

利的消息，其潜意识目的是为了避免焦虑和回避问题。在这种状态下，当事者有可能在无意识中选择符合自己需要的信息，或者在无意识中修改输入的信息以便满足自己的需要。

（4）当飞行员的注意力高度集中后的一段时间里。这是人类在竭尽全力维持注意力集中后所发生的一般反应。此时，飞行员以松懈的态度取代了精神紧张，认为紧张、困难的飞行已经过去。但真实的情况却不一定如此，转危为安的情境有时只是飞行员错误假设出来的。

（5）当飞行员的动作记忆出现问题时，也有可能产生虚无假设和错误推论。譬如，当飞行员已经采取一个动作，如按错了一个开关，接着又去按正确的开关，此时他就有可能产生错误假设。坚信他已按对了开关，而不考虑自己曾经按错了开关。

10.3.7.7　飞行员判断中的常见陷阱

由于各种因素的影响，在飞行员判断过程中还明显存在一些陷阱，下面我们来一一介绍。

1. 同伴压力

同伴压力（Peer Pressure）是指飞行员在决策中，感受到来自其他机组成员或飞行员团体的心理压力，不愿意提出不同的意见或看法，或者不再尝试现实地评估其他可替代的方案，以达到表面一致。一般而言，来自于上级或较高资历者的心理压力较大，比如副驾驶较容易受到机长的同伴压力，反过来，副驾驶对机长的影响就较小。

2. 定势/固着

定势/固着（Mind Set）是指一种心理上的"定向趋势"，常见于飞行员对某件事情已经有固定的看法或者期望，甚至是相应的操作模式，在环境不变的条件下，定势使人能够应用已掌握的方法迅速解决问题，而在情境发生变化时，它则会妨碍人采用新的方法。例如某机场新修跑道，将原有跑道变更为滑行道，飞行员会下意识地试图使用原先的跑道，即便是事先已经了解了相关的航行通告，落错跑道的可能性也依然存在。

3. "锚定"效应

锚定效应（Anchoring Effect）是指飞行员固着于一开始获得的目标或印象，影响和削弱判断力，从而忽视其他可能选择。在"锚定"效应中，飞行员第一个接收到的信息或数据就像沉入海底的锚一样，把飞行员的思维牢牢的束缚在了最初的数据与信息附近，所以该陷阱也被命名为"沉锚"陷阱。飞行员的判断过程，应该是随环境的变化而变化，是一种动态过程，如果发生了"沉锚"陷阱，就有可能使飞行员做出与当前情况与问题不相符合的判断。

4. "有利证据"陷阱

在飞行员日常的日常飞行中常常有这样的情况：当自己带着倾向性去收集信息时，收集到的信息会基本都是支持自己最初的想法的；或者当自己做了一个决定以后再去审视这个决定时，会有越来越多的证据支持该决定，这就是"有利证据"陷阱，也被称为"证实偏见（Confirmation Bias）"。"有利证据"陷阱会诱使飞行员寻找那些支持自己意见的证据，避开同自己意见相矛盾的信息。

5. "过度自信"陷阱

人们在判断过程中普遍存在的另一个现象就是过度自信（Over Confident），这一判断陷阱在历史上已经有多很多先例。日本人偷袭珍珠港、挑战者号航天飞机的发射风险、切尔诺贝利核电站的泄漏概率这些事件中都存在过度自信的问题。当飞行员面临着时间与安全的压力，在工作中又存在诸多的分心因素的干扰时，这样的倾向性就可能会表露出来，进而对自己与机组的能力、容错的空间和可利用的时间与资源存在着过度高估的现象。

6. 投机心态

投机心态（Speculative Mentality）是指当天气或设备条件低于最低要求或标准时，飞行员往往基于侥幸心理或不想接受失败而放弃较为谨慎的方案，转而寻求更为冒险和激进的行为。

10.3.8　文化、SOP 与机组资源管理

民航的安全文化，是指在民航安全生产及服务保障中逐渐形成和发展起来的共同的价值观念、行为准则、规章制度、技术系统等的总和，外在体现为每一个员工、班组和部门对安全的认识、情感和行为方式。民族文化潜在且广泛地影响机组协作；职业文化差异对机组协作产生正面或负面的影响；所有的机组协作和行为都是组织文化和个体技术的结合体现，组织文化也有可能改变机组做决策时的风险倾向。

高效的 SOP 将更利于机组协作，提高飞行安全，而偏离和违背 SOP 将会使得机组协作低效，大大增加发生事故的可能性。

10.3.9　驾驶舱自动化

对驾驶舱硬件资源进行管理的一个前提条件便是要了解机器与人的特点，以便将任务在人与机器之间进行合理的分配。

10.3.9.1　人与机器收集信息的特点

在飞行过程中，飞行员需要获得当前飞机性能和状态的信息以便安全、有效地操纵好飞机。而呈现给飞行员的信息则必需便于他能够很容易地做出解释，使他在不存在疑惑的情况下操纵控制器的运动。表 10.5 列出的人与机器在收集信息方面的优劣对于解释这一问题具有指导意义：

表 10.5　人与机器在收集信息方面的特点

能　力	人	机器
觉察视听信息中的细微变化的能力	！	
在众多的背景噪声中觉察特定目标的能力，如觉察城市上空的飞机灯光	！	
觉察非常短或非常长的声波，如 X 射线和无线电波的能力		！
在复杂的"图式"中识别微小变化的能力，如识别图形或者辨音	！	
监测和预料能力，如监测实际的燃油消耗是否高于预定值		！
对异常或者意外事件的感觉能力	！	

由表 10.5 可知，人类在对视听信息的解释能力上，尤其是在辨别细微变化或者识别噪声背景下的信息时，比机器具有优势。而另一方面，机器在处理超出人类感知范围的声波和光波的能力上则比人类优越。从设计的角度来说，这便意味着，如果飞机上没有装备专门觉察

其他飞机的电子设备（如近地警告系统，GPWS），那么规避其他飞机的任务就得交给飞行员负责。事实上，现行的空中交通管制间隔系统或体系也同样使用了这一设计原理。例如，在驾驶舱中，飞行员必须持续不断地监视空域，在地面，空中交通管制员则必须借助于计算机辅助的雷达屏幕来觉察目标。当然，如果安装有电子接近警告系统，如 TCAS，计算机将在防止飞机空中相撞中起到日益重要的作用。

收集信息的第二部分是觉察信息，即预期微小事件变化的能力，如觉察飞行期间实际燃油消耗是否高于预定值的能力。由表 10.5 可知，人类在这方面的能力不及机器，特别是当飞机长时间地监视信息后，由于注意容量的有限性和对枯燥乏味的监视信息任务的厌倦，就有可能使飞行员遗漏重要信息。而另一方面，机器则是非常优秀的性能监视者，它只要不发生故障，便可永无止境地"集中注意力"，对飞行信息进行监视。

最后，在对异常和意外情况的感觉上，人类比机器优越。这正是在现代驾驶舱中保留飞行员的重要原因之一。虽然，计算机比人类更能准确和有效地控制飞机，但这是指一切正常、没有意外情况发生的前提下。因此，可以说，人类比计算机能够更容易地觉察意外的情况，也能够对这些情况进行合理的处理。

以上所述的监视和预测能力以及对意外情况的感觉能力产生了驾驶舱设计中的基本问题。现代飞机，尤其是大型、复杂的运输机的设计趋势是大多数的操纵交由机载计算机和自动驾驶仪去完成，留给飞行员的任务则主要是监视所有系统的功能是否正常。这便与我们已经讨论过的人的能力特点发生了矛盾，即人类并不擅长从事长时间的监视任务，而计算机却能够。并且，即使某人在经历了数小时的监视任务后发现了问题，他也会因为找不到所有系统工作的"感觉"而难以接替对飞机的操纵。因此，美国学者 Trollip（1991）等人认为：一个好的驾驶舱设计应该是让飞行员进行常规性的飞行，让计算机实施监视功能。这样，飞行员便会始终位于闭环系统之中，准确地知道所有系统的状态。如果飞行员的注意力和表现能力下降，计算机也能够迅速地提醒飞行员注意，使他做出必要的修正。当然，这仅仅是 Trollip 博士基于人-机信息加工特点提出的一项建议，座舱自动化的程度正日益增高，至于未来机型的驾驶舱将向什么方向变化，还有待于实践的检验。

10.3.9.2 人与机器加工信息的特点

在飞行员收集到信息之后，他便需要对这些信息进行加工和处理。表 10.6 列出了与加工信息有关的因素，同时也指出了在执行特定任务时人与机器的相对能力。

表 10.6 人与机器加工信息的特点

能 力	人	机器
长时间储存概括化信息（如原理和策略）的能力	!	
长时间储存细节信息（V‐速度或者性能数据）的能力		!
归纳推理能力	!	
做出主观评价或估计的能力	!	
在负荷过载时权衡任务的轻重缓急，并进行优化排序的能力	!	
演绎推理能力		!
快速而准确地提取信息的能力		!
对多位数进行计算的能力		!

正如读者从表10.6中所看到的那样，人与机器在加工信息能力上的差异主要在于加工的复杂程度上。机器能比人更快地记住特定的信息，能够更快地提取信息，比人也更擅长于计算、能利用已有的法则产生措施。与此相反，人类则更擅长于记忆原理和原则，记忆细节的能力和识记的速度以及准确性却不如机器。虽然在计算能力上人类也不如机器，但人类却更擅长于推理，能够训练自己的判断能力，使自己的注意力分配到不同的任务上去。

从设计的角度来说，这意味着飞行员不必准确地记住细节信息。这也正是为什么检查单如此重要的原因，也是为什么要求飞行员应该将需要记住的管制信息记下来的缘由。因为这些信息通常是呈现的时间很短，且数量太大，难以使人准确记住。

10.3.9.3 人与机器的决策特点

信息加工模型的第三个阶段是决策。在许多方面，它类似于信息的加工阶段。但对问题的判断和选择处置方案却是该阶段的特点。从表10.7中读者将会发现：人类的决策能力是机器所无法媲美的。

表 10.7　人与机器的决策特点

能　力	人	机器
归纳推理能力	！	
做出主观评价和估计的能力	！	
在负荷过载时，按任务的轻重缓急进行优化排序的能力	！	
设计策略以解决新问题的能力	！	

表 10.7 表明，当有不确定性的情境出现时，飞行员应该起决策者的作用。机器虽然能在法则和条件都是已知的情况下做出高质量的决策，但在不确定的情况下其决策能力就不及人类。而且，人类能够对不同的决定做出评价并根据评价做出最后的选择，这是机器所无法做到的。

10.3.9.4 人与机器的行为特点

在做出决策之后，紧接着便是根据已经做出的决策实施行动。表10.8列出了人与机器在实施行动时的差异。

表 10.8　人与机器的行为特点

能　力	人	机器
对特定信号做出快速持久反应的能力		！
执行重复性活动的可靠性		！
长时间保持良好技能的能力		！
同时执行几种活动的能力		！
在大负荷条件下保持有效操作的能力		！
在分心因素存在的条件下保持有效操作的能力		1

表 10.8 说明，在操作方面机器的能力优于人类。这便产生了设计中的另一个基本问题。如果机器（如计算机）比人类能更好地操纵飞机，而人类又需要处于闭环系统中以便在机器出现故障。不能操纵飞机时接替操纵，那么设计者应怎样设计任务分配才能兼顾人与机器的

特点，发挥它们的优势呢？有人认为：解决这一两难问题的途径是"半自动化"。目前，大多数商用运输机设计者之所以选择让计算机执行大多数操纵任务，而将飞行员置于闭环系统之外的方案，其部分的原因便是基于计算机比飞行员会飞得更为经济和更为平稳。但这种方案的潜在危险则是在设备出现故障或失效时，飞行员有可能不能迅速地判明原因，不能迅速地接替操纵和扭转危机。

10.4 人的差错与可靠性

10.4.1 人的行为的可靠性

10.4.1.1 人的错误的性质

以前，在事故发生之后，人们往往把飞行员视为肇事者，几乎把所有的飞行事故都归因于"飞行员错误"。这显然是不合理的，飞行员在某次飞行事故或事件中都并不是故意犯错误，而是他在特定的情境中由于受一种或多种因素的影响以及人固有的功能局限而导致的。人的因素造成的飞行事故率至今仍然居高不下，其中最主要的原因是他们对人的科学知识了解甚少，缺乏这方面的训练。目前，相关专家已从众多的人类失误中识别出人的错误的4个基本性质。

1. 人都有犯错误的倾向 —— 错误是人类行为的必然组成部分

飞行事故和事故征候有可能发生于所有年龄和飞行资历的飞行员。就人类总体而言，在简单重复性任务的操纵过程中，人犯错误的频率大约为 1/100 ~ 1/1 000，意味着在简单重复性操作任务中每 100 次至 1000 次操作中有一次错误都应算是正常的，该数据可认为是人类的平均错误频率，也可以认为这是人类固有的错误倾向。经过程序性的练习可使人类操作者的可靠性得到改善，使人类在简单重复性操作中的错误频率降低到 1/1 000 ~ 1/10 000。

2. 人的错误具有很大的个体差异

由于不同的人具有不同的遗传品质、生活环境与生活经历，因而在特定的工作环境中便有不同的错误频率。在人的因素的历史上，有人曾提出过"事故倾向者"的概念（Greenwood，1964），意指在同等紧急的情况下，有的人比另一些人具有更高的事故发生率，导致事故倾向的先天品质则被定义为事故倾向性品质。

3. 相同的错误可能存在本质上不同的原因

譬如，某个飞行员在一段时间里，可能会比其他时间犯更多类似的错误，原因可能不尽相同，既可能是由于情绪问题所导致，也可能是身体状况不佳或者社会关系紧张等原因造成的。因此，对飞行员错误的分析应该放在具体的情景中去考虑。

4. 类似的错误可能引起不同的后果

道格拉斯曾经提出安全窗口的概念：意指以跑道为中心，离地面 2 000 ft 的空间范围内，如果机组发生错误，事故发生的可能性就会比其他飞行阶段要高得多，这一空间范围便称之为安全窗口，如图 10.27 所示。可见，类似的错误在不同的情境中可引起不同的后果。因此，飞行员们必须具有很强的处境意识。

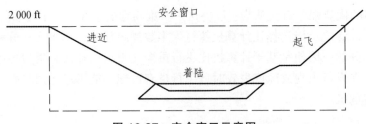

图 10.27　安全窗口示意图

10.4.1.2　人的错误分类

对人的错误的分类方式很多，常见的有以下几种：

（1）按诱发错误的原因，可将人的错误分类为设计不良诱发的错误和操作者自身的局限诱发的错误。

（2）根据概率理论，可将人的错误分为随机性错误、系统误差以及离散性错误，如图 10.28 所示。

（3）根据错误的形式，可将人的错误分为遗漏、添加以及替代错误。

（4）从安全性角度考虑，可将人的错误分为可逆性错误和不可逆性错误。目前在飞行器设计和飞行程序以及机组人员的设计中，采用的余度设计就是根据这一原理提出的，这些设计虽然不能减少源发性错误，但可作为安全保护而避免不可逆性错误的发生。譬如，在 VDUS（视觉显示系统）和导航系统中，常采用"选择-检查-联结"模式。在这些系统中，首先在屏幕"便笺"上呈现飞行员已经选择的输入，待检查无误后再将这些数据进行联结；机组交互监视的原理也是如此，但驾驶舱氛围、驾驶舱职权梯度、机组的 CRM 能力以及机组处境意识则会影响交互监视的效果。

(a) 随机性错误　　　　　(b) 系统性错误　　　　　(c) 离散性错误

图 10.28　随机性错误、系统性错误以及离散性错误示意图

10.4.2　人为差错的理论和模型

10.4.2.1　SHEL 模型

SHEL 模型是描述飞行中人的因素的概念模型，如图 10.29 所示，最初由爱德华（Edwards，1972）提出，几年后霍金斯对其进行了修改，并在一份欧洲共同体论文中发表。SHEL 并不是一个单词，而是由 Software（软件）、Hardware（硬件）、Environment（环境）、Liveware（人）的首写字母所组成。该模型表明了航空系统中与飞行员构成界面的四个要素及其相互关系，常用于分析飞行中人的因素的研究范围和飞行员错误的来源。从图中我们可以看到，与飞行员构成界面的 4 个要素是：硬件、软

图 10.29　SHEL 模型

件、航空环境及其他机组成员、管制员（ATC）等。系统各要素之间构成的界面是凸凹不平的，意味着各界面之间必须谨慎匹配，否则，系统内的应力就会过高，最终引起系统的断裂或解体，事故也就在所难免。从该图中我们还可以看到，"飞行员"位于模型的中心，其他要素围绕在它的周围。可见，只要是有人驾驶的飞机，无论自动化程度有多高，飞行员都将始终是航空系统中最有价值、最重要的因素。但是，由于人类自身的局限，飞行员也是最易变化、最不可靠的因素。从某种意义上说，这正是飞行中人为事故居高不下的主要原因。因此，在设计航空系统时，不但飞行器的设计和制造必须考虑人的特点，使其他要素更加适合于人，更重要的是，模型中心的飞行员也必须了解与自己构成界面的其他要素的局限，并不断完善自身，才能避免出错，减少飞行事故。

10.4.2.2　事故链/错误链的概念

这是描述人为错误诱发事故的一个概念，意指一系列事件相互串联、叠加便会导致重大灾难。事实上，很少有单一的压倒一切的重大事故原因，大多数情况下都是许多因素或者错误累加在一起的结果，也正因为此，人们将这一现象定义为"事故链"，即各个事件或者许多微小的错误串联在一起从而也就构成了所谓的事故链/错误链。在错误链中存在着激活性错误和潜伏性错误。激活性错误是指人的错误或违反条例的行为对航空安全有着直接的、即时性的影响；潜伏性错误是指飞行员决策的结果对飞行活动的潜在危害具有较长时间的延滞。许多事件或错误连成一串时便会诱发飞行事故，在它们连成一串前去掉或排除掉一个错误事件，事故就可得到预防。

10.4.2.3　事故链/错误链的识别线索

以下是识别错误链各个环节的 11 个线索。出现其中的任何一个或者几个，并不意味着某次飞行事故将要发生，它仅仅说明了机组在操作飞机的过程中所冒的风险和飞行机组必须通过适宜的资源管理来维持操纵。

（1）语义模糊。在任何情况下都可能存在着两个或两个以上的信息资源不一致的现象，我们把这一现象称之为语义模糊。它通常包括仪表、指向标、人、手册、感觉以及操纵器等信息与实际情况的不一致。

（2）固着或者全神贯注。注意力集中在某一个事物或者事件上，从而忽视其他事件或信息的现象。它通常包括所有的分心因素使机组的注意力离开了正在进行的飞行活动。分心因素既可能是交通繁忙的空域所带来的高工作负荷的结果，也可能是不良的气象条件或者是异常的紧急情况等，个人问题、注意力不集中、自鸣得意以及疲劳等也可能成为机组的分心因素。

（3）混淆或者不知道发生了什么。对特定情景不确定的、焦虑的或者迷惑的感觉。它既可能是由于思维滞后于飞机状态所引起，也可能是由于缺乏知识或者缺乏经验所引起。这样的状态也许还会将人推向某种能力或者经验上的极限。它通常伴有生理上的症状，如太阳穴的跳动、头疼、胃部不适或者不舒适的感觉，人们把这一症状称之为状态不好。

（4）无人操纵飞机。没有人监控飞机的现实状态及其发展进程。对于机组来说，操纵飞机应该是首要任务。如果机组没有这样做，就有可能是机组将其他事情等同于飞行任务了。

（5）没有人注意驾驶舱窗外。这又是机组应该优先考虑的因素之一。在特定的时候，危及飞行安全的最危险的因素便是飞行终端区域的空中相撞，但是，机组往往具有将注意力集中于驾驶舱内，而没有保持搜索驾驶舱外的倾向。如果机组丧失了这一主要任务，其后果将是不堪设想的。

（6）使用没有依据的程序。使用没有正式写进飞行手册或者检查单的程序来处理异常情况或者紧急情况的现象。

（7）忽视限制或者降低操作标准。试图或者忽视既定的最低操作条件或者规格，无论是有意的或者是无意的降低条例或者具有约束力的飞行操作手册或者指南都是不能接受的。这些忽视通常包括气象条件、操作限制以及机组飞行时限等。

（8）不能解决观点和意见上的信息以及对于变化条件的意见冲突。

（9）不能满足目标。飞行失败或者飞行机组不能达到或保持已经识别出的目标。这些目标包括：ETAS、空速、最低进近、高度和航向、所需要的外形、计划、程序或者任何由机组建立起来的目标。

（10）偏离标准操作程序。标准操作程序，是机组在困难情景下省时省力地处理问题的有效工具，但在很多情况下机组却没有充分地利用这一工具。

（11）不完整的交流是抑制信息、意见、观点、建议或者提问的结果。在这种情况下，机组不能够寻找到解决误解和混淆或者观点不一致的方法和途径。例如，如果机组不能够将需要传递的信息向其他成员传送或者就有关的担忧向其他成员质疑，错误链将会始终串在一起。反过来说，如果某个机组成员认为其他成员压抑了需要交流的信息时，这也会使错误链串联在一起，如图10.30所示。

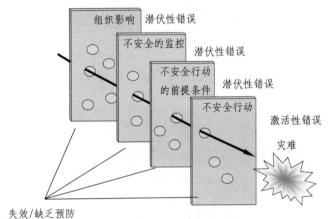

图 10.30　事故链/错误链示意图

10.4.3　威胁与差错管理

威胁与差错管理是一种包含了航空运行和人的表现的安全概念，是通过人为因素的知识在实践中综合应用，从而不断深入改进航空运行的安全裕度而逐渐发展的产物。威胁与差错管理的发展是行业经验集中的产物。这些经验促进了以下认识：对航空界人的表现的研究和操作考虑，严重忽略了在动态的工作环境中影响人的表现这一重要因素：在人们履行运行职责时人与运行环境（如组织上、规章上和环境上的因素）之间的相互作用。通过认识运行环境对人的表现的影响得出进一步结论：在航空运行领域仅单纯研究和考虑人的表现是不够的。关系到改善航空运行的安全裕度，抛开环境仅研究和考虑人的表现是远远不够的。因此，TEM目标是提供广泛审核动态和复杂操作时人为行为的原则性方法，这些复杂影响所产生的后果将直接影响安全。

10.4.3.1 威胁与差错管理模式（TEM）

威胁与差错管理的模式是一个概念性的框架，它帮助我们从运行的角度来理解在动态和复杂的运行环境中安全和人的表现之间的内部关系，如图10.31所示。

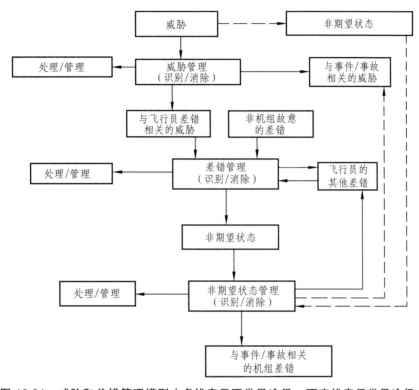

图10.31 威胁和差错管理模型（虚线表示不常见途径，而实线表示常见途径）

威胁与差错管理的模式是一个概念性的框架，它帮助我们从运行的角度来理解在动态和复杂的运行环境中安全和人的表现之间的内部关系。

TEM模式最初为驾驶舱运行而开发，它可用在一个组织内部不同层面和部门，还可用于航空业的不同组织之间，重要的是，当应用TEM时要保持一线用户的观念。根据"谁"使用TEM（一线人员，中层管理，高层管理；飞行运行，机务，空管），可以按需对相关定义稍做调节。

TEM模式同时考虑到运行环境和在这种环境下履行运行职责的人。这种模式具有对人和系统表现的分析性和诊断性。它的这种描述性将更加符合实际，因为它抓住了人和系统在正常运行环境中表现。TEM模式能够将与人的表现的描述相关的运行环境中复杂的事物进行量化，因此可以进行诊断分析，并且反之亦然。

从飞行机组的角度来看，TEM模式有3个基本部分：威胁、差错和非预期的航空器状态。该模式提出：由于威胁和差错都会伴随产生潜在的非预期航空器状态，因而威胁和差错是飞行机组所必须管理的日常航空运行的一部分。同时，由于非预期的航空器状态伴随着潜在的不安全后果，飞行机组也必须对非预期的航空器状态进行管理。非预期状态的管理与威胁和差错管理一样也是TEM模式的重要组成部分。非预期状态的管理是保证飞行运行安全裕度的最后机会，在很大程度上避免了不安全后果。

10.4.3.2 威　胁

威胁定义为在飞行机组影响力之外发生的事件或差错，它增加了运行复杂性，必须加以管理以保障安全裕度。在典型的飞行运行中，机组必须管理各种复杂情况及关联。这些复杂情况及关联包括诸如处理不利的气象条件、地形复杂机场、空域拥挤、飞机故障和空管人员、乘务员或机务人员等驾驶舱外人员的错误等。因为其在飞行运行中都有潜在的降低安全裕度的负面影响，TEM 模式认为这些复杂情况及关联是威胁。

一些威胁能被预测到，因为机组已经预见或者知道它们。例如，机组提前准备对雷暴的相应措施从而预见该雷暴的后果；或者在进近时机组针对机场的繁忙，会对其他飞机保持警觉。

一些威胁会意外发生，事先没有任何警告，例如在飞行中飞机突然发生故障。在这种情况下，飞行机组必须运用来自于训练和运行经验中获得的技能和知识对其进行处理。

一些威胁不会直接显现或是被飞行机组直接观察到，而是需要通过安全分析才能够发现，这种威胁被视为潜在威胁。潜在威胁的例子有：设备设计问题、视觉幻觉或是过站时间过短等。

无论威胁是可预期的、不可预期的还是潜在的，对飞行机组管理威胁能力的一种有效的衡量方法是：机组能否预测到威胁的存在，从而使用适当的对策对威胁做出反应。

威胁管理是差错管理和非预期航空器状态管理的基础。虽然威胁和差错之间没有直接的必然联系，也不是总可能建立一种线性关系，或是在威胁、差错和非预期航空器状态之间建立一对一的映射关系，但是档案数据显示：对威胁的不善管理通常与机组的差错相关，而这通常又与非预期的航空器状态有关系。通过从根源上避免危及安全的状况出现，威胁管理为保持飞行运行的安全裕度提供了最提前主动的选择。机组作为威胁管理者，是避免威胁影响飞行运行安全的最后一道防线。

表 10.9 是一些威胁的举例，按照 TEM 模式中威胁的两种基本类型进行分组。一些环境威胁可预知并提前计划而另一些为自然产生，但是都必须由飞行机组实时管理。另一方面，组织威胁通常是潜在的，可以由航空组织从源头上控制，即消除威胁或至少使威胁最小化。飞行机组仍然是最后一道防线，但是在这之前航空组织自身有更早的机会减少这些威胁。

表 10.9　威胁举例

环境威胁	组织威胁
➢天气：雷暴，颠簸，结冰，风切变，侧风/顺风，极高/极低温度。	➢运行的压力：延误，晚到，设备更换。
➢ATC：空中交通拥挤，TCAS RA/TA，ATC 指令，ATC 差错，ATC 语言障碍，ATC 不标准术语，ATC 更改跑道，ATIS 通信，计量单位（QFE/米）。	➢飞机：飞机故障，自动设备事件/异常，MEL/CDL。 ➢客舱：乘务员差错，客舱事件分心，干扰，客舱门安全。
➢机场：污染/短跑道；污染的滑行道，缺乏/混乱/模糊的标志/信号，鸟群，设备失效，复杂地面导航程序，机场建筑。	➢机务：机务事件/差错。 ➢地面：地面操作事件，除冰，地面人员差错。
➢地形：高原，斜坡，缺乏参照，"黑洞"。	➢签派：签派文字工作事件/差错。 ➢文件：手册差错，图表差错。
➢其他：相似的呼号	➢其他：机组排班事件

10.4.3.3 差　错

差错被定义为：飞行机组的作为或不作为，导致对组织或机组的意图或期望的偏离。对差错的不管理和/或错误管理经常会导致非预期的航空器状态。运行中的差错因此往往会降低安全裕度并且增加了不利事件产生的可能性。

差错可以是自然产生的（即与特定的、显著的威胁没有直接关系），也可以与威胁相关，还可以是差错链中的一部分。差错的例子有不能保持稳定的进近参数、执行错误的自动运行模式、没有发出要求的喊话或是误解 ATC 的许可。

不管是哪种类型的差错，其对安全的影响取决于在差错导致非预期飞机状态和潜在的不安全后果之前，机组是否对其察觉并做出反应。因而，TEM 的目标之一就是理解差错管理（即发现和反应），而非仅仅关注差错的因果关系（即犯错误的原因和出现的后果）。从安全角度看，被及时发现并对其做出相应反应（即正确管理）的运行差错，不会导致非预期飞机状态，也不会降低飞行运行的安全裕度，因而仅被视为不合理的操作。正确的差错管理还是人的表现的成功例证，除了其安全上的意义外，还具有学习和训练的价值。

正确掌握如何进行差错管理的方法，其重要性不亚于正确识别不同类型的常见差错。正确掌握差错管理的方法的意义在于：差错是否被发现，何时被发现，被谁发现，对发现的差错采取何种措施以及差错产生的后果。一些差错很快被察觉并被处置，因此成为不合理操作，而另一些差错则未被发觉或处置不当。处置不当的差错是指一个关联或导致其他差错或非预期飞机状态的差错。

表 10.10 为一些差错的举例，按照 TEM 模式中差错的 3 种基本类型进行分组。在 TEM 概念中，差错必须是"可观察到的"，所以 TEM 模式使用"主要的交互作用"作为定义差错类型的参考点。

表 10.10　差错举例

飞机操作差错	➤人工操作/飞行控制：垂直/水平和/或速度偏差，不正确的襟翼/减速板、反推或功率设置。 ➤自动设备：不正确的高度、速度、航向、自动油门设置，使用不正确的模式或是不正确的进入。 ➤系统/无线电/仪表：错误使用组件、防冰、高度表、燃油开关，错误的速度游标设置，错误的调谐无线电频率。 ➤地面导航：试图落向错的滑行道/跑道，滑行过快，错过等待点，错过滑行道/跑道
程序差错	➤SOPs：未交叉检查自动设备输入。 ➤检查单：错误口令和回答，漏项，检查单执行过晚或执行时机不当。 ➤喊话：漏掉/不正确的喊话。 ➤简令：遗漏，漏项。 ➤文件：错误的重量和平衡、燃油信息、ATIS 或是放行信息记录，错误理解文字说明；错误填写记录本，错误实施 MEL 程序
交流差错	➤机组对外通信：错过呼叫，错误理解指令，错误地复诵，得到错误的许可、滑行道、停机位或跑道信息。 ➤飞行员之间交流：机组间交流错误或理解错误

TEM 模式根据在差错发生时刻飞行员或飞行机组的主要交互作用对差错分类。因此，如果要将差错归类为飞机操作差错，飞行员或飞行机组的主要交互对象必须是飞机（例如，通过飞机的操纵杆、自动设备或系统对飞机进行操纵）。如果要将差错归类为程序差错，则飞行员或飞行机组的主要交互对象必须是程序（例如，检查单或 SOPs）。如果要将差错归类为交流差错，则飞行员或飞行机组的主要交互对象必须是人（例如，ATC，地面人员，其他机组成员）。

飞机操作差错、程序差错和交流差错可能是无意中造成的，也可能是有意的不服从导致的结果。同样的，对熟练程度的考虑（即技能和知识的缺乏、训练体系的缺陷）也可以是 3 类差错分类的根据。为了保持方法的简单并且避免混淆，TEM 模式不将故意不服从和熟练程度不够作为单独的差错类别，而是将其作为 3 种主要差错类型的次级分类。

10.4.3.4 非预期状态

非预期状态定义为：导致安全裕度降低的，由于飞行机组原因造成的飞机位置或速度偏差，误用飞行控制或不正确的系统构型。由于无效的威胁和/或差错管理所导致的非预期状态可能造成危及安全的情况并降低飞行运行的安全裕度。由于非预期飞机状态通常被认为是导致事故征候或事故的首要因素，所以飞行机组必须进行有效管理。

非预期状态的例子有：进近着陆过程中飞机对准不正确的跑道，进近过程中飞机超出 ATC 速度限制或在短跑道着陆时目测过高而不得不使用最大刹车。诸如设备故障或 ATC 管制员差错等事件也会降低飞行运行的安全裕度，但这些事件被视作威胁。

如果对非预期状态进行有效的管理，安全裕度就能够得以恢复。否则，飞行机组的反应可能会导致其他差错、事故征候或事故。

非预期状态在 TEM 模式中将非预期状态分为 3 个基本类型，见表 10.11。

表 10.11　非预期状态举例

飞机操作	➤飞机控制（姿态） ➤垂直、水平或速度偏差 ➤非必要的穿越气象环境 ➤穿越未批准空域 ➤超出飞机限制操作 ➤不稳定进近 ➤在不稳定进近后继续着陆 ➤着陆目测高、拉飘，重着陆或偏离中心线着陆
地面导航	➤滑向错误的滑行道/跑道 ➤错误的滑行道、机坪、停机位或等待点
错误的飞机构型	➤错误的系统构型 ➤错误的飞行操作构型 ➤错误的自动设备构型 ➤错误的发动机构型 ➤错误的重量和平衡构型

以上人的因素与机组资源管理理论模型从不同的方面阐明了飞行事故发生的原因和本质，系统地揭示了人的错误的来源，充分论证了威胁和差错管理与航空安全的关系。理论模型的逻辑构架为定量的工程化、信息化管理技术运用于航空安全管理，使航空安全管理从定性式、粗放式管理向工程化、信息化管理过渡有了坚实的理论基础。

11 直升机

11.1 直升机构造

11.1.1 概 述

11.1.1.1 直升机的发展

人类有史以来就向往能够自由飞行。古老的神话故事诉说着人类早年的飞行梦想，中国古代的竹蜻蜓演示了现代直升机旋翼的基本工作原理。随着生产力的发展和人类文明的进步，直升机的发展史由幻想时期进入探索时期。欧洲产业革命之后，机械工业迅速崛起，经过航空先驱者们勇敢而艰苦的创造和试验，1903 年莱特兄弟创造了世界上公认的第一架可操纵的固定翼飞机。在此期间，尽管在发展直升机方面也付出了很多的艰辛和努力，但由于直升机技术的复杂性和发动机性能不佳，它的成功飞行比飞机迟了 30 多年。

一般认为第一架可实用的直升机是美国西科斯基公司设计的 VS-300，它于 1939 年 9 月 14 日实现了首飞。虽然当时的直升机还缺乏满意的发动机、可靠的减速器和传动系统，振动水平也颇高，但终究达到了可以应用的程度。

20 世纪的后半期是直升机的实用期，其主要特征，一是应用领域不断扩展，数量迅速增加，至今全世界已有几万架直升机服务于国民经济的各个部门和军事领域；另一特征是技术上不断有重大突破，使其应用效能和飞行性能不断改善，从而更适合于使用的拓展，而且技术上逐步趋于成熟。

直升机进入使用期后，其重大技术进步仍然像探索期一样，是在动力装置和旋翼方面。首先是涡轴发动机的采用，当代涡轴发动机的功率重量比大约是活塞式发动机的两倍，耗油低于活塞式发动机，而且能够制造大功率的发动机。直升机采用涡轴发动机代替活塞式发动机，不仅使直升机的飞行性能上了一个新台阶，而且使制造大型或重型的、航程远、航时长的直升机成为可能，应用领域大为扩展。

第二项重要的技术进展是采用复合材料的旋翼桨叶。早期的旋翼桨叶为木质或金属/木质混合结构。20 世纪 60 年代发展了全金属桨叶，70 年代开始使用复合材料桨叶，并且很快发展和普及，不仅新机型采用，一些原来装有金属桨叶的现有直升机也纷纷换用。复合材料桨叶的应用，不仅显著改善了气动性能，桨叶的寿命也从早期的几百小时增加到上万小时或无限寿命。

另一项重大进展是桨毂的结构形式。早期的全金属铰接式桨毂结构复杂，重量大而且维护工作量大，寿命只有几百小时。在实用期的几十年中，桨毂的结构不断改进，出现了许多种形式，进步点集中在用弹性铰或其他柔性元件代替金属轴承，直到近期出现了全复合材料的无轴承旋翼，达到了简化、长寿、无维护的要求，是直升机发展阶段的又一里程碑。

除了旋翼和发动机这两个关键方面的重大进展之外，航空电子系统迅速发展也为直升机的发展作出了重大贡献，对直升机的使用效能和飞行安全的改善起着重要作用。

在以往的大约半个世纪中，直升机在技术上经历了几项重大的突破性进展，从技术特征来看，大体上可分为4代：

1. 第一代直升机

从第一架可以正式飞行的直升机在20世纪30年代末问世至60年代初期，是第一代直升机发展阶段。主要技术特征是：安装活塞式发动机，金属/木质混合式旋翼桨叶，机体由钢管焊接成的桁架式或铝合金半硬壳式结构，装有简易的仪表和电子设备。最大平飞速度约200 km/h，全机振动水平（约0.2g）、噪声水平（约110 dB）均较高。典型的机型如米-4、贝尔47等直升机。

2. 第二代直升机

从20世纪60年代初期到70年代中期，发展了第二代直升机。主要技术特征是：安装了第一代涡轮轴式发动机，全金属桨叶与金属铰接式桨毂构成的旋翼，机体主要仍为铝合金半硬壳式结构，开始采用最初的集成微电子设备。最大平飞速度约250 km/h。全机振动水平（约0.15g）、噪声水平（约100 dB）有所降低。典型的机型有米-8、"超黄蜂"等直升机。

3. 第三代直升机

从20世纪70年代中期至80年代末，属于第三代直升机发展时期。主要技术特征是：安装第二代涡轴发动机，全复合材料桨叶及带有弹性元件的桨毂构成的旋翼，机体部分采用复合材料，采用大规模集成电路的电子设备和较先进的飞行控制系统。最大平飞速度约300 km/h。全机振动水平（约0.1g）、噪声水平（约90 dB）又进一步得到控制。典型的机型有"海豚""山猫""黑鹰""阿帕奇"等直升机。

4. 第四代直升机

从20世纪90年代以来，直升机技术发展进入第四代，也是当今最先进的一代。主要技术特征包括：安装第三代涡轴发动机；装有进一步优化设计的翼型、桨尖和先进的复合材料旋翼桨叶，无轴承或弹性铰式等新型桨毂；机体大部分或全部使用复合材料；操纵系统改为电传操纵；机载电子设备采用数据总线、综合显示和任务管理；先进的飞行控制、通信导航等系统。最大平飞速度已315 km/h。全机振动水平（约0.05g）、噪声水平（约80 dB）已得到良好控制。典型的机型有"科曼奇"、NH-90等直升机。

11.1.1.2 直升机的特点

直升机是利用旋翼提供升力、推进力和操纵的飞行器，定翼机主要依靠机翼产生升力，靠舵面实现姿态的控制。因此，直升机与定翼机相比，具有许多不同之处，直升机具有以下特点：

（1）能垂直起飞、着陆和飞行。

（2）对起降场地没有特殊要求。

（3）能在空中悬停和定点转弯。

（4）能沿任何方向飞行。

（5）能吊装体积比货舱大得多的物件。

由于直升机具有的特殊性能，在军事上和民用上得到了广泛的应用。

11.1.1.3　直升机的分类

直升机从用途、结构形式、起飞重量及动力装置等不同的角度，直升机可分为多种类别。

直升机按用途可分为军用直升机和民用直升机两大类。

直升机按结构形式可分为单旋翼直升机和双旋翼直升机。

单旋翼直升机上仅安装一副旋翼，升力和推力均由旋翼产生，安装在机身尾部的尾桨提供平衡旋翼反作用力矩的平衡力矩（见图 11.1）。这是当今技术最成熟、数量最多的直升机形式。

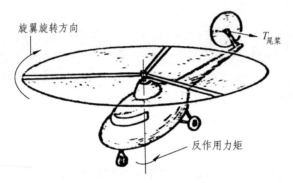

图 11.1　单旋翼直升机的反作用力矩

现在也出现用其他方式来平衡反力矩的单旋翼直升机，如无尾桨的单旋翼直升机（见图11.2）。

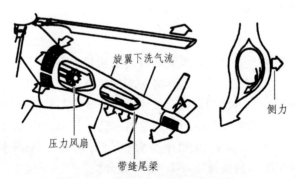

图 11.2　无尾桨的单旋翼直升机

双旋翼直升机按旋翼的不同布置，可分为纵列式双旋翼直升机、横列式双旋翼直升机、交叉式双旋翼直升机和共轴式双旋翼直升机（见图11.3）。

纵列式双旋翼直升机两副旋翼沿机体纵轴前、后排列，转向相反使反扭矩相互平衡。

横列式双旋翼直升机两副旋翼沿机体横向左、右排列。其转向也相反使反扭矩相互平衡。

交叉式双旋翼直升机的两副旋翼沿机体左右横向排列，但其轴线呈"V"形交叉。

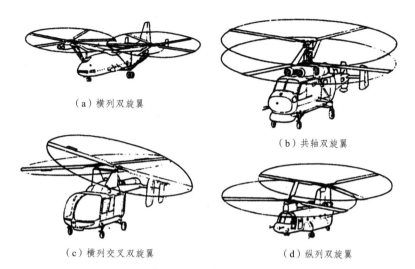

（a）横列双旋翼

（b）共轴双旋翼

（c）横列交叉双旋翼

（d）纵列双旋翼

图 11.3　双旋翼直升机

共轴式双旋翼直升机两副旋翼上下共轴安装且转向相反，反扭矩相互平衡。

现在还有一种倾转旋翼飞行器，其实质是直升机和固定翼飞行器的一种组合形式。垂直起降、飞行和悬停由旋翼提供升力，前飞时将旋翼倾转成为推进螺旋桨，升力则由固定翼提供，如 V-22 倾转旋翼飞行器（见图 11.4）。

图 11.4　V-22 倾转旋翼飞行器

复合式直升机其实质是在定翼机上安装旋翼系统的一种直升机。前飞时推进力主要由推进装置提供，升力由机翼和旋翼共同产生，垂直飞行、悬停和垂直起降主要由旋翼提供升力（见图 11.5）。

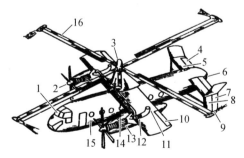

图 11.5　复合式直升机

1—空勤组舱；2—拉力螺旋桨；3—旋翼桨毂；4—升降舵；5—水平安定面；6—货舱舱门；7—方向舵；
8—垂直安定面；9—燃烧室；10—副翼；11—辅助压气机进气口；12—辅助压气机；
13—涡轮螺旋发动机；14—压缩空气导管；15—客舱；16—旋翼（4 叶）

另外还有桨尖喷气驱动式直升机，该直升机在旋翼的桨叶端装有喷气发动机，或由机内提供的压缩空气通过桨尖喷管喷出，驱动旋翼旋转。这种旋翼对机体不产生反作用力矩，因而无需采取平衡措施（见图 11.6）。

直升机按起飞重量可大致分为：轻小型、轻型、中型、大型和重型直升机。

轻小型直升机：最大起飞重量<2 t；

轻型直升机：最大起飞重量 2～4 t；

中型直升机：最大起飞重量 4～10 t；

大型直升机：最大起飞重量 10～20 t；

重型直升机：最大起飞重量>20 t。

目前，轻型直升机在民用直升机中占有相当大的比例，是民用直升机的主体。

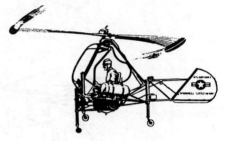

图 11.6　喷气直升机

直升机按动力装置可分为活塞式直升机和涡轴式直升机。目前，安装涡轴发动机的直升机约占直升机总数的 80% 以上。

11.1.2　直升机基本组成

目前直升机广泛采用的是单旋翼带尾桨的直升机，基本组成有机体、旋翼、尾桨、动力装置、传动系统、起落装置和特种设备等（见图 11.7），各部分的功用如下。

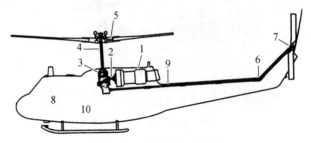

图 11.7　直升机基本组成

1—动力装置；2—传动轴；3—减速箱；4—主轴；5—主旋翼；6—尾桨传动轴；7—尾桨；
8—机身；9—尾梁；10—起落装置

机体主要由机身、尾梁、尾斜梁组成。

旋翼是产生升力的部件。它安装在机身上方的铅垂轴上，由动力装置驱动。它除了产生升力外，还可改变升力的方向，实现直升机纵向、横向和升降操纵。

尾桨是安装在直升机尾端的小螺旋桨，它产生拉力，用以平衡旋翼旋转时给直升机的反作用力矩，保持飞行方向；改变尾桨桨叶的安装角，可改变拉力，实现方向操纵。

动力装置包括发动机和有关附件。现代直升机主要采用涡轮轴发动机；也有少部分轻小型直升机采用活塞式发动机。

传动系统的功用是将发动机产生的动力传给旋翼和尾桨，并且保证它们具有适当的转速。

操纵系统的功用是将驾驶员的操纵传到有关的操纵机构，以改变直升机的飞行姿态和方向。操纵系统主要由驾驶杆、脚蹬、油门总距杆、自动倾斜器、液压助力器、感力机构、配平机构、自动控制系统等组成。

起落装置主要用于地面滑行和停放，同时在着陆时起缓冲作用，常见的形式是轮式起落装置，有的小型直升机采用滑橇式起落装置。滑橇可在泥泞的土地和松软的土地上起降。

特种设备包括各种指示仪表、电气系统、防冰和加温系统、灭火系统以及与直升机用途相配合的特种设备。

11.1.2.1　直升机机体

直升机机体主要包括机身、尾梁和尾斜梁。机体的主要材料有金属材料（主要是铝合金）和非金属材料（主要是复合材料）。

机身的功用是装载人员、货物、安装部件等，同时它将各个部分连成一个整体。

机身主要由机身前段、机身中段、过渡段主减速器舱等组成。图 11.8 所示为 UH-60A 直升机的机身分段图。

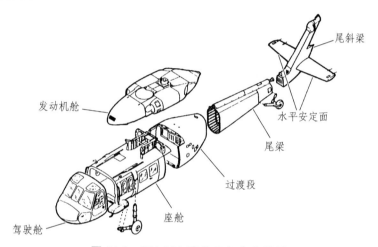

图 11.8　UH-60A 直升机机身分段图

机身前段是驾驶舱。舱内设有机组座椅、操纵机构、各种仪表、电气与无线电设备等。

机身中段主要是货舱或客舱，上部有固定主减速器及旋翼操纵系统的支架。运输型直升机货舱后部开有货舱门。客运型直升机客舱布置有旅客座椅、可收放登机梯等。

过渡段在中段与尾斜梁间。

尾斜梁可改善直升机的航向稳定性，在尾减速器安装座上固定尾桨系统。

尾梁主要连接尾斜梁，有的装有尾橇与水平安定面、传动系统的中间减速器、尾减速器与尾桨传动轴等。

水平安定面有活动式与固定式两种。固定式水平安定面保证纵向稳定性与操纵性，其安装角可以调整。活动水平安定面可以操纵偏转。起飞时，为了获得旋翼的最大拉力而增大空速，此时可操纵水平安定面使直升机尾部向上，从而获得最大拉力；巡航飞行时，为了减小飞行阻力，用水平安定面使直升机尾部向下，以保持平飞姿态。

直升机机身结构主要采用铝合金与复合材料。近年来，复合材料广泛应用于机身结构，与铝合金相比较，它的比强度、比刚度高，可以大大减轻结构重量，而且破损安全性能好，成型工艺简单，所以受到人们的普遍重视。

11.1.2.2　直升机旋翼

旋翼是直升机的关键部件，旋翼的主要功能是产生升力，通过对旋翼的操纵可以实现对直升机升降、纵向和横向的操纵。

直升机旋翼主要由主桨毂和桨叶组成。主桨毂用来将主减速器输出的力矩传递给旋翼，并将旋翼的反作用力矩通过主减速器传给机身。旋翼形式由主桨毂形式决定，它随着材料、工艺和旋翼理论的发展而发展。到目前为止，已在实践中应用的旋翼形式有全铰式、半铰式、无铰式和无轴承式四种（见图 11.9）。

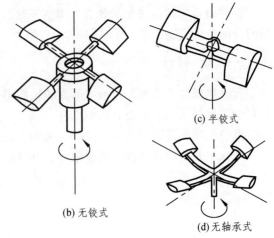

(c) 半铰式

(b) 无铰式

(d) 无轴承式

图 11.9　旋翼的形式

全铰式旋翼有轴向铰、垂直铰和水平铰（见图 11.10）。操纵旋翼绕轴向铰转动时，可以改变旋翼的桨距（桨叶剖面弦线与桨毂旋转平面之间的夹角称为旋翼的桨距，桨距又称为安装角），改变旋翼桨距能改变旋翼的升力，因此轴向铰又称为变距铰。垂直铰的功用是消除桨叶在旋转面内的摆动（摆振）引起的旋翼桨叶根部弯曲，从而减小结构尺寸。

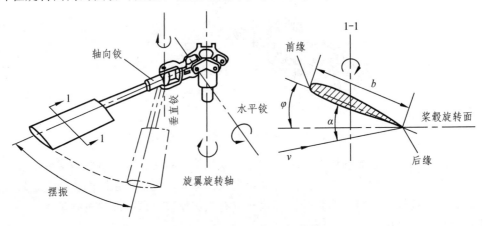

图 11.10　全铰式旋翼与桨距

为了防止摆振，一般在垂直铰处设置减摆器而起阻尼作用，因此垂直铰又称阻尼铰。现代直升机广泛采用的是液压减摆器（见图 11.11），它是利用油液来回流过活塞与壳体间的空隙产生的摩擦力消耗能量而起减摆作用。图 11.11 所示为这种减摆器的工作原理，图 11.12 显示了这种减摆器在桨毂上可能的安装情况。有的减摆器在活塞上开有小孔或小槽代替活塞与壳体之间的间隙。

20 世纪 70 年代开始出现了用黏弹性材料硅橡胶制成的黏弹性减摆器。这种减摆器是利用黏弹性材料变形时很大的内阻尼提供所需的减震阻尼，其构造原理见图 11.13。减摆器由当中的金属板及其两边的硫化橡胶黏结在一起，内部金属板一端与轴向铰轴颈相连，而外部金属板则与中间连接件相连。当桨叶绕垂直铰摆振时，经减摆器端接头及中间金属板使硅橡胶层往复变形，黏弹性材料产生内摩擦而消耗摆振能量，以减弱摆振运动。

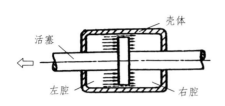

图 11.11　液压减摆器原理图

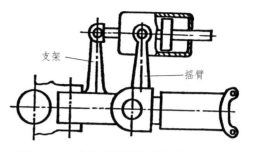

图 11.12　液压减摆器与桨毂的连接原理

水平铰的作用是让桨叶上下挥舞，消除或减小飞行中在旋翼上出现的左右倾覆力矩，因此水平铰又叫挥舞铰。全铰式旋翼桨叶根部弯曲荷载及结构质量较小，但组成复杂且维护不便。

半铰式旋翼有万向接头式和跷跷板式。20世纪 40 年代中期，在全铰式旋翼得到广泛应用的同时，贝尔公司发展了万向接头式旋翼，并将其成功地应用在轻型直升机 Bell-47 上。20 世纪 50 年代中期又把万向接头式进一步发展为跷跷板式，并将其运用于 Bell-214 上。图11.14（a）所示为 Bell-47 型直升机万向接头式旋翼桨毂的构造，图 11.14（b）为其原理图。两片桨叶通过各自的轴向铰和桨毂壳体相互连接，而桨毂壳体又通过万向接头与旋翼轴相连。挥舞运动通过万向接头 β-β 铰实现。改变

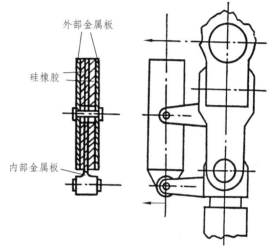

图 11.13　黏弹性减摆器的原理

总距是通过轴向铰实现，而周期变距是通过万向接头绕 α-α 铰的转动实现。

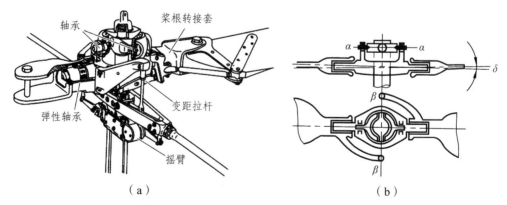

（a）　　　　　　　　　　　　　　　（b）

图 11.14　万向接头式旋翼桨毂的构造及原理

跷跷板式旋翼（见图 11.15）和万向接头式旋翼的主要区别是桨毂壳体只通过一个水平铰与旋翼轴相连，这种桨毂构造比万向接头式简单一些。这两种桨毂形式与全铰式旋翼相比，其优点是桨毂结构简单，去掉了垂直铰、减摆器，两片桨叶共同的水平铰不负担离心力而只传递拉力及旋翼力矩，轴承负荷比较小，没有地面共振问题。但是，这种旋翼操纵功效和角

速度阻尼比较小，对于机动性要求较高的直升机，上述缺点很突出。

无铰式旋翼桨叶与桨毂的连接取消水平铰与垂直铰而固定，只保留轴向铰。此种旋翼构造简单，但桨叶在摆振和上下挥舞时根部弯矩增大，易疲劳损坏。20 世纪 60 年代末 70 年代初无铰式旋翼进入实用阶段。采用无铰式旋翼的直升机有德国的 BO-105，英国的"山猫"（WG-13）等，如图 11.16 所示，它们取得了成功并投入批量生产。

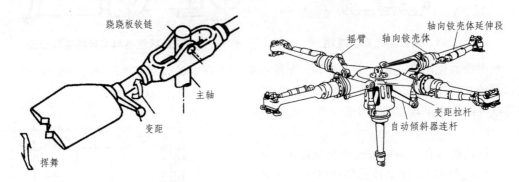

图 11.15　跷跷板式旋翼　　　　　　　　图 11.16　"山猫"直升机桨毂构造

无轴承式旋翼又称为刚性旋翼，取消了轴向铰、水平铰和垂直铰。桨叶的挥舞、摆振和变距运动都是由桨叶根部的柔性元件来完成。图 11.17 是西科斯基公司研制出的一种"交叉梁"式无轴承旋翼。桨叶的主要承力件是一根单向碳纤维大梁，玻璃钢蒙皮桨叶。蒙皮与大梁之间充填泡沫塑料，到达根部蒙皮就转变成空心的扭管，作用在操纵摇臂上的操纵力从扭管向外传至大梁，使大梁在扭管中的那一部分产生扭转变形而实现变距。与一般无铰式旋翼相比，重量可减轻 50%。

图 11.18 所示为新一代武装直升机 RAH-66 的无轴承旋翼。

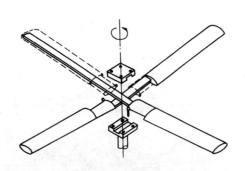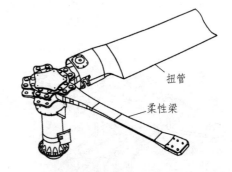

图 11.17　"交叉梁"式无轴承旋翼的构造　　图 11.18　RAH-66 直升机的无轴承旋翼

无轴承旋翼的优点十分突出，主要表现为：

（1）结构简单，零件数目少，制造成本低。

（2）提供很高的操纵功效，因而改善直升机的驾驶品质，这对要求大机动能力的武装直升机特别重要。

（3）外形尺寸小，阻力小，重量轻。

（4）全复合材料结构，破损安全性能好，无需维护，寿命长。

从以上优点可以看出，无轴承旋翼是旋翼技术的重大突破和飞跃，它将是今后大有发展前途的旋翼形式。

随着新材料、制造工艺及结构动力学技术的发展，旋翼桨毂经历了从简单到复杂，再由复杂到简单的发展过程。特别是近 20 年来，多种不同结构形式的桨毂同时流行，诸如无铰式、带弹性轴承的铰接式等。这些桨毂的设计都在试图避免常规铰接式桨毂由于"铰"带来的弊端,而采用层压弹性轴承或新材料的柔性来取代挥舞铰和摆振铰中需要润滑的机械轴承。这些形式的桨毂的共同特点是结构简单、重量轻、维护方便、成本低、安全可靠。以"海豚"直升机的星形柔性桨毂与"云雀Ⅲ"直升机的铰接式桨毂相比较,桨毂零件数目减小了近 80%,重量减轻了 45%，相对成本降低 65%。

近年来出现的带弹性铰的铰接式桨毂，是桨毂技术的新发展。这种旋翼的桨叶通过根部的叉形接头直接装在弹性轴承上，与桨毂构成整体结构，主要结构用复合材料制成（见图 11.19）。同星形柔性桨毂相比，其结构更加简单紧凑，重量可减轻 10%，成本更低。整体式的桨毂组件使直升机当量废阻面积减小 19%，每公里耗油量下降 10%，这种桨毂只需视情维护，可靠性提高。带弹性铰的铰接式桨毂将会成为今后广泛采用和流行的新的桨毂结构形式。

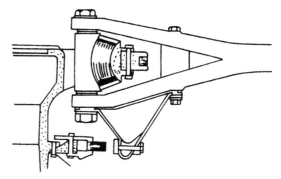

图 11.19　带弹性铰的铰接式桨毂

旋翼的桨叶是直升机的重要部件，桨叶按气动效率和结构特点分为梁式机翼结构、混合式结构、金属铰接式结构和蒙皮式结构等形式。

梁式机翼结构形式主要在 20 世纪 30、40 年代较多采用。桨叶由大梁、翼肋、桁条及蒙皮等组成，类似梁式机翼。这种结构外形的气动效率低，结构重量大。

混合式结构桨叶主要在 20 世纪 40、50 年代采用较多。桨叶主要受力件是合金钢变截面管梁，外形由木质肋与木质层板或布蒙皮保持，木质肋通过卡箍与大梁连接（见图 11.20）。这种形式桨叶的梁易疲劳，寿命只有几百小时，外形不易长久保持，重量也较大，后期将木质件换成金属件仍在一些直升机上应用。

蒙皮式结构桨叶由金属梁与整块蒙皮组成（见图 11.21），后缘不分段，使蒙皮参与整体受力。

金属胶接结构桨叶在 20 世纪 50、60 年代开始广泛采用（见图 11.22），这种桨叶主要承力构件是一根铝合金挤压成形的"D"形空心大梁，并经加工成前缘翼型，根部有耳片梳状接头与桨毂相连，桨叶的后部由多个分段件胶接在大梁上，后段为蜂窝夹层结构（见图 11.23）。这种桨叶的寿命可达 1 000 h 以上。在桨叶的前缘装有配重以防止颤振。有的直升机桨叶的腔中装有大梁损伤气动信号，当大梁损伤（如产

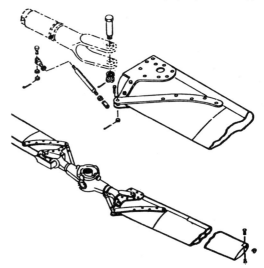

图 11.20　混合式结构桨叶

生裂纹），内腔压力下降到一定值时，气动压力信号器接通显示。有的直升机桨叶前缘有电加热防冰装置和防止打击损伤的塑胶带（见图 11.24）。

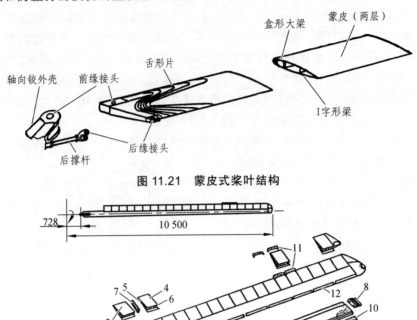

图 11.21　蒙皮式桨叶结构

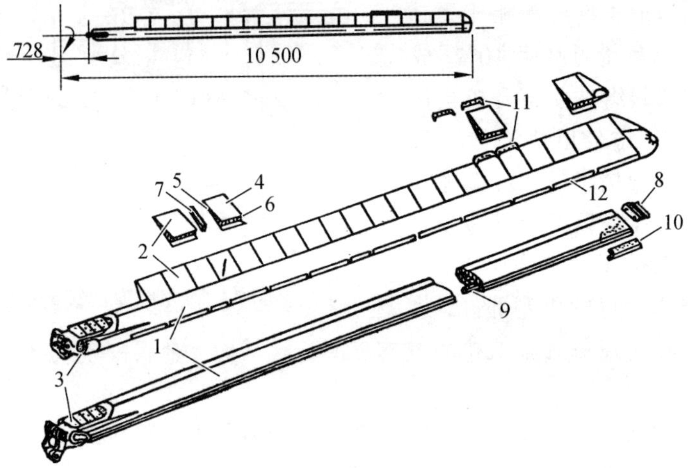

图 11.22　金属胶接结构桨叶

1—大梁；2—分段件；3—根部接头；4—上铝蒙皮；5—下铝蒙皮；6—中间蜂窝支持件；7—翼肋；
8—桨间可调配重；9—防颤振配重条；10—不锈钢包皮；11—调整片；12—不锈钢包皮

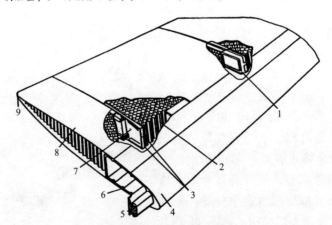

图 11.23　蜂窝夹层后部

1—衬块；2—蜂窝填料；3—角材；4—防冰装置；5—配重；6—大梁；
7—翼肋；8—蒙皮；9—尾长桁

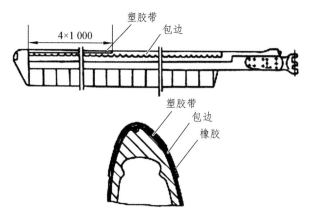

图 11.24　用塑胶保护桨叶前缘

随着新材料的研究和发展,在 20 世纪 70 年代出现了采用玻璃钢复合材料制成的桨叶(见图 11.25),其寿命可达到上万小时甚至无限寿命。还有的直升机采用钛合金、不锈钢制成的大梁,如图 11.26 所示。

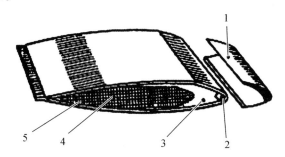

图 11.25　玻璃钢大梁桨叶

1—钛合金前缘包片;2—前缘铅配重;3—玻璃钢"C"形梁;4—低密度泡沫塑料;5—玻璃钢蒙皮

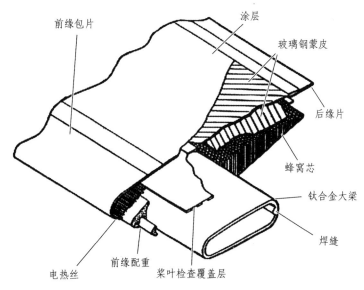

图 11.26　钛合金大梁桨叶

常见的桨叶平面形状有矩形、梯形和矩形加后掠形桨尖等。近年来桨尖的形状变化发展较多。目前已从第一代的矩形、第二代的简单尖削加后掠、第三代曲线尖削加后掠发展到下反式三维桨尖（见图 11.27）。这是因为桨叶尖部速度对旋翼性能有着十分密切的影响。原因之一是前行桨叶尖部的空气压缩性不允许速度过大，通常限制马赫数在 0.92 以下。某些直升机采取后掠桨尖可以使这个临界马赫数增加百分之几，例如"山猫"直升机的前后掠桨尖较大地提高了旋翼的效率（见图 11.28）。原因之二是噪声的限制，当桨尖速度过高则引起的噪声很大，当速度过大时，产生的噪声是不可接受的。综上所述，桨尖的速度被限制在一定范围。

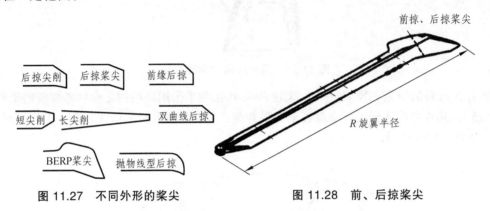

图 11.27　不同外形的桨尖　　　　　图 11.28　前、后掠桨尖

　　桨叶的剖面形状与飞机的机翼剖面形状相类似，均称作翼型。为使旋翼获得最佳性能，往往要把桨叶翼型设计成沿桨叶展向变化，采用成套的翼型族去分别满足桨叶不同半径处在不同方位角的不同要求，使桨叶在不同气动环境中发挥不同翼型的性能。国外许多有实力的研究单位，无不关注翼型的发展，通过大量的研究、实验，发展了许多优良的翼型族，例如法国的 OA 翼型系列、俄罗斯的翼型系列以及美国的 VR 系列。以美国波音公司的 VR 翼型族为例，该公司从 20 世纪 50 年代到 80 年代先后发展了 4 代翼型（见图 11.29），翼型的最大升力系数和阻力发散马赫数都有显著提高。

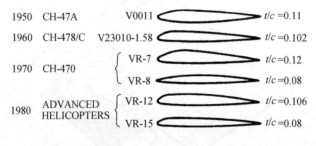

图 11.29　波音翼型的发展

11.1.2.3　直升机尾桨

　　在单旋翼直升机上设置了尾桨，尾桨包括尾桨毂和尾桨叶。尾桨毂用来将尾减速器的功率传递给尾桨。尾桨的作用可以概括为以下 3 点：

　　（1）尾桨形成的拉力（或推力）形成偏转力矩，用以平衡旋翼的反作用力矩。

　　（2）通过变距改变尾桨的拉力（或推力）而实现直升机的偏航操纵，而且旋转的尾桨相当于直升机的垂直安定面，改善直升机的方向稳定性。

（3）某些直升机的尾轴向上斜置一个角度，可以提供部分升力，也可以调节直升机的重心范围（见图 11.30）。

尾桨的基本工作特点与旋翼类似，因尾桨短而宽，旋转面内的承弯能力强，因此一般尾桨都不设摆振铰。直升机航向操纵和平衡反力矩只需增加或减小尾桨拉力（或推力），因此尾桨只有总距操纵。目前直升机的尾桨多采用常规式，也有的直升机采用"涵道风扇"式尾桨，还有的直升机无尾桨系统。

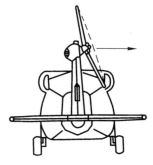

图 11.30 尾桨旋转面的倾斜

直升机常规式尾桨的构造形式类似旋翼，主要有二叶半铰式（跷跷板式）、万向接头式、铰接式与无轴承式。

二叶半铰式尾桨如图 11.31 所示，两片桨叶相连并共用一个水平铰，水平铰一般斜置一个角度有利于变距。每片桨叶各有一个轴向铰和垂直铰。两片桨叶的离心力在桨毂套上相平衡而不传给挥舞铰，因而大大减轻了挥舞铰轴承的作用力。

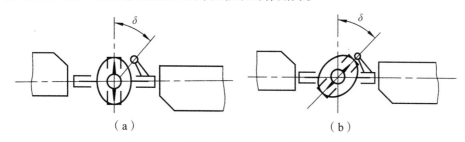

（a）　　　　　　　　　　　　　　（b）

图 11.31 二叶"跷跷板"式尾桨原理图

万向接头式尾桨如图 11.32 所示，取消了垂直铰和挥舞铰，只保留了轴向铰，桨叶通过各自的轴向铰与桨毂壳体相连。这种形式的尾桨在桨叶摆振与挥舞时根部受力较大。

铰接式尾桨如图 11.33 所示，对于三叶以上的尾桨有的采用这种形式。除个别直升机曾采用过全铰式外，一般无摆振铰，故又称半铰式尾桨。铰接式尾桨构造复杂，轴承数目多而工作条件差，旋转面内受力较严重。

图 11.32 多叶万向接头式尾桨原理图

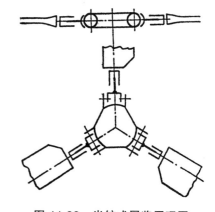

图 11.33 半铰式尾桨原理图

无轴承式尾桨如图 11.34 所示，取消水平铰、垂直铰和轴向铰，四片桨叶的每两片大梁固接再交叉叠置，没有单独的桨毂。这种尾桨在桨叶挥舞、摆振和变距时，根部受弯矩与扭矩作用。20 世纪 70 年代后，复合材料得以应用，无轴承式尾桨因采用复合材料结构而非常简单，与一般铰接式尾桨相比，其结构零件减小 80%，质量减轻约 30%。

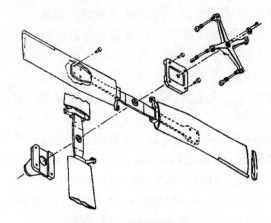

图 11.34　无轴承式尾桨

常规式尾桨技术发展比较成熟，应用广泛，缺点是受旋翼下洗气流影响，流场不稳定，裸露在外的桨叶易发生伤人或撞击地面障碍物的事故。

"涵道风扇"式尾桨由两部分组成：一部分是置于尾斜梁中的涵道；另一部分是位于涵道中央的转子（见图 11.35）。尾斜梁为垂直尾翼形状，以便在前飞时产生附加气动力，对尾桨起卸载作用，相当于减小尾桨的作用力；同时因做成垂直尾翼的面积增大，可保证尾桨失效而被迫下降时的全机气动平衡要求，即在涵道尾桨完全失效的情况下，直升机仍然能以一定的速度继续飞行；流经涵道口的风扇气流也能产生附加气动力，故可适当减小尾桨的拉力。

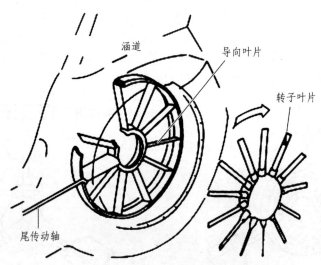

图 11.35　涵道风扇式尾桨

这种结构形式的尾桨与常规式尾桨相比，具有以下优点：

（1）性能显著改善。由于尾桨装在垂尾的涵道内，避免了气流的干扰，减小了功率损失，桨尖损失也显著降低。

（2）减小了阻力。由于尾桨装在垂直的涵道内，直升机的机体设计更加呈流线型。

（3）涵道风扇直径小，叶片数目多，使尾桨的噪声降低。

（4）安全性好。所谓安全性好，包括两方面的含义：其一是对地面工作人员的安全，在直升机起飞、着陆和地面试车时，尾桨不会打伤地面工作人员；其二是对直升机和尾桨本身的安全，在直升机做超低空飞行或起飞、着陆时，尾桨由于有涵道保护，不会与树木、电线或其他地面障碍物相撞。

涵道风扇式尾桨也有其缺点，主要是在悬停和垂直飞行状态下消耗的功率比常规式尾桨多。

无尾直升机主要采用一个空气系统代替常规尾桨，该系统由进气口、喷气口、压力风扇、带缝尾梁等几部分组成，参见图11.2。压力风扇位于主减速器后面，由尾传动轴带动，风扇叶片的角度可调，与油门总距杆联动。尾梁后部有一可转动的排气罩与脚蹬联动。工作时风扇使空气增压并沿空心的尾梁向后流动。飞行中，一部分压缩空气从尾梁侧面的两道细长缝中排出，加入到旋翼下洗气流中，造成不对称流动，使尾梁一侧产生吸力，相当于尾部产生了一个侧向推力以实现航向操纵，喷气口面积由排气罩的转动控制，受驾驶员脚蹬操纵。

无尾直升机的优点是安全可靠，振动和噪声水平低，前飞时可以充分利用垂直尾翼的作用，减小功率消耗，缺点是悬停时需要很大的功率，目前已进入实用阶段。

11.1.3　直升机传动系统

直升机传动系统的功用是将动力装置的扭转力矩传给旋翼、尾桨和安装在主减速器上的有关附件，使它们获得相应的工作转速和功率。

直升机传动系统主要由主减速器、传动轴、中间减速器、尾减速器和旋翼刹车装置等组成。图11.36所示为米-17直升机传动系统。

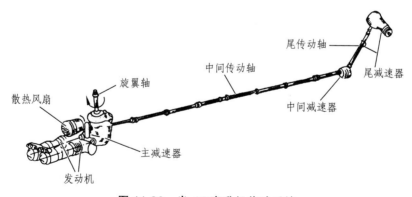

图 11.36　米-17 直升机传动系统

主减速器用来将发动机的功率传递给旋翼和尾桨，降低发动机输出轴转速，增大输出轴扭矩，并改变传动方向。方向的改变一般是通过伞形齿轮实现，减速原理采用普通定轴轮系减速和周转轮系减速相结合的方法。为了保证传动齿轮和轴承的润滑及散热，主减速器内部设置有润滑系统。主减速器的旋翼输出轴一般沿铅垂方向前倾一定的角度，将发动机的高转速（每分钟上千转到上万转）降低为旋翼的低转速（每分钟一百多转到几百转）。主减速器上还有传动尾传动轴的输出轴。图 11.37 所示为直-9 直升机主减速器传动机构示意图。发动机的输入轴转速为 6 000 r/min，经主减速器后，旋翼输出轴的转速降低为 350 r/min，尾桨传动输出轴的转速降低为 4 010 r/min。

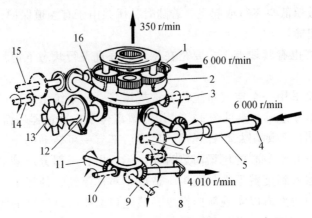

图 11.37　直-9 直升机主减速器传动机构示意图

1—右功率输入轴法兰盘；2—行星减速齿轮；3—交流发电机传动轴（选装）；4—左功率输入轴法兰盘；
5—左自由行程离合器；6—左液压泵传动轴；7—左交流发电机传动轴（选装）；8—尾桨传动输出轴；
9—第二滑油泵传动轴（选装）；10—转速表发电机传动轴；11—滑油泵传动轴；12—旋翼刹车装置；
13—散热风扇；14—右交流发电机传动轴（选装）；15—右液压泵传动轴；16—右自由行程离合器

　　主减速器的输入轴处一般装有自由轮组件。其功用是保证发动机能带动旋翼和尾桨轴，但旋翼和尾桨不能反过来带动发动机；当发动机停车或低于一定转速时，就自行与旋翼脱离而让旋翼可以自转；对于多发动机的任一台停车时，也保证不影响其他发动机及旋翼的工作。

　　自由轮组件中最常见的是滚棒式。它主要由主动轴、从动轴、滚棒和保持架等组成（见图 11.38）。主动轴由发动机功率输出轴带动旋转，它的周缘均匀分布有数个凸轮型面；从动轴通过齿轮传动机构带动旋翼和尾桨旋转；在主动轴和从动轴之间装有带保持架的滚棒。自由轮组件的"接通"与"脱开"是根据主动轴和从动轴的转速差动自动进行的。

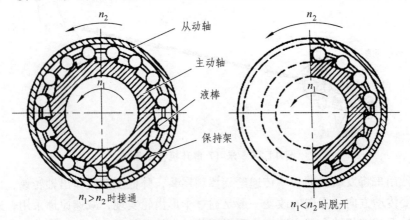

图 11.38　滚棒式自由轮组件

有些活塞式发动机和定轴式涡轮发动机除了装有自由轮组件之外，还安装有离合器，它的功用是减小发动机的起动负荷，当发动机起动后可靠地将发动机功率传给旋翼和尾桨。发动机起动时与旋翼和尾桨断开，在发动机工作正常后再与旋翼和尾桨接通，从而改善发动机的起动性能。常见的有离心式摩擦离合器（如云雀-3和小羚羊直升机）。图11.39所示为小羚羊直升机离心式摩擦离合器结构示意图。

小羚羊直升机的离心式摩擦离合器主要由壳体1和3、被动盘2、离心块5、石棉摩擦片4、连杆6、弹性垫圈组7、主动轴9和离心块安装环10组成。

在发动机未起动或小转速时，离心块5在弹性垫圈组7的作用下与被动盘2脱开，当发动机转速达到一定值时，离心块5在离心力的作用下，带动石棉摩擦片4与被动盘2接触，带动被动盘和旋翼加速旋转，直至与发动机功率输出轴同步旋转为止。

主减速器必须设置独立、自主式润滑系统，用于减少齿轮和轴承面的摩擦与磨损，防过热、防腐蚀、防划伤并通过滑油循环流动以排出磨损产物。

主减速器润滑系统应保证在各种工作条件下润滑可靠，散热充分，系统密封好，滑油消耗小，带有金属磨损物探测报警装置，维护检查方便。

由于使用中不可能采用目视查看和直接检

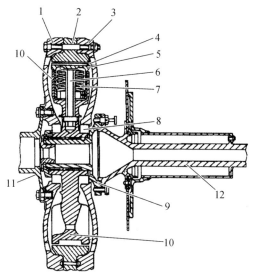

图 11.39　小羚羊直升机离心式摩擦离合器

1、3—壳体；2—被动盘；4—石棉摩擦片；5—离心块；
6—连杆；7—弹性垫圈组；8—滚棒轴承；9—主动轴；
10—离心块安装环；11—输出轴；12—发动机
自由涡轮输出轴

测的方法检查主减速器内部零件的工作状态，除使用时空勤人员可通过滑油温度和压力指示以及滑油系统中金属屑报警装置等判断滑油系统是否正常工作，还应通过定期检查减速器中的滑油的状态来判断减速器零件的工作状态，这样才能保证主减速器的安全可靠工作。

传动轴包括发动机与主减速器之间的主传动轴以及由主减速器向尾桨传递功率的尾传动轴。在发动机直接与主减速器连接时就没有单独的主传动轴。为了补偿制造及安装误差、机体变形及环境温度的影响，传动轴一般都带有联轴节。

尾减速器的输出轴是尾桨轴，输入轴与尾传动轴相连，且输出轴与输入轴之间的夹角一般为90°。尾减速器一般由一对伞形齿轮构成，由于尾桨的转速较高，所以尾减速器的减速比不大。在尾传动轴有转折时还需设置一个中间减速器，它的功用是将主减速器传给尾传动轴的转速进一步降低，并改变传动方向。在有些轻型直升机上，用一对万向接头来代替中间减速器（如云雀-3直升机）。

旋翼刹车装置一般布置在主减速器带动尾传动轴的输出轴处或散热风扇轴处。它的功用是在直升机着陆发动机停车后，使旋翼和尾桨较快地停止转动；在直升机停放状态下，借助于旋翼刹车装置刹住旋翼和尾桨，可以避免风或其他因素使旋翼和尾桨转动。旋翼刹车装置一般由人工或液压作动。

图11.40为直-9直升机旋翼机械式刹车装置原理图。操纵驾驶舱顶的手柄7与齿条啮合，经传动机构带动凸轮4转动，作动两个制动件3和5，使摩擦片2压紧在摩擦盘1上。摩擦

盘由主减速器通过一对圆锥齿轮带动旋转，当发动机停车而操纵手柄刹车时，摩擦盘使旋翼制动，旋翼刹车指示灯亮。

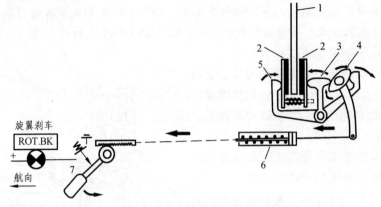

图 11.40　直-9 直升机旋翼机械式刹车装置原理图

1—摩擦盘；2—摩擦片；3、5—制动件；4—凸轮；6—弹性杆；7—操纵手柄

图 11.42 所示为贝尔-206 直升机的旋翼液压刹车系统，驾驶员拉出舱顶旋翼刹车手柄，经传动机构给刹车缸筒内的油液加压，刹车缸筒内的活塞在压力油的作用下将刹车片压在刹车盘上，接触面间的摩擦产生刹车力矩使轴停止转动，旋翼与尾桨停止转动。因旋翼惯性力大，刹车力矩要求很大，因此只有在旋翼转速下降到一定值时才使用刹车。

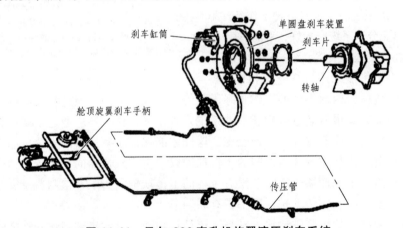

图 11.41　贝尔-206 直升机旋翼液压刹车系统

11.1.4　直升机操纵系统

操纵系统是直升机的重要组成部分。驾驶员必须通过操纵系统来控制直升机的飞行，即保持或改变直升机的平衡状态，完成各阶段的飞行。

11.1.4.1　直升机的操纵原理

直升机在空中具有六个自由度——沿纵轴 X、立轴 Y、横轴 Z 三轴的移动和绕三轴的转动（见图 11.42）。直升机处于平衡状态时，作用于直升机上的合力为零，合力矩为零。直升机的操纵主要是对三轴产生力和力矩来实现俯仰、滚转和偏航姿态控制。

直升机的纵向移动与俯仰转动、横侧移动与滚转是不能独立分开的，因此六个自由度只需要如下四个操纵：

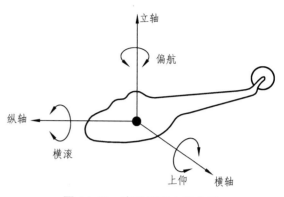

图 11.42　直升机空中自由度

旋翼总桨距操纵 —— 改变旋翼桨叶角而改变升力，操纵直升机升降；

纵向操纵 —— 改变旋翼纵向倾斜角而改变升力方向，操纵直升机前进或后退；

横向操纵 —— 改变旋翼横向倾斜角而改变升力方向，操纵直升机横侧运动；

偏航操纵 —— 改变尾桨桨距而改变尾桨拉力，操纵直升机转弯。

单旋翼直升机主要靠操纵旋翼和尾桨，双旋翼直升机或多旋翼直升机主要靠操纵所有旋翼，操纵旋翼和尾桨主要是改变桨叶角 —— 变距。

直升机操纵系统的特点主要是，桨距与油门联动，桨叶的周期变距。改变旋翼桨距的同时必须调节油门和尾桨距，才能保证直升机按所需的状态飞行；周期变距就是在改变直升机纵向与横向姿态时，通过联动装置使旋翼桨盘相对旋翼轴倾斜，从而使旋翼各桨叶的桨距在每一转动周期中改变，导致旋翼旋转锥体倾斜，由总升力的分力实现直升机的纵向与横向操纵。

不同形式直升机的操纵原理如图 11.43 所示。

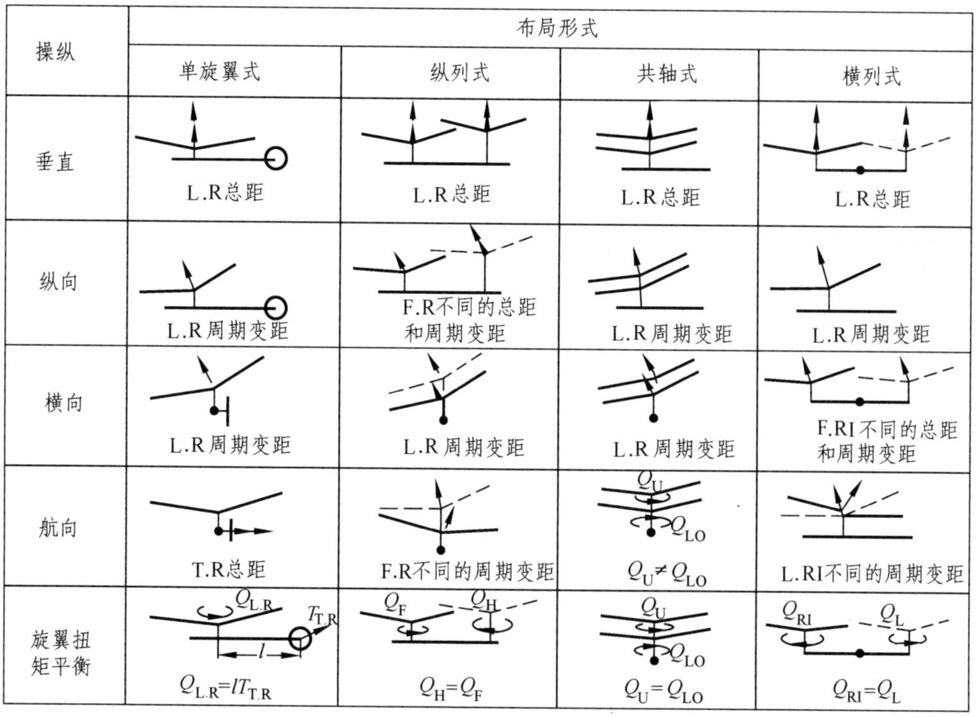

操纵	布局形式			
	单旋翼式	纵列式	共轴式	横列式
垂直	L.R 总距	L.R 总距	L.R 总距	L.R 总距
纵向	L.R 周期变距	F.R 不同的总距和周期变距	L.R 周期变距	L.R 周期变距
横向	L.R 周期变距	L.R 周期变距	L.R 周期变距	F.RI 不同的总距和周期变距
航向	T.R 总距	F.R 不同的周期变距	$Q_U \neq Q_{LO}$	L.RI 不同的周期变距
旋翼扭矩平衡	$Q_{L.R} = lT_{T.R}$	$Q_H = Q_F$	$Q_U = Q_{LO}$	$Q_{RI} = Q_L$

图 11.43　直升机操纵图解

符号标记：L.R.—旋翼；T.R—尾桨；F—前；R—后；L—左；RI—右；LO—下；
U—上；T—拉力；Q—扭矩

单旋翼直升机纵向、横向及总距操纵系统又称为手操纵系统，通过驾驶员手操纵总距杆改变旋翼总桨距，手操纵周期变距杆（又称为驾驶杆）使旋翼周期性变距而实现。方向操纵系统又称为脚操纵系统，通过驾驶员蹬脚蹬改变尾桨总距，从而改变尾桨拉力，改变直升机航向。驾驶舱操纵机构如图 11.44 所示。驾驶杆即周期变距杆，与自动倾斜器相连；油门变距杆即总桨距杆，又称油门联动杆；脚蹬机构与尾桨变距机构相连。操纵机构的操纵方向及直升机姿态改变和人体的习惯动作一致（见图 11.45）。

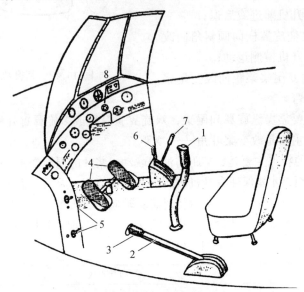

图 11.44 直升机座舱操纵机构的配置

1—驾驶杆；2—油门变距杆；3—油门调节环；4—脚蹬；5—直升机操纵调整片开关；
6—摩擦离合器操纵杆；7—旋翼刹车手柄；8—仪表板

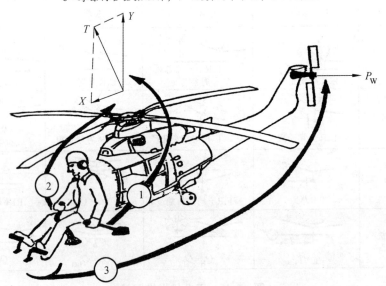

图 11.45 直升机操纵机构的操纵示意图

①改变旋翼拉力的大小；②改变旋翼拉力的方向；③改变尾桨的拉力

948

对单旋翼直升机的操纵原理归纳如下：

（1）直升机的升降操纵。上提总桨距杆，旋翼桨距增大而升力增大，直升机上升（见图11.46）。与此同时发动机节气门（油门）增大，保证直升机上升所需功率；下压总桨距杆则旋翼桨距减小而升力减小，直升机下降。同时发动机节气门（油门）减小，直升机功率下降。

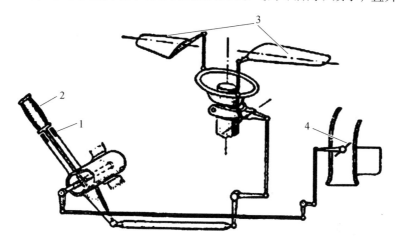

图 11.46　直升机的升降操纵

1—油门变距杆；2—油门调节环；3—旋翼；4—发动机节气门

（2）直升机前进或后退的操纵。前推驾驶杆，旋翼各桨叶桨距作周期性变化，改变旋翼拉力方向，锥体前倾（见图 11.47），产生向前的拉力分量 T_2 使直升机前进。后拉驾驶杆则旋翼锥体后倾，拉力分量向后而使直升机后退。

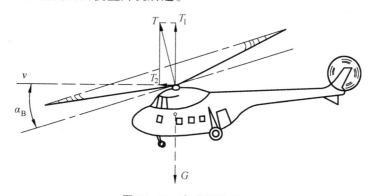

图 11.47　直升机的前飞

（3）直升机的横向操纵。左压驾驶杆，旋翼各桨叶桨距作周期性变化，改变旋翼拉力方向，锥体向左倾斜，拉力的横向分量使直升机向左横侧滚转和移动。向右压驾驶杆时则直升机向右横侧滚转和移动。

（4）直升机的方向操纵。蹬左脚蹬，尾桨桨叶桨距改变而使侧向拉力改变，对重心形成偏转力矩而使直升机向左转弯。与此同时还必须向左压驾驶杆，改变横侧拉力而保证直升机横向平衡。使直升机右转弯的操纵则相反。

对双旋翼直升机的操纵原理归纳如下：

双旋翼横列式和纵列式直升机的水平飞行或垂直飞行的操纵原理，同单旋翼直升机的操纵原理相同。每一旋翼将产生的现象大致相同，双旋翼的效能一般是两个单旋翼效能之和。只是纵列式直升机在纵向操纵方面和横列式直升机在横向操纵方面有些不同。对于纵列式直升机，为了提高效能，在旋翼旋转锥体向前或向后倾斜的同时，前旋翼和后旋翼总桨距将产生差动变化，此时，随着自动倾斜器的倾斜，在倾斜方向那一方的旋翼其桨距减小，另一旋翼的桨距此时增大。

双旋翼横列式直升机向侧方飞行时要通过改变差动旋翼总桨距。向左、右压杆时，一个旋翼桨距减小而总空气动力随之减小，而另一旋翼的总桨距增大而总空气动力随之增大。这将使直升机出现坡度，并使总空气矢量倾斜，因而出现总空气动力的横侧分力，直升机便开始向侧方运动（见图 11.48）。

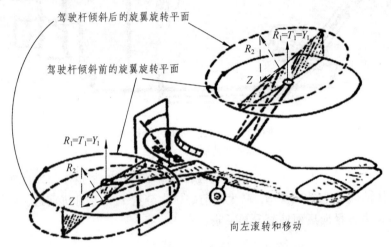

图 11.48　双旋翼横列式直升机的横向操纵

双旋翼横列式、纵列式和共轴式直升机方向的操纵，要借助于旋翼自动倾斜器进行差动操纵。若左旋翼旋转平面向前倾斜而右旋转平面向后倾斜，则旋翼相应得到向前的总空气动力水平分力，而右旋翼相应得到向后的水平分力。结果出现绕重心的作用力偶，因而直升机向右偏转（见图 11.49）。

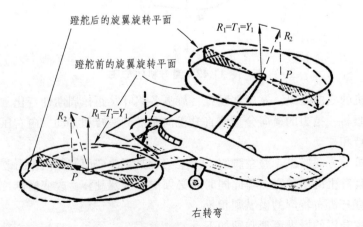

图 11.49　双旋翼横列式直升机的方向操纵

11.1.4.2 直升机的操纵特点

由于直升机飞行原理及构造上的特殊性，它的平衡、稳定性和操纵性与固定翼飞机相比，有很大的不同，这是因为直升机的操纵规律具有下列特点：

1. 操纵的滞后性

飞机与直升机在操纵原理上的重要区别是：飞机上的舵面距重心的力臂相当长，单旋翼直升机的纵向和横向操纵是靠旋翼旋转平面的倾斜，拉力矢量相对重心的力臂很短（见图 11.50）。

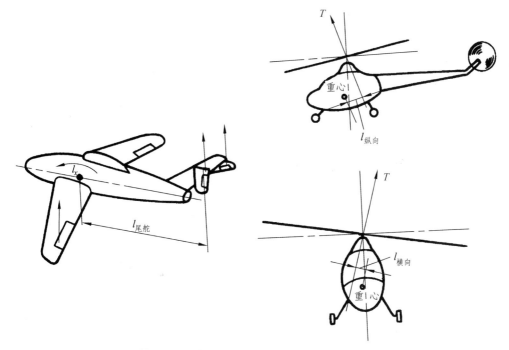

图 11.50　操纵飞机和直升机时作用力的力臂

由此可见，操纵驾驶杆使飞行器转动的力矩，对直升机来说所需的力很大，而对飞机来说相对较小。这说明，为了改变拉力矢量方向来获得所需的力矩，对直升机来说需要更多的空气量以产生附加运动。在飞机上操纵驾驶杆时，会立即引起飞机姿态的改变；而在直升机上操纵驾驶杆时，需要经过一定的时间旋翼的气流才会改变到新的方向。

由于桨叶旋转时具有很大的惯性，所以旋转平面不能立即倾斜。旋转平面总是力求保持自己的状态，此时旋翼的气流，也不能随着旋转平面的倾斜立即改变自己的方向。旋转平面倾斜时，旋翼排压出的气流还产生附加涡流，这在一定程度上阻碍新的拉力方向的建立。由此可见，直升机对驾驶杆的反应总带有一定的延迟。综上所述，驾驶员在操纵直升机，特别是改变飞行状态时，要用更多的"提前量"使驾驶杆倾斜。

2. 操纵的反复性

由前述得知，从操纵驾驶杆使自动倾斜器倾斜，到旋翼锥体改变方向，再到直升机的状态开始改变，要经过一段时间。当飞行员操纵驾驶杆产生位移时，开始感到飞行状态没有立即反应或直升机姿态没有改变，误认为操纵量不够，或者为较快地改变飞行状态，而加大了操纵量。但飞行状态发生变化后，由于直升机的角速度阻尼小，操纵灵敏度较高，使直升机姿态变化量很大，往往超过预定的飞行状态，在悬停时这种现象更为明显。为保持或改变直升机的飞行状态，就要求在操纵驾驶杆时，要有往返的反复动作。

例如，驾驶员操纵直升机做稳定悬停时，在直升机离地后，为保持力和力矩的平衡，必须保持适当飞行状态。如果机头下俯时，应向后拉一定量的驾驶杆，经过一段时间后，直升机在上仰力矩的作用下，机头开始上仰。此时，驾驶员应根据机头上仰角速度的大小和接近预定状态的程度，及时、适量地向前回杆。当机头上仰到预定状态时，再稍后向后带杆，就能使直升机保持某一状态稳定悬停。这种杆的往返动作，就是操纵驾驶杆的反复性。

向上述那种通过驾驶杆往返一次就能达到预定状态的操纵，只有很有经验的驾驶员才能做到，而在多数情况下很不容易掌握其准确的操纵量。因此，在飞行中，应根据直升机状态变化的情况，及时、少量、多次地往复修正，才能达到和保持良好的飞行状态。

此外，由于直升机的角速度阻尼比一般飞机的小，因此它的稳定性较差，特别是在小速度范围内，受到干扰后，其平衡状态容易被破坏。所以在飞行中，驾驶员应根据力和力矩或飞行状态的变化情况，及时、适量地进行修正，以保持直升机的预定飞行状态。

3. 操纵的协调性

直升机运动状态的变化同驾驶杆、脚蹬和油门总距杆是相互联系和相互影响的。例如，上提油门总距杆后，旋翼拉力和反作用力矩都增大，在直升机增加高度的同时又要向一边偏转，因此，必须相应地蹬舵，才能保持航向平衡。加大蹬舵量后，尾桨拉力所形成的滚转力矩增大，为了保持侧向平衡，还必须向另一侧压杆。而且上提油门总距杆越猛，力和力矩的变化越突然，驾驶杆和脚蹬配合保持平衡就越困难。反之，操纵得越柔和，保持平衡就越容易。

再如平飞中向前推杆，旋翼拉力向前倾斜，为使拉力的升力分力不小于直升机的重量，保持飞行高度，所以在向前推杆的同时，还必须上提油门总距杆。由于上提油门总距杆后，反作用力矩增加，还必须蹬脚蹬以保持方向平衡。可见操纵直升机改变飞行状态时，驾驶杆、脚蹬和油门总距杆都需要进行操纵，并要求柔和协调，才能保持或建立某种飞行状态的平衡。

此外，操纵还必须考虑到旋翼的陀螺效应对飞行状态的影响，当操纵驾驶杆时，旋翼的陀螺效应使直升机产生

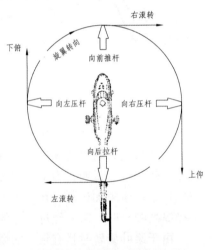

图 11.51　旋翼的陀螺效应

进动作用，对飞行状态的影响如图 11.51 所示。进动大小取决于驾驶杆动作的粗猛程度。柔和协调地操纵驾驶杆，直升机转动慢，还可以减小旋翼进动所带来的不利影响，有利于直升机从一种飞行状态转换到另一种飞行状态。

11.1.4.3　直升机操纵系统的主要组成和工作

1. 自动倾斜器

自动倾斜器是直升机操纵系统中的一个重要部件，旋翼的总桨距及周期变距操纵都要通过它来实现。自动倾斜器有着不同的结构形式，应用最普遍的一种是环式自动倾斜器。无论

是哪种类型的自动倾斜器，在结构上都应满足下面3个方面的主要要求：

（1）能够随旋翼一起旋转。

（2）为了实现周期变距，应能够向任何方向倾斜一定角度。

（3）为了实现变总距，应能够向上或向下移动。

环式自动倾斜器的构造如图 11.52 所示，图中为了简化起见，只画出两片桨叶旋翼的自动倾斜器。其主要组成有：旋转环 1 连接桨叶拉杆，旋转环利用滚珠球轴承连接在不旋转环上，不旋转环 2 压在套环 3 上；套环 3 带有横向操纵拉杆 4 和纵向操纵拉杆 5；操纵总桨距的滑筒 6。

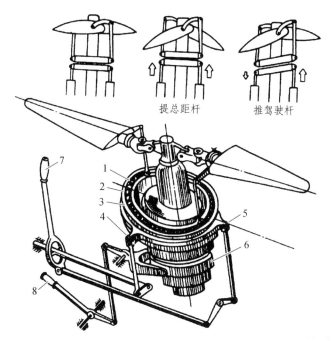

提总距杆　　　推驾驶杆

图 11.52　环式自动倾斜器构造简图

1—旋转环；2—不旋转环；3—套环；4、5—拉杆；6—滑筒；7—驾驶杆；8—变距杆

操纵直升机的驾驶杆 7 时，旋转环 1 和不旋转环 2 随套环 3 一起向前、后、左、右倾斜或同时绕水平面的任意轴倾斜。因为旋转环用垂直拉杆同桨叶相连，所以旋转环的旋转面倾斜会引起桨叶绕纵轴作周期性转动（旋翼每转一周重复一次），即每一桨叶的桨距都将进行周期性变化。为了了解桨距的变化，应分别分析直升机的两种飞行状态，即垂直飞行状态和水平飞行状态（实际上这两种飞行可结合在一起）。

垂直飞行，靠改变总桨距实现，即同时改变所有桨叶的迎角实现。当上提油门变距杆 8 时，则不旋转环和旋转环向上升起，各桨叶的桨距增大，直升机上升；当下压油门变距杆时，各桨叶的桨距减小，直升机下降。

直升机水平飞行要使旋翼旋转平面倾斜，使旋翼的总空气动力矢量倾斜得出水平分力。旋翼旋转平面倾斜是靠周期性改变桨距得到的。这说明，旋翼每片桨叶在每一转动周期中（每转一周），先增大到某一数值，然后下降到某一最小值，继而反复循环。各种方位的桨距周期性变化如图 11.53 所示。下面考察自动倾斜器未倾斜和向前倾斜时作用于桨叶上的各种力。

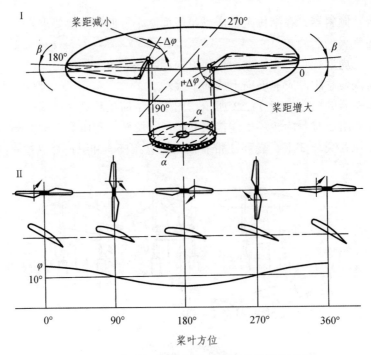

图 11.53 自动倾斜器倾斜时桨距的周期性变化

旋翼旋转时，每片桨叶上的作用力如图 11.54 所示，升力为 $Y_叶$，重力为 $G_叶$，挥舞惯性力为 J 和离心惯性力为 $J_{离心}$。

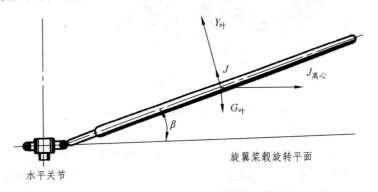

图 11.54 飞行中旋翼旋转时作用于桨叶上的力

上述各力的数值相差很大：桨叶升力为桨叶重量的 10～15 倍，而离心力为桨叶重量的 100～150 倍。下面研究所有力绕水平铰的力矩。为简化起见，可认为所有各力都作用在桨叶重心上。

重力 $G_叶$ 使桨叶绕水平铰产生向下转动的趋势。桨叶升力使桨叶绕同一点产生向上转动的趋势，但是大于升力的离心力总是限制桨叶上扬。

由于作用在桨叶上各力的影响，使旋翼桨叶不是在桨毂的旋转面上旋转，而是沿锥面旋转。锥角的大小取决于桨叶对水平铰作用力的力矩平衡条件，各作用力力矩之和应等于零。

为了解桨距变化同桨叶方位的相互关系，我们研究图 11.53 所画的桨叶。

在自动倾斜器未倾斜的原来位置上，设桨距等于 10°，而桨叶在任意方位均产生固定不

变的升力 $Y_{\text{叶}}$。此时各力相对水平铰的各力矩得到平衡。桨叶保持锥角 β（锥角此时就是桨叶离开旋翼桨毂旋转面的上翘角）沿正锥面进行旋转。假设驾驶杆倾斜时自动倾斜器倾斜，即绕 $a\text{-}a$ 轴转动，180° 方位的桨距减小 $\Delta\varphi$ 角，而 0° 方位的桨距增大 $\Delta\varphi = 2°$。

设 $\Delta\varphi = 2°$（见图 11.53），从图中可看出，桨距是按下列规律变化的：

（1）0°方位，桨距最大（12°）。

（2）0°~90°方位，桨距减小，在 90° 方位桨距等于原来的数值（10°）。

（3）0°~180°方位，桨距继续减小，在 180° 方位桨距最小（8°）。

（4）180°~270°方位，桨距增大到原来的数值（10°）。

（5）270°~0°方位，桨距继续增大到最大（12°）。

旋翼由 90° 旋转到 270°，在旋翼旋转面左侧，由于桨距减小桨叶切面迎角减小，桨叶升力也开始减小，这使水平铰上的力矩平衡遭到破坏，因而桨叶开始下垂。

旋翼由 270° 旋转到 90° 时，桨距增大，桨叶上扬。

由于桨距周期性变化，桨叶在旋转时产生挥舞。此时，桨叶运动轨迹形成新的锥体，新的锥体的桨尖平面比原旋转面倾斜一定角度。

应指出，旋转平面的倾斜落后于桨距的周期性变化。当桨距最小时，桨叶下垂速度最大，尽管继续旋转，桨距增大，桨叶还要继续下垂。同样，桨距达到最大值之后开始下降，桨叶还继续上升，而此时上升已经减慢。由于旋转平面倾斜迟缓，桨距的周期性变化要求带有一定的方位前置量。自动倾斜器在构造上能自动修正这一迟缓误差。自动倾斜器能保证旋转平面向驾驶杆移动的方向倾斜。

现在大部分直升机采用倾斜盘装置，倾斜盘由固定倾斜盘和旋转倾斜盘组成。固定倾斜盘通过一个位于它中间的球形轴承安装在主旋翼传动轴上，这个球形轴承可以沿着一个环绕主旋翼传动轴的滑动轴套上下自由滑动。驾驶员（或作动器）的操纵输入杆与固定倾斜盘相连。旋转倾斜盘安装在固定倾斜盘的上方，固定倾斜盘的倾斜和上下运动都会传递给旋转倾斜盘，旋转倾斜盘与旋翼的变距连杆相连，从而使旋翼进行周期变距和变总距。典型倾斜盘的安装和倾斜盘组件如图 11.55、11.56 所示。

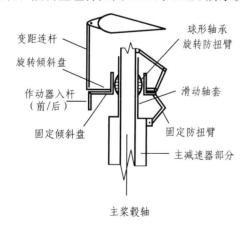

图 11.55　典型倾斜盘的安装

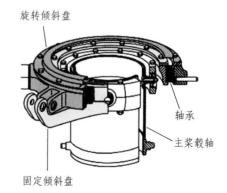

图 11.56　典型倾斜盘组件

2. 液压助力器

现代直升机特别是大、中型直升机上，均采用不可逆的（无回力）液压助力操纵系统，使载荷在传到驾驶杆之前分散到机体结构上去。液压助力器是系统中执行助力的附件。利用液压助力器，飞行员只需施加很小的力就可以操纵较大载荷的旋翼系统。由于液压助力器具有体积小、质量轻、快速机动性好，并能产生出很大的操纵力等优点，因而被广泛采用。液压助力器的工作原理如图 11.57 所示，操纵输入摇臂 4 的 B 点，摇臂 4 转动使滑阀移动而接通油路。设 B 点受拉则滑阀右移，压力油经右边油孔进入传动活塞油室，推动活塞左移而输出操纵力，左油室则经右孔道回油。反向操纵则输出反向操纵力。当操纵量一定，滑阀产生一定位移则停止，传动活塞对应产生一定位移将进、回油堵死，从而保证旋翼、尾桨桨距改变与操纵量对应。操纵机构回中立则传动活塞的进油与回油堵死，旋翼、尾桨回中立。

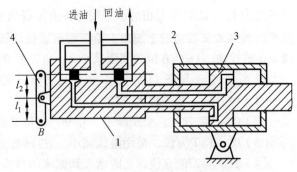

图 11.57　液压助力器工作原理

1—分配机构；2—作动筒；3—活塞；4—输入摇臂

3. 载荷感觉器与配平机构

驾驶员改变飞行状态，通过驾驶杆操纵液压助力器，最后使桨叶周期变距来达到改变飞行状态的目的。如果驾驶员操纵驾驶杆没有力的感觉显然是不好的，感力的大小不同反应就会不同。大多数直升机上驾驶杆的感力纵向梯度为 0.2 ~ 0.7 kgf/cm，横向感力梯度相对小一些，均由载荷感觉器产生。载荷感觉器主要有弹簧机构与可调摩擦装置两种。弹簧机构类似飞机助力式飞行操纵系统的弹簧定中机构，操纵时克服弹簧力而产生感力，松开操纵时使操纵机构回中立。可调摩擦装置可由手轮调节摩擦力而产生适当的操纵感力。工作原理如图 11.58 所示，球座 10 与驾驶杆相连，当转动调整手轮 4 压弹簧垫块 5 推动推力环 6 时，使摩擦碗 9 压紧摩擦球座 10 产生摩擦力，操纵驾驶杆转动摩擦球座 10 产生适当操纵感力。

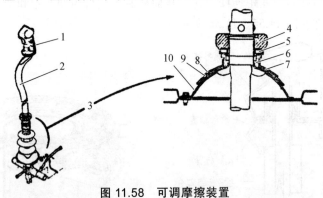

图 11.58　可调摩擦装置

1—手柄；2—驾驶杆；3—可调的摩擦锁装置；4—调整手轮；5—弹性垫块；6—推力环；
7—摩擦碗；8—活动摩擦碗；9—摩擦碗；10—摩擦球座

飞行中如果长时间保持驾驶杆的感力，驾驶员就容易感到疲劳。为了能在不同的飞行状态下持续飞行而不使驾驶员感到体力疲劳，就需要卸除驾驶杆（包括脚蹬）上的"载荷"。所以一般直升机上为此设置了感力配平机构。图 11.59 所示为配平机构的工作原理，当驾驶员操纵驾驶杆使摇臂 1 转动，势必将弹簧 2 拉长（或压缩），这时弹簧力就传到驾驶杆上。这里弹簧 2 就相当于载荷感觉机构，图中的螺杆 4 和螺母组成了一个配平机构，若转动螺母，则螺杆 4 就要向左或向右移动，带动摇臂 3 转动，使弹簧 2 放松，这时驾驶杆上就没有力作用了。螺母一般由电机带动，配平电门一般设置在驾驶杆顶端，使用起来非常方便。配平机构的结构形式多种多样，上面介绍的摩擦碗，既是加载机构，又是配平机构。还有的直升机采用磁性制动器。

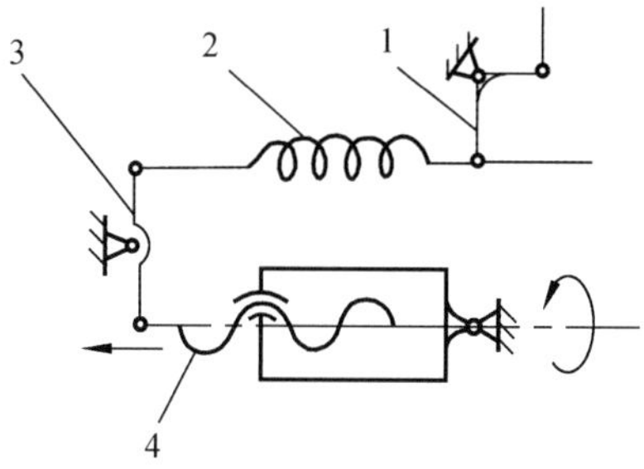

图 11.59　配平机构

1、3—摇臂；2—弹簧；4—螺杆

4. 直升机自动飞行控制系统

一般直升机的操纵力矩较小，操纵响应迟缓，而且直升机操纵时的协调动作多，加上直升机自身稳定性较差，因而，直升机驾驶员工作负担重、易于疲劳，而且也难以掌握直升机的驾驶技术。为此，越来越多的直升机上设计了自动飞行控制系统，如自动驾驶仪和增稳装置，以减轻飞行员的操纵负荷，改善直升机的稳定性。

1）增稳系统

直升机的自身稳定性较差，飞行中一旦遇到扰动，就会产生衰减缓慢的短周期振荡，使驾驶员操纵困难。为了改善直升机的操纵性，直升机上设置了纵向、横向和航向增稳系统。这种控制系统是利用直升机的气动力响应来达到改善稳定性的目的。原理就是增大直升机的角速度阻尼，使直升机运动时的角速度振荡衰减。

以纵向增稳为例，当直升机受到扰动，在机头上仰的瞬间，由于旋翼具有陀螺的定轴性，旋翼锥体力图保持原来的方向，当机头已上仰一个角度以后，旋翼锥体才开始以同样的角速度上仰而后倾斜。此时旋翼拉力相对直升机重心就成了阻止机头上仰的力矩 ——阻尼力矩。无疑，如能通过角速度增大旋翼的阻尼力矩，就可提高直升机的纵向稳定性。但直升机运动有惯性，当遇到外界扰动时，不能立即产生相应的角速度，也就不能立即产生出足够的阻尼力矩，为此需要立即产生角速度，以便立刻出现的阻尼力矩起到增稳作用。直升机的俯仰增稳系统就是将自动倾斜器的周期变距量与角速度信号建立影响关系，来实现增稳的目的。

纵向增稳系统主要由作为测量元件的角速度陀螺、放大器和执行机构组成（见图 11.60）。角速度陀螺测量直升机运动角速度的大小与方向，并据此输出电信号，电信号经放大器后输往执行机构助力器，于是自动倾斜器使旋翼锥体倾斜，也就产生了使直升机纵向稳定的阻尼力矩，使角速度振荡衰减，这就是最简单的增稳原理。若在此基础上增加感受加速度信号或迎角、侧滑角等直升机姿态角信号，改善直升机的静稳定性，就构成了增稳系统。

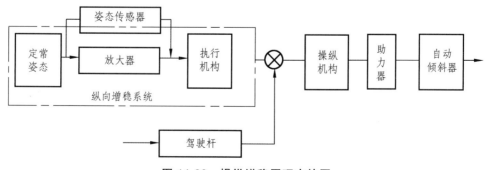

图 11.60　操纵增稳原理方块图

增稳系统与驾驶员的机械操纵是相互独立的,它在使用范围内自动参与对直升机的操纵,而又不妨碍驾驶员的操纵,因此常对增稳权限加以限制。权限大小根据不同直升机要求而定。例如,BO-105 直升机采用的自动增稳权限为 10%。

2)控制增稳系统

控制增稳系统是由增稳系统发展而来的一种飞行控制系统。当直升机采用了增稳系统后,在提高稳定性的同时也在一定程度上削弱了直升机的机动性。为了解决它们之间的矛盾,同时提高直升机的稳定性和机动性,又提出了控制增稳系统。它与增稳系统的主要区别是把驾驶杆的操纵以电信号的形式加到普通增稳系统的回路中,它与测量元件输出的信号综合后,控制助力器及自动倾斜器。图 11.61 为典型的控制增稳系统的示意图。驾驶员对直升机的操纵可分为两路输出:一路通过机械传动使自动倾斜器偏转,另一路是通过电气通道,即通过杆力(或杆位移)传感器产生电气指令信号输出至指令模型,并在其中形成满足操纵特性要求的电信号,与来自增稳器的反馈信号在放大器(校正网络)输入端相加,以差值去控制自动倾斜器。

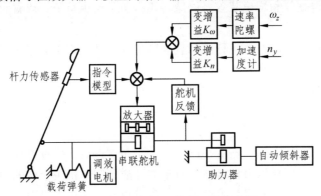

图 11.61 纵向控制增稳系统示意图

当驾驶杆不动时,控制增稳的指令为零,系统只起增稳作用。当直升机机动飞行时,驾驶员的操纵信号一方面通过机械通道使自动倾斜器偏转一个角度,另一方面又通过杆力传感器发出指令,经指令模型放大器,与反馈信号综合后,使自动倾斜器偏转,从而加大了自动倾斜器的偏转角,使操纵量增强。显然控制增稳系统同时具有改善稳定性和机动性两方面的作用。

3)自动驾驶仪

自动驾驶仪是一种能够代替驾驶员控制和稳定直升机运动状态的飞行自动控制装置。

自动驾驶仪一般由 4 个通道分别控制油门总距杆、自动倾斜器和尾桨变距机构,协调操纵驾驶杆、油门总距杆、脚蹬,进而控制直升机的运动状态。直升机自动驾驶仪一般由给定元件、测量元件、放大元件、执行元件、反馈元件等组成,如图 11.62 所示。

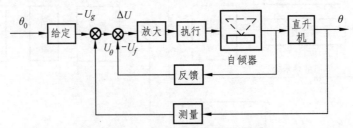

图 11.62 自动驾驶仪组成方框图

各组成部分的主要功用如下：

（1）给定元件：给定元件又称为操纵元件，它根据要求输出给定信号（也称操纵信号）。给定信号反应要求直升机保持的飞行状态，在自动驾驶仪中，驾驶员一般利用操纵装置输出给定信号。

（2）测量元件：测量元件用来测量直升机的运动状态参数，并输出相应的电信号，自动驾驶仪需要测量的直升机运动状态参数很多，如直升机俯仰角 θ、倾斜角 λ、偏航角 ψ、迎角 α、侧滑角 β 以及它们的变化速度等；描述直升机重心运动的飞行速度 v、高度 H 以及它们的变化速度等。在测量以上参数的元件中，有些是和其他设备共用的，如自动驾驶仪所需的俯仰角 θ、倾斜角 λ 信号一般都是由地平仪中的垂直陀螺提供，偏航角 ψ 由航向系统中的航向陀螺提供。

（3）放大元件：放大元件用来对给定信号和各种测量元件输出的反馈信号进行综合、放大（包括电压放大和功率放大），满足执行元件的要求。

现代自动驾驶仪信号的处理，多用模拟计算机或数字计算机。

（4）执行元件：自动驾驶仪的执行元件就是舵机，舵机用以驱动自动倾斜器偏转，以控制直升机的飞行状态，自动倾斜器在舵机偏转的角度或角速度就是自动驾驶仪的输出量。舵机的类型有电动舵机、液压舵机和电动、液压复合舵机。

（5）反馈元件：舵机驱动自动倾斜器偏转的同时还带动反馈元件，使输出相应的负反馈信号，并输出到放大元件的输入端，从而保证自动倾斜器的偏转角（或角速度）与偏差信号成正比。反馈元件有两种类型：一种是电位计或自整角机，另一种是测速电机。电位计或自整角机用来产生与自动倾斜器偏转角度成正比的反馈（常称为位置反馈）信号，测速电机用来产生与自动倾斜器偏转的角速度成正比的反馈（常称为速度反馈）信号。

由放大元件、执行元件、反馈元件构成的闭合回路叫做舵回路。舵回路本身是个小闭环系统。由测量元件、舵回路和直升机又构成一个大闭环系统。小闭环系统用以保证自动倾斜器偏转角（或角速度）与综合信号成正比；大闭环系统用来控制直升机的飞行状态。在稳定飞行时，自动驾驶仪可以抑止各种干扰，保持直升机的飞行状态基本不变。在操纵飞行时，自动驾驶仪可以改变原飞行状态，使直升机达到并保持所要求的新的状态，工作情况如图 11.63 所示。

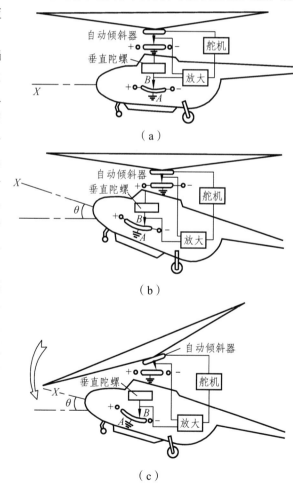

图 11.63　自动驾驶仪稳定俯仰角的工作原理

科学技术特别是微电子技术、计算机技术和自动控制技术的发展，为操纵系统的发展创造了有利条件，诸如电传操纵、光传操纵系统开始出现并得到应用。这些操纵系统可以使飞行员的操纵更简单，工作负荷进一步降低，直升机的飞行更加稳定可靠。

11.1.5 直升机起落装置

直升机起落装置的主要功用是吸收着陆接地能量，减小着陆时机体受到的撞击载荷；保证直升机具有地面滑行和滑跑能力，并减小滑行时地面撞击与颠簸；抗坠毁与防止地面共振。

11.1.5.1 起落装置的分类

直升机起落装置按接地与滑行装置特点分为滑橇式与机轮式。滑橇式起落架在着陆时，依靠结构的弹性变形来吸收撞击能量，起缓冲作用。滑橇式起落装置（见图 11.64）构造简单，重量轻；维护成本低；能够提供非常稳定及刚性的地面接触；有助于从斜面上起飞与着陆；滑橇上容易安装浮筒且捆绑外载方便。但滑橇式起落装置不具备超载滑跑起飞的能力。为了能在地面移动直升机，一般需要在滑橇上安装辅助机轮，它只在地面拖直升机时发挥作用。滑橇式起落装置目前多用于小型直升机。

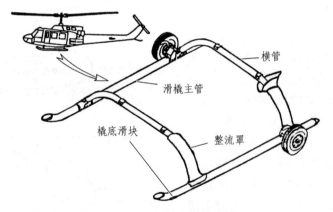

图 11.64 滑橇式起落装置

安装轮式滑行装置的起落架（见图 11.65）在滑跑起飞和滑跑着陆时有明显的优势。利用总距产生拉力，使直升机能像飞机一样进行地面滑行；利用周期变距倾斜旋翼向前进行地面滑行，能产生比空中滑行小得多的旋翼下洗气流，因此能见度更好；轮式起落架装置也易于收放，有利于减小飞行中的阻力。目前大多数大、中型直升机都采用轮式滑行装置的起落架。

机轮式起落装置按机轮个数及配置分为前三点式（前轮式）、后三点式（尾轮式）和四点式。

前三点式起落架的两个主轮对称地安装在直升机重心后面，一个前轮位于机身前部（见图 11.65）。另外，为了防止直升机着陆时尾桨或尾梁触地，尾梁的后部一般还安装有尾撑或尾橇。

前三点式起落架的直升机方向稳定性比后三点式起落架的直升机方向稳定性好，着陆更容易控制，安全性好。

后三点式起落架的两个主轮对称地安装在直升机的重心前面，一个尾轮位于尾梁的下部。

后三点式起落架比前三点式起落架的结构重量轻。这主要考虑到直升机带俯冲着陆时，前起落架比尾起落架承受的载荷大得多，因此要求前三点式的前起落架的结构强度和刚度比后三点式的尾起落架大，因而结构重量大。

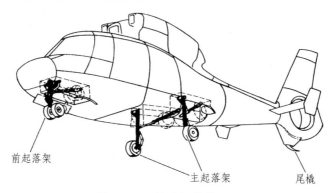

图 11.65　轮式起落装置

四点式起落架分别有两个主机轮和两个前机轮，两个主机轮对称地安装在直升机重心的后面，两个前机轮对称地安装在直升机重心的前面，如直-5直升机。

轮式起落架的结构形式可分为构架式、支柱式和摇臂式。

构架式起落架（见图 11.66）主要由减震支柱、撑杆、轮轴和机轮等组成。当起落架受到地面反作用力时，减震支柱和撑杆主要承受拉伸和压缩的轴向力，撑杆承受的弯矩较小，因此结构简单，但起落架的尺寸较大。

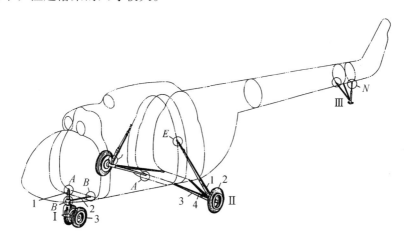

图 11.66　构架式起落架

Ⅰ—前起落架；1—前起落架缓冲支柱；2—叉形斜撑杆；3—机轮
Ⅱ—主起落架；1—主起落架缓冲支柱；2—机轮；3—半轴；4—斜支柱
Ⅲ—尾撑

支柱式起落架（见图 11.67）主要由减震支柱、撑杆（或收放动作筒）、防扭臂、轮轴和机轮等组成。减震支柱上端连接在机身下部结构上，机轮通过轮轴直接固定在减震支柱的下端。这种结构形式的起落架结构简单、紧凑，减震支柱的外端具有较强的抗扭能力。

摇臂式起落架（见图 11.68）主要由减震器、撑杆、摇臂、轮轴和机轮等组成，机轮通过摇臂悬挂在减震器的下端。这种起落架常用于直升机前起落架。`

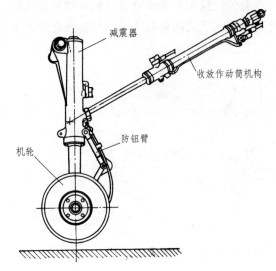

图 11.67　支柱式起落架

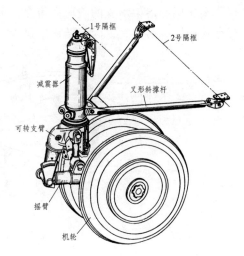

图 11.68　摇臂式起落架

11.1.5.2　着陆减震原理与减震装置

1. 减震原理

直升机在大多数情况下采用垂直着陆方式。当直升机以 v_y 速度接地撞击时具有较大的能量。直升机接地时受到地面垂直向上的反作用力使 v_y 变为 0，根据牛顿第二定律，v_y 变为 0 的时间越短则撞击力越大，延长 v_y 消失的时间则可减小着陆撞击力。另外，消耗吸收的能量则可减小直升机的颠簸。

2. 减震器的工作原理与工作

直升机的减震主要靠油气式减震器。油气式减震器从结构形式上有单腔式和双腔式两种。单腔式减震器一般用于前起落架，双腔式减震器主要用于主起落架。无论是单腔式减震器还是双腔式减震器，其基本的减震原理是一样的。从结构上看，双腔式减震器是由两个单腔式减震器串联（或并联）而成的。

油气式减震器的基本组成包括外筒、内筒、活塞、带小孔的隔板和密封装置等（见图 11.69）。外筒内腔的下部装有油液，上部充填氮气。直升机着陆时，减震器受压缩，这时，由于活塞相对于外腔的运动，使外筒下腔的油液通过隔板的小孔流入上腔，气体受到压缩。这样，直升机垂直运动的能量就被气体的压缩和油液流过小孔时的摩擦所吸收和消耗。

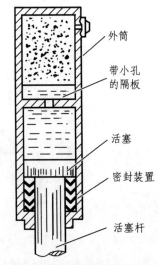

图 11.69　油气式减震支柱工作原理

油气式减震器的减震原理的实质是：利用气体的压缩吸收能量，减小着陆撞击力；利用油液高速流过小孔时的摩擦消耗吸收的能量减小直升机的颠簸。

无论是单腔减震器或双腔减震器，尽管其设计的形式不一样，但它们的结构是基本相同的。图 11.70 是直-9 直升机前起落架单腔减震器的工作原理示意图。直升机着陆接地后，外筒带动内筒向下运动，使 c 腔的体积减小，油液受挤压。压力油顶开单向节流活门，并经活门座上的油孔以及油针与活门座之间的环形间隙和内筒上的通油孔流入 a 腔，使 a 腔内的气体压缩，压力增大。随着外筒的不断下移，c 腔内的油液不断流入 a 腔，a 腔内的气压不断增大，使直升机下沉的速度逐渐减小，直至为零。停止压缩后，气体开始膨胀，气体的作用力将直升机向上顶起，此时 c 腔的体积增大，油压减小，单向节流活门在油压力和弹簧力的作用下，紧贴在下侧的活门座上。节流装置上部的油液在 a 腔气压的作用下，经油针与活门座之间的环形间隙以及节流活门座上的几个小孔流入 c 腔。油液流过节流孔时产生剧烈摩擦，流动阻力很大，热耗增大。随着外筒的逐渐上移，a 腔气体逐渐膨胀，压力逐渐减小，然后又开始压缩过程。如此反复，直至能量被安全消耗。

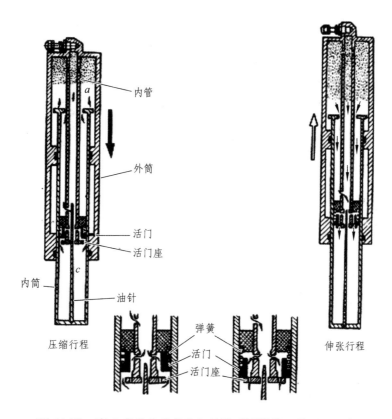

图 11.70　直-9 直升机前起落架单腔减震器的工作原理示意图

双腔减震器又分为并联式的双腔减震器和串联式的双腔减震器。图 11.71 所示为直-9 直升机主起落架双腔并联式减震器。它由低压腔 a 和高压腔 b 并联而成。直升机接地后，外筒带动高压筒一起向下运动，使减震器 c 腔的体积缩小，受挤压的油液顶开节流装置上的活门，并经高压筒下端的一圈径向孔流入 a 腔，使 a 腔内气体体积缩小，压力增大（图中的第一状态），当低压腔 a 中的压力增大到等于高压腔 b 内的气体初始压力时，低压腔和高压腔同时压缩，这时，分离活塞在油压的作用下向上运动，b 腔体积缩小，压力增大（图中的第二状态），直升机的下沉速度减小，直至减震器停止压缩。压缩行程结束后，减震器内气体的作用力大于直升机的重力，减震器开始伸张，开始阶段是低压腔和高压腔共同伸张，这时 c 腔的体积增大，油压减小，单向节流活门在油压和弹簧力的作用下，紧贴在下侧的活门座上。节流装置上部的油液在 a 和 b 气压的作用下，经节流活门上的几个小孔流向 c 腔。随着外筒的逐渐上移，分离活塞在 b 腔气压的作用下逐渐相对于高压筒下移，节流装置上部的油液不断被挤入 c 腔，这样 a 腔和 b 腔内的气体逐渐膨胀，气压降低。当分离活塞下端面顶到节流装置的导向件时，高压腔 b 停止膨胀。此后只是低压腔 a 单独伸张，外筒继续上移，直至停止伸张。

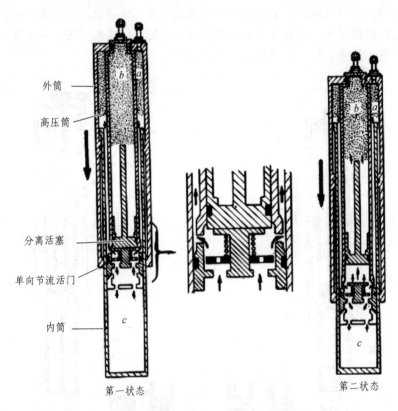

图 11.71　直-9 直升机主起落架双腔并联式减震器

减震器经过若干次压缩和伸张过程，最终使减震器稳定在停机压缩位置。

11.1.5.3　漂浮设备

经常在海上飞行的分直升机大都安装有漂浮设备。正常情况下设备可以折叠存放，和充气装置一起安装在机体内或起落上。漂浮设备通过驾驶杆或总桨距杆上的按钮触发，按压触发按钮，可以使炸药筒点火，压缩氮气（或氢气）进入漂浮设备，使设备充气。

EC225 直升机的漂浮设备由 4 个独立的浮筒组成，每个浮筒由帆布包扎，安装在机身的金属支撑结构上。浮筒由 3 个氢气瓶充气，一个氢气瓶给前面两个浮筒充气，另外两个氢气瓶给后面的两个浮筒充气，如图 11.72 所示。

图 11.72　EC225 直升机漂浮设备

　　有些直升机的应急浮筒安装在滑橇上，如 EC145 直升机，在滑橇上安装有 4 个浮筒，在机身的下部有充气瓶，驾驶杆上有浮筒充气的操纵手柄，另有两个 8 人的救生筏折叠包装在后浮筒上，并有它们自己的机械充气系统，如图 11.73 所示。

图 11.73　EC145 直升机浮筒设备

　　有些经常在水域上工作的直升机采用固定式浮筒。这些浮筒采用不可折叠的材料制成，没有充气装置，直接固定在滑橇上，如图 11.74 所示。

图 11.74　固定式浮筒

直升机在水面上着陆或迫降时，由于直升机重心较高，在波浪作用下容易造成直升机的倾覆，需要飞行员特别注意。

11.1.5.4　直升机的振动与防振措施

直升机在使用过程中，旋翼、尾桨、发动机、传动机构等部件产生的交变载荷成了直升机的振动源，将引起直升机的振动，机体振动将给使用带来如下严重后果：

（1）使直升机主要受力部件、仪表设备等产生振动疲劳，从而降低使用寿命。

（2）影响机组及乘员的舒适感。

直升机的振动按其原因分为强迫振动与自激振动。

强迫振动是各种交变力周期性变化所引起的直升机结构振动。包括旋翼、尾桨、发动机、减速器及各种转轴引起的振动以及变化气动力作用到机身、水平安定面和其他结构上引起的振动。防止强迫振动可在结构强度、部件相对位置等方面考虑，因此使用中一般不会产生严重后果。

自激振动是由于弹性结构变形与空气动力交替作用下产生激振力而导致的高频增幅振动，因此危害很大。按自激振动的产生及原因又分为桨叶颤振与地面共振。

颤振是一种危险的自激振动，可在数秒钟内振幅迅速增大而导致事故的发生。直升机旋翼桨叶的颤振比飞机机翼的颤振更复杂，因为桨叶一旦发生颤振，直升机机体将同时发生强迫振动。为了防止颤振的发生，飞行中一定注意不要让飞行速度接近或超过桨叶颤振的临界速度。

地面共振是桨叶绕垂直铰的摆振与起落架振动、桨毂振动的一种结合。桨毂振动由支撑架或机身弹性振动产生。地面共振时，旋翼轴运动轨迹成圆锥面，旋翼的重心轨迹成闭合曲线（见图 11.75）。地面共振严重时，将导致机体上下跳跃与周向摇摆，使系留装置受冲击力而断裂，机体倾覆而损坏。

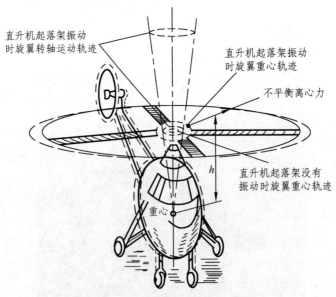

图 11.75　地面共振时直升机的振动

直升机地面共振与直升机机体、起落装置及弹性支撑的振型、振频及阻尼密切相关。试验证明，调节机体与起落装置振动系统组合的固有频率可防止地面共振。为此可采取两种途径，一是提高机体与起落装置组合的固有频率，使出现地面共振的旋翼临界转速高于旋翼在地面可能达到的最大转速，从而避免共振的发生；二是加大起落装置的阻尼消耗能量，从而消除在旋翼地面工作转速范围内可能出现的地面共振。防止地面共振是对起落装置的一项主要的特殊要求。

起落装置减震器的阻尼与预压系数有关，预压系数 N_0 是指当减震器完全伸张时，开始压缩减震器所需的力 P_0 与减震器停机载荷 $P_停$ 的比值。即

$$N_0 = P_0 / P_停$$

为了避免地面共振的发生，直升机减震器的预压系数的取值应尽可能小。因为，如果预压系数取值较大的话，当旋翼拉力最大时，减震器所受压力减小，当旋翼拉力增大到使减震器所受压力小于其初始预压力 P_0 时，减震器就完全伸张，不再参与工作。这时，起落装置的弹性就完全由机轮提供，这个系统实际上没有阻尼作用。由于没有阻尼作用，就必然存在着发生地面共振的危险，因此，现代直升机起落装置减震器的预压系数一般取值都很小。对于单腔油气式减震器来说，要实现这个要求是很困难的。因为充气压力低时，减震器吸收完相同的撞击能量，其压缩量必然较大，使减震器的结构长度大大增加，这会给直升机的结构带来许多弊端。双腔减震器能很好地解决这一矛盾，它既能使减震器具有很低的初始压力，又能保证减震器的效率不会太低。由于这个优点，双腔油气式减震器在直升机主起落架上得到广泛应用。

直升机在地面开车时如判明直升机进入地面共振后，必须采取果断措施进行处置，方法如下：

（1）减小油门环，同时把桨距放到底。

（2）蹬舵，防止直升机猛烈转动。

（3）如果实施上述两项措施后，振动还没有明显减弱，则应立即关闭发动机，并柔和使用旋翼刹车。

（4）在滑行或滑跑情况下，当减小油门、把桨距放到底的同时，要向后带杆，点刹机轮，以减小和最后消除滑行或滑跑速度。

（5）在滑跑的情况下，如果地面共振发生时，直升机处于高距、高速度状态，在考虑起飞重量、标高、温度、湿度等因素后确认发动机有足够的剩余功率，同时净空条件允许，则可以采取迅速提距离地的办法改出地面共振状态。如果没有上述有利因素却想采用离地的办法改出地面共振状态，反而会使直升机受到更大的损失。

11.1.6 直升机的防沙与防冰系统

11.1.6.1 直升机的防沙系统

直升机在近地低空飞行或悬停时，受旋翼旋转形成的下洗气流的作用，从地面搅起的大量沙尘对直升机工作带来较大危害。例如旋翼和尾桨的桨叶，在沙尘冲刷下被磨损，驾驶舱

风挡玻璃被划伤影响观察。沙尘对发动机的影响尤为严重，主要表现在以下几个方面：

（1）压气机的叶片因沙尘磨蚀，使压气机、涡轮工作效率降低，功率下降、油耗增加，甚至引起压气机内气流大量分离，严重时发生喘振。

（2）当工作叶片变形后，降低了允许承受的应力，特别是工作叶片根部是中段的受力点，严重时将会导致叶片断裂。

（3）沙尘与其他物质混合被高温烧结造成对涡轮的严重污染，降低涡轮散热冷却效果，使用寿命大幅降低。

（4）沙尘的磨损、腐蚀还会引起发动机振动，影响飞行安全。

由于沙尘会对直升机、发动机的安全性、经济性及性能产生严重危害，现代直升机的发动机进气口安装了进气防护装置，即防沙装置。进气防沙装置通常有惯性分离器、涡旋管分离器和整体式分离器几种类型。

惯性分离器是利用某一惯性力场，在运动的空气流过一特定几何形状通道时，使其中惯性（动量）较大的沙尘越过空气流线，然后聚在一起再排出系统之外（见图 11.76）。

涡旋管分离器也称三维分离器。例如，直-9 直升机及"超美洲豹"直升机上采用的是一种多涡旋管分离器，它是由许多小涡旋管并联组成，具有紧凑、高效、低损失的优点。该装置只有在直升机接地飞行时才工作。当直升机在较高空中飞行时，经驾驶员操纵可使该装置不工作，只将主进气道打开，空气会直接进入发动机。每个小涡管由固定的螺旋形叶片、管体和出口扩压管组成（见图 11.77），该分离器工作时，含沙尘的空气通过固定的螺旋形叶片在涡管内形成旋涡运动，沙尘粒子在离心力的作用下甩向管壁，而处于涡旋管中心处的即是洁净空气，"超美洲豹"直升机的防护装置共有 1 176 个这样的小涡旋管。

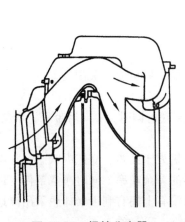

图 11.76　惯性分离器

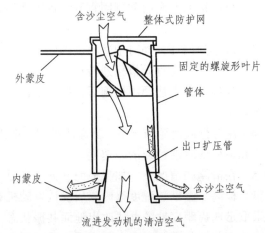

图 11.77　涡管分离器

整体式惯性分离器是一种将分离器与进气道设计为一体的分离器，它具有发动机性能损失小、重量轻、维护方便和工作可靠的优点。"黑鹰"直升机上的 T700 发动机就采用这种分离器，该分离器有涡流叶轮、反向涡流叶片、内环、鼓风机等组成（见图 11.78）。固定的涡流叶片使进入的气流旋转，旋转的气流利用惯性离心力将沙尘粒子从气流中分离出来，并被甩到内环的外侧通道里，在鼓风机的作用下吹出机外。反向涡流叶片可消除气流旋转，然后使洁净空气均匀地轴向流入压气机。

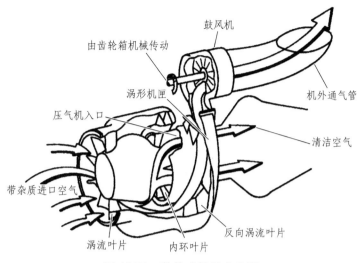

由齿轮箱机械传动
鼓风机
涡形机匣
机外通气管
压气机入口
清洁空气
带杂质进口空气
反向涡流叶片
涡流叶片　　内环叶片

图 11.78　整体式惯性分离器

11.1.6.2　直升机旋翼防冰系统

直升机在大气对流层中飞行时，因速度较小高度较低，可能遇上冻雨、冻雾等过冷水滴的结冰条件，旋翼桨叶、驾驶舱风挡、皮托管、发动机进气道及进气部件等部位可能出现结冰。旋翼桨叶是直升机速率最大的部件，每秒钟内会遇到更多的过冷水滴，结冰时冰层增厚很快。由于桨叶前缘压力增温作用，一般结冰都沿弦向内侧。旋翼桨叶结冰及冰层脱落不均匀，往往导致严重振动，脱落的冰块可能击毁其他桨叶。桨叶结冰阻力增大升力降低，将对直升机的性能产生如下影响：

（1）由于阻力增加，因而需要功率增加，这就使得直升机自转下降的速度也必须增大，以便把更多的势能转变为所需功率。这样留给驾驶员重新起动发动机的时间更少。

（2）由于下降的速度增大，因而维持正常旋翼转速所需总距变小，如果总距的下限太高，可能达不到所需的旋翼转速。

（3）由于最大升力变低，因而最低安全旋翼转速将增高。如果结冰太多的话，即使旋翼总距变得最小，旋翼也可能达不到最低安全转速。

（4）因为阻力增大，旋翼瞬时增速的能力变低，直升机最后落地拉总距的拉力降低。

为了保证飞行安全，现代直升机都采用了防（除）冰措施。直升机旋翼的防（除）冰方式主要有液体防冰、电热防冰与微波除冰。

旋翼液体防冰是利用冰点很低的防冰液融合过冷水滴而防止结冰。图 11.79 为旋翼液体防冰系统工作流程。防冰时，防冰电门接通防冰液体泵工作，防冰液供到主旋翼及尾桨根部的积液环，利用旋翼及尾桨旋转离心力，将防冰液沿桨叶展向经小孔从前缘流出，再利用迎面气动力分配到旋翼防冰表面。当旋翼、尾桨出现轻度或中度结冰时，液体防冰效果较好。在严重结冰时，由于结冰堆积使得防冰液不能均匀分布而沿沟槽流动，从而降低防冰效果。为保证液体防冰有效，在直升机进入结冰云层前就应接通液体防冰；遇到严重结冰时，应尽快飞出结冰区或就近着陆。

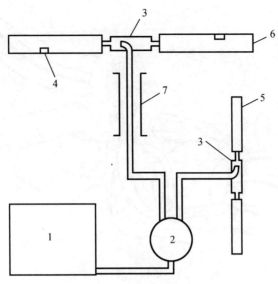

图 11.79 旋翼液体防冰系统

1—储液箱；2—泵；3—集液环；4—结冰信号器；5—尾桨；6—主旋翼；7—支承管

旋翼电热防冰系统是利用电热元件加热易结冰表面而防止结冰（见图 11.80）。直升机旋翼电热防冰的加热元件外表面都有易传热的保护层，这不仅可加热旋翼表面，而且具有一定的耐雨滴与沙粒等侵蚀的能力。

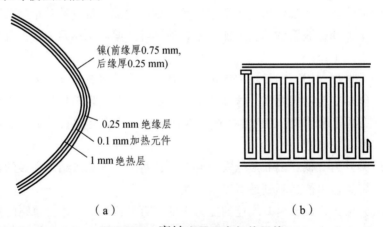

图 11.80 腐蚀金属层电加热元件

旋翼液体防冰系统与电热防冰系统会增加结构重量和消耗较多的电能。为了减小重量和电能消耗，目前正在研究使用电脉冲与微波除冰系统。

微波除冰是在旋翼表面涂上一层波阻很小，而且对雨、沙尘、冰粒等有抗蚀能力的介电材料（聚乙烯、石英、层压玻璃纤维等），将微波能导到除冰表面，形成微波除冰罩（见图 11.81）。除冰时，微波对冰层加热，使其与旋翼表面黏着力大大降低，再由离心力与气动力除去。微波功率密度随冰层增厚而增大，因此不结冰时表面温度增加很小，结冰时冰层吸收能量多，冰层较厚时大部分微波能被吸收而增温。微波除冰消耗功率较小而且简单，使用维护也较为方便。

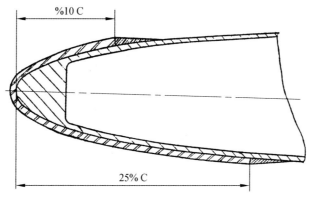

图 11.81　旋翼微波除冰罩

为了保证飞行安全，正确使用防冰装置，在可能结冰的气象条件飞行时，要求驾驶员做到以下几点：

（1）飞行前做好充分准备。当飞行环境有可能出现结冰情况时，预先应在地面做好在结冰区飞行操纵的飞行准备，包括在地面检查防冰装置的工作情况是否良好，座舱是否保持适当温度，空速管加温是否完好等。

（2）飞行中是否结冰应通过结冰信号器和目视结果综合判断。

（3）一般在直升机进入结冰区之前就应使用防冰装置，进入结冰区后应注意检查旋翼转速、防冰装置的电压和电流以及结冰信号器发出的结冰信号等。

（4）脱离结冰区后，还要工作一段时间后才能关闭防冰装置。

（5）如遇不正常情况，应下降高度及时脱离结冰区。

11.1.7　直升机的载荷与结构强度

直升机的载荷就是直升机在使用过程中所受到的外力，包括飞行载荷、着陆载荷与地面载荷。

11.1.7.1　直升机的飞行载荷

直升机飞行时所受载荷主要有旋翼拉力 T、全机重力 G、机体的废阻力 $X_身$ 及尾阻的推力（或拉力）$T_尾$。在直升机等速平飞时，直升机各方向所受力的合力为零，合力矩为零（见图 11.82），即

$$T_2 = X_身$$
$$T_1 = G$$
$$T_3 \approx T_尾$$
$$\sum M = 0$$

其中 T_1、T_2、T_3 分别为旋翼拉力 T 的 3 个分量。对于单旋翼直升机，由于尾桨轴线通常不在旋翼的旋转平面内，为保持侧向力矩平衡，直升机稍微带坡度角 γ，故尾桨推力与水平面之间的夹角为 γ，$T_尾$ 与 T_3 方向不完全一致，因为 γ 角很小，即 $\cos \gamma \approx 1$，侧向力采用近似等号。

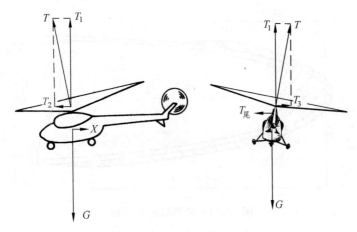

图 11.82　平飞时力的平衡

直升机在水平面内等速且不变高度正规盘旋的受力如图 11.83 所示。设盘旋时的航迹半径为 R，盘旋角为 γ，则作用于直升机的外载荷主要有旋翼拉力 T、重力 G、阻力及法向惯性力，即

$$N_n = \frac{G}{g} \cdot \frac{v^2}{R}$$

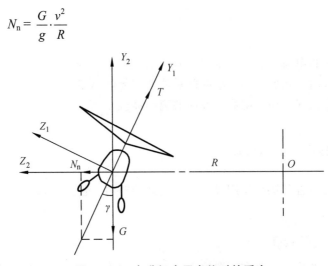

图 11.83　直升机水平盘旋时的受力

根据垂直方向的平衡得出

$$T\cos \gamma = G$$

即　　　　　　　　$$T = G / \cos \gamma$$

显然，T 随盘旋角 γ 的增大而增大。

由上面分析得出，直升机盘旋时外载荷将发生变化，其中拉力不仅要克服重力，而且还要提供向心力，因此拉力变化最大。为了衡量拉力的变化程度，将拉力 T 与直升机某时刻相对不变的重量 G 的比值称为过载 n，即 $n=T/G$，过载又称为过载系数或载荷因素。直升机盘旋飞行时，其过载除受盘旋角 γ 限制外，还受盘旋时间及飞行员耐力限制。

直升机在不稳定气流中飞行时，拉力也将发生变化，不稳定气流又叫突风或紊流，当遇到垂直突风时，过载系数将产生增量。飞行中应注意垂直向下突风对起飞、着陆安全的影响和垂直向上的突风对直升机结构受力增大的影响。通常在恶劣气象条件下，应尽量避免作过分剧烈的曲线飞行，同时控制旋翼拉力不能过大。

11.1.7.2　直升机的着陆与地面载荷

直升机的着陆方式有两种，一是按滑跑方式着陆，带水平速度接地；二是按垂直方式着陆，没有滑跑水平速度。在大多数情况下，直升机是按垂直方式着陆。直升机垂直着陆按着陆姿态分为对称着陆与不对称着陆。

直升机在地面工作时的载荷包括旋翼带转载荷、系留试验载荷、铰接式旋翼桨叶撞下限动块载荷及地面暴风载荷等。

11.1.7.3　直升机的结构强度

直升机的结构强度是指直升机结构抵抗破坏的能力。结构强度包括静强度与动强度。静强度是指结构在静载荷作用下抵抗破坏及变形的能力，静载荷是指作用力大小、方向不变或由 0 逐渐增大到一定值的载荷。动强度是指结构在冲击载荷与交变载荷作用下抵抗冲击、疲劳破坏的能力。

在设计结构强度时，依据结构能承受的最大载荷（称为设计载荷 $P_{设计}$），设计载荷表明了结构的承载能力。在使用时，将结构允许承受的最大载荷称为使用载荷 $P_{使用}$。显然，为了保证直升机的安全，使用载荷 $P_{使用}$ 要小于设计载荷 $P_{设计}$。将设计载荷 $P_{设计}$ 与使用载荷 $P_{使用}$ 的比值称为安全系数（f），即

$$f = P_{设计} / P_{使用}$$

安全系数的确定原则是，既要保证足够的强度，又要使重量最轻。安全系数是直升机结构安全的一个重要指标。现代一些先进的直升机结构采用损伤容限设计，其要求为：在报警系统或定期检查发现裂纹之后，至少在 30 飞行小时之内，构件仍具备承受使用载荷的能力，即剩余寿命不低于 30 飞行小时。这对于保障直升机的安全，充分发挥其寿命潜力，具有十分重要的意义。

11.2　直升机动力装置

目前直升机使用的动力装置有航空活塞发动机和航空燃气涡轮轴发动机两种。航空活塞发动机由于其燃油经济性好、加速性好而在一些轻型直升机上使用，大多数直升机使用航空燃气涡轮轴发动机作动力装置。

燃气涡轮轴发动机（简称涡轴发动机）是 20 世纪 50 年代以后，在燃气涡轮喷气发动机和燃气涡轮螺旋桨发动机的基础上研制成功的，燃气通过动力涡轮（自由涡轮）轴输出功率，带动外界负荷。与活塞发动机相比较，涡轴发动机具有质量轻、功率大、低速飞行时经济性好等特点。涡轴发动机不仅广泛应用在直升机上，还可作为舰船、机车、坦克等的动力装置。

11.2.1 涡轴发动机的组成和工作简介

涡轴发动机通常由产生并输出轴功率的主要部件和保证主要部件正常工作的附件系统组成。其中主要部件有进气装置、压气机、燃烧室、涡轮、排气装置、减速器，如图 11.84 所示。附件系统主要有燃油系统、滑油系统和起动系统三大部分。所有这些部件和附件系统都是涡轴发动机正常工作不可或缺的部分。

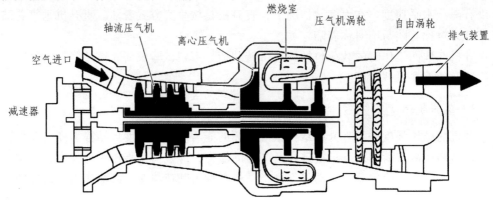

图 11.84　涡轴发动机结构简图

涡轴发动机机工作时，外界空气从进气装置进入发动机，在压气机中被压缩，压力、温度提高，然后在燃烧室中与燃油混合组织燃烧，形成高温、高压燃气，再流入涡轮。燃气在压气机涡轮和动力涡轮中膨胀，压气机涡轮获得的能量用于带动压气机工作，动力涡轮将剩下的绝大部分燃气可用能量（95%以上）转换成动力涡轮机械功输出到直升机主减速器，用于驱动直升机的旋翼和尾桨。从涡轮流出的燃气在排气装置中经减速增压后排入外界大气。

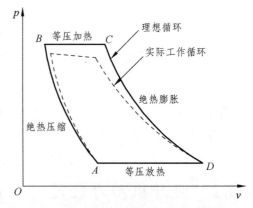

图 11.85　涡轴发动机的工作循环及气流参数变化

涡轴发动机工作的理想循环采用布莱顿循环，如图 11.85 所示，由绝热压缩、等压加热、绝热膨胀和等压放热 4 个热力过程组成，分别在进气道和压气机、燃烧室、涡轮和排气装置、外界大气中完成。布莱顿循环的热效率取决于发动机的总增压比。即是说气体在压缩过程中压力的提高程度越大，循环的热效率越高，但对于涡轴发动机来说，增压比增高，压气机发生喘振的倾向也增大。

通常涡轴发动机安装在直升机驾驶舱的后上方，这样可以缩短发动机和直升机主减速器之间的传动距离，增加发动机与地面之间的距离，减少地面砂石对发动机的影响。

11.2.2　主要部件的工作

发动机主要部件的正常工作是发动机连续不断向旋翼和尾桨输出功率的基础，下面介绍涡轴发动机主要部件的工作。

11.2.2.1　进气装置

涡轴发动机的进气装置包括进气道和进气防尘装置两部分。进气防尘装置又叫粒子分离器，一般安装在进气道的进口处，功用是减少或防止砂、尘以及外来物被吸入发动机，如图11.86所示。进气道的功用是以较小的损失引入满足发动机工作需要的外界空气，

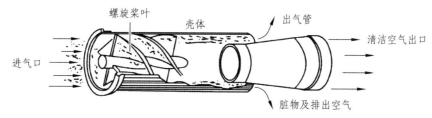

图 11.86　一种进气防尘装置

T700 发动机的整体式粒子分离器与发动机机匣形成一个整体的结构，流入发动机的气流经过旋流机匣中 12 片等弦长的、角度固定的空心扭转叶片，使气流沿轴向旋转 35°，在离心力的作用下，把气流中的尘砂粒子分离出来，带到机匣外部（参见图11.78）。12 片空心扭转叶片具有多种功能：能够利用内部的热空气防冰；将滑油冷却并送到前收油池；对旋流机匣的结构起支撑作用。经过粒子分离器后的清洁空气，则可流经前机匣的整流叶片，引入压气机的进口。

直升机在飞行过程中采用的垂直、大坡度升降等飞行方式使发动机常处于大气流迎角工作。大迎角与大侧滑气流流入发动机，将破坏压气机进口气流流场的均匀性，影响了发动机的稳定工作。为避免大迎角与大侧滑气流流入发动机，造成气流分离，影响发动机的稳定性，涡轴发动机的进气道通常采用收敛形式，如图 11.87 所示。收敛型进气道适应直升机飞行速度小的特点，气流进入进气道转折小，同时气流在进气道内加速流动，可以改善流场的不均匀性，增加了发动机工作稳定性。

飞行中，在一定的大气条件下，涡轴发动机进气防尘装置、进气道的表面、进气道支板、进气整流锥和进气导流叶片等部位可能结冰。发动机结冰后，使空气流量减小，发动机功率减小，经济性变差，发动机结冰严重时，会导致压气机喘振，还可能导致发动机超温。为避免结冰对发动机工作造成影响和危害，涡轴发动机在容易结冰的部位均有相应的防冰装置。涡轴发动机常采用热空气防冰和电加温防冰，部分发动机也采用热滑油防冰。热空气防冰是将从压气机引来的热空气送到发动机防冰部位进行加温来防止结冰。这种防冰方式加热可靠，但高压空气从压气机引出，没有在涡轮中

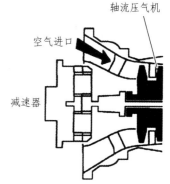

图 11.87　涡轴发动机的进气道

膨胀做功，会导致发动机转速下降，功率减小。为保持发动机转速不变，发动机将增加供油，使涡轮前温度增加。所以接通热空气防冰后发动机功率将减小，排气温度将升高。如图 11.88 所示，贝尔 206BⅢ直升机上的 Allison250-C20J 发动机防冰电门打开后，TOT 温度（涡轮出口温度）将上升 15 ~ 20 ℃。电加温防冰是利用飞机电源对安装在发动机防冰部位的电热元件通电加温。由于发动机结冰将严重威胁发动机的安全工作，而且在一定的飞行条件下，如果飞行

员未接通防冰装置，发动机结冰的速度将很快。所以对于飞行人员需要明确的是，在飞机进入结冰区以前或在一定的大气温度以下，应该及时接通发动机防冰装置，防止发动机结冰。

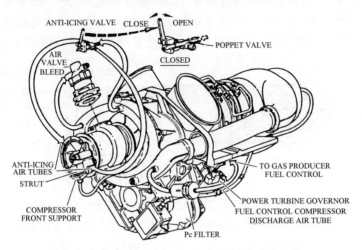

图 11.88　Allison 250-C20 发动机的防冰系统

11.2.2.2　压气机

压气机是涡轴发动机的一个重要组成部分，它的功用是提高空气压力，为燃气膨胀做功创造条件，从而提高热效率，改善发动机经济性，增大发动机功率。

涡轴发动机的压气机分为轴流式，离心式和混合式 3 种。轴流式压气机效率较高但单级增压比不高，要获得较高的增压比需要较多的级数，只在部分大功率涡轴发动机上使用。离心式压气机单级增压比高，结构简单但工作效率较低，迎风面积大，空气流量小，目前只在少数涡轴发动机上单独使用。混合式压气机结合了两者的优点，是目前涡轴发动机使用最多的形式。

如图 11.89 所示，通常混合式压气机的前几级是轴流式，最后一级是离心式。采用这种组合既能用较少的压气机级数获得较高的增压比，缩短发动机的长度，同时又能获得较高的效率。另外混合式压气机还可将外来物对发动机造成损伤的可能性大大减小，这对直升机尤其重要。

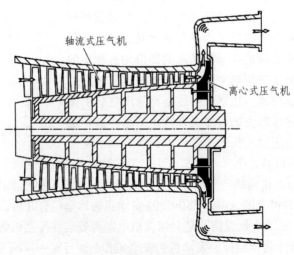

图 11.89　混合式压气机

如图 11.90 所示，轴流式压气机包括转子和静子。转子由多排沿圆周方向均匀安装在转动轴盘上的转子叶片组成；静子包括压气机机匣和安装在机匣内部的多排静子叶片。转子叶片和静子叶片相间排列，一排转子叶片和一排静子叶片组成压气机的一级，一级压气机是提高气体压力的基本单元。转子叶片和静子叶片的剖面形状做成翼形。轴流式压气机主要通过扩散增压，相邻两个转子叶片或静子叶片之间流通面积逐渐增大，如图 11.91 所示。发动机工作时，转动的转子叶片对空气做功，迫使空气流速增加，空气的相对速度减小，压力提高，而增速后的气流进入静子后将增加的动能进一步转变为压力(这是伯努利定理的一种运用)。这个过程在压气机的每一级中重复进行，气流压力不断提高。

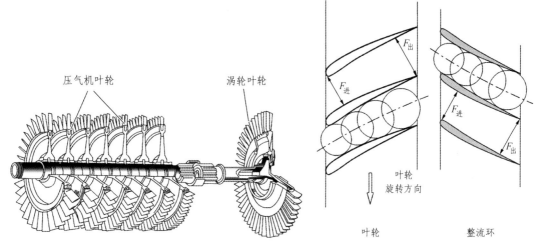

图 11.90　轴流压气机　　　　　　　　图 11.91　轴流压气机叶片通道形状

如图 11.92 所示，离心式压气机主要由叶轮和扩压器组成。叶轮是一个由涡轮带动的、带有叶片的圆盘。当发动机工作时，气流从叶轮中心周围进入，在高速旋转的叶轮作用下提高速度和压力并被强迫向外流出进入扩压器。在扩压器中，气流一方面将部分动能转变成压力，另一方面矫直气流并使其转向进入燃烧室。在离心式压气机中，气体压力升高主要由于离心增压和扩散增压。

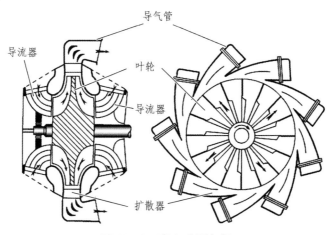

图 11.92　离心式压气机

压气机中空气压力提高的程度，用压气机的增压比表示，压气机增压比越高，发动机的推力越大，经济性越好，但喘振的倾向也相应增加。

喘振是压气机在工作过程中，由于发动机结构的损坏、工作条件或者外部使用条件的变化，引起的一种不稳定工作状态。当压气机发生喘振时，发动机会出现转速不稳，排气温度升高，振动加剧，功率减小等现象。严重的压气机喘振可能造成发动机机件严重损坏，发动机熄火和性能急剧恶化，严重危及飞行安全。

为确保发动机稳定工作，发动机在结构上都设计了防喘装置，目前涡轴发动机在结构上采用的防喘装置有压气机中间级放气和可调静子叶片。压气机中间级放气是在压气机中间级机匣上开放气孔，在一定的条件下从压气机中间级释放出部分空气，从而避免压气机的喘振，如图11.93所示。压气机中间级放气由放气活门控制，在发动机处于起动和小转速状态时打开，在发动机处于高转速状态时关闭。压气机中间级放气不仅可以起到防喘功用，还可以改善发动机的起动性能和加速性，但也会使发动机的功率减小，排气温度增加。如图 11.94 所示，可调静子叶片是在压气机处于非设计状态时，调节静子叶片的安装角，直接改变气流在压气机中的流动，来避免压气机喘振。可调静子叶片结构复杂，但在任何

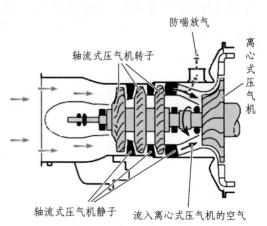

图 11.93　压气机防喘放气

情况下均可起到防止和消除压气机喘振的作用，且可以提高压气机的效率。

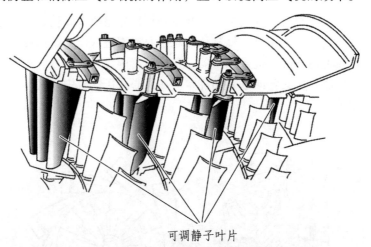

可调静子叶片

图 11.94　发动机的可调静子叶片

压气机虽然在结构上采取了防喘措施，但在使用过程中仍然可能出现压气机喘振。作为飞行人员，在使用过程中应该从注意防止压气机进口空气流量的骤然减小和防止压气机进口温度过高等方面来防止压气机的喘振，如防止直升机的顺风悬停、进气道结冰，防止发动机的尾气进入发动机等。

11.2.2.3 燃烧室

燃烧室是空气和燃料进行混合并进行燃烧的地方。在燃烧室中燃油通过喷油嘴喷出与空气混合并点燃，使燃烧室内的气体温度升高，含有大量可用能量的高温燃气流出燃烧室进入涡轮，便于在涡轮中膨胀做功。

为满足燃烧室内的混合气稳定燃烧的要求和保证燃烧室和涡轮的安全，从压气机流出的高压空气在燃烧室中分成两股，其中一股大约 20%~30% 用来与燃料进行混合燃烧，其余大部分用于冷却高温燃气。燃气涡轮发动机的燃烧室可以采取多种形式，在涡轴发动机上最常用的是回流环形燃烧室或折流环形燃烧室，如图 11.95、图 11.96 所示所示。这种燃烧室可以缩短发动机尺寸，改进燃油燃烧效率，减小发动机排气污染，还可以提高燃烧室出口气流的压力场均匀度和温度场均匀度，防止涡轮的损坏。

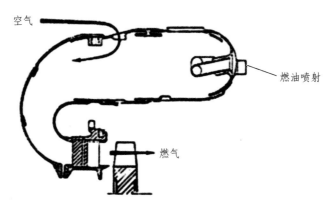

图 11.95　回流环形燃烧室

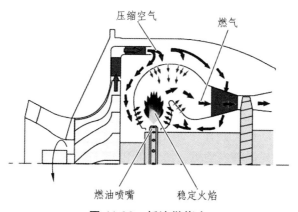

图 11.96　折流燃烧室

与航空活塞发动机不一样的是，涡轴发动机燃烧室在工作中火焰是持续燃烧的，因此点火系统一般只用于起动过程点燃混合气。

11.2.2.4 涡　轮

涡轮的作用是将燃气的部分可用热能转变成为机械能，带动压气机、发动机附件并输出功率到旋翼和尾桨。

如图 11.97 所示，涡轮的结构与压气机类似，也是由转子和静子组成。涡轮中工作介质燃气的温度很高，为确保涡轮安全工作，涡轮中静子(也叫导向器）在前，转子在后。

如图 11.98 所示，涡轮的通道是收敛的，燃气在涡轮中膨胀加速，燃气中的部分可用能量转换成涡轮的功率带动压气机、旋翼和尾桨，燃气的温度和压力下降。燃气在涡轮中的压力下降越多，涡轮从燃气中获得的能量越多。涡轮的级数较压气机少，这是因为燃气在涡轮中流动，压力是下降的，每级涡轮被设计成可以从燃气中获得比每级压气机多很多的功，使每级涡轮可以带动多级压气机。

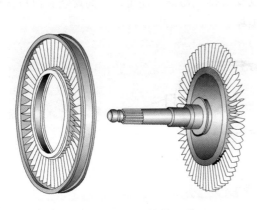

图 11.97　涡轮的组成

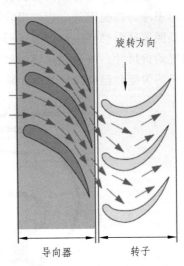

图 11.98　涡轮气流通道形状

按照其采用的涡轮形式，涡轴发动机可分为直接传动式（定轴式）和自由涡轮式。如图 11.99 所示，直接传动式涡轴发动机的涡轮通过同一根轴带动压气机并驱动旋翼和尾桨，这种形式的涡轴发动机结构简单，加速性好，但起动性能差，主减速器质量大，经济性差，多台发动机共同工作困难，目前只在少数的小型直升机上使用。如图 11.100 所示，自由涡轮式涡轴发动机的涡轮由压气机涡轮和自由涡轮两部分组成，通常第一级涡轮带动压气机，叫做压气机涡轮。压气机涡轮、燃烧室和压气机组成燃气发生器。紧接着压气机涡轮后的是自由涡轮（也叫动力涡轮），自由涡轮直接通过减速器输出功率传到直升机旋翼和尾桨。压气机涡轮和自由涡轮之间没有机械联系，只有气动联系，各自在不同的转速下工作，有的还可能转动方向相反。采用自由涡轮式涡轴发动机，便于在不同的状态保持旋翼转速不变，同时也可取消离合器。因此自由涡轮式涡轴发动机有起动性能好、工作稳定、经济性好的优点，缺点是结构复杂，动力涡轮的加速性稍差。目前自由涡轮式的涡轴发动机是直升机最常用的动力装置。

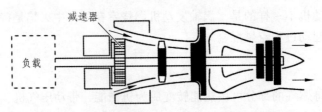

图 11.99　直接传动式（定轴式）涡轴发动机

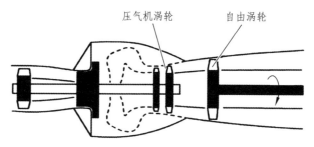

图 11.100　自由涡轮式涡轴发动机

涡轴发动机在工作过程中可能出现的最主要的故障是涡轮叶片损坏，如图 11.101 所示。涡轮叶片损坏会引起发动机功率的下降，排气温度升高。严重的涡轮叶片损坏，如涡轮叶片断裂，不但会引起发动机的振动加剧，更严重的还会打坏发动机机件，导致发动机着火等后果，进一步发展还将严重威胁飞行安全。涡轮叶片之所以容易损坏是与涡轮的工作条件密切相关的。在发动机工作时，涡轮叶片承受很高的热负荷。涡轴发动机涡轮承受的温度高达1 400 K 左右，在高温下涡轮叶片材料的强度会显著降低。另外，涡轮叶片在工作时承受巨大的离心力，涡轴发动机的转速大多在 20 000 RPM 以上，较高的转速使涡轮叶片根部承受的离心力达到叶片本身重量的几万倍。巨大的离心力使涡轮在工作时会被拉长。另外，涡轮叶片在工作中还要承受因燃气流场不均匀产生的交变应力。涡轮叶片受高温、高压燃气冲击，产生的气动力也很大。可见，涡轮叶片是在极为恶劣的条件下工作的，如使用不当，容易使叶片损坏甚至断裂。

图 11.101　过热的涡轮叶片

为防止涡轮叶片损坏，确保涡轮安全工作，发动机应从设计制造、使用、维护等方面采取措施。在飞行使用方面，防止涡轮叶片损坏主要是严格遵守发动机的限制，防止涡轮叶片承受的负荷超过其极限，主要注意以下几点：密切监控 EGT 温度，防止发动机超温；避免长时间使用大功率状态；防止发动机超转；发动机引气量不要过多等。

11.2.2.5　排气装置

排气装置用来排出从涡轮出来的燃气。一般涡轮喷气发动机排气装置设计成收敛形，而涡轮轴发动机排气装置则设计成扩散形，如图 11.102 所示。涡轴发动机的工作特点和安装特点，要求尽可能多的燃气可用能量通过自由涡轮转变为带动旋翼和尾桨的功率。现代涡轮轴发动机，95% 以上的可用功用于自由涡轮向外输出轴功率，只有 5% 以下的可用功用来增大气体动能而产生推力。这样自由涡轮出口燃气的静压就低于大气压，燃气的排气阻力增加，必须采用扩散型的排气装置，扩压后才能排入大气。在直升机上，涡轴发动机通常因安装特点和飞行特点的要求使燃气从排气装置中排出方向与飞行方向成 60°～90°夹角。

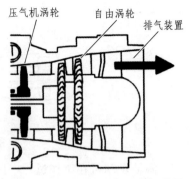

图 11.102　涡轴发动机排气装置

11.2.2.6　减速器

在大多数直升机上，旋翼以 300～400 RPM 的速度旋转，与此同时，驱动这些旋翼的涡轮转速要高得多。因此，直升机需要减速器降低发动机转速以适应旋翼。例如，装备于贝尔 206B Ⅲ直升机上的 Allison 250-C20J 发动机自由涡轮的转速达到 33 290 RPM，经发动机减速器减速后转速达到 6 160 RPM，再经过主减速器后转速降为 394 RPM。直升机需要减速器有两个原因：一是产生大的发动机功率需要高发动机转速；二是高转速会使旋翼翼尖失速。采用涡轴发动机作动力装置的直升机的减速器一般包括发动机减速器（也称体减或内减）和主减速器两部分。

发动机减速器直接与自由涡轮相连接，将自由涡轮的输出功率传送到主减速器并进行第一步减速。发动机减速器一般采用星形和斜齿轮形式，减速比多在（3.5～7）：1 之间。主减速器是将转速进一步减小到旋翼需要的转速。发动机减速器和主减速器降低了转速但没有改变传动的功率，传动齿轮承受的扭矩很大，因此需要大量的滑油进行润滑和冷却。通常主减速器的滑油系统与发动机滑油系统是分开的。在使用时，要监控座舱中的主减速器的滑油温度表和滑油压力表，这两个表一般是主减速器状态是否良好的指示器。

11.2.2.7　离合器系统

离合器是与传动轴密切结合的一个部件，不是在所有的直升机上都具备，只有使用航空活塞发动机和直接传动涡轴发动机的直升机上采用。在发动机起动时，需要离合器使发动机与旋翼脱开，使起动机的负载减小，因为起动机直接带动发动机转子旋转比较容易，而带动旋翼系统时惯性太大。在发动机起动过程中，当转速增加到一定程度时，离合器便与主减速器相接，并通过主减速器使旋翼转动。自由涡轮式的涡轴发动机不要求这样，因为在燃气发生器与自由涡轮之间没有直接传动。

所有直升机上都装有一种称之为自由飞轮组件(有的也称作超转离合器）的装置。自由飞轮组件的用途是当飞行中发动机出现故障时，自动断开发动机和主减速器之间的连接，即允许发动机驱动主减速器而防止旋翼带动发动机。如果没有这一组件，当直升机自转飞行时发动机会被旋翼所带动。此外，发动机的任何卡阻，都可能妨碍旋翼自转。离合器系统一般位于动力装置和主减速器的减速齿轮之间。

11.2.3　涡轴发动机的性能

涡轴发动机的性能好坏直接影响到直升机的性能，直升机飞行员必须要了解涡轴发动机的性能。涡轴发动机的性能参数主要有轴功率和燃油消耗率。涡轴发动机也产生推力，但很小，在直升机上用处甚小。图 11.103 所示为某涡轴发动机标准大气条件下的气流参数。

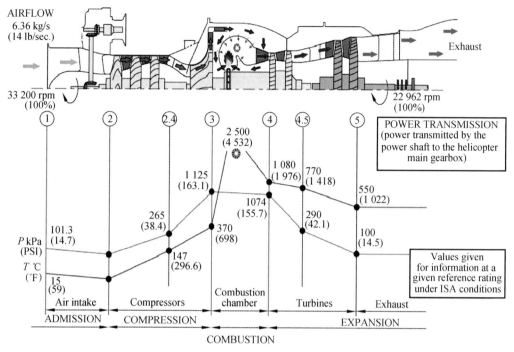

图 11.103　某涡轴发动机标准大气条件下气流参数

11.2.3.1　轴功率

涡轴发动机主要是通过传动轴输出功率，用于带动直升机的旋翼和尾桨，因此，涡轴发动机向外输出的功率称为轴功率，常用轴马力来表示。直升机的旋翼一般在恒定的转速下工作，旋翼的桨距确定了为保持转速所要求的输出功率。当桨距增加时，为保持旋翼转速不变，需要更大的功率；相反，旋翼的桨距减小时，仅需要较小的功率。

1. 平台功率

通常，涡轴发动机标明的最大功率是在标准大气条件下产生的。在不同的天气条件下，发动机的性能会发生很大的变化。当大气压力降低，或大气温度升高时，大气密度将下降，发动机输出的功率会降低；飞行高度升高，发动机输出功率也会降低。最明显的是大气温度对功率的影响。温度升高后，大气密度下降，发动机的输出功率将会降低，这对在高温条件下直升机的起飞带来很多困难和限制。工程师们在设计发动机时考虑到了这个问题，通过向燃烧室中适当多喷一点油可以在一定程度上缓解这一困难。然而喷入过多的燃油会造成发动机温度过高，如果排气温度超过限制，将损坏燃烧室或涡轮。

由于上述原因，涡轴发动机通常在一定的大气温度以下保持最大功率，超出这个温度后发动机的输出功率就会下降，称为平台功率工作，如图 11.104 所示。所保持的功率叫作平台功率，能够保持平台功率的最高温度叫作平台温度。也就是说，外界大气温度低于平台温度时，发动机可以保证有平台功率，当外界温度超过了平台温度时，发动机的输出功率就会降低。

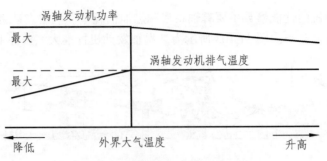

图 11.104　涡轴发动机的平台功率

同样一台涡轴发动机，在不同标高的机场平台温度会变化，高标高机场的平台温度要更低。一般在任何直升机的飞行手册上可以查表找出不同大气温度和机场标高条件下发动机能够输出的最大功率。

2. 扭　矩

涡轴发动机输出的轴功率用扭矩来反映。通常测量扭矩的装置安装在发动机减速器上，测出发动机产生的扭矩以 lbs·ft、压力单位或百分数表示在座舱中的扭矩表上，如图 11.105 所示。为了保持相同的旋翼转速，扭矩将随着旋翼桨距的增加而加大。实际上，发动机输出的功率是输出的扭矩乘以旋翼转速，再乘以发动机结构常数。因此，对任何发动机，转速与扭矩两者在功率输出中均是决定性的因素。一台转速非常高的发动机并不一定是功率很大的发动机，或者一台大扭矩的发动机其功率也不一定很大，

图 11.105　扭矩表

只有两个因素的组合才能确定涡轴发动机的功率输出。对于某一台涡轴发动机，特别是采用自由涡轮的涡轴发动机，在正常工作中，一般旋翼（自由涡轮）的转速是保持不变的，实际上扭矩成了发动机输出功率大小的唯一影响因素，因此扭矩表上的指示反映了发动机的功率。当上提或下放总桨距杆时，扭矩指示会相应地增加或下降。扭矩是发动机工作的主要限制参数之一，这是因为主减速器减速比大，承受的扭矩大，如果扭矩超过主减速器承受的极限，将使主减速器受到损坏。特别是在冬季飞行，气温低，扭矩容易超过规定值。

11.2.3.2　燃油消耗率

涡轴发动机的燃油消耗率是指发动机发出一马力的轴功率在一小时内消耗的燃油量。在一定的飞行条件下，燃油消耗率代表发动机的经济性。目前，涡轴发动机的燃油消耗率在 0.2 ~ 0.4 kg/hp·h 之间，与航空活塞发动机的燃油消耗率相当。在发动机工作过程中，没有仪表可以直接反映燃油消耗率，但可以用燃油流量表反映发动机的燃油消耗。发动机工作过程中，燃油消耗率随发动机转速的增加而减小。大气条件中，只有大气温度会影响燃油消耗率。当大气温度上升时，发动机的燃油消耗率将增加。

11.2.3.3　转速

转速可以较为全面地反映发动机和旋翼的工作状态和强度，因此，直升机均安装了发动

机转速表。直接传动式涡轴发动机上只有一个转动部件，只用一个转速表就可反映发动机的转速。而自由涡轮式涡轴发动机，一般要用两套转速表。一个转速表用于表示燃气发生器（压气机转子）的转速（N_1 或 N_g），如图 11.106 所示；另一个转速表用于表示自由涡轮转速（N_2 或 N_f）和旋翼转速（N_r），如图 11.107 所示。通常燃气发生器的转速测量装置安装在压气机附件齿轮中，自由涡轮转速测量装置安装在发动机减速器中。

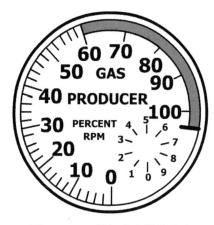

图 11.106　燃气发生器转速表

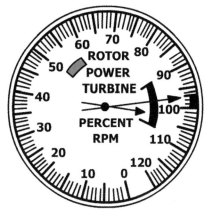

图 11.107　自由涡轮/旋翼两用转速表

转速表通常读出的是最大转速的百分数而不是每分钟实际的转速。例如，如果一台涡轴发动机最大转速是 33 000 RPM，此时转速表上的读数是 100%。在有些自由涡轮式的涡轴发动机上，N_1（或 N_g）以百分数表示，而 N_2（或 N_f）则以输出轴的转速表示。由于 N_2 系统是与旋翼相连接的，所以 N_2 的转速表是一个指示发动机与旋翼转速的双用途转速表，即一个 N_2 转速，另一个是旋翼转速 N_r。当发动机向旋翼系统输出功率时，N_2 与 N_r 的百分数相同，N_2 和 N_r 两个指针重合，且在整个正常飞行过程中基本保持不变。两个指针分开时表示 N_2 的百分数小于 N_r 的百分数。此时，由于自由飞轮组件的作用，发动机无功率输出给旋翼，旋翼也无功率传给发动机。当然，直接传动式的涡轴发动机也采用了这样的双用途转速表。

自由涡轮能够在压气机转子系统转速不同的情况下工作。例如，一架直升机在地面可以在 100%N_2、60%N_1 下工作，因为此时要带动几乎是在平直桨距下的旋翼，所要求的功率非常小。当提拉总桨距操纵杆时，旋翼桨矩变大，需要更大的发动机功率，必须增加 N_1 的转速以产生更多的燃气可用能量，用于 N_2 系统。同一直升机，在向前飞行时可能要求 85%N_1 以维持 100%N_2，在悬停时要求 88%N_1，而在爬升时要求 98%N_1。如果提拉总桨距杆时，N_2 转速不能保持或滞后，则称之为转速下降。这可能是由于直升机超载、发动机用旧或调整不当引起的。

11.2.3.4　排气温度

排气温度是涡轴发动机工作的另一个主要限制参数。根据温度传感器的位置不同，排气温度有几个名称：排气温度（EGT）、涡轮级间温度（ITT）或涡轮出口温度（TOT）。

排气温度与流经涡轮的燃气温度密切相关。如果排气温度太高，发动机热端部件就可能烧坏或者寿命降低。在涡轮导向器及涡轮转子上，超温可能引起金属的烧毁或涡轮转子叶片在高温和离心力的组合作用下伸长。这种影响可能当时表现出来，也可能在发动机工作一段时间后才表现出来。排气温度在起动时必须仔细监控，绝对不允许超出规定值。对于有些直升机，在较大的负载或高的大气温度下起飞时，排气温度容易超过规定。此外，直升机顺风或下降气流中悬停时也要特别注意不要超过排气温度限制。

图 11.108 所示是某发动机的涡轮出口温度表，该表的性质和作用与排气温度表是一样的。表上的绿弧段表示正常工作范围，黄色弧段表示有时间限制的工作范围，红线表示最大使用限制。

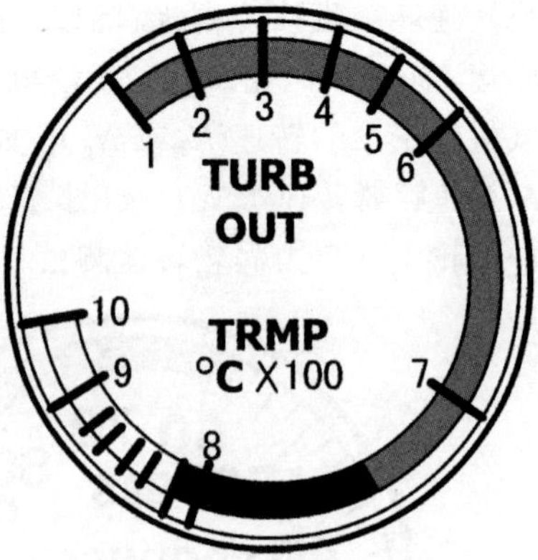

图 11.108 排气温度表

11.2.3.5 涡轴发动机的工作状态

在飞行中不同的飞行阶段对发动机的功率要求不同，因而发动机对应有不同的工作状态。目前国际上定义的常用涡轴发动机工作状态有下面几种。

1. 起飞状态

起飞状态也称为最大状态，一般是发动机的最大功率状态，即功率为 100%。此时发动机在最大转速下工作，主要用作高温和一定海拔高度的悬停和起飞。由于在该状态下发动机的热负荷和转速都是最大或接近最大，发动机允许的连续工作时间受到限制，一般不超过 5 min。

2. 额定状态

额定状态，是发动机设计所规定的基准状态。额定状态的功率通常规定为起飞功率的 85% ~ 90%，主要用作海平面大气条件下的悬停和起飞及正常爬升。连续工作时间一般规定为 30 min 至 1 h，甚至不限。

3. 巡航状态

巡航状态是直升机在巡航飞行时使用的发动机工作状态。巡航状态的功率一般规定不超过额定功率的 90%，按照不同的巡航速度，功率在额定功率的 60% ~ 90%范围内，都属于巡航状态。它是发动机承受热负荷及动力负荷最小的工作状态，连续工作时间不限，主要用作远距离平飞，即飞航线，有的也用作短时间爬升。

4. 慢车状态

慢车状态一般是发动机稳定、连续工作的最小工作状态，其转速相应等于最大转速的 55% ~ 65%。其功率一般不大于起飞功率的 5% ~ 10%。该状态一般用作发动机地面试车及直升机快速下滑。有的涡轴发动机没有慢车状态，起动起来即进入巡航状态。也有的发动机规定空中及地面慢车两个状态。

现代直升机为了安全可靠及要求动力装置发出更大功率，多采用双发或三发作为其动力装置。对于采用多台动力装置直升机上的发动机来讲，除上述的 4 个工作状态外，一般还规定有两个工作状态：

5. 最大应急状态

最大应急状态的功率是起飞状态功率的 107% ~ 115%，一般连续工作时间不超过

2.5 min。这一工作状态是在一台发动机发生故障停车时，为继续爬升或降落，其余发动机采用的状态。

6. 中间应急状态

中间应急状态也叫中等应急状态或额定应急状态。其功率一般大于额定状态功率。这一状态是当一台发动机发生故障停车时，为了较长时间进行平飞，其余发动机所采用的状态。一般连续工作时间不超过 30 min。

由上述可知，一般涡轴发动机的基本工作状态有 6 个。但发动机工作状态的划分不是固定不变的，它是根据不同型号发动机的具体情况而确定的。

11.2.4　发动机工作系统的工作

发动机的工作系统是保证发动机正常工作的有机组成部分，涡轴发动机的工作系统主要有：燃油系统、滑油系统和起动系统等。

11.2.4.1　燃油系统

发动机燃油系统的功用是根据飞行员的指令和飞行条件，将清洁的、无蒸汽的、经过增压的计量燃油分配给各燃油喷嘴喷出，从而确保发动机安全可靠地工作。

1. 燃油系统的基本组成和工作

图 11.109 所示是典型的涡轴发动机燃油系统的组成，发动机工作时，来自飞机油路的燃油先后经过增压泵、燃油滤、发动机燃油泵、燃油调节器、滑油/燃油热交换器，最后被分配到每一个燃油喷嘴，喷入燃烧室与空气进行混合燃烧。

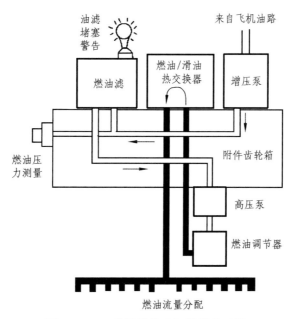

图 11.109　某涡轴发动机的燃油系统

燃油滤用于过滤燃油中的杂质，确保发动机工作安全可靠。主燃油滤都有旁通活门，防止油滤堵塞时，供油中断。为监控主燃油滤的工作，设置了油滤旁通警告灯，当主油滤堵塞时，警告灯亮，按实情应尽快着陆，在下次飞行前应清洗油滤。

发动机燃油泵的功用是进一步提高燃油的压力，确保供油的可靠性和燃油的雾化质量。发动机燃油泵由压气机涡轮齿轮系驱动，多为齿轮泵或旋板泵，包括高压油泵和增压泵。发动机增压泵主要是提高高压油泵的进口压力，提高高压油泵的效率，避免高压泵由于气蚀损坏。增压泵在飞行中一旦失效，发动机可以依靠高压油泵继续工作一定时间，但飞行后机务应对高压油泵进行检查。发动机高压油泵在飞行中失效，发动机将立即停车。在飞行使用中，可以通过燃油流量表及有关的信号，判断发动机燃油泵的工作是否正常。

2. 燃油控制系统（燃油调节器）的工作

燃油调节器是发动机燃油系统的核心，它根据飞行员的操纵指令、发动机参数和外界飞行条件自动调节燃油量，实现对发动机工作状态的控制和安全监控保护，确保发动机正常工作。目前使用的涡轴发动机的燃油调节器有机械液压（气压）式、机械电子式和 FADEC 式等几种，其中，FADEC 发动机控制系统已经成为发动机控制系统的趋势。FADEC 控制系统即全权数字电子控制系统（Full Authority Digital Electronic Control），是基于计算机的发动机控制系统，它通过传感器系统感受飞行员操纵指令、发动机参数及外界参数等，并将所有信息转换成数值信号传递给 FADEC 中央处理计算机进行综合和数据处理，然后计算机给出控制指令经数模转换操纵各执行机构进而控制发动机。FADEC 控制的参数较多，基本不受限制，它与其他的发动机燃油调节系统相比控制精度高，不仅可以节省燃油，充分发挥发动机性能，而且可以延长发动机寿命，提高发动机使用可靠性；控制的自动化程度高，信息传动快捷方便，大大减轻了飞行员的工作负荷，并便于发动机的维护。

11.2.4.2　滑油系统

涡轴发动机滑油系统的功用是提供清洁的、压力和温度适宜的滑油循环不断地送到发动机各机件摩擦面，起到润滑、散热和防锈蚀作用。对采用滑油/燃油热交换器的涡轴发动机，滑油的热量还可以对燃油加温，改善燃油系统的低温性能。此外，涡轴发动机的滑油系统还可以参与扭矩的测量。

1. 滑油系统的基本组成和工作

为完成润滑和散热的根本任务，滑油系统设置了各种附件，主要有以下几种：

1）滑油泵

滑油泵的任务是向摩擦面供给足够量的压力滑油并将润滑后的滑油抽回到滑油箱，作再次循环使用。滑油泵可分为向润滑部位供给滑油的供油泵（也叫增压泵）和从工作部位抽回滑油的回油泵。涡轴发动机的滑油泵多采用齿轮泵，由压气机涡轮驱动。

2）滑油滤

滑油滤用来过滤滑油，清除滑油内的杂质。润滑的目的之一是为了减少磨损，但如果滑油不清洁，混有杂质，不但不能起到减少磨损作用，反而会增加磨损，因此在滑油系统的供回油路上均设有油滤，对滑油进行多次过滤。

3）滑油散热器

滑油散热器用来对滑油散热，降低滑油温度。润滑后的燃油从润滑摩擦面带走了大量的热量，温度较高。回油泵将抽回的滑油首先送到滑油散热器进行散热降温，保证滑油温度在正常的范围内进入滑油箱，进行下一次循环。目前使用得最广泛的散热方法有两种：一种是利用空气给滑油散热，一种是利用燃油对滑油散热。

4）油气分离器

滑油在润滑过程中与空气掺合使滑油中混合了许多的空气。空气的混入，占据了一定的容积，必然影响滑油的良好循环，使得润滑及散热效果变差。因此滑油系统中设置了油气分离器，利用离心力将混入滑油的空气分离出来，如图 11.110 所示。

5）滑油箱

滑油箱用来储存滑油，油箱容量根据发动机需要而定，一般为 4～15 L。油箱内有用来测量滑油量的量油尺或油面指示器。油箱上还有加油和防油装置、通气装置等。

图 11.111 是贝尔 206B Ⅲ 直升机上的 Allison 250-C20J 发动机的滑油系统。发动机工作时，滑油箱

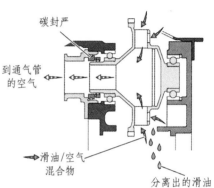

图 11.110　油气分离器示意图

内的滑油经滑油进油泵抽出并加压，首先经滑油主进油油滤过滤，然后进入发动机的轴承腔和附件齿轮箱润滑相应部件，滑油回到各自的收油池后经滑油回油泵抽回，在回油管路上经过滤后送入滑油散热器进行冷却后回到滑油箱。滑油箱、附件齿轮箱和轴承腔内的滑油蒸气经油气分离后与大气相通，防止滑油蒸气过多，影响润滑效率。

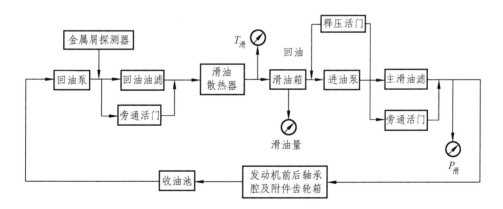

图 11.111　Allion 250-C20J 发动机滑油系统

此外，滑油系统上还安装有监控滑油系统工作的必要传感器，如滑油压力传感器、滑油温度传感器、低滑油压力警告、油滤堵塞指示等，如图 11.112 所示。

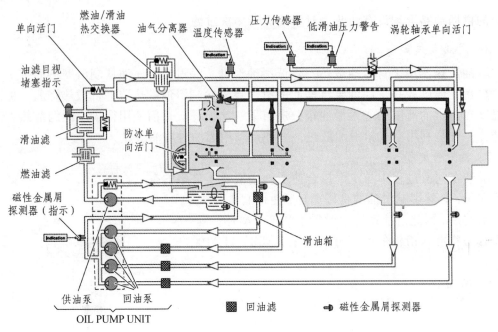

图 11.112　MAKILA 2A1 发动机滑油系统

2. 滑油系统的监控

飞行中，飞行员可以通过监控滑油压力、滑油温度以及相应的信号指示来判断滑油系统工作是否正常及发动机是否有故障，确保飞行安全。

1）滑油压力

发动机滑油压力通常靠测量发动机滑油泵出口的压力来获得，可描述进入发动机滑油系统的滑油量大小。为确保润滑质量，滑油压力应适宜。若滑油压力过大，滑油系统的负荷增加，容易出现滑油泄漏，使系统工作的可靠性降低；若滑油压力过低，进入润滑系统的滑油量过少，不能确保发动机的润滑质量。所以，适当的滑油压力是确保滑油系统正常工作的必要条件。

飞机的《飞行手册》中都对滑油压力的正常工作范围作了明确的规定。如图 11.113 所示，Allison 250-C20J 发动机正常的滑油压力"绿区"为工作范围，"黄区"为警戒范围，"红区"为禁止进入的范围。正常飞行中，滑油压力必须在"绿区"范围，并且滑油压力值随着发动机转速的增加而上升，只有当发动机在慢车状态工作时，才允许滑油压力在"黄区"范围。飞行中，若滑油系统泄漏、滑油泵及释压装置故障、发动机严重磨损等都会引起发动机滑油压力不正常。当滑油压力在"红区"范围时（如果装有滑油压力低警告灯，当滑油压力过低时，滑油低压警告灯亮），机组应检查滑油系统其他参数，若其他参数显示发动机故障，应立即执行发动机停车程序，防止发动机进一步损坏。

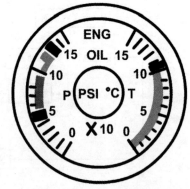

图 11.113　Allison 250-C20J 发动机滑油压力和温度表

2）滑油温度

发动机滑油温度通常测量滑油的回油温度，若发动机机件的润滑质量不好，磨损严重，滑油的回油温度势必升高，所以发动机回油滑油温度值可以较为直接地反映发动机实际的润滑情形。

如图 11.113 所示，与滑油压力一样，飞机对滑油温度的正常工作范围有明确的规定。发动机正常的滑油温度为"绿区"工作范围，"红区"为禁止进入的范围，正常飞行中，滑油温度必须在"绿区"范围；飞行中当滑油温度进入"红区"范围时，机组应及时检查滑油系统其他参数，若其他参数显示发动机故障，应立即执行发动机停车程序，防止发动机进一步损坏。

目前，由于涡轮轴发动机采用的滑油品质较好，在较宽的滑油温度范围内可以确保机件润滑质量。所以，在起动发动机时一般不需要对发动机进行加温，只有在极其寒冷的地区（一般为－40 ℃ 以下时），起动发动机前才需要对发动机进行加温。

冷发起动后，不允许立即前推油门，应当使发动机在慢车状态运行一段时间（即暖机），使发动机滑油温度上升到一定值后，才允许发动机在大功率状态工作。目的是：① 只有当滑油温度达到一定的值时，才能确保发动机的润滑质量，防止发动机磨损；② 使涡轮等热端部件温度逐渐升高、分布均匀，防止内部温差过大，产生热应力，从而延长发动机的使用寿命；③ 使涡轮叶片充分膨胀、叶片伸长，使起飞状态下的涡轮间隙减小，涡轮效率提高，涡轮功率增加，发动机起飞状态下的涡轮前温度可降低，从而防止起飞时发动机超温，确保涡轮的安全工作。

飞行结束后，发动机停车前，也应当使发动机在慢车状态运行一段时间（冷机），使发动机滑油温度下降到一定值后，才允许将发动机停车（尤其在夏季）。目的是一方面防止热滑油大量流走，使轴承腔内剩余的滑油量太少，引起下次起动时发动机的磨损加剧；另一方面是使涡轮等热端部件温度逐渐降低、分布均匀，防止内部温差过大，产生热应力，从而延长发动机的使用寿命。

3）金属屑探测

当发动机存在磨损时，滑油回油中存在金属屑。为探测滑油中的金属屑，发动机滑油回油管路中有金属屑探测器，金属屑探测器与座舱中的金属屑警告灯相连，磁性探测器可以吸附金属屑，当探测器聚集了一定量的金属屑后，接通电路，座舱中的金属屑警告灯亮。当座舱中的金属屑警告灯亮的时，表示发动机中存在磨损，应尽快着陆。有的发动机上还有滑油滤旁通灯，也可以探测滑油中的的金属屑。

4）滑油量

由于燃气涡轮发动机的滑油系统主要是润滑发动机转子轴承，所以滑油的消耗很少。飞行中若滑油箱内的滑油量突然减小或发动机滑油消耗量突然增加，都是发动机滑油系统故障(泄漏或存在磨损）的征兆，维护人员将对系统进行检查。

燃气涡轮发动机的滑油系统的工作是否良好，直接关系到发动机的使用寿命。所以，在飞行中机组应加强对滑油系统的监控（交叉检查相应的系统参数）。当出现异常情形时，应及时按《飞行手册》中规定的程序进行处理，以确保飞行安全。

11.2.4.3 起动系统

涡轴发动机的起动是指涡轴发动机的压气机转子从静止状态加速到慢车转速的过程。涡轴发动机常见的起动有：地面起动、冷转和空中起动。

1. 发动机起动的 3 个阶段

涡轴发动机的起动过程根据发动机转子的加速情况可分为 3 个阶段，如图 11.114 所示。

第一阶段：是指从起动机带动压气机转子转动到涡轮开始发出功率为止。此阶段压气机转子单独由起动机带动，发动机剩余功率逐渐增加，随着发动机转子的转动，发动机的转动部件得以润滑，同时随着电嘴跳火、发动机供油，燃烧室内开始形成点火源。

第二阶段：是指从涡轮发出功率到起动机退出工作时为止。此阶段发动机转子由起动机和涡轮共同带动，随着涡轮温度迅速增加，发动机剩余功率较大，发动机转子加速较快，是发动机起动过程加速最迅速的阶段。

第三阶段：是指从起动机退出工作到发动机稳定在慢车状态时为止。此阶段发动机转子由涡轮单独带动，发动机自行加速，剩余功率逐渐变小到零，发动机最终稳定在慢车状态。

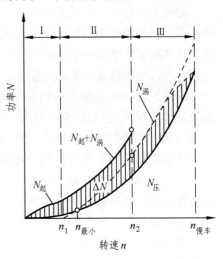

图 11.114 发动机起动的 3 个阶段

由此可见，起动加速过程时间的长短取决于剩余功率的大小，剩余功率越大，转子的加速度越大，加速时间越短。

2. 起动系统的组成及工作

起动系统主要由以下部件组成:起动机、点火装置、起动供油装置、起动程序机构、起动电门等，图 11.115 所示是 Allison 250-C20J 发动机起动系统。

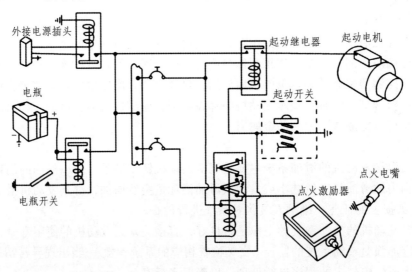

图 11.115 Allison 250-C20J 发动机起动系统

起动机的作用是通过外部动力带动发动机转子转动。目前，绝大多数涡轴发动机使用电动起动机。电动起动机是利用电瓶电源带动直流电动机转动，从而输出扭矩带动发动机转动。起动机位于发动机附件齿轮箱上，当外部动力作用于起动机时，起动机转动，起动机的离合装置工作，使起动机与发动机转子相连，从而带动发动机转子转动；当发动机加速到一定值时，起动机的外部动力卸载，起动机的离合装置使起动机与发动机转子脱开，起动机退出工作(有些电动起动机，当发动机稳定在慢车状态后，可作为直流发动机)。空气起动机质量较轻、结构简单、使用经济、可靠性好，用在部分大功率涡轴发动机上，如米 26，S-92 等直升机。这类直升机一般都有辅助动力装置（APU），起动机的引气可由起动好的发动机或者辅助动力装置（APU）提供。

点火装置的作用是在发动机起动时提供高能点火，使发动机着火，同时也可在飞机起飞、进近着陆、发动机防/除冰以及复杂气象条件下提供再点火，防止发动机熄火。燃气涡轮发动机的点火装置都为双点火，即每台发动机有两套独立的点火系统，两个点火器位于燃烧室内不同位置，以确保发动机点火可靠。

起动供油装置的作用是控制起动供油量，确保发动机起动过程不超温、不喘振、不熄火。起动供油装置通常为发动机燃油调节器的一个组成部分。

起动程序机构的作用是协调发动机起动过程中起动机、点火装置和起动供油装置的工作，使起动过程平稳、有序、可靠。起动程序机构一般通过时间和转速来进行程序控制。

3. 发动机的地面起动

1）典型发动机的地面起动

下面以 Allison 250-C20J 发动机为例介绍涡轴发动机的起动。

发动机起动前应按检查单进行检查，发动机部分的检查主要包括发动机外部检查和驾驶舱准备。检查完一切符合要求，可以对发动机进行起动。

首先插上外电瓶，然后按下起动按钮起动。观察 N_1（压气机转子转速）上升至 15%，TOT（涡轮出口温度）<150 °C 时，开油门至慢车（此时 TOT 应小于极限温度）。当 N_2（自由涡轮转速）上升至 25%时，N_r 现。当 N_1 上升至 58%时松开起动按钮，当 N_1 转速上升至 60% ~ 62%时，打开蓄电池电门，检查滑油压力应指示为慢车对应值，起动过程完成。

2）起动注意事项

由于发动机起动过程时间短，机组监视的参数多，一旦出现异常，若机组处置不当或不及时，将严重损坏发动机。所以，在发动机起动过程中，机组应集中注意力，在起动的不同阶段正确调整注意力的分配，从而确保不正常起动时，机组及时正确处置。机组在发动机起动过程中要注意下面几个问题。

（1）机组注意力的分配要适当。

在打开油门环至慢车以前，机组的注意力应集中在对起动机工作的监控和 N_1、EGT 的变化上，在打开油门环时，机组应重点监控发动机参数（FF，N_1，N_2，N_r，EGT），尤其是 EGT；在起动机脱开时，一方面注意监控起动机是否可靠脱开，另一方面由于起动机脱开后，EGT温度将迅速升高并出现峰值，所以更要注意监控 EGT 的变化，当发动机进入慢车状态时，注意监控发动机滑油压力是否正常（应在黄区），慢车状态发动机参数是否稳定。

（2）打开油门环要适时。

若打开油门环过早，由于 N_1 转速较低，空气流量较小，而过早地向燃烧室喷油，容易造成混合气过富油，引起压气机喘振，进而造成发动机热起动；若打开油门环过晚，涡轮投入工作过晚，发动机剩余功率较小，使起动加速时间延长，同时也容易使起动机工作负荷过大，影响起动机的使用寿命。

飞行员操纵油门时，动作要迅速，必须将油门环置于"IDLE"位，确保发动机供油的可靠，防止起动失败。

（3）随时作好中止起动的准备。

发动机起动时，由于可能出现的不正常情况较多，所以，机长的手不要离开油门环。要做好随时中止发动机起动的准备，防止不正常起动情形出现时，贻误时机，使发动机的损坏加剧。

3）不正常起动情形

发动机常见的不正常起动情形有：热起动、悬挂起动、湿起动等。

（1）热起动：是指起动过程中排气温度超过起动温度限制值的现象。引起发动机热起动的因素主要有：燃烧室内残余的燃油过多；打开发动机油门过早；打开发动机油门时燃油流量过高；发动机喘振；起动机功率不足等。热起动将严重损坏发动机，大大缩短发动机的使用寿命，所以，在发动机起动时，机组需密切注视 EGT 的变化，一旦发现 EGT 和 FF 上升过快，发动机有超温的趋势时，必须及时中止起动。

（2）悬挂起动：是指起动过程中发动机转速上升到低于慢车转速的某转速值时，转速不再上升或下降的现象。引起发动机悬挂起动的因素主要有：起动机脱开过早，发动机未加速到自维持转速；起动机功率不足；发动机喘振；起动过程供油量过低（剩余功率不足）或过高（过富油引起的喘振）等。发动机出现悬挂起动时，由于加速滞缓，发动机起动时间增长；同时有的悬挂起动也往往伴随热起动（又叫热悬挂）一起发生。

（3）湿起动：是指起动时混合气未着火的现象。主要表现在打开发动机油门后，无 EGT 温度指示，发动机转速不能进一步上升。引起发动机湿起动的原因主要有：点火系统故障，点火器不工作或点火能量过低；混合气混合比不当（通常为过贫油）；气体初温、初压过低，混合气不能着火等。

除以上不正常起动外，还有起动机未及时脱开，发动机慢车状态滑油压力过低（红区），旋翼不出现转速，发动机失火等。

4）中止起动的方法

发动机起动过程中，一旦出现任何不正常起动或其他紧急情况，机组应立即中止起动，防止损坏发动机。

（1）起动机脱开前的中止起动方法。首先将发动机油门环置"CUTOFF"位，切断发动机燃油和点火，使发动机停车，起动机带动发动机转子冷转，排出发动机内的余热和余油，再松开发动机起动电门，使起动机脱开。

（2）起动机脱开后的中止起动方法。首先将发动机油门环置"CUTOFF"位，切断发动机燃油和点火，使发动机停车，当发动机高压转子转速 N_1 降低（N_2 过高时，起动机轴易折断），再按下发动机起动电门，使发动机冷转一定时间，排出发动机内的余热和余油，最后将发动机起动电门松开，使起动机脱开。

发动机中止起动后，必须在机务人员排除故障后，才允许再次起动发动机。

4. 空中起动

空中起动是指飞行中，由于飞行员操纵不当或因恶劣气象条件等引起的燃烧室熄火，造成发动机停车时，在空中起动发动机。

实际飞行中，一台发动机熄火后，飞行员应及时将另一台发动机设置到单发工作所需的功率状态，对失效发动机进行停车保护并向地面报告。

如果飞行速度和高度允许，且起动的发动机为无故障发动机，机组可以按飞行手册规定在空中对停车发动机进行起动。

11.2.4.4　发动机操纵装置

飞行员对涡轴发动机的操纵是通过座舱中的发动机操纵装置来完成的。直升机发动机的主要操纵装置是旋钮手柄（油门环）和总桨距杆。

如图 11.116 所示，旋钮手柄装于总桨距操纵杆的端头，通过旋转旋钮手柄可以改变供给发动机的燃油量，进而改变发动机转速和功率。通常旋钮手柄有 3 个基本位置，关断、慢车和全开。将旋钮手柄置于关断位，将切断发动机的供油和点火，将旋钮手柄置于慢车位发动机稳定工作在最小工作状态。旋钮手柄装有弹簧加载的慢车止动器，用以避免油门在飞行中无意放在关断位。旋钮手柄上有可调的摩擦控制器以保持手柄的位置，上拉或下推总距杆不会影响旋钮手柄的位置，为了改变旋钮手柄的位置，必须转动摩擦控制器。在装备自由涡轮式涡轴发动机的直升机上，飞行中不需要协调旋钮手柄和总桨距杆的工作，因为在所有的飞行状态下，旋钮手柄均处于全开位置，而且当总距杆上拉或下推时，发动机的燃油系统会自动调整供油量，保持自由涡轮和旋翼的转速不变。

图 11.116　总桨距杆和发动机主要操纵装置

在飞行过程中，可以通过上提或下压总桨距杆来调整涡轴发动机的功率。上提总桨距杆，旋翼桨距增大，保持旋翼转速不变需要的发动机功率增加，发动机燃油调节器相应增大供油量，压气机转子转速增加，使自由涡轮转速不变，输出功率增大。下压总桨距杆，燃油系统将减小燃油供给，发动机输出功率减小。装备自由涡轮式涡轴发动机的直升机通常还有一个自由涡轮调速器开关(有时称之为指令发生器或比仆按钮)，这个装置可微调自由涡轮和转速，允许飞行员在不同的场温情况下将自由涡轮转速调整为 100%。

另外一个发动机的操纵开关就是发动机起动按钮。当按下起动按钮后，起动机可带动发动机转子开始转动。参考具体直升机的操纵手册可以熟悉发动机的起动程序。

11.2.5　涡轴发动机的使用

作为直升机，要在极宽广的大气条件和恶劣的外界环境下工作，这些外界条件对涡轮轴发动机工作有极大影响。

11.2.5.1　涡轴发动机在多灰尘砂石和低飞行高度条件下的使用

涡轴发动机工作时有大量的空气流过发动机，进入发动机的空气必须干净无外来物，但在直升机的工作中这项要求很难满足，因为直升机经常在没有坚实表面的场地上起降，由于旋翼的下洗作用，尘土、砂石会吹到空气中，进入发动机后会对发动机造成损伤。起降场上的直升机在 50 m 内时，一架直升机扬起的灰尘对另一架直升机发动机也会有严重影响。

1. 外来物对发动机的损伤

外来物的损伤是除空气外任何流过压气机的物体对发动机造成的损伤。外来物的种类不同，对压气机可能形成的损伤也不同。

通常发动机吸入砂石会造成压气机叶片的磨蚀，使叶片的叶形发生变化，就好比机翼积冰一样，磨蚀改变了压气机叶片的形状和效率。一旦效率变差，压气机即不能供给所需的空气量，其第一个结果是导致发动机较高的排气温度。若磨蚀继续进行，还可能导致压气机叶片上出现气流分离，引起压气机内气流回流，压气机出现喘振或失速。

流过压气机的较大物体会造成诸如叶片的擦伤、碰伤及变形等严重损伤，有时可能造成叶片的断裂。断裂的叶片穿过压气机还会造成更大的损伤。碰伤及擦伤主要增大了叶片的应力，再加上叶片本身承受的离心力后，可能使叶片断裂。另外，叶片断裂后还会引起转子的不平衡，从而使整台发动机发生故障。

还应指出的是，对于涡轮冷却系统来说，空气流中的尘砂是特别危险的。涡轮冷却是通过用燃烧室第二股气流或压气机空气进行的。空气流中灰尘一旦堵塞了气流孔或气流缝隙，就会减少冷却空气量、导致热部件超温，这就增大了涡轮部件损坏的可能性。

采用杂质分离器和滤网后可使这种损伤大大降低，这要求直升机驾驶员在每次飞行前仔细检查发动机的进气装置。特别要注意有无维护人员遗忘的工具、保险丝断头或其他能被发动机吸进的物体。

灰尘和砂石对发动机的另一个影响是使压气机积污。污垢如同磨蚀一样，会改变叶片的形状，使压气机的效率降低，增加排气温度。污垢的形成是逐渐的，排气温度的升高也是逐渐的。所处的工作地区或叶片上残存的任何滑油、油脂均能加速污垢的形成。通常对压气机进行清洗可以清除污垢，恢复发动机的性能。此外，驾驶员还应该注意飞行中排气温度的变化趋势，帮助判断污垢的积累情况。

2. 气流堵塞

进气装置堵塞或局部堵塞对发动机是很危险的，因为它限制了流过发动机的气流。如果没有足够的气流，就会造成发动机排气温度升高、工作不稳定甚至发动机熄火停车。造成气流堵塞的因素主要包括发动机进气口处结冰、堆积了杂草。

由植物造成的堵塞通常发生在直升机着陆或悬停状态下。要求直升机飞行员仔细选择着陆区域，或者及时对进气装置进行清洁，因为这种植物的堆积最可能出现在杂质分离器或进口滤网处。

11.2.5.2　涡轮轴发动机在潮湿和盐雾条件下的使用

大气湿度增高，导致进入涡轮轴发动机的实际空气流量减少，使发动机轴功率下降。直升机在高湿度、大雨量条件下工作，还有可能引起金属零件、附件腐蚀；橡胶件提前老化，以及电气装置各接触器氧化。

特别是，当直升机在盐雾环境（海、大洋、盐水湖泊）上空飞行时，盐水源表面上空充满了高浓度盐分，对发动机件有很大的腐蚀性。例如，在涡轮轴发动机进气装置离海平面 8 m 高度时，对 1 100 kW（1 500 hp）的涡轮轴发动机，每小时要吸进 900 g 盐分。盐分在发动机空气燃气通道中引起发动机零件严重的侵蚀性腐蚀，将导致涡轮轴发动机喘振倾向，腐蚀严重时发动机轴甚至有折断危险。

对潮湿和盐雾环境下使用涡轮轴发动机，应注意采取如下措施：

（1）多雨季节使用时，仔细盖好进气装置和排气装置堵盖，并盖上蒙布；发动机起动前要检查进气装置、排气装置应无水沉积，并先作冷运转；在直升机停放时，并应严格按规定试车日期试车。

（2）在海洋上空 100 m 高度以下飞行后，应在地面用不含矿物质的水（蒸馏水等）清洗发动机。还可采用专用防腐液，向发动机内喷，处理发动机，形成保护薄膜短时保护机件不受盐雾腐蚀。

（3）限制海上飞行的最低高度，避免在水上进行低高度悬停。

11.2.5.3 涡轮轴发动机在低气温条件下的使用

低温条件下使用涡轮轴发动机，首先是防止燃油中形成冰结晶体和燃油滤堵塞。为此，使用的燃油中应有防止结冰的特种添加剂。

在 – 40 ℃ 以下起动涡轮轴发动机，要采取加温措施（如机场加温器等）后才能起动，目的是使滑油温度不低于 – 40 ℃。也可采取周期起动的方法使滑油温度不致低到 – 40 ℃ 以下。

在 – 50 ℃ 以下时，长期停放的直升机如需起动涡轮轴发动机，一般应从滑油箱、发动机和主减速器中放出滑油，重新充填新滑油。充填新滑油前应将滑油加温到 60 ~ 70 ℃。

在低温条件下长期停放的直升机上的发动机，燃油系统和控制系统附件中可能产生气塞。应在各相应放气处放气，防止供油不足和引起调节部分功能变坏。

当涡轮轴发动机在地面结冰条件下试车时，必须接通防冰系统。为了提高防冰效果，在慢车状态将滑油温度加温到要求的温度后，将发动机油门推到较高的工作状态。

11.2.5.4 涡轮轴发动机在其排出的燃气流受旋翼影响下的工作

当直升机在地面工作或处于悬停状态、垂直飞行状态时，涡轮轴发动机排出的热燃气将污染发动机周围的空气。因为，在这种情况下从涡轮轴发动机流出的燃气速度较小，会被直升机旋翼扰动的气流冲散，使直升机周围空间的空气温度升高。尤其在对着发动机排气方向有风时，燃气流被冲散，污染周围空气，直升机周围空气温度升高更多。

被热污染了的环境，会造成涡轮轴发动机进口空气温度的不均匀性。如果再遇到如压气机叶片磨损、起动发动机电源不足、发动机负荷有急剧变化等因素，可能会破坏发动机的正常工作。如某直升机的涡轮轴发动机在 30°C 左右大气温度条件下工作时，在起飞工作状态和风向不利时，涡轮轴发动机进口前的大气温度可达 50 ~ 60°C。再加上气温增高区的不均匀，可能导致压气机工作失去稳定性而发生喘振。

当然，热空气进入发动机，使空气重量流量降低也导致涡轮轴发动机轴功率的下降，进而导致直升机旋翼转速的下降。这种情况下，未装有旋翼转速恒定和轴功率协调系统的直升机，如处于悬停或垂直飞行状态可能掉高度；装有上述系统的直升机上，将通过自动系统增加涡轮轴发动机的供油量来保持其轴功率恒定，但这将引起涡轮前燃气温度大大增高，导致发动机有效轴功率降低。

因此，对有侧风、顺风时的发动机起动，或直升机以涡轮轴发动机的最大工作状态作悬停工作，特别是在执行吊装任务时（还外加有排气路上有障碍物对燃气流冲散的坏影响），涡轮轴发动机的工作必须考虑燃气流在直升机旋翼下散布对其工作的影响。

11.2.6 辅助动力装置

部分直升机上装有辅助动力装置（APU），其主要功用是当主交流发电机在地面不工作时为直升机提供电源，在空中飞行时作为交流电源的辅助电源，同时APU也为发动机起动和直升机空调系统提供气源。

APU是一个独立的设备，通常由齿轮箱和小型恒速燃气涡轮发动机组成。齿轮箱驱动一台发电机，这台发电机与主发动机驱动的发电机在类型和功率等级上相似。齿轮箱也驱动APU附件，如燃油泵，滑油泵等。

小型恒速燃气涡轮发动机结构与涡轴发动机类似，包括压气机、燃烧室、涡轮、排气装置及燃油、滑油、控制、指示等工作系统。不同之处在于APU结构相对简单，因此压气机多采用离心式结构，燃烧室则往往采用单管或者回流燃烧室结构，涡轮多为径流式结构。此外，由APU驱动的发电机一般没有恒速传动装置，因此APU需要工作在恒定的转速（一般为95%左右）。图11.117所示为S-92直升机的APU。

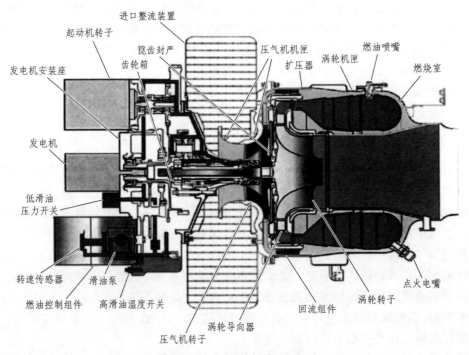

图 11.117   S-92 直升机 APU

APU可采用电起动或者液压起动，电起动与涡轮发动机类似，此处不再赘述。下面以S-92直升机为例简单介绍液压起动（见图11.118）。S-92起动系统主要部件包括电子顺序组件（ESU）、点火电嘴、蓄压器、起动活门、起动马达、手摇泵等，由位于驾驶舱头顶操纵台上的控制开关控制。当控制开关选择"ON"位时，ESU 自动起动 APU；当驾驶员放弃起动手动（正常）关断时，选择控制开关到"OFF"位。当 APU 设定的任何保护参数超过限制值时，如 EGT 超温、ESU 过流、超转、M 灭火按钮被按下等，APU 也会自动关断。

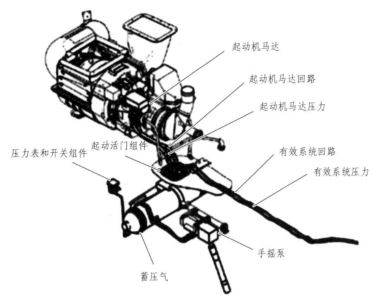

图 11.118　S-92 直升机液压起动系统

S-92 直升机采用蓄压器提供液压力带动起动机工作，如图 11.119 所示。当 APU 起动活门打开，A 腔的高压氮气推动浮子活塞向右移动，使 B 腔的液压源流过起动活门和起动机，从而带动 APU 起动。

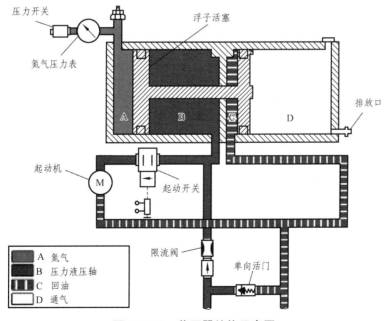

图 11.119　蓄压器结构示意图

11.3 直升机飞行原理与性能

直升机利用旋翼旋转提供的升力、前进力和操纵力,不但能前飞,还能有效地完成空中悬停、垂直起落和后飞等飞行。作为直升机执照考试课程之一,要求学员掌握有关直升机飞行的基本理论,解决为什么能飞和怎样飞等问题。

本节从旋翼的特点开始,分析旋翼拉力的产生,直升机的平衡、稳定性、操纵性,然后分析直升机平飞、上升、下降、起飞和着陆的特点,最后对直升机重量与平衡进行了简要叙述。

11.3.1 旋翼的基本知识

直升机在空中飞行时,升力、前进力均由旋翼所产生。对直升机来说旋翼既起到了飞机机翼的作用,又起到了螺旋桨的作用。旋翼还起到飞机副翼、升降舵和方向舵的作用。为了实现上述功能,旋翼的拉力、方向和大小均可变。

11.3.1.1 旋翼的几何特性

1. 旋翼直径

旋翼旋转时,桨尖所划圆圈的直径,叫做旋翼直径,用 D 表示(见图 11.120)。大型直升机的旋翼直径可达 30 m 以上,小型直升机的旋翼也有 7~8 m。

2. 桨盘荷载

直升机飞行重量与桨盘面积的比值叫桨盘荷载。它是飞行性能的重要参数,应符合最大速度状态、悬停状态和旋翼自转飞行状态的要求。

3. 桨叶的几何扭转

旋翼旋转时,桨叶的不同部位其圆周速度也不同,从而引起空气动力沿桨叶分布不均匀,为改善空气动力分布,通常把桨叶做成具有负的几何扭转,即从桨根到桨尖的桨叶安装角逐渐减小(见图 11.121)。

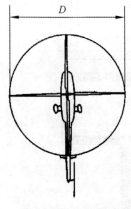

图 11.120　旋翼直径

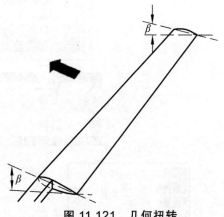

图 11.121　几何扭转

4. 旋翼实度

所有桨叶面积之和同桨盘面积的比值叫旋翼实度。一般范围为 0.03～0.08。旋翼实度小表明每片桨叶面积小或桨叶片数小。旋翼实度过大，必然使桨叶间距离过小，造成后桨叶经常处于前桨叶的涡流中，空气动力性能变差。

5. 桨叶平面形状

桨叶平面形状常见的有矩形、梯形和矩形加后掠形桨尖等。近年来桨尖的形状变化发展较多。目前已从第一代矩形、第二代简单尖削加后掠、第三代曲线尖削加后掠发展到下反式三维桨尖（见图 11.122）。这是因为桨叶尖部速度对旋翼性能有着十分密切的影响。原因之一是前行桨叶尖的空气压缩性不允许速度过大，通常限制 Ma 在 0.92 以下。某些直升机采取后掠翼尖可以使其临界 Ma 增加百分之几，例如"山猫"直升机的前后掠桨尖较大地提高了旋翼效率。原因之二是噪声的限制，当桨尖速度过大时，所产生的噪声是不可接受的。此外就是当旋翼工作状态特性系数大于 0.5 时，后行桨叶将产生较大的失速范围。综上所述，桨尖速度被限制在一定范围内。

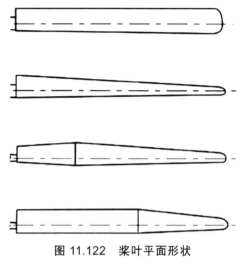

图 11.122　桨叶平面形状

11.3.1.2　旋翼工作状态参数

1. 旋翼转速和桨毂旋转平面

旋翼每分钟旋转的圈数叫旋翼转速。桨毂旋转时与桨毂轴垂直的旋转平面叫桨毂旋转平面，它是分析旋翼和桨叶的重要基准面。

2. 旋翼的有效工作面积

旋翼工作时，整个桨盘并不都能有效地产生拉力，如桨尖、桨毂、桨根返流区部分不产生拉力。对旋翼产生拉力起作用的面积叫旋翼的有效工作面积。有效面积一般占整个桨盘面积的 92%～96%。

3. 旋翼迎角

相对气流与桨毂旋转平面的夹角（α_s）叫旋翼迎角（见图 11.123）。如果相对气流自下而上吹向桨毂旋转平面，旋翼迎角为正。垂直上升时为 – 90°，垂直下降时为 + 90°。

4. 旋翼工作状态特性系数

直升机沿任一倾斜轨迹飞行时，气流斜吹旋翼，相对气流速度（v_0）可分解为两个分量（图 11.124）。一个是沿桨毂旋转轴方向的分量（$v_0\sin\alpha_s$）；一个是沿桨毂旋转平面的分量（$v_0\cos\alpha_s$）。沿桨毂旋转平面的气流分速同桨尖圆周速度之比叫旋翼工作状态特性系数。它用来表示气流不对称的程度。悬停时的特性系数为 0；最大平飞时，可达 0.35～0.4，但过大会引起气流分离。

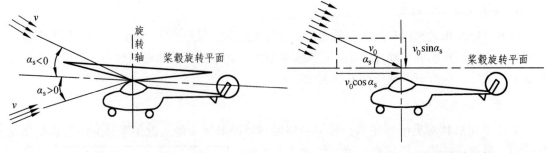

图 11.123　旋翼迎角　　　　　　　　　　　图 11.124　飞行速度的分解

5. 入流系数

相对气流沿桨毂旋转轴方向的分量同桨尖圆周速度之比叫入流系数。平飞和上升状态，旋翼迎角为负，故 $v_0\sin\alpha_s$ 为负，入流系数总为负值。如果直升机下降，$v_0\sin\alpha_s$ 为正，当 $v_0\sin\alpha_s$ 大于诱导速度 u_1 时，入流系数为正。

11.3.1.3　桨叶工作状态参数

1. 桨叶切面安装角和桨距

翼弦与桨毂旋转平面的夹角(φ)叫安装角（见图 11.125）。桨距是指 $0.7R$ 处切面的安装角，而旋翼的总距为各片桨叶的桨距的平均值。

2. 桨叶的切面迎角

切面的相对气流与其翼弦的夹角（α）叫桨叶的切面迎角（见图 11.125），相对气流从下方吹来为正。桨叶迎角是指特性切面的迎角。

3. 桨叶来流角

相对气流合速度与桨毂旋转面一般情况下

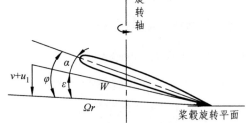

图 11.125　安装角、迎角、来流角的关系

是不平行的，两者的夹角（ε）叫来流角（见图 11.125），相对气流从上方吹来为正。

11.3.2　旋翼拉力

11.3.2.1　旋翼拉力的产生

由于旋翼的桨叶切面形状与机翼剖面形状相似，桨叶转动时也有一定的迎角，所以旋翼桨叶产生拉力与机翼产生升力的道理大致相同（见图 11.126）。

多数情况下，当空气流过桨叶上表面时，流管变细，流速加快，压力减小；空气流过桨叶下表面时，流管变粗，流速减慢，压力增大。这样，在桨叶上、下表面形成了压力差，桨叶上就产生一个向上的拉力，各桨叶拉力之和就是旋翼的拉力。同时，旋翼旋转时，不断地拨动空气，使空气向下加速流动，给空气一个向下的作用力，根据作用与反作用原理，空气就会给旋翼一个大小相等方向相反的反作用力，这就是旋翼产生的拉力（见图 11.127）。

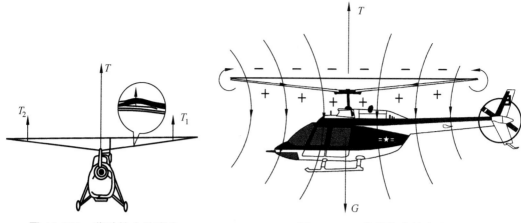

图 11.126 桨叶拉力的产生　　　　　　图 11.127　旋翼拉力的产生

由于旋翼的桨叶无论转到哪个位置，都是向上倾斜的，所以各桨叶拉力方向都向内倾斜。因此，可将拉力分为与桨尖旋转平面（即桨盘）平行和垂直的两个分力。平行于桨盘的分力相互抵消，垂直于桨盘的分力的合力即为旋翼的拉力，所以，旋翼拉力方向必垂直于桨盘平面，即与旋翼锥体轴线方向一致。也就是说，桨盘平面向哪一侧倾斜，其拉力方向也必然向同一方向倾斜（见图 11.128）。

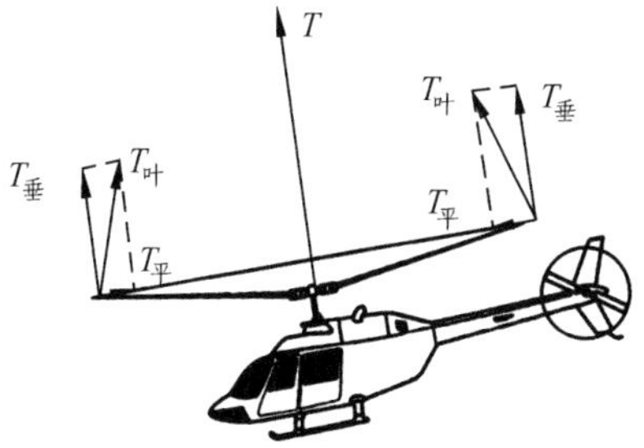

图 11.128　旋翼拉力方向与
锥体轴方向一致

11.3.2.2　诱导速度

旋翼旋转时，由于旋翼桨盘上面的空气压力小于大气压力，空气从上方被吸入桨盘内，空气通过桨盘受桨叶作用后向下加速流动。空气向下流动所增加的速度叫诱导速度。受旋翼作用的这股气流叫滑流，其速度为直升机相对气流速度与诱导速度的矢量和。

旋翼在垂直上升状态下滑流的物理图像如图 11.131 所示。在图中选取 3 个滑流截面 S_0、S_1 和 S_2。在 S_0 面，气流速度就是直升机垂直上升速度，压强为大气压 p_0。在 S_1 的上面，气流速度增加到 $v_1 = v_0 + u_1$，压强为 $p_{1上}$；在 S_1 的下面，由于流动是连续的，所以速度仍是 v_1，但压强有了突跃 $p_{1下} > p_{1上}$，$p_{1下} - p_{1上}$ 即旋翼向上的拉力。在 S_2 面，气流速度继续增加至 $v_2 = v_0 + u_2$，压强恢复到大气压强 p_0。这里 u_1 是桨盘处的诱导速度，u_2 是下游远处的诱导速度，也是在均匀流场内或静止空气中所引起的速度增量。

桨盘平面的诱导速度与上、下游很远处

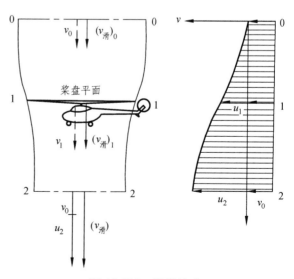

图 11.129　诱导速度

的诱导速度的关系可由动量定理分析得到。根据动量定理，旋翼产生的拉力为

$$T = m(v_0 + u_2 - v_0) = mu_2$$

式中，m 为单位时间内流过桨盘的空气质量。

旋翼产生的功率为

$$P = Tv_1 = T(v_0 + u_1) = mu_2(v_0 + u_1)$$

也等于　　　　　$P = 0.5m(v_2 - v_0)(v_2 + v_0) = 0.5mu_2(2v_0 + u_2)$

所以　　　　　$2(v_0 + u_1) = 2v_0 + u_2$

即　　　　　　$u_2 = 2u_1$

结论：桨盘处的诱导速度等于桨盘下远方诱导速度的一半，也等于桨盘上、下远方诱导速度的平均值。

由动量定理，旋翼作用于空气的力可表示为

$$T = \rho(v_滑)_1 S_1[(v_滑)_2 - (v_滑)_0]$$
$$= \rho(v_滑)_1 S_1 u_2 = 2\rho(v_滑)_1 S_1 u_1$$

于是，可以得到诱导速度 u_1，即

$$u_1 = \frac{T}{2\rho(v_滑)_1 S_1} = \frac{T}{2\rho(v_滑)_1 \pi R^2}$$

悬停时，$v_0 = 0$，$(v_滑)_1 = u_1$，此时诱导速度公式为：

$$u_1 = \sqrt{\frac{T}{2\rho\pi R^2}}$$

11.3.2.3　拉力公式和影响拉力的因素

根据机翼升力的公式

$$L = C_L \frac{1}{2}\rho v^2 S$$

结合旋翼空气动力特点及以上公式，得到拉力公式

$$T = C_T \frac{1}{2}\rho(\Omega R)^2(\pi R^2)$$

式中，C_T 为拉力系数。

影响拉力的主要因素有：转速 n、空气密度 ρ、旋翼实度、桨叶迎角等。转速增大 1 倍，拉力增大到原来的 4 倍；拉力与空气密度成正比；旋翼实度反映了桨叶的片数和弦长，桨叶弦长增大、片数增多，旋翼的拉力越大；此外，旋翼半径如增大，桨叶的拉力也增大，旋翼拉力与旋翼半径的 4 次方成正比；桨叶拉力与桨叶迎角成正比。但是，当桨叶迎角超过临界迎角以后，桨叶拉力随迎角的增大反而减小。

11.3.2.4　桨叶的运动

直升机的桨叶从桨根到桨尖的切向速度逐渐增大，来流角逐渐减小，桨叶迎角逐渐增大，为使桨叶迎角基本相等，保证空气动力沿桨叶展向变化均匀，应使桨叶从桨根到桨尖的安装角逐渐减小，即桨叶负扭转。

为方便起见，我们习惯上将桨叶在直升机正后方称 0°（或 360°）方位，顺着旋翼转过90°时为 90° 方位，桨叶在正前方称 180° 方位，顺着旋翼转过 270° 时为 270° 方位。直升机前飞时，0°～90°～180° 方位内的桨叶称前行桨叶；180°～270°～360° 方位内的桨叶称后行桨叶。

桨叶半径一般很长，其主要目的是为了减小诱导功率损失。旋翼正常工作时，在旋翼拉力、惯性离心力和桨叶本身的重力对桨根形成的力矩和作用下形成小锥角的倒立锥体。

如图 11.130 所示，桨叶绕水平铰（挥舞铰）上下转动，称桨叶挥舞运动；为避免桨叶挥舞角超过规定，在旋翼上安装挥舞限动器。桨叶绕垂直铰（摆振铰）前后摆动，称桨叶摆振运动。桨叶绕轴向铰（变距铰）转动，称为桨叶变距。桨叶的变距通过自动倾斜器来实施，当自动倾斜器运动时，可使桨叶的安装角既可周期变化，也可同步变化，所以操纵自动倾斜器的直接作用是改变桨叶安装角。

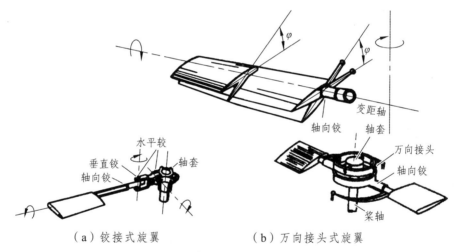

（a）铰接式旋翼　　　　（b）万向接头式旋翼

图 11.130　桨叶的挥舞、摆振与变距

直升机前飞时，周向气流速度应为切向速度与前进速度的矢量和，因此在某些方位可能出现气流从后向前流，即"返流"。只有在 180°～270°～360° 方位内才会出现"返流区"，"返流区"的大小主要随前飞速度和旋翼转速的变化而变化。直升机前飞时，90° 方位的周向气流速度最大；180° 方位的周向气流速度最小。

前飞时，由于周向气流速度左、右不对称，使左、右拉力不对称，使桨叶上下挥舞，称为桨叶自然挥舞运动。在向前飞状态过渡时，所有旋翼的桨叶挥舞角在旋转周期里，相同位置的桨叶挥舞角相同，形成横侧不平衡力矩，通过桨叶的挥舞运动能基本消除横侧不平衡力矩；同时由于桨叶的周向气流速度不对称引起的挥舞运动，使 180° 方位的桨叶挥舞最高，使0° 方位的桨叶挥舞最低，即旋翼锥体向后倾斜（见图 11.131）。

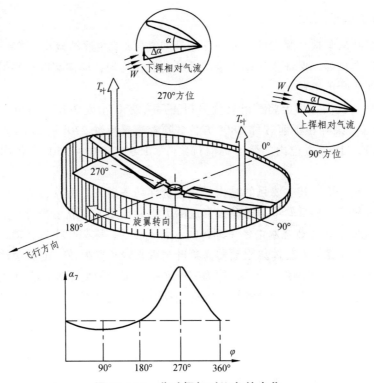

图 11.131　桨叶挥舞时迎角的变化

同时由于旋翼前、后桨叶迎角不对称，造成前飞中旋翼锥体向 90° 方位倾斜（见图 11.132）。直升机在无风中垂直升降或悬停飞行时桨叶不会产生自然挥舞运动。

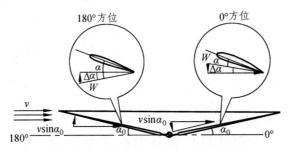

图 11.132　前、后桨叶迎角不对称造成锥体倾斜

11.3.3　直升机的平衡、稳定性和操纵性

直升机的平衡是指作用在直升机上所有力和力矩之和为零。直升机在飞行中是否易于保持某种给定的平衡状态的特性属于为稳定性问题；当直升机从一种平衡飞行状态能否易于过渡到另一种平衡飞行状态就是直升机的操纵性问题。

11.3.3.1　直升机的平衡

1. 直升机的俯仰平衡

直升机的俯仰平衡，是指直升机绕其横轴转动的上仰力矩和下俯力矩彼此相等。当直升机达到俯仰平衡时，就不会产生绕横轴的转动。

作用于直升机的俯仰力矩有旋翼力矩、水平安定面力矩、机身力矩和尾桨力矩等（见图11.133）。这些力矩中，尾桨力矩一般较小，影响不大，主要是考虑旋翼力矩、水平安定面力矩和机身力矩的影响。直升机的水平安定面对重心产生的力矩，一般为抬头力矩。

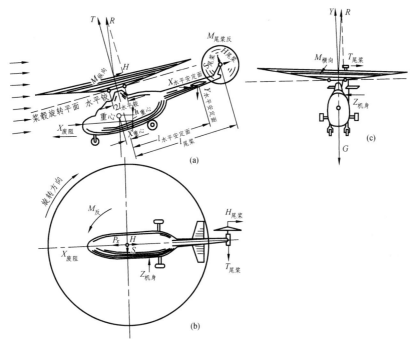

图 11.133　直升机的平衡

2. 直升机的方向平衡

直升机的方向平衡，是指直升机绕立轴转动的左偏力矩和右偏力矩彼此相等。当直升机达到方向平衡时，不会产生绕立轴转动。直升机的方向平衡主要是考虑旋翼的反作用力矩和尾桨拉力产生的偏转力矩（见图11.133）。

3. 直升机的横侧平衡

直升机的横侧平衡，是指直升机绕纵轴转动的左滚力矩和右滚力矩彼此相等。

11.3.3.2　直升机的稳定性

在飞行中，如直升机受到扰动后偏离了平衡状态，在扰动消失后，如果本身不必通过驾驶员的干预就能恢复原来平衡状态，这说明直升机具有稳定性。直升机的稳定性随着飞行状态的不同而不同，如前飞状态与悬停状态的稳定性就不相同。下面分别从俯仰、方向和滚转三方面来阐述直升机稳定性问题。

1. 直升机的俯仰稳定性

直升机的俯仰稳定力矩主要由水平安定面产生（见图 11.134）。当直升机受到扰动，机头上仰时，机身迎角增大，水平安定面的迎角也增大。在相对气流作用下，水平安定面会产生一个向上的附加升力，绕重心形成稳定力矩，使机头下俯而趋于恢复原来迎角。

飞行方向

稳定力矩

$\Delta Y_{安}$

图 11.134　直升机的俯仰稳定力矩

在直升机俯仰转动的过程中，旋翼能够产生俯仰阻转力矩（见图 11.135）。比如机头开始上仰的瞬间，由于旋翼锥体转动时的滞后性，直升机的重心相对于旋翼锥体轴前移。机头上仰，旋翼拉力作用线相对于新重心位置的力臂增加，产生阻止机头上仰的阻转力矩。同理，机头下俯时，由于旋翼锥体滞后性作用，会使旋翼拉力产生阻止机头下俯的力矩；此外，在俯仰转动中，水平安定面、机身等也能产生俯仰阻转力矩。

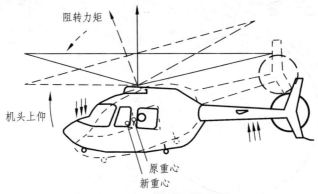

阻转力矩

机头上仰

原重心
新重心

图 11.135　俯仰阻转力矩

在俯仰稳定力矩和阻转力矩的共同作用下，直升机能恢复到原来俯仰平衡状态。直升机飞行中的俯仰稳定性强弱变化主要取决于重心位置的前后位置。

2. 直升机的方向稳定性

直升机的方向稳定力矩主要由尾桨产生，见图 11.136。方向稳定力矩产生的条件是直升机出现侧滑。在前飞中，当直升机受扰动机头左偏时，相对气流从直升机右前方吹来，出现右侧滑，使机尾产生向左的附加拉力。此力绕直升机重心形成方向稳定力矩，力图使机头向右偏转，消除侧滑。但是在后退飞行或顺风悬停中，由于相对气流与前飞中方向相反，尾桨的作用是不稳定的。直升机在偏转过程中，尾桨产生方向阻转力矩，垂直安定面、尾桨、机身等也都能产生方向阻转力矩，增加直升机的航向稳定性。另外，垂直安定面有时可平衡部分反扭矩。

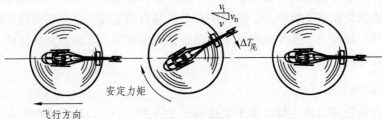

v_t
v_n
v
$\Delta T_{尾}$

安定力矩

飞行方向

（a）恢复原状　　（b）扰动后（不平衡）　　（c）原状态（平衡）

图 11.136　方向稳定力矩

1008

3. 直升机的横侧稳定性

飞行中直升机的横侧平衡因受扰动被破坏后，不易自动恢复，必须通过飞行员操纵才能保持横侧平衡。在直升机横侧平衡被破坏后的动态过程中，旋翼和尾桨都能产生较大的横侧阻转力矩。此时直升机虽不易自动恢复到原来横侧平衡状态，但由于阻转力矩较大，不会使直升机过快、过多地偏离原来平衡状态，只要飞行员能及时修正，横侧平衡还是容易保持的。

直升机在平飞、上升、下降和悬停等飞行中，悬停飞行时稳定性最差。

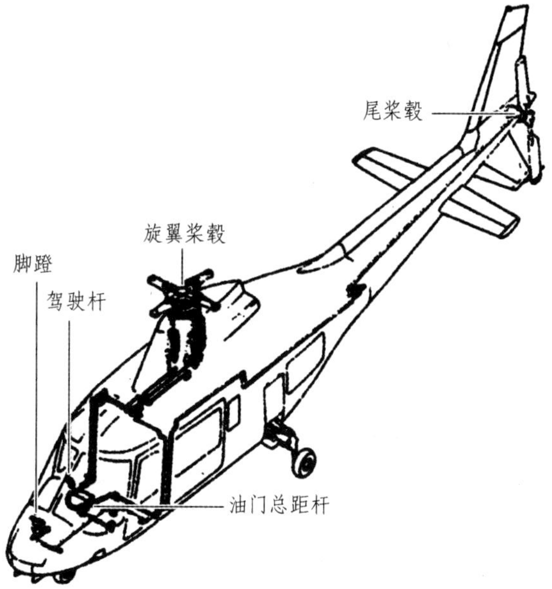

11.3.3.3 直升机的操纵性

直升机的飞行操纵是指下述三种基本操纵：总距杆、驾驶杆、脚蹬（见图 11.137）。

1. 油门、总距杆操纵

直升机的垂直升降主要是通过操纵总距杆来实现的。总距杆安装在驾驶舱内驾驶员座位左侧，其后端装在枢轴上，可作上下转动，以同时改变各片桨叶的桨距。

当操纵总距杆向上移动时，旋翼所有桨叶

图 11.137　直升机的基本操纵

的桨距同时增大，使旋翼拉力增大，从而使直升机的飞行高度增加。反之，当操纵总距杆向下移动时，旋翼所有桨叶的桨距同时减小，使旋翼拉力减小，从而使直升机的飞行高度降低。

当操纵总距杆改变旋翼桨叶的桨距时，旋翼所需功率也要发生变化以保持旋翼转速不变。因此多数直升机在总桨距杆上安装了与发动机功率相连的联动装置，以便在改变桨叶的桨距时，自动地改变油门，从而修正了发动机功率与旋翼桨距间的关系。

另外，在总距杆上还安装了油门环。飞行员可左右转动油门环，以单独调节发动机的功率和旋翼的转速。

2. 驾驶杆操纵

操纵驾驶杆使桨叶实施周期变距，可以使旋翼锥体向驾驶杆移动的方向倾斜。前推驾驶杆，旋翼锥体和桨盘平面向前倾斜，使拉力方向也向前倾斜，同时使直升机向前飞行。同理，后拉驾驶杆，拉力方向向后倾斜而使直升机向后飞行；左压驾驶杆，拉力方向向左倾斜而使直升机向左侧飞。

有的直升机尾部的水平安定面可与驾驶杆联动。这是为了在巡航飞行时，为使直升机获得向前的速度，而前推驾驶杆使旋翼锥体前倾，这样直升机的机头可能较低，尾部较高，而使机身阻力较大。因此，在前推驾驶杆时，水平安定面随动改变其安装角，可以对机身产生附加抬头力矩增量，使直升机保持相应的俯仰姿态飞行，以减小机身阻力。

在有的直升机尾梁上，安装了固定的水平安定面，使其在前飞时产生抬头力矩，以保持正常的姿态飞行。

3. 脚蹬操纵

飞行员操纵脚蹬后，通过操纵系统的拉杆、摇臂、钢索等中间构件，可使尾桨各片桨叶的安装角同时改变，以改变尾桨拉力的大小。若桨叶安装角增大，尾桨拉力增大；若桨叶安装角减小，尾桨拉力减小。通过改变尾桨拉力大小，来保持或改变直升机的方向。

如图 11.138 所示，若直升机旋翼桨叶的转向从下面仰视为顺时针方向，当尾桨拉力绕重心形成的力矩与旋翼反作用力矩相等时，直升机机头方向保持不变。这时，如果飞行员蹬右舵，尾桨桨距增大，拉力增大，尾桨拉力绕重心形成的偏转力矩大于旋翼的反作用力矩，机头向右偏转。反之，如果飞行员蹬左舵，尾桨桨距减小，拉力减小，尾桨拉力绕重心形成的偏转力矩小于旋翼的反作用力矩，机头向左偏转。

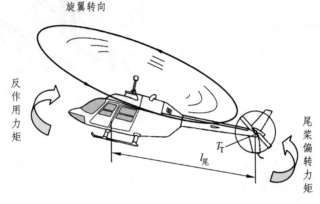

图 11.138　尾桨作用

尾桨转动时所需要的功率来源于发动机。因此在前飞时，为尽可能地减小尾桨所需功率，通常在直升机尾部装一垂直安定面，并且使其略为偏离对称面，以减小前飞时尾桨所消耗的功率。

另一形式的尾桨是涵道风扇尾桨，这种尾桨的外壳也是气动力面，它有助于产生拉力而减小对发动机功率的消耗。

4. 调整片操纵

调整片操纵（又称配平操纵）的主要原因是因为直升机在飞行中驾驶杆的荷载，不同于的舵面荷载。如果直升机旋翼使用可逆式操纵系统，那么驾驶杆要受周期（每一转）的可变荷载，而且此荷载又随着飞行状态的改变而产生某些变化。为减小驾驶杆的荷载，大多直升机操纵系统中都安装有液压助力器。操纵液压助力器可进行不可逆式操纵，即除了操纵的摩擦之外，旋翼不再向驾驶杆传送任何力。

11.3.4　平飞、上升、下滑

平飞、上升、下滑是直升机最简单的运动形式，也是直升机最基本的飞行状态。平飞最大速度、平飞速度范围、最大上升率、升限、最大下滑距离等，是直升机重要的飞行性能。

下面从直升机所受作用力的相互关系出发，重点分析直升机平飞、上升、下滑性能及其变化规律。

11.3.4.1 平 飞

直升机的水平直线飞行简称平飞。

1. 平飞时力的平衡

如图 11.139 所示，作用在直升机上的力主要有旋翼拉力 T，重力 G，空气阻力 X 和尾桨拉力 $T_尾$。

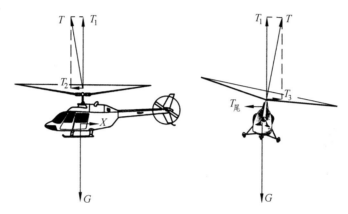

图 11.139　平飞时力的平衡

保持直升机等速直线平飞的力的平衡条件为：

（1）为保持高度不变，旋翼拉力沿铅垂方向的分力（T_1）应等于重力（G）。

（2）为保持飞行速度不变，旋翼拉力第二分力（T_2）应等于空气阻力（X）。

（3）为保持无侧滑，旋翼拉力侧向分力（T_3）应等于尾桨拉力（$T_尾$）。

此外，作用于直升机的各力绕重心形成的力矩还必须取得平衡。

2. 平飞功率曲线

平飞功率曲线包括可用功率曲线和所需功率曲线。

旋翼实际可以利用的功率叫可用功率。可用功率基本不随飞行速度变化。

平飞时旋翼需要消耗的功率叫平飞所需功率。平飞所需功率包括翼型阻力功率、诱导阻力功率、废阻力功率（见图 11.140）。

为克服旋翼旋转产生的翼型阻力所需要的功率叫翼型阻力功率，它取决于翼型阻力和旋翼转速。直升机悬停时，翼型阻力功率约占 25%～30%。随着速度增加，旋翼相对气流不对称加剧，返流区扩大，使前行桨叶翼型阻力功率增加量比后行桨叶翼型阻力功率减少量多一些，所以翼型阻力功率随速度的增加略有增加。

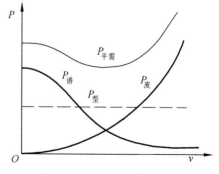

图 11.140　平飞所需功率曲线

为克服诱导旋转阻力所需要的功率叫诱导阻力功率。它可以用旋翼拉力和诱导速度的乘积来表示。直升机悬停时，诱导阻力功率约占 60%~70%。平飞中，随着飞行速度的增加，诱导速度减小，诱导阻力功率减小。

为克服直升机平飞时机身所受的空气阻力所需要的功率叫废阻力功率。它可以用空气阻力和飞行速度的乘积来表示。而阻力与飞行速度的平方成正比，所以废阻力功率与飞行速度的三次方成正比。

综上所述，平飞所需功率随速度的变化为：小速度平飞时，废阻力功率很小，但诱导阻力功率很大。在一定范围内，随着速度增加，诱导阻力功率的减少量大于废阻力功率的增加量，所以平飞所需功率减小；速度大于一定值，随着速度增加诱导阻力功率的减少量小于废阻力功率的增加量，平飞所需功率增加。

3. 平飞性能

平飞性能主要包括最大速度、最小速度、经济速度和有利速度。旋翼平飞需用功率曲线及同一高度上旋翼可用功率 P（发动机的输出轴功率扣除尾桨及传动消耗等功率）绘制在同一图上（见图 11.141），通过该图可以确定在该平飞高度的上述各项性能。

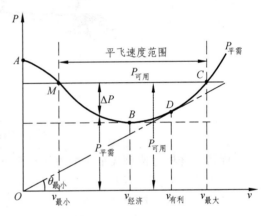

图中旋翼可用功率曲线与该飞行高度上旋翼的平飞需用功率曲线在大速度区交于 C 点。超过 C 点速度进一步增加，平飞需用功率超过了旋翼的可用功率，直升机则无法保持平飞。从功率的角度考虑，显然 C 点对应的速度为该飞行高度上可能的平飞速度的最大值，即为最大平飞速度。限制直升机最大速度的原因为旋翼空气动力性能的限制，即如果升力不对称，没有足够的周期变距操纵力来平衡升力，如后行桨叶失速时，无法用周期变距操纵对之进行补偿。另外，旋翼空气动力不平衡使直升机产生振动也会限制飞行速度。

图 11.141　平飞功率曲线和平飞性能

平飞需用功率曲线与可用功率曲线在小速度区的交点 M，所对应的速度为平飞最小速度。显然直升机在该飞行高度无法在小于最小速度的情况下保持平飞，因为小于该速度的平飞需用功率均大于可用功率。

可用功率与所需功率之间的差值称为平飞剩余功率。平飞剩余功率有一个极大值，它所对应的平飞速度称为经济速度，如图中 B 点所示。直升机以经济速度平飞时，平飞需用功率最小；若不计发动机耗油率的变化，发动机的耗油量正比于发动机的功率及工作时间之积，当燃油储备量一定时，功率小则时间长，以该速度平飞时在空中能持续飞行的时间最久，称为久航速度。

平飞需用功率与平飞速度的比值最小的点（图中 D 点）对应的平飞速度称为有利速度。当燃油储备量一定，功率与飞行速度之比最小时，则航程最大。所以用有利速度平飞可获得最远的航程，故该速度又称为远航速度。

4. 平飞性能影响因素

随高度的增加，平飞需用功率曲线的最低点（图 11.141 中 B 点）及过原点的直线与平飞需用功率曲线的切点（图 11.141 中 D 点）向大速度区偏移，所以直升机的经济速度和有利速度随高度的增加而加大。图 11.142 所示直升机按功率条件的最大速度、最小速度和平飞速度范围随高度的变化曲线表明：随高度的增加最小速度变大，最大速度减小，平飞速度范围变小，最后到达某一高度（图 11.142 中的 E 点）时最大平飞速度等于最小平飞速度。也就是说，在这个高度直升机只能以一个速度平飞。就把这一高度称为该直升机的理论极限高度，实际上在接近这个高度时，几乎没有剩余功率，直升机的最大爬升率很小，要上升到这一高度的时间就很长，因此该点只能是理论上的性能指标。

随着重量的增加，为保持平飞必须增加旋翼拉力。在旋翼转速保持不变的条件下，必然增加桨叶安装角，使桨叶平均迎角增加，引起诱导阻力功率和型阻功率增加，使平飞所需功率增加。小速度飞行时，诱导阻力功率占的百分比大，速度越小，平飞所需功率增加得越多，故平飞最小速度增加。大速度飞行时，虽然重量增加使平飞所需功率增加很少，平飞最大速度变化不大，但重量增加后，桨叶平均迎角增加，造成后行桨叶气流分离加剧，将使平飞最大速度减小，平飞速度范围缩小。

温度升高，空气密度减小，使可用功率减小；同时因空气密度减小要使诱导速度增加，引起诱导功率增加，直升机所需功率增加，将使最小平飞速度增加。温度升高，拉力减小，平飞最大速度将减小，平飞速度范围缩小。

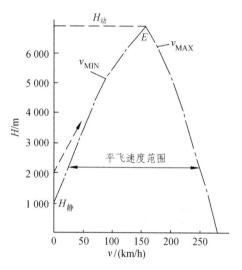

图 11.142　平飞速度范围随高度的变化

5. 平飞时旋翼桨叶左、右相对气流不对称对平飞性能的限制

直升机最大平飞速度除了受功率条件的限制外，还受到桨叶在 270° 方位附近气流分离的限制和 90° 方位附近空气压缩性的限制。而这两者均对于空气密度十分敏感，因此这两种限制也随高度变化。

直升机悬停时，旋翼桨叶各剖面在旋转平面内周向的相对气流只随桨叶剖面半径 r 的不同而改变。直升机平飞时，桨叶各剖面周向相对气流，不但与其所处的半径有关，还与桨叶所处的方位有关。由图 11.143 可以看出，前行桨叶的相对气流比悬停时大，后行桨叶的相对气流比悬停时小。桨叶处在 90° 方位相对气流速度最大，270° 方位相对气流速度最小。由此可知，90° 方位附近桨叶的气流随平飞速度的增加而增加，特别是桨尖随着飞行速度的增加可能会增加很多。当桨叶的相对气流速度接近于声速时，桨叶表面局部区域会出现超声速，并产生激波，使桨叶的阻力急剧增加，气动特性恶化。桨叶越过 90° 方位运行到其他方位时，由于相对气流速度减小，上述现象将会再次消失。每片桨叶进入这一区域都会再现上述现象，这样，这种周期性的脉冲会引起直升机强烈的振动。随着平飞速度的增大，旋翼桨叶产生激波的区域会随之扩大，激波的强度也会有所增加，直升机的振动就更为强烈，从而限制了直升机平飞速度的进一步提高。这就是直升机最大速度的激波限制。因为激波的产生与音速有关，即与空气的密度有关，因此，压缩性对直升机最大速度的限制随高度变化，如图11.144所示为激波限制线。

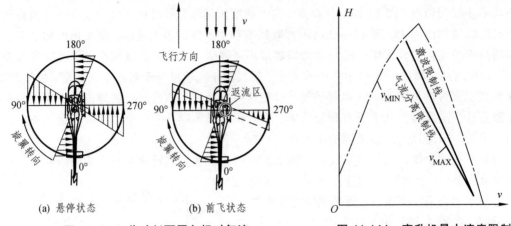

(a) 悬停状态　　　(b) 前飞状态

图 11.143　桨叶剖面周向相对气流　　**图 11.144　直升机最大速度限制**

平飞时，前行桨叶相对气流速度变大，后行桨叶相对气流速度则变小，也就是旋翼左右，桨叶的相对气流是不对称的，且这种不对称性随平飞速度的增加而增加。由于直升机的桨叶一般是铰接到桨毂上的，平飞时桨叶相对气流速度的不对称会引起桨叶的挥舞运动：桨叶在90°方位相对气流速度最大，桨叶向上挥舞速度最大，桨叶迎角减小最多；而桨叶在270°方位相对气流速度最小，桨叶向下挥舞速度最大，桨叶迎角增加最多。以高速前飞时，在总重很大、高度高和颠簸气流条件下，最容易出现后行桨叶失速。出现后行桨叶失速时应减小总桨距，增大旋翼转速，降低前飞速度。桨叶的挥舞作用抵消了桨叶相对气流的不对称对其升力的影响，而使桨叶升力基本不变，只是使旋翼锥体向后方倾倒。随着平飞速度的增加，旋翼左右桨叶相对气流的不对称性增加，桨叶左右迎角变化量也随之增加。在一定范围内，桨叶升力是随桨叶迎角的增大而增大的，但迎角超过某一数值——临界迎角后，随着迎角的增加桨叶升力反而会下降。就是说，桨叶挥舞使迎角增大到临界迎角后，挥舞作用再也起不到保持桨叶升力基本稳定的功能，反而会引起直升机强烈振动，因而，后行桨叶的气流分离限制了直升机平飞速度的进一步增加。这就是直升机最大速度的气流分离限制。

6. 直升机的后飞

直升机由悬停转为后退飞行，桨盘平面必须向后倾斜，使旋翼拉力方向向后倾斜。这时推力和阻力的方向正好与前飞相反，即推力方向向后，而阻力方向向前。升力方向仍是垂直水平面向上，重力方向仍是铅垂向下。

直升机后飞与前飞相比在操纵驾驶上大不相同，前飞时起稳定作用的水平安定面，在后飞时反而增加了不稳定性。而且，后退飞行产生巨大的低头力矩，大大减小了直升机纵向操纵的操纵余量。出于飞行安全的考虑，直升机不允许作大速度后飞和作大顺风悬停。

7. 直升机的侧飞

直升机由悬停转为侧向飞行，桨盘平面必须侧向倾斜，使旋翼拉力方向向侧方倾斜。在这种条件下，升力方向仍然是垂直向上的，重力方向仍然是垂直向下的。但是，推力这时指向侧方飞行方向，而阻力则指向侧方飞行的反方向。

一般侧飞是在悬停基础上实施的飞行状态。其特点是要多注意侧向力的变化和平衡。由于直升机机体的侧向投影面积很大，机体在侧飞时其空气阻力特别大，因此直升机侧飞速度通常很小。由于单旋翼带尾桨直升机的侧向受力是不对称的，因此，左侧飞和右侧飞受力各不相同。向后行桨叶一侧侧飞，旋翼拉力向后行桨叶一侧的水平分量大于向前行桨叶一侧的尾桨推力，直升机向后运动，会产生与水平分量反向的空气动力阻力 Z。当侧力平衡时，水平分量等于尾桨推力与空气动力阻力之和，能保持等速向后行桨叶一侧侧飞。向前行桨叶一侧侧飞时，旋翼拉力的水平分量小于尾桨推力，在剩余尾桨推力作用下，直升机向尾桨推力方向一侧运动，空气动力阻力与尾桨推力反向，当侧力平衡时，保持匀速向前行桨叶一侧侧飞。

11.3.4.2　上　升

直升机沿向上的轨迹飞行叫上升。

1. 上升时力的平衡

作用在直升机上的力主要有旋翼拉力、重力、空气阻力和尾桨拉力（见图 11.145）。

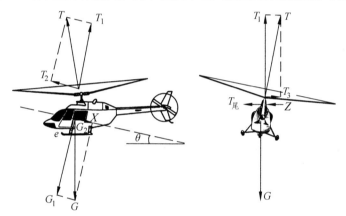

图 11.145　上升时作用于直升机上的力

保持无侧滑等速直线上升的力的平衡条件为：

（1）为保持上升角不变，旋翼拉力第一分力（T_1）应等于重力第一分力（G_1）。

（2）为保持上升速度不变，旋翼拉力第二分力（T_2）应等于重力第二分力（G_2）与空气阻力（X）之和。

（3）为保持无侧滑，旋翼拉力侧向分力（T_3）应等于尾桨拉力（$T_尾$）与垂直安定面侧力（Z）之和。

此外，各力绕重心形成的力矩还必须取得平衡。

2. 上升性能及其影响因素

直升机上升性能包括最大上升角、最大上升率和升限等。

上升轨迹与水平面的夹角叫上升角。在静升限以下，直升机最大上升角可以达到 90°。在重量一定条件下，上升角的大小取决于剩余拉力的大小。

直升机每秒或每分钟上升的高度叫上升率。重量一定时，用经济速度上升，由于剩余功率最大，故上升率最大。随着高度的增加，可用功率减小，而平飞最小所需功率随高度的升高而增加，故剩余功率减小，最大上升率减小，上升到一定高度，最大上升率势必减小到零。上升率为零的高度为理论动升限。实际飞行中，在最大上升率达到 98 ft/min 时，一般不再继续等速上升，这个高度称为实用动升限。

大气温度越高，发动机可用功率越小，升限越低。直升机重量越大，需要旋翼产生的拉力增大，需要功率增大，升限越低。

11.3.4.3 下 滑

直升机沿向下的轨迹飞行叫下滑。

1. 下滑时力的平衡

作用在直升机上的力主要有旋翼拉力、重力、空气阻力和尾桨拉力（见图 11.146）。

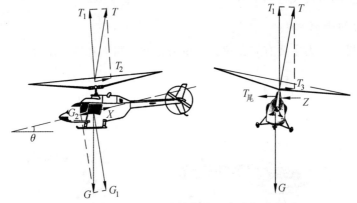

图 11.146 下滑时作用于直升机上的力

保持无侧滑等速直线下滑的力的平衡条件为：

（1）为保持下滑角不变，旋翼拉力第一分力（T_1）应等于重力第一分力（G_1）。

（2）为保持下滑速度不变，重力第二分力（G_2）应等于旋翼拉力第二分力（T_2）与空气阻力（X）之和。

（3）为保持无侧滑，旋翼拉力侧向分力（T_3）应等于尾桨拉力（$T_尾$）与垂直安定面侧力（Z）之和。

此外，各力绕重心形成的力矩还必须取得平衡。

2. 下滑性能

下滑性能包括下滑角、下滑距离和下降率等。

下滑轨迹与水平面之间的夹角叫下滑角。下滑过程中所经过的水平距离叫下滑距离。直升机每秒或每分钟下降到的高度叫下降率。

可用功率不变时，下降率的大小随平飞需用功率的变化而变化，因此在一定飞行重量下，直升机的下降率如图 11.147 所示。其纵坐标为下降率，横坐标为下降速度的水平分量 v_x。原点至曲线上某一点的连线表示下滑速度，下滑速度与横坐标之间的夹角（θ）为下滑角。下降率有一个最小值，它对应的下滑速度的水平速度 v_x 值与平飞经济速度相近，另外，下滑角也有一个最小值，它对应的下滑速度的水平分速 v_x 与平飞有利速度相近。

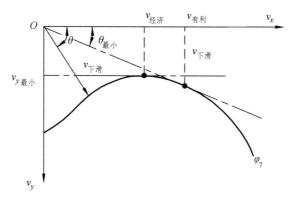

图 11.147　下滑性能曲线

11.3.5　垂直飞行状态

11.3.5.1　悬　停

直升机在一定高度上，保持航向、位置不变的飞行状态，叫悬停。在正常的起飞和着陆中，悬停是一个必需的飞行状态。利用悬停检查飞机的重心位置是否恰当，检查操纵性好坏和判断着陆场地情况等。

1. 悬停时旋翼的拉力

在无风条件下悬停，旋翼拉力应与直升机重力相等（见图 11.150）。

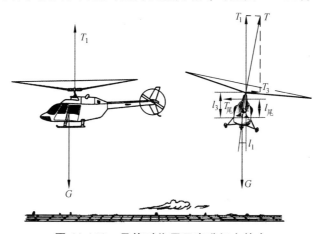

图 11.148　悬停时作用于直升机上的力

由拉力公式 $T = C_T \frac{1}{2} \rho (\Omega R)^2 (\pi R^2)$ 可知，拉力大小主要取决于拉力系数 C_T、转速、空气密度、旋翼实度、桨叶迎角等。

2. 保持悬停的条件

保持悬停的条件为：

（1）为保持高度不变，旋翼拉力第一分力（T_1）应等于重力（G）。

（2）无风悬停，飞行速度为零，空气阻力也为零，旋翼拉力第二分力（T_2）应等于零；

1017

逆风悬停，空气阻力不为零，旋翼拉力第二分力（T_2）应等于空气阻力（X）。

（3）为保持航向，$T_{尾}$对重心形成的偏转力矩与旋翼反作用力矩平衡。

（4）为使直升机不向侧向移动，侧向力和力矩必须平衡，即旋翼拉力侧向分力（T_3）应等于尾桨拉力（$T_{尾}$）；为排除侧滚，左滚力矩大小应等于右滚力矩。

3. 悬停所需功率

悬停所需功率，比大多数前飞状态需用功率都大一些。因为悬停时，流过桨盘的空气流量较小，根据动量定理，要产生同样拉力，旋翼在悬停时的诱导速度需更大一些，而诱导功率正比于旋翼拉力和诱导速度。所以悬停诱导功率就比平飞时的诱导功率更大些，而型阻功率损失主要取决于旋翼转速和桨叶构型。由于旋翼转速和桨叶构型很少随飞行状态的变化而变化，因此型阻功率随直升机的飞行状态变化也较小。总的来说，悬停状态的需用功率在直升机的各种飞行状态中是较高的。

4. 悬停转弯

直升机悬停转弯时的力和需用功率，与悬停飞行状态基本一致，不同的是悬停转弯时的尾桨推力对重心的力矩按转弯方向的不同，分别稍大于或稍小于旋翼的反作用力矩，以构成方向操纵力矩，使得直升机向该方向转动。随着直升机转弯角速度的增加，细长机体产生的空气动力阻转力矩也随之增加。当操纵力矩与机体的阻转力矩接近时，直升机可保持等角速度转弯。

直升机做逆风悬停右转弯，为使直升机不侧向运动，当转过 90° 时，左压杆的量最大；当转过 180° 时，后带杆的量最大；当转过 270° 时，右压杆的量最大；当转过 360° 时，前推杆的量最大。

11.3.5.2 垂直上升和垂直下降

垂直上升和垂直下降分别为上升与下降的特殊情况，下面就其特殊性作简要分析。

1. 垂直上升时直升机的力及需用功率

（1）铅垂方向：旋翼拉力第一分力（T_1）应等于重力（G）。

（2）侧向：旋翼拉力侧向分力（T_3）应等于尾桨拉力（$T_{尾}$）。

（3）垂直上升需用功率由三部分组成：诱导功率、型阻功率和上升做功所需的上升功率。

垂直上升与悬停状态相比，诱导功率虽然随上升高度的增加其值有所减小，然而随着 v_y 的增加被忽略的机体阻力的功率损耗也有所增加，这两项大致相抵。型阻功率也可认为与悬停状态相同。因此，在粗略分析中可以近似认为垂直上升时诱导功率与型阻功率之和与悬停时的旋翼需用功率相等，然而上升功率随垂直上升速度线性增加。因此，垂直上升的总需用功率比悬停时的需用功率大，并且随上升率的增加而增加。前面已分析，最大上升率随高度增加而减少，上升到一定高度时，最大上升率势必减小到零。这个高度为理论静升限。实际垂直上升中，在最大上升率为 98 ft/min 时，一般不再继续等速上升，这时所在高度称为直升机的实用静升限。

2. 垂直下降时直升机的力及需用功率

垂直下降时旋翼的诱导速度与其运动的相对来流方向相反，流经桨盘的两股方向相反的气流使旋翼流场变得更加复杂。随着下降率的增加，当两股气流的速度数值十分接近时，直升机会进入不稳定的"涡环状态"。

（1）铅垂方向：旋翼拉力第一分力（T_1）应等于重力（G）。

（2）侧向：旋翼拉力侧向分力（T_3）应等于尾桨拉力（$T_尾$）。

（3）垂直下降所需功率由三部分组成：诱导功率、型阻功率和下降所需的功率。

下降时重力做功，旋翼从下降气流中获取能量。在垂直下降速度较小时，诱导功率由于旋翼周围的不规则的紊乱流动使旋翼垂直下降状态诱导的功率增大。直升机垂直下降中，旋翼从下降中所获取的能量，在很大的速度范围内，消耗到诱导功率中去了（见图11.149）。

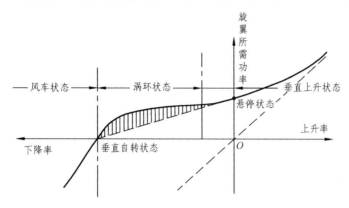

图 11.149　垂直下降所需功率

11.3.5.3　涡环状态

在发动机正常工作的状态下，直升机做垂直下降或小前进速度下降，如果下降率较大，可能会进入涡环状态。

1. 涡环形成

在下降中，一方面由发动机带动旋转的旋翼把流动的空气以某一速度自上而下吸入桨毂旋转平面，并以某一速度向下排压；另一方面，直升机的相对气流自下而上流向桨毂旋转平面，这两个不同方向的气流相遇时，一部分空气被迫绕过旋翼锥体的边缘向上流动，又因为旋翼上面的空气压力比大气压力低，向上流动的这部分空气重新被吸入旋翼锥体之中，又被旋翼排向下方，这样，有一部分空气被往复吸入和排出，通过旋翼多次循环，在旋翼周围产生一个涡流区，如果直升机的下降率不断增大，涡流区就会逐渐扩大而发展成为涡环（见图11.150）。

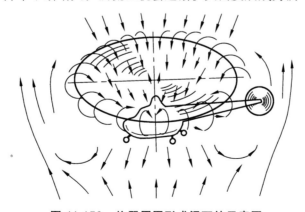

图 11.150　旋翼周围形成涡环的示意图

涡环状态只有当下降率增大到一定程度以后才可能出现。这是因为当下降率很小时，旋翼向下排压的空气流动速度较大，而直升机下降引起的相对气流速度较小，这两股气流相遇，其主流还是向下运动，空气绕过旋翼锥体的边缘向上流动还不至于形成涡环。当下降率很大时，因直升机下降所形成的相对气流速度很大，而旋翼向下排压的气流速度相对较小，涡环将被自下而上的相对气流吹掉，也不至于形成涡环。当旋翼自转时，气流全部通过旋翼桨盘从下而上流去，没有涡环现象（见图 11.151）。

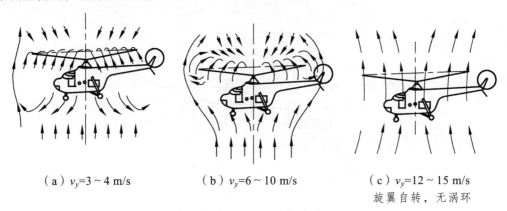

（a）v_y=3～4 m/s　　　　（b）v_y=6～10 m/s　　　　（c）v_y=12～15 m/s
旋翼自转，无涡环

图 11.151　涡环在各种下降率时的物理图像

　　另外，直升机向某一方向悬停转弯角速度过快时，尾桨也可能陷入涡环状态。

2. 涡环对飞行性能的影响

　　（1）直升机进入涡环状态后，气流作环状流动，使旋翼上下表面的压力差减小，所以旋翼产生的拉力减小，下降率增大。下降率愈大，涡环现象愈严重，旋翼拉力减小愈多。

　　（2）产生涡环之后，旋翼周围气流十分紊乱，影响旋翼的正常工作，使旋翼拉力忽大忽小，引起旋翼和直升机发生抖动、摇晃现象，操纵性变差，严重时可能造成操纵失效。

3. 涡环状态的改出

　　（1）如发现直升机垂直下降率增大是由于发动机功率不足引起的，则应及时地上提总距杆，迅速增大发动机功率，以制止下降率继续增大。

　　（2）如果上提总距杆也不能制止下降率继续增大，在一定的高度以上则应迅速地前推驾驶杆，使直升机产生前飞速度，把涡环"吹掉"，脱离涡环状态。在操纵驾驶杆没有异常感觉时，这种措施对改出涡环最为有效，损失高度也较少。

　　（3）如果操纵效能已降低或失效，推杆也无法增大前飞速度，则应迅速地下放总距杆，增大下降率，使自下而上的相对气流速度增大，把绕着旋翼转动的环流向旋翼上方"吹掉"。然后再推驾驶杆增大前飞速度，改出涡环状态。这种方法损失高度较多，只有在高度较高或迫不得已时才采用。

4. 预防涡环状态的措施

　　直升机进入涡环状态后，虽然可以根据情况采取上述 3 种方法处理，但是，最好还是尽量避免此种现象。要防止进入涡环状态，飞行中应注意如下几点：

　　（1）如无特殊需要，特别是高度在 200～10 m 之间，不要作垂直下降，宜作带空速的下降。

（2）作垂直下降或小速度下降时，下降率不宜太大。

（3）在剩余功率较小的情况下（如载重大、海拔高度高或气温高等），不要勉强作悬停或垂直上升。

11.3.6 起飞和着陆

直升机利用旋翼拉力从离开地面，并增速上升至一定高度的运动过程叫做起飞。直升机具有多种起飞方式，可以垂直起飞，也可以滑跑起飞。

1. 垂直起飞

垂直起飞是直升机从垂直离地到离地约 0.15~0.25 个旋翼直径的高度上悬停，利用旋翼的地面效应，进行短暂悬停，检查一下发动机情况，然后以较小的爬升角增速爬升到一定高度的过程。在这个过程中直升机旋翼的需用功率变化很大。在速度从零增速至经济速度的范围内，直升机的受力状态变化很大。对操纵动作的协调性要求很高。图 11.152 为某型直升机正常垂直起飞过程的飞行轨迹和有关操纵量的变化。

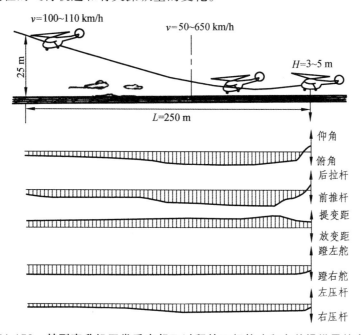

图 11.152 某型直升机正常垂直起飞过程的飞行轨迹和有关操纵量的变化

2. 滑跑起飞

当直升机的载重量过大或者机场标高及其他气象条件使直升机无法垂直起飞时，它可以采用滑跑起飞。直升机的滑跑起飞，分成地面滑跑增速和空中增速两个阶段进行。直升机增速至一定速度以后，由于旋翼需用功率的减小，就有足够的功率来增加旋翼的拉力，克服重力升空。随着飞行速度进一步增加，旋翼需用功率进一步下降，这时直升机就有部分剩余功率用来爬升和增速，完成整个起飞过程。

3. 大功率起飞

大功率起飞是在场地小而周围又有较高障碍物情况下的一种起飞方法。

采用这种方法起飞，应柔和一致上提桨距杆同时蹬舵保持方向，待直升机离地后稍微向前稳杆，继续上提桨距杆至 95% 扭矩，直升机便以小前进速度和大上升角爬高。超过下方障碍物 5 m 时，柔和下放桨距杆至扭矩 70%，向前顶杆增速上升。在操纵上，要求上提桨距杆不要使扭矩超过 100%，防止损坏主减速器；直升机离地后顶杆不能多，防止增速快而爬升慢，造成无法超越障碍物。

4. 影响起飞重量的主要因素

除场地的地面条件、可供起飞场地的大小和周围障碍物的高度等环境因素外，凡是影响旋翼需用功率及发动机输出轴功率的一切因素均会影响直升机起飞重量。其中，最主要的因素有起飞场地的标高、空气的温度和湿度及起飞场地的自然风速和风向。因为起飞场地的标高，空气的温度、湿度均直接影响空气密度，而直升机旋翼的需用功率（特别是其中的诱导功率）和发动机的输出轴功率都会随空气密度的变化而变化。空气密度越小，需用功率越大，发动机的可用功率越小，因此起飞场地标高越高，或空气温度越高，或绝对湿度越大，空气密度则越小，极限起飞重量随之减小。

自然风对直升机的极限起飞重量的影响也十分明显。因为水平风对旋翼而言，就相当于直升机的飞行速度，逆风悬停就等于直升机以相同的速度平飞，需用功率较无风悬停减小，极限起飞重量就增加。

5. 垂直着陆

直升机从一定高度下降，减速、降落到地面直至运动停止的过程叫着陆。垂直着陆是以一定的下滑角大致向预定点下降，并逐渐减速，在接近着陆预定点前，直升机做小速度贴地飞行，旋翼处在地面效应影响范围内，需用功率减小。在到达预定点的上空 3~4 m 高度上作短时间悬停，再以 0.2~0.1 m/s 的下降率垂直下降直至接地。这种着陆方式对着陆场地表面质量要求少，场地面积相对来说比较小。

6. 滑跑着陆

直升机在高原、高温地区，或载重量较大时，可用功率不足以允许用垂直着陆方式着陆，可以滑跑着陆。直升机在接地瞬间，不但具有垂直速度，同时还有水平速度，这样所需功率较垂直着陆小。直升机在接地后有一个滑跑过程，可进一步利用旋翼产生一个减速的水平分力，使直升机继续减速直至停止。

11.3.7 旋翼失速

11.3.7.1 旋翼失速原因

直升机旋翼失速与一般飞机的机翼失速的原因是一样的。当旋翼切面迎角过大，超过了临界迎角，流过旋翼的气流，产生强烈的气流分离，出现了大量的涡流，旋翼拉力不但不增加，反而明显减小，同时旋转阻力急剧增加，便产生了旋翼失速现象。旋翼切面迎角超过临界迎角是由于下述原因造成的：

1. 飞行速度过大

在前飞时，桨叶相对气流速度的大小为桨叶旋转所产生的相对气流速度与直升机前飞所引起的相对气流速度矢量和的大小。因此桨叶转到不同方位的相对气流速度的大小和方向不同。前行桨叶的相对气流速度大，产生的拉力大，从而使桨叶向上挥舞，并产生向下的相对气流，使桨叶迎角减小；后行桨叶的相对气流速度小，产生的拉力小，而使桨叶向下挥舞，并产生向上的相对气流，而使桨叶迎角增大。直升机的前飞速度越大，后行桨叶的迎角增加越多。另外，后行桨叶在向下挥舞过程中，向下挥舞的速度从桨根到桨尖是逐渐增大的，即桨尖向下挥舞的速度大，迎角增加也多，当前飞速度增大到一定速度时，桨尖的迎角首先超过临界迎角，在桨尖发生旋翼失速。如果前飞速度继续增大，桨叶失速就会向桨根发展，失速区的范围就会扩大。这时就发生了明显的旋翼失速现象，这就是大速度失速。

直升机旋翼的桨叶有扭转角，有利于推迟旋翼失速的发生，但并不是说旋翼不会失速。如果不注意旋翼失速的速度界限，就可能因为速度过大产生旋翼失速现象。

2. 上提总距杆过多过猛

在退出下滑时，如飞行员急于减小下降率，或在超载起飞时所需功率很大，稍不注意，就可能产生上提总距杆过多、过猛，以致旋翼桨叶切面迎角过大，超过临界迎角，引起旋翼失速。旋翼桨叶切面迎角过大的原因有两种：

（1）如果上提总距杆过多，旋翼桨叶角增加也多，旋翼桨叶切面迎角就会过多增大。

（2）如果上提总距杆过猛，旋翼桨叶角增大很快，而发动机功率增加慢，不能满足旋翼转动的需要，使旋翼转速下降。另在直升机下降中，转速下降也会引起迎角增大。

由此可见，在飞行中上提总距杆不能过多过猛，以免产生旋翼失速现象。

若在高空飞行速度过小，会出现以下两种情况：一方面高空空气密度小，旋翼产生的拉力就小。为了得到足够的拉力，就要上提总距杆，用较大桨叶角飞行，使桨叶迎角增大。另一方面因速度小，飞行所需功率大，也需上提总距杆增大桨叶角，使桨叶迎角增大更多。这就可能使桨叶迎角超过临界迎角而发生旋翼失速现象。因此，在高空飞行时速度不宜过小。

11.3.7.2 旋翼失速的现象

要想正确处置旋翼失速，必须正确判断旋翼失速后直升机的现象。旋翼失速后，直升机可能会产生下述现象。

1. 旋翼转速下降

因旋翼失速后，桨叶旋转阻力急剧增加，所以旋翼转速明显下降。

2. 直升机掉高度

旋翼失速后，产生的拉力本来就减小，加上旋翼转速下降，使旋翼拉力更加减小，不能支持直升机重量，所以直升机掉高度。

3. 操纵性变差

飞行员操纵驾驶杆后，这时的操纵力矩是旋翼拉力方向改变后对重心所形成的力矩。旋翼失速后，拉力减小很多，操纵驾驶杆后，拉力对重心形成的力矩小，即操纵力矩小，所以操纵性变差。

4. 如前飞中旋翼失速，直升机还出现明显的振动，机体倾斜

在前飞中旋翼失速后，随着旋翼桨叶转到不同位置，时而失速，产生大量涡流；时而不失速，空气流动情况变化大，这种气流的剧烈变化，使旋翼和直升机发生明显的振动。

旋翼失速后，后行桨叶拉力减小很多，使左右旋翼的拉力差增大，使直升机向一侧倾斜。

11.3.7.3 旋翼失速的改出

飞行中，一旦发生旋翼失速，飞行员应及时沉着地操纵直升机改出失速。

既然旋翼失速是由于旋翼切面迎角过大，超过临界迎角而引起的，所以改出旋翼失速的方法，主要是适当下放总距杆，以迅速减小旋翼切面迎角。在转速下降时，应加油门制止旋翼转速下降和迎角增大。在大速度下旋翼失速时，还应向后拉杆减小速度，进一步减小后行桨叶的切面迎角，改出旋翼失速。

11.3.8 旋翼自转下滑

飞行中，如发动机空中停车，可以利用旋翼原有的动能和直升机的势能，操纵直升机的垂直下降率达到某值，此时旋翼不再需要发动机驱动而能保持稳定旋转，产生较大的拉力。这种现象叫旋翼的自转下滑。

11.3.8.1 旋翼能自转的原因

秋天从树上飘落下来的树叶，受到迎面气流的作用，会出现一面下飘，一面旋转，而且下降得较为缓慢。还有一种枫树的种子，上面长了两片小叶，就像旋翼桨叶一样，当它从树叶上落下时，受到迎面气流的作用，也会自行转动，可以顺风飘得很远。直升机的旋翼具有同上述现象一样的特性。

旋翼在失去发动机带动后，利用其原有的旋转动能，虽然能朝原来方向继续旋转，但由于旋转阻力的作用，其转速和拉力会很快减低，直升机在重力的作用下开始下降高度。这时桨叶的相对气流合速度（W），从旋翼旋转平面的下方向上流向桨叶，引起桨叶的总空气动力（R）相对前倾，而它在旋转平面上的分力由原来指向后方可能变为零，这样旋翼就在自下而上的相对气流作用下，无需发动机带动而保持稳定旋转。

11.3.8.2 桨叶安装角、桨叶迎角同旋翼自转转速的关系

图 11.153 为桨叶切面在 3 种不同桨距情况下的作用力示意图。直线 aa 过总空气动力 R 的着力点，垂直于旋转面，直线 bb 垂直于翼弦。

如桨距过小，下降率大，桨叶的负来流角大，桨叶总空气动力的方向前倾，它在旋转平面的分力指向翼型前缘，旋翼转速增加；如桨距大，桨叶总空气动力在旋转平面的分力指向翼型后缘，旋翼转速减小；只有当桨距适当，桨叶总空气动力在旋转平面的分力等于零，旋翼才能稳定自转。

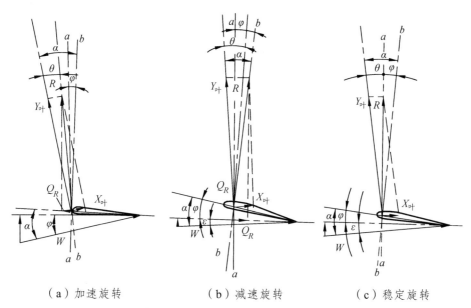

|（a）加速旋转|（b）减速旋转|（c）稳定旋转|

图 11.153　桨叶切面在 3 种不同桨距情况下的作用力示意图

11.3.8.3　操纵旋翼进入自转的方法

要想直升机旋翼能够顺利地进入自转，桨叶必须具有较小的桨叶角。

由于垂直自转下降的下降率过大，一般不采用。飞行中一旦发动机空中停车，驾驶员应立即下放总距杆以减小总距，进入自转，并适当操纵驾驶杆，使直升机进入斜向下降。直升机进入自转下降后，要求下降率要小，这样方能保证安全着陆。自转下降是靠直升机的势能来维持飞行的。飞行中所需功率越大，消耗的功率越多，下降率越大。用不同的速度下降，所需功率不同，自转下降率也不同。当直升机以经济速度下降时，所需功率最小，此时能够获得最小的自转飞行下降率；以此速度下降时，可获得最远的下降距离。驾驶员可利用自转下降飞行来选择并达到适宜的着陆点，实现安全自转着陆。

11.3.8.4　自转着陆操纵方法

着陆过程是减小前进速度和垂直下降分速的过程。在接地时，前进速度越小，则滑跑距离越短；垂直下降分速越小，起落架的过载越小。在自转飞行中，发动机已停车，驾驶员操纵必须尽可能地释放直升机所储备的能量。如果直升机的前进速度较大，可操纵直升机使旋翼桨盘后倒，吸收直升机的前进动能，增加旋翼的向后分力及向上的分力，从而减小前进分速及垂直下降分速。如果旋翼的旋转动能较大，在接地之前可操纵总距杆使旋翼瞬时增加桨距，吸收旋翼的旋转动能，大大增加旋翼拉力，从而减小垂直下降分速。

因此，直升机空中发动机意外停车，若前飞速度较大，采用"桨盘后倒"方式着陆；若离地高度较高，采用"瞬时增距"方式着陆。根据具体情况，飞行员通常采用"桨盘后倒"与"瞬时增距"的综合方式着陆。

11.3.8.5　高度-速度图

一般说来，当飞行中发生发动机空中突然停车时，只要飞行员在恰当的时机采取正确的操纵动作，就可以利用直升机的能量和旋翼的旋转动能进入自转飞行，然后实现安全着陆。但是，在某一高度和速度范围内飞行时，如果发动机停车，飞行员来不及操纵直升机进入旋翼稳定自转下降，直升机就会以很大的下降率接地，危及飞行安全，这一飞行范围称为回避区（见图 11.154）。

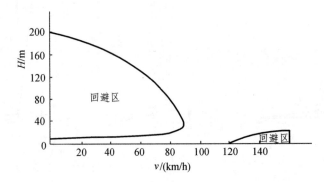

图 11.154　单发直升机的高度-速度图

由于直升机从发动机停车过渡到最佳稳定自转状态需要一定时间，要损失高度，回避区的上限是按转入最佳稳定自转所掉高度而定的。在飞行速度为零时，上限最高，随着飞行速度增加，相对来讲直升机更容易进入自转飞行，因而上限减低。回避区的下限是按下降率及起落架的承载能力而定的，在悬停时下限最低，随着飞行速度增加，因为有前进动能可利用，所以下限提高。

大速度、低高度飞行也是危险的。因为此时如果发动机停车，飞行员来不及反应并采取适当操纵动作，直升机就会撞地了。

装有两台发动机的直升机，在同一时间只可能单发停车，总有一台发动机的功率可以利用，它的飞行回避区大为减小。在回避区外存在另一虚线边界，在边界范围内飞行时，直升机可依靠单台发动机的功率安全着陆；在边界范围以外飞行，直升机甚至不必着陆，可以用单发功率继续飞行。

回避区不仅适用于发动机停车，也适用于尾桨失效的事故。因为此时即使发动机能够提供足够的功率，也必须使直升机进入自转飞行，以消除旋翼的反扭矩。

直升机的自转飞行和自转着陆并非仅限于发生意外事故时采用。有时为了作快速的、沿陡下滑线下滑着陆，也采取自转飞行以避免陷入涡环状态。

最后需要指出的是，由于直升机具有自转下降性能，而且能够在着陆前通过"瞬时增距"利用旋翼所储备的旋转动能来操纵直升机，因而当直升机一旦发生空中停车故障而需要迫降时，下降角可以在很大范围内调整，着陆后可以不需要或只需要很短的滑跑距离就能停下来。从这个意义上讲，直升机的着陆安全性比定翼机要好，因为后者要求有足够长而平坦的迫降场，而这种场地并不是随处可以找到的。

11.3.9　地面效应

直升机接近地面飞行时，会受到地面的影响，使旋翼拉力发生变化，这种现象叫做地面效应。

11.3.9.1 地面效应对旋翼拉力的影响

直升机接近地面飞行时，被旋翼打向下方的气流，受到地面阻挡，流速减慢，压力增大，空气受到压缩，形成一种所谓的"气垫"现象。这时旋翼下表面的压力增大，所以旋翼拉力也增大。

地面效应对旋翼拉力的影响强弱与旋翼离地高度有关。旋翼离地越近，地面效应影响越强。当旋翼离地高度大约超过旋翼直径后，地面效应的影响基本消失。

地面效应对旋翼拉力的影响强弱还与飞行速度有关。飞行速度越大，地面效应对旋翼拉力的影响越小。

11.3.9.2 地面效应对直升机飞行的影响

地面效应增加了旋翼的拉力，这是可以利用的。只要采取适当的起飞和着陆方法，例如采取滑跑起飞和滑跑着陆，就可以利用地面效应，改善起飞、着陆的性能，增加直升机的起飞重量。

但是，地面效应也有它不利的一面。比如，在贴近地面飞行时，遇到下凹的地形，地面效应的影响立即减小或消失，引起旋翼拉力突然减小，直升机就有向下陷入凹坑的可能。若地面起伏不平，旋翼受到地面效应影响的强弱就不等，引起旋翼拉力不断变化，势必产生使直升机俯仰或倾斜的不平衡力矩，使直升机处于颠簸状态，进而引起操纵困难。因此在山地飞行时应特别引起注意。

11.3.9.3 地面效应对悬停的影响

直升机在标准大气状态下，能够悬停的最大高度，称作直升机的静升限。直升机在超过其静升限的高度以后就不能作悬停飞行了，但在地面效应影响下直升机仍可悬停。

显然悬停时地面效应作用的大小与旋翼到地面的距离有关；旋翼离地面愈近气流受到地面的阻挡作用愈强，地面效应也就愈显著。

总之，地面效应可以改善直升机的性能，提高最大载重量，悬停高度可以更高；为了飞行安全，平坦地带的环境下可以利用地面效应悬停；在标准大气条件下，直升机在高草丛生的地面上空、混凝土停机坪上空和起伏不平的地面上空中悬停时，由于在高草丛生的地面上空悬停地面效应最弱，所以需要的功率最大；在受地面效应影响的高度范围内，同一高度上，悬停飞行状态受地面效应影响最明显。

11.3.10 斜坡操纵

当直升机在斜坡面上接地时，旋翼主轴基本与斜坡面垂直，而桨盘平面则与真实的地平线平行或微微朝上坡方向倾斜。因为正常情况下，使旋翼锥体倾斜是通过操纵驾驶杆使桨叶周期变距来实现的，所以旋翼锥体倾斜的角度要受驾驶杆的操纵行程和机械等原因的限制，这种操纵限制在直升机遇下坡方向的风时更容易出现。当直升机带上坡方向的倾斜悬停时，若以较低的一侧沿上坡方向着陆，驾驶杆的行程较小。因此，斜坡着陆场地的选择应视风向风速、直升机的重心及载荷的不同而异。当然，能满足斜坡着陆的条件可能因风向风速、直升机的重心及载荷的变化而不能作斜坡起飞，否则可能会对起飞造成很大的危害。为此，通常规定直升机在斜坡上能正常起飞、着陆的最大坡度为 5°，以保证在整个着陆过程中飞行员仅用杆就能操纵直升机在斜坡上停稳。

11.3.10.1 进　近

直升机在斜坡上的进近着陆跟在其他区域进近着陆没有多大差异。但在斜坡上着陆操纵过程中，一定要考虑风向风速、障碍物以及一旦发动机失效直升机的迫降点等情况，同时由于坡面阻碍了气流的顺畅流动，因而还必须考虑紊流和下降气流的影响。

11.3.10.2 着　陆

一般情况下，直升机要在斜坡上着陆时，如果倾斜面坡度为 10° 或 10° 以下，应采取横坡着陆方式，而非沿上坡方向顺坡着陆。当然，沿下坡或下山方向的顺坡着陆就更不可取，因为这样可能会造成尾桨撞地，危及飞行安全。其具体操纵方法如下：

（1）在最后进近阶段，让直升机缓慢靠近斜坡，尾桨切勿朝着上坡方向，使直升机在预定的接地点上空悬停。

（2）柔和下放总距杆，使直升机缓慢下沉。待上坡一侧的滑橇接地后，朝上坡方向压杆以免直升机向下坡方向滑动，同时还应逐渐下放总距杆，使另一侧的滑橇接地。

（3）随着总距杆的下放，还应继续朝上坡方向压杆使直升机位置固定。若直升机有前后运动的趋势时，应前后用杆来制止。

（4）待下坡一侧的滑橇接地后，下放桨距杆到底。保持正常转速直至直升机重量完全由滑橇来承受，这样就能确保万一直升机开始朝下坡方向滑动，也可有足够的转速供立即起飞。另外，在整个着陆过程中，还应注意用舵保持直升机的方向，在减小旋翼转速之前，务必要左右移动驾驶杆以检查直升机的稳定度。

操纵中常见的错误有：在着陆过程中，没有保持适当的转速；放下下坡一侧的滑橇速度过快。

11.3.10.3 斜坡起飞

斜坡起飞的方法几乎与斜坡着陆方法相反。其具体操纵方法如下：

（1）调整油门使旋翼达到起飞转速，然后朝上坡方向压杆以使旋翼的桨盘平面与水平面平行，但不是与坡面平行。

（2）柔和上提总距杆增加旋翼的拉力，于是滑橇承受直升机的重量越来越小，此时应注意用舵保持方向。

（3）随着下坡一侧的滑橇离地，直升机逐渐处于水平姿态，此时应逐渐回杆至中立位，使旋翼桨盘平面逐渐与地平面平行。接着，继续上提总距杆，使直升机在脱离斜坡前直线升起进入悬停。脱离斜坡时，尾桨绝不能转向上坡方向，否则会发生尾桨撞地的危险。

操纵中常见的错误有：压杆量不正确，造成直升机朝下坡方向滑动；未保持合适的转速；当下坡一侧的滑橇离地后，朝上坡方向压杆的量过大。

11.3.11 地面共振

"地面共振"是轮式起落架直升机在地面试车、滑行、垂直起落和滑跑时，受到一定的初始干扰之后，突然发生摇晃，振幅迅速增大的一种强烈振动现象。"地面共振"出现之后，如不及时处置，一般不到 10 s 时间，就会出现剧烈的振动，损坏桨叶，折断尾梁，甚至直升机翻倒、旋翼打地，造成严重事故。

直升机"地面共振"属于自激振动。直升机出现"地面共振"的原因是由于旋翼桨叶在外界干扰力（如阵风、着陆接地动作粗猛、受到侧面冲击力等）的作用下，使桨叶绕垂直铰摆动。当各桨叶摆动不均匀时（如四片桨叶的旋翼，任意相邻两片桨叶间不成 90° 时），则使桨叶的离心力不能互相平衡，出现了不平衡的离心力。加之由于旋翼在旋转，这一不平衡的离心力方向会随着旋翼旋转而不断变化，引起直升机振动。因为直升机轮胎没有离地，轮子又具有弹性，所以直升机机体就像在弹簧上一样产生振动，这就是直升机的"地面共振"现象。直升机机体的振动又反过来影响桨叶的摆动，如果旋翼在某一转速上离心激振力的频率与整个直升机在起落架上的某个振型固有频率相同或相近，而桨叶上的减摆器和起落架的缓冲器的阻尼又不足，则旋翼的摆振和机身在起落架上的振动就会互相加剧，激振力一次比一次强，振幅逐渐加大，如不及时处置，几秒钟就能把直升机振坏。

从以上分析可以看出，直升机发生"地面共振"要有 3 个条件：

（1）旋翼不平衡的离心激振力频率与直升机在起落架上的固有频率相接近。

（2）旋翼减摆器和起落架的阻尼不足。

（3）有足够的外界干扰力。

为了防止直升机"地面共振"，飞行前应保证：

（1）起落架缓冲器的充填量符合规定要求。

（2）旋翼减摆器的减摆力调整到规定数值。

（3）轮胎充气压力不超过规定的范围。

（4）机轮与地面间的摩擦力正常。如果外胎过于陈旧或直升机停在积有冰霜的地面上，会使机轮与地面间的摩擦力减小。

当直升机在地面工作情况下发生了"地面共振"时，首先要改变（大多数情况下是减小）旋翼转速。此时改变旋翼的总桨距对改出"地面共振"没有明显效果。在万不得已时，关闭发动机。

11.3.12　过渡速度

直升机在起飞增速和着陆消速阶段，在某一飞行速度范围内，会出现明显抖动现象，这个出现抖动的范围，习惯上称为"过渡速度"。"过渡速度"的抖动，是直升机所特有的一种现象。直升机"过渡速度"抖动实质上是一种强迫运动，是由于旋翼的激振力增大所引起的。

旋翼的桨叶与机翼相类似，桨叶产生拉力时，在桨叶的桨尖和桨根也有涡流产生，特别是桨尖部分的涡流对旋翼的空气动力影响很大。旋翼的翼尖涡流轨迹如图 11.155 所示。翼尖涡流的偏流角是桨叶的圆周速度与桨尖切面气流合速度之间的夹角，悬停时较大，但也只有 3°～4°。每片桨叶的尾涡大致是一条螺旋线。某一桨叶的尾涡对其后随桨叶的干涉作用叫桨涡干扰，桨涡干扰的瞬间会引起桨叶升力突变。当涡流与桨叶相交或强涡从桨叶附近通过，有关桨叶切面由于涡流作用，将改变桨叶上、下表面气流的流速，若涡流的旋转方向如图 11.155 所示，则在桨叶上表面涡流方向与原气流方向一致，涡流作用使流速增加，压力减小；

桨叶下表面涡流方向与原气流方向相反，涡流作用使流速减小，压力增加。涡流作用使上、下压力差增大，该切面升力增大，从而使桨叶的拉力在桨涡干涉瞬间增大。

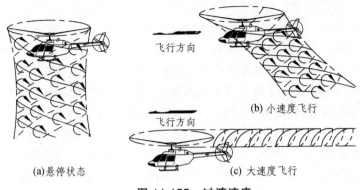

(a)悬停状态　　　　　　　　(c) 大速度飞行

图 11.155　过渡速度

11.3.13　尾桨失效

尾桨失效时，在旋翼反作用力矩影响下，直升机会不断偏转方向。对于从上方俯视旋翼为反时针旋转的直升机，反扭矩将使直升机机头右偏，在巡航飞行时，若反扭矩系统（即尾桨）失效并开始作有动力进近着陆，在接地前如果直升机向右偏转，飞行员应适当减小油门才能减弱机头右偏的趋势；反之，如果在着陆接地前直升机左偏，飞行员应采取在接地前适当使用油门使机头右偏的措施才能使直升机对准跑道。

11.3.14　重量与平衡

11.3.14.1　重量与平衡术语

1. 基准（Datum）

通常用重心到基准的距离来表示重心位置以及重心极限，基准是一个假想的垂直平面，平衡中的所有水平距离均以到基准的距离度量。典型的基准位置为机头、发动机防火墙、机翼前沿，甚至在直升机外部前面空间的某一点上，基准的位置由直升机制造厂商建立，在直升机操纵手册或载重与平衡资料中定义给出。

2. 基本空机重量（Basic Empty Weight）

基本空机重量包括标准直升机重量、选装设备、不可用燃油、全部工作液体如发动机滑油。基本空机重量在直升机的整个运行寿命中可能多次改变，如设备的安装与拆除，这些设备可能包括新的仪表、无线电装置或其他修改。任何大的重量和重心位置的变化必须由机务人员登录在飞机载重与平衡资料中，这些内容可能小到安装一副新天线、大到去掉起落架换装成浮筒。作为飞行员，在计算中必须确保使用最新的载重与平衡资料。

3. 最大起飞重量（Maximum Takeoff Weight）

最大起飞重量为直升机在跑道上开始起飞滑跑时允许的最大重量。

4. 最大着陆重量（Maximum Landing Weight）

最大着陆重量为直升机着陆时允许的最大重量。

5. 总重或全重（Gross Weight）

总重或全重为直升机上所有部件重量以及全部装载之和，直升机制造厂商设定的极限总重称为最大重量。

6. 有效荷载（Useful Load）

有效荷载为最大重量与空机重量之间的差值，可用以完成有效任务，如机组、旅客、货物、燃油。

7. 商载（Payload）

商载等于有效荷载减去燃油重量。

11.3.14.2 重量与平衡原理

对于直升机装载而言，作用在直升机各部件及装载上的力是由于地球引力引起的物体重力，用千克力（kgf）或磅力（lbf）来表示。力臂是力作用点到直升机基准的距离，用米（m）或英寸（in）来表示，力作用点在基准之后，力臂为正；力作用点在基准之前，则力臂为负。直升机的平衡要求：装载后的直升机重心位置必须在规定的重心范围内。

图 11.156 所示为直升机装载示意图，在基本空机重量的基础上，装载燃油和商载。设全机重心到基准的力臂为 X_{cg}，全机重量为 W_t，则根据物理学原理，可用以下公式确定直升机的重心位置

$$X_{cg} \cdot W_t = X_p \cdot W_p + X_f \cdot W_f + X_b \cdot W_b$$

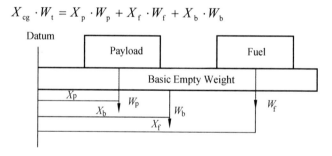

图 11.156　直升机装载示意图

直升机的重量变化对飞行有直接影响，而是否平衡关系到直升机稳定性和操纵性问题。通过重量与平衡的分析，确保重量低于最大允许重量，而且重心在许可范围内。基本方法是将各部分所有重量累加起来，并计算各部分形成的力矩的大小，确定重心位置。如果重心超出允许包线范围，则需要调整。

直升机最大载重受发动机的功率限制，而直升机重心的前后极限位置受俯仰稳定性和俯仰操纵性的限制。

下面举例说明重心位置确定、判断平衡是否达到要求以及调整重心位置的方法。

【例 1】 根据图 11.157 和表 11.1 求直升机重心在哪里？

A. 重心范围之外，已超过标准全重；

B. 重心范围之外，标准全重和全重力矩已被超过；

C. 重心范围之内，全重和全重力矩均在标准范围之内。

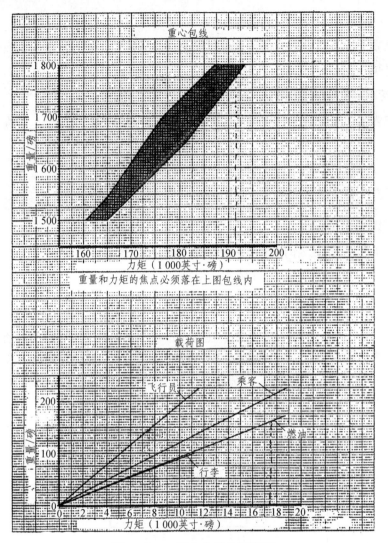

图 11.157　重心包线和荷载图

表 11.1

项目	重量/磅	力矩/1 000 英寸·磅
直升机的基本重量（包括滑油）	1 315	150.1
飞行员重量	140	7.2
乘客重量	150	12.3
27 加仑燃油	162	17.4

解： 根据图 11.157 及表 11.1 可知飞行员重量 140 lb、乘客重量 150 lb、27gal（美）燃油（162 lb）。所对应的力矩分别为 7.2（1 000 in·lb）、12.3（1 000 in·lb）、17.4（1 000 in·lb）。

所以直升机的总重量为

$$1\ 315+140+150+162=1\ 767\ \text{lb}$$

总力矩为

$$150.1+7.2+12.3+17.4=187\ (\ 1\ 000\ \text{in} \cdot \text{lb}\ )$$

直升机的总重量与总力矩的交点在图 11.157 上图中的包线内，所以答案选 C。

【例 2】 重量增减后重心的确定：总重 4 137 lb，重心位置站位 67.8 处，小时燃油消耗量 13.7 gal（美），燃油重心站位 68.0 处。问：经过 1 h 30 min 的飞行后，直升机的重心将位于哪一站位？

A. 67.79　　B. 68.79　　C. 70.78

解：经过 1 h 30 min 的飞行直升机的耗油为

$$13.7 \times 1.5 \times 6 = 123.3\ \text{磅}$$

根据公式

$$\frac{\text{重量的改变量}}{\text{新的总重}} = \frac{\text{重心改变量}}{\text{增减重量与原重心的距离}}$$

即

$$\frac{123.3}{4\ 137 - 123.3} = \frac{\Delta CG}{68 - 67.8}$$

可得

$$\Delta CG = 0.006\ \text{站位}$$

随着燃油消耗，重心前移，所以新的重心在 67.8 - 0.006 = 67.79 站位，答案选 A。

【例 3】 重量移动后重心的确定：如果一架直升机的停机重量为 3 650 lb，重心在站位 94.0 处，现欲将重心移至站位 92.0 处，需将多少行李由位于站位 180 处的后行李舱移向位于站位 40 处的前行李舱？

A. 52.14 lb　　　B. 62.24 lb　　　C. 78.14 lb

解：根据公式

$$\frac{\text{移动的重量}}{\text{飞机总重量}} = \frac{\text{重心改变量}}{\text{重量移动的力臂改变量}}$$

即

$$\frac{\Delta W}{3\ 650} = \frac{94.0 - 92.0}{180 - 40}$$

可得

$$\Delta W = 52.143\ \text{lb}$$

所以答案选 A。

【例 4】 基准点为 0 点，重量和力臂见表 11.2。求直升机重心大致位于何处？

A. 基准点后 1.64 in 处　　B. 基准点前 1.64 in 处　　C. 基准点前 7.99 in 处

表 11.2

项目	重量/lb	力臂/in	力矩/in·lb
空机	1 700	+6.0	1 700×（+6）= +10 200
飞行员	200	-31.0	200×（-31.0）= -6 200
滑油（8 夸脱，全部可用）	12	+1.0	12×（+1.0）= +12
燃油（50 加仑，全部可用）	300	+2.0	300×（+2.0）= +600
行李	30	-31.0	30×（-31.0）= -930

解：直升机的总重量为

$$1\,700 + 200 + 12 + 300 + 30 = 2\,242 \text{ lb}$$

总力矩为：

$$10\,200 - 6\,200 + 12 + 600 - 930 = 3\,682 \text{ in} \cdot \text{lb}$$

直升机的重心位置为

$$3\,682 / 2\,242 = +1.64 \text{ in}$$

所以答案选 A。

【例 5】直升机总重（包括消音器）：1 225 lb。大气温度：77°F。问：直升机的有地效悬停升限是多少？

解：首先从图 11.158 中找到总重 1 225 lb，然后垂直向上作直线（图中虚线）与大气温度 77°F 有一交点，再过此交点水平向左作直线，与气压高度坐标的交点处对应的高度约为 6 850 ft，所以直升机的有地效悬停升限为 6 850 ft。

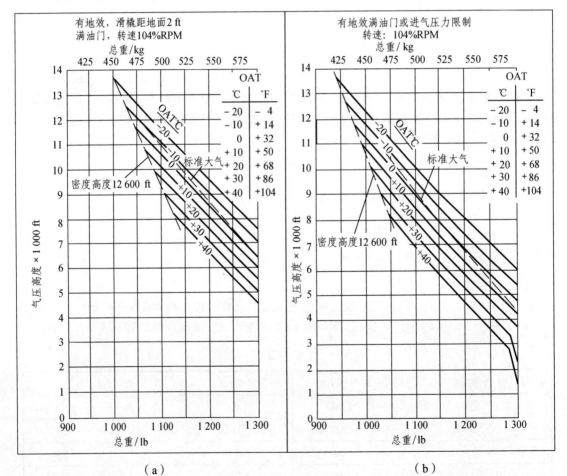

（a）　　　　　　　　　　　　　（b）

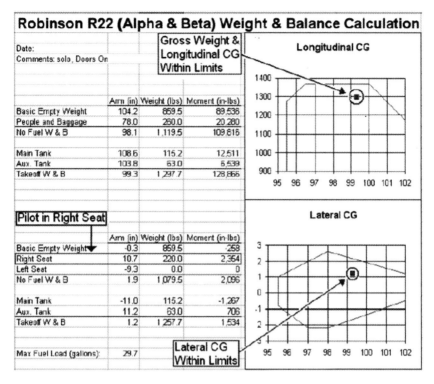

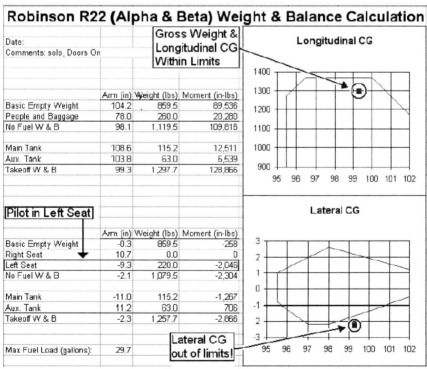

（c）重量与平衡表

图 11.158　悬停升限-总重

12　航空法规简介

民用航空同其他各项工作一样，必须依法行政和依法运行。"空气空间的法律地位、航空器的法律地位、航空人员的法律地位"是航空法要回答的基本问题。航空法分为国际航空法和国内航空法两大部分，每部分按颁布部门和约束范围又分成不同的级别。民航飞行员应学习我国加入的五大国际公约、国际标准和建议措施、航行服务程序、国内航空法律、国务院关于民用航空的行政法规、中国民用航空规章等。通过学习航空法规，使飞行人员了解国际民航组织和中国民航关于空中航行、空中交通管理、航空人员管理、适航管理、机场管理、营运、防止非法干扰、搜寻援救和事故调查等与民用航空有关的知识，熟悉本专业相关规定，掌握法规间纵向和横向联系，为以后在工作中正确理解和执行有关航空法规奠定坚实基础。

航空法规随着民航的发展在不断完善，航空法规应以自学为主。为便于读者自学，本章第 1 节以综述的形式，概要介绍航空法规体系、法规之间的联系，第 2 节介绍飞行人员应掌握的主要法规。

12.1　航空法规体系

12.1.1　航空法定义

航空法是调整因民用航空和与民用航空有关的活动而产生的各种社会关系的法律规范的总称。

航空法的调整范围是民用航空（以及与民用航空有关的活动）。航空法是诸多法规的总称而不是某一法规的特指。

12.1.2　航空法发展简史

航空法的发展分为萌芽（1783—1914）、活跃（1914—1944）、不断成熟与完善（1944 至今）3 个时期。其划分依据是：1783 年，法国蒙哥尔费兄弟发明了第一个载人气球，这是历史上最早的航空活动；1914 年开始的第一次世界大战促进了后来的民用航空发展；1944 年12 月 7 日缔结的《国际民用航空公约》使人类的民用航空真正国际化。

12.1.3　航空法的渊源

航空法的渊源是指航空法的表现形式，主要包括：国际条约、双边协定、国内法及法院判例、国际法的一般原则和国际惯例以及具有一定法律效力的其他文件。

12.1.3.1　国际条约

国际条约是实现统一国际规则的主要渊源，国际条约以国际公约为主。民用航空方面有30多个国际公约，有的已经失效。我国加入的且正在生效并普遍适用的有三大系列共5个公约，即"芝加哥公约""华沙公约""东京公约""海牙公约"和"蒙特利尔公约"。议定书作为对公约的修改补充文件，也是一种重要的国际条约。

12.1.3.2　双边协定

第二次世界大战后，以"芝加哥公约""华沙公约"等公约为指导，签订了近2 000个双边协定，交换过境权和营运权，签订航路、运力和运费价格，这些协定有其共性规则和模式。

12.1.3.3　国内法及法院判例

各国按照其加入的国际条约的基本原则并结合本国实际颁布的国内法，是航空法的重要组成部分。

各国对国际法中的某些条款的解释与适用，常常要参照该国国内法。例如，在国际航空刑法领域，公约只规定哪些行为构成犯罪、何国有刑事管辖权、应不应该起诉，至于取证、量刑、判处等一系列实体法、程序法问题，各国则依照本国刑法和刑事诉讼法来进行。

各国法院的判例，表明了该国对国际法中的某些条款的解释与适用，具有一定的参考价值。

12.1.3.4　国际法的一般原则和习惯国际法

航空法作为国际法的一个门类，要受到国际法一般原则和习惯国际法的制约。联合国宪章、国际法中有关条约法的规则，对航空法同样适用。例如，条约的缔结、批准、生效、修改、加入、退出、解释等规则以及条约的继承等问题。

国际法中与航空法有密切关系的姊妹法（如海洋法、海商法和外空法）中的许多规则被借鉴到航空法中。

在国际条约中没有明确的内容，一旦形成国际惯例，也具有一定的法律效力。

12.1.3.5　其　他

"芝加哥公约"赋予国际民航组织理事会准立法权——通过"国际标准与建议措施"并将其作为公约的附件。虽然18个附件是执行公约条款的技术性细节，但其中有些是重大的法律问题。

国际航空运输协会（IATA），虽是各国航空公司之间的行业组织，却具有半官方地位，它所通过的决议，经有关国家批准生效后就成为重要的法律文件。

12.1.4　航空法的特征

航空法具有国际性、综合性、民用性和平时性四大特征。

12.1.4.1 国际性

航空法的国际性源自人类航空活动的天然国际性。航空器速度快，对航空活动的发源地欧洲来说，中、小国家林立，飞机一个小时就能穿越几个国家（与公路和水上交通有重要差别），如果不用国际统一的法律规则，而适用各国千差万别的国内法，航空活动势必障碍重重、寸步难行。为保证国际空中航行、商业运输以及其他航空活动安全、迅速、经济和便利地进行，各国对于航空活动的各项规定应尽可能地统一起来，国际航空法就是统一的结果。

国际上，国土广大的国家屈指可数，对于美国、俄罗斯、加拿大、印度以及我国来说，虽然国内航空活动具有重要价值，但航空法的国际性仍然是不可忽视的。最明显的例证是制止劫机等航空犯罪问题必须求助于国际立法。

因此，各国必须履行所缔结的国际条约，并在国内立法中加以确认。

我国民航的国内法规体系就是以国际民航五大公约、国际标准和建议措施（国际民航公约 18 个附件）为蓝本，在符合我国宪法和法律的前提下，结合我国的实际而逐步完善的。

12.1.4.2 综合性（囊括公法与私法）

公法是指协调国家之间的法律规范。传统的国际法指国际公法，即协调国家之间的法律规范。

就航空活动而言，首先要解决的是公法问题，诸如主权、领土、国籍、国家关系等。"芝加哥公约""东京公约""海牙公约"和"蒙特利尔公约"都属公法性质。

国际私法，传统地称作"法律冲突法"，即一国国内法中的涉外民法（通过国际条约各国承担在私法某些领域中实行统一规则）。

民用航空活动还应解决私法问题，诸如财产权利、损害赔偿、合同法、侵权行为法等。在这些问题上，各国法律规则差别巨大、冲突突出。因此，国际上采取统一原则和规则是国际航空运输的前提条件。1929 年"华沙公约"是解决这种差别与冲突的典型成功之作。

12.1.4.3 民用性

航空法只涉及与民用航空有关的活动，而不涉及一切航空活动。航空法不能约束国家航空器。

"芝加哥公约"第三条规定："本公约仅适用于民用航空器"，而不适用于"用于军事、海关和警察部门的国家航空器"。（其他公约中都有类似规定）

《中华人民共和国民用航空法》第五条"本法所称民用航空器，是指除用于执行军事、海关、警察飞行任务外的航空器"。（其他航空法文件中也有类似规定）

用于运送国家元首或政府首脑的专机以及各种负有国家特种使命的航空器亦被认为是国家航空器。

12.1.4.4 平时性

航空法不能约束战争时期的民用航空活动，无论其属于交战国或中立国。航空法不能约束宣布其处于紧急状态的缔约国。

12.1.5　航空法规体系

航空法调整对象是与民用航空有关的活动，其涉及范围为：领空主权、航空器国籍、航空器适航、航空器权利、人员执照、运输凭证、赔偿限额、空中规则、空中交通服务、通信气象导航保障、搜寻援救、事故调查、航空犯罪、海关移民检疫等。目前使用的航空法规体系如图 12.1 所示。

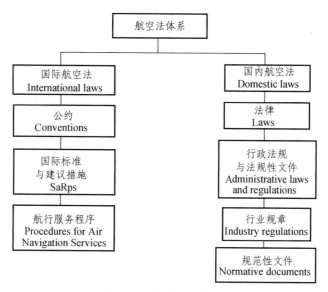

图 12.1　航空法规体系

12.1.5.1　国际航空法

1. 公　约

公约是国际航空法的第一层次，由缔约国缔结，对签字国具有法律效力，是国际航空法中法律级别最高的也是最重要的部分。

但公约不是国家法之上的法律。缔约国政府批准了某公约，则享有该公约规定的权利并承担相应的义务；如果不批准或退出某公约，则不享有该公约规定的权利也无需承担相应的义务。

迄今在航空法方面制定的国际公约共计 36 个，其中有的已被新的公约所取代，有的因签字国数量太少而不具有真正的"国际法"意义。正在生效和普遍适用的只有三大系列的 5 个公约。

2. 国际标准与建议措施

"芝加哥公约"赋予国际民航组织理事会关于制订、通过和修改"国际标准与建议措施"的准立法权，并将 18 个方面的"国际标准与建议措施"列入"芝加哥公约"，构成该公约的 18 个附件。"芝加哥公约"的附件具有准法律效力。

航行服务程序（PANS）、手册、指南，比"国际标准与建议措施"有更详细、更具体的细节描述。航行服务程序、手册、指南等较之公约和附件更具有可操作性，尽管它们不像公约和附件那样具有法律效力，但其以详细的技术细节和良好的操作性而成为世界各国民航部门制订技术规范的主要参考。

12.1.5.2　国内航空法

我国民航的国内法规体系是以国际民航五大公约、国际标准和建议措施（国际民航公约18个附件）为蓝本，在符合我国宪法和法律的前提下，结合我国的实际而逐步完善的。

我国国内航空法由法律、行政法规、行业规章三级构成。规范性文件作为对行业规章的解释说明在实际工作中发挥的作用也不亚于行业规章。

1. 法律

法律是由全国人大及其常委会制定的规范性文件，附有罚则，其效力高于其他法规和规章，目前我国民航最主要的法律依据是全国人大常委会 1995 年 10 月 30 日通过、1996 年 3 月 1 日开始施行的《中华人民共和国民用航空法》，它规定了我国民用航空的基本法律制度，是制定其他民航法规规章的基本依据。

2. 行政法规和行政法规性文件

这一类主要是指国务院根据宪法和法律制定或批准的规范民用航空活动当中各主体之间法律关系的规定。目前，我国现行有效的行政法规和行政法规性文件共有 27 个，比如：《中华人民共和国飞行基本规则》《民用航空安全保卫条例》《外国民用航空器飞行管理规则》《民用机场管理条例》等。

3. 行业规章

行业规章是指国务院各部、委员会、中国人民银行、审计署和具有行政管理职能的直属机构根据法律和国务院的行政法规、决定、命令，在本部门的权限范围内制定发布的规定。规章是民航法规体系中内容最广、数量最多的规定。按照规范对象的统一性原则及民航行业特点横向划分为不同的管理领域。民航局法规规章体系共分 12 部分，包括：行政规则、航空器、航空人员、空中交通管理、一般运行规则、运行合格审定、学校及经审定合格的其他部门、机场、经济与市场管理、航空安全信息与事故调查、安全保卫、其他等部分。

4. 规范性文件

规范性文件指民航局机关各职能厅、室、司、局，为了落实法律、法规、民航局规章和政策的有关规定，在其职责范围内制定，经民航局局长授权由职能部门主任、司长、局长签署下发的有关民用航空管理方面的文件。民航空管规范性文件包括管理程序（英文缩写为AP）、咨询通告（英文缩写为 AC）、管理文件（英文缩写为 MD）、工作手册（英文缩写为WM）、信息通告（英文缩写为 IB）、表格（英文缩写为 CH）等 6 类。

12.1.6　航空法规的作用

（1）维护领空主权。

从国家安全和航空权益出发，维护国家领空主权是航空法的首要任务。例如：

《国际民航公约》第一部分第一章第一条："缔约各国承认每一国家对其领土之上的空气空间具有完全的和排他的主权。"

《中华人民共和国民用航空法》第一章第一条："为了维护国家的领空主权和民用航空权利，保障民用航空活动安全和有序地进行，保护民用航空活动当事人各方的合法权权益，促进民用航空事业的发展，制定本法。"

《中华人民共和国民用航空法》第一章第二条："中华人民共和国领陆和领水之上的空域为中华人民共和国领空。中华人民共和国对领空享有完全的、排他的主权。"

（2）确保飞行安全。

我国民航工作的总方针："保证安全第一，改善服务工作，争取飞行正常。"这里的"保证安全第一"是以保护领空主权为前提的。

执照管理、适航管理、机场管理、飞行规则、航空安全保卫、反对非法干扰等绝大多数法规都体现了确保飞行安全的原则。

（3）促进航空运行畅通。遵守统一的规则和标准，以保证提高效率和经济效益。

（4）保护民用航空活动当事人各方的合法权益。

（5）促进民用航空事业的发展。

12.1.7　航空法规之间的关系

航空法分为国际航空法和国内航空法两大部分。国际航空法主要指"国际条约"和"国际标准与建议措施"，国内航空法则分为法律、关于民用航空的行政法规、民航专业规章 3 个级别。法规之间具有以下关系：

（1）以宪法为前提，我国所有航空法规应与之相适应，并符合我国国情。

（2）国内航空法应与国际航空法接轨。

我国的国内法应同我国加入的国际条约接轨，技术标准应同国际民航公约的附件接轨。

（3）低级别法规服从高级别法律法规。

我国国内航空法由法律、行政法规、行业规章三级构成。民航的行业规章是第三级别的，与第一和第二级别法规不能抵触。

（4）平行法规之间应相互融合。

同级别法规之间应相互呼应，比如《一般运行和飞行规则》与《中国民用航空空中交通管理规则》，《中国民用航空飞行人员训练管理规定》与《民用航空器驾驶员飞行教员和地面教员合格审定规则》，都是第三级别法规，其原则性内容应当相互融合。

12.2　有关民航飞行的主要法规

12.2.1　国际航空法

国际航空法主要包括芝加哥体系、华沙体系、航空刑法体系三大体系。

12.2.1.1　芝加哥体系

芝加哥体系主要由《国际民用航空公约》(即《芝加哥公约》)及其附件以及与公约相关的《国际航班过境协定》《国际航空运输协定》组成。其中，《国际民用航空公约》及其附件涉及国际民用航空的各个领域，加入国家最多，是当今国际民用航空的宪章。飞行人员应熟悉该体系，重点掌握《国际民用航空公约》。

1. 国际民用航空公约

1)《国际民用航空公约》缔结背景

1944年12月7日签订于芝加哥并于1947年4月4日生效的《国际民用航空公约》(通称《芝加哥公约》)，内容几乎涉及民用航空领域的各个方面，是国际航空法的基础和宪章性文件。目前已有190个国家批准或加入了该公约，它制定的法律原则和规则已具有普遍国际法效力。

2)《国际民用航空公约》概要

除序言外，国际民航公约共分"空中航行""国际民用航空组织""国际航空运输""最后条款"四大部分，这四大部分又细分为22章共计96条。主要内容可概括为：承认各国对其领空享有完全的、排他的主权；定期航班和不定期航班的权利；空中航行有关事项；国际民航技术标准和建议措施；成立国际民航组织；国际航空运输等。飞行人员在学习《国际民用航空公约》时，对比学习《中华人民共和国民用航空法》，正确领会"领空主权原则""航空器及其国籍""统一规则与方便航行""国际民用航空组织"等重要内容。

2. 关于空中自由权的两个协定

在1944年芝加哥第一届国际民航会议上，以英国等多数到会国家为代表的"领空主权论"与以美国、荷兰、北欧等少数国家为代表的"航空自由论"展开了激烈的争论。最终，"缔约各国承认每一国家对其领土之上的空气空间具有完全的和排他的主权"写入了芝加哥公约的第一条。

会议通过两种途径作出了让步以满足那些崇尚航空自由论的国家的需要：①公约第五条"对不定期飞行的权利"体现了领空主权下的航空自由；② 1944年12月7日，在缔结"芝加哥公约"的同时，部分国家缔结了《国际航班过境协定》(简称两种航空自由)和《国际航空运输协定》(简称五种航空自由)。

两种航空自由是指：①不降停而飞越其领土的权利；②非商业性降停的权利。

至1994年底，共101个国家加入该协定，我国暂未加入。国际民航组织正在敦促世界上更多的国家加入该协定，以保证民用航空的运行畅通。我国加入WTO后，未来加入该协定是必然趋势。飞行人员应理解两种航空自由的含义。

五种航空自由指：①不降停而飞越其领土的权利；②非商业性降停的权利；③卸下来自航空器国籍国领土的旅客、货物、邮件的权利；④装载前往航空器国籍国领土的旅客、货物、邮件的权利；⑤装卸前往或来自任何其他缔约国领土的旅客、货物、邮件的权利。

前两种航空自由与《国际航班过境协定》相同，后三种自由对民用航空相对落后的国家来说冲击很大。至1994年底，仅11个国家(玻利维亚、布隆迪、哥斯达黎加、萨尔瓦多、埃塞俄比亚、希腊、洪都拉斯、利比里亚、巴拉圭、荷兰、土耳其)加入该协定；美国开始批准加入，但于 1946 年 7 月 25 日退出；瑞典 1945 年批准加入，1982 年退出；我国未加入。因此《国际航空运输协定》签订的国家较少，不具有普遍国际效力。

3. 国际标准与建议措施

航空活动的国际性决定了国际空中航行规则应尽可能统一，避免或减少各国国内法之间的差异或冲突。统一国际空中航行的各种规则是《芝加哥公约》的主旨之一。

公约赋予国际民航组织理事会的准立法权：通过国际标准与建议措施，并将此种标准与措施称为公约的附件，要求各缔约国统一遵照执行。

附件是国际民航公约体系的一部分，是世界各国制定本国民用航空规章的技术基础。

缔约国若不能完全遵照执行，应立即向理事会通知差异；如果任何缔约国在附件修改之后，对其本国规章或措施不能作相应修改，应于国际标准修改后 60 天内通知理事会，或表明它拟采取的行动，理事会应立即将此种差异通知所有缔约国。

目前国际民航公约共有 19 个附件，飞行人员应掌握它们的名称和框架，至于附件的详细内容，可以通过学习中国民用航空局的三级法规来体会，而不必钻研附件的具体细节。另外，航行服务程序是对附件的补充，航行服务程序（PANS）比"国际标准与建议措施"更详细、更具体的细节描述。航行服务程序、手册指南等较之公约和附件更具有可操作性，尽管它们不像公约和附件那样具有法律效力，但其以详细的技术细节和良好的操作性而成为世界各国民航部门制定技术规范的主要参考。当航行服务程序中的部分内容成熟到被大多数缔约国承认，专家认为其一致应用被认为是对国际飞行安全或正常所必需的，按一定的法律程序，其部分或全部内容将被上升法律等级而列入附件。例如："国际航行通告（NOTAM）收集分发颁布程序"于 1949 年一次航行通告特别会议审议，稍后将其升级为空中航行服务程序，于 1951 年开始适用。在其后的年份中，作了 20 次修订，最终调整为现在的附件十五。是指因为太细，不宜收入标准和建议措施的各种运行措施和材料，而其通常是对相关标准和建议措施中基本原则的补充。符合 PANS 地位的材料，应该是适合在全球范围基础上加以运用的材料。当确认差异对于空中航行安全是重要的时，理事会则请缔约国在其航行资料汇编中公布差异情况。

12.2.1.2 华沙体系

华沙体系以《华沙公约》及 8 个修订补充文件（1955 年《海牙议定书》、1961 年《瓜达拉哈拉公约》、1966 年《蒙特利尔协议》、1971 年《危地马拉议定书》、1975 年 4 个《蒙特利尔议定书》组成。它规定了国际航空运输中有关机票、行李票、航空货运单、赔偿限额等民事方面的规则。飞行人员应简要了解《华沙公约》和 1955 年《海牙议定书》。当前，整个华沙体系已被 1999 年《蒙特利尔公约》（即《统一国际航空运输某些规则的公约》）替代，该公约的目的在于合并替换《华沙公约》及其诸多修订补充文件。

12.2.1.3 航空刑法体系

刑法，是关于犯罪和刑罚的法律规范的总称。随着人类航空活动的大量增加以及国际局势的演变，包括劫机在内的各种各样的航空犯罪事件也日益增多。通过国际立法来制止航空犯罪成为必然，从而导致了 20 世纪 60～70 年代 3 个著名国际公约的签订，即 1963 年东京《关于在航空器上犯罪及其某些行为的公约》（通称《东京公约》，1970 年海牙《制止非法劫持航空器公约》(通称《海牙公约》),1971 年蒙特利尔《制止危害民用航空安全的非法行为公约》(通称《蒙特利尔公约》)和 1988 年《蒙特利尔议定书》。以上 4 个文件就犯罪定义、适用范围、指控、逮捕、拘留、初步调查程序、起诉和引渡、惩罚犯罪、缔约国权利和责任以及航空器机长权力都作了具体规定,是处理危害国际民用航空安全的国际法依据。由于这 4 个文件的规则都是关于刑事方面的,一般称作"航空刑法"。

《芝加哥公约》主要从技术方面规范航空活动从而实现保证飞行安全的目的,航空刑法则是从制止航空犯罪来促进航空安全。

20 世纪 60 年代后期,国际上航空暴力事件不断增加。1970 年 6 月,国际民航组织举行特别大会,要求在《芝加哥公约》的附件中增加有关处理非法干扰(劫持)问题,使《国际民航公约》更加完整。1974 年最终通过了《国际民航公约附件 17 —— 安全保卫》,该附件主要包括管理和协调,但内容远不及刑法体系的三大公约详细和有力。

飞行人员应掌握航空刑法体系的 3 个公约。在学习过程中,重点掌握每一公约对"犯罪(或行为)的定义""公约适用范围""机长的权力""缔约国的责任"。

"9·11"恐怖事件之后,国际民航组织大会指示国际民航组织理事会审查现存的航空安全公约,用于解决民用航空紧急危险的充分性。2010 年,中国民航局在北京成功承办了国际航空保安公约外交大会,出台了新的国际公约正式案文,2010 年《制止与国际民用航空有关的非法行为的公约》(《北京公约》)和 2010 年《制止非法劫持航空器公约的补充议定书》(《北京议定书》)。

《北京公约》充分考虑了新型恐怖主义的犯罪行为,纳入了与民用航空器可能有关的犯罪行为,并且《北京议定书》将其他未来可能出现的犯罪方式涵盖在"以任何技术手段"的犯罪中。《北京公约》和《北京议定书》另一个突破性的规定是对共同犯罪人做出了统一的规定。

12.2.2　国内航空法

我国国内航空法由法律、行政法规和法规性文件、民航专业性规章 3 级构成。

每一个航空人员都应理解高级别航空法律,以保证工作中不违法;但是低级别的行业规章更具可操作性,每一个航空人员都应熟悉它的框架,熟练掌握与本专业最直接的行业规章,才能运用自如。

12.2.2.1　法　律

目前,中国民航的唯一一部法律就是《中华人民共和国民用航空法》,它的主要内容很好地与缔结的民用航空三大系列的 5 个国际公约接轨,在遵从我国宪法这一根本大法的前提下,在与刑、民法协调一致的基础上,使国际法的规定在国内法中得以确认和实施。

《中华人民共和国民用航空法》共 16 章,213 条,作为中国民用航空的"母法",它规范的内容涉及民航的方方面面。

在学习《中华人民共和国民用航空法》时应把握以下重点:《中华人民共和国民用航空法》的法律地位、《中华人民共和国民用航空法》关于领空主权原则、国务院民用航空主管部门(国家民航局)制定的相应行业规章、航空器的法律地位、航空人员的法律地位、民用机场管理;空中航行规则、搜寻援救和事故调查、与所缔结的国际条约及国际惯例的关系以及罚则。

12.2.2.2　行政法规和法规性文件

为了从法律上约束与民用航空有关的一些部门（包括地方政府），保护民用航空的健康发展，由民航局负责起草，报国务院审议，由国务院颁发了一系列关于民用航空的行政法规和法规性文件。

每一行政法规具有单一性，只就民用航空的某一方面单独成文。例如，《民用航空器适航管理条例》《外国民用航空器飞行管理规则》《中华人民共和国搜寻援救民用航空器的规定》《中华人民共和国民用航空安全保卫条例》等。

《中华人民共和国飞行基本规则》（以下简称《规则》）自1950年首次颁布以来，曾于1964年、1977年先后作过两次修订。几十年来，《规则》始终是我国境内组织实施飞行和规范一切飞行活动的基本法规，是各航空部门制定有关条令、条例及规章制度的依据。它在规范飞行活动、维护飞行秩序、保证飞行安全等方面发挥了重要作用。凡是辖有航空器的单位、个人和与飞行有关的人员及其一切飞行活动，都必须遵守本规则，与飞行有关的所有单位、人员负有保证飞行安全的责任，必须遵守有关规章制度，及时采取预防事故的措施，保障飞行安全。因此《规则》在空中航行方面具有"国家空中航行法"的性质。

《规则》总结吸取了我国航空管理的经验，借鉴国外的有益做法，参照国际标准和惯例，使之与国际航空规则对接。目前的《规则》共12章124条。《规则》适用于中华人民共和国境内所有航空器的飞行活动。《规则》明确了空管领导关系，规定全国的飞行管制由国务院、中央军委空中交通管制委员会领导。

12.2.2.3　民航行业规章

由民航局（或与有关部委联合）起草，以民航局局长（或联合）命令的形式颁发，并在《中国民航报》上刊登的文件，属于民航行业规章。

行业规章以国际民航组织19个附件为依据，以航行服务程序等国际民航组织的技术规范为参考，结合本国实际而制定，通常编入中国民用航空规章（CCAR），它们只能约束民航内部。目前已公布的行业规章的关系如图12.2所示。

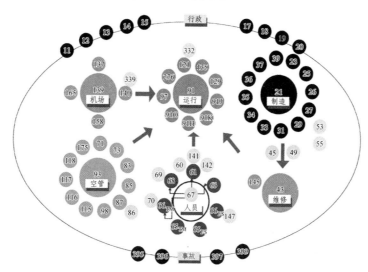

图 12.2　民航行业规章关系示意图

飞行人员应该重点掌握的行业规章包括：

- 《一般运行和飞行规则》CCAR-91
- 《大型飞机公共航空运输承运人运行合格审定规则》CCAR-121
- 《小型航空器商业运输运营人运行合格审定规则》CCAR-135
- 《民航使用空域办法》（CCAR-71）
- 《航空器机场运行最低标准的制定与实施规定》CCAR-97
- 《民用航空器事故和飞行事故征候调查规定》 CCAR-395
- 《民用航空安全信息管理规定》 CCAR-396
- 《中国民用航空应急管理规定》 CCAR-397
- 《民用航空器驾驶员、飞行教员和地面教员合格审定规则》CCAR-61
- 《民用航空人员体检合格证管理规则》CCAR-67

在学习国内航空法的过程中，应注意法规的时效性和上、下级别关系。如果颁布或修改的高级别法规已经生效，则对低级别法规具有约束力，即使低级别法规尚未修改，其关联条款也应视为已经修改。

最后，由于民航发展较快再加上民航全球一体化发展趋势以及新技术的应用，构建和完善民用航空法规体系是大势所趋。民航法规的制定、修订、补充、更新很快。因此，广大飞行员在学习和工作中应注意对民航法规的掌握、理解，为保证飞行安全、为建设世界民航一流强国做出应有的贡献。

12.2.2.4　有关通用航空的主要法规

通用航空是民用航空的重要组成部分，一国民航业的健康协调发展离不开通用航空。由于通用航空具有飞行作业项目多样化、航空器品种繁杂、空域使用随意性大、使用机型多、飞行时间不确定等基本特征，这就决定了管理通用航空在很多方面与管理公共航空运输有较大的区别，因此需要用专门的通用航空法律法规和标准来规范通用航空活动。飞行人员，尤其是持有私用驾驶员执照和商用驾驶员执照的飞行员应该更多地关注通用航空的主要法规。

总体而言，我国的通用航空立法还处于初始阶段，除《中华人民共和国民用航空法》对通用航空有专门规定外，近年来，我国制定并颁布了一系列有关通用航空市场准入、运行标准以及外商投资通用航空业等方面的法规、规章等，成为规范通用航空活动的法律依据，初步形成了通用航空法律法规体系。

1. 法律

《中华人民共和国民用航空法》第十章第 145 条至 150 条对在中国从事通用航空活动须具备的法定条件做出了规定，设定了通用航空的定义以及从事通用航空活动的条件，明确提出保障飞行安全，保护用户、地面第三人以及从事通用航空活动的单位和个人的合法权益。

2. 行政法规

《通用航空飞行管制条例》（国务院、中央军委第 371 号令），于 2003 年 1 月 10 日由中华人民共和国国务院、中华人民共和国中央军事委员会联合颁布，2003 年 5 月 1 日起施行。该条例是管理通用航空飞行活动的基本依据，在通用航空飞行的空域管理、服务保障、审批手续等方面做了进一步调整，规范了从事通用航空飞行活动的单位或个人向当地飞行管制部门提出飞行计划申请的程序、时限要求；明确了一些特殊飞行活动所需履行的报批手续和文件要求。它是中国颁布的第一部有关通用航空方面的飞行管理条例，为中国长期处于瓶颈状态的通用航空事业注入了活力，也是对通用航空活动依法管理的重要举措，对于合理开发和充分利用国家空域资源，保障飞行安全和通用航空事业的发展具有积极的促进作用。

3. 行业规章

目前涉及通用航空的民航规章共 30 多部，内容包括经济管理、安全运行、执照管理、作业标准等方面。

（1）《一般运行和飞行规则》（CCAR-91，民航总局第 120 号令），2004 年 6 月 1 日开始施行。该规章适用于在中国境内的所有民用飞行以及使用在中国登记的民用航空器所执行的所有运行。它不仅完善了对公共航空运输运行的管理，而且对更广泛主体的飞行和运行活动进行了规范，如对中国分布广泛和日益普及的农林喷洒作业和旋翼机机外载荷作业飞行作出详细规定，为规范这两种作业提供了可遵循的法规依据。这部规则整合了各种复杂的飞行、运作等规定，形成了通用航空的一个基础性规章，标志着通用航空立法走上了规范化轨道。CCAR-91 部的发布对中国广泛分布和日益普及的通用航空和航空作业飞行运行提供了管理依据，为中国通用航空和航空作业飞行的系统化、法制化管理奠定了基础。

（2）《通用航空经营许可管理规定》（CCAR-135TR-R3，民航总局令第 176 号）。该规章规范了行业管理部门对通用航空经营的行政许可行为，规定了设立通用航空企业的条件、经营项目、申报文件要求、审批程序等。

（3）《非经营性通用航空登记管理规定》（CCAR-285，民航总局令第 130 号）。该规定规范了行政管理部门对非经营性通用航空活动的行政许可行为，规定了申请登记的条件、内容、文件要求、登记程序等。

（4）《通用航空企业审批管理规定》（CCAR-135LR，民航总局令第 102 号），1996 年 8 月 1 日发布，2001 年 8 月 31 日修订。该规定规范了从事经营性通用航空活动的企业的设立条件和审批程序、通用航空的经营项目，开办通用航空企业应当遵循的主要原则，企业的变更、终止和经营许可证管理等。

（5）安全运行规章（专业机构审定类）包括：
• 《民用航空器驾驶员学校合格审定规则》（CCAR-141）
• 《飞行训练中心合格审定规则》（CCAR-142）
• 《民用航空器维修单位合格审定规定》（CCAR-147）
上述规章明确了对飞行训练机构、飞行驾驶执照培训机构以及维修单位的审定标准。

参 考 文 献

[1] 龙江，周斌，庞杰. 飞机系统[M]. 成都：西南交通大学出版社，2017.

[2] 张泽龙. 私用飞行员教程[M]. 成都：西南交通大学出版社，2000.

[3] Airplane Systems 2. Lufthannsa German Airlines School，1992.

[4] U. S. Department of Transportation FAA. Airframe & Powerplant Mechanics Airframe Handbook. Washington，D. C. 20402，1976.

[5] 王大海，杨俊，余江. 飞行原理[M]. 成都：西南交通大学出版社，2004.

[6] 傅强，左渝钰. 航空燃气涡轮动力装置[M]. 2 版. 成都：西南交通大学出版社，2016.

[7] 韩生寅. 航空涡轮轴发动机构造学[M]. 北京：长城出版社，1996.

[8] 中国人民解放军总参陆航局军务科装处. 国内外涡轮轴发动机性能、结构特点及其技术发展[M]. 北京：蓝天出版社，1990.

[9] 王有隆. 航空仪表[M]. 成都：西南交通大学出版社，2001.

[10] 何晓薇，徐亚军，郑国平. 航空电子设备[M]. 成都：西南交通大学出版社，2002.

[11] 王成豪. 航空仪表[M]. 北京：科学出版社，1992.

[12] 朱新宇，胡焱. 民航飞机电气及通信系统[M]. 成都：西南交通大学出版社，2002.

[13] 文裕武，温清澄，等. 现代直升机应用及发展[M]. 北京：航空工业出版社，2000.

[14] 黄仪方，朱志愚. 航空气象[M]. 成都：西南交通大学出版社，2002.

[15] 陆瀛洲. 高空高速飞行气象条件[M]. 北京：气象出版社，1994.

[16] 张培昌，等. 雷达气象学[M]. 北京：气象出版社，1988.

[17] 高国际，等. 气候学[M]. 北京：气象出版社，1988.

[18] [英]M J 巴德，等. 卫星与雷达图像在天气预报中的应用[M]. 北京：科学出版社，1998.

[19] 张焕. 空中领航学[M]. 3 版. 成都：西南交通大学出版社，2016.

[20] 言中，丁子明. 无线电导航[M]. 北京：国防工业出版社，1989.

[21] 李海晨. 专题地图与地图集编制[M]. 北京：高等教育出版社，1984.

[22] 袁信，俞济祥，陈哲. 导航系统[M]. 北京：航空工业出版社，1993.

[23] 文传源. 现代飞行控制系统[M]. 北京：北京航空航天大学出版社，1992.

[24] 吴忠性，胡毓钜. 地图投影论文集[M]. 北京：测绘出版社，1983.

[25] 魏光顺，郑玉篁，张欲敏. 无线电导航原理[M]. 南京：东南大学出版社，1989.

[26] 郑连兴，陆芝平主编. 自动定向机[M]. 北京：国防工业出版社，1993.

[27] 蔡成仁. 航空无线电[M]. 北京：科学出版社，1992.

[28] 马土中. 测距机[M]. 北京：国防工业出版社，1994.

[29] 陆芝平，郑德华. 全向信标和仪表着陆系统[M]. 北京：国防工业出版社，1990.

[30] 陈治怀. 飞机性能工程[M]. 北京：中国民航出版社，1993.

[31] THE OXFORD AIR TRANING SCHOOL. NAVIGATION. NSE Aviation Ltd. 1979.

[32] Jeppesen Sanderson，Inc. Private Pilot Manul. 1995.

[33] Petter Dogan. Instrument Flight Training Manual. Aviatiob Book Company. 1995.

[34] Jeppesen Sanderson. Inc. Instrument Commercial Manual. 1994.

[35] Trevor Thom. Instrument Flying. Center of Aviation Theory. 1990.

[36] 陈肯，何光勤. 航空情报服务[M]. 成都：西南交通大学出版社，2017.

[37] 冯青川. 机场管制[M]. 成都：西南交通大学出版社，2004.

[38] 罗晓利. 飞行中人的因素[M]. 3 版. 成都：西南交通大学出版社，2016.

[39] 刘平. 航空医学[M]. 成都：西南交通大学出版社，2003.

[40] 赵维田. 国际航空法[M]. 北京：社会科学文献出版社，2000.

[41] 刘伟民. 航空法教程（修订版）[M]. 北京：法律出版社，2001.

[42] 曾三明，夏兴华. 民用航空法释义[M]. 沈阳：辽宁教育出版社，1996.

[43] 周承前. 空防安全与法律规范[M]. 沈阳：辽宁大学出版社，2003.

[44] 中国大百科全书总编辑委员会. 中国大百科全书（航空航天）[M]. 北京：中国大百科全书出版社，1985.

[45] 陈立基. 趣说三星堆[M]. 成都：四川文艺出版社，2000.

[46] 何永威. 仪表飞行指南[M]. 成都：西南交通大学出版社，2013.

[47] 吴德伟. 无线电导航系统[M]. 北京：电子工业出版社，2015.